U0180067

简明现代建筑工程手册系列

简明现代建造手册

主　编　吴　迈

副主编　王伟男　马海旭

参　编　王学敏　卢小军　王俊飞　王家通　范宇岐
李胜朝　董玉良　王志强　王硕安　贵辛未
韩尚昆　秦万盛　赵　欣　杨　杰　张　麒
吕晓飞　马　琨

本手册内容共分19章，包括施工管理、施工测量、基坑工程、地基与基础工程、脚手架工程、砌筑工程、钢筋工程、模板工程、混凝土工程、钢-混凝土组合结构、装配式混凝土结构、预应力混凝土工程、钢结构工程、防水工程、装饰装修工程、建筑节能工程、防腐蚀工程、绿色施工、BIM应用。

本手册完全按照新颁布的工程建设标准编写，既反映了传统建造技术的新发展，又纳入了装配式建筑、绿色施工、建筑节能、建筑信息化（BIM）等建筑施工领域的新理念、新技术和新工艺，具有系统全面、信息量大、图文并茂、简明扼要、实用性强的特点，是现场工程技术人员和管理人员必备的工具书。同时，本手册可作为高等学校相关专业的教材和参考用书，还可作为建筑施工一线技术工人的培训教材。

图书在版编目（CIP）数据

简明现代建造手册/吴迈主编．—北京：机械工业出版社，2023.6
ISBN 978-7-111-73149-8

Ⅰ.①简…　Ⅱ.①吴…　Ⅲ.①建筑施工－施工技术－手册
Ⅳ.①TU74-62

中国国家版本馆CIP数据核字（2023）第082176号

机械工业出版社（北京市百万庄大街22号　邮政编码100037）
策划编辑：薛俊高　　　　　　责任编辑：薛俊高　张大勇
责任校对：李小宝　贾立萍　　封面设计：张　静
责任印制：单爱军
北京联兴盛业印刷股份有限公司印刷
2023年8月第1版第1次印刷
184mm×260mm・36.5印张・2插页・928千字
标准书号：ISBN 978-7-111-73149-8
定价：139.00元

电话服务　　　　　　　　　　网络服务
客服电话：010-88361066　　机　工　官　网：www.cmpbook.com
　　　　　010-88379833　　机　工　官　博：weibo.com/cmp1952
　　　　　010-68326294　　金　　书　　网：www.golden-book.com
封底无防伪标均为盗版　　机工教育服务网：www.cmpedu.com

前　言

建筑业早已成为我国国民经济的支柱产业，在推动经济建设高速发展中具有非常重要的地位和作用。施工建造作为工程建设最重要的环节，近年来得到了飞速发展，取得了可喜的成就。随着建筑功能不断丰富，建（构）筑物建造难度不断增加，对施工企业和工程技术人员提出了新的挑战，同时也促进了施工理念的不断更新和施工技术的蓬勃发展。经过长期的工程实践探索和积累，我国建筑施工技术不断推陈出新，逐步向国际先进水平逼近。以装配式建筑为代表的建筑工业化水平不断提升，建筑信息技术在施工环节的作用日益凸显，精细化管理成为提升建筑企业经济效益的有效手段，绿色施工技术正在推动建筑业健康、可持续发展。

近年来，为推广建筑施工领域的新理念、新技术、新工艺、新设备和新材料，进一步推动施工行业的健康、快速发展，规范工程建造行为，提升工程建设质量，包括国家标准、行业标准、协会标准和地方标准在内的工程建设标准进行了全面的制定、修订和完善。本手册正是在这一背景下编制完成的。本手册按照当下新颁布实施的工程建设标准编写，具有系统全面、信息量大、实用性强的特点，是现场工程技术人员和管理人员必备的工具书。同时本手册可作为高等学校相关专业的教材和参考书，还可作为建筑施工一线技术工人的培训教材。

本书内容共分19章，包括施工管理、施工测量、基坑工程、地基与基础工程、脚手架工程、砌筑工程、钢筋工程、模板工程、混凝土工程、钢-混凝土组合结构、装配式混凝土结构、预应力混凝土工程、钢结构工程、防水工程、装饰装修工程、建筑节能工程、防腐蚀工程、绿色施工及BIM应用等，基本涵盖了现代建筑工程施工建造的各个领域和阶段。编写中力求简明扼要、图文并茂，以便于读者查阅和使用。

本手册由吴迈主编，王伟男、马海旭担任副主编。参加本手册编写工作的还有：王学敏、张麒、韩尚昆、卢小军、赵欣、马琨、王俊飞、王志强、李胜朝、董玉良、王硕安、王家通、吕晓飞、范宇岐、贵辛未、秦万盛、杨杰。

本手册在编写过程中参考了相关的专著、规范、图集等文献资料，未能在参考文献中全部列出，在此谨向这些文献的作者致以诚挚的敬意。

由于作者水平有限，书中难免存在疏漏或不妥之处，敬请读者批评指正，以便重印或再版时改进。

编　者

2023年2月

于河北工业大学

目　录

前言

第1章　施工管理 …… 1

1.1　施工管理概述 …… 1
1.1.1　施工管理基本流程 …… 1
1.1.2　施工管理基本原则 …… 1
1.2　施工准备 …… 2
1.2.1　施工准备的依据、要求和程序 …… 2
1.2.2　现场基础条件准备 …… 3
1.2.3　项目施工管理组织 …… 3
1.2.4　施工组织设计 …… 9
1.2.5　施工临时设施 …… 12
1.2.6　项目网络与信息化建设 …… 13
1.2.7　施工资源准备 …… 14
1.3　施工过程 …… 16
1.3.1　一般规定 …… 16
1.3.2　施工过程管理策划 …… 17
1.3.3　资源的提供与实施 …… 20
1.3.4　进度管理 …… 23
1.3.5　质量管理 …… 25
1.3.6　成本管理 …… 28
1.3.7　职业健康管理 …… 31
1.3.8　施工安全管理 …… 32
1.3.9　现场环境管理 …… 33
1.3.10　合同管理 …… 33
1.4　施工收尾 …… 36
1.4.1　一般规定 …… 36
1.4.2　收尾计划 …… 36
1.4.3　竣工验收 …… 37
1.4.4　工程结算 …… 37
1.4.5　工程移交 …… 39
1.4.6　缺陷责任期与工程保修 …… 40
1.4.7　项目管理总结 …… 40
1.4.8　项目绩效评价 …… 41
本章术语释义 …… 41

第2章　施工测量 …… 43

2.1　建筑物定位放线和基础施工测量 …… 43
2.1.1　一般规定 …… 43
2.1.2　建筑物定位放线 …… 43
2.1.3　基槽（坑）开挖测量 …… 44
2.1.4　基础及地下结构施工测量 …… 44
2.2　基坑施工监测 …… 45
2.2.1　一般规定 …… 45
2.2.2　监测项目 …… 45
2.2.3　监测点布置 …… 46
2.2.4　监测方法 …… 47
2.2.5　监测频率 …… 48
2.3　主体结构施工测量 …… 49
2.3.1　一般规定 …… 49
2.3.2　砌体结构施工测量 …… 50
2.3.3　钢筋混凝土结构施工测量 …… 51
2.3.4　钢结构施工测量 …… 51
2.4　建筑装饰施工测量 …… 52
2.4.1　一般规定 …… 52
2.4.2　内部装饰施工测量 …… 52
2.5　建筑小区市政工程施工测量 …… 54
2.5.1　一般规定 …… 54
2.5.2　管线工程施工测量 …… 54
2.5.3　道路工程施工测量 …… 55
2.6　施工变形测量 …… 56
2.6.1　一般规定 …… 56
2.6.2　垂直位移测量 …… 57
2.6.3　水平位移测量 …… 59

2.6.4 测量资料整理 …… 60
2.7 竣工测量与竣工图的编绘 …… 60
2.7.1 一般规定 …… 60
2.7.2 竣工图的测绘 …… 61
本章术语释义 …… 62

第3章 基坑工程 …… 64

3.1 基坑施工概述 …… 64
3.1.1 一般规定 …… 64
3.1.2 围护结构施工要点 …… 64
3.1.3 降、排水施工要点 …… 65
3.1.4 土方开挖要点 …… 65
3.2 放坡开挖 …… 65
3.2.1 放坡形式的选择 …… 66
3.2.2 坡面护坡措施 …… 66
3.2.3 坡脚加固措施 …… 67
3.3 灌注桩排桩围护墙施工 …… 68
3.3.1 灌注桩施工 …… 68
3.3.2 截水帷幕施工 …… 68
3.3.3 桩间土防护 …… 69
3.3.4 双排桩支护 …… 69
3.4 板桩围护墙施工 …… 72
3.4.1 构造要求 …… 72
3.4.2 施工工艺 …… 73
3.5 咬合桩围护墙施工 …… 73
3.5.1 施工工艺 …… 74
3.5.2 施工要点 …… 74
3.6 型钢水泥土搅拌墙 …… 75
3.6.1 施工设备与材料选择 …… 76
3.6.2 构造要求 …… 76
3.6.3 施工工艺 …… 78
3.7 地下连续墙 …… 81
3.7.1 施工设备 …… 81
3.7.2 施工过程控制 …… 82
3.8 水泥土重力式围护墙 …… 88
3.9 土钉墙与复合土钉墙 …… 90
3.9.1 概述 …… 90
3.9.2 施工工艺 …… 93
3.9.3 施工要点 …… 93
3.10 内支撑施工 …… 95
3.10.1 一般规定 …… 95
3.10.2 构造要求 …… 96
3.10.3 混凝土支撑施工过程 …… 99
3.10.4 钢支撑施工过程 …… 100
3.10.5 支撑系统监测与拆除 …… 101
3.11 锚杆（索）施工 …… 101
3.11.1 施工设备与材料 …… 101
3.11.2 施工工艺 …… 102
3.11.3 施工过程控制 …… 102
3.12 逆作法施工 …… 104
3.12.1 概述 …… 104
3.12.2 逆作法竖向结构施工 …… 104
3.12.3 逆作法水平结构施工 …… 106
3.12.4 土方开挖 …… 107
3.12.5 通风和照明 …… 108
3.13 基坑开挖 …… 108
3.13.1 一般规定 …… 108
3.13.2 放坡开挖 …… 109
3.13.3 无内支撑的基坑开挖 …… 109
3.13.4 有内支撑的基坑开挖 …… 110
3.14 地下水控制 …… 111
3.14.1 地下水控制方法选择 …… 111
3.14.2 构造要求 …… 112
3.14.3 各类井点施工工艺 …… 114
3.14.4 回灌措施 …… 116
本章术语释义 …… 116

第4章 地基与基础工程 …… 118

4.1 地基施工 …… 118
4.1.1 概述 …… 118
4.1.2 天然地基 …… 119
4.1.3 换填垫层 …… 119
4.1.4 预压法 …… 121
4.1.5 强夯法 …… 125
4.1.6 振冲密实法 …… 129
4.1.7 散体材料桩 …… 130
4.1.8 土和灰土挤密桩法 …… 133
4.1.9 注浆法 …… 135

4.1.10 高压旋喷桩 …… 137
4.1.11 水泥土搅拌桩 …… 139
4.1.12 长螺旋压灌素混凝土桩 …… 141
4.2 浅基础工程施工 …… 143
4.2.1 一般规定 …… 143
4.2.2 钢筋混凝土扩展基础 …… 143
4.2.3 筏形与箱形基础 …… 145
4.3 桩基础工程施工 …… 145
4.3.1 桩基础分类 …… 145
4.3.2 承台施工 …… 146
4.3.3 预制桩施工 …… 148
4.3.4 干作业成孔灌注桩 …… 152
4.3.5 泥浆护壁成孔灌注桩 …… 155
4.3.6 长螺旋钻孔压灌桩 …… 161
4.3.7 沉管灌注桩 …… 162
4.4 抗浮锚杆施工 …… 164
4.4.1 施工工艺 …… 164
4.4.2 施工准备 …… 165
4.4.3 杆体制作与安装存储 …… 165
4.4.4 钻孔施工 …… 166
4.4.5 注浆 …… 166
4.4.6 锚固节点与防水 …… 167
4.4.7 张拉与锁定 …… 168
本章术语释义 …… 168
第5章 脚手架工程 …… 171
5.1 概述 …… 171
5.2 构造要求 …… 172
5.2.1 一般规定 …… 172
5.2.2 作业脚手架 …… 172
5.2.3 支撑脚手架 …… 173
5.2.4 搭设与拆除 …… 176
5.3 扣件式脚手架 …… 177
5.3.1 单双排脚手架设计尺寸 …… 177
5.3.2 单双排脚手架立杆设置要求 …… 178
5.3.3 单双排脚手架水平杆设置要求 …… 179
5.3.4 单双排脚手架连墙件设置要求 …… 180
5.3.5 单双排脚手架剪刀撑与横向斜撑 …… 181
5.3.6 满堂脚手架 …… 182
5.3.7 满堂支撑架 …… 183
5.3.8 模板支架施工 …… 184
5.4 碗扣式脚手架 …… 185
5.4.1 一般规定 …… 186
5.4.2 双排脚手架构造 …… 187
5.4.3 模板支撑架构造 …… 190
5.4.4 碗扣式脚手架施工 …… 193
5.5 盘扣式脚手架 …… 194
5.5.1 一般规定 …… 194
5.5.2 支撑架 …… 195
5.5.3 作业架 …… 197
5.5.4 安装与拆除 …… 198
5.6 轮扣式脚手架 …… 200
5.6.1 概述 …… 200
5.6.2 构造要求 …… 201
5.6.3 安装 …… 203
5.6.4 拆除 …… 204
5.7 型钢悬挑脚手架 …… 204
5.7.1 一般规定 …… 204
5.7.2 结构构造 …… 205
5.7.3 型钢支承架 …… 205
5.7.4 连墙件 …… 207
5.7.5 剪刀撑与斜撑 …… 208
5.7.6 搭设、使用与拆除 …… 208
5.8 附着升降式脚手架 …… 209
5.8.1 概述 …… 210
5.8.2 架体构架 …… 210
5.8.3 安全装置 …… 213
5.8.4 升降机构 …… 213
5.8.5 同步控制装置 …… 214
5.8.6 安装、升降、使用与拆除 …… 215
5.9 高处作业吊篮 …… 218
本章术语释义 …… 219
第6章 砌筑工程 …… 221
6.1 概述 …… 221

6.1.1 施工前准备 …… 221
6.1.2 砌筑顺序 …… 221
6.1.3 一般规定 …… 221
6.1.4 砂浆制备 …… 222
6.2 基础砌体砌筑 …… 223
6.2.1 材料要求 …… 223
6.2.2 作业条件 …… 223
6.2.3 施工工艺 …… 224
6.3 承重砖砌体砌筑 …… 229
6.3.1 材料要求 …… 229
6.3.2 构造要求 …… 230
6.3.3 施工工艺 …… 232
6.4 混凝土小型空心砌块砌体工程 …… 234
6.4.1 一般规定 …… 234
6.4.2 构造要求 …… 235
6.4.3 砌筑施工 …… 237
6.4.4 混凝土芯柱施工要点 …… 239
6.5 石砌体工程 …… 240
6.5.1 一般规定 …… 240
6.5.2 毛石砌体砌筑 …… 240
6.5.3 料石砌体砌筑 …… 241
6.6 填充墙砌体工程 …… 241
6.6.1 一般规定 …… 241
6.6.2 烧结空心砖砌体 …… 242
6.6.3 轻集料混凝土小型空心砌块砌体 …… 242
6.6.4 蒸压加气混凝土砌块砌体 …… 242
6.7 砌体工程钢筋加工与安装 …… 243
6.7.1 作业条件 …… 243
6.7.2 化学植筋 …… 243
6.7.3 构造柱钢筋绑扎 …… 244
6.7.4 圈梁钢筋绑扎 …… 244
6.7.5 其他施工要求 …… 245
本章术语释义 …… 246

第7章 钢筋工程 …… 248

7.1 概述 …… 248
7.1.1 常用钢筋基本信息 …… 248
7.1.2 钢筋进场检验与存放 …… 249
7.1.3 抗震钢筋 …… 249
7.2 基本构造要求 …… 250
7.2.1 受拉钢筋基本锚固长度 l_{ab}、l_{abE} …… 250
7.2.2 受拉钢筋锚固长度 l_a、l_{aE} …… 250
7.2.3 纵向受拉钢筋搭接长度 l_l、l_{lE} …… 251
7.3 钢筋加工 …… 253
7.3.1 钢筋制作加工工艺流程 …… 253
7.3.2 钢筋加工步骤及施工要点 …… 254
7.4 钢筋连接 …… 256
7.4.1 钢筋连接原则 …… 256
7.4.2 钢筋接头位置与数量 …… 256
7.5 钢筋安装 …… 257
7.5.1 一般规定 …… 257
7.5.2 钢筋的布置 …… 257
7.5.3 箍筋安装要求 …… 257
7.5.4 机械连接与焊接连接 …… 259
7.6 浅基础钢筋安装 …… 259
7.6.1 浅基础施工工艺流程 …… 260
7.6.2 浅基础施工要点 …… 261
7.6.3 基础底板钢筋绑扎 …… 263
7.7 框架结构钢筋安装 …… 265
7.7.1 柱钢筋绑扎 …… 266
7.7.2 梁钢筋绑扎 …… 266
7.7.3 板钢筋绑扎 …… 268
7.7.4 楼梯钢筋绑扎 …… 268
7.8 剪力墙钢筋安装 …… 269
7.8.1 定位钢筋安装 …… 269
7.8.2 剪力墙钢筋绑扎 …… 270
7.8.3 连梁、暗梁、边框梁钢筋安装 …… 270
7.9 钢筋手工电弧焊 …… 270
7.9.1 材料要求 …… 270
7.9.2 施工工艺 …… 271
7.9.3 钢筋帮条焊 …… 271
7.9.4 钢筋搭接焊 …… 272
7.10 钢筋电渣压力焊 …… 273
7.11 钢筋直螺纹套筒连接 …… 274
7.11.1 材料要求 …… 274
7.11.2 作业条件 …… 274

7.11.3 施工工艺 …………………………… 275
本章术语释义 ……………………………… 276

第8章 模板工程 ……………………… 278

8.1 概述 ………………………………… 278
8.1.1 设计要求与内容 ………………… 278
8.1.2 模板及支撑结构制作与安装 … 278
8.2 基础模板安装 ……………………… 280
8.2.1 阶形独立基础模板 ……………… 280
8.2.2 杯形独立基础模板 ……………… 280
8.2.3 条形基础模板 …………………… 281
8.3 柱模板安装 ………………………… 281
8.4 剪力墙模板安装 …………………… 285
8.4.1 竹木胶合板模板 ………………… 285
8.4.2 剪力墙全钢大模板 ……………… 286
8.4.3 爬升模板 ………………………… 290
8.5 梁、板模板安装 …………………… 294
8.5.1 梁模板施工工艺 ………………… 296
8.5.2 肋形楼板模板施工工艺 ……… 297
8.5.3 楼板施工缝、后浇带模板支设要点 …………………………… 297
8.5.4 斜向梁、板模板施工 …………… 299
8.6 模板早拆施工 ……………………… 299
8.6.1 构造与原理 ……………………… 299
8.6.2 模板早拆体系的选用 …………… 302
8.6.3 施工准备 ………………………… 303
8.6.4 模板搭设 ………………………… 303
8.6.5 模板拆除 ………………………… 303
8.7 铝合金模板 ………………………… 304
8.7.1 一般规定 ………………………… 304
8.7.2 构造组成 ………………………… 305
8.7.3 剪力墙结构施工工艺 …………… 311
8.7.4 构件、配件安装要点 …………… 313
8.7.5 拆除与维修保管 ………………… 315
8.8 压型钢板模板 ……………………… 316
8.8.1 一般规定 ………………………… 316
8.8.2 施工工艺 ………………………… 316
本章术语释义 ……………………………… 317

第9章 混凝土工程 ………………… 319

9.1 混凝土泵送 ………………………… 319
9.1.1 输送泵的选择及布置原则 …… 319
9.1.2 泵管与支架的设置原则 ……… 319
9.1.3 输送布料设备的设置 …………… 320
9.1.4 混凝土可泵性要求 ……………… 320
9.1.5 泵送混凝土施工工艺 …………… 321
9.2 混凝土浇筑 ………………………… 326
9.2.1 混凝土浇筑一般规定 …………… 326
9.2.2 节点、施工缝、后浇带处理原则 …………………………… 327
9.2.3 典型结构构件施工要点 ……… 328
9.3 混凝土振捣 ………………………… 329
9.4 混凝土养护 ………………………… 330
9.5 框架结构混凝土施工 ……………… 331
9.5.1 柱混凝土浇筑 …………………… 331
9.5.2 梁、板及楼梯混凝土浇筑 …… 331
9.5.3 施工缝留设 ……………………… 332
9.6 剪力墙结构混凝土施工 …………… 332
9.6.1 墙体混凝土施工 ………………… 332
9.6.2 顶板混凝土施工 ………………… 334
9.6.3 施工缝留设 ……………………… 334
9.7 型钢混凝土结构混凝土施工 …… 334
9.7.1 材料要求 ………………………… 334
9.7.2 施工准备 ………………………… 335
9.7.3 浇筑与振捣 ……………………… 335
9.7.4 养护 ……………………………… 336
9.8 钢管混凝土柱混凝土施工 ……… 337
9.8.1 施工准备 ………………………… 337
9.8.2 浇筑与振捣 ……………………… 337
9.8.3 自密实混凝土浇筑与养护 …… 337
9.9 空心楼盖混凝土施工 ……………… 338
9.9.1 施工工艺 ………………………… 338
9.9.2 钢筋绑扎 ………………………… 338
9.9.3 浇筑混凝土、取出定位卡 …… 339
9.9.4 其他注意事项 …………………… 340
9.10 大体积混凝土施工 ……………… 340
9.10.1 模板工程 ……………………… 340

9.10.2 混凝土浇筑 …… 340
9.10.3 保温保湿养护 …… 342
9.10.4 温度监测与控制 …… 342
9.11 后浇带混凝土施工 …… 343
9.11.1 界面混凝土处理 …… 343
9.11.2 防水节点处理 …… 343
9.11.3 清理 …… 344
9.11.4 混凝土浇筑 …… 344
9.11.5 养护 …… 344
本章术语释义 …… 344
第10章 钢-混凝土组合结构 …… 346
10.1 基本规定 …… 346
10.1.1 概述 …… 346
10.1.2 深化设计 …… 346
10.1.3 施工阶段力学分析 …… 347
10.2 钢管混凝土柱 …… 347
10.2.1 施工流程 …… 347
10.2.2 钢管制作 …… 347
10.2.3 钢管柱拼装 …… 347
10.2.4 钢管柱焊接 …… 348
10.2.5 钢管柱安装 …… 348
10.2.6 钢管柱与梁连接 …… 348
10.3 型钢混凝土柱 …… 348
10.3.1 施工流程 …… 348
10.3.2 柱脚构造 …… 349
10.3.3 梁柱节点构造 …… 349
10.3.4 钢筋套筒连接 …… 349
10.3.5 连接板焊接连接 …… 350
10.3.6 模板支设 …… 350
10.4 型钢混凝土梁 …… 351
10.4.1 施工流程 …… 351
10.4.2 钢筋安装 …… 351
10.4.3 模板支设 …… 351
10.5 钢-混凝土组合剪力墙 …… 351
10.5.1 施工流程 …… 351
10.5.2 钢筋安装一般要求 …… 352
10.5.3 钢斜撑混凝土剪力墙施工 …… 353
10.5.4 钢板混凝土剪力墙施工 …… 353
10.6 钢-混凝土组合板 …… 355
10.6.1 施工流程 …… 355
10.6.2 施工要点 …… 355
本章术语释义 …… 356
第11章 装配式混凝土结构 …… 357
11.1 施工准备 …… 357
11.2 基本要求 …… 357
11.2.1 材料与机具准备 …… 357
11.2.2 场内运输与存放 …… 358
11.2.3 构件吊装 …… 359
11.2.4 构件临时支撑 …… 360
11.2.5 预制构件连接 …… 360
11.3 支撑与模板 …… 362
11.3.1 一般规定 …… 362
11.3.2 预制构件支撑 …… 362
11.3.3 后浇混凝土模板 …… 363
11.3.4 支撑与模板拆除 …… 363
11.4 钢筋与预埋件 …… 363
11.4.1 钢筋连接与锚固 …… 363
11.4.2 钢筋定位 …… 364
11.4.3 预埋件安装与定位 …… 364
11.5 后浇混凝土 …… 365
11.5.1 一般规定 …… 365
11.5.2 叠合构件 …… 365
11.5.3 构件连接 …… 365
11.6 接缝防水 …… 366
11.6.1 吊装前施工 …… 366
11.6.2 防水密封胶施工 …… 366
11.6.3 粘贴止水条施工 …… 366
11.6.4 防水胶带施工 …… 366
11.7 装配式混凝土剪力墙结构施工 …… 366
11.7.1 施工工艺流程 …… 367
11.7.2 预制墙板安装 …… 367
11.7.3 叠合楼板安装 …… 371
11.7.4 预制阳台板、空调板安装 …… 373
11.7.5 预制楼梯安装 …… 374
11.8 装配式混凝土框架结构施工 …… 375
11.8.1 构件现场堆放 …… 375

11.8.2 构件吊运 …… 376
11.8.3 预制柱临时固定 …… 376
11.8.4 接缝封堵与灌浆 …… 378
11.8.5 预制梁临时固定 …… 381
11.8.6 预制梁和节点钢筋安装 …… 383
11.8.7 梁、柱节点区封模 …… 385
本章术语释义 …… 385

第12章 预应力混凝土工程 …… 387

12.1 概述 …… 387
12.2 制作与安装 …… 388
12.2.1 一般规定 …… 388
12.2.2 预应力筋制作 …… 388
12.2.3 预应力孔道成型 …… 389
12.2.4 有粘结预应力筋安装 …… 390
12.2.5 无粘结或缓粘结预应力筋安装 …… 391
12.3 混凝土浇筑 …… 393
12.3.1 一般规定 …… 393
12.3.2 混凝土浇筑 …… 393
12.3.3 养护与拆模 …… 393
12.3.4 混凝土缺陷修补 …… 394
12.4 张拉与锚固 …… 394
12.4.1 一般规定 …… 394
12.4.2 先张法张拉 …… 395
12.4.3 后张法张拉 …… 396
12.4.4 智能张拉 …… 398
12.4.5 质量要求 …… 398
12.5 灌浆与封锚保护 …… 399
12.5.1 一般规定 …… 399
12.5.2 浆体制作 …… 400
12.5.3 灌浆工艺 …… 400
12.5.4 真空辅助灌浆 …… 401
12.5.5 循环智能灌浆 …… 401
12.5.6 封锚保护 …… 401
12.5.7 质量要求 …… 402
本章术语释义 …… 403

第13章 钢结构工程 …… 404

13.1 施工阶段结构分析 …… 404
13.2 基础、支承面和预埋件 …… 404
13.3 起重设备和吊具 …… 405
13.3.1 一般规定 …… 405
13.3.2 起重设备选择 …… 406
13.3.3 吊具的选用 …… 406
13.4 构件安装 …… 407
13.4.1 一般规定 …… 407
13.4.2 施工工艺 …… 408
13.5 单层钢结构安装 …… 410
13.5.1 基础复核 …… 410
13.5.2 钢柱安装 …… 410
13.5.3 钢吊车梁安装 …… 411
13.5.4 钢屋架安装 …… 411
13.5.5 钢桁架安装 …… 412
13.5.6 天窗架安装 …… 412
13.5.7 门式刚架安装 …… 413
13.6 多层与高层钢结构安装 …… 413
13.6.1 一般规定 …… 413
13.6.2 施工工艺 …… 413
13.7 大跨度钢结构安装 …… 415
13.7.1 一般规定 …… 415
13.7.2 施工工艺 …… 415
13.8 高耸钢结构安装 …… 417
13.8.1 一般规定 …… 417
13.8.2 施工工艺 …… 417
13.9 楼承板、墙面板、屋面板安装 …… 418
13.9.1 楼承板 …… 418
13.9.2 金属屋面板 …… 419
13.9.3 金属墙面板 …… 420
13.10 钢结构防腐涂装 …… 421
13.10.1 一般规定 …… 421
13.10.2 表面处理 …… 422
13.10.3 防腐涂装 …… 422
13.10.4 防火涂装 …… 425
本章术语释义 …… 426

第14章 防水工程 …… 427

14.1 地下工程防水 …… 427
14.1.1 施工准备 …… 427

14.1.2 防水混凝土 …… 428
14.1.3 卷材防水层 …… 432
14.1.4 涂膜防水层 …… 440
14.1.5 聚合物水泥砂浆防水层 …… 442
14.1.6 非固化橡胶沥青防水涂料与卷材复合防水 …… 442
14.2 屋面工程防水 …… 443
14.2.1 一般规定 …… 443
14.2.2 卷材防水层 …… 444
14.2.3 涂膜防水层 …… 447
14.2.4 复合防水层 …… 448
14.3 外墙防水工程 …… 449
14.3.1 基层处理 …… 449
14.3.2 找平层施工 …… 449
14.3.3 砂浆防水层 …… 450
14.3.4 涂膜防水层 …… 451
14.3.5 防水透气膜 …… 451
14.4 浴厕间防水施工 …… 452
14.4.1 一般规定 …… 452
14.4.2 基层处理 …… 452
14.4.3 涂膜防水层 …… 452
14.4.4 卷材防水层 …… 454
14.4.5 聚合物水泥防水砂浆防水层…… 455
14.4.6 密封施工 …… 455
本章术语释义 …… 456

第15章 装饰装修工程 …… 457

15.1 抹灰工程 …… 457
15.1.1 一般规定 …… 457
15.1.2 一般抹灰 …… 457
15.1.3 装饰抹灰 …… 458
15.2 吊顶工程 …… 459
15.2.1 一般规定 …… 459
15.2.2 吊杆与龙骨安装 …… 460
15.2.3 金属板吊顶 …… 461
15.2.4 纸面石膏板吊顶 …… 461
15.3 轻质隔墙工程 …… 462
15.3.1 一般规定 …… 462
15.3.2 骨架式隔墙 …… 462
15.4 墙饰面工程 …… 463
15.4.1 一般规定 …… 463
15.4.2 木饰面板墙饰面 …… 464
15.4.3 石材墙饰面 …… 464
15.4.4 金属板墙饰面 …… 467
15.4.5 陶瓷板墙饰面 …… 468
15.4.6 裱糊墙饰面 …… 469
15.4.7 软包墙饰面 …… 470
15.5 涂饰工程 …… 471
15.5.1 一般规定 …… 471
15.5.2 水性涂料涂饰 …… 472
15.5.3 溶剂型涂料涂饰 …… 472
15.5.4 彩色喷涂涂饰 …… 472
15.5.5 细木制品涂饰 …… 472
15.5.6 美术涂料涂饰 …… 473
15.6 装配式内装修施工 …… 474
15.6.1 概述…… 474
15.6.2 施工准备 …… 475
15.6.3 隔墙与墙面系统安装 …… 475
15.6.4 吊顶系统安装 …… 476
15.6.5 楼地面系统安装 …… 477
15.6.6 集成式厨房安装 …… 477
15.6.7 集成式卫生间安装 …… 478
15.6.8 其他部品安装 …… 478
15.6.9 设备管线 …… 478
本章术语释义 …… 479

第16章 建筑节能工程 …… 480

16.1 墙体节能工程 …… 480
16.1.1 外墙保温板（块）材保温施工 …… 480
16.1.2 无机轻集料砂浆保温系统施工…… 484
16.1.3 喷涂硬泡聚氨酯外墙外保温系统施工 …… 486
16.1.4 保温装饰板外墙外保温施工…… 488
16.2 屋面节能工程 …… 491
16.2.1 板、块保温型材保温层施工…… 491
16.2.2 喷涂硬泡聚氨酯施工 …… 492

16.2.3 现浇保温层施工 …… 494
16.3 门窗节能工程 …… 495
16.3.1 工艺流程 …… 495
16.3.2 操作要点 …… 496
16.3.3 成品保护 …… 497
16.4 地面节能工程 …… 497
16.4.1 楼地面保温填充层施工 …… 497
16.4.2 EPS板薄抹灰楼板底面保温施工 …… 498
16.4.3 板材类楼地面保温施工 …… 500
16.4.4 浆料类楼地面保温施工 …… 501
16.5 幕墙节能工程 …… 502
16.5.1 工艺流程 …… 502
16.5.2 操作要点 …… 503
本章术语释义 …… 503

第17章 防腐蚀工程 …… 505

17.1 基层要求及处理 …… 505
17.1.1 混凝土基层 …… 505
17.1.2 钢结构基层 …… 506
17.2 树脂类防腐蚀工程 …… 507
17.2.1 施工环境要求 …… 507
17.2.2 施工基本要求 …… 507
17.2.3 纤维增强塑料的施工 …… 508
17.2.4 树脂整体面层的施工 …… 509
17.3 水玻璃类防腐蚀工程 …… 509
17.3.1 施工环境要求 …… 509
17.3.2 钾水玻璃砂浆整体面层的施工 …… 510
17.3.3 水玻璃混凝土的施工 …… 510
17.4 聚合物水泥砂浆防腐蚀工程 …… 511
17.4.1 一般规定 …… 511
17.4.2 砂浆的配制 …… 511
17.4.3 整体面层的施工 …… 512
17.5 块材防腐蚀工程 …… 512
17.5.1 一般规定 …… 512
17.5.2 隔离层的施工 …… 513
17.5.3 块材的施工 …… 513
17.6 喷涂型聚脲防腐蚀工程 …… 514
17.6.1 一般规定 …… 514
17.6.2 施工 …… 514
17.7 涂料类防腐蚀工程 …… 515
17.7.1 一般规定 …… 515
17.7.2 涂料的配制与施工 …… 516
17.8 沥青类防腐蚀工程 …… 517
17.8.1 一般规定 …… 517
17.8.2 沥青砂浆和沥青混凝土铺筑的整体面层 …… 518
17.8.3 沥青稀胶泥涂覆的隔离层 …… 519
17.8.4 碎石灌沥青垫层 …… 519
17.9 塑料类防腐蚀工程 …… 519
17.9.1 一般规定 …… 519
17.9.2 施工 …… 519

第18章 绿色施工 …… 521

18.1 基本规定 …… 521
18.1.1 组织与管理 …… 521
18.1.2 资源节约 …… 522
18.1.3 环境保护 …… 522
18.2 施工准备 …… 523
18.3 施工场地 …… 524
18.3.1 一般规定 …… 524
18.3.2 施工总平面布置 …… 524
18.3.3 场区围护及道路 …… 524
18.3.4 临时设施 …… 524
18.4 地基与基础工程 …… 525
18.4.1 一般规定 …… 525
18.4.2 土石方工程 …… 525
18.4.3 桩基工程 …… 525
18.4.4 地基处理工程 …… 526
18.4.5 地下水控制 …… 526
18.4.6 基坑支护工程 …… 526
18.5 主体结构工程 …… 526
18.5.1 一般规定 …… 526
18.5.2 混凝土结构工程 …… 527
18.5.3 砌体结构工程 …… 528
18.5.4 钢结构工程 …… 528
18.5.5 装配式建筑工程 …… 528

18.5.6 脚手架工程 …………………… 528
18.6 装饰装修工程 …………………… 529
18.6.1 材料下料与加工 …………………… 529
18.6.2 楼地面施工 …………………… 529
18.6.3 门窗施工 …………………… 529
18.6.4 幕墙施工 …………………… 529
18.6.5 吊顶施工 …………………… 529
18.6.6 隔墙及墙面施工 …………………… 530
18.7 保温和防水工程 …………………… 530
18.7.1 外保温施工 …………………… 530
18.7.2 块体保温施工 …………………… 530
18.7.3 砂浆保温施工 …………………… 530
18.7.4 聚氨酯保温施工 …………………… 530
18.7.5 岩棉保温施工 …………………… 531
18.7.6 内置保温墙板施工 …………………… 531
18.7.7 屋面防水工程施工 …………………… 531
18.7.8 外墙防水工程施工 …………………… 531
18.7.9 室内防水工程施工 …………………… 531
18.7.10 地下工程防水施工 …………………… 532
18.7.11 装配式建筑防水施工 …………………… 532
本章术语释义 …………………… 532

第19章 BIM应用 …………………… 533

19.1 BIM应用概述 …………………… 533
19.1.1 概述 …………………… 533
19.1.2 施工BIM应用策划 …………………… 534
19.1.3 施工BIM应用管理 …………………… 534
19.1.4 合同管理 …………………… 534
19.1.5 图纸管理 …………………… 535
19.2 施工模型的创建和管理 …………………… 535
19.2.1 一般规定 …………………… 535
19.2.2 施工模型 …………………… 536
19.2.3 模型细度 …………………… 536
19.2.4 模型元素 …………………… 540
19.3 深化设计BIM应用 …………………… 541
19.3.1 一般规定 …………………… 541
19.3.2 现浇混凝土结构深化设计 …………………… 541
19.3.3 预制装配式混凝土结构深化设计 …………………… 542
19.3.4 钢结构深化设计 …………………… 543
19.3.5 其他深化设计 …………………… 544
19.4 施工方案BIM应用 …………………… 545
19.4.1 一般规定 …………………… 545
19.4.2 施工组织模拟 …………………… 546
19.4.3 施工工艺模拟 …………………… 547
19.5 预制加工BIM应用 …………………… 549
19.5.1 一般规定 …………………… 549
19.5.2 混凝土预制构件BIM应用 …………………… 549
19.5.3 钢结构构件加工BIM应用 …………………… 549
19.6 进度管理BIM应用 …………………… 550
19.6.1 一般规定 …………………… 550
19.6.2 进度计划编制 …………………… 551
19.6.3 进度控制 …………………… 551
19.7 质量与安全管理 …………………… 552
19.7.1 一般规定 …………………… 552
19.7.2 质量管理 …………………… 552
19.7.3 安全管理 …………………… 553
19.8 工作面管理BIM应用 …………………… 554
19.8.1 一般规定 …………………… 554
19.8.2 应用内容及模型元素 …………………… 554
19.9 预算与成本管理BIM应用 …………………… 556
19.9.1 一般规定 …………………… 556
19.9.2 施工图预算 …………………… 557
19.9.3 目标成本编制 …………………… 559
19.9.4 成本过程控制 …………………… 560
19.10 验收与交付BIM应用 …………………… 563
19.10.1 一般规定 …………………… 563
19.10.2 资料管理 …………………… 563
19.10.3 运维交付 …………………… 563
本章术语释义 …………………… 564

参考文献 …………………… 565

第 1 章

施 工 管 理

1.1 施工管理概述

建设工程施工管理是针对施工企业施工生产过程的管理，是施工企业根据施工合同界定的范围，对建筑工程进行施工的管理过程，可以是一个建设工程的施工管理活动，也可以是其中的一个单项工程、单位工程和相关专业工程的施工管理活动。

在施工管理过程中，施工企业应识别施工范围和相关方需求，分析相关因素，确定施工管理目标，并按照项目岗位与部门的责、权、利关系，控制施工管理目标实施过程中的风险因素，确保各项目标得到有效管理。施工企业应确定施工管理流程，健全施工管理规章制度，实施系统管理，持续改进施工管理绩效，提高项目相关方满意度，以确保实现施工管理的目标。

1.1.1 施工管理基本流程

施工管理工作包括启动、策划、实施、检查与改进、收尾等 5 个阶段。各阶段的任务和目标见表 1-1。

表 1-1 施工管理流程内容

序号	流程名称	流程内容
1	启动	企业应围绕施工合同及相关需求确定项目目标、组织机构、职责与程序，配备项目资源，建立文件化的施工管理体系
2	策划	项目经理应组织项目管理策划活动，确保策划贯穿施工生产全过程，并形成相应的文件；项目管理策划结果应满足适宜性、充分性与有效性的要求
3	实施	项目管理团队应按策划要求推进施工实施过程，收集项目信息，跟踪项目趋势，识别风险因素，进行项目实施偏差控制
4	检查与改进	企业监督与施工现场管理检查应保持融合与一致，动态评估项目实施状态，并持续改进施工管理体系
5	收尾	企业应实现合同各项要求，实施竣工交付，完成工程结算，进行项目总结，并按照规定完成项目解体

1.1.2 施工管理基本原则

在施工管理过程中，施工企业应坚持如下原则：

（1）企业应依据招标文件、施工合同、施工图纸、工程量清单和其他文件确定施工范围管理的工作职责和程序，并将范围管理贯穿施工各个阶段，确保工程管理目标的完整实现。

（2）企业应建立健全项目管理制度，规范施工过程的各项管理策划要求，并确保施工过程管理策划的前瞻性与完备性。

（3）企业应识别影响施工管理目标实现的所有过程，确定项目系统管理方法，确定其相互关系和相互作用，集成施工各阶段的管理要素，确保施工管理工作的协调、适宜与有效。

（4）企业应确保施工管理的持续改进，将外部需求与内部管理相互融合，以满足项目风险预防和企业的发展需求。企业应在施工实施前评估各项改进措施的风险，以保证改进措施的有效性和适宜性。企业应提升员工的持续改进意识，使持续改进成为全员的岗位责任，确保施工项目管理的绩效水平。

（5）作为企业实施施工管理的核心和基本单位，项目经理部应按施工准备、实施和收尾过程进行施工管理活动。项目管理应围绕建设单位需求，确保发包方满意，兼顾其他相关方的期望和要求。企业应识别项目所有相关方的需求和期望，确保项目各方利益的平衡与和谐。

1.2 施工准备

施工准备是指为项目满足施工需要而实施的确定与提供资源、方法、途径的准备工作，包括施工管理组织、施工组织设计、施工临时设施提供、施工资源准备。

1.2.1 施工准备的依据、要求和程序

1. 施工准备的依据

施工准备依据包括施工合同、施工图纸与规范标准、施工组织设计、施工进度与变更计划、成本控制计划等。

2. 施工准备的要求

施工准备实施应满足下列工作要求：

（1）确定组织机构与职责规定。

（2）策划施工方式与方法。

（3）落实资源提供与配置计划。

（4）确保施工现场平面布置满足持续施工的需求。

3. 施工准备的程序

项目经理部应按照下列程序实施施工准备活动：

（1）收集项目信息，分析相关施工准备需求。

（2）进行图纸会审与设计交底，明确相关施工图纸的要求。

（3）识别施工现场条件及项目风险管理需求。

（4）编制施工组织设计。

（5）明确施工过程的资源需求，细分施工工序及活动，协调资源配置与使用条件。

（6）确定施工现场平面布置，形成施工现场临时设施计划。

（7）识别资源准备的适宜途径，评估不同方式方法的相互影响。

（8）确定资源提供计划及相关验收标准，评价其技术经济水平。

（9）编制资源提供计划，实施资源提供并予以监控。

（10）评价施工准备工作的绩效并提出改进措施。

1.2.2　现场基础条件准备

施工现场提供的基础条件应确保施工现场条件、现场季节性和特殊施工条件等满足施工需求。

1. 现场基础施工条件

现场基础施工条件应满足下列要求：

（1）施工现场应完成三通（五通）一平工作，清理场地内有关施工障碍物、规划场区大门、围墙、临时道路的相关要求。

（2）施工现场应确定施工平面布置，规定现场区域功能，完成临时用水、用电和排水设施建设。

（3）施工现场应完成办公区、生活区、施工区和其他设施建设。

（4）施工现场应根据施工消防要求，完成消防设施建设，配备足够的消防器材、沙箱、消防水源。

（5）施工现场应综合考虑各种危险因素叠加的可能性，建立应急响应机制，配置各类应急响应资源。

（6）施工现场应完成各种标志、标识、警示、提示标志的设置。

（7）施工现场应完成其他满足生产需要的设施搭建工作。

2. 现场季节性和特殊施工条件

现场季节性和特殊施工条件应满足下列要求：

（1）针对季节性和特殊条件施工现场，项目经理部应建立气象信息沟通渠道，根据气象部门预报信息采取防范措施并适当安排生产。

（2）结合施工现场所处的寒冬地域环境，项目经理部应制订低温专项施工措施，准备现场各种防冻材料及设备。

（3）针对高温施工特点，项目经理部应配备高温施工资源，落实防暑降温措施。

（4）根据大雪、大雨、大风、台风、雷击和雾霾可能造成的影响，项目经理部应准备符合要求的防雪、防汛、防风、防台、防雷和防雾霾设备、物资及应对预案，落实各项季节性和特殊施工条件下的准备措施。

1.2.3　项目施工管理组织

建立合理、高效的项目管理组织体系是开展施工管理的基础和前提，具体内容包括信息的收集与分析、管理制度的构建、管理目标的确定、组织模式的确定、项目经理的选聘、项目团队建设、项目文化构建等。

1. 项目管理信息的收集与分析

收集与分析项目管理信息应遵守下列原则：

（1）企业应收集与分析施工项目的所有相关信息。

（2）项目信息收集，应围绕项目信息收集的目的，以经济的方式准确、及时、系统、全面地收集适用的数据。

（3）信息的来源应包括内部信息和外部信息两类。

（4）企业应实施项目信息的收集与分析活动，项目信息收集与分析宜包括下列内容：

1）施工管理策划需要的市场、项目和相关方信息。

2）施工管理需要的工程安全、质量、进度、环境、成本和其他信息。

3）施工管理需要的检查与改进信息。

2. 项目管理制度的构建

构建施工项目管理制度应符合下列规定：

（1）企业应在工程施工准备阶段，构建施工管理制度，并在施工过程阶段逐步细化完善。

（2）施工管理制度应保持与企业各专业制度指导思想、管理原则、管理理念相一致，宜结合工程实际突出个性化、高效实用和可操作性强的特点。

（3）施工管理制度应结合工程规模、工程地域、施工条件和其他特点进行编制，分管理专业、管理阶段、管理岗位制订，以满足不同规模、不同类型的项目的需求。

（4）施工管理制度应顺应施工过程、企业管理、发包方及监理方要求的变化情况，做到动态完善与提升。

（5）施工管理制度应包括下列内容：

1）项目管理岗位责任制度。

2）项目技术与质量管理制度。

3）图纸和技术档案管理制度。

4）计划、统计与进度报告制度。

5）项目成本核算制度。

6）材料、机械设备管理制度。

7）项目安全管理制度。

8）现场文明和环境管理制度。

9）项目信息管理制度。

10）例会和组织协调制度。

11）分包和劳务管理制度。

12）沟通与协调管理制度。

13）其他管理制度。

3. 项目管理目标的确定

企业应确定项目管理目标并分解到施工全过程，通过各项管理措施实现项目管理目标。项目管理目标应满足下列要求：

（1）进度管理目标应体现施工合同进度实施要求，满足均衡施工、集成推进的进度管理原则。

（2）质量管理目标应体现施工合同质量标准要求，满足结构安全、功能可靠的质量管理原则。

（3）成本管理目标应体现施工合同造价要求，满足质量和工期规定基础上合理节约的成本管理原则。

（4）安全、职业健康和环境管理目标应体现施工合同及相关方要求，满足过程风险预防与绩效持续改进的管理原则。

4. 项目组织模式的确定

确定项目组织模式应遵循下列原则：

企业应依据管理制度确定项目组织形式，组建项目管理机构。企业应确定项目管理组织的职责、权限、利益和承担的风险，并按项目管理目标对项目进行协调和管理。企业的项目管理活动应符合下列规定：

（1）制订施工管理制度。

（2）实施施工计划管理，保证资源的合理配置和有序流动。

（3）对项目管理层的工作进行指导、监督、检查、考核和服务。

项目经理应根据企业法定代表人授权的范围、时间和项目管理目标责任书中规定的内容，从项目启动至项目收尾，对工程项目实行全过程、全工作面管理。

5. 项目经理的条件及选聘

聘用项目经理的条件和选聘程序应符合下列规定：

（1）聘用的项目经理应满足以下要求：

1）具有相应的技术职称、专业、执业资格并取得安全生产考核合格证书。

2）具备决策、组织、领导、沟通与应急能力、能正确处理和协调与项目发包人、项目相关方之间及企业内部各专业、各部门之间的关系。

3）具有工程项目管理及相关的经济、法律法规和规范标准知识。

4）具有类似项目的管理和经验。

5）具有良好的信誉。

（2）企业法定代表人应按照规定程序，采用直接委派或竞争上岗方式选聘项目经理，并明确项目经理的管理范围、职责、权限，签署工程项目委托聘用书和项目管理目标责任书。

6. 项目管理目标责任书

确定项目管理目标责任书内容应遵守下列要求：

（1）项目管理目标责任书应由企业法定代表人或其授权人在项目实施之前，与项目经理协商制订。项目管理目标责任书属于企业内部明确责任的系统性管理文件，其内容应符合企业制度要求和项目自身特点。

（2）编制项目管理目标责任书应依据下列信息：

1）施工合同文件。

2）企业管理制度。

3）施工组织设计。

4）企业经营方针和目标。

5）项目特点和实施条件与环境。

（3）项目管理目标责任书宜包括下列内容：

1）项目管理实施目标包括现场安全、质量、进度、环境、成本和社会责任目标。

2）企业和项目经理部职责、权限和利益的界定。

3）项目设计、采购、施工、试运行管理的内容和要求。

4）项目所需资源的获取和核算办法。

5）法定代表人向项目经理委托的相关事项。

6）项目经理和项目经理部应承担的风险。

7）项目应急事项和突发事件处理的原则和方法。

8）项目管理效果和目标实现的评价原则、内容和方法。

9）项目实施过程中相关责任和问题的认定及处理原则。

10）项目完成后对项目经理的奖惩依据、标准和办法。

11）项目经理解职和项目管理机构解体的条件及办法。

12）缺陷责任期、质量保修期及之后对项目经理的相关要求。

（4）企业应对项目管理目标责任书的完成情况进行考核和认定，并对项目经理和项目管理团队进行奖励或处罚。项目管理目标责任书应根据项目变更进行补充和完善。

7. 项目经理部岗位设置及职责

项目经理部岗位设置应遵循可靠与效率的原则，并符合下列规定：

（1）项目经理部岗位可由项目经理、项目副经理、技术负责人、施工员、安全员、材料员、质检员、资料员、合同管理员和其他岗位构成。

（2）项目经理部岗位设置应满足责任与权力对等、资源与需求一致的要求。

确定项目经理部岗位职责应遵行合理与可行原则，其主要职责见表 1-2。

表 1-2 项目经理部主要岗位设置及主要职责

序号	岗位名称	岗位主要职责
1	项目经理	（1）根据企业授权，组织制定项目总体规划和项目施工组织设计，全面负责项目经理部安全、质量、进度、环境、成本和其他技术与管理工作 （2）推进合同履约管理，保证施工管理成果达到国家规定的规范、标准和合同要求 （3）负责项目各种施工技术方案、危险性较大工程专项施工方案、进度计划的工作安排和落实，以及根据授权组织施工图纸的编制和实施 （4）实施生产要素管理，组织、计划、指挥、协调、控制，确保工程质量和安全，做到进度均衡、文明施工、保护环境与成本控制，保证项目效益 （5）负责组织完成项目资金计划编制和成本核算工作，审核项目各项费用支出、回收工程款并结算款项 （6）负责组织项目风险识别与评估工作，实施项目风险应对措施
2	项目副经理	（1）协助项目经理按照合同、建设单位和企业要求，组织、落实项目施工生产 （2）协助项目经理根据企业施工生产计划，组织编制项目经理部年、季、月度生产计划，实施施工组织的协调工作 （3）协助项目经理按照企业安全、质量、环境管理及安全标准等工地建设要求，组织项目经理部的施工生产，实施施工现场管理，监督检查项目经理部安全、质量、进度、环境管理制度的贯彻执行情况并满足规定要求 （4）负责在分管工作范围内，与建设、设计、勘察、监理、分包单位及项目经理部各协作单位的沟通协调工作，负责解决项目施工生产中出现的具体问题
3	技术负责人	（1）组织贯彻执行企业技术管理制度及国家颁布的有关行业标准规范，实现设计意图 （2）负责组织审核或者根据授权编制设计文件，核对工程内容，正确解决施工图纸中的疑问 （3）参加施工调查，组织施工复测，具体编制施工组织设计，并按照规定编制施工临时设施建设计划、专项施工方案、质量计划、创优规划和其他专项方案，按程序报批后组织实施 （4）指导技术人员的日常工作。组织、实施或复核重点环节、关键工序的专项方案和施工技术交底，解决相关技术问题 （5）检查、指导现场施工人员对施工技术交底的执行落实情况，纠正现场的违规操作 （6）办理变更设计及索赔等有关事宜
4	施工员	（1）确保责任范围内的施工活动符合工程强制性标准、规范、图纸和施工组织设计的要求 （2）参加图纸会审、隐蔽工程验收、技术复核、设计变更签证、中间验收、竣工结算和其他工作，收集所有技术资料并整理归档 （3）编制专业生产计划、施工方案和安全、技术交底，组织落实施工工艺、质量及安全技术措施 （4）组织协调根据工程进度要求的劳动力安排和机械设备、材料的进出场 （5）熟悉图纸及施工规范，实施工程施工部位测量、放线工作，并保证其准确性 （6）对各分部、分项工程及检验批，应依据相关的规范标准组织施工，并确保安全生产与环境保护工作

（续）

序号	岗位名称	岗位主要职责
5	安全员	（1）贯彻执行建筑工程安全生产法令、法规，详细落实各项安全生产规章制度 （2）参与协调各种专项安全施工措施的编制，监督安全技术交底工作，对施工过程安全条件实行管理控制，并保存安全记录 （3）监督安全设施的设置与提供情况，对施工全过程安全状态进行跟踪检查。对照项目施工组织设计、施工方案和安全技术规范，检查并识别危险源和事故隐患，有权采取相关应急措施，并向项目经理汇报，协助和参与对相关问题的处理 （4）落实现场各项安全检查、考核评定、现场签证工作
6	质检员	（1）执行有关工程质量的方针政策、施工验收规范、质量检验评定标准及相关规程，对施工质量负有监督、检查与内部验收的责任 （2）参与并监督质量计划的交底与实施过程，参加质量检查和重点工序、关键部位的质量复检工作，负责对单位工程和分部、分项、隐蔽工程检验记录的签证 （3）对违反国家规定、规范和忽视工程质量的有关单位和个人提出批评和处理意见，对不符合质量标准的施工结果，有权责令停工，行使质量否决权并向项目经理汇报 （4）负责整个施工过程的日常质量检查工作 （5）熟悉工程图纸、规程、规范，监督施工员按图施工，有权纠正错误施工，必要时可令其停工，同时向项目经理汇报
7	材料员	（1）负责工程材料询价、采购、工具管理、劳保用品、机械设备和周转材料的购置与租赁、材料的存放保管 （2）掌握施工需要的各种材料需用量及对材质的要求，了解材料供应方式，合理安排材料进场，实施现场材料的数量、规格、质量的验收工作。规范现场物资保管过程，减少损失浪费，防止丢失 （3）确保采购的建筑材料质量满足国家及行业标准，依据图纸、设计及变更的规格型号规定 （4）确保采购的材料接受各方监督，同时应配合有关人员实施材料的取样复试工作。材料如有质量或数量偏差，应按照规定联系采购部门进行退换货处理
8	资料员	（1）负责工程项目的所有图纸的接收、清点、登记、发放、归档、管理工作，并协助项目经理部进行竣工资料的移交 （2）登记、整理工程施工过程中所有工程变更、洽商记录、会议纪要和其他资料并归档 （3）监督检查施工过程中各项施工资料的编制、管理，做到完整、精准，与工程进度同步，保证施工资料的真实性、完整性、有效性
9	合同管理员	（1）负责施工合同与分包合同管理的日常工作 （2）负责准备并参与施工过程合同变更的评审工作 （3）评估合同履约及实施情况，提出合同执行报告 （4）组织协调索赔、签证、变更、合理化建议工作 （5）与发包方沟通，协助项目经理催要预付款、回收工程款

8. 项目团队建设

项目团队建设应明确团队管理原则，规范团队运行，并满足下列管理要求：

（1）项目管理团队成员应围绕项目目标协同工作并保持有效沟通。

（2）项目团队建设应符合下列规定：

1）建立团队管理机制和工作模式。

2）各方步调一致，协同工作。

3）制订团队成员沟通制度，建立畅通的信息沟通渠道和各方共享的信息平台。

（3）项目经理应对项目团队建设负责，组织制订明确的团队建设目标、合理高效的运行程序和完善的工作制度，定期评价团队运作绩效。

（4）项目经理应统一团队思想，营造集体观念，和谐团队氛围，提高团队运行效率，并确立符合项目实际的项目团队价值观，以科学价值观防范项目风险的突发。

（5）项目团队建设应利用团队成员集体的协作成果，开展绩效管理。

（6）项目团队冲突处理应符合下列规定：

1）通过现场会议或其他途径，建立团队成员的工作联系和沟通方式，制订团队目标，建立个人和集体的职责体系，明确技术及管理程序。

2）建立沟通联系和协商机制，畅通沟通渠道，营造协同工作的团队氛围。

3）有效利用激励机制激发团队成员的积极性。

4）通过缓和或调停淡化冲突双方的分歧，强调在争议问题上的共同性，寻找方案有效化解并恰当解决相互间的冲突和分歧。

5）利用合理方法缓解冲突气氛，为冲突双方提供和平共处的机会。借助或利用组织的力量解决群体间的冲突。

6）有效利用谈判和磋商机制，强调合作、直面冲突，辨明是非，找出分歧的原因，促进相互理解，解决争议，化解矛盾。

7）强化舆情监控和应急处理机制、避免或减少不利舆论的影响。

9. 项目文化构建

项目文化构建应突出文化引领作用，并遵守下列要求：

（1）以企业文化为统领，应营造良好的工程项目建设氛围，融合项目相关方文化，增强团队凝聚力和向心力。

（2）着力培养全体员工的团队进取精神，应将企业精神与项目文化的实际相结合，培育全体员工发扬艰苦奋斗、团结协作、勇争第一的优良传统。

（3）不断拓展企业品牌，应营造具有企业特色的质量文化、安全文化、诚信文化。

（4）坚持诚信共赢、以人为本、风险防范的理念，应通过理念凝聚共同价值观，调动员工的积极性和创造性，合力推动施工生产顺利实施。

（5）实施项目形象建设，应科学合理规划施工区域，彰显企业风采。根据企业文化建设要求，合理设置项目驻地，使施工工地条块分明，功能清晰，互不干扰，充分展示企业形象，营造出团结拼搏、健康向上的良好氛围。

（6）统一企业文化识别标准，应强化视觉系统的整齐划一，因地制宜建设工地文化，图、表、栏、牌、板应标准划一，给人以条理清晰的舒适视觉印象。

（7）坚持规范作业和文明施工，应执行工序交接班和“工完料净场地清”的制度，材料堆放在指定区域，堆码整齐，确保工地整洁卫生，井然有序。

（8）发挥企业文化的管理功能，应坚持从施工实际出发，采用下列措施促进企业文化与项目管理的全方位结合：

1）完善并制定项目管理制度，形成完整的制度体系。

2）完善岗位职责，悬挂岗位职责牌和操作规程牌，使现场人员明确自身岗位、技术要求、操作流程和目标责任。

3）依据项目目标、岗位规范、工作业绩、系统奖惩管理规定，将项目目标完成情况与物质激励和精神鼓励紧密结合，严格考核，奖惩兑现。

4）通过现场人员行为规范和激励约束机制培育良好习惯，将人员的行为准则融入企业的价值观。

5）推进现场人员素质教育、思想政治教育和职业道德教育，强化企业文化灌输，增强企业文化认同感。实施教育培训，提供交流沟通平台，增强现场人员对企业文化的认同感、归属感和忠诚度。

6）注重礼仪规范，引导和教育现场人员遵守礼仪规范，加强安全文化、诚信文化的建设。

（9）推进项目文化建设的创新与提升，应以人为本，落实项目知识管理，实施企业文化内涵建设，构建协作与团队精神，通过项目文化熏陶，提高队伍的整体素质和凝聚力。

1.2.4 施工组织设计

施工组织设计是以建设工程为对象编制的、用以指导施工的技术、经济和管理的综合性文件，是开展施工活动的基本依据。施工组织设计一般是基于单项工程、单位工程或相关专业工程施工及管理活动的策划成果。

1. 施工组织设计任务及管理目的

施工组织设计任务及管理目的应符合下列规定：

（1）施工组织设计的基本任务应是根据国家有关技术政策、建设项目要求，结合工程的具体条件，确定经济合理的施工方案，对拟建工程在人力和物力、时间和空间、技术和组织方面统筹安排，以保证按照既定目标，优质、低耗、高效、安全地完成施工任务。

（2）施工组织设计的管理目的应是为了提高施工组织设计管理水平与编写质量，明确编制内容、方法、审核及审批程序，规范实施和变更管理行为。

2. 施工组织设计编制原则

施工组织设计编制应符合下列原则：

（1）符合施工招标文件或施工合同中有关工程安全、质量、进度、环境、成本和社会责任方面的要求，并提出切实的保障措施。

（2）开发、使用新技术和新工艺，推广应用新材料和新设备。

（3）依据科学施工程序和合理施工顺序，采用流水施工和网络计划及其他方法，科学配置资源，合理布置现场，采取季节性施工措施，实现均衡施工，达到合理的经济技术指标。

（4）采取先进合理的技术和管理措施，推广绿色建造、智能建造、精益建造、装配式建筑和其他适宜方法。

（5）与质量、环境和职业健康安全管理体系有效结合，形成集成化管理效力，履行企业社会责任。

（6）确保施工组织方法与项目成本管理有机结合，在履行合同承诺的基础上，实现项目成本的合理优化。

（7）特殊情况下，施工组织设计可按照逐步具备的条件分阶段编制。

3. 施工组织设计信息收集

企业及项目经理部应针对施工管理需求收集下列信息并进行分析：

（1）工程所在地和行业的法律、法规。

（2）项目招标投标文件及相关资料、施工合同。

（3）项目所在地的自然环境、社会环境及项目周边环境因素。

(4) 工程勘查、设计文件及有关资料。

(5) 与项目施工相关的资源配置及整合情况。

(6) 与工程有关的各项施工手续、资质、人员配置及相应岗位证书和其他资料。

(7) 项目技术特点、难点及管理情况。

4. 施工组织风险识别与评价

施工组织风险识别与评价应遵守下列规定：

(1) 施工组织设计编制前，编制人员应按照风险管理程序对工程项目进行风险识别与评价，针对需要控制的风险因素确定应对策略。

(2) 对于技术比较复杂的建设项目，编制人员应围绕技术风险防范，明确施工技术的应用方法。

5. 施工组织设计结构策划

施工组织设计结构策划应符合下列要求：

(1) 施工组织设计按编制对象，可分为施工组织总设计、单位工程施工组织设计和施工方案。

(2) 施工组织设计按照编制阶段的不同，分为投标阶段施工组织设计和实施阶段施工组织设计。实施阶段施工组织设计应是投标阶段施工组织设计的延伸与优化。

(3) 施工组织设计表现形式可采用表格、平面图形、三维图形和其他形式并辅以文字说明，电子施工组织设计可以插入动画进行表达。

(4) 企业宜规定施工组织设计的结构组成与相互作用，明确各阶段与对象关联因素之间的逻辑关系，确保施工组织设计策划成果满足有效性、充分性与适宜性的要求。

6. 施工组织设计内容

施工组织设计内容应确保满足施工管理的各项规定要求。

(1) 编制依据应符合下列文件和资料的要求：

1) 与工程建设相关的法律、法规、规章、制度；工程所在地区建设行政主管部门文件。

2) 与本行业相关的现行标准、规范、图集和其他要求。

3) 招标投标文件、施工合同及其补充文件。

4) 工程设计文件及图纸会审结果。

5) 施工企业内部标准。

6) 其他相关方合理需求。

(2) 工程概况应包括下列内容：

1) 项目基本情况与背景。

2) 项目主要施工条件。

3) 其他。

(3) 施工部署应符合下列要求：

1) 对项目总体施工做出宏观部署，确定项目管理各项目标，规定施工段划分、施工顺序和相关内容，明确项目各分阶段计划。

2) 针对施工过程的重点和难点进行精准分析，并提出应对措施、方法。

3) 明确项目管理组织机构形式，宜采用框图的形式表示。

4) 对用于施工过程的新技术、新工艺、新材料、新设备做出部署。

5) 对主要分包项目施工单位的资质和能力提出明确要求。

6）确定施工过程的进度、安全、质量、环境与技术经济目标。

（4）施工进度计划的编制方法应符合下列要求：

1）应按照项目总体施工部署的安排进行编制。

2）可采用网络图或横道图表示，并对进度计划中的关键线路工作进行文字说明。

（5）施工准备与资源配置计划应包括下列内容：

1）应包括技术准备、施工机具与设施准备、材料准备、资金准备、劳动力准备及其他内容，各项准备应满足分阶段施工的需要。

2）应满足施工中不同工艺方法的各项需求。

（6）施工方法应遵守下列要求：

1）应对项目涉及的单位工程和主要分部分项工程所采用的施工方法进行说明。

2）应对脚手架工程、起重吊装工程、临时用水用电工程、季节性施工及其他专项工程所采用的施工方法进行说明。

3）应对危险性较大或技术比较复杂的分部分项工程所需采用的施工方法进行重点说明，并与相关专项施工方案进行衔接。

（7）施工现场总平面布置应符合下列规定：

1）应根据项目总体施工部署，绘制现场不同施工阶段（期）的总平面布置图。

2）应确保施工现场总平面布置图绘制符合国家相关标准要求并附必要说明。

3）施工总平面布置图应包含场地内地形情况、拟建的建（构）筑物位置、临时施工设施、大型机械位置、用地红线、场地周边的既有建（构）筑物信息。

4）应确保施工总平面布置科学合理，减少临时占地，提高运行效率。

5）应保证施工平面布置的各类设施满足安全、消防、环境保护和社会责任的要求。

（8）施工管理计划应符合下列要求：

1）应确立系统、适用、配套的计划体系，包括进度管理计划、质量管理计划、安全管理计划、环境管理计划、成本管理计划、信息技术与应用管理计划、沟通管理计划及其他管理计划。

2）应具备明确的目标、组织结构、岗位职责、管理制度和保障措施。

3）应确保计划内容根据项目特点、工程类型和发包方需求有所侧重。

4）应满足项目管理目标分解及相关控制措施的衔接要求。

7. 施工组织设计审核与批准

施工组织设计审核与批准应符合下列规定：

（1）施工组织设计文件编写完成后，应由企业技术负责人或由其授权的技术人员在规定范围内进行审批。

（2）企业审批通过的施工组织设计文件，应报送建设单位或监理单位项目负责人审核，并形成审核意见，批准或修改后再批准。

8. 施工组织设计修改与补充

施工组织设计实施过程中发生下列情况之一时，施工组织设计应进行修改或补充，修改或补充的施工组织设计应重新履行报审程序：

（1）工程设计有重大修改。

（2）有关法律、法规、规范和标准实施面临新的修订或废止。

（3）主要施工方法有重大调整。

（4）主要施工资源配置有重大调整。

（5）施工环境有重大改变。

1.2.5 施工临时设施

企业应建立施工临时设施管理制度，实施施工临时设施计划，并确保施工临时设施能提供满足规定的要求。施工临时设施计划可与施工组织设计或专项施工方案结合编制。

1. 临时设施提供依据

施工项目临时设施提供应遵循下列依据：

（1）工程类型、工程性质、工程规模、工程环境、施工条件。

（2）施工合同、法律法规。

（3）安全性、环保性、先进性、实用性、经济性要求。

（4）智慧型项目的信息化建设需求。

（5）发包方、监理方要求与企业自身品牌形象的构建需求。

2. 临时设施提供流程

施工临时设施提供应依据下列流程实施：

（1）踏勘施工现场。

（2）分析施工现场临时设施需求。

（3）编制施工临时设施计划。

（4）实施并动态完善施工临时设施计划。

（5）持续确保施工临时设施满足施工需求。

3. 临时设施计划编制

施工临时设施计划应系统完整、重点突出，确保编制依据、内容、流程、方式满足管理需求。

（1）编制依据

施工临时设施计划编制依据应符合下列要求：

1）工程规模、工程性质。

2）自然地理、水文地质与区位情况。

3）社会安全与周边环境。

4）法律法规、施工合同和其他要求。

（2）编制内容

施工临时设施计划应包括下列内容：

1）临时设施目标与时间安排。

2）临时设施施工任务及职责分配。

3）临时设施平面布置。

4）临时设施的提供方法与措施。

5）其他。

（3）编制流程

施工临时设施计划编制应遵循下列流程：

1）施工现场勘查与现场因素分析。

2）施工现场平面布置安排策划。

3）确定施工现场临时设施建设内容与进度。

4）确定施工现场临时设施专项措施。

5）形成施工临时设施计划。

6）经授权人批准后实施。

4. 临时设施布置原则

施工平面布置与施工临时设施安排应符合下列规定：

（1）项目经理部应通过拟建项目的施工总平面图完成施工临时设施提供，对施工现场的道路交通、材料仓库、临时房屋、临时水电管线做出系统的规划布置。

（2）项目经理部应确定工程施工期间所需各项设施和永久建筑、拟建工程之间的空间关系与运作规则。

（3）项目经理部应随着工程的进展，按不同阶段对施工总平面图进行调整和修正，以满足不同施工条件下的实施需求。

（4）施工总平面布置与施工临时设施安排应满足下列要求：

1）减少施工用地，少占农田，使平面布置紧凑合理。

2）合理组织运输，减少运输费用，保证运输方便通畅。

3）施工区域的划分和场地的确定，应符合施工流程要求，杜绝或减少专业工种和各工程之间的干扰。

4）利用各种永久性建筑物、构筑物和原有设施为施工服务，降低临时设施的费用。

5）各种生产、生活设施应便于员工日常生产与生活。

6）符合安全防火、劳动保护的要求。

5. 临时设施建设原则

（1）施工现场临时设施应结合工程规模、施工周期、现场实际进行建设，满足生产区域与项目办公、生活区域分开设置的要求。

（2）施工现场临时设施建设可利用施工现场原有安全的固定建筑或自建。

（3）施工现场临时设施建设应系统规划、统筹落实，符合施工临时设施计划与施工组织设计的策划要求。

（4）施工临时设施应按照下列要求进行建设：

1）项目办公区、生活区应与原有建筑、交通干道、高墙、基坑保持一定的安全距离。

2）禁止设置在高压线下，不得建设在挡土墙下、围墙下、沿河地区、雨季易发生滑坡泥石流地段和其他危险处。

3）不得设置在沟边、崖边、江河岸边、泄洪道旁、强风口处、已建斜坡、高切坡附近以及其他影响安全的地点，应充分考虑周边水文、地质情况，以确保安全可靠。

（5）自建临时设施应在开工前完成。自建临时设施完工后，项目经理部应组织内部有关人员进行验收，未经验收或验收不合格的临时设施不得投入使用。

（6）自行建设或拆除临时设施时，项目经理部应保持与发包方、监理方的沟通渠道，并应安排专业技术人员监督指导。

1.2.6 项目网络与信息化建设

1. 项目网络与可视化建设

项目网络与可视化建设应满足信息化管理的需求，确保管理制度、控制方法和实施过程符合规定要求。

(1）项目经理部应确保下列项目网络建设工作满足要求：

1）建立信息化管理制度，确定信息化组织机构、信息职能分配工作，并制定、实施项目网络建设方案。

2）在规定时间内建成计算机局域网，宜确保互联网和相互间的信息共享。

(2）施工现场可视化管理应确保下列建设活动满足要求：

1）施工现场视频监控仪器应分别安装在项目经理部大门口、施工工地大门口、人员进出场刷卡门口、项目经理部会议室、工地最高点、材料储备区、存在重大危险源的专业分包、劳务分包及其分部、分项工程作业面的关键位置。

2）通过监控仪器进行实时监控，项目经理部可获得施工生产的各项动态信息，对施工现场情况实现全天候、全方位远程视频监控，以控制各类事故的发生频率。

3）施工管理系统平台架构可分为工地现场、电信网络和信息中心三个层次。

4）安装在工地现场的网络摄像头，宜通过交换机接入宽带网络或视频专网。

5）与信息中心的网络平台服务器一体机对接，可在管理中心实时监控建筑工地各个点位的现场情况。

6）对于接入网络较难的工地点位，可采用无线接入网关，通过智能手机实时查看现场情况。

2. 项目信息化建设

项目信息技术与信息安全保障建设应遵守下列要求：

(1）企业应制订信息化工作管理规划、信息化管理标准，对企业计算机网络平台的建设提出统一要求，明确应采集的项目信息，对项目管理软件提出修改和完善意见，以提高和改进项目管理软件的功能。

(2）项目经理部应管理所需各种信息，并将这些信息的提供任务分解到项目经理部岗位人员。确认每种信息包括文字、报表、图片、视频、音像资料收集的方式、提供的时间频度和提供的对象。

(3）项目经理部应对各方面收集到的数据和信息进行鉴别、选择、核对、合并、排序、更新、计算、汇总，生成不同形式的数据和信息，以提供给项目管理人员及相关方。

(4）项目信息安全保障应包括下列具体内容：

1）企业负责信息化设备的实施保障、维修，确保其正常运行。

2）项目经理部负责信息存储，施工过程处理后的项目信息按照统一编码、固定的格式进行存储，宜保留存储备份。

3）项目经理部在信息化管理过程中应执行法律法规要求，确保施工现场员工的个人权益。

4）项目经理部承建的保密工程、国防工程及其他特殊工程的施工信息处理，按发包方要求、国家信息安全规定及法律法规执行。

1.2.7 施工资源准备

施工资源准备包括技术准备、施工机具与设施准备、劳动力准备、材料准备、交通与生产生活设施准备等几个方面，具体准备内容见表1-3。

表1-3 施工资源准备内容

资源类型	准备内容
技术准备	（1）企业应收集施工现场需要的各项技术标准与规范，了解工程地质及环境情况，建立项目技术保障条件 （2）企业应组织并参加图纸会审与设计交底，与相关方沟通和施工图纸有关的信息，充分理解设计要求，消除可能的障碍与不一致，这是形成项目精准施工的技术前提 （3）项目经理部技术人员应熟悉施工图和有关技术资料，汇集相关的技术资料与报告，营建项目技术信息平台 （4）项目经理部应完善实施阶段施工组织设计，编制分部分项工程施工方案，编制各专业施工计划和配合计划，使各项技术文件具备实施条件 （5）项目经理部应实施工程测量和有关技术资料的移交、确认，进行测量放线、建立坐标控制点，轴线控制系统，高程控制系统；确保施工现场开工基准准确无误 （6）项目经理部应编制各种检测、检验、配合比设计的实施计划，保证进场施工材料符合技术标准 （7）企业应确定大型及特殊工程项目的科研课题、资金投入和研究方案，构建施工过程技术支持条件
施工机具与设施准备	（1）企业应编制施工机具与设施提供计划，确定合格供应方，确保施工机具与设施满足施工准备要求 （2）项目经理部应按照施工进度计划，安排施工机具与设施进场，并进行检查验收 （3）项目经理部应验证进场施工机具与设施的状态，掌握相应的运行档案情况，确认施工机具与设施的安全可靠程度 （4）项目经理部应策划、落实设备配置型号、数量和规格，实施维护维修，确保机械设备处于正常工作状态
劳动力准备	（1）项目经理部应根据施工组织设计拟定的劳动力计划，确定劳动力配备与使用计划，确保劳动力投入符合施工需求 （2）企业和项目经理部应根据分包要求选择劳务队伍，宜选择长期合作单位，确保劳动力的质量与数量符合工程需求 （3）项目经理部应按照规定办理各项保险与手续，实行实名制管理 （4）项目经理部应确保劳动力的劳动条件与生活条件符合国家有关要求 （5）项目经理部应确保施工现场劳动力准备满足提前进场、流动有序的要求
材料准备	（1）根据施工材料需求计划，企业或项目经理部应编制进场的材料供应计划，合理选择材料供应方，确保材料供应满足施工需求 （2）根据施工组织设计的材料质量验收要求，企业和项目经理部应选择和确定供应商，签订材料供应合同，明确双方合同责任 （3）项目经理部应组织进场材料的质量检测与验收工作，审查相关部门提供的建筑材料和其他复检资料，完成设置现场材料检验试验状态的标识准备工作 （4）项目经理部应确保施工现场进场材料经检验合格后方可使用；材料数量、规格、型号应符合相关规定的要求
交通与生产生活设施准备	（1）施工现场平面布置应规划现场道路交通、办公区、生活区及仓库设施，规定现场运作规则，完成相关标识设置 （2）现场道路交通应方便物流运输、便于资源调配，有利作业转换 （3）办公设施应与信息技术紧密结合，设置专人负责，形成智慧型管理方式，提供高效的办公信息系统 （4）卫生间、食堂、体育场所应布局安全，卫生清洁。食堂应取得食品卫生许可证 （5）仓库应确保合理设置，安全可靠，存储方式适宜，便于施工资源的存储、搬运与使用 （6）危险化学品的储存、搬运、使用应符合国家相关规定

1.3 施工过程

1.3.1 一般规定

1. 施工过程管理原则

施工过程管理应遵守下列原则：

（1）施工过程管理应是围绕施工合同，依据项目管理目标，系统实施项目管理的活动，包括施工过程管理策划、资源提供与实施、进度管理、质量管理、成本管理、职业健康安全与环境管理、风险管理及合同管理。

（2）施工合同应是施工过程管理的基本准则。企业应把合同管理贯穿施工管理的全过程，把项目管理与发包方要求相结合，确保施工过程管理与合同管理的融合集成。

2. 施工合同管理原则

施工合同管理应符合下列规定：

（1）企业应建立健全项目合同管理制度，设立合同管理组织机构负责项目合同管理。

（2）企业应根据签约前合同评审的风险结果，确保总承包合同与分包合同责、权、利的分配遵循公平、公正和效率的原则。

（3）企业应保证合同符合主体合格、内容合法、语言表述准确、权利义务清晰以及符合合同当事人需求的基本条件。

（4）企业应实施总包合同交底和分包、分供合同交底，落实企业与项目合同履约的责、权、利规定。

（5）企业应保持与发包方的沟通渠道，按照施工合同及工程进度要求确保工程进度款和预付款的精准到位。

（6）企业应按合同约定全面履行合同义务、行使合同权利，确保分包、分供方的选择、签约、进场、过程管理、退场、结算及履约考核符合合同规定的要求。项目经理部负责施工现场分包、分供合同的日常履约管理。

（7）企业应按照合同约定的方法，与发包方办理索赔、签证、变更事宜，提出合理化建议，协调工作关系，解决合同纠纷，并进行工程结算。

3. 施工过程管理依据与内容

施工过程管理依据与内容应符合下列要求：

（1）企业应组织施工合同履约风险评估，明确项目合同的详细要求，解决内部相关问题，以保证施工过程管理与合同要求一致。

（2）施工过程管理依据应包括以下内容：

1）施工合同。

2）施工图纸与规范标准。

3）施工组织设计。

4）其他。

4. 施工过程管理程序

施工过程管理应依据下列程序实施：

（1）掌握并分解工程合同要求，进行合同交底。

（2）明确施工过程管理目标，细分施工过程及活动的管理要素。

（3）识别施工过程管理的实施途径，评估不同方法对于合同履约的影响。

（4）分析施工过程管理方法的风险。

（5）确定施工过程管理要求及过程验收标准。

（6）评价分包方能力与信用，确保分包合同及履约符合规定要求。

（7）落实施工过程实施要求并对照合同及相关要求予以监控。

（8）实施分包工程验收与分包合同结算。

（9）保证工程变更控制措施得到有效实施。

（10）兑现工程合同的履约承诺，确保实现施工过程管理的各项目标。

（11）检查、评价施工过程的管理绩效。

1.3.2 施工过程管理策划

1. 基本要求

施工过程管理策划基本要求为应确保策划制度、流程、方法符合下列规定：

（1）施工过程管理策划应是围绕施工过程，为实现施工目标而进行的具体详细的策划活动；由施工过程实施风险识别与分析、施工流程细分与管理目标分解、施工方案策划、施工工序管理策划组成。

（2）企业应建立施工过程管理策划制度，应用适宜的技术与管理手段，实施工程系统分析，确保项目管理策划持续、可靠。

（3）项目经理部应建立施工过程管理策划流程，明确策划方法，完善策划责任制度，并负责施工过程实施策划的具体落实。

（4）项目经理部应参加图纸会审，确保提出的所有与施工过程有关的问题均已明确，并在施工前得到妥善解决。图纸会审结果应形成文件，且得到有效控制。

（5）项目经理部应按照规定对项目涉及的施工技术、管理方法、管理手段及相关的技术、管理资源进行合理策划，实施案例对比，确保施工过程策划的有效性、适宜性与前瞻性。

（6）项目经理部宜根据信息技术与智慧型项目的工序控制标准、针对影响结构安全和主要使用功能的分部、分项工程、关键工序做法、作业人员的操作行为及工程实体控制结果实施动态策划。

2. 依据、内容和程序

施工过程管理策划的依据、内容和程序应系统、严谨、可靠，满足过程控制的规定要求。

（1）施工过程管理策划应依据下列要求：

施工合同、施工组织设计、国家相关标准规范、施工现场相关需求。

（2）施工过程管理策划应包括下列内容：

1）施工过程进度、安全、质量、环境、成本目标及分解要求。

2）施工过程施工技术、采购、进度、安全、质量、环境、成本、合同管理的工作职责及权限。

3）项目关键与特殊过程，适用的施工技术、质量验收规范文件，需使用技术文件的层次、深度及范围。

4）施工过程所需的管理方法与风险控制措施。

5）所需管理人员、操作人员、设备机具、周转材料、工程用料及相关资源计划。

（3）施工过程管理策划应按图1-1所示流程实施。

图1-1　施工过程管理策划流程

3. 风险识别与评价

施工过程管理风险识别与评价应符合下列规定：

（1）施工企业应根据项目合同、规范、标准及国家相关要求，识别施工过程的重大风险，评价相关影响，并在指导项目的相关文件中明确施工过程风险的识别与评价结果。

（2）项目经理部应根据施工现场条件、施工图纸、施工组织设计、企业要求和相关需求，研究施工过程的变化趋势，识别并确定施工过程管理风险的具体特点与内容，保证施工过程风险变化识别与评价的有效性。

（3）项目经理部应针对施工实施过程的风险，界定风险水平，确定风险控制优先顺序的控制权重，确保施工实施过程策划的充分性。

4. 流程细分与管理目标分解

施工流程细分与管理目标分解应符合下列要求：

（1）项目经理部应识别并分析影响项目管理目标实现的所有过程及其相互关系，界定关联因素，并采取适宜的方法对各个过程进行细分。

（2）项目经理部应按照企业项目管理目标的要求，根据施工流程细分结果分解相应的过程或工序管理目标，并形成必要的文件。

（3）项目经理部应确保施工流程细分与管理目标分解的结果符合项目管理的深度需求，流程与相应目标对应，满足施工过程风险控制的规定要求。

5. 施工方案策划

施工方案策划应确保其依据、内容和方法满足规定要求。

（1）施工方案应是详细规定施工具体要求的专项性策划，其策划依据应包括下列内容：

1）施工合同。

2）项目管理范围。

3）施工流程细分与管理目标分解结果。

4）施工组织设计。

5）项目管理策划的其他结果。

6）企业有关施工实施过程策划的规定。

7）法律法规及标准规范。

（2）施工方案应基于针对性与可操作性，具体包括下列内容：

1）施工实施过程管理目标与分解要求。

2）需要采用的相关技术以及相应的管理措施。

3）资源安排与费用估算。

4）新技术、新工艺、新材料、新设备的应用计划。

5）施工实施过程的管理职责与权限。

6）风险分析与应对措施。

（3）施工方案的结果应形成文件，并经过企业或者项目经理部授权人批准。形成的文件应至少包括下列内容：

1）施工管理目标。

2）施工措施实施计划。

3）施工过程实施的技术方法与管理措施。

（4）对于结构复杂、技术难度大、重要部位的特殊结构和涉及安全功能的施工过程，项目经理部应根据规定制订专项施工方案，必要时组织外部专家进行论证，其内容必须符合国家相关要求。

6. 工序管理策划

施工工序管理策划应确保工序管理有序可控、适宜合理。

（1）施工准备阶段，项目经理部应根据项目施工组织设计、项目专项施工方案，确定施工工序管理策划的实施安排。施工工序管理策划应包括下列活动：

1）技术交底。

2）技术复核。

3）工序控制。

4）技术核定。

5）工程变更。

（2）施工工序管理策划的依据应符合下列文件和资料的要求：

1）施工流程细分与管理目标分解结果。

2）施工图纸和标准、规范。

3）施工组织设计。

4）施工专项方案。

5）其他。

（3）项目经理部应根据施工工序管理策划的安排，策划各项施工工序管理活动。具体应包括下列内容：

1）施工工序实施、控制目标及责任要求。

2）工序技术方案和技术文件。

3）图纸会审及设计交底的内容。

4）技术交底和技术复核的管理方法。

5）技术核定和工程变更的管理方式。

6）施工工艺和技术方法的控制模式。

7）施工工序实施资料的管理细节。

8）技术开发和新技术的应用手段。

（4）项目经理部实施技术交底策划，策划活动应满足下列要求：

1）确保技术交底内容符合规定要求，并在施工前实施。

2）所有规定应进行技术交底的要求均应得到有效实施。

3）确保所有相关人员了解技术要求并在施工过程中正确执行。

4）技术交底形成文件，并得到有效落实。

5）技术交底由项目技术负责人或其授权人组织进行。

6）项目经理部保存相关的交底记录。

（5）项目经理部实施技术复核策划，策划活动应满足下列要求：

1）技术复核在施工前进行，或者经过批准在施工过程中实施。

2）所有规定应进行技术复核的要求均应得到有效实施。

3）技术复核的项目和内容应在复核实施前予以明确，并形成文件。

4）实施技术复核的人员具备相应的专业能力，设备符合规定要求。

5）项目经理部保存有关技术复核的记录。

（6）项目经理部实施施工工序控制策划，策划活动应满足下列要求：

1）确定施工工序控制措施需求，制订技术与管理措施。

2）确保技术与管理措施充分、适宜，并得到有效实施。必要时应进行评审和验证。

3）确定新技术应用的实施与风险防范措施。

4）评估施工工序控制策划的执行情况并持续改进。

（7）项目经理部实施技术核定与工程变更策划，策划活动应满足下列要求：

1）工程变更出具技术核定单，其内容得到发包方和相关单位的确认。

2）工程变更应在施工前完成并保存相关记录。

3）必要时，应评估工程变更对其他施工过程带来的影响，并采取相应措施。

（8）项目施工工序资料应确保内容全面、清晰、真实、完整及可追溯性，以保证施工过程管理策划的依据充分有效，策划绩效准确可靠。

1.3.3 资源的提供与实施

项目资源应包括人力、施工机具与设施、工程材料、构配件与设备、劳务与专业分包、信息、资金和其他资源。

1. 实施依据

资源提供与实施依据应符合下列文件和资料的要求：

（1）施工图纸与标准规范。

（2）施工合同。

（3）施工进度与变更计划。

（4）施工组织设计。

（5）成本控制计划。

（6）其他。

2. 基本要求

资源提供与实施应满足下列基本要求：

（1）编制资源提供计划。

（2）落实资源提供与实施要求。

（3）实施资源提供变更控制措施。

3. 实施程序

资源提供与实施应满足下列程序：

（1）明确项目的资源需求，细分施工工序及活动的资源配置需求。

（2）识别资源提供的适宜途径，评估不同途径的相互影响。

（3）评价资源提供方式方法的技术经济水平。

（4）确定资源提供计划及相关验收标准。

（5）编制资源提供与实施计划，分配与平衡资源使用。

（6）落实资源提供与实施计划并予以监控。

（7）评价资源提供与实施的有效性与效益。

4. 人力资源管理

企业应建立项目人力资源管理制度，明确人力资源的获取、使用与考核规定，并保证项目人力资源管理活动符合下列要求：

（1）应编制项目人力资源管理计划。对聘用的项目人员，应根据国家相关法律法规签订劳动合同或用工协议。

（2）应对各类人员进行与职业有关的安全、质量、环境、技术知识培训和教育。项目经理部应针对项目的特点和实施要求编制人力资源教育培训计划。

（3）应根据项目特点，优化配置工作岗位和人员数量，确定工作制度、工作时间和工作班次，规范人员行为，提高劳动生产率。

（4）应通过对管理人员和作业人员的绩效评价，确保不同层次的个人信用与能力满足需求。

5. 劳务管理

项目经理部应编制项目劳务管理计划，制定项目劳务人员薪酬与工资支付管理办法，保护劳动者权益，建立项目劳务突发事件应急响应机制，确保发生劳务突发事件后能精准响应，快速处理。

6. 分包商与供应商管理

项目经理部应编制专业承包、供应方管理计划，制订专业承包、供应商采购管理标准、规范，指导项目采购管理工作。企业建立优质专业承包方、供应方资源名册，实行专业承包方、供应方的入库考核机制，建立专业承包方、供应方资源库、价格库，并建立健全专业承包、供应方的相关规章制度。

7. 设备与机具管理

项目经理部应根据施工进度计划，配备数量、质量符合要求的施工机具与设施，确定安装与拆除专项方案，规定施工运行规则，实施维护保养，确保施工机具与设施符合安全可靠、效率提升的要求。

8. 材料与构配件管理

项目经理部应对项目需用的工程材料、设备与构配件进行分析，制订项目工程材料、构配件与设备采购计划及使用计划，确保施工现场的工程材料、设备与构配件管理满足下列要求：

（1）应对进场验收合格的工程材料、构配件与设备进行标准化存放、保管与维护，并确定经济合理的搬运方式。

（2）应实施不合格材料、构配件与设备的控制工作。

（3）应根据施工方案要求，精确、经济地使用工程材料、构配件与设备。

9. 资金管理

企业应把握资金运转规律，保证资金循环周转的下列活动符合全过程、全方位的管理要求：

(1) 根据施工合同及施工组织设计要求，应高效益、低风险地使用资金，以降低项目成本，提高项目经济效益。

(2) 项目资金管理应实施计划管理，以收定支，合理计量，控制使用，明确职责范围，杜绝资金失控和浪费现象，确保项目资金控制效果。

10. 信息管理

企业应设立信息安全部门和专门的信息安全管理岗位，确保信息管理满足下列要求：

(1) 应建立信息管理保障制度，确定信息安全管理工作流程，保证信息管理的合理性和可操作性，并应针对不同媒介、不同安全等级的信息，制订相应的安全保障措施。

(2) 应在项目开始运行前编制施工管理信息沟通计划，并由授权人批准后实施。项目经理部应评价相关方需求，按项目运行的时间节点和不同需求细化沟通内容，并针对沟通风险准备相应的预案。

11. 技术管理

企业和项目经理部应配备完善的技术管理部门、合格的技术管理人员及相应的费用、设备、试验条件，并应按照下列要求实施技术管理。

(1) 项目技术管理计划应符合下列规定：

1) 根据项目总进度计划、里程碑进度计划、分部分项工程进度计划和其他不同层级的进度计划，采购计划和其他依据，编制相应的技术管理计划。

2) 根据现场情况、设计变更、工程洽商、施工组织设计、施工方案和其他专项措施的变化调整技术管理计划。

3) 根据技术管理计划，为施工现场配备符合要求的技术和管理人员、经费、技术资料、仪器设备及相应的协作单位。

(2) 优化设计工作应符合下列要求：

1) 项目经理部应依据施工合同和建设单位要求，利用企业的技术优势和工程经验，提前对设计图纸和相关技术文件进行分析、研究，提出提升质量功能、确保安全环境需求、加快施工进度的方法与措施，增强工程项目的投资价值。

2) 企业宜鼓励项目经理部在与建设单位、设计单位、监理单位、分包方、供应方充分沟通的基础上，进行优化设计，实施价值工程，以降本增效，实现多赢、共赢的目标。

3) 项目优化设计的技术论证文件，应包括造价、工期方面的相关内容。项目经理部应依据审批结果申请有关费用和工期。

(3) 施工组织设计应符合下列要求：

1) 重点施工组织设计宜集中企业和项目经理部的技术力量进行编制，为项目的获取和实施提供有力保障。

2) 施工组织设计应与施工图设计紧密结合，为实现可施工性与经济效益提供条件。

3) 各分包方、供应方和其他相关方报送的有关施工组织设计内容，项目经理部审批定稿后留存，并建立台账，定期向企业报备。

(4) 技术规格书应符合下列规定：

1）技术规格书应由发包方负责编制。技术规格书应具有足够的深度和准确性，是设计图纸和技术规范的补充文件，应能准确地指导设计、施工和采购。

2）技术规格书应是监理单位进行监理工作、施工企业组织施工的重要依据。

3）技术规格书的各项规定、检测试验指标、技术要求、工艺要求应具有可实施性、可操作性，要考虑项目的具体情况，宜包括造价、进度、安全施工、绿色环保和其他的要求。

4）技术规格书宜选取合格的厂家及其材料、设备，并避免指定材料、设备供应商。

（5）专项设计及深化设计管理应符合下列规定：

1）专项设计及深化设计管理应符合有关文件的规定。

2）企业可根据合同进行专项设计和相关规定审查，应明确责任，保障设计的合规性与质量水准。

（6）设计变更与工程洽商控制应符合下列要求：

1）项目经理部应实施设计变更控制，进行工程洽商，并把合理化建议、价值工程活动与设计变更相结合。

2）施工现场各项变更与洽商控制应和合同管理、质量管理、进度管理、造价管理、职业健康安全管理及其他管理相结合，满足项目风险防范的需求。

（7）“四新”技术应用应符合下列规定：

1）企业技术管理部门应收集行业主管部门发布的最新“四新”技术文件并制定“四新”技术应用计划。

2）在应用“四新”技术时，项目经理部应研究相关规定要求，实施风险管理。

12. 建筑信息模型技术管理

建筑信息模型技术管理应符合下列要求：

（1）建筑信息模型技术应用应符合建筑信息模型施工应用标准的有关规定，并应确保数据的系统性、完整性与准确性。

（2）施工难度大、施工工艺复杂的施工组织宜应用建筑信息模型技术进行模拟。

（3）当采用新技术、新工艺、新材料、新设备时，宜应用建筑信息模型技术进行施工工艺模拟。

1.3.4　进度管理

进度管理是为实现项目的进度目标而进行的计划、组织、指挥、协调和控制等一系列活动。

1. 进度计划编制原则

进度计划的编制应确保计划的合理性与前瞻性，并满足下列要求：

（1）企业应根据合同要求和项目管理需求，编制不同深度的施工进度计划，包括：施工总进度计划、年进度计划、季进度计划、月进度计划、周进度计划和其他计划。

（2）各类进度计划应包括下列基本内容：

1）编制说明。

2）进度安排。

3）资源需求计划。

4）进度保证措施。

5）其他。

（3）施工进度计划应与各项资源计划、施工技术能力、施工环境及其他方面相衔接，并应遵循下列步骤进行编制：

1）确定施工进度计划目标。

2）进行工作结构分解与工作活动定义。

3）确定工作之间的逻辑关系。

4）估算各项工作投入的资源。

5）估算工作持续时间。

6）编制施工进度图表和相应资源需求计划。

7）按照规定审批并发布。

（4）企业应根据合同要求编制施工总进度计划并报送项目监理单位或相关方审核批准后实施。

（5）项目经理部应根据施工总进度计划，将施工任务目标按年度分解，编制年进度计划。施工任务目标分解应均衡、合理，避免抢工、窝工。年进度计划应报送项目监理单位或相关方批准后实施。

（6）项目经理部应根据年进度计划，将年度施工任务目标按季、月度分解，编制季、月进度计划。季、月进度计划应经项目经理部技术负责人审核批准后实施。

（7）项目经理部应根据月进度计划，将月施工任务目标按周（旬）进行分解，编制周（旬）进度计划。周（旬）进度计划应经项目经理部技术负责人审核批准后实施。

（8）施工进度计划宜采用网络计划技术，并应用计算机软件进行编制。

2. 进度控制的实施

进度控制应按照下列要求开展工作，确保进度控制满足均衡施工的要求。

（1）施工进度计划实施中的控制工作应遵循下列步骤：

1）熟悉施工进度计划目标、各项工作间逻辑关系、工程量及工作持续时间。

2）收集、整理、统计施工过程产生的各项进度数据。

3）对照实际施工进度与施工进度计划目标，分析施工进度计划执行情况。

4）分析施工进度偏差产生的原因，根据需要制订纠偏措施。

（2）项目经理部应将施工进度计划中关键线路上的各项施工活动和主要影响因素作为施工进度控制的重点，并应实施施工活动和主要影响因素的控制工作。

（3）项目经理部应组织协调相关方工作，确保施工进度工作界面的合理衔接，并应跟踪管理对施工进度有影响的分包方、供应方和其他相关方的活动。

3. 进度检查与偏差控制

进度检查与偏差控制应符合下列要求，确保进度检查与偏差控制满足及时性要求：

（1）项目经理部应按规定的检查周期，检查各项施工活动进展情况并保存相关记录。施工进度检查应包括下列内容：

1）施工活动工作量完成情况。

2）施工活动持续时间执行情况。

3）施工资源使用及其与进度计划的匹配情况。

4）前次检查提出问题的整改情况。

（2）项目经理部应通过对比分析实际施工进度与计划进度，判定施工进度偏差及产生的原因，并依据合同文件和工程相关方要求，通过采取技术措施、组织措施、经济措施和其他措施进行纠偏。

4. 进度变更管理

进度变更管理应符合下列规定，确保变更管理满足可靠性要求。

（1）当采取纠偏措施仍不能实现施工进度计划目标时，项目经理部应调整施工进度计划，并报原计划审批部门批准。

（2）施工进度变更调整应符合下列规定：

1）明确施工进度计划的调整原因及相关责任。

2）调整相关资源供应计划，并与相关方进行沟通。

3）调整后施工进度计划的实施应与企业管理规定及合同要求一致。

1.3.5 质量管理

质量管理是为确保项目的质量特性满足要求而进行的计划、组织、指挥、协调和控制等活动。

1. 质量管理原则

项目经理部应根据施工合同要求和企业质量目标，建立项目质量管理体系，制订并实施质量计划。

（1）质量计划应包括下列内容：

1）项目质量目标、质量控制子单元的确定。

2）质量管理实施和偏差控制。

3）质量检查、评价和改进措施。

4）项目质量管理体系的其他要求。

（2）质量计划应由项目经理负责组织，项目经理部技术负责人或者其他被授权人编制实施。质量计划实施交底宜与技术交底结合进行。项目质量计划实施结果应与班组的经济效益挂钩。

（3）当出现下列情况之一时，必须制订项目质量计划，并有效实施。

1）工程项目合同对质量标准高于国家验收规范要求。

2）企业内定质量目标高于国家验收规范要求。要求制订具体的质量策划、质量控制、质量检查与处置、质量改进措施和管理方法。

（4）当施工合同和企业项目质量目标没有特殊要求时，质量计划可与施工组织设计、专项施工方案合并编写。

（5）质量计划的实施应与项目其他施工专业管理相融合，形成集成、可靠、高效的项目质量管理过程。

2. 质量控制管理

质量控制应满足预防质量缺陷的需求，并符合下列规定：

（1）项目经理部应正确使用工程设计文件、施工规范和验收标准。根据需要对施工过程实施样板引路。

（2）质量控制点设置应按照项目经理部和企业层次分别进行设置，宜设置在影响结构安全和使用功能的关键工序和关键部位。设质量控制点时可同时设置创优关键点，并进行重点控制。

(3) 项目质量控制点设置应精准可靠，并满足下列要求：

1) 班组控制点应包括班组对应的所有工序。

2) 项目质量检查员控制点应包括所有检验批。

(4) 项目经理部应通过质量计划落实质量控制点的控制要求。质量控制宜采用过程管理方法，质量控制结果应按规定要求进行偏差管理。

(5) 针对特殊过程和关键工序，项目经理部应进行确认或验证，预防可能的工程风险。

(6) 项目经理部应针对能力不足的施工过程进行监督控制、并采取措施防止人为错误。

(7) 对影响工程质量的作业环境，项目经理部应确保季节性与特殊条件施工的控制措施符合规定要求。

(8) 项目经理部应对分包方的施工过程进行质量监督，保证分包工程验收的合规性。

(9) 对施工过程的成品、半成品，项目经理部应采取保护措施，确保工程产品形成过程满足质量规范的规定。

(10) 项目经理部应针对发现的质量问题进行原因分析，提出处理整改意见，并落实改进措施。

3. 质量检验管理

质量检验管理应由材料检验、工序及分项、分部工程检验和不合格控制与处理组成。

(1) 材料检验

材料检验应符合下列要求：

1) 项目经理部应针对采购的主要材料、半成品、成品、构配件、器具和设备制订进场检验方案，规定检验的人员、职责、内容、时间、依据、方法和其他相关要求，检验方案经审批确认后实施。

2) 对涉及安全、节能、环境保护和主要使用功能的重要材料、产品，项目经理部应制订进场复验的专项方案，方案应满足按各专业工程施工规范、验收规范、设计文件和其他规定要求，方案经审批并经监理工程师认可后实施。

3) 企业应制订质量调整抽样方案，调整抽样方案应符合相关专业验收规范的规定，重点明确不同条件下抽样复验和试验数量，质量调整抽样方案报监理单位确认后实施。

4) 针对建设工程涉及结构安全、节能、环境保护和主要使用功能的试块、试件及材料，企业应制订进场检验和见证取样的措施，报监理单位审批后实施。

5) 项目经理部应制订进场检验紧急放行的方案和放行项目明细，方案内容应包括放行的条件、放行后的补充检验、检验不合格的处理措施及放行的审批流程。

6) 当放行材料具有可检性、材料经检验不符合要求、可更换且不影响工程质量时，项目经理部方可启动紧急放行方案。

7) 当紧急放行后检验不合格时，应按照质量问题处理程序进行控制。

8) 项目经理部应制订原材料检测不合格处理程序，确定原材料检测依据的标准和抽样检测要求，确定不合格判定条件和加倍取样检测的条件。当第一次检测不符合要求时，如果判定不合格或加倍检测后仍判定不合格，应按照程序进行处理。

(2) 工序及分项分部工程检验

工序及分项、分部工程检验应符合下列规定：

1）工序检验由具体班组负责检验，在操作过程中操作班组应进行自检，不同班组之间进行互相检查和交接检查，质量检查人员进行抽查验收。

2）工序检验应制订或确定相应的检验标准并形成检查验收记录。

3）企业应制订工序检验例外转序的方案和转序项目明细，方案内容应包括转序的条件、转序后的补充检验、检验不合格的处理及转序的审批流程。

4）当转序后已完工序具有可检性、经检验不符合要求的所转工序方便整改且不影响最终工程质量时，项目经理部方可启动例外转序方案。

5）当例外所转工序经检验不合格时，应按照质量问题处理程序进行控制。

6）根据工程特点和规定要求，项目经理部在开工前应制订工序检验方案。工序检验方案应由项目经理部具有专业资格的人员负责编写，经项目经理审核、企业技术负责人或者其授权人批准后实施。

7）项目经理部在开工前应制订检验批、分项、分部工程检验试验方案，确定检验批、分项、分部工程质量合格的标准、检验试验方法和相关要求。方案应明确质量最小验收单元，检验批质量按主控项目和一般项目验收。

（3）不合格控制与处理

不合格控制与处理应遵循下列规定：

1）企业应制订不合格控制制度，确定工序质量不符合要求的判定标准和处理措施。对于不符合要求的工序应制订处理方案，方案按程序审批后实施，整改结果应重新检查验收。

2）项目经理部应确定工程质量不合格管理程序。

3）工程质量控制资料应齐全完整。当部分资料缺失时，应委托有资质的检测机构按有关标准进行相应的实体检验或抽样试验。

4）经返修或加固处理仍不能满足结构安全或重要使用要求的分部工程及单位工程，严禁验收。

4. 工程创优管理

工程创优应通过持续改进提升工程质量，并符合下列规定：

（1）企业应实施工程创优策划，项目经理部应制订并落实创优方案，采用先进技术管理措施，实行样板引路，以事前预控为主，避免出现质量风险与问题。

（2）工程创优实施过程，项目经理部应与建设、监理、设计和其他相关方互相衔接，密切配合，对创优工程施工进行全方位的质量管理。

（3）建筑工程创优过程，项目经理部应对屋面工程、地基基础、主体结构、内外装饰和其他重要部位制订创优控制方案，项目管理团队应强化创优管理，制订和控制管理要点。

（4）建筑安装工程创优过程，项目经理部应强化给水排水、电气、通风与空调和其他工程的性能检测，制订控制要点并检查落实，对检测中发现的问题进行改正和验收。

（5）其他建设工程创优过程，项目经理部应参照相关规定进行创优控制。公路、铁路、港口与航道、民航机场、水利水电、电力、矿山、冶金、石油化工、市政公用、通信与广电、机电工程和其他建设工程的项目经理部，应根据工程项目特点制订创优控制改进管理计划，提高创优效率。

（6）工程创优应采用建筑业十项新技术，进行技术创新和管理创新；施工过程宜创建文明工地，开展绿色施工。

(7) 工程创优应进行目标管理，健全项目质量管理体系，落实质量责任，完善控制手段，提高质量保证能力和持续改进能力。

(8) 工程创优应确保对原材料、施工过程的质量控制和结构安全、功能效果检验，具有完整的施工控制资料和质量验收资料。

(9) 工程创优应重点保障工程结构、使用功能、建筑节能、观感和其他相关方面的优等质量成果。

(10) 工程创优应按照检验批，分项、分部工程逐级进行工序控制。

1.3.6 成本管理

成本管理是为实现项目成本目标而进行的预测、计划、控制、核算、分析和考核的一系列活动。

1. 成本管理制度

企业应建立健全成本管理制度，使项目成本结果符合规定要求。项目经理是项目成本管理的第一责任人，应保证项目成本管理责任得到落实，项目成本管理目标全部实现。

(1) 项目成本管理制度应包括下列内容：

1) 成本管理责任制。

2) 原始记录和统计台账制度。

3) 计量验收制度。

4) 考勤制度。

5) 成本核算分析制度。

6) 其他。

(2) 企业应在保证合同总体目标的前提下，确定项目成本管理原则，实现合理低成本目标要求。项目成本管理原则宜包括下列要求：

1) 全面成本管理原则。项目成本管理涉及施工安全、质量、进度、技术、物资、机械、劳务、财务和其他系统管理工作，应实行全员项目成本责任制。

2) 动态控制原则。项目成本管理应实行过程控制，对目标成本进行过程监督和调整。

(3) 项目成本管理基本流程应包括下列内容：

1) 成本计划。

2) 成本控制。

3) 成本核算。

4) 成本分析。

5) 成本考核。

2. 成本计划管理

企业应实施成本计划工作，通过施工成本预测，确定成本控制目标。

(1) 成本计划内容，包括项目责任成本和项目计划成本：

1) 项目责任成本是企业下达给项目经理部的项目总控成本目标。

2) 项目计划成本应由项目经理部测定，作为项目实施计划内容及工程管理的依据。

3) 原则上项目计划成本应小于项目责任成本。

（2）成本计划应依据下列文件和资料的规定编制：

1）投标书，包括商务标、技术标及其他资料。

2）投标成本，包括相关方案、询价及其他资料。

3）项目施工合同、协议书、招标文件、投标答疑、图纸会审、往来函件、会议纪要。

4）企业内部有关文件规定。

5）项目策划书。

6）生产要素询价资料，分包、供应和租赁合同。

7）造价管理信息、企业定额、企业成本数据库。

8）施工图纸。

9）其他。

（3）成本计划编制应符合下列要求：

1）项目中标后，企业应牵头组织测算项目责任成本。

2）项目进场后，项目经理部应根据项目责任成本，综合考虑管理措施、技术措施、经营措施和组织措施，具体测定项目计划成本指标，确定项目成本计划。

（4）施工过程发生下列情况时，项目经理部应调整项目计划成本，保持成本计划的实效性和指导性：

1）设计变更、工程签证。

2）外部市场变化，引起的劳动力及材料、机具和其他价格的波动。

3）重大施工方案调整。

4）不可抗力。

5）其他。

3. 项目成本控制

企业应实行项目成本逐级负责制，明确项目责任成本，并组织项目经理部进行责任成本交底；项目经理部应根据项目责任成本和项目计划，将成本控制目标分解到各岗位，并签订岗位成本责任书。

（1）项目经理部按照成本控制目标，对合同履行过程中各项费用开支进行控制，实施预防、识别和纠正偏差活动，保证项目成本目标顺利实现。

（2）项目经理部应建立成本支出会签制度。所有分包工程、物资采购、设备租赁必须办理进度结算，所有进度款或最终结算必须由相关人员会签，经项目经理确认后报送企业。

（3）项目成本控制方法宜包括下列内容：

1）招标竞价：建立内部价格信息库，采用招标方式，货比三家，优质优价。

2）限额控制：以定额消耗量、施工图纸预算量、成熟的成本管控指标为依据，实行限额控制制度。

3）包干控制：对于施工过程中部分零星材料、小型机具、安全文明施工、零星用工及其他不易控制环节，可采用包干价方式。

4）方案控制：对于机械、周转材料和相关费用，应组织评价，选择最为经济的施工方案，并落实方案实施计划，协调人员、物料、设备的配置工作，提高现场物料、设备的利用率。

5）责任控制：将成本管控责任落实到人，实行节超奖罚制度。

4. 项目成本核算

企业应根据成本计划与成本控制绩效，实施项目成本核算。

（1）定期成本核算应符合下列规定：

1）企业对项目成本管理进行分析、指导和监控。

2）项目经理部应逐月进行成本核算，对比合同收入、责任成本、计划成本和实际成本，研究成本控制情况，开展成本跟踪活动。

3）项目经理部通过成本核算活动，查找不足、分析原因、总结经验，为改进成本管控措施提供信息。

（2）项目成本核算应包括下列内容：

人工费、材料费、机械费、其他直接费、间接费及税金。

（3）成本核算应符合下列依据：

1）人工费用台账、专业分包费用台账、材料费用台账、机械费用台账、现场其他直接费用台账。

2）间接费用台账。

3）设计变更签证台账。

4）建设单位供料台账。

5）分包合同台账。

6）其他。

（4）成本核算应遵守下列原则：

1）当期成本全部完整核算。

2）按照实际形象进度、实际产值、实际成本“三同步”的原则，划清已完工程成本与未完施工成本的界限，划清本期成本与下期成本的界限。

3）确保成本分析对象、分析方法与成本核算范围相一致。

4）遵循权责发生制原则、收入与费用配比原则，做到真实、准确、及时地反映成本费用的开支情况。

5. 项目成本分析

（1）成本分析流程

成本分析应包括下列流程：

1）确定当期形象进度：由现场生产人员根据现场施工进度，编制形象进度表，界定当期成本核算范围。

2）成本收集：根据当期形象进度，项目相关成本支出部门将各类成本台账归集至项目成本工程师。

3）成本核算：成本工程师根据企业规定的成本科目进行逐一核算。

4）成本分析：根据成本核算结果，项目经理部组织成本分析会。

5）上报成本核算分析结果：经项目经理签字后，将当期成本核算与分析资料上报企业。

（2）成本分析方法

项目成本分析可采用下列方法：

1）三算对比分析法：即当期对于项目责任成本、项目计划成本和实际成本之间的对比分析。

2）四算对比分析法：即当期对于合同、项目责任成本、项目计划成本和实际成本之间的对比分析。

（3）成本分析内容

项目成本分析应包括下列内容：

1）承担的成本指标是否已经完成或超额完成。

2）是否按规定对成本指标进行了有效的监控。

3）是否按规定详细记录了各种原始记录。

4）是否按规定及时提交了成本核算、分析资料。

5）成本计划目标实现趋势是否处于正常状态。

6）成本盈亏原因分析、相应改进措施的拟定。

7）成本控制考核与检查。

8）其他。

（4）成本预警机制

企业应建立项目成本预警机制，监控项目责任成本管控情况，根据项目定期成本分析结果，对超支成本情况向项目经理部下发预警单。项目经理部接到成本超支预警单后应查明原因、拟定措施，按照规定向相关人员下发预警单，相关人员接到预警单后应制订并实施整改措施。

6. 项目成本考核

企业应根据成本核算与分析结果，对照成本计划要求，进行项目成本考核。

（1）成本考核应包括下列内容：

1）中间考核：施工过程中，根据月度或季度成本分析结果进行的预考核。

2）最终考核：工程竣工验收、办理完最终结算后进行最终考核。

（2）企业应定期检查项目成本实施情况，进行项目成本考核，做出奖罚决定。项目经理部应定期根据岗位责任书内容对项目团队成员进行责任成本考核，并进行考核认定。

（3）企业应对项目总分包合同进行分析，对项目经理部实际发生的人工费、材料费、机械费、措施费、管理费、税金和其他费用的实际成本进行核定，与责任成本进行对比，鉴定项目经理部的管理成果。

（4）企业应根据规定进行项目成本还原。项目成本还原的内容宜包括以下内容：

1）项目整体成本。

2）分包结算汇总。

3）项目预算收入。

4）项目经理部管理费用。

5）项目经理部材料损耗控制。

6）项目经理部改进成本控制措施。

7）其他。

1.3.7 职业健康管理

项目职业健康管理是对项目实施全过程的职业健康因素进行的管理活动。包括制定职业健康方针和目标，对项目的职业健康进行策划和控制。

为确保施工现场职业健康得到充分保障，职业健康管理应遵循下列要求：

（1）企业坚持预防为主、防治结合的职业健康管理方针，实行分类管理、综合治理。项目经理部应根据施工项目的特点，制订并实施职业健康管理计划。

（2）项目经理部提供有效职业病防治设施，并为员工提供个人使用的职业病防护用品，实行专人管理。

（3）项目经理部针对男女不同生理特性，合理安排施工工作。对于不适宜从事原工作的职业病人，调整工作并妥善安排。

（4）项目经理部定期进行员工的职业卫生培训和职业病检查，并建立相应档案。

（5）施工现场作业健康管理应满足下列规定：

1）在产生职业病危害的风险场所，设置醒目公告栏，公布职业病危害因素的检测结果。

2）在产生严重职业病危害作业岗位的醒目位置，设置警示标识和说明。

3）将生产区与生活、办公区分离，配备紧急处理医疗设施，采取防暑、降温、保暖、消毒、防毒、防疫和其他卫生措施，确保现场生产、生活设施符合卫生防疫的要求。

1.3.8 施工安全管理

施工安全管理应遵守下列要求，确保作业现场施工过程处于本质安全状态：

（1）企业围绕本质安全管理要求，根据事故因果连锁原理，建立健全公司与项目两个层面的施工安全管理机构，明确相应职责与权限。项目经理部应负责现场施工安全的具体管理工作，确立全员安全责任制。

（2）企业将采购活动纳入施工安全管理，并且与发包方、分包方、供应方明确施工安全管理的范围和责任。

（3）针对项目自身管理的模式和工程特点，项目经理部组织项目人员对现场可能导致的风险、环境影响及现有控制措施的充分性进行评估，并确定风险等级。

（4）施工现场确定的风险控制措施必须达到最低合理可行的风险水平，项目经理部按照风险等级选择控制措施的原则，编制安全施工管理计划，确保风险预防。

（5）项目经理部实施安全施工管理计划，把安全管理与施工专业活动紧密融合，确保施工现场各种安全资源满足预防和控制风险的需求。

（6）项目经理部在危险性较大的分部分项工程施工前编制专项施工方案。对于超过一定规模危险性较大的分部分项工程，项目经理部应组织外部专家对专项施工方案进行论证。

（7）施工现场安全控制应符合下列规定：

1）事先发现和报告事故隐患或者其他安全危险因素，确保施工人员正确使用防护设备和个体防护用品，具备本岗位的施工安全操作技能。

2）持续实施施工现场人员安全培训，确保进入现场的人员具有满足施工要求的安全意识和能力。

3）按照项目作业安全要求选择劳务与专业分包方，定期评价分包方满足施工安全要求的绩效。

4）针对潜在隐患与紧急情况发生的可能性及其应急响应的需求，制订相应的应急预案，测试预期的响应效果，预防二次伤害。

（8）项目经理部实行日常的施工安全绩效检查，针对违章指挥、违章作业、违反劳动纪律的行为，做到主动检查，实现风险预防。

（9）对施工现场所有拟定应对风险的措施，项目经理部在其实施前须先通过由项目管理人员或专家的风险评价评审。

1.3.9　现场环境管理

现场环境管理是在项目实施过程中，对可能造成环境影响的因素进行分析、预测和评价，提出预防或减轻不良环境影响的对策和措施，并进行跟踪和监测。

现场环境管理应遵守下列规定，确保项目环境绩效满足污染预防的需求。

（1）企业建立施工现场环境管理责任制，确定施工环境管理计划，确保施工期间的环保工作有序进行，实现污染预防。

（2）项目经理部制订施工现场环境管理措施，建立并完善各项专业环境管理流程，定期检查监督，落实现场文明施工的标准化工作。

（3）项目经理部依据施工合同要求，建立绿色施工的管理机制，落实环境管理培训措施，围绕绿色施工标准，实施节能减排与环境保护工作。

（4）施工现场环境管理应满足下列要求：

1）实施现场节能减排管理措施，采用新技术、新工艺、新材料和新设备，落实建筑节能要求，节约施工能源与资源。

2）按照施工工序落实各项施工环境保护措施，确保施工过程中的污水、噪声、固体废弃物、粉尘等能达标排放，减少施工过程对周围环境造成的不利影响。

3）设立节能减排工地标牌，提示创建节能减排型工地的责任人、目标、能源资源分解指标、主要措施的内容。生活区及施工现场内应在显著位置设置节能用水、用电的设施和标识。

4）实施应急准备与响应工作，确定应急响应预案，配备应急资源，确保应急措施简单高效，减少二次污染影响。

1.3.10　合同管理

合同管理是对项目合同的编制、订立、履行、变更、索赔、争议处理和终止等的一系列管理活动。

1. 一般规定

施工企业应建立项目合同管理制度，明确合同管理责任，设立专门机构并配备符合要求的项目合同管理人员，实施合同的策划和编制活动，规范项目合同管理的实施程序和控制要求，确保合同订立和履行过程的合规性。项目合同管理应遵循图 1-2 所列程序。

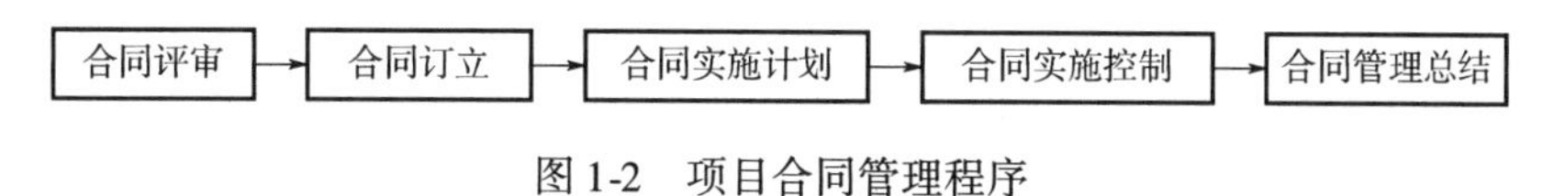

图 1-2　项目合同管理程序

严禁通过违法发包、转包、违法分包、挂靠方式订立和实施建设工程合同。

2. 合同评审

合同订立前，施工企业应进行合同评审，完成对合同条件的审查、认定和评估工作。以招标方式订立合同时，组织应对招标文件和投标文件进行审查、认定和评估。对合同评审中发现的问题，应以书面形式提出，要求予以澄清或调整。施工企业应根据需要进行合同谈判，细化、完善、补充、修改或另行约定合同条款和内容。

合同评审应包括下列内容：

（1）合法性、合规性评审。

（2）合理性、可行性评审。

（3）合同严密性、完整性评审。

（4）与产品或过程有关要求的评审。

（5）合同风险评估。

（6）合同内容涉及专利、专有技术或者著作权等知识产权时，应对其使用权的合法性进行审查。

3. 合同订立

施工企业应依据合同评审和谈判结果，按程序和规定订立合同。合同订立应符合下列规定：

（1）合同订立应是组织的真实意思表示。

（2）合同订立应采用书面形式，并符合相关资质管理与许可管理的规定。

（3）合同应由当事方的法定代表人或其授权的委托代理人签字或盖章。合同主体是法人或者其他组织时，应加盖单位印章。

（4）法律、行政法规规定需办理批准、登记手续后合同生效时，应依照规定办理。

（5）合同订立后应在规定期限内办理备案手续。

4. 合同计划

施工企业应建立完善的合同实施保证体系，合同实施保证体系应与其他管理体系协调一致，企业应建立合同文件沟通方式、编码系统和文档系统。

施工企业应规定合同实施工作程序，编制合同实施计划。合同实施计划应包括下列内容：

（1）合同实施总体安排。

（2）合同分解与分包策划。

（3）合同实施保证体系的建立。

承包人应对其承接的合同作总体协调安排。承包人自行完成的工作及分包合同的内容，应在质量、资金、进度、管理架构、争议解决方式方面符合总包合同的要求。分包合同实施应符合法律法规和组织有关合同管理制度的要求。

5. 合同实施

合同实施包括下列内容：合同交底、合同跟踪与诊断、合同完善与补充、信息反馈与协调、其他应自主完成的合同管理工作。

（1）合同交底

合同实施前，组织的相关部门和合同谈判人员应对项目管理机构进行合同交底。合同交底应包括下列内容：

1）合同的主要内容。

2）合同订立过程中的特殊问题及合同待定问题。

3）合同实施计划及责任分配。

4）合同实施的主要风险。

5）其他应进行交底的合同事项。

（2）合同跟踪和诊断

项目管理机构应在合同实施过程定期进行合同跟踪和诊断。合同跟踪和诊断应符合下列要求：

1）对合同实施信息进行全面收集、分类处理，查找合同实施中的偏差。

2）定期对合同实施中出现的偏差进行定性、定量分析，通报合同实施情况及存在的问题。

（3）合同完善与补充

项目管理机构应根据合同实施偏差结果制订合同纠偏措施或方案，经授权人批准后实施。实施需要其他相关方配合时，项目管理机构应事先征得各相关方的认同，并在实施中协调一致。

项目管理机构应按规定实施合同变更的管理工作，将变更文件和要求传递至相关人员。合同变更应当符合下列条件：

1）变更的内容应符合合同约定或者法律法规规定。变更超过原设计标准或者批准规模时，应由组织按照规定程序办理变更审批手续。

2）变更或变更异议的提出，应符合合同约定或者法律法规规定的程序和期限。

3）变更应经组织或其授权人员签字或盖章后实施。

4）变更对合同价格及工期有影响时，相应调整合同价格和工期。

（4）合同中止行为管理

项目管理机构应控制和管理合同的中止行为。合同中止应按照下列方式处理：

1）合同中止履行前，应以书面形式通知对方并说明理由。因对方违约导致合同中止履行时，在对方提供适当担保时应恢复履行；中止履行后，对方在合理期限内未恢复履行能力并且未提供相应担保时，应报请组织决定是否解除合同。

2）合同中止或恢复履行，如依法需要向有关行政主管机关报告或履行核验手续，应在规定的期限内履行相关手续。

3）合同中止后不再恢复履行时，应根据合同约定或法律规定解除合同。

（5）合同索赔管理

项目管理机构应按照规定实施合同索赔的管理工作。索赔应符合下列条件：

1）索赔应依据合同约定提出。合同没有约定或者约定不明时，按照法律法规规定提出。

2）索赔应全面、完整地收集和整理索赔资料。

3）索赔意向通知及索赔报告应按照约定或法定的程序和期限提出。

4）索赔报告应说明索赔理由，提出索赔金额及工期。

（6）合同争议解决

合同实施过程中产生争议时，应按下列方式解决：

1）双方通过协商达成一致。

2）请求第三方调解。

3）按照合同约定申请仲裁或向人民法院起诉。

6. 合同总结

项目管理机构应进行项目合同管理评价，总结合同订立和执行过程中的经验和教训，提出总结报告。组织应根据合同总结报告确定项目合同管理改进需求，制订改进措施，完善合同管理制度，并按照规定保存合同总结报告。

合同总结报告应包括下列内容：

1）合同订立情况评价。

2）合同履行情况评价。

3）合同管理工作评价。

4）对本项目有重大影响的合同条款评价。

5）其他经验和教训。

1.4 施工收尾

施工收尾是施工管理的最后阶段，包括项目收尾计划、竣工验收、工程价款结算、工程移交、缺陷责任期与工程保修、项目管理总结和项目管理绩效评价。

1.4.1 一般规定

企业应建立项目收尾管理制度，构建项目收尾管理保证体系，明确项目收尾管理的职责和工作程序。项目进入收尾阶段后，项目经理部应向企业提交项目收尾情况报告，说明项目实施情况、目前状态、剩余工程量及其他工作。项目经理部可根据需求成立收尾工作小组，成员宜包括项目经理、生产副经理、技术负责人、施工、质检、合同管理员和其他相关人员。企业应组织评审项目收尾情况报告，对进入收尾阶段的项目宜下发项目收尾通知书及收尾工作人员名单。企业应对项目收尾相关业务进行指导和管理，组织人员对施工管理进行绩效评价，并根据项目管理制度及合同约定，在规定时间内完成项目的解体工作。

项目收尾工作流程应包括下列内容：

（1）编制项目收尾计划。

（2）实施项目竣工验收。

（3）进行项目竣工结算。

（4）终止项目合同。

（5）完成项目管理总结。

（6）其他。

1.4.2 收尾计划

（1）项目经理应组织编制项目收尾计划。必要时，项目收尾计划应征得建设单位、发包方或监理单位批准后实施。

（2）项目收尾计划应包括下列内容：

1）剩余工程完成责任人和时限。

2）竣工资料完成责任人和时限。

3）竣工结算资料完成责任人和时限。

4）项目收尾费用计划。

5）工程竣工验收计划。

6）债权债务处理安排。

7）项目人员安置。

8）物资设备处置。

9）施工遗留问题及纠纷处理。

10）组织项目管理总结。

11）其他。

1.4.3 竣工验收

1. 竣工验收计划

竣工验收准备阶段，项目经理部应编制竣工验收计划。竣工验收计划应包括下列内容：

（1）工作内容。

（2）工作顺序与时间安排。

（3）工作原则和要求。

（4）工作职责分工。

（5）其他。

2. 分包项目验收

项目经理部应制订单位工程分包项目检查验收方案，单位工程中的分包工程完工后，分包单位应对所承包项目进行自检，并按相关规定的程序进行验收。验收时，总包单位应派人参加，分包单位应将所分包工程的质量控制资料整理完整，并移交给总包单位。

3. 总包企业自检

单位工程完工后，企业应按照审批通过的单位工程质量验收方案组织有关人员进行自检，并实施平行发包、分包项目的检查验收。

4. 竣工预验收

企业应配合监理单位对工程质量进行竣工预验收。当发现存在施工质量问题时，由企业负责组织整改。整改完毕后，企业应向建设单位或发包方提交工程竣工报告，申请工程竣工验收。

5. 竣工验收

根据竣工计划与建设单位安排，企业应参加由建设单位项目负责人组织监理、施工、设计、勘察单位项目负责人参加的单位工程验收。

6. 竣工资料移交

工程竣工后，企业应将全部工程档案资料按单位工程分类立卷，装订成册，并列出工程档案资料移交清单，注册资料编号、专业、档案资料内容、页数及附注。企业按清单所列资料，复核查对，为竣工资料移交提供条件。

1.4.4 工程结算

1. 制度和体系的建立

企业应根据需求制订项目结算管理制度和结算管理绩效评价制度，明确负责项目工程价款结算管理工作的主管部门，实施施工总承包项目和分包项目的价款结算活动、对工程项目全过程造价进行监督与管控，并负责下列结算管理相关事宜的协调与处理：

（1）企业应识别施工过程工程实体与设计图纸的差异，分析各类建筑材料、人工的价格变化和政府对工程结算的政策调整，确定发包方、造价咨询机构、政府行政审计部门和其他相关部门对工程预付款、进度款、签证、索赔和结算文件的审核进展情况。

（2）企业应配备符合要求的项目结算管理专业人员，实施工程价款约定、调整和结算管理工作，规范项目结算管理的实施程序和控制要求，确保项目结算管理的合法性和合规性。

（3）企业应规范分包工程结算管理，在分包合同中明确约定分包方应负有配合完成总承包工程项目过程结算、竣工结算的义务。

（4）企业应按照合同约定的方式，进行索赔、签证、变更管理工作，获取相关证据资料，并在规定时间内办理相应手续，确保索赔、签证、变更结果满足工程结算的合规性要求。

（5）企业宜推行全过程造价管理和施工过程结算，适时控制工程造价，动态实施工程价款结算管理。

2. 工程价款结算依据

承包方与发包方应在签订合同时约定合同价款，实行招标的工程合同价款由合同双方依据中标通知书的中标价款在合同协议书中约定，不实行招标的工程合同价款由合同双方依据施工图预算的总造价在合同协议书中约定，并对下列工程价款结算工作进行管理：

（1）工程价款结算应按工程承包合同约定办理，合同未作约定或约定不明的，承包方与发包方应按照下列规定与文件协商处理：

1）有关法律法规。

2）国务院建设行政主管部门、省、自治区、直辖市或有关部门发布的工程造价计价标准、计价规范和其他规定。

3）招标公告、投标书、中标通知书和其他文件。

4）施工图设计文件。

5）发承包双方已确认的补充协议、现场签证及其他有效文件。

6）其他。

（2）工程价款的调整应由企业与发包方协商，在施工合同中明确约定合同价款的调整内容、调整方法及调整程序。经发承包双方确认调整的合同价款，作为追加（减）合同价款，应与工程进度款或结算款同期支付。

3. 总包工程结算管理

企业应按照合同约定，与发包方沟通下列工程款项的支付、使用与结算工作：

（1）根据确定的工程计量结果，承包方向发包方提出支付工程进度款申请，发包方应按合同约定的金额与方式向承包方支付工程进度款。

（2）预付款应当由发包方和承包方在合同中明确约定抵扣方式，并从进入抵扣期的工程进度款中按一定比例扣回，直到扣回金额达到合同约定的预付款金额为止。

（3）承包方的预付款担保金额应由发包方根据预付款扣回的数额相应扣减，但在预付款全部扣回之前一直保持有效。发包方应在预付款扣完后的规定时间内将预付款保函退还给承包方。

（4）缺陷责任期内，承包方应履行合同约定的责任，缺陷责任期到期后，承包方可向发包方申请返还质量保证金。

（5）承包方已按合同规定完成全部剩余工作且质量合格后，发包方与承包方应按照下列要求结清全部剩余款项：

1）最终结清申请。缺陷责任期终止后，承包方已按合同规定完成全部剩余工作且质量合格的，发包方应签发缺陷责任期终止证书。发包方对最终结清申请单有异议的，有权要求承包方进行修正和提供补充资料，由承包方向发包方提交修正后的最终结清申请单。

2）最终结清审核。承包方提交最终结清申请单后，应在规定时间内配合发包方予以核实，并获得发包方向承包方签发的最终支付证书。发包方未在约定时间内核实，又未提出具体意见的，应视为承包方提交的最终结清申请单已被发包方认可。

3）最终结清支付。承包方应协助发包方在签发最终结清支付证书后的规定时间内，按照最终结清支付证书列明的金额向承包方支付最终结清款。发包方未按期支付的，承包方可催告发包方在合理期限内支付，并有权获得延迟支付的利息。承包方对发包方支付的最终结清款有异议的，可按照合同约定的争议解决方式处理。

4. 分包工程结算管理

分包工程结算管理应包括下列内容：

（1）分包工程预付款结算应确保及时到位，并包括下列管理内容：

1）预付款的支付。分包方应在签订分包合同或向总承包方提供预付款担保后提交预付款支付申请，总承包方应在收到支付申请的规定时间内进行核实，向分包方发出预付款支付证书，并在签发支付证书后的规定时间内向分包方支付预付款。

2）预付款的扣回。预付款应当由总承包方和分包方在分包合同中明确约定抵扣方式和抵扣时间，从每一个支付期的工程进度款中按一定比例扣回，直到扣回金额达到合同约定的预付款金额为止。

3）预付款担保。企业应采用适宜的预付款担保形式规避风险，并应在预付款扣完后的规定时间内将预付款保函退还给分包方。

（2）分包工程进度款结算应确保合规合据，并包括下列管理内容：

1）分包工程进度款的计算和申请。

2）分包工程进度款的支付审核。

3）分包工程进度款的支付。

（3）分包工程竣工结算应确保精准可靠，并包括以下管理内容：

1）分包工程竣工结算书的编制。

2）分包工程竣工结算审核。

3）分包工程竣工价款结算支付。

1.4.5 工程移交

收到工程竣工结算价款后，承包方应向发包方办理工程实体和工程档案资料的移交。

工程实体移交应符合下列规定：

（1）承包方在组织工程移交时，应办理书面交接手续，并明确发包方和承包方的责任界限。

（2）承包方在组织工程移交时，应签署工程移交证书、出具工程使用说明书。

（3）与工程有关的备品、备件和相关资源应在工程移交时一并移交。

工程资料移交应符合下列规定：

（1）承包商的工程资料应按规定时间移交给发包方，并应符合移交规定。工程资料移交时，双方应在资料移交清单上签字盖章，工程资料应与清单目录一致。

（2）工程承包合同及补充协议、竣工资料、工程质量保修书、工程技术总结、会议纪要及有关技术资料应列出清单向企业档案管理部门移交，并办理签字手续。

（3）项目经理部宜根据企业项目管理信息系统的要求，将工程建设过程中的重要文件资料录入竣工管理模块中，并在竣工后报送企业存档。

1.4.6 缺陷责任期与工程保修

1. 缺陷责任期管理

缺陷责任期是从合同约定的交工日期算起，项目发包人有权通知项目承包人修复工程存在缺陷的期限。缺陷责任期管理应符合下列规定：

（1）企业应制订工程缺陷责任期管理制度。

（2）缺陷责任期内，企业应承担质量保修责任。缺陷责任期届满后，回收质量保证金，实施相关服务工作。

（3）缺陷责任期内，发包方对已接收使用的工程负责日常维护工作。发包方在使用过程中，发现已接收的工程存在新的缺陷、已修复的缺陷部位或部件又遭损坏的，应由企业负责修复，所需费用由缺陷的责任方承担。

（4）承包方不能在合理时间内修复的缺陷，发包方可自行修复或委托其他人修复，所需费用由缺陷的责任方承担。

2. 质量保修期管理

质量保修期是项目承包人依据合同约定，对产品因质量问题而出现的故障提供免费维修及保养的时间段。质量保修期管理应符合下列规定：

（1）企业应制订工程质量保修制度。

（2）企业在向发包方提交工程竣工验收申请时，应向发包方出具质量保修书，保修书中应明确建设工程的质量保修范围、保修期限、保修责任、保修费用支出及其他内容。

（3）企业应根据质量保修书、质量要求、回访安排和有关规定编制保修工作计划，保修工作计划应包括下列内容：

1）主管保修的部门。

2）执行保修工作的责任者。

3）保修与回访时间。

4）保修工作内容。

5）其他。

（4）任何一项缺陷或损坏修复后，经检查证明其影响工程或设备的使用性能时，企业应重新进行合同约定的试验和试运行，所需费用由缺陷的责任方承担。

1.4.7 项目管理总结

项目管理总结宜包括项目管理团队成员个人总结和项目管理团队总结。项目管理团队成员应进行个人总结，对照个人岗位职责总结其工作任务完成情况及经验教训。项目管理团队成员个人总结宜包括下列内容：

（1）个人岗位及职责。

（2）岗位职责完成情况。

（3）发现的重要问题及其处置情况，以及以后遇到类似问题时更好的处置建议。

（4）有关说明和对未来工作的建议。

项目经理宜组织项目团队成员召开项目管理总结交流会，使项目管理团队成员之间进行经验交流，并对项目管理团队总结提出建议。项目经理应组织项目管理团队相关成员编写项目管理团队总结，并报送企业相关部门。项目管理团队总结应作为企业重要档案资料按规定进行保存。项目管理团队总结应包括下列内容：

（1）工程概况。

（2）项目管理机构。

（3）合同履行情况。

（4）项目管理工作成效。

（5）项目管理工作中发现的问题及其处理情况。

（6）有关说明和对未来工作的建议。

（7）其他。

1.4.8 项目绩效评价

项目绩效评价是对项目管理的成绩和效果进行评价，反映和确定项目管理优劣水平的一系列活动。

企业应建立项目管理绩效评价标准，按规定程序和方式对项目经理部实施绩效评价。项目管理绩效评价应包括下列内容：

（1）施工安全、质量、进度、环境、成本目标的完成情况。

（2）施工合同履行情况及相关方满意度。

（3）施工活动的合规性。

（4）施工风险防范能力。

（5）施工项目综合效益。

（6）其他。

企业应遵循客观公正、科学合理、公开透明的原则，采用定性与定量相结合的方法进行项目管理绩效评价。必要时，可聘请外部专业机构进行评价。企业应在规定时间内形成项目管理绩效评价结果，根据需要征求企业内部及外部相关方的意见。项目管理绩效评价结果可作为企业奖惩项目经理及项目经理部的依据。

本章术语释义

序号	术语	含义
1	建设工程施工管理	针对施工企业施工生产过程的管理，即施工企业根据施工合同界定的范围，对建筑工程进行施工的管理过程。它可是一个建设工程的施工管理活动，也可是其中的一个单项工程、单位工程和相关专业工程的施工管理活动
2	三（五）通一平	指施工现场进行的通水、通电、通路（通信、通气）与场地平整等前期准备工作，是开展施工活动的基本条件

（续）

序号	术语	含义
3	深化设计	以施工图纸为依据，综合施工实际情况，对施工图纸进行细化、补充及完善的过程
4	施工组织设计	指以建设工程为对象编制的、用以指导施工的技术、经济和管理的综合性文件，是开展施工活动的基本依据。施工组织设计一般是基于单项工程、单位工程或相关专业工程施工及管理活动的策划成果
5	施工方案	基于施工组织设计，详细规定工程的施工方法、人员、机具、材料，以及安全、质量、进度、环境、成本和其他相关管理要求。一般针对分部分项工程进行编制，其特点是专项性，也可称为专项施工方案
6	危大工程	危险性较大的分部分项工程，是指房屋建筑和市政基础设施工程在施工过程中，容易导致人员群死群伤或者造成重大经济损失的分部分项工程
7	专项施工方案	以危险性较大的分部分项工程为对象，单独编制的安全及技术措施文件
8	技术交底	是指分部分项工程施工前，由技术责任人或者被授权人向参与施工人员进行的技术说明、沟通或培训，其目的是使其掌握工程特点、技术要求、施工方法和其他相关要求，以便科学地组织施工，实现项目的各项目标
9	设计变更文件	图纸会审记录、设计变更通知单、工程洽商记录的统称
10	竣工图	工程竣工验收后，真实反映建设工程项目施工结果的图纸
11	缺陷责任期	从合同约定的交工日期算起，项目发包人有权通知项目承包人修复工程存在缺陷的期限
12	质量保修期	项目承包人依据合同约定，对产品因质量问题而出现的故障提供免费维修及保养的时间段

第2章

施工测量

2.1 建筑物定位放线和基础施工测量

2.1.1 一般规定

建筑物定位放线和基础施工测量的主要内容包括：建筑物定位放线、桩基础施工测量、基坑开挖过程中的放线与抄平、建筑物基础放线、±0.000以下的测量放线与抄平等。施工测量放线前应校核测量起始依据的正确性，坚持测量作业与计算工作“步步有校核”的工作方法。

建筑物定位放线和基础施工测量前应收集下列测量成果资料：

（1）测量平面控制点或建筑红线桩点、高程控制点。

（2）建筑场区平面控制网和高程控制网。

（3）原有建（构）筑物或道路中线。

建筑物定位放线，当以城市测量控制点或场区平面控制点定位时，应选择精度较高的点位和方向为依据；当以建筑红线桩点定位时，应选择沿主要街道且较长的建筑红线边为依据。当以原有建（构）筑物或道路中线定位时，应选择外廓规整且较大的永久性建（构）筑物的长边（或中线）或较长的道路中线为依据。

建筑物主轴线控制桩是基槽（坑）开挖后基础放线、首层及地下各层结构放线与竖向控制的基本依据，应在施工现场总平面布置图中标出其位置并采取措施加以妥善保护。

建筑物定位放线，应在施工单位自检合格后申请验线，验线合格后方可施工。

2.1.2 建筑物定位放线

1. 建筑物定位放线的工作内容

（1）根据定位依据与定位条件测设建筑物施工平面控制网。

（2）在建筑物施工平面控制网的基础上测设建筑物主轴线控制桩。

（3）根据主轴线控制桩测设建筑物角桩。

（4）根据角桩标定基槽（坑）开挖边界灰线等。

2. 建筑物定位方法选择的规定

（1）建筑物轴线平行于定位依据，且为矩形时，宜选用直角坐标法。

（2）建筑物轴线不平行于定位依据，或为任意形状时，宜选用极坐标法。

（3）建筑物距定位依据较远，可选用角度（方向）交会法。

（4）建筑物距定位依据不超过所用钢尺长度，且场地量距条件较好时，宜选用距离交会法。

（5）使用全站仪定位时，宜选用坐标放样法。

2.1.3 基槽（坑）开挖测量

1. 基槽（坑）测量宜包括的工作内容

（1）根据城市测量控制点、场区平面控制网或建筑物施工平面控制网放样基槽（坑）开挖边界线。

（2）基槽（坑）开挖上、下口线及开挖过程的放坡比例及标高控制。

（3）基槽（坑）开挖过程中电梯井坑、积水坑的平面、标高位置及放坡比例控制。

2. 基槽（坑）开挖线放样测量应符合的规定

（1）以城市测量控制点或场区平面控制点放样应选择精度较高的点位和方向为依据。

（2）以建筑物控制网放样应选择距开挖线较近的或与开挖线尺寸关系较清晰的轴线为依据。

3. 基槽（坑）开挖宜符合的规定

（1）条形基础放线，以轴线控制桩为准测设基槽边线，两灰线外侧为槽宽，允许误差为+20mm、-10mm。

（2）杯形基础放线，以轴线控制桩为准测设柱中心桩，再以柱中心桩及其轴线方向定出柱基开挖边线，中心桩的允许误差为3mm。

（3）整体开挖基础放线，地下连续墙施工时，应以轴线控制桩为准测设连续墙中线，中线横向允许误差为±10mm。混凝土灌注桩施工时，应以轴线控制桩为准测设灌注桩中线，中线横向允许误差为±20mm。大开挖施工时应根据轴线控制桩分别测设出基槽上、下口位置桩，并撒出开挖边界线，上口桩允许误差为+50mm至-20mm，下口桩允许误差为+20mm至-10mm。

（4）在条形基础与杯形基础开挖中，应在槽壁上每隔3m距离测设距槽底设计标高500mm或1000mm的水平桩，允许误差为±3mm。

（5）整体开挖基础，当挖土接近槽底时，应及时测设坡脚与槽底上口标高，并拉通标高控制线控制槽底标高，严禁超挖。

2.1.4 基础及地下结构施工测量

在垫层（或地基）上进行基础放线前，应以建筑物施工平面控制网为准，校测建筑物外廓轴线控制桩无误后，投测主轴线，允许误差为±3mm。

基础放线前，应先校核各轴线的控制桩和定位桩，合格后根据轴线控制桩投测建筑物的四大角，四周轮廓轴线和主轴线，经闭合校测合格后，用墨线弹出细部轴线与施工线，且每次控制线的放线必须独立实测两次。基础外廓轴线允许误差应符合表2-1的规定。

表2-1 基础放线的允许误差

长度L、宽度B的尺寸/m	允许偏差/mm
L（B）≤30	±5
30<L（B）≤60	±10
60<L（B）≤90	±15
90<L（B）≤120	±20
120<L（B）≤150	±25
150<L（B）	±30

地下结构放线应以建筑物施工平面控制网为准，投测在结构面层上的建筑物控制网应进行角度、距离校核，校核合格后方可放样细部结构线。

2.2　基坑施工监测

2.2.1　一般规定

基坑工程监测是指在建筑基坑施工及使用阶段，采用仪器量测、现场巡视等手段和方法对基坑及周边环境的安全状况、变化特征及其发展趋势实施的定期或连续巡查、量测、监视以及数据采集、分析、反馈等一系列活动。基坑监测的主要对象应包括支护结构、地下水状况、基坑底部及周围土体、周围建筑物、周围地下管线及地下设施、周围重要的道路，以及其他应监测的对象。

建筑基坑工程设计阶段应根据工程的具体情况，提出对基坑工程现场监测的要求，主要包括监测项目、测点位置和数量、监测频次、监控报警值等。

基坑施工监测应编制监测方案，监测方案应包括工程概况、监测依据、监测目的、监测项目、测点布置、监测方法及精度、监测人员及主要仪器设备、监测频率、监测报警值、异常情况下的监测措施、监测数据的记录制度和处理方法、工序管理及信息反馈制度等内容。监测方法应根据工程监测等级、现场条件、设计要求、地区经验和测试方法的适用性等因素综合确定。

监测网应包括基准点、工作基点和监测点。基准点应设置在变形区域以外、位置稳定、易于长期保存的地方，监测期间应定期检查检验其稳定性。监测点应稳定牢固，标示清楚，施工及监测过程中应进行保护。

监测单位应按规定监测频次进行观测，及时处理监测数据并上报；当数据达到报警值时应立即报告。基坑工程监测报警值应由监测项目的累计变化量或变化速率值两项指标控制。

基坑监测仪器、设备和监测元件应符合下列规定：

（1）满足观测精度和量程的要求。

（2）具有良好的稳定性和可靠性。

（3）经过校准或检定，且校准记录和检定资料齐全，并在规定的校准有效期内。

2.2.2　监测项目

基坑工程现场监测项目的选择应根据工程地质条件、水文地质条件、基坑工程安全等级、支护结构的特点、设计要求等确定，并宜按表 2-2 进行选择。

表 2-2　建筑深基坑支护工程监测项目表

监测项目	基坑工程安全等级		
	一级	二级	三级
围护墙（边坡）顶部水平位移	应测	应测	应测
围护墙（边坡）顶部竖向位移	应测	应测	应测
深层水平位移	应测	应测	宜测
立柱竖向位移	应测	应测	宜测

（续）

监测项目		基坑工程安全等级		
		一级	二级	三级
围护墙内力		宜测	可测	可测
支撑轴力		应测	应测	宜测
立柱内力		可测	可测	可测
锚杆轴力		应测	宜测	可测
坑底隆起		可测	可测	可测
围护墙侧向土压力		可测	可测	可测
孔隙水压力		可测	可测	可测
地下水位		应测	应测	应测
土体分层竖向位移		可测	可测	可测
周边地表竖向位移		应测	应测	宜测
周边建筑	竖向位移	应测	应测	应测
	倾斜	应测	宜测	可测
	水平位移	宜测	可测	可测
周边建筑裂缝、地表裂缝		应测	应测	应测
周边管线	竖向位移	应测	应测	应测
	水平位移	可测	可测	可测
周边道路竖向位移		应测	宜测	可测

注：本表适用于土质基坑，对于岩质基坑及土岩组合基坑，监测项目应参照《建筑基坑工程监测技术标准》GB 50497 确定。

监测过程中应进行安全巡视，掌握基坑周围地面及建筑物墙面裂缝、倾斜等变化情况，了解施工工况、坑边荷载的变化、围护体系的防渗以及支护结构施工质量等。

2.2.3 监测点布置

对于不同的监测内容，其监测点布置应符合以下要求：

（1）支护结构顶部水平位移和竖向位移监测点应沿基坑周边布置，基坑周边的中部、阳角处应布置监测点。监测点间距不宜大于 20m，关键部位宜适当加密，且每侧边监测点不应少于 3 个。

（2）支护结构深部水平位移监测点布置间距宜为 20～60m，中间部位宜布置监测点，每边至少 1 个监测点。监测点布置深度宜与围护墙（桩）入土深度相同。

（3）锚杆拉力监测点应布置在锚杆受力较大、形态较复杂处，每层监测点应按锚杆总数的 1%～3% 布置，且不应少于 3 个，各层监测点宜保持在同一竖直面上。

（4）支撑轴力监测点宜布置在支撑内力较大、受力较复杂的支撑上，每道支撑监测点不应少于 3 个，并且每道支撑轴力监测点位置宜在竖向上保持一致。

（5）挡土构件内力监测点应布置在受力、变形较大的部位，监测点数量和横向间距视具体情况而定，但每边不应少于 1 处。竖直方向监测点应布置在弯矩较大处，竖向间距宜为 2～4m。

（6）支撑立柱竖向位移监测点宜布置在基坑中部、多根支撑交汇处、施工栈桥下、地质条件复杂等位置的立柱上，监测点不宜少于立柱总数的5%，逆作法施工的基坑不宜少于立柱总数的10%，且均不应少于3根立柱。

（7）地下水位监测点的布置应符合下列规定：

1）基坑内采用深井降水时，水位监测点宜布置在基坑中央和两相邻降水井的中间部位；采用轻型井点、喷射井点降水时，水位监测点宜布置在基坑中央和周边拐角处，监测点数量视具体情况确定。

2）基坑外地下水位监测点应沿基坑周边、被保护对象（如建筑物、地下管线等）周边或在两者之间布置，监测点间距宜为20~50m。相邻建筑物、重要的地下管线或管线密集处应布置水位监测点；如有止水帷幕，宜布置在止水帷幕的外侧约2m处。

3）水位监测管的埋置深度应在最低设计水位或最低允许地下水位之下3~5m。对于需要降低承压水水位的基坑工程，水位监测管埋置深度应满足设计要求。

（8）支护结构侧向土压力监测点宜布置在弯矩较大、受力较复杂及有代表性的部位。平面布置上基坑每边不宜少于2个测点；在竖向布置上，测点间距宜为2~5m；当按土层分布情况布设时，每层应至少布设1个测点，且布置在各层土的中部。

（9）孔隙水压力监测点宜布置在基坑受力、变形较大或有代表性的部位，数量不宜少于3个，监测点宜在水压力变化影响深度范围内按土层布置，竖向间距宜为2~5m。

（10）基坑地表竖向位移监测点布置宜按剖面垂直于基坑边布置，剖面间距视基础形式、荷载、地质条件、设计要求确定，并宜设置在每侧边中部。每条剖面线上的监测点宜由内向外先密后疏布置，且不宜少于5个。

（11）裂缝监测点应选在有代表性的裂缝处进行布置，每条观测裂缝至少布设两组观测标志，其中一组布置在裂缝的最宽处，另外一组布置在裂缝的末端。

（12）爆破振动监测点布置应符合基坑工程的设计要求。

（13）基坑周边建筑物竖向位移监测点布置应符合下列规定：

1）布置在变形明显而又有代表性的部位。

2）点位应避开暖气管、落水管、窗台、配电盘及临时构筑物。

3）可沿承重墙长度方向每隔15~20m处或每隔2~3根柱基上设置一个监测点。

4）两侧基础埋深相差悬殊处、不同地基或结构分界处、高低或新旧建筑物分界处等也应设置监测点。

（14）基坑周边管线监测点布置应符合下列规定：

1）应根据管线年限、类型、材料、尺寸及现状等情况，设置监测点。

2）监测点宜布置在管线的节点、转角点和变形曲率较大的部位，监测点平面间距宜为15~25m。

3）上水、煤气、暖气等压力管线宜设置直接监测点。直接监测点应设置在管线上，也可利用阀门开关、抽气孔以及检查井等管线设备作为监测点。

2.2.4 监测方法

1. 水平位移监测

（1）测定特定方向的水平位移可采用视准线法、小角法、投点法等。

（2）测定任意方向的水平位移可采用前方交会法、后方交会法、极坐标法等。

（3）当基准点距基坑较远时，宜采用卫星导航测量法或三角、三边、边角测量与基准线法相结合的综合测量方法。

2. 竖向位移监测

竖向位移监测可采用几何水准、液体静力水准等。

3. 深层水平位移监测

深层水平位移（测斜）采用测斜仪测量，量测围护墙体或坑外土体在不同深度处的水平位移变化。

4. 锚杆拉力监测

锚杆拉力监测可采用特制的锚杆应力计或钢筋应力计来监测。监测设备的量程宜为锚杆极限抗拔承载力的1.5倍，量测精度不宜低于0.5%F·S，分辨率不宜低于0.2%F·S。

5. 挡土构件内力监测

（1）支护结构监测可依据现场情况将应变计或应力计安装在结构内部或表面。

（2）钢构件可采用轴力计或应变计等量测。

（3）混凝土构件可采用钢筋应力计或混凝土应变计等进行量测。

6. 地下水位监测

地下水水位监测宜采用水位计进行量测。水位管宜在基坑开挖前埋设，并应连续观测数日取平均值作为初始值。

7. 土压力监测

（1）土压力可采用土压力计量测。

（2）土压力计的量程应满足被测压力范围的要求，其上限可取最大设计压力的2倍。

（3）土压力计的埋设方式分为埋入式和边界式。

（4）土压力计精度不宜低于0.5%F·S，分辨率不宜低于0.2%F·S。

8. 孔隙水压力监测

（1）孔隙水压力监测可采用振弦式孔隙水压力计或应变式孔隙水压力计。

（2）孔隙水压力计量程应满足被测压力范围的要求，其上限可取静水压力与超孔隙水压力之和的2倍；具有足够强度、抗腐蚀性和耐久性，并具有抗震和抗冲击性能。

（3）孔隙水压力计埋设后应量测孔隙水压力初始值，且宜逐日定时连续量测1周，取稳定值为初始值。

（4）孔隙水压力计精度不宜低于0.5%F·S，分辨率不宜低于0.2%F·S。

9. 裂缝宽度监测

裂缝宽度监测宜在裂缝两侧设置标志，用千分表或游标卡尺等量测，也可用裂缝计或摄影测量方法等，裂缝长度监测宜采用直接量测法，裂缝深度监测宜采用超声波法、凿出法等。

10. 爆破震动监测

（1）爆破震动监测传感器应安装在基坑周边重要建筑物上，与被测对象之间刚性粘结，并使传感器的定位方向与所测量的振动方向一致。速度传感器或加速度传感器可采用垂直、水平单向传感器或三矢量一体传感器。

（2）仪器安装和连接后应进行监测系统的测试，监测期内整个监测系统应处于良好的工作状态。

2.2.5 监测频率

（1）基坑工程监测频率应能准确反映围护结构、周边环境动态变化，能系统反映监测对象的重要变化过程而又不遗漏其变化时刻为原则，宜采用定时监测，必要时进行跟踪监测。

（2）基坑监测频次应符合现行国家标准《建筑基坑工程监测技术规范》GB 50497 的要求。

（3）当监测数据达到报警值，变形速率加大、变形较大时，应立即通知相关单位，并应加密观测频次。

（4）对分区或分期开挖的基坑，应根据施工的影响程度，调整监测频率。

2.3 主体结构施工测量

2.3.1 一般规定

±0.000 以上结构施工测量工作主要内容包括主轴线内控基准点的设置、施工层的平面与标高控制、建筑物主轴线的竖向投测、施工层标高的竖向传递、大型预制构件的安装测量等。

结构施工测量应在首层放线验收后申请复核。

结构施工测量采用外控法进行轴线竖向投测时，应将控制轴线引测至首层结构外立面上，作为各施工层主轴线竖向投测的测量基准。

结构施工测量采用内控法进行轴线竖向投测时，应在首层或最底层底板上预埋钢板，划“十”字线钻孔，作为基准点，并在各层楼板对应位置预留 200mm×200mm 孔洞，以便竖向传递轴线。

轴线竖向投测，应事先校测控制桩、基准点，确保其位置正确，投测的允许误差为 $3H/10000$（H 为竖向投测距离），且符合表 2-3 的规定，当建筑物高度大于 200m 时，应符合设计要求。

表 2-3 轴线竖向投测允许误差

项目		允许偏差/mm
每层		±3
总高 H/m	$H \leqslant 30$	±5
	$30 < H \leqslant 60$	±10
	$60 < H \leqslant 90$	±15
	$90 < H \leqslant 120$	±20
	$120 < H \leqslant 150$	±25
	$150 < H \leqslant 200$	±30

控制轴线投测至施工层后，应组成闭合图形，且间距不宜大于钢尺长度，控制轴线的选择应考虑以下因素：

（1）建筑物外廓轴线。

（2）单元、施工流水段分界轴线。

（3）楼梯间、电梯间两侧轴线。

（4）每个施工流水段放线时内控点不少于 3 个，必须与上一流水段的轴线相接。

施工层放线时，应先校核投测轴线，闭合后再测设细部轴线与施工线，各部位放线允许误差应符合表 2-4 的规定。

表 2-4 各部位放线允许误差

项目		允许误差/mm
外廓主轴线长度 L/m	$L \leqslant 30$	±5
	$30 < L \leqslant 60$	±10
	$60 < L \leqslant 90$	±15
	$90 < L \leqslant 120$	±20
	$120 < L \leqslant 150$	±25
	$150 < L$	±30
细部轴线		±2
承重墙、梁、柱边线		±3
非承重墙边线		±3
门窗洞口线		±3

标高的竖向传递，当使用钢尺时应从首层起始标高线垂直量取，当传递高度超过钢尺长度时，应另设一道起始线：当使用光电天顶测距传递时宜沿测量洞口、管线洞口垂直向上传递，应观测至少一个测回：每栋建筑应由三处分别向上传递，标高允许误差为 $3H/10000$，且符合表 2-5 的规定。

表 2-5 标高竖向传递允许误差

项目		允许偏差/mm
每层		±3
总高 H/m	$H \leqslant 30$	±5
	$30 < H \leqslant 60$	±10
	$60 < H \leqslant 90$	±15
	$90 < H \leqslant 120$	±20
	$120 < H \leqslant 150$	±25
	$150 < H$	±30

施工层抄平之前，应先校测 3 个传递标高点，当校差小于 3mm 时，以其平均值作为本层标高起算值。抄平时宜将水准仪安置在待测点范围的中心位置，水平线标高允许误差为 ±3mm。

结构施工中测设的轴线与标高线，均应以墨线标定，线迹应清晰明确，墨线宽度应小于 1mm。

2.3.2 砌体结构施工测量

砌体结构施工测量在基础墙顶放线时，应弹出墙体轴线；在楼板上放线时，内墙应弹出两侧边线，外墙应弹出内边线。

墙体砌筑之前，应按有关施工图绘制皮数杆，作为控制墙体砌筑标高的依据，皮数杆全高绘制误差为 ±2mm。皮数杆的设置位置应选在建筑物各转角及施工流水段分界处，相邻间距不宜大于 15m，立杆时先用水准仪抄平，标高线允许误差为 ±2mm。

各施工层墙体砌筑到一步架高度后，应测设 500mm（或整米标高）水平线，作为结构、装修施工的标高依据，相邻标高点间距不宜大于4m，水平线允许误差为±3mm。利用激光扫平仪进行抄平时，应架设在待测区的中心位置，水平线允许误差为±3mm。

2.3.3 钢筋混凝土结构施工测量

钢筋混凝土结构施工测量的内容包括：装配式框架、现浇框架、框架-剪力墙、剪力墙等结构形式的施工测量。

钢筋混凝土构件进场后，应对构件几何尺寸进行检查，其允许误差应符合相应规范的规定。

预制梁柱安装前，应在梁两端与柱身三面分别弹出几何中线或安装线，弹线允许误差为±2mm。预制柱安装前，应检查结构中支承埋件的平面位置与标高，其允许误差应符合表2-6的规定，并绘简图记录误差情况。

表2-6 结构支承埋件允许误差

项目	允许偏差/mm
中心位置	±5
顶面标高	0
	-5

预制柱安装时，可用两台经纬仪，在相互垂直的方向线上同时校测构件安装的垂直度，当观测面为不等截面时，经纬仪应安置在轴线上；当观测面为等截面时，经纬仪可不安置在轴线上，但仪器中心至柱中心的方向线与轴线的水平夹角不得大于15°。预制柱安装测量垂直度的允许误差为±3mm。柱顶面的梁或屋架位置线，应以结构平面轴线为准测设。预制梁安装后，应对柱身垂直度进行复测，并做记录。

在现浇混凝土结构中，竖向构件钢筋绑扎完成后，应在竖向主筋上测设标高，并用油漆标注，作为支模与浇注混凝土高度的依据。现浇柱、墙支模后，应使用经纬仪校测模板垂直度。

2.3.4 钢结构施工测量

首节柱施工测量控制网，应将地面平面控制网的纵、横轴线测设到基础混凝土面层上，组成基础平面控制网，其精度与地面平面控制网精度相同，并测设出柱行列的中轴线，其相邻柱中心间距的测量允许误差为1mm。

基础预埋钢板应保持水平并与地脚螺栓垂直，依据纵、横控制轴线，交会出定位钢板上的纵、横轴线，其允许误差为1.0mm。在浇注基础混凝土前，应检查调整纵、横轴线与设计位置，其允许误差为1.0mm。预埋钢板水平控制，应采用DS05级水准仪进行控制，其允许误差为±2mm。

在基础混凝土面层上第一层钢柱安装之前，应对钢柱地脚螺栓部位的“十”字定位轴线控制点组成的柱格网进行复测和调整，其允许误差为1mm。安装时柱底面的“十”字轴线对准地脚螺栓部位的“十”字定位轴线，允许误差为0.5mm，钢柱顶端面的纵、横柱“十”字定位轴线的允许误差为1mm。

在安装前应对柱、梁、支撑等主要构件尺寸与中线位置进行复测，构件的外形与几何尺寸的允许误差应符合现行国家标准《钢结构工程施工质量验收规范》GB 50205的有关规定。

当施工到±0.000时，应对平面控制网的坐标和高程进行复测并调整，其允许误差为2mm。

地上部分钢柱垂直度的测设，应采用相对误差不低于1/40000级激光铅垂仪、相同精度的光学铅垂仪或激光准直仪，根据平面控制网，布设竖向控制点，并对布设的竖向控制点进行校核，其精度与平面控制网的精度相同。竖向控制点应做成永久标志。

竖向控制宜采用内控的误差圆投测方法进行竖向投测，每个施工层投测完成后，应及时进行校核，符合精度要求后，方可施工。

层间高差与建筑总高度，应用水准测量或用Ⅰ级钢尺沿柱身外向上、向下丈量测定，当对钢结构进行丈量测定时，每层高差允许误差为 ±3mm。

2.4 建筑装饰施工测量

2.4.1 一般规定

建筑装饰施工测量的主要内容包括室内地面面层施工、吊顶与屋面施工、墙面装饰施工、幕墙和窗安装等工程的施工测量。

建筑装饰与设备安装施工测量前应查阅施工图纸，了解设计要求，验算有关测量数据，核对图上坐标和高程系统与施工现场的一致性，并对其测量控制点和其他测量成果进行检查与校测。

建筑装饰与设备安装施工测量的技术要求应符合下列规定：

（1）测设室内外水平线，每 3m 距离的两端高差应小于 1mm，同一条水平线的标高允许误差为 ±3mm。

（2）室外铅垂线，采用经纬仪投测两次结果校差应小于 2mm，当垂直角超过 40°时，可采用陡角棱镜或弯管目镜投测。

（3）室内铅垂线，可采用线锤、激光铅垂仪或经纬仪投测，其相对误差应小于 $H/3000$。

2.4.2 内部装饰施工测量

1. 地面面层施工测量

地面面层施工测量应符合下列规定：

（1）在建筑物四周墙面与柱子上测设出 500mm 或 1000mm 水平线，作为地面面层施工的标高控制线，并用水准仪或激光扫平仪检测基层标高。

（2）按设计要求在基层上以“十”字直角定位线为基准弹线分格，量距相对误差应小于 1/10000，测设直角的误差应小于 ±20″。

（3）检测标高与水平度时，检测点间距：大厅宜小于 5m，房间宜小于 2m 或按施工方案实施。

不同面层地面施工测量要点见表 2-7。

表 2-7　不同面层地面施工测量要点

序号	地面类型	测量要点
1	现制水磨石地面	（1）根据水平控制线检查基层顶面标高 （2）检查房间墙面的方正度 （3）按设计要求在基层面上以“十”字直角定位线为基准弹线分格（无特殊要求时，分格间距为 1m）。在分格铜条或玻璃条固定后，要检测其顶面标高 （4）在正式开磨后，随时监测磨石面的标高与水平度是否符合水平控制线

（续）

序号	地面类型	测量要点
2	人造石饰面板	应在基层面上弹分格线，在纵横两个方向上排好尺寸，根据确定后的块数和缝宽在基层面上弹纵横控制线。每隔一至四块弹一条控制线，并严格控制方正
3	塑料地面	应在基层面上弹“十”字直角定位线或对角定位线。如地面砖不合房间尺寸，应沿墙面四周或两边弹出 200 ~ 300mm 镶边线。塑料地面砖铺贴后，从 500mm 水平线向下量 350mm，四周交圈弹踢脚线上口墨线
4	木制地板	（1）每 5 ~ 10 根龙骨弹一道龙骨控制线 （2）检查龙骨标高、平整度，允许误差为 ±3mm （3）长条地板从靠门口较近的一边开始铺钉，每钉 600 ~ 800mm 宽要弹线找直修正 （4）拼花地板铺设前，房间先弹出“十”字直角定位线，后弹周圈 300mm 边线。长宽相差应小于 100mm （5）铺人字地板前先弹出房间的“十”字直角定位线，再弹圈线，圈边四周必须一致

2. 吊顶施工测量

吊顶施工测量应符合下列规定：

（1）以水平控制线为依据，用钢尺量至吊顶设计标高，沿墙四周弹水平控制线。

（2）在顶板上弹“十”字直角定位线，其中一条与外墙面平行，“十”字线按实际空间匀称确定，直线点标在四周墙上。

（3）对具有天花藻井及顶棚悬吊设备、灯具及装饰物比较复杂的吊顶，在大厅吊顶前将其设计尺寸，在其铅垂投影的地面上，按 1∶1 放出大样后投到顶棚上，移动龙骨至适当位置或以顶棚“十”字定位线为基础，向四周扩展等距方格网来控制顶棚悬吊设备及装饰物的相互位置关系。

3. 建筑物外部装饰施工测量

外墙面砖、马赛克、大理石面板的铺贴应符合表 2-8 的规定。

表 2-8　外墙面砖、马赛克、大理石面板铺贴测量要点

序号	装饰类别	施工测量要点
1	外墙面砖、马赛克	（1）在建筑物四角吊出铅垂钢丝并牢固地固定，用以控制墙面垂直度、平整度及面砖出墙面的位置 （2）根据分格高度及宽度，在底子灰面上弹出若干水平线及垂直线，水平线及垂直线的间距应根据设计要求和面砖尺寸而定 （3）在遇门窗洞口处要拉横通线，找出垂直、方正
2	大理石面板	墙面、柱面、门窗套用线锤从上至下找出垂直后在地面上顺墙面、柱面等弹出大理石面层外廓线（以 50mm 为宜），在此基准线上弹出大理石板就位线

4. 幕墙和窗安装

幕墙和窗安装施工测量前应做好以下准备工作：

（1）按装饰工程平面与标高设计要求，检测门窗洞口净空尺寸误差，并绘图记录。

（2）高层建筑外墙面垂直度，每层结构完工后都应检测，记录误差，并绘制平面图。

（3）建筑主体结构完工后，在有垂直龙骨的主要部位，用悬吊钢丝法（垂准线法）沿墙面检测垂直度，并做好记录和绘制竖向剖面图。

幕墙和窗安装测量应符合下列规定：

（1）在门窗洞口四周弹墙体纵轴线（外墙面控制线），在内外墙面弹水平控制线，层高、全高允许误差与结构施工测量精度相同。

（2）用 DJ 2 级经纬仪进行竖向投测，根据需要在外墙面弹垂直通线。

（3）幕墙随主体同步进行安装时，应以控制结构的轴线与标高为准进行安装幕墙的施工测量。

（4）控制垂直龙骨可采用激光铅垂仪或铅垂吊钢丝的测法，所用线锤的重量和钢丝直径随高差的增加而增加，应符合表 2-9 的规定。

表 2-9　线锤重量和钢丝直径的要求

高差/m	悬挂线锤重量/kg	钢丝直径/mm
<10	>1	0.5
10～30	>5	0.5
30～60	>10	0.5
60～90	>15	0.5
>90	>20	0.7

幕墙分格轴线的测量放线应与主体结构的测量放线相配合，对其误差应在分段分块内控制、分配、消除，不使其累积。幕墙与主体结构连接的预埋件，应按设计要求埋设，其测量放线允许误差：高差为 ±3mm，埋件轴线为 7mm。

在框架安装施工时，对幕墙的垂直及立柱位置的正确性应随时监测、校核。

2.5　建筑小区市政工程施工测量

2.5.1　一般规定

建筑小区市政工程施工测量包括居住小区、公共建筑群与工业厂区内的给水、排水、燃气、热力、电力、电信、工业等管线工程的施工测量和建筑小区内的道路等工程的施工测量。

建筑小区市政工程的中线定位应依据定线图或设计平面图，按图纸给定的定位条件，采用建筑小区内施工平面控制网点进行测设，或依据与附近主要建（构）筑物之间相互关系测设，或以城市测量控制点测设。

建筑小区市政工程的高程与坡度控制，应使用建筑小区内设计给定的水准点或以上述水准点为基点统一布设的施工水准点。建筑小区市政工程定位后，其平面位置、高程均应在施工前与已建成的市政工程相衔接并进行校测。

中线桩位可采用极坐标法、直角坐标法、方向交会法、距离交会法或平行线法进行测定，桩位测定后应变换观测方法或条件进行校核。

2.5.2　管线工程施工测量

管线工程分期分阶段施工，或与其他建（构）筑物相衔接时，定位工作的校测或调整应符合下列规定：

（1）建筑小区室外管线与室内管线连接时，宜以室内管线的位置和高程为准。

（2）建筑小区室外管线与市政干线连接时，宜以市政干线预留口位置和高程或市政规划位置和高程为准。

（3）新建管线与原有管线连接时，宜以原有管线位置和高程为准。

（4）管线点相对于邻近控制点的测量点位中误差不应大于 50mm，高程中误差不应大于 20mm。

配合地下管线施工过程的测量工作应符合下列规定：

（1）管线施工挖槽前应测设中线控制桩。

（2）施工水准点测设间距不应大于 150m。

（3）在基槽内投测管线中心线，间距宜为 10m，最长不应超过 20m。

（4）在基槽内测设高程及坡度控制桩，间距不宜超过 10m。对非自流管道，间距可放宽至 20m。

（5）管线安装过程中应及时校测。

（6）属于建筑小区内的管线主干线，应在回填土前测出起点、终点、交点与井位的坐标及管外顶高程（压力管）或管内底高程（自流管）。

各类管线安装高程的测量允许偏差应符合表 2-10 的规定。

表 2-10　管线安装高程测量允许偏差

管线类型	高程测量允许偏差/mm
自流管	±3
压力管	±10

架空管道施工测量应符合下列规定：

（1）中线定位后，应检查各交点处中心线转角，其观测值与设计值之差不应超过 1′，否则应进行调整。

（2）中心线及转角调整后即可测设管架中心线及基础中心桩，其直线投点误差不应大于 5mm，基础间距测量的相对误差应小于 1/2000。

（3）在基础进行混凝土浇筑时，应对直埋螺栓固定平面位置及高程进行检测，确保其正确性。

（4）支架柱（柱高 H）应进行垂直度校测，允许误差为 $H/1000$，且绝对值不应大于 7mm。

2.5.3　道路工程施工测量

道路工程施工时，与建筑物出入口相衔接的定线测量工作校测或调整应符合下列规定：

（1）与已建建筑物出入口相衔接时，应以出入口位置为准调整连接段中线。

（2）与已建成道路相接时，应保持线形直顺，并应符合城市规划要求。

（3）建筑小区内道路高程应低于附近建筑物散水的高程。

配合道路施工的测量工作应符合下列规定：

（1）道路施工测量控制桩的间距，直线段宜为 10m，曲线段宜为 5m。

（2）需要进行纵、横断面测量时，断面点间距不宜大于 20m。

（3）道路施工中宜采用边桩控制施工中线和高程。

（4）施工过程中应结合季节的变化、施工部署，对道路中线与高程的控制桩进行校测。

（5）道路圆曲线辅点的测设，宜由曲线两端闭合于中部，闭合差在允许误差范围内时，应将闭合差按比例分配到各辅点桩上。

（6）道路起、终点与交点相对于定位依据点的定位允许误差应符合表 2-11 的规定。

（7）道路工程中各种施工高程控制桩的测量允许误差应符合表 2-12 的规定。

表 2-11　道路定位测量的允许误差

测量项目	允许误差/mm
道路直线中线定位	±25
道路曲线横向闭合差	±50

表 2-12　高程控制桩测量的允许误差

测量项目	允许误差/mm
纵、横面测量	±20
施工边桩	±5
竣工校测	±10

2.6　施工变形测量

2.6.1　一般规定

施工变形测量主要包括施工阶段建（构）筑物的地基基础、上部结构垂直位移测量、水平位移测量；基坑及周边建筑物、管线变形测量以及其他各种位移测量。

施工变形测量应能真实反映建（构）筑物及施工场地的实际变形程度及变形趋势，检查地基基础及结构设计是否符合预期要求，检验工程质量以保证安全施工。

施工阶段中变形测量应包括下列主要项目：

(1) 施工建（构）筑物及邻近建（构）筑物变形测量。

(2) 地基基坑回弹观测和地基土分层垂直位移观测。

(3) 对于因特殊的科研和管理等需要进行的变形测量。

施工变形测量应按测定垂直位移或水平位移的要求，建立垂直或水平位移监测控制网，对监测网应进行周期观测，对变形测量成果应及时处理，重要的应进行变形分析，并对变形趋势做出预报。

施工变形测量的等级划分及精度要求的具体确定，应根据设计、施工给定的或有关规范规定的建筑物变形允许值，并考虑建筑结构类型、地基土的特征等因素进行选择，变形测量的等级划分与精度要求应符合表 2-13 的规定。

表 2-13　变形测量的等级划分与精度要求　（单位：mm）

等级	竖向位移监测		水平位移监测	适用范围
	变形监测点高程中误差	相邻变形监测点高差中误差	变形监测点点位中误差	
一等	±0.3	±0.1	±1.5	变形特别敏感的高层建筑、高耸构筑物、重要古建筑、工业建筑和精密工程设施等
二等	±0.5	±0.3	±3.0	变形较敏感的高层建筑、高耸构筑物、古建筑、工业建筑、重要工程设施和重要建筑场地的滑坡监测等
三等	±1.0	±0.5	±6.0	一般性的高层建筑、高耸构筑物、工业建筑、滑坡监测等
四等	±2.0	±1.0	±12.0	一般建筑物、构筑物和滑坡监测等

属于下列情况之一者应进行施工变形测量：

(1) 地基基础设计等级为甲级的建筑物。

(2) 复合地基或软弱地基上的设计等级为乙级的建筑物。

（3）加层、扩建建筑物。

（4）受邻近深基坑开挖施工、受场地地下水等环境因素变化影响的建筑物。

（5）需要积累建筑经验或进行设计反分析的工程。

（6）因施工、使用或科研要求进行观测的工程。

施工变形测量的观测周期应根据下列因素确定：

（1）应能正确反映建筑物的变形全过程。

（2）建筑物的结构特征。

（3）建筑物的重要性。

（4）变形的性质、大小与速率。

（5）工程地质情况与施工进度。

（6）变形对周围建筑物和环境的影响。

施工变形测量的方法应根据建（构）筑物的性质、施工条件、观测精度及周围环境选定，施工变形测量的基准点、工作基点与变形观测点的布置应符合下列规定：

（1）基准点应选设在变形影响范围以外便于长期保存的位置，每项独立工程至少应有三个稳固可靠的基准点，宜每半年检测一次。

（2）工作基点应选设在靠近观测目标，便于联测且比较稳定的位置。对工程较小、观测条件较好的工程，可以不设工作基点，而直接依据基准点测定变形观测点，每次观测前宜检测一次。

（3）变形观测点应选设在变形体上能反映变形特征的位置。

施工变形测量应符合下列规定：

（1）每次观测时宜采用相同的观测路线和方法、仪器和设备，固定观测人员，在基本相同的环境和条件下观测。

（2）对所使用的仪器设备，应定期进行检定。

（3）每项观测的首次观测应在同期至少进行两次，无异常时取其平均值，以提高初始值的可靠性。

（4）周期性观测中，若与上次相比出现异常或测区受到地震、爆破等外界因素影响时，应及时复测或增加观测次数。

2.6.2　垂直位移测量

1. 垂直位移观测的内容

垂直位移测量的观测内容和要求见表 2-14。

表 2-14　垂直位移测量的观测内容和要求

序号	观测内容	观测要求
1	建筑物垂直位移观测	测定其地基的垂直位移量、位移差，并计算位移速度和建（构）筑物的倾斜度
2	基坑回弹观测	测定在基坑开挖后，由于卸除地基土自重而引起的基坑内外影响范围内相对于开挖前的回弹量
3	地基土分层垂直位移观测	测定地基内部各分层土的垂直位移量、位移速度以及有效压缩层的厚度

垂直位移观测应采用几何水准测量或静力水准测量等方法进行。水准线路宜布设成闭合

环、结点网或附合路线，其主要技术要求和观测方法应符合现行工程建设标准。垂直位移观测中，每次应记录观测时建（构）筑物的荷载变化、气象情况与施工条件的变化。

2. 高程系统

高程系统应采用施工高程系统，也可采用独立高程系统。当监测工程范围较大时，应与该地区水准点联测。垂直位移测量基准点埋设应符合下列规定：

（1）坚实稳固，便于观测。

（2）埋设在变形区以外，标石底部应在冻土层以下，因条件限制需在变形区内设置基准点时，应埋设深埋式基准点，埋深至降水面以下4m。

（3）可利用永久性建（构）筑物设立墙上基准点。

3. 垂直位移观测点的布设

垂直位移观测点的布设位置应符合下列规定：

（1）布置在变形明显且具有代表性的部位。

（2）标志应稳固可靠、便于观测和保存、不影响施工及建筑物的使用和美观。

（3）点位应避开暖气管、落水管、窗台、配电盘及临时构筑物。

（4）承重墙可沿墙的长度每隔10~15m处或每隔2~3根柱基上设置一个观测点，在转角处、纵横墙连接处、裂缝和沉降缝两侧基础埋深相差悬殊处、不同地基或结构分界处、高低或新旧建筑物分界处等也应设置观测点。

（5）框架式结构的建筑物应在柱基上设置观测点。

（6）电视塔、烟囱、水塔、大型贮藏罐等高耸构筑物的垂直位移观测点应布置在基础轴线对称部位，每个构筑物应不少于四个观测点。

4. 施工期间位移观测

主体结构施工期间，垂直位移观测周期应符合下列规定：

（1）高层建筑施工期间每增加2~4层，电视塔、烟囱等每增高10~15m应观测一次。

（2）基础混凝土浇筑、回填土与结构安装等增加较大荷载的前后应进行观测。

（3）基础周围大量积水、挖方与暴雨后应观测。

（4）出现不均匀垂直位移时，根据情况增加观测次数。

（5）施工期间因故暂停施工超过三个月，应在停工时及复工前进行观测。

（6）在高层建筑施工中，应对施工电梯、塔式起重机等重要设备进行垂直位移观测，其观测精度可按垂直位移观测点二级精度要求进行。

5. 结构封顶后位移观测

结构封顶至工程竣工，垂直位移观测周期宜符合下列规定：

（1）均匀垂直位移且连续3个月内平均垂直位移量不超过1mm时，每3个月观测一次。

（2）连续两次每3个月平均垂直位移量不超过2mm时，每6个月观测一次。

（3）外界发生剧烈变化时应及时观测。

（4）交工前观测一次。

（5）交工后应每6个月观测一次，直至基本稳定（1mm/100d）为止。

6. 基坑回弹观测

基坑回弹观测点的设置宜符合下列规定：

（1）在深基坑最能反映回弹特征的十字轴线上设置观测点，不宜少于5个。

（2）钻孔前应对钻杆进行铅锤校正，并设置保护管，基础开挖前钻孔，施测后用白灰回填。

（3）回弹观测标志顶部高程应低于基坑底面200～300mm。

基坑回弹观测宜符合下列规定：

（1）基坑开挖前、后及基础混凝土浇筑前各观测一次。

（2）读数前应仔细检查悬吊尺（磁重锤）与标志顶部接触情况。

（3）对传递高程的钢尺应进行尺长与温度等项改正。

（4）基坑回弹观测点，测得的高程中误差不应超过±1mm。

7. 地基土分层垂直位移观测

地基土分层垂直位移观测宜符合下列规定：

（1）观测点应选择在建（构）筑物的地基中心附近。

（2）观测标志的深度，最浅的应在基础底面500mm以下，最深的应超过理论上的压缩层厚度，观测的标志应由内管和保护管组成，内管顶部应设置半球状的立尺标志。

（3）应在基础浇注前开始观测，观测的周期宜符合相应规范规定。

2.6.3 水平位移测量

1. 一般规定

水平位移测量具体工作内容可根据不同观测项目来确定，具体见表2-15。

表2-15 水平位移测量的观测项目和工作内容

序号	观测项目	工作内容
1	水平位移观测	测定建筑物地基基础等在规定平面位置上随时间变化的位移量和位移速度
2	主体倾斜观测	测定建筑物顶部相对于底部或上层相对于下层的水平位移和高差，分别计算整体或分层的倾斜度、倾斜方向及倾斜速度
3	日照变形观测	测定建（构）筑物上部由于向阳面与背阳面温度引起的偏移及其变化规律
4	挠度观测	测定挠度值及挠曲程度
5	裂缝观测	测定建筑物上裂缝的分布位置、走向、长度、宽度及其变化程度
6	滑坡观测	测定滑坡的周界、面积、滑动量、滑移方向、主滑线及滑动速度，并视需要进行滑坡预报

水平位移监测网可采用建筑基准线、三角网、边角网、导线网、GNSS网等形式，宜采用独立坐标系统，并进行一次布网。水平位移监测网控制点的埋设应符合下列规定：

（1）基准点应埋设在变形影响范围以外，坚实稳固，便于保存处。

（2）通视良好，便于观测与定期检验。

（3）宜采用有强制归心装置的观测墩，照准标志宜采用有强制对中装置的觇牌。

水平位移观测应根据实际情况采用视准线法、经纬仪投点法、激光准直法、前方交会法、边角交会法、导线测量法、小角度法、极坐标法、垂线法和近景摄影测量法。水平位移观测点的精度等级，应根据工程需要的观测等级确定。

2. 日照变形观测

对超高层建（构）筑物进行的日照变形观测应符合下列规定：

（1）观测点设置在观测体向阳的不同高度处。

（2）测定各观测点相对于底部点的位移值，或测算观测点的坐标变化量。

（3）观测日期应选在昼夜晴朗、无风（或微风）、外界干扰较少的日子。

（4）观测期间应选在一天24h内，白天每1h、夜间每2h观测一次。

（5）观测同时应测定观测体的向阳面及背阳面的温度和太阳的方位。

（6）根据观测结果，绘出日照变形曲线图，求得最大和最小日照变形时段。

（7）观测精度应经具体分析确定，用经纬仪观测时，观测点相对于测站点的点位中误差：采用投点法不应超过 ±1.0mm；采用测角法不应超过 ±2.0mm。

3. 挠度观测

挠度观测宜采用下列方法：

（1）建筑物基础或平置构件，在两端及中间设三个垂直位移观测点，推算挠度值。

（2）建（构）筑物主体或竖置构件，在上、中、下设三个水平位移观测点，推算挠度值。

（3）用滑动式测斜仪测量出建筑物不同高度处各点相对于最低点的铅垂线之水平位移，推算挠度值。

4. 裂缝观测

裂缝观测应符合下列规定：

（1）裂缝观测包括裂缝所在位置、走向、长度及宽度等项。

（2）当裂缝表面平整，可在裂缝处绘制方格网坐标时，用钢尺量测；当裂缝在三维方向上均有变化时，应埋设特制的能测定三维变化的标志，用游标卡尺量测。

（3）对重要的裂缝，选择有代表性的位置，于裂缝两侧埋设标点，用游标卡尺定期测定两标点间的距离变化，在裂缝的起点与终点设立标志，观测其长度及走向变化。

（4）观测裂缝也可以采用裂缝仪等设备进行观测。

（5）大面积或不可及的裂缝可用近景摄影测量方法观测变形量和三维激光跟踪测量。

2.6.4 测量资料整理

施工变形测量资料整理工作的主要内容包括：

（1）对已取得的资料进行校核，检查外业观测项目是否齐全，成果是否符合精度要求，舍去不合理的数据。

（2）进行内业计算，并将变形点观测结果绘制成各种需要的图表。

（3）根据已获得的成果分析建筑物变形原因及变形规律，做出今后变形趋势预报，提出今后观测建议。

工程交工时，各项施工变形测量应根据需要提交下列有关资料：

（1）技术设计书或施工方案。

（2）基准点与观测点位分布图。

（3）施工变形测量成果表。

（4）变形量分别与时间、荷载等的曲线图。

（5）变形分析与交工后的有关观测建议。

（6）原始资料。

2.7 竣工测量与竣工图的编绘

2.7.1 一般规定

竣工测量与竣工图编绘的主要内容包括竣工图的编绘与实测、地下管线工程竣工测量及综合地下管线图的展绘。

竣工图应在收集汇总、整理现有图纸资料的基础上进行编绘与实测，将竣工地区内的地上、地下建（构）筑物和管线的平面位置与高程及其他地物、地貌全面真实反映，并加上相应的文字说明。

竣工测量应充分利用原有场区控制网点成果资料，如原控制点被破坏，应予以恢复或重新建立，恢复后的控制点点位精度，应能满足施测细部点的精度要求。

竣工图的坐标和高程系统应采用属地地方坐标与高程系统，否则应进行联测与换算。

竣工图的编绘范围与比例尺应与施工总图相同，其比例尺宜为1∶500。图的种类、内容、图幅大小、图例符号应与原施工总图一致。

竣工图的绘制可采用计算机制图，当采用坐标格网尺绘制时，其精度要求应符合下列规定：

（1）方格网实际长度与名义长度之差不应大于0.2mm。

（2）图廓对角线长度与理论长度之差不应大于0.3mm。

（3）控制点间图上长度与坐标反算长度之差不应大于0.3mm。

竣工测量成果资料和竣工图应按现行有关规定进行审核、会签、归档和保存。

2.7.2　竣工图的测绘

按设计施工图纸、设计变更文件进行定位与施工的工程，其竣工图可依上述图纸资料经换算为属地地方系统的坐标、高程与相关尺寸进行编绘。一般工程可只编绘竣工图，当工程有特殊需要或管线密集时，宜分类编绘各项专业图。

以下情况应以实测资料编绘竣工图：

（1）未按设计图施工或施工后变化较大的工程。

（2）多次变更设计造成与原有资料不符的工程。

（3）缺少设计变更文件及施工检测记录的工程。

（4）按图纸资料的数据进行实地检测，其误差超过施工验收标准的工程。

（5）地下管线等隐蔽工程。

竣工图的实测应测定建（构）筑物的主要细部点坐标、高程及有关元素，并根据测量数据展绘、编制成图。细部点展绘相对于邻近格网线的允许误差为0.2mm。细部坐标点的点位中误差和细部高程点的高程中误差，应符合表2-16的规定。

表2-16　细部点点位中误差与高程中误差（mm）

地物类别	细部点点位中误差	细部点高程中误差
主要建（构）筑物	≤50	≤±30
一般建（构）筑物	≤70	≤±40

对于不测细部坐标和高程的地物，可按地形测图的要求进行测绘。

细部点坐标宜采用极坐标法施测。细部点高程可采用DS3级水准仪按中视法测定。采用全站仪同时测定细部点坐标和高程并进行数字化成图时，水平角和垂直角均可观测半测回，仪器高和觇牌高均应量至1mm。

建筑红线桩点、具有表示建筑用地范围的永久性围墙外角应按实际位置测绘，并注明坐标与高程。

建筑场区内竣工图的编绘应符合下列规定：

（1）应绘出地面的建（构）筑物、道路、铁路、架空与地面上的管线、地面排水沟渠、地下管线等隐蔽工程、绿地园林等设施。

（2）矩形建（构）筑物在对角线两端应注明坐标，排列整齐的住宅，可注明其外围四角的坐标，主要墙外角和室内地坪应注明高程；圆形建（构）筑物应注明中心点坐标、接地处的半径，室内地坪与地面应注明高程。

（3）建筑小区道路中心线起点、终点、交叉点应注明坐标与高程，变坡点与直线段每30～40m处应注明高程；曲线应注明转角、半径与交点坐标，路面应注明材料与宽度。厂区铁路中心线起点、终点、交点应注明坐标，曲线上应注明曲线诸元素，铁路起点、终点、变坡点、直线段每50m与曲线内轨轨面每20m处应注明高程。

（4）架空电力线与电信线杆（塔）中心、架空管道支架中心的起点、终点、转点、交叉点应注明坐标，注坐标的点与变坡点应注明基座面或地面的高程，与道路交叉处应注明净空高。

（5）地下管线的类别、平面位置、走向、埋深、高程、偏距、规格、材质、传输物体压力、流向、电压等特征，建设年代、权属单位以及管线附属建（构）筑物等属性。

编绘竣工图时，坐标与高程的编绘点数不应少于设计图上注明的坐标与高程点数，对于建（构）筑物的附属部位，可注明相对关系尺寸。

建（构）筑物的细部点坐标与高程应直接标注在图上，注记平行于图廓线。当图面小、负荷太大时，可在细部点旁注明编号，将其坐标与高程编制为成果表。

竣工测量完成后，应根据需要提交下列有关资料：

（1）场区内及其附近的平面与高程控制点位置图。

（2）建筑红线桩点、场地控制网点、建（构）筑物控制网点坐标与高程成果表。

（3）设计变更通知、洽商及处理记录。

（4）建（构）筑物施工定位放线资料。

（5）各项预检资料、工程验收记录。

（6）竣工图或竣工分类专业图。

本章术语释义

序号	术语	含义
1	建筑红线桩点	根据城市规划行政主管部门的批准，并经实地测量钉桩的建筑用地范围的边界点
2	建筑控制方格网	矩形的格网组成且与拟建的建（构）筑物轴线平行的施工控制网
3	建筑物定位	依据设计条件，采用平面控制点、建筑红线桩点或与原有建筑物的关系，将拟建建筑物四廓的主轴线桩（简称角桩）测设到地面上
4	放线	按照设计图纸上建（构）筑物的平面尺寸，根据主轴线桩将建筑施工用线放样到实地的测量工作
5	验线	对已测设于实地的建筑施工用线的正确性及精度进行检测的工作

（续）

序号	术语	含义
6	建筑标高	建筑物某一部位相对于±0.000的竖向高度
7	抄平	用测量设备确定某一标高的测量工作
8	轴线竖向投测	将建（构）筑物轴线由测量控制基准点向上或向下引测至待测层的测量工作
9	标高竖向传递	建筑施工时，根据高程基准点向上或向下传递高程的测量工作
10	垂直度测量	确定结构物竖向中心线偏离铅垂线所进行的测量工作
11	变形测量	对建（构）筑物及其地基一定范围内岩体及土体的水平位移、垂直位移、挠度、裂缝等所进行的测量工作
12	基准点	为工程进行变形监测而布设的稳定可靠的点
13	垂直位移测量	测定变形体的高程随时间而产生的下降或上升，并提供变形趋势及稳定预报而进行的测量工作
14	水平位移测量	测定变形体的平面位置随时间而产生的位移大小、位移方向，并提供变形趋势及稳定预报而进行的测量工作
15	倾斜测量	对建（构）筑物中心线或其墙、柱等，在不同高度的点对其相应底部点的偏离大小、偏离方向而进行的测量工作
16	日照变形测量	对高层建筑物、高耸构筑物及墙、柱等构件，因日光照射受热不均产生变形而进行的测量工作
17	挠度测量	对建（构）筑物及其构件等受力后随时间产生的弯曲变形而进行的测量工作
18	裂缝测量	对建筑物的墙、柱，因受差异垂直位移或其他影响而产生裂缝的宽度、长度、深度、走向等进行的测量工作
19	竣工测量	工程竣工验收时，对建（构）筑物主体工程及其附属设施（包括地下、地面和架空管线）等的实地平面位置与高程进行的测量工作
20	竣工图	根据竣工测量资料编绘的反映建（构）筑物主体及其附属设施（包括地下、地面和架空管线）等的实际平面位置和高程的图

第3章 基坑工程

3.1 基坑施工概述

基坑工程施工包括基坑围护体系施工、降排水和土方开挖等内容。若采用内撑式围护结构体系，还应包括支撑拆除等；若采用逆作法施工，土方开挖应与地下结构施工相互配合。采用不同的基坑围护体系，相应的基坑工程施工内容会有较大的区别。

3.1.1 一般规定

基坑工程施工前应根据设计文件，结合现场条件和周边环境保护要求、气候等情况，编制专项施工方案。基坑支护结构施工以及降水、开挖的工况和工序应符合设计和专项施工方案的要求。

施工现场道路布置、材料堆放、车辆行走路线等应符合设计荷载控制的要求，并应减少对主体结构、支护结构、周边环境等的影响。根据实际情况可设置施工栈桥，并应进行专项设计。基坑工程施工中，当邻近工程进行桩基施工、基坑开挖、边坡工程、盾构顶进、爆破等施工作业时，应根据实际情况确定施工顺序和方法，并应采取措施减少相互影响。

在基坑支护结构施工与拆除时，应采取对周边环境的保护措施，不得影响周围建（构）筑物及邻近市政管线与地下设施等的正常使用功能。基坑工程施工中，应对支护结构、已施工的主体结构和邻近道路、市政管线与地下设施、周围建（构）筑物等进行监测，根据监测信息动态调整施工方案，产生突发情况时应及时采取有效措施。基坑监测应符合现行国家标准《建筑基坑工程监测技术规范》GB50497 的规定，具体可参考本手册第 2 章内容。基坑工程施工中应加强对监测点的保护。

3.1.2 围护结构施工要点

施工前应熟悉围护体系图纸、周边环境，分析各种不利工况，掌握开挖及支护设置的方式、形式及周围环境保护的要求。应重视施工参数与地层条件的匹配，根据土层特点选取合适的施工机械和施工工艺，必要时配以合理辅助措施，确保施工质量满足设计要求。同时应重视施工对周边环境的影响。许多围护结构施工本身对周边环境的影响很大，如在深厚软黏土地基中地下连续墙成槽时引起两侧土体变形，有时变形甚至超过基坑开挖造成的影响。因此基坑围护结构施工时应针对各种工艺特点，严格控制施工参数。必要时需采取辅助措施，如在深厚软黏土地基中的地下连续墙成槽前，两侧土体可先采用深层搅拌法或高压喷射注浆法进行加固。

基坑围护结构体系施工要重视多种施工内容之间的合理连接，在时间、空间上合理安排，重视连贯性与整体性。工程经验表明，施工参数合理、现场条件合适、施工连贯、一气呵成的围护体系往往施工质量稳定，缺陷和问题较少。

基坑围护结构体系施工中要加强监测、控制施工质量。施工阶段及时检验施工质量有利于及时发现问题并可通过调整后期施工参数加以补救，加强监控措施，防止整个围护体系质量出现问题。

3.1.3 降、排水施工要点

施工前应熟悉降、排水施工图纸及周边环境，分析各种不利工况，根据土层特点选取合适的降、排水施工机械和施工工艺，确保降、排水满足设计要求。

降、排水施工会引起地下水位改变，地下水位变化会造成地面沉降。地面沉降，特别是不均匀沉降将会对周边建筑物、地下管线等造成不良影响。降、排水施工过程中，若施工工艺不当，抽出水中夹有泥砂，会引起周边土层土体流失，使周边地面发生沉降，特别是不均匀沉降更加严重。因此一定要重视基坑工程施工过程中地下水位变化对周边环境的影响，必要时可采取辅助措施，如在坑内降水的同时，在坑外回灌水以维持坑外地下水位保持不变。

3.1.4 土方开挖要点

基坑开挖前，应根据基坑支护设计方案、降排水方案、场地条件等资料，编制基坑开挖专项施工方案，其主要内容应包括工程概况、地质勘探资料、施工平面及场内交通组织、挖土机械选型、挖土工况、挖土方法、排水措施、季节性施工措施、支护变形控制和环境保护措施、监测方案、应急预案等，专项施工方案应按照规定履行审批手续。

基坑土方开挖可分为无支护结构基坑开挖、有支护结构基坑开挖和基坑暗挖。基坑开挖应综合考虑基坑平面尺寸、开挖深度、工程地质与水文地质条件、环境保护要求、支护结构、施工方法、气候条件等因素。

基坑开挖前，基坑支护结构的强度和龄期应达到设计的要求，且降水及坑内加固应达到要求。采用混凝土支撑体系或以水平结构作为支撑体系的，应待混凝土达到设计强度后，才能开始下层土方的开挖。采用钢支撑的，应在施加预应力并符合设计要求后方可进行下层土方的开挖。

基坑开挖宜按照“分层、分块、对称、平衡、限时”的原则确定开挖方法和顺序，挖土机械的通道布置、挖土顺序、土方驳运、建材堆放等都应避免引起对围护结构、工程桩、支撑立柱、降水管井、坑内监测设施和周围环境等的不利影响。

当挖土设备、土方运输车辆等直接入坑进行施工作业时，应采取必要的措施保证坡道的稳定，其入坑坡道宜按照不大于1:8的要求设置，坡道的宽度应保证车辆正常行驶。

施工栈桥应根据基坑形状、支撑形式、周边场地及环境、施工方法等情况进行设置。施工过程中应按照设计要求对施工栈桥的荷载进行严格控制。

3.2 放坡开挖

在土层较好的区域中，基坑开挖可以选择并确定安全合理的基坑边坡坡度，使基坑开挖后的土体，在无加固及无支撑的条件下，依靠土体自身的强度，在新的平衡状态下取得稳定的边坡并维持整个基坑的稳定状况，为建造基础或地下室提供安全可靠的作业空间，同时又能确保基坑周边的工程环境不受影响或满足预定的工程环境要求。这类无支护措施下的基坑开挖方法通常称作放坡开挖。一般来说，该方法所需的工程费用较低，施工工期短，可为主体结构施工提供较宽敞的作业空间。

3.2.1 放坡形式的选择

当放坡开挖深度不大于4m时，可采用单级放坡开挖；当放坡开挖深度大于4m时，宜采用多级放坡开挖（图3-1），分级处设过渡平台，平台宽度不应小于1.0m。

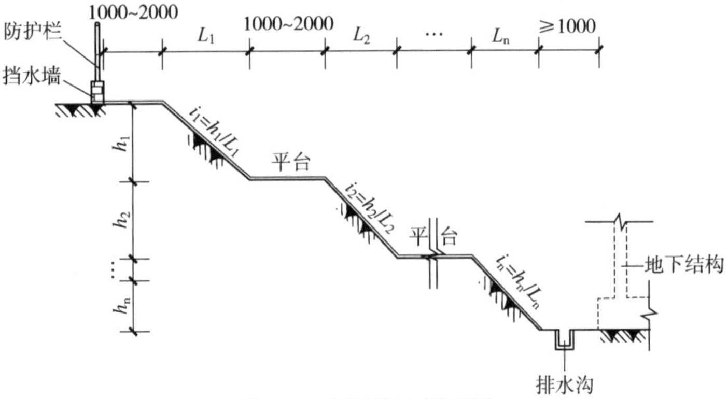

图3-1 多级放坡剖面图

3.2.2 坡面护坡措施

对于放坡开挖的基坑，放坡表面应采取护坡措施（图3-2），构造要求可参考如下做法：

（1）护坡面层宜采用钢筋网喷射混凝土（图3-3）、成品网喷射混凝土等方式，喷射混凝土面层厚度不宜小于50mm；钢筋网宜采用HPB300钢筋，钢筋直径宜取6~10mm，钢筋间距宜取200~300mm；钢筋网间的搭接长度应大于300mm。成品网主要有钢板网和钢丝网片，常用规格丝径1~4mm，网孔50~200mm；成品网间的搭接长度应大于1个网孔间距。

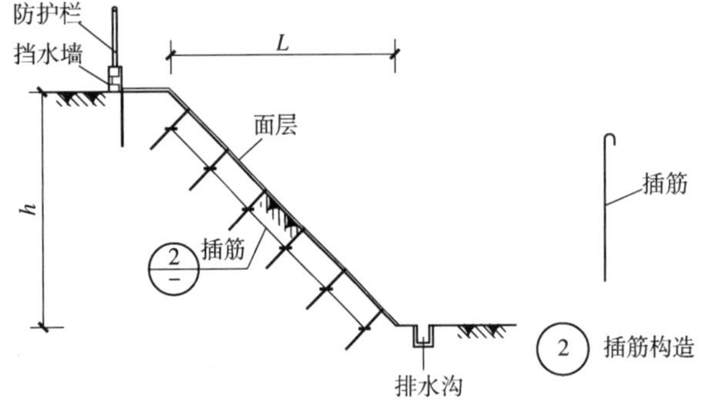

图3-2 放坡开挖坡体护坡措施

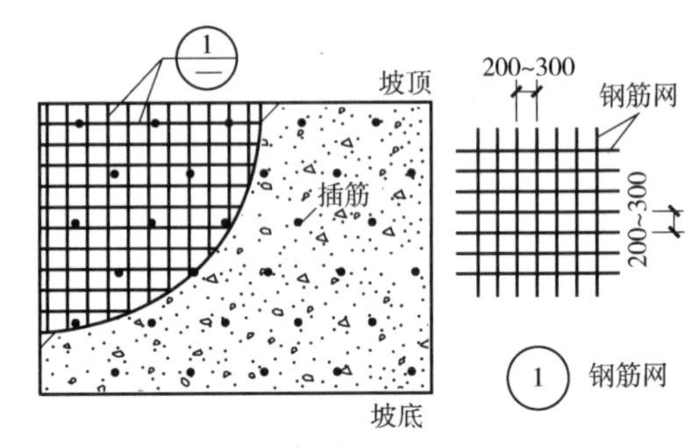

图3-3 坡面铺设钢筋网面层

（2）基坑使用时间较短时，可采用素喷混凝土面层，或采用其他防雨水冲刷材料进行覆盖，素喷混凝土面层厚度不宜小于30mm。

（3）喷射混凝土配合比应满足下列要求：

1）细集料宜选用中粗砂，含泥量应小于3%。

2）粗集料宜选用粒径不大于20的级配砾石。

3）水泥与砂石的重量比宜取1:4~1:4.5，砂率宜取45%~55%，水灰比宜取0.4~0.45。

4）使用速凝剂等外加剂时，应通过试验确定外加剂掺量。

（4）坡面采用钢筋网喷射混凝土护坡措施时，应符合下列规定：

1）喷射混凝土作业应分段依次进行，同一分段内应自下而上均匀喷射，一次喷射厚度宜为30~80mm。

2）喷射作业时，喷头应与坡面保持垂直，其距离宜为0.6~1.0m。

3）钢筋使用前应清除污锈，钢筋网宜采用绑扎连接固定。当钢筋连接采用搭接焊时，焊缝长度不应小于钢筋直径的10倍；钢筋保护层厚度不应小于20mm。

4）喷射混凝土终凝2h后应及时喷水养护，气温低于5℃时不得喷水养护，应采取其他养护措施。

（5）垂直于坡面的插筋间距1.5～2m，插筋的深度根据土层情况及地区经验确定，一般不小于1.0m；插筋顶部应锚入护坡面层，插筋可采用HRB400钢筋，端部设置180°弯钩。

3.2.3　坡脚加固措施

当基坑深度范围内土质情况较差时，放坡开挖的基坑工程，应结合当地工程经验采取合适的坡脚加固措施，如水泥土搅拌桩、型钢、钢板桩等（图3-4），或采用砂袋压坡脚的方法（图3-5）。

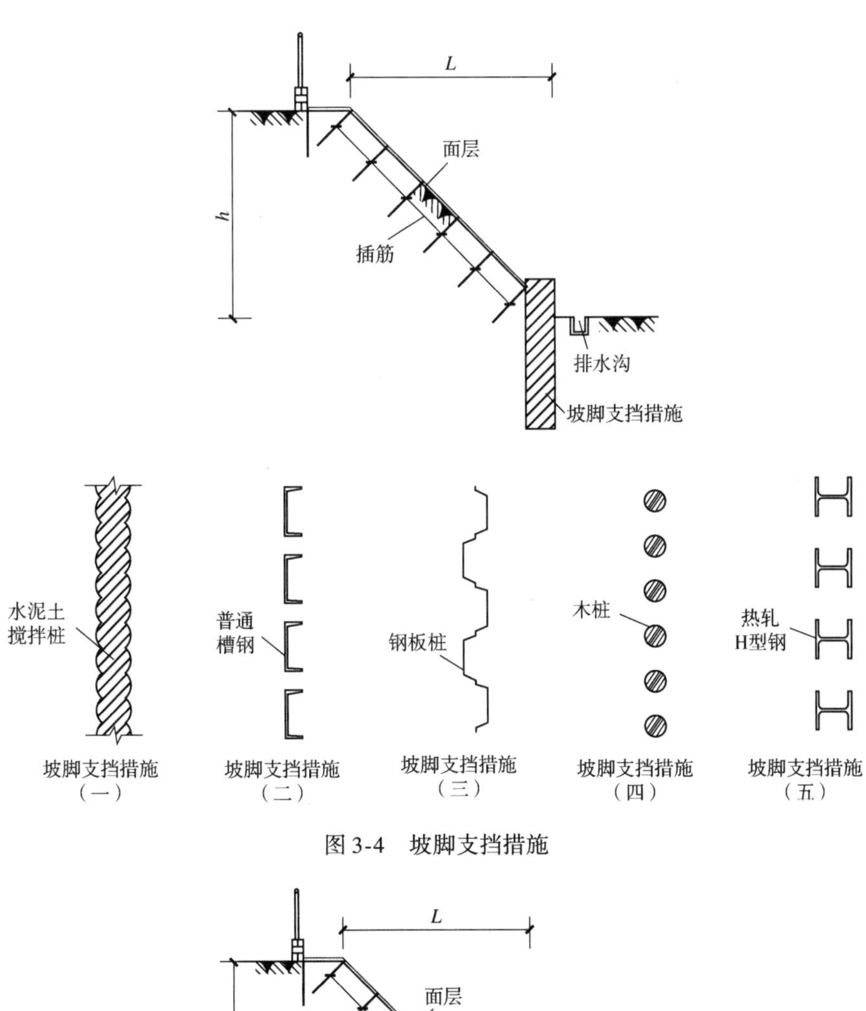

图3-4　坡脚支挡措施

图3-5　砂袋压坡脚

3.3 灌注桩排桩围护墙施工

排桩式支护是指由成队列式间隔布置或连续咬合排列在一起形成的挡土结构，常用的桩型有钢筋混凝土人工挖孔桩、钻孔灌注桩、沉管灌注桩、打入或压入的预制桩等。排桩支护是深基坑支护的一个重要组成部分，在工程中已得到广泛应用。灌注桩排桩支护是目前在深基坑工程中应用最普遍的形式之一。

3.3.1 灌注桩施工

除满足灌注桩施工的一般要求外，用作支护排桩的灌注桩尚应满足以下要求：

（1）灌注桩在施工前应进行试成孔，试成孔数量应根据工程规模及施工场地地质情况确定，且不宜少于2根。灌注桩的成孔质量是保证成桩质量的一个重要因素，若试成孔测得的现场实测指标不符合设计要求，应及时采取技术措施或重新考虑施工工艺。试成孔可选取非排桩设计位置进行，有成熟施工经验时也可选择排桩设计位置进行试成孔。在非排桩设计位置进行试成孔时，试成孔完毕后应用砂浆或其他材料密实封填。

（2）灌注桩施工过程中，要防止在混凝土初凝前受邻桩施工的扰动，灌注桩排桩应采用间隔成桩的施工顺序，已完成浇筑混凝土的桩与邻桩间距应大于4倍桩径，或间隔施工时间应大于36h。

（3）灌注桩顶应充分泛浆，泛浆高度不应小于500mm，设计桩顶标高接近地面时桩顶混凝土泛浆应充分，凿去浮浆后桩顶混凝土强度等级应满足设计要求。水下灌注混凝土时混凝土强度应比设计桩身强度提高一个强度等级进行配制。在满足最小泛浆高度前提下，具体泛浆高度可根据施工单位的工程经验确定，若桩顶标高接近地面，无法满足最小泛浆高度要求时应确保泛浆充分，保证凿除预留长度后桩身混凝土强度等级达到设计要求。水下混凝土应提高等级进行浇筑，以保证桩身混凝土强度达到设计要求，强度等级提高要求应参照本手册第4章内容。

（4）灌注桩桩身范围内存在较厚的粉性土、砂土层时，灌注桩施工应符合下列规定：

1）宜适当提高泥浆比重与黏度，或采用膨润土泥浆护壁。

2）在粉土、砂土层中宜先施工搅拌桩截水帷幕，再在截水帷幕中进行排桩施工（套打的灌注桩应跟在搅拌桩后施工，相隔时间不宜超过一周），或在截水帷幕与桩间进行注浆填充。

3.3.2 截水帷幕施工

灌注桩排桩截水帷幕宜采用水泥土搅拌桩或高压旋喷桩，常用平面布置形式见图3-6。

截水帷幕与灌注桩排桩间的净距宜小于200mm，双轴搅拌桩搭接长度不应小于200mm，三轴搅拌桩宜采用套接一孔法施工。

（1）采用水泥土搅拌桩做止水帷幕时，应满足以下要求：

截水帷幕采用双轴搅拌桩时，水泥掺量宜为12%～14%。对于安全等级为一级、二级的基坑，应采用双排搅拌桩，前后排宜错开排列，相邻桩搭接长度不宜小于200mm。三级基坑可采用单排搅拌桩，搭接长度不宜小于300mm。

三轴水泥土搅拌桩作防渗帷幕，水泥掺入量宜为20%。相邻桩搭接若因故超时，搭接施工中应放慢搅拌速度以保证搭接质量。若因时间过长无法搭接或搭接不良，应作为冷缝记录在案，并采取在冷缝处补做搅拌桩或高压喷射注浆等技术措施，且补桩的深度应与截水帷幕的深度相同。

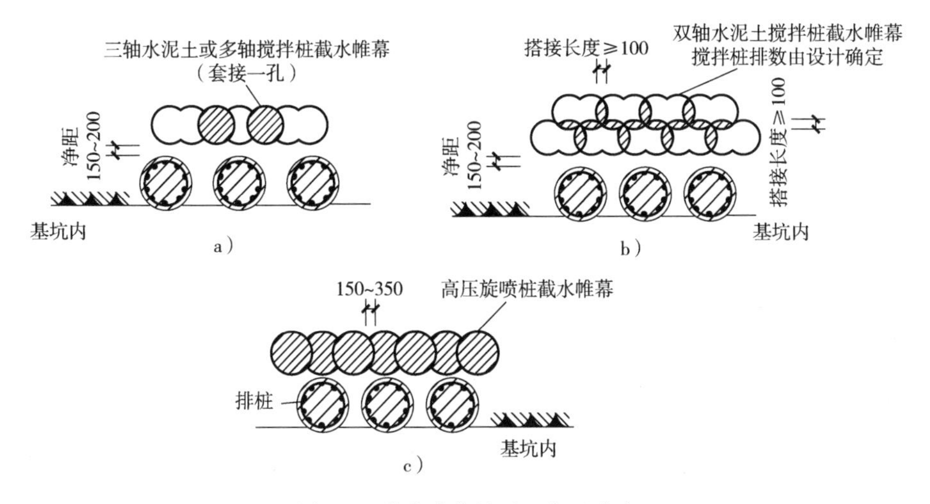

图3-6 分离式幕墙平面布置形式

（2）高压旋喷桩作为局部截水帷幕时，应符合下列规定：

工程实践表明高压旋喷桩作防渗帷幕的隔水效果不如搅拌桩帷幕，一般情况不应采用其作为主要帷幕形式，仅在特殊情况下（如施工空间狭小或有邻近障碍物）以及特殊部位（如存在旧搅拌桩帷幕等）的局部作为补强替代措施。施工时应先施工灌注桩，再施工高压旋喷桩截水帷幕。

高压旋喷桩应采用复喷工艺，每立方米水泥掺入量不宜少于450kg，高压旋喷桩喷浆下沉及提升速度宜为50~150mm/min；高压旋喷桩之间搭接不应少于300mm，垂直度偏差不应大于1/100。

3.3.3 桩间土防护

排桩结构应按下列规定对桩间土采取防护措施（图3-7）：

（1）当采用内置钢筋网或钢丝网的喷射混凝土护面时，喷射混凝土面层厚度不宜小于80mm，混凝土强度等级不宜小于C20，混凝土面层内配置的钢筋网的纵横向间距不宜大于200mm，钢筋网应配置横向拉筋，拉筋直径不宜小于12mm；采用混凝土灌注桩时，拉筋可采用植筋或膨胀螺栓与桩身连接，钢筋网宜采用桩间土内打入直径不小于12mm的钢筋钉固定，钢筋钉打入桩间土中的长度不应小于排桩净间距的2.0倍且不应小于1000mm。

（2）对不设置截水帷幕的支护结构，当桩间有产生地下水渗流的含水层时，应在地下水渗流部位设置泄水管；泄水管的长度不宜小于300mm，其内径不宜小于40mm，泄水管外壁应包裹土工布并根据含水土层的粒径采取反滤措施。

3.3.4 双排桩支护

实际的基坑工程中，在某些特殊情况下，锚杆、土钉、支撑受到实际条件的限制而无法实施，而采用单排悬臂桩又难以满足承载力、基坑变形等要求或者采用单排悬臂桩造价明显不合理的情况下，可采用双排桩支护形式（图3-8），通过竖向柔性桩、冠梁和连梁形成空间门架式支护结构体系。

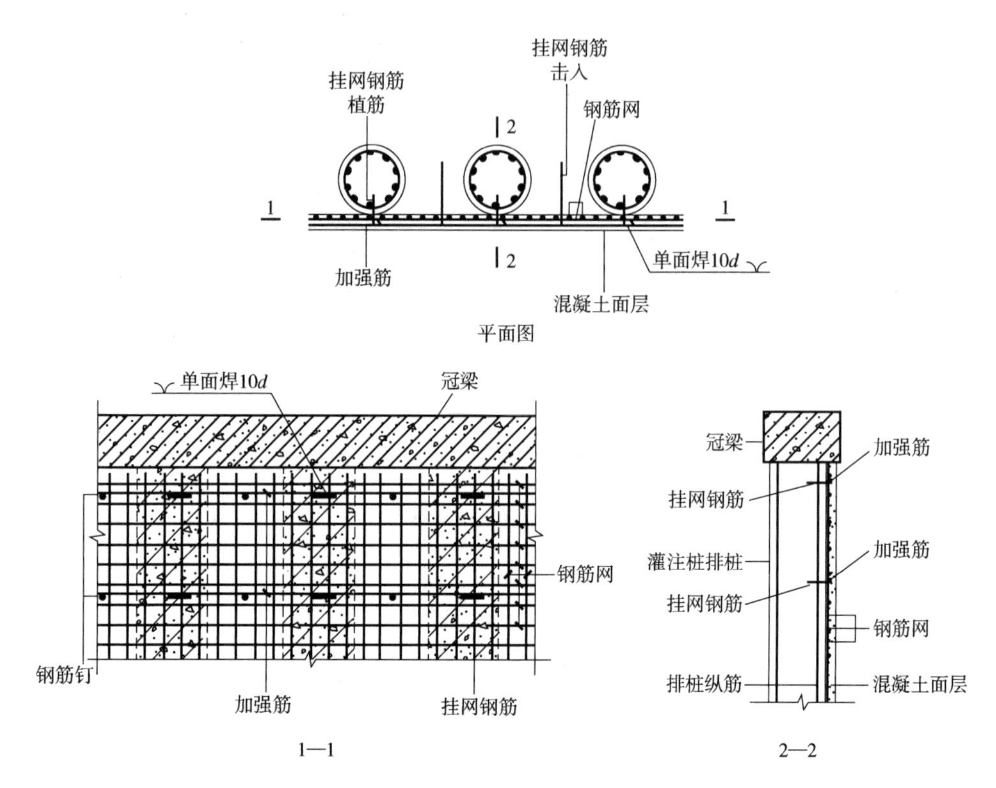

图 3-7　桩间土防护构造措施

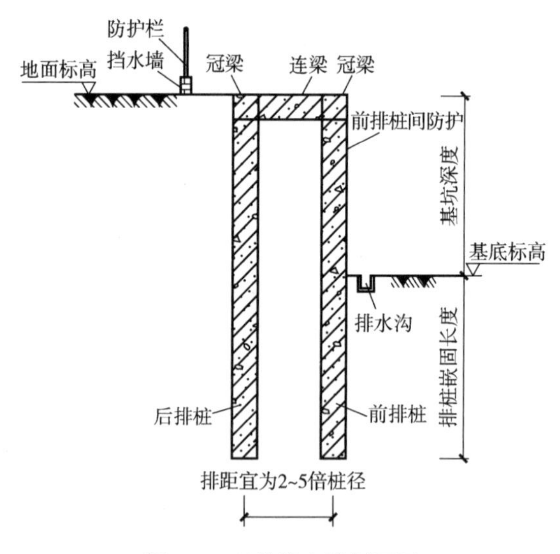

图 3-8　双排桩支护剖面图

双排桩冠梁与连梁连接构造见图 3-9；前、后排桩桩顶应分别设置冠梁，前、后排桩冠梁之间通过连梁或连板连接。冠梁与连梁、连板均应采用现浇钢筋混凝土结构。连梁宜与后排桩对应连续设置。双排桩与桩连梁节点处，桩与连梁钢筋受拉的搭接长度不应小于 $1.5l_a$（l_a 为钢筋受拉的锚固长度）。其节点构造尚应符合《混凝土结构设计规范》GB 50010 对框架顶层端节点的有关规定。当双排桩需考虑设置截水帷幕时，截水帷幕可设置于后排桩外侧，也可设置于双排桩之间。

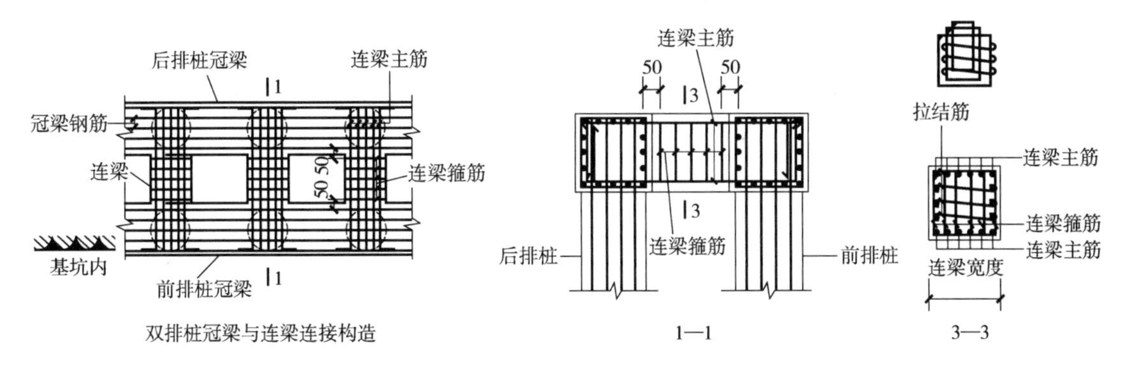

图 3-9　双排桩冠梁与连梁连接构造

除上述平行设置的双排桩外，结合基坑支护要求和土质特点、周围环境条件，双排桩还可以采用前斜双排桩、后斜双排桩、双排桩 + 大角度锚索、双排桩 + 被动区加固等支护方式，以满足不同的工程需要，其结构构造参见图 3-10 ~ 图 3-13。

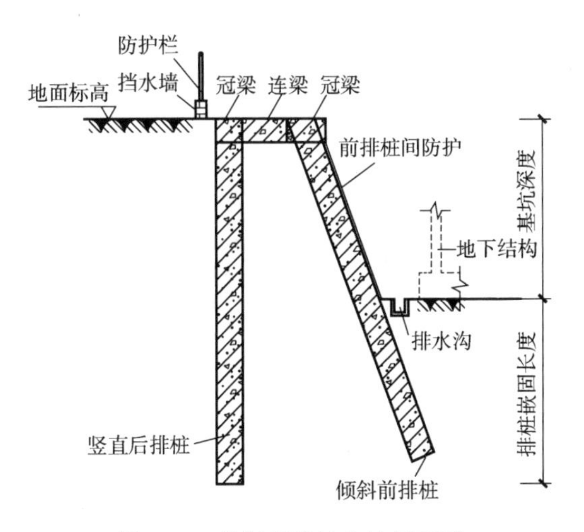

图 3-10　前斜双排桩支护剖面图

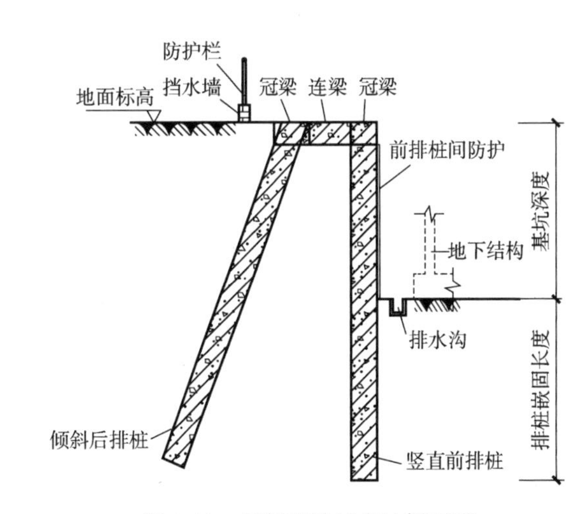

图 3-11　后斜双排桩支护剖面图

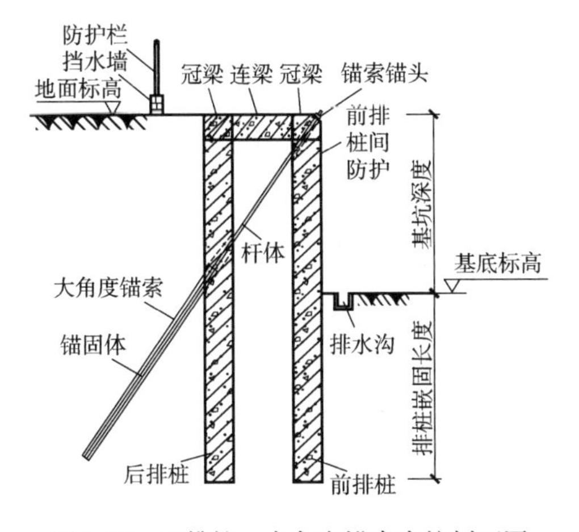

图 3-12　双排桩 + 大角度锚索支护剖面图

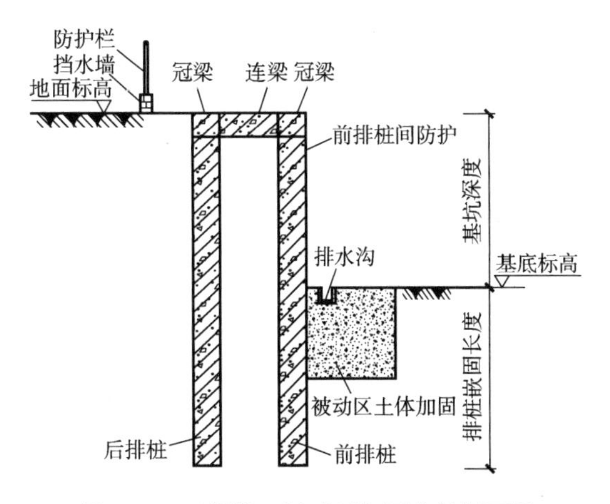

图 3-13　双排桩 + 被动区加固支护剖面图

3.4 板桩围护墙施工

钢板桩因其具有强度高、重量轻、施工便捷和环保可循环利用等优点，在国内外的建筑基坑、市政工程、港口码头和铁路建设等领域得到广泛应用。常见的断面形式有U形、Z形等多种形式。需要拼接的时候，钢板桩通过边缘的锁口连接，相互咬合而形成连续的钢板墙，起到挡土、挡水的作用，与其他桩型相比，钢板桩的抗弯刚度较小，一般与内支撑或锚杆联合使用。

3.4.1 构造要求

基坑深度较大时需要设置水平支撑（图3-14）或锚杆（图3-15），形成钢板桩支护体系。钢板桩与型钢、钢管支撑连接构造见图3-16。

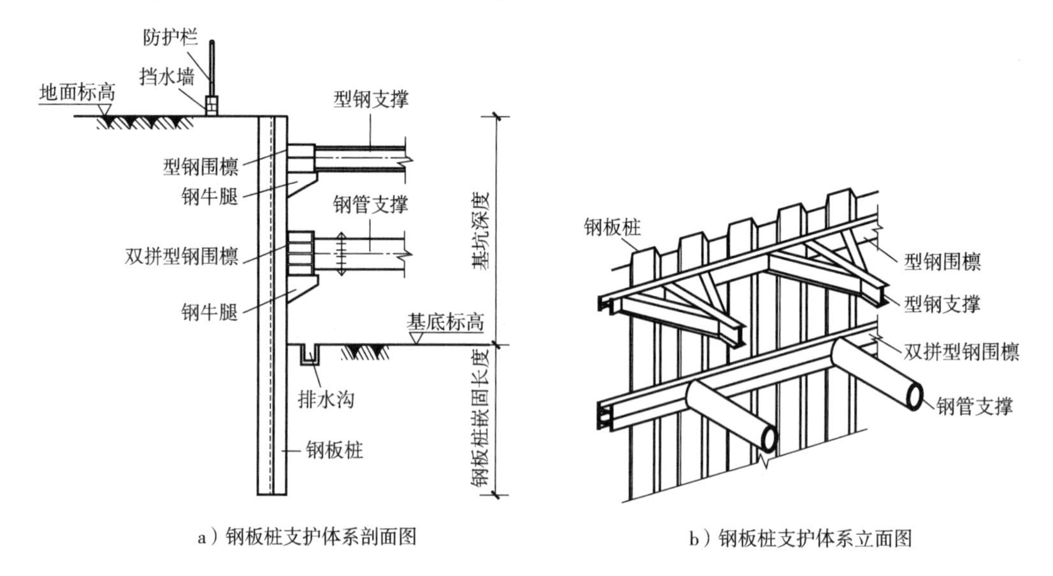

a）钢板桩支护体系剖面图　　b）钢板桩支护体系立面图

图3-14　钢板桩+内支撑支护体系

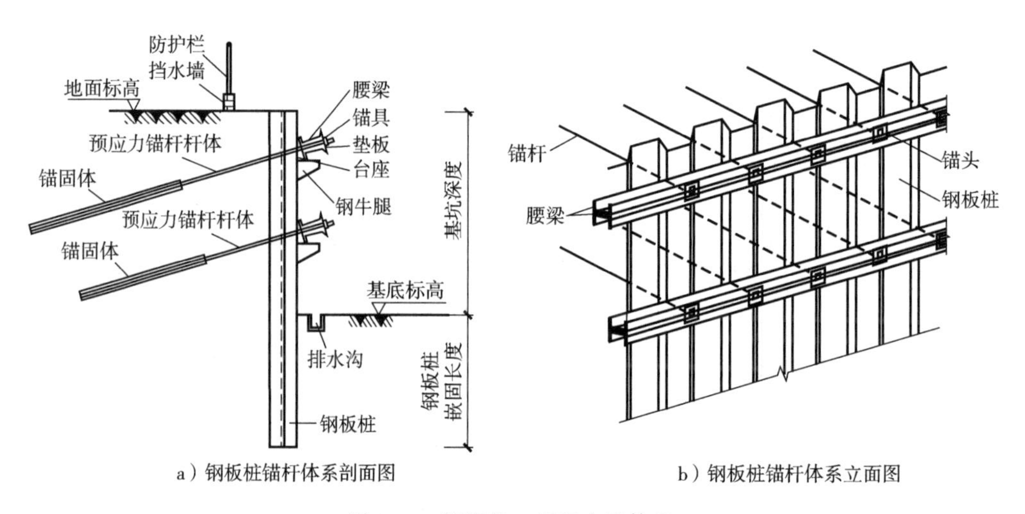

a）钢板桩锚杆体系剖面图　　b）钢板桩锚杆体系立面图

图3-15　钢板桩+锚杆支护体系

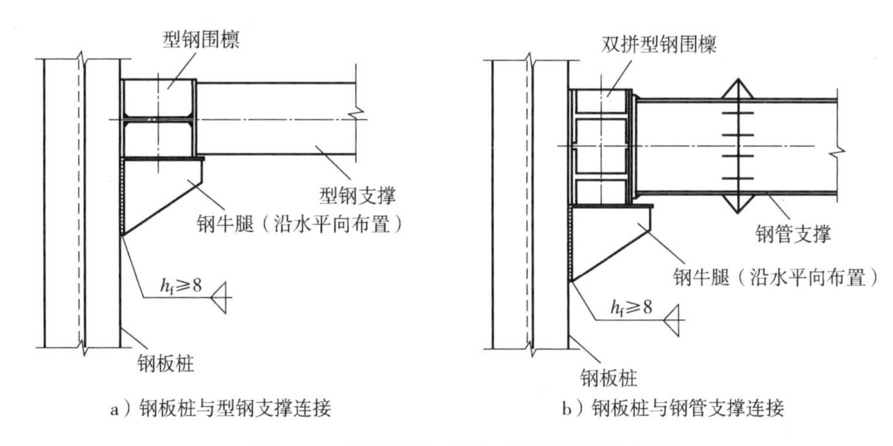

图3-16 钢板桩与型钢、钢管支撑连接图

3.4.2 施工工艺

1. 钢板桩的打入

常用的钢板桩沉桩机械有冲击式打桩机械、振动式打桩机械和压桩机械。钢板桩宜采用振动法打桩和拔桩，并应保证锁口紧密，周边环境要求高时可采用静压植桩机压入，并根据监测情况控制施工速率，以减少对环境影响。

对深度较大、垂直度和截水有较高要求的钢板桩施工，施打钢板桩前应在地面设置导向架或钢筋混凝土导槽。钢板桩沉桩前宜先进行调直和防锈处理，防锈可采用涂环氧煤沥青漆等保护措施，锁口内涂润滑油脂，以方便锁口沉桩。

沉桩可采用单桩打入法或屏风法。单桩打入法施工速度较快，但误差较大，容易造成排桩不能闭合，因此宜采用屏风法打设。屏风法沉桩具体施工方法是先将一组桩依次打入土中1/2～2/3的深度，再轮流击打桩顶，基本同步沉至设计标高。屏风法能有效消除打桩累积偏差，保证闭合部位桩能顺利打入。当桩位无法咬合封闭形成开口时，可在开口处附加桩位，并使其紧贴主桩，起到挡土作用。

2. 板桩的拔除

地下建（构）筑物结构施工完成后，应首先对基坑肥槽根据设计要求回填密实，然后拔除钢板桩或型钢，钢板桩拔桩后应清除泥污，刷环氧沥青漆保护。

型钢水泥土中型钢拔除宜采用液压千斤顶配以起重机进行。在软土地层，钢板桩拔出时，对周边场地和建筑物会有较大的影响。拔桩之前要经过充分论证，当对重要管线或已有建筑物产生较大的影响时，可不拔除钢板桩，或加固后拔除。拔桩时，应将基坑基本回填到位，地面板桩两侧放石粉或中粗砂，使得在振拔时回填入空隙。必要时充填水泥砂浆或回填后补充注浆加固。

3.5 咬合桩围护墙施工

钻孔咬合桩是采用全套管灌注桩机（也称磨桩机、搓管机）施工形成的桩与桩之间相互咬合排列的一种基坑支护结构。钻孔咬合桩支护结构是指桩身密排且相邻桩桩身相割形成的具有防渗作用的连续挡土支护结构，既可全部采用钢筋混凝土桩，也可采用素混凝土桩与钢筋混凝土桩相间布置，使之形成具有良好止水防渗作用的整体连续排桩式挡土支护结构。

咬合桩的咬合截面形式，如图3-17所示。

（1）钢筋混凝土桩与素混凝土桩咬合，如图3-17a所示。

（2）钢筋混凝土桩与矩形（或异型）钢筋笼混凝土桩咬合，如图3-17b所示。

（3）钢筋混凝土桩与混合材料桩咬合，如图3-17c所示。

（4）钢筋混凝土桩与型钢加劲桩咬合，如图3-17d所示。

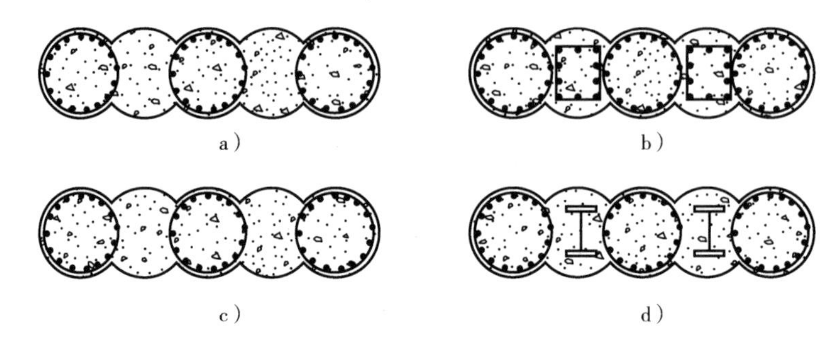

图3-17 咬合桩的咬合截面形式

3.5.1 施工工艺

咬合桩施工工艺流程宜符合图3-18的要求，施工步骤应符合下列规定：

（1）场地平整。

（2）放线定位。

（3）施工导墙。

（4）Ⅰ序桩施工成孔。

（5）安放矩形钢筋笼，进行混凝土浇筑。

（6）Ⅱ序桩施工成孔。

（7）安放钢筋笼，进行混凝土浇筑。

（8）养护。

（9）验收。

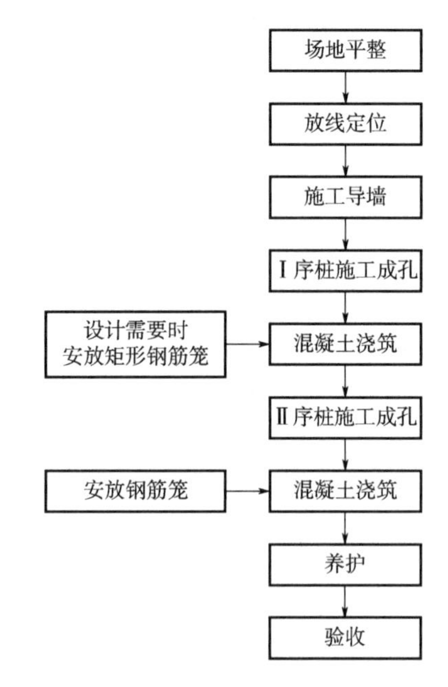

图3-18 咬合桩施工工艺流程

3.5.2 施工要点

咬合桩分Ⅰ、Ⅱ两序跳孔施工，Ⅱ序桩施工时利用成孔机械切割Ⅰ序桩身，形成连续的咬合桩墙。咬合桩应按图3-19进行编号，Ⅰ序桩为奇数桩，Ⅱ序桩为偶数桩，咬合桩施工的顺序应按1→3→2→5→4→7→6→……的顺序施工。

咬合切割分为软切割和硬切割。Ⅰ序桩被切割时混凝土强度达30%以上的称为“硬切割”，通常采用全回转套管或旋转刀头的钻机施工。Ⅰ序桩被切割时混凝土未终凝或处于塑性状态的称为“软切割”，通常采用全套管钻孔咬合桩机、旋挖桩机施工。

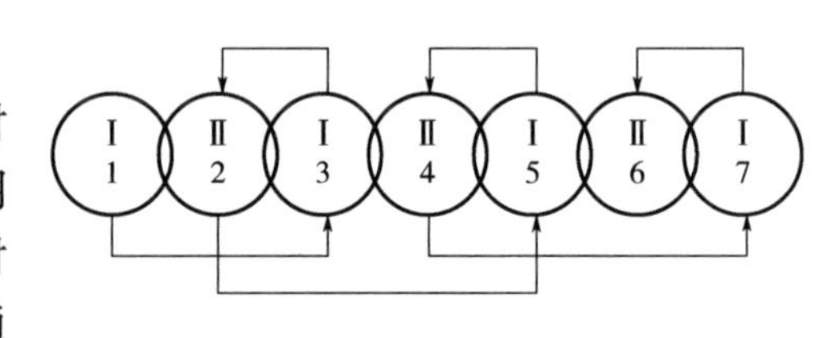

图3-19 咬合桩施工顺序

咬合桩施工前，应沿咬合桩两侧设置导墙，导墙上的定位孔直径应大于套管或钻头直径30～50mm，导墙厚度宜为200～500mm。导墙结构应建于坚实的地基上，并能承受施工机械设备等附加荷载。

采用全套管钻孔时，应保持套管底口超前于取土面且深度不小于2.5m。压入套管后可用螺旋钻机或抓斗从套管内取土。如遇地下障碍物套管底无法超前时，可向套管内注入一定量的水或泥浆。

全套管法施工时，应保证套管的垂直度，钻至设计标高后，应先灌入2～3m的混凝土，再将套管搓动（或回转）提升200～300mm。边灌注混凝土边拔套管，混凝土应高出套管底端不小于2.5m。地下水位较高的砂土层中，应采取水下混凝土浇筑工艺。

为保证垂直度应做好纠偏措施，可按下列方法进行纠偏：

（1）套管纠偏宜用钻机的两个顶升油缸和两个推拉油缸调节套管的垂直度。

（2）对于偏斜的Ⅰ序桩，宜向套管内填砂或黏土，边填土边拔起套管，直至将套管提升到上一次检查合格的地方，然后调直套管，检查其垂直度，合格后再重新下压。

（3）入土5m以下的Ⅱ序桩的纠偏方法与Ⅰ序桩的基本相同，但不能向套管内填土，而应填入与Ⅰ序桩相同的混凝土。

采用软切割工艺的桩，Ⅰ序桩终凝前应完成Ⅱ序桩的施工，Ⅰ序桩应采用超缓凝混凝土，缓凝时间不应小于60h；干孔灌注时，坍落度不宜大于140mm，水下灌注时，坍落度宜为140～180mm；混凝土3d强度不宜大于3MPa。软切割的Ⅱ序桩及硬切割的Ⅰ序、Ⅱ序桩应采用普通商品混凝土。

Ⅱ序桩钢筋笼应采用圆形钢筋笼。Ⅰ序桩采用矩形钢筋笼时，其制作应符合下列规定：

（1）矩形钢筋笼应设置安装定位装置，如图3-20所示，安装定位装置的尺寸应根据孔径、钢筋笼截面尺寸、钢筋笼安装位置和邻桩搭接咬合量计算确定。

（2）钢筋笼底端应做30°的收口。

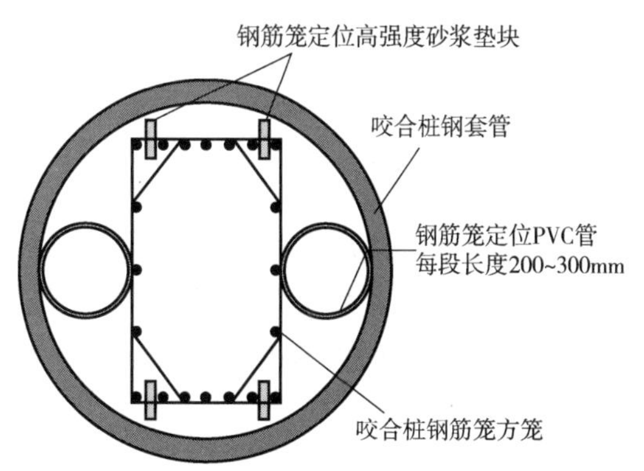

图3-20 矩形钢筋笼保护块安装示意

3.6 型钢水泥土搅拌墙

型钢水泥土搅拌墙由连续套打搭接的搅拌桩和插入其中的型钢组成，发挥了水泥土和型钢的物理力学特性。地下室施工完成后，可以将型钢从水泥搅拌桩中拔出再利用。因此型钢水泥土搅拌墙具有较为经济、施工周期短、截水性好和对周边环境影响小的优点。根据钻轴数的不同，搅拌桩可分为单轴、双轴、三轴、五轴等搅拌桩，在目前国内各地区的应用中，三轴水泥搅拌桩居多。图3-21为型钢三轴水泥土搅拌桩平面布置的三种常用形式，即密插型、插一跳一、插二跳一。

随着施工技术的发展，型钢水泥土搅拌墙围护结构中的水泥土桩已不限于搅拌桩，也可采用单轴大直径搅拌桩或旋喷桩、渠式切割水泥土搅拌墙（TRD工法，如图3-22所示）和铣削深搅水泥土搅拌墙（CSM工法）等施工技术。

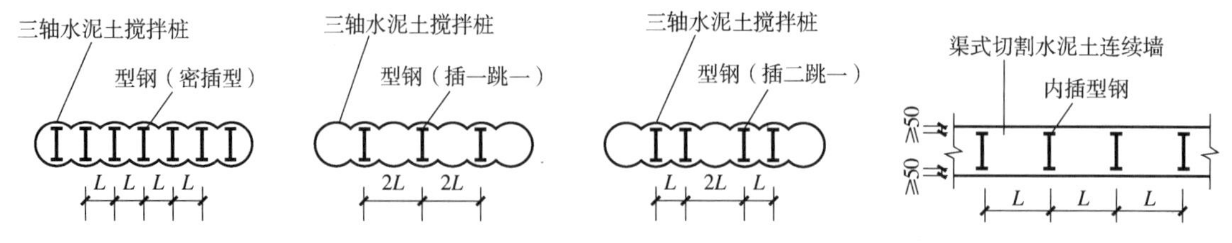

图 3-21　型钢三轴水泥土搅拌桩平面布置图

图 3-22　型钢＋渠式切割水泥土连续墙平面布置图

型钢水泥土搅拌墙可与内支撑或预应力锚杆联合应用，形成内撑式或锚拉式支护结构体系。图 3-23 为型钢水泥土搅拌墙与预应力锚杆联合应用的支护结构剖面图。

3.6.1　施工设备与材料选择

1. 施工设备选择

应根据设计要求、地质条件、周边环境条件、成墙深度、墙厚等选择三轴搅拌桩机、大直径单轴搅拌机、链条式成槽机或双轮铣搅拌机等成墙施工设备。目前五轴水泥土搅拌墙也已经在工程中有广泛应用。

2. 施工材料选择

水泥浆液应按设计配比和拌浆机操作规定拌制，经过滤网倒入具有搅拌装置的贮浆桶或贮浆池，并应采取防止浆液离析的措施。各种外加剂的用量均宜通过配比试验和成桩试验确定。

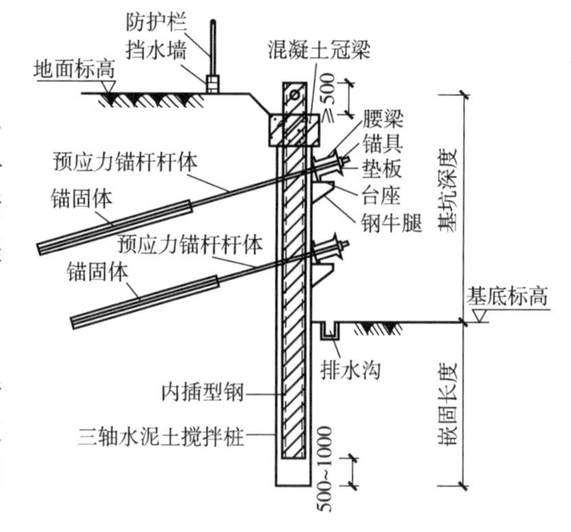

图 3-23　型钢水泥土搅拌墙与预应力锚杆联合应用支护结构剖面图

型钢宜采用成品型钢，也可用 Q355 钢板制作。拟拔出回收的 H 型钢应涂刷减摩材料，并应符合下列规定：

1）涂刷减摩材料前应清除 H 型钢表面的污垢、铁锈、泥渍等附着物。

2）减摩材料应加热至完全融化，搅拌均匀后均匀涂敷于 H 型钢上，且涂刷次数不得少于两遍，涂抹厚度应大于 1mm。

3）H 型钢表面潮湿时，应将型钢表面清洁干燥后方可涂刷减摩材料。不得在型钢潮湿或不洁表面上直接涂刷。

4）H 型钢表面涂抹减摩材料后，在搬运过程中应防止碰撞和强力擦挤。一旦发现减摩材料开裂、剥落，应将其铲除并清理干净露出新鲜型钢表面，重新涂刷减摩材料。

5）基坑开挖过程中，需设置支撑牛腿时，应清除 H 型钢外露区域的减摩材料，方能连接牛腿。地下结构完成拆除支撑后，应清除牛腿，磨平 H 型钢表面，然后重新涂刷减摩材料。

3.6.2　构造要求

型钢水泥土搅拌墙围护体系的围檩可采用型钢（或组合型钢）围檩或钢筋混凝土围檩（图 3-24），并与内支撑或锚索（锚杆）相结合。内支撑可采用钢管支撑、型钢（或组合型钢）支撑及钢筋混凝土支撑。

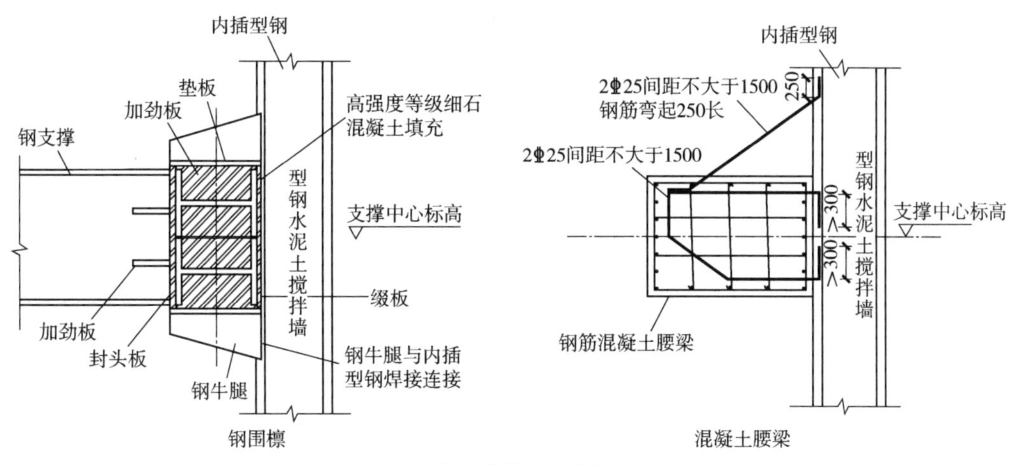

图3-24 型钢与腰梁（围檩）的连接

在型钢水泥土墙的支护体系中，支撑与围檩的连接、围檩与型钢的连接以及钢围檩的拼接，对于支护体系的整体性非常重要，围护结构设计和施工中应对上述连接节点的构造给予充分重视，并严格按照设计和规范要求施工。

型钢水泥土搅拌墙的顶部，应设置封闭的钢筋混凝土冠梁（压顶梁），冠梁可兼作第一道支撑的围檩；型钢回收时，冠梁将作为拔除设备的支座。冠梁的高度、宽度及配筋应由设计计算确定。

内插型钢应锚入冠梁，冠梁主筋应避开型钢设置（图3-25），一方面保证主筋的连续性，同时便于型钢的回收。型钢顶部应高出冠梁顶面500mm以上，但不宜超出地面，以免影响地面施工，且不便保护。

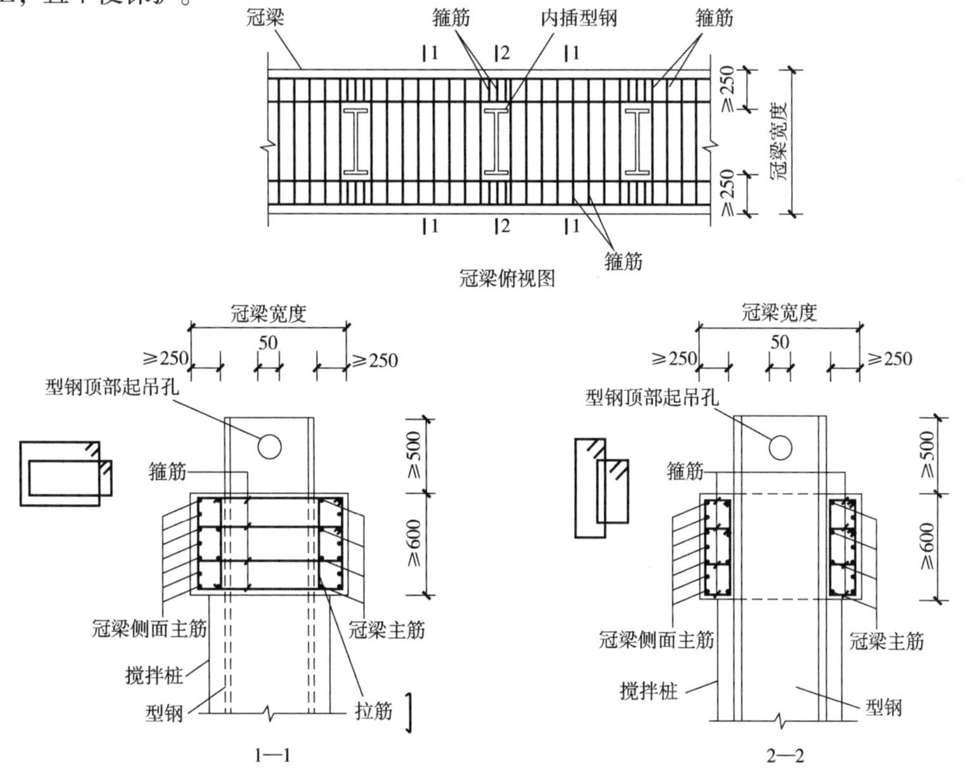

图3-25 型钢与冠梁的连接

型钢有回收要求时，应采取有效措施使型钢与压顶梁混凝土隔离，同时应保证压顶梁的受力性能满足要求。型钢与冠梁间的隔离材料在基坑内一侧应采用不易压缩的硬质材料，保证冠梁的约束作用。

3.6.3 施工工艺

1. 三轴水泥土搅拌墙施工

三轴水泥土搅拌墙工艺流程见图3-26，施工步骤应符合下列规定：

（1）平整场地。

（2）测量放线并复核验收。

（3）开挖导向沟（图3-27）。

（4）桩机就位、调平。

（5）喷浆搅拌下沉至设计深度。

（6）喷浆搅拌提升至预定的停浆面。

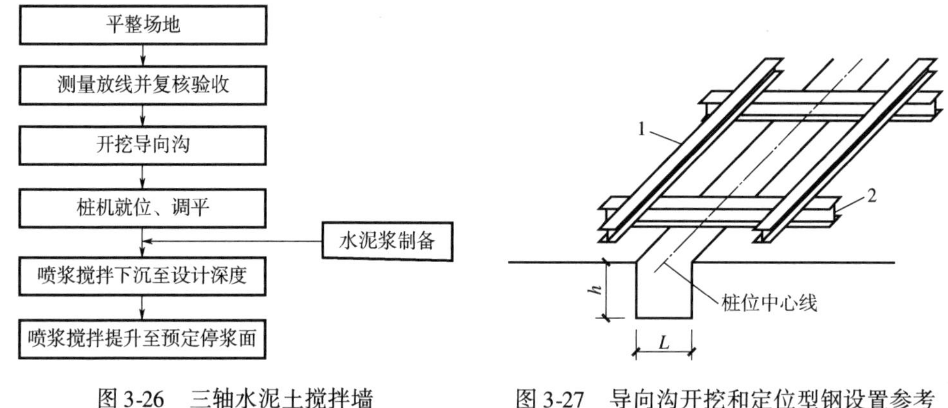

图3-26 三轴水泥土搅拌墙工艺流程

图3-27 导向沟开挖和定位型钢设置参考
1—上定位型钢 2—下定位型钢

三轴搅拌桩施工一般有跳打和单侧套打、先行钻孔套打三种方式。

（1）跳打方式（常规情况下采用）

该方式适用于N（标贯击数）值30以下的土层，是常用的施工顺序（图3-28）。先施工第一单元，然后施工第二单元，第三单元的A轴和C轴插入到第一单元的C轴及第二单元的A轴孔中，两端完全重叠。依此类推，施工完成水泥土搅拌桩。

（2）单侧套打方式

该方式适用于N值30以下的土层。受施工条件的限制，搅拌桩机无法来回行走或搅拌桩转角处常用这种施工顺序（图3-29），先施工第一单元，第二单元的A轴插入第一单元的C轴中，边孔重叠施工，依次类推，施工完成水泥土搅拌桩。

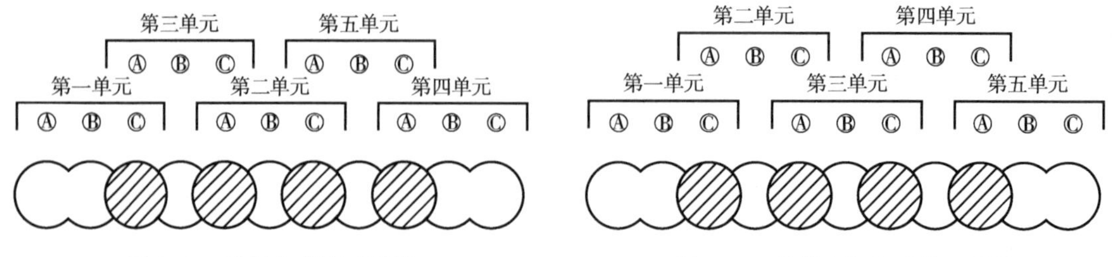

图3-28 跳打方式施工顺序

图3-29 单侧套打方式施工顺序

（3）先行钻孔套打方式

适用于 N 值 30 以上的硬质土层，在水泥土搅拌桩施工时，用装备有大功率减速机的钻孔机，先行施工如图 3-30 所示的 a1、a2、a3 等孔，局部松散硬土层。然后用三轴搅拌桩机用跳打或单侧套打方式施工完成水泥土搅拌桩。先行钻孔施工松动土层时，可加入膨润土等外加剂以加强孔壁的稳定性。

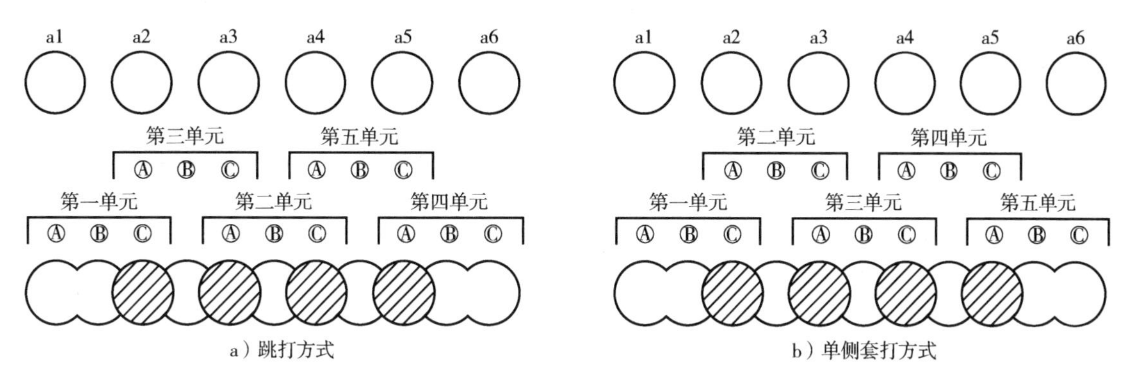

图 3-30　先行钻孔套打方式

水泥土搅拌墙搭接施工的间隔时间不宜大于 24h。当超过 24h 时，搭接施工应放慢搅拌速度。若无法搭接或搭接不良，应在搭接处采取补救措施。

搅拌深度超过 20m 时，应在搅拌轴中部的立柱导向架上安装移动式定位导向装置。

2. 渠式切割水泥土搅拌墙施工

渠式切割水泥土搅拌墙（TRD）工艺流程宜符合图 3-31 的要求，施工步骤为：

（1）平整场地。

（2）测量放线并复核验收。

（3）开挖导向沟及预埋穴。

（4）切割箱吊放入预埋穴。

（5）桩机就位、调平。

（6）打入第一节切割箱。

（7）脱开切割箱，桩机移动至预埋穴位置连接下一节切割箱。

（8）桩机返回第一节切割箱施工位置连接后继续向下切割，再将下一节切割箱同时放入预埋穴。

（9）重复（7）（8）至切割箱打入至预定深度。

（10）先行挖掘。

（11）回撤挖掘。

（12）喷浆成墙搅拌。

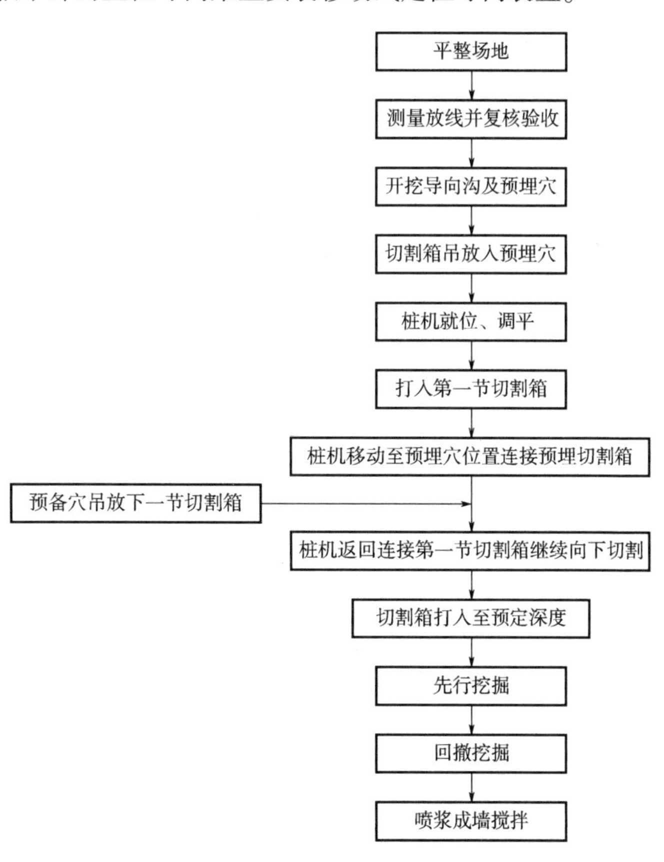

图 3-31　渠式切割水泥土搅拌墙工艺流程

渠式切割水泥土搅拌墙（TRD）

成墙施工有三工序成墙法和一工序成墙法。实际施工中挖掘推进速度不小于2m/h时，可采用一工序成墙法，推进速度小于2m/h时，宜采用三工序成墙法。

（1）三工序成墙法

三工序成墙法分为先行挖掘、回撤挖掘和成墙搅拌3个工序，完成搅拌墙体施工，即切割箱钻至预定深度后，首先注入挖掘液（常用膨润土浆液）先行挖掘一段距离，然后回撤至原处，再注入固化液（水泥浆液）向前推进搅拌成墙。

（2）一工序成墙法

一工序成墙法是在三工序成墙工艺的基础上取消了回撤挖掘工序，将先行挖掘和成墙搅拌合并为一道工序完成，即切割箱钻至预定深度后边注入固化液边向前推进挖掘搅拌成墙。

当无法连续作业时，链状刀具需在沟槽养护段养护，养护段不得注入固化液。长时间养护时应间隔2~4h启动一次。停机后再次启动作业时，应原位切割土体，再回行切割已施工的墙体，长度不宜小于500mm。施工至转角位置时，链状刀具须拔出、拆卸、改变方向并重新组装。成墙结束后，切割箱应边起拔边注入同配比的固化液填充拔出的空间。

3. 双轮铣水泥土搅拌墙施工

双轮铣水泥土搅拌墙（CSM）工艺流程宜符合图3-32的要求，施工步骤为：

（1）平整场地。

（2）测量放线并复核验收。

（3）开挖导向沟。

（4）桩机就位、调平。

（5）喷气注浆铣削下沉至设计深度。

（6）喷气注浆铣削提升至预定的停浆面。

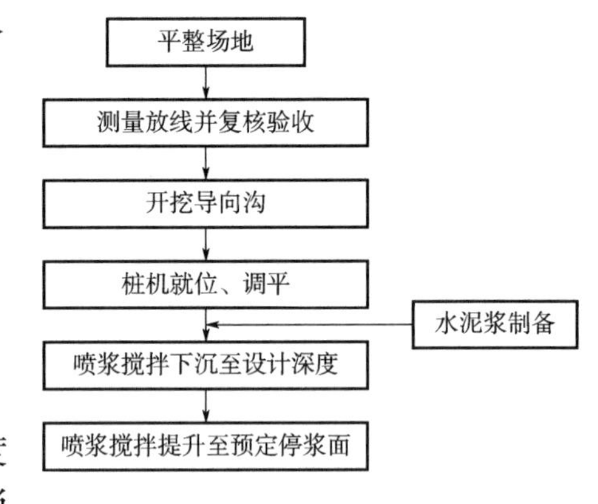

图3-32　双轮铣水泥土搅拌墙工艺流程

铣削下沉速度宜控制在0.5~1m/min，提升速度宜控制在1~1.5m/min，并保持匀速下沉或提升。当邻近有保护对象时，铣削下沉速度宜控制在0.5~0.8m/min，提升速度宜控制在1m/min内，且喷浆压力不宜大于2.0MPa。

双轮铣铣削水泥土搅拌墙施工一般有往复式双孔全套打复搅式标准形和顺槽式单孔全套打复搅式套叠形两种施工顺序。

（1）往复式双孔全套打复搅式标准形（图3-33）：先施工第一单元，然后施工第二单元，再施工第三单元，第三单元与第一、第二单元套铣搭接施工。依此类推，施工完成水泥土搅拌墙。

（2）顺槽式单孔全套打复搅式套叠形（图3-34）：先施工第一单元，第二单元按设计要求与第一单元套铣搭接施工，依此类推，施工完成水泥土搅拌墙。

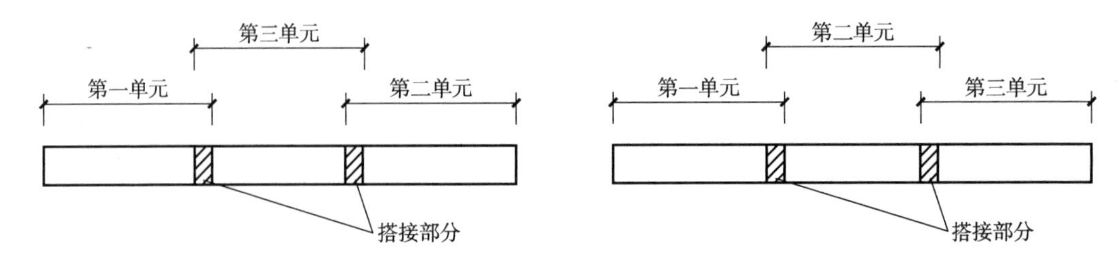

图3-33　往复式双孔全套打复搅式标准形　　图3-34　顺槽式单孔全套打复搅式套叠形

施工因故停浆时，应将铣削头提升或下沉搭接0.5m后再恢复喷浆和铣削施工。

双轮铣水泥土搅拌墙套铣施工的间隔时间不宜大于24h。当超过24h时，套铣施工时应放慢铣削速度。若无法套铣或套铣不良，应采取补救措施。

4. 型钢插入与回收

搅拌墙插入型钢时应在沟槽边设置定位导向架，并应在导向架上用型钢定位卡确定型钢插入位置（图3-35）。定位型钢设置应牢固，搅拌墙位置和型钢插入位置标志要清晰。

型钢插入前应检查其平整度和接头焊缝质量，相邻型钢焊接接头位置应相互错开，错开距离不宜小于3m。

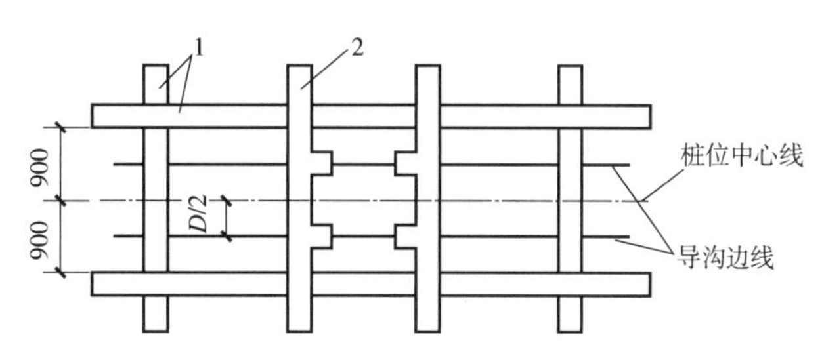

图3-35　H型钢定位装置参考

1—定位型钢　2—型钢定位卡

型钢宜在搅拌墙施工结束后30min内依靠自重插入，当型钢插入有困难时可采用辅助压入措施。严禁采用多次重复起吊并松钩下落的插入方法。如水灰比掌握适当，型钢依靠自重一般都能顺利插入，在插入过程中应采取措施保证型钢垂直度，宜采用两台经纬仪双向校核型钢插入时的垂直度，型钢插入到位后应采用悬挂构件控制型钢顶标高。

型钢拔除应符合下列规定：

（1）拔除前水泥土搅拌墙与主体结构之间的空隙必须回填密实。

（2）在拆除支撑和腰梁时应将残留在型钢表面的腰梁限位、支撑抗剪构件或电焊疤等清除干净。

（3）型钢起拔宜采用专用液压起拔机。

（4）型钢拔出后留下的空隙应及时注浆填充。

3.7　地下连续墙

地下连续墙是使用一定的设备和机具，在泥浆护壁的条件下，开挖具有一定宽度与深度的沟槽，将接头管（箱）、钢筋笼吊入沟槽内，采用导管向沟槽内灌注混凝土并将泥浆置换出来，完成一个单元槽段，如此往复后再将各单元槽段之间用特制的接头连接形成一道连续的地下钢筋混凝土墙。

由于地下连续墙具有整体刚度大、整体性好、耐久性及抗渗性好，施工振动少、噪声低等优点，已经越来越多地得到广泛应用。

3.7.1　施工设备

地下连续墙的成槽设备应根据工程地质和场地环境条件确定，可选用冲孔桩机、旋挖钻机、液压抓斗、铣槽机等，并配备起重设备、接头管及千斤顶拔管器等。冲孔桩机和旋挖钻机施工成孔应有垂直度保证措施，液压抓斗和铣槽机等成槽机械应具备垂直度显示仪表和纠偏装置，成槽过程中应及时纠偏。地下连续墙施工还应配备泥水分离器和气举反循环排渣装置，并宜布置封闭的泥浆循环系统。

3.7.2 施工过程控制

地下连续墙主要施工工序见表3-1。

表3-1 地下连续墙主要施工工序示意

序号	施工步骤	施工示意图	序号	施工步骤	施工示意图
1	导墙施工	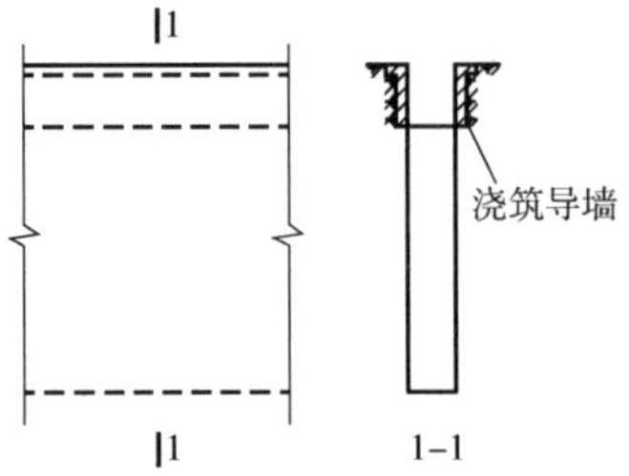 1 1 浇筑导墙 1 1-1	4	吊放钢筋笼	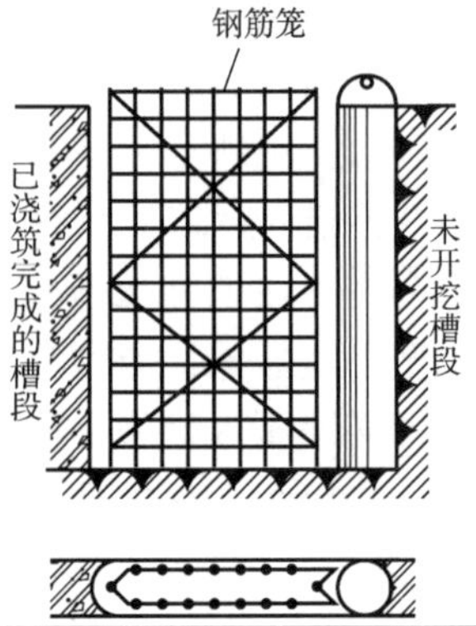 钢筋笼 已浇筑完成的槽段 未开挖槽段
2	成槽施工	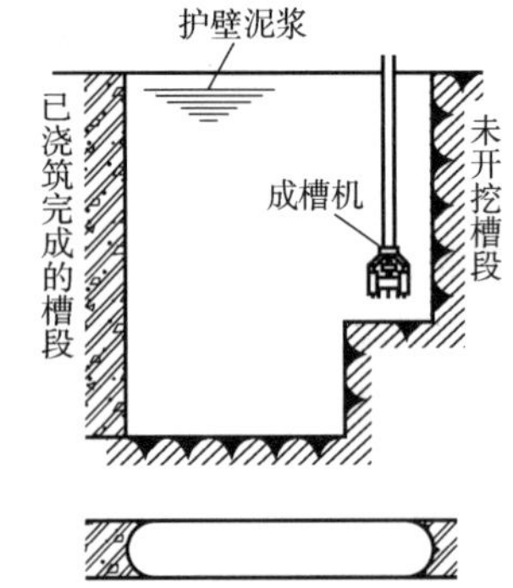 护壁泥浆 已浇筑完成的槽段 成槽机 未开挖槽段	5	浇筑混凝土	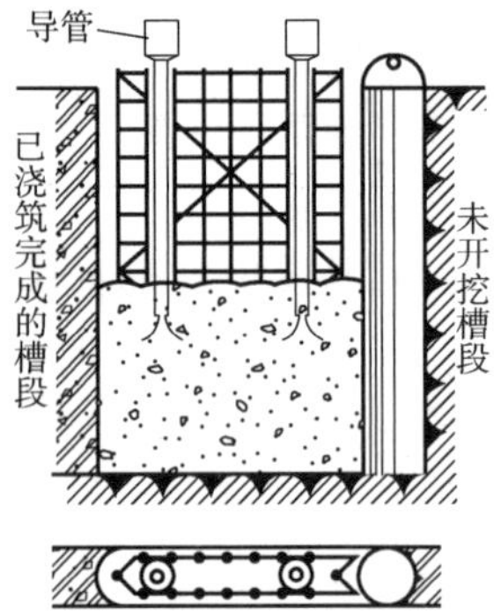 导管 已浇筑完成的槽段 未开挖槽段
3	刷壁、吊放接头管	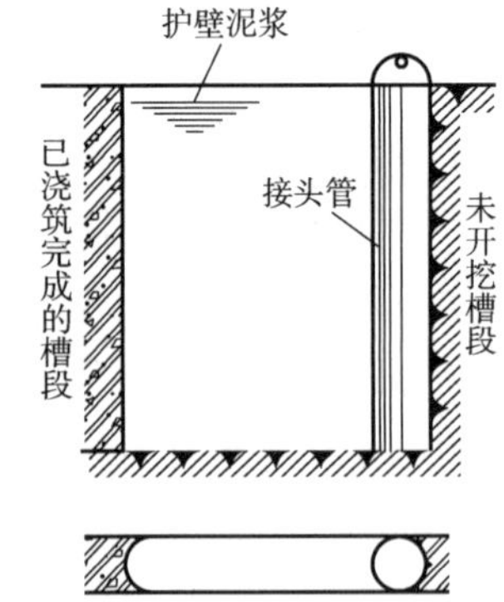 护壁泥浆 已浇筑完成的槽段 接头管 未开挖槽段	6	拔出接头管、成墙	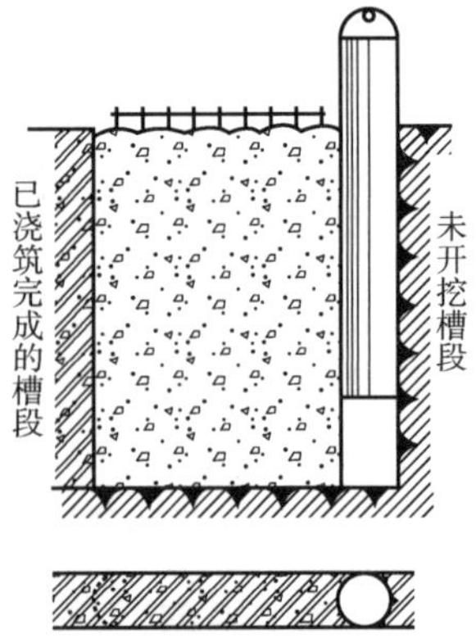 已浇筑完成的槽段 未开挖槽段

1. 导墙施工

导墙形式可采用"┘ └"型、"┐ ┌"型或"］ ［"型；导墙深度宜为1.5~2.0m，导墙顶面应高出地面不小于100mm，且高于地下水位0.5m以上。导墙外侧应用黏性土填实。导墙内侧墙面应垂直，其净距应比地下连续墙设计厚度大40~60mm。

导墙混凝土强度等级不应低于C20，厚度应不小于200mm；导墙应具有足够的刚度和承载能力，如遇粉细砂和流塑性淤泥等松散软弱土层应在开挖前进行地基处理，或加深导墙。

2. 泥浆制备

泥浆制备应符合下列规定：

（1）新拌制泥浆应进行充分水化，储放时间不应少于24h。

（2）泥浆的储备量宜为每日计划最大成槽方量的2倍以上。

（3）泥浆配合比应按土层情况试配确定，一般泥浆的配合比可根据表3-2选用。遇土层极松散、颗粒粒径较大、含盐或受化学污染时，应配制专用泥浆。

表3-2 泥浆配合比

土层类型	膨润土（%）	增黏剂CMC（%）	纯碱Na_2CO_3（%）
黏性土	8～10	0～0.02	0～0.50
砂土	10～12	0～0.05	0～0.50

泥浆性能指标应符合下列规定：

（1）新拌制泥浆的性能指标应符合表3-3的规定。

表3-3 新拌制泥浆的性能指标

项目		性能指标	检验方法
比重		1.03～1.10	泥浆比重秤
黏度	黏性土	19～25s	漏斗法
	砂土	30～35s	
胶体率		>98%	量筒法
失水量		<30ml/30min	失水量仪
泥皮厚度		<1mm	失水量仪
pH值		8～9	pH试纸

（2）循环泥浆的性能指标应符合表3-4的规定。

表3-4 循环泥浆的性能指标

项目		性能指标	检验方法
比重		1.05～1.25	泥浆比重秤
黏度	黏性土	19～30s	漏斗法
	砂土	25～40s	
胶体率		>98%	量筒法
失水量		<30ml/30min	失水量仪
泥皮厚度		1mm～3mm	失水量仪
pH值		8～10	pH试纸
含砂率	黏性土	<4%	洗砂瓶
	砂土	<7%	

3. 成槽施工

成槽施工包括槽段划分、槽段开挖、刷壁清底等几个主要施工步骤，各施工过程的施工要点见表3-5。

表 3-5　成槽施工阶段划分与施工要点

施工阶段	施工要点
槽段划分	（1）成槽前应复核设计图中单元槽段划分的合理性 （2）单元槽段宜设置为4~6m，通用标准长度宜为6m，异型槽段各肢的长度累计不宜大于7m （3）单元槽段最小长度应由成槽力学性能和设备参数确定，最大长度应根据施工工序、槽壁稳定性、地连墙结构尺寸、施工作业条件和施工邻近建（构）筑物等确定 （4）异型槽段应在转角处设置导角，在槽壁外紧临建（构）筑物及管线施工时，应评估成槽施工影响，必要时应缩小槽段长度 （5）槽段划分后进行成槽试验，综合相关因素评估槽段划分的合理性
槽段开挖	（1）槽段开挖前，应进行试成槽槽壁稳定性评估，并复核地质资料。槽壁稳定性达不到要求及接近建（构）筑物的槽段时，应进行槽壁加固 （2）应进行成槽机械设备选型，成槽机械可选一种或几种组合使用 （3）标贯值在50击以下的土层宜采用液压抓斗成槽机进行成槽施工；标贯值大于50击的地层，宜采用冲抓结合或抓铣结合的方法进行成槽施工 （4）成槽机械应稳定，开挖前应确保成槽机具中心线与导墙中心线重合，轴线位置允许偏差±30mm （5）应实时监测槽壁稳定性和泥浆液面，槽壁偏斜、泥浆大量漏失及槽壁坍塌时，应停止施工，查明原因并采取控制措施后方可施工 （6）单元槽段宜采用跳幅法间隔施工，相邻槽段施工时间间隔不宜小于24h （7）异型槽段应在相邻槽段浇筑完毕后开挖，成槽时其槽壁前后、左右的垂直度、平整度、轴线位置等应满足设计要求，不满足要求时可调整槽段宽度 （8）槽段开挖、钢筋笼入槽、导管连接、混凝土灌注等工序均应连贯执行，以减少槽段内空置时间过长导致槽壁坍塌等风险 （9）成槽阶段的泥浆液位应高出地下水位0.5m以上，并不宜低于导墙顶面以下0.3m （10）特殊地段进行槽段开挖时，应提高泥浆技术参数，备好泥浆和堵漏材料，使槽内泥浆液面保持正常水平
刷壁清底	（1）成槽后，应对相邻槽段接头部位进行全断面清刷除泥，刷壁施工应符合下列规定： 1）刷壁器应能与接头部位断面充分匹配接触 2）刷壁器连接杆长度应大于槽段最大深度 3）当刷壁器无夹泥后再刷2~3次，闭合幅段施工应增加刷壁次数 （2）刷壁后必须进行清基，宜采用沉淀抓除法、泥浆循环除砂法或泥浆置换法 （3）采用套铣成槽开挖槽段清基时应100%置换槽内泥浆 （4）应做好清底过程原始施工记录，钢筋笼安装后，混凝土灌注前，应进行二次清底 （5）清底后槽底沉渣和泥浆控制指标应符合现行工程建设标准规定

根据成槽深度内土质情况，成槽施工可采用液压抓斗成槽、冲抓成槽、钻抓成槽、抓铣成槽、套铣成槽等方式，不同施工方法的施工要点见表3-6。

表 3-6　成槽施工方法及施工要点

成槽方法	施工要点
液压抓斗成槽	（1）成槽过程中应及时纠偏，成槽时槽壁前后和左右垂直度均应满足要求 （2）当采用三抓开挖时，宜按照先两边后中间顺序开挖 （3）抓斗下放和提升时应保持平稳、竖直和匀速，速度不宜过快，悬吊机具的钢索不应松弛
冲抓成槽	（1）冲击成孔施工应严格控制松绳长度，冲锤和提升钢丝绳之间应进行可靠连结 （2）开孔和地层变化处应采用低冲程进行施工 （3）冲孔过程应加强返浆，冲孔完成后应使用方锤或抓斗修整孔壁 （4）施工过程中宜每进尺2m测量一次冲孔垂直度，并应随时纠偏

（续）

成槽方法	施工要点
钻抓成槽	（1）钻孔中心间距宜与液压抓斗一抓宽度一致 （2）施工过程中宜每进尺2m测量一次钻孔垂直度，并应随时纠偏
抓铣成槽	（1）铣槽机的铣轮和铣齿应根据地质情况进行配备 （2）泥浆泵和管路的输送及循环能力应和铣槽机相匹配 （3）铣槽机成槽前应防止钢筋、螺栓、钢板和编织物等异物落入槽内 （4）抓斗成槽的深度应控制在垂直度可控范围内
套铣成槽	（1）成槽前应对槽段进行精确定位，闭合幅成槽应使用导向架 （2）套铣接头的垂直度偏差不应大于1/500 （3）首开幅可采用一铣或三铣方式，三铣方式成槽时中间留土长度不应小于600mm，留土高度不宜大于40m

4. 接头施工

地下连续墙施工应尽量减少接头数量，严禁将施工接头设置在地下连续墙的转角部位。特殊槽段，应基于场地条件、设备情况等因素设置接头位置。地下连续墙施工时应按照地下连续墙的结构形式、受力性状、槽段设置和抗渗要求选择刚性接头或柔性接头，应保证接头易于制作和安装。接头与钢筋笼刚度应满足混凝土浇筑时产生的变形要求。浇筑混凝土时应严格控制接头混凝土绕流，建立防绕流措施以保证混凝土浇筑质量。

表3-7为工程中常用的十字钢板接头、工字形型钢接头、圆弧形接头、套铣接头等工程常用接头的接头示意图和施工要点。

表3-7 地下连续墙常用接头形式及施工要点

接头形式	接头示意图	施工要点
十字钢板接头	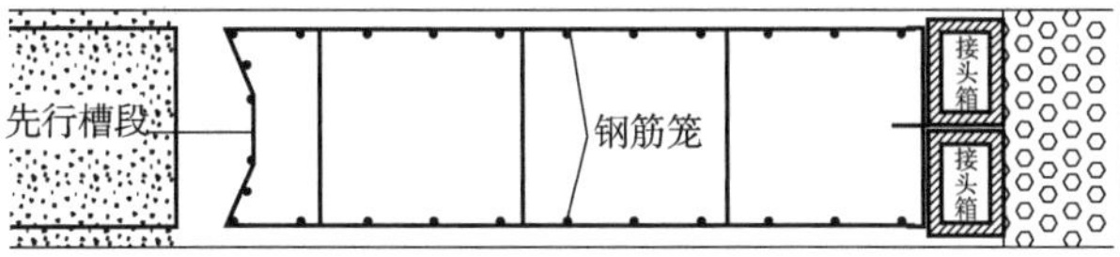 先行槽段；钢筋笼；接头箱；接头箱	（1）宜配置两片独立式接头箱。接头箱及连接件应具有足够的强度和刚度 （2）接头箱底部宜填1～2m袋装砂土或碎石，背侧应填实 （3）应采取防止混凝土绕流的措施 （4）成槽后应采用超声波测斜仪对已浇筑槽段十字钢板两侧端头质量进行检测，接头处存在夹泥或绕流混凝土时应及时清除
工字形型钢接头	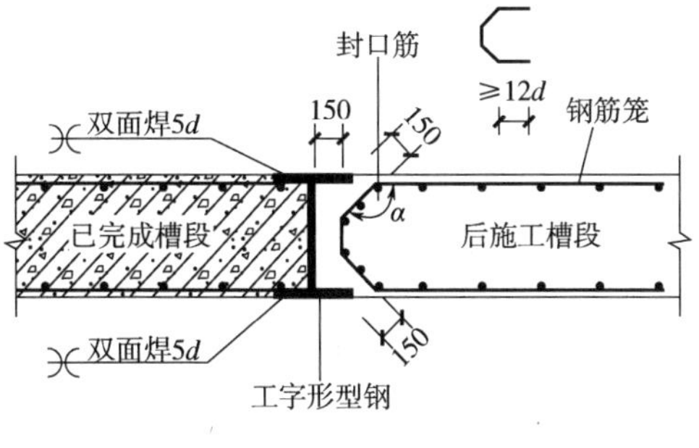 封口筋；≥12d；钢筋笼；双面焊5d；150；150；α；已完成槽段；后施工槽段；150；双面焊5d；工字形型钢	（1）应增加预挖区，预挖区长度宜为工字形型钢的翼缘长度加200～300mm （2）预挖区可采用回填袋装砂土或袋装碎石、安放接头箱等方式进行填充，地表至坑底以下5m应采用接头箱填充 （3）当采用袋装材料填充预挖区时，回填与混凝土浇筑应同步进行，回填高度应高于混凝土面3～5m，回填应密实 （4）当采用接头箱填充预挖区时，接头箱及连接件应具有足够的强度和刚度；接头箱背侧应填实，底部宜填1～2m袋装砂土或袋装碎石 （5）工字形型钢应采取防止混凝土绕流的措施 （6）后续施工的相邻槽段，成槽后应将工字形型钢接头位置的回填材料和绕流混凝土清理干净，再进行刷壁

（续）

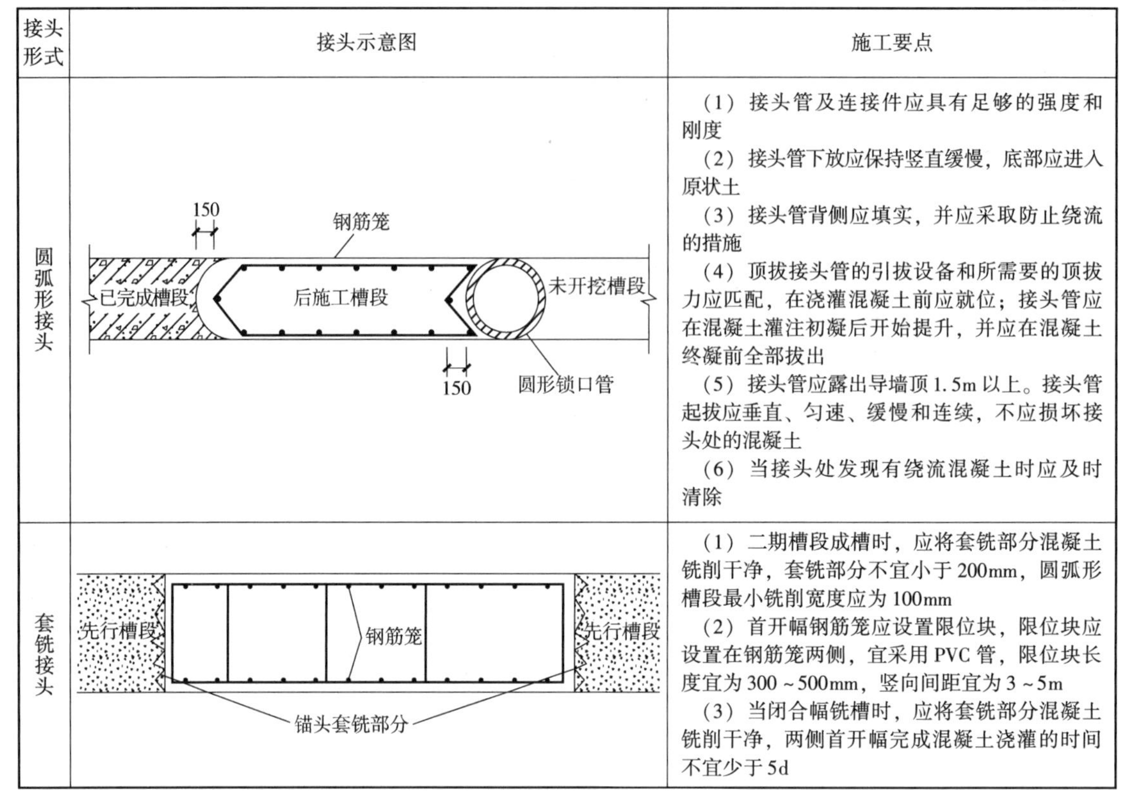

接头形式	接头示意图	施工要点
圆弧形接头		（1）接头管及连接件应具有足够的强度和刚度 （2）接头管下放应保持竖直缓慢，底部应进入原状土 （3）接头管背侧应填实，并应采取防止绕流的措施 （4）顶拔接头管的引拔设备和所需要的顶拔力应匹配，在浇灌混凝土前应就位；接头管应在混凝土灌注初凝后开始提升，并应在混凝土终凝前全部拔出 （5）接头管应露出导墙顶1.5m以上。接头管起拔应垂直、匀速、缓慢和连续，不应损坏接头处的混凝土 （6）当接头处发现有绕流混凝土时应及时清除
套铣接头		（1）二期槽段成槽时，应将套铣部分混凝土铣削干净，套铣部分不宜小于200mm，圆弧形槽段最小铣削宽度应为100mm （2）首开幅钢筋笼应设置限位块，限位块应设置在钢筋笼两侧，宜采用PVC管，限位块长度宜为300～500mm，竖向间距宜为3～5m （3）当闭合幅铣槽时，应将套铣部分混凝土铣削干净，两侧首开幅完成混凝土浇灌的时间不宜少于5d

5. 钢筋笼制作

地下连续墙钢筋笼制作应符合下列规定：

（1）钢筋笼应按施工设计图进行制作与吊装，严禁随意变更主筋及配筋的尺寸、种类、级别、直径、间距、根数、安装位置等。

（2）钢筋笼宜整体制作并吊装。采用分节吊装的钢筋笼应在同一平台上一次制作成型；分节对接部位钢筋应采用焊接或机械连接；吊环和吊筋等应采用HPB300级钢筋或钢板。

（3）钢筋笼内应预留纵向混凝土浇筑导管位置，宜设置导向筋，并应上下贯通。

（4）钢筋笼应设保护层垫块，其厚度应满足设计要求，纵向间距应为3～5m，横向设置数量不应少于2块，垫块宜采用4～6mm厚钢板制作，并应与主筋焊接，每片垫块与槽壁的接触面积不宜小于250cm^2。

（5）预埋件应与主筋连接牢固，连接点不应少于2个，钢筋接驳器螺纹外露处应包扎严密。

（6）吊环与主桁架钢筋焊接长度不应小于10d，搁置钢板与主筋应满焊，焊缝高度应大于钢筋直径的70%，d为钢筋直径。

墙体内部设置的声测管、注浆管、应力计及测斜管等安装应满足设计或规范要求。管材固定及连接应符合下列规定：

（1）应力计应依据其安装说明及设计要求提前完成与纵向主筋的连接，钢筋笼制作及吊装过程中，应保护仪器（含导线）不受损坏。

（2）声测管、注浆管及测斜管可采用镀锌铁丝将其固定在钢筋笼内侧，管身应平顺无扭曲，必要时可采用垫块辅助。

（3）声测管、注浆管及测斜管的接头应采用螺纹或承插式连接，接头处应密封，下放时应灌满清水。

6. 钢筋笼吊装

钢筋笼的吊装应符合下列规定：

（1）起重机的选用应满足起重量、起重高度及工作半径的要求，起重臂的最小杆长应满足跨越障碍物进行起吊时的操作要求，主吊和副吊的选用应根据计算确定。

（2）当起重机行走时，起重荷载不得大于其自身额定起重能力的 70%；当双机抬吊时，每台起重机分配质量的负荷不应超过自身额定起重能力的 80%。

（3）钢筋笼吊点布置应根据吊装工艺和计算确定，并应对钢筋笼整体起吊的刚度进行验算，按计算结果配置相应的吊具、吊点加固钢筋和吊筋等。吊筋长度应根据实测导墙顶标高及钢筋笼顶设计标高确定。

（4）钢筋笼起吊前应保证行程范围内钢筋笼周边 800mm 内无障碍物，并应进行试吊。

（5）钢筋笼应在槽段接头清刷、清槽和换浆合格后及时吊放入槽，不得强行入槽；吊装和沉放过程中钢筋笼不应产生塑性变形。

（6）异形槽段钢筋笼起吊前宜对转角处进行加强处理，并应随入槽过程逐渐割除加强构件。

（7）当钢筋笼分段沉放入槽时，下节钢筋笼应临时固定于导墙上，钢筋接头经检查合格后，方可继续下放；钢筋笼整体就位后应临时固定于导墙，如图 3-36 所示，并应采取防止钢筋笼下沉或上浮的措施。

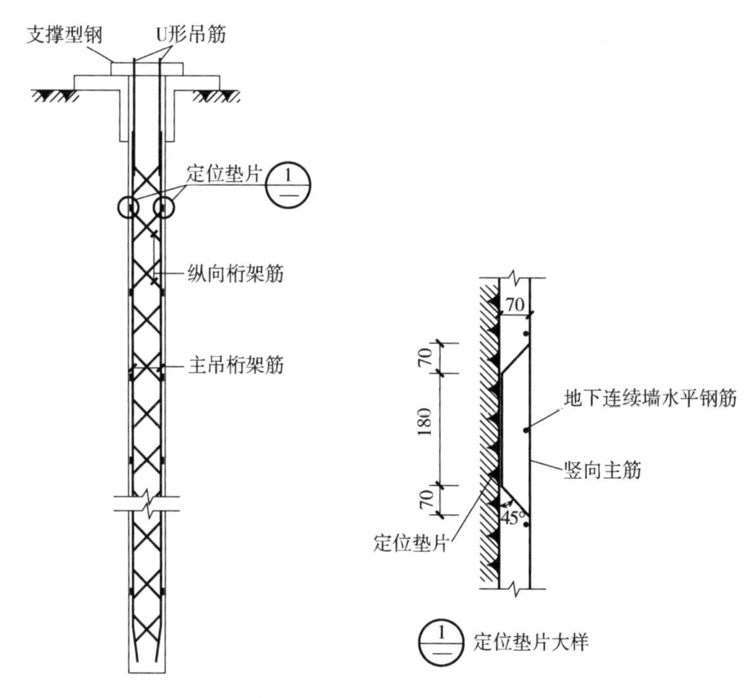

图 3-36　钢筋笼的临时固定

7. 混凝土灌注

（1）材料设备要求

墙体混凝土应采用预拌混凝土。混凝土原材料和配比、强度等级、抗渗等级、防腐蚀性能等应符合设计要求。混凝土应具有良好的和易性、缓凝性，宜掺入外加剂和矿物掺合料提升混凝土性能。

钢筋混凝土地下连续墙水下混凝土配制强度等级应比混凝土设计强度高1~2个等级，具体参见表3-8。

表3-8 混凝土配制强度等级对照表

混凝土设计强度等级	C30	C35	C40	C45	C50	C60
水下混凝土配制强度等级	C35	C40	C50	C55	C60	C70

（2）灌注混凝土

地下连续墙混凝土采用导管法浇筑。适用于地下连续墙墙体混凝土导管法浇筑的导管，应符合下列规定：

1）应采用无缝钢管，直径200~300mm，直径偏差不大于2mm；壁厚大于5mm；分节长度不小于4m。

2）相邻导管水平间距不宜大于3m，导管中心与槽孔端部或接头管（箱）壁面的距离不宜大于1.5m，导管下端距槽底宜为300~500mm。

3）宜采用法兰或双螺旋方扣快速接头，管节连接应密封、牢固。

4）导管内应放置具有良好隔水性能的隔离栓。

5）使用前应进行导管试拼、试压及水密性试验，试水压力宜为0.6~1.0MPa。

地下连续墙墙体混凝土导管法浇筑，应符合下列规定：

1）灌注前应复测沉渣厚度，达到设计或规范要求后方可开始浇筑。

2）钢筋笼就位后应及时灌注混凝土，时间间隔宜在4h以内。

3）初灌混凝土，导管埋入深度不宜小于0.5m。

4）单元槽段内各浇筑导管分担的浇筑面积基本相等。

5）单元槽段内各导管混凝土灌注宜同时、同步、连续进行，同一导管浇筑间隔时间不应超过初凝时间，宜控制在0.5h以内。

6）混凝土浇灌过程中，导管埋入前浇灌混凝土的深度宜为2~4m。

7）单元槽内混凝土浇筑面应均匀上升，速度宜控制在3~5m/h。

8）单元槽内混凝土相邻导管浇筑混凝土面高差不得大于0.3m。

9）混凝土灌注顶面高于设计墙顶标高不宜小于0.5m，保证凿除浮浆层后的混凝土强度等级达到设计要求。

10）导管法浇筑混凝土时，充盈系数不应小于1.0。

3.8 水泥土重力式围护墙

水泥土重力式围护墙是以水泥系材料为固化剂，通过搅拌机械采用喷浆施工将固化剂和地基土强行搅拌，形成连续搭接的水泥土柱状加固体挡墙。将水泥系材料和原状土强行搅拌的施工技术，近年来得到大力发展和改进，加固深度和搅拌密实性、均匀性均得到提高。目前常用的施工机械有：双轴水泥土搅拌机、三轴水泥土搅拌机及高压喷射注浆机等。

水泥土挡墙深层搅拌桩的平面布置应相互搭接，消除搅拌盲区，搭接厚度不宜小于150mm。平面布置可根据基坑开挖深度采用格栅状或壁状等布桩形式（图3-37），可根据受力要求采用变截面、变掺量、变搅喷次数设计。

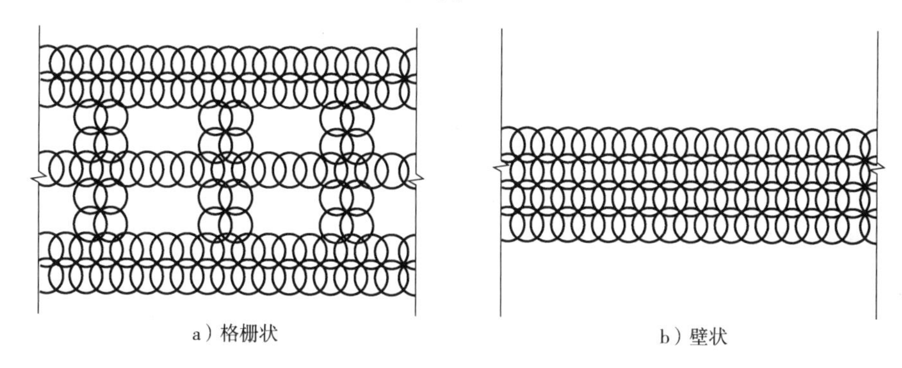

图3-37 格栅状搅拌桩布桩示意图

水泥土搅拌桩施工场地应事先予以平整，且必须清除地上、地下障碍物。场地低洼时，应回填黏性土、石粉、砂石、砂性土、砖渣等整平场地。不得回填杂填土或生活垃圾。搅拌桩施工应注意机架的平整和导向架的垂直度，垂直度允许偏差为1%，桩位的允许偏差为±20mm，桩径的允许偏差为±10mm。施工前应根据设计要求进行工艺性成桩试验确定施工工艺，试桩数量不宜少于3根。

水泥土搅拌桩施工步骤为：

（1）搅拌机械就位，并调平、调直。

（2）喷浆搅拌下沉至设计桩端位置。

（3）喷浆搅拌提升至桩顶预定停浆面。

（4）重复喷浆搅拌下沉至设计桩端位置。

（5）重复喷浆搅拌提升直至桩顶预定停浆面。

（6）移到下一个桩位，重复步骤（1）~（5）。

使用的水泥应过筛，制备好的浆液不得离析，泵送必须连续；拌制浆液的罐数、水泥和外掺剂的用量、泵送浆液的时间、搅拌机每米下沉或提升的时间等应有记录。深度记录允许误差为50mm，时间记录允许误差为5s。

当浆液达到出浆口后，桩底喷浆搅拌应不小于30s，使水泥浆与桩端土充分搅拌后，再开始提升搅拌头，成桩要控制搅拌机的下沉及提升速度和次数，连续均匀，并控制注浆量，保证搅拌均匀，同时泵送必须连续。搅拌下沉和提升速度应满足以下要求：

（1）单轴搅拌桩水泥浆水灰比可取0.45~0.55，搅拌下沉速度宜控制在0.5~1.0m/min，提升速度宜控制在0.5~0.8m/min。

（2）三轴搅拌桩水泥浆水灰比可取0.8~1.5，搅拌下沉速度宜控制在0.4~0.5m/min，提升速度宜控制在0.8~1.0m/min。

相邻桩施工的搭接时间不应大于24h，如因特殊原因超过24h，应对最后一根需要搭接的桩先进行空钻留出榫头以待下一批桩搭接；如间歇时间太长，与第二根无法搭接，应征得设计单位认可后，采取局部补桩或注浆等处理措施。

搅拌机预搅下沉时不宜冲水，当遇到较硬土层下沉困难时，可适量冲水，但应考虑冲水成桩对桩身强度的影响。

施工时如因故停浆，宜将搅拌机下沉至停浆点以下0.5m，待恢复供浆时再喷浆提升；若停机超过3h，宜先拆卸、清洗输浆管路。

钢管、钢筋或型钢的插入宜在水泥土搅拌桩成桩后30min内施工，并采用可靠的定位措施。

水泥土应有28d以上龄期的试件，水泥土强度达到70%设计强度时或成桩时间不少于14d后方能进行基坑开挖。在基坑开挖时应保证不损坏桩体，软土层应严格分段、分层开挖，分段宽度应小于15.0m，分层高度应小于2.0m。

3.9 土钉墙与复合土钉墙

3.9.1 概述

土钉支护技术又称为土钉墙或喷锚支护，是一种用于土体开挖边坡支护的挡土结构。土钉一般是通过钻孔、插筋、注浆来设置的，或者通过直接打入较粗的钢筋或型钢形成土钉。土钉与周围土体接触，依靠接触界面上的粘结摩阻力，与周围土体形成复合土体-土钉墙。土钉墙的典型结构如图3-38、图3-39所示。

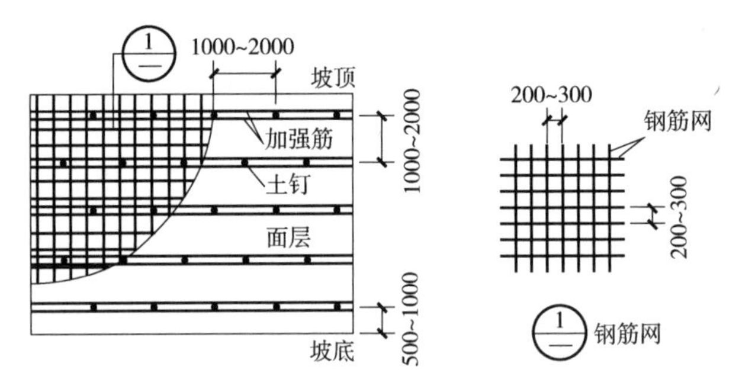

图3-38　土钉墙支护立面图

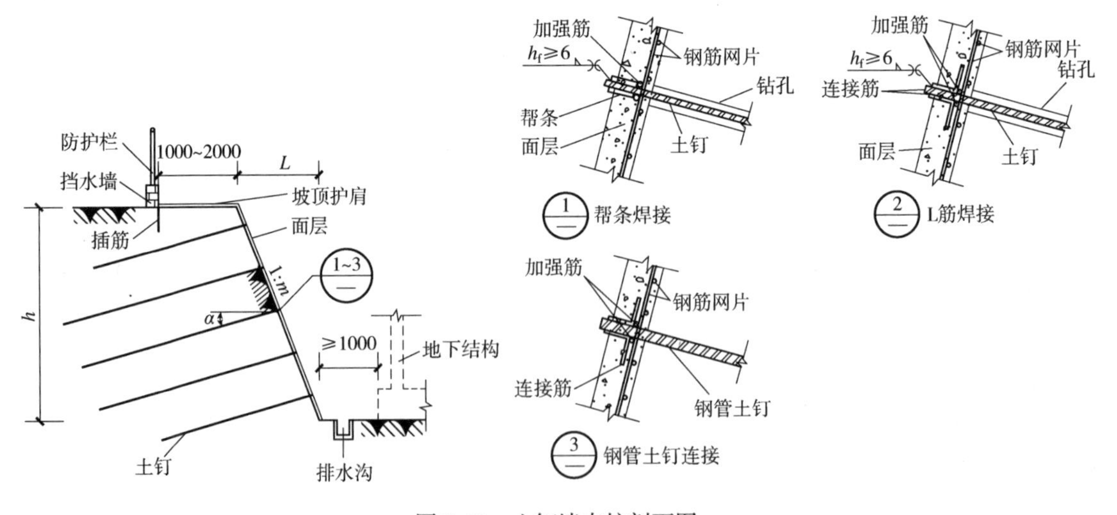

图3-39　土钉墙支护剖面图

复合土钉支护是由普通土钉支护与一种或若干种单项轻型支护技术（如预应力锚杆、竖向钢管、微型桩等）或截水技术（深层搅拌桩、旋喷桩等）有机组合成的支护截水体系，分为加强型土钉支护、截水型土钉支护、截水加强型土钉支护三大类。复合土钉墙支护能力强，适用范围广，可作超前支护，并兼备支护、截水等性能，是一项技术先进、施工简便、经济合理、综合性能突出的深基坑支护新技术。表 3-9 列出了复合土钉墙的常见形式，其中当复合土钉墙设置锚杆时，腰梁构造详图见图 3-40。

表 3-9　复合土钉墙的常见形式

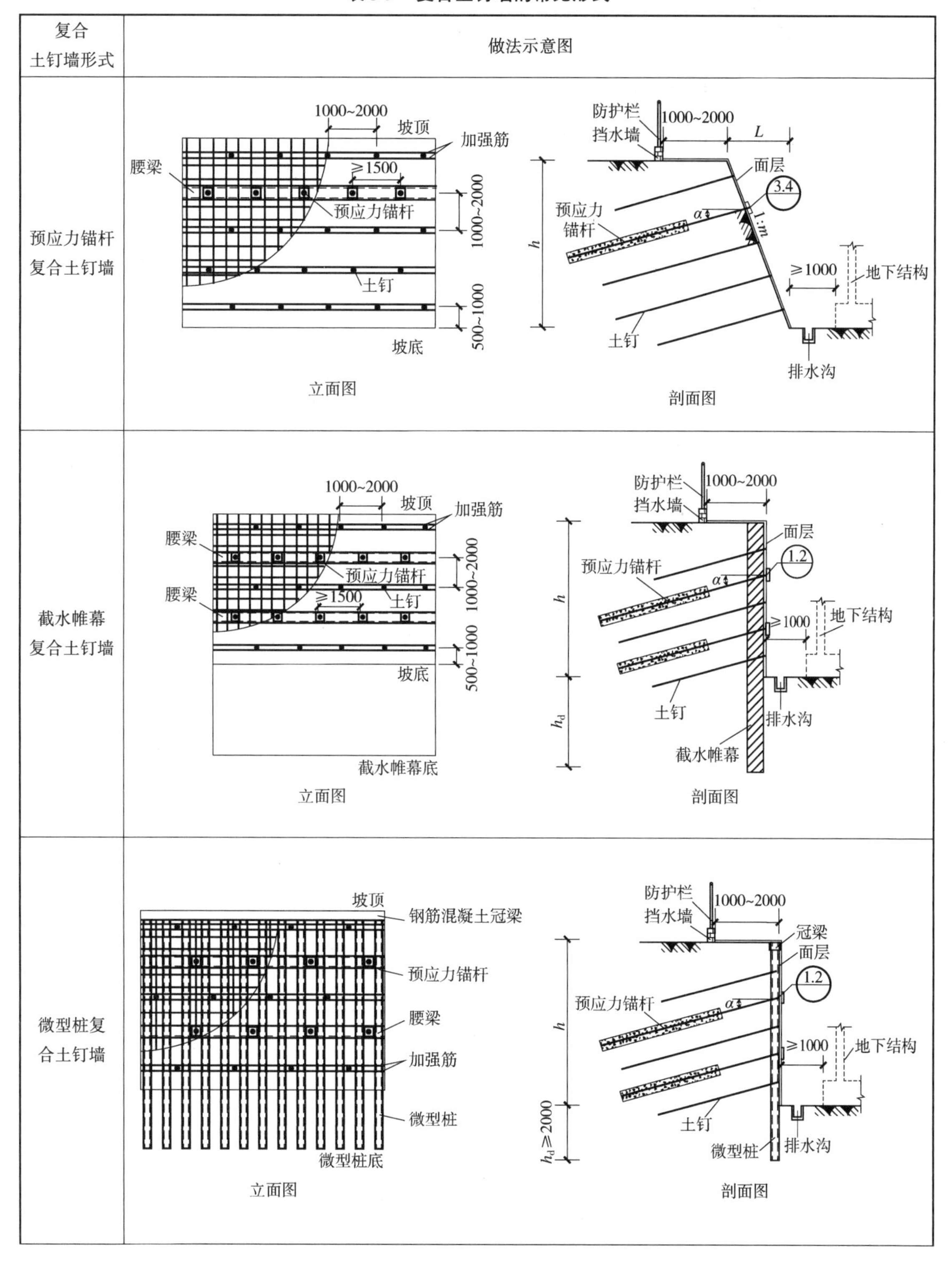

复合土钉墙形式	做法示意图	
预应力锚杆复合土钉墙	立面图	剖面图
截水帷幕复合土钉墙	立面图	剖面图
微型桩复合土钉墙	立面图	剖面图

（续）

复合土钉墙形式	做法示意图
微型桩-截水帷幕复合土钉墙	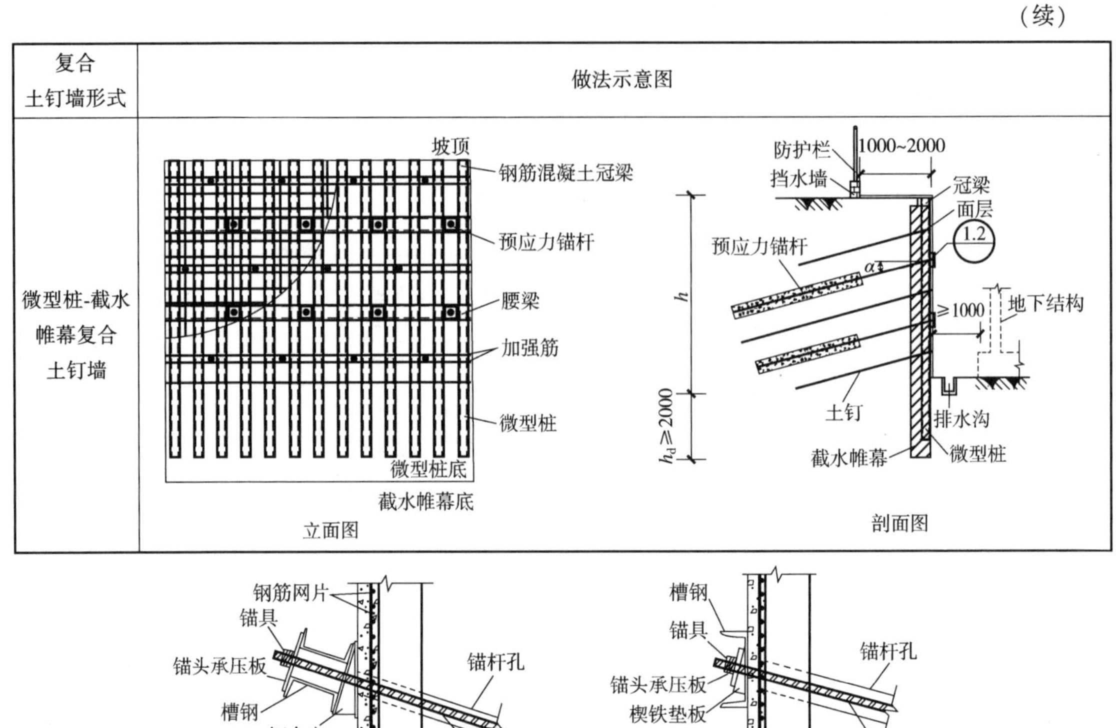

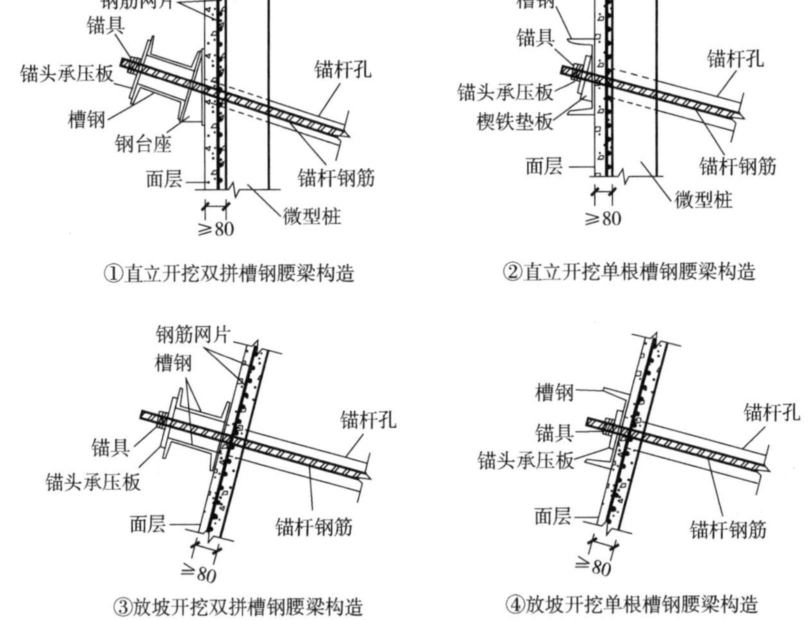

图 3-40　复合土钉墙设置锚杆时腰梁构造详图

工程常用的土钉类型有成孔注浆型钢筋土钉和击入式钢管土钉，具体构造见表 3-10。

表 3-10　土钉类型与构造

土钉类型	土钉构造
成孔注浆型钢筋土钉	土钉钢筋；1；顶；底；1；1；1500~2500；1500~2500；1500~2500；1500~2500；1000 成孔注浆钢筋土钉杆体大样图

（续）

土钉类型	土钉构造
成孔注浆型钢筋土钉	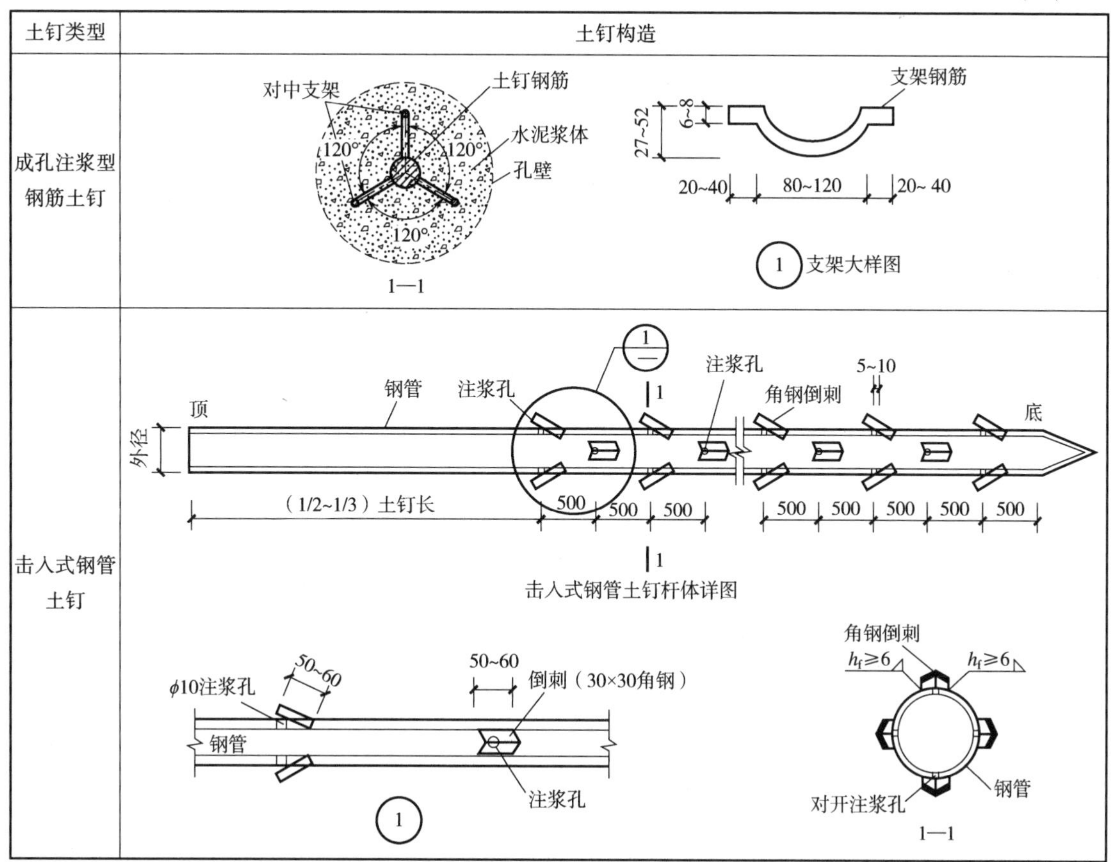
击入式钢管土钉	

3.9.2 施工工艺

土钉墙和预应力锚杆土钉墙施工工艺流程如图3-41所示。主要包括成孔、土钉制作与安设、注浆、钢筋网铺设、混凝土面层施工等。对于复合土钉墙，还包括锚杆支座安装、张拉锁定等施工过程。

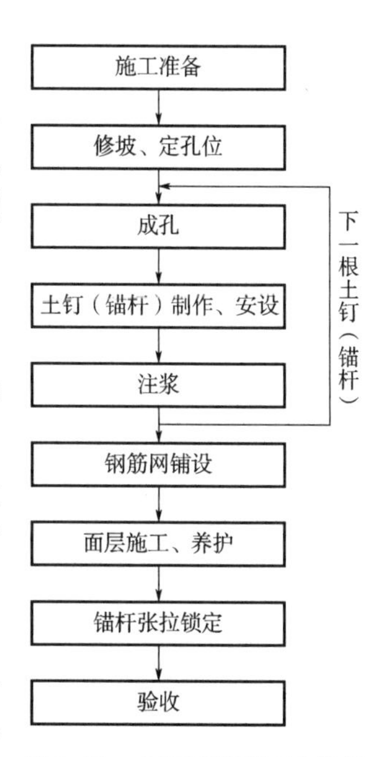

图3-41 土钉墙和预应力锚杆土钉墙施工工艺流程

3.9.3 施工要点

基坑开挖和土钉墙施工应按设计要求分层分段进行，严禁超前超深开挖。当地下水位较高时，应采取地下水控制措施，降至坑底以下0.5m。上层土钉注浆体及喷射混凝土面层达到设计强度的70%后方可进行下层土方开挖和土钉施工。下层土方开挖严禁碰撞上层土钉墙结构。

1. 钢筋土钉的成孔应满足的要求

（1）应根据土性选用螺旋钻、冲击钻、地质钻等成孔设备和成孔方法，所采用的成孔方法应能保证孔壁的稳定性、减小对孔壁的扰动。

（2）成孔后应及时插入土钉杆体，遇塌孔、缩径时，应在处理后再插入土钉杆体，或采取跟管钻进工艺。

2. 钢筋土钉杆体的制作安装应满足的要求

（1）钢筋使用前，应调直并清除污锈。

（2）当钢筋需要连接时，应采用焊接或机械连接；连接要求应符合《混凝土结构设计规范》GB 50010 的相关规定。

（3）对中支架的截面尺寸应满足对土钉杆体保护层厚度的要求，可选用直径 6～8mm 的钢筋焊制。

3. 钢筋土钉的注浆应满足的要求

（1）注浆材料可选用水泥浆或水泥砂浆；水泥浆的水灰比宜取 0.5～0.55；水泥砂浆的水灰比宜取 0.4～0.45，灰砂比宜取 0.5～1.0。

（2）注浆前应将孔内残留的虚土清除干净。

（3）注浆应采用注浆管插至孔底，由孔底注浆的方式。应在新鲜浆液从孔口溢出后停止注浆；停止注浆后，当浆液液面下降时，应进行补浆。

4. 击入式钢管土钉的施工应满足的要求

（1）钢管端部应制成尖锥状；钢管顶部宜设置防止施打变形的加强构造；管口设置止浆塞。

（2）注浆材料采用水泥浆，水灰比宜取 0.5～0.6；注浆压力不宜小于 0.6MPa，注浆至钢管周围出现返浆后停止注浆；当未出现返浆时，可采用间歇方式注浆。

5. 钢筋网铺设规定

（1）土钉（锚杆）施工完毕后，进行钢筋网铺设，钢筋网与土层坡面净距不应小于 30mm。按设计间距绑扎钢筋网，避免在同一截面位置搭接钢筋，钢筋网搭接长度不应小于 300mm。

（2）采用双层钢筋网时，第二层钢筋网应在第一层钢筋网被混凝土覆盖后铺设。网片与加强筋交接部位，应绑扎或焊接。

（3）土钉与加强筋应连接牢固，满足承受土钉拉力的要求。

6. 翻边施工规定

（1）将土钉墙面层的钢筋网片、竖向加强筋翻上坡顶，翻边宽度不应小于 0.8m，外沿增加水平向加强筋；用竖向锚钉固定，入土深度不应小于 500mm，如果上部地层为回填土、杂填土等不稳定地层，宜设置地锚。

（2）钢筋网片保护层厚度不应小于 30mm，喷射混凝土厚度不宜小于 80mm。

7. 喷射混凝土面层的施工要求

（1）细集料宜选用中粗砂，含泥量应小于 3%。

（2）粗集料宜选用粒径不大于 20mm 的级配砾石。

（3）水泥与砂石的重量比宜取 1:4～1:4.5；砂率宜取 45%～55%，水灰比宜取 0.4～0.45。

8. 面层施工、养护规定

（1）喷射作业应分段分片依次进行，同一分段内喷射顺序应自下而上，一次喷射厚度宜为 40～70mm。喷射时，喷头与受喷面应垂直，距离宜保持 0.6～1.0m，喷射混凝土的回弹率不应大于 15%。

（2）喷射混凝土终凝 2h 后，应喷水养护；养护时间根据气温环境等条件，宜为 3～7d。

3.10 内支撑施工

内撑式围护结构由外围护和内支撑组成，简称“外护内撑”；“外护”是指竖向围护结构和止水帷幕，主要用以抵挡坑外的岩土体，防止或控制坑外地下水的渗漏；“内撑”是指为外围护结构的强度、变形及稳定性提供支撑和约束的结构系统。工程应用上内撑式围护结构主要包含竖向围护桩（墙）、桩（墙）顶冠梁、腰梁、水平支撑（对撑、角撑、边桁架等）、斜撑、立柱（桩）、止水帷幕等，如图3-42所示。

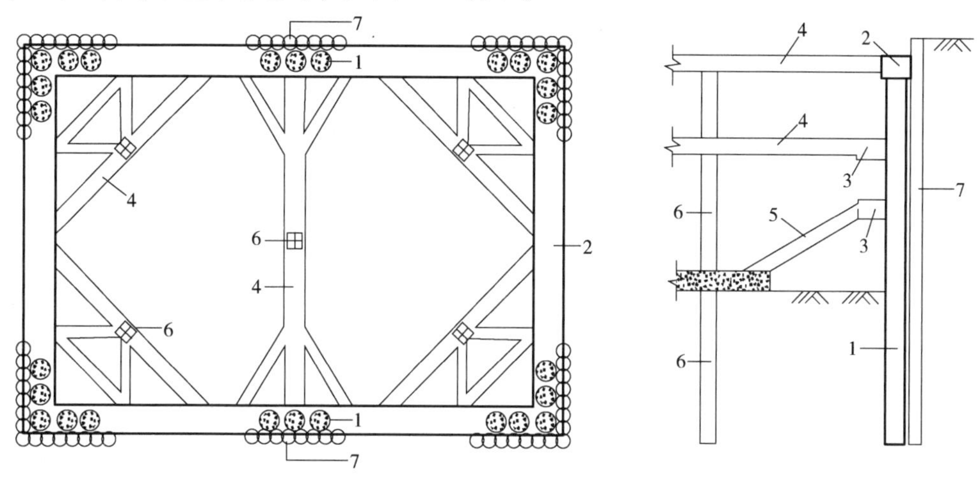

图3-42 内撑式围护结构的主要组成

1—围护桩 2—冠梁 3—腰梁 4—水平支撑 5—斜撑 6—立柱（桩） 7—止水帷幕

竖向围护结构常采用钢板桩、钢筋混凝土排桩、地下连续墙等形式；内撑可采用水平支撑和斜支撑。工程上常用的水平支撑一般有钢支撑结构、钢筋混凝土支撑结构以及钢-混凝土组合支撑结构，在逆作法工程中还可用主体地下结构的楼板作为基坑的水平支撑。根据不同开挖深度、工程地质等条件又可采用单道、两道、多道水平支撑。当基坑平面面积很大且开挖深度不太大时，采用斜支撑较为经济。图3-43所示为工程上常见的内撑式围护结构剖面示意图。

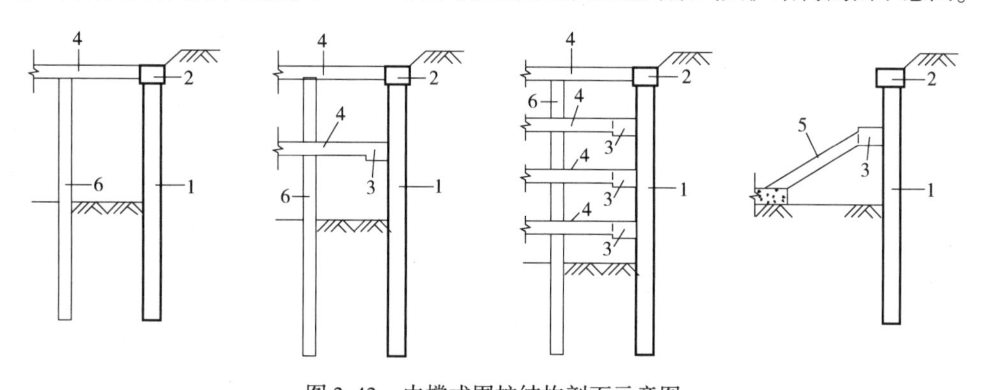

图3-43 内撑式围护结构剖面示意图

1—围护桩 2—冠梁 3—腰梁 4—水平支撑 5—斜撑 6—立柱（桩）

3.10.1 一般规定

（1）支撑系统的施工顺序应与支护结构的设计工况一致，应遵守先撑后挖的原则。

（2）立柱穿过主体结构底板和支撑穿越地下室外墙的部位均应设置止水措施。

（3）冠梁、腰梁、支撑构件的钢筋保护层厚度，当设计未作规定时，可按 25 ~ 30mm 设置。

（4）轴力传感器应在混凝土支撑浇筑前预埋。

（5）水平支撑上的施工荷载应符合设计要求。

3.10.2 构造要求

支撑、围檩与围护结构连接构造见表 3-11。

表 3-11 支撑、围檩与围护结构连接构造

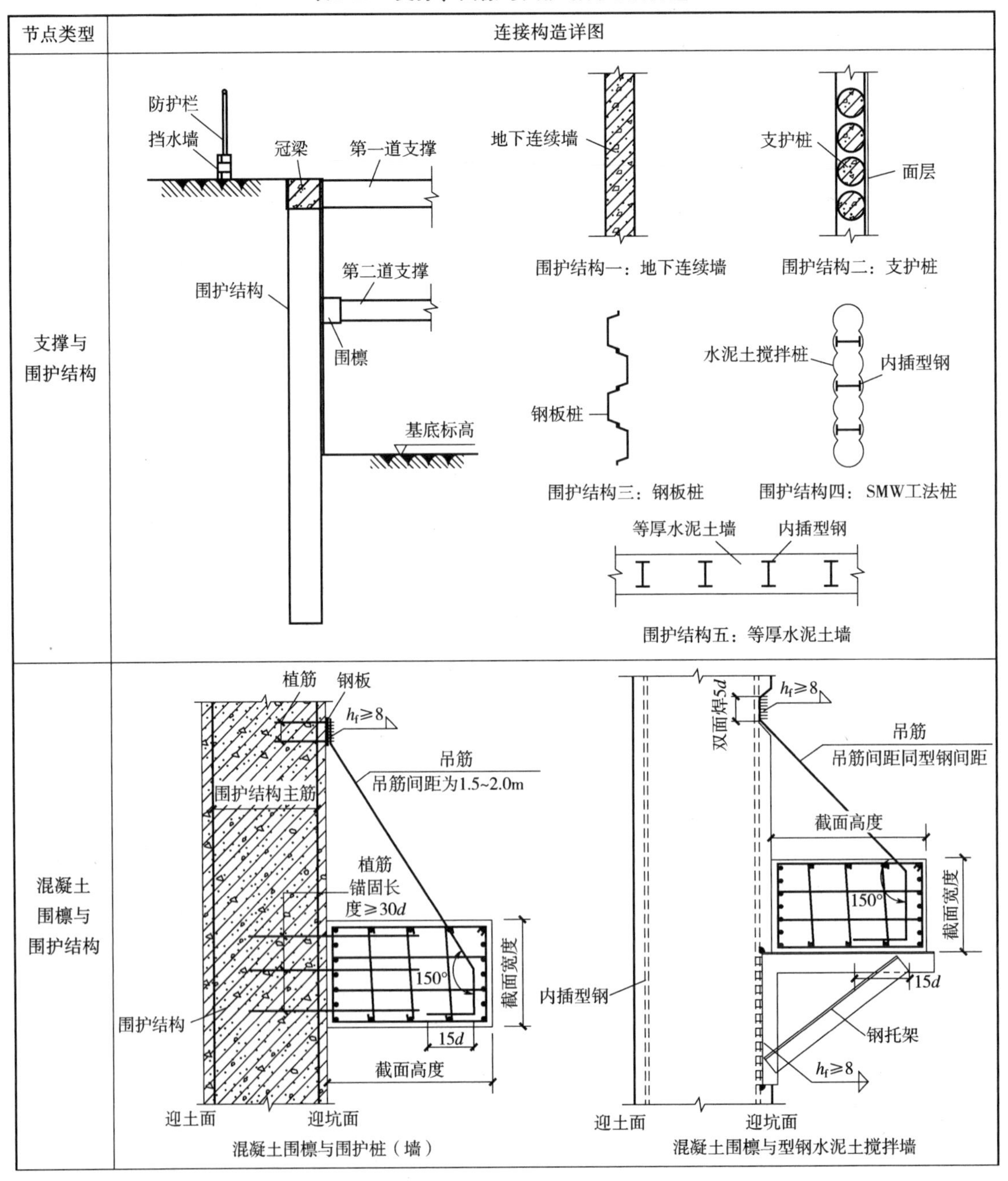

（续）

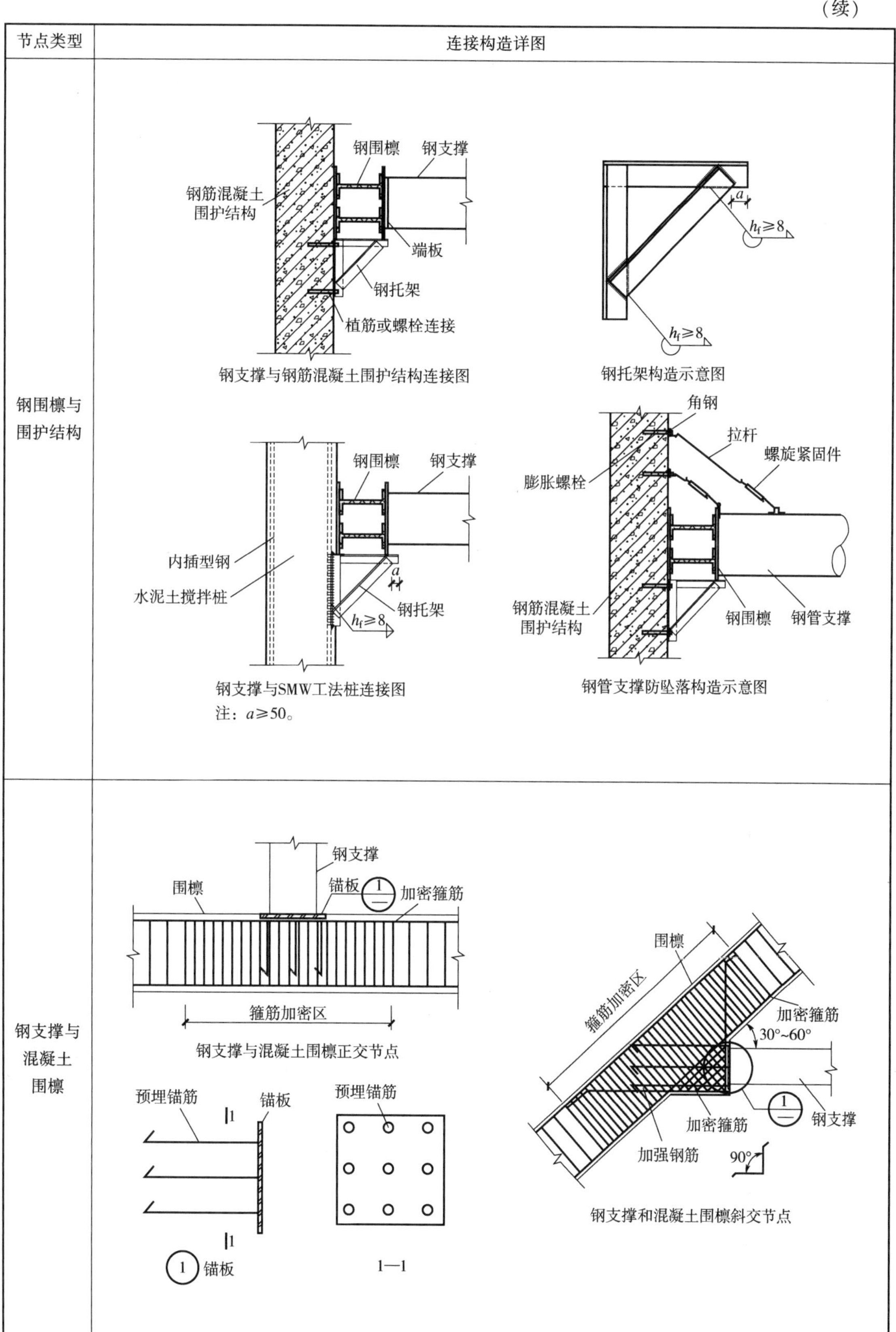

节点类型	连接构造详图
钢围檩与围护结构	钢支撑与钢筋混凝土围护结构连接图 钢托架构造示意图 钢支撑与SMW工法桩连接图 注：a≥50。 钢管支撑防坠落构造示意图
钢支撑与混凝土围檩	钢支撑与混凝土围檩正交节点 ① 锚板 1—1 钢支撑和混凝土围檩斜交节点

（续）

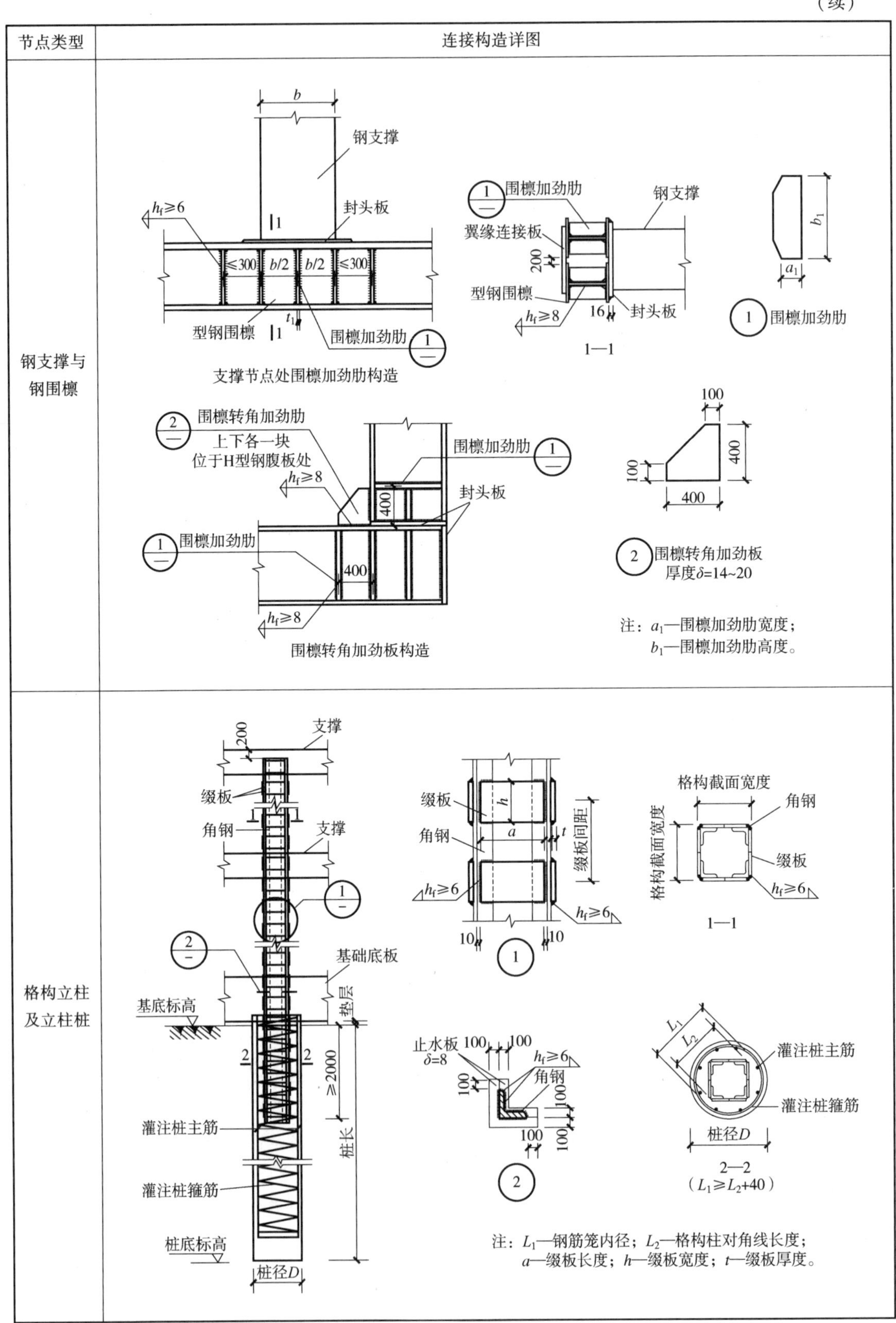
节点类型
连接构造详图
钢支撑与钢围檩
钢支撑
封头板
型钢围檩
围檩加劲肋
支撑节点处围檩加劲肋构造
围檩加劲肋
翼缘连接板
钢支撑
型钢围檩
封头板
1—1
围檩加劲肋
围檩转角加劲肋
上下各一块
位于H型钢腹板处
围檩加劲肋
封头板
围檩加劲肋
围檩转角加劲板构造
围檩转角加劲板
厚度δ=14~20
注：a1—围檩加劲肋宽度；
b1—围檩加劲肋高度。
格构立柱及立柱桩
支撑
缀板
角钢
支撑
基础底板
垫层
基底标高
≥2000
桩长
灌注桩主筋
灌注桩箍筋
桩底标高
桩径D
缀板
角钢
缀板间距
格构截面宽度
角钢
缀板
1—1
止水板
δ=8
角钢
灌注桩主筋
灌注桩箍筋
桩径D
2—2
（L1≥L2+40）
注：L1—钢筋笼内径；L2—格构柱对角线长度；
a—缀板长度；h—缀板宽度；t—缀板厚度。

3.10.3　混凝土支撑施工过程

单道混凝土支撑施工工艺流程宜符合图 3-44 的要求，多道混凝土支撑施工步骤宜符合下列规定：

（1）基坑开挖前，进行立柱施工。

（2）基坑开挖至冠梁底面，进行冠梁及支撑梁施工。

（3）基坑开挖至腰梁底面，进行腰梁及支撑梁施工。

（4）基坑形成可靠换撑后，由下向上逐层拆除支撑梁。

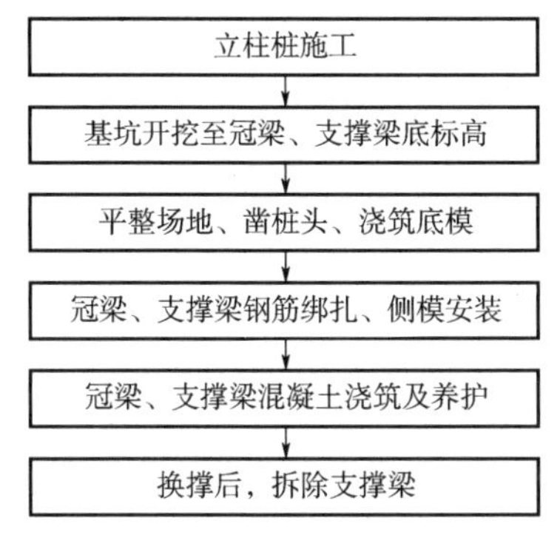

图 3-44　单道混凝土支撑施工工艺流程

围护桩（墙）内支撑支护结构的主要施工步骤见表 3-12。

表 3-12　围护桩（墙）内支撑支护结构的主要施工步骤

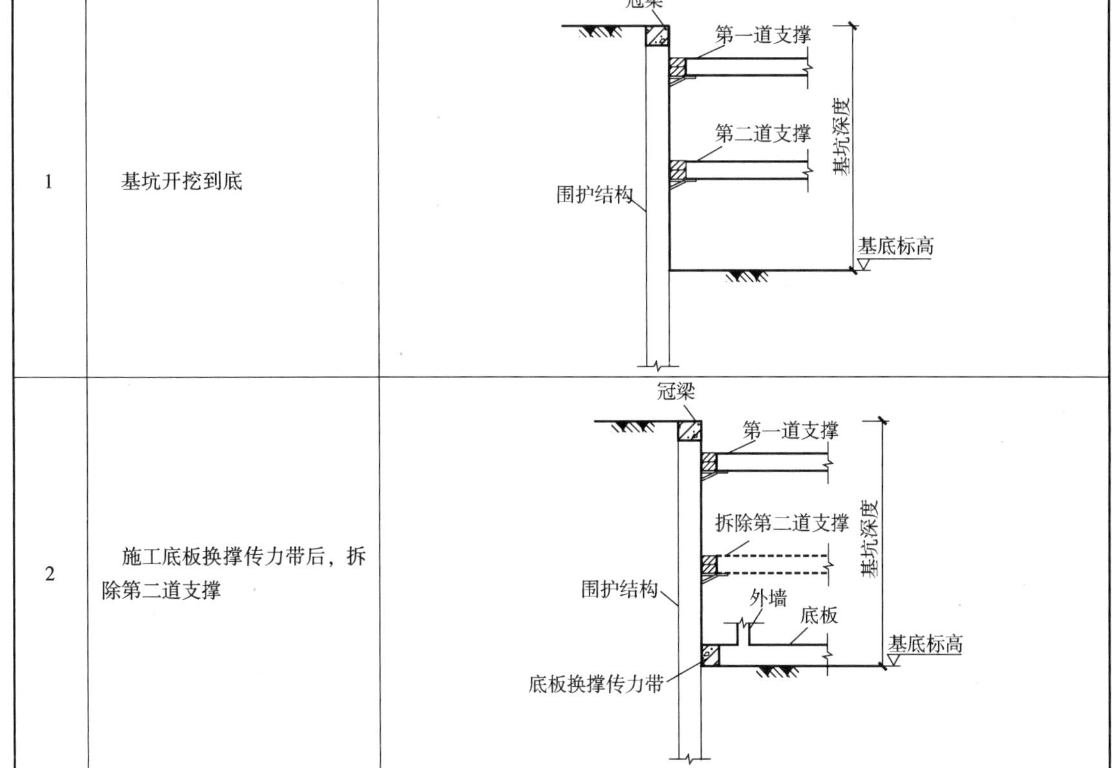

序号	工作内容	施工示意图
1	基坑开挖到底	
2	施工底板换撑传力带后，拆除第二道支撑	

（续）

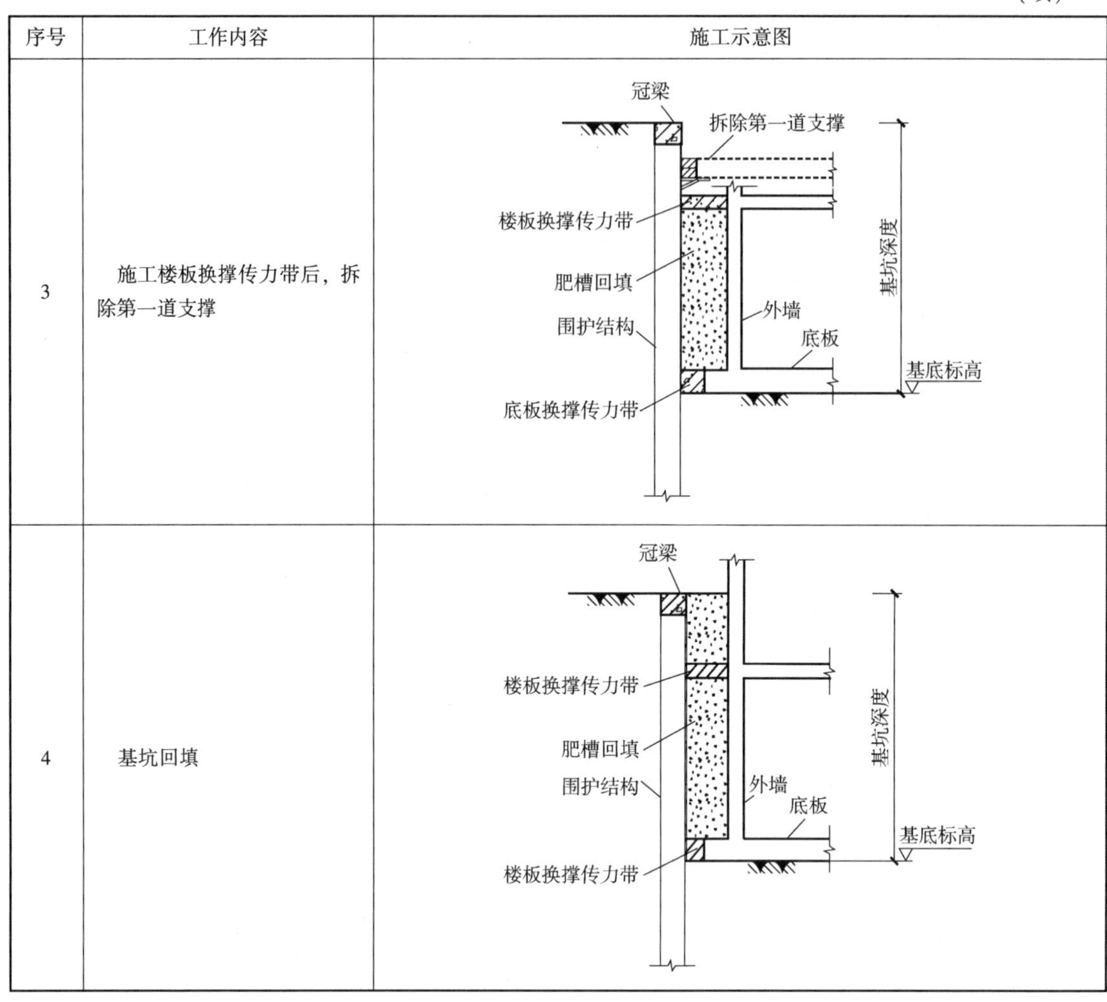

序号	工作内容	施工示意图
3	施工楼板换撑传力带后，拆除第一道支撑	
4	基坑回填	

3.10.4　钢支撑施工过程

钢支撑适用于狭长或平面形状规则、开挖面积和深度适中的基坑工程。钢支撑构件可采用圆形钢管、H型钢、工字钢、槽钢或其组合截面；支撑轴力较大或跨度较大时宜选用圆形钢管支撑或组合截面支撑；采用组合截面时，组合截面构件间应采用缀板或连杆进行连接。

钢支撑施工工艺流程见图3-45，施工步骤宜符合下列规定：

（1）基坑开挖前，进行立柱施工。

（2）基坑开挖至梁底面，进行冠梁和腰梁施工。

（3）安装钢支撑，施加预应力并锁定。

（4）基坑形成可靠换撑后，由下向上逐层拆除钢支撑。

钢支撑的施工应符合下列规定：

（1）钢支撑安装前，应根据基坑实测宽度进行配管预拼，

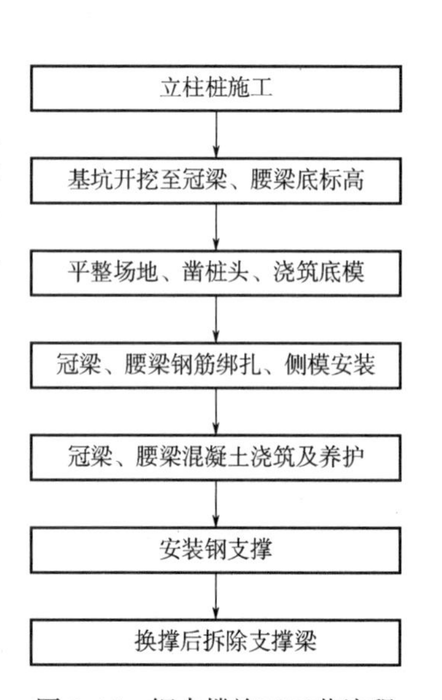

图3-45　钢支撑施工工艺流程

安装后两端的高差应小于5cm，水平轴线偏差应小于5cm。

（2）支撑与腰梁的连接应牢固，钢腰梁与围护（桩）墙体的连接应坚实牢固，之间的空隙应用砂浆或混凝土填充密实。

（3）支撑安装完毕后，应及时检查各节点的连接状况，符合要求后方可施加预应力。

（4）预应力施加应均匀和分级进行，并检查支撑节点连接情况，预应力施加完毕后应在额定压力稳定后予以锁定。

（5）对钢支撑，当夏季产生较大温度应力时，应及时对支撑采取降温措施；当冬季降温使支撑端头产生收缩时，应及时用铁楔将空隙楔紧或采用其他可靠连接措施。

（6）钢围檩与排桩、地下连续墙等挡土构件间隙的宽度宜小于100mm，并应在钢围檩安装定位后，用强度等级不低于C30的细石混凝土填充密实或采用其他可靠连接措施。

（7）对预加轴向压力的钢支撑，施加预压力时应满足下列要求：

1）对支撑施加压力的千斤顶应有可靠、准确的计量装置。

2）千斤顶压力的合力点应与支撑轴线重合，千斤顶应在支撑轴线两侧对称、等距放置，且应同步施加压力。

3）千斤顶的压力应分级施加，施加每级压力后应保持压力稳定10min后方可施加下一级预压力，预压力加至设计规定值后，应在压力稳定10min后，方可按设计预压力值进行锁定。

4）当监测的支撑压力出现损失时，应再次施加预压力。

（8）钢支撑拆除时宜在分步卸载钢支撑预压力后再对其进行拆除，避免瞬间应力释放过大而导致支护结构局部变形、开裂。

（9）利用地下结构作为换撑结构时，混凝土强度应达到设计允许的强度要求。

3.10.5　支撑系统监测与拆除

支撑系统应定期通过预埋的应力传感器对支撑受力进行监测，如达到监测报警值或出现异常，应立即停止开挖，查明原因，采取有效措施后，方可继续开挖。

支撑拆除应符合下列规定：

（1）支撑拆除前已形成符合设计工况的换撑条件。

（2）混凝土支撑的拆除顺序应根据支撑结构特点、永久结构施工顺序和现场平面布置等条件确定。

（3）混凝土支撑拆除可选择机械拆除、爆破拆除或绳锯切割等工艺。

（4）混凝土支撑爆破前应先切断支撑与围檩或主体结构的连接，设置安全可靠的防护措施和作业空间，并对永久结构及周边环境采取保护措施。

（5）钢支撑拆除应先释放预应力，再拧卸螺栓或切割拆除。

3.11　锚杆（索）施工

土层锚杆是在土中钻孔，插入钢筋或钢索并在锚固段灌注水泥浆或水泥砂浆，使其形成一端与围护墙体相连，另一端固定于稳定土层内的受拉杆体。

3.11.1　施工设备与材料

锚杆钻机应根据钻孔直径、深度、地层复杂程度选用设备型号。普通回转钻机或者全套管钻机适用于淤泥质土、黏土、砂层等松软地层；风动潜孔钻机适用于坚硬岩层、完整或裂隙轻度发育岩层；振动成孔钻机或冲击回转钻机适用于砂卵石、岩土堆积体、松散、破碎、裂隙发育岩层。

风动潜孔钻机配套的空压机的选用应与冲击器及岩土硬度相匹配。全套管钻机用于地下水位以下钻进含有砂层或松散滑坡体等复杂地层时，应具有双动力套管跟进功能，并配备潜孔钻头和孔口止水装置。潜孔钻头的外径略小于套管的内径。张拉设备应采用穿心式千斤顶和配套的液压泵及液压表等，使用前应进行标定。

锚杆隔离套管材料宜采用塑料波纹管，且应符合下列规定：

（1）具有足够的强度和柔韧性，在加工和安装过程中不易损坏。

（2）具有防水和耐老化性能，对杆体无不良影响。

（3）不影响预应力筋的弹性伸缩变形。

注浆材料宜满足下列规定：

（1）一次灌浆宜选用水灰比为0.45～0.7的水泥浆；二次高压注浆宜选用水灰比为0.6～1.0的水泥浆。

（2）水泥砂浆内宜掺加早强剂，其掺入量宜通过室内试验确定。

3.11.2 施工工艺

支护锚杆工艺流程宜符合图3-46的要求，主要施工步骤包括：

（1）放线定位。

（2）钻机就位。

（3）钻机成孔，或者套管护壁成孔，高压水喷射扩孔。

（4）清孔。

（5）制作安装锚杆。

（6）注浆。

（7）锚杆张拉、锁定。

（8）养护验收。

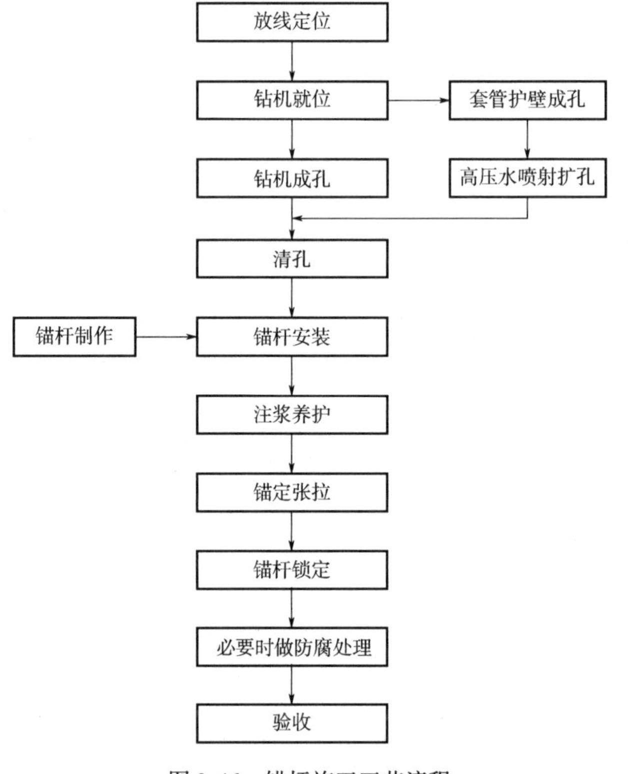

图3-46 锚杆施工工艺流程

3.11.3 施工过程控制

1. 锚杆成孔

锚杆的成孔应符合下列规定：

（1）钻机就位后，应保持平稳，导杆或立轴与钻杆倾角一致，并在同一轴线上。

（2）锚杆孔位偏差应不大于100mm，角度偏差应不大于2°。

（3）应根据土层性状和地下水条件选择套管护壁、干成孔或泥浆护壁成孔工艺，成孔工艺应满足孔壁稳定性要求。

（4）在地下水位以下开孔时，应采取措施防止钻孔涌水冒砂。

（5）锚杆的扩大头应设置在较密实的砂层或强度较高压缩性较低的黏性土中。

（6）安放锚杆前，应将孔内岩粉、土屑或者孔底沉渣清洗干净。

2. 钢筋锚杆杆体的制作

钢筋锚杆杆体的制作应符合下列规定：

（1）制作前钢筋应保持平直，经除油和除锈。

（2）当热轧带肋钢筋接长采用焊接时，双面焊接的焊缝长度应不小于5d。精轧螺纹钢筋、中空钢筋接长应采用专用连接器。

（3）沿杆体轴线方向每隔1.5～2.0m应设置一个对中支架；注浆管、排气管应与锚杆杆体绑扎牢固。

3. 钢绞线锚杆杆体的制作

钢绞线锚杆杆体的制作应符合下列规定：

（1）钢绞线应清除油污、锈斑，严格按设计尺寸下料，每根钢绞线的下料长度误差应不大于50mm。

（2）钢绞线应平直排列，沿杆体轴线方向每隔1.0～1.5m设置一个隔离架，注浆管应与杆体绑扎牢固。

4. 锚杆杆体的安装

锚杆杆体的安装应符合下列规定：

（1）成孔后应及时插入杆体和注浆，若发现孔壁坍塌，应重新钻孔和清孔，直至能顺利送入锚杆为止。

（2）安放锚杆杆体时，应防止杆体扭曲或压弯；带保护套的可回收锚杆应防止其套管脱落，并及时向套管内注水。

（3）用套管护壁工艺成孔时，应在拔出套管前将杆体插入孔内。

（4）采用非套管护壁成孔时，杆体应匀速推送至孔内。

5. 锚杆注浆

锚杆注浆应符合下列规定：

（1）注浆管端部至孔底的距离不宜大于200mm；当孔口浆液下降时应进行补浆。

（2）二次注浆管应在锚杆末端$l/4$～$l/3$锚固段长度范围内设置注浆孔，孔间距宜取500～800mm，每个注浆截面的注浆孔宜取2个；注浆管的出浆口应有逆止构造；二次注浆应在一次注浆水泥浆初凝后至终凝前进行，终止注浆的压力应不小于2.0MPa。

（3）带保护套的可回收锚索回填注浆时应防止水泥浆液落入锚索保护套内。

6. 张拉锁定

预应力锚杆的张拉锁定应符合下列规定：

（1）锚头台座的承压面应平整，并与锚杆轴线方向垂直；注浆体和混凝土台座达到设计强度后方可进行锚杆的张拉和锁定。

（2）锚杆正式张拉前应预张拉1～2次，预张拉值取（0.1～0.2）N_t（N_t为锚杆轴向拉力设计值）。

（3）钢绞线锚杆宜采用整束张拉锁定的方法。

（4）荷载分散型锚杆可根据设计要求分单元张拉或整体张拉。

（5）锚杆张拉至（1.1～1.15）N_t时，对岩层、砂性土层保持10min，对黏性土层保持15min，然后进行锁定，锁定值应符合设计要求。锚杆张拉荷载的分级和位移观测时间应符合表3-13的规定。

表 3-13　锚杆张拉荷载分级和位移观测时间

荷载分级	位移观测时间/min		加荷速率/(kN/min)
	岩层、砂土层	黏性土层	
(0.10~0.20) N_t	2	2	不大于 100
0.50N_t	5	5	
0.75N_t	5	5	
1.00N_t	5	10	不大于 50
(1.1~1.15) N_t	10	15	

注：N_t 为锚杆轴向拉力设计值。

(6) 锚杆锁定应考虑相邻锚杆张拉锁定引起的预应力损失，当锚杆预应力损失严重时，应进行再次锁定。

(7) 预应力锚杆的锚头应满足补张拉要求。

7. 防腐处理

永久性锚杆的防腐处理应符合下列规定：

(1) 锚杆自由段内杆体表面宜涂润滑油或防腐漆，然后包裹塑料布，在塑料布面再涂润滑油或防腐漆，最后装入塑料套管中，形成双层防腐。

(2) 永久性锚杆采用外露头时，必须涂以沥青等防腐材料，再采用混凝土密封，外露钢板和锚具的保护层厚度应不小于 25mm。

(3) 永久性锚杆采用盒具密封时，必须用润滑油填充盒具的空隙。

3.12　逆作法施工

3.12.1　概述

逆作法施工和顺作法施工顺序相反，在支护结构及工程桩完成后，并不是进行土方开挖，而是首先施工地下结构的顶板或者开挖一定深度先进行地下结构的顶板的施工，再开挖顶板下的土体，然后浇筑下一层的楼板，开挖下一层楼板下的土体，如此循环一直施工至基础底板浇筑完成。

逆作法施工根据工程所处地层地质条件与围护结构的支撑方式，总体分为全逆作法和半逆作法两大类。全逆作法是地下结构按照从上至下的工序施工的同时进行上部结构施工。上部结构施工层数则根据桩基的布置和承载力、地下结构状况、上部建筑荷载等确定。半逆作法的地下结构与全逆作法相同，按从上至下的工序逐层施工；与全逆作法的不同之处是待地下结构完成后再施工上部主体结构。在软土地区，因为桩的承载力较小，往往采用这种施工方法。

3.12.2　逆作法竖向结构施工

1. 竖向支承构件调垂技术

逆作法施工时，临时竖向支承系统一般采用钢立柱插入底板以下立柱桩的形式，中间支承柱是逆作法施工中重要的竖向支承构件，其定位和垂直度必须严格满足要求，否则影响结构柱位置的正确性，在承重时会增加附加弯矩并在外包混凝土时发生困难。立柱的平面定位中心偏差不应大于 10mm，垂直度偏差不应大于 1/300。立柱桩的平面定位中心偏差不应大于 10mm，垂直度偏差不应大于 1/200。

钢立柱插入方式有先插法和后插法两种，根据工程需要、钢立柱类型、施工机械设备及施工经验等因素来选用。先安放钢立柱，后浇筑竖向支承桩混凝土的施工方式为先插法；先浇筑竖向支承桩混凝土，在混凝土初凝前插入钢立柱的施工方式为后插法。

钢立柱的施工必须采用专门的定位调垂设备对其进行定位和调垂。钢立柱的调垂方法主要有气囊法、地面校正架调垂法、底部定位器调垂法及 HPE 工法等。

(1) 气囊法

气囊法调垂是在支承柱上端 X 向和 Y 向分别安装一个传感器，并在下端四边外侧各安放一个气囊，气囊随支承柱一起下放到钻孔中，并固定于受力较好的土层中。每个气囊通过进气管与电脑控制室相连，传感器的终端同样与电脑相连，形成监测和调垂全过程智能化施工的监控体系。系统运行时，首先由垂直传感器将支承柱的偏斜信息传输到电脑由电脑程序自动进行分析，然后打开倾斜方向的气囊进行充气，从而推动支承柱下部纠偏，当支承柱达到规定的垂直度范围内，即刻关闭气阀停止充气，停止推动支承柱。支承柱两个方向的垂直度调整可同时进行控制。待混凝土灌注至离气囊下方 1m 左右时，可拆除气囊，并继续灌注混凝土至设计标高。

气囊法适用于各种类型支承柱（宽翼缘 H 型钢、钢管、格构柱等）的调垂，其调垂效果好，有利于控制支承柱的垂直度。但气囊有一定的行程，若支承柱与孔壁间距过大，支承柱就无法调垂至设计要求的位置。

(2) 地面校正架调垂法

地面校正架法调垂系统主要由传感器、校正架、调节螺栓等组成。在支承柱上端 X 和 Y 方向上分别安装传感器，支承柱固定在校正架上，支承柱上设置 2 组调节螺栓，每组共 4 个，两两对称，两组调节螺栓有一定的高差，以便形成扭矩。测斜传感器和上下调节螺栓在 X 和 Y 方向各设置一组。若支承柱下端向 X 正方向偏移，X 方向的两个上调节螺栓一松一紧，使支承柱绕下调节螺栓旋转，当支承柱进入规定的垂直度范围后，即停止调节螺栓；同理 Y 方向通过 Y 向的调节螺栓进行调垂。

校正架法费用较低，但只能用于刚度较大支承柱（如钢管支承柱等）的调垂。对刚度较小的支承柱，在上部施加扭矩时支承柱弯曲变形过大，不利于支承柱的调垂。

(3) 底部定位器调垂法

底部定位器调垂法，也称为导向套筒法，是把校正支承柱转化为校正导向套筒。导向套筒的调垂可采用气囊法和校正架法。待导向套筒调垂结束并固定后，从导向套筒中间插入支承柱，导向套筒内设置滑轮以利于支承柱的插入，然后浇筑立柱（桩）混凝土，直至混凝土能固定支承柱后再拔出导向套筒。

由于套筒比支承柱短，故调垂较易，效果较好，但由于导向套筒在支承柱外，势必使孔径变大。导向套筒法适用于各种支承柱（宽翼缘 H 型钢、钢管、格构柱等）的调垂。

(4) HPE 工法

HPE 工法是根据二点定位的原理，通过 HPE 液压垂直插入机机身上的两个液压垂直插入装置，在支承桩混凝土浇筑后、混凝土初凝前将底端封闭的永久性钢管柱垂直插入支承桩混凝土中，直到插入至设计标高。垂直度控制的实施监控及钢管柱状态的实时调整系统是整个 HPE 液压下插钢管柱工序的核心，垂直度控制基本原理就是利用高精度倾角传感器安装在钢管柱上的法兰盘上，倾角传感器用来测量法兰盘水平面的倾角变化量，并通过控制水平面的倾角变化量达到控制钢管柱垂直度的目的。

2. 钢立柱外包混凝土施工

施工阶段的钢管柱，在永久使用阶段通常会外包钢筋混凝土形成组合柱，以承担上部结构的荷载。逆作阶段施工水平构件的同时，应将竖向构件在板面和板底预留插筋，以进行后期外包部分纵向钢筋的连接。先施工结构的预留钢筋应采取有效的保护措施，避免因挖土造成钢筋破坏。施工预留筋宜采用螺纹接头。梁柱节点处，梁钢筋穿过临时立柱时，应考虑按施工阶段受力状况配置钢筋，框架梁钢筋宜通长布置并锚入支座，受力钢筋严禁在钢格构柱处直接切断，确保钢筋的锚固长度。梁板结构与柱的节点位置也应预留钢筋，柱预留插筋上下均应留设且错开。上下结构层柱、墙的预留插筋的平面位置要对应。柱插筋宜通过梁板施工时模板的预留孔控制插筋位置的准确性。

逆作法下部的竖向构件施工时混凝土的浇筑方式是从顶部的侧面入仓，为便于浇筑和保证连接处的密实性，除对竖向钢筋间距作适当调整外，下部竖向构件顶部的浇筑口模板需做成俗称喇叭口的倒八字形。

3. 剪力墙顺作施工

当逆作法施工基坑采用临时围护结构时，围护墙和结构外墙分开，结构外墙顺作施工。大多数地下室内部混凝土墙体均采用顺作施工。此时逆作施工阶段剪力墙周边梁柱均应预留钢筋，同时在剪力墙顶部和梁底交界处采用喇叭口浇筑混凝土。

3.12.3 逆作法水平结构施工

逆作法中先施工的主要为水平结构，但柱、墙以及墙、梁等节点部位的施工，一般也与水平结构施工同步完成。水平结构施工前应事先考虑好后补结构施工方法，针对后补结构施工可在水平结构上设置浇捣孔，浇捣孔可采用预埋 PVC 管，首层结构楼板等有防水要求的结构需采用止水钢板等措施。

逆作法中地下结构的钢筋混凝土楼盖作为永久结构，同上部结构一样要求施工中具有良好的模板体系。由于逆作法暗挖条件的限制，往往使其支承模板难以达到较高要求。逆作法施工中通常采取土胎模（地面直接施工）、钢管排架支撑模板、无排吊模等三种形式。模板工程选择应遵循以下原则：模板工程应尽量减少临时排架增加材料的使用量、拆除时的作业要求、支架应有足够的承载能力等。

1. 利用土模浇筑梁板

对于地面梁板或地下各层梁板，挖至其设计标高后，将土面整平夯实，浇筑一层 50～100mm 厚的素混凝土（土质较好时亦可抹一层砂浆），然后刷一层隔离层，即成楼板模板。对于基础梁模板，土质好时可直接采用土胎模，按梁断面挖沟槽即可；土质较差时可用模板搭设梁模板。逆作法柱子节点处，宜在楼面梁板施工的同时，向下施工约 500mm 高度的柱子，以利于下部柱子逆作时的混凝土浇筑。因此，施工时可先把柱子处的土挖至梁底以下约 500mm 的深度，设置柱子模板，为使下部柱子易于浇筑，该模板宜呈斜面安装，柱子钢筋穿越模板向下伸出搭接长度，在施工缝模板上面组立柱子模板与梁板连接。

当采用土胎模时应考虑地基土的压缩变形对楼板结构产生的竖向挠曲，结构设计中应充分考虑；当采用架立模板形式时，土方开挖面将超过设计工况的开挖深度，不能满足设计要求时，需要调整围护墙的设计。

2. 采用钢管排架支撑模板

用钢管排架支撑模板施工时，先挖去地下结构一层高的土层，然后按常规方法搭设梁板模板，浇筑梁板混凝土，竖向结构（柱或墙板）同时向下延伸一定高度。为此需要解决梁板支撑的沉降和结构的变形问题、竖向构件上下连接和混凝土浇筑问题。为了减少楼板支撑的沉降引起的结构变形，施工时需对支撑下的土层采取措施进行临时加固。加固的方法一般为浇筑一层素混凝土垫层，待梁板浇筑完毕，开挖下层土时垫层随土一同挖去。另外一种加固方法则是铺设砂垫层，上铺枕木以扩大支承面积，这样上层墙柱钢筋可插入砂垫层，以便与下层后浇筑结构的钢筋连接。

盆式开挖是逆作法常用的挖土方法，此时模板排架可以周转循环使用。在盆式开挖区域，各层水平楼板施工时排架立杆在挖土“盆顶”和“盆底”均采用通长钢管。挖土边坡应做成台阶式，以便于排架立杆搭设在台阶上。排架每隔 4 排立杆设置一道纵向剪刀撑，应由底至顶连续设置。

3. 采用无排吊模

采用无排吊模施工工艺时，挖土深度同利用土模施工方法基本相同，不同之处在于在垫层上铺设模板时，采用预埋的对拉螺栓将模板吊于浇筑后的楼板上，土方开挖到位后将模板下移至下一层梁板设计标高，在下一层土方开挖时用于固定模板，如图 3-47 所示。

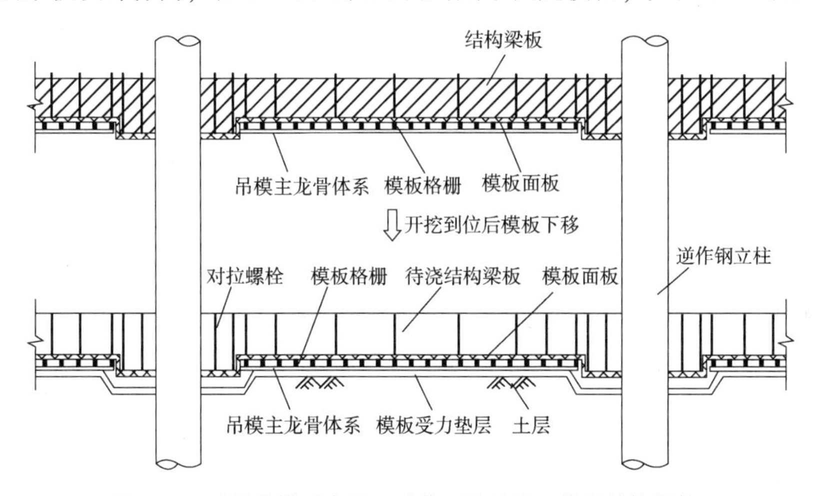

图 3-47　无排吊模示意图（逆作开挖阶段，模板结构吊拉）

3.12.4　土方开挖

在大面积的逆作法深基坑工程中，出土口较少且面积较小，将面临封闭楼板下施工通风和采光不足、挖土需经较长距离驳运至出土口从而使得挖土效率低等难题。取土口的水平距离应便于挖土施工，一般满足结构楼板下挖掘机最多二次翻土的要求，避免多次翻土引起土体扰动。一般挖掘机有效半径在 7～8m。此外，在暗挖阶段，取土口的水平距离还要满足自然通风的要求，参照隧道工程的自然通风，一般地下自然通风有效距离在 15m 左右。取土口之间的净距离，可考虑在 30m 以内。

逆作法基坑工程土方及混凝土结构工程量大，无论是基坑开挖，还是结构施工形成支撑体系，相应工期较长，这势必会增大基坑施工的风险。为了有效控制基坑的变形，基坑土方开挖和结构施工时可通过划分施工块并采取分块开挖和施工的方法，可采取以下有效措施：

（1）合理划分各层分块大小。界面层以上明挖施工，挖土速度比较快，相应基坑暴露时间短，因此土层开挖划分可相对大一点；界面层以下属于逆作暗挖，速度比较慢，为减小每块开挖的基坑暴露时间，分块面积应相对小一些，缩短每块的结构施工时间，从而使围护结构的变形减小。

(2) 采用盆式开挖方式。针对大面积深基坑的开挖，为兼顾基坑变形及土方开挖的效率，土方采用盆式开挖的方式，周边土方保留，中间大部分土方进行明挖，既可以控制基坑变形，又可以增加明挖工作量，提高了挖土的效率。

(3) 采用抽条开挖形式。逆作底板土方开挖时，底板厚度通常较大，支撑到挖土面的净空比较大，尤其是在层高较高或基坑紧邻重要保护环境设施时，对基坑控制变形不利。一般采取中心岛施工的方式，在中部完成的底板上设置斜抛撑，然后再挖边坡土方。而更为经济有效的方式，是采用抽条开挖代替斜抛撑，即待基坑中部底板达到一定强度后，按一定间距间隔开挖边坡土方，并分块浇捣基础底板。

(4) 楼板结构局部加强代替挖土栈桥。当基坑面积较大时，挖土和运输机械需通过栈桥进入基坑中部进行挖土和运输。栈桥挖土结束后又必须进行拆除，造成经济上的浪费，同时对环境形成污染。逆作法施工时可将栈桥的设计和水平楼板永久结构的设计一同考虑，将楼板局部进行加强即可满足大部分工程挖土施工的要求。

(5) 选择适宜的施工机械。暗挖作业环境较差，选择有效的施工挖土机械将大大提高效率。逆作挖土施工常采用坑内小型挖掘机作业，地面采用反铲挖掘机、抓铲挖掘机、吊机、取土架等设备进行挖土。其中反铲挖掘机是应用最为广泛的土方挖掘机，具有操作灵活、回转速度快等特点。可根据实际需要选择普通挖掘深度的挖掘机，也可选择较大挖掘深度的接长臂、加长臂、伸缩臂或滑臂挖掘机。

3.12.5 通风和照明

逆作法工程都是在地下室顶板施工完毕后，接着施工地下室其他各楼层，因此通风和照明是施工措施中的重要组成部分。浇筑地下室各层楼板时，应结合挖土行进路线预留好通风口，及时将工作场所机械排放的废气及时排出室外，同时送进新鲜空气，确保施工人员的健康，防止废气中毒。

逆作法地下室施工时自然采光条件差，结构复杂。尤其是节点构造部位，需加强局部照明设施，但在一个工作场所内，局部照明难以满足施工及安全要求，必须和一般照明混合配置。通常情况下，线路水平预埋在楼板中，也可利用永久使用阶段的管线，竖向线路可在支承柱上的预埋管路。照明灯具应采用预先制作的标准灯架。

逆作地下室施工阶段，应设置专门的线路用于动力和照明，专用电箱应固定在柱上，不能随意移动。所有线路和电箱均应能够防水。为防止突发停电事故，各层板的应急通道应设置应急照明系统，并采用单独线路。应急灯应能保持较长的照明时间，以便于停电后施工人员的安全撤离。

3.13 基坑开挖

3.13.1 一般规定

基坑开挖施工方案应综合考虑工程地质与水文地质条件、环境保护要求、场地条件、基坑平面尺寸、开挖深度、支护形式、施工方法等因素，临水基坑尚应考虑最高水位、潮位等因素。基坑开挖应按照分层、分段、分块、对称、平衡、限时的方法确定开挖顺序。基坑开挖前，支护结构、基坑土体加固、降水应达到设计和施工要求。

施工道路布置、材料堆放、挖土顺序、挖土方法等应减少对周边环境、支护结构、工程桩等的不利影响。施工栈桥应根据周边场地环境条件、基坑形状、支撑布置、施工方法等进行专项设计；施工过程中应按照设计要求对施工栈桥的荷载进行控制。

土方挖掘机、运输车辆等直接进入基坑进行施工作业时，应采取保证坡道稳定的措施，坡道坡度不宜大于1∶8，坡道的宽度应满足车辆行驶要求。

基坑开挖应符合下列要求：

（1）基坑周边、放坡平台的施工荷载应按设计要求进行控制；基坑开挖的土方不应在邻近建筑及基坑周边影响范围内堆放，并应及时外运。

（2）基坑开挖应采用全面分层开挖或台阶式分层开挖的方式；分层厚度不应大于4m，开挖过程中的临时边坡坡度不宜大于1∶1.5。

（3）机械挖土时，坑底以上200～300mm范围内的土方应采用人工修底的方式挖除，放坡开挖的基坑边坡应采用人工修坡方式挖除，严禁超挖；基坑开挖至坑底标高后应及时进行垫层施工，垫层应浇筑到基坑围护墙边或放坡开挖的基坑坡脚。

（4）邻近基坑边的局部深坑宜在大面积垫层完成后开挖。

（5）机械挖土应避免对工程桩产生不利影响，挖土机械不得直接在工程桩顶部行走；挖土机械严禁碰撞工程桩、围护墙、支撑、立柱和立柱桩、降水井管、监测点等，其周边200～300mm范围内的土方应采用人工挖除。

（6）工程桩应随土方开挖分层凿除设计标高以上部分；工程桩顶处理宜在垫层浇筑完毕后进行。

基坑开挖过程中，若基坑周边相邻工程进行桩基、基坑支护、土方开挖、爆破等施工作业时，应根据实际情况合理确定相互之间的施工顺序和方法，必要时应采取可靠的技术措施。

基坑开挖应采用信息化施工和动态控制方法，应根据基坑支护体系和周边环境的监测数据适时调整基坑开挖的施工顺序和施工方法。

3.13.2　放坡开挖

当场地条件允许并经验算能保证边坡稳定时，可采用放坡开挖。基坑开挖深度超过4.0m时，应采用多级放坡的开挖形式。

采用放坡开挖的基坑，放坡时应同时验算各级边坡和多级边坡的整体稳定性。基坑坡脚附近有局部深坑，且坡脚与局部深坑的距离小于2倍深坑的深度时，应按深坑的深度验算边坡的稳定性。

放坡开挖的基坑边坡坡度应根据土层性质、开挖深度确定，各级边坡坡度不宜大于1∶1.5，淤泥质土层中不宜大于1∶2.0；多级放坡开挖的基坑，坡间放坡平台宽度不宜小于3.0m，且不应小于1.0m。

放坡开挖的基坑应采取降水等固结边坡土体的措施。单级放坡基坑的降水井宜设置在坡顶，多级放坡基坑的降水井宜设置在坡顶、放坡平台；降水对周边环境有影响时，应设置隔水帷幕。基坑边坡位于淤泥、暗浜、暗塘等极软弱的土层时，应进行土体加固。

3.13.3　无内支撑的基坑开挖

1. 复合土钉支护基坑开挖

采用复合土钉支护的基坑开挖施工应符合下列要求：

（1）隔水帷幕的强度和龄期应达到设计要求后方可进行土方开挖。

(2) 基坑开挖应与土钉施工分层交替进行，应缩短无支护暴露时间。

(3) 面积较大的基坑可采用岛式开挖方式，先挖除距基坑边8~10m的土方，再挖除基坑中部的土方。

(4) 应采用分层分段方法进行土方开挖，每层土方开挖的底标高应低于相应的土钉位置，且距离不宜大于200mm，每层分段长度不应大于30m。

(5) 应在土钉养护时间达到设计要求后开挖下一层土方。

2. 水泥土重力式围护墙基坑开挖

采用水泥土重力式围护墙的基坑开挖施工应符合下列要求：

(1) 水泥土重力式围护墙的强度和龄期应达到设计要求后方可进行土方开挖。

(2) 开挖深度超过4m的基坑应采用分层开挖的方法；边长超过50m的基坑应采用分段开挖的方法。

(3) 面积较大的基坑宜采用盆式开挖方式，盆边留土平台宽度不应小于8m。

(4) 土方开挖至坑底后应及时浇筑垫层，围护墙无垫层暴露长度不宜大于25m。

3.13.4 有内支撑的基坑开挖

1. 基本规定

基坑开挖应按照先撑后挖、限时支撑、分层开挖、严禁超挖的方法确定开挖顺序，应减小基坑无支撑的暴露时间和空间。混凝土支撑应在达到设计要求的强度后进行下层土方开挖；钢支撑应在质量验收并施加预应力后进行下层土方的开挖。

挖土机械和运输车辆不得直接在支撑上行走或作业；支撑系统设计未考虑施工机械作业荷载时，严禁在底部已经挖空的支撑上行走或作业。

土方开挖过程中应对临时边坡范围内的立柱与降水井管采取保护措施，应对称、均匀挖去其周围土体。

面积较大或周边环境保护要求较高的基坑，应采用分块开挖的方法。分块大小和开挖顺序应根据基坑工程的环境保护等级、支撑形式、场地条件等因素确定，应结合分块开挖方法和顺序及时形成支撑或水平结构。

2. 岛式开挖

岛式土方开挖应符合下列要求：

(1) 边部土方的开挖范围应根据支撑布置形式、围护墙变形控制等因素确定；边部土方应采用分段开挖的方法，以减小围护墙无支撑或无垫层的暴露时间。

(2) 中部岛状土体的高度不宜大于6m；高度大于4m时，应采用二级放坡形式，坡间放坡平台宽度不应小于4m，每级边坡坡度不宜大于1:1.5，总边坡坡度不应大于1:2.0；高度不大于4m时，可采取单级放坡形式，坡度不宜大于1:1.5。

(3) 中部岛状土体的开挖应均衡对称进行；高度大于4m时应采用分层开挖的方法。

3. 盆式开挖

盆式土方开挖应符合下列要求：

(1) 中部土方开挖的范围应根据支撑形式、围护墙变形控制、坑边土体加固等因素确定，中部有支撑时应先完成中部支撑，再开挖盆边土方。

(2) 盆边土体的高度不宜大于6m，盆边上口宽度不宜小于8m；盆边土体的高度大于4m时，应采用二级放坡形式，坡间放坡平台宽度不应小于3m，每级边坡坡度不宜大于1:1.5，总边坡坡度不应大于1:2.0；高度不大于4m时，可采取单级放坡形式，坡度不宜大于1:1.5；

对于环境保护等级为一级的基坑工程，盆边上口宽度不宜小于10m，二级放坡的坡间放坡平台宽度不应小于5m，采用单级放坡形式的坡度不宜大于1:2.0。

（3）盆边土方应分块对称开挖，分块大小应根据支撑平面布置确定，应限时完成支撑。

（4）盆式开挖的边坡必要时可采取降水、护坡、土体加固等措施。

4. 狭长形基坑开挖

狭长形基坑的开挖应符合下列要求：

（1）采用钢支撑的狭长形基坑可采用纵向斜面分层分段开挖的方法，斜面应设置多级边坡；分段长度宜为3~8m，分层厚度宜为3~4m。

（2）纵向斜面边坡总坡度不应大于1:3.0，各级边坡坡度不应大于1:1.5，各级边坡平台宽度不应小于3.0m；多级边坡超过二级应设置加宽平台，加宽平台宽度不应小于9.0m，加宽平台之间的土方边坡不应超过二级；纵向斜面边坡长时间暴露时宜采取护坡措施。

（3）每层每段开挖和支撑形成的时间应符合设计要求。

（4）纵向斜面分层分段开挖至坑底时，应按照设计要求和基础底板施工缝设置要求，限时进行垫层和基础底板的浇筑，基础底板分段浇筑的长度不宜大于25m，基础底板施工完毕后方可进行相邻纵向边坡的开挖。

（5）狭长形基坑可采用一端向另一端开挖的方法，也可采用从中间向两端开挖的方法。

（6）第一道支撑采用钢筋混凝土支撑时，钢筋混凝土支撑底以上的土方可采用不分段连续开挖的方法，其余土方可采用纵向斜面分层分段开挖的方法。

5. 暗挖施工挖土

采用逆作法、盖挖法进行暗挖施工时，应符合下列要求：

（1）基坑土方开挖和结构工程施工的方法和顺序应满足设计工况的要求。

（2）基坑土方分层、分段、分块开挖后应按照施工方案的要求限时完成水平结构施工。

（3）狭长形基坑暗挖时，宜采用分层分段开挖方法，分段长度不宜大于25m。

（4）面积较大的基坑应采用盆式开挖方式，盆式开挖的取土口位置与基坑边的距离不宜小于8m。

（5）基坑暗挖作业应根据结构预留洞口的位置、间距、大小增设强制通风设施。

（6）基坑暗挖作业应设置足够的照明设施，照明设施应根据挖土的推进及时配置。

3.14　地下水控制

为了减少地下水对基坑开挖的影响，保证土方开挖和基础施工在干燥条件下进行，地下水控制措施主要有两种方式，一种是直接抽取地下水以便降低地下水位，另一种则是通过设置止水帷幕隔断地下水的补给源头。前者依据采用的施工方法不同又分为明排和暗降两种，后者经常与基坑围护结构相结合或者单独设置止水帷幕，隔断或减弱与基坑外围地下水之间的水力联系。在基坑工程施工过程中，基坑地下水控制不仅要满足支护结构和挖土施工的要求，并且要保证不因地下水位的变化，对基坑周围的环境和设施带来危害。

3.14.1　地下水控制方法选择

地下水控制方法有多种，其适用条件大致如表3-14所示，选择时应根据土层情况、降水深度、周围环境、支护结构种类等综合考虑后优选。开挖深度浅时，可边开挖边用排水沟和集水井进行集水明排。在软土地区基坑开挖深度超过3m时，一般就要进行井点降水。当因降水而危及基坑及周边环境安全时，宜采用截水或回灌方法。

表 3-14 地下水控制方法适用条件表

方法名称		土类	渗透系数/(cm/s)	降水深度(地面以下)/m	水文地质特征
集水明排		填土、黏性土、粉土、砂土	$1\times10^{-7}\sim2\times10^{-4}$	≤3	上层滞水或潜水
降水	轻型井点			≤6	
	多级轻型井点			6~10	
	喷射井点		$1\times10^{-7}\sim2\times10^{-4}$	8~20	
	电渗井点		$<1\times10^{-7}$	6~10	
	真空降水管井		$>1\times10^{-6}$	>6	
	降水管井	黏性土、粉土、砂土、碎石土、黄土	$>1\times10^{-5}$	>6	含水丰富的潜水、承压水和裂隙水
回灌		填土、粉土、砂土、碎石土、黄土	$>1\times10^{-5}$	不限	不限

正式降水施工前，应根据基坑开挖深度、拟建场地的水文地质条件、设计要求等，在现场进行抽水试验来确定降水参数，并制定合理的降水方案，各类降水井的布置要求可参考表 3-15 的规定。

表 3-15 各类降水井的布置要求

降水井类型	降水深度（地面以下）/m	布置要求
轻型井点	≤6	井点管排距不宜大于 20m，滤管顶端宜位于坑底以下 1~2m。井管内真空度不应小于 65kPa，井体构造见图 3-48a
电渗井点	6~10	利用喷射井点或轻型井点设置，配合采用电渗法降水。较适用于黏性土，采用前，应进行降水试验确定参数
多级轻型井点		井点管排距不宜大于 20m，滤管顶端宜位于坡底和坑底以下 1~2m。井管内真空度不应小于 65kPa
喷射井点	8~20	井点管排距不宜大于 40m，井点深度与井点管排距有关，应比基坑设计开挖深度大 3~5m
降水管井	>6	井管轴心间距不宜大于 25m，成孔直径不宜小于 600mm，坑底以下的滤管长度不宜小于 5m，井底沉淀管长度不宜小于 1m；井体构造见图 3-48b
真空降水管井		利用降水管井采用真空降水，井管内真空度不应小于 65kPa

3.14.2 构造要求

根据降水井的位置和作用不同，可将基坑施工中使用的井点或管井划分为降水井、疏干井、减压井、回灌井等类型。图 3-49 为直立开挖基坑降水井、疏干井的常用布置方式；图 3-50 为放坡开挖基坑降水井、疏干井的常用布置方式；图 3-51 为直立开挖基坑降水井、疏干井、回灌井的常用布置方式。

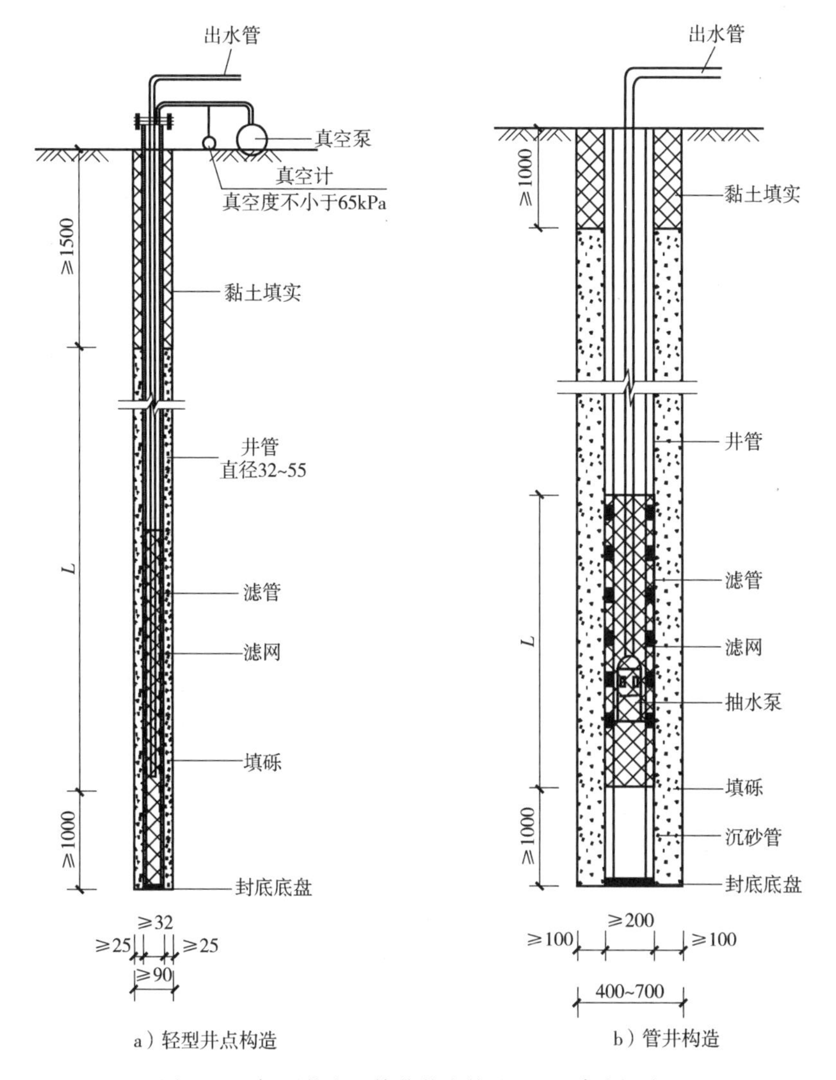

a）轻型井点构造　　b）管井构造

图3-48　轻型井点、管井井点构造（L—降水深度）

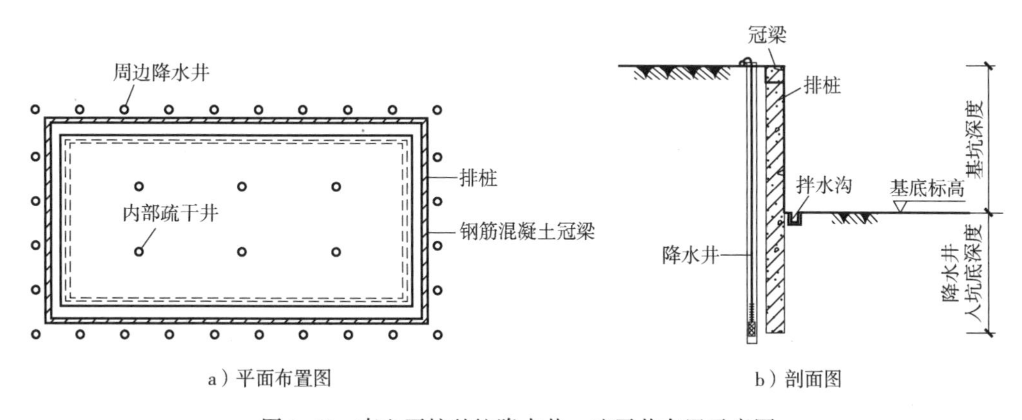

a）平面布置图　　b）剖面图

图3-49　直立开挖基坑降水井、疏干井布置示意图

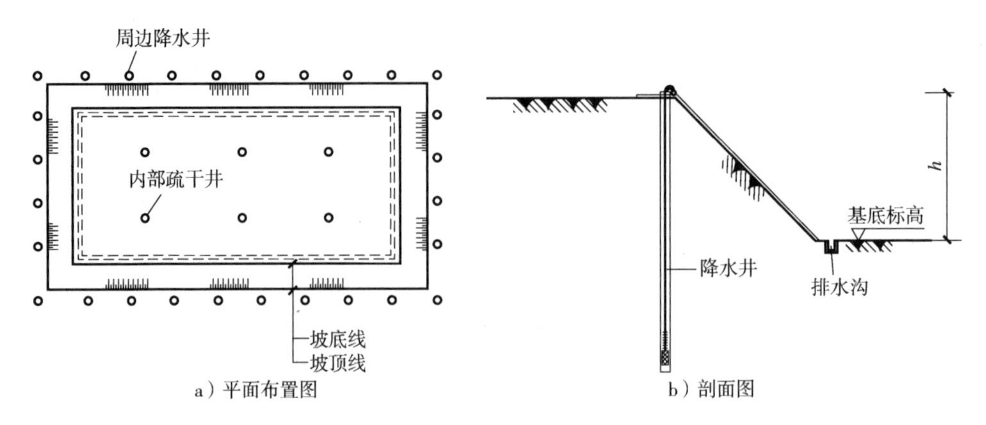

图 3-50　放坡开挖基坑降水井、疏干井布置示意图

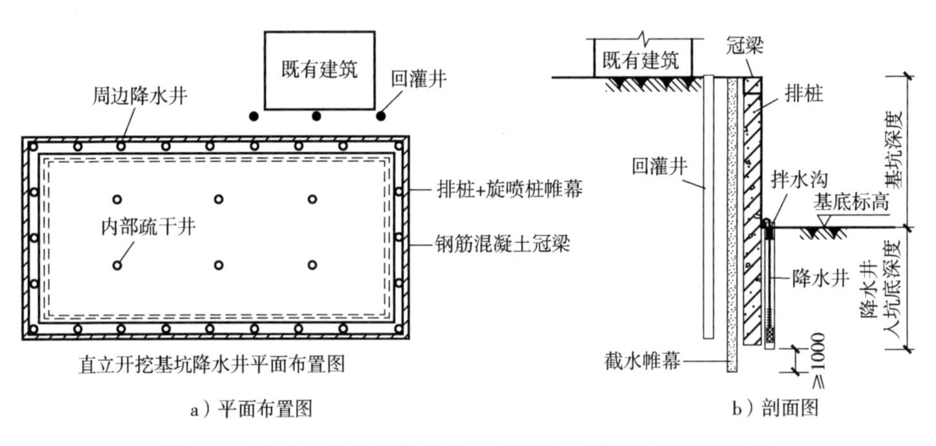

图 3-51　直立开挖基坑降水井、疏干井、回灌井布置示意图

3.14.3　各类井点施工工艺

基坑工程降水前要进行专项设计，并根据设计和规范要求进行井点施工。各类井点施工类型和施工要点见表 3-16。

表 3-16　各类井点施工类型施工要点

序号	井点类型	施工要点
1	轻型井点	（1）井点管直径宜为 38 ~ 55mm，井点管水平间距宜为 0.8 ~ 1.6m（可根据不同土质和预降水时间确定） （2）成孔孔径不宜小于 300mm，成孔深度应大于滤管底端埋深 0.5m （3）滤料应回填密实，滤料回填顶面与地面高差不宜小于 1.0m，滤料顶面至地面之间，应采用黏土封填密实 （4）填砾过滤器周围的滤料应为磨圆度好、粒径均匀，含泥量小于 3% 的石英砂 （5）井点呈环圈状布置时，总管应在抽汲设备对面处断开，采用多套井点设备时，各套总管之间宜装设阀门隔开 （6）一台机组携带的总管最大长度，真空泵不宜大于 100m，射流泵不宜大于 80m，隔膜泵不宜大于 60m，每根井管长度宜为 6 ~ 9m （7）每套井点设置完毕后，应进行试抽水，检查管路连接处以及每根井点管周围的密封质量

（续）

序号	井点类型	施工要点
2	喷射井点	（1）井点管直径宜为75～100mm，井点管水平间距宜为2.0～4.0m（可根据不同土质和预降水时间确定） （2）成孔孔径不应小于400mm，成孔深度应大于滤管底端埋深1.0m （3）每套喷射井点的井点数不宜大于30根，总管直径不宜小于150mm，总长不宜大于60m，多套井点呈环圈布置时各套进水总管之间宜用阀门隔开，每套井点应自成系统 （4）每根喷射井点沉设完毕后，应及时进行单井试抽，排出的浑浊水不得回入循环管路系统，试抽时间持续到水由浊变清为止 （5）喷射井点系统安装完毕应进行试抽，不应有漏气或翻砂冒水现象，工作水应保持洁净，在降水过程中应视水质浑浊程度及时更换
3	电渗井点	（1）阴、阳极的数量宜相等，阳极数量也可多于阴极数量，阳极设置深度宜比阴极设置深度大500mm，阳极露出地面的长度宜为200～400mm，阴极利用轻型井点管或喷射井点管设置 （2）电压梯度可采用50V/m，工作电压不宜大于60V，土中通电时的电流密度宜为0.5～1.0A/m^2 （3）采用轻型井点时，阴、阳极的距离宜为0.8～1.0m，采用喷射井点时，宜为1.2～1.5m，阴极井点采用环圈布置时，阳极应布置在圈内侧，与阴极并列或交错设置 （4）电渗降水宜采用间歇通电方式
4	管井井点	（1）井管外径不宜小于200mm，且应大于抽水泵体最大外径50mm以上，成孔孔径不应小于650mm （2）成孔施工可采用泥浆护壁钻进成孔，钻进中保持泥浆比重为1.10～1.15，宜采用地层自然造浆，钻孔斜度不应大于1%，终孔后应清孔，直到返回泥浆内不含泥块为止 （3）井管安装应准确到位，不得损坏过滤结构，井管连接应确保完整无隙，避免井管脱落或渗漏，应保证井管周围填砾厚度基本一致，应在滤水管上下部各加1组扶正器，过滤器应刷洗干净，过滤器缝隙应均匀 （4）井管安装结束后沉入钻杆，将泥浆缓慢稀释至比重不大于1.05后，将滤料徐徐填入，并随填随测填砾顶面高度，在稀释泥浆时井管管口应密封 （5）宜采用活塞和空气压缩机交替洗井，洗井结束后应按设计要求的验收指标予以验收 （6）抽水泵应安装稳固，泵轴应垂直，连续抽水时，水泵吸口应低于井内扰动水位2.0m

停止降水后，应对降水管井采取可靠的封井措施，并满足以下要求：

（1）对于基础底板浇筑前已停止降水的管井，浇筑底板前可将井管切割至垫层面附近，井管内采用黏性土充填密实，然后采用钢板与井管管口焊接、封闭。

（2）对于基础底板浇筑前后仍需保留并持续降水的管井，应采取以下封井措施：

1）基础底板浇筑前，首先应将穿越基础底板部位的过滤器更换为同规格的钢管，钢管外壁应焊接多道环形止水钢板，其外圈直径应不小于井管直径200mm。

2）井管内可采取水下浇灌混凝土或注浆的方法进行内封闭，内封闭完成后将基础底板面以上的井管割除。

3）在残留井管内部，管口下方约200mm处及管口处应分别采用钢板焊接、封闭，在该两道内止水钢板之间浇灌混凝土或注浆。

4）预留井管管口宜低于基础底板顶面40～50mm。井管管口焊封后，用水泥砂浆填入基础板面预留孔洞并抹平。

3.14.4 回灌措施

当基坑周围存在需要保护的建（构）筑物或地下管线且基坑外地下水位降幅较大时，可采用地下水人工回灌措施。浅层潜水回灌宜采用回灌砂井和回灌砂沟，微承压水与承压水回灌宜采用回灌井（图3-52）。实施地下水人工回灌措施时，应设置水位观测井。

当采用坑内减压降水时，坑外回灌井深度不宜超过承压含水层中隔水帷幕的深度，坑外回灌井与隔水帷幕水平距离不宜小于2.0m，减压井与回灌井处于同一含水层时，坑外回灌井与隔水帷幕的水平距离不宜小于6.0m。当采用坑外减压降水时，回灌井与减压井的间距不宜小于6.0m。回灌井的深度、间距应通过计算或回灌试验确定。

回灌井可分为自然回灌井与加压回灌井。自然回灌井的回灌压力与回灌水源的压力相同。加压回灌井的回灌压力宜为0.2~0.5MPa，回灌压力不宜超过过滤器顶端以上的覆土重量。

回灌井施工结束至开始回灌，应至少有2~3周的时间间隔，以保证井管周围止水封闭层充分密实，防止或避免回灌水沿井管周围向上反渗、地面泥浆水喷溢等。井管外侧止水封闭层顶至地面之间，宜用素混凝土或水泥浆充填密实。

在回灌影响范围内，应设置水位观测井，并根据水位动态变化调节回灌水量。

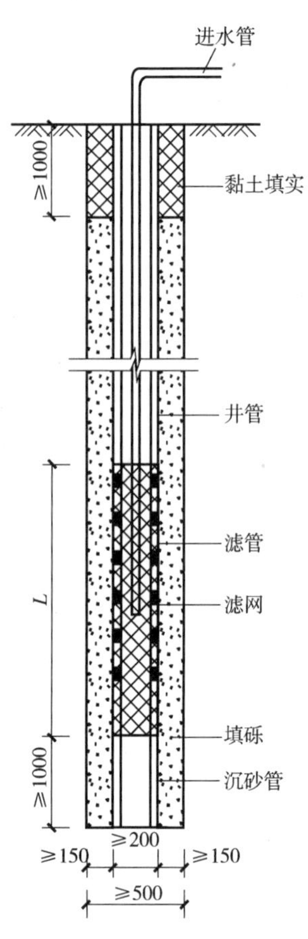

图3-52　无压回灌井构造

本章术语释义

序号	术语	含义
1	基坑工程	为建造地下结构而采取的围护、支撑、降水、隔水防渗、加固、土（石）方开挖和回填等工程的总称
2	基坑支护结构	支挡或加固基坑侧壁的结构
3	内支撑	设置在基坑内由钢筋混凝土或钢构件组成的用以支撑挡土构件的结构部件。内支撑构件采用钢材、混凝土时，分别称为钢内支撑、混凝土内支撑
4	锚杆（索）	将锚固体锚入稳定土层中，外端与支护结构连接，用以维护基坑稳定的受拉构件。杆体采用钢绞线的称为锚索
5	腰梁	设置在挡土墙结构侧面，连接锚杆或内支撑的钢筋混凝土梁或钢梁
6	冠梁	设置在支护结构顶部的钢筋混凝土连梁
7	排桩	由某种桩型按队列式布置组成的支护结构
8	钢板桩	边缘带有锁口可以相互搭接形成连续墙体的、主要用于支挡岩土体的各种细长钢构件

（续）

序号	术语	含义
9	咬合桩	后施工的灌注桩与先施工的灌注桩相互搭接、相互切割形成的连续排桩墙
10	型钢水泥土搅拌墙	在连续套接的三轴水泥土搅拌桩或等厚度水泥土搅拌墙内插入型钢形成的复合挡土截水结构
11	土钉墙	采用土钉加固的基坑侧壁土体与护面等组成的支护结构
12	复合土钉墙支护	土钉墙与预应力锚杆、微型桩、旋喷桩、搅拌桩中的一种或多种组成的复合型支护结构
13	重力式水泥土墙	水泥土桩相互搭接成格栅或实体的重力式支护结构
14	逆作法	利用主体地下结构的全部或一部分作为支护结构，自上而下施工地下结构并与基坑开挖交替实施的施工工法
15	冲抓成槽	采用冲击式机械破碎较硬地层，并用液压抓斗成槽的一种地下连续墙施工工艺
16	钻抓成槽	采用钻孔机械按照一定间距钻挖成孔，再使用液压抓斗成槽的一种地下连续墙施工工艺
17	铣削成槽	采用铣槽机成槽的一种地下连续墙施工工艺
18	抓铣成槽	槽段上部采用液压抓斗成槽，下部采用铣削成槽的一种地下连续墙施工工艺
19	套铣接头	利用铣槽机切削先行槽段混凝土而形成的地下连续墙接头，又称铣接头
20	接头管（箱）	使单元槽段间形成地下连续墙接头而采用的临时钢管（箱）
21	土钉	用来加固或同时锚固现场原位土体的细长杆件。通常采用钢筋或钢管等外裹水泥砂浆或水泥净浆浆体，沿通长与周围土体接触，并形成一个结合体
22	喷射混凝土	利用压缩空气或其他动力，将按一定配比拌制的混凝土混合物沿管路输送至喷头处，以较高速度垂直喷射于受喷面，依赖喷射过程中水泥与集料的连续撞击、压密而形成的一种混凝土
23	基坑截水帷幕	用以阻隔或减少地下水通过基坑侧壁与坑底流入基坑和控制基坑外地下水位下降的幕墙状竖向截水体
24	地下水控制	在基坑工程中，为了确保基坑工程顺利实施，减少施工对周边环境的影响而采取的排水、降水、隔水和回灌等措施
25	盆式开挖	在坑内周边留土，先挖除基坑中部的土方，形成类似盆形土体，在基坑中部地下结构和支撑形成后再挖除基坑周边土方的开挖方法
26	岛式开挖	在有围护结构的基坑工程中，先挖除基坑内周边的土方，形成类似岛状土体，然后再挖除基坑中部土方的开挖方法
27	降水	在基坑土方开挖之前，用降水井等深入含水层内，采取不断抽水的方式使地下水位降至坑底以下，以方便土方开挖及基础施工的措施
28	管井井点	利用钻孔成井，多采用单井单泵抽取地下水的降水方法。一般当管井深度大于15m时，也称为深井井点
29	回灌	为防止和减弱基坑降水影响半径范围内的建筑物地基及地面下土层的地下水流失导致的地基自重应力增加和地面沉降，使地下水位保持不变而采取的向地层灌水的措施

第 4 章

地基与基础工程

4.1 地基施工

4.1.1 概述

1. 地基与基础的概念

地基与基础是两个不同的概念。地基是支承基础的土体或岩体。基础是将上部结构所承受的外来荷载及上部结构自重传递到地基上的结构组成部分。

2. 地基的分类

地基按是否需要进行处理可分为天然地基和人工地基。

当基础直接建造在未经加固的天然土层上时，这种地基称为天然地基。当天然地基不能满足建（构）筑物对地基承载力和变形的要求时，可采用桩基础或对地基进行处理。经过加固处理形成的地基称为人工地基。人工地基依其性状大致可分为三类：均质地基、双层地基和复合地基，如图 4-1 所示。

均质地基是指天然地基在地基处理过程中压缩层范围内土体性质得到全面改良，加固区土体的物理力学性质基本上是相同的，所加固的区域，无论是平面范围还是深度上都已满足一定的要求。

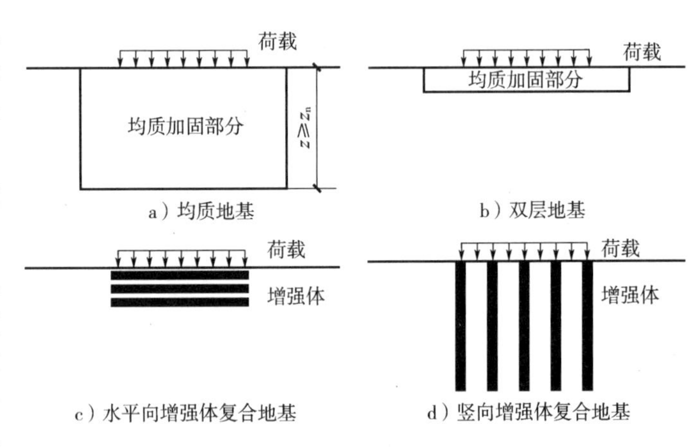

图 4-1　人工地基的分类

双层地基是指天然地基经地基处理形成的均质加固区的厚度与荷载作用面积以及与压缩层厚度相比较小时，在荷载作用影响深度内，地基由两层性质相差较大的土体组成。采用换填垫层法或表层压（夯）实法处理形成的人工地基，通常可归属于双层地基。

复合地基是指天然地基在地基处理过程中部分土体得到增强，或被置换，或在天然地基中设置加筋材料，加固区是由基体（天然地基土体或被改良的天然地基土体）和增强体两部分组成的人工地基。根据地基中增强体的方向又可分为水平向增强体复合地基和竖向增强体复合地基。

3. 基础的分类

根据基础埋置深度，建筑物基础可分为浅基础和深基础。

浅基础是指埋置深度不超过5m，或不超过基底最小宽度，在其承载力中不计入基础侧壁岩土摩阻力的基础。常用浅基础形式包括无筋扩展基础、钢筋混凝土扩展基础、筏形与箱形基础等。

深基础是指埋置深度超过5m，或超过基底最小宽度，在其承载力中计入基础侧壁岩土摩阻力的基础。常用深基础形式包括桩基础、沉井基础等。

4.1.2 天然地基

1. 一般规定

天然土地基施工应根据实际需要采取适当的排水、截水和降水等措施。岩石地基应根据工程规模、岩性、岩石强度、风化程度和周边环境等条件确定岩石开挖方法。天然地基开挖到基面后，应进行地基承载力检测。

2. 土体地基施工过程

地基开挖应根据开挖深度、水文地质条件及周边环境确定边坡开挖坡率及临时支挡措施。

设计基底面标高以上的200～300mm土方宜采用人工开挖。当基底土经雨水浸泡或开挖产生较大扰动时，应采取晾晒、回填压实或换填等措施进行处理。施工中应核对场地地层与勘察报告的一致性；发现有较大差异时，应会同勘察、设计和建设单位进行处理。

基面挖至设计标高后，宜采取钎探、洛阳铲等方法对地基主要受力土层进行简易探测，核实有无软弱下卧层、土洞等异常情况。

地基验收后，应及时进行垫层和基础施工，基面不得长期暴露和泡水。

3. 岩石地基施工过程

岩石地基采用爆破法开挖时，应符合下列规定：

（1）应编制岩石爆破专项施工方案。

（2）应根据爆破范围、爆破方法、岩性和药量等划分危险作业区，布置周边警戒线。

（3）应控制爆破规模或采取防振措施，保证周边建（构）筑物和地下管线的安全。

（4）当对周边建（构）筑物影响较大时，应进行爆破监测。

当工程设计对基岩有防风化要求时，基岩表面应按设计要求进行防风化处理。

岩石基面开挖接近设计标高时，宜改为小型机具或人工风镐修整。岩石地基底部的欠挖和超挖应符合设计及规范规定，当欠挖或超挖超过规定时应进行处理。

基础施工前，基面应清除干净，不得有泥土、岩屑、油污、破碎岩石和松动岩块等。

4.1.3 换填垫层

换填垫层法是指挖去地表浅层软弱土层或不良土层，回填其他性能稳定、无侵蚀性、强度较高的材料，并经夯压形成垫层的地基处理方法。常用换填材料包括素土、灰土、砂和砂石等。

1. 素土和灰土地基

（1）材料要求

素土地基土料可采用黏土或粉质黏土，有机质含量不应大于5%，并应过筛，不应含有冻土或膨胀土，严禁采用地表耕植土、淤泥及淤泥质土、杂填土等土料。填土料宜以就近取材为主，填料中包含天然的夹砂石的黏性土、粉土，若黏土或粉质黏土在夯压密实时存在一定的难度，可掺入不少于30%的砂石并拌和均匀后使用；素土中若含有碎石，其粒径不宜大于 50mm；用于湿陷性黄土或膨胀土地基的土料，不应夹有砖瓦和石块。

灰土地基的土料可采用黏土或粉质黏土，有机质含量不应大于 5%，并应过筛，其颗粒不得大于 15mm，石灰宜采用新鲜的消石灰，其颗粒不得大于 5mm，且不应含有未熟化的生石灰块粒，灰土的体积配合比宜为 2∶8 或 3∶7，灰土应搅拌均匀。

素土、灰土地基土料的施工含水率宜控制在最优含水率 ±2% 的范围内，最优含水率可通过击实试验确定，也可按当地经验取用。

（2）施工工艺

素土、灰土地基的施工方法：分层铺填厚度，每层压实遍数等宜通过试验确定，分层铺填厚度宜取 200～300mm，应随铺填随夯压密实。基底为软弱土层时，地基底部宜加强。

应根据不同土料选择施工机械。素土、灰土地基的施工一般采用平碾、振动碾或羊足碾，中小型工程也可使用蛙式夯、柴油夯。素土、灰土地基的施工参数宜根据土料、施工机械设备及设计要求等通过现场试验确定，以求获得最佳夯压效果。分层压实时应控制机械碾压的速度。在不具备试验条件的场合，每层铺填厚度及压实遍数也可参照当地经验数值或参考表 4-1 选用。存在软弱下卧层的地基，应针对不同施工机械设备的重量、碾压强度、振动力等因素，确定底层的铺填厚度，以便既能满足该层的压实条件，又能防止扰动下卧层软弱土的结构。

表 4-1　每层铺填厚度及压实遍数

施工设备	每层铺填厚度/m	每层压实遍数/次
平碾（8～12t）	0.2～0.3	6～8
振动碾（8～15t）	0.6～1.3	6～8
羊足碾（5～16t）	0.20～0.25	8～16
蛙式夯（200kg）	0.20～0.25	3～4

在地下水位以下的基坑（槽）内施工时，应采取降、排水措施。当日拌和的灰土应当日铺完夯实。

素土、灰土换填地基宜分段施工，分段的接缝不应在柱基、墙角及承重窗间墙下位置，上下相邻两层的接缝距离不应小于 500mm，接缝处宜增加压实遍数。素土、灰土地基施工时应避免扰动基底下的软弱土层，避免在接缝位置产生不均匀沉降。若基底标高不一致时，基底应开挖成阶梯或斜坡状，并按先深后浅的顺序进行施工。

2. 砂和砂石地基

（1）材料要求

1）砂石宜采用天然级配的砂砾石（或卵石、碎石）混合物，最大粒径不宜大于 50mm。含泥量不应大于 5%。

2）砂以中、粗砂为好；当采用细砂时，由于细砂不易压实且强度不高，使用时应掺入不少于总重 30%、粒径 20～50mm 的碎（卵）石。

3）砂石材料应去除草根、垃圾等有机物，有机物含量不应大于 5%。

（2）施工工艺

1）砂和砂石地基宜采用振动碾，施工时应分层铺设，分层密实。分层厚度可用样桩控制。砂和砂石地基每层铺设厚度及最优含水率可按表 4-2 选用。施工前应通过现场试验性施工确定分层厚度、施工方法、振捣遍数、振捣器功率等技术参数。

表4-2　砂和砂石地基施工参数与施工要点

序号	捣实方法	每层铺设厚度/mm	施工时最优含水率（%）	施工要点
1	平振法	200～250	15～20	（1）用平板式振捣器往复振捣，往复次数以简易测定密实度合格为准 （2）振捣器移动时，每行应搭接三分之一，以防振动面积不搭接
2	插振法	振捣器插入深度	饱和	（1）用插入式振捣器 （2）插入间距可根据机械振幅大小决定 （3）不应插至下卧黏性土层 （4）插入振捣完毕所留的空洞应用砂填实 （5）应有控制地注水和排水
3	水撼法	250	饱和	（1）注水高度略大于铺设面层 （2）用钢叉摇撼捣实，插入点间距100mm左右 （3）有控制地注水和排水 （4）钢叉分四齿，一般用钢叉的齿的间距30mm，长300mm，木柄长900mm，重4kg
4	夯实法	150～200	8～12	（1）用木夯或机械夯 （2）木夯重40kg，落距400～500mm （3）一夯压半夯，全面夯实
5	碾压法	150～350	8～12	6～10t压路机往复碾压，碾压次数以达到要求密实度为准

2）分段施工时应采用斜坡搭接，每层搭接位置应错开0.5～1.0m，搭接处应振压密实。

3）基底存在软弱土层时，应在与土面接触处先铺一层150～300mm厚的细砂层或铺一层土工织物，以防止软弱土层表面的局部破坏。

4）分层施工时，下层压实质量检验合格后方可进行上一层施工。

5）砂和砂石地基施工过程中，应妥善保护基坑边坡稳定，防止土坍塌混入砂石垫层中。如果坑壁土质为松散杂填土或垫层宽度不能满足45°扩散时，宜砌筑砖壁保护。

4.1.4　预压法

1. 概述

预压法是一种常用的软土地基处理方法。该法的实质为：在建筑物或构筑物建造前，先在拟建场地上施加或分级施加与其相当的荷载，使土体中孔隙水排出，孔隙体积变小，土体密实，以增大土体的抗剪强度，提高软土地基的承载力和稳定性；同时可减小土体的压缩性，以便在使用期间不致产生有害的沉降和沉降差。预压法施工应根据设计要求选择堆载预压、真空预压或真空联合堆载预压等工艺。

预压法地基加固期间应及时分析监测数据，加固区土的固结度和工后沉降应通过现场监测数据推算和评估，卸载前地基土经预压处理所完成的变形量和固结度应满足设计要求。施工恒载期间预压荷载有变化时，应及时调整预压地基的沉降速率、固结度等卸载指标。

真空预压施工加固区边线与相邻建筑物、地下管线等的距离不宜小于30m，当小于30m时，应根据周边地质条件对相邻建筑物和地下管线等采取保护措施。

2. 施工设备与材料

预压法竖向排水系统可采用塑料排水板、袋装砂井和普通砂井。塑料排水板施工宜配置插板机，袋装砂井施工宜配置袋装砂井机，普通砂井施工可配置振动式或锤击式砂桩机。插板机和袋装砂井机主要应由主架、底盘和动力系统组成，底盘可采用履带式、钢轨式或液压步履式，设备的施工能力应满足竖向排水体的设计深度要求。

真空预压法施工宜配置射流真空泵，可采用离心泵或潜水泵在水箱内为射流腔提供高压循环水，射流真空泵腔抽真空吸力不应低于95kPa，电动机功率不宜低于7.5kW。

水平排水系统垫层材料宜选用中、粗砂，其含泥量不应大于3%，干密度应大于1.5g/cm^3，渗透系数宜大于1×10^{-2}cm/s。普通砂井、袋装砂井竖向排水体中砂料宜选用含泥量不大于3%的中、粗砂。砂袋应采用透水性能好，且具有足够抗拉强度及一定抗老化和耐腐蚀性的编织布。塑料排水板应有足够的湿润抗拉强度和一定的抗弯曲能力。

真空预压土工密封膜应采用抗老化性能好、韧性好和抗穿刺性能强的不透气材料，可采用厚度为0.12~0.16mm的聚乙烯薄膜。

3. 水平排水系统施工

施工过程中应确保预压地基排水系统畅通，竖向排水体和水平排水系统应可靠连通。

铺设水平排水系统垫层前宜先铺设满足人员和机械操作荷载要求的砂垫层，砂垫层可用砂或砂土填筑，表面应平整，无明显坑洼，厚度大于500mm时应分层填筑压实。

水平排水系统施工应符合下列规定：

（1）无夹杂淤泥和泥砂混合现象。

（2）真空预压区内无尖石和铁器等有棱角的或尖锐的硬物。

（3）当加固区表层无法直接铺设垫层时，应采取有效措施处理后再铺设。

（4）堆载预压盲沟渗滤料应用土工织物包裹。

4. 竖向排水系统施工

（1）普通砂井施工

普通砂井的灌砂量，应按井孔的体积和砂在中密状态时的干密度计算，实际灌砂量应不小于计算值的95%，施工时应尽量减少成孔对砂井周围土的扰动。普通砂井施工工艺流程见图4-2。

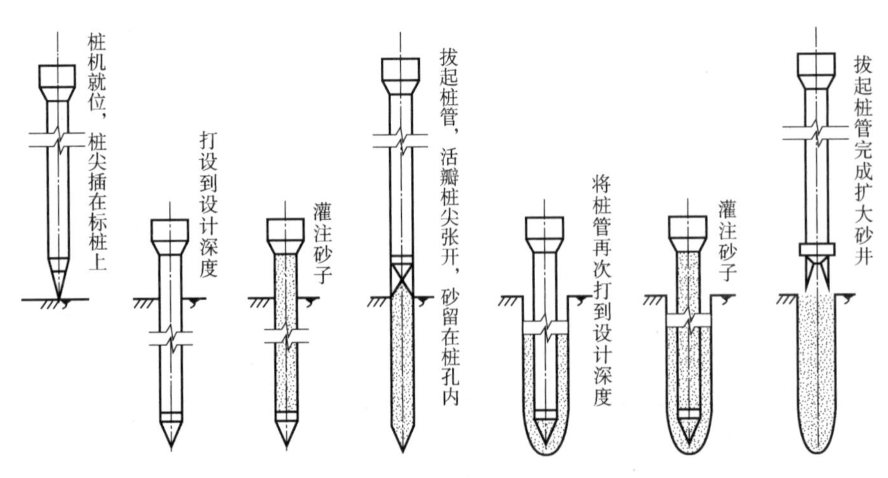

图4-2 普通砂井施工工艺

（2）袋装砂井施工

袋装砂井灌入砂袋的砂宜用干砂，且应振捣密实，袋装砂不得中断、缩颈或膨胀；砂袋放入井孔后，袋口应用麻绳或铁丝扎紧。袋装砂井施工所用套管内径应大于砂井设计直径。

（3）塑料排水板施工

塑料排水板在施工现场应采取措施防止塑料排水板长时间被阳光暴晒、破损或污染，已破损和被污染的塑料排水板不得在工程中使用。

打入地基的塑料排水板宜为整板，施工时不应出现扭结、断裂或撕破滤膜等现象，回带根数不应超过总根数的5%。搭接接长必须用滤膜内芯带平搭接的连接方式，搭接长度宜大于200mm。

塑料排水板和袋装砂井施工时应高出砂垫层不少于100mm，平面井距偏差应不大于井径，垂直度偏差宜小于1.5%，宜配置深度检测设备。塑料排水板和袋装砂井砂袋埋入砂垫层中的长度应不小于500mm。

5. 堆载预压施工

堆载预压施工工艺流程见图4-3，主要施工步骤为：

（1）施工准备。

（2）铺设水平排水系统。

（3）打设竖向排水体。

（4）按设计要求加载施工。

（5）堆载恒载维护。

（6）监测数据分析。

（7）卸载、场地整平。

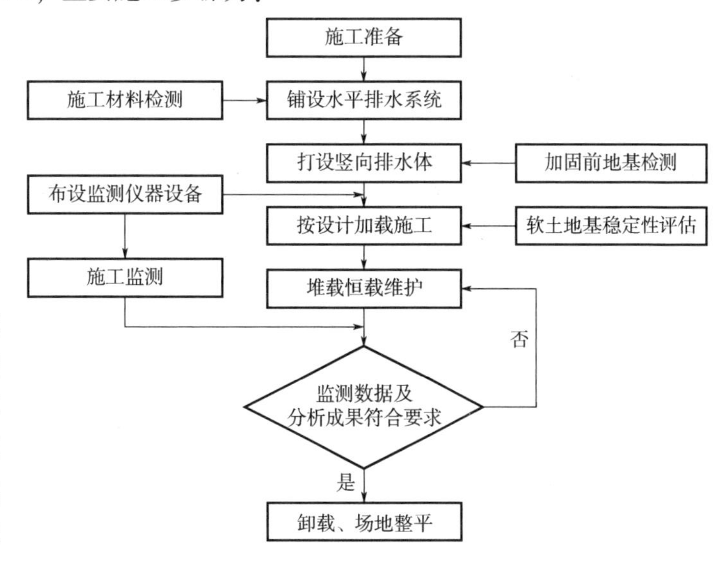

图4-3　堆载预压施工工艺流程

堆载预压施工应按设计要求分层逐级加载，堆载分级荷载的高度偏差应不大于本级荷载折算高度的5%，最终堆载高度应不小于设计总荷载的折算高度。在加载过程中应进行竖向变形、水平位移及孔隙水压力等项目的监测，应及时整理与分析监测数据，判断地基的稳定性，并根据监测数据及时修正设计参数和加载速率。

堆载预压地基变形控制速率宜满足下列规定：

（1）设置竖向排水体地基最大竖向位移速率不超过15mm/d。

（2）无竖向排水体地基最大竖向位移速率不超过10mm/d。

（3）堆载预压边缘处水平位移速率不超过5mm/d。

6. 真空预压施工

真空预压施工工艺流程见图4-4，主要施工步骤为：

（1）施工准备。

（2）铺设水平排水系统。

（3）打设竖向排水体。

（4）边界密封施工。

(5) 埋设真空管路。

(6) 铺设土工布、土工密封膜。

(7) 安装真空泵，试抽真空。

(8) 抽真空恒载维护。

(9) 监测数据分析。

(10) 卸载、场地整平。

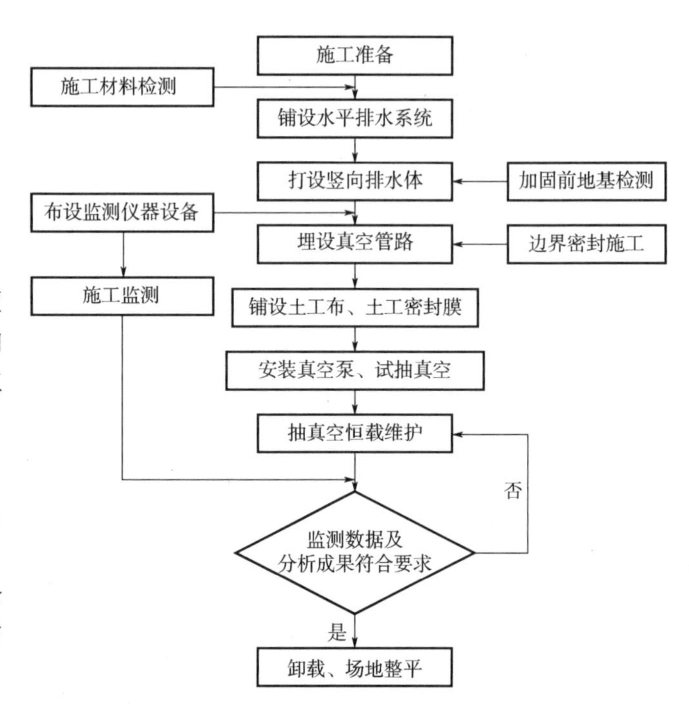

图 4-4　真空预压施工工艺流程

真空预压施工中真空泵的设置应根据预压面积、形状、真空泵效率和工程经验确定，每块预压区设置的真空泵不应少于 2 台。

真空管路设置应符合下列规定：

(1) 真空管路的连接应密封，真空管路中应设置止回阀和截门。

(2) 水平向分布滤管可采用条状、梳齿状及羽毛状等形式，滤管布置宜形成回路。

(3) 滤水管应设置在砂垫层中，上覆砂层厚度宜为 100～200mm。

(4) 滤管可采用塑料管或钢管，外包尼龙纱或土工织物等滤水材料。

(5) 真空管路出膜处应保证密封效果。

滤管施工应符合下列规定：

(1) 滤管埋入水平排水垫层中间。

(2) 滤管连接件与滤管连接牢固，连接长度不小于 100mm。

(3) 滤管及其连接件在预压过程中能适应地基变形。

当加固区周边或表层土有透水层或透气层或地基土渗透性强时，应设置黏土密封墙进行边界密封。黏土密封墙宜采用双排搅拌桩，搅拌桩直径不宜小于 700mm，搭接宽度不宜小于 200mm，成桩搅拌应均匀。

铺设土工密封膜应满足下列规定：

(1) 土工密封膜加工后的边长大于加固区相应边长 4m，当加固区地质复杂时，应适当加长密封膜并松弛铺设。

(2) 土工密封膜宜采用热合法拼接，搭接宽度应大于 15mm，无热合不紧或热穿现象，有孔洞时及时修补。

(3) 铺膜时风力应不大于 5 级，并从上风侧开始铺设。

(4) 土工密封膜宜铺设 2～3 层，膜周边可采用挖沟埋膜、平铺并用黏土覆盖压边、黏土密封墙、围埝沟内及膜上覆水等方法进行密封，压膜沟内的密封膜紧贴内侧坡面铺平。

(5) 真空预压加固区四周宜修筑覆水围埝，并通过蓄水降低紫外线对密封膜老化的影响。

真空预压在正式抽气前进行试抽，试抽气时间宜为 4～10d，试抽期间应全面检查土工密封膜和密封边界的漏气情况，发现漏气点应及时采取修补措施。正式抽气阶段，当膜下真空度达到设计荷载后，应连续抽气，并在预压期间维持该真空荷载不低于设计值。抽气期间应经常检查土工密封膜的密封性能，有破损时应及时修补。施工抽气过程中应对加固区内膜下真空压力、地表沉降、孔隙水压力、土体分层沉降和地下水位进行监控，并宜对泵上真空压力、加固区外土体深层水平位移、地表面和周边建筑物的变形进行监控。

当连续5d实测沉降速率不大于2mm/d，或满足设计要求时，可停止抽真空。

7. 真空联合堆载预压施工

真空联合堆载预压施工工艺流程见图4-5，主要施工步骤为：

(1) 施工准备。

(2) 铺设水平排水系统。

(3) 打设竖向排水体。

(4) 边界密封施工。

(5) 真空预压施工。

(6) 密封膜保护层施工。

(7) 按设计要求加载施工。

(8) 抽真空恒载维护。

(9) 施工监测与数据分析。

(10) 卸载、场地整平。

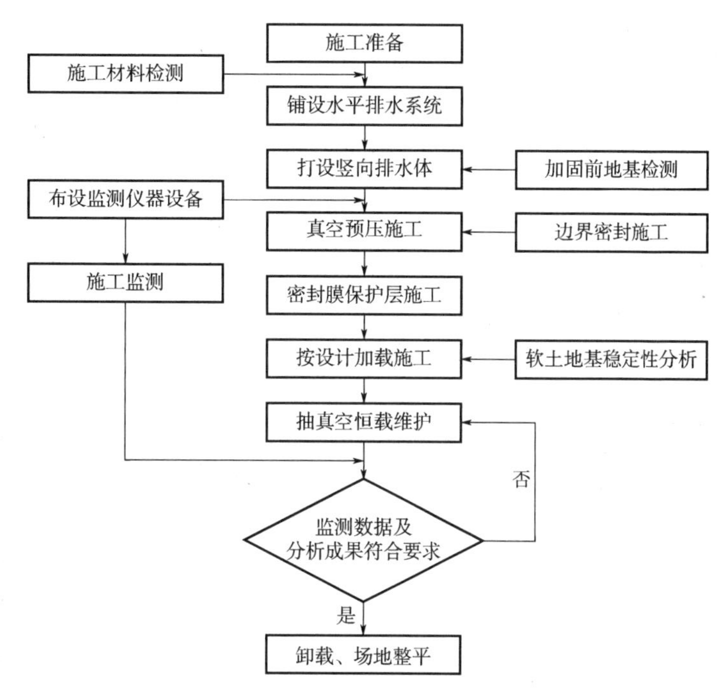

图4-5 真空联合堆载预压施工工艺流程

真空联合堆载预压应先进行真空预压，宜在膜下真空度达到设计值稳定7d后进行膜上堆载，堆载前应按设计要求铺设好密封膜的保护层。

堆载施工时间和分级荷载大小应满足设计要求，堆载施工时宜采用轻型运输工具，不得损坏土工密封膜。堆载施工过程中应对地基进行施工监测，发现密封系统漏气应及时处理。

加载过程中应根据竖向变形、边缘水平位移及孔隙水压力的监测成果综合分析，评估地基稳定性，控制堆载速率。真空联合堆载预压法地基变形控制速率宜满足下列规定：

(1) 地基向加固区外的水平位移速率不超过5mm/d。

(2) 地基竖向位移速率不超过30mm/d。

4.1.5 强夯法

1. 一般规定

强夯法施工应根据设计要求和场地条件选择常规强夯法、强夯置换法或动力排水固结法。三种方法的分类及使用范围见表4-3。

表4-3 强夯法分类与适用范围

方法分类	工艺原理	适用土层条件
常规强夯法	对地基主要采取重锤夯击使土体迅速固结或压密，又称动力固结法或者动力压密法	松散碎石土、砂土、低饱和度粉土与黏性土、含水率不高的素填土和杂填土
强夯置换法	在强夯的同时向夯坑内回填碎石、块石等坚硬粗粒料，在地基土体中形成密实置换墩体	高饱和度粉土、软塑状态的黏性土、淤泥与淤泥质土以及素填土

（续）

方法分类	工艺原理	适用土层条件
动力排水固结法	在传统强夯基础上通过改善排水条件发展而来的一种综合性的地基处理方法，夯击前在土体中设置竖向和横向排水体，并通过回填一定厚度的土作为静载，再通过夯锤施加冲击荷载，在土体中形成超静孔隙水压力，并使水沿着设置的排水通道排出	含有砂夹层的软土

2. 施工准备

强夯法施工前，应根据周边环境、场地复杂程度、工程特点和施工工艺选择一个或几个有代表性的、面积不小于20m×20m的试验区，根据设计初步确定的强夯参数进行可行性施工试验，确定施工工艺的适用性和施工参数。

强夯法施工作业面应高出地下水位不小于2.0m，当场地地下水位过高，预计影响施工或夯实效果时，应采取降（排）水或加铺施工垫层等技术措施。

强夯施工前应根据夯击能和地基土特性评判强夯对临近建（构）筑物的影响，与临近建（构）筑物的安全施工距离不宜小于12.0m。当施工所产生的振动对临近建（构）筑物产生有害影响时，应采取设置隔振沟等保护措施。

3. 施工设备与材料

强夯法施工应配置起重机械、夯锤和挂（脱）钩装置，并宜配置装载机、挖掘机、推土机、压路机、砂井机和插板机等。

强夯法施工宜采用带有自动脱钩装置的履带式起重机或其他专用设备。使用履带式起重机时，应执行履带式起重机的有关操作规定，可在臂杆端部设置辅助门架等防止机架倾覆的安全措施。

夯锤质量宜为100～500kN，可为铸钢锤、钢板叠合锤、钢板混凝土芯锤或铸钢组合锤等。锤底面形状宜采用圆形或多边形，锤底须设若干个上下贯通且对称布置的排气孔。

强夯挂（脱）钩装置宜选用自动挂（脱）钩装置，也可选用人工挂钩或自动脱钩装置。当采用自动挂（脱）钩装置时锤重宜为100～300kN。

强夯置换法施工时，墩体材料宜采用级配符合要求的块（片）石、碎石、矿渣或建筑垃圾等坚硬粗颗粒材料，粒径不宜大于夯锤底面直径的1/5，粒径大于300mm的颗粒含量不宜超过全重的30%，含泥量不宜大于10%。

当采用动力排水固结法时，竖向排水系统宜选择塑料排水板（带）或砂井。砂井砂料宜选用含泥量不大于3%的中、粗砂。砂袋应采用透水性能好，且具有足够抗拉强度及一定抗老化和耐腐蚀的编织布。塑料排水板宜采用原生料，应有足够的湿润抗拉强度和一定的抗弯曲能力。水平排水通道的材料应选用具有渗透功能和一定反滤能力的中粗砂、碎石或土工合成材料。

4. 施工过程控制

强夯处理范围应大于建筑物基础范围，扩大宽度宜为地基处理深度的1/3～1/2，且不小于3.0m。强夯作业场地应具备良好的地面排水设施。夯击应分段进行，宜由边缘夯向中央，当周边有建（构）筑物，应由临近建（构）筑物一侧开始夯击逐渐向远处移动。强夯法施工前，除建立测量控制网点外，尚应标识夯点位置；每夯击一遍后，应测量场地平均下沉量。

渗透性好的碎石土和砂土地基可连续夯击；渗透性较差的黏性土地基，两遍夯击间隔时间应不小于超静孔隙水压力消散时间；当设计有要求时，应监测超静孔隙水压力，监测值满足要求后方可进行下一遍夯击，动力排水固结法强夯间歇时间不宜小于7d。

满夯宜用轻锤或低落距锤多次夯击，夯击能量宜为 500～2000kN·m，夯印搭接部分应不小于锤底面积的 1/5～1/3。满夯后的地表应加一遍机械碾压，以满足地基土的压实度要求。

强夯后交工面标高不宜低于场地设计基面标高，当地面标高低于基面设计标高时，可铺设垫层补充“欠土”，并分层碾压密实。

强夯施工时，若夯锤错位或坑底倾斜过大，应及时填平后再进行夯击。当夯坑过深，出现提锤困难而地面无明显隆起，宜将夯坑回填至与坑顶平齐后，继续夯击。

5. 常规强夯法

（1）施工工艺

常规强夯法施工工艺流程见图 4-6，主要施工步骤为：

1）清理并平整施工场地。

2）标出第一遍夯点位置，并测量场地高程。

3）起重机就位，使夯锤对准夯点位置。

4）测量夯前锤顶高程。

5）将夯锤起吊到预定高度，开启脱钩装置，待夯锤脱钩自由下落后，测量锤顶高程。

6）重复步骤 5），按设计规定的夯击次数及控制标准完成一个夯点的夯击。

7）换夯点，重复步骤 3）～6），完成第一遍全部夯点的夯击。

8）每一遍夯击完成后，用推土机将场地整平，同时测量整平后的高程。

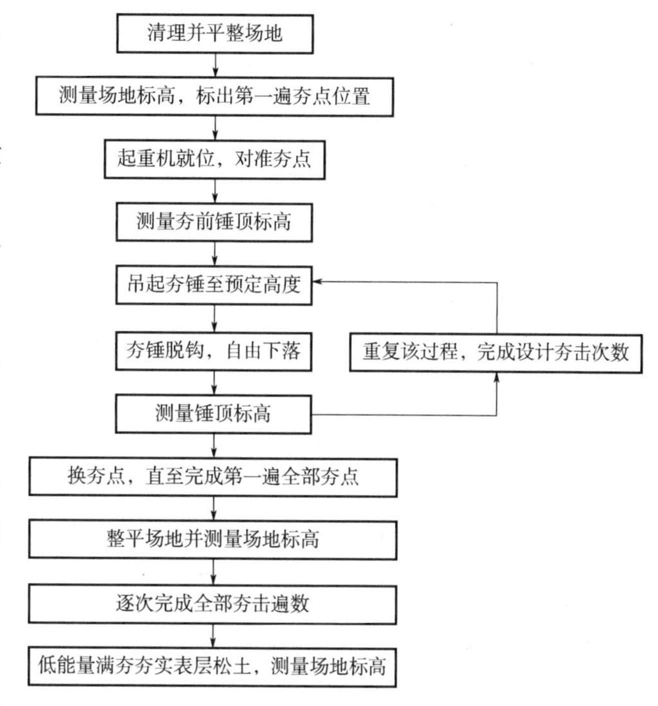

图 4-6　常规强夯法施工工艺流程

9）满足两遍夯击时间间隔后，进行下一遍夯击，按 2）～8）步骤逐次完成全部夯击遍数。

10）最后用低能量满夯将场地表层松土夯实，并测量夯后场地标高。

（2）夯击次数的确定

每遍夯击点的夯击次数应按现场试夯得到的夯击次数和夯沉量关系曲线确定，并满足下列条件：

1）最后两击平均夯沉量宜满足表 4-4 的要求。

表 4-4　最后两击平均夯沉量控制标准

单击夯击能量 E/(kN·m)	最后两击平均夯沉量/mm
$E<4000$	≤50
$4000\leqslant E<6000$	≤100
$6000\leqslant E<8000$	≤150
$8000\leqslant E<12000$	≤200
$12000\leqslant E<15000$	≤300

2）夯击坑周围地面不应发生过大的隆起。

3）不应因夯坑过深而发生提锤困难。

6. 强夯置换法

（1）施工工艺

强夯置换法施工工艺流程见图4-7，施工步骤为：

1）清理并平整施工场地。

2）标出夯点位置，并测量场地高程。

3）起重机就位，夯锤置于夯点位置。

4）测量夯前锤顶高程。

5）夯击并逐击记录夯击深度，当夯坑过深而发生起锤困难时即可停夯，向坑内填料直至与坑顶齐平，记录填料数量，如此重复直至满足规定的夯击次数及控制标准，从而完成1个墩体的夯击。

6）按“由内而外、隔行跳打”的原则完成全部夯点的施工。

7）推平场地，用低能量满夯将场地表层松土夯实，并测量夯后场地高程。

8）铺设垫层，并分层碾压密实。

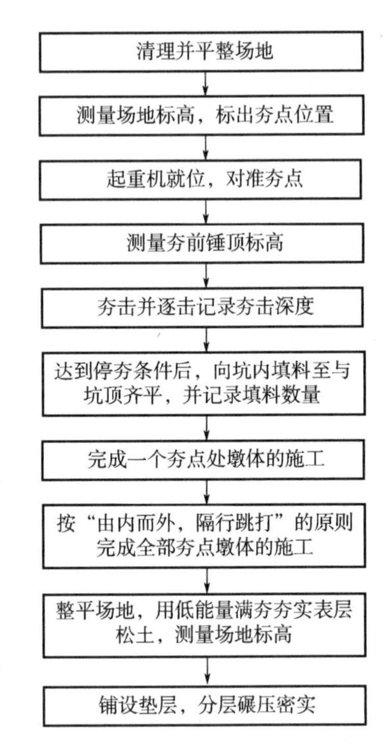

图4-7　强夯置换法施工工艺流程

（2）夯击次数的确定

强夯置换法应通过现场试验确定夯点的夯击次数，且应满足下列条件：

1）墩底穿透软弱土层，且达到设计墩长。

2）累计夯沉量为设计墩长的1.5～2.0倍。

3）最后两击的平均夯沉量不宜大于表4-4中的数值。

7. 动力排水固结法

（1）工艺特点

动力排水固结法是强夯法（动力固结法）与堆载预压法（固结排水法）的综合，包含设置排水系统、填土堆载和动力强夯3个作业过程。动力强夯阶段施工宜遵循“先轻后重，少击多遍，逐级加能”的原则进行夯击作业。

（2）施工流程

动力排水固结法施工工艺流程见图4-8，主要施工步骤为：

1）施工准备。

2）铺设砂垫层。

3）布设水平和竖向排水体。

4）按设计要求分层堆载。

5）堆载后进行夯击施工。

6）达到设计要求收锤的卸载标准后，分层卸载至设计场地高程，并碾压密实。

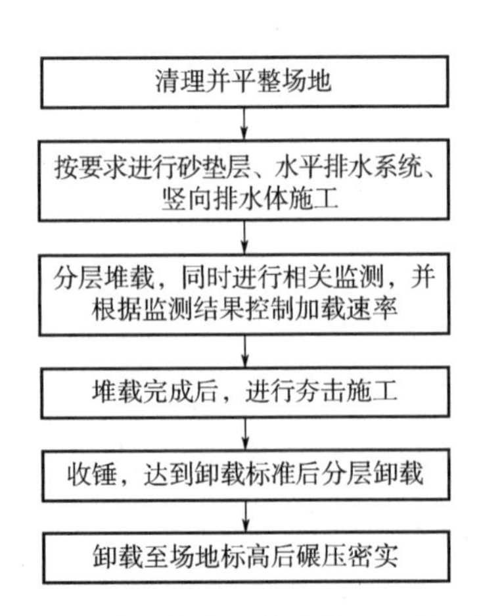

图4-8　动力排水固结法施工工艺流程

（3）排水系统与堆载施工

砂垫层、水平排水系统和竖向排水体的施工可参照预压法进行。砂垫层、水平排水系统和竖向排水体的施工完毕后，尚应在软土表面上覆盖填土层。填土层材料宜采用碎石土或砂土等含粗颗粒土。堆载施工应按设计和规范要求分层进行，并进行竖向变形、边桩位移及孔隙水压力等项目的监测，根据监测资料严格控制加载速率。

（4）夯击次数的确定

动力排水固结法强夯施工前应进行试夯，并应按下列规定确定每遍夯点的夯击数：

1）夯坑深度宜小于软土上覆填土厚度的1/3～1/2。

2）夯坑周围隆起量应小于10cm，当隆起明显时，应降低夯击能。

3）当动孔隙水压力增量 Δu 下降明显时应停夯，待孔压消散后再夯。

4）当某击以后连续二次夯沉量比前一击更大时，该击数定为单点击数。

4.1.6 振冲密实法

振冲密实法适用于处理含泥量不大于10%的砂土和卵（碎）石土地基。对卵（碎）石土地基，应进行现场造孔试验。

1. 施工设备

振冲施工中振冲器选用要考虑密实深度、设计桩长、有效加固半径、地基土土质条件和环境要求等因素。30kW功率的振冲器每台机组约需电源容量75kW，桩长不宜超过8m，因其振动力小，桩长超过8m时加密效果明显降低；75kW功率的振冲器每台机组约需电源容量100kW，振冲深度可达20m。在临近有已建建筑物时，为减小振动对建筑物的影响，宜用功率较小的振冲器。

振冲施工应根据地质条件和振实深度选配振冲器，常用振冲器技术参数见表4-5。

表4-5 常用振冲器技术参数

电动机额定功率/kW	额定电流/A	转数/(r/min)	振动力/kN	质量/t	振冲器外径/mm	振冲器长度/mm
30	65	1450	100	1.4	375	1954
45	98	1450	100	1.5	375	2008
55	118	1450	120	1.6	375	2017
75	158	1450	160	2.0	426	2710
100	206	1450	180	2.1	426	2810
130	267	1450	200	2.3	426	2922
150	290	1450	240	2.4	426	3245
180	348	1450	280	2.5	426	3335

施工主要辅助机具和设施包括起吊机械、电气控制设备、供水设备、排浆设施及其他配套的电缆和水管等。

起吊机械可用轮胎式起重机、履带式起重机或轨道式自行塔架等，起重能力和起重高度应满足振冲器贯入到设计深度的要求。30kW振冲器可选用8t轮胎式起重机，75kW振冲器宜选用16t轮胎式起重机；25～30t轮胎式起重机可满足20m以内孔深施工，20～30m孔深宜选用30t及以上的轮胎式起重机。

供水设备的储水设施可为水箱或蓄水池，储水体积宜大于4m³；供水管宜选用耐压大于1.0MPa的胶管，管径应与振冲器进水口相配合；泥浆泵应满足排浆距离和排浆量的要求。

2. 施工过程控制

振冲密实法施工工艺流程见图4-9，主要施工步骤为：

（1）场地平整，布置桩位。

（2）振冲器定位。

（3）振冲器下沉、造孔。

（4）孔底密实、分段加密。

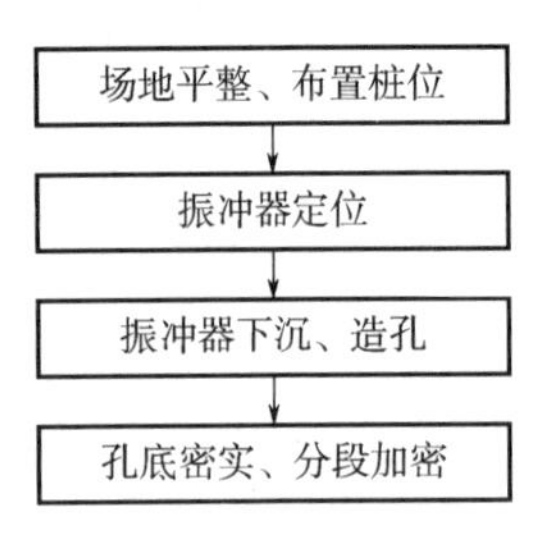

图4-9　振冲密实法施工工艺流程

施工前应检查振冲器的性能、电流表和电压表的准确度，并进行工艺性施工试验。工艺性施工试验主要检验振冲水压、密实电流、留振时间、振冲点距等设计参数是否可达到地基处理的加固效果，确定合理的施工参数。

施工中应检查振冲点位布置、孔底高程、留振时间、密实电流、供水压力和供水量等施工参数。振冲密实法宜采用75kW以上大功率振冲器，下沉速度宜快，造孔速度宜为1.5～3.0m/min，每段提升高度宜为500mm，每米振冲时间宜为1min。

砂层中施工，常要连续快速提升振冲器，电流始终可保持加密电流值。在粗砂中施工，如遇下沉困难，可在振冲器两侧增焊辅助水管，加大造孔水量，降低造孔水压。粉细砂地基振冲密实法可采用双点共振法进行施工，留振时间宜为10～20s，下沉和上提速度宜为1～1.5m/min，水压宜为0.1～0.2MPa，每段提升高度宜为500mm。

振冲密实法施工顺序宜从外围或两侧向中间进行，沿直线逐点逐行进行，不得漏振或漏孔。地基密实处理后应进行加固效果检测。

4.1.7　散体材料桩

散体材料桩是指以砂、卵（碎）石、砂石混合料为桩身填料的复合地基增强体。

1. 一般规定

散体材料桩施工可采用沉管法和振冲法。沉管法施工可根据设计要求选择振动沉管、锤击沉管和静压沉管等成孔工艺，当用于消除粉细砂及粉土液化时，宜用振动沉管成桩法。散体材料增强体施工前应分析振动、挤压对周边环境的影响，必要时应做相应的加固或隔离措施。

2. 施工设备

散体材料桩沉管法施工宜配置柴油打桩机、电动落锤打桩机或振动打桩机，常用打桩机技术性能见表4-6。

表4-6　常用打桩机技术性能表

分类	型号、名称	技术性能		适用桩孔直径/cm	最大桩孔深度/m
		锤重或激振力	落距/cm		
柴油打桩机	D1-6	锤重0.6t	155～187	28～35	5～6.5
	D1-12	锤重1.2t	170～180	35～45	6～7
	D1-18	锤重1.8t	210	45～57	6～8
	D1-25	锤重2.5t	250	50～60	7～9
电动落锤打桩机		锤重0.75-1.5t	100～200	28～45	6～7

（续）

分类	型号、名称	技术性能		适用桩孔直径/cm	最大桩孔深度/m
		锤重或激振力	落距/cm		
振动打桩机	70-80振动打桩机	激振力70~80kN		22~27	5~6
	100-150振动打桩机	激振力100~150kN		27~33	6~7
	150-200振动打桩机	激振力150~200kN		33~40	7~8
	ZJ40	激振力230~260kN		35~40	18
	ZJ60	激振力280~345kN		40~50	25
	DZ25	激振力550kN		40~50	25

3. 填料要求

（1）沉管法填料要求

沉管法成桩散体填料应符合下列规定：

1）砂料应采用中、粗混合砂，含泥量应不大于5%。

2）石料应采用碎石，粒径为20~50mm，级配良好，且含泥量应不大于5%。

3）砂和角砾混合料，软弱黏土地质中采用的砂和角砾混合料，不宜含有大于50mm的颗粒。

（2）振冲法填料要求

1）成桩散体填料可采用含泥量不大于5%的碎石、卵石、砾石、矿渣或其他性能稳定的硬质材料，不宜使用风化易碎的石料。

2）对30kW振冲器，填料粒径宜为20~80mm；对75kW振冲器，填料粒径宜为40~150mm；对150kW振冲器，填料粒径宜为50~200mm。

4. 沉管法施工

施工前应进行成桩工艺试验，工艺性试验桩的数量不应少于2根。

孔内散体填料量应通过现场试验确定，估算时，可按设计桩孔体积乘以充盈系数确定，充盈系数可取1.2~1.4。

沉管散体材料桩施工工艺流程见图4-10，主要施工步骤为：

（1）平整场地、布置桩位。

（2）桩机就位、桩管沉入。

（3）加料压密或振密。

（4）桩机移位。

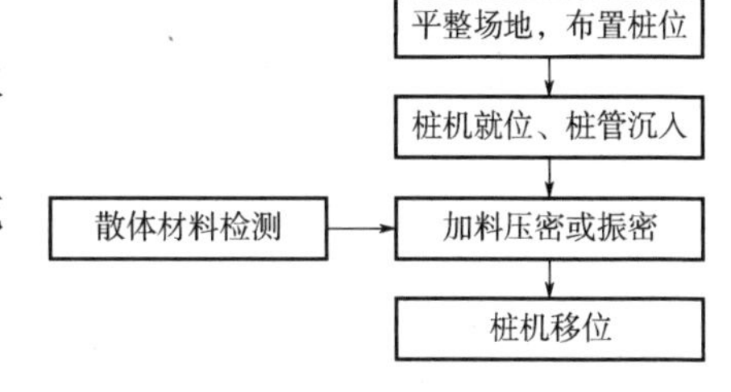

图4-10　沉管散体材料桩施工工艺流程

振动沉管施工方法有单打法、复打法和反插法，各种方法的施工要点见表4-7。振动沉管成桩法施工应根据沉管和挤密情况，控制散体材料填量、提升高度、提升速度、挤压次数、挤压时间和电动机的工作电流等参数，提高挤密效果和桩身的连续性。

表4-7　振动沉管施工方法

序号	名称	施工要点
1	单打法	一次性将沉管沉入到设计标高后灌砂石
2	复打法	将沉管沉入到设计标高后灌砂石，上拔沉管到地面后再次下沉沉管到设计标高，然后补灌砂石
3	反插法	先将沉管沉入到设计标高后灌注砂石，然后上提一定的高度，再下插沉管，补灌砂石，直到设计要求的遍数

锤击沉管成桩施工可采用双管法或单管法。锤击成桩法挤密应根据锤击的能量，控制分段的散体材料填量和成桩的长度。

散体材料桩沉管法施工要确定合理的施工顺序。对砂土地基宜从外围或两侧向中间进行，对黏性土地基宜从中间向外围或隔排施工。在邻近既有建（构）筑物施工时，应沿背离建（构）筑物方向进行。

散体材料桩施工应选用能顺利出料和有效挤压孔内散体材料的桩尖结构。采用活瓣桩靴时，对砂土和粉土地基宜选用尖锥形，对软弱土地基宜选用平底型。一次性桩尖可采用混凝土锥形桩尖。

开始填料后，采用边填料边拔管的方式。上拔沉管宜在管内灌入散体材料高度大于1/3管长后开始。拔管速度要均匀，不宜过快。

5. 振冲法施工

（1）施工工艺

振冲散体材料桩施工工艺流程见图4-11，主要施工步骤为：

1）场地平整、布置桩位。

2）振冲造孔。

3）孔内填料。

4）振冲密实、成桩。

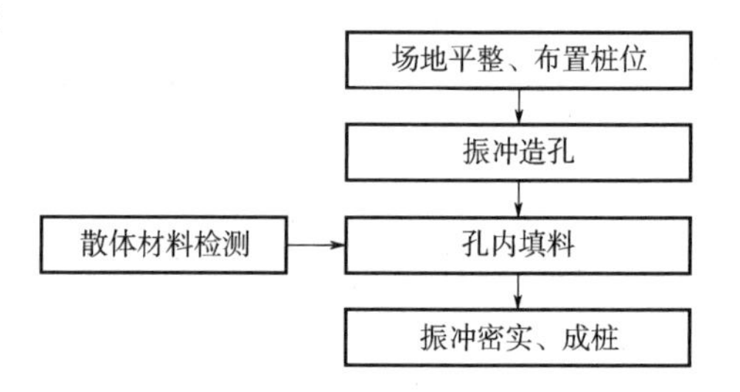

图4-11 振冲散体材料桩施工工艺流程

（2）施工顺序

振冲散体材料桩施工顺序可选用排打、跳打、围打或混合打法，同一施工场地可采用不同打法或混合打法。排打法是指由一端开始，依次制桩到另一端结束；跳打法是指一排孔隔一排孔制桩，反复进行；围打法是先制外桩，逐步向内施工。对于以消除地基液化为主的工程可优先选用围打法。当加固区附近存在既有建（构）筑物或管线时，应从邻近建筑物一边开始，逐步向外施工。

（3）成孔施工

振冲散体材料桩成孔应符合下列规定：

1）振冲器桩位对准偏差应小于100mm。

2）先开启水泵，待振冲器喷水后，再启动振冲器，振冲器运行正常后方可开始造孔。

3）造孔过程中应保持振冲器处于悬垂状态，发现桩孔偏斜应立即纠正。

4）造孔速度和能力可根据地基土质、振冲器类型及水压等确定，造孔速度宜为0.5～2.0m/min。

5）造孔水压可为0.2～0.6MPa，水量可为200～600L/min。

6）造孔时经反复冲击不能达到设计深度时，宜停止造孔，分析原因并研究解决方案。

成孔过程中有缩孔或需要扩孔的地段应进行清孔，并及时清理造孔时返出的泥浆。清孔可将振冲器提出孔口或在需要扩孔地段上下提拉振冲器，造孔后边提升振冲器边冲水直至孔口，再放至孔底，重复两三次扩大孔径，使孔口返出泥浆变稀，以利于填料顺利下沉。

（4）填料方式

填料方式可采用强迫填料法、连续填料法或间断填料法，各方法施工要点见表4-8。大功率振冲器宜采用强迫填料法，深孔宜采用连续填料法，桩长小于6m且孔壁稳定时可采用间断填料法。

表 4-8 振冲散体材料桩填料方法

序号	方法	施工要点
1	强迫填料	利用振冲器的自重和振动力将孔上部的填料挟带到孔下部的填料方法。适用于孔内下料不畅的情况。由于振冲器挟带填料往下贯入，电动机负荷比较大，特别要保证振冲器在填料满孔情况下能向下贯入，要求振冲器电动机的额定电流远大于加密电流，否则振冲器上提以后向下贯入电流超过额定电流而不能贯入到预计的位置，造成桩体漏振。因此强迫填料一般适用于大功率振冲器施工
2	间断填料	填料时振冲器提出孔口，倒入一定的填料，再将振冲器贯入孔中振捣的填料方法。该方法适用于人工手推车填料作业。由于每次要把振冲器提出孔口，深孔施工效率低，设备运行也不安全，因此间断填料法一般用于浅孔
3	连续填料	在制桩过程中振冲器留在孔内，连续向孔内填料直至充满振冲孔为止。该法适用于填料入孔通畅及机械填料作业

（5）桩体密实度控制

振冲散体材料桩桩体密实程度应符合下列规定：

1）采用密实电流、留振时间和加密段长度作为控制标准，填料量指标为参考值。

2）当稳定电流达到密实电流值后宜留振 30s，并将振冲器提升 300～500mm。当稳定电流达不到密实电流值时，应向孔内再加填料振密。

3）密实水压宜控制在 0.2～0.6MPa。

4）密实施工均应从孔底开始，逐段向上进行，不得漏振或漏孔。

5）密实结束，应先停止振冲器运行，后停止冲水。

6）记录各段深度的填料量、最终电流值和留振时间。

4.1.8 土和灰土挤密桩法

灰土（土）挤密桩法是利用横向挤压成孔设备成孔，使桩间土得以挤密，用灰土（素土）填入桩孔内分层夯实形成灰土（土）桩，并与桩间土组成复合地基的地基处理方法。

土桩及灰土桩是利用沉管、冲击、钻孔夯扩或爆扩等方法在地基中挤土成孔，然后向孔内夯填素土或灰土成桩。成孔时，桩孔部位的土被侧向挤出，从而使桩周土得以加密，所以也可称之为挤密桩法。土桩及灰土桩挤密地基，是由土桩或灰土桩与桩间挤密土共同组成复合地基。土桩及灰土桩法的特点是：就地取材、以土治土、原位处理、深层加密和费用较低。

1. 施工材料

根据工程设计要求及地质状况，孔内填料可选用素土、建筑垃圾、灰土、水泥土、水泥、粉煤灰等材料。当填料选用素土时，素土土料有机物含量应不大于5%，不得含有垃圾杂质、冻土或膨胀土等，土的含水率宜控制在最优含水率±2%的范围内，最优含水率可通过标准击实试验确定。当填料选用建筑垃圾时，建筑垃圾应不含树根、草、生活垃圾等有机材料。当填料选用灰土时，石灰应为Ⅲ级以上新鲜块灰，石灰使用前应消解并筛分，其粒径不应大于5mm。

2. 施工设施

土和灰土挤密桩法成孔设备按成孔方式分以下几种：

（1）沉管成孔机械：振动沉管机、锤击沉管机等。

（2）钻机成孔机械：长螺旋钻机、机械洛阳铲或钻斗等。

（3）冲孔夯扩成孔机械：冲锤直径为0.30～0.45m，重量宜为1.0～3.5t，起重设备起重能力为冲锤重量的3～5倍。

夯击夯扩设备包括夯锤和起重设备：

（1）夯锤：直径200～600mm，长1～5m，重1.5～3.5t，锥头状锤。

（2）起重设备：宜选用履带式起重机或其他专用起重设备，但必须满足夯锤起吊重量和提升高度要求。

3. 施工工艺

（1）工艺流程

挤密桩复合地基施工工艺流程见图4-12。

（2）成孔施工

土和灰土挤密桩成孔方法及施工要点见表4-9。

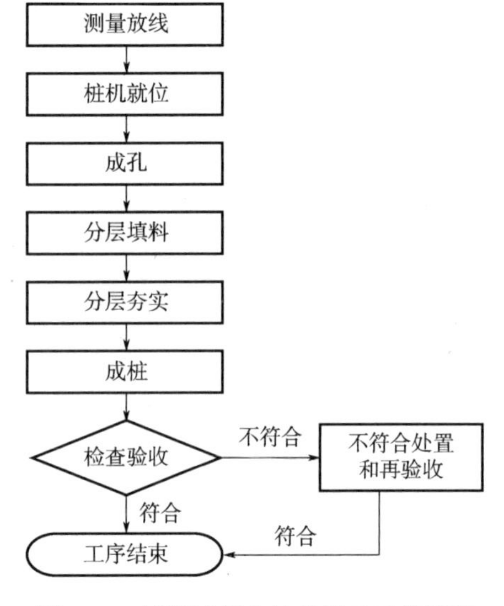

图4-12 挤密桩复合地基施工工艺流程

表4-9 土和灰土挤密桩成孔方法及施工要点

成孔方法	施工要点
沉管成孔	（1）沉管法分为振动沉管与锤击沉管，锤击沉管又分为导杆锤与筒式柴油锤 （2）桩管宜选用壁厚大于10mm的钢管，并在管身上标出入土深度标志，桩尖宜用活瓣式或锥形透气式 （3）沉管初始阶段，宜采取低锤轻击，待桩管沉入土中2m深度时，调整桩管垂直度，再加大落距，直至达到设计深度 （4）在成孔过程中，应对锤击数或振动沉入时间进行观测和记录 （5）沉管过程中，若沉管速度过慢或沉管贯入度太大，应立即停击，拔出桩管，待查明原因并采取相应措施后继续成孔 （6）沉管至设计深度后，应立即关闭油门或电源，若出现拔管比较困难时，可采用管周浸水，转动桩管或增加辅助起重机械等办法拔管 （7）成孔后测量孔径、孔深，并保护好孔口，若成孔后桩孔出现缩径、回淤现象时，应采取相应处理措施
钻机成孔	（1）成孔可采用螺旋钻、机械洛阳铲或钻斗等多种类型的钻机 （2）开始钻孔或穿过软硬土层交界处时，应低速慢钻，保持钻杆垂直 （3）在含有砖块、杂填土层或含水率较大的软塑黏土层中难以钻进时，土层厚度小于2m时，可采用冲击法成孔，穿越后再用钻孔法成孔 （4）钻孔至设计深度后，应在原位深度处空钻清土，提升钻杆孔外卸土。采用钻斗钻机时，直接上提至孔外卸土 （5）成孔后测量孔径、孔深，并保护好孔口
冲孔夯扩成孔	（1）冲击锤顶预设打捞钩或打捞套，冲击设备应配备导向装置，提升冲击锤的钢丝绳应有深度标志，并且钢丝绳的安全系数应大于12 （2）成孔中，操作人员应准确地控制提升冲锤的提升高度，高度宜为0.5～2.0m。开始时应低锤慢进，待冲锤全部入孔后，可高锤快进，但应以不卡锤和不塌孔为宜 （3）当桩孔出现缩径、回淤或塌孔时，可填入碎砖渣或生石灰块，边填边冲击直至孔壁完好 （4）若有大面积不良地层时，应分清原因采取措施后再成孔，否则采取其他成孔方式或改变设计 （5）成孔后测量孔径、孔深，并保护好孔口

（3）分层填料

人工分层填料应符合下列规定：

1）将拌和好的混合料或单一填料用小推车或装载机运至孔口边。

2）根据填料的工艺参数，人工用铁锹投放于孔内或直接采用小推车投料。

3）每次填料量应进行称重，或换算为铁锹投料次数，或在小推车上作计量标识，以保证填料量准确。

4）开始填料前，孔底应夯实至发出清脆声音为止。

（4）分层夯实

分层夯实应符合下列规定：

1）依据设计的工艺参数确定夯击参数，包括夯击次数、分次填料量、锤重、锤体提升高度。

2）沉管法成孔填料的夯实，宜选用锤重0.2t以上的夯实机，也可用1.0t以上的重锤分层夯实。

3）钻孔法成孔填料的夯实，应选用1.0t以上的重锤分层夯实，夯锤的重量应以保证成桩直径达到设计要求为准。

4）冲击成孔填料的夯实，采用成孔用锤分层夯实，也可用1.0t以上的其他重锤分层夯实。

4.1.9　注浆法

1. 概述

注浆加固技术分为高压旋喷注浆、锚固注浆及压力注浆三类，应用较多的是压力注浆法。

压力注浆加固法是利用液压、气压或电化学原理，把某些能固化的浆液注入土体孔隙或岩石裂隙中，将原来松散的土粒或裂隙胶结成一个整体，从而显著改善土的物理力学性能及水理性能的一种加固方法。

注浆法适用于处理砂土、粉土、黏性土、红黏土、素填土以及风化岩等地层，也可用于处理含有土洞或溶洞的地层，以及岩层断层破碎带等。对淤泥及淤泥质土、含动水条件地层应通过现场注浆施工试验确定其施工可行性。

注浆施工可按下列原则选择钢花管注浆工艺或袖阀管注浆工艺：

（1）充填式注浆、压密式注浆和循环式注浆，或采用塑性水泥浆和硅粉水泥浆等浆液的注浆，宜选用钢花管注浆工艺。

（2）渗入式注浆和压裂式注浆宜选用袖阀管注浆工艺。

2. 施工设备与材料

（1）设备选择

施工设备应根据孔径孔深、地层和地面环境选用合适的钻机钻具，根据注浆液特性、注入压力及流量要求选用注浆泵，根据注浆泵的最高输出压力选用浆液输送管材和接头。

注浆施工用钢花管直径不宜小于48mm，钢花管上出浆孔在同一断面上不宜少于6个（3组），沿管长方向的出浆孔间距不宜大于500mm，出浆孔孔径宜为2～6mm。注浆袖阀管长度不宜小于注浆层位，土层注浆管外径宜小于注浆孔孔径20～40mm，岩层注浆管外径宜小于注浆孔孔径15～20mm。

（2）材料要求

注浆水泥强度等级不宜低于 42.5 或 42.5R。水泥浆液制备前，应过筛除去块状物及杂物。水泥浆液制备量、水泥用量和外掺剂用量等应有专门记录。纯水泥浆液的水灰比宜为 0.6～1.0，浆液黏度宜为 21～24s，二次注浆浆液黏度宜为 19～22s；配制的水泥浆液应满足可灌性要求，流动度应不小于 220mm，析水率应不大于 3%。

采用水泥水玻璃双液注浆时，水玻璃模数宜为 2.2～3.5，水玻璃浓度 Be 宜为 30～40，水泥浆液的水玻璃掺入量宜为水泥用量的 0.5%～3%。

注浆应根据处理目的与工艺需要，选用不同性能的外掺剂。土洞或溶洞充填注浆，宜选用粉煤灰、中粗砂、黏土、碎石等惰性掺合料。

3. 施工过程

（1）施工前准备

注浆施工前，应进行下列施工准备：

1）依据设计要求，进行室内浆液及外加剂配比试验，确定注浆材料及其配比。

2）依据地层条件选择注浆方法，进行现场注浆工艺试验，检验注浆工艺的适应性，确定注浆半径与注浆施工参数。

3）编制注浆作业流程和注浆质量控制与检测指标。

4）检查注浆设备、管线和机具的完好情况。

（2）工艺流程

钢花管注浆施工工艺流程见图 4-13，主要施工步骤为：

1）钻机及注浆设备就位。

2）钻孔。

3）插入钢花管，必要时封闭钻孔。

4）配浆。

5）注浆。

6）清洗管线及设备。

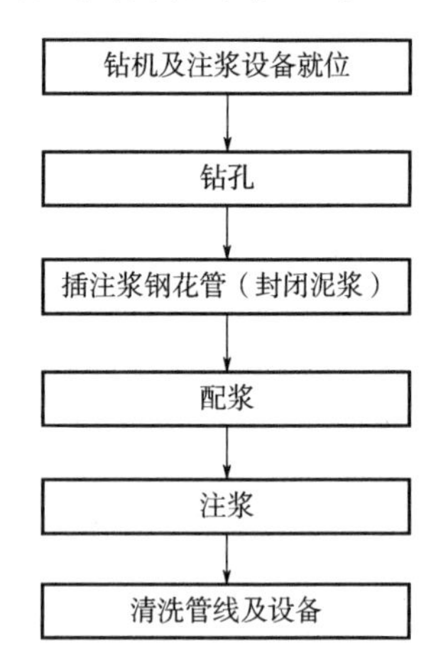

图 4-13　钢花管注浆施工工艺流程

袖阀管注浆施工工艺流程见图 4-14，主要施工步骤为：

1）钻机及注浆设备就位。

2）钻孔。

3）插袖阀管。

4）浇筑套壳料。

5）配浆。

6）注浆。

7）清洗管线及设备。

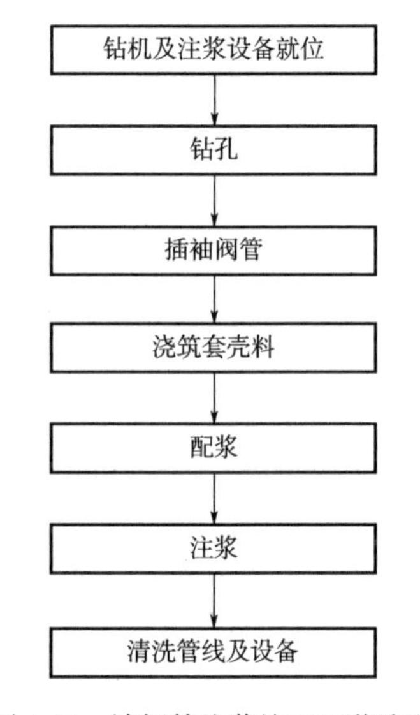

图 4-14　袖阀管注浆施工工艺流程

（3）施工要点

注浆孔孔径宜为 70～110mm。孔位偏差不宜大于 50mm，钻孔垂直度偏差不宜大于 1.5%。当注浆孔为斜孔时，应预先调节钻杆角度，倾角偏差应不大于 ±1°。松散土层，采用钢花管注浆时，可采用振动法或静压法将注浆钢花管直接压入土层中，压入前应将出浆孔封闭，防止泥土堵塞。

注浆应依据不同的对象选择注浆工艺、注浆压力与注浆泵量。用于地基加固注浆，宜选择较大的泵压与较小的泵量；用于洞穴和破碎带等的充填注浆，宜选择较小的泵压与较大的泵量。

注浆压力选择宜符合下列规定：

1）无条件进行现场试验时，钢花管和袖阀管注浆可根据表 4-10 和表 4-11 初选注浆压力，并在初期注浆施工中予以验证调整。

表 4-10　代表性土层钢花管注浆压力参考值

代表性土层	注浆压力/MPa
砂土	0.1～0.8
粉土	0.5～1.0
黏性土	0.5～1.2
红黏土	0.6～1.5

表 4-11　代表性土层袖阀管注浆压力参考值

代表性土层	注浆压力/MPa	
	开环压力	注浆压力
砂土	0.8～1.2	0.1～0.5
粉土	1.0～1.3	0.5～0.8
黏性土	1.0～1.5	0.6～1.2
红黏土	1.0～1.5	0.6～1.2

2）注浆施工对周边建（构）筑物影响较小时，黏度较高的注浆浆液宜采用较高的注浆压力。

3）压密注浆对渗透系数较小或已注过浆液的土层，在满足注浆扩散要求的前提下，宜采用较低的注浆压力。

注浆施工顺序应按分序加密的原则进行。多排孔注浆时，在排序上应遵循先边排后中排、先外围孔后内部孔的原则；同一排上的注浆孔，宜采用间隔跳跃式注浆顺序。

当注浆深度大或注浆土层不均匀时，注浆应分段进行。当土层渗透系数相近时，宜采用下行式分段注浆；当土层渗透系数随深度增加而增大时，宜采用上行式分段注浆；当地层土性变化大和渗透系数相差大时，宜采用混合式分段注浆，在土层界面宜加强注浆。

消除注浆对周边环境影响的措施有：

1）发现地面冒浆或跑浆时，及时查清原因，降低注浆压力，加大浆液黏度，采用间歇式注浆或改用速凝浆液注浆等措施。

2）注浆过程中对地面、周围建（构）筑物和地下管线进行沉降、倾斜和变形进行监测。

3）防止串浆到地下管网中。

4.1.10　高压旋喷桩

高压喷射注浆法是指用高压水泥浆通过钻杆由水平方向的喷嘴喷出，形成喷射流，以此切割土体并与土拌和形成水泥土加固体的地基处理方法。

1. 一般规定

高压旋喷桩适用于处理淤泥、淤泥质土、黏性土（流塑、软塑和可塑）、粉土、砂土、素填土和碎石土等地基，其应用应符合下列规定：

（1）当土中含有较多的大粒径块石、大量植物根茎或有较高的有机质含量时，应通过现场试验确定其适用性。

（2）当地下动水流速偏大时，可先喷膨润土浆改善地层渗透性，再喷固化材料，并通过试桩确认其效果。

（3）当周边环境对地层变形敏感时，应加强监测，采用信息法施工保证建（构）筑物和地下管线的安全。

高压旋喷桩施工应根据设计要求和地质环境适应性选用单管、双管和三管旋喷法或微扰动全方位旋喷法。高压旋喷桩加固体强度和直径，应通过现场试验确定。

旋喷设备应结合施工场地情况进行布置，喷射孔与高压注浆泵的距离不宜大于50m。施工现场应开挖冒浆排放沟和集浆坑，设置废水、废浆处理和回收系统。

高压旋喷桩施工前宜通过现场试验确定加固料掺入比、注浆量、压力和提升速度等工艺参数。试桩过程中应根据钻进情况核查原勘察报告提供的地质情况。对深层长桩宜根据地质条件分层选择喷射参数。

2. 施工设备及材料

旋喷注浆设备宜配置钻机、高压泵、泥浆泵、空气压缩机、注浆管、喷嘴、流量计、输浆管和制浆机等设备。应根据所采用的旋喷桩施工方式不同，选用不同的机具设备。高压旋喷设备宜配备自动记录用浆量和喷浆管提升速度等参数的计量装置。

注浆材料宜采用强度等级为42.5的普通硅酸盐水泥。水泥浆液的水灰比宜为0.8～1.2。可根据工程和地质条件需要加入适量的外加剂及掺合料，外加剂和掺合料的用量应通过试验确定。

3. 施工过程

（1）工艺流程

单管法高压旋喷桩施工工艺流程见图4-15，双管法和三管法高压旋喷桩施工工艺流程见图4-16。高压旋喷桩主要施工步骤为：

1）测量放样，钻机就位。

2）钻孔。

3）插入注浆管。

4）旋喷作业至预定停浆面。

5）拔管回灌水泥浆。

6）钻机移位。

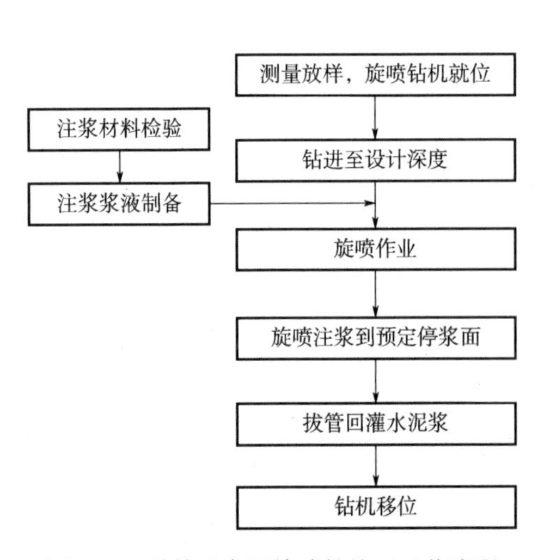

图4-15 单管法高压旋喷桩施工工艺流程

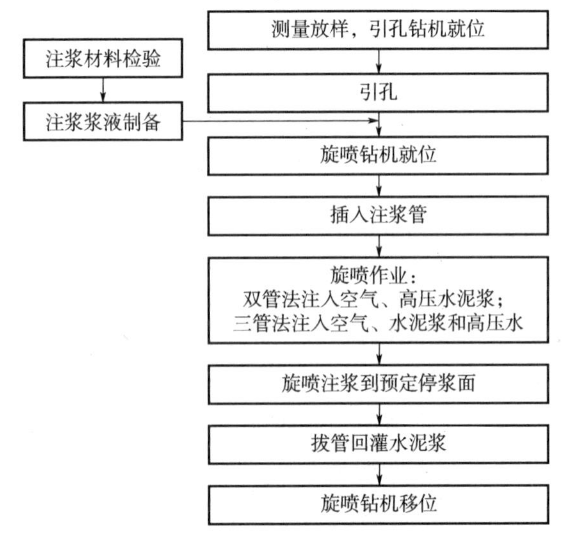

图4-16 双管法、三管法高压旋喷桩施工工艺流程

(2) 钻进作业

钻进作业应符合下列规定:

1) 垂直引孔施工应根据孔径、孔深、地层及地面环境选用合适的钻机钻具。

2) 引孔钻进过程中，引孔口径应比喷射管外径大20~50mm，引孔深度应大于喷嘴设计深度0.5~1.0m。

3) 置入注浆管时要量测喷嘴置入深度，最终喷嘴标高与设计值偏差应不大于200mm。

4) 钻杆垂直度偏差应不大于1%。

(3) 浆液制备

制浆应符合下列规定:

1) 制浆材料采用重量或体积称量法，其误差不大于5%。

2) 浆液高速搅拌不少于60s，普通搅拌不少于90s。浆液温度宜控制在5~40℃之间。自制备至用完的时间应不大于4h，超过时间应废弃。

3) 制备好的浆液不得离析，在泵送前宜经过二次过滤。

(4) 喷射注浆

单管、双管和三管喷射注浆时应符合下列规定:

1) 开始施工前应进行设备调试，分别检查水、气、浆各系统的运转情况。检查完毕后宜在地表进行试喷。

2) 喷杆就位后水、气、浆液的泵送顺序依次为：单管法只喷射高压浆液，双管法先送压缩空气后喷射浆液；三管法先同时送压缩空气和高压水，再喷射浆液。

3) 单管法和双管法旋喷桩的高压水泥浆压力值调整到大于20MPa，或者三管法旋喷桩的高压水压力值调整到大于20MPa后，喷嘴在孔底标高旋喷不少于30s再旋转提升。

4) 深层旋喷时，应先喷浆后旋转。

5) 确认孔口返浆正常后按试验确定的各项工艺参数施工。

6) 旋喷过程应提升注浆管由下而上进行连续喷射注浆作业。当出现短暂停喷时，应作搭接处理，喷射搭接长度应不小于100mm。

7) 旋喷过程中，应随时检查喷浆管的提升和旋转速度，以及空气、水和浆液的压力等参数，经常测试水泥浆液比重，单管法、双管法高压水泥浆和三管法高压水的压力应大于20MPa，流量应大于80L/min，气流压力宜大于0.7MPa，提升速度宜为0.1~0.2m/min，达不到要求时，立即暂停提升喷管，查明原因。

8) 对需要扩大加固范围或提高强度的部位，可采用复喷或变参数喷射措施。

(5) 基坑止水施工

高压旋喷桩用于基坑止水施工时，宜符合下列规定:

1) 跳桩施工。

2) 插入高压喷管前先引孔。

3) 喷浆时的提升速度应与喷浆量相匹配，不大于200mm/min。

4) 用作排桩间止水时宜采用复喷工艺。

4.1.11 水泥土搅拌桩

水泥土搅拌法是以水泥作为固化剂的主剂，通过特制的深层搅拌机械，将固化剂和地基土强制搅拌，使软土硬结成具有整体性、水稳定性和一定强度桩体的地基处理方法。水泥土搅拌法分为浆液搅拌法和粉体喷搅法。浆液搅拌法是使用水泥浆作为固化剂的水泥土搅拌法，简称湿法。粉体喷搅法是使用干水泥粉作为固化剂的水泥土搅拌法，简称干法。

1. 主要机具

水泥土搅拌桩施工应根据工程地质条件、周边环境条件、成桩深度、桩径等选用不同形式和不同功率的搅拌桩机，与其配套的桩架性能参数应与搅拌机的成桩深度相匹配，钻杆及搅拌叶片构造应满足在成桩过程中水泥和土能充分搅拌的要求。常用搅拌桩机主要技术参数如表4-12所示，根据工程情况可选用最新设备。

表4-12 常用搅拌桩机主要技术参数表

参数名	单位	钻机型号				
		GZB-600	SJB-1/2	Zdl-650	SPM808	ZDK100
搅拌轴	个	1	2	3	3	3
叶片外径	mm	600	700~800	650	850	1000
主机功率	kW	2×30	2×30	2×45（55）	2×75（90）	3×75（90）
拔钻力	kN	>150	>100	300	500	700
钻孔深度	m	10~15	10~18	18~30	18~30	18~30
整机重量	t	16	31	52	56	115

水泥搅拌机搅浆筒体积不宜小于0.5m^3，宜选用2~3个搅浆筒并联。水泥浆输送泵应与输浆量相匹配。浆管、水管规格应与施工能力相匹配，且不得漏浆、漏水。动力电缆与电动机工作能力应相匹配。过滤网网孔不应大于20目。

2. 施工准备

水泥土搅拌桩施工准备应符合下列规定：

（1）根据设计图纸提供的桩位坐标，利用水准仪或全站仪依次放出各桩位，并进行闭合校正。

（2）钻机进场后，根据桩长安装钻塔及钻杆，钻杆连接牢固，调试钻机至良好状态。

（3）施工前应进行工艺性试桩，数量不应少于2根。

（4）施钻前，应就施钻深度、复搅次数、施钻速度、喷浆速度、喷浆次数及停浆面等技术内容进行交底。

3. 施工工艺

水泥土搅拌桩施工工艺流程见图4-17。根据地层情况及设计要求，水泥土搅拌桩可选用“两搅一喷”“两搅两喷”“三搅两喷”“四搅两喷”“四搅三喷”“四搅四喷”或其他搅喷工艺。

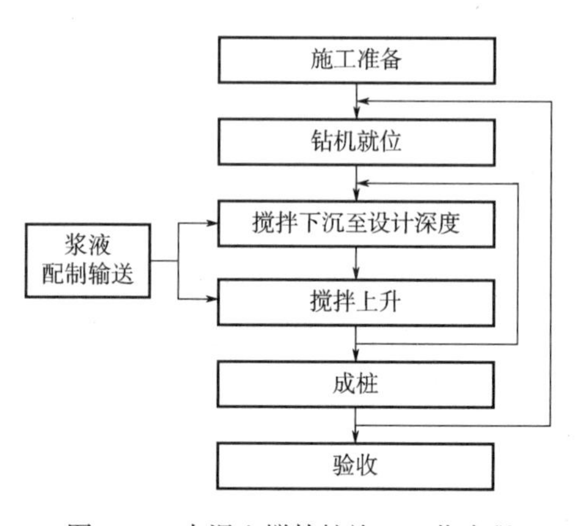

图4-17 水泥土搅拌桩施工工艺流程

（1）浆液配制与输送

浆液的配制与输送应符合下列规定：

1）按设计配比进行制浆，根据每米桩长水泥用量，配制单桩所用的水泥浆量。单轴和双轴水泥土搅拌桩浆液水灰比宜为0.55~0.65，三轴水泥土搅拌桩浆液水灰比宜为1.5~2.0，搅浆时间不应小于3min。

2）进入贮浆桶的浆液应经过滤筛，筛网孔径不宜大于20目，且筛网不得有破损。贮浆桶内的浆液应持续搅拌防止沉淀。对停置时间超过2h的水泥浆，应降低标号使用或废弃。

3）水泥浆泵应设专人管理，注浆泵出口压力应保持在0.4～0.6MPa，喷搅所额定的浆液量应控制在各自喷搅完成时贮浆桶内的浆液正好排空。

4）施工过程中，应对搅拌桩的水泥用量、水泥浆液的水灰比进行核校。

（2）钻机搅拌下沉

钻机搅拌下沉施工应符合下列规定：

1）钻机就位，下钻时钻尖对中误差应小于20mm。单轴与双轴水泥土搅拌桩机导向架垂直度偏差应小于1/150，三轴水泥土搅拌桩机导向架垂直度偏差不应大于1/250。

2）开动钻机边搅拌边下沉。

3）单轴和双轴钻机搅拌下沉速度不宜大于1.0m/min，钻头每转一圈的下沉量宜为10～15mm；三轴钻机搅拌下沉速度宜为0.5～1.0m/min，并应保持均匀下沉。

4）第一次钻进至设计深度后，应确认钻深。

（3）钻机搅拌提升

钻机搅拌提升施工应符合下列规定：

1）钻至预定标高后喷浆搅拌30s，再开始提升搅拌头。

2）单轴和双轴钻机搅拌提升速度不宜大于0.5m/min，钻头每转一圈的上升量宜为10～15mm；三轴钻机搅拌提升速度宜为1.0～2.0m/min，并应保持均匀提升。水泥土搅拌桩施工时，停浆面应高于桩顶设计标高0.5m。

（4）三轴搅拌桩施工要点

1）环境保护要求高的工程应采用三轴搅拌桩，邻近保护对象时，搅拌下沉速度宜为0.5～0.8m/min，提升速度宜为1.0m/min内，喷浆压力不宜大于0.8MPa。

2）三轴水泥土搅拌桩可采用跳打方式、单侧挤压方式和先行钻孔套打方式施工。对于硬质地层，当成桩有困难时，可采用预先松动土层的先行钻孔套打方式施工。

4.1.12 长螺旋压灌素混凝土桩

长螺旋压灌素混凝土桩是利用长螺旋钻机钻孔至设计深度，在提钻的同时利用混凝土输送泵通过钻杆中心通道，以一定的压力将混凝土压至桩孔中，直至成桩。

1. 材料机具

预拌混凝土强度、坍落度指标应满足设计要求，其和易性、可泵性和凝结时间应满足泵送要求。

长螺旋钻机宜根据桩长、桩径、地层条件等合理选用，常用长螺旋钻机主要技术参数见表4-13。连接混凝土输送泵与钻机的钢管、高强柔性管，内径不宜小于150mm。

表4-13 常用长螺旋钻机主要技术参数

参数名	单位	钻机型号				
		KLB26	CFG28	CFG-26	CFG-30	CFGD28
最大孔径	mm	800	600	400	400	600
钻孔深度	m	26	28	26	30	28
主机功率	kW	55×2	55×2	55×2	55×2	55×2

（续）

参数名	单位	钻机型号				
		KLB26	CFG28	CFG-26	CFG-30	CFGD28
钻杆转速	r/min	31	16	21	23	21.8
扭矩	kN·m	48	48.5	48	48	47.3
拔钻力	kN	400	400	400	450	300
整机质量	t	50	57	47	72	48

2. 施工工艺

（1）工艺流程

长螺旋压灌素混凝土桩复合地基施工工艺流程见图4-18。

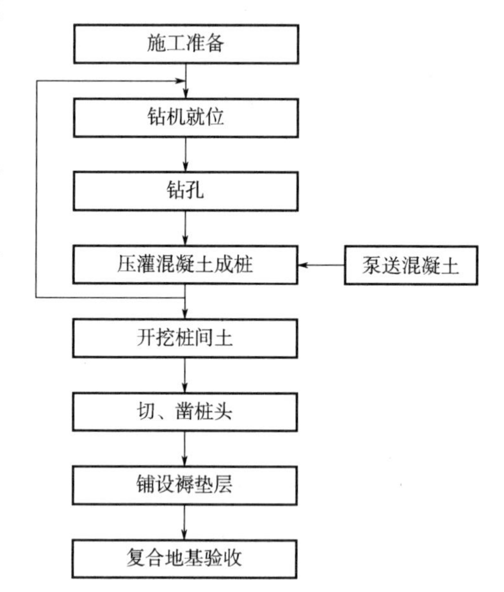

图4-18　长螺旋压灌素混凝土桩复合地基施工工艺流程

（2）施工准备

施工准备应符合下列规定：

1）钻机进场后，应根据桩长安装钻塔及钻杆，钻杆连接应牢固，调试钻机至良好状态。

2）施工现场混凝土泵和泵管的安装应符合输送距离短、输送管拐弯少的原则。

（3）钻机就位

钻机就位应符合下列规定：

1）平稳移动钻机至孔位。

2）封闭钻头阀门，钻尖对准桩点。

3）调整钻杆垂直度。

（4）钻孔施工

钻孔施工应符合下列规定：

1）钻进速度宜根据土层情况确定，卵石层宜为0.2～0.5m/min；素填土、黏性土、粉土、砂层宜为1.0～1.5m/min。

2）钻机钻进过程中，不得反转或提升钻杆，如需提升钻杆或反转，应将钻杆提至地面，重新封闭钻头阀门。

3）在钻进过程中，如遇到卡钻、钻机摇晃、偏斜或出现有节奏的声响时，应立即停钻，查明原因，采取相应措施后，方可继续钻进。

4）钻出的土应随钻随清。

5）钻至设计标高后，压灌混凝土前，应进行终孔验收。

（5）压灌混凝土

压灌混凝土成桩应符合下列规定：

1）终孔验收后，应先向钻杆泵送混凝土后提钻，钻杆的提升速度应与混凝土泵送量相匹配，钻杆内混凝土高度不宜小于4m，饱和砂土或饱和粉土层中，宜减慢提升速度，不得停泵待料。

2）提钻过程中应清除螺旋钻杆上的土块，钻头提出后应在混凝土初凝之前清理干净保护桩顶标高以上的土和多余的混凝土。

3）成桩施工各工序宜连续进行，混凝土在输送泵及输送管内留置时间不得超过混凝土初凝时间，否则，应将钻杆、泵管、混凝土泵内的混凝土清除干净。

（6）清除桩间土

清除桩间土宜在素混凝土桩施工7d后进行，宜采用小型挖掘机配合人工开挖作业，并应符合下列规定：

1）不得碰撞桩体。

2）不得扰动桩间土。

3）位于基底斜面素混凝土桩周围清土深度和范围应满足铺填褥垫层的要求。

（7）剔除桩头

剔除桩头应符合下列规定：

1）标示出桩顶标高位置。

2）用电锯等工具沿桩周向桩心水平切除桩头。

3）桩头应平整。

4.2　浅基础工程施工

4.2.1　一般规定

基础施工前应进行地基验槽，并应清除表层浮土和积水，验槽后应立即浇筑垫层。垫层混凝土强度达到设计强度70%后，方可进行后续施工。基坑（槽）开挖过程中，遇有地下障碍物或地基情况与原勘察报告不符时，应会同勘察、设计等单位确定处理方案。

基础施工完毕后应及时回填，回填前应及时清理基槽内的杂物和积水，回填质量应符合设计要求。回填土应优选含水率符合压实要求的黏性土。

基础施工完成后应及时设置沉降观测点，沉降观测点的设置与观测应符合现行行业标准《建筑变形测量规范》JGJ 8的规定。对于有地下室的工程，在底板施工完成后也应设置沉降观测点。

4.2.2　钢筋混凝土扩展基础

1. 独立基础施工

（1）混凝土宜按台阶分层连续浇筑完成，对于阶梯形基础，每一台阶作为一个浇捣层，每浇筑完一台阶宜稍停（0.5～1.0）h，待其初步获得沉实后，再浇筑上层，基础上有插筋埋件时，应固定其位置。

（2）杯形基础（图4-19）的支模宜采用封底式杯口模板，施工时应将杯口模板压紧，在杯底应预留观测孔或振捣孔，混凝土浇筑应对称均匀下料，杯底混凝土振捣应密实。杯形基础一般在杯底留有50mm厚的细石混凝土找平层，在浇筑基础混凝土时，要仔细控制标高。如用无底式杯口模板施工，应先将杯底混凝土振实，然后浇筑杯口四周混凝土，此时宜用低流动性混凝土，避免混凝土从杯底挤出，造成蜂窝麻面。基础浇筑完毕后，将杯口底冒出的少量混凝土掏出，使其与杯口模下口齐平。

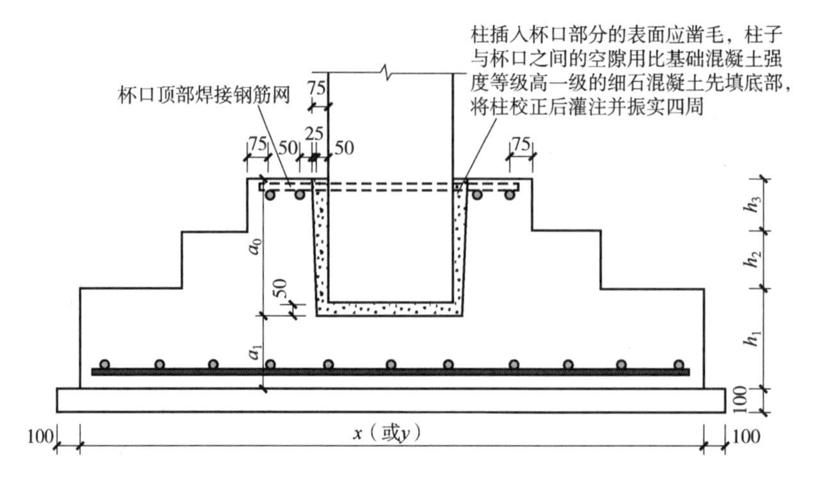

图 4-19 杯口独立基础钢筋排布构造

高杯口基础（图 4-20）施工时，由于最上一个台阶较高，可采用安装杯口模板的方法施工，即当混凝土浇捣接近杯口底时，再安装固定杯口模板，继续浇筑杯口四侧的混凝土，但应确保标高准确。对高杯口基础的高台阶部分应按整体分层浇筑，不留施工缝。

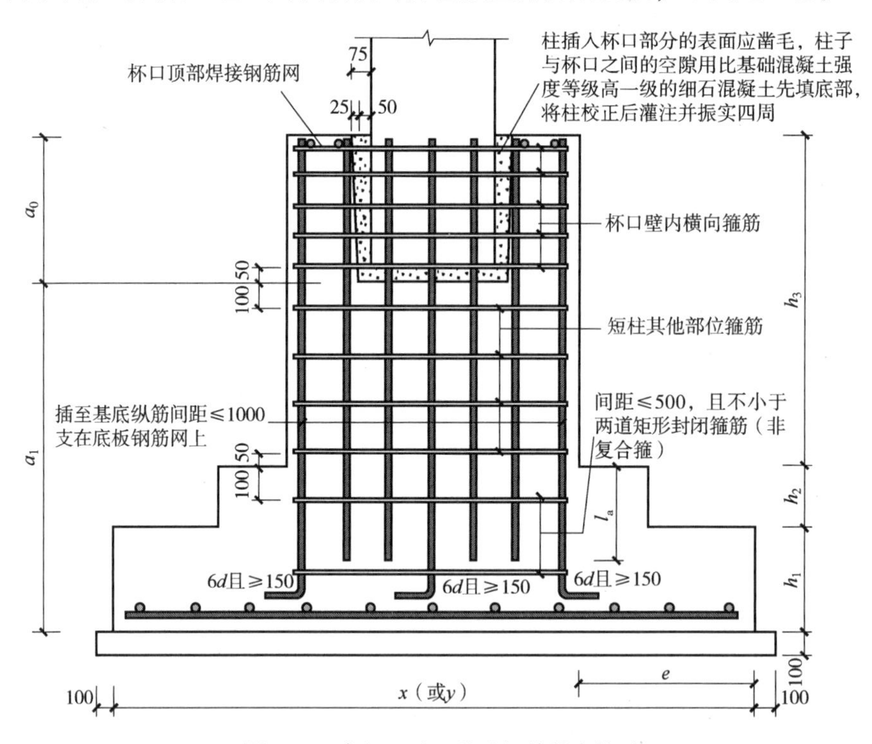

图 4-20 高杯口独立基础钢筋排布构造

（3）锥形基础模板应随混凝土浇捣分段支设并固定牢靠，基础边角处的混凝土应振捣密实。对于锥形基础，严禁斜面部分不支模的施工方法。

2. 条形基础施工

（1）绑扎钢筋时，底部钢筋应绑扎牢固，采用 HPB300 钢筋时，端部弯钩应朝上，柱的锚固钢筋下端应用 90°弯钩与基础钢筋绑扎牢固，按轴线位置校核后上端应固定牢靠。

（2）混凝土宜分段分层连续浇筑，一般不留施工缝。每层厚度宜为 300 ~ 500mm，各段各层间应互相衔接，混凝土浇捣应密实。

4.2.3　筏形与箱形基础

1. 混凝土浇筑

筏形与箱形基础混凝土浇筑应符合下列规定：

（1）混凝土运输和输送设备作业区域应有足够的承载力。

（2）混凝土浇筑方向宜平行于次梁长度方向，对于平板式筏形基础宜平行于基础长边方向。

（3）根据结构形状尺寸、混凝土供应能力、混凝土浇筑设备、场内外条件等划分泵送混凝土浇筑区域及浇筑顺序，采用硬管输送混凝土时，宜由远而近浇筑，多根输送管同时浇筑时，其浇筑速度宜保持一致。

（4）混凝土应连续浇筑，且应均匀、密实。

（5）混凝土浇筑的布料点宜接近浇筑位置，应采取减缓混凝土下料冲击的措施，混凝土自高处倾落的自由高度应根据混凝土的粗集料粒径确定，粗集料粒径大于 25mm 时不应大于 3m，粗集料粒径不大于 25mm 时不应大于 6m。

（6）基础混凝土应采取减少表面收缩裂缝的二次抹面技术措施。

（7）筏形与箱形基础混凝土养护宜采用浇水、蓄热、喷涂养护剂等方式。

2. 大体积混凝土施工

筏形与箱形基础大体积混凝土浇筑应符合下列规定：

（1）混凝土宜采用低水化热水泥，合理选择外掺料、外加剂，优化混凝土配合比。

（2）混凝土浇筑应选择合适的布料方案，宜由远而近浇筑，各布料点浇筑速度应均衡。

（3）混凝土宜采用斜面分层浇筑方法，混凝土应连续浇筑，分层厚度不应大于 500mm，层间间隔时间不应大于混凝土的初凝时间。

（4）混凝土裸露表面应采用覆盖养护方式，当混凝土表面以内 40 ~ 80mm 位置的温度与环境温度的差值小于 25°C 时，可结束覆盖养护，覆盖养护结束但尚未达到养护时间要求时，可采用洒水养护方式直至养护结束。

3. 施工缝与后浇带

筏形与箱形基础后浇带和施工缝的施工应符合下列规定：

（1）地下室柱、墙、反梁的水平施工缝应留设在基础顶面。

（2）基础垂直施工缝应留设在平行于平板式基础短边的任何位置且不应留设在柱、墙平面范围内，梁板式基础垂直施工缝应留设在次梁跨度中间的 1/3 范围内。

（3）后浇带和施工缝处的钢筋应贯通，侧模应固定牢靠。

（4）箱形基础的后浇带两侧应限制施工荷载，梁、板应有临时支撑措施。

（5）后浇带和施工缝处浇筑混凝土前，应清除浮浆、疏松石子。

4.3　桩基础工程施工

4.3.1　桩基础分类

按照施工方法，桩基础可以分为预制桩基础和灌注桩基础。

预制桩是在预制工厂或施工现场制作，经运输后沉入到设计位置。预制桩按桩身材料，可划分为钢筋混凝土预制桩和预应力混凝土桩；按照截面形式，可分为实心桩和空心桩；按照截面形状，可分为方桩、圆桩和管桩。预制桩沉桩可采用锤击法、静压法、植入法和中掘法等方法。

灌注桩是采用机械或人工成孔后，放置钢筋笼、灌注混凝土而成的桩。按照成孔方法不同，灌注桩可分为人工挖孔、机械成孔、爆破成孔等类型；按照护孔方法不同，灌注桩又分为干作业成孔灌注桩、泥浆护壁成孔灌注桩、长螺旋钻孔压灌桩、沉管灌注桩等类型。按照施工过程中是否对桩周（端）土产生挤密作用，灌注桩可分为挤土桩、部分挤土桩和非挤土桩等类型，如表 4-14 所示。

表 4-14　灌注桩施工方法

序号	类别	特征	典型桩型
1	非挤土桩	成桩过程中不产生挤土效应的灌注桩	干作业成孔灌注桩、泥浆护壁成孔灌注桩、套管法成孔灌注桩
2	部分挤土桩	在成桩过程中产生部分挤土效应的灌注桩	长螺旋钻孔压灌桩
3	挤土桩	在成桩过程中产生挤土效应的灌注桩	沉管灌注桩、内夯沉管灌注桩

4.3.2　承台施工

桩基础承台施工步骤包括：

（1）砌筑砖模或安装模板。

（2）绑扎钢筋。

（3）浇筑混凝土。

承台施工前应做好桩头处理、垫层施工和防水层施工。灌注桩桩顶与承台连接构造做法见图 4-21，桩顶混凝土应嵌入承台，嵌入高度应符合设计要求；当设计无说明时，桩径 $D<800$mm 时取 50mm；桩径 $D\geqslant 800$mm 时取 100mm。桩身钢筋锚入承台长度应符合规范及设计要求，灌注桩钢筋可采用直锚、弯锚、斜向锚入的锚固方式；预应力混凝土管桩桩顶与承台连接构造做法见图 4-22 ~ 图 4-24。

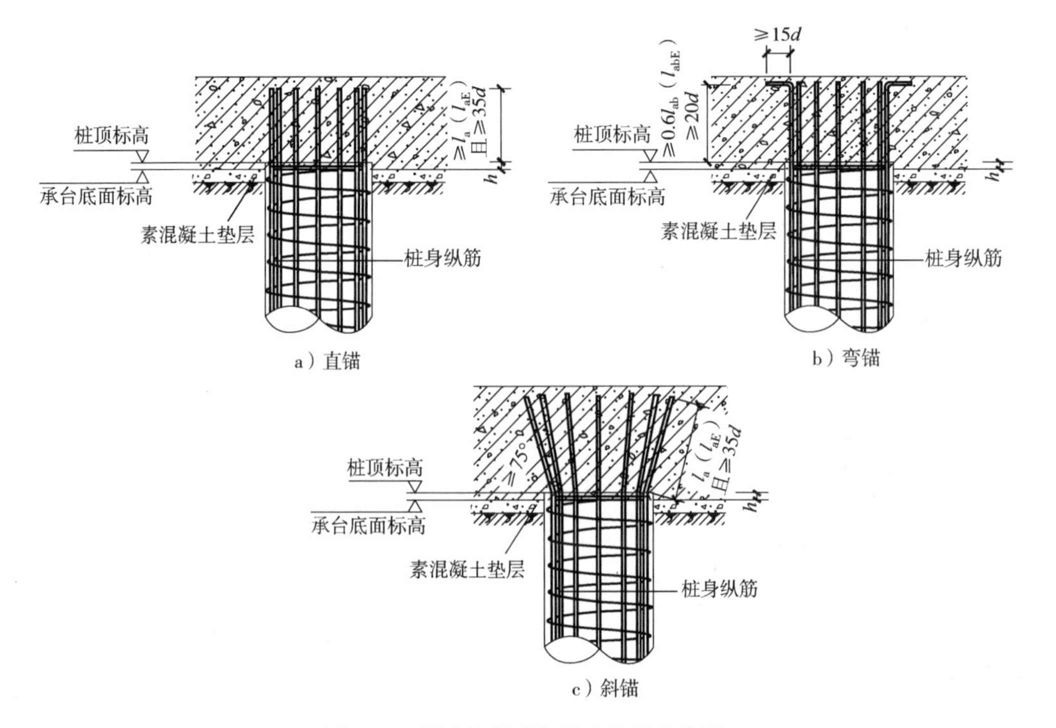

图 4-21　灌注桩桩顶与承台连接构造图

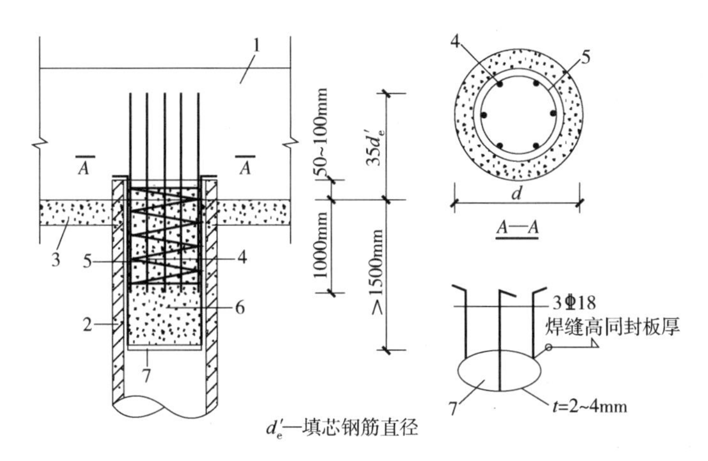

图 4-22　受压管桩与承台连接构造图

1—承台或底板　2—管桩　3—垫层　4—灌芯混凝土内纵筋　5—灌芯混凝土内箍筋

6—微膨胀混凝土灌芯　7—支托钢板及吊筋

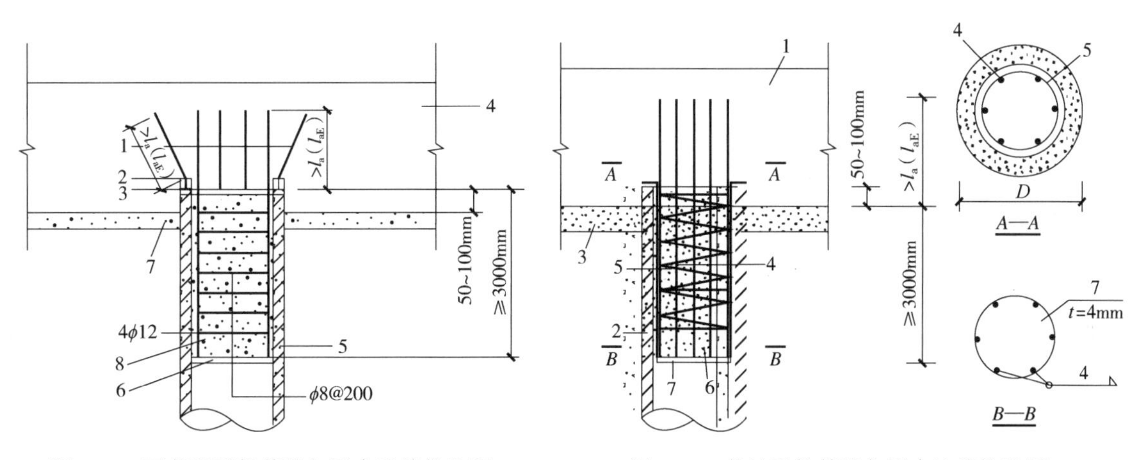

图 4-23　不截桩受拉管桩与承台连接构造图

1—锚固钢筋　2—锚板　3—端板　4—承台或底板

5—管桩　6—4mm 厚托板　7—垫层

8—微膨胀灌芯混凝土

图 4-24　截桩受拉管桩与承台连接构造图

1—承台或底板　2—管桩　3—垫层

4—灌芯混凝土内纵筋　5—灌芯混凝土内箍筋

6—微膨胀灌芯混凝土　7—支托钢板

承台模板可采用砖胎膜、木模、钢模、铝合金模板、塑料模板、预制混凝土模板等，模板体系应具备足够的强度和刚度。承台采用砖模时，砖模砌筑与砖模外侧土方回填应同步进行。承台采用钢木模板时，应对安装的断面尺寸、标高、对拉螺栓、连杆支撑进行检查。固定在模板上的预埋件、预留孔和预留洞应安装牢固。

承台钢筋施工不得破坏防水层。混凝土浇筑之前，应对钢筋进行隐蔽验收。

设有地下室的建筑物，承台与地下室底板连为一体时，承台可分次浇筑，第一次浇筑至底板以下，第二次与底板同时浇筑，其接触面应按施工缝要求进行处理。一次浇筑的混凝土应连续分层施工，下层混凝土初凝之前浇筑上一层混凝土。厚度大于 1m 的承台宜考虑大体积混凝土施工措施。

承台混凝土养护应符合下列规定：

（1）混凝土保湿养护应在浇筑完毕 12h 以内完成。

（2）采用硅酸盐水泥、普通硅酸盐水泥或矿渣硅酸盐水泥拌制的混凝土，浇水养护的时间不应少于7d；掺用缓凝型外加剂或有抗渗要求混凝土的浇水养护时间不应少于14d。

（3）浇水次数应能保持混凝土处于湿润状态。

（4）采用薄膜等材料覆盖养护的混凝土，其外表面应覆盖严密，并保持薄膜内有凝结水。

（5）混凝土终凝前，不应在其上踩踏或安装模板支架。

4.3.3 预制桩施工

1. 施工工艺

钢筋混凝土预制桩施工工艺流程见图4-25。

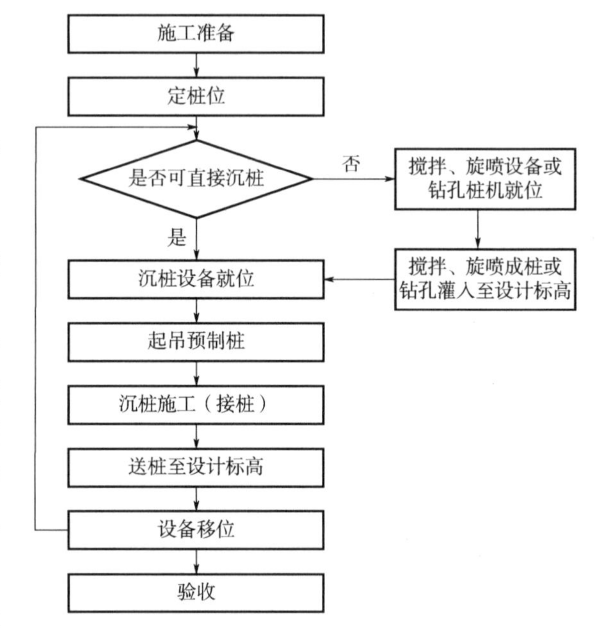

图4-25　钢筋混凝土预制桩施工工艺流程

2. 打桩设备就位

（1）桩机进场后，检查各部件及仪表是否灵敏有效，确保设备运转安全。

（2）按照压桩顺序，移动调整桩机对位、调平、对中。桩机就位后应精确定位，用2台经纬仪对打桩机进行垂直度调整，使导杆垂直，或达到符合设计要求的角度；采用线锤对点时，锤尖距离放样点不宜大于10mm。

（3）桩帽的设置应符合要求的强度、刚度和耐打性，桩帽套筒应与施打的预制桩直径或边长相匹配。

（4）桩帽套筒底面与桩头之间应设置桩垫，桩帽上部直接接触打桩锤的部位应设置锤垫，打桩前应进行检查、校正或更换。

3. 桩的堆放与起吊

（1）桩的堆放

预制桩的现场堆放应符合下列规定：

1）堆放场地应平整坚实，排水条件良好。

2）应按不同规格、长度及施工流水顺序分类堆放。

3）当场地条件许可时，宜单层或双层堆放；叠层堆放及运输过程堆叠时，外径500mm以上的管桩不宜超过5层，直径为400mm以下的管桩不宜超过8层，堆叠的层数还应满足地基承载力的要求。

4）叠层堆放时，应在垂直于桩身长度方向的地面上设置2道垫木，垫木支点宜分别位于距桩端0.21倍桩长处；采用多支点堆放时上下叠层支点不应错位，两支点间不得有凸出地面的石块等硬物；预制桩堆放时，底层最外缘桩的垫木处应用木楔塞紧。

（2）桩的起吊

起吊预制桩时，吊装用索具捆绑在桩上端吊环附近处，距离不宜超过300mm；起吊预制桩时，使桩身垂直或按设计要求的斜角对准预定的桩位中心，位置要准确。

预制桩的吊运应符合下列规定：

1）预制桩在吊运过程中应轻吊轻放，严禁碰撞、滚落。

2）预制桩不宜在施工现场多次倒运。

3）预制桩吊桩方法见表4-15。当预应力混凝土管桩长度小于15m时，也可采用专用吊钩钩住桩两端内壁进行水平起吊，吊绳与桩夹角应大于45°；当桩长大于30m时，应采用多点吊，吊点位置应另行验算。

4. 沉桩

预制桩的常用沉桩方式有锤击沉桩、振动沉桩、静压沉桩。沉桩施工应满足以下要求：

（1）打桩顺序应在施工组织设计或施工方案中明确。

（2）抱压式压桩机应安装满足最大压桩力要求的配重。

（3）第一节预制桩起吊就位沉入地面后应认真检查桩位及桩身垂直度偏差。

表4-15　预制桩吊桩方法

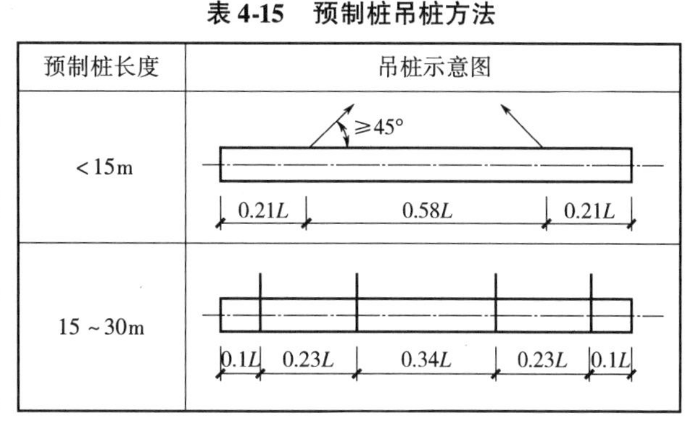

预制桩长度	吊桩示意图
<15m	≥45°；0.21L 0.58L 0.21L
15～30m	0.1L 0.23L 0.34L 0.23L 0.1L

（4）当预制桩沉入地表土后遇到厚度较大的淤泥层或松软的回填土时，柴油锤应采用不点火空锤的方式施打，液压锤应采用落距为200～300mm的方式施打。

（5）预制桩锤击沉桩施工过程中，宜重锤低击，应保持桩锤、桩帽和桩身的中心线在同一条直线上，并随时检查桩身的垂直度。当桩身垂直度偏差超过0.8%时，应找出原因并作纠正处理；沉桩后，严禁用移动桩架的方法进行纠偏。

（6）在深厚的黏土、粉质黏土层、砂土中施打预制桩，沉桩、接桩、送桩宜连续进行，尽量减少中间休歇时间，且尽可能避免在接近设计深度时进行接桩。

（7）桩数多于30根的群桩基础应从中心位置向外施打。桩的接头标高位置宜适当错开，处于同一接头标高的桩数不宜大于总桩数的50%。

（8）施工桩径不小于700mm的预制桩或施工过程中预制桩内孔充满水或淤泥时，桩身应设置排气（水）孔。

（9）沉桩的控制深度应根据地质条件、贯入度、设计桩长、标高等因素综合确定。对于摩擦桩，应以标高控制为主，贯入度控制为辅；对于端承桩，应以贯入度控制为主，标高控制为辅。

（10）当在深厚的黏土、粉质黏土层、砂土中施打预制桩出现沉桩困难时，宜结合试打桩经验、场地条件、施工设备等选取可靠的沉桩措施。采用液压锤施工时，应控制重锤冲程，冲程不宜大于1m。必要时宜采用引孔、高压射水或其他可靠的措施辅助沉桩，也可采用植入法沉桩。

5. 送桩

（1）送桩器宜做成圆筒形，并应有足够的强度、刚度和耐打性，上下两端面应平整，且与送桩器中心轴线相垂直。送桩器长度应满足送桩深度的要求，器身弯曲度不得大于1/1000。

（2）当地表以下有较厚的淤泥土层时，送桩器应开孔排淤、排泥，送桩深度不宜超过2.0m，当准备复打时，送桩深度不宜大于1.0m。

（3）当桩顶打至接近地面需要送桩时，应检查桩的垂直度和桩头质量，合格后应立即送桩。

6. 接桩

预制桩接桩可采用焊接接桩、抱箍式接头接桩、啮合式、膨胀咬合接头接桩等方式，各种接桩方式的施工要点见表4-16。

表4-16 预制桩接桩方式与施工要点

接桩方式	施工要点
焊接接桩	(1) 入土部分桩段的桩头宜高出地面1.0m (2) 下节桩的桩头处宜设置导向箍或其他导向措施。接桩时，上、下节桩段应保持顺直，错位不超过2mm；逐节接桩时，节点弯曲矢高不得大于桩长的1/1000，且不得大于20mm (3) 上、下节桩接头端板坡口应洁净、干燥，且焊接处应刷至露出金属光泽 (4) 手工焊接时宜先在坡口圆周上对称点焊4~6点，待上、下节桩固定后拆除导向箍再分层焊接，焊接宜对称进行 (5) 焊接层数不得少于2层，内层焊渣应清理干净后方能施焊外层，焊缝应饱满连续 (6) 手工电弧焊接时，第一层宜用ϕ3.2mm电焊条施焊，保证根部焊透。第二层可用粗焊条，宜采用E43型系列焊条；采用二氧化碳气体保护焊时，焊丝宜采用ER50-6型 (7) 桩接头焊好后应进行外观检查，检查合格后应经自然冷却，方可继续沉桩。自然冷却时间不应少于5min，采用二氧化碳气体保护焊时不应少于3min。严禁浇水冷却或不冷却就开始沉桩 (8) 钢桩尖宜在工厂内焊接；当在工地焊接时，宜在堆放现场焊接。严禁桩起吊后采用点焊、仰焊等做法 (9) 桩身接头焊接外露部分应作防锈处理 (10) 雨天焊接时，应采取防雨措施
抱箍式接头接桩	(1) 接桩前检查桩两端制作的尺寸偏差及连接件，无损伤后方可起吊施工，下节桩段的桩头宜高出地面0.8~1.0m (2) 接桩时应清理上、下两节桩的端板和螺栓孔内残留物，并在下节桩的定位螺栓孔内注入不少于0.5倍孔深的沥青涂料。用扳手将定位销逐个旋入预制桩端板的螺栓孔内，定位销数量不得小于2个 (3) 将上节预制桩吊起，使连接孔与定位销对准，随即将定位销插入连接孔内 (4) 逐一将机械连接卡卡入上、下节预制桩凸出桩身的端板上，并适度调整连接卡使连接卡和端板的螺栓孔对准。用手持电动钻将固定螺栓旋入端板上的螺孔内固定连接卡，接桩完成
啮合式、膨胀咬合接头接桩	(1) 连接前，连接处的桩端端头板应先清理干净，将满涂沥青涂料的连接销用扳手逐根旋入预制桩带孔端板的螺栓孔内，并用钢模型板检测调整连接销的位置 (2) 剔除已就位预制桩带槽端板连接槽内填塞的泡塑保护块，在连接槽内注入不少于0.5倍槽深的沥青涂料，并沿带槽端板外周边抹上宽度20mm、厚度3mm的沥青涂料。当预制桩基础的地基土、地下水具有中、强腐蚀性时，带槽端板板面应满涂沥青涂料，厚度不应小于2mm (3) 将上节预制桩吊起，使连接销与带槽端板上的各个连接口对准，随即将连接销插入连接槽内 (4) 加压使上、下桩节的桩端端头板接触，接桩完成 (5) 当预制桩基础的地基土、地下水具有中、强腐蚀性时，应按设计要求进行封闭围焊

7. 收锤（终锤、终压）**控制标准**

锤击式、振动式、静压式沉桩的收锤、终锤、终压控制标准见表4-17。

表4-17 锤击式、振动式、静压式沉桩的收锤、终锤、终压控制标准

施工方法	收锤、终锤、终压控制标准
锤击式施工	(1) 收锤标准应根据工程地质条件、桩的承载性状、单桩承载力特征值、桩规格及入土深度、打桩锤性能规格及冲击能量、桩端持力层性状及桩尖进入持力层深度、最后贯入度等因素综合确定 (2) 最后贯入度不宜大于30mm/10击。当持力层为较薄的强风化岩层且下卧层为中、微风化岩层时，最后贯入度不应大于25mm/10击，此时宜量测每10击的贯入度，若达到收锤标准即可收锤 (3) 采用液压锤施工并以贯入度控制时，接近控制沉桩深度时应减少重锤冲程，冲程不宜大于70cm (4) 当地质条件变化较复杂时，可以采用桩的总锤击数控制标准和最后1m的锤击数控制标准作为判定停锤的辅助标准

（续）

施工方法	收锤、终锤、终压控制标准
振动式沉桩	终锤标准应以桩长控制为主；当桩长达不到设计标高时，以最后30s电流值控制，电流值的取值根据试桩或经验确定
静压式施工	（1）终压标准应根据设计要求、沉桩工艺试验情况、桩端进入持力层情况及压桩阻力等因素，结合静载荷试验情况确定 （2）摩擦桩与端承摩擦桩以桩端标高控制为主，终压力控制为辅 （3）当终压力值达不到预估值时，单桩竖向承载力特征值宜根据静载试验确定，不得任意增加复压次数 （4）当压桩力已达到终压力或桩端已到达持力层时应采取稳压措施，当压桩力小于3000kN时，稳压时间不宜超过10s；当压桩力大于3000kN时，稳压时间不宜超过5s （5）稳压次数不宜超过3次，对于小于8m的短桩或稳压贯入度大的桩不宜超过5次

8. 辅助沉桩方法

除采用锤击式、振动式、静压式方法直接沉桩外，工程中还会用到引孔辅助沉桩、搅拌或旋喷工艺植入法等施工方法。

（1）引孔辅助沉桩

施工密集群桩或遇到硬地质夹层，桩端难以达到预定的持力层，或桩施工对邻近建筑物和地下管线等有影响，宜采用引孔辅助措施配合锤击法或静压法沉桩。引孔就是预钻孔，在预钻孔内插桩打桩，这种施工法称为引孔打桩法。根据经验和工程实际，引孔的直径一般可比管桩直径小10cm或5cm，或与管桩直径相同，需要根据现场的地质情况、桩直径、桩的密集程度等因素而定。采用引孔沉桩工艺时，单桩承载力特征值宜通过静载荷试验确定。

引孔辅助施工应符合以下要求：

1）引孔直径、孔深应符合设计要求。

2）引孔宜采用长螺旋钻机干作业，引孔的垂直度偏差不宜大于0.5%。

3）引孔完毕后应及时沉桩，并应采取预防塌孔的措施。

4）引孔施工和打桩施工宜采用间隔式的跳钻跳打。

5）引孔有积水时，宜采用开口型桩尖。

（2）植入法沉桩

植入法沉桩是首先施工水泥土桩（水泥土搅拌桩或高压旋喷桩），或利用钻机在桩位处钻孔至所需深度后灌注水泥浆，然后将管桩压入或打入其中的施工方法。

植入法施工工艺流程见图4-26，主要施工步骤为：

1）测量确定桩位。

2）施工水泥土桩。

3）在水泥土桩中植入预制桩。

4）接桩。

5）沉桩至设计标高。

6）移机。

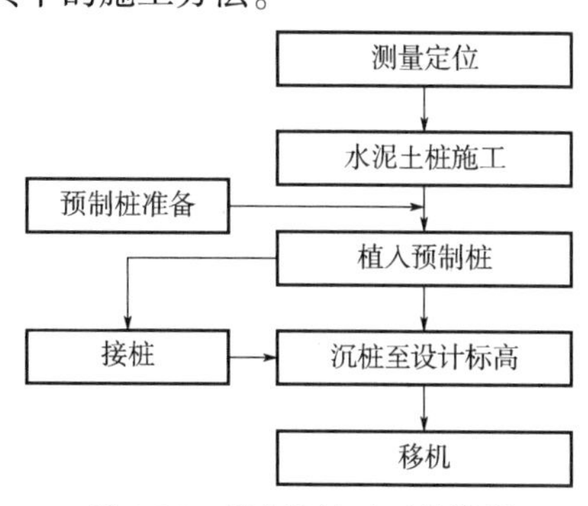

图4-26　植入法施工工艺流程

（3）中掘法沉桩

中掘法沉桩是利用特定的成桩设备，将钻杆与钻头穿过高强预应力混凝土管桩，在钻头成孔的同时将管桩带入孔中，使管桩嵌入中、微风化等持力层，最后进行灌浆成桩的施工方法。

中掘法施工工艺流程见图4-27。

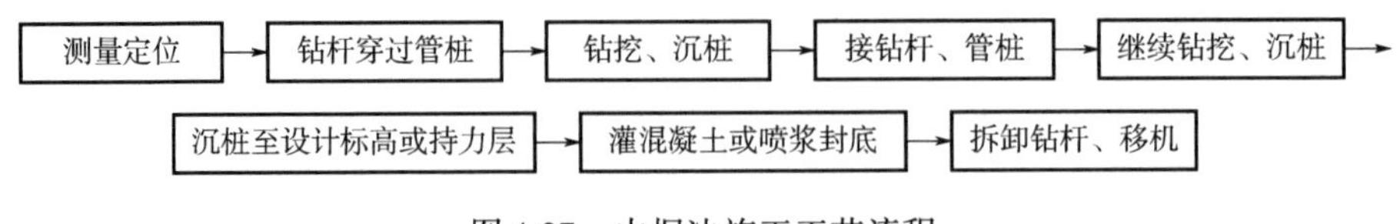

图4-27 中掘法施工工艺流程

中掘法沉桩应符合下列要求：

1）当桩侧有注浆要求时，管桩桩身外壁需设置预留半圆槽并安装注浆管。

2）在桩中空部分安装螺旋钻杆、钻挖桩底端内壁土体时，宜注入压缩空气（或水），边排土边连续沉桩。

3）钻挖时应控制钻挖深度，钻进深度与管桩桩端距离应小于2倍桩径。

4）在砂土、淤泥质土中，宜注入压缩空气辅助排土；在超固结黏性土中宜压水和加大压缩空气辅助排土。

5）在具有承压水的砂层中钻进时，应在桩的中空部分保持大于地下水压的孔内水头。

6）钻进结束时，应慢速提起螺旋钻杆。

9. 其他注意事项

（1）在邻近有建筑物或在岸边、斜坡上打桩时，应采取有效措施，施工时应随时进行观测。

（2）打桩完毕的基坑开挖时，应制订合理的施工顺序和技术措施，防止桩产生位移和倾斜。

（3）静压式压桩机施工作业时，当机上吊机在进行吊装续桩过程中，压桩机严禁行走和调整。

（4）出现下列情况之一时应暂停沉桩，并在与设计、监理等有关人员研究处理后方可继续施工：

1）压桩力或沉桩贯入度发生突变。

2）沉桩入土深度与设计要求差异较大。

3）实际沉桩情况与地质报告中的土层性质明显不符。

4）桩头混凝土剥落、破碎，或桩身混凝土出现裂缝或破碎。

5）桩身突然倾斜。

6）地面明显隆起、邻桩上浮或位移过大。

7）沉桩过程出现异常声响。

8）压桩力不到位，或总锤击数超过规定值。

（5）冬期在冻土区打桩有困难时，应先将冻土挖除或解冻后再进行。

（6）施工过程中宜增加桩帽或桩头保护措施，如加垫或增强桩帽耐打性。

（7）送桩后应采取相应的措施对施工所产生的桩孔进行封堵处理。

4.3.4 干作业成孔灌注桩

干作业成孔灌注桩适用于地下水位以上的填土、黏性土、粉土、砂土、砂卵石土层及风化岩层，也可应用于地下水位以下含水率较低、粘结性和自立性较好、无须泥浆护壁成孔的可塑~硬塑土层、不含或含微量裂隙水的风化岩层。

1. 施工设备

干作业成孔灌注桩的常用施工方法和主要机具设备见表4-18。

表4-18　干作业成孔灌注桩的常用施工方法和主要机具设备

施工方法	设备机具要求
螺旋干作业钻孔灌注桩	（1）螺旋钻机型号应根据地质条件、设计桩径和成孔深度合理选用 （2）混凝土振捣宜采用加长软轴的棒式振捣器
旋挖干作业钻孔灌注桩	（1）旋挖钻机及钻头型号应根据地质条件、设计桩径和成孔深度合理选用 （2）钢护筒应根据地质条件、设计桩径合理选用，护筒宜采用不小于8mm厚钢板卷制，内径宜比桩径大100~200mm，护筒埋深应大于上部松散土层0.5~1m，四周用黏性土填实
机动洛阳铲挖孔灌注桩	（1）成孔设备宜选用可启闭双页机动重型洛阳铲，洛阳铲外径应根据设计桩径合理选用 （2）电动机、卷扬机和三脚支撑架等辅助设备应根据洛阳铲型号合理选用
人工挖孔灌注桩	（1）具有可靠的垂直运输设备 （2）土石方开挖设备和工具应满足相应地层要求 （3）配备可靠的通风设备 （4）配备有害气体检测设备或探测措施 （5）配备安全活动盖板、应急爬梯、潜水泵、防水照明灯和对讲机等安全及辅助设备

2. 施工工艺流程

按成孔方式，干作业成孔灌注桩施工方法可分为两大类：机械成孔和人工挖孔。机械成孔主要包括螺旋干作业钻孔、旋挖干作业钻孔、机动洛阳铲挖孔等方法。干作业成孔灌注桩施工工艺流程见表4-19。

表4-19　干作业成孔灌注桩施工工艺流程

施工方法	施工工艺流程	主要施工步骤
螺旋干作业钻孔灌注桩 旋挖干作业钻孔灌注桩 机动洛阳铲挖孔灌注桩	测量定位→桩机就位→埋设护筒→钻进至设计深度→孔底土清理→检查成孔质量→安放钢筋笼（钢筋笼制作→安放钢筋笼）→灌注混凝土（混凝土制备→灌注混凝土）	（1）测量定位 （2）桩机就位 （3）埋设护筒 （4）钻进至设计深度 （5）孔底土清理 （6）检查成孔质量 （7）钢筋笼安放 （8）灌注混凝土

（续）

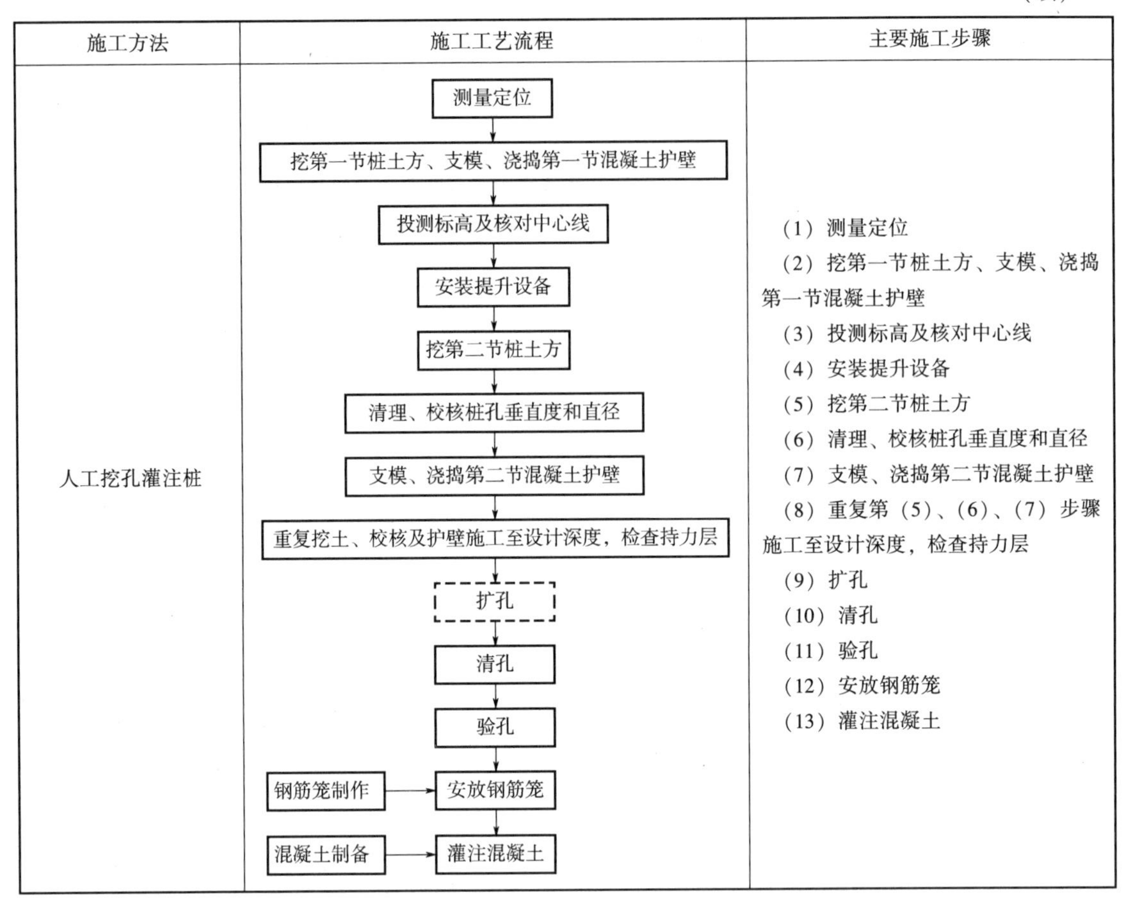

施工方法	施工工艺流程	主要施工步骤
人工挖孔灌注桩		（1）测量定位 （2）挖第一节桩土方、支模、浇捣第一节混凝土护壁 （3）投测标高及核对中心线 （4）安装提升设备 （5）挖第二节桩土方 （6）清理、校核桩孔垂直度和直径 （7）支模、浇捣第二节混凝土护壁 （8）重复第（5）、（6）、（7）步骤施工至设计深度，检查持力层 （9）扩孔 （10）清孔 （11）验孔 （12）安放钢筋笼 （13）灌注混凝土

3. 成孔施工

干作业钻孔灌注桩成孔施工要点见表4-20。

表4-20　干作业钻孔灌注桩成孔施工要点

成孔方法	施工要点
螺旋钻机干作业成孔	（1）钻机就位时，应保持平稳，钻进过程中，不宜反转或提升钻杆 （2）当钻进过程中塌孔严重时应处理后再继续施工 （3）应根据地层情况调整钻进参数，通过电流值控制钻进速度 （4）钻至设计深度后宜空转30～60s，待电流稳定后停钻
旋挖钻机干作业成孔	（1）成孔过程中应设置孔口护筒 （2）护筒埋设平面偏差应不大于20mm，垂直度偏差不大于0.5% （3）成孔前及提出钻头时，应检查钻斗和钻杆连接销子、钻斗门连接销子以及钢丝绳的状况，并清除钻斗上的渣土 （4）成孔过程中应复核钻杆垂直度 （5）成孔宜采用间隔跳挖方式进行施工，钻斗倒出的渣土距桩孔口的最小距离应大于6m，并应及时清除外运 （6）开始钻进或穿过软硬土层交界处时应轻压、慢速钻进 （7）对易缩颈的黏性土层，钻进施工时应严格控制一次钻进深度 （8）在持力层钻进时，应降低钻斗的提升速度 （9）旋挖成孔达到设计深度时，应立即清孔，宜采用平底刮砂专用钻斗清孔

（续）

成孔方法	施工要点
机动洛阳铲干作业成孔	（1）成孔前应设置牢固测设标识，复测孔位无误后方可进行成孔作业 （2）洛阳铲吊架支设应稳定坚固，成孔过程中应根据测设标识对孔位进行检查复核 （3）成孔过程遇局部砂质夹层土时，应在砂质土区域逐次掺入湿润黏性土，并通过加装扁铲冲击拌和，增加土体粘聚力后再进行成孔施工 （4）成孔过程遇局部含水率偏高的松软土时，应掺入干燥土，降低其含水率后再继续施工
人工挖孔灌注桩成孔	（1）桩位外应设置定位基准桩，安装护壁模板时应用桩中心点校正其位置 （2）第一节井圈顶面应高于场地地面150～200mm，壁厚应比下面井壁厚度增加100～150mm （3）混凝土护壁每节高度宜为900～1000mm，当可能出现涌土涌砂情况时，每节护壁高度可减小至300～500mm，护壁的厚度应不小于150mm，混凝土强度等级不应低于C20，构造钢筋直径不小于8mm （4）护壁模板的拆除应在灌注混凝土24h之后进行 （5）挖土次序宜先中间后周边，扩底部分应先挖桩身圆柱体，再按扩底尺寸从上而下进行 （6）终孔条件满足设计要求后，应清除护壁上的泥土、孔底残渣和积水 （7）孔内渗水量过大时，应采取场地截水、降水或水下灌注混凝土等有效措施，严禁在桩孔中边抽水边开挖

4. 钢筋笼制作、安放

钢筋笼制作、安放应符合下列要求：

（1）长桩钢筋笼宜分段制作，分段长度应根据吊装条件和总长度计算确定，应确保钢筋笼在移动、起吊时不变形，相邻两段钢筋骨架的接头需按有关规范要求错开。

（2）钢筋笼保护层可采用混凝土垫块或限位钢筋。钢筋笼保护层设置竖向间距宜为2～4m，同一截面均匀分布，不得少于4处，孔口处应设一层限位设施。

（3）大直径钢筋笼制作完成后，应在内部加强箍上设置十字撑或三角撑，确保钢筋笼在存放、移动、吊装过程中不变形。

（4）钢筋笼入孔一般用起重机，对于小直径桩无起重机时可采用钻机钻架、灌注塔架等。起吊应按钢筋笼长度的编号入孔，起吊过程中应采取措施确保钢筋笼不变形。

（5）钢筋笼安放要对准孔位，避免碰撞孔壁，就位后应立即固定。钢筋骨架吊放入孔后，采用支撑或挂吊方式固定，使其位置符合设计及规范要求，钢筋笼在井口连接宜采取机械连接或焊接连接方式，并保证在安放导管、清孔及灌注混凝土过程中不发生位移。

5. 混凝土浇筑

（1）混凝土浇筑前应复查孔底虚土厚度，检查合格的桩孔应立即进行混凝土浇筑。

（2）孔内存在少量渗水时，可采用泵吸抽浆的方法清底，然后按干孔灌注的方法灌注；当孔内积水较多或渗水量较大时，宜按水下混凝土的方法灌注，且灌注时周边桩孔不得进行抽水作业。

（3）混凝土应采用串筒灌注，串筒末端距孔底高度应不大于2m；当落距小于3m时，可采用溜槽灌注。

（4）浇筑混凝土应连续进行，分层振捣密实。

4.3.5　泥浆护壁成孔灌注桩

1. 施工设备与材料

泥浆护壁成孔灌注桩成桩设备应根据设计要求及场地地质条件合理选用。扩底用机械式钻具应能自由收放，钻具伸扩臂的长度、角度与其连杆行程应满足设计扩底段外形尺寸的要求。

（1）护筒安装

护筒制作和使用应符合下列要求：

1）护筒应有足够的刚度，一般采用厚度不小于8mm的钢板加工制成，其内径应大于桩径100～200mm，护筒顶部应开设1～2个溢浆口。

2）护筒顶面应高出地面0.2～0.3m，护筒中心与桩位中心的偏差应不大于20mm，护筒埋深不宜小于1.0m。

3）在水中作业的钻孔桩，护筒宜穿过表面软弱地层。

4）对于连续的排桩，可用导墙代替护筒。

（2）泥浆制备

护壁泥浆指标应符合下列规定：

1）护壁泥浆可采用原土造浆，不适于采用原土造浆的土层宜选用黏土或膨润土制备泥浆；制备护壁泥浆的性能指标应符合表4-21的规定。

表4-21　制备泥浆的性能指标

项目		性能指标	检验方法
比重		1.10～1.15	泥浆比重计
黏度	黏性土	18～25s	漏斗法
	砂土	25～30s	
含砂率		<6%	洗砂瓶
胶体率		>95%	量杯法
失水量		<30mL/30min	失水量仪
泥皮厚度		1～3mm/30min	失水量仪
静切力		1min：20～30mg/cm^2 10min：50～100mg/cm^2	静切力计
pH值		7～9	pH试纸

2）施工时应维持桩孔内泥浆液面高于地下水位0.5m以上，且不低于护筒底部以上0.5m。

3）成孔时应根据土层情况调整泥浆指标，循环泥浆的性能应符合表4-22的规定。

表4-22　循环泥浆的性能指标

项目		性能指标	检验方法
比重	黏性土	1.1～1.2	泥浆比重计
	砂土	1.1～1.3	
	砂夹卵石	1.2～1.4	
黏度	黏性土	18～30s	漏斗法
	砂土	25～35s	
含砂率		<8%	洗砂瓶
胶体率		>90%	量杯法

4）桩基施工前应配备储浆池和沉渣池，储浆池应满足储备成孔及清孔用泥浆的要求，沉渣池应满足成孔及清孔时存放泥浆及灌注桩身混凝土时排放泥浆的要求，储浆池、沉渣池与桩孔口之间应砌筑泥浆沟或布设泥浆管。废弃的泥浆和废渣应集中处理排放，不应污染环境。

2. 施工工艺流程

泥浆护壁灌注桩施工工艺流程见图4-28，主要施工步骤如下：

（1）测量桩位。

（2）埋设护筒并复核桩位。

（3）桩机就位及钻杆垂直度检查、调整。

（4）泥浆护壁成孔及终孔验收。

（5）清孔后安装钢筋笼。

（6）安放导管及灌注混凝土至设计标高。

3. 成孔施工

泥浆护壁钻孔灌注桩成孔可采用冲击成孔、回转式钻进成孔、旋挖钻机成孔等方式。采用不同机械设备或工艺成孔的施工要点见表4-23。

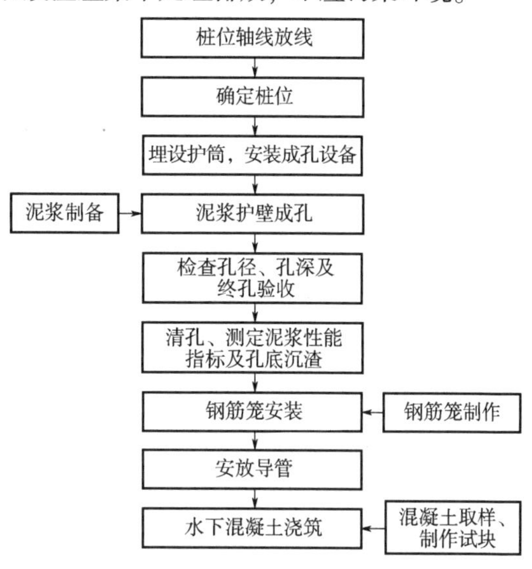

图4-28　泥浆护壁灌注桩施工工艺流程

表4-23　成孔工艺及施工要点

成孔方法	施工要点
冲击成孔	（1）密排或多桩承台的桩应跳打，并保持足够的安全距离，或者错开施工时间 （2）冲锤直径宜比孔径小20mm （3）成孔前和成孔过程中应经常检查卡扣、转向装置以及钢丝绳和冲锤的磨损情况；冲击时应控制钢丝绳放松量 （4）开孔应低锤密击，成孔至护筒下3～4m后，采用正常冲击 （5）成孔过程应及时排除废渣，排渣可采用泥浆循环和淘渣筒淘渣，每钻进1～2m应淘渣一次 （6）遇到溶（土）洞时，可投入块石并掺加黏土，再低锤冲击；遇到斜岩面时，可投入块石，将孔底表面填平；遇到偏孔时，可回填片石至偏孔上方300～500mm处再重新成孔 （7）进入基岩持力层后，嵌岩桩应每100～300mm取样一次，非桩端持力层应按300～500mm取样，岩样应妥善保存
回转式钻进成孔	（1）钻进前护筒内应灌满泥浆，钻进时应先轻压、慢转和控制泵量，再逐渐加大转速和钻压正常钻进 （2）正常钻进时，应控制钻进参数，及时排渣；易塌方地层应适当加大泥浆密度和黏度 （3）利用钻杆加压的回转钻机必须加设导向装置 （4）加接钻杆时，应先将钻具提高0.2～0.3m，待泥浆循环2～3min后，再拧卸接头 （5）钻进过程中如发生斜孔、塌孔或护筒周围冒浆等异常情况，应停机检查，查出原因并进行处理后方可继续钻进
旋挖钻机成孔	（1）成孔前及提出钻斗时应检查钻头保护装置、钻头直径及钻头磨损等情况，并应清除钻斗上的渣土 （2）成孔过程中应经常检查钻杆两侧垂直度仪，确保钻杆垂直度满足要求 （3）成孔时应根据场地条件控制钻进速度和转速，砂层宜降低钻进速度及转速，并提高泥浆比重和黏度，对易缩径土层应增加扫孔次数，并宜采取钢护筒护壁 （4）钻斗在孔内的提升速度不应过快，较厚的砂层还应选择合适的钻斗，避免在孔内形成较大的负压而造成孔壁坍塌 （5）成孔时，宜采用间隔跳挖施工的方式，且排出的渣土距桩孔口距离应大于6m，并应及时清理外运 （6）旋挖成孔达到设计深度时，应采用清孔钻头清除孔内虚土和残渣

（续）

成孔方法	施工要点
扩底灌注桩成孔	（1）钻孔成孔至设计桩底标高后，通过控制液压油缸伸缩来控制钻斗直径对孔壁进行切削扩孔，扩底段外形尺寸应满足设计要求，施工前应进行试成孔确定 （2）扩底钻孔达到设计深度时，应继续空转5min （3）扩底成孔后稍提钻头保持空转，待清孔完毕后方可收拢扩刀提取钻具

4. 清孔施工

（1）一般规定

采用回转钻机成孔的桩孔应进行清孔。清孔分两次进行：第一次清孔应在成孔完毕后进行，第二次清孔应在安放钢筋笼和导管安装完毕后进行。

正循环清孔、泵吸反循环清孔和气举反循环清孔等清孔方法的选用应综合考虑桩孔规格、设计要求、地质条件及成孔工艺等因素。对于大直径钻孔桩或砂层较厚时，应采用反循环清孔。

清孔过程中和结束时应测定泥浆指标，清孔结束时应测定孔底沉渣厚度。第二次清孔结束后，孔底沉渣和孔底500mm以内的泥浆指标应符合表4-24的规定。

表4-24　清孔后泥浆指标和孔底允许沉渣厚度及检测方法

项次	项目			技术指标	检测方法
1	泥浆指标	比重	孔深<60m	≤1.15	泥浆比重仪
			孔深≥60m	≤1.20	
		含砂率		≤8%	洗砂瓶
		黏度		18~22s	漏斗法
2	沉渣厚度	基础桩	端承型桩	≤50mm	沉渣仪或测锤
			摩擦型桩	≤100mm	
			抗拔、抗水平力桩	≤200mm	
		支护桩		≤200mm	

清孔后，孔内应保持水头高度，并应及时灌注混凝土。当延误超过30min时，灌注混凝土前应重新测定孔底沉渣厚度。当不符合表4-24的规定时，应重新清孔至符合要求。

（2）正循环清孔

第一次清孔可利用成孔钻具直接进行。清孔时应先将钻头提离孔底200~300mm，输入泥浆循环清孔，钻杆缓慢回转上下移动。孔深小于60m的桩，清孔时间宜为15~30min；孔深大于60m的桩，清孔时间宜为30~45min。第二次清孔应利用导管输入泥浆循环清孔。

（3）反循环清孔

反循环清孔分为泵吸反循环和气举反循环。反循环清孔也适用于正循环成孔的第二次清孔。

泵吸反循环清孔，可利用成孔施工的泵吸反循环系统进行。清孔时应将钻头提离孔底200~300mm，输入泥浆进行清孔。泵吸反循环清孔时，输入孔内的泥浆量不应小于砂石泵的排量。同时，应合理控制泵量，避免泵量过大，吸垮孔壁。

气举反循环清孔的主要设备机具应包括空气压缩机、出浆管、送气管、气水混合器等。

设备机具规格应根据孔深、孔径等合理选择。出浆管可利用灌注混凝土导管。气举反循环清孔施工应符合下列要求：

1）出浆管底口以下放至距沉渣面300～400mm为宜，送气管下放深度以气水混合器至液面距离与孔深之比的0.55～0.65为宜。

2）开始清孔时，应先向桩孔内供泥浆再送气；停止清孔时，应先关送气管再停止供泥浆。

3）送气量应由小到大，气压应稍大于孔底水头压力。当孔底沉渣较厚，块体较大或沉淀板结，可适当加大送气量，摇动出浆管，以利排渣。

4）随着沉渣的排出，孔底沉渣厚度减少，出浆管应同步跟进，以保证出浆管底口与沉渣面距离。

5）清孔过程应保证补浆充足和孔内泥浆液面的稳定。

5. 混凝土施工

（1）一般规定

混凝土应优先采用预拌混凝土，其供应能力应满足混凝土连续灌注的施工要求。混凝土应具有良好的工作性能，现场混凝土坍落度宜为180～220mm；当采用聚羧酸高性能减水剂时，现场混凝土坍落度宜为200～240mm。

（2）混凝土配合比

水下灌注混凝土的配合比设计应按现行行业标准《普通混凝土配合比设计规程》JGJ 55的规定进行，并应符合下列规定：

1）小于C40混凝土的配制强度应比设计桩身强度提高一级；大于等于C40混凝土的配制强度应比设计桩身强度提高两级；混凝土配制强度等级应按照表4-25确定。

表4-25 混凝土配制强度等级对照表

混凝土设计强度等级	C30	C35	C40	C45	C50	C60
水下灌注的混凝土配制强度等级	C35	C40	C50	C55	C60	C70

2）混凝土的初凝时间不应少于正常运输和灌注时间之和的2倍，且不应少于8h。

3）胶凝材料用量不应少于360kg/m^3。

4）水下灌注混凝土的含砂率宜为40%～50%，并宜选用中砂；粗集料的最大粒径应小于40mm。

（3）混凝土灌注

单桩混凝土灌注应连续进行。混凝土灌注的充盈系数不得小于1.0。

混凝土应采用导管法水下灌注，导管选用应符合下列要求：

1）导管选用应与桩径、桩长匹配，内径宜为200～300mm。

2）内径250mm以下的导管壁厚不应小于5mm，内径300mm的导管壁厚不应小于6mm。导管截面应规整，长度方向应平直，无明显挠曲和局部凹陷，能保证灌注混凝土用隔水塞顺畅通过。

3）导管连接应密封、牢固，施工前应试拼并进行水密性试验。

4）导管的第一节底管长度不应小于4m。导管标准节长度宜为2.5～3m，并可设置各种长度的短节导管。

5）导管使用后应及时清洗，清除管壁内外及节头处粘附的混凝土残浆。

6）导管应定期检查，不符合要求的，应进行整修或更换。

混凝土灌斗应符合下列要求：

1）宜用4～6mm钢板制作，并设置加劲肋。

2）灌斗下部锥体夹角不宜大于80°，与导管的连接节头应便于连接。

3）灌斗容量应满足混凝土初灌量的要求；采用商品混凝土连续供料能力大于初灌量时，灌斗容量可不受此限制。

混凝土灌注用隔水塞宜优先选用混凝土隔水塞。混凝土隔水塞应采用与桩身混凝土强度等级相同的细石混凝土制作，外形应规则、光滑并设有橡胶垫圈（图4-29）。采用球胆作隔水塞时，应确保球胆在灌注过程中浮出混凝土面。

混凝土开浇前的准备工作及初灌混凝土的灌注应符合下列要求：

1）导管应全部安装入孔，位置应居中。导管底部距孔底高度以能放出隔水塞和混凝土为宜，宜为300～500mm。

2）隔水塞应采用铁丝悬挂于导管内。

3）待初灌混凝土储备量满足混凝土初灌量后，方可截断隔水塞的系结钢丝将混凝土灌至孔底。

混凝土初灌量应能保证混凝土灌入后，导管埋入混凝土深度不小于1.0m，导管内混凝土柱和管外泥浆柱应保持平衡（图4-30）。混凝土初灌量按图4-30和式（4-1）计算。

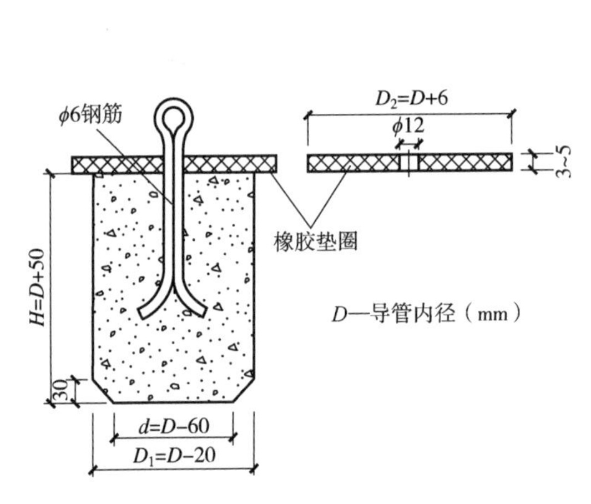

图4-29　隔水塞外形图

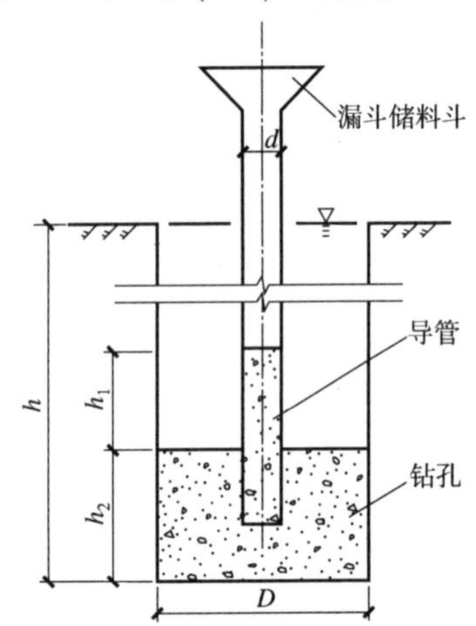

图4-30　混凝土初灌量计算示意图

$$V \geqslant \frac{\pi d^2 h_1}{4} + \frac{k\pi D^2 h_2}{4} \tag{4-1}$$

式中　V——混凝土初灌量（m^3）；

h——桩孔深度（m）；

h_1——导管内混凝土柱与管外泥浆柱平衡所需高度（m），按下式计算：

$$h_1 \geqslant \frac{(h - h_2)\gamma_w}{\gamma_c}$$

h_2——初灌混凝土下灌后导管外混凝土面高度，取1.3～1.8m；

d——导管内径（m）；

D——桩孔直径（m）；

k——充盈系数，大于1.0，宜取1.3；

γ_w——泥浆比重；

γ_c——混凝土密度，取$2.3\times10^3kg/m^3$。

混凝土灌注过程中导管应始终埋在混凝土中，严禁将导管提出混凝土面。导管埋入混凝土面的深度宜为3~10m，最小埋入深度不得小于2m，一次提管拆管不得超过6m。

混凝土灌注至钢筋笼根部时应符合下列规定：

（1）混凝土面接近钢筋笼底端时，导管埋入混凝土的深度宜保持3m左右，灌注速度应适当放慢。

（2）混凝土面进入钢筋笼底端1~2m后，宜适当提升导管。导管提升应平稳，避免出料冲击过大或钩带到钢筋笼。

混凝土灌注中应经常检测混凝土面上升情况，当混凝土灌注达到规定标高时，经测定符合要求后方可停止灌注。混凝土实际灌注高度应高于设计桩顶标高。高出的高度应根据桩长、地质条件和成孔工艺等因素合理确定，其最小高度不宜小于桩长的3%，且不宜小于0.8m。桩顶标高达到或接近地面时，桩顶混凝土泛浆应充分，确保桩顶混凝土强度达到设计要求。

4.3.6　长螺旋钻孔压灌桩

1. 一般规定

长螺旋钻孔压灌桩适用于素填土、黏性土、砂土和粉土等地基，对噪声或泥浆污染要求严格的场地可优先选用，根据设计要求可分为素混凝土压灌桩及压灌混凝土后插钢筋笼灌注桩。当长螺旋钻孔压灌桩穿越厚层砂土、碎石土、水位以下的新近代沉积土以及塑性指数大于25的高塑性黏土时，应通过试验确定其适用性。

施工前应进行成桩试验，试桩数量不应少于3根，试桩应具有代表性。长螺旋钻孔压灌桩施工应根据地质条件及桩长、桩距等因素确定跳打顺序，避免窜孔。压灌桩的充盈系数不应小于1.0。桩顶混凝土超灌高度不宜小于0.3m。桩间土挖除及凿桩头等后续工作宜在成桩3d后进行。

2. 施工设备与材料

长螺旋钻孔压灌桩主要施工机具设备应符合下列规定：

（1）长螺旋钻机应根据地质条件、设计桩径和成孔深度合理选用。

（2）钢筋笼置入的振动锤及导入管，应根据钢筋笼的直径及长度合理选用。

压灌用的混凝土材料应符合下列规定：

（1）混凝土宜采用和易性较好的预拌混凝土，初凝时间不应少于6h。

（2）混凝土坍落度宜为180~220mm，当钢筋笼难以插入时，混凝土坍落度可提高至220~240mm。

（3）粗集料宜采用卵石或碎石，粒径不宜大于25mm，且不得大于主筋最小净距的1/3。

（4）细集料应选用中粗砂，砂率宜为40%~50%。

3. 施工工艺

长螺旋钻孔压灌桩施工工艺流程见图4-31，主要施工步骤为：

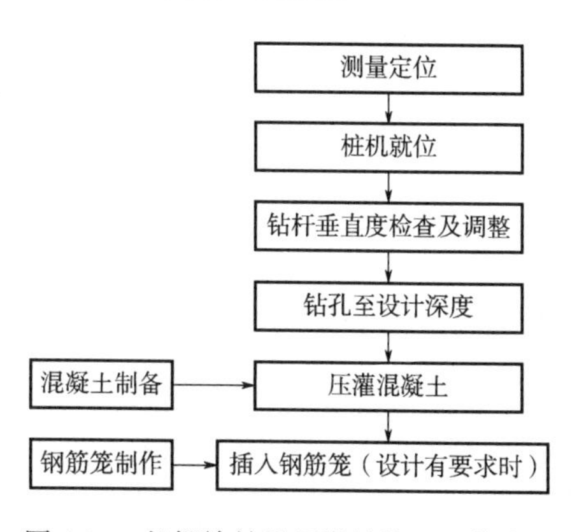

图4-31　长螺旋钻孔压灌桩施工工艺流程

(1) 测量定位。
(2) 桩机就位。
(3) 钻杆垂直度检查及调整。
(4) 钻孔至设计深度。
(5) 压灌混凝土，钻杆内充满混凝土后开始拔管。
(6) 均匀拔管并泵压混凝土直至桩顶。
(7) 振动插入钢筋笼（设计有要求时）。

4. 钻进施工

钻进施工应符合下列规定：

(1) 桩孔垂直度偏差不大于1%。

(2) 钻进过程中，应根据地质变化与动力头工作电流调整钻压、转速及钻进速度。

(3) 钻杆摇晃或难以钻进时，应降低钻进速度或停机，查明原因并采取措施后继续钻进，不得强行钻进。

(4) 钻杆钻进过程中不宜提升或反转。

(5) 在地下水位以下的砂土层中钻进时，钻杆底部活门应有防止进水的措施。

(6) 钻至设计深度后宜空转30~60s，待电流稳定后停钻。

5. 压灌混凝土

压灌混凝土及拔管应符合下列规定：

(1) 混凝土首次泵送前或暂停时间过长时，应先用砂浆润管。

(2) 泵送混凝土开始时，宜停顿10~20s加压，待钻杆芯管内充满混凝土，钻杆底端出料口阀门冲开后，再缓慢提升钻杆。

(3) 混凝土应一次连续压灌完成，不得停泵待料，应边压灌边提钻，提钻速率应按试桩工艺参数控制，且与混凝土泵送量相匹配。压灌过程中应保持料斗内混凝土面高度不低于400mm。

(4) 压灌过程中，应经常检查泵送压力、弯头和钻杆状态，防止导管堵塞。

(5) 钻机拔管时，应同步清除螺旋钻杆上的泥土，成桩后应及时清除钻杆及泵管内残留的混凝土。

6. 后插钢筋笼

后插钢筋笼刚度应满足振插要求，钢筋笼下端500mm处主筋宜向内侧弯曲15°~30°，底部应有加强构造。插入钢筋笼应符合下列要求：

(1) 钢筋笼宜整节安放，当采用分段安放时，接头可采用焊接或机械连接。

(2) 钢筋笼应在混凝土初凝前采用专用导入管插入，依靠钢筋笼与导入管的自重缓慢插入，当不能继续插入时，应开启振动锤，振动下沉。

(3) 下沉到位后，断开振动锤与钢筋笼的连接，再振动拔出导入管。

4.3.7 沉管灌注桩

沉管灌注桩是指利用锤击、振动或静压工艺，将带有活瓣式桩尖或预制钢筋混凝土桩靴的钢套管沉入土中，放置钢筋笼后，边浇注混凝土边拔管而成的桩。

1. 施工工艺

沉管灌注桩施工工艺流程见图4-32。

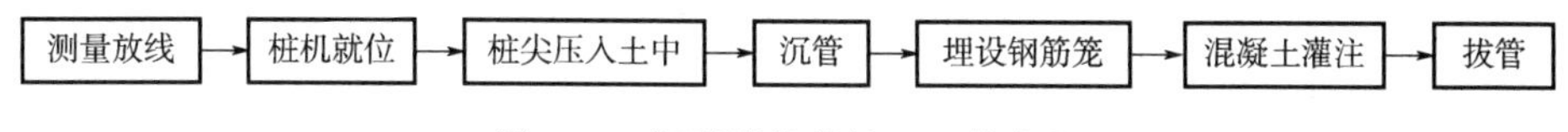

图 4-32　沉管灌注桩施工工艺流程

（1）压入桩尖

将桩尖压入土中应符合下列要求：

1）采用活瓣式桩尖时，应先将桩尖活瓣用麻绳或铁丝捆紧合拢，活瓣间隙应紧密。当桩尖对准桩位中心，并核查套管垂直度后，利用锤重及套管自重将桩尖压入土中。

2）采用预制混凝土桩尖时，应先在桩位中心预埋好桩尖，在套管下端与桩尖接触处垫好缓冲材料。桩机就位后，吊起套管，对准桩尖，使套管、桩尖、桩锤在一条垂直线上，利用锤重及套管自重将桩尖压入土中。桩管与桩尖的接触应有良好的密封性。

3）成桩施工顺序宜从中间开始，向两侧或四周进行，对于群桩基础或桩的中心距小于或等于 3.5d（d 为桩径）时，应间隔施打，中间空出的桩，须待邻桩混凝土达到设计强度的 50% 后，方可施打。

（2）沉管

沉管可采用锤击沉管、振动沉管、静压沉管等方式。沉管施工应符合表 4-26 的规定。

表 4-26　沉管施工要点

沉管方式	施工要点
锤击沉管	（1）锤击沉管开始沉管时应轻击慢振。可用收紧钢绳力加压或加配重的方法提高沉桩速率 （2）当水或泥浆有可能进入桩管时，应事先在管内灌入 1.5m 左右的封底混凝土 （3）应按设计要求和试桩情况，严格控制沉管最后贯入度并实测二阵十击贯入度
振动沉管	（1）振动沉管根据土质情况和荷载要求，分别选用单打法、复打法、反插法等 （2）单打法可用于含水率较小的土层，且宜采用预制桩尖；反插法及复打法可用于饱和土层 （3）振动次管须严格控制最后 30s 的电流、电压值，其值按设计要求或根据试桩和当地经验确定
静压沉管	（1）终压力值应根据成桩工艺性试验情况或试桩结果确定 （2）桩端位于硬塑～坚硬黏性土、中密以上粉土、砂土层时，应以控制终压力值为主、设计标高为辅 （3）桩端位于其他土层时，应以控制设计标高为主、终压力值为辅

沉管至设计标高后，应立即检查和处理桩管内的进泥、进水和吞桩尖等情况，并立即灌注混凝土。

（3）浇混凝土、沉放钢筋笼

沉管灌注桩钢筋笼应提前制作验收，通长钢筋笼要在沉管到位后埋设。埋设钢筋笼时要对准管孔，垂直缓慢下放。在混凝土桩顶采取构造连接插筋时，必须沿周围对称均匀垂直插入。

当桩身上部配置局部长度钢筋笼时，第一次灌注混凝土应先灌至笼底标高，然后放置钢筋笼，再灌至桩顶标高。

沉管灌注桩混凝土坍落度宜为 80～100mm；灌注混凝土充盈系数不小于 1.0，当充盈系数小于 1.0 时，应采用全桩复打，对可能的断桩和缩径桩，应进行局部复打。成桩后的桩身混凝土顶面应高于桩顶设计标高 0.5m 以上，待以后施工承台时凿除。全长复打时，桩管入土深度宜接近原桩长，局部复打应超出断桩或缩径区 1m 以上。

（4）拔管

拔管应符合下列规定：

1）拔管高度应以能容纳下次灌入的混凝土量为限。在拔管过程中应用测锤或浮标测定混凝土面的下降情况。

2）锤击沉管拔管：套管内灌入混凝土后，匀速拔管，对一般土层拔管速度宜为 1m/min；在软弱土层和软硬土层交界处拔管速度宜控制在 0.3 ~ 0.8m/min。采用倒打拔管的打击次数，单动汽锤不得少于 50 次/min；自由落锤轻击（小落距锤击）不得少于 40 次/min；在管底未拔到桩顶设计标高之前，倒打或轻击不得中断。

3）振动沉管拔管：单打法时，桩管内灌满混凝土后，应先振动 5 ~ 10s，再开始拔管，应边振边拔，每拔出 0.5 ~ 1.0m，停拔，振动 5 ~ 10s，如此反复，直至套管全部拔出。在一般土层中拔管速度宜为 1.2 ~ 1.5m/min，用活瓣桩尖时宜慢，用预制桩尖时可适当加快；在软弱土层中宜控制在 0.6 ~ 0.8m/min。

（5）反插法拔管

振动沉管灌注桩反插法拔管应符合下列要求：

1）当套管内灌入混凝土后，先振动再拔管，每次拔管高度 0.5 ~ 1.0m，反插深度 0.3 ~ 0.5m，拔管过程应分段添加混凝土，以保持管内混凝土面始终不低于地表面或高于地下水位 1.0 ~ 1.5m 以上，拔管速度应小于 0.5m/min。

2）在桩尖接近持力层处约 1.5m 范围内宜多次反插，以扩大桩底面积。

3）穿过淤泥夹层时，应减慢拔管速度，并减少拔管高度和反插深度，在流动性淤泥中不宜使用反插法。

（6）全长复打桩施工

全长复打桩施工时应符合下列要求：

1）第一次灌注混凝土应达到自然地面。

2）拔管过程中应及时清除粘在管壁上和散落在地上的混凝土。

3）初打和复打的桩中心点应重合。

4）复打施工必须在第一次灌注的混凝土初凝前完成。

4.4 抗浮锚杆施工

抗浮锚杆是安设于地层中，用于抵抗地下水对建（构）筑物所产生上浮力的锚杆。常用抗浮锚杆按结构及传力机理，可分为普通拉力型、普通压力型、压力分散型、非预应力型及扩体型（图 4-33）。抗浮锚杆施工应选用满足不同要求的钻机和钻具，常用的有分体式全液压锚固钻机、履带式全液压锚杆钻机、顶驱履带式锚杆钻机、普通地质钻机等，还需要张拉设备、张拉机等，张拉前需进行配套标定。

4.4.1 施工工艺

抗浮锚杆施工工艺流程见图 4-34。

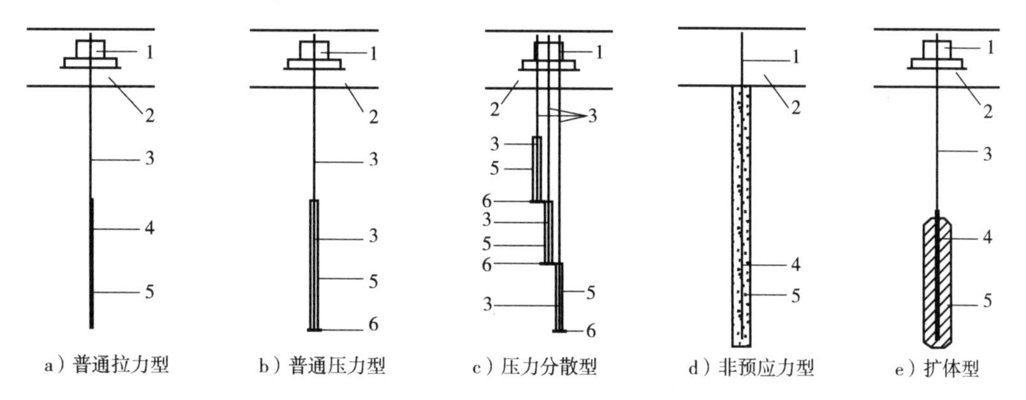

图 4-33　不同类型锚杆结构简图

1—锚头　2—基础结构　3—筋体　4—筋体黏结段　5—锚固体　6—承载体

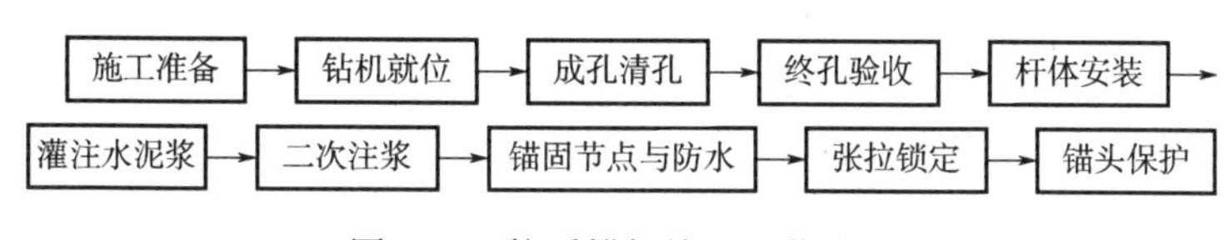

图 4-34　抗浮锚杆施工工艺流程

4.4.2　施工准备

施工准备应符合下列规定：

（1）施工现场运输路线提前规划以确定最优路线。

（2）设备入场并调试，确认材料及机械设备的技术性能满足设计要求及工程实际需要，完成材料准备工作。

（3）施工时若遇特殊地质条件需编制抗浮锚杆专项施工方案。

4.4.3　杆体制作与安装存储

杆体制作与安装存储应符合下列规定：

（1）筋体应平行顺直，不得相互交叉、扭曲，下料时宜采用切割机，不应使用电弧或乙炔焰切割，筋体之间不宜焊接，宜通过定位架及束线环等配件组装为整体。

（2）筋体为单根钢筋时可采用对中架或定位架对中定位，为多根钢筋时应采用隔离架或定位架对各筋体隔离，为多根钢绞线时宜采用定位架隔离兼定位。

（3）初次注浆管宜随杆体一同安装至钻孔内，二次或分段高压注浆管宜与杆体组装成整体。初次注浆管管底宜超出筋体尾端、端帽及保护罩 50 ~ 100mm，二次及分段注浆管管底宜与筋体尾端、承载体或端帽平齐。

（4）定位架及对中架的外径宜小于孔径 4 ~ 6mm，套管内径宜大于筋体直径 4 ~ 6mm，波纹管内径宜大于内定位架及隔离架外径 4 ~ 6mm。定位架或对中架、隔离架应沿锚杆轴线方向每隔 1 ~ 3m 设置一个，对土层应取小值，对岩层应取大值。

（5）筋体自由段应用塑料薄膜或塑料管包裹，与锚固体连接处应采用铅丝绑牢，整个拉杆亦应按防腐要求进行防腐处理，筋体自由段采用后注浆或缓凝浆体防腐时，宜设置止水塞及排废管，排废管应将锚固段的气、水及废弃浆液直接排出孔口，不应流入自由段。

（6）采用环氧涂料防腐时，应先对钢筋表面作除锈处理，处理方法及处理质量等级应符合现行工程建设标准；压力型锚杆组装完成后，应按相关技术标准在锚固端锚夹具及承压板表面喷刷防腐材料。

（7）采用荷载分散型锚杆时，应在各单元锚杆的外露端做出明显的标记。

（8）杆体安装后应悬吊在钻孔内，杆体底端与孔底及沉渣距离不应小于100mm。

（9）杆体组装后宜尽早使用，存放期较长时，使用前应进行腐蚀及完整性检查。

（10）在杆体的组装、存放、搬运过程中，应防止损伤、附着泥土或油渍等不洁物质及筋体锈蚀，不得产生不可接受的残余变形。

（11）杆体安装时应防止各种护管及环氧涂层损伤，如有损伤应修补或替换，其中波纹管及环氧涂层轻微损伤处可采用外包2层防水聚乙烯胶带进行修补，杆体在安放就位后至浆体硬化前不应受到扰动。

（12）对于压力型杆体制作与安装存储，除满足上述要求外，还应在压力型锚杆杆体底端设置保护锚具、承载体及预应力筋的防护罩，拉力型锚索杆体底部应设置端帽，钢筋锚杆杆体底部宜设置端帽。

4.4.4 钻孔施工

抗浮锚杆钻孔施工应符合下列要求：

（1）应依据平面布置图进行现场泥浆池的开挖，泥浆池宜设置储浆池、溢流池和沉淀池。

（2）成孔时应先在孔口设6～8mm厚钢板护筒或砌砖护圈。

（3）钻机就位后，应保持平稳，安放水平，防止倾斜，孔位放线误差不应大于20mm，机械定位误差不应大于50mm。

（4）在破碎及极破碎的岩层、地下水有承压性或流动性的地层、淤泥、砂层、岩溶等复杂地层中成孔时，应对抗浮锚杆的施工可行性进行专项研究，采取有效的应对措施，必要时应进行钻孔的渗透性试验等现场试验。

（5）土层不稳定或容易受扰动时，钻孔应采用套管护壁，土层中的荷载分散型锚杆和采用二次及分段高压注浆的锚杆宜采用套管护壁钻孔。

（6）设计抗浮承载力超过200kN的锚杆不宜采用泥浆护壁回转方式成孔，必须采用时，应采取分段高压劈裂注浆等有效措施消除孔壁附着的泥皮的不利影响。

（7）成孔后、下入杆体前应及时清孔，塌孔后应二次清孔，不得强行置入杆体。

4.4.5 注浆

注浆应符合下列要求：

（1）清孔后应及时安装杆体并注浆。

（2）根据锚杆设计抗拔承载力及地质条件等具体情况，宜采用一次注浆、二次简易高压注浆、多次分段高压劈裂注浆等注浆工艺，预应力土层锚杆宜采用后两种注浆工艺。

（3）应综合注浆工艺、浆体种类、输送距离、设计注浆压力、连续注浆量等因素选用注浆设备。

（4）浆体应随用随制备，在初凝前用完，浆体出现泌水现象时，应重新拌和，并对配合比、泵送设备及工艺等进行检查，采取相应处理措施。

（5）注浆过程应连续，初次注浆管应插至距孔底200～500mm处，随浆液灌注而匀速或分段拔出，直至孔口溢出均匀浆液后方可停止注浆。

(6) 设置止浆塞时，宜在止浆塞下安装排废管通到地面，初次注浆管可不拔出，待排废管口溢出均匀浆液后方可停止注浆。

(7) 压力型锚杆应采取对承载体下反复注浆等措施，确保承载体下锚固体中不夹杂黏粒、粉末、碎屑、泥渣、泥浆等杂质及不窝水，孔口浆体液面下沉时应及时补浆。

(8) 对锚固体的二次及分段高压注浆时，应在初次浆体的水泥凝固体强度达到5.0MPa后进行，开环压力不宜低于2.0MPa；分段注浆宜采用袖阀管、马歇管等带密封装置的注浆设备，可不设置初次注浆管，依次由锚固段底端向前端分段注浆，前次注浆结束后应将注浆装置清洗干净以备下次注浆使用。

(9) 地下水有流动性或同时进行降水作业时，应采取措施避免地下水的流动造成浆液的稀释及流失。

(10) 锚杆完成注浆后28d内不得受冻。

4.4.6　锚固节点与防水

非预应力锚杆、预应力锚杆节点防水做法见图4-35。锚固节点与防水施工应符合下列要求：

(1) 锚杆周边有地下水渗漏时应采取相应措施处理。

(2) 防水层施工前应清除基层上的泥土、粉尘等杂物，用清水冲洗干净，基面不得有明水。

(3) 采用涂料防水时，锚杆端头应剔凿至锚杆浆体密实处，并用聚合物水泥防水砂浆找平至设计要求标高。

(4) 涂刷水泥基渗透结晶型防水涂料应连续、均匀，待表层涂料呈半干状态后开始喷水养护，养护时间不宜少于三天。

(5) 止水胶条宜采用自黏式缓膨胀型遇水膨胀止水带，成品应及时采取措施保护。

(6) 防水施工还应按现行国家标准《地下工程防水技术规范》GB 50108的规定执行。

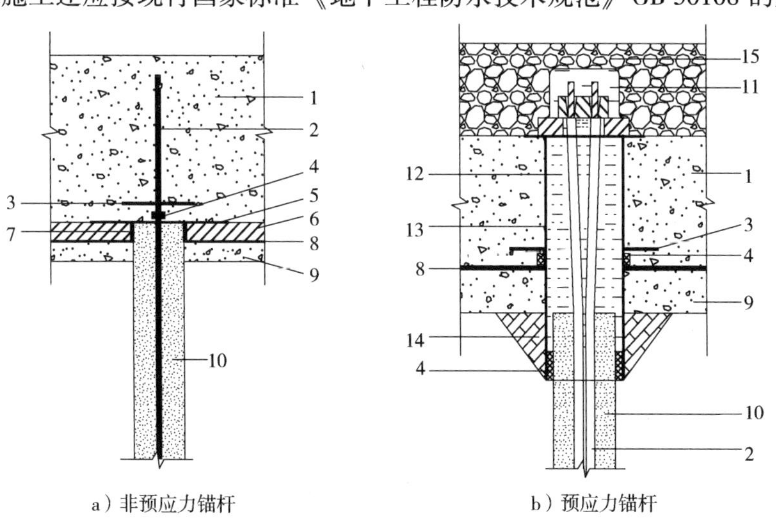

图4-35　锚杆锚固节点防水构造简图

1—基础结构　2—锚杆筋体　3—防水钢板（过渡管为金属管时）　4—遇水膨胀止水胶（条）
5—防水涂料　6—防水保护层　7—密封膏　8—加强柔性防水层　9—基础底板垫层
10—锚杆浆体　11—锚具罩（内充微膨胀浆体或润滑脂）　12—内充微膨胀浆体或润滑脂
13—过渡管　14—埋置过渡管的凹坑（填充浆体或填土击实）　15—透水材料回填层（排渗层）

4.4.7 张拉与锁定

抗浮锚杆张拉与锁定应符合下列要求：

（1）张拉时锚杆休止期及浆体、基础结构的强度应符合设计要求。

（2）张拉用的设备、仪表等应事先进行校准。

（3）基础结构的承压面应平整，并与锚杆轴线方向垂直。

（4）张拉应有序进行，张拉顺序应能避免邻近锚杆的相互影响。

（5）应取预计最大试验荷载的0.1～0.2倍预张拉1～2次，使杆体完全平直，各部位接触紧密。

（6）用于锚杆荷载试验及张拉锁定的加卸载速率宜为50～100kN/min。

（7）采用超张拉，超张拉荷载宜为设计锁定荷载与预计损失荷载之和。

（8）荷载分散型锚杆宜采用并联千斤顶组对各单元锚杆实施荷载控制同步张拉并锁定，经对比试验取得应力损失数据并补偿后也可采用其他张拉锁定方法。

（9）预应力锚杆宜验收合格后再切割张拉段及封锚。

本章术语释义

序号	术语	含义
1	地基	支承基础的土体或岩体
2	地基处理	为提高地基承载力或消除地基土的不良工程性质（如黄土的湿陷性、膨胀土的胀缩性、松散砂土的液化性质等），改善其变形性质或渗透性质而采取的人工处理地基的方法
3	换填垫层法	挖去地表浅层软弱土层或不良土层，回填其他性能稳定、无侵蚀性、强度较高的材料，并经夯压形成垫层的地基处理方法
4	最优含水率	与土的最大干密度（土在一定击实功作用下，获得最大密实状态时土体的干密度）相对应的含水率。通过标准的击实方法确定
5	压实系数	土在施工时实际达到的干密度与室内采用标准击实试验得到的最大干土密度的比值。通常用以表示填方的密实度要求和质量指标
6	橡皮土	当填方为黏性土且含水率很大，趋于饱和时，夯（拍）打后，回填土变成踩上去有一种颤动感觉的土
7	强夯法	反复将重锤提到高处使其自由落下，给地基以冲击和振动能量，将地基土夯实的地基处理方法
8	强夯置换法	将重锤提到高处使其自由落下，在地面形成夯坑，反复交替夯击填入夯坑内的砂石、钢渣等硬粒料，使其形成密实墩体的地基处理方法
9	注浆法	利用液压、气压或电化学原理，把能固化的浆液注入岩土体空隙中，将松散的土粒或裂隙胶结成一个整体的处理方法
10	预压法	对地基进行堆载或真空预压，加速地基土固结的地基处理方法

（续）

序号	术语	含义
11	振冲密实法	在振冲器水平振动和高压水的共同作用下使砂土层振密或在软弱土层中成孔后回填碎石形成桩柱，与原地基土组成复合地基的地基处理方法
12	振冲置换法	指利用振冲器水冲成孔，分批量以砂石集料形成桩体，桩体与原土地基构成复合地基，从而减少地基的沉降提高地基承载力的地基处理方法
13	褥垫层	铺设在复合地基的基础底板下有一定厚度的砂卵（砾）石层，能使桩与桩间土共同均衡地承受通过基础底板传来的上部结构的荷载
14	水泥土搅拌法	以水泥作为固化剂的主剂，通过特制的深层搅拌机械，将固化剂和地基土强制搅拌，使软土硬结成具有整体性、水稳定性和一定强度的桩体的地基处理方法
15	高压旋喷桩	通过钻杆的旋转、提升，高压水泥浆由水平方向的喷嘴喷出，形成喷射流，以此切割土体并与土拌和形成水泥土竖向增强体
16	水泥粉煤灰碎石桩	由水泥、粉煤灰和碎石等混合料加水拌和在土中灌注形成的一种竖向增强体
17	基础	将上部结构所承受的外来荷载及上部结构自重传递到地基上的结构组成部分
18	无筋扩展基础	由砖、毛石、混凝土或毛石混凝土、灰土和三合土等材料组成的，且不需配置钢筋的墙下条形基础或柱下独立基础
19	钢筋混凝土扩展基础	指柱下现浇钢筋混凝土独立基础和墙下现浇钢筋混凝土条形基础
20	筏形基础	指柱下或墙下连续的平板式或梁板式钢筋混凝土基础
21	箱形基础	由钢筋混凝土底板、顶板及内外纵横墙体构成的整体浇筑的单层或多层钢筋混凝土基础
22	桩基础	由置入地基中的桩和连接于桩顶的承台共同组成的基础
23	预应力混凝土管桩	采用离心和预应力工艺成型的圆环形截面的预应力混凝土桩，简称管桩 桩身混凝土强度等级为C80及以上的管桩为高强混凝土管桩，简称PHC管桩 桩身混凝土强度等级为C60的管桩为混凝土管桩，简称PC管桩 主筋配筋形式为预应力钢棒和普通钢筋组合布置的高强混凝土管桩为混合配筋管桩，简称PRC管桩
24	灌注桩	指先用机械或人工成孔，然后再安放钢筋笼、灌注混凝土的一种基础桩
25	泥浆护壁	用机械进行灌注桩成孔时，为防止塌孔，在孔内注入密度大于1.0的泥浆进行护壁的一种成孔施工工艺
26	沉管灌注桩	是指利用锤击打桩法或振动打桩法，将带有活瓣式桩尖或预制钢筋混凝土桩靴的钢套管沉入土中，然后边浇筑混凝土（或先在管内放入钢筋笼）边锤击或边振动边拔管而成的桩。前者称为锤击沉管灌注桩及套管夯扩灌注桩，后者称为振动沉管灌注桩

（续）

序号	术语	含义
27	旋挖成孔灌注桩	先用旋挖钻机成孔，然后再安放钢筋笼、灌注混凝土的一种基础桩
28	压灌混凝土灌注桩	利用长螺旋钻机钻孔至设计深度，在提钻的同时利用混凝土输送泵通过钻杆中心通道，以一定的压力将混凝土压至桩孔中，直至成桩的一种基础桩
29	后插筋	混凝土灌注到设计标高后，再借助钢筋笼自重或专用振动设备将钢筋笼插入混凝土中至设计标高，形成钢筋混凝土灌注桩的一种施工工艺
30	沉渣厚度	在灌注混凝土前由于沉淀或其他原因造成孔底标高上抬，钻孔终孔后桩孔深度与灌注前桩孔深度的差值叫沉渣厚度
31	充盈系数	实际混凝土灌注量与桩体混凝土理论量的比值（不含损耗量）
32	植入法	预先利用钻机在桩位处钻孔至所需深度后灌注水泥浆，或者利用深层搅拌或旋喷成桩，然后将管桩压入或打入其中的施工方法
33	中掘法	利用特定的成桩设备，将钻杆与钻头穿过高强预应力混凝土管桩，在钻头成孔的同时将管桩带入孔中，使管桩嵌入中、微风化等持力层，最后进行灌浆成桩的施工方法
34	收锤标准	将桩端打至预定深度附近时终止锤击的控制条件
35	送桩	打桩过程中借助送桩器将桩顶沉至地面以下的工序

第5章 脚手架工程

5.1 概述

脚手架是指在施工现场为安全防护、工人操作和施工运输而搭设的临时性支架。脚手架既是施工工具又是安全设施，其构架形式、材料选用以及搭设质量等对工程的安全、质量、进度及成本有着重要的影响。

脚手架种类较多，按用途分为操作、防护和支撑脚手架；按搭设在建筑物内外的位置分为里、外脚手架；按支撑与固定的方式分为落地式、悬挑式、外挂式、悬吊式、爬升式和顶升平台等；按设置形式分为单排、双排和满堂脚手架；按杆件的连接方式又分为承插式、扣接式和盘扣式等。

脚手架的构造设计应能保证脚手架结构体系的稳定。在脚手架搭设和拆除作业前，应根据工程特点编制专项施工方案，并应经审批后组织实施。脚手架的设计、搭设、使用和维护应满足下列要求：

（1）应能承受设计荷载。

（2）结构应稳固，不得发生影响正常使用的变形。

（3）应满足使用要求，具有安全防护功能。

（4）在使用中，脚手架结构性能不得发生明显改变。

（5）当遇意外作用或偶然超载时，不得发生整体性垮塌。

（6）脚手架所依附、承受的工程结构不应受到损害。

脚手架应构造合理、连接牢固、搭设与拆除方便、使用安全可靠。脚手架结构设计应根据脚手架种类、搭设高度和荷载采用不同的安全等级。脚手架安全等级的划分应符合表5-1的规定。

表5-1 脚手架的安全等级

落地作业脚手架		悬挑脚手架		满堂支撑脚手架（作业）		支撑脚手架		安全等级
搭设高度/m	荷载标准值/kN	搭设高度/m	荷载标准值/kN	搭设高度/m	荷载标准值/kN	搭设高度/m	荷载标准值/kN	
≤40	—	≤20	—	≤16	—	≤8	≤15kN/m² 或≤20kN/m 或≤7kN/点	Ⅱ
>40	—	>20	—	>16	—	>8	>15kN/m² 或>20kN/m 或>7kN/点	Ⅰ

注：1. 支撑脚手架的搭设高度、荷载中任一项不满足安全等级为Ⅱ级的条件时，其安全等级应划为Ⅰ级。

2. 附着式升降脚手架安全等级均为Ⅰ级。

3. 竹、木脚手架搭设高度在现行行业标准规定的限值内，其安全等级均为Ⅱ级。

5.2 构造要求

5.2.1 一般规定

脚手架的构造和组架工艺应能满足施工需求，并应保证架体牢固、稳定，具体要求如下：

（1）脚手架杆件连接节点应满足其强度和转动刚度的要求，确保架体在使用期内安全，节点无松动。

（2）脚手架所用杆件、节点连接件、构配件等应能配套使用，并应能满足各种组架方法和构造要求。

（3）脚手架的竖向和水平剪刀撑应根据其种类、荷载、结构和构造设置，剪刀撑斜杆应与相邻立杆连接牢固；可采用斜撑杆、交叉拉杆代替剪刀撑。门式钢管脚手架设置的纵向交叉拉杆可替代纵向剪刀撑。

（4）竹脚手架应只用于作业脚手架和落地满堂支撑脚手架，木脚手架可用于作业脚手架和支撑脚手架。竹、木脚手架的构造及节点连接技术要求应符合现行工程建设标准。

5.2.2 作业脚手架

（1）作业脚手架的宽度不应小于0.8m，且不宜大于1.2m。作业层高度不应小于1.7m，且不宜大于2.0m。

（2）作业脚手架应按设计计算和构造要求设置连墙件，并应符合下列规定：

1）连墙件应采用能承受压力和拉力的构造，并应与建筑结构和架体连接牢固。

2）连墙点的水平间距不得超过3跨，竖向间距不得超过3步，连墙点之上架体的悬臂高度不应超过2步。

3）在架体的转角处、开口型作业脚手架端部应增设连墙件，连墙件的垂直间距不应大于建筑物层高，且不应大于4.0m。

（3）在作业脚手架的纵向外侧立面上应设置竖向剪刀撑，并应符合下列规定：

1）每道剪刀撑的宽度应为4~6跨，且不应小于6m，也不应大于9m；剪刀撑斜杆与水平面的倾角应在45°~60°之间。

2）搭设高度在24m以下时，应在架体两端、转角及中间每隔不超过15m各设置一道剪刀撑，并由底至顶连续设置；搭设高度在24m及以上时，应在全外侧立面上由底至顶连续设置。

3）悬挑脚手架、附着式升降脚手架应在全外侧立面上由底至顶连续设置。

（4）当采用竖向斜撑杆、竖向交叉拉杆替代作业脚手架竖向剪刀撑时，应符合下列规定：

1）在作业脚手架的端部、转角处应各设置一道。

2）搭设高度在24m以下时，应每隔5~7跨设置一道；搭设高度在24m及以上时，应每隔1~3跨设置一道；相邻竖向斜撑杆应朝向对称呈八字形设置，如图5-1所示。

3）每道竖向斜撑杆、竖向交叉拉杆应在作业脚手架外侧相邻纵向立杆间由底至顶按步连续设置。

（5）作业脚手架底部立杆上应设置纵向和横向扫地杆。

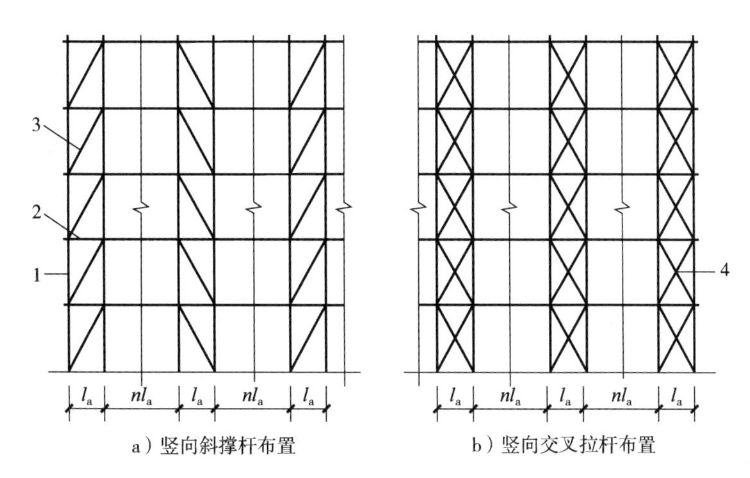

图 5-1　作业脚手架竖向斜撑杆布置示意

1—立杆　2—水平杆　3—斜撑杆　4—交叉拉杆　l_a—立杆纵向间距

（6）悬挑脚手架立杆底部应与悬挑支承结构可靠连接；应在立杆底部设置纵向扫地杆，并应间断设置水平剪刀撑或水平斜撑杆。

（7）附着式升降脚手架应符合下列规定：

1）竖向主框架、水平支承桁架应采用桁架或刚架结构，杆件应采用焊接或螺栓连接。

2）应设有防倾、防坠、超载、失载、同步升降控制装置，各类装置应灵敏可靠。

3）在竖向主框架所覆盖的每个楼层均应设置一道附墙支座；每道附墙支座应能承担该机位的全部荷载；在使用工况下，竖向主框架应与附墙支座可靠固定。

4）当采用电动升降设备时，电动升降设备连续升降距离应大于一个楼层高度，并应有可靠的制动和定位功能。

5）防坠落装置与升降设备的附着固定应分别设置，不得固定在同一附着支座上。

（8）作业脚手架的作业层上应满铺脚手板，并应采取可靠的连接方式与水平杆固定。当作业层边缘与建筑物间隙大于 150mm 时，应采取防护措施。作业层外侧应设置栏杆和挡脚板。

5.2.3　支撑脚手架

（1）支撑脚手架的立杆间距和步距应由设计计算确定，且立杆间距不宜大于 1.5m，步距不应大于 2.0m。

（2）支撑脚手架独立架体高宽比不应大于 3.0。

（3）当有既有建筑结构时，支撑脚手架应与既有建筑结构可靠连接，连接点至架体主节点的距离不宜大于 300mm，应与水平杆同层设置，并应符合下列规定：

1）连接点竖向间距不宜超过 2 步。

2）连接点水平向间距不宜大于 8m。

（4）支撑脚手架应设置竖向剪刀撑，并应符合下列规定：

1）安全等级为Ⅱ级的支撑脚手架应在架体周边、内部纵向和横向每隔不大于 9m 设置一道。

2）安全等级为Ⅰ级的支撑脚手架应在架体周边、内部纵向和横向每隔不大于 6m 设置一道。

3）竖向剪刀撑斜杆间的水平距离宜为 6 ~9m，剪刀撑斜杆与水平面的倾角应为 45° ~60°。

（5）当采用竖向斜撑杆、竖向交叉拉杆代替支撑脚手架竖向剪刀撑时，应符合下列规定：

1）安全等级为Ⅱ级的支撑脚手架应在架体周边、内部纵向和横向每隔 6 ~9m 设置一道；安全等级为Ⅰ级的支撑脚手架应在架体周边、内部纵向和横向每隔 4 ~6m 设置一道。

每道竖向斜撑杆、竖向交叉拉杆可沿支撑脚手架纵向、横向每隔 2 跨在相邻立杆间从底至顶连续设置（图 5-2）；也可沿支撑脚手架竖向每隔 2 步距连续设置。斜撑杆可采用八字形对称布置（图 5-3）。

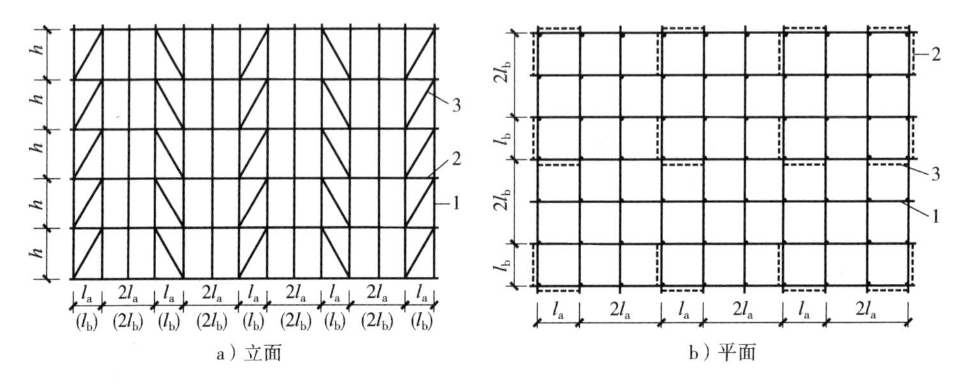

a）立面　　b）平面

图 5-2　竖向斜撑杆布置示意（一）

l_a—立杆纵向间距　l_b—立杆横向间距

1—立杆　2—水平杆　3—斜撑杆

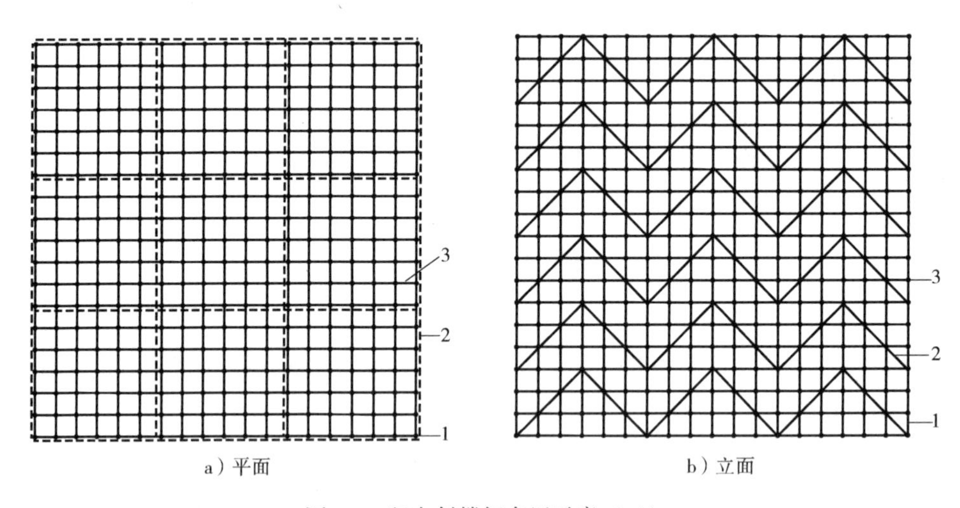

a）平面　　b）立面

图 5-3　竖向斜撑杆布置示意（二）

1—立杆　2—斜撑杆　3—水平杆

2）支撑脚手架上的荷载标准值大于 30kN/m² 时，可采用塔形桁架矩阵式布置，塔形桁架的水平截面形状及布局，可根据荷载等因素选择（图 5-4）。

（6）支撑脚手架应设置水平剪刀撑，并应符合下列规定：

1）安全等级为Ⅱ级的支撑脚手架宜在架顶处设置一道水平剪刀撑。

2）全等级为Ⅰ级的支撑脚手架应在架顶、竖向每隔不大于 8m 各设置一道水平剪刀撑。

3）每道水平剪刀撑应连续设置，剪刀撑的宽度宜为 6 ~9m。

（7）当采用水平斜撑杆、水平交叉拉杆代替支撑脚手架每层的水平剪刀撑时，应符合下列规定（图5-4）：

1）安全等级为Ⅱ级的支撑脚手架应在架体水平面的周边、内部纵向和横向每隔不大于12m设置一道。

2）安全等级为Ⅰ级的支撑脚手架宜在架体水平面的周边、内部纵向和横向每隔不大于8m设置一道。

3）水平斜撑杆、水平交叉拉杆应在相邻立杆间连续设置。

（8）支撑脚手架剪刀撑或斜撑杆、交叉拉杆的布置应均匀、对称。

（9）支撑脚手架的水平杆应按步距沿纵向和横向通长连续设置，不得缺失（图5-5）。在支撑脚手架立杆底部应设置纵向和横向扫地杆，水平杆和扫地杆应与相邻立杆连接牢固。

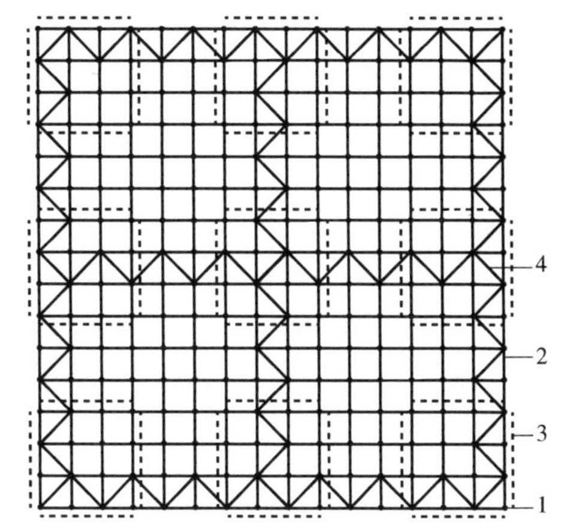

图5-4 竖向塔形桁架、水平斜撑杆布置示意

1—立杆 2—水平杆 3—竖向塔形桁架 4—水平斜撑杆

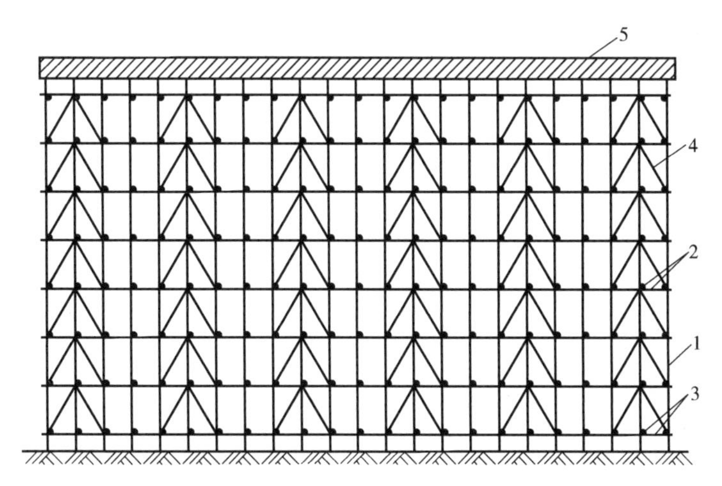

图5-5 支撑脚手架水平杆、扫地杆布置示意

1—立杆 2—水平杆 3—扫地杆 4—斜杆 5—模板

（10）安全等级为Ⅰ级的支撑脚手架顶层两步距范围内架体的纵向和横向水平杆宜按减小步距加密设置。

（11）当支撑脚手架顶层水平杆承受荷载时，应经计算确定其杆端悬臂长度，并应小于150mm。

（12）当支撑脚手架局部所承受的荷载较大，立杆需加密设置时，加密区的水平杆应向非加密区延伸不少于一跨；非加密区立杆的水平间距应与加密区立杆的水平间距互为倍数。

（13）支撑脚手架的可调底座和可调托座插入立杆的长度不应小于150mm，其可调螺杆的外伸长度不宜大于300mm。当可调托座调节螺杆的外伸长度较大时，宜在水平方向设限位措施，其可调螺杆的外伸长度应按计算确定。

（14）当支撑脚手架同时满足下列条件时，可不设置竖向、水平剪刀撑：

1）搭设高度小于5m，架体高宽比小于1.5。

2）被支承结构自重面荷载不大于5kN/m^2；线荷载不大于8kN/m。

3）杆件连接节点的转动刚度符合规范要求。

4）架体结构与既有建筑结构有可靠连接时。

5）立杆基础均匀，满足承载力要求。

（15）满堂支撑脚手架应在外侧立面、内部纵向和横向每隔6～9m由底至顶连续设置一道竖向剪刀撑；在顶层和竖向间隔不大于8m处各设置一道水平剪刀撑，并应在底层立杆上设置纵向和横向扫地杆。

（16）可移动的满堂支撑脚手架搭设高度不应超过12m，高宽比不应大于1.5。应在外侧立面、内部纵向和横向间隔不大于4m由底至顶连续设置一道竖向剪刀撑；应在顶层、扫地杆设置层和竖向间隔不超过2步分别设置一道水平剪刀撑。应在底层立杆上设置纵向和横向扫地杆。

（17）可移动的满堂支撑脚手架应有同步移动控制措施。

5.2.4 搭设与拆除

1. 脚手架搭设

脚手架搭设应符合以下要求：

（1）脚手架搭设和拆除作业应按专项施工方案施工。

（2）脚手架搭设作业前，应向作业人员进行安全技术交底。

（3）脚手架的搭设场地应平整、坚实，场地排水应顺畅，不应有积水。脚手架附着于建筑结构处的混凝土强度应满足安全承载要求。

（4）脚手架应按顺序搭设，并应符合下列规定：

1）落地作业脚手架、悬挑脚手架的搭设应与工程施工同步，一次搭设高度不应超过最上层连墙件两步，且自由高度不应大于4m。

2）支撑脚手架应逐排、逐层进行搭设。

3）剪刀撑、斜撑杆等加固杆件应随架体同步搭设，不得滞后安装。

4）构件组装类脚手架的搭设应自一端向另一端延伸，自下而上按步架设，并应逐层改变搭设方向。

5）每搭设完一步架体后，应按规定校正立杆间距、步距、垂直度及水平杆的水平度。

（5）作业脚手架连墙件的安装必须符合下列规定：

1）连墙件的安装必须随作业脚手架搭设同步进行，严禁滞后安装。

2）当作业脚手架操作层高出相邻连墙件2个步距及以上时，在上层连墙件安装完毕前，必须采取临时拉结措施。

（6）悬挑脚手架、附着式升降脚手架在搭设时，其悬挑支承结构、附着支座的锚固和固定应牢固可靠。悬挑脚手架的悬挑支承结构是依靠预埋件与建筑结构锚固的，附着式升降脚手架是依靠附着支座与建筑结构固定的，悬挑支承结构和附着支座固定牢固，这是悬挑脚手架和附着式升降脚手架搭设和使用安全的保障。为保证悬挑支承结构和附着支座固定牢固，其预埋件和锚固件的品种、数量、规格和预埋锚固位置、间距、连接紧固及预埋锚固处混凝土强度等应符合技术要求。

（7）附着式升降脚手架组装就位后，应按规定进行检验和升降调试，符合要求后方可投入使用。附着式升降脚手架组装就位后应进行升降调试，检查升降的同步性、一次升降高度、防倾防坠装置的可靠性、构配件连接的牢固度等内容，经检查、测试、验收合格后方可使用。

2. 脚手架拆除

脚手架的拆除作业应符合下列要求：

（1）架体的拆除应从上而下逐层进行，同层杆件和构配件必须按先外后内的顺序拆除；剪刀撑、斜撑杆等加固杆件必须在拆卸至该杆件所在部位时再拆除；脚手架拆除作业时，严格禁止上下同时作业、内外同时作业的极不安全行为；也严格禁止先拆除下部部分杆件，后拆卸上部结构的行为。

（2）作业脚手架连墙件必须随架体逐层拆除，严禁先将连墙件整层或数层拆除后再拆架体。拆除作业过程中，当架体的自由端高度超过2个步距时，必须采取临时拉结措施。作业脚手架连墙件拆除必须与架体拆除同步进行，如果将连墙件整层或数层先行拆除后再拆架体，极易产生架体倒塌事故。拆除作业中，当连墙件以上架体悬臂段高度超过2步（含2步）时，为了保证作业安全应采取临时固定措施。

（3）脚手架的拆除作业不得使用重锤击打、撬别。拆除的杆件、构配件应采用机械或人工运至地面，严禁抛掷。

（4）当在多层楼板上连续搭设支撑脚手架时，应分析多层楼板间荷载传递对支撑脚手架、建筑结构的影响，上下层支撑脚手架的立杆宜对位设置。在多层楼板上连续搭设支撑脚手架时，上下层立杆应尽可能对准位置设置，以避免出现安全事故及损坏楼层板。

5.3 扣件式脚手架

扣件式钢管脚手架是由扣件连接钢管构成的承重架体，它搭拆灵活、通用性强、周转次数多、应用广泛，可与其他形式脚手架联合使用。但其安全性较差，施工工效低，设计施工要严格遵守规范，以保证架体安全。

根据立杆的布置方式，扣件式钢管脚手架可分为单排脚手架、双排脚手架和满堂脚手架。

5.3.1 单双排脚手架设计尺寸

（1）单排脚手架搭设高度不应超过24m；双排脚手架搭设高度不宜超过50m，高度超过50m的双排脚手架，应采取分段搭设等措施。

（2）常用密目式安全立网全封闭单、双排脚手架结构的设计尺寸，可按表5-2、表5-3采用。

表5-2 常用密目式安全立网全封闭式单排脚手架的设计尺寸（m）

连墙件设置	立杆横距 l_b	步距 h	下列荷载时的立杆纵距 l_a		脚手架允许搭设高度[H]
			2+0.35（kN/m²）	3+0.35（kN/m²）	
二步三跨	1.2	1.5	2.0	1.8	24
		1.8	1.5	1.2	24
	1.4	1.5	1.8	1.5	24
		1.8	1.5	1.2	24

（续）

连墙件设置	立杆横距 l_b	步距 h	下列荷载时的立杆纵距 l_a		脚手架允许搭设高度 [H]
			2+0.35 (kN/m²)	3+0.35 (kN/m²)	
三步三跨	1.2	1.5	2.0	1.8	24
		1.8	1.2	1.2	24
	1.4	1.5	1.8	1.5	24
		1.8	1.2	1.2	24

表 5-3　常用密目式安全立网全封闭式双排脚手架的设计尺寸（m）

连墙件设置	立杆横距 l_b	步距 h	下列荷载时的立杆纵距 l_a				脚手架允许搭设高度 [H]
			2+0.35 (kN/m²)	2+2+2×0.35 (kN/m²)	3+0.35 (kN/m²)	3+2+2×0.35 (kN/m²)	
二步三跨	1.05	1.5	2.0	1.5	1.5	1.5	50
		1.8	1.8	1.5	1.5	1.5	32
	1.30	1.5	1.8	1.5	1.5	1.5	50
		1.8	1.8	1.2	1.5	1.2	30
	1.55	1.5	1.8	1.5	1.5	1.5	38
		1.8	1.8	1.2	1.5	1.2	22
三步三跨	1.05	1.5	2.0	1.5	1.5	1.5	43
		1.8	1.8	1.2	1.5	1.2	24
	1.30	1.5	1.8	1.5	1.5	1.2	30
		1.8	1.8	1.2	1.5	1.2	17

注：1. 表中所示 2+2+2×0.35（kN/m²），包括下列荷载：2+2（kN/m²）为二层装修作业层施工荷载标准值；2×0.35（kN/m²）为二层作业层脚手板自重荷载标准值。

2. 作业层横向水平杆间距，应按不大于 $l_a/2$ 设置。

3. 地面粗糙度为 B 类，基本风压 $w_0=0.4\text{kN/m}^2$。

5.3.2　单双排脚手架立杆设置要求

（1）每根立杆底部宜设置底座或垫板。单、双排脚手架底层步距均不应大于 2m。

（2）脚手架立杆基础不在同一高度上时，必须将高处的纵向扫地杆向低处延长两跨与立杆固定，高低差不应大于 1m。靠边坡上方的立杆轴线到边坡的距离不应小于 500mm（图 5-6）。

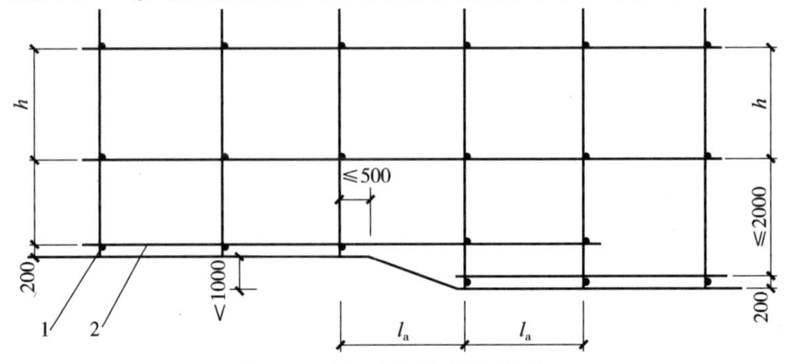

图 5-6　纵、横向扫地杆构造

1—横向扫地杆　2—纵向扫地杆　l_a—立杆纵向间距

（3）单排、双排与满堂脚手架立杆接长除顶层顶步外，其余各层各步接头必须采用对接扣件连接。脚手架立杆的对接、搭接应符合下列规定：

1）当立杆采用对接接长时，立杆的对接扣件应交错布置，两根相邻立杆的接头不应设置在同步内，同步内隔一根立杆的两个相隔接头在高度方向错开的距离不宜小于500mm；各接头中心至主节点的距离不宜大于步距的1/3。

2）当立杆采用搭接接长时，搭接长度不应小于1m，并应采用不少于2个旋转扣件固定。端部扣件盖板的边缘至杆端距离不应小于100mm。

5.3.3　单双排脚手架水平杆设置要求

1. 纵向水平杆设置要求

脚手架必须设置纵、横向扫地杆。纵向扫地杆应采用直角扣件固定在距钢管底端不大于200mm处的立杆上。

（1）纵向水平杆应设置在立杆内侧，单根杆长度不应小于3跨。

（2）纵向水平杆接长应采用对接扣件连接或搭接，并应符合下列规定：

1）两根相邻纵向水平杆的接头不应设置在同步或同跨内；不同步或不同跨两个相邻接头在水平方向错开的距离不应小于500mm；各接头中心至最近主节点的距离不应大于纵距的1/3（图5-7）。

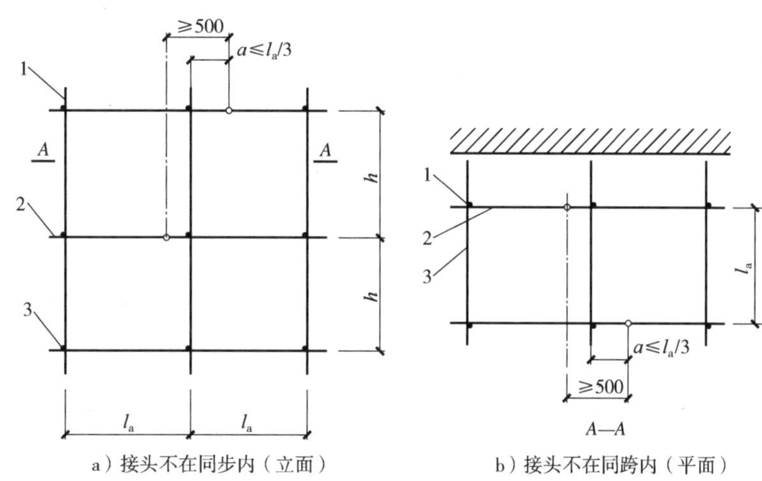

图5-7　纵向水平杆对接接头布置

1—立杆　2—纵向水平杆　3—横向水平杆

2）搭接长度不应小于1m，应等间距设置3个旋转扣件固定；端部扣件盖板边缘至搭接纵向水平杆杆端的距离不应小于100mm。

3）当使用冲压钢脚手板、木脚手板、竹串片脚手板时，纵向水平杆应作为横向水平杆的支座，用直角扣件固定在立杆上；当使用竹笆脚手板时，纵向水平杆应采用直角扣件固定在横向水平杆上，并应等间距设置，间距不应大于400mm（图5-8）。

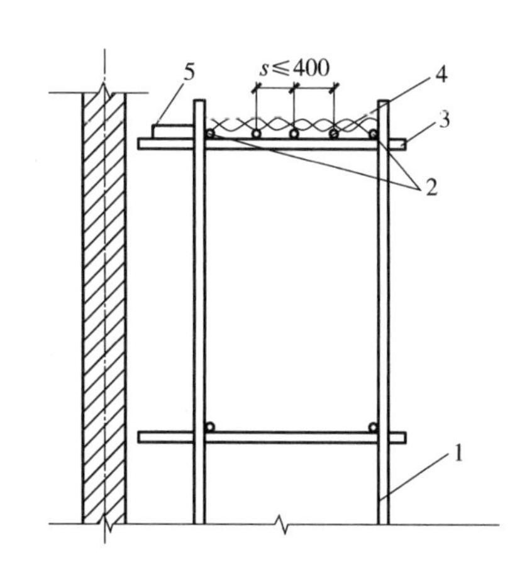

图5-8　铺竹笆脚手板时纵向水平杆的构造

1—立杆　2—纵向水平杆　3—横向水平杆

4—竹笆脚手板　5—其他脚手板

2. 横向水平杆设置要求

脚手架横向扫地杆应采用直角扣件固定在紧靠纵向扫地杆下方的立杆上。

（1）主节点处必须设置一根横向水平杆，用直角扣件扣接且严禁拆除。

（2）作业层上非主节点处的横向水平杆，宜根据支承脚手板的需要等间距设置，最大间距不应大于纵距的1/2。

(3) 当使用冲压钢脚手板、木脚手板、竹串片脚手板时，双排脚手架的横向水平杆两端均应采用直角扣件固定在纵向水平杆上；单排脚手架的横向水平杆的一端应用直角扣件固定在纵向水平杆上，另一端应插入墙内，插入长度不应小于180mm。

(4) 当使用竹笆脚手板时，双排脚手架的横向水平杆的两端，应用直角扣件固定在立杆上；单排脚手架的横向水平杆的一端，应用直角扣件固定在立杆上，另一端插入墙内，插入长度不应小于180mm。

3. 脚手板设置要求

(1) 作业层脚手板应铺满、铺稳、铺实。

(2) 冲压钢脚手板、木脚手板、竹串片脚手板等，应设置在三根横向水平杆上。当脚手板长度小于2m时，可采用两根横向水平杆支承，但应将脚手板两端与横向水平杆可靠固定，严防倾翻。脚手板的铺设应采用对接平铺或搭接铺设。

脚手板对接平铺时，接头处应设两根横向水平杆，脚手板外伸长度应取130～150mm，两块脚手板外伸长度的和不应大于300mm（图5-9a）；脚手板搭接铺设时，接头应支在横向水平杆上，搭接长度不应小于200mm，其伸出横向水平杆的长度不应小于100mm（图5-9b）。

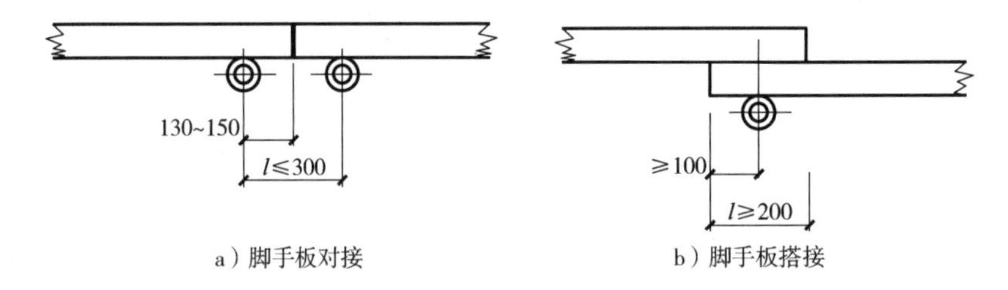

图5-9　脚手板对接、搭接构造

(3) 竹笆脚手板应按其主竹筋垂直于纵向水平杆方向铺设，且应对接平铺，四个角应用直径不小于1.2mm的镀锌钢丝固定在纵向水平杆上。

(4) 作业层端部脚手板探头长度应取150mm，其板的两端均应固定于支承杆件上。

5.3.4　单双排脚手架连墙件设置要求

连墙件是将脚手架架体与建筑主体结构连接，能够传递拉力和压力的构件。脚手架连墙件设置的位置、数量应按专项施工方案确定并应符合表5-4的规定。

表5-4　连墙件布置最大间距

搭设方法	高度	竖向间距	水平间距	每根连墙件覆盖面积/m^2
双排落地	≤50m	$3h$	$3l_a$	≤40
双排悬挑	>50m	$2h$	$3l_a$	≤27
单排	≤24m	$3h$	$3l_a$	≤40

注：h—步距；l_a—纵距。

连墙件的布置应符合下列规定：

(1) 应靠近主节点设置，偏离主节点的距离不应大于300mm。

(2) 应从底层第一步纵向水平杆处开始设置，当该处设置有困难时，应采用其他可靠措施固定。

（3）应优先采用菱形布置，或采用方形、矩形布置。

（4）开口型脚手架的两端必须设置连墙件，连墙件的垂直间距不应大于建筑物的层高，并且不应大于 4m。

（5）连墙件中的连墙杆应呈水平设置，当不能水平设置时，应向脚手架一端下斜连接。

（6）连墙件必须采用可承受拉力和压力的构造。对高度 24m 以上的双排脚手架，应采用刚性连墙件与建筑物连接。

（7）当脚手架下部暂不能设连墙件时应采取防倾覆措施。当搭设抛撑时，抛撑应采用通长杆件，并用旋转扣件固定在脚手架上，与地面的倾角应在 45°～60°之间；连接点中心至主节点的距离不应大于 300mm。抛撑应在连墙件搭设后再拆除。

5.3.5　单双排脚手架剪刀撑与横向斜撑

单排脚手架应设置剪刀撑，双排脚手架应设置剪刀撑与横向斜撑。

（1）剪刀撑的设置要求

1）每道剪刀撑跨越立杆的根数应按表 5-5 的规定确定。每道剪刀撑横跨宽度不应小于 4 跨，且不应小于 6m，斜杆与地面的倾角应在 45°～60°之间。

表 5-5　剪刀撑跨越立杆的最多根数

剪刀撑斜杆与地面的倾角 α	45°	50°	60°
剪刀撑跨越立杆的最多根数 n	7	6	5

2）剪刀撑斜杆的接长应采用搭接或对接，搭接长度不应小于 1m，并应采用不少于 2 个旋转扣件固定。端部扣件盖板的边缘至杆端距离不应小于 100mm。

3）剪刀撑斜杆应用旋转扣件固定在与之相交的横向水平杆的伸出端或立杆上，旋转扣件中心线至主节点的距离不应大于 150mm。

4）高度在 24m 及以上的双排脚手架应在外侧全立面连续设置剪刀撑；高度在 24m 以下的单、双排脚手架，均必须在外侧两端、转角及中间间隔不超过 15m 的立面上，各设置一道剪刀撑，并应由底至顶连续设置（图 5-10）。

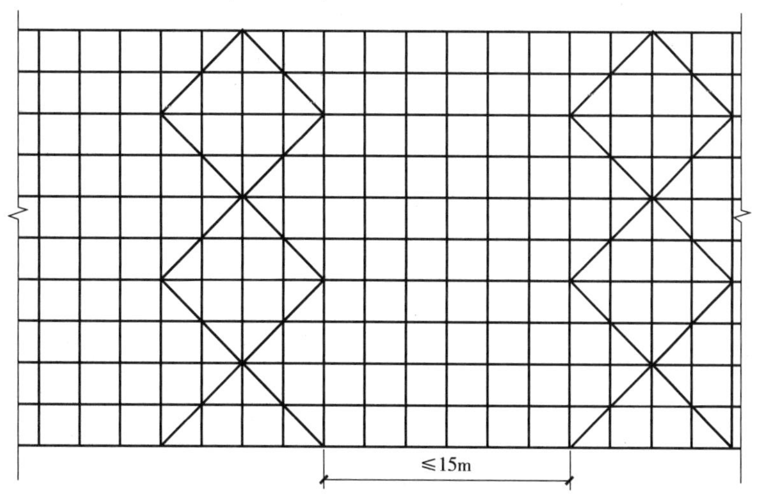

图 5-10　高度 24m 以下剪刀撑布置

（2）横向斜撑的设置

双排脚手架横向斜撑的设置应符合下列规定：

1）开口型双排脚手架的两端均须设置横向斜撑。

2）横向斜撑应在同一节间，由底至顶层呈之字形连续布置，斜撑杆宜采用旋转扣件固定在与之相交的横向水平杆的伸出端上，旋转扣件中心线至主节点的距离不宜大于150mm。

3）高度在24m以下的封闭型双排脚手架可不设横向斜撑，高度在24m以上的封闭型脚手架，除拐角应设置横向斜撑外，中间应每隔6跨距设置一道。

5.3.6 满堂脚手架

满堂脚手架搭设高度不宜超过36m；满堂脚手架施工层不得超过1层。常用敞开式满堂脚手架结构的设计尺寸可按表5-6采用。

表5-6 常用敞开式满堂脚手架结构的设计尺寸

序号	步距/m	立杆间距/m	下列施工荷载时最大允许高度/m	
			$2kN/m^2$	$3kN/m^2$
1	1.7~1.8	1.2×1.2	17	9
2		1.0×1.0	30	24
3		0.9×0.9	36	36
4	1.5	1.3×1.3	18	9
5		1.2×1.2	23	16
6		1.0×1.0	36	31
7		0.9×0.9	36	36
8	1.2	1.3×1.3	20	13
9		1.2×1.2	24	19
10		1.0×1.0	36	32
11		0.9×0.9	36	36
12	0.9	1.0×1.0	36	33
13		0.9×0.9	36	36

注：1. 支架高宽比不大于2.0。
2. 最少跨数应符合规范要求。
3. 脚手板自重标准值取$0.35kN/m^2$。
4. 地面粗糙度为B类，基本风压$w_0=0.35kN/m^2$。
5. 立杆间距不小于1.2m×1.2m，施工荷载标准值不小于$3kN/m^2$时，立杆上应增设防滑扣件，防滑扣件应安装牢固，且顶紧立杆与水平杆连接的扣件。

满堂脚手架立杆接长接头必须采用对接扣件连接，立杆的对接扣件应交错布置，两根相邻立杆的接头不应设置在同步内，同步内隔一根立杆的两个相隔接头在高度方向错开的距离不宜小于500mm；各接头中心至主节点的距离不宜大于步距的1/3。水平杆长度不宜小于3跨。

满堂脚手架应在架体外侧四周及内部纵、横向每6m至8m由底至顶设置连续竖向剪刀撑。当架体搭设高度在8m以下时，应在架顶部设置连续水平剪刀撑；当架体搭设高度在8m及以上时，应在架体底部、顶部及竖向间隔不超过8m分别设置连续水平剪刀撑。水平剪刀撑宜在竖向剪刀撑斜杆相交平面设置。剪刀撑宽度应为6~8m。剪刀撑应用旋转扣件固定在与之相交的水平杆或立杆上，旋转扣件中心线至主节点的距离不宜大于150mm。

满堂脚手架的高宽比不宜大于3，当高宽比大于2时，应在架体的外侧四周和内部水平间隔6～9m，竖向间隔4～6m设置连墙件与建筑结构拉结，当无法设置连墙件时，应采取设置钢丝绳张拉固定等措施。

当满堂脚手架局部承受集中荷载时，应按实际荷载计算并应局部加固。满堂脚手架操作层支撑脚手板的水平杆间距不应大于1/2跨距。

5.3.7　满堂支撑架

满堂支撑架应根据架体的类型设置剪刀撑，并应符合下列规定：

1. 普通型

（1）在架体外侧周边及内部纵、横向每5～8m，应由底至顶设置连续竖向剪刀撑，剪刀撑宽度应为5～8m（图5-11）。

（2）在竖向剪刀撑顶部交点平面应设置连续水平剪刀撑。当支撑高度超过8m，或施工总荷载大于15kN/m^2，或集中线荷载大于20kN/m的支撑架，扫地杆的设置层应设置水平剪刀撑。水平剪刀撑至架体底平面距离与水平剪刀撑间距不宜超过8m（图5-11）。

2. 加强型

（1）当立杆纵、横间距为0.9m×0.9m～1.2m×1.2m时，在架体外侧周边及内部纵、横向每4跨（且不大于5m），应由底至顶设置连续竖向剪刀撑，剪刀撑宽度应为4跨。

（2）当立杆纵、横间距为0.6m×0.6m～0.9m×0.9m（含0.6m×0.6m，0.9m×0.9m）时，在架体外侧周边及内部纵、横向每5跨（且不小于3m），应由底至顶设置连续竖向剪刀撑，剪刀撑宽度应为5跨。

（3）当立杆纵、横间距为0.4m×0.4m～0.6m×0.6m（含0.4m×0.4m）时，在架体外侧周边及内部纵、横向每3～3.2m应由底至顶设置连续竖向剪刀撑，剪刀撑宽度应为3～3.2m。

（4）在竖向剪刀撑顶部交点平面应设置水平剪刀撑，水平剪刀撑至架体底平面距离与水平剪刀撑间距不宜超过6m，剪刀撑宽度应为3～5m（图5-12）。

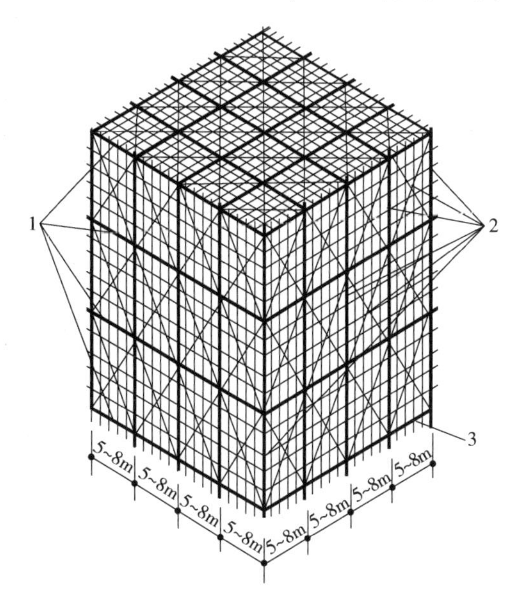

图5-11　普通型水平、竖向剪刀撑布置图
1—水平剪刀撑　2—竖向剪刀撑　3—扫地杆设置层

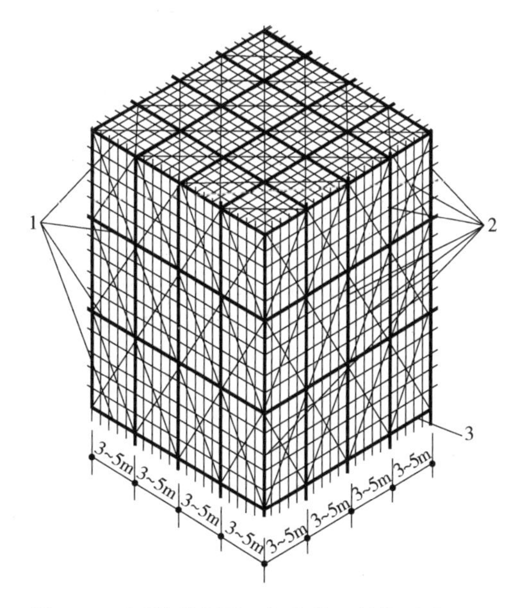

图5-12　加强型水平、竖向剪刀撑构造布置图
1—水平剪刀撑　2—竖向剪刀撑　3—扫地杆设置层

竖向剪刀撑斜杆与地面的倾角应为45°~60°，水平剪刀撑与支架纵（或横）向夹角应为45°~60°。满堂支撑架的可调底座、可调托撑螺杆伸出长度不宜超过300mm，插入立杆内的长度不得小于150mm。

5.3.8 模板支架施工

1. 施工准备

扣件式钢管模板支架施工前必须编制专项施工方案。模板支架专项施工方案应结合工程结构的高度、跨度、荷载和施工工艺等进行编制，并应包括如下内容：

（1）工程概况。

（2）搭设形式及材料选用。

（3）设计计算。

（4）构造措施。

（5）搭设与拆除。

（6）检查与验收。

（7）施工质量与安全管理。

（8）危险源辨识与应急预案。

（9）模板支架的平面图、剖立面图及构造大样图。

模板支架专项施工方案应由施工企业技术负责人批准，并报总监理工程师批准。对高大模板支架，应进行技术论证。

模板支架搭设前，应由项目技术负责人向全体操作人员进行安全技术交底。安全技术交底内容应与模板支架专项施工方案统一，交底的重点内容包括材料控制、搭设参数、构造措施、操作方法和安全注意事项。安全技术交底应形成书面记录，交底方和全体被交底人员应在交底文件上签字确认。

2. 施工要点

（1）底座与垫板安放应符合下列规定：

1）底座、垫板均应准确地放在定位线上。

2）垫板可采用木板、钢板或型钢等。

（2）立杆搭设应符合下列规定：

1）梁下支架立杆间距的偏差不宜大于50mm，板下支架立杆间距的偏差不宜大于100mm，水平杆间距的偏差不宜大于50mm，立杆垂直度偏差不宜大于1/200。

2）相邻立杆的对接扣件不得设在同一水平内，错开距离应符合规范规定。

（3）剪刀撑应随立杆、纵向和横向水平杆等同步搭设。

（4）扣件安装应符合下列规定：

1）扣件规格必须与钢管外径相匹配。

2）螺栓扭紧力矩不应小于40N·m，且不应大于65N·m。

3）在主节点处固定横向水平杆、纵向水平杆、剪刀撑等用的直角扣件、旋转扣件的中心点的相互距离不应大于150mm。

4）对接扣件开口应朝上或朝内。

5）各杆件端头伸出扣件盖板边缘的长度不应小于100mm。

（5）当高大模板支架紧临非高大模板支架时，高大模板支架宜与非高大模板支架同步搭设并有效连接。

（6）后浇带部位的模板支架应独立搭设并与相邻模板支架有效连接。

5.4　碗扣式脚手架

碗扣式脚手架是节点采用碗扣方式连接的脚手架。立杆的碗扣节点应由上碗扣、下碗扣、水平杆接头和限位销等构成（图 5-13）。双排碗扣式钢管脚手架的组成见图 5-14。

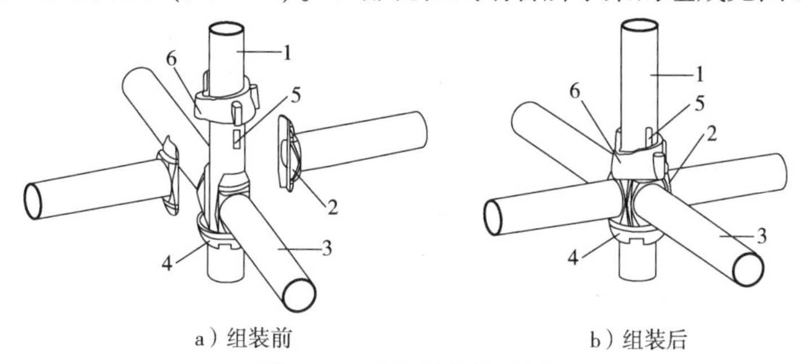

图 5-13　碗扣节点构造图

1—立杆　2—水平杆接头　3—水平杆　4—下碗扣　5—限位销　6—上碗扣

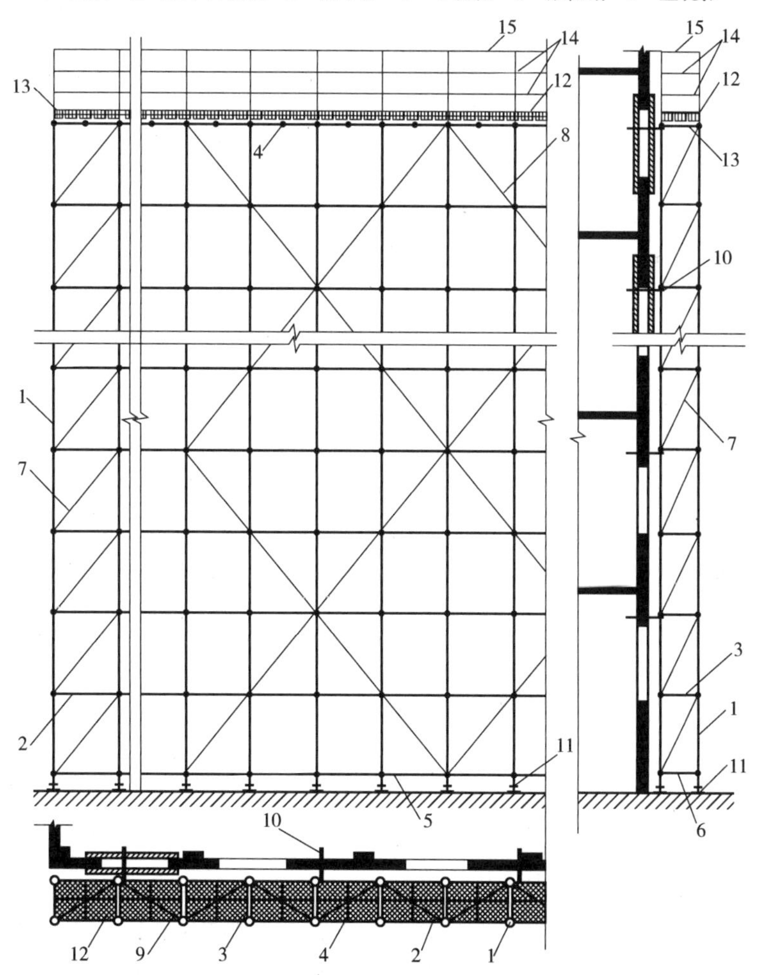

图 5-14　双排碗扣式钢管脚手架的组成

1—立杆　2—纵向水平杆　3—横向水平杆　4—间水平杆　5—纵向扫地杆　6—横向扫地杆　7—竖向斜撑杆　8—剪刀撑　9—水平斜撑杆　10—连墙件　11—底座　12—脚手板　13—挡脚板　14—栏杆　15—扶手

5.4.1 一般规定

1. 脚手架地基要求

碗扣式脚手架地基应符合下列规定：

（1）地基应坚实、平整，场地应有排水措施，不得有积水。

（2）土层地基上的立杆底部应设置底座和混凝土垫层，垫层混凝土强度等级不应低于C15，厚度不应小于150mm，当采用垫板代替混凝土垫层时，垫板宜采用厚度不小于50mm，宽度不小于200mm，长度不少于两跨的木垫板。

（3）混凝土结构层上的立杆底部应设置底座或垫板。

（4）对承载力不足的地基土或混凝土结构层，应进行加固处理。

（5）湿陷性黄土、膨胀土、软土地基应有防水措施。

（6）当基础表面高差较小时，可采用可调底座调整；当基础表面高差较大时，可利用立杆碗扣节点位差配合可调底座进行调整，且高处的立杆距离坡顶边缘不宜小于500mm。

2. 立杆布置原则

碗扣式双排脚手架起步立杆应采用不同型号的杆件交错布置（图5-15），架体相邻立杆接头应错开设置，不应设置在同步内。模板支撑架相邻立杆接头宜交错布置。

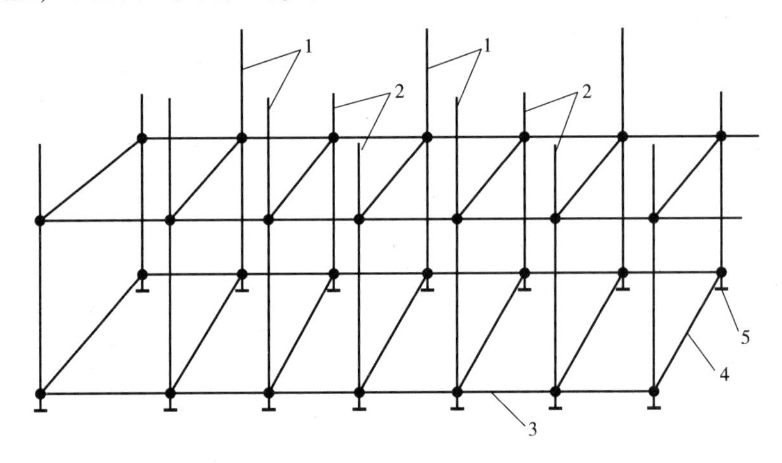

图5-15　双排脚手架起步立杆布置示意图

1—第一种型号立杆　2—第二种型号立杆　3—纵向扫地杆　4—横向扫地杆　5—立杆底座

3. 水平杆设置原则

（1）脚手架的水平杆应按步距沿纵向和横向连续设置，不得缺失。

（2）在立杆的底部碗扣处应设置一道纵向水平杆、横向水平杆作为扫地杆，扫地杆距离地面高度不应超过400mm。

（3）水平杆和扫地杆应与相邻立杆连接牢固。

4. 剪刀撑设置原则

钢管扣件剪刀撑杆件应符合下列规定：

（1）竖向剪刀撑两个方向的交叉斜向钢管宜分别采用旋转扣件设置在立杆的两侧。

（2）竖向剪刀撑斜向钢管与地面的倾角应在45°~60°之间。

（3）剪刀撑杆件应每步与交叉处立杆或水平杆扣接。

（4）剪刀撑杆件接长应采用搭接，搭接长度不应小于1m，并应采用不少于2个旋转扣件扣紧，且杆端距端部扣件盖板边缘的距离不应小于100mm。

（5）扣件扭紧力矩应为40～65N·m。

5. 作业层设置原则

脚手架作业层设置应符合下列规定：

（1）作业平台脚手板应铺满、铺稳、铺实。

（2）工具式钢脚手板必须有挂钩，并应带有自锁装置与作业层横向水平杆锁紧，严禁浮放。

（3）木脚手板、竹串片脚手板、竹笆脚手板两端应与水平杆绑牢，作业层相邻两根横向水平杆间应加设间水平杆，脚手板探头长度不应大于150mm。

（4）立杆碗扣节点间距按0.6m模数设置时，外侧应在立杆0.6m及1.2m高的碗扣节点处搭设两道防护栏杆；立杆碗扣节点间距按0.5m模数设置时，外侧应在立杆0.5m及1.0m高的碗扣节点处搭设两道防护栏杆，并应在外立杆的内侧设置高度不低于180mm的挡脚板。

（5）作业层脚手板下应采用安全平网兜底，以下每隔10m应采用安全平网封闭。

（6）作业平台外侧应采用密目安全网进行封闭，网间连接应严密，密目安全网宜设置在脚手架外立杆的内侧，并应与架体绑扎牢固。密目安全网应为阻燃产品。

6. 梯道（坡道）设置原则

脚手架应设置人员上下专用梯道或坡道（图5-16），并应符合下列规定：

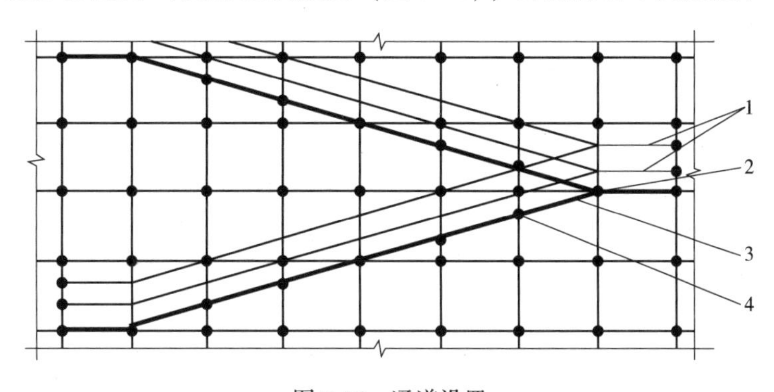

图5-16　通道设置

1—护栏　2—平台脚手板　3—人行梯道或坡道脚手板　4—增设水平杆

（1）人行梯道的坡度不宜大于1:1，人行坡道坡度不宜大于1:3，坡面应设置防滑装置。

（2）通道应与架体连接固定，宽度不应小于900mm，并应在通道脚手板下增设水平杆，通道可折线上升。

（3）通道两侧及转弯平台应设置脚手板、防护栏杆和安全网。

5.4.2　双排脚手架构造

1. 搭设高度

当设置二层装修作业层、二层作业脚手板、外挂密目安全网封闭时，常用双排脚手架结构的设计尺寸和架体允许搭设高度宜符合表5-7的规定。双排脚手架的搭设高度不宜超过50m；当搭设高度超过50m时，应采用分段搭设等措施。

表 5-7　双排脚手架设计尺寸（m）

连墙件设置	步距 h	横距 l_b	纵距 l_a	脚手架允许搭设高度［H］		
				基本风压值 w_0/(kN/m²)		
				0.4	0.5	0.6
二步二跨	1.8	0.9	1.5	48	40	34
		1.2	1.2	50	44	40
	2.0	0.9	1.5	50	45	42
		1.2	1.2	50	45	42
三步三跨	1.8	0.9	1.2	30	23	18
		1.2	1.2	26	21	17

注：表中架体允许搭设高度的取值基于下列条件：

1. 计算风压高度变化系数时，按地面粗糙度为 C 类采用。
2. 装修作业层施工荷载标准值按 2.0kN/m² 采用，脚手板自重标准值按 0.35kN/m² 采用。
3. 作业层横向水平杆间距按不大于立杆纵距的 1/2 设置。
4. 当基本风压值、地面粗糙度、架体设计尺寸和脚手架用途及作业层数与上述条件不相符时，架体允许搭设高度应另行计算确定。

2. 组架方式

当双排脚手架按曲线布置进行组架时，应按曲率要求使用不同角度的内外水平杆组架，曲率半径应大于 2.4m。当双排脚手架拐角为直角时，宜采用水平杆直接组架（图 5-17a）；当双排脚手架拐角为非直角时，可采用钢管扣件组架（图 5-17b）。

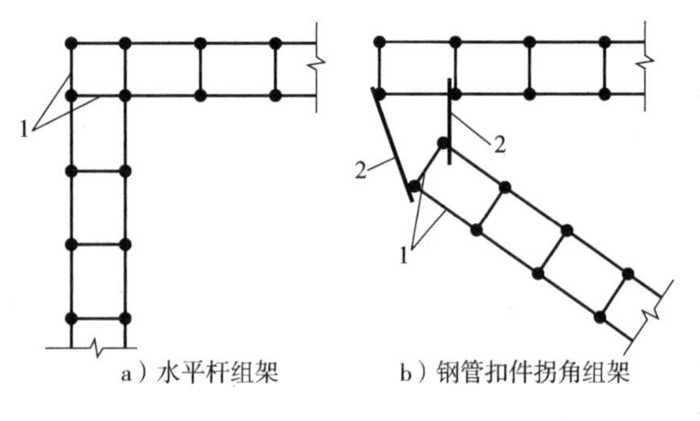

图 5-17　双排脚手架组架示意图

1—水平杆　2—钢管扣件

3. 竖向斜撑杆设置

双排脚手架应设置竖向斜撑杆（图 5-18），并应符合下列规定：

（1）竖向斜撑杆应采用专用外斜杆，并应设置在有纵向及横向水平杆的碗扣节点上。

（2）在双排脚手架的转角处、开口型双排脚手架的端部应各设置一道竖向斜撑杆。

（3）当架体搭设高度在 24m 以下时，应每隔不大于 5 跨设置一道竖向斜撑杆；当架体搭设高度在 24m 及以上时，应每隔不大于 3 跨设置一道竖向斜撑杆；相邻斜撑杆宜对称八字形设置。

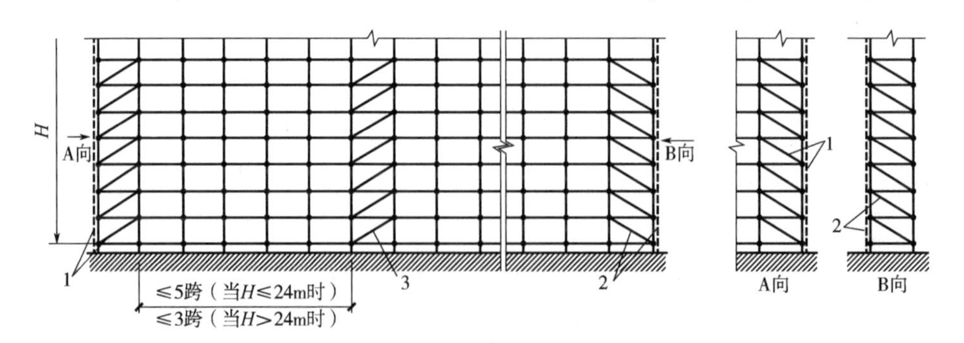

图 5-18　双排脚手架斜撑杆设置示意

1—拐角竖向斜撑杆　2—端部竖向斜撑杆　3—中间竖向斜撑杆

（4）每道竖向斜撑杆应在双排脚手架外侧相邻立杆间由底至顶按步连续设置。

（5）当斜撑杆临时拆除时，拆除前应在相邻立杆间设置相同数量的斜撑杆。

4. 钢管扣件剪刀撑设置

当采用钢管扣件剪刀撑代替竖向斜撑杆时（图5-19），应符合下列规定：

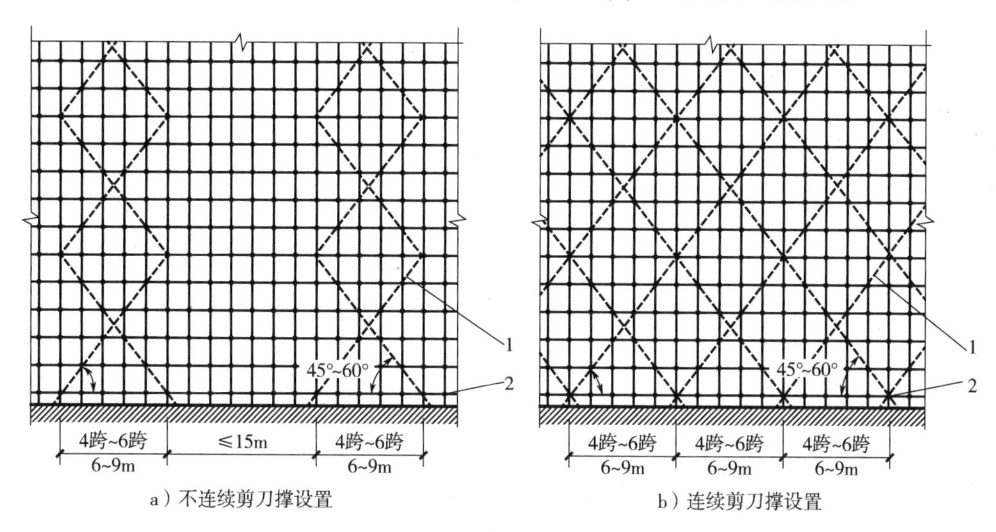

图5-19 双排脚手架剪刀撑设置

1—竖向剪刀撑 2—扫地杆

（1）当架体搭设高度在24m以下时，应在架体两端、转角及中间间隔不超过15m，各设置一道竖向剪刀撑（图5-19a）；当架体搭设高度在24m及以上时，应在架体外侧全立面连续设置竖向剪刀撑（图5-19b）。

（2）每道剪刀撑的宽度应为4～6跨，且不应小于6m，也不应大于9m。

（3）每道竖向剪刀撑应由底至顶连续设置。

5. 水平斜撑杆设置

当双排脚手架高度在24m以上时，顶部24m以下所有的连墙件设置层应连续设置之字形水平斜撑杆，水平斜撑杆应设置在纵向水平杆之下（图5-20）。

6. 连墙件设置

双排脚手架连墙件的设置应符合下列规定：

（1）连墙件应采用能承受压力和拉力的构造，并应与建筑结构和架体连接牢固。

（2）同一层连墙件应设置在同一水平面，连墙点的水平投影间距不得超过三跨，竖向垂直间距不得超过三步，连墙点之上架体的悬臂高度不得超过两步。

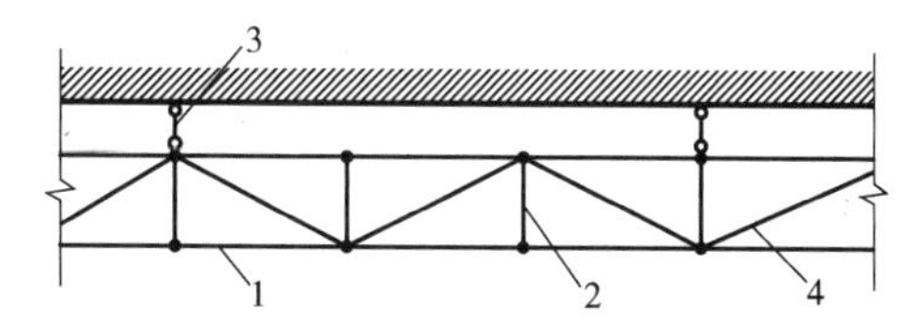

图5-20 水平斜撑杆设置示意

1—纵向水平杆 2—横向水平杆

3—连墙件 4—水平斜撑杆

（3）在架体的转角处、开口型双排脚手架的端部应增设连墙件，连墙件的竖向垂直间距不应大于建筑物的层高，且不应大于4m。

（4）连墙件宜从底层第一道水平杆处开始设置。

（5）连墙件宜采用菱形布置，也可采用矩形布置。

（6）连墙件中的连墙杆宜呈水平设置，也可采用连墙端高于架体端的倾斜设置方式。

(7) 连墙件应设置在靠近有横向水平杆的碗扣节点处，当采用钢管扣件作连墙件时，连墙件应与立杆连接，连接点距架体碗扣主节点距离不应大于300mm。

(8) 当双排脚手架下部暂不能设置连墙件时，应采取可靠的防倾覆措施，但无连墙件的最大高度不得超过6m。

7. 其他构造要求

(1) 双排脚手架内立杆与建筑物距离不宜大于150mm；当双排脚手架内立杆与建筑物距离大于150mm时，应采用脚手板或安全平网封闭。

(2) 当双排脚手架设置门洞时，应在门洞上部架设桁架托梁，门洞两侧立杆应对称加设竖向斜撑杆或剪刀撑（图5-21）。

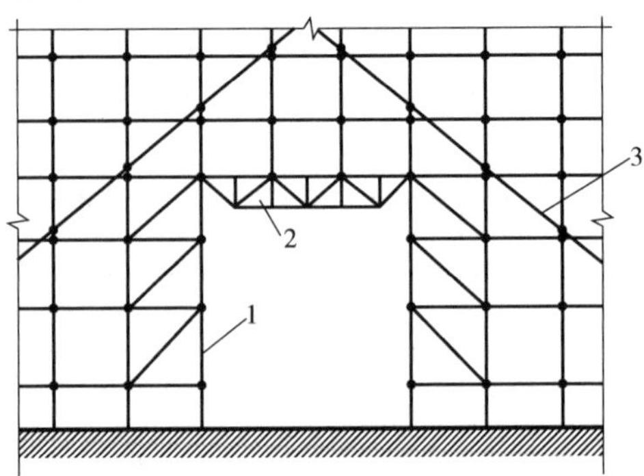

图5-21　双排外脚手架门洞设置

1—双排脚手架　2—桁架托梁　3—竖向斜撑杆

5.4.3　模板支撑架构造

1. 一般规定

碗扣式模板支撑架搭设高度不宜超过30m。模板支撑架每根立杆的顶部应设置可调托撑。当被支撑的建筑结构底面存在坡度时，应随坡度调整架体高度，可利用立杆碗扣节点位差增设水平杆，并应配合可调托撑进行调整。

碗扣式支撑架立杆顶端可调托撑伸出顶层水平杆的悬臂长度（图5-22）不应超过650mm。可调托撑和可调底座螺杆插入立杆的长度不得小于150mm，伸出立杆的长度不宜大于300mm，安装时其螺杆应与立杆钢管上下同心，且螺杆外径与立杆钢管内径的间隙不应大于3mm。可调托撑上主楞支撑梁应居中设置，接头宜设置在U形托板上，同一断面上主楞支撑梁接头数量不应超过50%。

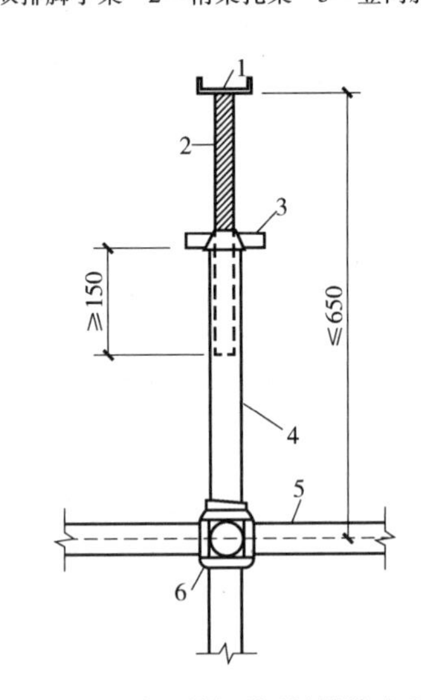

图5-22　立杆顶端可调托撑伸出顶层水平杆的悬臂长度（mm）

1—托座　2—螺杆　3—调节螺母　4—立杆　5—顶层水平杆　6—碗扣节点

水平杆步距与立杆间距应符合表5-8的规定。

表5-8　碗扣式支撑架水平杆步距与立杆间距

项目	相关规定
水平杆步距	(1) 应通过设计计算确定 (2) 步距应通过立杆碗扣节点间距均匀设置 (3) 当立杆采用Q235级材质钢管时，步距不应大于1.8m (4) 当立杆采用Q355级材质钢管时，步距不应大于2.0m (5) 对安全等级为Ⅰ级的模板支撑架，架体顶层两步距应比标准步距缩小至少一个节点间距，但立杆稳定性计算时的立杆计算长度应采用标准步距
立杆间距	(1) 应通过设计计算确定 (2) 当立杆采用Q235级材质钢管时，立杆间距不应大于1.5m (3) 当立杆采用Q355级材质钢管时，立杆间距不应大于1.8m

2. 与既有建筑连接措施

当有既有建筑结构时，模板支撑架应与既有建筑结构可靠连接，并应符合下列规定：

（1）连接点竖向间距不宜超过两步，并应与水平杆同层设置。

（2）连接点水平向间距不宜大于 8m。

（3）连接点至架体碗扣主节点的距离不宜大于 300mm。

（4）当遇柱时，宜采用抱箍式连接措施。

（5）当架体两端均有墙体或边梁时，可设置水平杆与墙或梁顶紧。

3. 竖向斜撑设置要求

模板支撑架应设置竖向斜撑杆，并应符合下列规定：

（1）安全等级为Ⅰ级的模板支撑架应在架体周边、内部纵向和横向每隔 4～6m 各设置一道竖向斜撑杆；安全等级为Ⅱ级的模板支撑架应在架体周边、内部纵向和横向每隔 6～9m 各设置一道竖向斜撑杆（图 5-23a、图 5-24a）。

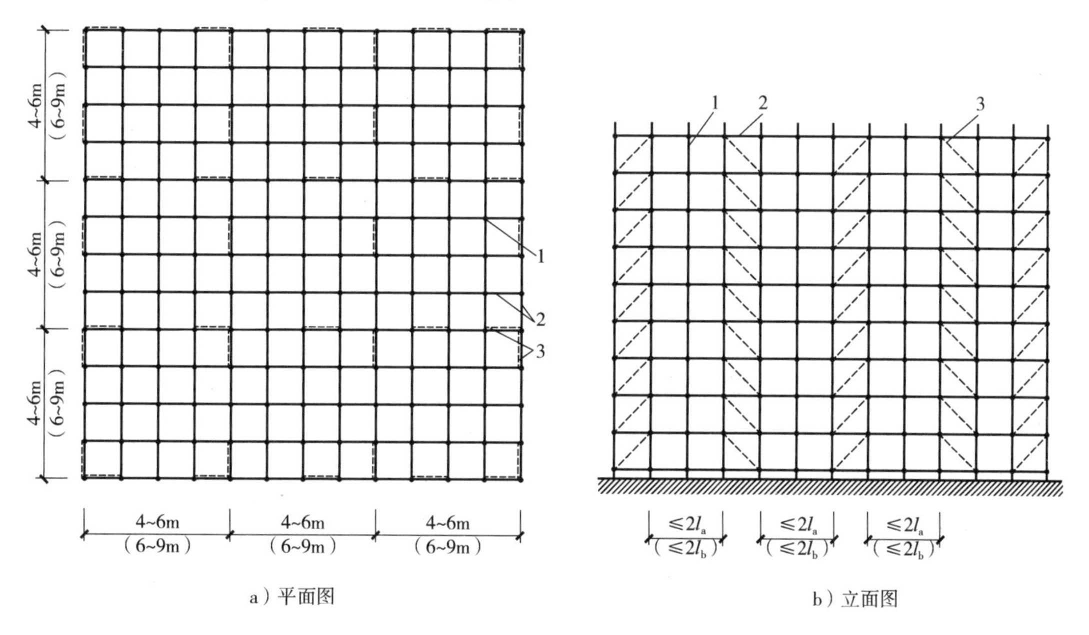

图 5-23　竖向斜撑杆布置示意图（一）

1—立杆　2—水平杆　3—竖向斜撑杆

（2）每道竖向斜撑杆可沿架体纵向和横向每隔不大于两跨在相邻立杆间由底至顶连续设置（图 5-23b）；也可沿架体竖向每隔不大于两步距采用八字形对称设置（图 5-24b），或采用等覆盖率的其他设置方式。

（3）当采用钢管扣件剪刀撑代替竖向斜撑杆时，应符合下列规定：

1）安全等级为Ⅰ级的模板支撑架应在架体周边、内部纵向和横向每隔不大于 6m 设置一道竖向钢管扣件剪刀撑。

2）安全等级为Ⅱ级的模板支撑架应在架体周边、内部纵向和横向每隔不大于 9m 设置一道竖向钢管扣件剪刀撑。

3）每道竖向剪刀撑应连续设置，剪刀撑的宽度宜为 6～9m。

4. 水平斜撑设置要求

模板支撑架应设置水平斜撑杆（图 5-25），并应符合下列规定：

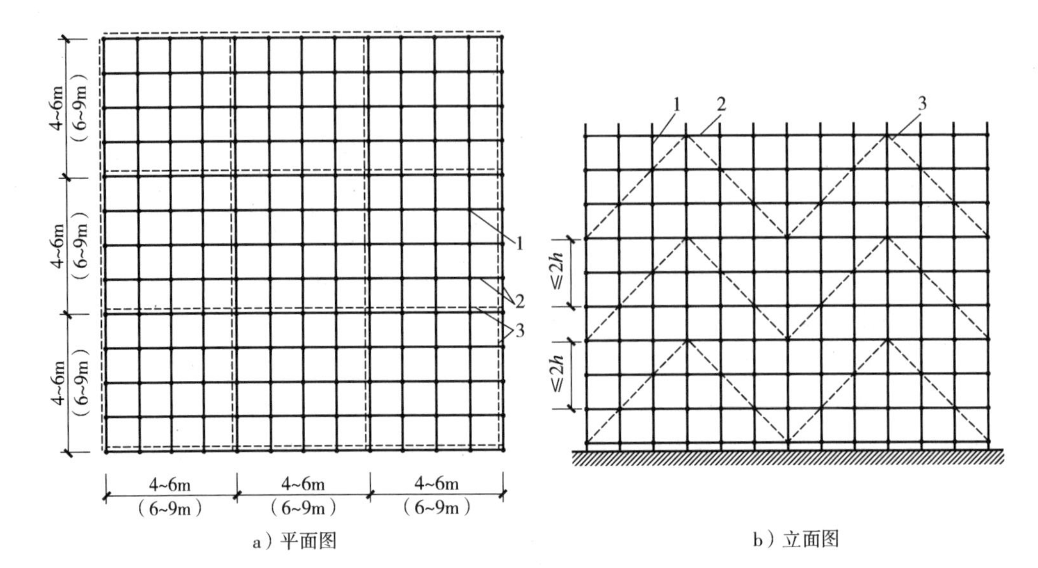

图 5-24　竖向斜撑杆布置示意图（二）
1—立杆　2—水平杆　3—竖向斜撑杆

（1）安全等级为Ⅰ级的模板支撑架应在架体顶层水平杆设置层、竖向每隔不大于 8m 设置一层水平斜撑杆；每层水平斜撑杆应在架体水平面的周边、内部纵向和横向每隔不大于 8m 设置一道。

（2）安全等级为Ⅱ级的模板支撑架宜在架体顶层水平杆设置层设置一层水平剪刀撑；水平斜撑杆应在架体水平面的周边、内部纵向和横向每隔不大于 12m 设置一道。

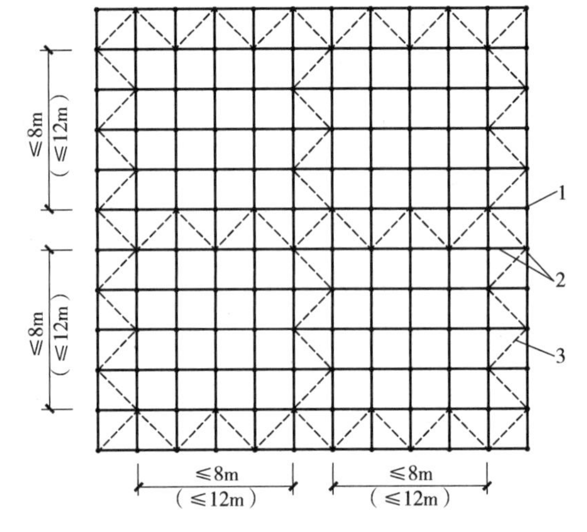

图 5-25　水平斜撑杆布置图
1—立杆　2—水平杆　3—水平斜撑杆

（3）当采用钢管扣件剪刀撑代替水平斜撑杆时，应符合下列规定：

1）安全等级为Ⅰ级的模板支撑架应在架体顶层水平杆设置层、竖向每隔不大于 8m 设置一道水平剪刀撑。

2）安全等级为Ⅱ级的模板支撑架宜在架体顶层水平杆设置层设置一道水平剪刀撑。

3）每道水平剪刀撑应连续设置，剪刀撑的宽度宜为 6 ~ 9m。

5. 可不设置支撑的情况

当模板支撑架同时满足下列条件时，可不设置竖向及水平向的斜撑杆和剪刀撑：

（1）搭设高度小于 5m，架体高宽比小于 1.5。

（2）被支撑结构自重面荷载标准值不大于 $5kN/m^2$，线荷载标准值不大于 8kN/m。

（3）架体与既有建筑结构进行了可靠连接。

（4）场地地基坚实、均匀，满足承载力要求。

6. 应采取加强措施的情况

独立的模板支撑架高宽比不宜大于 3；当大于 3 时，应采取下列加强措施：

（1）将架体超出顶部加载区投影范围向外延伸布置2～3跨，将下部架体尺寸扩大。

（2）按规范的构造要求将架体与既有建筑结构进行可靠连接。

（3）当无建筑结构进行可靠连接时，宜在架体上对称设置缆风绳或采取其他防倾覆的措施。

7. 门洞支设要求

当模板支撑架设置门洞时（图5-26）应符合下列规定：

（1）门洞净高不宜大于5.5m，净宽不宜大于4.0m；当需设置的机动车道净宽大于4.0m或与上部支撑的混凝土梁体中心线斜交时应采用梁柱式门洞结构。

（2）通道上部应架设转换横梁，横梁设置应经过设计计算确定。

（3）横梁下立杆数量和间距应由计算确定，且立杆不应少于4排，每排横距不应大于300mm。

（4）横梁下立杆应与相邻架体连接牢固，横梁下立杆斜撑杆或剪刀撑应加密设置。

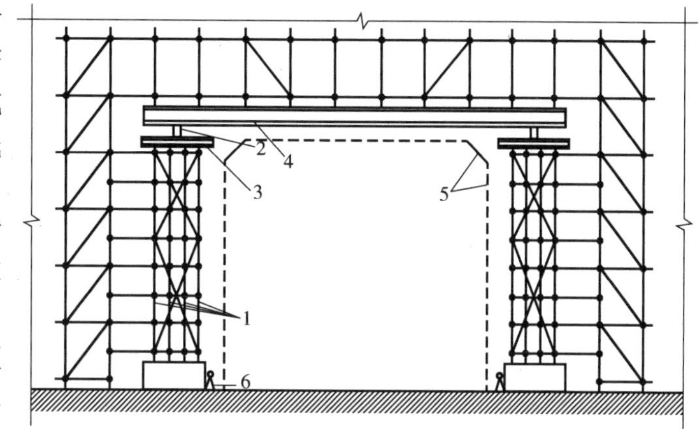

图5-26　门洞设置

1—加密立杆　2—纵向分配梁　3—横向分配梁　4—转换横梁

5—门洞净空（仅车行通道有此要求）

6—警示及防撞设施（仅用于车行通道）

（5）横梁下立杆应采用扩大基础，基础应满足防撞要求。

（6）转换横梁和立杆之间应设置纵向分配梁和横向分配梁。

（7）门洞顶部应采用木板或其他硬质材料全封闭，两侧应设置防护栏杆和安全网。

（8）对通行机动车的洞口，门洞净空应满足既有道路通行的安全界限要求，且应按规定设置导向、限高、限宽、减速、防撞等设施及标识、标示。

5.4.4　碗扣式脚手架施工

1. 搭设

脚手架立杆垫板、底座应准确放置在定位线上，垫板应平整、无翘曲，不得采用已开裂的垫板，底座的轴心线应与地面垂直。

脚手架应按顺序搭设，并应符合下列规定：

（1）双排脚手架搭设应按立杆、水平杆、斜杆、连墙件的顺序配合施工进度逐层搭设。一次搭设高度不应超过最上层连墙件两步，且自由长度不应大于4m。

（2）模板支撑架应按先立杆、后水平杆、再斜杆的顺序搭设形成基本架体单元，并应以基本架体单元逐排、逐层扩展搭设成整体支撑架体系，每层搭设高度不宜大于3m。

（3）斜撑杆、剪刀撑等加固件应随架体同步搭设，不得滞后安装。

（4）双排脚手架连墙件必须随架体升高且及时在规定位置处设置；当作业层高出相邻连墙件以上两步时，在上层连墙件安装完毕前，必须采取临时拉结措施。

（5）碗扣节点组装时，应通过限位销将上碗扣锁紧水平杆。

（6）脚手架每搭完一步架体后，应校正水平杆步距、立杆间距、立杆垂直度和水平杆水平度。架体立杆在1.8m高度内的垂直度偏差不得大于5mm，架体全高的垂直度偏差应小于架体搭设高度的1/600，且不得大于35mm；相邻水平杆的高差不应大于5mm。

(7) 当双排脚手架内外侧加挑梁时，在一跨挑梁范围内不得有超过1名的施工人员操作，严禁堆放物料。

(8) 在多层楼板上连续搭设模板支撑架时，应分析多层楼板间荷载传递对架体和建筑结构的影响，上下层架体立杆宜对位设置。

(9) 模板支撑架应在架体验收合格后，方可浇筑混凝土。

2. 拆除

(1) 拆除准备

脚手架拆除作业应设专人指挥，当有多人同时操作时，应明确分工、统一行动，且应具有足够的操作面。脚手架拆除前，应清理作业层上的施工机具及多余的材料和杂物。当脚手架分段、分立面拆除时，应确定分界处的技术处理措施，分段后的架体应稳定。

(2) 双排脚手架的拆除

双排脚手架的拆除作业，必须符合下列规定：

1) 架体拆除应自上而下逐层进行，严禁上下层同时拆除。

2) 连墙件应随脚手架逐层拆除，严禁先将连墙件整层或数层拆除后再拆除架体。

3) 拆除作业过程中，当架体的自由端高度大于两步时，必须增设临时拉结件。

4) 双排脚手架的斜撑杆、剪刀撑等加固件应在架体拆除至该部位时，才能拆除。

(3) 模板支撑架的拆除

模板支撑架的拆除应符合下列规定：

1) 预应力混凝土构件的架体拆除应在预应力施工完成后进行。

2) 架体的拆除顺序、工艺应符合专项施工方案的要求。当专项施工方案无明确规定时，应符合下列规定：

①应先拆除后搭设的部分，后拆除先搭设的部分。

②架体拆除必须自上而下逐层进行，严禁上下层同时拆除作业，分段拆除的高度不应大于两层。

③梁下架体的拆除，宜从跨中开始，对称地向两端拆除；悬臂构件下架体的拆除，宜从悬臂端向固定端拆除。

5.5 盘扣式脚手架

盘扣式脚手架是立杆之间采用外套管或内插管连接，水平杆和斜杆采用杆端扣接头卡入连接盘，用楔形插销连接，能承受相应的荷载，并具有作业安全和防护功能的结构架体。

5.5.1 一般规定

脚手架的构造体系应完整且具有整体稳定性。应根据施工方案计算得出的立杆纵横向间距选用定长的水平杆和斜杆，并应根据搭设高度组合立杆、基座、可调托撑和可调底座。脚手架搭设步距不应超过2m。脚手架的竖向斜杆不应采用钢管扣件。

根据立杆外径大小，脚手架可分为标准型和重型，其中标准型（B型）脚手架的立杆钢管外径应为48.3mm；重型（Z型）脚手架的立杆钢管外径应为60.3mm。当标准型立杆荷载设计值大于40kN，或重型立杆荷载设计值大于65kN时，脚手架顶层步距应比标准步距缩小0.5m。

5.5.2　支撑架

支撑架的高宽比宜控制在3以内，高宽比大于3的支撑架应采取与既有结构进行刚性连接等抗倾覆措施。

对标准步距为1.5m的支撑架，应根据支撑架搭设高度、支撑架型号及立杆轴向力设计值进行竖向斜杆布置，竖向斜杆布置形式选用应符合表5-9、表5-10的要求。

表5-9　标准型（B型）支撑架竖向斜杆布置形式

立杆轴力设计值 N/kN	搭设高度 H/m			
	$H \leq 8$	$8 < H \leq 16$	$16 < H \leq 24$	$H > 24$
$N \leq 25$	间隔3跨	间隔3跨	间隔2跨	间隔1跨
$25 < N \leq 40$	间隔2跨	间隔1跨	间隔1跨	间隔1跨
$N > 40$	间隔1跨	间隔1跨	间隔1跨	每跨

表5-10　重型（Z型）支撑架竖向斜杆布置形式

立杆轴力设计值 N/kN	搭设高度 H/m			
	$H \leq 8$	$8 < H \leq 16$	$16 < H \leq 24$	$H > 24$
$N \leq 40$	间隔3跨	间隔3跨	间隔2跨	间隔1跨
$40 < N \leq 65$	间隔2跨	间隔1跨	间隔1跨	间隔1跨
$N > 65$	间隔1跨	间隔1跨	间隔1跨	每跨

表5-9、表5-10中，立杆轴力设计值和脚手架搭设高度为同一独立架体内的最大值；每跨表示竖向斜杆沿纵横向每跨搭设；间隔1跨表示竖向斜杆沿纵横向每间隔1跨搭设；间隔2跨表示竖向斜杆沿纵横向每间隔2跨搭设；间隔3跨表示竖向斜杆沿纵横向每间隔3跨搭设。具体设置形式见表5-11。

表5-11　支撑架斜杆设置形式

布置方式	布置示意图
每跨形式支撑架斜杆设置	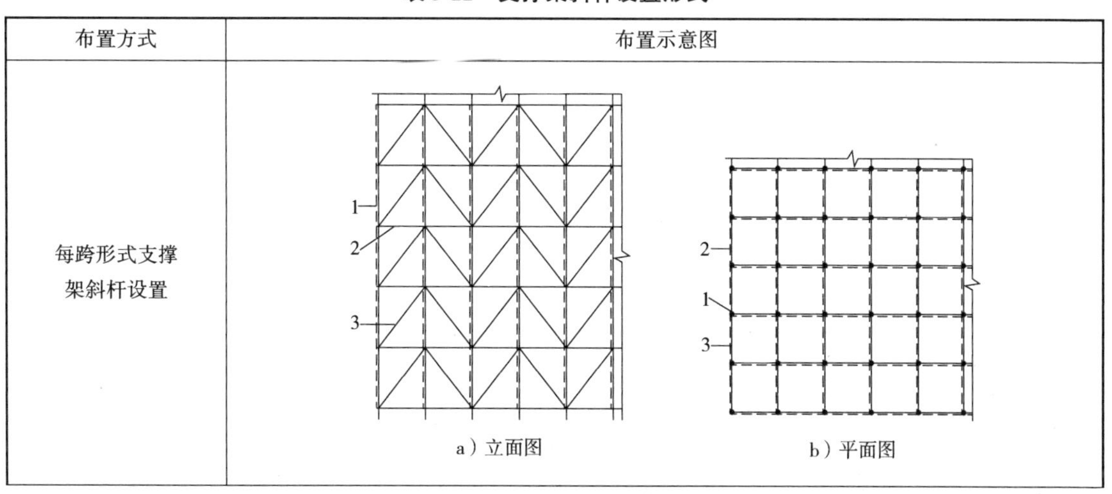a）立面图　b）平面图

（续）

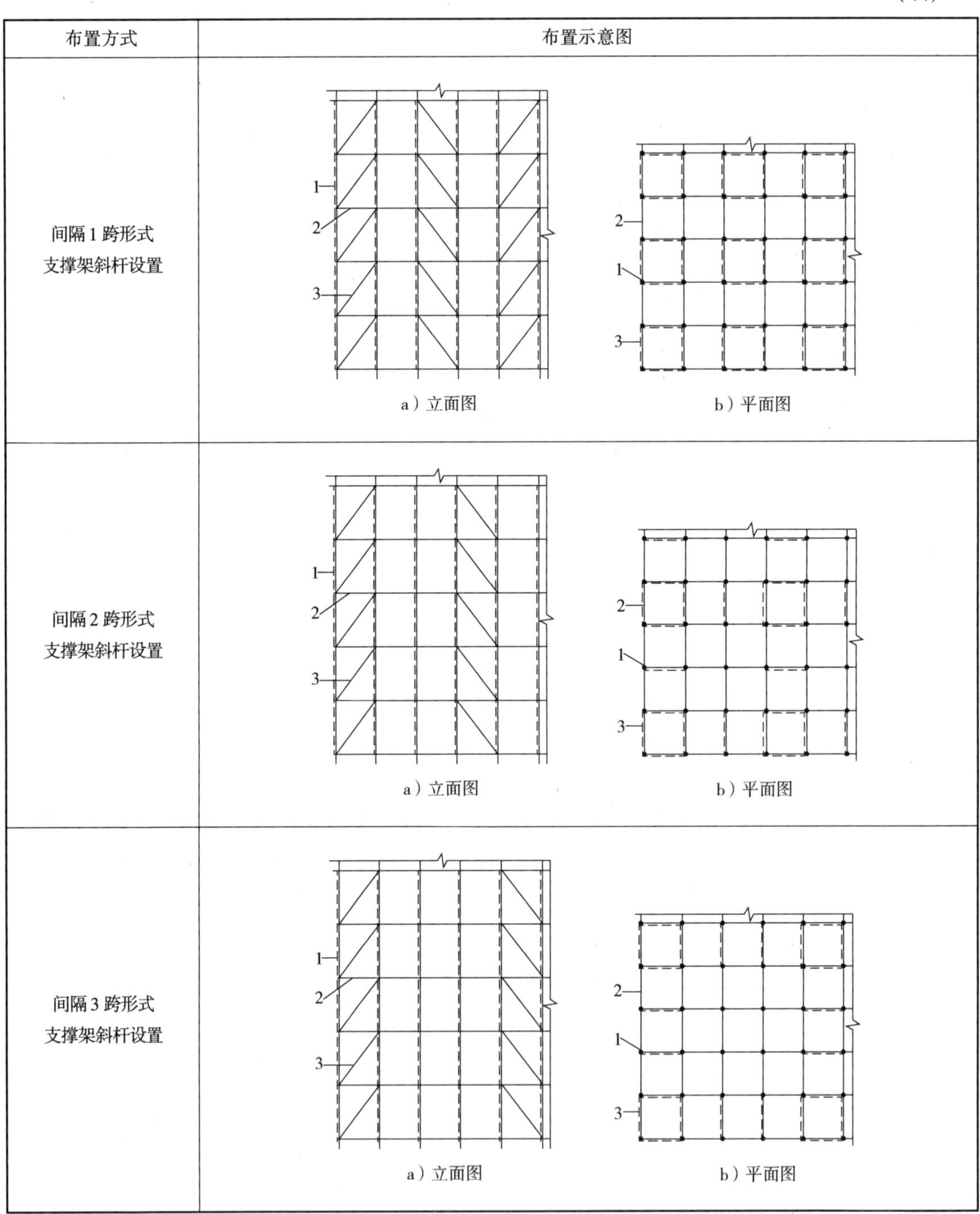

布置方式	布置示意图
间隔1跨形式 支撑架斜杆设置	a）立面图　b）平面图
间隔2跨形式 支撑架斜杆设置	a）立面图　b）平面图
间隔3跨形式 支撑架斜杆设置	a）立面图　b）平面图

注：1—立杆；2—水平杆；3—竖向斜杆。

当支撑架搭设高度大于16m时，顶层步距内应每跨布置竖向斜杆。

支撑架可调托撑伸出顶层水平杆或双槽托梁中心线的悬臂长度（图5-27）不应超过650mm；且丝杆外露长度不宜超过300mm，不应超过400mm；可调托撑插入立杆或双槽托梁长度不得小于150mm；作为扫地杆的最底层水平杆中心线距离可调底座的底板不应大于550mm。

当支撑架搭设高度超过5m、周围有既有建筑结构时，应沿高度每间隔4～6个步距与周围已建成的结构进行可靠拉结。

支撑架应沿高度每间隔4～6个标准步距应设置水平剪刀撑，并应符合现行行业标准《建筑施工扣件式钢管脚手架安全技术规范》JGJ 130中钢管水平剪刀撑的有关规定。

当以独立塔架形式搭设支撑架时，应沿高度每间隔2～4个步距与相邻的独立塔架水平拉结。

当支撑架架体内设置与单支水平杆同宽的人行通道时，可间隔抽除第一层水平杆和斜杆形成施工人员进出通道，与通道正交的两侧立杆间应设置竖向斜杆；当支撑架架体内设置与单支水平杆不同宽人行通道时，应在通道上部架设支撑横梁（图5-28），横梁的型号及间距应依据荷载确定。通道相邻跨支撑横梁的立杆间距应根据计算设置，通道周围的支撑架应连成整体。洞口顶部应铺设封闭的防护板，相邻跨应设置安全网。通行机动车的洞口，应设置安全警示和防撞设施。

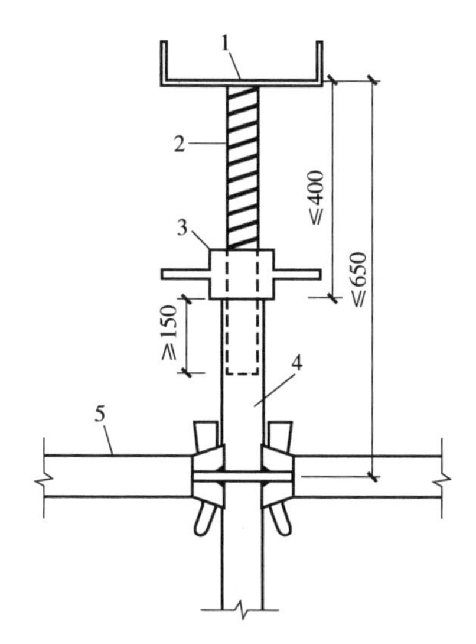

图5-27 可调托撑伸出顶层水平杆的悬臂长度

1—可调托撑 2—螺杆 3—调节螺母 4—立杆 5—水平杆

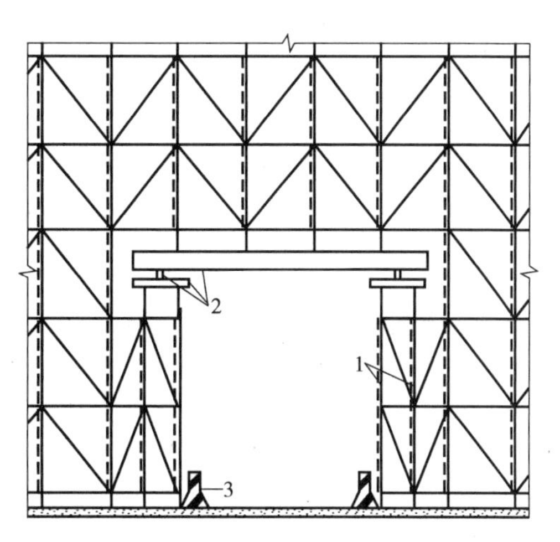

图5-28 支撑架人行通道设置

1—立杆 2—支撑横梁 3—防撞设施

5.5.3 作业架

作业架的高宽比宜控制在3以内；当作业架高宽比大于3时，应设置抛撑或缆风绳等抗倾覆措施。

双排外作业架首层立杆宜采用不同长度的立杆交错布置，立杆底部宜配置可调底座或垫板。

当设置双排外作业架人行通道时，应在通道上部架设支撑横梁，横梁截面大小应按跨度以及承受的荷载计算确定，通道两侧作业架应加设斜杆；洞口顶部应铺设封闭的防护板，两侧应设置安全网；通行机动车的洞口，应设置安全警示和防撞设施。

双排作业架的外侧立面上应设置竖向斜杆，并应符合下列规定：

（1）在脚手架的转角处、开口型脚手架端部应由架体底部至顶部连续设置斜杆。

（2）应每隔不大于4跨设置一道竖向或斜向连续斜杆；当架体搭设高度在24m以上时，

应每隔不大于3跨设置一道竖向斜杆。

(3) 竖向斜杆应在双排作业架外侧相邻立杆间由底至顶连续设置（图5-29）。

连墙件的设置应符合下列规定：

(1) 连墙件应采用可承受拉、压荷载的刚性杆件，并应与建筑主体结构和架体连接牢固。

(2) 连墙件应靠近水平杆的盘扣节点设置。

(3) 同一层连墙件宜在同一水平面，水平间距不应大于3跨；连墙件之上架体的悬臂高度不得超过2步。

(4) 在架体的转角处或开口型双排脚手架的端部应按楼层设置，且竖向间距不应大于4m。

(5) 连墙件宜从底层第一道水平杆处开始设置。

(6) 连墙件宜采用菱形布置，也可采用矩形布置。

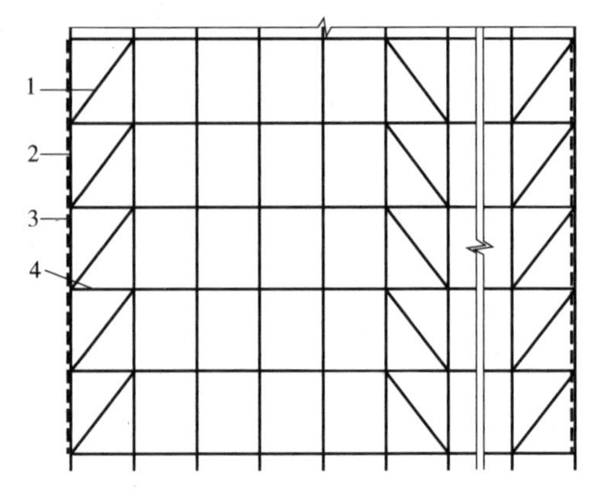

图5-29 斜杆搭设示意

1—斜杆 2—立杆 3—两端竖向斜杆 4—水平杆

(7) 连墙点应均匀分布。

(8) 当脚手架下部不能搭设连墙件时，宜外扩搭设多排脚手架并设置斜杆，形成外侧斜面状附加梯形架。三脚架与立杆连接及接触的地方，应沿三脚架长度方向增设水平杆，相邻三脚架应连接牢固。

5.5.4 安装与拆除

1. 施工准备

脚手架施工前应根据施工现场情况、地基承载力、搭设高度编制专项施工方案，并经审核批准后实施。专项施工方案应包括下列内容：

(1) 编制依据：相关法律、法规、规范性文件、标准及施工图设计文件、施工组织设计等。

(2) 工程概况：危险性较大的分部分项工程概况和特点、施工平面布置、施工要求和技术保证条件。

(3) 施工计划：包括施工进度计划、材料与设备计划。

(4) 施工工艺技术：技术参数、工艺流程、施工方法、操作要求、检查要求等。

(5) 施工安全质量保证措施：组织保障措施、技术措施、监测监控措施。

(6) 施工管理及作业人员配备和分工：施工管理人员、专职安全生产管理人员、特种作业人员及其他作业人员等。

(7) 验收要求：包括验收标准、验收程序、验收内容、验收人员等。

(8) 应急处置措施。

(9) 计算书及相关施工图纸。

2. 地基与基础

脚手架基础应按专项施工方案进行施工，并应按基础承载力要求进行验收，脚手架应在地基基础验收合格后搭设。

土层地基上的立杆下应采用可调底座和垫板，垫板的长度不宜少于2跨。

当地基高差较大时，可利用立杆节点位差配合可调底座进行调整（图5-30）。

3. 支撑架安装与拆除

（1）支撑架安装

支撑架立杆搭设位置应按专项施工方案放线确定。

支撑架搭设应根据立杆放置可调底座，应按先立杆后水平杆再斜杆的顺序搭设，形成基本的架体单元，应以此扩展搭设成整体脚手架体系。可调底座应放置在定位线上，并应保持水平。若需铺设垫板，垫板应平整、无翘曲，不得采用已开裂木垫板。可调底座和可调托撑安装完成后，立杆外表面应与可调螺母吻合，立杆外径与螺母台阶内径差不应大于2mm。

支撑架搭设完成后应对架体进行验收，并应确认符合专项施工方案要求后再进入下道工序施工。在多层楼板上连续设置支撑架时，上下层支撑立杆宜在同一轴线上。

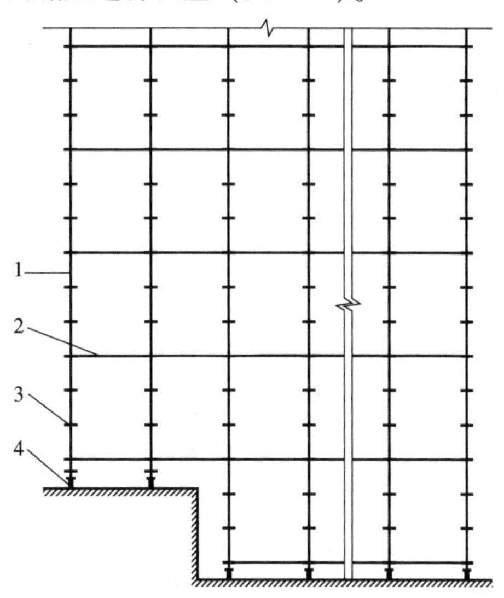

图5-30　可调底座调整立杆连接盘示意

1—立杆　2—水平杆　3—连接盘　4—可调底座

水平杆及斜杆插销安装完成后，应采用锤击方法抽查插销，连续下沉量不应大于3mm。

架体搭设与拆除过程中，可调底座、可调托撑、基座等小型构件宜采用人工传递。吊装作业应由专人指挥信号，不得碰撞架体。

脚手架搭设完成后，立杆的垂直度偏差不应大于支撑架总高度的1/500，且不得大于50mm。

（2）支撑架拆除

拆除作业应按先装后拆、后装先拆的原则进行，应从顶层开始、逐层向下拆除，不得上下同时作业，不应抛掷。当分段或分立面拆除时，应确定分界处的技术处理方案，分段后架体应稳定。

4. 作业架安装与拆除

（1）作业架安装

作业架立杆应定位准确，并应配合施工进度搭设，双排外作业架一次搭设高度不应超过最上层连墙件两步，且自由高度不应大于4m。双排外作业架连墙件应随脚手架高度上升，在规定位置处同步设置，不得滞后安装和任意拆除。

作业层设置应符合下列规定：

1）应满铺脚手板。

2）双排外作业架外侧应设挡脚板和防护栏杆，防护栏杆可在每层作业面立杆的0.5m和1.0m的连接盘处布置两道水平杆，并应在外侧满挂密目安全网。

3）作业层与主体结构间空隙应设置水平防护网。

4）当采用钢脚手板时，钢脚手板的挂钩应稳固扣在水平杆上，挂钩应处于锁住状态。

加固件、斜杆应与作业架同步搭设。当加固件、斜撑采用扣件钢管时，应符合现行行业标准《建筑施工扣件式钢管脚手架安全技术规范》JGJ 130的有关规定。

作业架顶层的外侧防护栏杆高出顶层作业层的高度不应小于1500mm。

当立杆处于受拉状态时，立杆的套管连接接长部位应采用螺栓连接。

作业架应分段搭设、分段使用，应经验收合格后方可使用。

（2）作业架拆除

作业架应经单位工程负责人确认并签署拆除许可令后，方可拆除。当作业架拆除时，应划出安全区，应设置警戒标志，并派专人看管。拆除前应清理脚手架上的器具、多余的材料和杂物。作业架拆除应按先装后拆、后装先拆的原则进行，不应上下同时作业。双排外脚手架连墙件应随脚手架逐层拆除，分段拆除的高度差不应大于两步。当作业条件限制，出现高差大于两步时，应增设连墙件加固。拆除至地面的脚手架及构配件应及时检查、维修及保养，并应按品种、规格分类存放。

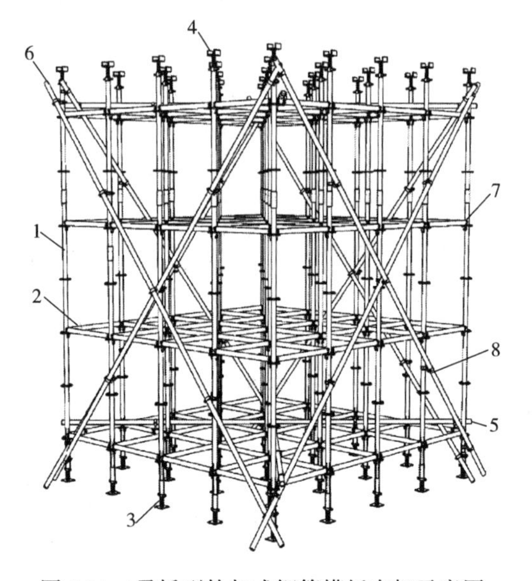

图5-31 承插型轮扣式钢管模板支架示意图

1—立杆 2—水平杆 3—可调底座 4—可调托撑 5—水平剪刀撑 6—竖向剪刀撑 7—轮扣节点 8—扣件

5.6 轮扣式脚手架

5.6.1 概述

承插型轮扣式钢管模板支架的主要构配件应包括立杆、水平杆、剪刀撑、可调底座和可调托撑等（图5-31）。

轮扣节点应由焊接于立杆的轮扣盘和焊接于水平杆的端插头组成（图5-32）。

立杆连接套管应由立杆和焊接于立杆一端的连接套管组成（图5-33）。

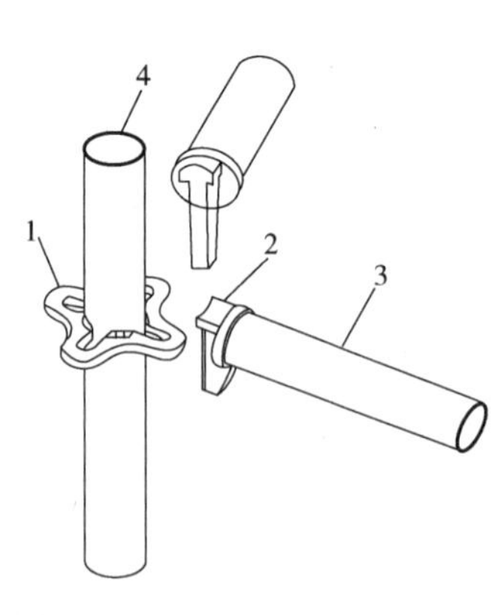

图5-32 轮扣节点构成示意图

1—轮扣盘 2—端插头 3—水平杆 4—立杆

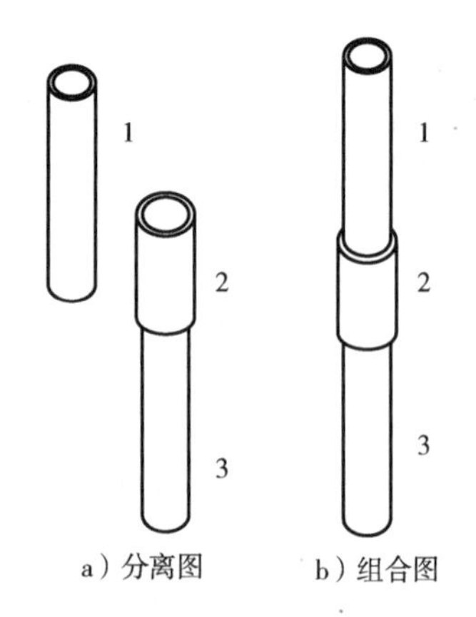

图5-33 立杆连接套管示意图

1—上立杆 2—连接套管 3—下立杆

水平杆的端插头侧面应为圆弧形，圆弧形状应与立杆外表面一致；端插头应为下部窄上部宽的楔形。

立杆轮扣盘间距和水平杆长度应按模数设置，立杆轮扣盘间距模数宜为0.6m，水平杆长度模数宜为0.3m。

5.6.2 构造要求

1. 一般规定

脚手架地基基础应符合下列规定：

（1）地基应坚实、平整，场地应有排水措施。

（2）地基承载力应满足设计要求。

（3）立杆底部宜设置可调底座。

（4）当立杆基础不在同一高度上时，应将高处的扫地杆向低处水平杆延伸不少于2跨，高处立杆距上方边缘的水平距离不宜小于500mm。

（5）当地基高差较大时，可利用立杆轮扣节点位差配合可调底座进行调整（图5-34）。

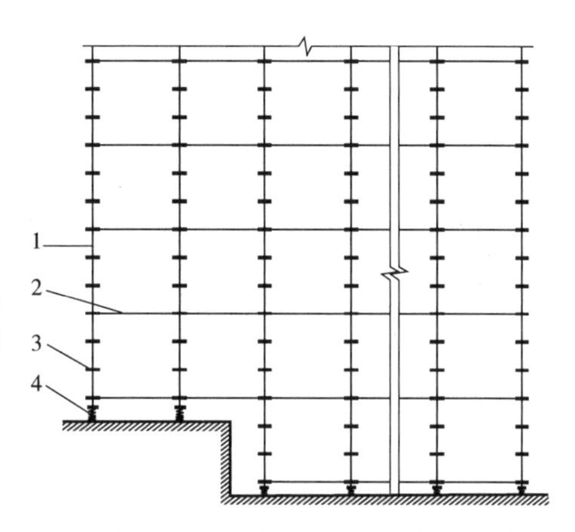

图5-34 可调底座调整立杆连接盘示意
1—立杆 2—水平杆 3—连接盘 4—可调底座

2. 杆件、配件安装及构造要求

轮扣式脚手架杆件、配件安装及构造要求见表5-12，其中可调托撑构造见图5-35。

表5-12 轮扣式脚手架杆件、配件安装及构造要求

杆件类型	安装与构造要求
立杆	（1）立杆间距不宜大于1.2m （2）相邻立杆连接位置应错开，错开高度不宜小于600mm （3）立杆应通过立杆连接套管连接，连接套管开口应朝下 （4）当立杆需要加密时，非加密区立杆、水平杆应与加密区间距互为倍数；加密区水平杆向非加密区延伸不应小于2跨
水平杆	（1）两端直插头应插入立杆连接盘内，节点应无松动 （2）纵向水平杆和横向水平杆应连续布置 （3）扫地杆距地高度不应大于500mm （4）顶层水平杆步距宜比标准步距减少一个连接盘间距
可调托撑	（1）伸出顶层水平杆的悬臂长度不应大于650mm （2）螺杆伸出立杆顶端长度不应大于300mm （3）插入立杆的长度不应小于200mm
剪刀撑	（1）竖向剪刀撑与地面的倾角应在45°~60°之间 （2）剪刀撑宜固定在水平杆或立杆上，距主节点的距离不宜大于150mm （3）剪刀撑应每步与交叉处立杆或水平杆扣接 （4）作业脚手架剪刀撑的搭接长度不应小于1000mm，并应等距设置不少于3个旋转扣件 （5）支撑脚手架剪刀撑的搭接长度不宜小于800mm，并应等距设置不少于2个旋转扣件，端部扣件盖板的边缘至杆端距离不应小于100mm （6）扣件螺栓的拧紧力矩不应小于40N·m，且不应大于65N·m

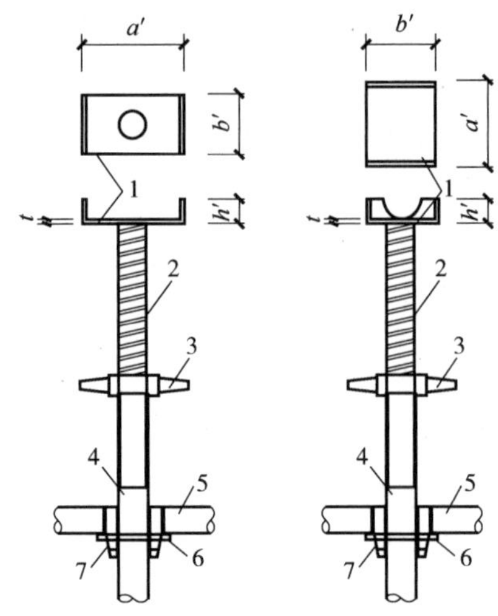

图 5-35　可调托撑构造图

1—可调托撑　2—螺杆　3—调节螺母　4—立杆　5—水平杆　6—轮扣盘　7—水平杆端插头

t—支托板厚度　h'—支托板侧翼高度　a'—支托板长度　b'—支托板宽度

3. 作业脚手架构造

作业脚手架搭设高度应小于15m，步距不应大于1.8m。

剪刀撑的设置应符合下列规定：

（1）双排作业脚手架应在架体外侧两端、转角及中间不超过15m的立面上由底至顶连续设置竖向剪刀撑。

（2）满堂作业脚手架应在脚手架外侧四周及内部纵横向每6～8m由底至顶设置连续竖向剪刀撑。

（3）满堂作业脚手架搭设高度小于5m时，可不设置水平剪刀撑；搭设高度在5～8m时，应在架顶部设置连续水平剪刀撑；搭设高度8m及以上时，应在架体底部、顶部及竖向间隔不超过8m分别设置连续的水平剪刀撑。

（4）剪刀撑跨数不应大于6跨，且宽度不应小于6m，也不应大于8m。

当脚手架搭设高度在6m及以下时，可采用抛撑保持架体临时稳定。抛撑应采用通长杆件，并用旋转扣件固定在脚手架上，与地面倾角应在45°～60°之间，连接点中心至主节点的距离不应大于300mm。当搭设高度在6m以上时应设置连墙件。

连墙件应采用能承受压力和拉力的刚性连墙件，且应符合下列规定：

（1）单个连墙件作用面积不应大于24m^2。

（2）同一层连墙件应设置在同一水平面，连墙点的水平投影间距不应超过三跨。

（3）竖向垂直间距不应超过两步，不应大于建筑物的层高，且不应大于4m。

（4）连墙点之上架体的悬臂高度不应超过两步。

（5）连墙件应靠近主节点设置，距离主节点不应大于300mm，且应与内排立杆连接。

连墙件的布置应符合下列规定：

（1）宜采用菱形或矩形布置，且应从底层第一道水平杆处开始设置。

（2）连墙件中的连墙杆宜水平设置，当不能水平设置时，可向脚手架一端下斜连接。

（3）作业脚手架的开口处必须设置连墙件。

作业脚手架的开口处必须设置扣件式钢管横向斜撑杆，横向斜撑杆应在同一节间呈之字形连续布置。

4. 支撑脚手架构造

支撑脚手架搭设高度应小于8m。立杆纵距、横距和步距不宜大于1.2m。用于装配式混凝土叠合楼板施工时，立杆距叠合楼板底板支座间距不应大于500mm。

当同时满足下列条件时，可采用无剪刀撑支撑脚手架：

（1）搭设高度5m及以下，且高宽比小于1.5。

（2）被支撑结构自重的荷载标准值不大于$5kN/m^2$，线荷载不大于8kN/m。

（3）与既有结构有可靠连接措施。

（4）立杆基础平整坚实，满足承载能力要求。

设有剪刀撑的支撑脚手架应符合下列规定：

（1）脚手架外侧周边应连续设置竖向剪刀撑。

（2）脚手架中间纵向、横向分别连续布置竖向剪刀撑，竖向剪刀撑间隔不应大于6跨，且不应大于6m。剪刀撑的跨数不应大于6跨，且宽度不应大于6m。

（3）水平剪刀撑应在架体顶部、扫地杆层设置连续水平剪刀撑。

（4）搭设高度大于5m，或施工荷载设计值大于$10kN/m^2$，或集中线荷载设计值大于15kN/m时，应在竖向剪刀撑顶部及底部交点平面设置连续水平剪刀撑，水平剪刀撑间距不应大于6m。剪刀撑跨数不应大于6跨，且宽度不应大于6m。

支撑脚手架应与既有结构可靠连接，并应符合下列规定：

（1）竖向连接间隔不应大于2步，水平连接间隔不宜大于8m，并宜布置在有水平剪刀撑层处。

（2）当采用扣件式钢管抱柱拉结时，拉结点偏离主节点的距离不应大于300mm。

5.6.3 安装

脚手架立杆安装应进行定位放线，可调底座或垫板应准确放置在定位轴线上。水平杆与立杆应可靠连接，且水平杆应在同一水平面上。水平杆直插头插入立杆的连接盘后，可采用不小于0.5kg的手锤锤击水平杆端部，直插头侧面应与立杆钢管外表面形成弧面接触，下伸的长度不宜小于40mm。应按先立杆后水平杆的顺序安装，形成基本的架体单元，以此扩展安装成整体脚手架体系。连墙件、剪刀撑等构造，应随架体同步安装。

轮扣式作业脚手架、支撑脚手架安装要点见表5-13。

表5-13　轮扣式脚手架安装要点

架体类型	安装要点
作业脚手架	（1）应与工程施工同步，一次搭设高度不应超过最上层连墙件两步，且自由高度不应大于4m （2）当操作层高出相邻连墙件2个步距及以上时，必须采取临时拉结措施 （3）作业层应满铺脚手板，外侧应设挡脚板及防护栏杆，挡脚板高度不应小于180mm，并应在外侧满挂安全网 （4）作业层架体外侧立杆应设置两道水平杆，水平杆高度分别为1200mm和600mm （5）立杆顶端宜高出女儿墙上端1500mm，宜高出檐口上端1500mm （6）立杆与主体结构外侧间隙大于150mm时，应设置可靠防护 （7）作业层下应采用水平安全网兜底，以下每隔10m应设置水平安全网
支撑脚手架	（1）当在多层楼板上连续设置支撑脚手架时，上下层立杆宜对位设置 （2）每搭完一步后，应及时校正立杆间距、垂直度及水平杆步距、水平度 （3）后浇带部位的模板应单独设置，支撑脚手架应与相邻的支撑脚手架连接成整体，相邻架体拆除后，后浇带部位的支撑脚手架应自成稳定体系

5.6.4 拆除

脚手架拆除前，应清理脚手架上的材料、施工机具及其他障碍物，拆除的脚手架构配件不应抛掷。脚手架的拆除作业应按先搭后拆、后搭先拆的原则，由上而下逐层拆除，不得上下层同时作业。

轮扣式作业脚手架、支撑脚手架拆除要点见表5-14。

表5-14 轮扣式脚手架拆除要点

架体类型	拆除要点
作业脚手架	（1）拆除前应检查脚手架的连墙件，并使其符合构造要求 （2）连墙件、剪刀撑、斜撑杆等加固件应随脚手架同步拆除 （3）拆除作业过程中，当架体的自由端高度大于两步时，应采取临时拉结措施
支撑脚手架	（1）支撑脚手架拆除前混凝土强度应符合现行国家标准《混凝土结构工程施工规范》GB 50666的规定及设计要求 （2）多个楼层间连续安装的底层支撑脚手架拆除时间，应根据连续安装的楼层间荷载分配和混凝土强度的增长情况确定

5.7 型钢悬挑脚手架

悬挑式脚手架，是利用建筑结构外边缘向外伸出的悬挑结构来支承外脚手架，将脚手架的荷载全部传递给建筑结构。其搭设高度（或每个分段高度）一般不宜超过20m。

该种脚手架由悬挑支承结构和脚手架架体两部分组成。脚手架架体的组成和搭拆与落地式外脚手架基本相同。支承结构有型钢挑梁和悬挑三脚桁架等形式，其中型钢悬挑式应用较多。

5.7.1 一般规定

（1）悬挑式脚手架施工前应编制专项施工方案，方案应包括下列内容：

1）工程概况。

2）编制依据。

3）施工现场平面布置图。

4）型钢支承架布置图及节点详图。

5）架体平面、立面及剖面图，连墙件布置图及构造详图。

6）特殊部位（转角、洞口处等）构造详图。

7）施工计划及工艺技术、安全保证措施、人员配备和分工。

8）验收要求和日常维护。

9）应急处置。

10）计算书等。

（2）悬挑式脚手架专项施工方案应经审批后方可组织实施。悬挑式脚手架搭拆作业及投入使用前，应进行安全技术交底，搭拆作业人员应持证上岗。

（3）悬挑式脚手架底部及作业层与外墙之间的间隙应封堵严密且牢固可靠。应采用阻燃材料对悬挑式脚手架外侧及底部进行封挡，底部应硬封闭并兜网。

（4）悬挑式脚手架搭设过程中，应分阶段进行验收，及时调整偏差和整改搭设中存在的问题。搭设完成后，经验收合格方可投入使用。悬挑式脚手架使用过程中应定期检查，发现的安全隐患应及时组织整改，整改完善后方可投入正常使用。

（5）悬挑式脚手架拆除前应进行检查，发现影响拆除安全的问题应及时组织整改，整改完善后方可进行拆除作业。

5.7.2 结构构造

型钢支承架应具有保证稳定的构造措施及承载能力。主体结构应满足设计强度的要求。

悬挑式脚手架的型钢支承架上部架体可选用扣件、碗扣、承插盘扣或门式钢管脚手架等，其构造应符合相应形式脚手架标准的规定要求。

型钢支承架与上部架体应可靠连接，形成整体稳定结构。脚手架的立杆底部对应的型钢支承架或纵向钢梁上应设置底支座，通过底支座定位立杆位置，如图5-36所示。

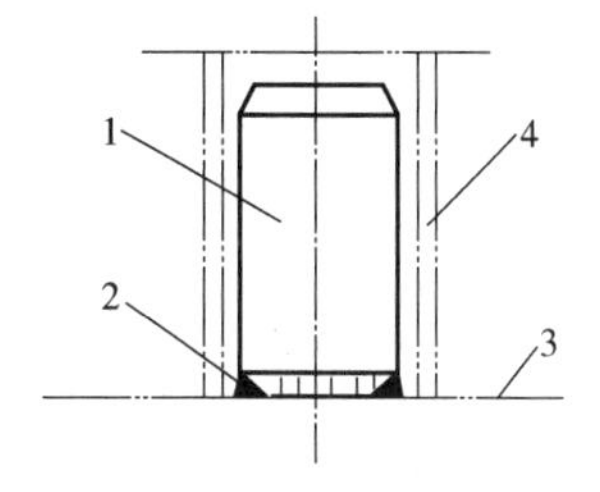

图5-36 底支座构造示意图

1—底支座 2—焊缝

3—型钢支承架（或纵向钢梁）

4—立杆

型钢支承架上部架体与主体结构应有可靠的刚性连接。塔式起重机、施工升降机等需要隔断脚手架体的部位，应对该部位架体采取增设斜撑和连墙件等加固措施。

5.7.3 型钢支承架

悬挑式脚手架底部的型钢支承架可采用悬臂钢梁式（图5-37）、下撑钢或上拉钢三脚架式（图5-38）。

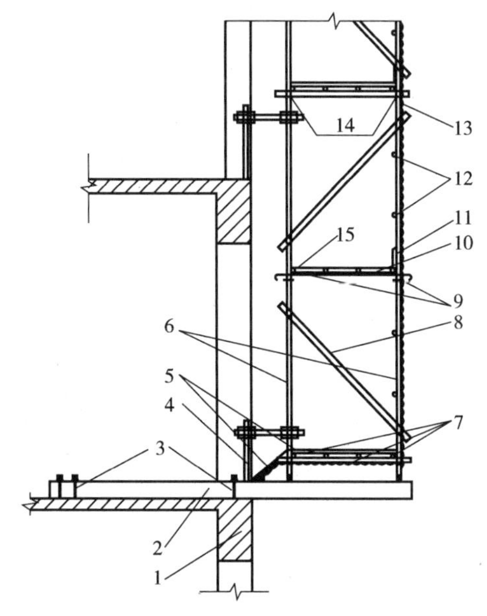

图5-37 悬臂钢梁式

1—主体结构 2—悬臂钢梁 3—支承点 4—连墙件 5—底部封闭
6—立杆 7—扫地杆 8—横向斜撑 9—纵向水平杆 10—横向水平杆
11—挡脚板 12—防护栏杆 13—安全网 14—主节点 15—脚手板

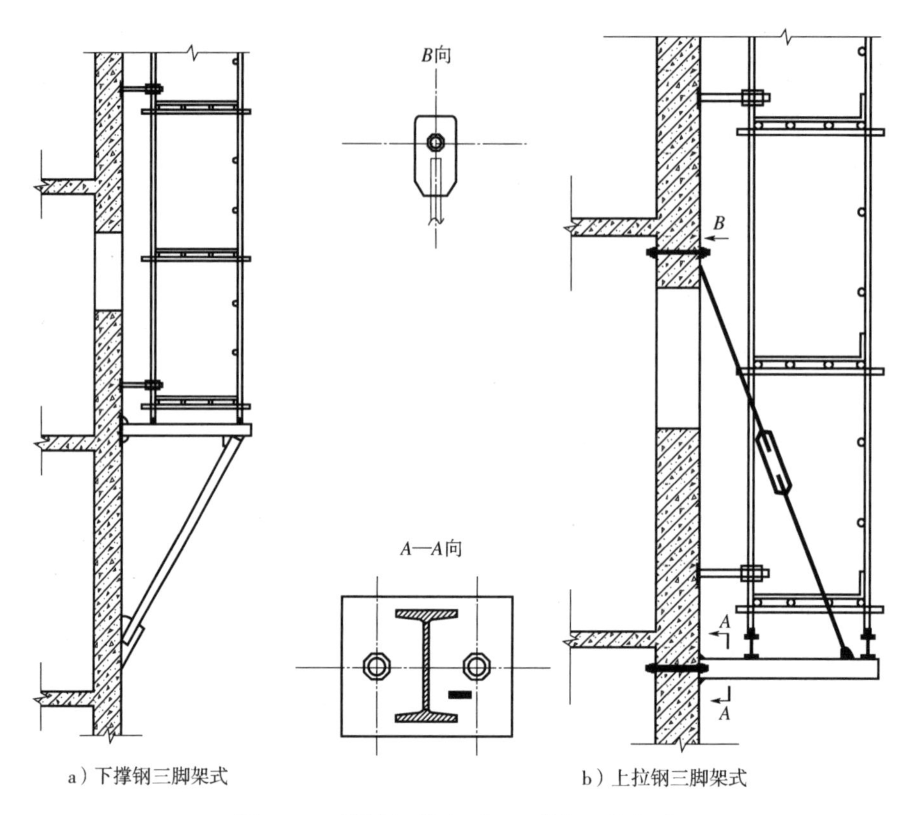

a）下撑钢三脚架式　　b）上拉钢三脚架式

图 5-38　下撑钢三脚架式、上拉钢三脚架式

悬臂钢梁式的固定段长度不宜小于悬挑段长度的 1. 25 倍，应符合设计要求；下撑或上拉钢三脚架式在超大悬挑长度时，可采取双支撑或双拉杆措施并进行验算。

图 5-39 为悬挑式脚手架平面示意图，图 5-40 为悬挑钢梁固定做法示意图。

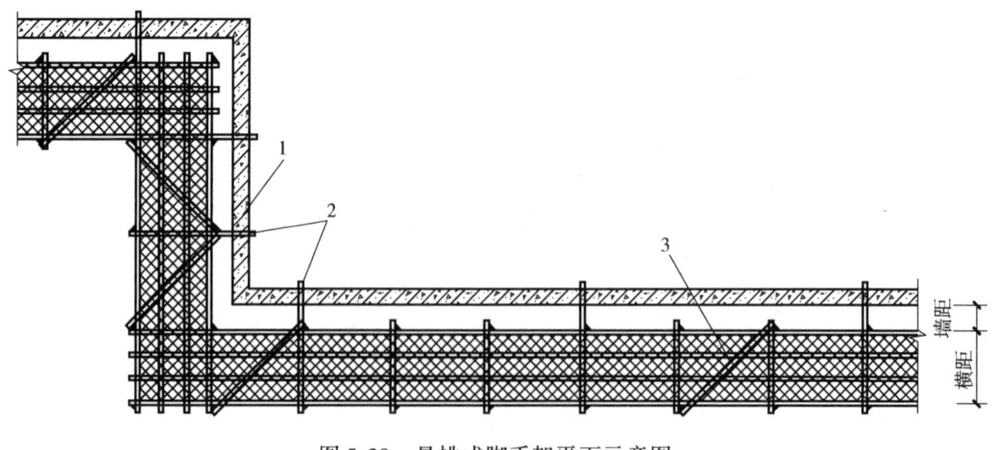

图 5-39　悬挑式脚手架平面示意图

1—主体结构　2—连墙件　3—水平斜撑

型钢支承架与上部架体连接的主梁或纵向钢梁宜采用双轴对称截面的构件，型钢支承架构件及其与主体结构连接件应由设计确定。悬臂钢梁式采用工字型截面时，截面高度不宜小于 160mm。

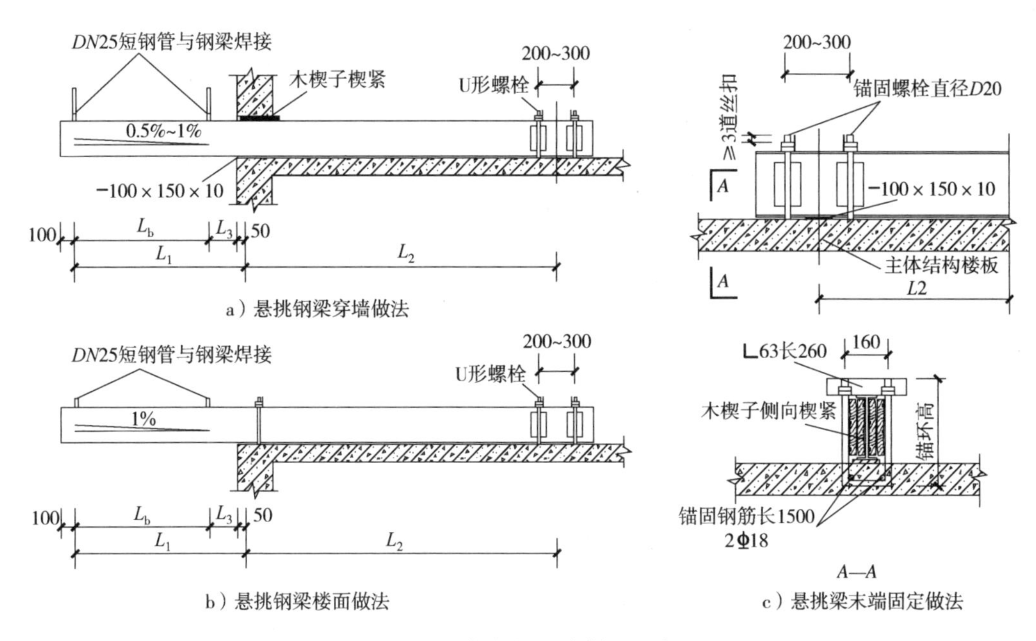

图5-40 悬挑钢梁固定做法示意图

型钢支承架固定在主体结构上，与主体结构的连接可采用预埋圆钢固定、对穿螺栓固定或预埋钢板焊接固定等方法。图5-41所示为预埋螺栓固定的两种方法。

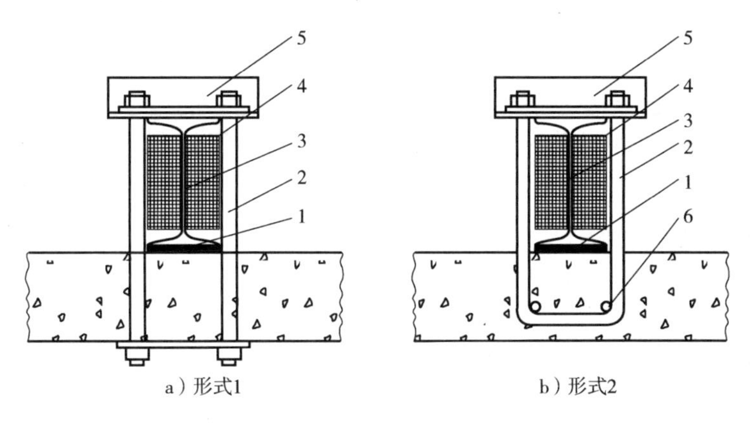

图5-41 支承点预埋螺栓固定方法

1—钢垫板 2—螺栓杆 3—悬臂钢梁 4—硬质楔紧块 5—角钢 6—锚固钢筋

型钢支承架纵向间距宜与上方架体立杆纵距对应，当型钢支承架纵向间距与上方架体立杆纵距不能对应时，应设置纵向钢梁。纵向钢梁与型钢支承架之间应可靠连接。

型钢支承架采用上拉钢三脚架形式时，应采用圆钢作为拉杆，拉杆应设置具备锁紧功能的长度调节装置，拉杆与水平钢梁的夹角不应小于45°，圆钢拉杆直径不宜小于20mm，材质应不低于Q235B。拉杆作用位置应尽可能与水平钢梁轴线一致。当拉杆作用位置不能与水平钢梁轴线保持一致时，应采取保证其吊拉过程中不偏转的有效措施。

钢丝绳等柔性材料可作为型钢支承架的受拉件，但不参与受力计算，只作为保险措施。

5.7.4 连墙件

连墙件的布置间距除应满足计算要求外，尚应符合表5-15的规定。

表 5-15　连墙件布置最大间距

竖向间距/m	水平间距/m	每根连墙件覆盖面积/m^2
≤$2h$	≤$3L_a$	≤27

注：h—立杆步距；L_a—立杆纵距。

连墙件必须采用刚性结构件，严禁使用柔性材料。连墙件设置点宜优先采用菱形布置，也可采用矩形布置。连墙件宜靠近架体主节点设置，偏离主节点的距离应不大于300mm。

连墙件应从架体底部第一步下方主节点开始设置。主体结构阳角或阴角部位，两个方向均应设置连墙件。连墙件中的连墙杆宜与主体结构面垂直设置，当不能垂直设置时，连墙件与脚手架连接的一端应不高于与主体结构连接的一端。一字形、开口形脚手架的端部必须设置连墙件，其竖向间距不应大于建筑物的层高，且不应大于 2 步。连墙件可采用预埋钢管、预埋钢板等形式固定，能传递拉力和压力。

5.7.5　剪刀撑与斜撑

扣件式钢管脚手架架体外立面沿全高和全长应连续设置剪刀撑；每道剪刀撑宽度应为6～9m，与纵向水平杆夹角应在45°～60°之间。其他架体形式按相应标准要求。

剪刀撑斜杆应采用旋转扣件与立杆或伸出的横向水平杆进行连接，旋转扣件中心线至主节点的距离不宜大于150mm；剪刀撑斜杆的接长应采用搭接，搭接长度不应小于1m，应采用不少于 2 个旋转扣件可靠固定，端部扣件盖板的边缘至杆端距离不应小于 100mm。

一字形、开口形钢管脚手架的端部必须设置横向斜撑，中间应每隔不大于 6 个立杆纵距设置一道横向斜撑，同时该位置及端部应设置连墙件；转角位置可设置横向和纵向斜撑作为加固。横向和纵向斜撑应由底至顶呈之字形连续布置。未铺设脚手板的架体水平层应每 5 跨设置一道水平斜撑。

5.7.6　搭设、使用与拆除

1. 一般规定

悬挑式脚手架作业人员应持证上岗，正确使用安全帽、安全带及防滑鞋等劳动防护用品。

悬挑式脚手架搭拆作业区下方及外侧应有防止坠物伤人的临时围挡等安全防护措施和警示标志，对应的地面位置应有专人监护。

预埋件等隐蔽工程应严格按设计要求进行过程验收，过程验收应有记录。

悬挑式脚手架搭设时，型钢支承架、连墙件等对应的主体结构承载能力应满足设计要求。安装型钢支承架时，其固定部位的主体结构混凝土强度不得低于10MPa；搭设脚手架时，架体连墙拉结固定部位的主体结构混凝土强度不得低于15MPa。连墙件的安装应与架体同步进行，严禁后安装。

2. 搭设

悬挑式脚手架搭设前，应按专项施工方案要求对参加搭设人员进行安全技术交底。

悬挑式脚手架搭设过程中，应保证搭设人员有安全的作业位置，安全设施及措施应齐全。

型钢支承架、纵向钢梁应按设计的施工平面布置图准确就位、安装牢固。安装过程中，应随时检查构件型号、规格、安装位置的准确性、螺栓紧固情况及焊接质量。悬臂式型钢支承架安装时，应对悬伸端采取预起拱的措施，预起拱量应按专项施工方案设计计算值确定并符合现行国家标准《钢结构设计标准》GB 50017 中的相关要求。

悬挑式脚手架的特殊部位（如阳台、转角、采光井、架体开口处等），必须严格按专项施工方案和安全技术措施的要求施工。

脚手架搭设进度应符合下列规定：

（1）脚手架搭设必须配合施工进度进行，一次搭设高度超过两步应设置连墙件。

（2）脚手架搭设过程中，应及时安装连墙件或与主体结构临时拉结。

（3）脚手架每搭设完一步，应按照规定及时校正步距、纵距、横距和立杆垂直度。

（4）剪刀撑、斜撑等应随立杆、纵向水平杆、横向水平杆同步搭设。对没有完成的外架，在每日收工时，应确保架子稳定，必要时，可采取临时固定措施。

3. 使用

悬挑式脚手架搭设完毕投入使用前，应按专项施工方案及规范的要求进行验收，验收合格后方可投入使用。

悬挑式脚手架在使用过程中，架体上的施工荷载必须符合设计要求，结构施工阶段不得超过 2 层同时作业，装修施工阶段不得超过 3 层同时作业，在同一个跨距内各作业层施工均布荷载总和不得超过 $5kN/m^2$，集中堆载不得超过 3kN。

严禁随意扩大悬挑式脚手架的使用范围，严禁进行下列作业：

（1）利用架体吊运物料。

（2）在架体上推车。

（3）拆除架体结构件或连接件。

（4）拆除或移动架体上的安全防护设施。

（5）其他影响悬挑式脚手架使用安全的作业。

在脚手架上进行电、气焊作业时，必须有防火防触电措施和安全监护。

六级（含六级）以上大风、雷雨、大雾、大雪等不利天气情况下，严禁继续在脚手架上作业。雨、雪后上架作业前应清除积水、积雪，并应有防滑措施。夜间施工应提供足够的照明并采取必要的安全措施。

严禁将模板及支架、缆风绳、混凝土浇筑输送管道、卸料平台等搁置或固定在脚手架上。

4. 拆除

拆卸作业前，应按专项施工方案要求对参加拆卸的人员进行安全技术交底。拆除脚手架前，应全面检查脚手架的扣件、连墙件、支撑体系等是否符合构造要求，同时应清除脚手架上的杂物及影响拆卸作业的障碍物。当脚手架采取分段、分立面拆除时，应事先制订技术方案，对暂不拆除的脚手架两端必须采取加固措施。

拆卸作业时，应有统一指挥和专职监护，严格执行专项施工方案，保证拆卸人员有安全的作业位置，安全设施及措施应齐全。拆卸作业应由上而下逐层拆除，严禁上、下同时作业。折卸作业时，连墙件应随脚手架逐层拆除，严禁先将连墙件整层或数层拆除后再拆脚手架。

5.8　附着升降式脚手架

附着升降式脚手架属于工具式悬空脚手架，简称“爬架”。其架体主要构件为工厂制作、经现场组装并固定（附着）于具有初步高度的工程结构外围，随工程进展，能依靠自身提升设备沿结构整体或分段升降。爬架的提升设备主要有手动葫芦、电动葫芦和液压设备。

5.8.1 概述

附着式升降脚手架由竖向主框架、水平支承桁架、架体构架、附着支承装置、防倾覆装置、防坠装置、升降机构、同步控制装置等组成。根据提升设备和提升点的位置不同，附着式升降脚手分为侧提升（图5-42）和中心提升（图5-43）两种形式。

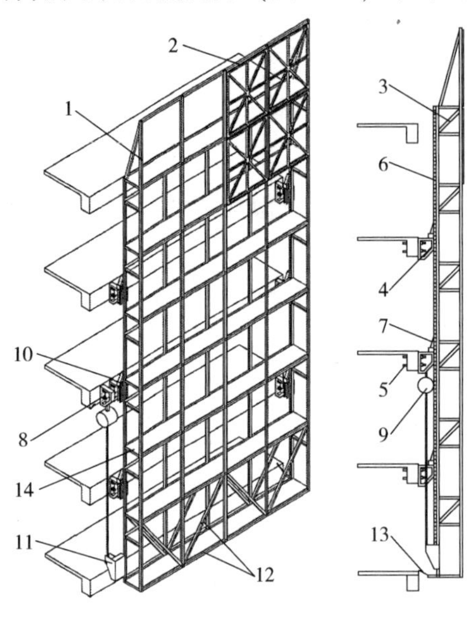

图5-42 侧提升式附着升降脚手架示意图

1—竖向主框架 2—防护网 3—刚性支撑
4—防倾覆、防坠装置 5—附着螺栓
6—导轨 7—停靠卸荷装置 8—升降支座
9—升降设备 10—附着支座
11—下吊点 12—底部水平支承架
13—封闭翻板 14—走道板

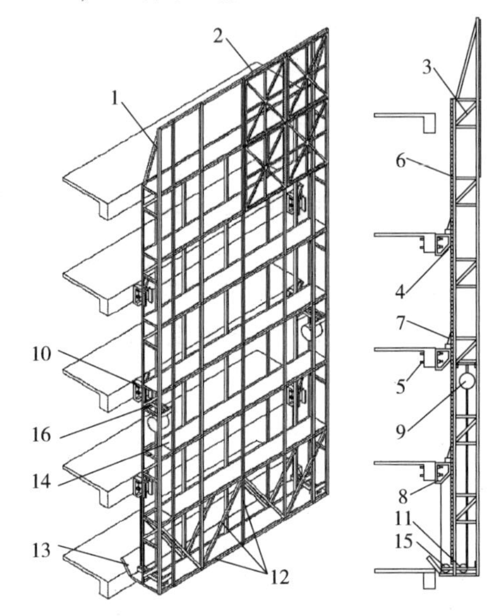

图5-43 中心提升式附着升降脚手架示意图

1—竖向主框架 2—防护网 3—刚性支撑
4—防倾覆、防坠装置 5—附着螺栓
6—导轨 7—停靠卸荷装置 8—升降支座
9—升降设备 10—附着支座 11—下吊点
12—底部水平支承架 13—封闭翻板
14—走道板 15—滑轮组 16—上吊点

附着式升降脚手架应构造合理、传力明确、安拆方便，同步控制装置应能控制架体安全运行；防倾覆、防坠落装置应灵敏、可靠，能有效防止架体发生坠落和倾覆。

附着式升降脚手架的型号、单元结构参数、主要产品材料和规格等应与（型式）检验报告一致。

5.8.2 架体构架

附着式升降脚手架的竖向主框架是附着式升降整体脚手架重要的承力和稳定构件，架体所受的力均由其传递给附着支承结构，再由附着支承结构传递到建筑物上。

附着式升降脚手架典型架体构造见图5-44。

附着式升降脚手架的尺寸应符合下列规定：

(1) 架体高度不应大于5倍楼层高；架体净宽度不宜小于0.6m，不应大于1.2m；直线布置的架体支承跨度不宜大于7m，折线或曲线布置的架体中心线处架体支撑跨度不宜大于5.4m。

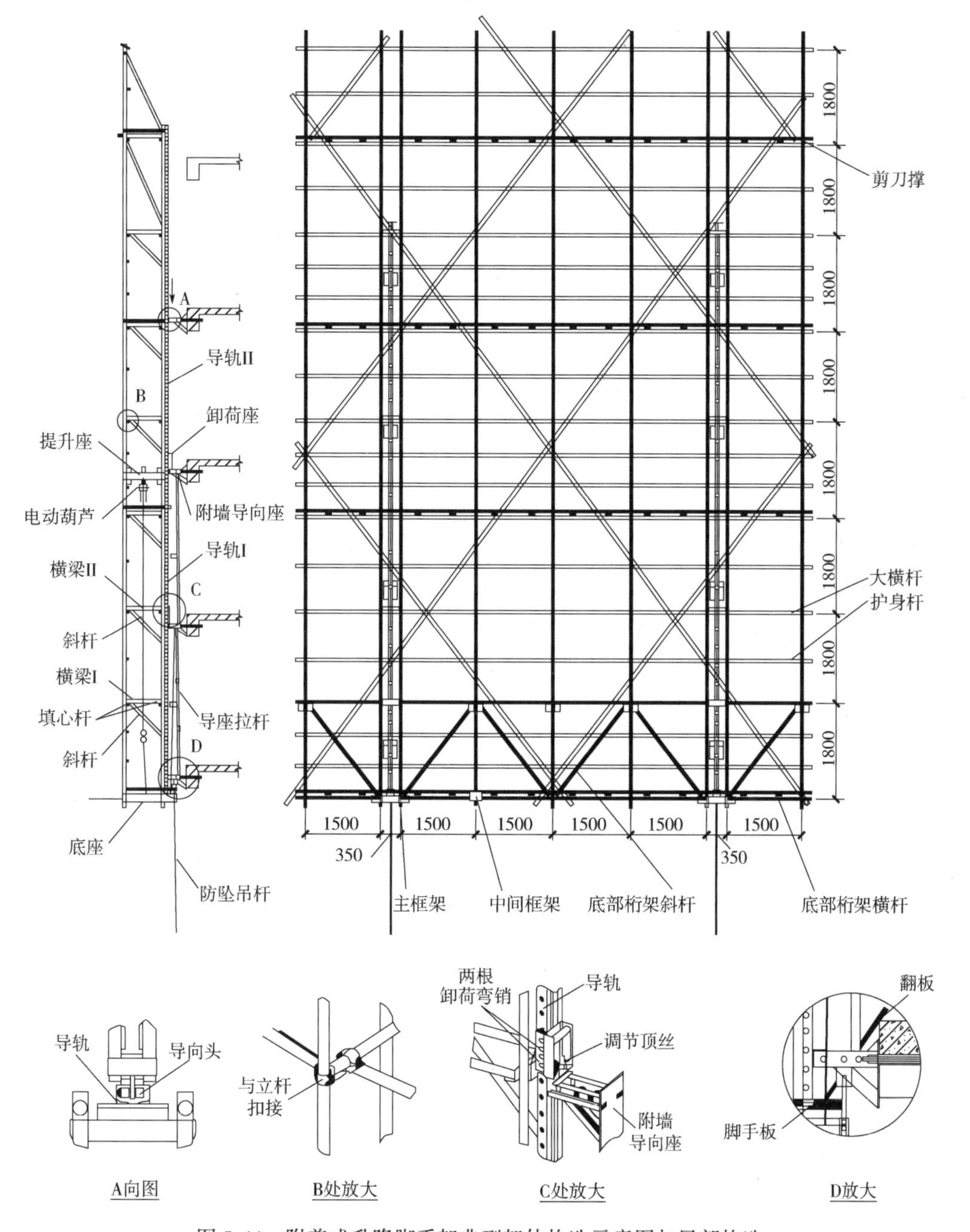

图5-44 附着式升降脚手架典型架体构造示意图与局部构造

(2) 架体步距和立杆纵距均不应大于2m。

(3) 架体全高与支承跨度的乘积不应大于110m^2，且不应大于（型式）检验报告的乘积；架体的水平悬挑长度不应大于2m，且不应大于邻近跨度的1/2。

(4) 架体顶部防护高度应超出作业层不小于1.5m。

(5) 使用工况下，架体悬臂高度不应大于架体高度的2/5，且不应大于6m；当大于6m时，架体结构上必须采取相应的刚性连接措施。

附着式升降脚手架各组成部分的构造要求见表5-16。

表 5-16　附着式升降脚手架各组成部分的构造要求

部件名称	构造要求
竖向主框架	（1）竖向主框架应与架体同高度，与墙面垂直，并与水平支承结构形成具有足够强度和刚度的空间几何不变体系的稳定结构 （2）竖向主框架应为桁架或刚架结构，各杆件轴线应交汇于节点处；如不能交汇于一点，应进行附加弯矩验算 （3）竖向主框架结构形式、杆件材料和规格应与（型式）检验报告一致 （4）竖向主框架构件应采用螺栓或焊接连接，对接处的连接强度不得低于杆件强度 （5）竖向主框架内侧应设置导轨，并与导轨刚性连接
水平支承结构	（1）水平支承结构应为桁架结构或梁式结构，桁架结构各杆件的轴线应相交于节点 （2）水平支承结构构件应采用螺栓或焊接连接，当采用节点板构造连接时，其节点板厚度不应小于6mm，且应满足设计要求 （3）水平支承结构的结构形式、杆件材料和规格应与（型式）检验报告一致 （4）采用桁架结构形式时，高度不应小于600mm （5）水平支承结构应连续布置在架体底部的内外两侧，并应与竖向主框架可靠连接 （6）水平支承结构的接头应与走道板的接头错开设置，错开距离不应小于500mm，接头连接处的强度、刚度不得低于水平支承结构的强度和刚度的要求，否则应采取加强措施 （7）水平支承结构遇塔式起重机附着、施工升降机、物料平台等不能连续设置时，应采取加强措施，使其强度和刚度与水平支承结构相当
脚手板、翻板	（1）附着式升降脚手架应按每步铺设金属脚手板 （2）脚手板应具有足够的强度、刚度和防滑功能，不得有裂纹、开焊、硬弯等缺陷，板面挠曲不应大于10mm，任一角翘起不应大于5mm （3）架体底层、中间防护层应设置翻板，翻板一侧与架体金属脚手板可靠连接，另一侧应搭靠在建筑结构上；当无法搭靠时，应采取防下翻措施；底部翻板应铺设严密，防护层翻板除预留不影响架体正常升降的洞口外，其余部位应可靠密封 （4）使用工况下，架体与工程结构间应采取可靠的防止人员和物料坠落的防护措施 （5）脚手板与防护网之间应有可靠的封堵措施
导轨	（1）当采用槽钢形式的导轨时，不得小于6.3号槽钢，宜选用8号槽钢及以上规格 （2）当采用钢管形式的导轨时，圆管不应小于ϕ48.3mm×3.6mm，方管壁厚不应小于3mm （3）导轨横杆间距应与防坠落装置匹配，且不应大于120mm （4）导轨横杆应采用圆钢，直径不应小于28mm （5）导轨长度应覆盖至最顶层的脚手板 （6）导轨的材料和规格应与（型式）检验报告一致 （7）导轨与竖向主框架连接，通过附着支承装置固定于建筑结构上，导轨接长应采用刚性接头，导轨在附着支承装置处应设导向装置，数量不应少于3处

架体应在以下部位采取可靠的加强构造措施：

（1）与附着支承装置的连接处。

（2）架体上提升机构的设置处。

（3）架体上防坠落、防倾覆装置的设置处。

（4）架体吊拉点设置处。

（5）架体平面的转角处。

（6）因遇塔式起重机、施工升降机、物料平台等设施需要断开或开洞处。

（7）其他有加强要求的部位。

架体遇塔式起重机附着、施工升降机、物料平台等设施需断开或开洞时，断开处应加设栏杆和封闭防护，开口处应有可靠的防止人员及物料坠落的措施，并应设置安全警示标志。

5.8.3 安全装置

附着式升降脚手架的安全装置包括附着支承装置、卸荷装置、防倾覆装置和防坠落装置，各类装置的设置要求见表5-17。

表5-17 附着式升降脚手架安全装置设置要求

装置名称	设置要求
附着支承装置	（1）竖向主框架所覆盖的每个已建楼层处均应设置一个附着支承装置，每个附着支承装置均应设置防倾覆导向及防坠落装置，各装置应独立发挥作用，升降工况下有效支座不应少于2个，使用工况下有效支座不应少于3个 （2）附着支承装置和升降支座应采用2个附着螺栓与建筑结构连接，螺栓应优先采用上下布置，并采用双螺母或单螺母加装弹簧垫片；如采用支座转换件，其连接强度应满足设计要求 （3）附着螺栓的选用应满足设计要求，且直径不应小于30mm；垫板尺寸不得小于100mm×100mm×10mm，附着螺栓的螺杆露出螺母端部的长度应不少于3个丝扣且不得小于10mm （4）附着支承装置和升降支座应附着于结构梁或剪力墙上，附着结构厚度不应小于200mm，附着结构混凝土强度应按设计要求确定，且不应小于15MPa，升降支座处混凝土强度不应小于20MPa （5）严禁利用附着支承装置悬挂提升设备，升降支座必须独立设置 （6）附着支承装置附着于阳台梁时，不得采用钢丝绳卸荷，梁截面尺寸应满足受力计算要求 （7）飘窗、悬挑板上不能直接安装附着支承装置时，应采取相应转换件加卸荷的措施，并应进行受力计算 （8）在PC构件上安装附着支座时，应进行PC构件承载力的复核计算，宜加设拉杆、顶撑等卸荷措施 （9）当附着支承装置附着楼层结构内缩时，应通过设计计算采取增设相应构造柱的加强措施 （10）附着支承装置和升降支座支承处的建筑主体结构承载力应经结构设计复核确认
卸荷装置	（1）卸荷装置应设置于附着支承装置上，必须是定型化装置，具有高低调节功能，且不能作为防坠落装置使用。当采用顶撑杆时，其轴线与水平面的夹角不应小于70°，且受力轴线与顶撑杆轴线重合 （2）竖向主框架有效的卸荷装置不应少于2个，且应满足承载力要求 （3）严禁采用钢管脚手架扣件或钢丝绳作为卸荷装置 （4）卸荷装置产生水平分力时，应通过设计计算并采取相应的技术措施 （5）卸荷装置的材料和规格应与（型式）检验报告一致
防倾覆装置	（1）架体导轨应设置不少于2个防倾覆装置，防倾覆装置每侧应有2个防倾导向轮 （2）升降工况下，最上和最下的防倾覆装置之间的最小间距不应小于1个标准层层高；使用工况下，最上和最下的防倾覆装置之间的最小间距不应小于2个标准层层高 （3）防倾导向轮与导轨之间的间隙宜为3～5mm，且不应大于8mm （4）防倾导向轮应与附着支承装置可靠连接，导向滑轮应固定可靠、转动灵活
防坠落装置	（1）防坠落装置应设置在竖向主框架处并附着在建筑结构上，每一个升降点不应少于2个防坠落装置，且在升降和使用工况下均必须起作用 （2）防坠落装置必须采用机械式的全自动复位装置，严禁使用手动复位装置 （3）防坠落装置的材料和规格应与（型式）检验报告一致 （4）防坠落装置应具有防尘、防污染的措施，并应灵敏可靠、运转灵活 （5）防坠落装置技术性能除应满足承载能力要求外，制动距离不应大于120mm

5.8.4 升降机构

附着式升降脚手架升降机构设置应符合以下要求：

（1）附着式升降脚手架应选用电动升降设备或液压升降设备。架体应在每个竖向主框架处设置升降机构，并应符合下列规定：

1）上、下吊点应设置在竖向主框架上，且吊点位置与竖向主框架中心线水平距离不应大于500mm。

2）升降机构应与（型式）检验报告一致。

3）升降支座挂点板厚度不应小于10mm。

4）升降动力设备宜选用低速环链电动提升机或电动液压升降设备，同一单体建筑应采用同厂家、同一规格型号设备，且应运转正常。

5）当升降机构采用钢丝绳、滑轮组传动方式，滑轮直径与钢丝绳直径匹配，钢丝绳的选用、端部固定和使用应符合现行工程建设标准。

6）设置电动液压升降设备的架体部位应有加强措施；液压升降设备应有防止失压的控制措施。

（2）电动提升机在附着式升降脚手架运行过程中，应具有制动和定位的功能，在额定荷载下，应满足制动下滑量 $s \leqslant v/100$（v 为 1min 内荷载稳定提升的距离，mm），且不应大于2mm 的要求。

（3）低速环链电动提升机在上吊钩与横梁之间宜采用轴销传感器连接，轴销传感器的强度应大于等于上吊钩与横梁之间的连接轴的强度。

（4）电动提升机在使用时，上、下吊点应在同一铅垂线上，其水平投影偏差不应大于150mm，起重链条与铅垂线夹角不应大于10°，下降时双链的尾链应大于200mm。低速环链电动提升机运行时，上吊钩与下吊钩距离不应小于1m。

（5）低速环链电动提升机悬挂后，应保证能360°自由旋转，上吊钩、下吊钩应与刚性吊环连接。

（6）当采用液压升降设备作为升降动力时，液压油路应选用钢油管或高压软胶管，内部应设置2套机械锁紧机构。遇有油路破裂、停电等情况时，锁紧机构应能自动锁紧。

5.8.5 同步控制装置

附着式升降脚手架同步控制装置的设置应符合以下要求：

（1）附着式升降脚手架升降时必须配备同步控制装置，同步控制装置应具有超载声光报警功能，且在荷载或高差超过限值时自动停机。

（2）当只有两个机位同时升降时，可采用两机位间水平高差同步控制装置；当多机位同时升降时，应采用限制荷载控制系统，对架体运行的超载进行控制。对同步控制装置的功能要求见表5-18。

表5-18 同步控制装置及功能要求

系统名称	功能要求
限制荷载控制系统	（1）应具有荷载自动监测和超载报警、自动停机的功能，并应具有储存和记忆显示功能 （2）架体升降过程中，当机位的荷载变化值超出15%时，应以声光形式自动报警和显示报警机位；变化值超出30%时，应自动停机 （3）应具有自身故障报警功能，并能适应施工现场环境 （4）性能应可靠、稳定，控制精度应在5%以内

（续）

系统名称	功能要求
水平高差同步控制系统	（1）应具有各提升点的实际提升高度自动监测功能，并应具有储存和记忆显示功能 （2）架体升降过程中，相邻机位高差超过30mm时，应以声光形式自动报警和显示报警机位进行预警提示，并自动停机

（3）同步控制装置应由荷载检测单元、总控箱、分控箱、通信电缆、监控软件、动力电缆组成，并应有具备检验资质的专业机构出具的检测合格报告。

1）分控箱和荷载检测单元应能实时采集各机位的荷载数据，并应能通过通信电缆传送至总控制柜。

2）总控制柜应能对各机位数据进行实时分析处理，发出控制指令，自动控制各机位的运行状态。

3）分控箱应能显示机位编号，并应设有能记录和显示机位信息的装置。

4）总控箱应有急停、单机手动和多机手动控制功能；应能实时显示和记录各机位的荷载值、故障信息和运行状态，并能自动下达指令。

5.8.6 安装、升降、使用与拆除

1. 一般规定

附着式升降脚手架的安装、升降、使用与拆除作业应严格按专项施工方案执行。附着式升降脚手架安全装置应全部合格，安全防护设施应齐备和符合方案设计要求，并应配置必要的消防设施。附着式升降脚手架同步控制装置的安装和试运行效果应符合方案设计要求。附着式升降脚手架升降动力设备、防坠落装置、同步控制装置应具有防雨、防砸、防尘、防混凝土污染的措施。

附着式升降脚手架安装、升降和拆除作业前，架体下方应划定安全警戒区域，设置警戒线、警戒标识并派专人值守，严禁无关人员入内。架体安装、升降作业前，应确认附着支承装置处的结构混凝土强度满足方案设计和规范的要求。架体螺栓穿入方向宜一致，按要求配齐垫片，使用工具紧固。

附着式升降脚手架安装、拆除和升降应在白天作业，遇有风速在12m/s及以上的大风或大雨、大雾等恶劣天气时，应停止作业。风雨过后，应先经过试运行，确认架体整体安全、可靠后方可进行作业。

使用过程中，附着式升降脚手架发生故障或存在安全隐患时，应及时维修和整改，维修期间应停止作业。安装、拆除及升降作业人员离开作业面时，必须将架体与建筑结构可靠连接，确保架体处于安全、可靠状态。

2. 安装

附着式升降脚手架应严格按专项施工方案进行安装施工，安装过程中应及时设置架体防倾覆和防风措施。

作业前应对使用的起重设备状况进行检查，起重量及作业范围应满足安装要求。起重设备吊装时应严格执行起重吊装安全操作规程，设专人指挥，各部件应捆绑牢靠，零散部件应装入容器吊运。

附着式升降脚手架安装前，应设置安装平台。安装平台的设计和搭设应符合下列规定：

（1）安装平台应进行专项设计，承载力应满足附着式升降脚手架搭设的要求。

（2）安装平台基础应采取相关排水措施。

（3）安装平台应有保障施工人员安全的防护设施，并应编制安装平台专项施工方案。

（4）安装平台的承载层水平误差应小于15mm。

（5）安装平台的构造应满足架体搭设作业要求，承载层应设置防滑、抗倾覆和临边防护等措施。

（6）安装平台的连墙件、剪刀撑必须与架体同步搭设，并应符合相关标准的要求。

附着式升降脚手架安装要点见表5-19。

表5-19　附着式升降脚手架安装要点

部件名称	安装要点
竖向主框架安装	（1）相邻竖向主框架的高差不应大于20mm （2）竖向主框架垂直度偏差不应大于0.5%，且不应大于60mm （3）刚性支架与立杆的连接点应靠近刚性支架上下两端端部，连接紧固 （4）导轨拼接应保持垂直对正、对接平直，相互错位形成的阶差不应大于1.5mm
水平支承桁架	（1）片式水平支承桁架应在架体底部内、外侧设置 （2）当桁架立杆与架体立杆不重合时，应进行附加弯矩验算 （3）水平支承桁架不能连续设置时，应采取不低于水平支承桁架强度和刚度的加强措施
附着支承装置	（1）附着支承装置的预留附着螺栓孔中心误差应小于15mm，内外水平度偏差不应大于10mm，至建筑结构边缘的距离不应小于150mm，附着支承装置背板不得露出结构边缘 （2）附着支承装置采用加高件时，应采用双螺栓与加高件连接 （3）附着支承装置采用预埋件方式附着时，应对预埋件承载力进行验算，并记录预埋过程和进行隐蔽验收 （4）附着支承装置应安装在竖向主框架所覆盖的每个已建楼层，当在建楼层无法安装附着支承装置时，应设置防止架体倾覆的刚性拉结措施 （5）附着螺栓孔、预埋件的设置应保证架体在使用和升降过程的安全，同时不应损坏工程结构
升降机构	（1）升降机构应与升降支座、竖向主框架可靠连接 （2）升降动力设备应运转正常 （3）升降动力设备应设置防脱装置
脚手板	（1）脚手板、翻板应安装牢固，且架体底部应封闭严密 （2）脚手板对接时，纵向边框应连接可靠 （3）脚手板与建筑结构的间隙不应大于150mm （4）架体层间平桥内侧应加设防护措施
防护钢板网	（1）每张防护网的固定不应少于4个固定点，通过螺栓或销轴组件固定于边框上，严禁采用钢丝绑扎固定 （2）防护钢板网边框应设置剪刀撑，并应与架体主要受力杆件可靠固定 （3）防护钢板网安装立面平整，图案规则，缝隙对齐，横平竖直 （4）架体断开或开洞时，开口处应有可靠的防止人员和物料坠落的措施，断开处应沿架体全高设置防护钢板网严密封堵 （5）架体在开洞口时，洞口高度不应超过2个楼层高度

架体安装过程中不得利用已安装部位的构件起吊其他重物，且安装过程中架体与建筑结构之间应采取可靠的临时固定措施。

附着式升降脚手架安装完毕后，必须对所有的连接螺栓进行检查、紧固，确保连接可靠。

3. 升降

架体升（降）作业前应对架体进行全面检查、调整，合格后方可进行升（降）作业。架体升（降）前，升降支座附着结构混凝土抗压强度应符合专项施工方案的要求，且不应小于20MPa。升（降）状态下，防坠落、防倾覆装置应齐全、有效，同步控制装置应灵敏、有效。

建筑结构施工无特殊工艺需求的情况下，架体整体升降的机位数量不宜超过35个；如有特殊构造需单片升降时，架体应设置分组缝。

架体升降操作应符合下列规定：

（1）符合升降作业程序和操作规程。

（2）任何人员不得停留在附着式升降脚手架上。

（3）升降过程中施工荷载不应超过0.5kN/m^2。

（4）所有妨碍升降作业的障碍物已拆除。

（5）所有影响升降作业的约束已解除。

（6）相邻提升点间的高差不应大于30mm。

升降过程中应实行统一指令、统一指挥，升降指令应由指挥人员下达；作业人员服从指挥，按照操作规程作业，有关人员应巡视检查，严格监控。

当采用环链葫芦作升降动力时，应严格监视其运行情况，及时排除翻链、铰链和其他影响正常运行的故障。当采用液压设备作升降动力时，应及时排除液压系统的泄漏、失压、颤动、油缸爬行和不同步等问题和故障，确保正常工作。

升（降）到位后，应及时按使用工况要求进行附着固定，在没有完成固定工作前，操作人员不应擅自离岗或下班。

架体升（降）时，同步控制装置应实时显示和储存监测数据，数据采样周期不宜超过0.02s，储存时长不宜少于12个月；宜具备远程监测功能。

4. 使用

竖向主框架处的有效卸荷装置不应少于2个。

附着式升降脚手架应在其设计及使用说明书的性能指标范围内使用，不得随意扩大使用范围；架体上的施工荷载必须符合设计规定，不得超载，不得放置影响局部杆件安全的集中荷载。

附着式升降脚手架使用过程中，不得在其上进行下列作业：

（1）利用架体吊运物料或堆放模板。

（2）在架体上拉结吊装缆绳或缆索。

（3）在架体上推车。

（4）任意拆除结构件或松动连接件。

（5）拆除或移动架体上的安全防护设施。

（6）利用架体设置塔式起重机通道。

（7）其他影响架体安全的作业。

不得将模板支架、缆风绳、泵送混凝土和砂浆的输送管等固定在附着式升降脚手架架体上，不得将附着式升降脚手架作为垂直运输设备使用。

附着支承装置、卸荷装置应保持齐全有效，塔式起重机、施工升降机等临时拆搭部位防护应严密、有效。应及时清理导轨、附着支承装置、防坠落装置、电动葫芦链条、葫芦滑轮等的混凝土杂物，防止升降过程中卡阻。电动葫芦在使用阶段应保持与架体连接状态，并与附着式升降脚手架同步拆除。

在 PC 构件上设置架体附着点时，使用中应对 PC 构件处提升吊挂点和附着支承装置连接情况进行定期检查。

当附着式升降脚手架停用超过 1 个月，或遇有风速在 12m/s 及以上的大风或大雨、大雾等恶劣天气后复工时，应对附着式升降脚手架进行检查，确认合格后方可使用。当附着式升降脚手架停用超过 3 个月时，应提前采取加固措施。

5. 拆除

附着式升降脚手架的拆除作业应编制专项施工方案，明确拆除单元的分块尺寸和重量、拆除构件吊装设备，并应有构件吊装工况分析和索具、吊点的设计。

附着式升降脚手架的拆除作业原则是自上而下、先装后拆、后装先拆。

附着式升降脚手架拆除作业时，应符合下列规定：

（1）拆除区域地面设置警戒线和警戒标志，设专人监护。

（2）拆除作业前，应对架体进行全面检查，清除杂物。

（3）在危险部位拆除作业时，应设置施工人员作业平台。

（4）采用起重机械起吊架体单元作业时，钢丝绳索未捆绑牢固前，附着式升降脚手架不得提前拆卸松动；起吊时必须保证架体平衡，必要时设置牵拉绳保护。

（5）架体单元断开操作时，施工人员必须站在非断开架体一侧，并采取可靠的安全措施，严禁作业人员站在拟吊离的脚手架上作业。

（6）当附着式升降脚手架和附着支承装置一同拆除时，附着支承装置应有防滑脱措施，应先确认起重吊绳受力后，方可拆除。

（7）拆除作业中，不得抛掷材料、配件、设备等物品及杂物，且应有可靠的防止人员与物料坠落的措施。

（8）架体落地时应减速，轻缓、平稳放置；架体地面解体时必须做好临时支撑，防止构件倾倒引发事故。

（9）拆除材料分类堆放整齐，高度不应超过 2m。

5.9 高处作业吊篮

高处作业吊篮简称吊篮，主要用于外墙保温和装修施工。它是将吊篮悬挂在从建筑物中部或顶部悬挑出来的支架上，通过设在每个吊篮上的提升机械和钢丝绳，使吊篮升降，以满足施工要求。与其他脚手架相比，可节省大量材料和劳动力，缩短工期，操作方便灵活，技术经济效益较好。

吊篮脚手架主要有吊架系统、支撑系统和升降系统，具体组成如图 5-45 所示。安装与使用要点如下：

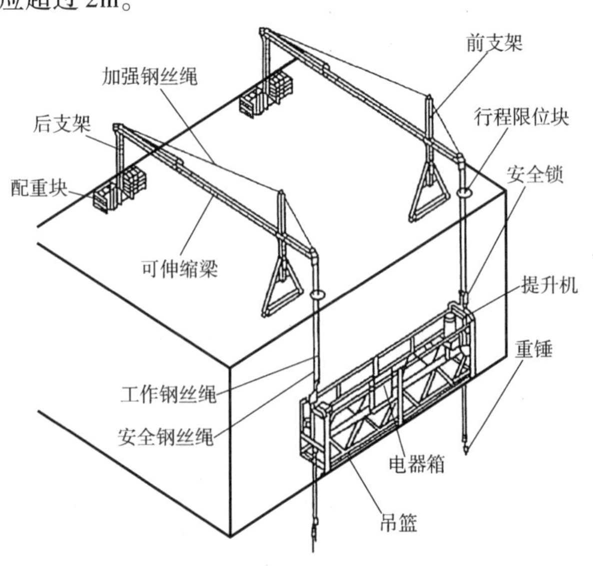

图 5-45 高处作业吊篮构造组成

（1）根据平面位置及悬挂高度选择和布置吊篮。吊篮的宽度为0.7～0.8m；单个吊篮的最大长度为7.5m，悬挂高度在60～100m时，不得超过5.5m。吊篮与外墙的净距宜为200～300mm，两吊篮间距不得小于300mm。

（2）安装时，支架应放置稳定，伸缩梁宜调至最长，前端高出后端50～100mm。配重量应使抵抗力矩较倾覆力矩大3倍以上。并设置支架侧向稳定拉索或支撑。

（3）设备安装、调试完成后，应进行试运行。每次使用前，应提离地面200mm，进行全面检查。

（4）必须设置作业人员挂设安全带的安全绳及安全锁扣。安全绳应固定在建筑物可靠位置，且不得与吊篮上任何部位有联系。

（5）吊篮内作业人员不应超过2人。严禁超载运行，且保持荷载均衡。严禁用吊篮运输物料或构配件等。

（6）作业人员应从地面进入吊篮内，不得从建筑物顶部、窗口或其他孔洞处上下吊篮。

（7）吊篮操作人员必须经过培训、考试合格后上岗。应佩戴工具袋，系挂好安全带。

（8）在吊篮下方设置安全隔离区和警告标志。遇有雨雪、大雾、风沙及5级以上大风等恶劣天气时，应停止作业，并将吊篮平台停放至地面。

本章术语释义

序号	术语	含义
1	脚手架	由杆件或结构单元、配件通过可靠连接而组成，能承受相应荷载，具有安全防护功能，为建筑施工提供作业条件的结构架体，包括作业脚手架和支撑脚手架
2	作业脚手架	由杆件或结构单元、配件通过可靠连接而组成，支承于地面、建筑物上或附着于工程结构上，为建筑施工提供作业平台和安全防护的脚手架，包括以各类不同杆件（构件）和节点形式构成的落地作业脚手架、悬挑脚手架、附着式升降脚手架等，简称作业架
3	满堂扣件式钢管脚手架	在纵、横方向，由不少于三排立杆并与水平杆、水平剪刀撑、竖向剪刀撑、扣件等构成的脚手架。该架体顶部作业层施工荷载通过水平杆传递给立杆，顶部立杆呈偏心受压状态，简称满堂脚手架
4	支撑脚手架	由杆件或结构单元、配件通过可靠连接而组成，支承于地面或结构上，可承受各种荷载，具有安全保护功能，为建筑施工提供支撑和作业平台的脚手架，包括以各类不同杆件（构件）和节点形式构成的结构安装支撑脚手架、混凝土施工用模板支撑脚手架等，简称支撑架
5	满堂扣件式钢管支撑架	在纵、横方向，由不少于三排立杆并与水平杆、水平剪刀撑、竖向剪刀撑、扣件等构成的承力支架。该架体顶部的钢结构安装等施工荷载通过可调托撑轴心传力给立杆，顶部立杆呈轴心受压状态，简称满堂支撑架
6	悬挑式脚手架	垂直方向荷载通过底部型钢支承架传递到主体结构上的施工用脚手架
7	附着式升降脚手架	架体构配件全部采用金属材料，其架体主要构件为工厂制作、经现场组装并固定（附着）于具有初步高度的工程结构外围，随工程进展，能依靠自身提升设备沿结构整体或分段升降

（续）

序号	术语	含义
8	防倾覆装置	防止架体在升降和使用过程中发生倾覆偏离预定位置的装置
9	防坠装置	架体在升降过程中发生意外坠落时的制动装置
10	导轨	附着在支承结构或竖向主框架上，引导脚手架上升或下降的轨道
11	扣件式钢管脚手架	为建筑施工而搭设的、由扣件和钢管等构成的承受荷载的脚手架
12	碗扣式脚手架	节点采用碗扣方式连接的脚手架。按用途分为双排脚手架和模板支撑架
13	承插型盘扣式钢管脚手架	根据使用用途可分为支撑脚手架和作业脚手架。立杆之间采用外套管或内插管连接，水平杆和斜杆采用杆端扣接头卡入连接盘，用楔形插销连接，能承受相应的荷载，并具有作业安全和防护功能的结构架体
14	轮扣式钢管脚手架	由立杆、水平杆、可调底座和可调托撑等配件组成，其中立杆采用套管承插连接，水平杆采用杆端焊接的直插头插入立杆连接盘，根据用途分为作业脚手架和支撑脚手架
15	门式钢管脚手架	以门架、交叉支撑、连接棒、水平架、锁臂、底座等组成基本结构，再以水平加固杆、剪刀撑、扫地杆加固，能承受相应荷载，具有安全防护功能，为建筑施工提供作业条件的一种定型化钢管脚手架。包括门式作业脚手架和门式支撑架。简称门式脚手架
16	扫地杆	贴近楼（地）面设置，连接立杆根部的纵、横向水平杆件；包括纵向扫地杆、横向扫地杆
17	连墙件	将脚手架架体与建筑主体结构连接，能够传递拉力和压力的构件
18	主节点	立杆、纵向水平杆、横向水平杆三杆相交的连接点

第6章

砌筑工程

6.1 概述

6.1.1 施工前准备

砌体结构施工前，应完成下列工作：

（1）砌筑砂浆性能、型号选择及混凝土配合比的设计。

（2）砌块砌体应按设计及标准要求绘制排块图、节点组砌图。

（3）对砌筑结构工程进行技术和安全交底，并应形成交底记录。

（4）完成上道工序（垫层、导墙等）的验收，且验收合格。

（5）完成测量放线，复核中轴线、边线及门或窗洞口的位置、标高并确认合格。

（6）完成标志板、皮数杆设置。

（7）施工方案要求砌筑的砌体样板已验收合格。

（8）现场所用计量器具符合检定周期和检定标准规定。

6.1.2 砌筑顺序

砌体的砌筑顺序应符合下列规定：

（1）基底标高不同时，应从低处砌起，并应由高处向低处搭接。当设计无要求时，搭接长度 L 不应小于基础底的高差 H，搭接长度范围内下层基础应扩大砌筑，如图6-1所示。

（2）砌体的转角处和交接处应同时砌筑；当不能同时砌筑时，应按规定留槎、接槎。

（3）出檐砌体应按层砌筑，同一砌筑层应先砌墙身后砌出檐部分。

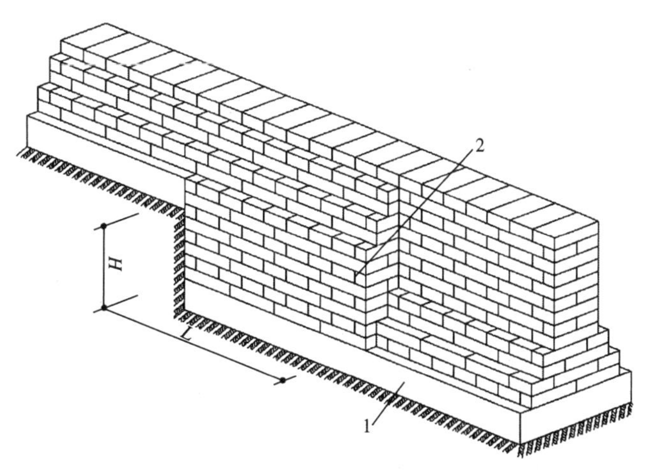

图6-1 基础标高不同时的搭砌示意图（条形基础）

1—混凝土垫层 2—基础扩大部分

6.1.3 一般规定

（1）砌体结构施工中，在墙的转角处及交接处应设置皮数杆，皮数杆的间距不宜大于15m。砌体砌筑过程中，应随时检查垂直度、表面平整度、灰缝厚度及砂浆饱满度，并应在砂浆终凝前进行校正。

（2）砌体结构工程施工时，施工段的分段位置宜设在结构缝、构造柱或门窗洞口处。伸缩缝、沉降缝、防震缝中的模板应拆除干净，不得夹有砂浆、块体及碎渣等杂物。相邻施工段的砌筑高差不得超过一个楼层的高度，且不宜大于4m。砌体临时间断处的高差，不得超过一步脚手架的高度。

（3）砌体施工时，楼面和屋面堆载不得超过楼板的允许荷载值。当施工层进料口处施工荷载较大时，楼板下宜采取临时支撑措施。

（4）砌体中的预埋铁件及钢筋的防腐应符合设计要求，预埋木砖应进行防腐处理，放置时木纹应与钉子垂直。砌筑时应按照设计要求进行洞口、管道、沟槽的留出或预埋。未经设计同意，不得打凿墙体和在墙体上开凿水平沟槽。宽度超过300mm的洞口上部，应设置钢筋混凝土过梁。不应在截面长边小于500mm的承重墙体、独立柱内埋设管线。

（5）砌筑脚手架应按照施工方案搭设，具有足够的强度、刚度、稳定性，满足施工现场安全防护要求，并在砌筑过程中根据脚手架固定要求准确预留脚手眼。

脚手眼不得设置在下列墙体或部位：

1）厚度不大于120mm的墙、清水墙、料石墙、独立柱和附墙柱。

2）过梁上部与过梁60°角的三角形范围内及过梁净跨度1/2的高度范围内。

3）宽度小于1m的窗间墙。

4）门窗洞口两侧石砌体300mm，其他砌体200mm范围内；转角处石砌体600mm，其他砌体450mm范围内。

5）梁或梁垫下及其左右各500mm范围内。

6）轻质墙体、夹心复合外叶墙。

7）设计不允许设置脚手眼的部位。

（6）墙体上留置临时施工洞口应符合下列规定：

1）临时施工洞口净宽度不应大于1m，其侧边距交接墙面不应小于500mm。

2）临时施工洞口宽度大于0.3m时，应按设计要求设置过梁，并应埋设水平拉结筋。

3）墙梁构件的墙体部分不宜留置临时施工洞口，确需留置时，应会同设计单位确定。

（7）临时施工洞口补砌使用的块材及砂浆强度不应低于砌体材料强度；脚手眼应采用相同块材填塞，且应灰缝饱满。砌筑前应将临时施工洞口、脚手眼周边砌块表面灰渣、尘土等杂物清理干净，并浇水湿润。

（8）砖砌体、小砌块砌体每日砌筑高度不宜超过1.4m或一步脚手架高度内，石砌体不宜超过1.2m。

（9）当砌体中砌筑砂浆初凝后，块体被撞动或需移动时，应将砂浆清除后重新铺浆砌筑。砌筑完基础或每一楼层后，应校核砌体的轴线和标高。

6.1.4 砂浆制备

为了实现节能减排和绿色施工，减少粉尘、噪声污染，应优先选用预拌砂浆。当条件不具备，需要现场拌制砂浆时，应确保达到设计配合比要求。预拌砂浆是指由专业生产厂生产的湿拌砂浆或干混砂浆。

干混砂浆是由专业生产厂家生产的，以水泥为主要胶结料与干燥筛分处理的细集料、矿物掺合料、加强材料和外加剂按一定比例混合而成的混合物。当预拌砂浆为干混砂浆时，应在施工现场安装立式砂浆罐，并采用专用设备将不同型号的干混砂浆分别送入不同的砂浆罐中储存，不得离析；砂浆罐底部连接密闭式搅拌机按设备使用说明书和配比进行拌制。干混砂浆储存期超过 3 个月应在使用前重新检验，确认合格后方可使用。

湿拌砂浆是水泥、细集料、外加剂和水以及根据性能确定的各种组分，按一定比例，在搅拌站经计量、拌制后，采用搅拌运输车运至使用地点，放入专用容器储存，并在规定时间内使用完毕的湿拌拌合物。当预拌砂浆为湿拌砂浆时应由专用搅拌车运至施工现场，运输时间不宜大于 90min，如需要延长运送时间则应由生产厂家采取相应的有效技术措施。

传统建筑中的石灰砂浆宜采用中砂，使用细砂时其含泥量不得超过 15%。传统建筑配置砂浆使用的石灰膏，由生石灰及生石灰粉熟化的时间分别不得少于 7d 和 2d。

6.2 基础砌体砌筑

6.2.1 材料要求

砌筑基础的砌体材料，应具有抵抗所处地质环境不良影响的能力，物理、化学性能稳定。当基础砌筑的块体为石材时，应符合下列规定：

（1）石材质地坚实，无风化剥落、无裂缝。

（2）毛石的形状不规则，中部厚度不应小于 200mm。

（3）料石应外形大致方正、不加工或仅稍加修整，高度不应小于 200mm，叠砌面凹入深度不应大于 25mm。

（4）石材应按设计要求和不同的使用环境，宜进行放射性元素的检验，其安全性应符合现行国家标准《建筑材料放射性核素限量》GB 6566 的规定。

基础砌筑用砂浆稠度应符合表 6-1 的要求。

表 6-1 基础砌筑用砂浆稠度要求

序号	块体种类	砂浆稠度/mm
1	烧结普通砖砌体	70～90
2	混凝土实心砖、蒸压灰砂砖、蒸压粉煤灰砖	50～70
3	石砌体	30～50

6.2.2 作业条件

施工现场作业条件应满足下列规定：

（1）应对施工操作人员进行基础砌体的技术交底、安全交底。

（2）基槽边坡、支护结构完成并验收合格，周边安全防护应搭设完成并验收合格。

（3）上下基槽应设置人行通道（或爬梯）和材料运输坡道。

（4）各类机械设备、工具应准备齐全并验收合格。

（5）基础垫层混凝土浇筑完成，垫层强度、标高、水平尺寸应符合设计要求，并完成隐检手续。

（6）应完成基础轴线及边线测量放线，并应完成验线手续。

（7）同一类型、强度等级的砂浆应配备不少于 3 组试模。

（8）应根据技术方案、技术交底随进度需要搭设脚手架。

6.2.3 施工工艺

砖基础、小型砌块基础、石基础砌体施工工艺流程见表6-2。

表6-2 不同材料基础砌体施工工艺流程

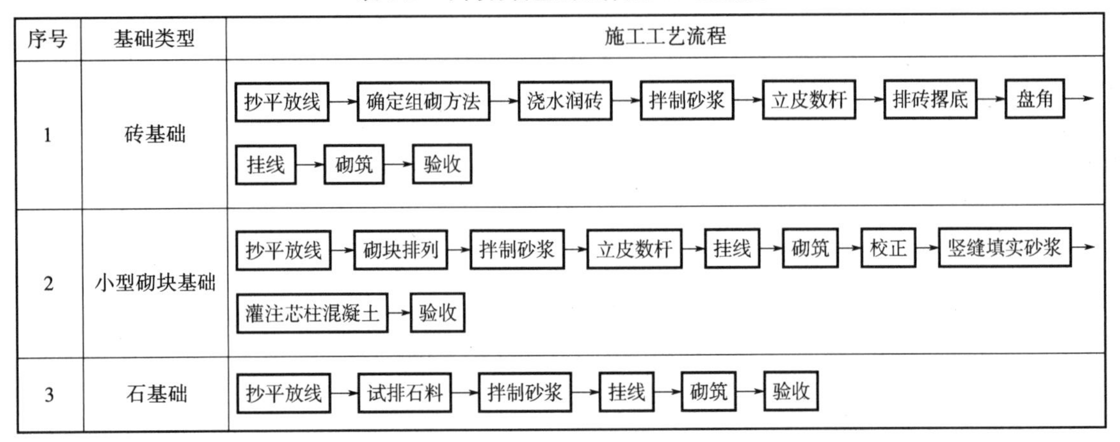

序号	基础类型	施工工艺流程
1	砖基础	抄平放线→确定组砌方法→浇水润砖→拌制砂浆→立皮数杆→排砖撂底→盘角→挂线→砌筑→验收
2	小型砌块基础	抄平放线→砌块排列→拌制砂浆→立皮数杆→挂线→砌筑→校正→竖缝填实砂浆→灌注芯柱混凝土→验收
3	石基础	抄平放线→试排石料→拌制砂浆→挂线→砌筑→验收

1. 抄平放线

抄平放线应符合下列规定：

（1）用水准仪测量垫层混凝土的顶面标高，拉线检查，当第一层块体的水平灰缝大于20mm时，应采用细石混凝土找平。

（2）依据设计图纸，用全站仪或经纬仪放出基础轴线，设置龙门板或轴线桩，并做好保护措施。

（3）根据龙门板或轴线桩上标出的建筑物主要轴线，弹出基础轴线和边线。

2. 浇水润砖

浇水润砖应符合下列规定：

（1）烧结普通砖、烧结多孔砖应在砌筑前1~2d浇水湿润，水进入砖四周深度宜为15mm，蒸压灰砂砖、蒸压粉煤灰砖应提前1d浇水湿润，不得随浇随砌，也不宜雨天砌筑。

（2）严禁干砖砌筑，也不得使用含水率达到饱和状态的砖砌筑。

（3）混凝土实心砖、混凝土多孔砖、混凝土小型砌块、石材等块体不宜在砌筑前浇水湿润。在气候干燥炎热的情况下，宜在砌筑前对其喷水湿润。

3. 砂浆制备

砂浆制备及使用应符合下列规定：

（1）砂浆宜采用干混砂浆，应随拌随用，水泥砂浆应在拌成3h内使用完毕。当施工期间最高温度超过30℃时，水泥砂浆应在拌成后2h内使用完毕，超过3h的砂浆不得使用，并不得再次拌和后使用。

（2）干混砂浆应在砂浆罐底密闭的搅拌机中拌制，水泥砂浆搅拌时间不应少于2min，掺用外加剂的砂浆搅拌时间不得少于3min，掺用有机塑化剂的砂浆搅拌时间不得少于4min。

（3）当采用湿拌砂浆时，砂浆的使用时间应把从预拌厂家运输到施工现场的时间消耗计算在内。

砂浆试块制作应符合下列规定：

（1）砂浆试块应在现场取样制作。

（2）砌筑砂浆的检验批，同一类型、强度等级的砂浆试块应不少于3组，每组6块。

（3）块体为砖的基础砌体，按不超过250m³砌体中各种类型及强度等级的砌筑砂浆至少做一组试块。

（4）混凝土小型空心砌块基础，按不超过250m³砌体中每个类型及强度等级的砌筑砂浆至少做两组试块。

（5）当砂浆强度等级或配合比发生变更时，应单独制作试块。

4. 立皮数杆

立皮数杆应符合下列规定：

（1）基础砌筑前，应根据砖的平均厚度和灰缝厚度，制作皮数杆。

（2）皮数杆上应标明大放脚部分的皮数和退台位置、基础底标高和顶标高、基础顶面防潮层以及±0.000的位置。

（3）基础砌体的皮数杆应牢固设置于内外墙基础转角处、交接处或高低台阶处的适当位置，间距以10～15m为宜。

5. 预先排砖

（1）砖基础排砖撂底应符合下列规定：

1）砖基础砌体排砖撂底应分两次进行，第一次为基础大放脚排砖撂底，第二次为基础墙排砖撂底。

2）大放脚基础和基础墙筑砌前应采用干摆砖法排砖撂底，沿长度方向试排砖的皮数和竖向灰缝的宽度，以确定排砖方法和错缝位置。

3）排砖撂底前，应将垫层顶面和基础大放脚顶面清扫干净并洒水湿润。

4）外墙一层砖撂底时，两山墙宜排丁砖，前后檐纵墙宜排条砖。

（2）混凝土小型空心砌块砌筑前预排应符合下列规定：

1）混凝土小型空心砌块应底面朝上，对孔错缝搭接。

2）一面墙所排砌块不够整块时可用符合模数的烧结普通砖代替，不得切割空心砌块。

6. 盘角、挂线

（1）盘角应符合下列规定：

1）大放脚和基础墙砌筑前，应分别在墙角及交接头盘角，作为基础砌砖的标准。

2）砖基础砌体每次盘角高度不应超过五层，小型砌块基础砌体每次盘角高度不应超过三层。

3）新盘的大脚应及时进行检查垂直度、平整度。有偏差时应及时修整，盘角时应核对皮数杆的层数和标高，并应控制灰缝大小，使水平灰缝均匀一致。

4）完成盘角后应复查，平整和垂直完全符合要求后，方可挂线砌筑。

（2）挂线应符合下列规定：

1）大放脚砌筑应双面挂线砌筑。

2）基础墙厚度小于等于240mm时，宜单面挂线砌筑，线应挂在外手。

3）基础墙厚度大于等于370mm时，应双面挂线砌筑。

4）挂线应拉紧，并检查线的中部有无下垂现象，若挂线长度超过10m或遇大风天气，应在适当位置用丁砖挑出支平。

7. 砖基础砌筑

砖基础砌筑应符合下列规定：

（1）砌砖应采用一铲灰、一块砖、一挤揉的“三一砌砖法”，砌砖时砖应放平并应跟线，应随砌随将舌头灰刮尽，不得采用水冲灌缝的方法。

（2）应采用铺浆法砌筑，铺浆长度不应超过750mm，施工期间气温超过30℃时，铺浆长度不应超过500mm。

（3）每皮砖都应穿线看平，水平灰缝应均匀一致、平直通顺。

（4）水平灰缝厚度和竖向灰缝宽度应为10mm，不应小于8mm且不应大于12mm。

（5）基础砌体竖缝应垂直，当砌完一步架高时，宜每隔2m水平间距，在丁砖立棱位置弹两道垂直立线，分段控制竖缝位置和宽度。

（6）基础垫层标高有错台时，应从低处砌起，并应由高处向低处搭砌。当设计无要求时，搭接长度不应小于基底的高差。

（7）大放脚砌到基础墙时，应拉线检查轴线及边线，保证基础墙身位置正确。同时应对照皮数杆的砖层及标高，如有高低差时，应在水平灰缝中逐渐调整，使基础墙的层数与皮数杆相一致。

（8）基础墙高度较大时，应定期检查皮数杆，并拉线检查水平灰缝，砌体应平直通顺，不得出现螺丝墙。

（9）在砌筑过程中，应进行自检，出现偏差时，应及时纠正，不应事后砸墙。

（10）暖气沟挑檐砖及上一层压砖，均应整砖丁砌，灰缝应严实，挑檐砖标高应符合设计要求。

（11）各种预留洞、埋件、拉结筋应按设计要求留置，不得后剔凿以致影响砌体质量。

（12）变形缝的墙角应按直角要求砌筑，先砌的墙应把舌头灰刮尽；后砌的墙可采用缩口灰，掉入缝内的杂物应随时清理。

（13）安装管沟和洞口过梁时，其型号、标高应正确，底灰应饱满；当坐灰超过20mm厚时，应采用细石混凝土铺垫，两端搭墙长度应一致。

8. 小型砌块砌筑

（1）小型砌块基础砌筑应符合下列规定：

1）采用铺浆法砌筑，砌块应一次摆正，不得任意敲击。

2）偏差超过规定的，应在灰缝砂浆初凝前，取下砌块、铲去砂浆，重新砌筑。

3）对孔错缝搭接的长度不应小于90mm或砌块长度的1/3。

4）基础墙墙体转角处和纵横墙交接处应按设计要求布置构造柱或拉结筋，并应同时砌筑，若临时间断，则应在间断处砌成斜槎，斜槎水平投影长度不应小于高度的2/3。

5）墙体应按设计要求留设构造柱或混凝土加强带，构造柱留槎为砌块墙体在构造柱位置从下向上二进二出，混凝土加强带下应先砌筑一皮烧结普通砖。

6）基础墙体应边砌筑边刮缝，先刮水平灰缝，再刮竖向灰缝，将“舌头灰”刮净。

7）基础墙每天砌筑高度不宜大于1.8m。下班前，应将未砌完墙体的最上层砌块的竖向灰缝砂浆灌满、刮平，并清除表面残余砂浆，下一次继续砌筑时，应先湿润前次已砌墙体的顶部。

（2）小型砌块基础砌体灌注芯柱混凝土应符合下列规定：

1）宜选用专用的小型砌块灌孔混凝土灌实孔洞，灌孔混凝土强度等级应符合设计要求。

2）当采用普通混凝土时，其坍落度不应小于90mm。

3）在灌注芯柱混凝土前，应清除孔洞内的砂浆等杂物，并用水冲洗干净。

4）先注入适量与芯柱混凝土相同的去石水泥砂浆，再浇筑芯柱混凝土。

5）砌筑砂浆强度达到设计要求方可灌注芯柱混凝土，设计无要求时，砌筑砂浆强度不应小于1.0MPa。

9. 毛石基础砌筑

（1）毛石基础组砌方法应符合下列规定：

1）基础截面形式和各部分尺寸应符合设计要求。

2）阶梯形基础每个台阶高度不小于300mm，每个台阶一侧的挑出宽度不大于200mm。

3）梯形基础坡角应大于60°。

（2）毛石基础砌筑应符合下列规定：

1）毛石应分皮采用铺浆法卧砌，应上下错缝、内外搭接，不得采用先砌外面的石块后再进行中间填心的砌筑方法。

2）砌筑毛石基础应以台阶高度为准挂线。

3）开始砌筑第一层时，应选择比较方整的石块放在大角处作为定位石，其高度应能与大放脚高度相等，如果石块不合适，应用手锤加工修整。

4）除定位石以外，第一层应选择比较平整的石块，砌筑时应将石块较平整的大面朝下，要放平、放稳，用脚踩时不活动。

5）毛石基础的灰缝厚度为20～30mm，砂浆应饱满，毛石块之间不得有相互接触的现象。石块之间有较大空隙时应先填塞砂浆之后用碎石块嵌实，不得采用先摆碎石块后塞砂浆或干填碎石块的方法。

6）毛石基础的每一层内均应每隔2m设置一块拉结石。基础宽度小于或等于400mm时，拉结石长应与基础宽度相同；基础宽度大于400mm时，可采用两块拉结石内外搭接砌筑，其搭接长度不应小于150mm，且其中一块长度不应小于该皮基础宽度的2/3。

7）阶梯形毛石基础上台阶的石块应至少压砌下台阶石块的1/2，相邻台阶的毛石应相互错缝搭接。

8）毛石基础的转角处和交接处应同时砌筑，不能同时砌筑时应留斜槎，斜槎长度不应小于其高度，斜槎面上的毛石不得用砂浆找平。在斜槎处断续接砌毛石基础时，应先将斜槎石面清理干净、浇水润湿后，方可砌筑。

9）砂浆初凝后，如移动已砌筑的石块，应将原砂浆清理干净，重新铺浆砌筑。

10）砌完一层后，应对砌体中心线校核后方可继续砌筑。

11）砌筑第二层石块时要做到上下错缝，先把要砌的石块试摆，尺寸和构造都合适再铺砂浆砌筑。铺浆的面积约为石块面积的1/2，厚度为40～50mm，基础边缘30～40mm范围内不铺砂浆，然后将经过试摆的石块砌上，石块浆砌如有不稳，可用小石块垫塞。

12）石块间的上下皮竖缝应错开，并应丁顺交错排列。

13）每砌完一层后，其表面要求大致平整，不应有尖角、驼背、放置不稳等现象。

14）基础需要留接槎时，不得留在外墙或纵横墙的结合处，接槎应伸出外墙转角或纵横墙交接处1.0～1.5m，并留踏步接槎。

15）砌到大放脚收台处，台阶面应基本水平，低洼处用石块填平。

16）砌到基础顶层时，应挑选和使用大小适当、至少一个面较平整的石块。砌至规定高度后，如有超出标高的石尖，用小锤修整，缺口和低洼部分用小石块铺砌齐平，上下两台阶的石块也应压接 1/2 左右。

17）毛石基础中如遇沉降缝应分成两段砌筑，并且随时清理缝隙中的砂浆和石块。

18）毛石基础中的预留洞，应在砌筑中预留，不得事后开凿。

19）毛石基础砌筑完成后，应用小抿子将石缝嵌填密实。

20）砌筑中应注意不要在砌好的墙体上抛掷毛石，避免砌体中的毛石振动而破坏已砌石块与砂浆的黏结，影响砌体强度。

10. 料石基础砌筑

（1）料石基础组砌应符合下列规定：

1）采用丁顺叠砌法时应一皮顺石与一皮丁石相隔叠放砌筑。上下皮竖缝应相互错开 1/2 石宽，宜先丁后顺砌筑。

2）采用丁顺组砌法时应同皮内 1～3 块顺石与一块丁石相隔交替砌筑。丁石长度为基础厚度，顺石厚度宜为基础厚度的 1/3。上下丁石应坐中于下皮顺石上，上下皮竖向缝应相互错开至少 1/2 石宽。

3）基础砌体宽度大于或等于两块料石宽度时，如同皮内全部采用顺砌，每砌两皮后，应砌一皮丁砌层；如同皮料石砌体采用丁砌组砌，丁砌石应交错设置，其中心间距不应大于 2m。

（2）料石基础构造应符合下列规定：

1）基础截面形式和各部分尺寸应符合设计要求。

2）基础顶面宽度应大于墙底面宽度 20mm。

3）基础底面宽度符合设计宽度，但不宜大于顶面宽度的四倍。

（3）料石基础砌筑应符合下列规定：

1）砌筑料石基础应双面挂线，先砌转角处和交接处，后砌基础中间部分。

2）基础最底层的第一皮按基础边线铺浆丁砌。

3）阶梯形基础的上台阶料石至少要压砌下台阶料石的 1/3 宽度。

4）料石砌体应上下错缝搭砌，搭砌长度不小于料石宽度的 1/2。

5）料石基础的转角处和交接处应同时砌筑，当不能同时砌筑时应留斜槎。

6）灰缝厚度不宜大于 20mm，且石块之间不得相互接触。铺设水平灰缝砂浆层时应比规定灰缝厚度大 6～8mm，以便预留出砌石后的压缩量。

7）料石基础每天的砌筑高度应不大于 1.2m。

8）砌筑料石基础的第一皮石块应用丁砌层铺浆砌筑。

11. 其他构造要求

（1）防潮层设置应符合下列规定：

1）防潮层应设置在室内地坪以下 60mm 处。

2）抹防潮层砂浆前，应将基础墙顶活动砖重新砌好，并应清扫干净、浇水湿润。

3）基础墙体应以室内地坪控制水平线为基准抄出标高线，墙顶两侧应用木八字尺杆卡牢，复核标高尺寸无误后，倒入防水砂浆，随即用木抹子搓平。

4）防潮层做法及厚度应符合设计要求。设计无规定时，宜采用抹掺加防水粉的厚度为 20mm 的 1∶2.5 水泥砂浆，防水粉掺量宜为水泥重量的 3%～5%；也可以浇筑 60mm 厚 C20

混凝土圈梁。

（2）基础墙拉结筋设置应符合下列规定：

1）基础墙拉结筋设置应符合设计文件要求。

2）施工洞口的直槎应加设拉结钢筋，墙厚度每增加120mm应增加1ϕ6拉结钢筋，间距沿墙面高不应超过500mm。

3）施工洞口拉结筋埋入长度从留槎处算起每边应不小于1000mm。

4）墙体拉结筋的位置、规格、数量、间距均应按设计要求留置，不应错放、漏放。

5）拉结筋末端应设90°弯钩。

（3）构造柱施工应符合下列规定：

1）在砌筑前应按照设计要求在现场标出构造柱中心线和轮廓。

2）按照设计要求进行插筋，并调整顺直。

3）砌筑时与构造柱连接处应砌成马牙槎。

4）每一个马牙槎沿高度方向的尺寸不应超过300mm。

5）马牙槎应先退后进，每个进退均为60mm。

6）拉结筋应按设计要求放置，设计无要求时，应沿墙高500mm设置2ϕ6水平拉结筋，每边入墙内不应小于1m。

6.3 承重砖砌体砌筑

6.3.1 材料要求

1. 用砖要求

承重砖砌体用砖应符合下列规定：

（1）承重砖砌体结构可采用承重混凝土多孔砖、非烧结垃圾尾矿砖、再生集料砖等，并应符合国家现行标准《承重混凝土多孔砖》GB 25779、《非烧结垃圾尾矿砖》JC/T 422和《建筑垃圾再生骨料实心砖》JG/T 505的规定。

（2）砖品种、强度等级应符合设计及国家现行有关标准要求，强度等级不应小于MU10，并应有出厂合格证、产品性能检测报告及型式检验报告，进场后应按规定进行见证取样和送检复试，合格后方可使用。

（3）砖的产品龄期不应小于28d。

（4）砌筑清水墙用砖应边角整齐、色泽均匀。

（5）砖在运输和装卸过程中，不得倾倒和抛掷，进场后应按强度等级分类堆放整齐，堆置高度不得超过2m。

2. 砌筑砂浆要求

砌筑砂浆应符合下列规定：

（1）砌筑砂浆应采用预拌砂浆。

（2）拌和砂浆用水及湿润砖用水应符合现行行业标准《混凝土用水标准》JGJ 63的规定。

（3）砌筑砂浆中使用的增塑剂、早强剂、防水剂、防冻剂等外加剂应符合国家现行标准《混凝土外加剂》GB 8076、《混凝土外加剂应用技术规范》GB 50119和《砌筑砂浆增塑剂》JG/T 164的规定。

（4）湿拌砂浆应采用具有搅拌功能的运输车运输，现场采用专用湿拌砂浆储存容器按不同品种、强度等级分别储存，储存环境温度宜为5～35℃。

（5）湿拌砂浆在储存及使用过程中不应加水。当出现少量泌水时，应拌和均匀后使用。

（6）干混砂浆保存期限不宜超过3个月。

6.3.2 构造要求

1. 构造柱设置要求

承重砖砌体内构造柱与拉结钢筋网片设置要求见图6-2，并应满足以下要求：

（1）构造柱与墙体连接处应砌成马牙槎，马牙槎高度多孔砖不大于300mm，普通砖不大于250mm。

（2）构造柱与墙体的连接可采用2ϕ6水平筋和ϕ4分布短筋平面内点焊组成的拉结钢筋网片或ϕ4点焊钢筋网片，设置要求应符合表6-3的规定，且顶层和凸出屋顶的楼、电梯间、长度大于7.2m的大房间以及抗震设防烈度为8度时外墙转角和内外墙交接处应沿墙体通长设置。

（3）构造柱与圈梁连接处，构造柱的纵筋应在圈梁纵筋内侧穿过，保证构造柱纵筋上下贯通。

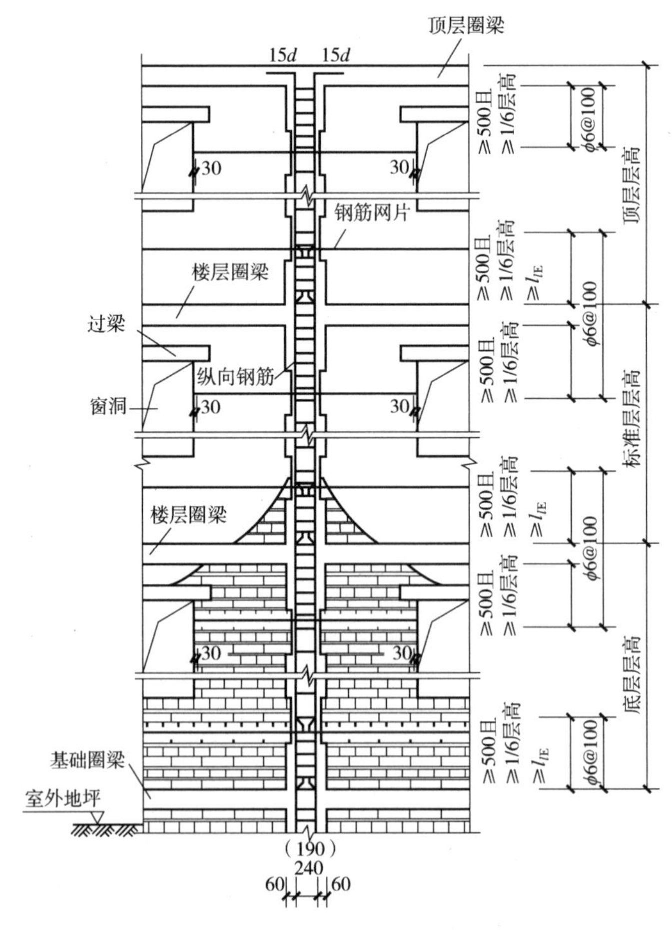

图6-2 构造柱与拉结钢筋网片设置示意图

表 6-3 砖砌体墙水平拉结钢筋网片设置要求

设置要求	类别				
	非抗震 全部楼层	6 度、7 度底 部 1/3 楼层	8 度底部 1/2 楼层	8 度乙类 全部楼层	除上述 以外楼层
竖向间距	500mm				
水平长度	700mm	通长			1000mm (1400mm)

注：水平拉结筋距墙面边距离为 30mm；括号内数字适用于多孔砖

构造柱与基础的连接，可采用图 6-3 所示的几种方式。构造柱底部可以伸入混凝土基础、伸入基础圈梁或伸入室外地面下一定深度，并应按规范要求设置拉结钢筋网片。当构造柱底部钢筋伸入混凝土基础或圈梁时，弯锚段长度不小于 $15d$（d 为钢筋直径）。

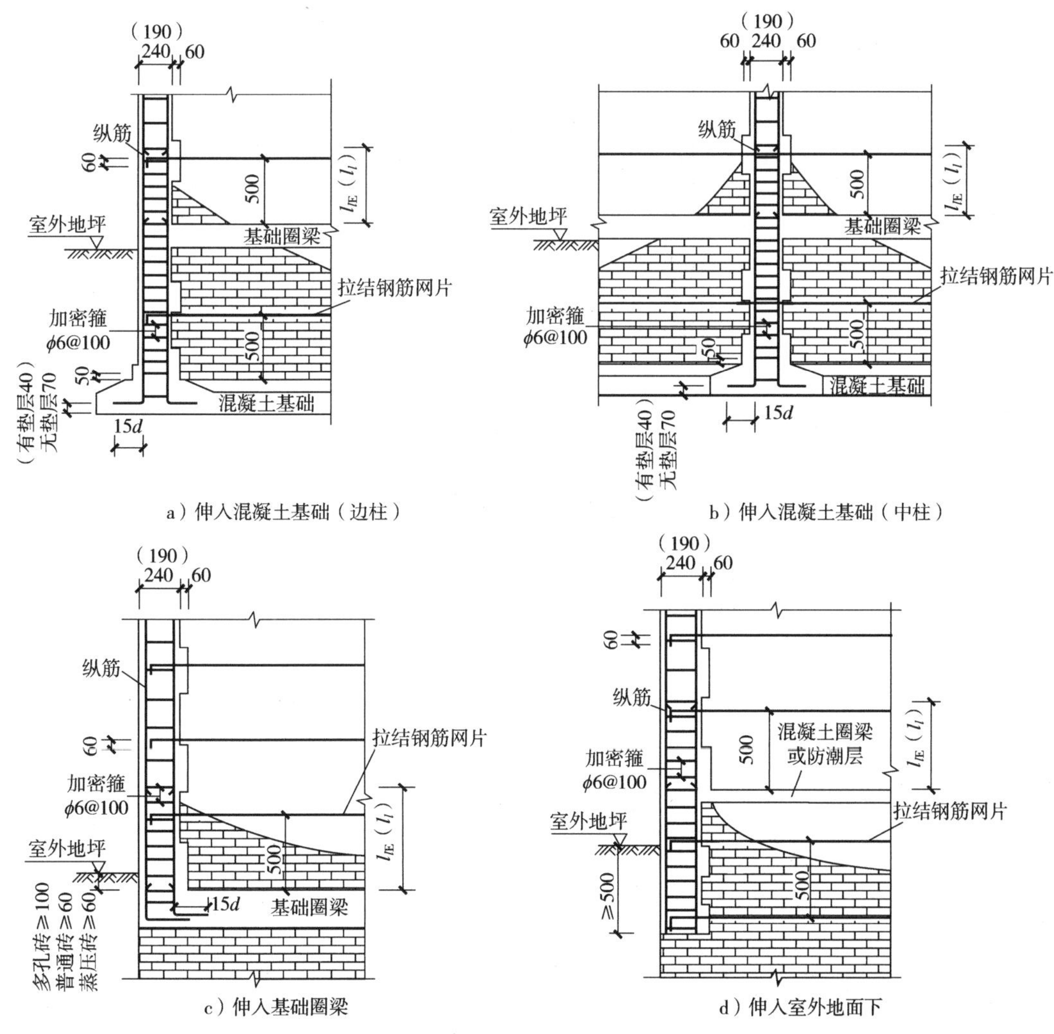

图 6-3 构造柱与基础的连接方式

2. 不设构造柱时拉筋设置要求

当不设置构造柱且考虑地震作用时，墙体内拉筋的设置方式可参考表 6-4。墙体水平拉结钢筋由标高 +0.500m 处开始，沿墙高度间距 500mm 设置。当采用多孔砖时，拉结钢筋长度应乘以 1.4 倍。

表 6-4　无构造柱时砖砌体墙体拉筋设置示意

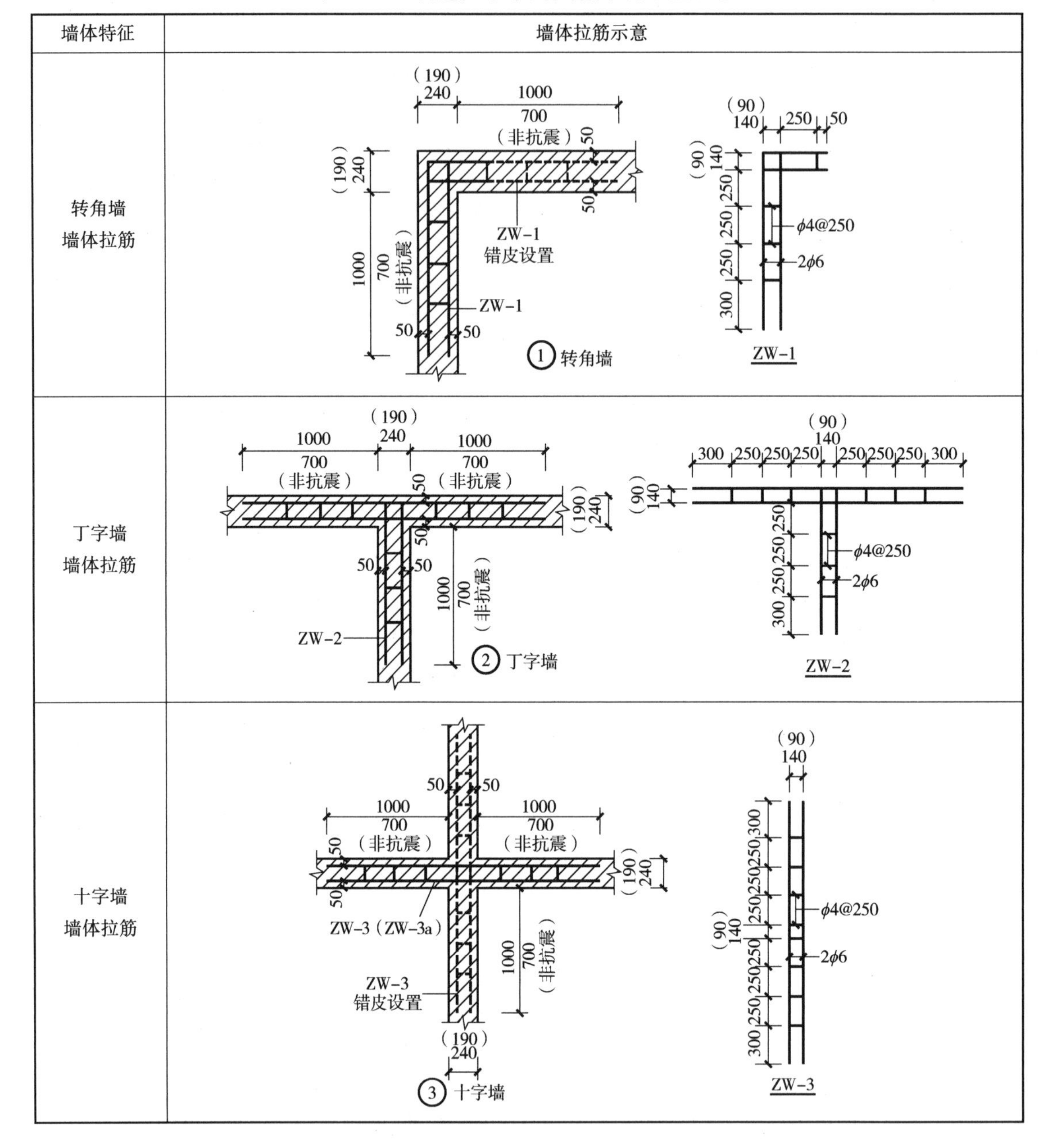

墙体特征	墙体拉筋示意
转角墙 墙体拉筋	
丁字墙 墙体拉筋	
十字墙 墙体拉筋	

6.3.3　施工工艺

1. 施工流程

承重砖砌体工程施工应按图 6-4 规定的工艺流程进行操作。

2. 材料准备

承重混凝土多孔砖、非烧结垃圾尾矿砖和再生集料砖砌筑前不宜浇水湿润，在气候干燥炎热的情况下，宜在砌筑前对其洒水湿润。干拌砂浆应在现场随拌随用，拌制的砂浆应在 3h 内使用完毕，当施工期间最高气温超过 30℃时，应在 2h 内使用完毕。对掺用缓凝剂的砂浆，使用时间可根据其缓凝时间的试验结果确定。

3. 组砌要求

（1）砌体结构组砌方法应符合设计要求，设计无要求时宜采用一顺一丁、梅花丁或三顺一丁排砖法，砌筑时砌块应里外咬槎或留踏步槎，上下层错缝（图 6-5）。

（2）砌体结构砌砖宜采用一铲灰、一块砖、一挤揉砌筑法，不得采用水冲灌缝的方法，砖柱不得采用先砌四周后填心的包心砌法。

（3）外墙一层排砖撂底时，两山墙宜排丁砖，前后檐纵墙宜排条砖，排砖时应根据弹好的门窗洞口位置线核对窗间墙、垛尺寸，并按其长度排砖。

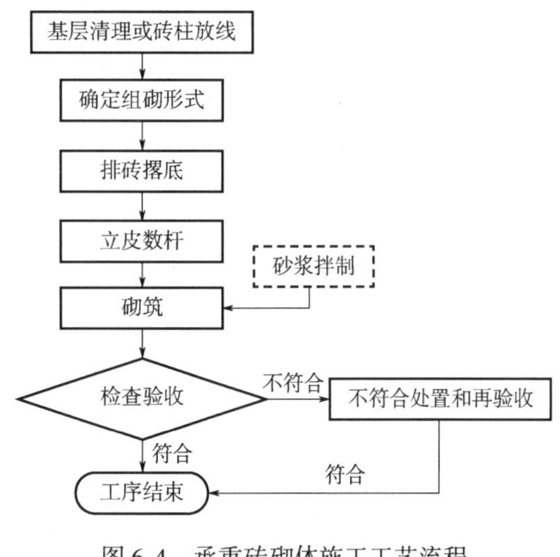

图 6-4　承重砖砌体施工工艺流程

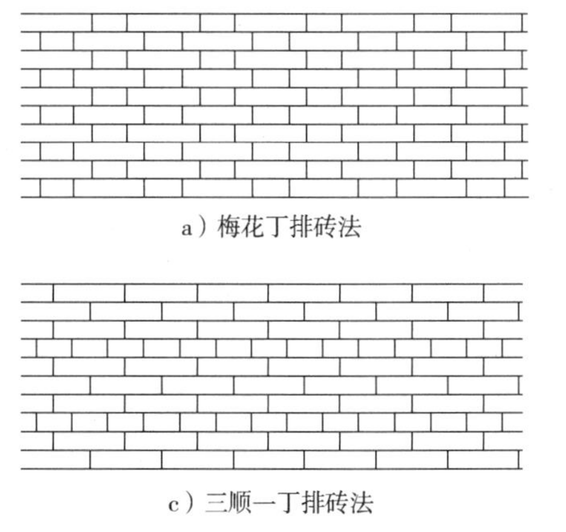

a）梅花丁排砖法

b）一顺一丁十字缝排砖法

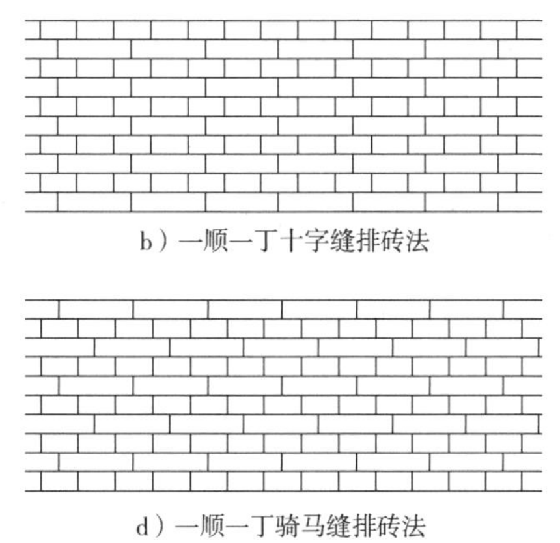

c）三顺一丁排砖法

d）一顺一丁骑马缝排砖法

图 6-5　组砌排砖法示意图

（4）砖砌体应在下列部位使用丁砌层砌筑，且应使用整砖：

1）每层承重墙的最上一皮砖。

2）楼板、梁、柱及屋架的支承处。

3）砖砌体的台阶水平面上。

4）挑出层。

（5）承重混凝土多孔砖的孔洞应垂直于受压面砌筑。

4. 施工要点

（1）砌砖前应先盘角，每次盘角不应超过五皮，盘角时应对照皮数杆的砖层和标高，控制好灰缝大小，使水平灰缝均匀一致。厚度 240mm 及以下墙体宜单面挂线砌筑；厚度为 370mm 及以上的墙体宜双面挂线砌筑。

（2）采用铺浆法砌筑时，铺浆长度不应超过 750mm，施工期间气温超过 30℃时铺浆长度不应超过 500mm。

（3）水平灰缝厚度及竖向灰缝应均匀一致，宽度宜为 10mm，不应小于 8mm 且不应大于 12mm。灰缝的砂浆应密实饱满，砖墙水平灰缝的砂浆饱满度不应小于 80%，砖柱的水平灰缝和竖向灰缝饱满度不应小于 90%；竖缝宜采用挤浆或加浆方法，不应出现透明缝、瞎缝和假缝。

（4）砖砌体的转角处和交接处应同时砌筑。在抗震设防烈度 8 度及以上地区，不能同时砌筑的临时间断处应砌成斜槎，普通砖砌体的斜槎水平投影长度不应小于高度的 2/3（图 6-6），多孔砖砌体的斜槎长高比不应小于 1/2。斜槎高度不得超过一步脚手架高度。

（5）砖砌体的转角处和交接处对非抗震设防及在抗震设防烈度为 6 度、7 度地区的临时间断处，当不能留斜槎时，除转角处外，可留直槎，但应做成凸槎。留直槎处应加设拉结钢筋（图 6-7），其拉结筋应符合下列规定：

1）每 120mm 墙厚应设置 1ϕ6 拉结钢筋；当墙厚为 240mm 时，应设置 2ϕ6 拉结钢筋。

2）间距沿墙高不应超过 500mm，且竖向间距偏差不应超过 100mm。

3）埋入长度：从留槎处算起每边均不应小于 500mm；对抗震设防烈度 6 度、7 度的地区，不应小于 1000mm。

4）钢筋末端应设 90°弯钩。

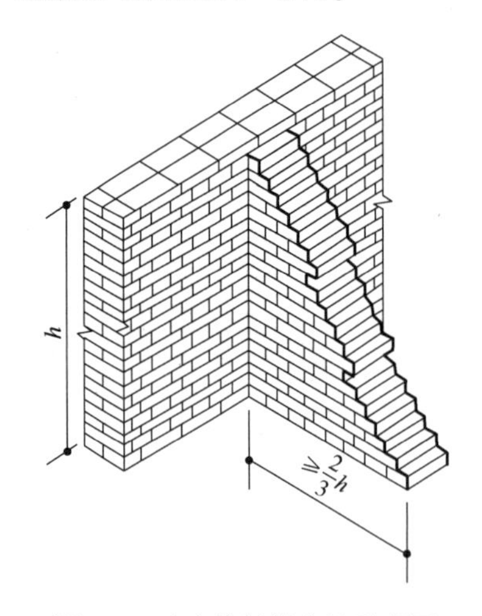

图 6-6　砖砌体斜槎砌筑示意图

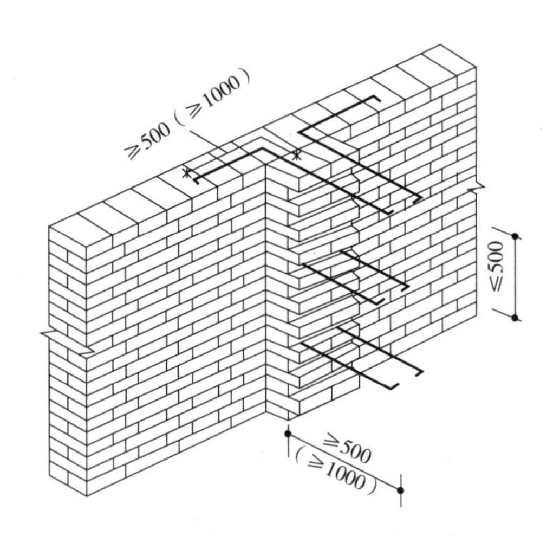

图 6-7　砖砌体直槎和拉结筋示意图

（6）弧拱式及平拱式过梁的灰缝应砌成楔形缝。灰缝的宽度在拱底面不应小于 5mm，在拱顶面不应大于 15mm。平拱式过梁拱脚应伸入墙内不小于 20mm，拱底应有 1% 起拱。

（7）砌清水墙应选用棱角整齐，无弯曲、裂纹，颜色均匀，规格一致的砖。

6.4　混凝土小型空心砌块砌体工程

6.4.1　一般规定

（1）砌块应符合《普通混凝土小型砌块》GB/T 8239 的要求，运到现场后应按照规格、类型码放整齐，要有防雨排水措施。养护龄期不足 28d 的砌块不得上墙。小砌块砌筑时的含水率，对普通混凝土小砌块，宜为自然含水率，当天气干燥炎热时，可提前浇水湿润；对轻集料混凝土小砌块，宜提前 1～2d 浇水湿润。不得在雨天施工，小砌块表面有浮水时，不得使用。

（2）底层室内地面以下或防潮层以下的砌体，应采用水泥砂浆砌筑，小砌块的孔洞应采用强度等级不低于 Cb20 或 C20 的混凝土灌实。Cb20 混凝土性能应符合现行行业标准《混凝土砌块（砖）砌体用灌孔混凝土》JC 861 的规定。防潮层以上的小砌块砌体，宜采用专用砂浆砌筑；当采用其他砌筑砂浆时，应采取改善砂浆和易性和黏结性的措施。

（3）砌筑砂浆和灌孔混凝土用砂应用过筛的洁净中砂（细度模数宜为 2.4～2.7），含泥量不应超过 3%。灌孔混凝土用粗集料（碎石或卵石）的粒径宜控制在 5～10mm，含泥量不得大于 2%。砌筑砂浆稠度宜为 70～80mm，分层度宜为 10～20mm。

6.4.2　构造要求

1. 构造柱和墙体拉结筋

混凝土小型空心砌块砌体内需按规范或设计要求设置构造柱和墙体拉结钢筋，如图 6-8 所示，应满足以下要求：

（1）构造柱混凝土强度等级不应低于 C20。

（2）构造柱与小砌块墙连接处应砌成马牙槎，与构造柱相邻的砌块孔洞，抗震设防烈度为 6 度时宜填实，7 度时应填实，8 度应填实并插筋 1ϕ14。

（3）水平拉结钢筋为 ϕ4 的平面内点焊钢筋网片，间距应符合规范要求。

（4）有芯柱部位每层最底皮应留清扫口。

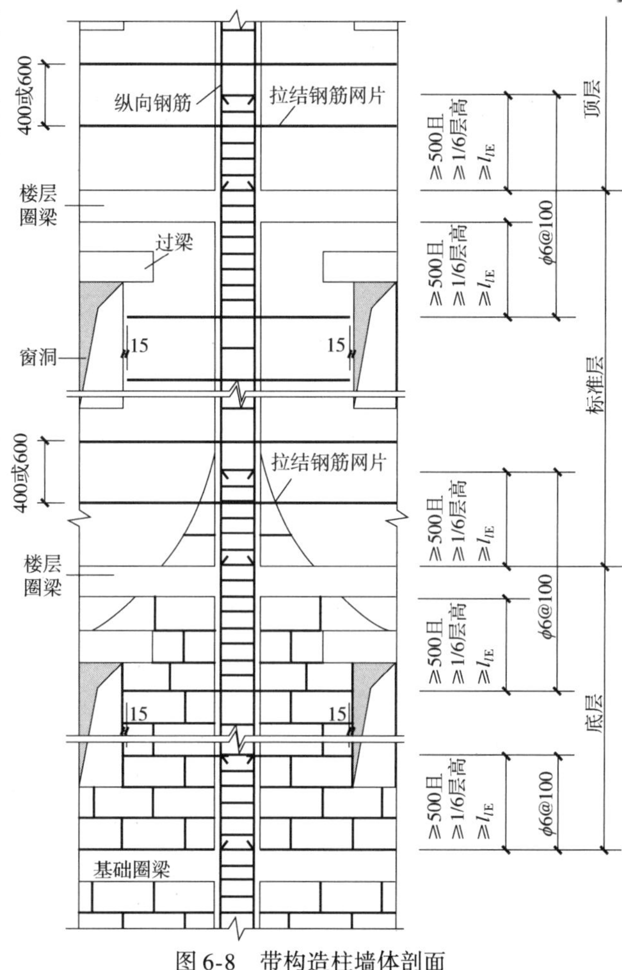

图 6-8　带构造柱墙体剖面

2. 构造柱和基础连接方式

表 6-5 为构造柱与基础的四种连接方式，应根据具体工程设计特点选用。

表 6-5　构造柱与基础连接示意图

连接形式	连接示意图
边柱与混凝土基础连接	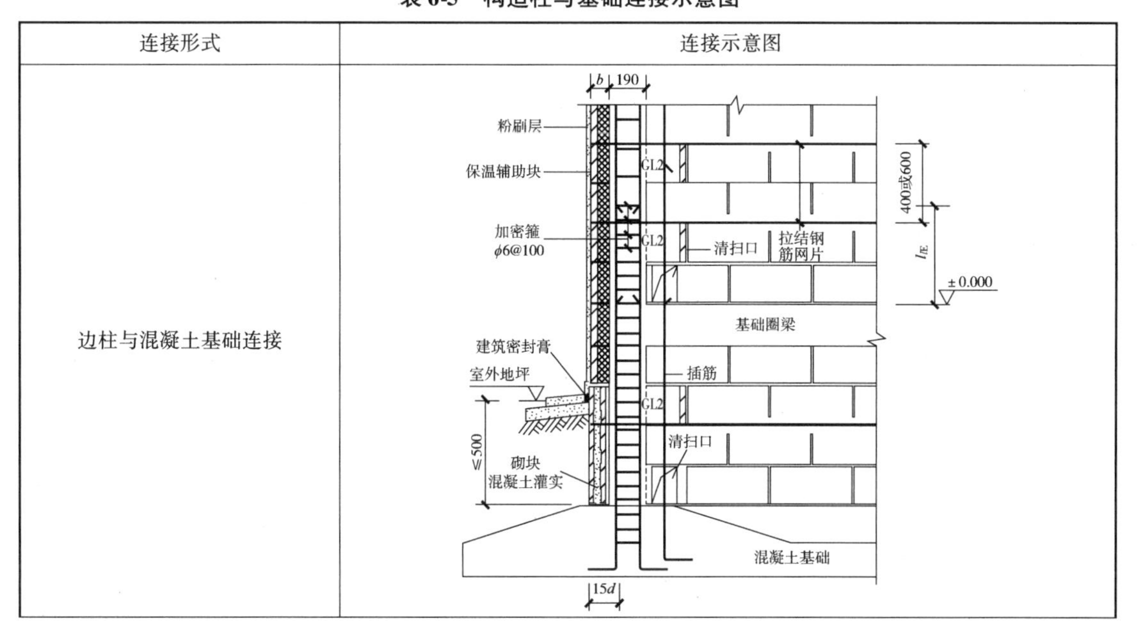

（续）

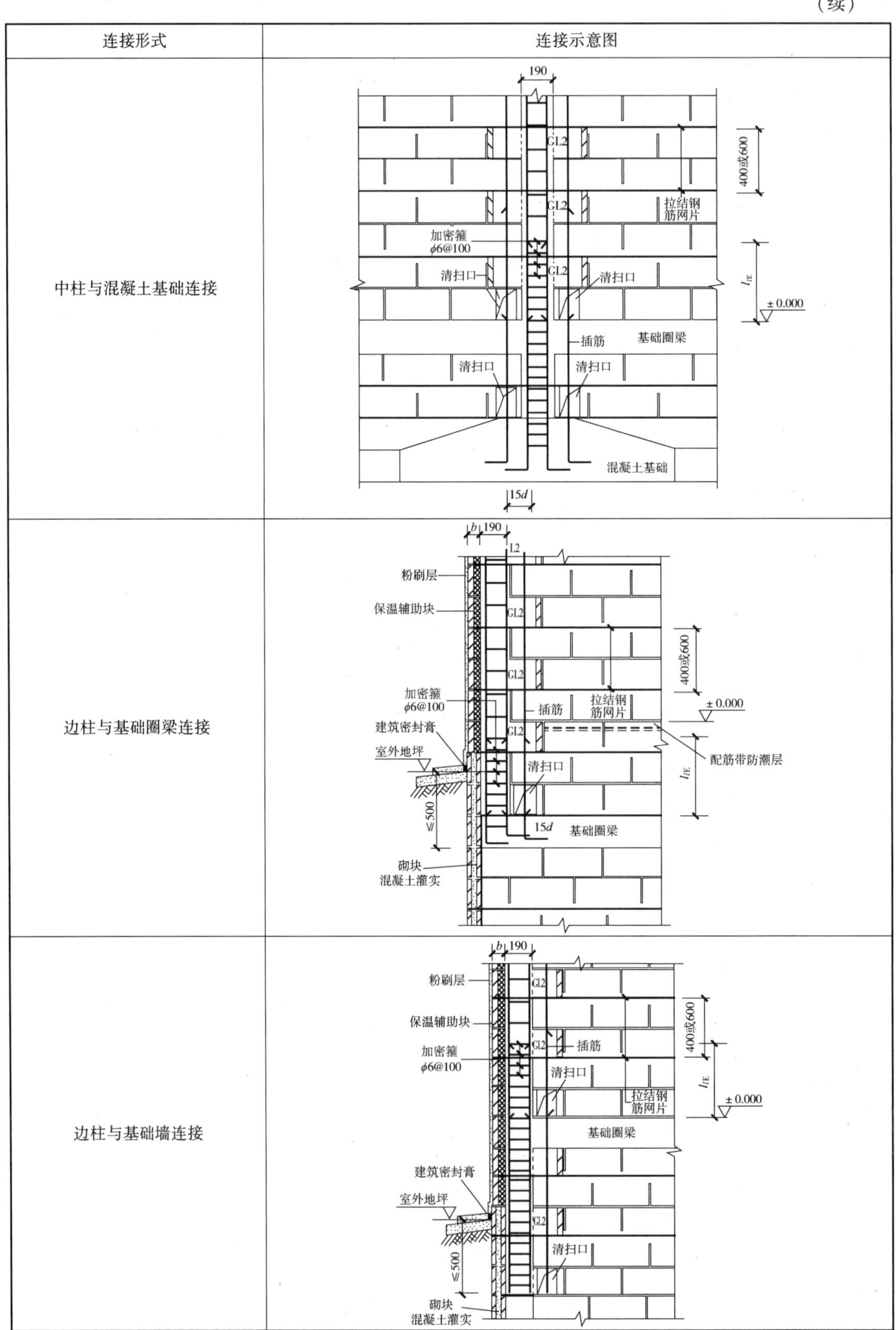
连接形式
连接示意图
中柱与混凝土基础连接
190
GL2
GL2
GL2
400或600
拉结钢筋网片
加密箍
ϕ6@100
清扫口
清扫口
l_{lE}
±0.000
插筋
基础圈梁
清扫口
清扫口
混凝土基础
15d
边柱与基础圈梁连接
b
190
L2
粉刷层
保温辅助块
GL2
GL2
400或600
加密箍
ϕ6@100
插筋
拉结钢筋网片
±0.000
建筑密封膏
GL2
配筋带防潮层
室外地坪
清扫口
l_{lE}
≤500
15d
基础圈梁
砌块
混凝土灌实
边柱与基础墙连接
b
190
粉刷层
GL2
保温辅助块
400或600
加密箍
ϕ6@100
GL2
插筋
l_{lE}
清扫口
拉结钢筋网片
±0.000
基础圈梁
建筑密封膏
室外地坪
GL2
清扫口
≤500
砌块
混凝土灌实

3. 芯柱与基础连接方式

芯柱与基础连接方式见图6-9，应根据具体工程设计特点选用，并注意以下问题：

（1）层数和高度接近规定限值以及芯柱处墙体需搁置梁时，芯柱的纵筋宜锚入基础内。

（2）芯柱的混凝土强度等级不应低于Cb20，±0.000以下砌块内的孔洞用不低于Cb20的混凝土灌实。

（3）水平拉结钢筋为$\phi4$的平面内点焊钢筋网片，竖向间距应符合规范及设计要求。

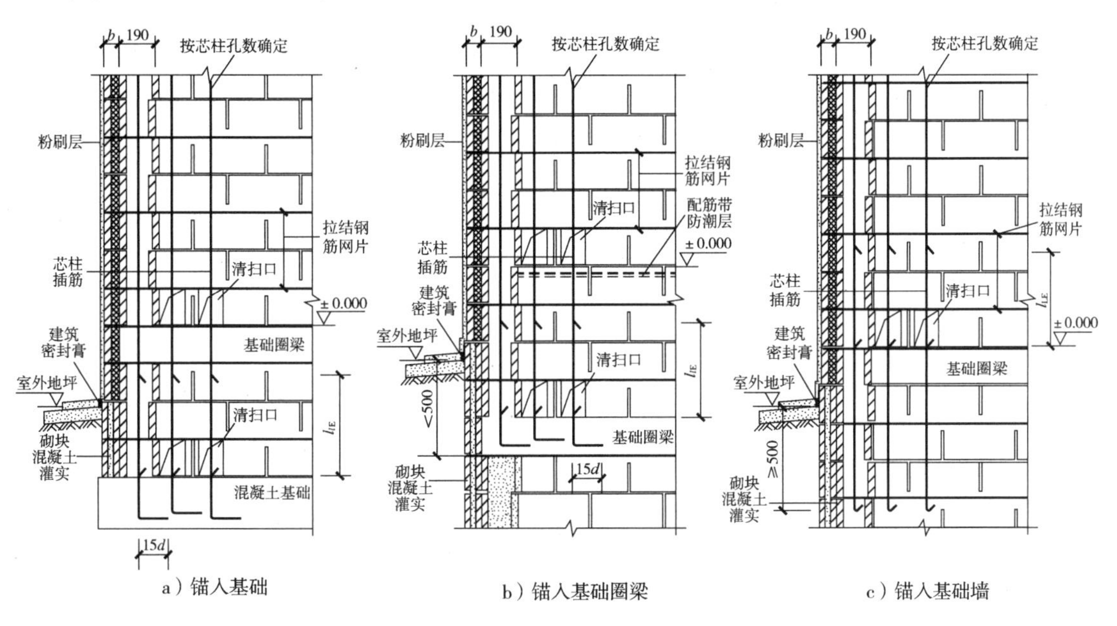

图6-9 芯柱与基础连接示意图

6.4.3 砌筑施工

1. 施工工艺流程

混凝土小型空心砌块砌体施工工艺流程见图6-10。

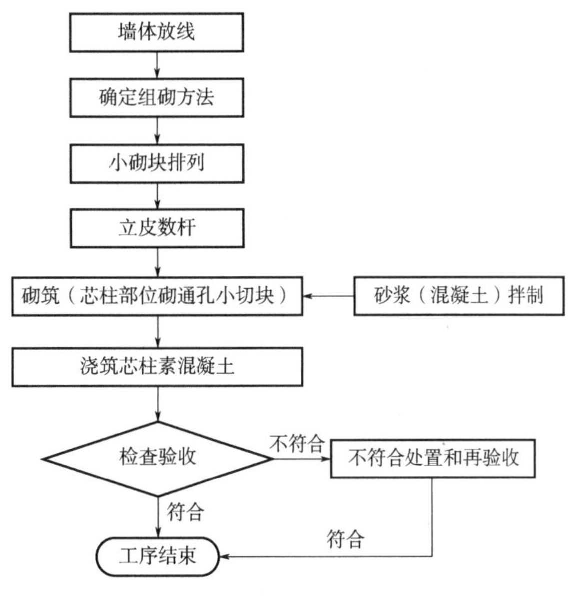

图6-10 混凝土小型空心砌块砌体施工工艺流程

2. 一般要求

小砌块墙体需水平浇筑混凝土时，如有需要应在浇筑底面（非芯柱部位）先铺设钢丝网片（16目/cm^2的20号钢丝网），然后再浇筑混凝土。

墙体严禁使用断裂或壁肋中有裂缝的砌块砌筑，不得与其他材质的块体混合使用。严禁在墙体中将砌块侧砌，用其孔洞作脚手眼等。

承重墙体使用的小砌块应完整、无破损、无裂缝。小砌块表面的污物应在砌筑时清理干净，灌孔部位的小砌块，应清除掉底部孔洞周围的混凝土毛边。小砌块应将生产时的底面朝上反砌于墙上。小砌块墙内不得混砌黏土砖或其他墙体材料。当需局部嵌砌时，应采用强度等级不低于 C20 的适宜尺寸的配套预制混凝土砌块。

小砌块砌体墙灰缝应横平竖直、密实、饱满，厚度为 10mm ± 2mm，砌筑及调位时，砂浆应在塑性状态，严禁用水冲浆灌缝。砌筑好的灰缝达到“指纹硬化”时（手指压出清晰指纹面而砂浆不粘手）即可进行勾缝。对砌筑中被碰撞而灰缝开裂部位的砌块应取出，重铺新砂浆砌筑。施工过程中应注意小砌块的防雨、防潮，雨天不得施工，砌完的墙体应采取防雨保护措施。

3. 施工要点

小砌块砌体应对孔错缝搭砌。搭砌应符合下列规定：

（1）单排孔小砌块的搭接长度应为块体长度的 1/2，多排孔小砌块的搭接长度不宜小于砌块长度的 1/3。

（2）当个别部位不能满足搭砌要求时，应在此部位的水平灰缝中设 ϕ4 钢筋网片，且网片两端与该位置的竖缝距离不得小于 400mm，或采用配块。

（3）墙体竖向通缝不得超过 2 皮小砌块，独立柱不得有竖向通缝。

（4）当砌筑厚度大于 190mm 的小砌块墙体时，宜在墙体内外侧双面挂线。

（5）砌块砌筑应对孔错缝搭砌，从转角或定位处开始，墙体转角处和纵横交接处应同时砌筑，可采用如下的搭砌方式：

1）小砌块墙的转角处，应隔皮纵、横墙砌块相互搭砌（图 6-11）。

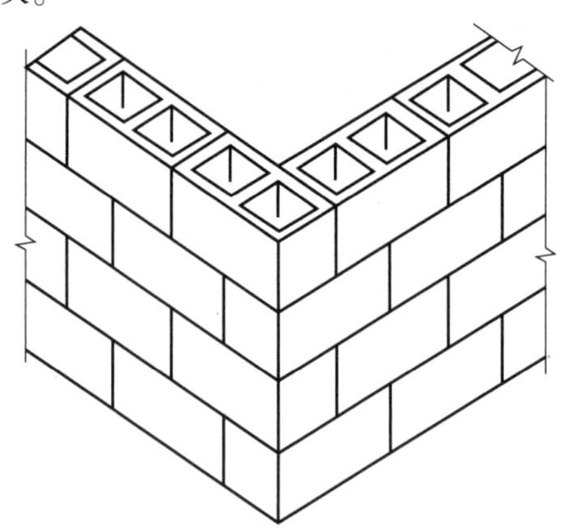

图 6-11　小砌块转角砌法

2）小砌块墙的 T 字交接处，纵墙不应使用主规格砌块。无芯柱时，应在交接处纵墙上以两块一孔半的辅助规格砌块，隔皮砌在横墙丁砌砌块下，其半孔应位于横墙中间（图 6-12）；有芯柱时，应在纵墙上以一块三孔砌块，隔皮砌在横墙丁砌砌块下，砌块的中间孔应正对横墙丁砌砌块靠外的孔（图 6-13）。

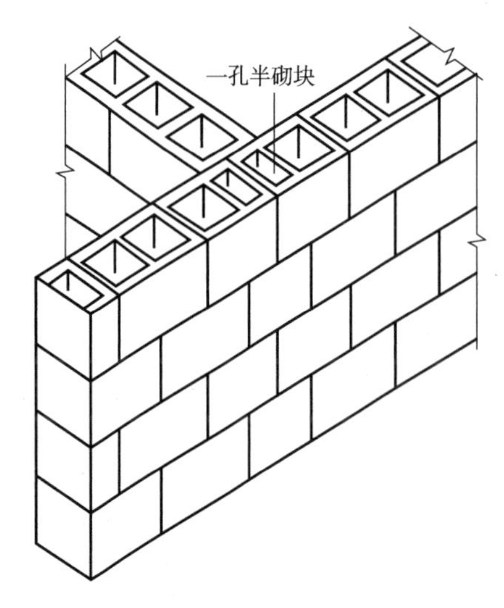

图 6-12　T 字交接处砌法（无芯柱）

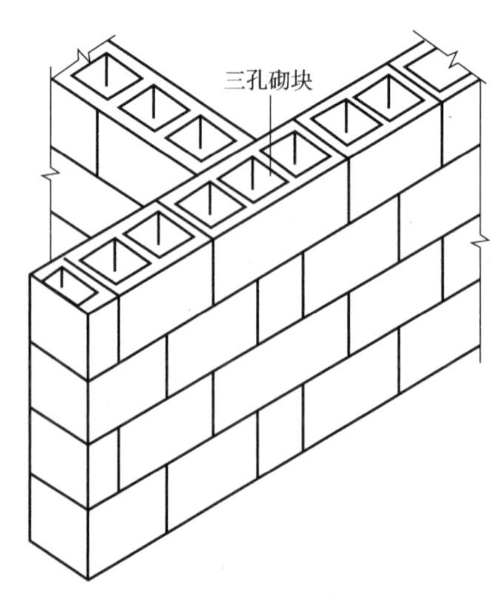

图 6-13　T 字交接处砌法（有芯柱）

(6) 临时间断处应砌成斜槎，斜槎水平投影长度不应小于斜槎高度。临时施工洞口可预留直槎，但在补砌洞口时，应在直槎上下搭砌的小砌块孔洞内用强度等级不低于 Cb20 或 C20 的混凝土灌实（图 6-14）。

(7) 厚度为 190mm 的自承重小砌块墙体宜与承重墙同时砌筑。厚度小于 190mm 的自承重小砌块墙宜后砌，且应按设计要求预留拉结筋或钢筋网片。

(8) 砌筑小砌块时，宜使用专用铺灰器铺放砂浆，且应随铺随砌。当未采用专用铺灰器时，砌筑时的一次铺灰长度不宜大于 2 块主规格块体的长度。水平灰缝应满铺下皮小砌块的全部壁肋或单排、多排孔小砌块的封底面；竖向灰缝宜将小砌块一个端面朝上满铺砂浆，上墙应挤紧，并应加浆插捣密实。

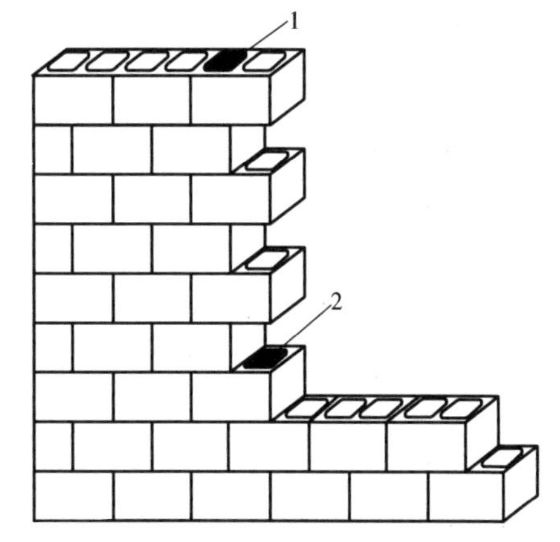

图 6-14 施工临时洞口直槎砌筑示意图
1—先砌洞口灌孔混凝土（随砌随灌）
2—后砌洞口灌孔混凝土（随砌随灌）

(9) 小砌块砌体的水平灰缝厚度和竖向灰缝宽度宜为 10mm，不应小于 8mm，也不应大于 12mm，且灰缝应横平竖直。砌筑小砌块墙体时，对一般墙面，应及时用原浆勾缝，勾缝宜为凹缝，凹缝深度宜为 2mm；对装饰夹心复合墙体的墙面，应采用勾缝砂浆进行加浆勾缝，勾缝宜为凹圆或 V 形缝，凹缝深度宜为 4～5mm。

(10) 砌入墙内的构造钢筋网片和拉结筋应放置在水平灰缝的砂浆层中，不得有露筋现象。钢筋网片应采用点焊工艺制作，且纵横筋相交处不得重叠点焊，应控制在同一平面内。

(11) 直接安放钢筋混凝土梁、板或设置挑梁墙体的顶皮小砌块应正砌，并应采用强度等级不低于 Cb20 或 C20 混凝土灌实孔洞，其灌实高度和长度应符合设计要求。

(12) 固定现浇圈梁、挑梁等构件侧模的水平拉杆、扁铁或螺栓所需的穿墙孔洞，宜在砌体灰缝中预留，或采用设有穿墙孔洞的异型小砌块，不得在小砌块上打洞。利用侧砌的小砌块孔洞进行支模时，模板拆除后应采用强度等级不低于 Cb20 或 C20 混凝土填实孔洞。

(13) 砌筑小砌块墙体应采用双排脚手架或工具式脚手架。当需在墙上设置脚手眼时，可采用辅助规格的小砌块侧砌，利用其孔洞作脚手眼，墙体完工后应采用强度等级不低于 Cb20 或 C20 的混凝土填实。

6.4.4 混凝土芯柱施工要点

芯柱混凝土应具有高流动度，低收缩性能，强度等级不应低于 Cb20，应采用普通硅酸盐水泥、粗集料（直径 5～10mm）、细集料和掺合料及外加剂等配制成的专用灌孔混凝土。

每层芯柱底部需留出清扫口，上下层芯柱插筋通过清扫口搭接，灌注混凝土前应将芯孔内垃圾清除干净，验收符合要求后封好。未能及时灌注的芯孔应有遮盖，防止杂物落入。

砌筑芯柱部位的墙体，应采用不封底的通孔小砌块。芯柱混凝土在预制楼盖处应贯通，不得削弱芯柱截面尺寸。每根芯柱的柱脚部位应采用带清扫口的砌块或其他异型小砌块砌留操作孔。砌筑芯柱部位的砌块时，应随砌随刮去孔洞内壁凸出的砂浆，直至一个楼层高度，并应及时清除芯柱孔洞内掉落的砂浆及其他杂物。

浇筑芯柱混凝土，应符合下列规定：

(1) 应清除孔洞内的杂物，并应用水冲洗，湿润孔壁。

(2) 当用模板封闭操作孔时，应有防止混凝土漏浆的措施。

（3）砌筑砂浆强度大于1.0MPa后，方可浇筑芯柱混凝土，每层应连续浇筑。

（4）浇筑芯柱混凝土前，应先浇50mm厚与芯柱混凝土配比相同的去石水泥砂浆，再浇筑混凝土。每浇筑500mm左右高度，应捣实一次，或边浇筑边用插入式振捣器捣实。

（5）应预先计算每个芯柱的混凝土用量，保证浇筑混凝土体积达到计算用量。

（6）每楼层芯柱混凝土应与圈梁浇成整体。芯柱与圈梁交接处，可在圈梁下50mm处留置施工缝。

6.5 石砌体工程

6.5.1 一般规定

梁、板类受弯构件石材，不应存在裂痕。梁的顶面和底面应为粗糙面，两侧面应为平整面；板的顶面和底面应为平整面，两侧面应为粗糙面。

石砌体应采用铺浆法砌筑，砂浆应饱满，叠砌面的粘灰面积应大于80%。石砌体的转角处和交接处应同时砌筑。对不能同时砌筑而又需留置的临时间断处，应砌成斜槎。石砌体勾缝可勾平缝、凸缝和凹缝，具体应符合表6-6的规定。

表6-6 石砌体勾缝施工要点

勾缝形式	施工要点
平缝	将灰缝嵌塞密实，缝面应与石面相平，并应把缝面压光
凸缝	先用砂浆将灰缝补平，待初凝后再抹第二层砂浆，压实后应将其捋成宽度为40mm的凸缝
凹缝	将灰缝嵌塞密实，缝面宜比石面深10mm，并把缝面压平溜光

6.5.2 毛石砌体砌筑

毛石砌体所用毛石应无风化剥落和裂纹，无细长扁薄和尖锥，毛石应呈块状，其中部厚度不宜小于150mm。

毛石砌体宜分皮卧砌，错缝搭砌，搭接长度不得小于80mm，内外搭砌时，不得采用外面侧立石块中间填心的砌筑方法，中间不得有铲口石、斧刃石和过桥石（图6-15）；毛石砌体的第一皮及转角处、交接处和洞口处，应采用较大的平毛石砌筑。

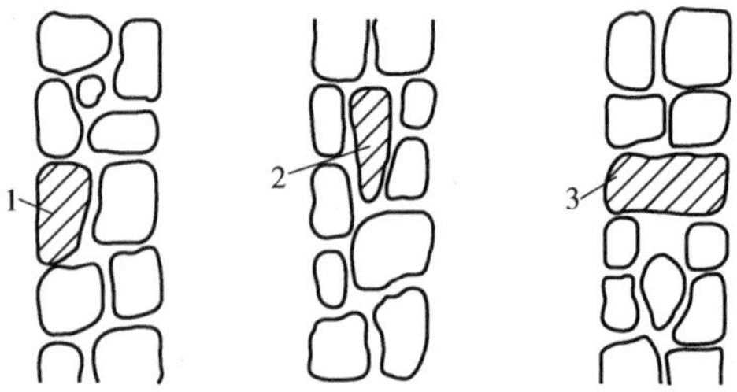

图6-15 铲口石、斧刃石、过桥石示意
1—铲口石 2—斧刃石 3—过桥石

毛石基础砌筑时应拉垂线及水平线。

毛石砌体的灰缝应饱满密实，表面灰缝厚度不宜大于40mm，石块间不得有相互接触现象。石块间较大的空隙应先填塞砂浆，后用碎石块嵌实，不得采用先摆碎石后塞砂浆或干填碎石块的方法。

砌筑毛石基础的第一皮毛石时，应先在基坑底铺设砂浆，并将大面向下。阶梯形毛石基础的上级阶梯的石块应至少压砌下级阶梯的1/2，相邻阶梯的毛石应相互错缝搭砌。

毛石砌体应设置拉结石，拉结石应符合下列规定：

（1）拉结石应均匀分布，相互错开，毛石基础同皮内宜每隔2m设置一块；毛石墙应每

$0.7m^2$ 墙面至少设置一块，且同皮内的中距不应大于2m。

（2）当基础宽度或墙厚不大于400mm时，拉结石的长度应与基础宽度或墙厚相等；当基础宽度或墙厚大于400mm时，可用两块拉结石内外搭接，搭接长度不应小于150mm，且其中一块的长度不应小于基础宽度或墙厚的2/3。

（3）毛石、料石和实心砖的组合墙中（图6-16），毛石、料石砌体与砖砌体应同时砌筑，并应每隔4～6皮砖用2～3皮丁砖与毛石砌体拉结砌合，毛石与实心砖的咬合尺寸应大于120mm，两种砌体间的空隙应采用砂浆填满。

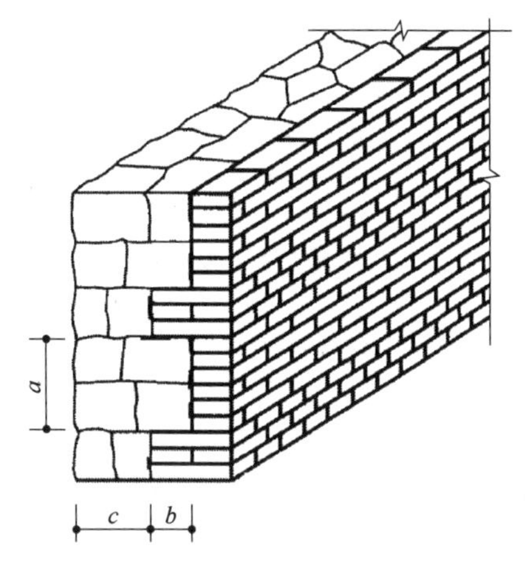

图6-16 毛石与实心砖组合墙示意图

a—拉结砌合高度 b—拉结砌合宽度

c—毛石墙的设计厚度

6.5.3 料石砌体砌筑

各种砌筑用料石的宽度、厚度均不宜小于200mm，长度不宜大于其厚度的4倍。

料石砌体的水平灰缝应平直，竖向灰缝应宽窄一致，其中细料石砌体灰缝不宜大于5mm，粗料石和毛料石砌体灰缝不宜大于20mm。

料石墙砌筑方法可采用丁顺叠砌、二顺一丁、丁顺组砌、全顺叠砌。

料石墙的第一皮及每个楼层的最上一皮应丁砌。

6.6 填充墙砌体工程

6.6.1 一般规定

轻集料混凝土小型空心砌块、蒸压加气混凝土砌块砌筑时，其产品龄期应大于28d，蒸压加气混凝土砌块的含水率宜小于30%。

吸水率较小的轻集料混凝土小型空心砌块及采用薄层砂浆砌筑法施工的蒸压加气混凝土砌块，砌筑前不应对其浇水湿润；在气候干燥炎热的情况下，对吸水率较小的轻集料混凝土小型空心砌块宜在砌筑前浇水湿润。

采用普通砂浆砌筑填充墙时，烧结空心砖、吸水率较大的轻集料混凝土小型空心砌块应提前1～2d浇水湿润；蒸压加气混凝土砌块采用专用砂浆或普通砂浆砌筑时，应在砌筑当天对砌块砌筑面浇水湿润。块体湿润程度宜符合下列规定：

（1）烧结空心砖的相对含水率宜为60%～70%。

（2）吸水率较大的轻集料混凝土小型空心砌块、蒸压加气混凝土砌块的相对含水率宜为40%～50%。

（3）在没有采取有效措施的情况下，不应在下列部位或环境中使用轻集料混凝土小型空心砌块或蒸压加气混凝土砌块砌体：

1）建筑物防潮层以下墙体。

2）长期浸水或受化学侵蚀的环境。

3）砌体表面温度高于80℃的部位。

4）长期处于有振动源环境的墙体。

（4）在厨房、卫生间、浴室等处采用轻集料混凝土小型空心砌块、蒸压加气混凝土砌块砌筑墙体时，墙体底部宜现浇混凝土坎台，其高度宜为150mm。

（5）填充墙砌体砌筑，应在承重主体结构检验批验收合格后进行；填充墙顶部与承重主体结构之间的空隙部位，应在填充墙砌筑14d后进行砌筑。

（6）轻集料混凝土小型空心砌块应采用整块砌块砌筑；当蒸压加气混凝土砌块需断开时，应采用无齿锯切割，裁切长度不应小于砌块总长度的1/3。

（7）蒸压加气混凝土砌块、轻集料混凝土小型空心砌块等不同强度等级的同类砌块不得混砌，亦不应与其他墙体材料混砌。

6.6.2 烧结空心砖砌体

烧结空心砖墙应侧立砌筑，孔洞应呈水平方向。空心砖墙底部宜砌筑3皮普通砖，且门窗洞口两侧一砖范围内应采用烧结普通砖砌筑。

砌筑空心砖墙的水平灰缝厚度和竖向灰缝宽度宜为10mm，且不应小于8mm，也不应大于12mm。竖缝应采用刮浆法，先抹砂浆后再砌筑。

砌筑时，墙体的第一皮空心砖应进行试摆。排砖时，不够半砖处应采用普通砖或配砖补砌，半砖以上的非整砖宜采用无齿锯加工制作。

烧结空心砖砌体组砌时，应上下错缝，交接处应咬槎搭砌，掉角严重的空心砖不宜使用。转角及交接处应同时砌筑，不得留直槎，留斜槎时，斜槎高度不宜大于1.2m。

外墙采用空心砖砌筑时，应采取防雨水渗漏的措施。

6.6.3 轻集料混凝土小型空心砌块砌体

当小砌块墙体孔洞中需填充隔热或隔声材料时，应砌一皮填充一皮，且应填满，不得捣实。

轻集料混凝土小型空心砌块填充墙砌体，在纵横墙交接处及转角处应同时砌筑；当不能同时砌筑时，应留成斜槎，斜槎水平投影长度不应小于其高度的2/3。

当砌筑带保温夹心层的小砌块墙体时，应将保温夹心层一侧靠置室外，并应对孔错缝。左右相邻小砌块中的保温夹心层应互相衔接，上下皮保温夹心层间的水平灰缝处宜采用保温砂浆砌筑。

6.6.4 蒸压加气混凝土砌块砌体

填充墙砌筑时应上下错缝，搭接长度不宜小于砌块长度的1/3，且不应小于150mm。当不能满足时，在水平灰缝中应设置2ϕ6钢筋或ϕ4钢筋网片加强，加强筋从砌块搭接的错缝部位起，每侧搭接长度不宜小于700mm。

蒸压加气混凝土砌块采用非专用粘结砂浆砌筑时，水平灰缝厚度和竖向灰缝宽度不应超过15mm。当采用薄层砂浆砌筑法砌筑时，应符合下列规定：

（1）砌筑砂浆应采用专用粘结砂浆。

（2）砌块不得用水浇湿，其灰缝厚度宜为2～4mm。

（3）砌块与拉结筋的连接，应预先在相应位置的砌块上表面开设凹槽；砌筑时，钢筋应居中放置在凹槽砂浆内。

（4）砌块砌筑过程中，当在水平面和垂直面上有超过2mm的错边量时，应采用钢齿磨板和磨砂板磨平，方可进行下道工序施工。

6.7 砌体工程钢筋加工与安装

6.7.1 作业条件

砌体结构中的钢筋以及夹心复合墙内外叶墙间的拉结件或钢筋的防腐，应符合设计规定。构造柱、芯柱、拉结筋、圈梁、系梁处钢筋构造及做法应明确。圈梁及构造柱模板内部应清理干净。

采用化学植筋时，应对植筋操作的工人进行交底、培训。大面积植筋前，应对不同品牌植筋胶和具有代表性的部位进行样板施工，抗拉拔承载力试验合格后方可进行大面积施工。植筋部位原结构面的缺陷应按相关要求进行补强或加固处理。

6.7.2 化学植筋

化学植筋施工应符合下列规定。

（1）化学植筋应按图6-17所示的工艺流程施工。

修整主体基层 → 弹线定位 → 钻孔 → 清孔 → 注胶 → 植筋 → 静置固化 → 检查验收

图6-17　化学植筋施工流程

（2）植筋基层表面处理应按设计要求的位置、宽度和高度，对混凝土结构主体进行凿面处理，去掉松散颗粒，且表面应采用钢丝刷净，用高压水冲清洗干净。

（3）植筋位置应根据砌体材料模数及填充墙的排块设计进行定位，定位、成孔应根据设计要求，在现场进行放线定位，标出钻孔位置，在放线定位前应采用探测仪器对原构件的钢筋位置进行探测，植筋的位置不得与原构件的钢筋位置冲突。

（4）确定好钻孔位置后使用电锤进行钻孔，植筋孔径大小宜比钢筋直径大4~8mm。

（5）钻孔完成后，应将孔周围灰尘清理干净，用气泵、钢丝刷清孔，清刷完毕后，用棉丝沾丙酮清刷孔洞内壁。基材清孔及钢筋除锈、除油和除污的工序完成后，应按隐蔽工程的要求进行检查和验收。植筋施工过程中，应每日检查其孔壁的干燥程度，混凝土用含水率测定仪检测。

（6）现场调配胶粘剂时，应按产品说明书规定的配合比和工艺要求进行配置，并在规定的时间内使用。

（7）注胶植筋时，应将植筋胶管置入套筒，旋上混合器，然后将套筒置入打胶枪内，将胶枪上的混合喷头伸进孔的底部，扣动扳机，且每一次扣动扳机感觉有明显压力后，再一步一步慢慢抽出，胶粘剂注满孔深的2/3时，停止扣动扳机，完成注胶。植筋不得采用钢筋蘸胶后直接塞入孔洞的方法植入。

（8）插筋、锚固：处理好的钢筋除锈端做明显标记，在注入胶液的孔中，应立即插入钢筋，宜按顺时针方向边转边插，直至达到规定的深度，此时应有少量锚固胶从孔洞内溢出。植入的钢筋应立即校正方向，植入的钢筋与孔壁间的间隙应均匀。胶粘剂未达到产品使用说明书规定的固化期前，应静置养护，不得扰动所植钢筋。

（9）植筋的基本锚固深度和最小锚固长度应符合设计要求和现行国家标准《混凝土结构加固设计规范》GB 50367的规定。

（10）植筋完毕应静置养护7d，养护的条件应按使用说明书的规定执行。养护到期的当天应立即进行现场锚固承载力检验，若因故推迟不得超过 1d。现场锚固承载力检验方法及质量合格评定标准应符合现行国家标准《建筑结构加固工程施工质量验收规范》GB 50550 的规定。填充墙砌体植筋锚固力检测等检验合格前，不得进行下道工序施工。

（11）植筋工程的施工环境应符合现行国家标准《建筑结构加固工程施工质量验收规范》GB 50550 的有关规定。

6.7.3 构造柱钢筋绑扎

构造柱钢筋绑扎应符合下列规定：

（1）构造柱钢筋绑扎应按图 6-18 所示的工艺流程施工：

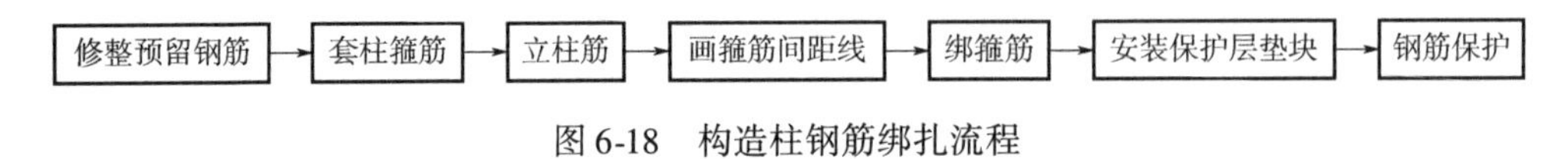

图 6-18 构造柱钢筋绑扎流程

（2）修整底层伸出的构造柱搭接筋时，应根据已放好的构造柱位置线，检查搭接筋位置及搭接长度，应满足设计和规范的要求。

（3）构造柱钢筋绑扎宜先将两根竖向受力钢筋平放在绑扎架上，并在钢筋上画出箍筋间距。

（4）根据画线位置，将箍筋套在受力筋上逐个绑扎，绑扎时应预留出搭接的长度，并宜采用反十字扣或套扣绑扎。

（5）箍筋应与受力筋保持垂直，箍筋弯钩叠合处，应沿受力钢筋方向错开放置。

（6）穿另外两根受力钢筋，并与箍筋绑扎牢固，箍筋端头平直长度不应小于箍筋直径的 10 倍，弯钩角度不应小于 135°。

（7）有抗震要求的工程，柱顶、柱脚箍筋应加密，加密范围应为 1/6 柱净高，且不应小于 450mm，箍筋间距应按 $6d$ 或 100mm 加密进行控制，取较小值，且钢筋绑扎接头应避开箍筋加密区，同时接头范围的箍筋加密 $5d$，且不应大于 100mm，其中 d 为钢筋直径。

（8）安装预制构造柱钢筋骨架时，宜先在搭接处钢筋上套上箍筋，然后再将预制构造柱钢筋骨架立起来，对正伸出的搭接筋，对好标高线，在竖筋搭接部位各绑 3 个扣。骨架调整后，可进行根部加密区箍筋绑扎。构造柱钢筋应与各层纵横墙的圈梁钢筋绑扎连接，形成一个封闭框架。

（9）砌砖墙大马牙槎时，应加设拉结钢筋，拉结钢筋间距沿墙高不应超过 500mm，且竖向间距偏差不应超过 100mm，每 120mm 墙厚应放置 1 根 ϕ6mm 拉结钢筋，拉结钢筋末端应设 90°弯钩，埋入长度从留槎处算起每边均不应小于 1000mm，与构造柱钢筋绑扎连接。钢筋的竖向位移不应超过 100mm，且竖向位移在每一构造柱中不得超过 2 处。

6.7.4 圈梁钢筋绑扎

圈梁钢筋的绑扎应符合下列规定：

（1）圈梁钢筋绑扎应按图 6-19 所示的工艺流程施工。

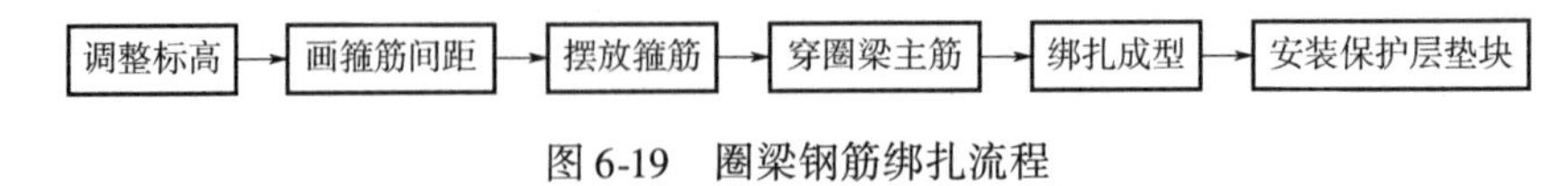

图 6-19 圈梁钢筋绑扎流程

（2）当采用预制圈梁钢筋骨架时，可将骨架按编号吊装就位进行组装。

（3）在模内绑扎圈梁钢筋时，宜按设计图纸要求间距，在模板侧面画出箍筋位置线，放箍筋后穿受力钢筋，箍筋开口处应沿受力钢筋互相错开。

（4）圈梁与构造柱钢筋交叉处，圈梁钢筋宜放在构造柱受力钢筋内侧。

（5）圈梁钢筋在构造柱部位搭接时，其搭接长度或锚入柱内长度应符合设计和现行有关规范要求。

（6）圈梁钢筋应互相交圈，在内外墙交接处、墙大转角处的锚固长度，均应符合设计和国家现行标准《砌体结构设计规范》GB 50003 和《约束砌体与配筋砌体结构技术规程》JGJ 13 的要求。

（7）楼梯间、烟道、风道洞口等部位的圈梁钢筋被切断时，应采取搭接补强措施，构造方法应符合设计要求。

（8）圈梁宜连续地设置在同一水平面上，并形成封闭状。

（9）当圈梁不能在同一水平面上闭合时，应增设附加圈梁。附加圈梁的搭接长度不应小于其垂直间距的2倍，且不得小于1m。当搭接长度不能满足时，可用构造柱连接上下圈梁使之闭合，且应符合设计要求。

（10）设计要求的洞口、沟槽、管道应于砌筑时正确留出或预埋，未经设计同意，不得打凿墙体和在墙体上开凿水平沟槽。宽度超过300mm的洞口上部，应设置钢筋混凝土过梁。不得在截面长边小于500mm的承重墙体、独立柱内埋设管线。

（11）圈梁钢筋绑完后，应加水泥砂浆垫块，以保证受力钢筋的保护层厚度。

6.7.5 其他施工要求

（1）混凝土小型空心砌块砌体个别部位不能满足搭砌要求时，应在此部位的水平灰缝中设 $\phi4$ 钢筋网片，且网片两端与该位置的竖缝距离不得小于400mm。

（2）采用蒸压加气混凝土砌块砌筑时，应上下错缝，搭接长度不宜小于砌块长度的1/3，且不应小于150mm。不能满足错缝搭接长度时，在水平灰缝中应设置 $2\phi6$ 钢筋或 $\phi4$ 钢筋网片加强，加强筋从砌块搭接的错缝部位起，每侧搭接长度不宜小于700mm。

（3）采用薄灰砌筑法施工的蒸压加气混凝土砌块砌体，拉结筋应居中放置在砌块上表面设置的沟槽内。

（4）砌入填充墙内的构造钢筋网片和拉结筋应放置在水平灰缝的砂浆中，不得有露筋现象。钢筋网片应采用点焊工艺制作，且纵横筋相交处不得重叠点焊，应控制在同一平面内。

（5）填充墙砌体与主体结构间的连接构造应符合设计要求，未经设计同意，不得随意改变连接构造方法。填充墙与承重墙、柱、梁的连接钢筋，当采用化学植筋连接方式时，应进行实体检测。

（6）配筋砌体工程中的钢筋混凝土芯柱竖向插筋应贯通墙身且与基础圈梁、楼层圈梁连接，插筋直径不宜小于14mm。芯柱宜在墙体内均匀布置，最大净距不宜大于2.0m。芯柱的纵向钢筋应通过清扫口与基础圈梁、楼层圈梁、联系梁伸出的纵向钢筋绑扎搭接或焊接连接，搭接或焊接长度应符合设计要求。

（7）配筋砌块砌体剪力墙的水平钢筋，在凹槽砌块的混凝土带中的锚固、搭接长度应符合设计要求。配筋砌块砌体剪力墙两平行钢筋间的净距不应小于50mm。水平钢筋搭接时应上下搭接，并应加设短筋固定。水平钢筋两端宜锚入端部灌孔混凝土中。

（8）墙体交接处或芯柱与墙体连接处设置拉结钢筋网片，网片可采用直径4mm的钢筋点焊而成，沿墙高间距不大于400mm，并应沿墙体水平通长设置。构造柱、芯柱宜与基础圈梁连接，可不单独设置柱基或扩大基础面积，但应伸入室外地面标高以下500mm。

（9）网状配筋砌体构件内所用的方格钢筋网或连弯钢筋网不得采用分离的单根钢筋代替。配筋砌体工程设置在灰缝内的钢筋应居中置于灰缝内，水平灰缝厚度应大于钢筋直径6mm以上，灰缝厚度应能保证钢筋上下至少各有2mm厚的砂浆层。设置在砌体灰缝中钢筋的防腐保护应符合设计和现行国家标准《砌体结构工程施工质量验收规范》GB 50203的规定，且钢筋防护层完好，不应有肉眼可见裂纹、剥落和擦痕等缺陷。

本章术语释义

序号	术语	含义
1	预拌砂浆	指由专业生产厂生产的湿拌砂浆或干混砂浆
2	湿拌砂浆	水泥、细集料、矿物掺合料、外加剂、添加剂和水，按一定比例，在专业生产厂经计量、搅拌后，运至使用地点，并在规定时间内使用的拌合物
3	干混砂浆	胶凝材料、干燥细集料、添加剂以及根据性能确定的其他组分，按一定比例，在专业生产厂经计量、混合而成的干态混合物，在使用地点按规定比例加水或配套组分拌和后使用
4	普通砌筑砂浆	灰缝厚度大于5mm的砌筑砂浆
5	薄层砌筑砂浆	灰缝厚度不大于5mm的砌筑砂浆
6	灌孔混凝土	用于灌注混凝土块材砌体芯柱或其他需要填实部位孔洞，具有微膨胀性的混凝土。强度等级划分为Cb20、Cb25、Cb30、Cb35、Cb40，相应于C20、C25、C30、C35、C40混凝土的抗压强度指标
7	顺砖	砌筑时，条面朝外的砖，也称条砖
8	丁砖	砌筑时，端面朝外的砖
9	直槎	墙体砌筑过程中，在临时间断处的上下层块体间进退尺寸不小于1/4块长的竖直留槎形式
10	斜槎	墙体砌筑过程中，在临时间断部位所采用的一种斜坡状留槎形式
11	马牙槎	砌体结构构造柱部位墙体的一种砌筑形式，每一进退的水平尺寸为60mm，沿高度方向的尺寸不超过300mm
12	皮数杆	用于控制每皮块体砌筑时的竖向尺寸以及各构件标高的标志杆
13	构造柱	为增强砌体结构的整体稳定性，在墙体的规定部位配置构造钢筋，按先砌墙后浇柱的施工顺序制成的镶嵌在墙体中的混凝土柱
14	芯柱	砌块砌体结构的构造措施，在砌块内部空腔中浇灌混凝土形成的小柱称为素混凝土芯柱；在砌块内部空腔中插入竖向钢筋并浇灌混凝土形成的小柱称为钢筋混凝土芯柱
15	圈梁	为增强砌体结构的整体稳定性，在房屋的檐口、窗顶、楼层或基础顶面标高处，沿墙体水平方向设置封闭状的按构造配筋的混凝土梁
16	植筋	以专用的结构胶粘剂将钢筋锚固于基材混凝土中

（续）

序号	术语	含义
17	透明缝	砌体中相邻块体间的竖缝砌筑砂浆不饱满，且彼此未紧密接触而造成沿墙体厚度通透的竖向缝
18	瞎缝	砌体中相邻块体间无砌筑砂浆，又彼此接触的水平缝或竖向缝
19	假缝	为掩盖砌体灰缝内在质量缺陷，砌筑砌体时仅在靠近砌体表面处抹有砂浆，而内部无砂浆的竖向灰缝
20	相对含水率	块体含水率与吸水率的比值

第7章

钢筋工程

7.1 概述

钢筋工程宜采用专业化生产的成型钢筋。钢筋连接方式应根据设计要求和施工条件选用。当需要进行钢筋代换时，应办理设计变更文件。

7.1.1 常用钢筋基本信息

钢筋的性能应符合国家现行有关标准的规定。常用钢筋、钢绞线、钢丝的公称直径、公称截面面积、计算截面面积及理论重量见表7-1～表7-3。

表7-1 钢筋的公称直径、计算截面面积及理论重量

公称直径/mm	不同根数钢筋的计算截面面积/mm^2									单根钢筋理论重量/(kg/m)
	1	2	3	4	5	6	7	8	9	
6	28.3	57	85	113	142	170	198	226	255	0.222
8	50.3	101	151	201	252	302	352	402	453	0.395
10	78.5	157	236	314	393	471	550	628	707	0.617
12	113.1	226	339	452	565	678	791	904	1017	0.888
14	153.9	308	461	615	769	923	1077	1231	1385	1.21
16	201.1	402	603	804	1005	1206	1407	1608	1809	1.58
18	254.5	509	763	1017	1272	1527	1781	2036	2290	2.00
20	314.2	628	942	1256	1570	1884	2199	2513	2827	2.47
22	380.1	760	1140	1520	1900	2281	2661	3041	3421	2.98
25	490.9	982	1473	1964	2454	2945	3436	3927	4418	3.85
28	615.8	1232	1847	2463	3079	3695	4310	4926	5542	4.83
32	804.2	1609	2413	3217	4021	4826	5630	6434	7238	6.31
36	1017.9	2036	3054	4072	5089	6107	7125	8143	9161	7.99
40	1256.6	2513	3770	5027	6283	7540	8796	10053	11310	9.87
50	1963.5	3928	5892	7856	9820	11784	13748	15712	17676	15.42

表7-2 钢绞线的公称直径、公称截面面积及理论重量

种类	公称直径/mm	公称截面面积/mm^2	理论重量/(kg/m)
1×3	8.6	37.7	0.296
	10.8	58.9	0.462
	12.9	84.8	0.666

（续）

种类	公称直径/mm	公称截面面积/mm^2	理论重量/(kg/m)
1×7 标准型	9.5	54.8	0.430
	12.7	98.7	0.775
	15.2	140	1.101
	17.8	191	1.500
	21.6	285	2.237

表7-3 钢丝的公称直径、公称截面面积及理论重量

公称直径/mm	公称截面面积/mm^2	理论重量/(kg/m)
5.0	19.63	0.154
7.0	38.48	0.302
9.0	63.62	0.499

7.1.2 钢筋进场检验与存放

钢筋应平直、无损伤，表面不得有裂缝、油污、颗粒状或片状老锈。施工过程中应采取防止钢筋混淆、锈蚀或损伤的措施。

钢筋进场时，应按照国家现行有关标准的规定抽取试件作屈服强度、抗拉强度、伸长率、弯曲性能和重量偏差检验，检验结果应符合相关标准的规定。施工中发现钢筋脆断、焊接性能不良或力学性能显著不正常等现象时，应停止使用该批钢筋，并应对该批钢筋进行化学成分检验或其他专项检验。

盘卷钢筋调直后，应进行力学性能和单位长度重量偏差检验，检验结果应符合国家有关标准的规定。采用无延伸功能的机械设备调直的钢筋，可不进行相关检查。

不同钢筋品种、强度等级、直径大小的钢筋应分开堆放并进行标识，钢筋外表的厂家标记或生产厂标识应与合格证件一致。

钢筋存放的料棚内，应保持地面干燥；钢筋宜采用木方或混凝土墩垫起，离地面200mm以上，不宜直接堆放在地面上。工地临时保管钢筋原材料时，宜选择地势较高、地面干燥的露天场地，应垫木方堆放，场地四周应有排水措施，堆放期应尽量缩短，以防止钢筋出现表面锈蚀，影响使用。

7.1.3 抗震钢筋

对有抗震设防要求的结构，其纵向受力钢筋的性能应满足设计要求；当设计无具体要求时，对按一、二、三级抗震等级设计的框架和斜撑构件（含梯段）中的纵向受力普通钢筋应采用牌号带“E”的钢筋，其强度和最大力下总伸长率的实测值，应符合下列规定：

（1）钢筋的抗拉强度实测值与屈服强度实测值的比值不应小于1.25。

（2）钢筋的屈服强度实测值与屈服强度标准值的比值不应大于1.30。

（3）钢筋的最大力下总伸长率不应小于9%。

7.2 基本构造要求

7.2.1 受拉钢筋基本锚固长度 l_{ab}、l_{abE}

受拉钢筋基本锚固长度 l_{ab} 见表 7-4。抗震设计时受拉钢筋基本锚固长度 l_{abE} 见表 7-5。

表 7-4 受拉钢筋基本锚固长度 l_{ab}

钢筋种类	混凝土强度等级								
	C20	C25	C30	C35	C40	C45	C50	C55	≥C60
HPB300	39d	34d	30d	28d	25d	24d	23d	22d	21d
HRB400	—	40d	35d	32d	29d	28d	27d	26d	25d
HRB500	—	48d	43d	39d	36d	34d	32d	31d	30d

表 7-5 抗震设计时受拉钢筋基本锚固长度 l_{abE}

抗震等级	钢筋种类	混凝土强度等级								
		C20	C25	C30	C35	C40	C45	C50	C55	≥C60
一、二级	HPB300	45d	39d	35d	32d	29d	28d	26d	25d	24d
三级		41d	36d	32d	29d	26d	25d	24d	23d	22d
一、二级	HRB400	—	46d	40d	37d	33d	32d	31d	30d	29d
三级		—	42d	37d	34d	30d	29d	28d	27d	26d
一、二级	HRB500	—	55d	49d	45d	41d	39d	37d	36d	35d
三级		—	50d	45d	41d	38d	36d	34d	33d	32d

应用表 7-4、表 7-5 时应注意以下问题：

（1）d 为锚固钢筋的直径。

（2）四级抗震等级 $l_{abE}=l_{ab}$。

（3）HPB300 级钢筋规格限于 $d=6\sim14$mm。

（4）当锚固钢筋的保护层厚度不大于 5d 时，锚固钢筋长度范围内应设置横向构造钢筋，其直径不应小于 $d/4$（d 为锚固钢筋的最大直径）；对梁、柱等构件间距不应大于 5d，对板、墙等构件间距不应大于 10d，且均不应大于 100mm（d 为锚固钢筋的最小直径）。

7.2.2 受拉钢筋锚固长度 l_a、l_{aE}

受拉钢筋锚固长度 l_a 见表 7-6、表 7-7。

表 7-6 直径 $d>25$mm 的受拉钢筋锚固长度 l_a

钢筋种类	混凝土强度等级							
	C25	C30	C35	C40	C45	C50	C55	≥C60
HRB400	44d	39d	35d	32d	31d	30d	29d	28d
HRB500	53d	47d	43d	40d	37d	35d	34d	33d

表 7-7　直径 $d \leqslant 25mm$ 的受拉钢筋锚固长度 l_a

钢筋种类	混凝土强度等级								
	C20	C25	C30	C35	C40	C45	C50	C55	≥C60
HPB300	39*d*	34*d*	30*d*	28*d*	25*d*	24*d*	23*d*	22*d*	21*d*
HRB400	—	40*d*	35*d*	32*d*	29*d*	28*d*	27*d*	26*d*	25*d*
HRB500	—	48*d*	43*d*	39*d*	36*d*	34*d*	32*d*	31*d*	30*d*

受拉钢筋抗震锚固长度 l_{aE} 见表 7-8、表 7-9。

表 7-8　直径 $d > 25mm$ 的受拉钢筋抗震锚固长度 l_{aE}

抗震等级	钢筋种类	混凝土强度等级							
		C25	C30	C35	C40	C45	C50	C55	≥C60
一、二级	HRB400	51*d*	45*d*	40*d*	37*d*	36*d*	35*d*	33*d*	32*d*
三级		46*d*	41*d*	37*d*	34*d*	33*d*	32*d*	30*d*	29*d*
一、二级	HRB500	61*d*	54*d*	49*d*	46*d*	43*d*	40*d*	39*d*	38*d*
三级		56*d*	49*d*	45*d*	42*d*	39*d*	37*d*	36*d*	35*d*

表 7-9　直径 $d \leqslant 25mm$ 的受拉钢筋抗震锚固长度 l_{aE}

抗震等级	钢筋种类	混凝土强度等级								
		C20	C25	C30	C35	C40	C45	C50	C55	≥C60
一、二级	HPB300	45*d*	39*d*	35*d*	32*d*	29*d*	28*d*	26*d*	25*d*	24*d*
三级		41*d*	36*d*	32*d*	29*d*	26*d*	25*d*	24*d*	23*d*	22*d*
一、二级	HRB400	—	46*d*	40*d*	37*d*	33*d*	32*d*	31*d*	30*d*	29*d*
三级		—	42*d*	37*d*	34*d*	30*d*	29*d*	28*d*	27*d*	26*d*
一、二级	HRB500	—	55*d*	49*d*	45*d*	41*d*	39*d*	37*d*	36*d*	35*d*
三级		—	50*d*	45*d*	41*d*	38*d*	36*d*	34*d*	33*d*	32*d*

应用表 7-6 ~ 表 7-9 时应注意以下问题：

（1）当为环氧树脂涂层带肋钢筋时，表中数据尚应乘以 1.25。

（2）当纵向受拉钢筋在施工过程中易受扰动时，表中数据尚应乘以 1.1。

（3）当锚固长度范围内纵向受力钢筋周边保护层厚度为 3*d*、5*d*（*d* 为锚固钢筋的直径）时，表中数据可分别乘以 0.8、0.7；中间时按内插法取值。

（4）当纵向受拉普通钢筋锚固长度修正系数［(1) ~ (3)］多于一项时，可按连乘计算。

（5）受拉钢筋的锚固长度 l_a、l_{aE} 计算值不应小于 200mm。

（6）四级抗震时，$l_{aE} = l_a$。

（7）当锚固钢筋的保护层厚度不大于 5*d* 时，锚固钢筋长度范围内应设置横向构造钢筋，其直径不应小于 *d*/4（*d* 为锚固钢筋的最大直径）；对梁、柱等构件间距不应大于 5*d*，对板、墙等构件间距不应大于 10*d*，且均不应大于 100mm（*d* 为锚固钢筋的最小直径）。

7.2.3　纵向受拉钢筋搭接长度 l_l、l_{lE}

纵向受拉钢筋搭接长度 l_l 见表 7-10、表 7-11。

表 7-10　直径 $d>25$mm 的纵向受拉钢筋搭接长度 l_l

钢筋种类	同一区段内搭接钢筋面积百分率	混凝土强度等级							
		C25	C30	C35	C40	C45	C50	C55	C60
HRB400	≤25%	53d	47d	42d	38d	37d	36d	35d	34d
	50%	62d	55d	49d	45d	43d	42d	41d	39d
	100%	70d	62d	56d	51d	50d	48d	46d	45d
HRB500	≤25%	64d	56d	52d	48d	44d	42d	41d	40d
	50%	74d	66d	60d	56d	52d	49d	48d	46d
	100%	85d	75d	69d	64d	59d	56d	54d	53d

表 7-11　直径 $d\leqslant25$mm 的纵向受拉钢筋搭接长度 l_l

钢筋种类	同一区段内搭接钢筋面积百分率	混凝土强度等级								
		C20	C25	C30	C35	C40	C45	C50	C55	C60
HPB300	≤25%	47d	41d	36d	34d	30d	29d	28d	26d	25d
	50%	55d	48d	42d	39d	35d	34d	32d	31d	29d
	100%	62d	54d	48d	45d	40d	38d	37d	35d	34d
HRB400	≤25%	—	48d	42d	38d	35d	34d	32d	31d	30d
	50%	—	56d	49d	45d	41d	39d	38d	36d	35d
	100%	—	64d	56d	51d	46d	45d	43d	42d	40d
HRB500	≤25%	—	58d	52d	47d	43d	41d	38d	37d	36d
	50%	—	67d	60d	55d	50d	48d	45d	43d	42d
	100%	—	77d	69d	62d	58d	54d	51d	50d	48d

纵向受拉钢筋抗震搭接长度 l_{lE} 见表 7-12、表 7-13。

表 7-12　直径 $d>25$mm 的纵向受拉钢筋抗震搭接长度 l_{lE}

抗震等级	钢筋种类	同一区段内搭接钢筋面积百分率	混凝土强度等级							
			C25	C30	C35	C40	C45	C50	C55	C60
一、二级	HRB400	≤25%	61d	54d	48d	44d	43d	42d	40d	38d
		50%	71d	63d	56d	52d	50d	49d	46d	45d
	HRB500	≤25%	73d	65d	59d	55d	52d	48d	47d	46d
		50%	85d	76d	69d	64d	60d	56d	55d	53d
三级	HRB400	≤25%	55d	49d	44d	41d	40d	38d	36d	35d
		50%	64d	57d	52d	48d	46d	45d	42d	41d
	HRB500	≤25%	67d	59d	54d	50d	47d	44d	43d	42d
		50%	78d	69d	63d	59d	55d	52d	50d	49d

表 7-13　直径 $d\leqslant25$mm 的纵向受拉钢筋抗震搭接长度 l_{lE}

抗震等级	钢筋种类	同一区段内搭接钢筋面积百分率	混凝土强度等级								
			C20	C25	C30	C35	C40	C45	C50	C55	C60
一、二级	HPB300	≤25%	54d	47d	42d	38d	35d	34d	31d	30d	29d
		50%	63d	55d	49d	45d	41d	39d	36d	35d	34d
	HRB400	≤25%	—	55d	48d	44d	40d	38d	37d	36d	35d
		50%	—	64d	56d	52d	46d	45d	43d	42d	41d
	HRB500	≤25%	—	66d	59d	54d	49d	47d	44d	43d	42d
		50%	—	77d	69d	63d	57d	55d	52d	50d	49d

（续）

抗震等级	钢筋种类	同一区段内搭接钢筋面积百分率	混凝土强度等级								
			C20	C25	C30	C35	C40	C45	C50	C55	C60
三级	HPB300	≤25%	49*d*	43*d*	38*d*	35*d*	31*d*	30*d*	29*d*	28*d*	26*d*
		50%	57*d*	50*d*	45*d*	41*d*	36*d*	35*d*	34*d*	32*d*	31*d*
	HRB400	≤25%	—	50*d*	44*d*	41*d*	36*d*	35*d*	34*d*	32*d*	31*d*
		50%	—	59*d*	52*d*	48*d*	42*d*	41*d*	39*d*	38*d*	36*d*
	HRB500	≤25%	—	60*d*	54*d*	49*d*	46*d*	43*d*	41*d*	40*d*	38*d*
		50%	—	70*d*	63*d*	57*d*	53*d*	50*d*	48*d*	46*d*	45*d*

应用表7-10～表7-13中数据时，应注意以下问题：

（1）表中数值为纵向受拉钢筋绑扎搭接接头的搭接长度。

（2）两根不同直径钢筋搭接时，表中d取较细钢筋直径。

（3）当为环氧树脂涂层带肋钢筋时，表中数据尚应乘以1.25。

（4）当纵向受拉钢筋在施工过程中易受扰动时，表中数据尚应乘以1.1。

（5）当搭接长度范围内纵向受力钢筋周边保护层厚度为$3d$、$5d$（d为搭接钢筋的直径）时，表中数据尚可分别乘以0.8、0.7，中间时按内插法取值。

（6）当上述修正系数［（3）～（5）］多于一项时，可按连乘计算。

（7）任何情况下，搭接长度不应小于300mm。

（8）HPB300级钢筋规格限于直径6～14mm。

（9）四级抗震时，$l_{lE}=l_l$。

7.3　钢筋加工

7.3.1　钢筋制作加工工艺流程

钢筋制作加工工艺流程见图7-1。

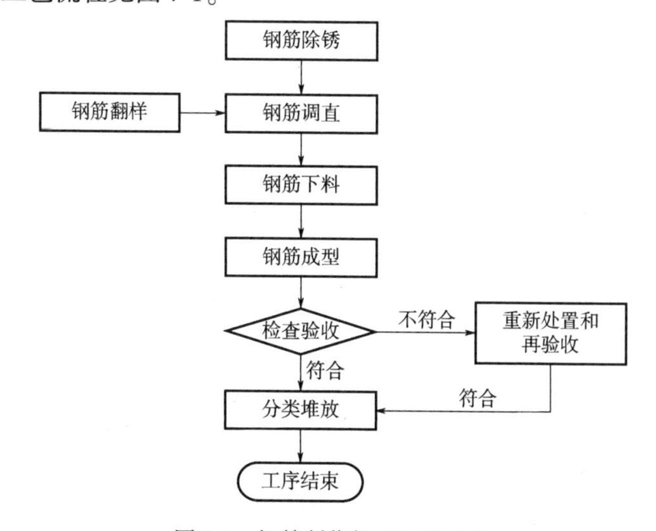

图7-1　钢筋制作加工工艺流程

7.3.2 钢筋加工步骤及施工要点

钢筋加工主要过程包括钢筋翻样、钢筋除锈、钢筋调直、钢筋下料、钢筋成型等步骤，各步骤的施工要点见表7-14。

表7-14 钢筋加工主要步骤及施工要点

施工步骤	施工要点
钢筋翻样	(1) 钢筋宜用计算机软件进行翻样，并出具钢筋加工配料单 (2) 钢筋下料长度应根据结构设计图和相关标准计算。下料长度应考虑钢筋搭接、锚固、弯钩、弯折、焊接留量以及丝头加工等长度 (3) 钢筋的翻样在满足设计要求的前提下还应有利于加工和安装
钢筋除锈	(1) 钢筋表面的油渍、漆污和浮皮、铁锈等应在使用前清理干净 (2) 钢筋焊点附近的浮锈应清除干净。表面除锈时，可采用钢丝刷、砂盘、喷砂等手工除锈，或使用钢筋除锈机等机械除锈。对直径较细的盘条钢筋通过冷拉和调直过程自动除锈；粗钢筋采用圆盘铁丝刷除锈机除锈 (3) 如在除锈过程中发现钢筋表面的氧化铁皮鳞片状脱落现象严重并已损伤钢筋截面，或在除锈后钢筋表面有严重的麻坑、斑点伤蚀截面时，应征得设计、监理同意后降级使用或剔除不用
钢筋调直	(1) 钢筋调直宜采用无延伸功能的钢筋调直机进行调直，也可采用冷拉方法调直 (2) 采用钢筋调直机调直钢筋时，应根据钢筋的直径选用调直模和传送压辊，并正确掌握调直模的偏移量和压辊的压紧程度 (3) 当采用冷拉方法调直时应符合下列规定： 1) 钢筋应先拉直后再冷拉，冷拉速度不宜过快。直径6～12mm盘圆钢筋控制在6～8m/min，待拉到规定的冷拉率后，须稍停2～3min，然后再放松 2) 钢筋冷拉操作现场应安装有控制冷拉起始长度、增加长度、终止长度的标识措施 3) 经冷拉的HPB300光圆钢筋的冷拉率不宜大于4%，HRB400、HRB500、HRBF400、HRBF500和RRB400带肋钢筋的冷拉率不宜大于1% 4) 钢筋调直过程中不应损伤带肋钢筋的横肋 (4) 调直钢筋应进行重量偏差检验。采用无延伸功能的机械设备调直的钢筋，可不进行重量偏差的检验
钢筋下料	(1) 采用钢筋切断机下料时，应在工作台上标出尺寸刻度线，设置挡板控制钢筋下料长度 (2) 采用钢筋切断机下料时，应将切断机的刀口间隙调整到0.3mm；多列钢筋应单列垂直排放，紧贴固定刀片。切断后的钢筋断面应与轴线垂直，无压弯、斜口 (3) 采用其他机械设备下料时，应遵守该设备操作规程 (4) 同规格钢筋宜先断长料，后断短料，合理搭配用料
钢筋成型	(1) 成批钢筋冷弯成型前，应对钢筋进行试弯，并达到合格要求 (2) 钢筋加工宜在常温状态下进行，加工过程中不应对钢筋进行加热。钢筋应一次弯折到位 (3) 钢筋弯曲成型前，对形状复杂的钢筋应根据钢筋配料单上标明的尺寸，用石笔将各弯曲点的位置划出。划线应符合下列规定： 1) 根据不同的弯曲角度扣除弯曲调整值，其扣法是从相邻两段长度中各扣一半 2) 钢筋端部带半圆弯钩时，该段长度划线时应增加0.5d（d为钢筋直径） 3) 划线宜从钢筋中点开始向两边进行，两边不对称的钢筋，可从钢筋一端开始划线，划到另一端有出入时则应重新调整 (4) 钢筋弯曲成型一般采用钢筋弯曲机械进行。小批量弯曲成型时，也可采用手摇扳手（ϕ6～ϕ10）和卡盘与横口扳手（ϕ12以上）弯制

（续）

施工步骤	施工要点
钢筋成型	（5）钢筋使用弯曲机成型时，要根据钢筋粗细和所要求的圆弧弯曲直径大小随时更换轴套，芯轴直径应符合现行国家标准《混凝土结构工程施工质量验收规范》GB 50204 的规定。对不同直径的钢筋的弯曲，成型轴宜加偏心轴套，挡铁轴宜做成可变挡架或固定挡架 （6）螺旋形钢筋成型，小直径钢筋一般可用手摇滚筒成型。较粗钢筋（ϕ16～30mm）可在弯曲机的工作盘上安设一个型钢制成的加工圆盘，圆盘外直径相当于需加工螺旋筋的内径，插孔相当于弯曲机板柱间距，使用时将钢筋一端固定，即可按一般钢筋弯曲加工方法弯成所需要的螺旋形钢筋。由于钢筋有弹性，滚筒直径应比螺旋钢筋内径略小

钢筋弯折的弯弧内直径应符合表 7-15 的规定。

表 7-15　钢筋弯折的弯弧内直径

钢筋类别		弯弧内直径
光圆钢筋		不应小于钢筋直径的 2.5 倍
400MPa 级带肋钢筋		不应小于钢筋直径的 4 倍
500MPa 级带肋钢筋	直径小于 28mm	不应小于钢筋直径的 6 倍
	直径大于等于 28mm	不应小于钢筋直径的 7 倍

注：箍筋弯折处尚不应小于纵向受力钢筋的直径。

各类钢筋末端弯折的长度，应符合表 7-16 的规定。

表 7-16　钢筋末端弯折长度

序号	钢筋类别		具体要求
1	纵向受力钢筋		（1）符合设计要求 （2）纵向光圆钢筋末端做 180°弯钩时，平直段长度不应小于钢筋直径的 3 倍
2	箍筋、拉筋	一般结构构件	（1）箍筋弯钩的弯折角度不应小于 90° （2）弯折后平直段长度不应小于箍筋直径的 5 倍
		有抗震设防要求的构件	（1）箍筋弯钩的弯折角度不应小于 135° （2）弯折后平直段长度不应小于箍筋直径的 10 倍和 75mm 两者之中的较大值
3	圆形箍筋		（1）搭接长度不应小于其受拉锚固长度 （2）两末端弯钩的弯折角度不应小于 135° （3）弯折后平直段长度对一般结构构件不应小于箍筋直径的 5 倍；有抗震设防要求的结构构件不应小于箍筋直径的 10 倍和 75mm 二者中的较大值

焊接封闭箍筋宜采用闪光对焊，也可采用气压焊或单面搭接焊，并宜采用专用设备进行焊接。批量加工的焊接封闭箍筋应在专业加工场地采用专用设备完成。焊接封闭箍筋下料长度和端头加工应按焊接工艺确定。焊接封闭箍筋的焊点设置，应符合下列规定：

（1）每个箍筋的焊点数量应为 1 个，焊点宜位于多边形箍筋中的某边中部，且距箍筋弯折处的位置不宜小于 100mm。

（2）矩形柱箍筋焊点宜设在柱短边，等边多边形柱箍筋焊点可设在任一边；不等边多边形柱箍筋焊点应位于不同边上。

（3）梁箍筋焊点应设置在顶边或底边。

7.4 钢筋连接

7.4.1 钢筋连接原则

钢筋接头宜设置在受力较小处；有抗震设防要求的结构中，梁端、柱端箍筋加密区范围内不应进行钢筋搭接；同一纵向受力钢筋不宜设置两个或两个以上接头；接头末端至钢筋弯起点的距离，不应小于钢筋直径的 10 倍。

钢筋连接方式应符合设计要求，钢筋机械连接接头、焊接接头的力学性能、弯曲性能应符合国家现行相关标准的规定。接头试件应从工程实体中截取。

7.4.2 钢筋接头位置与数量

1. 机械连接或焊接接头

当纵向受力钢筋采用机械连接接头或焊接接头时，接头的设置应符合下列规定：

（1）同一构件内的接头宜分批错开。

（2）接头连接区段的长度为 35d，且不应小于 500mm，凡接头中点位于该连接区段长度内的接头均应属于同一连接区段；其中 d 为相互连接的两根钢筋中的较小直径。

（3）同一连接区段内，纵向受力钢筋接头面积百分率为该区段内有接头的纵向受力钢筋截面面积与全部纵向受力钢筋截面面积的比值；纵向受力钢筋的接头面积百分率应符合下列规定：

1）受拉接头不宜大于 50%；受压接头可不受限制。

2）板、墙、柱中受拉机械连接接头，可根据实际情况放宽；装配式混凝土结构构件连接处受拉接头，可根据实际情况放宽。

3）当在同一连接区段内钢筋接头面积百分率为 100% 时，应选用 I 级机械连接接头。

4）直接承受动力荷载的结构构件中，不宜采用焊接；当采用机械连接时，不应超过 50%。

2. 绑扎搭接接头

当纵向受力钢筋采用绑扎搭接接头时，接头的设置应符合下列规定：

（1）同一构件内的接头宜分批错开。各接头的横向净间距 s 不应小于钢筋直径，且不应小于 25mm。

（2）接头连接区段的长度为 1.3 倍搭接长度，凡接头中点位于该连接区段长度内的接头均应属于同一连接区段（图 7-2）；搭接长度可取相互连接两根钢筋中的较小直径计算。

纵向受压钢筋的接头面积百分率可不受限制；纵向受拉钢筋的接头面积百分率应符合下列规定：

1）梁类、板类及墙类构件，不宜超过 25%；基础筏板，不宜超过 50%。

2）柱类构件，不宜超过 50%。

3）当工程中确有必要增大接头面积百分率时，对梁类构件，不应大于 50%；对其他构件，可根据实际情况适当放宽。

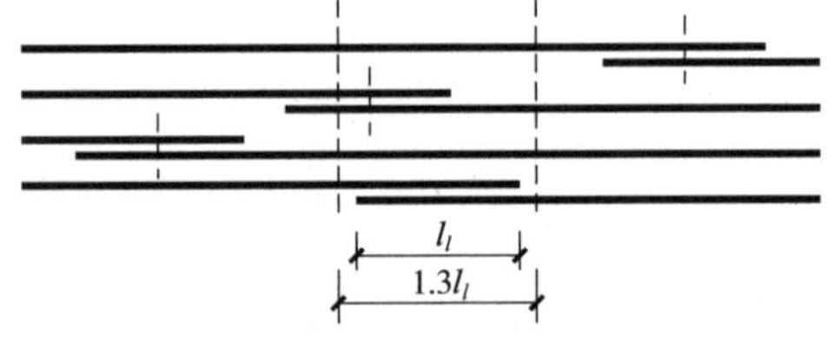

图 7-2 钢筋绑扎搭接接头连接区段

注：图中所示搭接接头同一连接区段内的搭接钢筋为两根，当各钢筋直径相同时，接头面积百分率为 50%。

（3）直径大于 22mm 的纵向受力钢筋不

宜采用绑扎连接。

3. 搭接长度范围箍筋配置要求

在梁、柱类构件的纵向受力钢筋搭接长度范围内应按设计要求配置箍筋，并应符合下列规定：

（1）箍筋直径不应小于搭接钢筋较大直径的25%。

（2）受拉搭接区段的箍筋间距不应大于搭接钢筋较小直径的5倍，且不应大于100mm。

（3）受压搭接区段的箍筋间距不应大于搭接钢筋较小直径的10倍，且不应大于200mm。

（4）当柱中纵向受力钢筋直径大于25mm时，应在搭接接头两个端面外100mm范围内各设置两个箍筋，其间距宜为50mm。

7.5 钢筋安装

7.5.1 一般规定

钢筋绑扎应符合下列规定：

（1）钢筋的绑扎搭接接头应在接头中心和两端用铁丝扎牢。

（2）墙、柱、梁钢筋骨架中各竖向面钢筋网交叉点应全数绑扎；板上部钢筋网的交叉点应全数绑扎，底部钢筋网除边缘部分外可间隔交错绑扎。

（3）梁、柱的箍筋弯钩及焊接封闭箍筋的焊点应沿纵向受力钢筋方向错开设置。

（4）构造柱纵向钢筋宜与承重结构同步绑扎。

（5）梁及柱中箍筋、墙中水平分布钢筋、板中钢筋距构件边缘的起始距离宜为50mm。

（6）钢筋安装应采取防止钢筋受模板、模具内表面的脱模剂污染的措施。

7.5.2 钢筋的布置

钢筋的布置原则和方法应符合下列规定：

（1）构件交接处的钢筋位置应符合设计要求。当设计无具体要求时，应保证主要受力构件和构件中主要受力方向的钢筋位置。框架节点处梁纵向受力钢筋宜放在柱纵向钢筋内侧；当主次梁底部标高相同时，次梁下部钢筋应放在主梁下部钢筋之上；剪力墙中水平分布钢筋宜放在外侧，并宜在墙端弯折锚固。

（2）钢筋安装应采用定位件固定钢筋的位置，并宜采用专用定位件。定位件应具有足够的承载力、刚度、稳定性和耐久性。定位件的数量、间距和固定方式，应能保证钢筋的位置偏差符合国家现行有关标准的规定。混凝土框架梁、柱保护层内，不宜采用金属定位件。

7.5.3 箍筋安装要求

采用复合箍筋时，箍筋外围应封闭。梁类构件复合箍筋内部，可采用封闭箍筋或单肢箍筋（图7-3）；柱类构件复合箍筋内部可部分采用单肢箍筋（图7-4）。由多个封闭箍筋或封闭箍筋、单肢箍筋共同组成的多肢箍即为复合箍筋。复合箍筋的外围应选用一个封闭箍筋。对于偶数肢的梁箍筋，复合箍筋均宜由封闭箍筋组成；对于奇数肢的梁箍筋，复合箍筋宜由若干封闭箍筋和一个拉筋组成；柱箍筋内部可根据施工需要选择使用封闭箍筋和拉筋。封闭箍筋弯钩叠合位置以及单肢箍筋的交错布置，是为了利于构件受力均匀。

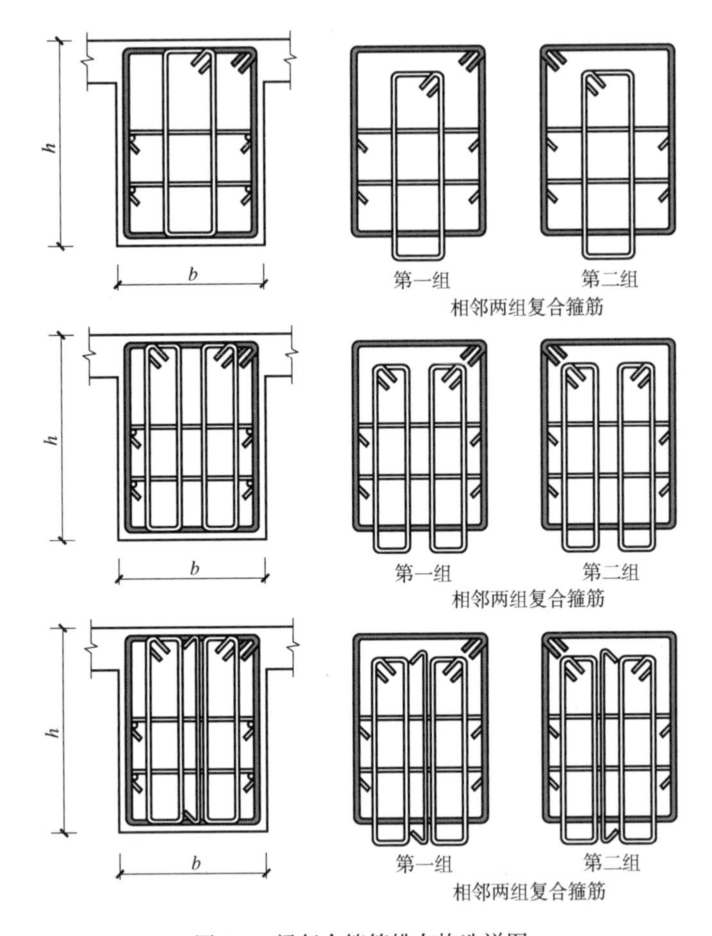

图 7-3　梁复合箍筋排布构造详图

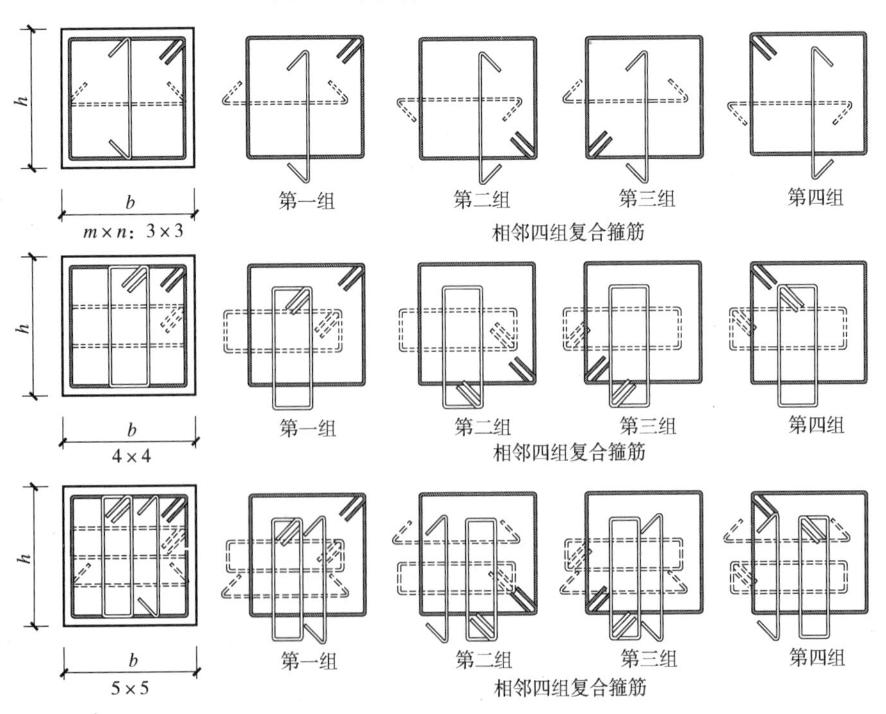

图 7-4　柱复合箍筋排布构造详图

7.5.4 机械连接与焊接连接

纵向受力钢筋的机械连接与钢筋焊接施工应符合表7-17的规定。

表7-17 钢筋机械连接、焊接连接施工要点

连接形式	施工要点
机械连接	(1) 加工钢筋接头的操作人员应经专业培训合格后上岗，钢筋接头的加工应经工艺检验合格后方可进行 (2) 机械连接接头的混凝土保护层厚度宜符合现行国家标准《混凝土结构设计规范》GB 50010中受力钢筋的混凝土保护层最小厚度规定，且不得小于15mm。接头之间的横向净间距不宜小于25mm (3) 螺纹接头安装后应使用专用扭力扳手校核拧紧扭力矩。挤压接头压痕直径的波动范围应控制在允许波动范围内，并使用专用量规进行检验 (4) 机械连接接头的适用范围、工艺要求、套筒材料及质量要求等应符合现行行业标准《钢筋机械连接技术规程》JGJ 107的有关规定
焊接连接	(1) 从事钢筋焊接施工的焊工应持有钢筋焊工合格证，并应按照合格证规定的范围上岗操作 (2) 在钢筋工程焊接施工前，参与该项工程施焊的焊工应进行现场条件下的焊接工艺试验，经试验合格后，方可进行焊接。焊接过程中，如果钢筋牌号、直径发生变更，应再次进行焊接工艺试验。工艺试验使用的材料、设备、辅料及作业条件均应与实际施工一致 (3) 细晶粒热轧钢筋及直径大于28mm的普通热轧钢筋，其焊接参数应经试验确定；余热处理钢筋不宜焊接 (4) 电渣压力焊只应使用于柱、墙等构件中竖向受力钢筋的连接 (5) 钢筋焊接接头的适用范围、工艺要求、焊条及焊剂选择、焊接操作及质量要求等应符合现行行业标准《钢筋焊接及验收规程》JGJ 18的有关规定

7.6 浅基础钢筋安装

常见的浅基础形式有独立基础、条形基础和筏板基础，三种基础的基本配筋构造要求见图7-5~图7-7。

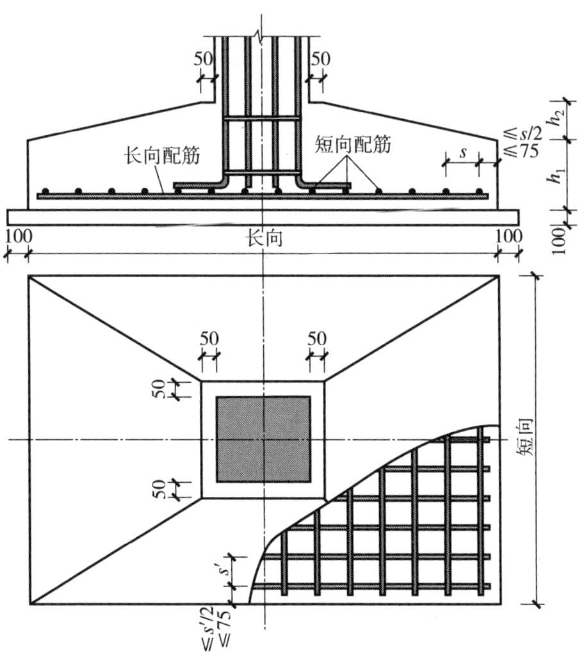

图7-5 坡形独立基础及钢筋构造示意图

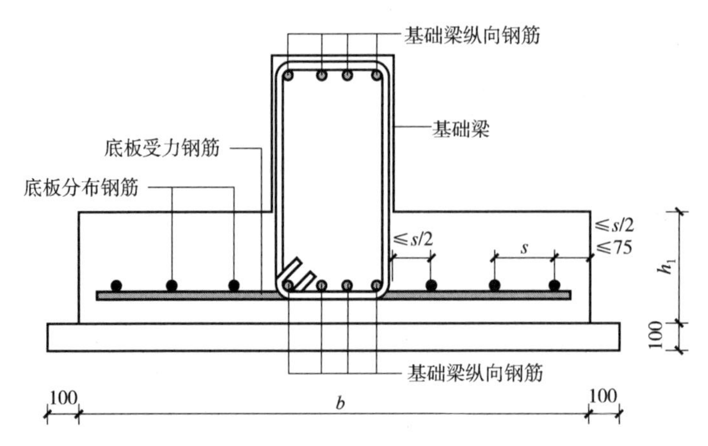

图 7-6 阶形截面基础梁下条形基础及钢筋构造示意图

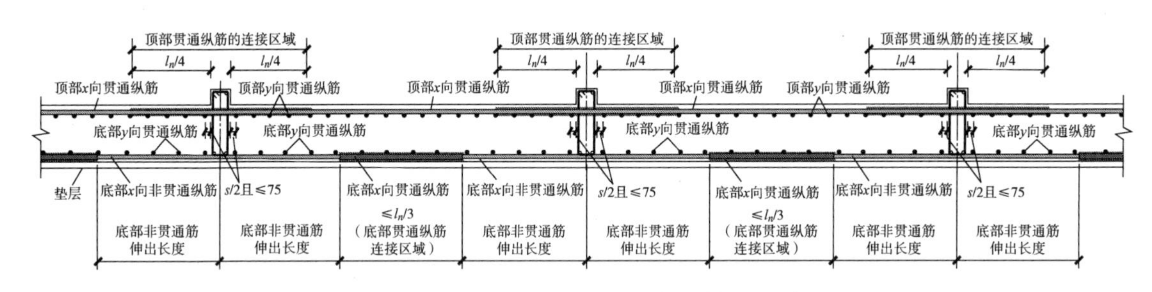

图 7-7 梁板式筏板基础跨中区域钢筋构造示意图

7.6.1 浅基础施工工艺流程

独立基础钢筋绑扎施工工艺流程见图 7-8；条形基础钢筋绑扎施工工艺流程见图 7-9。

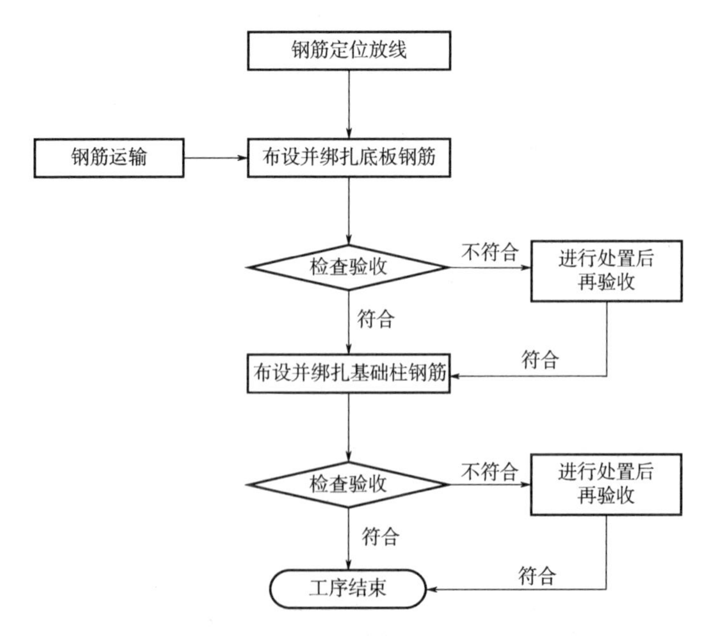

图 7-8 独立基础钢筋绑扎施工工艺流程

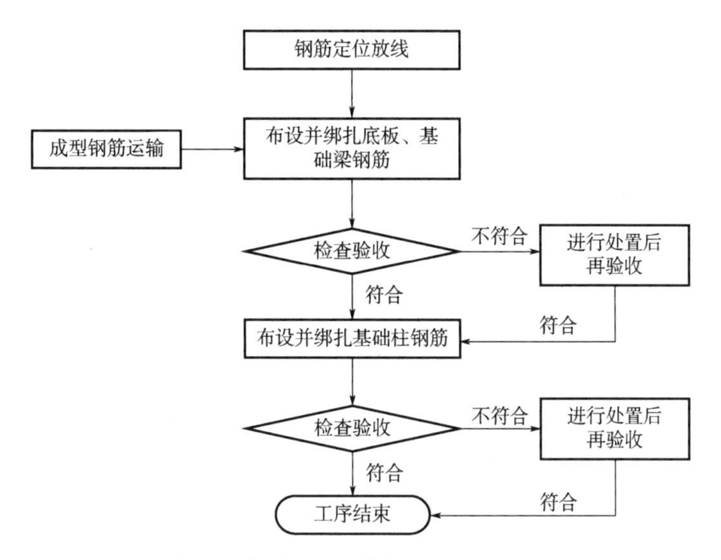

图7-9　条形基础钢筋绑扎施工工艺流程

7.6.2　浅基础施工要点

1. 一般规定

浅基础钢筋绑扎施工应符合下列规定：

(1) 弹出钢筋的位置线后，按底板底层钢筋受力情况，确定主受力筋方向。施工时应先铺主受力筋，再铺另一方向的分布钢筋。

(2) 布设底层（底板、基础梁）钢筋时，应摆放底板混凝土保护层垫块，呈梅花形布置，间距宜按1m控制。

(3) 钢筋绑扎时，双向受力的钢筋必须将钢筋交叉点全部绑扎，保证钢筋不位移。

(4) 双层钢筋网片上层钢筋弯钩应朝下，下层钢筋弯钩应朝上。

(5) 底板如有基础梁，可分段绑扎成型，然后安装就位，或根据梁位置线就地绑扎成型。

(6) 下层钢筋绑扎完成后，安装钢筋支架，在支架上摆放两个方向的上层钢筋，并使主受力钢筋在上。

(7) 根据弹好的墙、柱位置线，插入基础插筋并绑扎牢固，插入深度应符合设计要求，甩出长度不宜过长，其上端应采取定位柱箍或水平定位筋固定钢筋。

(8) 安装预埋管线、预留洞口等，其位置、标高均应符合设计要求。

(9) 独立柱基础底板双向交叉钢筋长向设置在下，短向设置在上。

(10) 支承筏板基础上部钢筋网片用的支架，其材料品种、规格及布置间距必须通过安全计算予以确定。

2. 钢筋长度调整

基础钢筋长度调整时应符合下列规定：

(1) 当条形基础的宽度b大于或等于2500mm时，横向受力钢筋的长度可减至0.9b，交错布置（图7-10）。但底板交界处的受力钢筋和无交接底板时端部第一根钢筋不应减小钢筋长度。

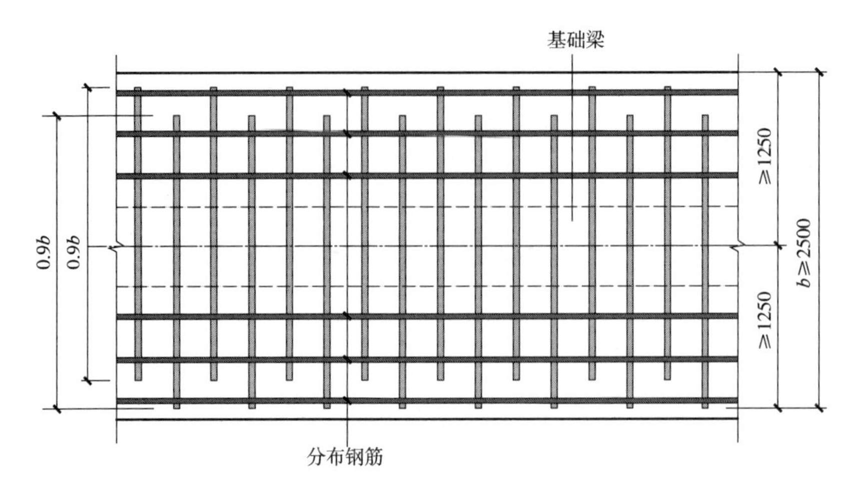

图 7-10　条形基础底板配筋长度减短 10% 的钢筋排布构造
（底板交接区的受力钢筋和无交接底板时端部第一根钢筋不应减短）

（2）当独立基础底板长度大于或等于 2500mm 时，除外侧钢筋外，底板配筋长度可取相应方向底板长度的 0.9 倍（图 7-11）。当非对称独立基础底板长度大于或等于 2500mm 时，但该基础某侧从柱中心至基础底板边缘的距离小于 1250mm 时，钢筋在该侧不应减短（图 7-12）。

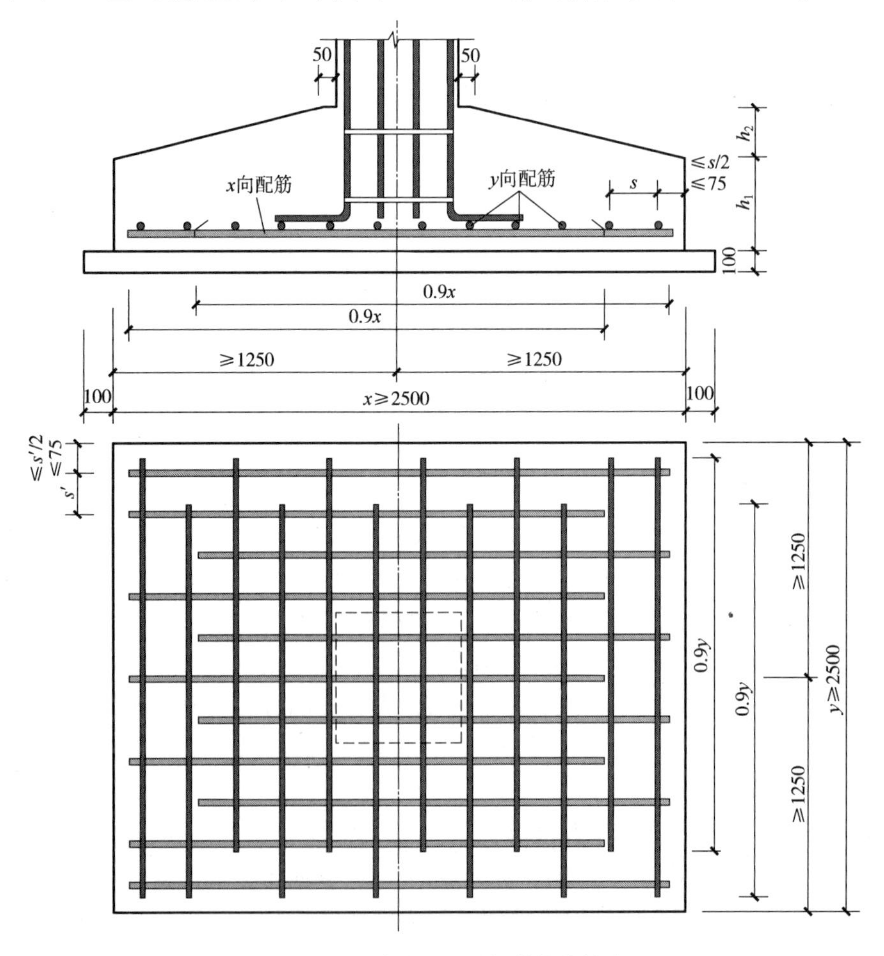

图 7-11　对称独立基础钢筋排布构造

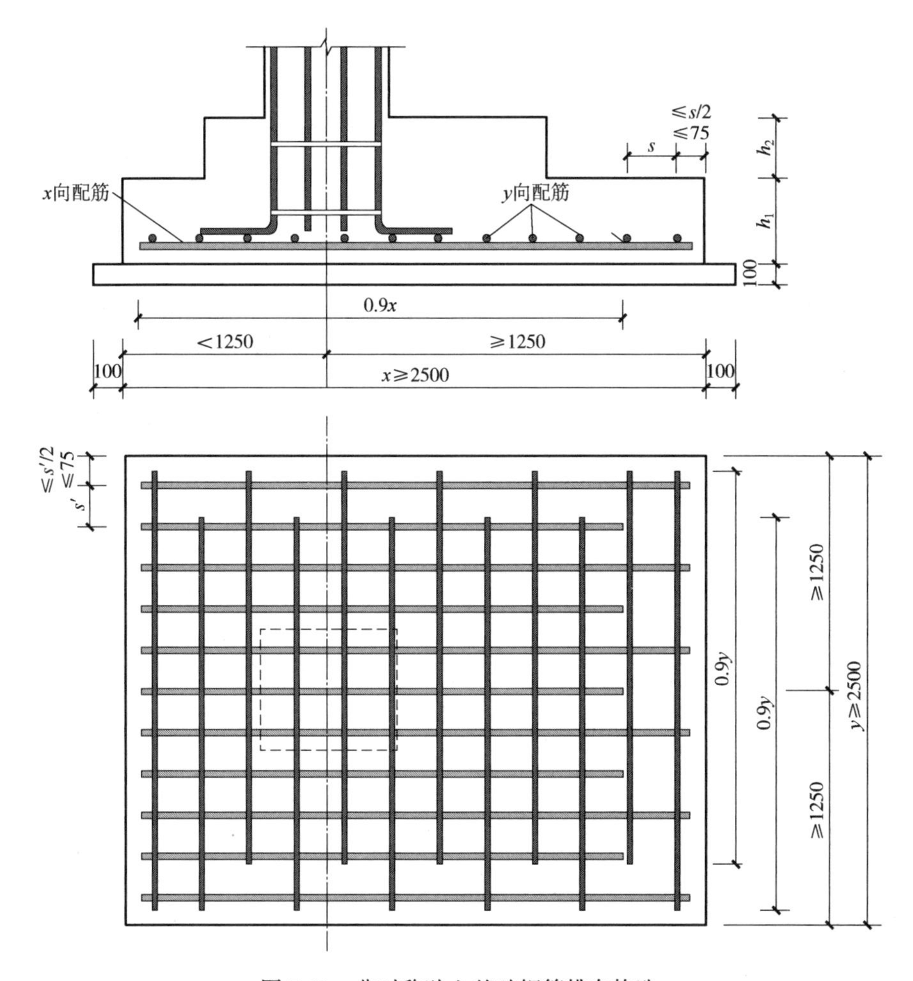

图7-12　非对称独立基础钢筋排布构造

7.6.3　基础底板钢筋绑扎

梁板式筏形基础底板钢筋绑扎工艺流程见图7-13。

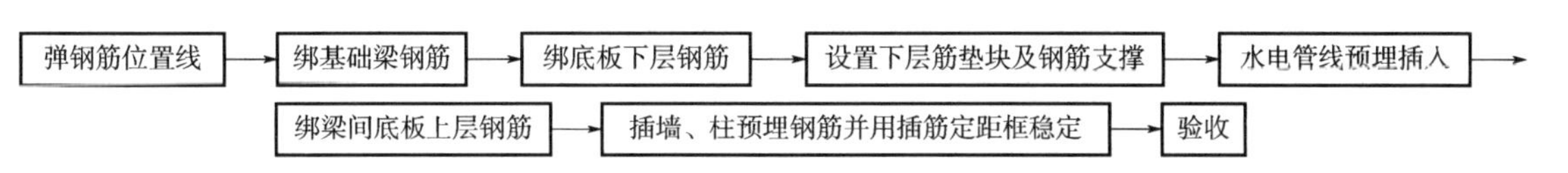

图7-13　梁板式筏形基础底板钢筋绑扎工艺流程

平板式筏形基础底板钢筋绑扎工艺流程见图7-14。

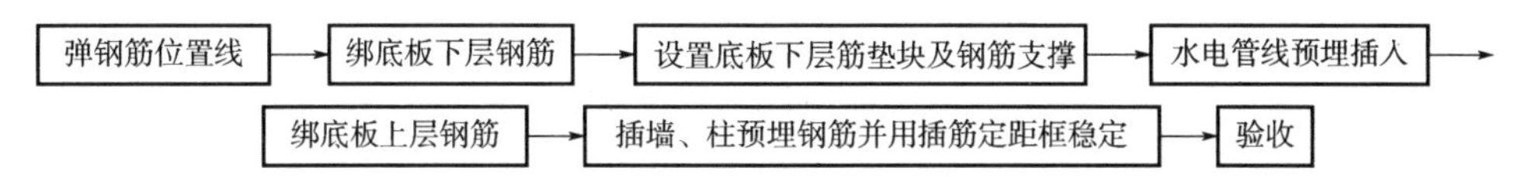

图7-14　平板式筏形基础底板钢筋绑扎工艺流程

1. 梁板式筏形基础梁钢筋绑扎

梁板式筏形基础梁钢筋绑扎应符合下列规定：

(1) 在垫层上按图纸标明的钢筋间距、位置等弹出基础底板筋、梁筋和墙柱插筋等位置线，靠近底板模板边的钢筋应满足迎水面钢筋保护层厚度设计要求。

（2）梁钢筋绑扎时，对于短基础梁、门洞口下基础梁，可采用事先预制，施工时吊装就位即可；对于较长、较大基础梁应采用现场搭设临时支架绑扎。

（3）梁绑扎应先排放主跨基础梁的上层钢筋，当梁纵向钢筋超过两排时，纵向钢筋中间要加短钢筋梁垫，保证纵向钢筋间距大于25mm，且大于纵向钢筋直径，上下层纵筋之间要加可靠支撑，保证梁钢筋的截面尺寸。

（4）梁顶层钢筋绑扎时，当顶层钢筋有两排钢筋时，主跨基础梁顶层钢筋的下排钢筋先不绑扎，等次跨梁上排钢筋绑扎完毕后再绑扎。

（5）梁底层钢筋绑扎时，穿主跨基础梁的底层钢筋先绑扎。当底层钢筋有两排钢筋时，主跨基础梁的底层钢筋的上排钢筋先不绑扎，等次跨基础梁底层钢筋的下排钢筋绑扎完毕再绑扎。

（6）绑扎成型的基础梁应平稳放置在基础底板的下层钢筋上，并进行适当的固定，以保证不变形，再按次序分别绑扎次跨基础梁的顶层钢筋的下排筋、主跨基础梁的顶层钢筋的下排筋、主跨基础梁的底层钢筋的上排筋、次跨基础梁的底层钢筋的上排筋。

（7）梁箍筋绑扎应在排放完主跨基础梁的顶层钢筋后，根据梁箍筋设计间距，在梁的顶层钢筋上用粉笔标画出箍筋的位置，安装箍筋并绑扎，箍筋接头位置应按照规范要求相互错开。

（8）基础底板门洞口位置的基础梁箍筋应满布，洞口处箍筋距离洞口暗柱边50mm。

（9）梁侧面纵向构造钢筋、拉筋、受扭纵筋的设置应符合设计及构造图集要求。当设有多排拉筋时，上下两排拉筋竖向应错开设置。

2. 基础底板钢筋绑扎

基础底板钢筋绑扎应符合下列规定：

（1）根据设计和规范构造要求，按位置线将横向、纵向的钢筋依次摆放底板下层钢筋，钢筋弯钩应垂直向上。铺放时，应先铺短向钢筋，再铺长向钢筋；当底板有集水坑、设备基坑时，在铺底板下层钢筋前，应先铺集水坑、设备基坑的下层钢筋。

（2）底板上层钢筋按纵横两个方向摆放在层间钢筋支撑马凳上，上层钢筋的弯钩朝下，铺放时，应先铺长向钢筋，再铺短向钢筋。绑扎时，上下层钢筋的位置应对正，钢筋的上下次序及绑扣方法同下层钢筋。

（3）当底板厚度大于2m时，上下层钢筋间应按设计要求设置中层双向钢筋网，中层双向钢筋网的设置位置、钢筋直径、间距等应按设计要求执行。

（4）底板钢筋有接头时，搭接位置应错开。满足设计要求或在征得设计同意时，可不考虑接头位置，按照25%错开接头。

（5）底板钢筋连接采用机械连接时，钢筋接头端应顶紧，连接接头处于中间位置，外露丝扣不超过一个完整扣，半扣不得超过3个。

（6）钢筋连接采用搭接的连接方式，钢筋的搭接段绑扣不少于3个，与其他钢筋交叉绑扎时，不应省去三点绑扎。

（7）底板各层钢筋交叉点应全部绑扎。绑扎采用一面顺扣时，应交错变换方向；采用八字扣时，应保证钢筋不产生位移。

（8）底板下层钢筋垫块应在钢筋绑扎完成后放置，放置垫块的厚度应等于钢筋保护层厚度，强度不应低于基础底板混凝土设计强度，根据设计间距按梅花型摆放。

（9）底板上下层钢筋间应设置支撑马凳，绑完下层钢筋后方可摆放支撑马凳，马凳的摆放位置和间距按施工方案设计确定。当为多层钢筋排布时，支撑马凳应按多层钢筋排布要求设计。支撑马凳应支在下层钢筋上，并应垂直于上层筋的下筋摆放，摆放应稳固。

(10) 在底板下层钢筋和基础梁钢筋绑扎完成后，方可进行水电预埋管线的预留预埋安装施工。

3. 墙、柱预埋插筋施工要点

墙、柱预埋插筋应符合下列规定：

(1) 墙身插筋应伸至基础底部并支承在基础底板钢筋网片上，并在基础高度范围内设置间距不大于500mm且不少于两道水平分布钢筋与拉结筋；当筏形基础板厚大于2m且设置中间钢筋网片时，墙身插筋在基础中的钢筋排布应符合设计及构造图集规定；当筏形基础的基础梁下沉至筏板底部时，墙身插筋应伸至基础梁底部；当墙身某侧竖向钢筋保护层厚度不大于$5d$时，该侧竖向钢筋需全部伸至基础底部并支承在底部钢筋网片上，不得“隔二下一”。墙身插筋两边距柱或暗柱50mm，插入基础深度应符合结构构件锚固长度的要求，甩出的搭接长度和接头错开百分比及错开长度应符合设计及构造图集的要求。

(2) 柱纵向插筋的净间距不应小于50mm，其中心间距不宜大于300mm；且截面尺寸大于400mm的柱，其中心间距不宜大于200mm；柱四角纵筋应伸至底板钢筋网片上；纵向筋插入基础范围内应设置不少于两道矩形封闭箍筋，且间距不大于500mm。

(3) 基础钢筋绑扎完成后，根据弹好的墙、柱插筋位置线，将预埋插筋伸入底板内下层钢筋上，采用线坠垂吊的方法使其与弹好的位置线对正，将插筋的水平弯折段调正并与下层筋绑扎牢固，将其上部与底板上层筋或基础梁筋绑扎牢固，必要时可附加钢筋电焊焊牢，并在主筋上绑一道定位筋。

7.7 框架结构钢筋安装

框架结构钢筋安装施工工艺流程见图7-15。

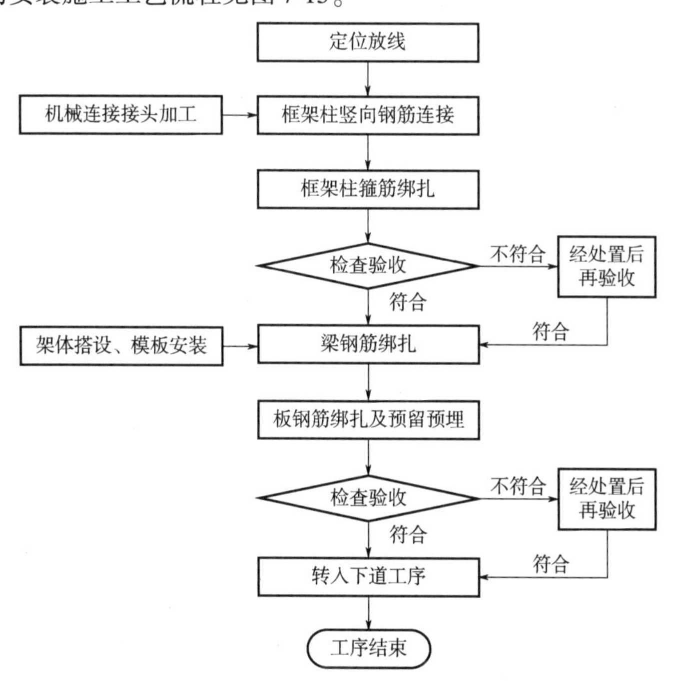

图7-15 框架结构钢筋安装施工工艺流程

框架柱钢筋绑扎前，应完成水平标高线、墙身尺寸线及模板控制线等抄平放线工作，并经复核合格。

7.7.1 柱钢筋绑扎

框架柱钢筋绑扎工艺流程如图 7-16 所示。

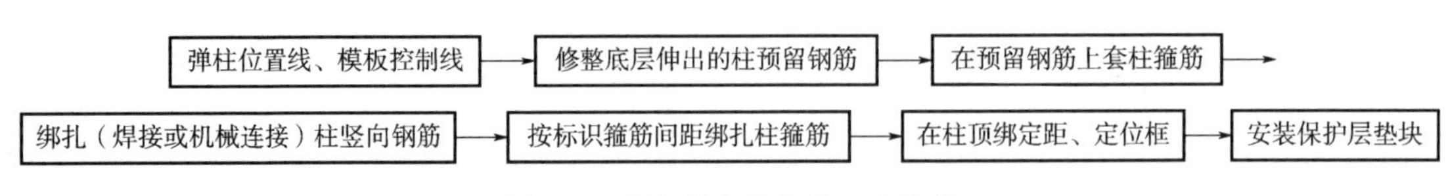

图 7-16　框架柱钢筋绑扎工艺流程

框架柱钢筋绑扎应符合下列规定：

（1）按图纸要求间距，计算好每根柱箍筋数量，先将箍筋套在下层伸出的搭接筋上，然后立柱钢筋，在搭接长度内，绑扣不少于 3 个，绑扣应朝向柱中心。

（2）柱钢筋接头的位置应符合设计和施工方案要求。有抗震设防要求的结构柱端箍筋加密区范围不应进行钢筋搭接。同一连接区段内纵向受力钢筋的接头面积百分率应符合设计要求。

（3）在立好的柱竖向钢筋上，按图纸要求画出箍筋间距线，将已套好的箍筋往上移动，由上往下绑扎，宜采用缠扣绑扎（图 7-17）。

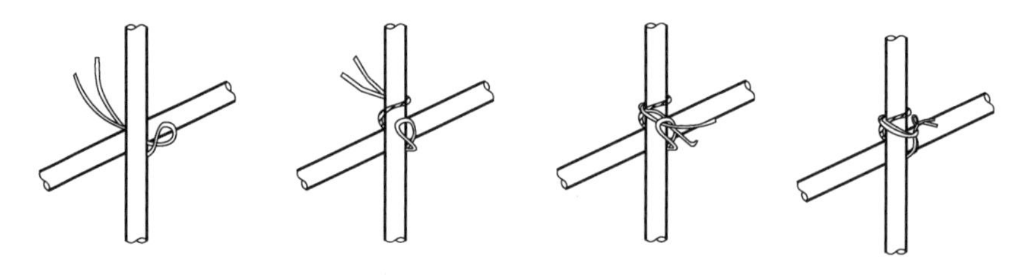

图 7-17　柱箍筋缠扣绑扎示意图

（4）框架柱纵向受力钢筋锚固长度、搭接位置、长度均应符合设计要求。

（5）箍筋与主筋要垂直，箍筋转角处与主筋交叉点均要绑扎，主筋与箍筋非转角部位的相交点成梅花形绑扎。箍筋的弯钩叠合处应沿柱子竖筋交错布置（图 7-18），并绑扎牢固。

（6）柱箍筋加密区长度及箍筋间距应符合设计要求。

（7）框架柱设置单肢箍时，单肢箍两端应拉住主筋且弯成 135°，其排布形式、间距、直径应符合设计要求。

（8）框架柱箍筋上绑扎的钢筋保护层垫块宜按照梅花形绑扎，间距 1000mm。

（9）将柱定位框固定于柱模板上口范围处，可控制竖向钢筋位置、截面尺寸和保护层厚度。柱定位框分为外控法和内控法两种，具体做法见图 7-19。

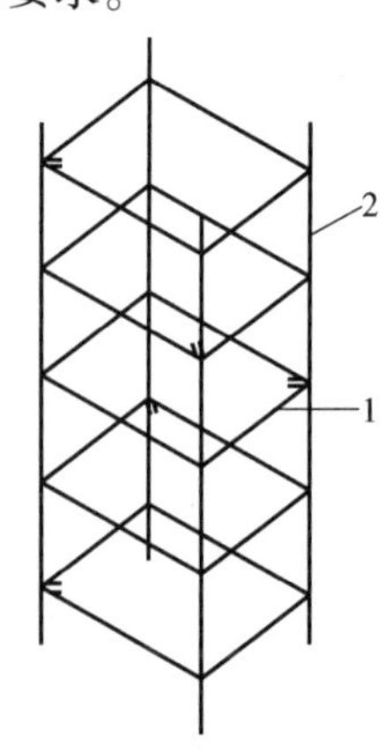

图 7-18　箍筋的弯钩叠合处与柱子竖向主筋交错布置图
1—柱箍筋　2—竖向主筋

7.7.2 梁钢筋绑扎

梁钢筋宜在模内绑扎，工艺流程如图 7-20 所示。

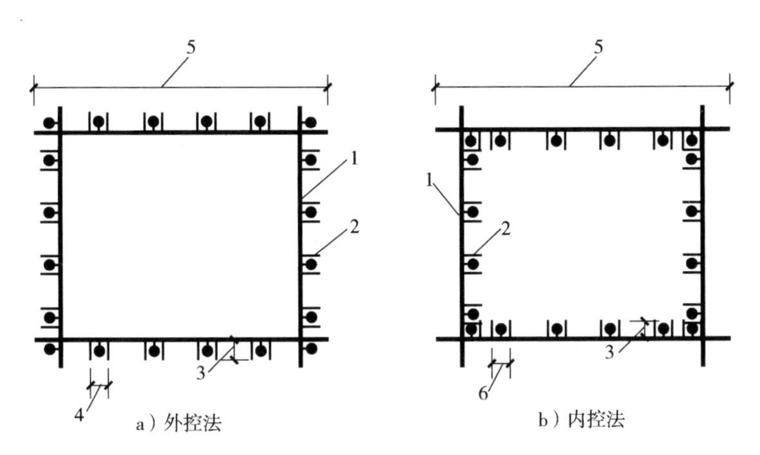

图 7-19　柱定位框制作图

1—ϕ20 钢筋　2—ϕ16 钢筋　3—定位钢筋长度，$d+10$mm
4—定位钢筋宽，$d+4$mm　5—柱截面尺寸　6—定位钢筋宽，$d+2$mm

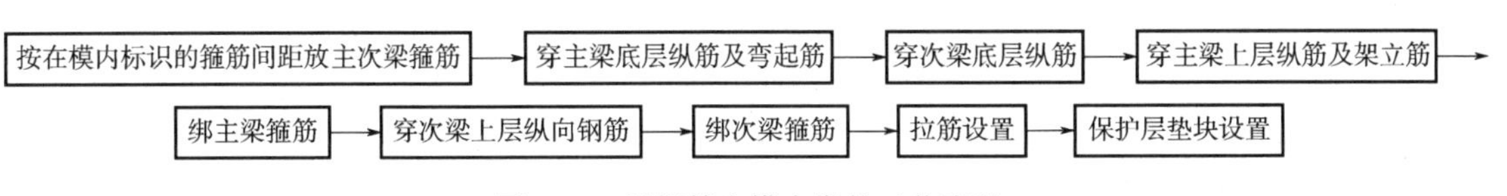

图 7-20　梁钢筋在模内绑扎工艺流程

梁钢筋绑扎应符合下列规定：

（1）在支好的梁模板上标划出主次梁箍筋间距，按数量摆放主次梁箍筋。主梁起步箍筋距柱边不大于 50mm，次梁起步箍筋距主梁边不大于 50mm。

（2）先穿主梁的下部纵向受力钢筋及弯起钢筋，将箍筋按已画好的间距逐个分开；穿次梁的下部纵向受力钢筋及弯起钢筋，并套好箍筋；放主次梁的架立筋；隔一定间距将架立筋与箍筋绑扎牢固；调整箍筋间距使其符合设计要求，绑架立筋，再绑主筋，主次梁同时配合进行。

（3）框架梁上部纵向钢筋应贯穿中间节点，梁下部纵向钢筋伸入中间节点的锚固长度及伸过中心线的长度应符合设计要求，框架梁纵向钢筋在端节点内的锚固长度也应符合设计要求。

（4）受力筋为双排时，可用短钢筋垫在两层钢筋之间，短钢筋直径应大于受力钢筋直径且应大于 25mm，钢筋排距应符合设计要求。

（5）框架梁上部纵向筋的箍筋，宜用套扣法绑扎（图 7-21）。

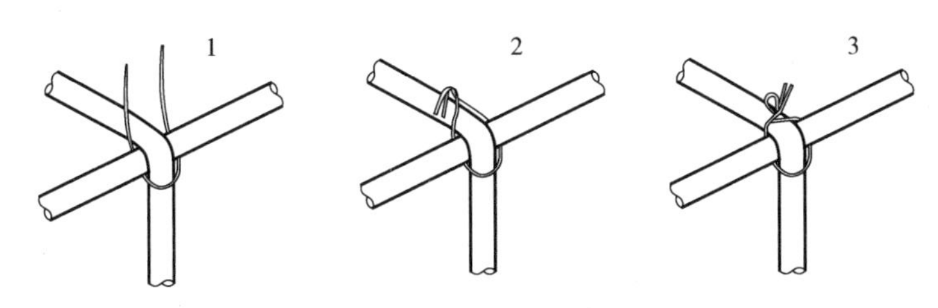

图 7-21　梁箍筋套扣绑扎

（6）梁端第一个箍筋应设置在距离柱节点边缘 50mm 处。梁端与柱交接处箍筋应加密，其间距与加密区长度均应符合设计要求。

（7）当采用绑扎接头时，搭接长度应符合规范的规定。接头宜位于构件受力较小处，HPB300级钢筋绑扎接头的末端应做弯钩，搭接处应在中心和两端扎牢。接头位置应相互错开，在规定搭接长度的任一区域内有接头的受力钢筋截面面积，占受力钢筋总截面面积的百分率，受拉区不大于25%。

（8）在主、次梁箍筋下均应布置垫块，间距宜为500mm。

7.7.3 板钢筋绑扎

板钢筋绑扎工艺流程如图7-22所示。

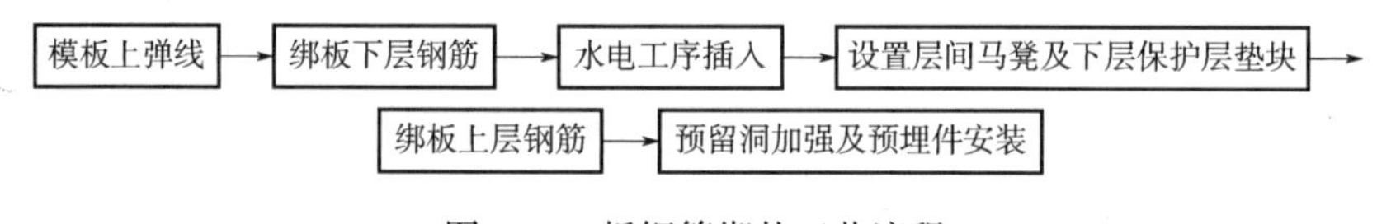

图7-22 板钢筋绑扎工艺流程

板钢筋绑扎应符合下列规定：

（1）清理模板上面的杂物，用石笔在模板上划出主筋、分布筋的间距。

（2）按划出的间距，先摆放受力主筋再放分布筋，预埋件、电线管、预留孔等及时配合安装。底筋绑扎完，水电管线固定前，在水电管线集中处，应先垫垫块。

（3）在现浇板中有板带梁时，应先绑梁钢筋，再摆放板钢筋。

（4）绑扎板筋时一般用顺扣或八字扣（图7-23），除单向板外围两排钢筋的相交点应全部绑扎外，其余各点可交错绑扎（双向板相交点需全部绑扎）；板为双层钢筋时，两层钢筋之间须加钢筋马凳，以确保上部钢筋的位置；负弯矩钢筋每个相交点均要绑扎。

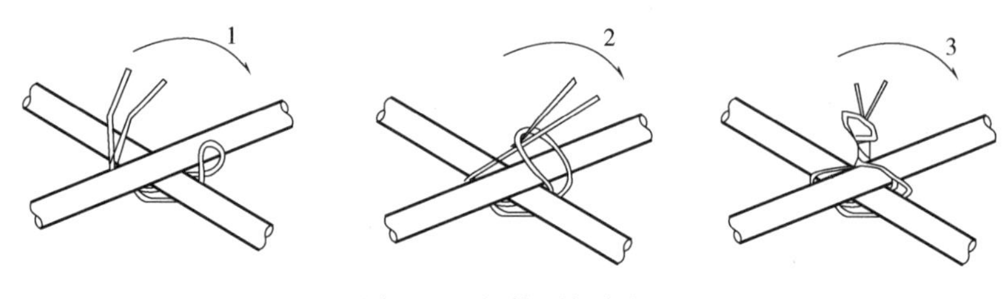

图7-23 板筋顺扣绑扎

（5）在钢筋的下面垫保护层垫块，宜采用成品水泥砂浆垫块，间距宜为1000mm，呈梅花形布置。

（6）绑扎悬挑板钢筋时，为了保证悬挑板上部受力钢筋位置的正确，应根据悬挑板厚度和钢筋直径，在悬挑板中布置间距不大于1000mm，直径不小于14mm的马凳，其底脚应设置垫块。

（7）楼板钢筋绑扎完毕后，应根据设计图纸的要求将预埋筋、预埋件及预留洞加强钢筋等安装固定牢靠，并及时完成隐蔽工程验收。

7.7.4 楼梯钢筋绑扎

楼梯钢筋绑扎工艺流程如图7-24所示。

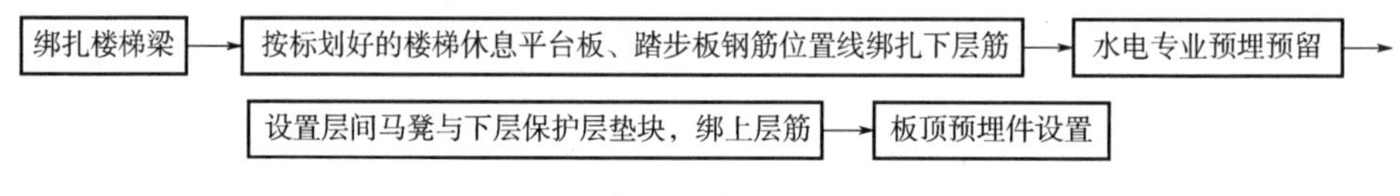

图7-24 楼梯钢筋绑扎工艺流程

楼梯钢筋绑扎应符合下列规定：

（1）楼梯钢筋绑扎时，应先绑完楼梯梁钢筋，再绑楼梯踏步板钢筋，最后绑楼梯平台板钢筋。

（2）按标划好的楼梯板下层钢筋位置线，摆放楼梯板下层钢筋，绑扎时板筋要锚固到梁内，且板筋每个交点均应绑扎，绑扎方法与楼板钢筋绑扎相同。

（3）楼梯平台板钢筋绑扎方法同板钢筋绑扎，在上下层钢筋之间应设置马凳，下层钢筋底部设置保护层垫块，做好水电专业预埋管线及预留洞口设置等，并完成上层钢筋绑扎。

（4）楼梯踏步板完成下层钢筋绑扎后，梯段两端按照设计要求摆放上层负弯矩钢筋，且每个交叉点均应绑扎牢固，负弯矩筋锚入楼梯梁内或平台板内的长度、节点构造等应符合设计及规范要求。

（5）楼梯钢筋绑扎完毕后，应根据设计图纸要求将预埋筋、预埋件等安装固定牢靠，并及时完成隐蔽工程验收。

7.8　剪力墙钢筋安装

剪力墙钢筋安装施工工艺流程见图7-25。

剪力墙钢筋绑扎前，应完成水平标高线、墙身尺寸线及模板控制线等抄平放线工作，并经复核合格。

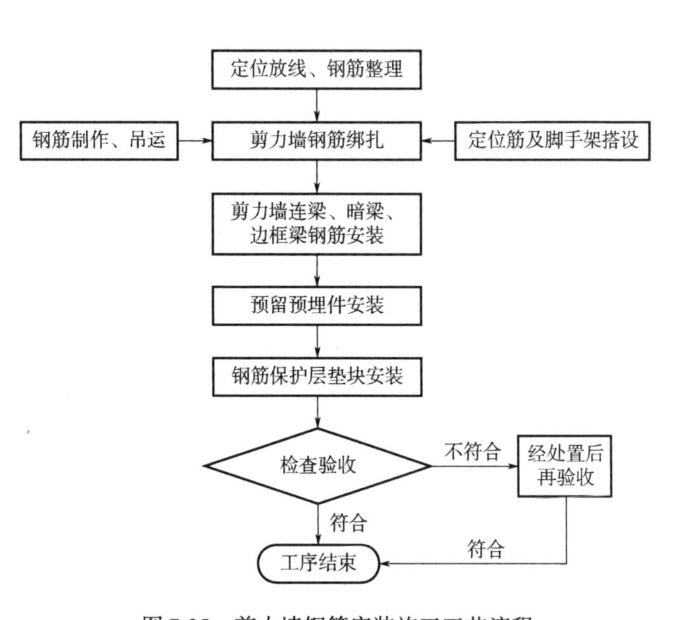

图7-25　剪力墙钢筋安装施工工艺流程

7.8.1　定位钢筋安装

剪力墙定位筋安装应符合下列规定：

（1）按剪力墙双向钢筋的设计间距，制作水平钢筋定位梯子筋和竖向钢筋水平定位筋。定位筋宜用比墙体钢筋大一规格的钢筋制作，并可代替主筋。

（2）剪力墙竖向钢筋绑扎前，先在墙两侧的暗柱边50mm处各立1根竖向梯子筋，并在该梯子筋上、中、下部各绑1根水平钢筋作临时固定。

（3）在板面上预留的竖向筋外侧，套入2～3根水平向梯子筋。按设计要求的搭接长度将墙竖向钢筋与预留筋绑扎在一起。依据竖向梯子筋的分档间距调整水平向梯子筋，使该墙体的上中下部位各设置1～4道水平向梯子筋，水平向梯子筋应与墙体竖向钢筋绑牢。

（4）竖向梯子筋间距宜为2m，且一面墙不少于2道。水平向梯子筋至少在墙体上、下部位各设置1道。

（5）在墙体钢筋绑扎完成后，宜在墙模板标高以上300mm范围内设置竖向钢筋定位梯，待剪力墙混凝土浇筑完成后，定位梯提升至板面标高以上300mm位置，可周转使用。

7.8.2　剪力墙钢筋绑扎

剪力墙钢筋绑扎应符合下列规定：

(1) 剪力墙中有暗梁时，应先绑暗柱再绑暗梁，最后绑外侧水平筋。剪力墙的受力钢筋应包在暗梁或暗柱的外侧，构造钢筋应锚固在暗梁或暗柱内部。

(2) 剪力墙钢筋绑扎丝扣宜间隔采用正反八字扣，对主筋与箍筋垂直部位采用缠扣绑扎，主筋与箍筋拐角部位采用套扣绑扎。扎丝外露长度宜为20mm。绑扎丝扣宜留置于墙身钢筋网片内侧。

(3) 将墙体水平钢筋按设计要求的间距排布并与墙体竖向钢筋逐点绑扎牢固。剪力墙每根钢筋在搭接范围内应绑扎3道，搭接两端头30mm处各绑一扣，中间绑一扣。

(4) 剪力墙竖向钢筋每段钢筋长度不宜超过4m（钢筋直径小于和等于12mm）或6m（钢筋直径大于12mm），水平钢筋每段长度不宜超过8m。

(5) 剪力墙纵向受拉钢筋锚固长度、搭接位置及长度均应符合设计及相关图集的要求。

(6) 剪力墙双排钢筋之间应设置拉筋，拉筋两端弯钩可采用一端135°另一端90°，其排布形式、间距、直径应符合设计要求。

(7) 在剪力墙外侧钢筋上绑扎保护层垫块、模板支撑件，间距宜为1000mm。

7.8.3　连梁、暗梁、边框梁钢筋安装

剪力墙连梁、暗梁、边框梁钢筋安装应符合下列规定：

(1) 中间层连梁、暗梁、边框梁在距洞口边50mm处开始在跨中配置箍筋，箍筋直径、间距应符合设计要求。

(2) 顶层连梁、暗梁、边框梁除按设计要求在跨中绑扎箍筋外，锚入洞口两侧剪力墙内部分应设置箍筋，箍筋直径间距150mm。

(3) 连梁、暗梁、边框梁的拉筋应符合设计要求。设计未要求时，当梁宽小于等于350mm时拉筋直径为6mm，当梁宽大于350mm时拉筋直径为8mm。

7.9　钢筋手工电弧焊

钢筋手工电弧焊包括钢筋焊条电弧焊和钢筋二氧化碳气体保护电弧焊两种。钢筋焊条电弧焊是以焊条作为一极，钢筋为另一极，利用焊接电流通过产生的电弧热进行焊接的一种熔焊方法。钢筋二氧化碳气体保护电弧焊是以焊丝作为一极，钢筋为另一极，并以二氧化碳气体作为电弧介质，保护金属熔滴、焊接熔池和焊接区高温金属的一种熔焊方法。

钢筋手工电弧焊施工工艺流程见图7-26。

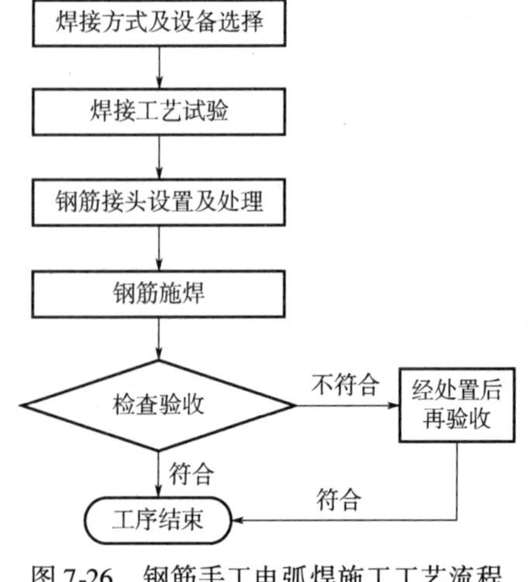

图7-26　钢筋手工电弧焊施工工艺流程

7.9.1　材料要求

(1) 钢筋的级别、直径应符合设计要求，有出厂证明书及复试报告单。进口钢筋还应有化学复试单，

其化学成分应满足焊接要求，并应有可焊性试验合格证明。预埋件的锚爪应采用 HPB300、HRB400 钢筋。钢筋应无锈蚀和油污。

（2）预埋件的钢材不应有裂缝、锈蚀、斑痕、变形，其断面尺寸和力学性能应符合设计要求。

（3）焊条的牌号应符合设计规定，焊条质量应符合以下要求：

1）药皮应无裂缝、气孔、凸凹不平等缺陷，并不应有肉眼看得出的偏心度。

2）焊接过程中，焊条应燃烧稳定，药皮熔化均匀，无成块脱落现象。

3）焊条应根据焊条说明书的要求烘干后使用。

4）焊条应有出厂合格证。

7.9.2 施工工艺

（1）检查电源、焊机及工具。焊接地线应与钢筋接触良好，应防止因起弧而烧伤钢筋。

（2）根据钢筋级别、直径、接头形式和焊接位置，选择适宜的焊条直径、焊接层数和焊接电流，保证焊缝与钢筋熔合良好。

（3）在每批钢筋正式焊接前，应焊接 3 个模拟试件做拉力试验，经试验合格后，方可按确定的焊接参数成批作业。

（4）施焊时应符合以下要求：

1）带有垫板或帮条的接头，引弧应在钢板或帮条上进行。无钢筋垫板或无帮条的接头，引弧应在形成焊缝的部位，应防止烧伤主筋。

2）焊接时应先焊定位点再施焊。

3）运条时的直线前进、横向摆动和送进焊条三个动作应协调平稳。

4）收弧时，应将熔池填满，注意不应在工作表面造成电弧擦伤。

5）钢筋直径较大，需要进行多层施焊时，应分层间断施焊，每焊一层后，应清渣再焊接下一层。应保证焊缝的高度和长度。

6）焊接过程中应有足够的熔深。主焊缝与定位焊缝应结合良好，避免气孔、夹渣和烧伤缺陷，并应防止产生裂缝。

7）平焊时应防止出现熔渣和铁水混合不清的现象，防止熔渣流到铁水前面。熔池也应控制成椭圆形，一般可采用右焊法，焊条与工作表面成 70°。

8）立焊时，铁水与熔渣易分离。应防止熔池温度过高，铁水下坠形成焊瘤，操作时焊条与垂直面形成 60°～80°角使电弧略向上，吹向熔池中心。焊第一道时，应压住电弧向上运条，同时作较小的横向摆动，其余各层用半圆形横向摆动加挑弧法向上焊接。

9）横焊时焊条倾斜 70°～80°，应防止铁水受自重作用坠到下坡口上。运条到上坡口处不作运弧停顿，迅速带到下坡口根部，作微小横拉稳弧动作，依次匀速进行焊接。

10）仰焊时宜用小电流短弧焊接，熔池宜薄，且应确保与母材熔合良好。第一层焊缝用短电弧作前后推拉动作，焊条与焊接方向成 80°～90°角。其余各层焊条横摆，并在坡口侧略停顿稳弧，保证两侧熔合。

7.9.3 钢筋帮条焊

钢筋帮条焊应满足下列要求：

（1）钢筋帮条焊适用于 HPB300、HRB400、HRB500 钢筋。钢筋帮条焊宜采用双面焊

（图 7-27a），不能进行双面焊时，也可采用加长单面焊（图 7-27b）。

a）钢筋帮条双面焊

b）钢筋帮条单面焊

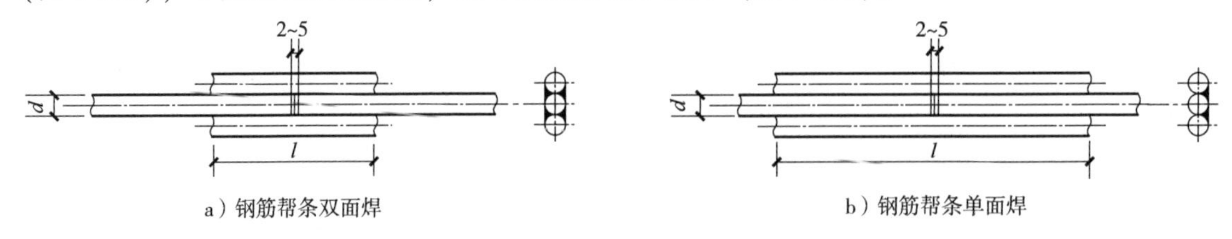

图 7-27　钢筋帮条焊接头

（2）帮条宜采用与主筋同牌号、同直径的钢筋制作，帮条长度 l 应符合表 7-18 的规定。当帮条牌号与主筋相同时，帮条的直径可与主筋相同或小一个规格。当帮条直径与主筋相同时，帮条牌号可与主筋相同或低一个牌号。

表 7-18　钢筋帮条长度

项次	钢筋牌号	焊缝型式	帮条长度 l
1	HPB300	单面焊	≥8d
		双面焊	≥4d
2	HRB400 HRB500	单面焊	≥10d
		双面焊	≥5d

注：d 为主筋直径。

（3）钢筋帮条接头的焊缝厚度 s 应不小于主筋直径的 0.3 倍；焊缝宽度 b 不小于主筋直径的 0.8 倍（图 7-28）。

（4）两主筋端头之间，应留 2～5mm 的间隙。

（5）主筋之间用四点定位固定，定位焊缝应离帮条端部 20mm 以上。

（6）焊接时，应在帮条焊或搭接焊形成焊缝中引弧，在端头收弧前应填满弧坑。第一层焊缝应有足够的熔深，主焊缝与定位焊缝，特别是在定位焊缝的始端与终端，应熔合良好。

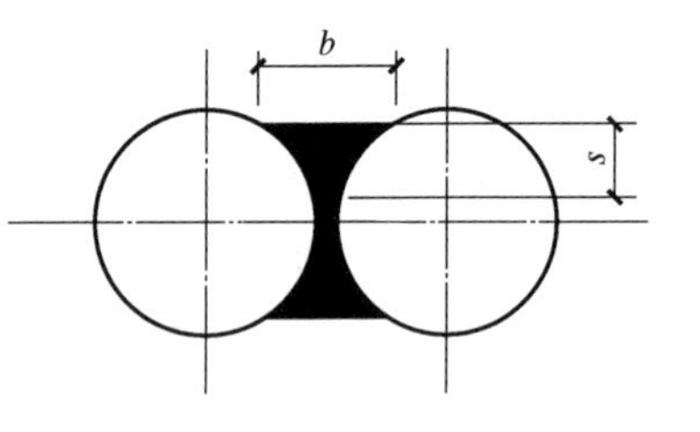

图 7-28　焊缝尺寸示意图

b—焊缝宽度　s—焊缝厚度

7.9.4　钢筋搭接焊

钢筋搭接焊应满足下列要求：

（1）钢筋搭接焊适用于 HPB300、HRB400、HRB500 钢筋。焊接时，宜采用双面焊，见图 7-29a。不能进行双面焊时，也可采用单面焊（图 7-29b）。搭接长度应符合规范及设计要求。

a）钢筋双面搭接焊

b）钢筋单面搭接焊

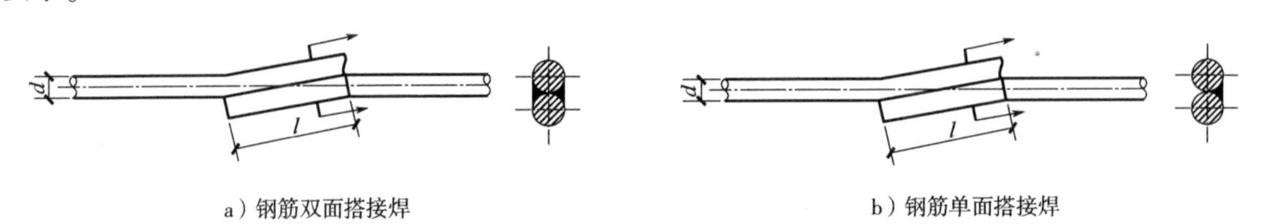

图 7-29　钢筋搭接焊接头

（2）搭接接头的焊缝厚度 s 应不小于 $0.3d$，焊缝宽度 b 不小于 $0.8d$。

（3）搭接焊时，钢筋应预弯，以保证两钢筋同轴。

（4）在现场预制构件安装条件下，节点处钢筋进行搭接焊时，如钢筋预弯确有困难，可适当弯折。

（5）搭接焊时，用两点固定，定位焊缝应离搭接端部20mm以上。

（6）焊接时，应搭接焊形成焊缝中引弧，在端头收弧前应填满弧坑。第一层焊缝应有足够的熔深，主焊缝与定位焊缝，特别是在定位焊缝的始端与终端，应熔合良好。

7.10 钢筋电渣压力焊

钢筋电渣压力焊是将钢筋安装成竖向对接形式，通过直接引弧法或间接引弧法，利用焊接电流通过两钢筋端面间隙，在焊剂层下形成电弧过程和电渣过程，产生电弧热和电阻热，熔化钢筋，加压完成的一种压焊方法。

钢筋电渣压力焊施工工艺流程见图7-30。

钢筋电渣压力焊工作原理示意见图7-31。

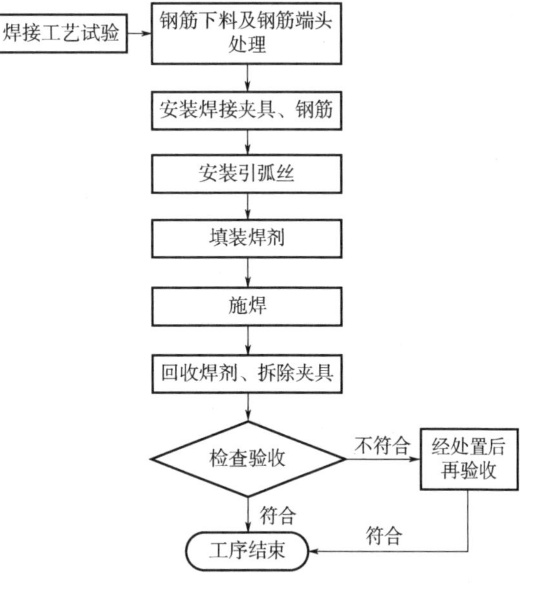

图7-30 钢筋电渣压力焊施工工艺流程

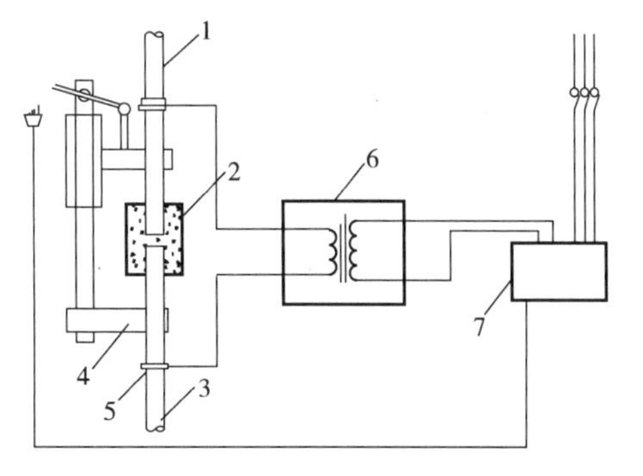

图7-31 钢筋电渣压力焊工作原理示意

1—上钢筋 2—焊剂盒 3—下钢筋 4—焊接夹具
5—焊钳 6—焊接电源 7—控制箱

施焊前，钢筋焊接部位和电极钳口接触的（150mm区段内）钢筋表面上的锈斑、油污、杂物等应清除干净，钢筋端部若有弯折、扭曲，应予以矫直或切除，但不得用锤击矫直。引弧可采用直接引弧法或铁丝圈（焊条芯）间接引弧。

焊接夹具和钢筋安装应符合下列规定：

（1）焊接夹具的下钳口应夹紧于下钢筋端部的适当位置，确保焊接处的焊剂有足够的掩埋深度。

（2）钢筋安装时，上、下钢筋轴线应在同一直线上。

施焊应符合下列规定：

（1）施焊前夹钳口应夹紧，上、下钢筋保持在同一轴线上。

（2）不同直径钢筋施焊时对焊接参数进行调整。

（3）引燃电弧后，应先进行电弧过程，然后，加快上钢筋下送速度，使上钢筋端面插入液态渣池约2mm，转变为电渣过程，最后在断电的同时，迅速下压上钢筋，挤出熔化金属和熔渣。

（4）接头焊毕，应停歇20～30s后（在寒冷地区施焊时，停歇时间应适当延长），回收焊剂和卸下焊接夹具。

（5）敲去渣壳后，直径25mm及以下钢筋四周焊包突出钢筋表面的高度不得小于4mm。

（6）施焊完毕后，焊工应进行自检，当发现存在偏心、弯折、烧伤等焊接缺陷时，应及时切除。切除时，应切除钢筋的热影响区，即离焊缝中心约为1.1倍钢筋直径的长度范围内的钢筋。

7.11 钢筋直螺纹套筒连接

7.11.1 材料要求

用于钢筋直螺纹连接的套筒一共有三种类型，分别是标准型、异径型和正反丝扣型，三种接头的适用范围见表7-19。

表7-19 钢筋直螺纹接头类型

类型	应用范围
标准型	适用于正常情况下的钢筋连接
异径型	用于连接不同直径的钢筋
正反丝扣型	用于钢筋两端都不能转动，需要调节轴向长度的场合

原材钢筋应符合下列规定：

（1）应有出厂合格证和出厂检验报告。

（2）钢筋应平直、无损伤，表面应无裂纹、老锈及油污。

（3）应抽取试件作屈服强度、抗拉强度、伸长率、弯曲性能和重量偏差检验，检验结果应符合现行国家标准《混凝土结构工程施工质量验收规范》GB 50204的规定。

直螺纹连接套筒应采用45号优质碳素结构钢或其他经试验确认符合要求的钢材制作。套筒表面应有规格标记及产品合格证。

连接套筒应符合以下规定：

（1）有明显的规格标记，一端孔应用密封盖扣紧。

（2）连接套筒进场时应有产品合格证。

（3）连接套螺纹中径尺寸的检验采用止塞规和通塞规。止塞规旋入深度小于等于3倍螺距，通塞规应能全部旋入。

（4）连接套应分类包装存放，不应混淆和锈蚀。

（5）螺纹牙形饱满，套筒表面无裂纹或其他肉眼可见缺陷。

7.11.2 作业条件

（1）技术提供单位应提供有效的型式检验报告，钢筋原材已复验合格。

（2）直螺纹套丝机等机械设备经维护试用，测力扳手经校验，可满足施工要求。

（3）螺纹套及钢筋端头已清理、除锈、去污，按规格尺寸加工，存放备用。

（4）技术准备应满足下列要求：

1）钢筋应先调直再加工，切口端面应与钢筋轴线垂直，端头弯曲、马蹄严重的应切去，不应用气割下料。

2）检验合格的丝头应加以保护，在其端头加带保护帽或用套筒拧紧，按规格分类堆放整齐。

3）批量加工前，先按钢筋不同厂家、不同规格分别制作接头试件进行工艺检验，试验合格并取得试验报告后方可进行批量加工。

7.11.3　施工工艺

1. 施工流程

钢筋直螺纹连接宜按图7-32规定的工艺流程进行。

2. 接头加工

钢筋直螺纹连接接头加工应符合下列规定：

（1）钢筋下料应采用无齿锯切割，钢筋端部不应有弯曲，有弯曲时需调直后使用，钢筋端面应平整并与钢筋轴线垂直，不应有马蹄型或扭曲，可使用砂轮片磨平处理。

（2）钢筋应按照使用要求尺寸切割完成。

（3）对于有毛刺、凹凸不平的钢筋头，应进行二次加工，直至磨光毛刺与飞边。

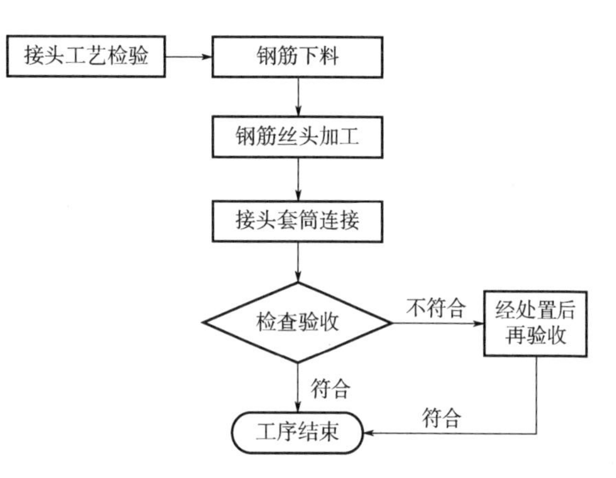

图7-32　直螺纹连接施工工艺流程

（4）钢筋的滚丝可分为剥肋和滚丝两个工序，在一台设备一次成型。机头前端的切削刀具应调整到相应钢筋尺寸，并随时检查，应注意滚丝轮的螺距与钢筋直径的变化保持统一，根据不同钢筋调整不同的螺纹直径和滚轧长度。

（5）钢筋在套丝前，应对钢筋规格及外观质量进行检查。如发现钢筋端头弯曲，应先进行调直处理。钢筋边肋尺寸如超差，要先将端头边肋砸扁方可使用。

（6）钢筋套丝操作前应先调整好定位尺的位置，并按照钢筋规格配以相对应的加工导向套。对于大直径钢筋要分次车削到规定的尺寸，以保证丝扣精度，避免损坏梳刀。

（7）测量和检验丝头质量满足下列要求：

1）每次调换滚轮和钢筋直径变化调整后，前10个丝头应逐个进行通规、止规检验，以后加工丝头每个都应目测检查一次，待同一部位、同一规格的钢筋丝头全部加工完成后再进行预检。

2）丝头检验合格的半成品钢筋应在两端分别拧上塑料保护帽。

（8）对于检验合格并套上保护帽的直螺纹钢筋应按照要求分类码放。

3. 接头连接

钢筋直螺纹接头连接应符合下列规定：

（1）钢筋连接时，钢筋规格和套筒的规格应一致，钢筋和套筒的丝扣应干净、完好无损。连接之前应检查钢筋螺纹及连接套螺纹是否完好无损，钢筋螺纹丝头上如发现杂物或锈蚀，可用钢丝刷清除。

（2）标准型与异径型接头连接时，应先用力矩扳手将连接套与一端的钢筋拧到位，然后再将另一端的钢筋拧到位（图 7-33）。

（3）正反丝扣型接头连接时，应先对两端钢筋向连接套方向加力，使连接套与两端钢筋丝头挂上扣，然后用力矩扳手旋转连接套，并拧紧到位（图 7-34）。在水平钢筋连接时，应将钢筋托平对正后，再用工作扳手拧紧。

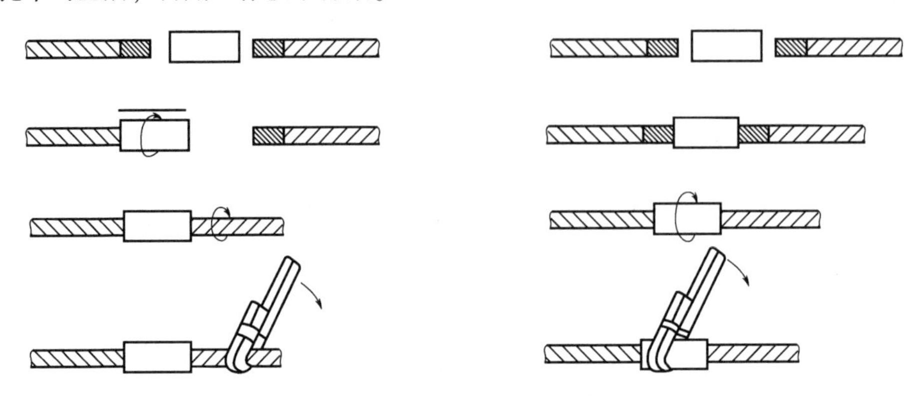

图 7-33　标准型（异径型）接头安装示意图　　图 7-34　正反丝扣型接头安装示意图

（4）被连接的两钢筋端面应处于连接套的中间位置，偏差不应大于一个螺距，并用力矩扳手拧紧，使两钢筋端面顶紧。

（5）每连接完 1 个接头应立即用油漆作上标记，以防止漏拧。

本章术语释义

序号	术语	含义
1	箍筋	沿混凝土结构构件纵轴方向按一定间距配置并箍住纵向钢筋的横向钢筋。分单肢箍筋、开口矩形箍筋、封闭矩形箍筋、菱形箍筋、多边形箍筋、井字形箍筋和圆形箍筋等
2	拉结钢筋	混凝土结构构件中拉住截面两对边纵向钢筋的单肢横向钢筋，又称拉筋或单肢箍筋
3	架立钢筋	为满足构造上的或施工上的要求而设置的定位钢筋，并与主筋连成钢筋骨架，从而充分发挥各自的受力特性
4	钢筋电渣压力焊	将两钢筋安放成竖向对接的形式，通过直接或间接引弧法，利用焊接电流通过两钢筋端面间隙，在焊剂层下形成电弧过程和电渣过程，产生电弧热和电阻热，熔化钢筋，加压完成的一种压焊方法
5	钢筋焊条电弧焊	以焊条作为一极，钢筋为另一极，利用焊接电流通过产生的电弧热进行焊接的一种熔焊方法
6	钢筋机械连接	通过钢筋与连接件或其他介入材料的机械咬合作用或钢筋端面的承压作用，将一根钢筋中的力传递至另一根钢筋的连接方法
7	钢筋二氧化碳气体保护电弧焊	以焊丝作为一极，钢筋为另一极，并以二氧化碳气体作为电弧介质，保护金属熔滴、焊接熔池和焊接区高温金属的一种熔焊方法。二氧化碳气体保护焊简称 CO_2 焊

（续）

序号	术语	含义
8	钢筋调直	利用钢筋调直机或卷扬机通过拉力将弯曲的钢筋拉直的过程
9	钢筋翻样	依据设计图纸及规范要求，经过计算，将构件钢筋的规格、形状、断料长度、根数、重量等内容罗列成表格，并绘出加工简图，形成钢筋配料单的一个过程
10	钢筋下料	根据需要从原材钢筋切割截取一定长度钢筋段的操作
11	钢筋成型	将钢筋按照配料单下料，经弯曲加工制作成配筋图所需尺寸及形状的过程
12	锚固长度	受力钢筋依靠其表面与混凝土的粘结作用或端部构造的挤压作用而达到设计承受应力所需的长度
13	暗柱	剪力墙中边缘构件的别称，是剪力墙的一部分，一般位于墙肢平面的端部，主要用于承载墙体受到的平面内弯矩作用

第 8 章

模 板 工 程

8.1 概述

模板及支架应具有足够的承载力和刚度，并应保证其整体稳定性。模板及其支架应保证工程结构和构件各部分形状、尺寸和位置准确，且应便于钢筋安装和混凝土浇筑养护。进行模板工程的设计和施工时，应从工程实际出发，合理选用材料、方案和构造措施；应满足模板在运输、安装和使用过程中的承载能力、稳定性和刚度要求，并宜优先采用定型化、标准化的模板支架和模板构件。

模板工程应编制专项施工方案，爬模等工具式模板工程和超过一定规模的高大模板支架工程的专项施工方案，应按有关规定进行专家论证。斜柱、斜墙及高度超过 5m 的墙、柱等构件模板，应根据设计情况及现场条件对模板及支撑体系进行单独设计计算，合理确定分段长度及支撑加固措施，高度较大的柱应根据混凝土浇筑要求，在模板侧面留置浇筑口。

8.1.1 设计要求与内容

模板及支架的设计宜采用经国家批准发布的信息化软件进行辅助设计。模板及支架的形式和构造应根据工程结构形式、荷载大小、地基土类别、施工设备和材料供应等条件确定。模板及支架设计要求与设计内容见表 8-1。

表 8-1 模板及支架设计要求与设计内容

设计要求	(1) 模板及支架的结构设计宜采用以分项系数表达的极限状态设计方法 (2) 模板及支架的结构分析中所采用的计算假定和分析模型，应有理论或试验依据，或经工程验证可行 (3) 模板及支架应根据施工过程中受力工况进行结构分析，并确定最不利的作用效应组合 (4) 承载力计算应采用荷载基本组合；变形验算可仅采用永久荷载标准值
设计内容	(1) 模板及支架的选型及构造设计 (2) 作用在模板及支架上的荷载及其效应计算 (3) 模板及支架的承载力计算、刚度验算 (4) 模板及支架的抗倾覆验算 (5) 绘制模板及支架施工图

8.1.2 模板及支撑结构制作与安装

钢筋混凝土模板体系由直接与新浇筑混凝土接触的面板和支撑结构组成。模板安装应保证混凝土结构构件各部分形状、尺寸和相对位置准确，并应防止漏浆。模板安装应与钢筋安装配合进行，梁柱节点的模板宜在钢筋安装后安装。模板与混凝土接触面应清理干净并涂刷脱模剂，脱模剂不得污染钢筋和混凝土接槎部位。后浇带的模板及支架应独立设置。固定在模板上的预埋件、预留孔和预留洞，均不得遗漏，且应安装牢固、位置准确。

安装模板时，应进行测量放线，并应采取保证模板位置准确的定位措施。对竖向构件的模板及支架，应根据混凝土一次浇筑高度和浇筑速度，采取竖向模板抗侧移、抗浮和抗倾覆的措施。对水平构件的模板及支架，应结合不同的模架体系，采取支架间、模板间及模板与支架间的有效拉结措施。对可能承受较大风荷载的模板，应采取防风措施。对跨度不小于 4m 的梁、板，其模板施工起拱高度宜为梁、板跨度的 1/1000～3/1000。起拱不得减少构件的截面高度。对现浇多层、高层混凝土结构，上、下楼层模板支架的立杆宜对准。模板及支架杆件等应分散堆放。

在模板体系中，支撑结构的作用是承受和传递施工荷载，施工中应符合下列要求：

（1）严禁与起重机械设备、施工脚手架等连接。

（2）支撑结构地基应坚实可靠。当地基土不均匀时，应进行处理。

（3）支撑结构应与既有结构做可靠连接。

（4）支撑结构使用过程中，严禁拆除构配件。

（5）支撑结构作业层上的施工荷载不得超过设计允许荷载。

除满足上述基本要求外，对于不同类型模板支架的具体施工要求见表 8-2。

表 8-2　不同类型模板支架施工要求

模架类型	施工要求
扣件式钢管普通模板支架	（1）模板及支架搭设所采用的钢管、扣件规格，应符合设计要求；立杆纵距、立杆横距、支架步距以及构造要求，应符合专项施工方案的要求 （2）立杆纵距、立杆横距不应大于 1.5m，支架步距不应大于 2.0m；立杆纵向和横向宜设置扫地杆，纵向扫地杆距立杆底部不宜大于 200mm，横向扫地杆宜设置在纵向扫地杆的下方；立杆底部宜设置底座或垫板 （3）立杆接长除顶层步距可采用搭接外，其余各层步距接头应采用对接扣件连接，两个相邻立杆的接头不应设置在同一步距内 （4）立杆步距的上下两端应设置双向水平杆，水平杆与立杆的交错点应采用扣件连接，双向水平杆与立杆的连接扣件之间的距离不应大于 150mm （5）支架周边应连续设置竖向剪刀撑。支架长度或宽度大于 6m 时，应设置中部纵向或横向的竖向剪刀撑，剪刀撑的间距和单幅剪刀撑的宽度均不宜大于 5m，剪刀撑与水平杆的夹角宜为 45°～60°；支架高度大于 3 倍步距时，支架顶部宜设置一道水平剪刀撑，剪刀撑应延伸至周边 （6）立杆、水平杆、剪刀撑的搭接长度，不应小于 0.8m，且不应少于 2 个扣件连接，扣件盖板边缘至杆端不应小于 100mm （7）扣件螺栓的拧紧力矩不应小于 40N·m，且不应大于 65N·m （8）支架立杆搭设的垂直度偏差不宜大于 1/200
扣件式钢管作高大模板支架	（1）宜在支架立杆顶端插入可调托座，可调托座螺杆外径不应小于 36mm，螺杆插入钢管的长度不应小于 150mm，螺杆伸出钢管的长度不应大于 300mm，可调托座伸出顶层水平杆的悬臂长度不应大于 500mm （2）立杆纵距、横距不应大于 1.2m，支架步距不应大于 1.5m （3）立杆顶层步距内采用搭接时，搭接长度不应小于 1m，且不应少于 3 个扣件连接 （4）立杆纵向和横向应设置扫地杆，纵向扫地杆距立杆底部不宜大于 200mm （5）宜设置中部纵向和横向的竖向剪刀撑，剪刀撑的间距不宜大于 5m；沿支架高度方向搭设的水平剪刀撑的间距不宜大于 6m （6）立杆的搭设垂直度偏差不宜大于 1/200，且不宜大于 100mm （7）应采用周边结构的情况，采取有效的连接措施加强支架整体稳固性

（续）

模架类型	施工要求
碗扣式、盘扣式和轮扣钢管模板支架	（1）碗扣架、盘扣架或轮扣架的水平杆与立柱的扣接应牢靠，不应滑脱 （2）立杆上的上、下层水平杆间距不应大于1.5m （3）插入立杆顶端可调托座伸出顶层水平杆的悬臂长度不应超过650mm，螺杆插入钢管的长度不应小于150mm，其直径应满足与钢管内径间隙不小于6mm的要求。架体最顶层的水平杆步距应比标准步距缩小一个节点间距 （4）立柱间应设置专用斜杆或扣件钢管斜杆加强模板支架
梁式或桁架式模板支架	（1）采用伸缩式桁架时，其搭接长度不得小于500mm，上下弦连接销钉规格、数量应按规定配置，并应采用不少于2个的U形卡或钢销钉销紧，2个U形卡距或销距不得小于400mm （2）安装的梁式或桁架式支架的间距设置应与模板设计图一致 （3）支撑梁式或桁架式支架的建筑结构应具有足够强度，否则应另设立柱支撑 （4）若桁架采用多榀成组排放，在下弦折角处必须加设水平撑

8.2 基础模板安装

阶形独立基础、杯形独立基础和条形基础是常见的基础形式。其施工流程和施工要点如下。

8.2.1 阶形独立基础模板

阶形独立基础模板施工流程如图8-1所示。

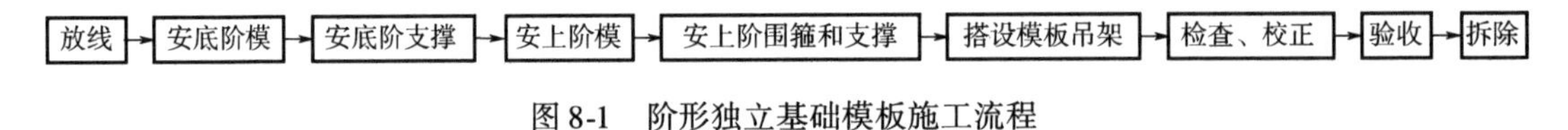

图8-1 阶形独立基础模板施工流程

阶形独立基础模板施工要点如下：

（1）根据图纸尺寸制作每一阶模板，支模顺序由下至上逐层向上安装，先安装底阶模板，用斜撑和水平撑钉稳撑牢。

（2）核对模板墨线及标高，配合绑扎钢筋及混凝土（或砂浆）垫块，再进行上一阶模板安装，重新核对各部位墨线尺寸和标高，并把斜撑、水平支撑以及拉杆加以钉紧、撑牢。

（3）最后检查斜撑及拉杆是否稳固，校核基础模板几何尺寸、标高及轴线位置。

8.2.2 杯形独立基础模板

杯形独立基础模板施工流程如图8-2所示。

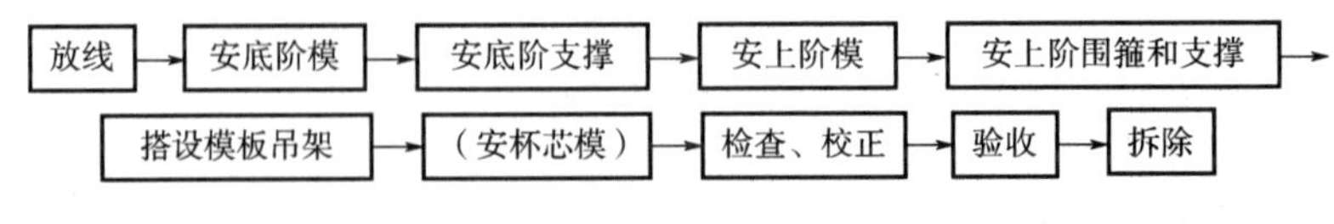

图8-2 杯形独立基础模板施工流程

杯形独立基础模板施工要点如下：

（1）模板安装时，先将下台阶模板放在基础垫层上，中心线对准，四周用斜撑和平撑钉牢，再把钢筋网放入模板内，然后把上台阶模板摆上，对准中心线，校正标高，最后在下台阶侧板外加木档，固定轿杠的位置。

（2）杯芯模应最后安装，对准中线，再将轿杠搁于上台阶模板上，并加木档予以固定。杯芯模安装完成后要全面校核中心轴线和标高。

8.2.3　条形基础模板

条形基础模板施工流程如图 8-3 所示。

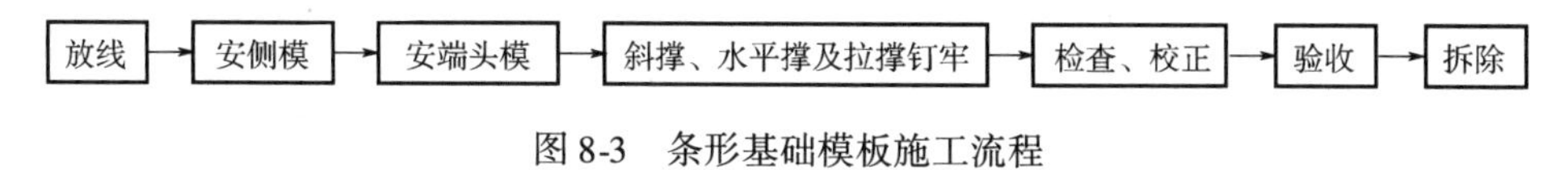

图 8-3　条形基础模板施工流程

条形基础模板施工要点如下：

（1）侧板和端头板制成后，应先在基础底弹出中心线、基础边线，再把侧板和端头板对准边线和中心线，用水准仪和水平尺抄测校正侧板顶面水平，经检测无误后，用斜撑、水平撑及拉撑钉牢。

（2）如基础较长，则先立基础两端的两块侧板，校正后，再在侧板上口拉通线，依照通线再立中间的侧板。

（3）当侧板高度大于基础台阶高度时，可在侧板内侧按台阶高度弹基准线，作为浇筑混凝土的标志。

（4）为了防止浇筑时模板变形，保证基础宽度的准确，应每隔一定距离在侧板上口钉上搭头木。

（5）条形基础不应出现沿基础通长方向模板上口不直、宽度不够、下口陷入混凝土内等缺陷。

（6）两块模板长向接头处应加拼条，使板面平整，连接牢固。

（7）带有地梁的条形基础模板安装时，先按前述方法将基槽中的下部模板安装好，拼好地梁侧板，外侧钉上吊木（间距 800 ~ 1200mm），将侧板放入基槽内。在基槽两边地面上铺好垫板，把轿杠搁置于垫板上，并在两端垫上木楔。将地梁边线引到轿杠上，拉上通线，再用斜撑固定，最后用木楔调整侧板上口标高。

8.3　柱模板安装

柱模板施工流程如图 8-4 所示。

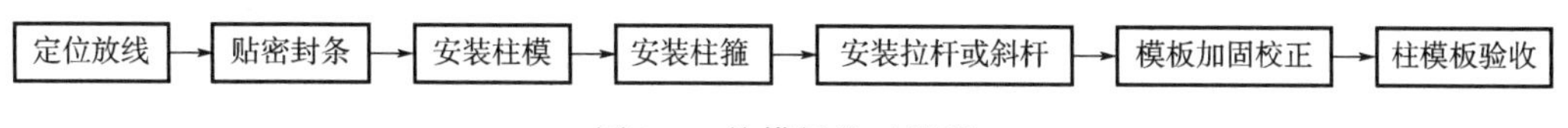

图 8-4　柱模板施工流程

柱模板施工应符合下列规定：

（1）柱模板安装前应按施工图纸中柱位置放线定位，可通过柱四边外侧预埋钢筋地锚来固定模板位置，防止模板发生移位。

（2）放线定位后，应沿柱外沿 5mm 处粘贴密封条。

（3）柱模板安装应先安装楼层平面的两边柱，经校正、固定，再拉通线校正中间各柱，模板按柱子大小，可预拼成一面一片，就位后可先用铅丝与主筋绑扎临时固定，再用木钉将两侧模板连接牢固，安装完两面后，再安装另外两面模板。

（4）相邻柱箍应沿垂直方向交错布置，柱箍可用方钢、角钢、槽钢、钢管等制成（图 8-5、图 8-6）；或采用定型方圆扣（图 8-7），通过卡箍空心槽与楔形工具配合对方柱模板进行加固。

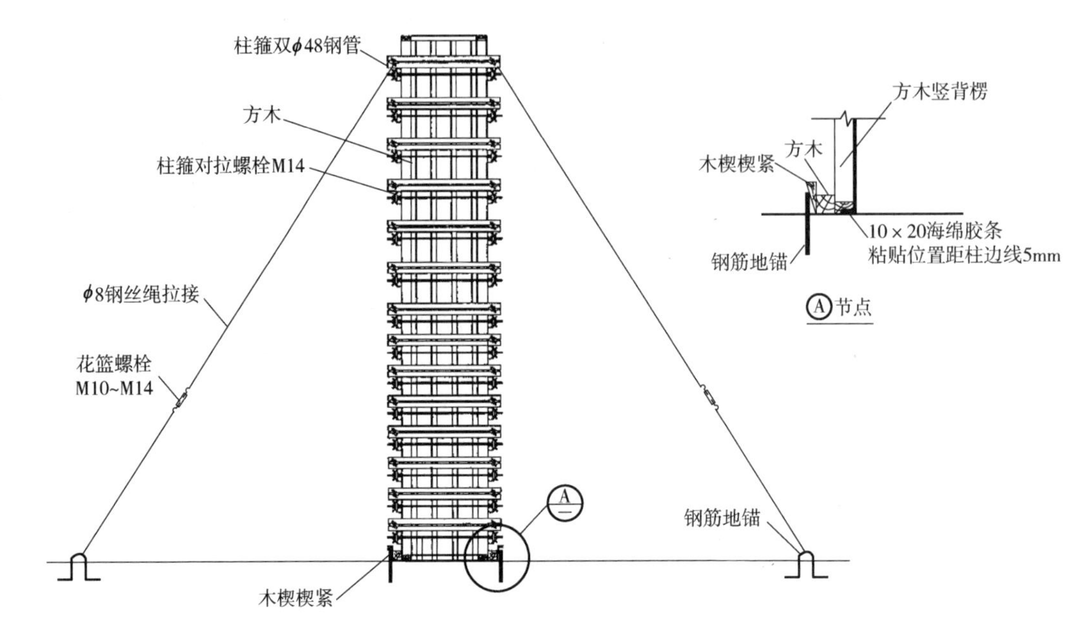

图 8-5 矩形柱木模板组装图

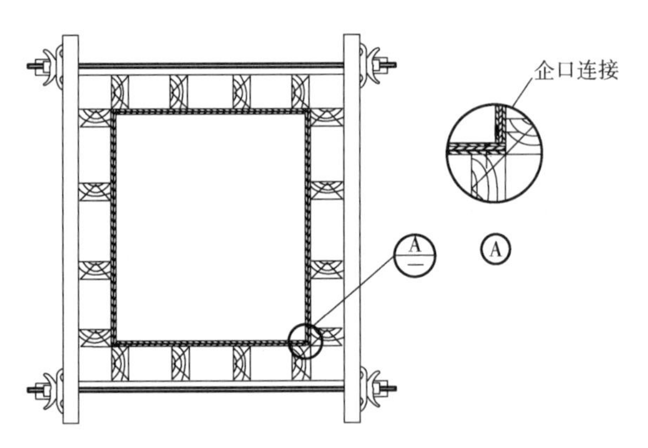

图 8-6 矩形柱木模板平面图

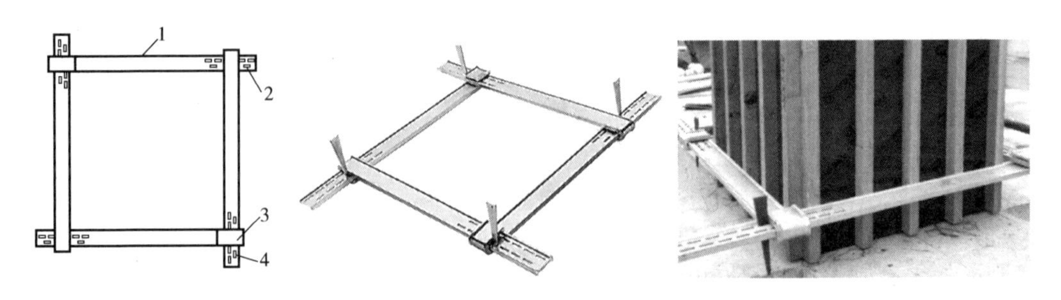

图 8-7 方圆扣结构形式图

1—边框 2—通孔 3—U 形卡槽 4—固定销

(5) 应根据柱模尺寸，侧压力大小等因素在模板设计时确定柱箍尺寸间距。柱断面大时，可增加穿模螺栓。

(6) 柱模每边应设两根拉杆，固定于预埋在楼板内的钢筋拉环上，可用线坠控制垂直度，用花篮螺栓调节校正。拉杆或斜撑与楼板面夹角宜为 45°，预埋在楼板内的钢筋拉环与柱距离宜为 3/4 柱高。

(7) 柱模安装完毕应与邻柱群体固定，并应复查校正模板垂直度、对角线差值和支撑、连接件稳定性。

(8) 将柱模内清理干净，封闭清理口后，应进行柱模板安装验收。

(9) 对于圆形柱，如柱数量较少，可采用窄木条拼接而成（图 8-8），模板内侧衬贴镀锌薄钢板（图 8-9）；如圆柱数量较多，可采用定制专用钢模板或玻璃钢模板（图 8-10）。

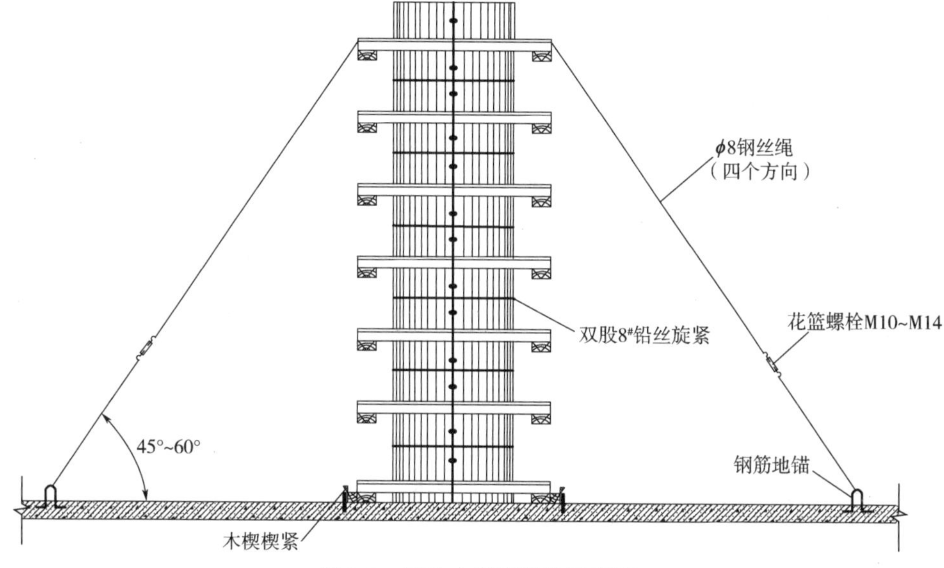

图 8-8　圆柱木模板组装示意图

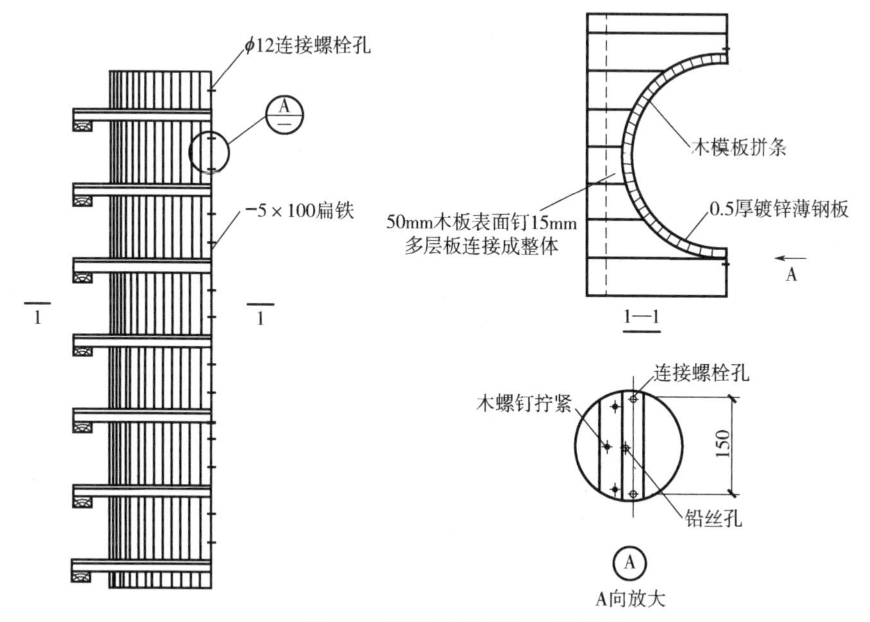

图 8-9　圆柱木模板加工示意图

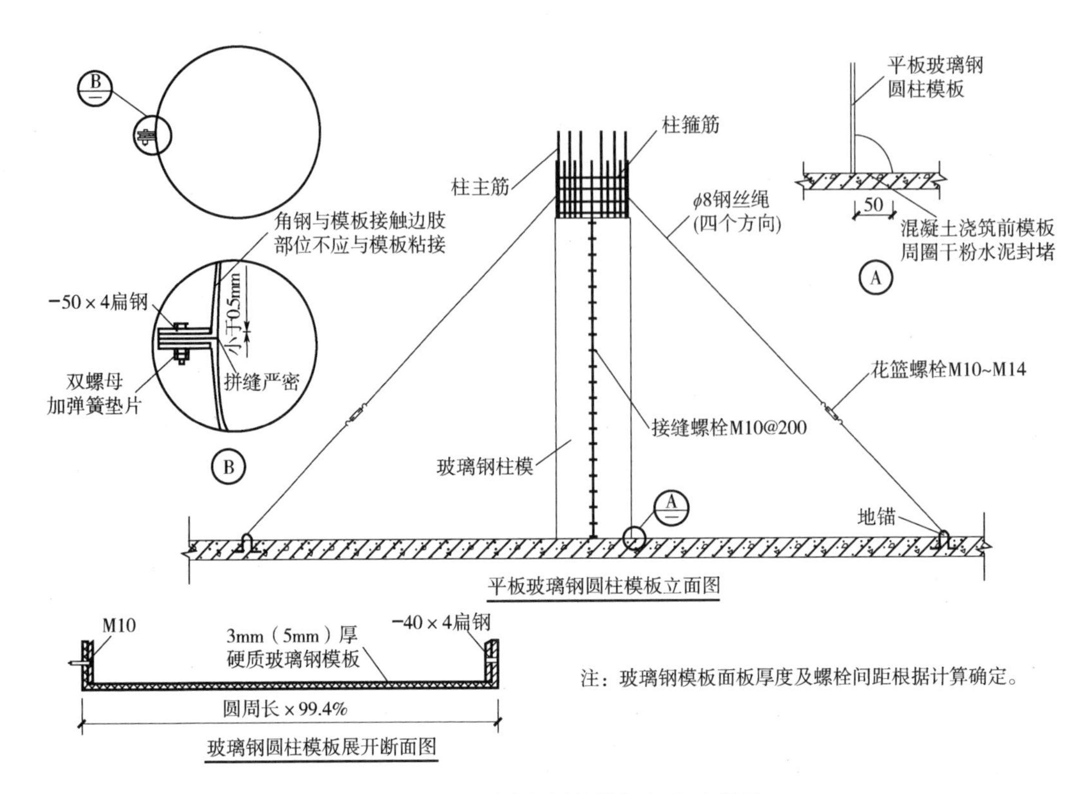

图 8-10　平板玻璃钢圆柱模板组装示意图

对于公共建筑中常见的斜柱，可以参考图 8-11、图 8-12 进行支模。斜柱模板体系中，面板宜采用胶合板模板，背楞宜采用工程木、工字梁等定型材料，柱箍宜采用双槽钢；也可采用钢木组合模板，即面板采用胶合板模板，背楞采用槽钢。斜柱的支撑杆件需根据斜柱倾斜角度、高度、截面尺寸进行计算确定，支撑杆应保证同时受力，不应出现单杆应力过大的现象。

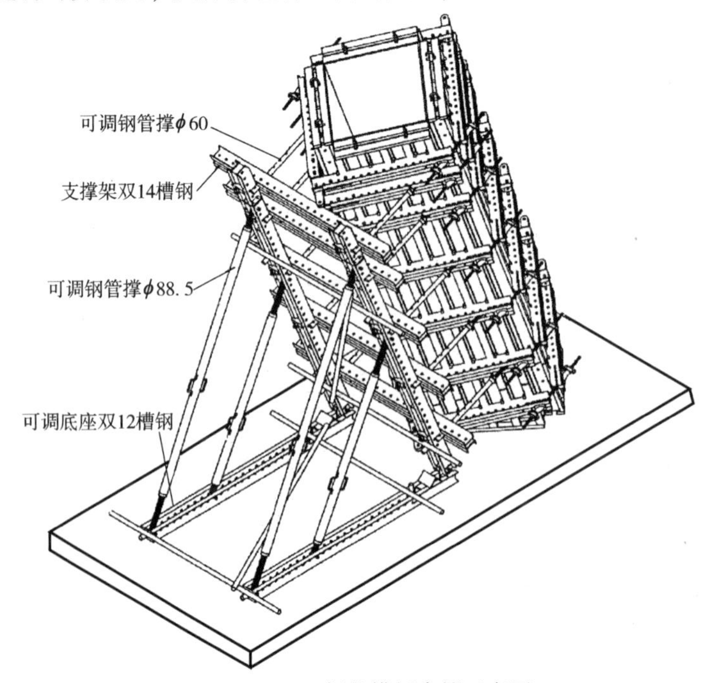

图 8-11　双面斜柱模板支撑示意图

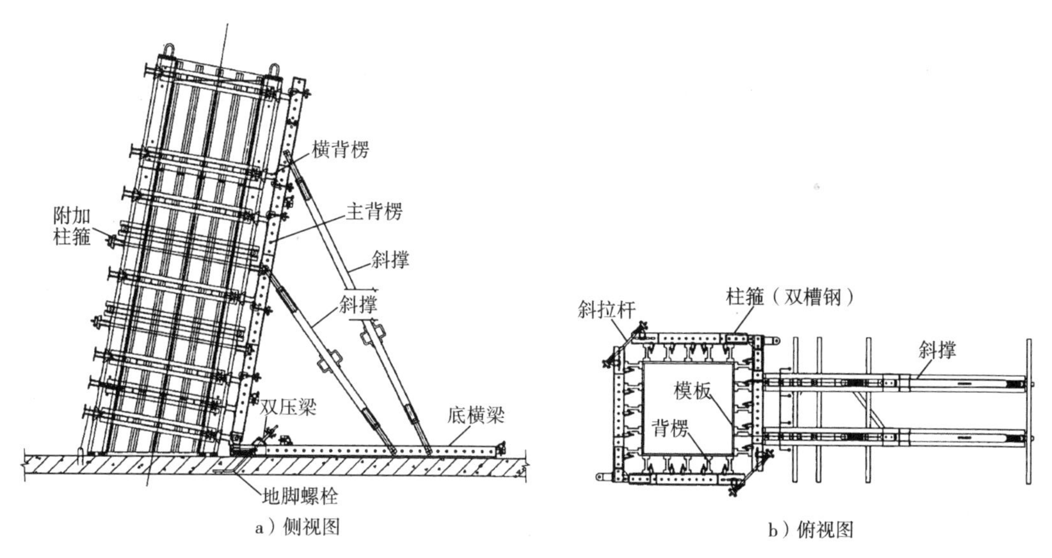

图 8-12　单面斜柱模板及支撑体系示意图

8.4　剪力墙模板安装

剪力墙内墙施工可采用竹木胶合板模板、大钢模工艺，外墙模板亦可采用爬模方法施工。

8.4.1　竹木胶合板模板

剪力墙模板施工工艺流程如图 8-13 所示。

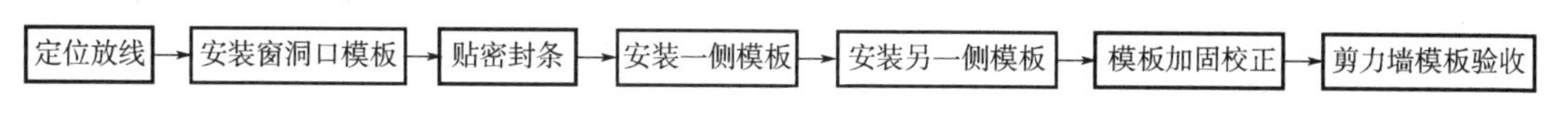

图 8-13　剪力墙模板施工工艺流程

剪力墙模板施工应符合下列规定：

（1）剪力墙模板安装前应根据施工图纸中墙体位置放线定位。

（2）门窗洞口模板应按图纸要求设计成定型模板，模板四周宜采用定型钢抱角，门窗洞口模板与墙模接合处应加垫海绵条防止漏浆。

（3）门窗洞口模板安装完毕后，应沿剪力墙外沿 5mm 处粘贴密封条。

（4）预先拼装好的一面墙体模板应按位置线就位，并应调整斜撑使模板垂直。

（5）另一侧模板安装应先清扫墙内杂物，调整斜撑或拉杆使模板垂直后，拧紧穿墙螺栓。

（6）内墙木模板构造如图 8-14 所示，并注意以下施工要点：

1）墙体模板配模高度：模板高度 = 层高 − 顶板厚（或梁高）+30mm。

2）对拉螺栓直径一般为 ϕ12 ~ ϕ16，间距一般为 600 ~ 800mm，具体根据计算确定。

3）背楞不限于方钢管 50mm × 100mm × 3mm，可以采用 ϕ48 钢管等其他材料替换。

4）具有抗渗要求的墙体应采用止水对拉螺栓，其他墙体可采用普通对拉螺栓（外套塑料套管，人防要求墙体除外）。

（7）丁字墙、扶墙柱模板安装宜采用 L 形角模加固，以增强阴角的连接刚度，其模板节点见图 8-15 和图 8-16。

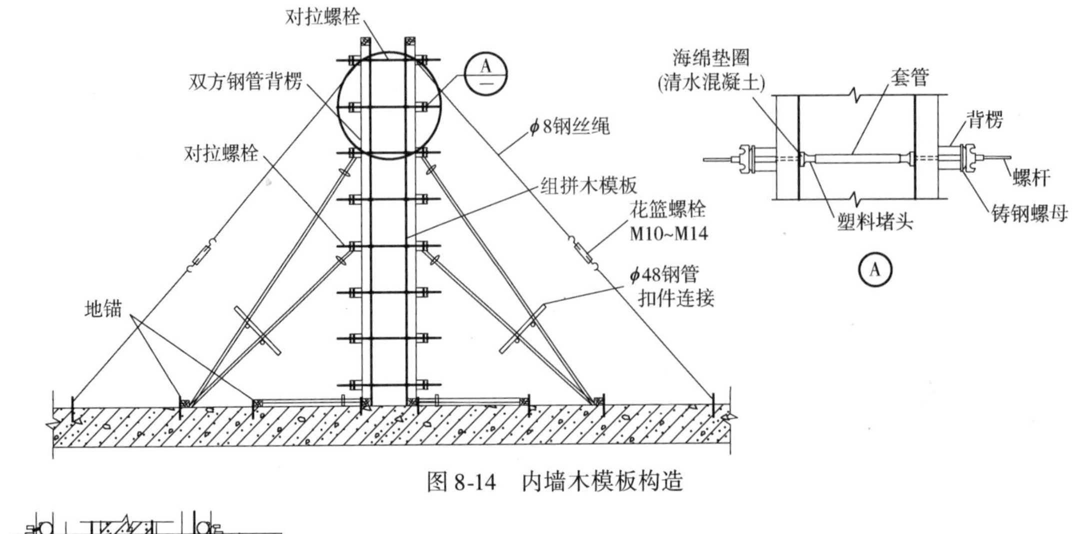

图 8-14　内墙木模板构造

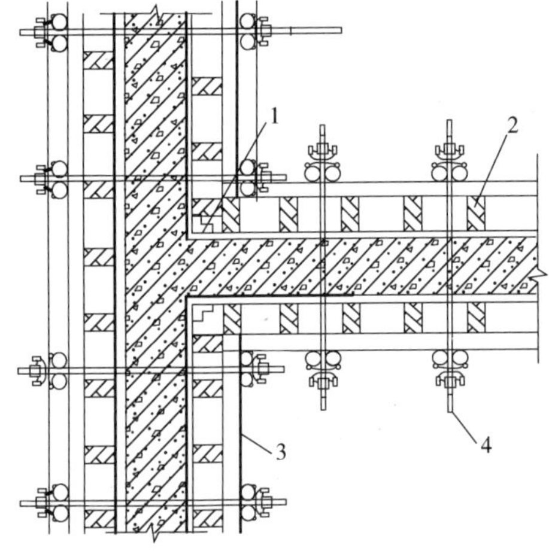

图 8-15　丁字墙模板图

1—角模　2—次龙骨　3—主龙骨　4—对拉螺栓

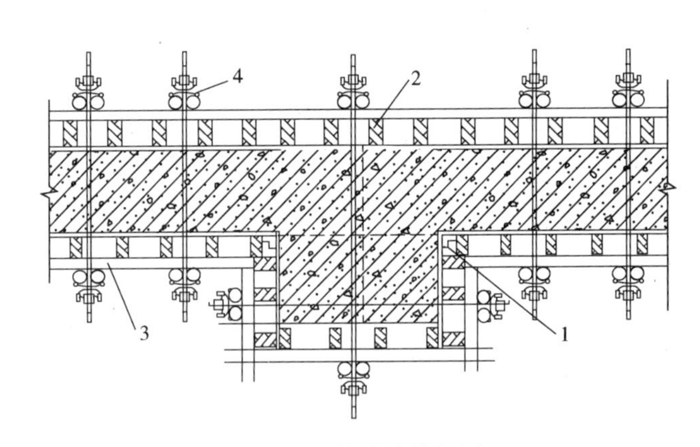

图 8-16　扶墙柱模板图

1—角模　2—次龙骨　3—主龙骨　4—对拉螺栓

（8）应调整模板顶部的钢筋位置、钢筋水平定距框的位置，并应确认保护层厚度，紧固螺栓。

（9）剪力墙模板安装完毕后，应进行剪力墙模板安装验收。

8.4.2　剪力墙全钢大模板

全钢大模板是需要采用机械吊装设备进行施工的钢模板体系，具有平面尺寸大、承载力大和机械化施工程度高的特点。全钢大模板可分为整体式全钢大模板和拼装式全钢大模板两大类。整体式全钢大模板是按模位尺寸设计加工的整块全钢大模板。拼装式全钢大模板是以标准模板为主、非标准模板为辅，组拼成模位尺寸需要的大模板。拼装式全钢大模板更适合于房屋建筑工程；整体式全钢大模板适合清水混凝土工程、市政工程及预制构件模板。

1. 全钢大模板的组成

全钢大模板宜由平面模、角模、斜支撑、操作平台、对拉螺栓及各种连接件组成，如图 8-17 所示。

2. 全钢大模板施工流程

墙体结构全钢大模板施工流程见图 8-18。

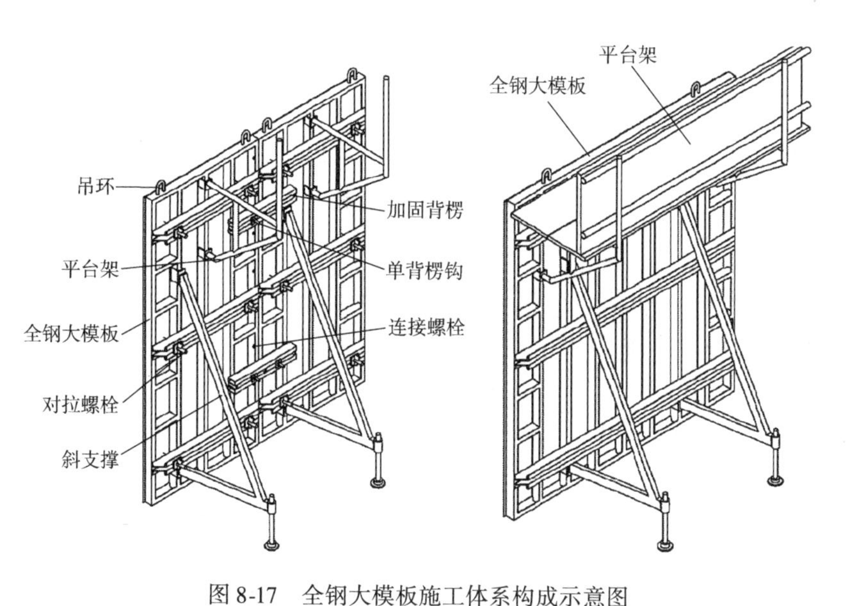

图 8-17　全钢大模板施工体系构成示意图

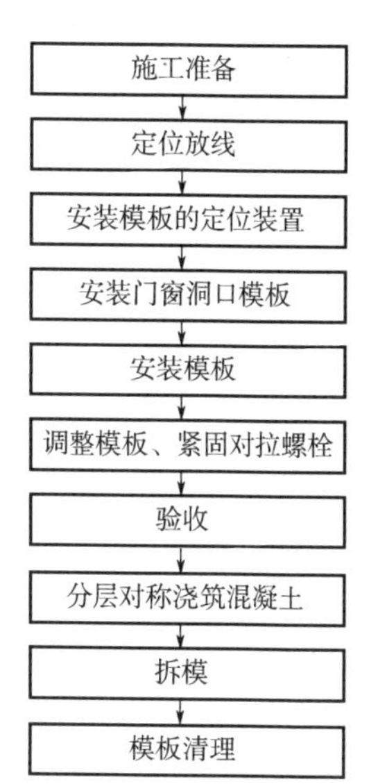

图 8-18　墙体结构全钢大模板施工工艺流程

墙体结构全钢大模板主要施工步骤见表 8-3。

表 8-3　墙体结构全钢大模板主要施工步骤

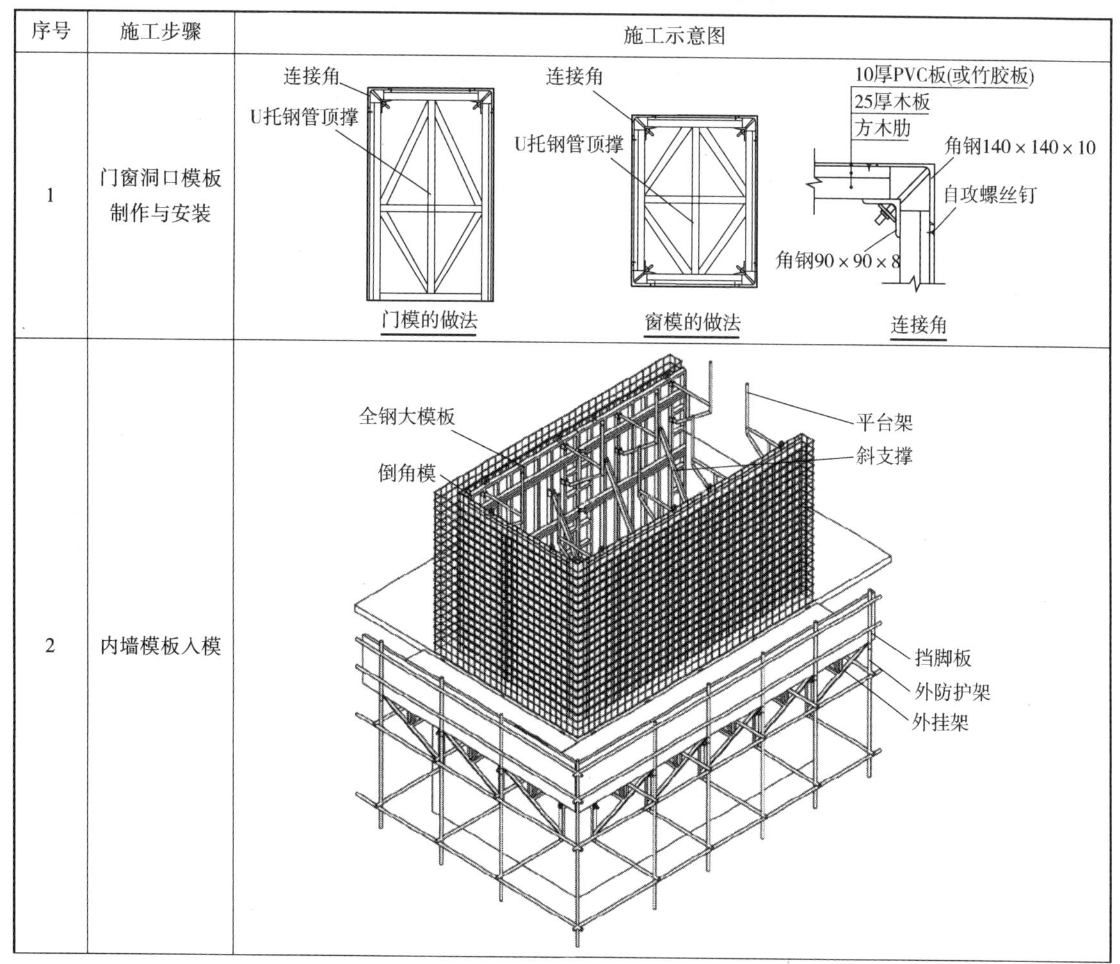

序号	施工步骤	施工示意图
1	门窗洞口模板制作与安装	连接角 U托钢管顶撑 门模的做法 连接角 U托钢管顶撑 窗模的做法 10厚PVC板(或竹胶板) 25厚木板 方木肋 角钢140×140×10 自攻螺丝钉 角钢90×90×8 连接角
2	内墙模板入模	全钢大模板 倒角模 平台架 斜支撑 挡脚板 外防护架 外挂架

（续）

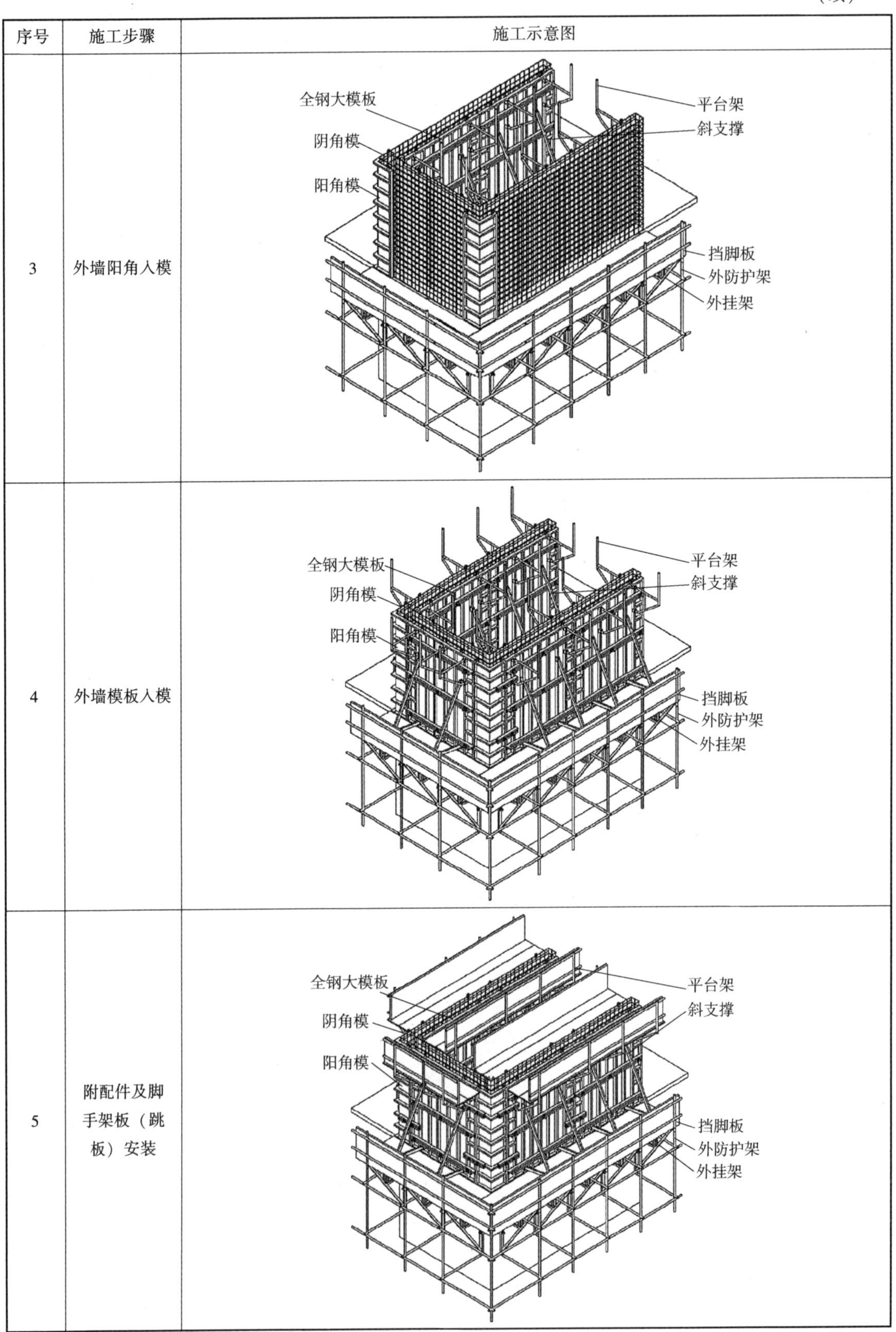

序号	施工步骤	施工示意图
3	外墙阳角入模	全钢大模板 阴角模 阳角模 平台架 斜支撑 挡脚板 外防护架 外挂架
4	外墙模板入模	全钢大模板 阴角模 阳角模 平台架 斜支撑 挡脚板 外防护架 外挂架
5	附配件及脚手架板（跳板）安装	全钢大模板 阴角模 阳角模 平台架 斜支撑 挡脚板 外防护架 外挂架

3. 全钢大模板安装

模板安装前应将地面杂物清理干净，可用靠尺进行地面找平检测，地面平整度偏差应控制在规定范围内；应弹出墙体模板阴、阳角模位置线，洞口处应弹出控制线，误差应控制在规定范围内。

安装门窗洞口模板时，可借助暗柱钢筋加固，同时可在洞口框模上贴宽度大于等于 10mm 的海绵条，防止漏浆。如果洞口模板宽度大于等于 1800mm，应在洞口模板下框开设 2～3 个排气孔，确保混凝土浇灌密实。

安装阴角模时，应用钢索将阴角模和墙角暗柱主筋连接牢固，并利用钩头螺栓安装阴角压槽（图 8-19）。阴角模可用定位连接器、边框连接器交错安装连接，同时应安装两道直角背楞加固；当阴角模边框是企口形式时，与之连接的大模板应安装托角，当阴角模边框是平口形式时，与之连接的大模板可不安装托角。

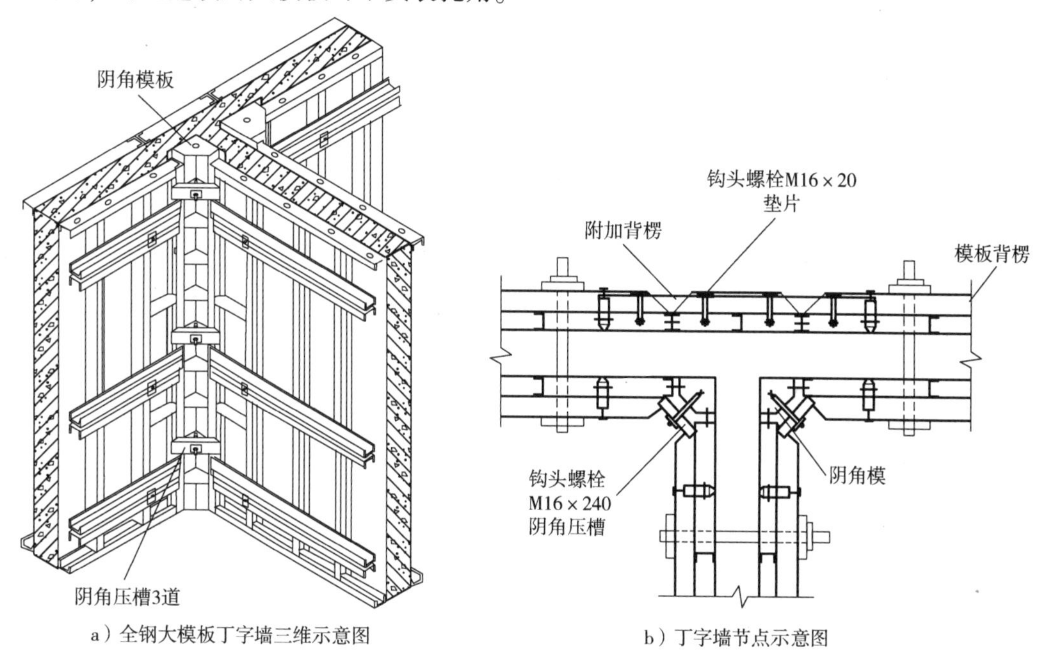

a）全钢大模板丁字墙三维示意图　　b）丁字墙节点示意图

图 8-19　丁字墙阴角全钢大模板示意图

安装内墙模板时，应以墙的边线和模板位置线调整模板位置，控制墙体尺寸，可用三角木靠尺和线坠调整模板垂直度。大模板应通过托槽压住角模面板，形成企口搭接，角模与大板之间应保留 1～2mm 间隙，阴角模可通过三道阴角压槽与大模板连接固定。

内墙模板安装就位准确稳固后，可进行外墙模板安装，外墙模板与内墙模板、大角处相邻的两块外墙模板应相互拉结固定。

安装穿墙螺栓与大模板校正应同步进行，穿墙螺栓宜采用楔形，穿墙螺栓与大模板间应设胶套，防止漏浆；模板校正时，墙体宽度尺寸与模板立面垂直度均应控制在规定范围内。

模板安装完成后应进行验收，确保模板位置准确、板面拼缝平整、接缝严密、加固牢靠。

4. 全钢大模板拆除

（1）模板拆除时，结构混凝土强度应符合设计和规范要求。

（2）拆除模板时，应首先拆除穿墙螺栓，再松开地脚螺栓使模板向后倾斜与墙体脱开。拆除穿墙螺栓时，应先松动管母，取下垫片，利用卡头拆卸器拆去穿墙螺栓。

（3）当模板与混凝土墙面吸附或粘接不能分离时，可用撬棍撬动模板下口，但不应在墙体上撬模板，或用大锤砸模板。

（4）模板拆除应先拆外墙模板，再拆除内侧模板，最后拆除阴角模。

（5）当用塔式起重机将大模板吊至存放地点时，应一次放稳，存放时模板与地面夹角应为75°~80°，中间应留不小于500mm的工作面。

（6）拆除的模板，应及时进行维修养护，清理干净后涂刷隔离剂，并分类整齐堆放。

8.4.3 爬升模板

爬升模板是指爬模装置通过承载体附着在混凝土结构上，当新浇筑的混凝土脱模后，以液压油缸为动力，以导轨为爬升轨道，将爬模装置向上爬升一层，爬升轨道与爬模装置交替爬升，反复循环作业的施工工艺，简称爬模。

1. 基本规定

采用液压爬升模板施工应编制爬模施工方案，进行爬模装置设计与工作荷载计算；对承载螺栓、导轨等主要受力部件应按施工、爬升、停工三种工况分别进行强度、刚度及稳定性验算。

根据工程结构特点和施工因素选择爬模装置和承载体，应满足爬模施工程序和施工要求。爬模装置应由专业生产厂家设计、制作，应进行产品制作质量检验。进场前应提供产品合格证及至少两个机位的爬模装置试验检测报告。

爬模装置现场安装后，应进行安装质量验收。爬模装置安装完毕后，应进行验收，合格后方可使用。

当爬模装置爬升时，承载体受力处的混凝土强度应满足爬模设计计算要求，且应大于10MPa。爬模装置脱模时，混凝土表面及棱角不得受损伤。

2. 材料准备

模板品种宜选用全钢大模板或铝合金模板、铝框塑料板模板、组合式带肋塑料模板、木梁胶合板模板等组拼成的大模板。木梁胶合板模板应选用优质面板，面板的周转使用次数应能满足爬模高度的需要。所选用模板应符合下列规定：

（1）模板体系的选型应根据工程设计和工程具体情况，满足混凝土质量的要求。

（2）模板应满足强度、刚度、平整度和周转使用次数的要求，模板规格应模数化、通用化，模板面板易于清理和涂刷隔离剂。

（3）模板之间的连接可采用螺栓、钢销、模板卡具等连接件。

（4）对拉螺栓宜选用梯形螺纹螺栓。

3. 爬模装置安装

（1）安装准备

1）对锥形承载接头、承载螺栓中心标高和模板底标高进行复测，当模板在楼板或基础底板上安装时，对高低不平的部位应作找平处理。

2）墙轴线、墙边线、门窗洞口线、模板边线、架体中心线及架体外边线按结构工程设计图纸及爬模设计图纸投放。

3）对爬模安装标高的下层结构外形尺寸、预留承载螺栓孔、锥形承载接头进行检查，对超出允许偏差的结构进行剔凿修正。

4）绑扎模板高度范围内钢筋。

5）安装门窗洞口模板、预留洞模板，预埋管线及其他预埋件。

6）模板板面应刷隔离剂，旋转部件应加润滑油。

7）在有楼板的部位安装模板时，应提前在下两层的楼板上预留洞口，为下架体安装留出位置。

8）当门窗洞口位置有爬升机位时，应提前设置支承架，作为导轨和架体上升时附墙的支承体。

9）安装爬模用的临时脚手架护栏高度不应低于 1.5m。

（2）安装程序

1）爬模安装前准备。

2）架体、模板预拼装。

3）安装锥形承载接头（或承载螺栓预埋管）和挂钩连接座。

4）安装下架体、吊架和导轨。

5）安装水平连系梁和平台铺板。

6）安装防护栏杆及护栏网。

7）安装上架体、模板和支架。

8）安装液压系统并调试。

9）安装测量观测装置、智能控制系统。

（3）安装要求

1）架体宜先在地面预拼装，后用起重机械吊入预定位置。架体平面应垂直于结构平面，架体安装应牢固。

2）安装锥形承载接头（图 8-20）前，应在模板相应位置上钻孔，采用配套的承载螺栓连接；固定在墙体预留孔内的承载螺栓套管（图 8-21），安装时应在模板相应孔位用与承载螺栓同直径的对拉螺栓紧固，其定位中心允许偏差应为 5mm，螺栓孔和套管孔位应有可靠的封堵措施。

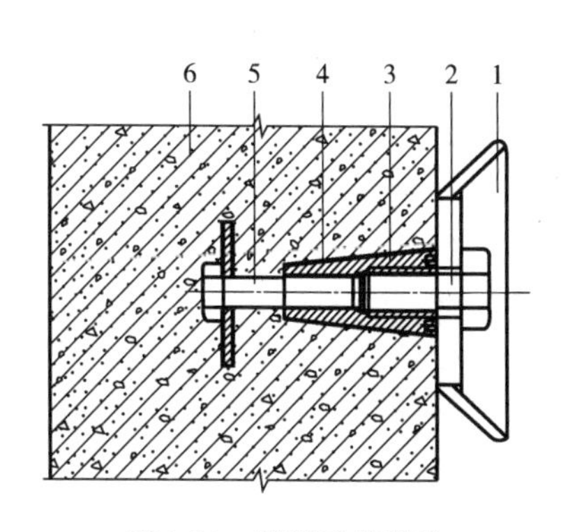

图 8-20 锥形承载接头

1—挂钩固定座 2—承载螺栓 3—锥体螺母 4—锥体保护套 5—预埋螺栓 6—混凝土结构

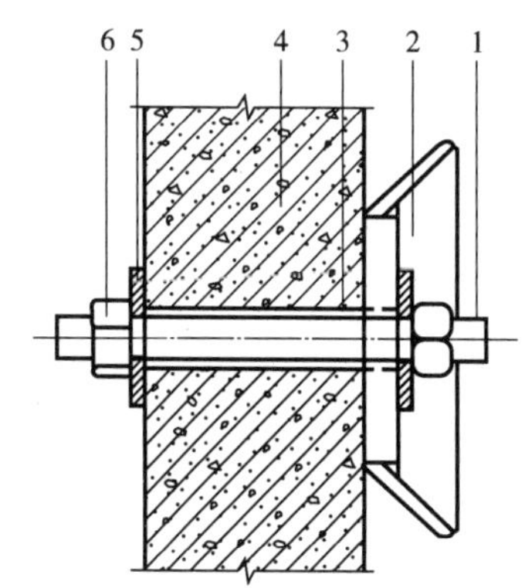

图 8-21 穿墙螺栓形式

1—承载螺栓 2—挂钩固定座 3—PVC 预埋管 4—混凝土结构 5—垫板 6—螺母

3）挂钩连接座安装固定应采用专用承载螺栓，挂钩连接座应与构筑物表面有效接触，挂钩连接座安装中心允许偏差应为 5mm。

4）阴角模宜后插入安装，阴角模的两肢应与相邻平模板紧密搭接。

5）模板之间的拼缝应平整严密，板面应清理干净，隔离剂涂刷应均匀。

6）模板安装后应对每个独立空间进行测量，检查对角线并进行校正，角度应准确。

7）上架体行走滑轮、活动支腿丝杠、纠偏滑轮等部位安装后应转动灵活。

8）液压油管宜整齐排列固定。液压系统安装完成后应进行系统调试和加压试验，应保压 5min，所有接头和密封处应无渗漏。

4. 施工程序

爬模应按下列程序施工：

（1）合模准备

合模前模架体系状态见图 8-22。内侧模板可采用同类支撑模板体系，也可以采用其他支撑模板体系。预埋套管与钢筋焊接固定，孔位垂直于墙面，偏差严格控制在前后 5mm，左右 10mm 内。

（2）混凝土浇筑

内外模板安装完毕并验收合格后，进行混凝土浇筑工作（图 8-23）。混凝土浇筑宜采用布料机均匀布料，分层浇筑，分层振捣；并应变换浇筑方向，顺时针逆时针交错进行。混凝土振捣时严禁振捣棒碰撞承载螺栓套管或锥形承载接头等。

（3）安装上一层埋件与支座

拆除本层模板，拆模时，将模板向外推出，再调节支腿，使模板向后倾斜，此时可以进行清理模板等工作。同时安装上一层墙体埋件（锥体螺母或 PVC 预埋管）与固定座（图 8-24）。

（4）安装门窗洞口模板。

（5）导轨爬升

导轨爬升状态见图 8-25。爬升导轨时，必须将主承力架挂在附墙装置上，通过液压爬升装置将导轨爬升到上一层的附墙装置上。施工要点如下：

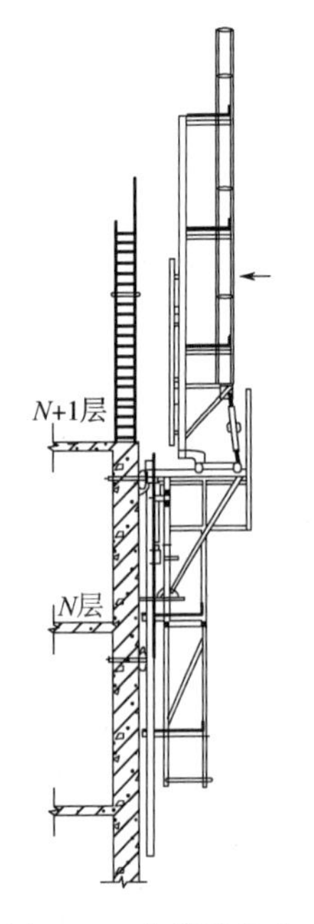

图 8-22　合模前状态

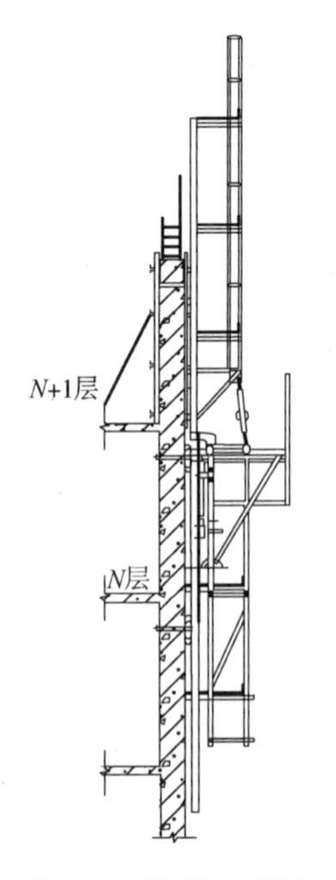

图 8-23　混凝土浇筑

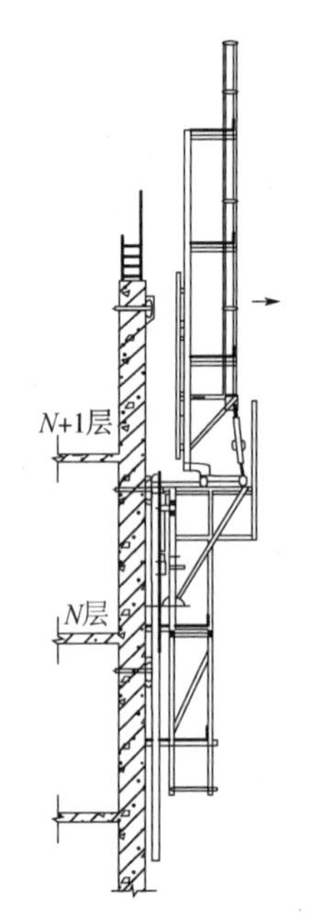

图 8-24　拆模后安装上层埋件与支座

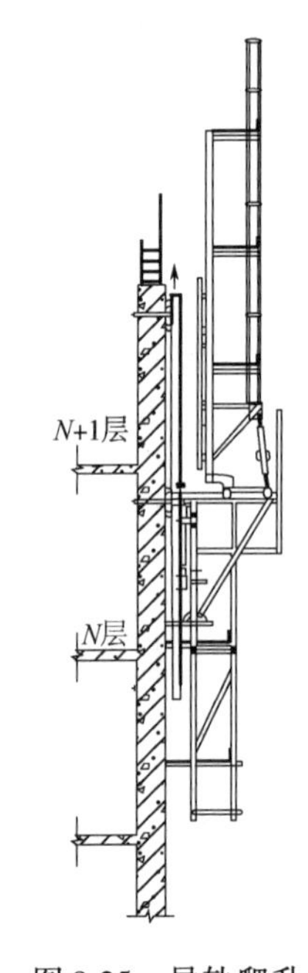

图 8-25　导轨爬升示意图

1）导轨爬升前，其爬升接触面应清除黏结物和涂刷润滑剂，应检查防坠爬升器棘爪处于提升导轨状态，架体应固定在承载体和结构上，导轨锁定销键和底端支撑应松开。

2）导轨爬升应由油缸和上、下防坠爬升器自动完成，爬升过程中应设专人看护，导轨应准确插入上层挂钩连接座。

3）导轨进入挂钩连接座后，挂钩连接座上的翻转挡板应及时挂住导轨上端挡块，同时应调节导轨底部支撑，然后转换防坠爬升器棘爪爬升功能，使架体支承在导轨梯挡上。

（6）架体爬升

架体爬升示意图见图8-26。

架体爬升施工要点：

1）架体爬升前，应拆除模板上的全部对拉螺栓及妨碍爬升的障碍物；应清除架体上剩余材料，翻起所有安全盖板，解除相邻分段架体之间、架体与结构之间的连接，防坠爬升器应处于爬升工作状态；下层挂钩连接座、锥体螺母或承载螺栓应已拆除；检查液压设备均应处于正常工作状态，承载体受力处的混凝土强度应满足架体爬升要求，架体防倾调节支腿应已退出，挂钩锁定销应已拔出。

2）架体可分段或整体同步爬升，同步爬升应控制参数：每段相邻机位间的升差值不宜大于1/200，整体升差值不宜大于50mm。

3）整体同步爬升应统一指挥，各分段机位应配备足够的监控人员。

4）架体爬升过程中，应设专人检查防坠爬升器，棘爪应处于正常工作状态；当架体爬升进入最后2~3个爬升行程时，应转入独立分段爬升状态。

5）当架体爬升到达挂钩连接座时，应及时插入承力销，并应旋出架体防倾调节支腿，顶撑在混凝土结构上，使架体从爬升状态转入施工固定状态。

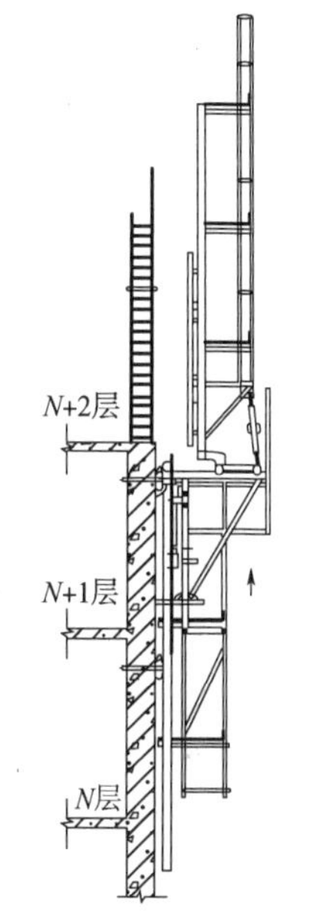

图8-26　架体爬升示意图

（7）合模、紧固对拉螺栓。

（8）竖向结构继续循环施工。

5. 拆除

爬模装置拆除前，必须编制拆除专项技术方案，明确拆除先后顺序，制订拆除安全措施，进行安全技术交底。拆除专项方案中应包括下列内容：拆除基本原则；拆除前的准备工作；平面和竖向分段；拆除部件起重量计算；拆除程序；承载体的拆除方法；劳动组织和管理措施；安全措施；拆除后续工作；应急预案等。

爬模装置拆除应明确平面和竖向拆除顺序，并应符合下列规定：

（1）在起重机械起重力矩允许范围内，平面应按大模板分段，当分段的大模板重量超过起重机械最大起重量时，可将其再分段。

（2）爬模装置在竖直方向应分模板、上架体、下架体及导轨四部分拆除。

（3）当最后一段爬模装置拆除时，应留有操作人员撤退的通道或脚手架。

爬模装置拆除前，应清除影响拆除的障碍物，清除平台上所有的剩余材料和零散物件；应在切断电源后，拆除电线、油管；不得在高空拆除跳板、栏杆和安全网。

8.5 梁、板模板安装

对于不同的楼盖体系，水平构件的布置方式也不相同，如剪力墙楼板直接以剪力墙为支座（图 8-27）；肋梁楼盖中楼板以主次梁为支座（图 8-28 ~ 图 8-30）；无梁楼盖需要设置柱帽来承担和传递楼板传来的荷载（图 8-31）。对于不同的楼盖体系，梁板模板的支设方式不相同，施工工艺和施工过程也不相同。以下以梁模板、肋形楼板模板为例进行说明。

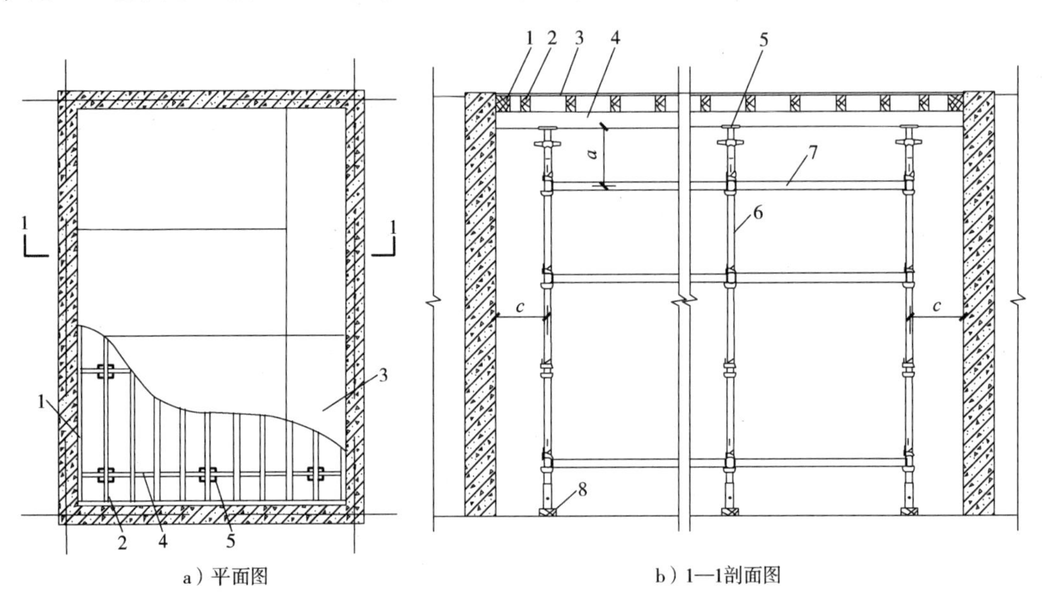

图 8-27　剪力墙楼板模板布置示意图

1—边龙骨　2—次龙骨　3—胶合板模板　4—主龙骨　5—可调顶托　6—立杆　7—横杆　8—底托

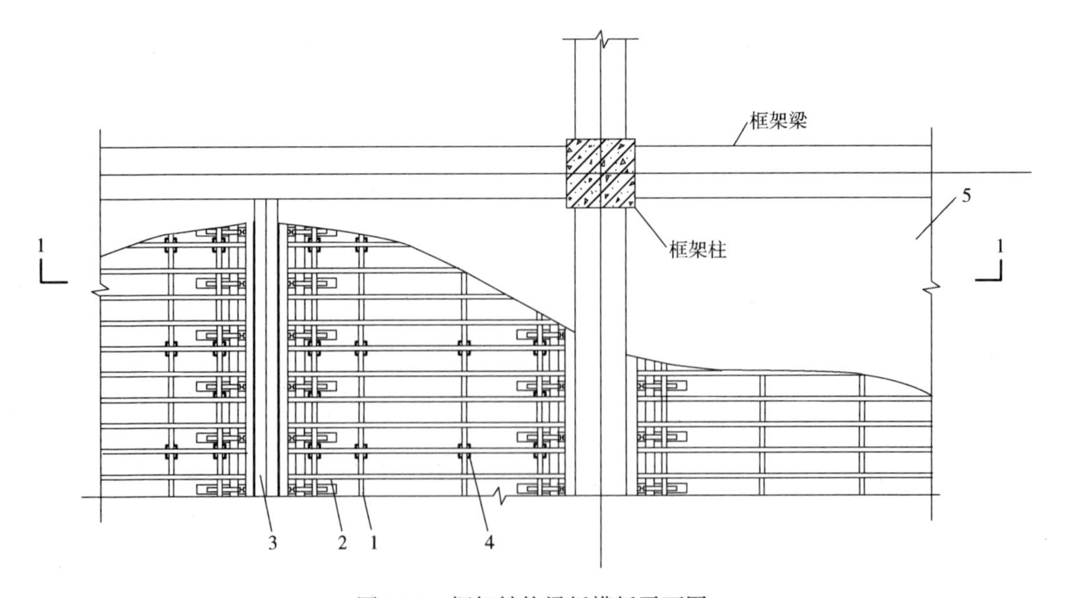

图 8-28　框架结构梁板模板平面图

1—主龙骨　2—次龙骨　3—次梁　4—可调顶托　5—胶合板模板

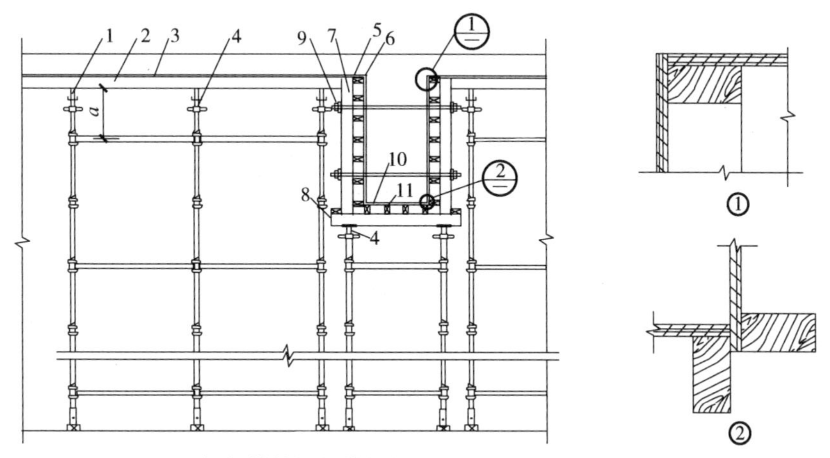

图 8-29　框架结构梁板模板剖面图（图 8-28 中的 1—1 剖面）

1—主龙骨　2—次龙骨　3—胶合板模板　4—可调顶托　5—梁侧模背肋　6—梁侧模面板　7—侧模竖楞　8—横梁　9—对拉螺栓　10—梁底模面板　11—底模背肋

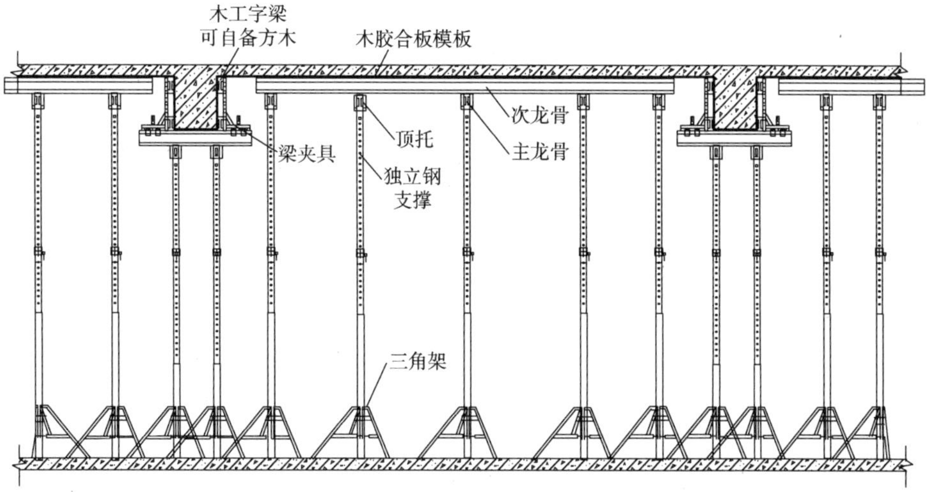

木工字梁
可自备方木
木胶合板模板
次龙骨
顶托
主龙骨
梁夹具
独立钢
支撑
三角架

图 8-30　采用独立钢支撑的梁板模板布置图

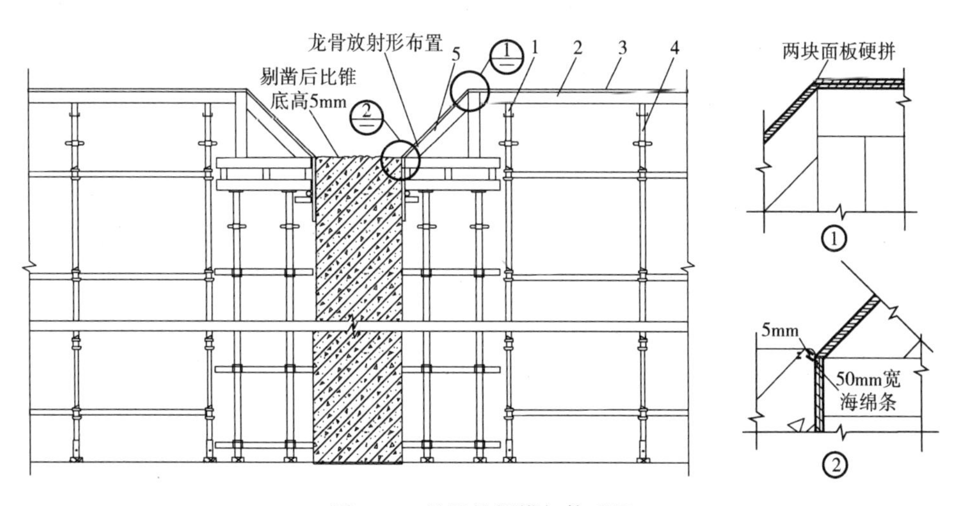

图 8-31　锥形柱帽模架体系图

1—主龙骨　2—次龙骨　3—胶合板模板　4—可调顶托　5—柱帽龙骨

8.5.1 梁模板施工工艺

梁模板施工工艺流程如图8-32所示。

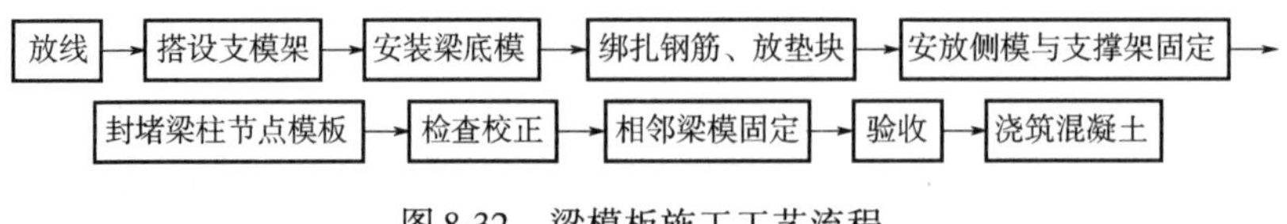

图8-32 梁模板施工工艺流程

梁模板施工要点如下：

（1）梁模板安装前应放出板底、梁底标高水平控制线，并应在已浇筑的柱或墙上做好标记。

（2）安装梁模板支架之前应先铺垫板，垫板可用50mm厚脚手板或50mm×100mm木方，长度不应小于400mm。

（3）模板竖向支撑系统一般采用碗扣式钢管支撑架、扣件式钢管支撑架、盘扣式钢管支撑架、轮扣式钢管支撑架、独立钢支撑等。支撑架立杆间距、横杆步距均根据计算确定。

（4）梁模板支架宜采用单排，当梁截面较大时可采用双排或多排，支架的间距应由模板设计确定，支架间应设双向水平拉杆。支撑体系宜与混凝土柱拉结，保证支撑体系的稳定性。

（5）梁底模板应按设计标高安装，并拉线找直，梁底模板应按规定起拱。起拱不得减少构件的截面高度。

（6）梁底模安装完毕后应绑扎梁钢筋，并应进行隐蔽工程验收。

（7）梁钢筋绑扎完毕后应清理模板内杂物，安装侧模板，两侧模板与梁底板宜用钉子或工具卡子连接；梁端部留清扫口，清扫口应留在梁帮或梁底。

（8）梁豁以下柱模应设两道柱箍，该柱箍可采用钢管柱箍、定型槽钢柱箍或方木柱箍（图8-33）。

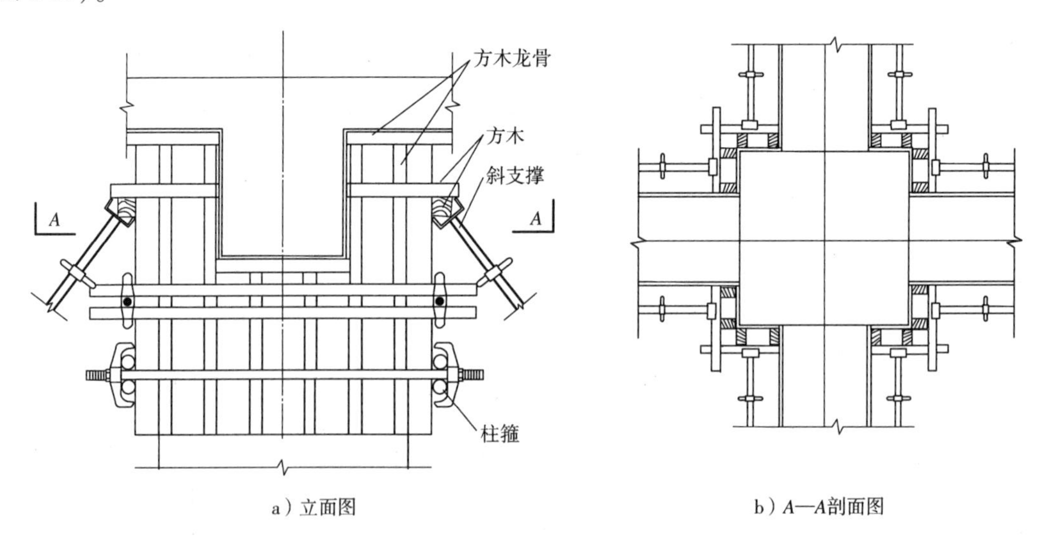

a）立面图　　b）A—A剖面图

图8-33 梁柱节点模板图

（9）梁侧模板安装完成后应校正梁中线、标高、断面尺寸。

（10）梁模板安装并校正完成后应进行模板验收。

8.5.2　肋形楼板模板施工工艺

肋形楼板模板施工工艺流程如图 8-34 所示。

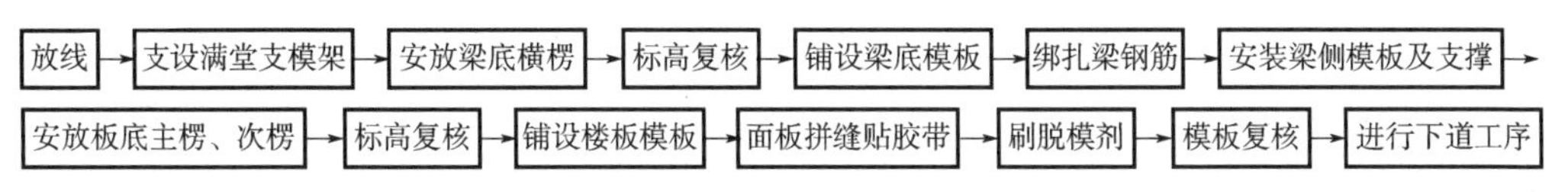

图 8-34　肋形楼板模板施工工艺流程

肋形楼板模板施工步骤和要点如下：

（1）根据模板的排列图架设支柱和龙骨。支柱和龙骨的间距，应根据楼板的施工荷载的大小，在模板设计中计算确定。

（2）底层地面应夯实，并铺垫板，采用多层支架支模时，支柱应垂直，上下层支柱应在同一竖向中心线上。按设计要求设置水平拉杆和剪刀撑；拉通线调节支柱的高度，将大龙骨找平，架设小龙骨。

采用满堂钢管扣件式支撑架时应按模板设计设置水平拉杆、斜撑组成空间支撑体系，并按构造要求及相关规范设置扫地杆。

（3）采用早拆模板组合体系时，梁、板模板应分离以便于早拆。水平杆的间距应计算确定。

（4）按配板图铺设模板，安装梁、柱、板节点模板。

（5）楼面模板铺完后，应对模板标高进行复核，认真检查支架是否牢固，梁底板、楼面板应清扫干净，板的拼缝表面贴胶带纸。

（6）肋形楼板由主梁、次梁、楼板组成，通常一次支模、绑扎钢筋、浇筑混凝土。模板安装前进行模板配制，绘出模板、支撑配置图。首先在楼面用墨线放出基准轴线，然后根据基准墨线按照模板支撑位置图，安装模板支撑立柱和纵横方向的水平支撑，立柱底部必须加垫板。

（7）模板支设采取先支主、次梁，再支楼板模板。安装梁底模板时，将梁底的纵向水平支撑调至梁底（预留梁底横楞及梁底模板厚度）处，然后在纵向水平支撑上安放横楞，间距由计算确定。接着按梁位置安装梁底模板。绑扎梁钢筋，验收完毕后安装梁侧模板及侧向支撑，侧模上口要拉通线找直。在主梁上留出安装次梁的缺口，尺寸与次梁截面相同，缺口底部加钉衬口档木，使其与主梁相接。

（8）安装楼板模板时，先在次梁模板的外侧弹水平线，其标高为楼板底标高减去模板厚和格栅高度，安装支柱和格栅，再在格栅上铺设楼板模板，贴板缝胶带，涂刷脱模剂后，进行下道工序。

（9）若井字梁较密，可采用双层模板法。即先搭设满堂脚手架，其高度为梁底标高减去木格栅和模板厚度，在木格栅上满铺一层模板，在上面弹出井字梁的位置，绑扎井字梁钢筋，然后将胶合板制成的开口模壳，开口向下放入梁间空挡处，再绑扎楼板面钢筋，浇筑梁与板的混凝土。

8.5.3　楼板施工缝、后浇带模板支设要点

楼板施工，不可避免需要留设施工缝和后浇带。对于施工缝处，要留设竖向梳子板

（图 8-35），并在钢筋位置预留孔洞（图 8-36）。对于后浇带模板的支设，需要注意以下问题：

（1）后浇带模板应单独支设（图 8-37）。

（2）各层后浇带支撑立柱应上下对准。

（3）后浇带侧模板可选用快易收口网或梳子板。

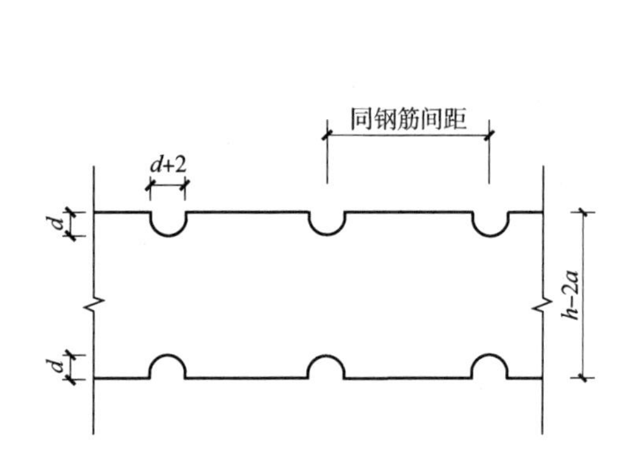

图 8-35　楼板施工缝模板用梳子板

a—混凝土保护层厚度

d—钢筋直径　h—楼板厚度

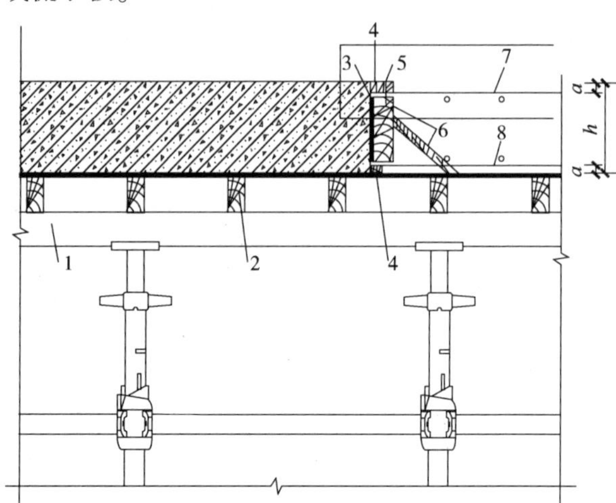

图 8-36　楼板施工缝模板支设剖面图（字母含义同图 8-35）

1—主龙骨　2—次龙骨　3—梳子板　4—通长木条（同保护层厚）

5—圆钉　6—方木支撑　7—上部钢筋　8—下部钢筋

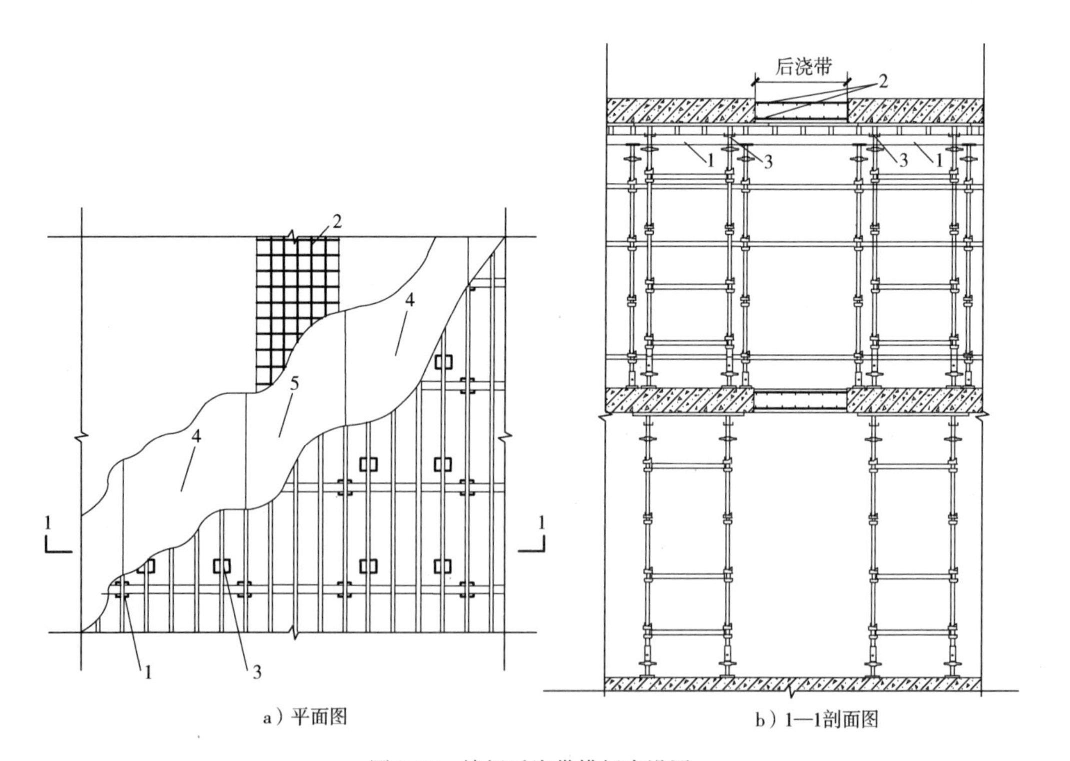

a）平面图　b）1—1剖面图

图 8-37　楼板后浇带模板支设图

1—楼板支撑系统　2—后浇带内钢筋　3—后浇带独立支撑系统

4—后拆模板　5—先拆模板

8.5.4 斜向梁、板模板施工

对于应用于公共建筑和住宅建筑斜屋面的斜向梁、板，可参考图 8-38 进行模板支设。当楼板倾斜角度较小时，可以采用单面模板支设。对于竖向支撑杆件，需要精确计算每根立杆的高度并注意反复核对梁底、板底标高。对于梁板连接部位，可采用 BIM 软件进行可视化设计，保证施工精度。

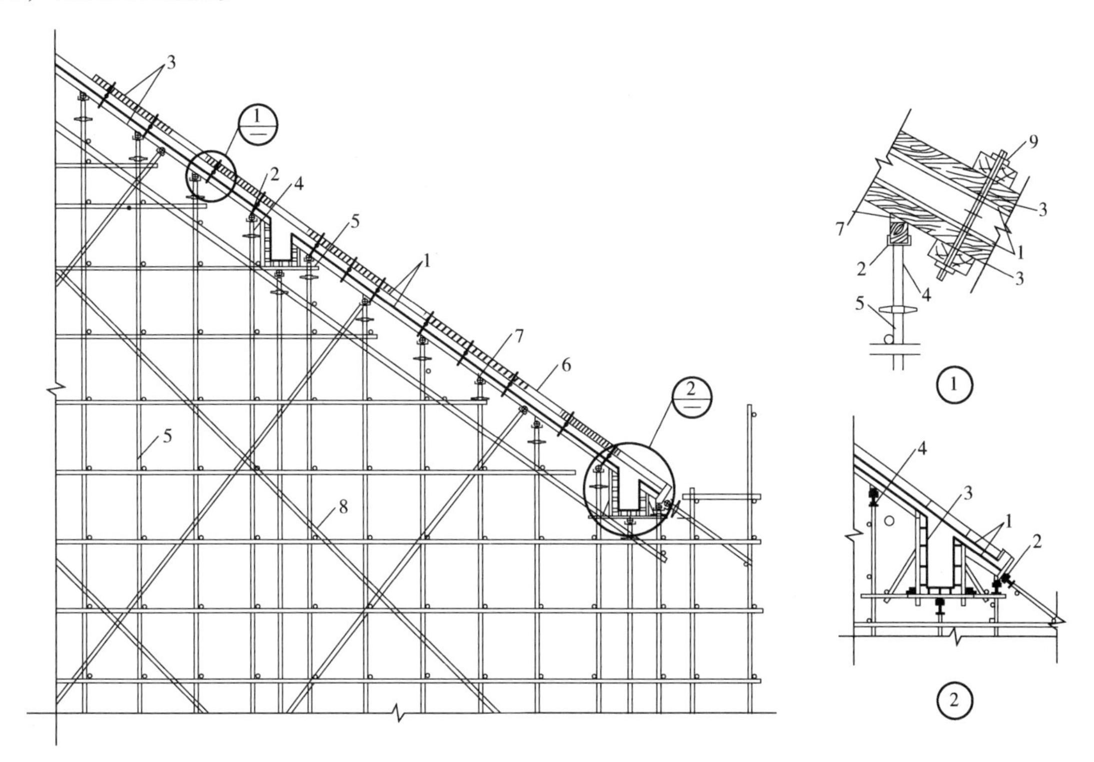

图 8-38 斜向梁板支模示意图

1—木（竹）胶合板模板 2—100mm×100mm 方木 3—50mm×100mm 方木 4—顶托 5—扣件式钢管脚手架 6—混凝土浇筑口 7—木楔子 8—剪刀撑 9—螺栓加止水钢板

8.6 模板早拆施工

在现浇混凝土结构施工中，墙、柱等竖向构件混凝土一般终凝后一天之内，就能够承受自重，模架即可拆除；而水平构件受弯，需要模架支撑较长时间。因此，在结构强度增长过程中，模架材料依功能的不同逐渐失去作用。最先失去作用的，是承担成型作用的模板；然后是分担和传递模板荷载的主次龙骨。当建筑物的梁板等水平结构具备了支撑立杆之间的荷载传递能力之后，模板和主次龙骨就可以拆下来，投入下一流水段施工。模板早拆施工应用原理，就是适时拆除水平构件模板及配件，提高周转材料的利用效率，降低周转材料的投入。所以模板早拆技术是一项绿色施工技术，应该在工程中积极应用。

8.6.1 构造与原理

图 8-39 所示早拆支撑方式适用于有梁结构楼板，采用快拆头和普通碗扣式钢管脚手架组

合，实际工程中也可采用独立钢支撑或其他支撑架形式。需要注意的是，所有后拆支撑架上下楼层必须在同一位置，如图 8-39b 所示。

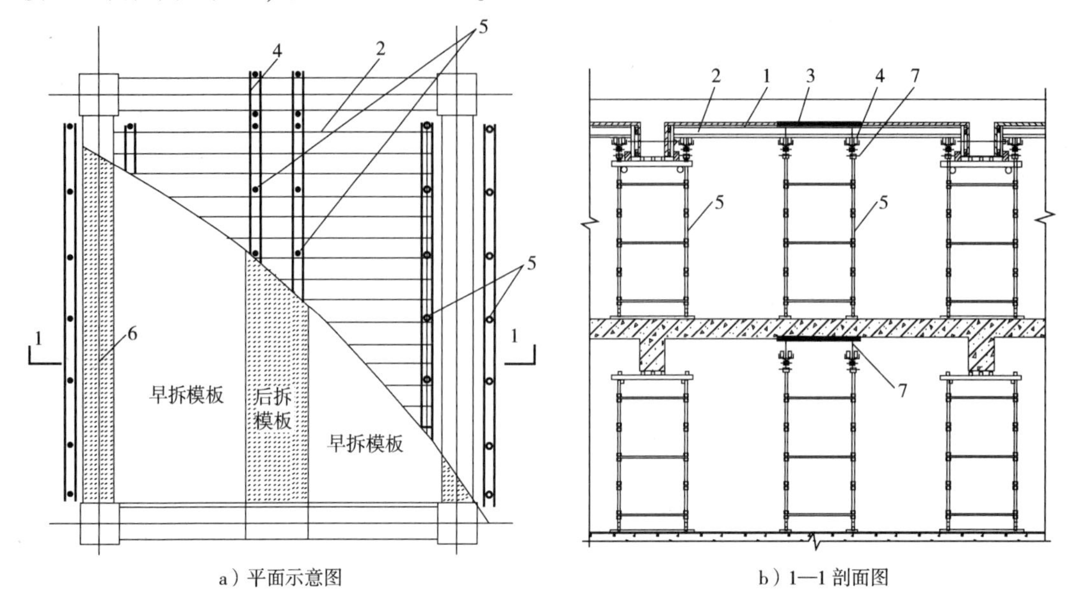

图 8-39 肋梁楼盖早拆模板体系示意图

1—早拆模板 2—早拆次龙骨 3—后拆模板 4—早拆主龙骨 5—后拆支撑
6—后拆梁底模板 7—早拆顶托

图 8-40 所示为无梁楼板早拆模板体系，为了保证下层楼板的安全，相邻层的后拆支撑应该布置在相同位置。

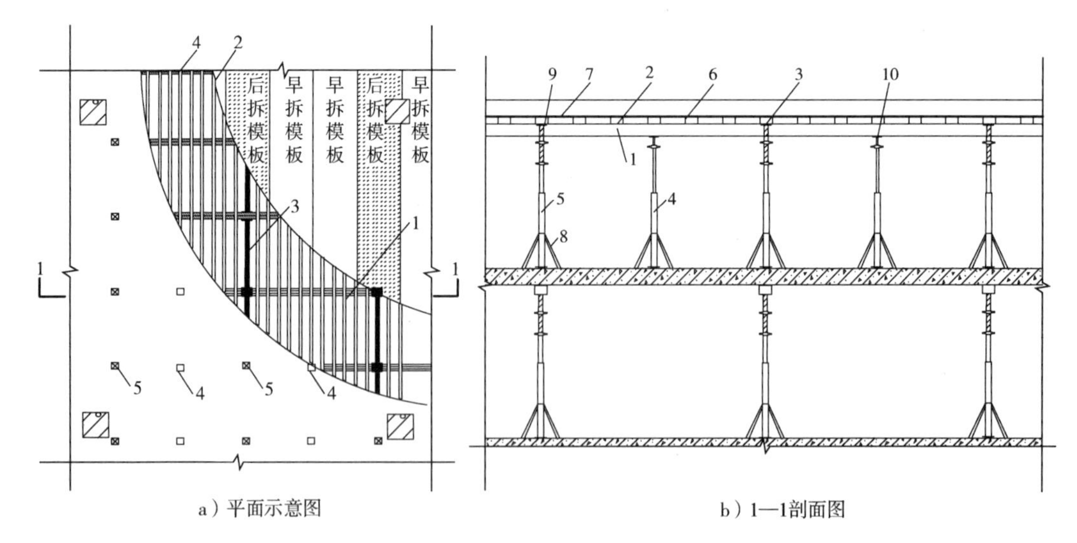

图 8-40 无梁楼板早拆模板体系示意图

1—主龙骨 2—早拆次龙骨 3—后拆次龙骨 4—早拆支撑 5—后拆支撑
6—早拆模板 7—后拆模板 8—三脚架 9—早拆顶托 10—普通顶托

图 8-41 所示为早拆模板体系的早拆托架装置图。楼板的早拆装置顶端支撑形式应包括直接支撑于楼板、支撑于模板带和支撑于次龙骨上的，其具体构造详见表 8-4。

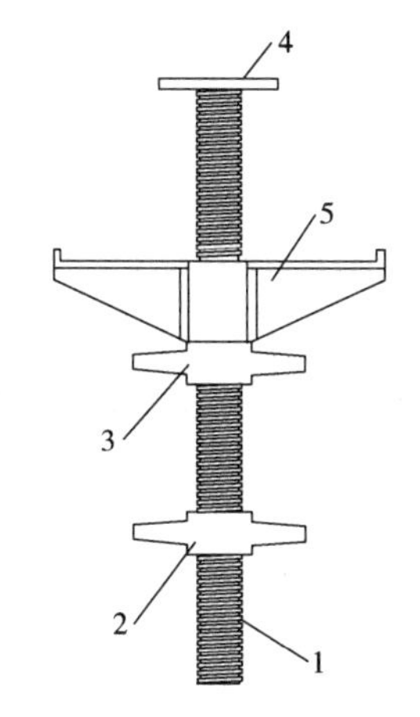

图 8-41　早拆托架装置图

1—丝杠　2—早拆调高螺母　3—托架调高螺母　4—柱头板　5—托架

表 8-4　楼板早拆装置顶端支撑形式

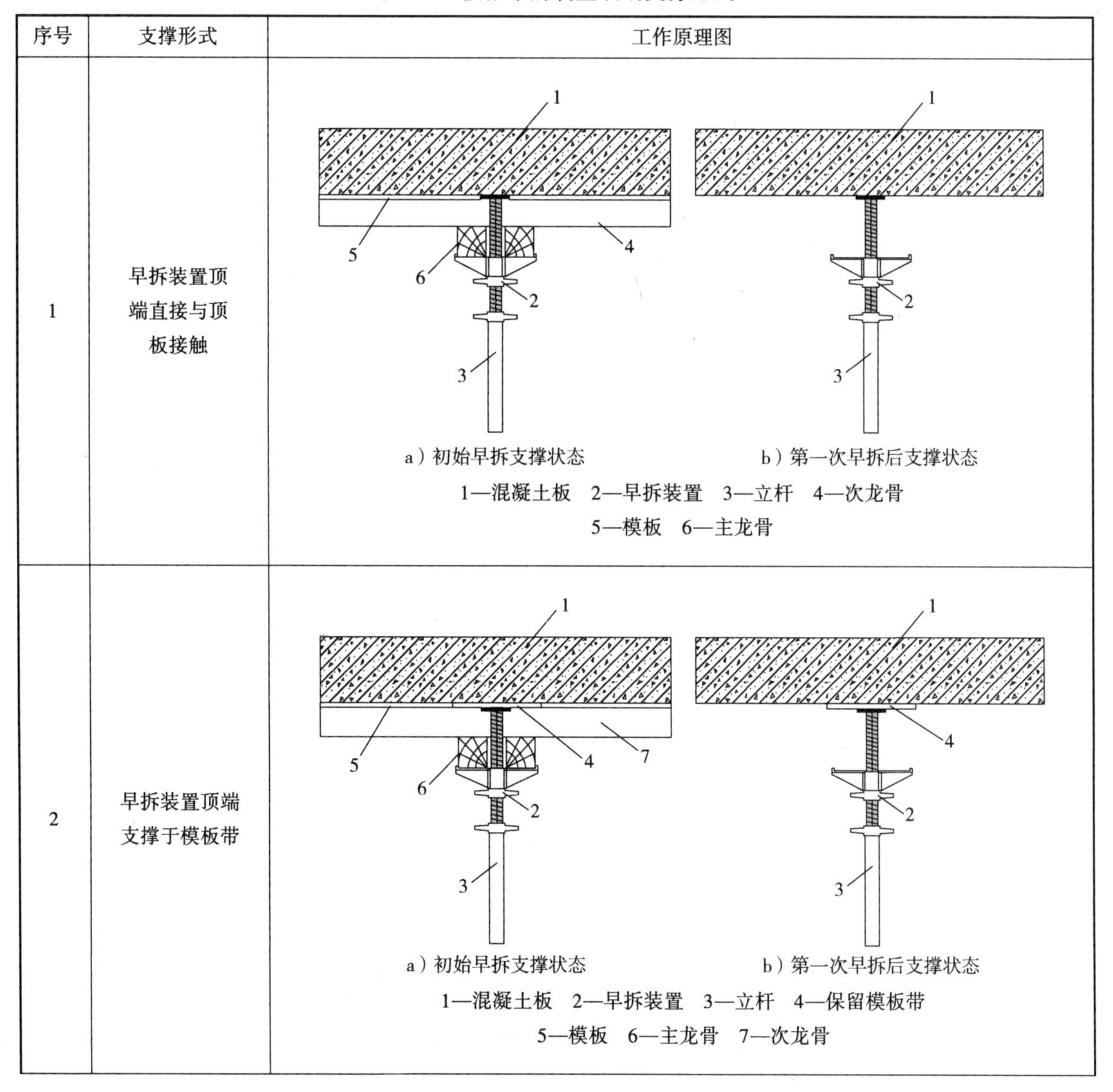

序号	支撑形式	工作原理图
1	早拆装置顶端直接与顶板接触	a）初始早拆支撑状态　b）第一次早拆后支撑状态 1—混凝土板　2—早拆装置　3—立杆　4—次龙骨 5—模板　6—主龙骨
2	早拆装置顶端支撑于模板带	a）初始早拆支撑状态　b）第一次早拆后支撑状态 1—混凝土板　2—早拆装置　3—立杆　4—保留模板带 5—模板　6—主龙骨　7—次龙骨

（续）

序号	支撑形式	工作原理图
3	早拆装置顶端支撑于次龙骨	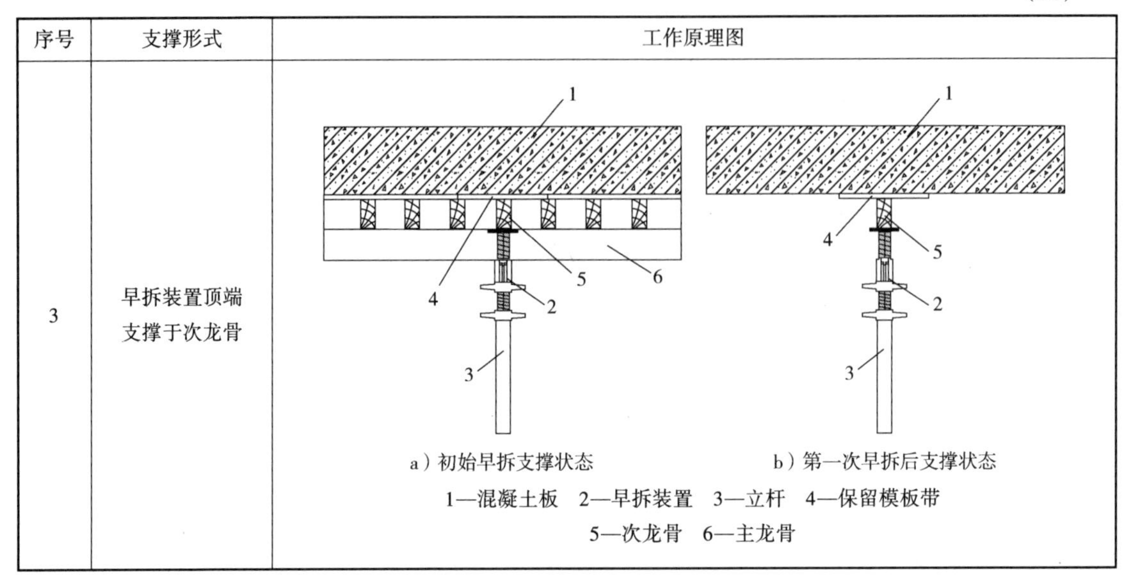 a）初始早拆支撑状态　b）第一次早拆后支撑状态 1—混凝土板　2—早拆装置　3—立杆　4—保留模板带 5—次龙骨　6—主龙骨

图8-42为第一次模板拆除前后梁、板模板及支撑示意图。首次模板拆除包括模板面板、次楞、主楞和部分支撑杆件，可用于上层或其他部位的模板支设。

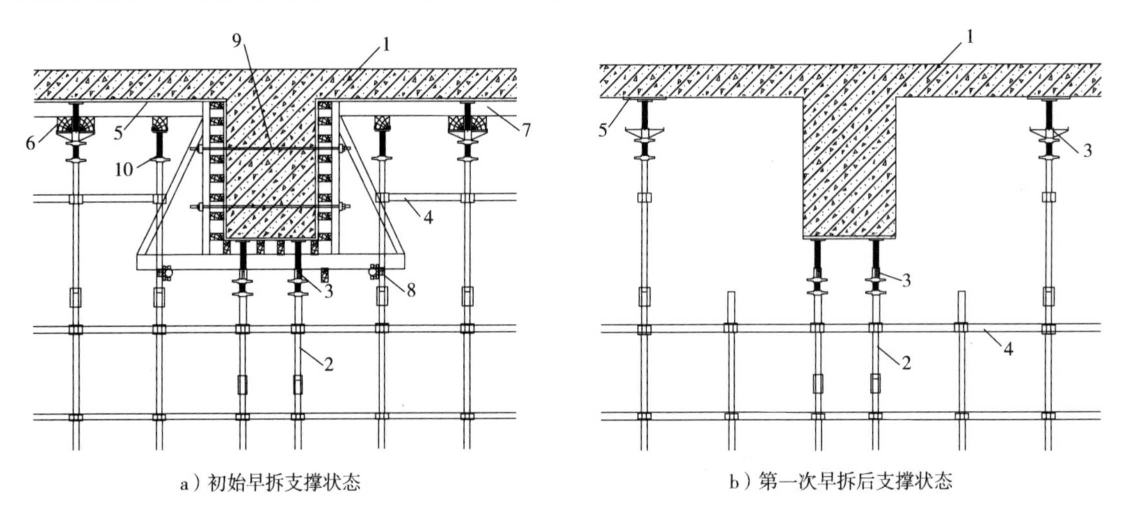

图8-42　第一次拆模前后梁、板模板及支撑示意图

1—混凝土梁板　2—立杆　3—早拆装置　4—横杆　5—模板

6—主龙骨　7—次龙骨　8—普通钢管扣件　9—螺栓　10—U形托

8.6.2　模板早拆体系的选用

根据楼盖结构体系的不同，可选用适宜的早拆模板形式和构配件，具体可参考表8-5。

表8-5　模板早拆系统的选用

楼板或构件类型	模板体系及构配件
散支散拼梁板	宜采用由模板面板、次龙骨、主龙骨、早拆装置、支撑架体等组成的早拆体系
整层浇筑肋梁结构	宜采用由铝合金模板、支撑构件、早拆装置、紧固件和配件组成的铝合金模板早拆体系

（续）

楼板或构件类型	模板体系及构配件
双向密肋楼盖结构	宜采用由支撑架体、承托梁与模壳组成的塑料模壳或玻璃钢模壳早拆体系
现浇无梁楼板	可采用由四角独立支柱和定型模板组成的台式模板早拆体系，也可采用由定型模板、箱形梁和早拆柱头组成的钢框胶合板早拆体系，也可采用其他配套的模板早拆支撑体系

8.6.3　施工准备

应按照模板早拆设计的要求，编制施工方案。施工流水段应按照混凝土早期强度形成的时间进行划分，模架材料流动方向应满足模板早拆工艺的要求。施工方案应明确后浇带模板支架的保留做法，避免拆模时对后浇带模板支撑的损坏。模板早拆施工方案应进行技术交底，操作人员应具备施工操作技能。

模板早拆的面板配置应遵循模板规格及平面尺寸合理配置的原则，整板与板带结合布置。次龙骨接头应在支座位置，主龙骨搭接应在主龙骨支座处错开。

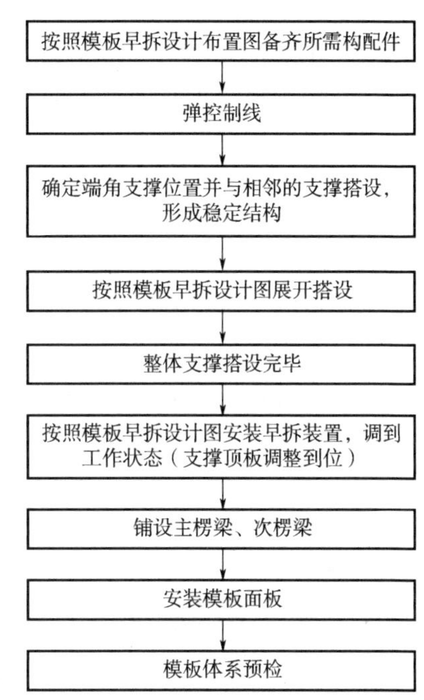

图 8-43　早拆模板体系的搭设工艺流程

8.6.4　模板搭设

早拆模板体系的搭设工艺流程见图 8-43。

早拆模板体系支搭的要点如下：

（1）在顶板模板安装前检查各早拆部位、保留部位的构配件是否符合模板早拆设计的要求。

（2）模板安装前，支撑位置要准确，支撑搭设要方正，构配件连接牢固。

（3）上、下层支撑立杆轴线位置对应准确，支撑立杆底部铺设垫板，保证荷载均匀传递。垫板应平整，无翘曲。

（4）主、次楞梁交错放置，一端顶实，另一端留出拆模空隙。

（5）铺设模板前，利用早拆装置的丝杆将主、次楞梁及支撑顶板调整到方案设计标高，早拆装置的支撑顶板与现浇结构混凝土模板支顶到位，确保早拆装置受力的二次转换，保证拆模后楼板平整。

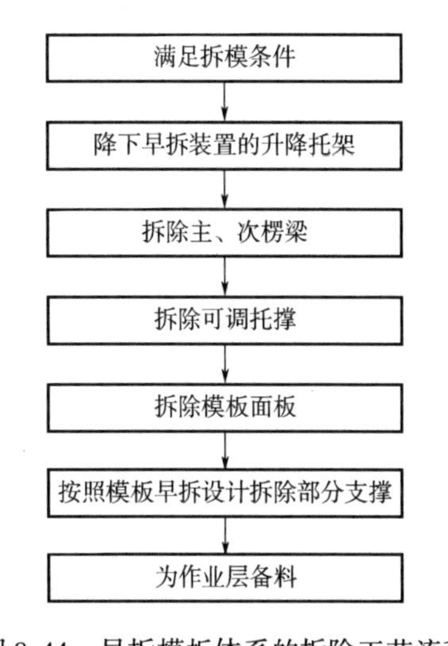

图 8-44　早拆模板体系的拆除工艺流程

8.6.5　模板拆除

早拆模板体系的拆除工艺流程见图 8-44。

模板第一次拆除应符合下列规定：

（1）模板及其支撑的拆除，应严格执行模板早拆施工方案的规定。模板第一次拆除后，应确保施工荷载不大于保留支撑的设计承载力。

（2）应增设不少于1组与混凝土同条件养护的试块，用于检验第一次拆除模架时的混凝土强度。

（3）楼板模板支撑立杆间距不应大于2m，结构强度不应小于混凝土设计强度的50%。

（4）梁模板支撑立杆间距不应大于8m，结构强度不应小于混凝土设计强度的75%。

（5）常温施工现浇钢筋混凝土楼板第一次拆模时间不宜早于混凝土初凝后3d。

（6）对于结构强度的判定，可先行采用回弹仪检测楼板结构控制部位的强度或采用成熟度计算等辅助方法判定结构早拆强度，再压试块证实。

（7）第一次模架拆除过程中，严禁扰动保留支撑的支撑原状。

模板拆除应按下列步骤进行：

（1）结构第一次拆模强度确认。

（2）第一次拆模申请。

（3）待拆模楼板施工荷载确认。

（4）拆除不需要的立杆。

（5）降下支托主龙骨托架。

（6）拆除主、次龙骨。

（7）拆除模板。

（8）龙骨模板向上一层传送。

（9）完成拆模与荷载转换过程。

（10）多层连续支撑最下层楼板支撑拆除前，应确认结构达到不发生开裂的最低结构强度。

8.7 铝合金模板

混凝土施工用模板材料的选用，总体原则是采用资源可再生的材料，减轻模板自重，降低作业工人的劳动强度，减少建筑垃圾。铝合金自身优越的品质使其成为理想的模板材料之一，将大规格、高强度铝合金挤压型材应用于组合铝合金模板，对改革施工工艺，促进技术进步，提高工程质量，降低工程全寿命周期费用等都有较大作用，也符合模板体系向轻质、高强、耐用与工具化发展的趋势，因而在国内外得到了广泛的应用。

图8-45为现浇剪力墙结构墙的铝合金模板体系构成示意图。

8.7.1 一般规定

（1）铝合金模板工程施工前，应根据结构施工图、施工总平面及施工设备和材料供应等现场条件，编制铝合金模板工程施工方案，列入工程项目的施工组织设计。

（2）铝合金模板的周转使用宜采取下列措施：

1）分层分段流水作业。

2）先剪力墙（柱），后梁再楼板的施工顺序。

3）充分利用有一定强度的混凝土结构支承上部模板结构。

（3）在常温状态下，一栋楼的铝合金模板施工通常标配一套模板，三套支撑系统；在冬季施工状态下，需要配置四套支撑系统。

（4）多个楼层间连续支模的底层支架拆除时间，应根据连续支模的楼层间荷载分配和混凝土强度的增长情况确定。

（5）早拆支架体系的支架立杆间距不应大于 2m。拆模时，应保留立杆并用顶托支撑楼板。

（6）墙柱模板不宜在垂直方向上拼接，如工程确实需要，需在拼缝一侧或两侧 300mm 内加设一道横向背楞，或在垂直拼缝方向设置一定数量的竖向背楞。

（7）梁侧模板沿梁高方向不宜拼接，如工程确实需要，需在拼缝附近架设背楞。

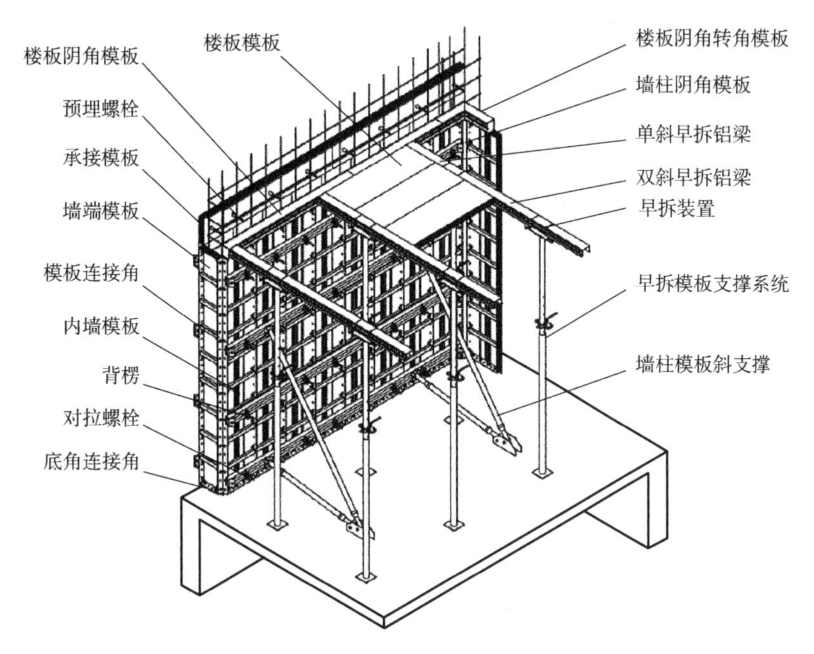

图 8-45　铝合金模板体系构成

8.7.2　构造组成

现浇混凝土结构不同部位模板的构造做法参见表 8-6。

表 8-6　现浇框架、剪力墙结构不同部位模板的构造做法

独立柱模板构造做法	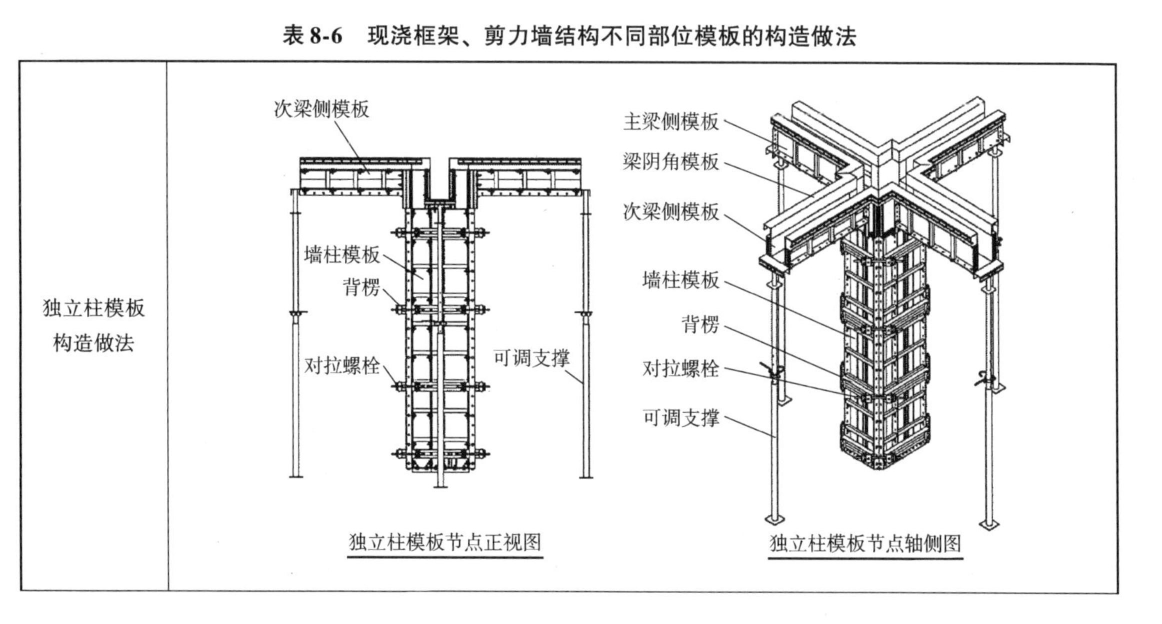

（续）

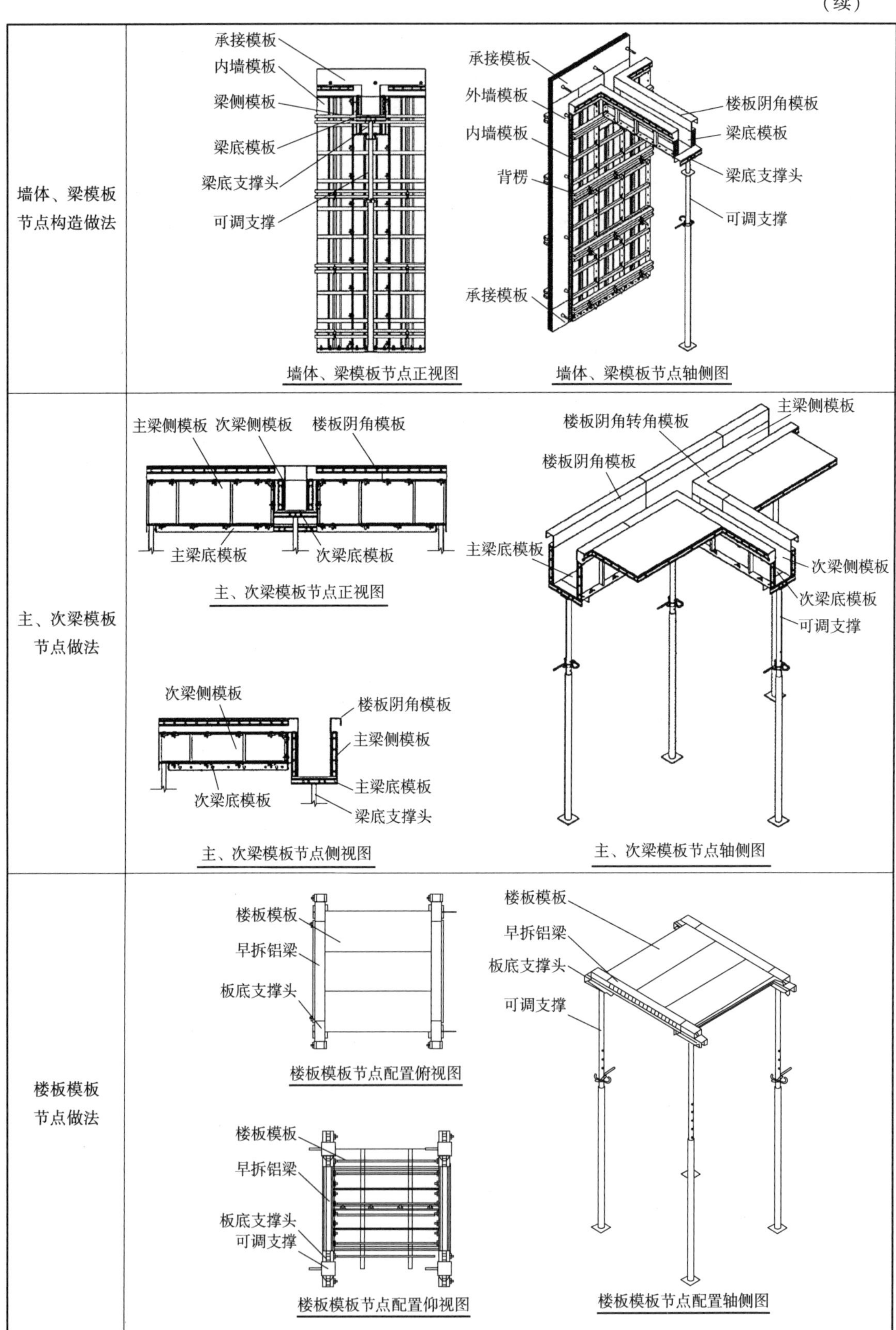

墙体、梁模板节点构造做法
承接模板
内墙模板
梁侧模板
梁底模板
梁底支撑头
可调支撑
墙体、梁模板节点正视图
承接模板
外墙模板
内墙模板
背楞
承接模板
楼板阴角模板
梁底模板
梁底支撑头
可调支撑
墙体、梁模板节点轴侧图
主、次梁模板节点做法
主梁侧模板
次梁侧模板
楼板阴角模板
主梁底模板
次梁底模板
主、次梁模板节点正视图
次梁侧模板
楼板阴角模板
主梁侧模板
主梁底模板
次梁底模板
梁底支撑头
主、次梁模板节点侧视图
楼板阴角转角模板
主梁侧模板
楼板阴角模板
主梁底模板
次梁侧模板
次梁底模板
可调支撑
主、次梁模板节点轴侧图
楼板模板节点做法
楼板模板
早拆铝梁
板底支撑头
楼板模板节点配置俯视图
楼板模板
早拆铝梁
板底支撑头
可调支撑
楼板模板节点配置仰视图
楼板模板
早拆铝梁
板底支撑头
可调支撑
楼板模板节点配置轴侧图

（续）

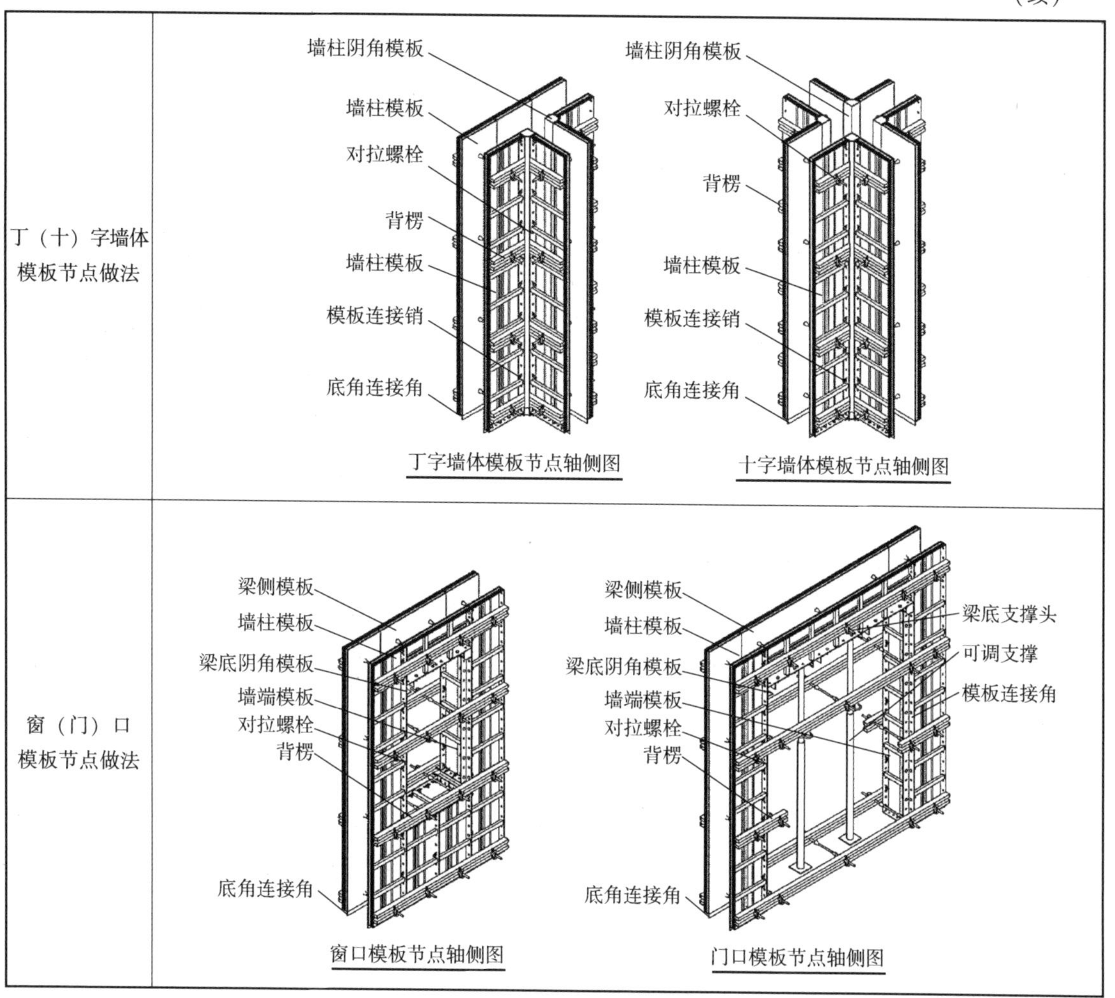

不同构件模板、连接件、支撑等配置详图参见表 8-7。

表 8-7　不同构件模板、连接件、支撑等配置详图

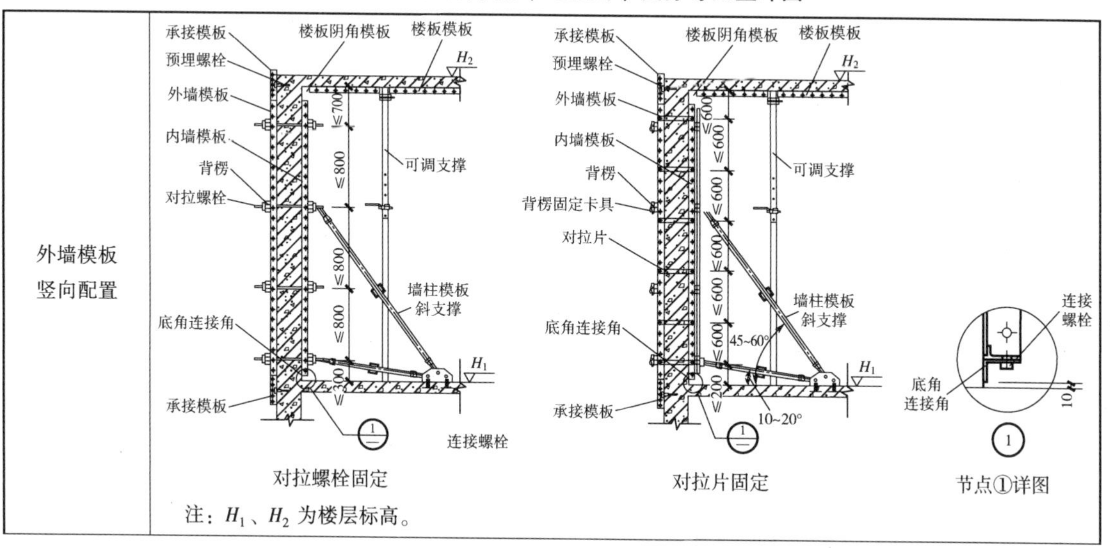

（续）

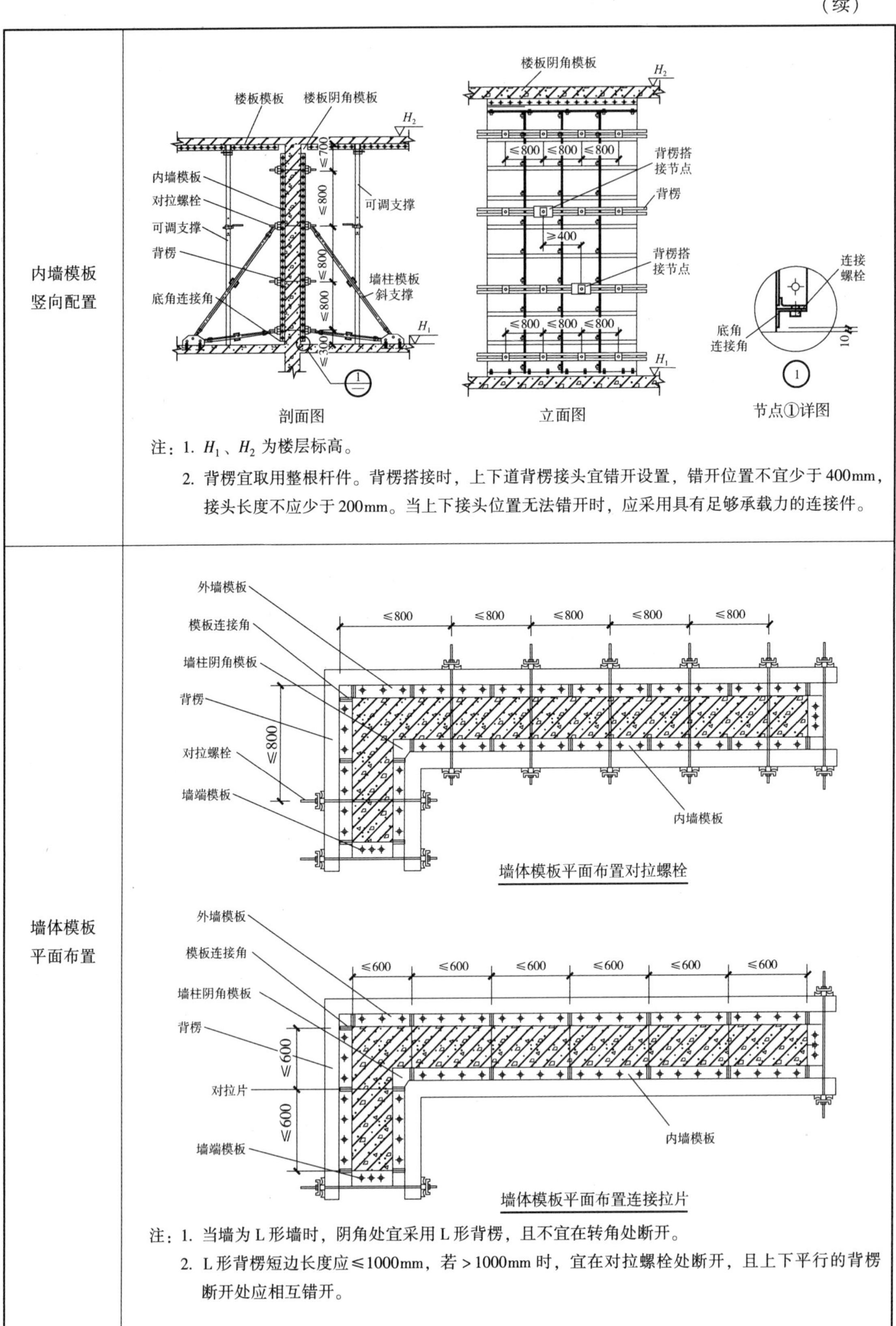

内墙模板竖向配置	注：1. H_1、H_2 为楼层标高。 2. 背楞宜取用整根杆件。背楞搭接时，上下道背楞接头宜错开设置，错开位置不宜少于400mm，接头长度不应少于200mm。当上下接头位置无法错开时，应采用具有足够承载力的连接件。
墙体模板平面布置	注：1. 当墙为L形墙时，阴角处宜采用L形背楞，且不宜在转角处断开。 2. L形背楞短边长度应≤1000mm，若＞1000mm时，宜在对拉螺栓处断开，且上下平行的背楞断开处应相互错开。

（续）

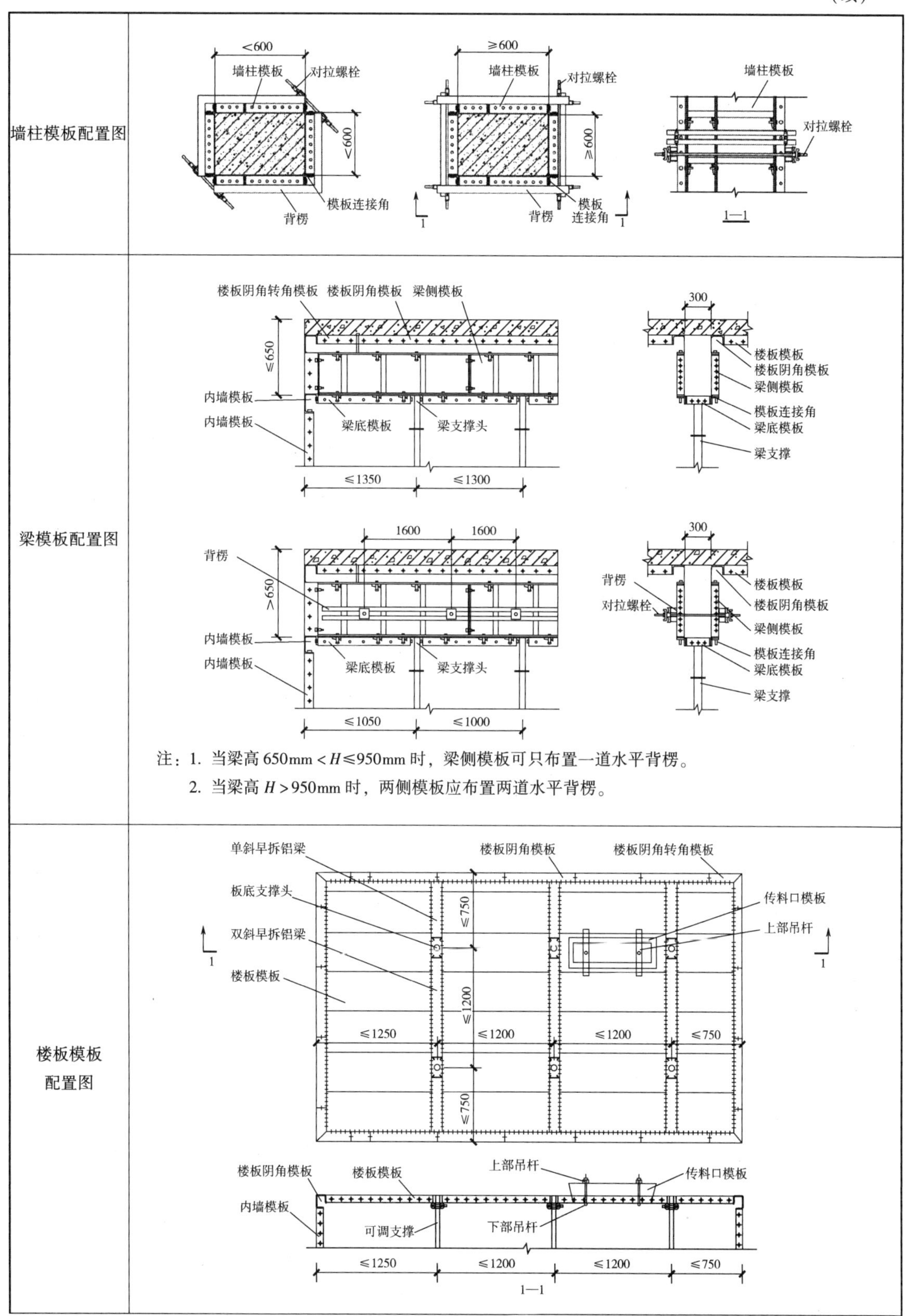
墙柱模板配置图
<600
墙柱模板
对拉螺栓
<600
模板连接角
背楞
≥600
墙柱模板
对拉螺栓
≥600
背楞
模板
连接角
墙柱模板
对拉螺栓
1—1
梁模板配置图
楼板阴角转角模板
楼板阴角模板
梁侧模板
≤650
内墙模板
内墙模板
梁底模板
梁支撑头
≤1350
≤1300
300
楼板模板
楼板阴角模板
梁侧模板
模板连接角
梁底模板
梁支撑
1600
1600
背楞
>650
内墙模板
内墙模板
梁底模板
梁支撑头
≤1050
≤1000
300
背楞
对拉螺栓
楼板模板
楼板阴角模板
梁侧模板
模板连接角
梁底模板
梁支撑
注：1. 当梁高 650mm < H≤950mm 时，梁侧模板可只布置一道水平背楞。
2. 当梁高 H > 950mm 时，两侧模板应布置两道水平背楞。
楼板模板
配置图
单斜早拆铝梁
楼板阴角模板
楼板阴角转角模板
板底支撑头
传料口模板
双斜早拆铝梁
上部吊杆
楼板模板
≤750
≤1200
≤750
≤1250
≤1200
≤1200
≤750
楼板阴角模板
楼板模板
上部吊杆
传料口模板
内墙模板
可调支撑
下部吊杆
≤1250
≤1200
≤1200
≤750
1—1

（续）

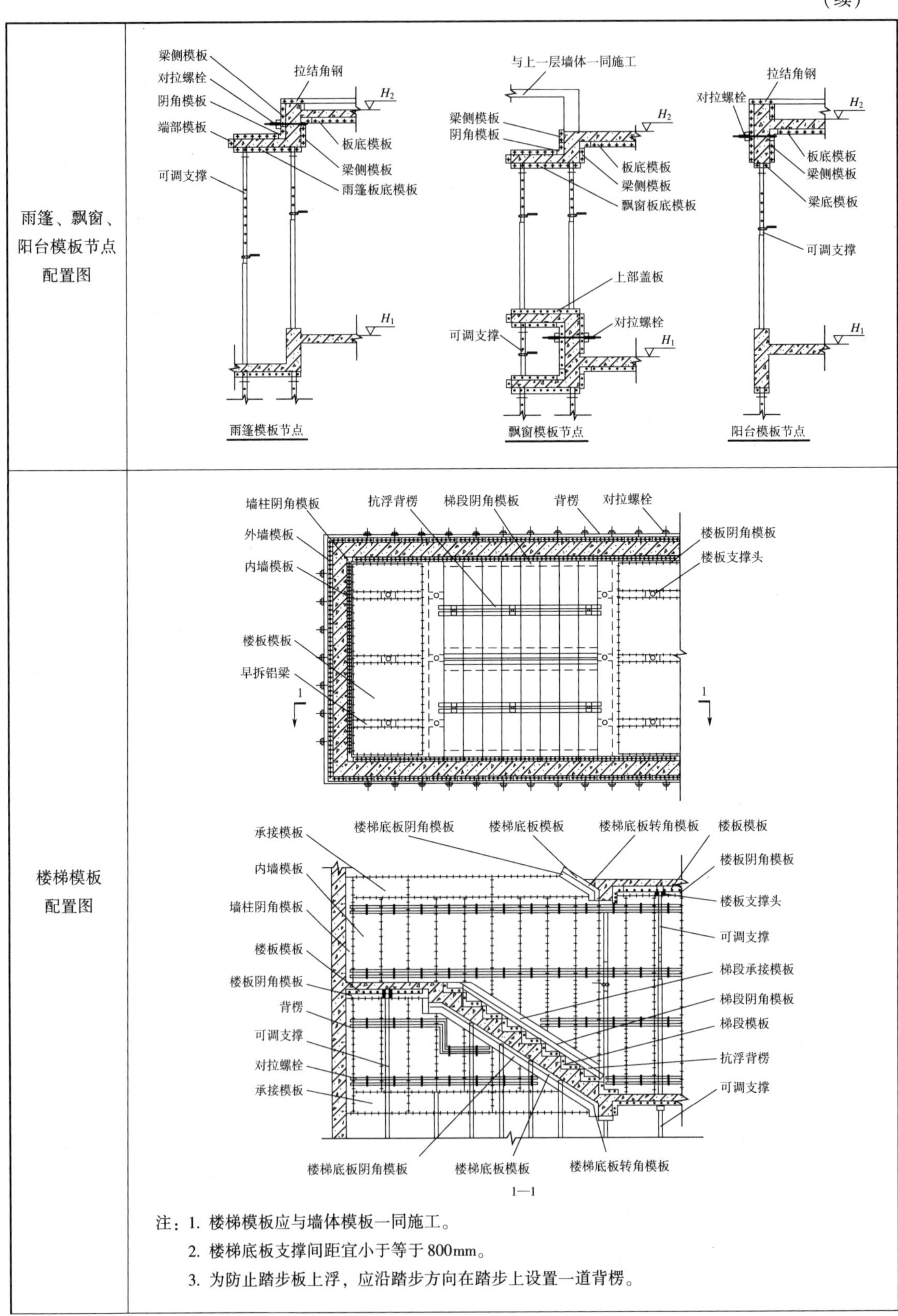

注：1. 楼梯模板应与墙体模板一同施工。

2. 楼梯底板支撑间距宜小于等于 800mm。

3. 为防止踏步板上浮，应沿踏步方向在踏步上设置一道背楞。

（续）

<table>
<tr><td>多楼层模板体系配置图</td><td>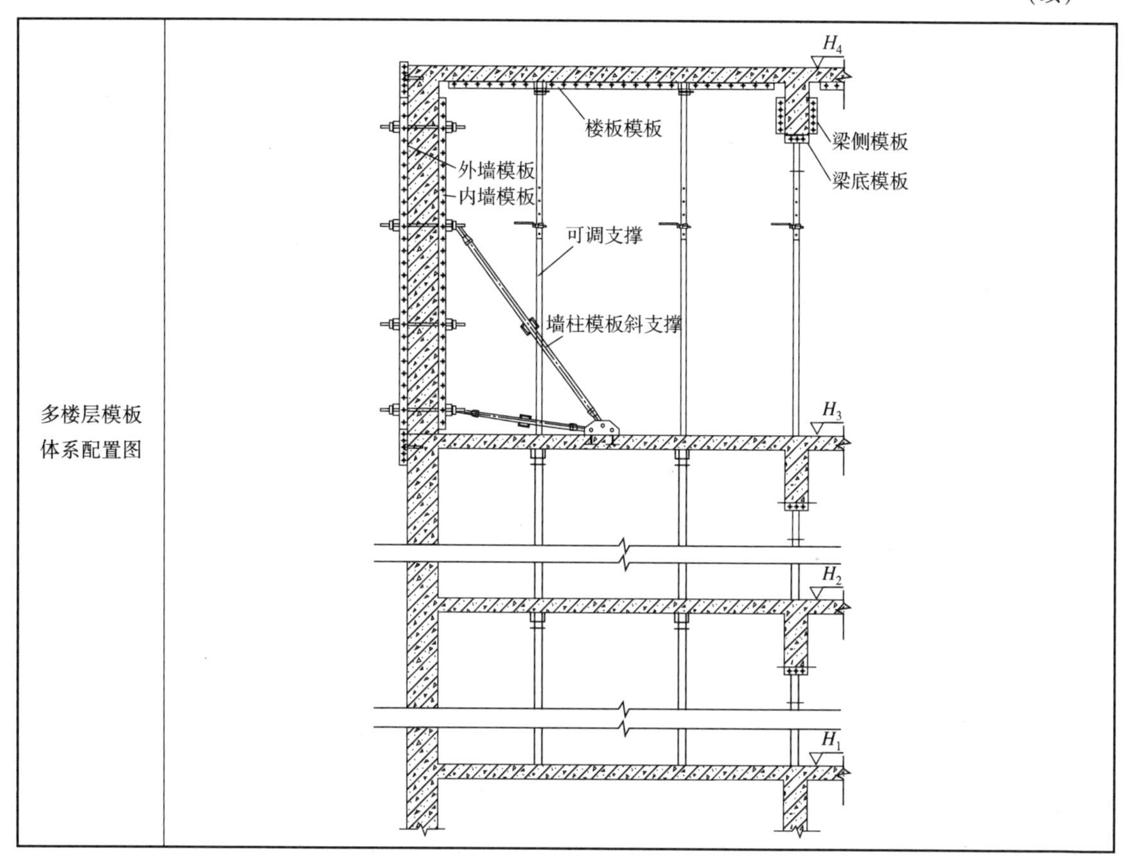
</td></tr>
</table>

8.7.3　剪力墙结构施工工艺

全现浇剪力墙结构铝合金模板的施工工艺流程见图 8-46。

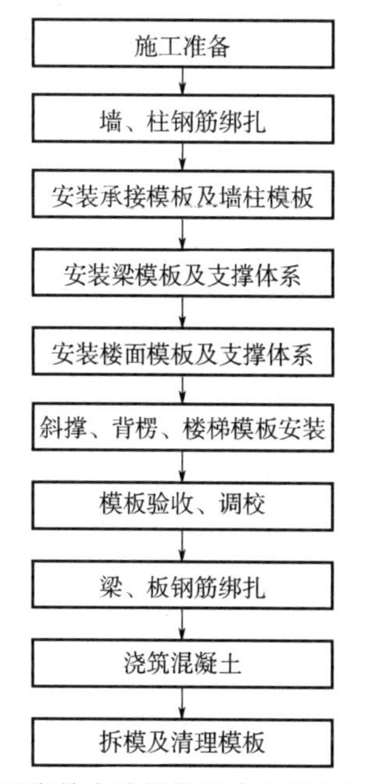

图 8-46　全现浇剪力墙结构铝合金模板施工工艺流程

全现浇剪力墙结构铝合金模板的主要施工步骤见表 8-8。

表 8-8　全现浇剪力墙结构铝合金模板的主要施工步骤

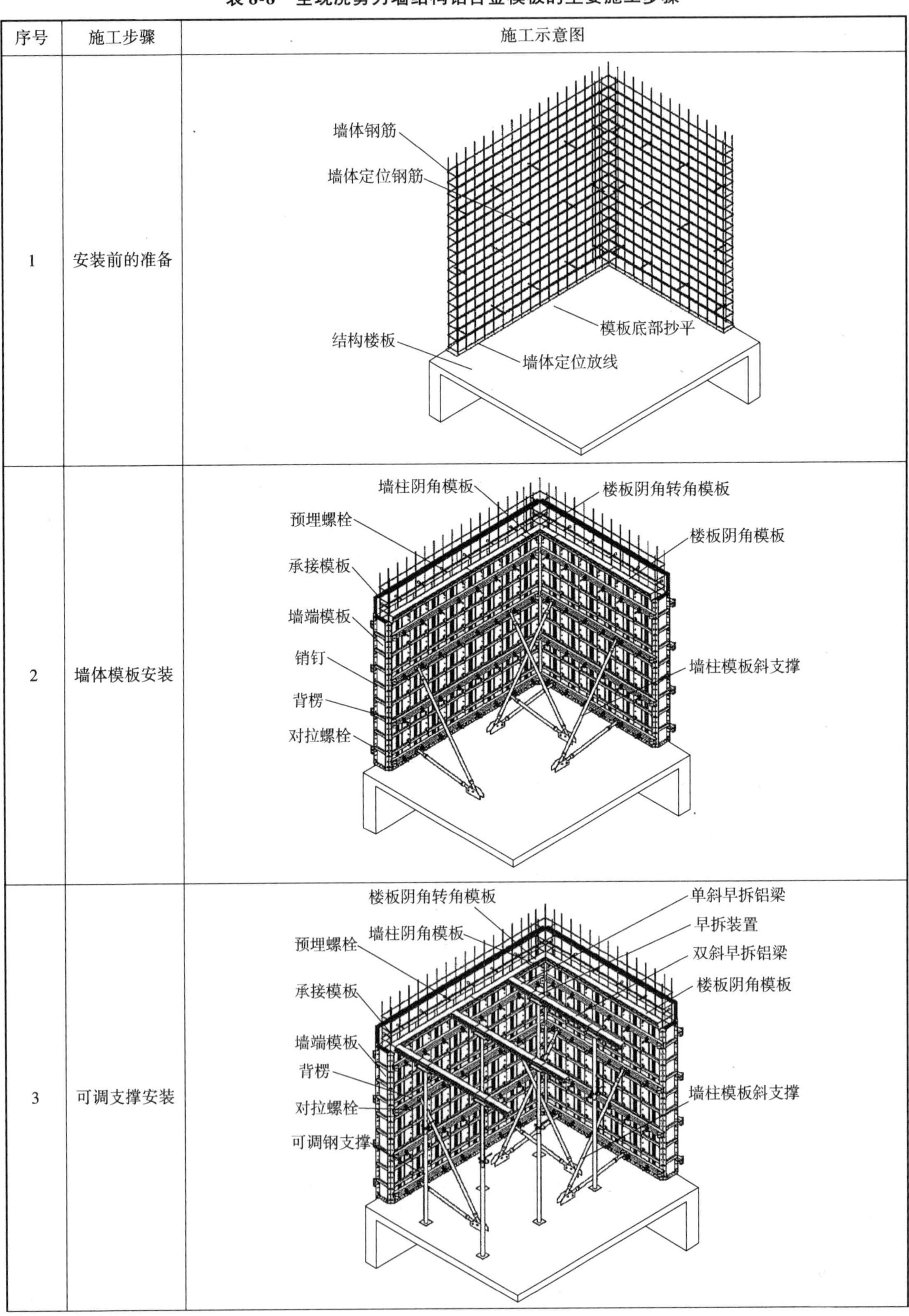

序号	施工步骤	施工示意图
1	安装前的准备	
2	墙体模板安装	
3	可调支撑安装	

（续）

序号	施工步骤	施工示意图
4	楼板模板安装	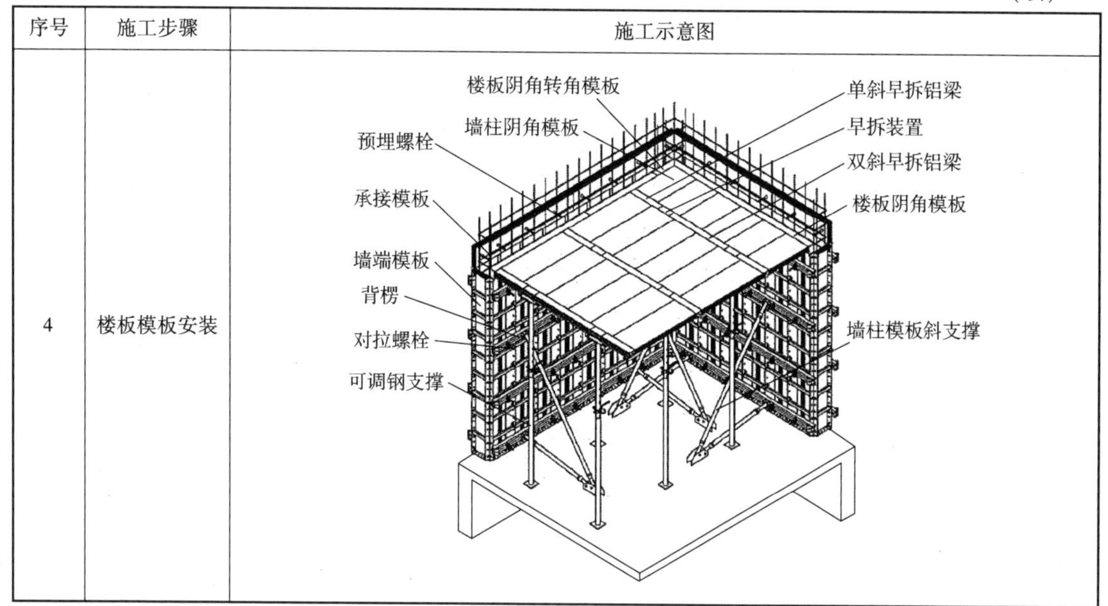

全现浇剪力墙结构铝合金模板的安装要点如下：

（1）模板及其支撑应按照配模设计的要求进行安装，配件应安装牢固。

（2）整体组拼时，模板安装顺序为：先墙体，后梁板；先内墙，后外墙；先非标准板，后标准板的原则进行安装作业。

（3）墙、柱模板的基面应调平，下端应与定位基准靠紧垫平。在墙柱模板上继续安装模板时，模板应有可靠的支承点。

（4）模板的安装应符合下列规定：

1）墙两侧模板的对拉螺栓孔应平直相对，穿墙螺栓设置时不得斜拉硬顶。当改变孔位时应采用机具钻孔，严禁用电、气焊灼孔。

2）背楞宜取用整根杆件。背楞搭接时，上下道背楞接头宜错开设置，错开位置不宜少于400mm，接头长度不应少于200mm。当上下接头位置无法错开时，应采用具有足够承载力的连接件。

3）对跨度大于4m的现浇钢筋混凝土梁、板，其模板应按设计要求起拱，当设计无具体要求时，起拱高度宜为构件跨度的1/1000～3/1000。同时起拱不得减少构件的截面高度。

4）固定在模板上的预埋件、预留孔、预留洞、吊模角钢、窗台盖板不得遗漏，且应安装牢固。

（5）早拆模板支撑系统的上、下层竖向支撑的轴线偏差不应大于15mm，支撑立柱垂直度偏差不应大于层高的1/300。

（6）模板体系安装完成后，应进行平整度、垂直度的再次调整，直至符合验收标准。

（7）浇筑采用布料机时，布料机严禁与铝合金模板接触，防止送料过程中的振动导致模板销钉松动。

8.7.4　构件、配件安装要点

1. 墙柱模板安装要点

（1）应设置定位钢筋。

（2）安装墙柱模板时，模板应有可靠安全的支撑点防止倒塌。

（3）混凝土浇筑前对墙柱模板下端进行封堵、防止漏浆。

（4）在安装墙柱模板时，两侧模板对拉位置应平直相对。

（5）在安装对拉构件时，应使用相配套的零件。

（6）安装外墙模板时，承接模板不得拆除。

（7）安装墙、柱模板时，应及时采用临时稳固措施。

（8）墙柱模板安装完成后，应调整墙柱模板平整度、垂直度。

2. 梁模板安装要点

（1）梁底模板安装时，应先将两端模板固定，有支撑位置使用支撑固定。

（2）梁侧模板安装时，模板应与两端墙或梁模板保持平直。

（3）梁模板安装完成后，应进行初步的平整度、垂直度调整。

3. 楼板模板安装要点

（1）楼板模板安装时应先安装楼板阴角、转角模板。

（2）楼面龙骨安装时，支撑头模板与楼面龙骨安装应紧固平直。

（3）安装楼面模板、传料口模板、吊模等，应保证位置准确和牢固。

（4）模板安装完成后，清理模板表面杂物，均匀涂刷脱模剂。

（5）安装完成后，应进行平整度调整。

4. 配件安装要点

（1）背楞宜采用整根配置，不得不搭接时，接头应错位配置。

（2）第一道背楞距离楼面标高不宜大于250mm。

（3）模板斜撑安装间距不宜大于2000mm，距墙两头不宜大于500mm（图8-47）。

（4）斜撑与楼板采用钢钉或预埋件固定时，应避开水电线管区域。

（5）相连的两块墙体模板、顶板销钉间距应不大于300mm，梁模板销钉间距应不大于150mm。

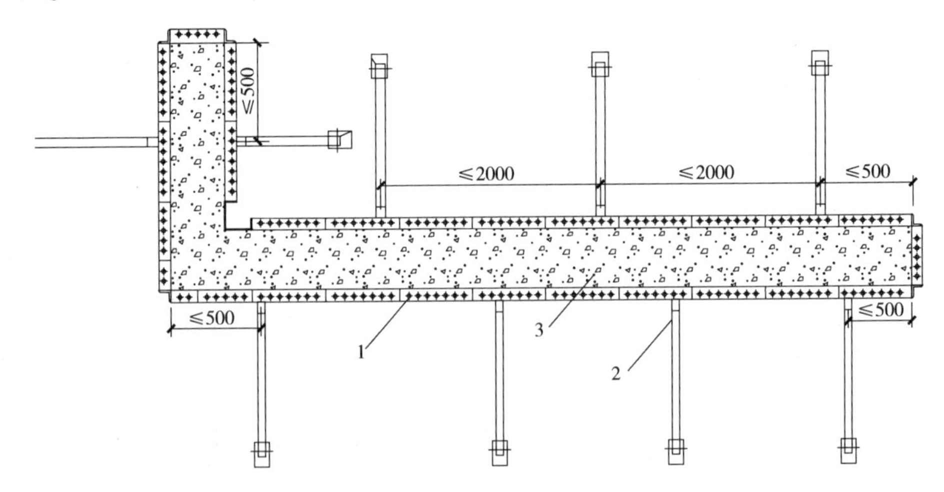

图8-47　斜撑布置间距示意图

1—内墙模板　2—斜撑　3—混凝土墙体

5. 支撑系统的安装加固要点

（1）可调独立钢支撑的地基应坚实平整。

（2）安装完毕后应进行垂直度校验。

（3）可调独立钢支撑的间距不宜大于1350mm。

（4）跨度大于4000mm的现浇钢筋混凝土梁、板，其模板应按设计要求起拱，当设计无具体要求时，起拱高度宜为跨度的1/1000～3/1000。

8.7.5　拆除与维修保管

模板及其支撑系统拆除时间、顺序及安全措施应制订专项施工技术方案。

1. 模板早拆设计施工原则

模板早拆的设计与施工应符合下列规定：

（1）拆除早拆模板时，严禁扰动保留部分的支撑系统。

（2）严禁竖向支撑随模板拆除后再进行二次支顶。

（3）支撑杆应始终处于承受荷载状态，结构荷载传递的转换应可靠。

2. 拆模流程

铝合金模板体系拆除流程见图8-48。

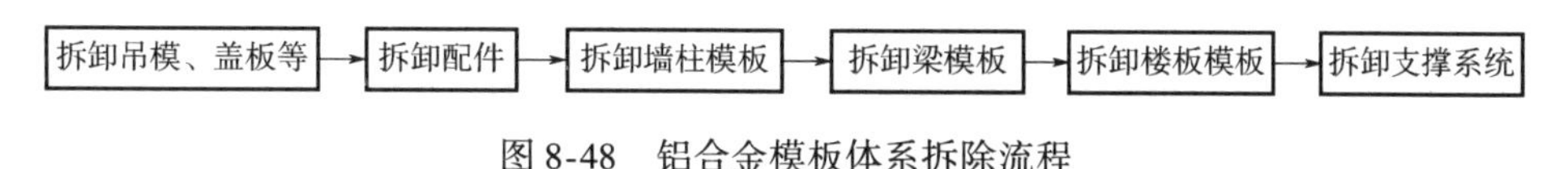

图8-48　铝合金模板体系拆除流程

3. 拆模要点

现场拆除模板时，应遵守下列规定：

（1）模板应及时拆除；模板拆除时，可采取先支的后拆、后支的先拆，先拆非承重模板、后拆承重模板的顺序，并应从上而下进行拆除。

（2）支撑及连接件应逐件拆卸，模板应逐块拆卸传递，拆除时不得损伤模板和混凝土。

（3）拆下的模板应及时进行清理，清理后的模板和配件均应分类堆放整齐，不得倚靠模板或支撑构件堆放。

（4）底模及支撑应在混凝土强度达到设计要求后再拆除。当底模支撑跨度≤2m时，混凝土强度达到设计强度的50%时方可拆底模；当设计无具体要求时，同条件养护的混凝土立方体试件抗压强度应符合规范规定。

（5）多个楼层间连续支模的底层支撑拆除时间，应根据连续支模的楼层间荷载分配和混凝土强度的增长情况确定。

（6）早拆支撑体系的支撑立杆间距不应大于2m。拆模时，应保留立杆并用顶托支撑楼板。

4. 铝合金模板的维修与保管

（1）模板和配件拆除后，应及时清除其上的粘结砂浆、杂物、脱模剂。对变形及损坏的模板及配件，应及时整形和修补。

（2）对暂不使用的模板，板面应涂刷脱模剂，焊缝开裂时应补焊，并按规格分类堆放。

（3）模板宜放在室内或敞棚内，模板的底面应垫离地面100mm以上。露天堆放时，地面应平整、坚实、有排水措施，模板底面应垫离地面200mm以上，至少有两个支点，且支点间距不大于800mm及离模板两端的距离不大于200mm，露天码放的总高度不大于2000mm，且有可靠的防倾覆措施。

（4）配件入库保存时，应分类存放，小件要点数装箱入袋，大件要整数成堆。

8.8 压型钢板模板

多高层钢结构建筑的楼面一般均为钢-混凝土组合结构，而且多数是用压型钢板与钢筋混凝土组成的组合楼层，其构造形式为：压型板 + 栓钉 + 钢筋 + 混凝土。这样楼层结构由栓钉将钢筋混凝土压型钢板和钢梁组合成整体。在施工期间，压型钢板同时起永久性模板作用，可避免漏浆并减少支拆模工作，加快施工进度。压型板在钢梁上搁置的情况如图 8-49 所示。

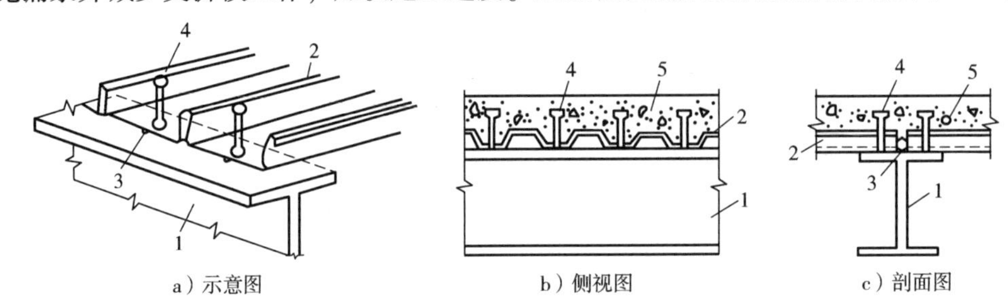

a）示意图　b）侧视图　c）剖面图

图 8-49　压型钢板模板示意图

1—钢梁　2—压型板　3—点焊　4—剪力栓　5—楼板混凝土

8.8.1 一般规定

压型钢板模板在施工阶段必须进行强度和变形验算，跨中变形应控制在 $L/200$，且≤20mm，如超过变形控制量，应铺板后在板下设临时支撑。

压型钢板模板使用时，应作构造处理，其构造形式与现浇混凝土叠合后是否组合成共同受力构件有关。

组合楼板端部设置栓钉锚固件，栓钉在压型钢板凹肋处要穿透压型钢板焊牢在钢梁上。

组合楼板采用光面开口压型钢板时需配置横向钢筋，有较高的防火要求时需配置纵向受拉钢筋，连续组合板或悬臂组合板需配置支座负弯矩钢筋。

对非组合板压型钢板选材不需采取特殊波槽、压痕的板型或采取其他构造措施，非组合板可不考虑压型钢板的防火要求。

8.8.2 施工工艺

1. 钢结构压型钢板模板

（1）钢结构压型钢板模板安装流程见图 8-50。

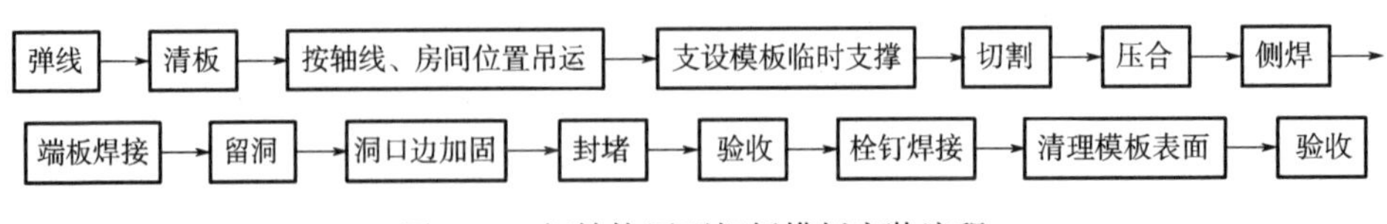

图 8-50　钢结构压型钢板模板安装流程

（2）钢结构压型钢板模板操作工艺应符合下列要求：

1）弹线时，先在铺板区的钢梁上弹出中心线，以此作为铺设压型钢板固定位置的控制线。确定压型钢板搭接钢梁的搭接宽度及压型钢板与钢梁熔透焊接的焊点位置。

2）因压型钢板长度方向与次梁平行，铺板后难以观测到次梁翼缘的具体位置，因此要先将次梁的中心线及次梁翼缘宽度反弹在主梁的翼缘板上，固定栓钉时应将次梁的中心线及次梁翼缘宽度再反弹到次梁上面的压型钢板上。

3）压型钢板模板铺设时，相邻跨模板端头的槽口应对其贯通。采用等离子切割机或剪板钳裁剪边角，裁切放线时富余量应控制在5mm范围内，浇筑混凝土时应采取措施，防止漏浆，且布料不宜过于集中，采用平板振动器及时分摊振捣。

4）模板应随铺设，随校正、调直、压实，随点焊，以防止模板松动、滑脱。压型钢板与压型钢板侧板间连接采用咬口钳压合，使单片压型钢板间连成整板。先点焊压型钢板侧边，再固定两端头，最后采用栓钉固定。

5）楼板与钢梁的搭接支承长度不得少于75mm，栓钉直径根据板的跨度设计要求采用。

6）压型钢板模板底部应设置临时支撑和木龙骨。支撑应垂直于模板跨度方向设置，其数量按模板在施工前变形控制计算量及有关规定确定。

7）组合式楼板与钢梁栓钉焊接时，栓钉的规格、型号和焊接位置，应按设计要求确定。焊前根据弹出的栓钉位置线，处理压型钢板表面的镀锌层。栓钉施焊前，必须对不同材质、不同规格、不同厂家、不同批号生产的栓钉，采用不同型号的焊机及焊枪进行与现场同条件的工艺参数试验。

8）焊接瓷环是栓钉焊的一次性辅助焊接材料，其中心孔的内外直径、椭圆度应符合设计要求，薄厚均匀，不得使用已经破裂和有缺陷的瓷环。

9）栓钉焊接的电源，应与其他电源分开，工作区应远离磁场，或采取防磁措施。栓钉焊接后，以四周熔化的金属成均匀小圈且无缺陷为合格。

2. 混凝土结构压型钢板模板

（1）混凝土结构压型钢板模板安装流程见图8-51。

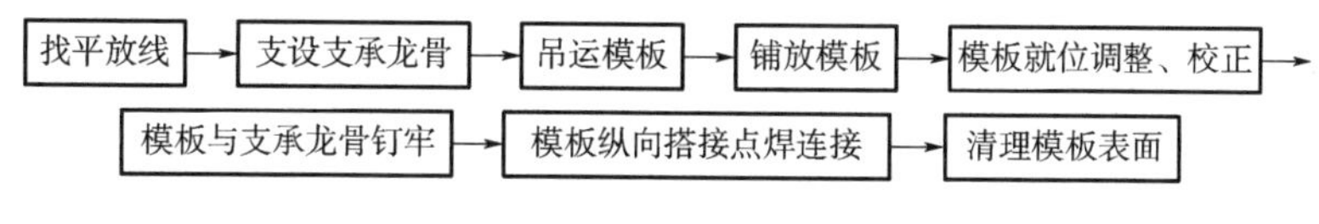

图8-51　混凝土结构压型钢板模板安装流程

（2）混凝土结构压型钢板的操作工艺应符合下列要求：

1）支撑系统应按模板在施工阶段的变形量控制要求、施工方案设置，支撑系统应满足承载力、刚度和整体稳固性要求。支撑龙骨应垂直于模板跨度方向布置，模板搭接处和端部均应放置龙骨。端部不允许有悬臂现象。

2）压型钢板安装，应先搁置在支撑龙骨上，由人工拆捆、单块抬运和铺设。

3）模板应随铺放随校正，随与支撑龙骨固定，然后将搭接部位点焊牢固。

本章术语释义

序号	术语	含义
1	面板	与新浇混凝土直接接触的承力板，包括拼装的板和加肋的板。面板的种类有钢、木、胶合板、塑料、铝合金板等
2	支架	支撑面板用的楞梁、立柱、连接件、斜撑、剪刀撑和水平拉条等构件的总称

（续）

序号	术语	含义
3	连接件	面板与楞梁的连接、面板自身的拼接、支架结构自身的连接和其中二者相互间连接所用的零配件，包括卡销、螺栓、扣件、卡具、拉杆等
4	对拉螺栓	连接墙体两侧模板，承受新浇混凝土侧压力的专用螺栓
5	模板体系	由面板、支架和连接件三部分系统组成的体系，简称模板
6	支架立柱	直接支撑主楞的受压结构构件，又称支撑柱、立柱
7	组合钢模板	由钢模板和配件两大部分组成。钢模板的肋高为55mm，宽度、长度和孔距采用模数制设计。钢模板经专用设备压轧成型并焊接，采用配套的通用配件，能组合拼装成不同尺寸的板面和整体模架
8	钢框胶合板模板	由胶合板或竹胶合板与钢框构成的模板
9	大模板	模板尺寸和面积较大且有足够承载能力，整装整拆，可多次使用的大型模板
10	电梯筒模	由定型钢模板和铰链式角模组成，内设可调支撑系统且整装整拆的筒形模板
11	塑料复合模板	由热塑性树脂添加增强复合材料和助剂，经热塑成型加工而成，可回收处理并再生利用的建筑模板
12	铝合金模板	由铝合金材料制作而成的模板，包括平面模板和转角模板等
13	液压爬升模板	爬模装置通过承载体附着或支承在混凝土结构上，当新浇筑的混凝土脱模后，以液压油缸或液压升降千斤顶为动力，以导轨或支承杆为爬升轨道，将爬模装置向上爬升一层，反复循环作业的施工工艺，简称爬模
14	永久性模板	指作为模板的材料在浇筑混凝土后不再拆除，成为钢筋混凝土结构的一部分协同受力，或成为结构的保护层的预制板材
15	配模	在施工设计中所包括的模板排列图、连接件和支撑件布置图，以及细部结构、异形模板和特殊部位详图
16	早拆模板体系	在模板支架立柱的顶端，采用柱头的特殊构造装置来保证国家现行标准所规定的拆模原则下，达到早期拆除部分模板的体系
17	模板早拆施工	在保证现浇钢筋混凝土水平构件施工质量及安全的基础上，利用混凝土早期强度，保留结构所需支撑，拆除已经完成构件成型和荷载传递作用部分模架的施工工艺

第 9 章

混凝土工程

混凝土工程施工包括混凝土的制备、运输、浇筑、振捣、养护等环节。各工序具有紧密的联系和影响，必须保证每一工序的质量；不同结构体系、不同类型构件的施工方法和控制要点均不相同，施工中要针对构件特点，采取适宜的施工方法，以确保混凝土的施工质量。

9.1 混凝土泵送

混凝土的现场运输，除采用泵送外，还可采用吊车 + 斗容器及升降设备 + 小车等输送方式（表 9-1）。无论采用何种输送方式，输送混凝土的管道、容器、溜槽不应吸水、漏浆，并应保证输送通畅。输送混凝土时，还应根据工程所处环境条件采取保温、隔热、防雨等措施。

表 9-1 混凝土其他输送方式

输送方式	控制要点
吊车 + 斗容器	（1）应根据不同结构类型以及混凝土浇筑方法选择不同的斗容器 （2）斗容器的容量应根据吊车吊运能力确定 （3）运输至施工现场的混凝土宜直接装入斗容器进行输送 （4）斗容器宜在浇筑点直接布料
升降设备 + 小车	（1）升降设备和小车的配备数量、小车行走路线及卸料点位置应能满足混凝土浇筑需要 （2）运输至施工现场的混凝土宜直接装入小车进行输送，小车宜在靠近升降设备的位置进行装料

9.1.1 输送泵的选择及布置原则

混凝土输送宜采用泵送方式。混凝土输送泵的选择及布置应符合下列规定：

（1）输送泵的选型应根据工程特点、混凝土输送高度和距离、混凝土工作性能确定。

（2）输送泵的数量应根据混凝土浇筑量和施工条件确定，必要时应设置备用泵。

（3）输送泵设置的位置应满足施工要求，场地应平整、坚实，道路应畅通。

（4）输送泵的作业范围不得有阻碍物；输送泵设置位置应有防范高空坠物的设施。

9.1.2 泵管与支架的设置原则

混凝土输送泵管与支架的设置应符合下列规定：

（1）混凝土输送泵管应根据输送泵的型号、拌合物性能、总输出量、单位输出量、输送距离以及粗集料粒径等进行选择。

（2）混凝土粗集料最大粒径不大于 25mm 时，可采用内径不小于 125mm 的输送泵管；混凝土粗集料最大粒径不大于40mm时，可采用内径不小于150mm的输送泵管。

（3）输送泵管安装连接应严密，输送泵管道转向宜平缓。

（4）输送泵管应采用支架固定，支架应与结构牢固连接，输送泵管转向处支架应加密；支架应通过计算确定，设置位置的结构应进行验算，必要时应采取加固措施。

（5）向上输送混凝土时，地面水平输送泵管的直管和弯管总的折算长度不宜小于竖向输送高度的20%，且不宜小于15m。

（6）输送泵管倾斜或垂直向下输送混凝土，且高差大于20m时，应在倾斜或竖向管下端设置直管或弯管，直管或弯管总的折算长度不宜小于高差的1.5倍。

（7）输送高度大于100m时，混凝土输送泵出料口处的输送泵管位置应设置截止阀。

（8）混凝土输送泵管及其支架应经常进行检查和维护。

9.1.3 输送布料设备的设置

混凝土输送布料设备的设置应符合下列规定：

（1）布料设备的选择应与输送泵相匹配；布料设备的混凝土输送管内径宜与混凝土输送泵管内径相同。

（2）布料设备的数量及位置应根据布料设备工作半径、施工作业面大小以及施工要求确定。

（3）布料设备应安装牢固，且应采取防倾覆措施；布料设备安装位置处的结构或专用装置应进行验算，必要时应采取加固措施。

（4）应经常对布料设备的弯管壁厚进行检查，磨损较大的弯管应及时更换。

（5）布料设备作业范围不得有阻碍物，并应有防范高空坠物的设施。

9.1.4 混凝土可泵性要求

混凝土可泵性表示混凝土在泵压下沿输送管道流动的难易程度以及稳定程度的特性。表征普通混凝土可泵性的指标包括入泵坍落度、扩展度、倒置坍落度筒排空时间和坍落度经时损失等，这些指标宜符合表9-2的规定。

表9-2 普通混凝土可泵性指标要求

最大泵送高度/m	50	100	200	400	400以上
入泵坍落度/mm	100～140	150～180	190～220	230～260	—
入泵扩展度/mm	—	—	—	450～590	600～740
倒置坍落度筒排空时间/s	—	—	<10		
坍落度经时损失/（mm/h）	—	—	≤30		

泵送高强混凝土坍落度、扩展度宜符合表9-3的规定。

表9-3 高强混凝土可泵性指标要求

项目	技术要求
坍落度/mm	≥220
扩展度/mm	≥500

9.1.5 泵送混凝土施工工艺

1. 混凝土泵送施工流程

混凝土泵送的施工流程如图9-1所示。

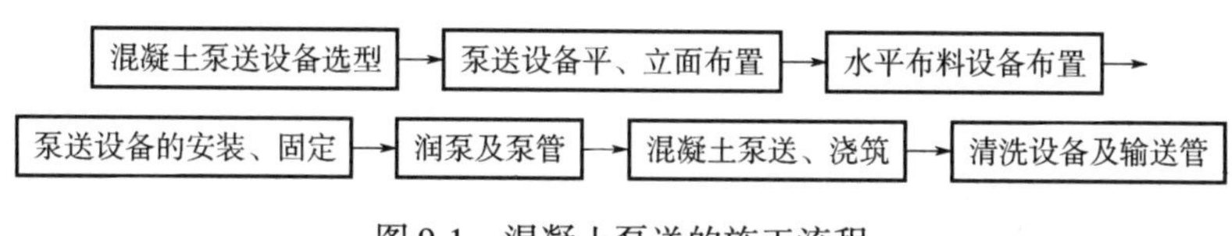

图9-1 混凝土泵送的施工流程

2. 混凝土泵送设备选型

混凝土泵送设备选型应符合下列规定：

（1）混凝土泵的选型，根据混凝土工程特点、要求的最大输送距离、最大输出量及混凝土浇筑计划确定。

（2）混凝土泵的实际平均输出量可根据混凝土泵的最大输出量、配管情况和作业效率，按式（9-1）计算：

$$Q_1 = \eta \alpha_1 Q_{max} \tag{9-1}$$

式中 Q_1——每台混凝土泵的实际平均输出量（m^3/h）；

Q_{max}——每台混凝土泵的最大输出量（m^3/h）；

α_1——配管条件系统，可取0.8～0.9；

η——作业效率。根据混凝土搅拌运输车向混凝土泵供料的间断时间、拆装混凝土输送管和布料停歇等情况，可取0.5～0.7。

（3）混凝土泵的配备数量应符合下列规定：

1）混凝土泵的配备数量可根据混凝土浇筑体积量、单机的实际平均输出量和计划施工作业时间，按式（9-2）计算：

$$N_2 = \frac{Q}{Q_1 T_0} \tag{9-2}$$

式中 N_2——混凝土泵数量（台）；

Q——混凝土浇筑数量（m^3）；

Q_1——每台混凝土泵的实际平均输出量（m^3/h）；

T_0——混凝土泵送施工作业时间（h）。

2）重要工程混凝土泵送及超高混凝土泵送施工，混凝土泵的所需台数，除根据计算确定外，宜有一定的备用台数。

（4）混凝土泵的额定工作压力应大于按式（9-3）计算的混凝土最大泵送阻力：

$$P_{max} = \frac{\Delta P_H L}{10^6} + P_f \tag{9-3}$$

式中 P_{max}——混凝土最大泵送阻力（MPa）；

L——各类布置状态下混凝土输送管路系统的累计水平换算距离，可按表9-4换算累加确定（m）；

ΔP_H——混凝土在水平输送管内流动每米产生的压力损失（Pa/m）；

P_f——混凝土泵送系统附件及泵体内部压力损失（MPa）。

表 9-4　混凝土输送管的水平换算长度

管类别或布置状态	换算单位	管规格		水平换算长度/m
向上垂直管	每米	管径/mm	100	3
			125	4
			150	5
倾斜向上管（输送管倾斜角为 α，见图 9-2）	每米	管径/mm	100	$\cos\alpha+3\sin\alpha$
			125	$\cos\alpha+4\sin\alpha$
			150	$\cos\alpha+5\sin\alpha$
垂直向下及倾斜向下管	每米	—		1
锥形管	每根	锥径变化/mm	175→150	4
			150→125	8
			125→100	16
弯管（弯头张角为 β，$\beta\leqslant 90°$，见图 9-2）	每只	弯曲半径/mm	500	$12\beta/90$
			1000	$9\beta/90$
胶管	每根	长 3～5m		20

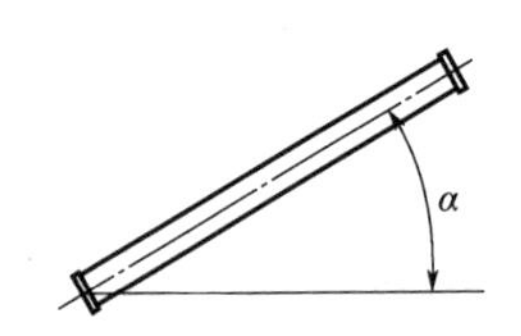

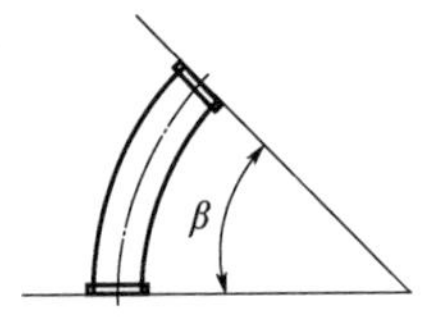

图 9-2　布管计算角度示意

（5）混凝土泵的最大水平输送距离，可按下列方法之一确定：

1）由试验确定。

2）参照产品的性能表或性能曲线确定。

3）可根据混凝土泵的最大出口压力、配管情况、混凝土性能指标和输出量，按式（9-4）计算确定：

$$L_{max}=\frac{P_e-P_f}{\Delta P_H}\times 10^6 \tag{9-4}$$

式中　L_{max}——混凝土泵的最大水平输送距离（m）；

P_e——混凝土泵额定工作压力（MPa）；

P_f——混凝土泵送系统附件及泵体内部压力损失（MPa）；可按表 9-5 取值累加计算；

ΔP_H——混凝土在水平输送管内流动每米产生的压力损失（Pa/m），可按式（9-5）到式（9-7）计算。

$$\Delta P_H=\frac{2}{r}\left[K_1+K_2\left(1+\frac{t_2}{t_1}\right)V_2\right]\alpha_2 \tag{9-5}$$

$$K_1=300-S_1 \tag{9-6}$$

$$K_2=400-S_1 \tag{9-7}$$

式中　r——混凝土输送管半径（m）；

K_1——粘着系数（Pa）；

K_2——速度系数（Pa·s/m）；

S_1——混凝土坍落度（mm）；

t_2/t_1——混凝土泵分配阀切换时间与活塞推压混凝土时间之比，一般取0.3；

V_2——混凝土拌合物在输送管内的平均流速（m/s）；

α_2——径向压力与轴向压力之比，对普通混凝土取0.90。

表9-5　混凝土泵送系统附件的估算压力损失

附件名称		换算单位	估算压力损失/MPa
管路截止阀		每个	0.1
泵体附属结构	分配阀	每个	0.2
	启动内耗	每台泵	1.0

（6）输送管应具有与泵送条件相适应的强度且管段无龟裂、无凹凸损伤和无弯折。应根据粗集料最大粒径、混凝土泵型号、混凝土输出量和输送距离、输送难易程度等要求按表9-6、表9-7选择混凝土输送管，混凝土输送管应具有出厂合格证。超高泵送应根据最大泵送压力计算出最小壁厚值，泵送最大压力与混凝土输送管壁厚的最小值关系可按表9-8确定。

表9-6　常用混凝土输送管规格

混凝土输送管种类		管径/mm		
		100	125	150
有缝直管	外径	109.0	135.0	159.2
	内径	105.0	131.0	155.2
	壁厚	2.0	2.0	2.0
高压直管	外径	114.3	139.8	165.2
	内径	105.3	130.8	155.2
	壁厚	4.5	4.5	5.0

表9-7　混凝土输送管管径与粗集料最大粒径的关系

粗集料最大粒径/mm	输送管最小管径/mm
25	125
40	150

表9-8　泵送最大压力与混凝土输送管壁厚最小值关系

最大泵送压力/MPa	最小壁厚/mm
7	4
16	7.5（从混凝土泵出口至1/2管道长度）
	4（其余1/2管道长度）
21	7.5（从混凝土泵出口至2/3管道长度）
	4（其余1/3管道长度）

3. 泵送设备平、立面布置

泵送设备平、立面布置应符合下列规定：

（1）泵设置位置应场地平整，道路通畅，供料方便，距离浇筑地点近，便于配管，供电、供水、排水便利，超高泵送施工混凝土泵设置地面应水平、平整且进行硬化。

（2）作业范围内不得有高压线等障碍物。

（3）泵送管布置宜缩短管路长度，尽量少用弯管。输送管的铺设应保证施工安全，便于清洗管道、排除故障和维修。

（4）在同一管路中应选择管径相同的混凝土输送管，除终端出口处外，不得采用软管，输送管的新、旧程度应尽量相同，新管与旧管连接使用时，新管应布置在泵送压力较大处，管路要布置得横平竖直。

（5）管路布置应先安排浇筑最远处，由远向近依次后退进行浇筑，避免泵送过程中接管。

（6）垂直向上配管时，地面水平管长度不宜小于15m，且不宜小于垂直管长度的1/5。垂直泵送高度超过100m时，混凝土泵机出料口处应设置防止混凝土拌合物反流的截止阀，固定水平管的支架应靠近管的接头处，以便拆除、清洗管道。

（7）超高泵送垂直向上配管时，地面水平管换算长度不宜小于垂直管长度的1/5，且不小于30m，竖向泵管可设置水平缓冲层。泵机出料口附近、垂直输送管和水平管转换处的水平管上应设置截止阀，防止混凝土拌合物反流。

（8）倾斜或垂直向下配管时，应在斜管或垂直管上端设置排气阀，当高差大于20m时，应在倾斜或垂直管下端设置弯管或水平管，弯管和水平管折算长度不宜小于1.5倍高差。

（9）泵送地下结构的混凝土时，地上水平管轴线应与Y形出料口轴线垂直。

4. 布料设备平面布置

布料设备平面布置应符合下列规定：

（1）布料设备的选型与布置应根据浇筑混凝土的平面尺寸、配管、布料半径等要求确定，并应与混凝土输送泵相匹配。若布料设备布置在核心筒模架施工平台上，应对模架平台进行受力验算。

（2）布料设备应覆盖整个施工面，并应均匀、迅速进行布料。

5. 泵送设备的安装、固定

泵送设备的安装、固定应符合下列规定：

（1）泵管安装、固定前应进行泵送设备设计，画出平面布置图和竖向布置图。

（2）高层建筑采用接力泵泵送时，接力泵的设置位置应使上、下泵送能力匹配，对设置接力泵的楼面应进行结构受力验算，当强度和刚度不能满足要求时应采取加固措施。

（3）输送管路应保证连接牢固、稳定，弯管处应加设牢固的嵌固点，输送管接头应严密，卡箍处应有足够强度，不漏浆，并能快速拆装。

（4）水平向输送管宜采用混凝土墩及卡具固定。垂直向输送管支架宜设置结构预埋件，支架与埋件焊接，采用卡具固定。每根垂直管应有两个或两个以上固定点，垂直管下端的弯管不能作为上部管道的支撑点，应设置刚性支撑承受垂直重量。

（5）与泵机出口锥管直接相连的输送管应加以固定，便于清理管路时拆装方便。

（6）各管卡应紧到位，保证接头密封严密，不漏浆、不漏气。各管、卡与地面或支撑物不应有硬接触，要保留一定间隙，便于拆装。

（7）泵送管不得直接支撑固定在钢筋、模板、预埋件上。

（8）布料设备应安设牢固和稳定，并不得碰撞或直接搁置在模板或钢筋骨架上。

6. 泵送施工

泵送混凝土施工应符合下列规定：

（1）泵送混凝土前，应先把储料斗内清水从管道泵出，再向料斗内加入与混凝土内除粗集料外的其他成分相同配合比的水泥砂浆，润滑用的水泥砂浆应分散布料，不得集中浇筑在同一处。润滑管道后可开始泵送混凝土。

（2）开始泵送时，泵送速度宜放慢，油压变化应在允许范围内，待泵送顺利后，用正常速度进行泵送。采用多泵同时进行大体积混凝土浇筑施工时，应依顺序逐一启动每台泵，待泵送顺利后，启动下一台泵。

（3）泵送期间，料斗内的混凝土量应保持不低于缸筒口上10mm到料斗口下150mm之间为宜。

（4）混凝土泵送应连续作业。混凝土泵送、浇筑及间歇的全部时间不应超过混凝土的初凝时间。如应中断时，其中断时间不得超过混凝土从搅拌至浇筑完毕所允许的延续时间。在混凝土泵送过程中，有计划中断时，应在预先确定的中断部位停止泵送，且中断时间不宜超过1h。

（5）当混凝土供应不及时，宜采取间歇泵送方式，放慢泵送速度。间歇泵送可采用每隔4~5min进行两个行程反泵，再进行两个行程正泵的泵送方式。

（6）冬期混凝土输送管应用保温材料包裹，保证混凝土的入模温度。在高温季节泵送，应洒水降温，以降低入模温度。

7. 混凝土浇筑

混凝土浇筑应符合下列规定：

（1）混凝土浇筑前，应根据工程结构的特点、平面形状和几何尺寸、混凝土供应和泵送设备能力、劳动力和管理能力，以及周围场地等条件，预先划分好混凝土浇筑区域。

（2）当采用输送管输送混凝土时，应由远而近浇筑；同一区域的混凝土，应按先竖向结构后水平结构的顺序，分层连续浇筑；当不允许留施工缝时，区域之间、上下层之间的混凝土浇筑间歇时间，不得超过混凝土初凝时间；当下层混凝土初凝后，浇筑上层混凝土时，应先按预留施工缝的有关规定处理后再开始浇筑。

（3）在浇筑竖向结构混凝土时，布料设备的出口离模板内侧面不应小于50mm，且不得向模板内侧面直冲布料，也不得直冲钢筋骨架；浇筑水平结构混凝土时，不得在同一处连续布料，应在2~3m范围内水平移动布料，且宜垂直于模板布料。

（4）竖向构件的混凝土浇筑的最大厚度应为振捣器作用部分长度的1.25倍，宜为300~500mm。水平构件的混凝土浇筑厚度超过500mm时，应按1∶6~1∶10坡度分层浇筑。

（5）振捣泵送混凝土时，应按分层浇筑厚度分别进行振捣，振捣器的前端应插入前一层混凝土中，插入深度不应小于50mm；振捣器应垂直于混凝土表面并快插慢拔均匀振捣；当混凝土表面无明显塌陷、有水泥浆出现、不再冒气泡时，应结束该部位振捣；振捣器与模板的距离不应大于振捣器作用半径的50%；振捣插点间距不应大于振捣器的作用半径的1.4倍。

（6）对于有预留洞、预埋件和钢筋太密的部位，应预先制定技术措施，确保顺利布料和振捣密实。在浇筑混凝土时，应经常观察，当发现混凝土有不密实等现象，应立即采取措施予以纠正。

（7）水平结构的混凝土表面，适时用木抹子抹平搓毛两遍以上。必要时，先用铁滚筒压两遍以上，防止产生收缩裂缝。

（8）高强泵送混凝土的浇筑应采用高频振捣器捣实。

8. 设备清洗

清洗设备及输送管应符合下列规定：

（1）泵送完毕，应立即清洗混凝土泵和输送管，管道拆卸后按不同规格分类堆放。

（2）清理输送管时，采用空气压缩机推动清洗球。先接好专用清洗水，再启动空压机，渐进加压。清洗过程中，应随时敲击输送管，了解混凝土是否接近排空。当输送管内尚有10m左右混凝土时，应将压缩机缓慢减压，防止出现大喷爆和伤人。

（3）整个余料回收和管道清洗过程中，应对余料和污水进行收集处理。泵送混凝土余料回收，可采用水洗回收或气洗回收。

（4）管道清洗应至有清水出来为止。

9. 其他注意事项

（1）混凝土供应要连续、稳定以保证混凝土泵能连续工作。

（2）当混凝土可泵性差或混凝土出现泌水、离析而难以泵送时，应立即对配合比、混凝土泵、配管及泵送工艺等在预拌混凝土供货方监督指导下进行研究，并采取相应措施解决。

（3）混凝土泵若出现压力过高且不稳定、油温升高、输送管明显振动及泵送困难等现象时，不得强行泵送，应立即查明原因予以排除。在有人员通过之处的高压管段、距混凝土泵出口较近的弯管，宜设置安全防护设施。

（4）混凝土泵料斗上应设置筛网，并设专人监视进料，避免因直径过大的集料或异物进入而造成堵塞。

（5）超高泵送发生堵管时，应关闭截止阀，对堵塞部位混凝土进行卸压，混凝土彻底卸压后方可进行拆卸，禁止直接拆卸超高压泵管的连接部位。排除堵塞后重新泵送或清洗混凝土泵时，末端输送管的出口应固定，并应朝向安全方向。

（6）堵管疏通后，重新泵送前，应采取措施排除管内空气，布料设备的出口应朝安全方向，防止混凝土等堵塞物高速飞出导致人员伤害。

（7）泵送完毕后，应认真清洗料斗及输送管道系统。

（8）应定期检查输送管道和布料管道的磨损情况，弯头部位应重点检查，对磨损较大、不符合使用要求的管道应及时更换。

9.2 混凝土浇筑

9.2.1 混凝土浇筑一般规定

浇筑混凝土前，应清除模板内或垫层上的杂物。表面干燥的地基、垫层、模板上应洒水湿润；现场环境温度高于35℃时，宜对金属模板进行洒水降温；洒水后不得留有积水。

混凝土浇筑应保证混凝土的均匀性和密实性。混凝土宜一次连续浇筑。混凝土应分层浇筑，分层厚度应符合施工方案要求，上层混凝土应在下层混凝土初凝之前浇筑完毕。

混凝土运输、输送入模的过程应保证混凝土连续浇筑，从运输到输送入模的延续时间不宜超过表9-9的规定，且不应超过表9-10的规定。掺早强型减水剂、早强剂的混凝土，以及有特殊要求的混凝土，应根据设计及施工要求，通过试验确定允许时间。

表 9-9　运输到输送入模的延续时间（min）

条件	时间	
	气温≤25℃	气温＞25℃
不掺外加剂	90	60
掺外加剂	150	120

表 9-10　运输、输送入模及其间歇总的时间限值（min）

条件	时间	
	气温≤25℃	气温＞25℃
不掺外加剂	180	150
掺外加剂	240	210

混凝土浇筑的布料点宜接近浇筑位置，应采取减少混凝土下料冲击的措施，并应符合下列规定：

（1）宜先浇筑竖向结构构件，后浇筑水平结构构件。

（2）浇筑区域结构平面有高差时，宜先浇筑低区部分，再浇筑高区部分。

柱、墙模板内的混凝土浇筑不得发生离析，倾落高度应符合表 9-11 的规定；当不能满足要求时，应加设串筒、溜管、溜槽等装置。

表 9-11　柱、墙模板内混凝土浇筑倾落高度限值

条件	浇筑倾落高度限值/m
粗集料粒径大于 25mm	≤3
粗集料粒径小于等于 25mm	≤6

注：当有可靠措施能保证混凝土不产生离析时，混凝土倾落高度可不受本表限制。

混凝土浇筑后，在混凝土初凝前和终凝前，宜分别对混凝土裸露表面进行抹面处理。

9.2.2　节点、施工缝、后浇带处理原则

1. 柱、墙与梁板节点施工

柱、墙混凝土设计强度等级高于梁、板混凝土设计强度等级时，混凝土浇筑应符合下列规定：

（1）柱、墙混凝土设计强度比梁、板混凝土设计强度高一个等级时，柱、墙位置梁、板高度范围内的混凝土经设计单位确认，可采用与梁、板混凝土设计强度等级相同的混凝土进行浇筑。

（2）柱、墙混凝土设计强度比梁、板混凝土设计强度高两个等级及以上时，应在交界区域采取分隔措施；分隔位置应在低强度等级的构件中，且距高强度等级构件边缘不应小于 500mm。

（3）宜先浇筑强度等级高的混凝土，后浇筑强度等级低的混凝土。

2. 施工缝、后浇带施工

施工缝或后浇带处浇筑混凝土，应符合下列规定：

（1）结合面应为粗糙面，并应清除浮浆、松动石子、软弱混凝土层。

（2）结合面处应洒水湿润，但不得有积水。

（3）施工缝处已浇筑混凝土的强度不应小于 1.2MPa。

（4）柱、墙水平施工缝水泥砂浆接浆层厚度不应大于30mm，接浆层水泥砂浆应与混凝土浆液成分相同。

（5）后浇带混凝土强度等级及性能应符合设计要求；当设计无具体要求时，后浇带混凝土强度等级宜比两侧混凝土提高一级，并宜采用减少收缩的技术措施。

9.2.3 典型结构构件施工要点

表9-12列出了几种典型混凝土构件浇筑施工要点。

表9-12 各类混凝土构件浇筑施工要点

序号	构件类型	浇筑施工要点
1	超长结构混凝土	（1）可留设施工缝分仓浇筑，分仓浇筑间隔时间不应少于7d （2）当留设后浇带时，后浇带封闭时间不得少于14d （3）超长整体基础中调节沉降的后浇带，混凝土封闭时间应通过监测确定，应在差异沉降稳定后封闭后浇带 （4）后浇带的封闭时间尚应经设计单位确认
2	型钢混凝土结构	（1）混凝土粗集料最大粒径不应大于型钢外侧混凝土保护层厚度的1/3，且不宜大于25mm （2）浇筑应有足够的下料空间，并应使混凝土充盈整个构件各部位 （3）型钢周边混凝土浇筑宜同步上升，混凝土浇筑高差不应大于500mm
3	钢管混凝土结构	（1）宜采用自密实混凝土浇筑 （2）混凝土应采取减少收缩的技术措施 （3）钢管截面较小时，应在钢管壁适当位置留有足够的排气孔，排气孔孔径不应小于20mm。浇筑混凝土应加强排气孔观察，并应确认浆体流出和浇筑密实后再封堵排气孔 （4）当采用粗集料粒径不大于25mm的高流态混凝土或粗集料粒径不大于20mm的自密实混凝土时，混凝土最大倾落高度不宜大于9m；倾落高度大于9m时，宜采用串筒、溜槽、溜管等辅助装置进行浇筑 （5）混凝土从管顶向下浇筑时应符合下列规定： 1）浇筑应有足够的下料空间，并应使混凝土充盈整个钢管 2）输送管端内径或斗容器下料口内径应小于钢管内径，且每边应留有不小于100mm的间隙 3）应控制浇筑速度和单次下料量，并应分层浇筑至设计标高 4）混凝土浇筑完毕后应对管口进行临时封闭 （6）混凝土从管底顶升浇筑时应符合下列规定： 1）应在钢管底部设置进料输送管，进料输送管应设止流阀门，止流阀门可在顶升浇筑的混凝土达到终凝后拆除 2）应合理选择混凝土顶升浇筑设备；应配备上、下方通信联络工具，并应采取可有效控制混凝土顶升或停止的措施 3）应控制混凝土顶升速度，并均衡浇筑至设计标高
4	自密实混凝土	（1）应根据结构部位、结构形状、结构配筋等确定合适的浇筑方案 （2）自密实混凝土粗集料最大粒径不宜大于20mm （3）浇筑应能使混凝土充填到钢筋、预埋件、预埋钢构件周边及模板内各部位 （4）自密实混凝土浇筑布料点应结合拌合物特性选择适宜的间距，必要时可通过试验确定混凝土布料点下料间距
5	清水混凝土结构	（1）应根据结构特点进行构件分区，同一构件分区应采用同批混凝土，并应连续浇筑 （2）同层或同区内混凝土构件所用材料牌号、品种、规格应一致，并应保证结构外观色泽符合要求 （3）竖向构件浇筑时应严格控制分层浇筑的间歇时间

（续）

序号	构件类型	浇筑施工要点
6	预应力结构混凝土	（1）应避免成孔管道破损、移位或连接处脱落，并应避免预应力筋、锚具及锚垫板等移位 （2）预应力锚固区等配筋密集部位应采取保证混凝土浇筑密实的措施 （3）先张法预应力混凝土构件，应在张拉后及时浇筑混凝土

9.3　混凝土振捣

混凝土振捣应采用插入式振动棒、平板振动器或附着振动器，必要时可采用人工辅助振捣。混凝土振捣应能使模板内各个部位混凝土密实、均匀，不应漏振、欠振、过振。不同振捣设备的施工要点见表9-13。

表9-13　各种振捣设备的施工要点

设备类型	施工要点
插入式振动棒	（1）应按分层浇筑厚度分别进行振捣，振动棒的前端应插入前一层混凝土中，插入深度不应小于50mm （2）振动棒应垂直于混凝土表面并快插慢拔均匀振捣；当混凝土表面无明显塌陷、有水泥浆出现、不再冒气泡时，应结束该部位振捣 （3）振动棒与模板的距离不应大于振动棒作用半径的50%；振捣插点间距不应大于振动棒的作用半径的1.4倍
平板振动器	（1）平板振动器振捣应覆盖振捣平面边角 （2）平板振动器移动间距应覆盖已振实部分的混凝土边缘 （3）振捣倾斜表面时，应由低处向高处进行振捣
附着振动器	（1）附着振动器应与模板紧密连接，设置间距应通过试验确定 （2）附着振动器应根据混凝土浇筑高度和浇筑速度，依次从下往上振捣 （3）模板上同时使用多台附着振动器时，应使各振动器的频率一致，并应交错设置在相对面的模板上

混凝土分层振捣的最大厚度应符合表9-14的规定。

表9-14　混凝土分层振捣的最大厚度

振捣方法	混凝土分层振捣最大厚度
插入式振动棒	振动棒作用部分长度的1.25倍
平板振动器	200mm
附着振动器	根据设置方式，通过试验确定

特殊部位的混凝土应采取下列加强振捣措施：

（1）宽度大于0.3m的预留洞底部区域，应在洞口两侧进行振捣，并应适当延长振捣时间；宽度大于0.8m的洞口底部，应采取特殊的技术措施。

（2）后浇带及施工缝边角处应加密振捣点，并应适当延长振捣时间。

（3）钢筋密集区域或型钢与钢筋结合区域，应选择小型振动棒辅助振捣、加密振捣点，并应适当延长振捣时间。

（4）对于基础大体积混凝土浇筑流淌形成的坡脚，不得漏振。

9.4 混凝土养护

混凝土浇筑后应及时进行保湿养护，保湿养护可采用洒水、覆盖、喷涂养护剂等方式。养护方式应根据现场条件、环境温湿度、构件特点、技术要求、施工操作等因素确定。各种养护方式的具体要求见表9-15。

表9-15 不同养护方式的具体要求

序号	养护方式	养护要点
1	洒水养护	（1）洒水养护宜在混凝土裸露表面覆盖麻袋或草帘后进行，也可采用直接洒水、蓄水等养护方式；洒水养护应保证混凝土表面处于湿润状态 （2）洒水养护用水应符合《混凝土用水标准》JGJ 63的规定 （3）当日最低温度低于5℃时，不应采用洒水养护
2	覆盖养护	（1）覆盖养护宜在混凝土裸露表面覆盖塑料薄膜、塑料薄膜加麻袋、塑料薄膜加草帘进行 （2）塑料薄膜应紧贴混凝土裸露表面，塑料薄膜内应保持有凝结水 （3）覆盖物应严密，覆盖物的层数应按施工方案确定
3	喷涂养护剂	（1）应在混凝土裸露表面喷涂覆盖致密的养护剂进行养护 （2）养护剂应均匀喷涂在结构构件表面，不得漏喷；养护剂应具有可靠的保湿效果，保湿效果可通过试验检验 （3）养护剂使用方法应符合产品说明书的有关要求

工程施工时，往往同时采用多种养护方式，如基础大体积混凝土裸露表面应采用覆盖养护方式：当混凝土浇筑体表面以内40～100mm位置的温度与环境温度的差值小于25℃时，可结束覆盖养护。覆盖养护结束但尚未达到养护时间要求时，可采用洒水养护方式直至养护结束。柱、墙混凝土养护时，地下室底层和上部结构首层柱、墙混凝土带模养护时间，不应少于3d；带模养护结束后，可采用洒水养护方式继续养护，也可采用覆盖养护或喷涂养护剂养护方式继续养护；其他部位柱、墙混凝土可采用洒水养护，也可采用覆盖养护或喷涂养护剂养护。

混凝土的养护时间应符合表9-16规定：

表9-16 混凝土养护时间

序号	混凝土类别	养护时间
1	硅酸盐水泥、普通硅酸盐水泥或矿渣硅酸盐水泥配制的混凝土	不应少于7d
2	采用其他品种水泥配制的混凝土	根据水泥性能确定
3	采用缓凝型外加剂、大掺量矿物掺合料配制的混凝土	不应少于14d
4	抗渗混凝土、自密实混凝土、强度等级C60及以上的混凝土	不应少于14d
5	后浇带混凝土	不应少于14d
6	大体积混凝土	不宜少于14d
7	地下室底层墙、柱和上部结构首层墙、柱	宜适当增加养护时间

混凝土强度达到1.2MPa前，不得在其上踩踏、堆放物料、安装模板及支架。同条件养护试件的养护条件应与实体结构部位养护条件相同，并应妥善保管。

9.5　框架结构混凝土施工

9.5.1　柱混凝土浇筑

1. 施工工艺流程

框架结构柱混凝土施工工艺流程见图9-3。

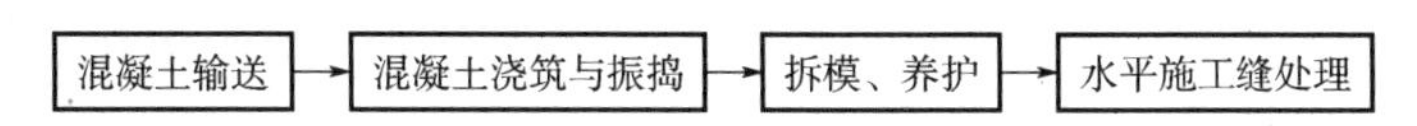

图9-3　框架结构柱混凝土施工工艺流程

2. 混凝土浇筑

柱的混凝土浇筑应符合下列规定：

（1）混凝土浇筑不得发生离析，倾落高度应符合表9-17的规定，当不能满足要求时，应加设串筒、溜管、溜槽等装置。

表9-17　柱混凝土浇筑倾落高度限值（m）

条件	浇筑倾落高度限值
粗集料粒径大于25mm	≤3
粗集料粒径小于等于25mm	≤6

（2）浇筑前底部应先均匀浇筑与混凝土浆液同成分的水泥砂浆，接浆层厚度不应大于30mm，柱混凝土应分层振捣，使用插入式振捣器时每层厚度不宜大于500mm，振捣器不得触动钢筋和预埋件，除上面振捣外，下面要有人随时敲打模板。

（3）如柱单独浇筑，柱子的浇筑高度控制在梁底向上15~30mm，其中含10~25mm为软弱层，待剔除软弱层后，使施工缝处于梁底向上5mm处。

（4）浇筑完成后，应将外伸的连接钢筋清理干净；或在浇筑前采用塑料薄膜或采用塑料套管对上一层预留钢筋进行保护，防止水泥浆污染。

9.5.2　梁、板及楼梯混凝土浇筑

1. 施工工艺流程

框架结构梁板混凝土施工工艺流程见图9-4。

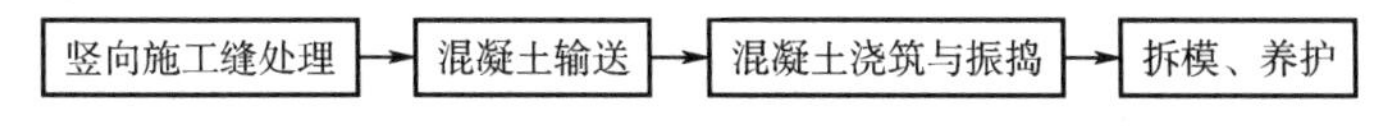

图9-4　框架结构梁板混凝土施工工艺流程

2. 梁、板混凝土浇筑

梁、板混凝土浇筑应符合下列规定：

（1）梁、板应同时浇筑，浇筑方法应由一端开始，先浇筑梁，根据梁高分层浇筑成阶梯形，当达到板底位置时再与板的混凝土一起浇筑，随着阶梯形不断延伸，梁板混凝土浇筑连续向前进行。

（2）与板连成整体高度大于1m的梁，允许单独浇筑，其施工缝应留在板底以上15~30mm处，浇捣时，浇筑与振捣应紧密配合，第一层下料宜缓慢，梁底充分振实后再下第二层料，每层均应振实后再下料，梁底及梁侧部位应振实，振捣时不得触动钢筋及预埋件。

(3) 梁柱节点钢筋较密时，浇筑此处混凝土宜用小直径振捣器振捣，采用小直径振捣器应另计分层厚度。

(4) 梁柱节点核心区处混凝土相差2个及2个以上强度等级时，混凝土浇筑留槎按设计要求执行或按图9-5进行浇筑，该处混凝土坍落度宜控制在80～100mm，必要时可采用塔式起重机配合浇筑。

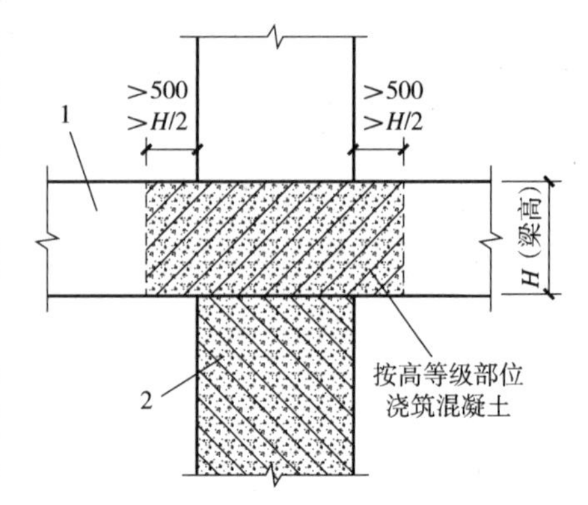

图9-5 梁柱核心区处混凝土浇筑
1—梁 2—柱

(5) 浇筑楼板混凝土的虚铺厚度应略大于板厚，用振捣器顺浇筑方向及时振捣，不得用振捣器铺摊混凝土，在钢筋上挂控制线控制板顶标高，混凝土浇筑标高应保证一致，顶板混凝土浇筑完毕后，在混凝土初凝前，宜用3m长杠刮平，再用木抹子抹平，压实刮平遍数不少于两遍，初凝时加强二次压面，应保证大面平整、减少收缩裂缝。浇筑大面积楼板混凝土时，宜使用激光水平仪控制板面标高和平整。

(6) 沿次梁方向浇筑楼板，施工缝应留置在次梁跨度的中间1/3范围内，施工缝表面应与梁轴线或板面垂直，不得留斜槎，复杂结构施工缝留置位置应征得设计人员同意，施工缝宜用齿形模板挡牢或采用钢板网挡支牢固；也可采用快易收口网，后续无须拆除，直接进行新旧混凝土的搭接。

(7) 施工缝处应待已浇筑混凝土的抗压强度不小于1.2MPa时，才允许继续浇筑。在继续浇筑混凝土前，施工缝混凝土表面应凿毛，剔除浮动石子，模板应留置清扫口，用空压机将碎渣吹净，混凝土浇筑前，结合面应洒水湿润。

3. 楼梯段混凝土浇筑

楼梯段混凝土应自下而上浇筑，先振实底板混凝土，达到踏步位置时再与踏步混凝土一起浇捣，不断连续向上推进，并随时用木抹子或塑料抹子将踏步上表面抹平。

9.5.3 施工缝留设

施工缝留设与处理应符合下列规定：

(1) 柱水平施工缝留在顶板下皮向上约5mm左右。

(2) 梁、板施工缝应留在梁、板跨中1/3范围内。

(3) 梯施工缝宜留在自休息平台往上1/3楼梯段跨中范围，约3～4踏步。

(4) 水平施工缝应剔除软弱层，露出石子，竖向施工缝剔除松散石子和杂物，露出密实混凝土，施工缝应冲洗干净，浇筑混凝土前应浇水润湿，水平施工缝应浇筑与混凝土浆液同成分的水泥砂浆，接浆层厚度不应大于30mm。

9.6 剪力墙结构混凝土施工

9.6.1 墙体混凝土施工

1. 施工工艺流程

剪力墙混凝土施工工艺流程见图9-6。

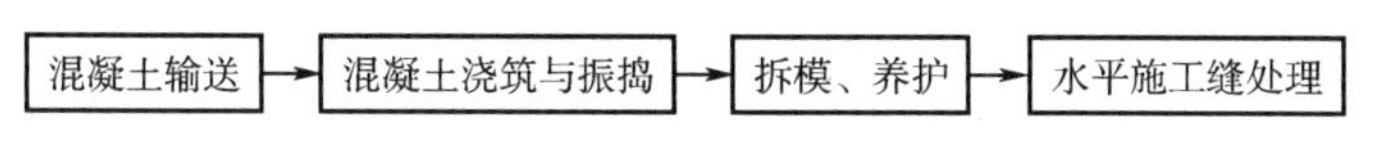

图9-6 剪力墙混凝土施工工艺流程

2. 混凝土浇筑

墙体浇筑混凝土应符合下列规定：

(1) 墙体浇筑混凝土前，在底部应先均匀浇筑与混凝土浆液同成分的水泥砂浆，接浆层厚度不应大于30mm。砂浆用铁锹均匀入模，不得用吊斗或泵管直接灌入模内。

(2) 混凝土应采用赶浆法分层浇筑、振捣，分层浇筑厚度应为振捣器有效作用部分长度的1.25倍。每层浇筑厚度不大于500mm（图9-7a），浇筑墙体应连续进行，间隔时间不得超过混凝土初凝时间。墙、柱根部由于振捣器影响作用不能充分发挥，可适当提高下料高度并加密振捣和振动模板。

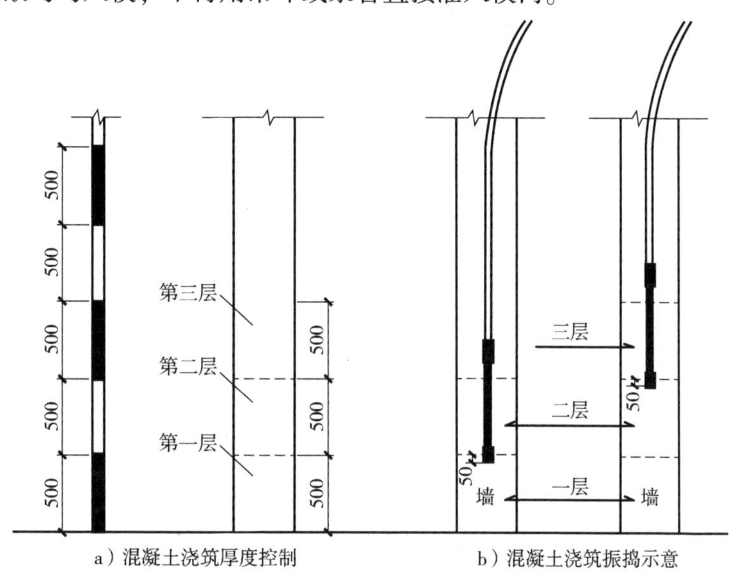

a）混凝土浇筑厚度控制　b）混凝土浇筑振捣示意

图9-7 墙体混凝土浇筑与振捣

(3) 浇筑洞口混凝土时，应使洞口两侧混凝土高度大体一致，对称均匀，振捣器距洞边距离宜大于300mm，振捣应从两侧同时进行。暗柱或钢筋密集部位应用小直径振捣器振捣，振捣器移动间距应小于500mm，每一振点延续时间以表面呈现浮浆、不产生气泡和不再沉落为度，振捣器振捣上层混凝土时应插入下层混凝土内50mm（图9-7b），振捣时应尽量避开预埋件。振捣器不能直接接触模板进行振捣，以免模板变形、位移以及拼缝扩大造成漏浆。洞口宽度大于0.3m时，应在洞口两侧进行振捣，并应适当延长振捣时间，洞口宽度大于0.8m时，洞口模板下口应预留振捣口。

(4) 内外墙交界处加强振捣，保证密实。外砖内模应采取措施，防止外墙鼓胀。

(5) 振捣器应避免碰撞钢筋、模板、预埋件、预埋管、外墙板空腔防水构造等，发现有变形、移位等情况，各有关工种应相互配合进行处理。

(6) 混凝土浇筑振捣完毕，将上口甩出的钢筋加以整理，用木抹子按预定标高线将表面找平。墙体混凝土浇筑高度控制在高出楼板下皮20mm处，结构混凝土施工完后，及时剔凿软弱层（图9-8）。

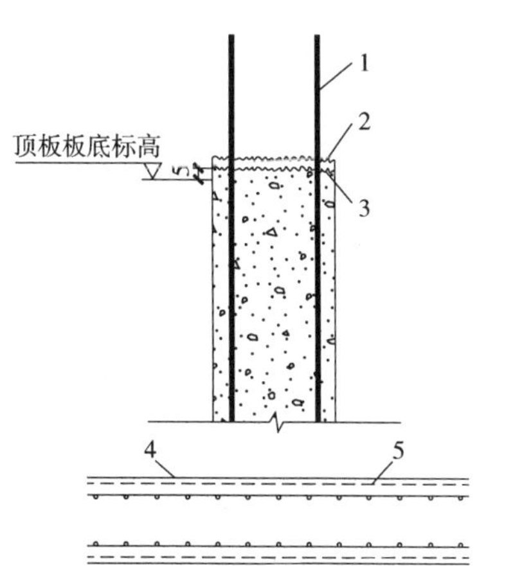

图9-8 墙体施工缝处理

1—墙体钢筋　2—混凝土剔凿线
3—墙体水平施工缝
4—墙边线　5—混凝土剔除线

(7) 布料杆软管出口离模板内侧面不应小于50mm，且不得向模板内侧面直冲布料和直冲钢筋骨架；为防止混凝土散落、浪费，应在模板上口侧面设置斜向挡灰板。混凝土下料点宜分散布置，间距控制在2m左右。

9.6.2　顶板混凝土施工

1. 施工工艺流程

剪力墙结构顶板混凝土施工工艺流程见图9-9。

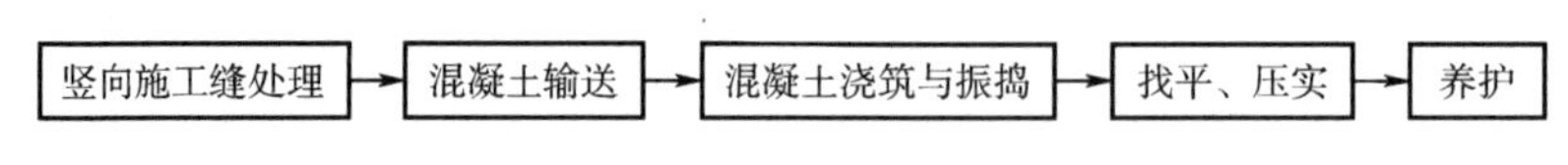

图9-9　剪力墙结构顶板混凝土施工工艺流程

2. 混凝土浇筑

顶板混凝土浇筑应符合下列规定：

(1) 顶板混凝土浇筑宜从一个角开始，楼板厚度不小于120mm时可用插入式振捣器振捣，楼板厚度小于120mm时可用平板振捣器振捣。振捣器平放、插点应均匀排列，可采用“行列式”或“交错式”的移动（图9-10），不应混乱。

(2) 混凝土振捣应随浇筑方向进行，宜随浇筑随振捣，保证不漏振。

(3) 宜用铁插尺检查混凝土厚度，振捣完毕后宜用3m长刮杠根据标高线刮平，然后拉通线用木抹子抹平。靠墙两侧100mm范围内应严格找平、压光，以保证上部墙体模板下口严密。

a）行列式　　b）交错式

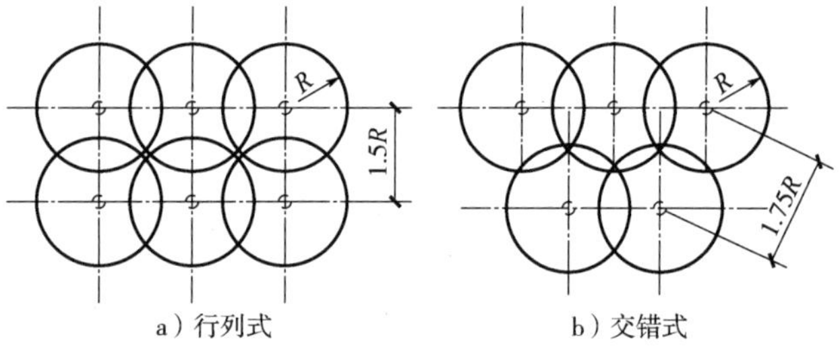

图9-10　振捣器插点移动方式

(4) 为防止混凝土产生收缩裂缝，应进行二次压面，二次压面的时间控制在混凝土终凝前进行。

(5) 施工缝设置应在浇筑前确定，并应符合图纸或有关规范的要求。

9.6.3　施工缝留设

剪力墙结构施工缝的留置和处理应符合下列规定：

(1) 墙体水平施工缝宜留在顶板下皮向上约5mm左右，竖向施工缝宜留在门窗洞口过梁中间1/3范围内。

(2) 顶板施工缝应留在顶板跨中1/3范围内。

(3) 水平施工缝应剔除软弱层，露出石子，竖向施工缝应剔除松散石子和杂物，露出密实混凝土。施工缝应冲洗干净，浇筑混凝土前应浇水润湿，水平施工缝应浇筑与混凝土浆液同成分的水泥砂浆，接浆层厚度不应大于30mm。

9.7　型钢混凝土结构混凝土施工

9.7.1　材料要求

配置型钢的混凝土强度等级不宜小于C30。混凝土最大集料粒径不宜大于型钢外侧混凝土厚度的1/3，且不宜大于25mm。当混凝土振捣困难或普通混凝土无法满足施工要求时，应与设计单位协商使用自密实混凝土。

当采用普通混凝土浇筑时，应根据浇筑方式合理控制好坍落度。泵送混凝土坍落度宜控制在160～200mm，其扩展度大于或等于500mm，水胶比宜控制在0.40～0.45，且应避免混凝土拌合物泌水、离析。当采用自密实混凝土时，应根据实际情况对混凝土的坍落度和扩展度进行控制。

9.7.2　施工准备

型钢混凝土结构混凝土浇筑前应做好下列准备工作：

（1）浇筑前应将模板内的杂物及钢筋上的油污清除干净，并检查钢筋的垫块是否垫好。使用木模板时应浇水使模板湿润。模板的扫除口应在清除杂物及积水后再封闭。施工缝部位已按设计要求和施工方案进行处理。

（2）夏季高温时，混凝土浇筑宜在气温较低时进行或浇筑前采取自来水冲洗型钢结构降温措施。

（3）冬季浇筑混凝土前应对型钢进行预热，预热温度宜大于混凝土入模温度。

（4）型钢混凝土柱，埋入式柱脚顶面的加劲肋应设置混凝土灌浆孔和排气孔，灌浆孔孔径不宜小于150mm，排气孔孔径不宜小于20mm。型钢柱的水平加劲板和短钢梁上下翼缘处应设置排气孔，排气孔孔径不宜小于10mm。

（5）型钢混凝土梁的型钢翼缘板处应预留排气孔，在型钢梁柱节点处应预留混凝土浇筑孔。

（6）对单层钢板混凝土剪力墙，当两侧混凝土不同步浇筑时，经设计同意，可在内置钢板上开设流淌孔，必要时应在开孔部位采取加强措施；对双层钢板混凝土剪力墙，双层钢板之间的水平隔板应开设灌浆孔，并宜在双层钢板的侧面适当位置开设排气孔和排水孔。灌浆孔的孔径不宜小于150mm，流淌孔的孔径不宜小于200mm，排气孔和排水孔的孔径不宜小于10mm，如图9-11所示。

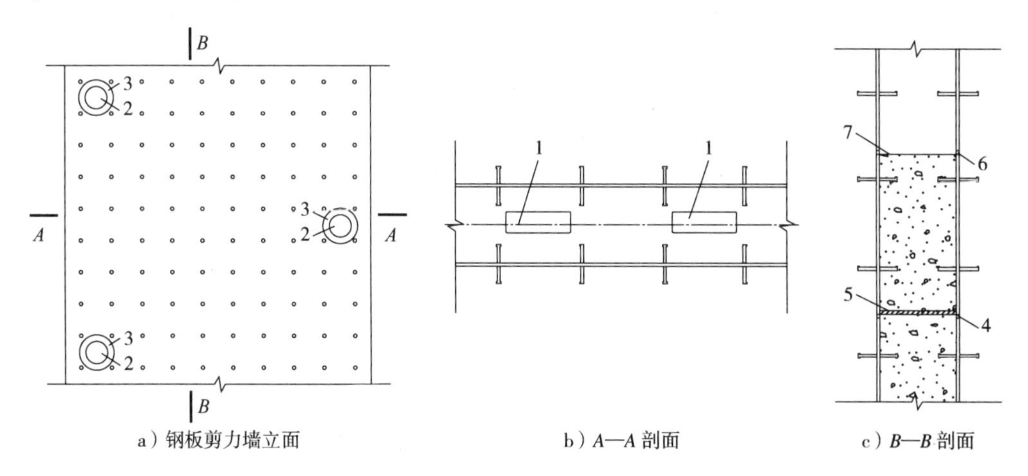

图9-11　混凝土灌浆孔、流淌孔、排气孔和排水孔设置

1—灌浆孔　2—流淌孔　3—加强环板　4—排气孔　5—横向隔板　6—排水孔　7—混凝土浇筑面

9.7.3　浇筑与振捣

型钢混凝土结构混凝土浇筑施工要点见表9-18。

表 9-18　型钢混凝土结构混凝土浇筑施工要点

序号	构件特征	施工要点
1	型钢混凝土柱	（1）浇筑前底部应先均匀浇筑与混凝土浆液同成分的水泥砂浆，接浆层厚度不应大于30mm，柱混凝土浇筑应从型钢柱四周均匀下料，分层投料高度不应超过500mm （2）应采用振捣器对称振捣，除上表面振捣外，下面可敲打模板辅助振捣 （3）普通混凝土的浇筑高度应符合规范规定，超过规定高度时，应采用串筒、溜管下料，或在模板侧面开设浇筑口，安装斜溜槽分段浇筑，每段混凝土浇筑后应将浇筑口模板封闭严实
2	型钢混凝土梁	（1）浇筑型钢梁混凝土时，工字钢梁下翼缘板以下混凝土应从钢梁一侧下料；待混凝土高度超过钢梁下翼缘板100mm以上时，改从梁的两侧同时下料、振捣，待浇筑至距上翼缘板100mm时再从梁跨中开始下料浇筑，从梁的中部开始振捣，逐渐向两端延伸浇筑 （2）梁柱节点钢筋较密时，浇筑此处混凝土时宜用小粒径石子同强度等级的混凝土浇筑，并用小直径振捣器振捣 （3）若型钢梁底部空间较小、钢筋密度过大及型钢梁、柱接头连接复杂，普通混凝土无法满足要求时，可采用自密实混凝土进行浇筑
3	钢板混凝土剪力墙	（1）单层钢板混凝土剪力墙，钢板两侧的混凝土宜同步浇筑 （2）双层钢板混凝土剪力墙，双钢板内部及两侧混凝土宜同步浇筑 （3）当钢板内部及两侧混凝土无法同步浇筑时，浇筑前应进行混凝土侧压力对钢板墙的变形计算和分析，并经设计单位的同意，必要时应采取相应的加强措施 （4）剪力墙浇筑混凝土前，在底部应先均匀浇筑与混凝土浆液同成分的水泥砂浆，接浆层厚度不应大于30mm，并用铁锹入模，不应用料斗直接灌入模内 （5）浇筑墙体混凝土应连续进行，分层浇筑厚度不应超过500mm （6）振捣器移动间距应小于500mm，每一振点的延续时间以表面呈现浮浆为度，为使上下层混凝土结合成整体，振捣器应插入下层混凝土50mm。振捣时注意钢筋密集及洞口部位，为防止出现漏振，须在洞口两侧同时振捣，下灰高度宜一致。大洞口的洞底模板应开口，并在此处浇筑振捣 （7）混凝土墙体浇筑完毕之后，应将上口甩出的钢筋加以整理，用木抹子按标高线将墙上表面混凝土找平
4	自密实混凝土	（1）浇筑自密实混凝土时，现场应有专人进行监控，当混凝土自密实性能不能满足要求时，可加入适量的与原配合比相同成分的外加剂，外加剂掺入后搅拌运输车滚筒应快速旋转，外加剂掺量和旋转搅拌时间应通过试验验证 （2）自密实混凝土泵送和浇筑过程应保持连续性 （3）自密实混凝土浇筑最大水平流动距离应根据施工部位具体要求确定，且不宜超过7m。布料点应根据混凝土自密实性能确定，并通过试验确定混凝土布料点的间距 （4）柱、墙模板内的混凝土浇筑倾落高度不宜大于5m，当不能满足规定时，应加设串筒、溜管、溜槽等装置 （5）浇筑结构复杂、配筋密集的混凝土构件时，可在模板外侧进行辅助敲击振捣 （6）自密实混凝土宜避开高温时段浇筑。当水分蒸发速率过快时，应在施工作业面采取挡风、遮阳等措施

9.7.4　养护

型钢混凝土结构混凝土养护应符合下列规定：

（1）应做好混凝土的早期养护，防止出现混凝土失水，影响其强度增长。混凝土浇筑完毕后，应在12h以内加以覆盖和浇水，浇水次数应能保持混凝土有足够的润湿状态，养护期一般不少于7昼夜。

（2）自密实混凝土浇筑完毕，应及时采用覆盖、蓄水、薄膜保湿、喷涂或涂刷养护剂等养护措施，养护时间不得少于14d。

9.8 钢管混凝土柱混凝土施工

9.8.1 施工准备

钢管混凝土柱混凝土浇筑应做好下列准备工作：

（1）钢管拼接加长前，应清理施工缝，消除积水杂物，剔去浮石。

（2）钢管混凝土柱内的水平加劲板应设置直径不小于150mm的混凝土浇灌孔和直径不小于20mm的排气孔；钢管截面较小时，应在钢管壁适当位置留有足够的排气孔，排气孔孔径不应小于20mm。

9.8.2 浇筑与振捣

混凝土浇筑与振捣应符合下列规定：

（1）管内混凝土可采用高抛法或泵送顶升浇筑法。

（2）混凝土高抛法浇筑时应符合下列规定：

1）混凝土从管顶向下浇筑时应有足够的下料空间，并应使混凝土充满整个钢管。

2）输送管端内径或斗容器下料口内径应小于钢管内径，且每边应留有不小于100mm的空隙。

3）控制浇筑速度和单次下料量，一次浇筑的高度不宜大于振捣器的有效工作范围。

4）当钢管直径大于350mm时，可采用内部振捣器，每次振捣时间宜在15~30s；当钢管直径小于350mm时，可采用附着在钢管上的外部振动器进行振捣，外部振动器的位置应随混凝土的浇筑进展调整振捣位置。

（3）混凝土从管底顶升浇筑时应符合下列规定：

1）应在钢管底部设置进料输送管，进料输送管应设止流阀门，止流阀门可在顶升浇筑的混凝土达到终凝后拆除。

2）应合理选择混凝土顶升浇筑设备，配备上下方通信联络工具，并应采取有效控制混凝土顶升或停止的措施。

3）应控制混凝土顶升速度，均衡浇筑至设计标高。

9.8.3 自密实混凝土浇筑与养护

自密实混凝土是无须外力振捣，能够在自重作用下流动并密实的混凝土。钢管内混凝土宜采用自密实混凝土浇筑，自密实混凝土浇筑应符合下列规定：

（1）当采用粗集料粒径不大于25mm的高流态混凝土或粗集料粒径不大于20mm的自密实混凝土时，混凝土最大倾落高度不宜大于9m；当倾落高度大于9m时，宜采用串筒、溜槽或溜管等辅助装置进行浇筑。

（2）自密实混凝土浇筑布料点应结合拌合物特性选择适宜的间距，必要时可通过试验确定混凝土布料点下料间距。

（3）自密实混凝土从管底顶升浇筑时，浇筑完毕30min后，应观察管顶混凝土的回落下沉情况，出现下沉时，应人工补浇管顶混凝土。

(4) 自密实混凝土宜避开高温时段浇筑。当水分蒸发速率过快时，应在施工作业面采取挡风、遮阳等措施。

(5) 混凝土养护宜采用管口封水养护，混凝土终凝后，注入清水养护，水深不宜少于200mm。

9.9 空心楼盖混凝土施工

9.9.1 施工工艺

现浇空心楼盖混凝土施工工艺流程见表9-19。

表9-19 现浇空心楼盖混凝土施工工艺流程

序号	卡具类型	工艺流程
1	一次性卡具	支楼板底模→弹线（钢筋线及肋筋位置）→绑扎板底钢筋和安装电气管线（盒）→绑扎填充体肋筋→放置填充体→安装定位卡固定填充体→绑扎板上层钢筋→用12#铅丝将定位卡与模板拉结紧固→隐蔽工程验收→浇捣混凝土→混凝土养护、楼板拆模
2	周转性卡具	支楼板底模→弹线（钢筋线及肋筋位置）→绑扎板底钢筋和安装电气管线（盒）→绑扎空心管肋筋→放置空心管→绑扎板上层钢筋→安装定位卡固定空心管→12#铅丝将定位卡与模板拉结紧固→隐蔽工程验收→浇捣混凝土→取出定位卡→混凝土养护、楼板拆模

9.9.2 钢筋绑扎

1. 施工准备

钢筋及肋筋位置应在楼板底模上弹出板底钢筋位置线和填充体间的肋筋位置线。

2. 绑扎板底钢筋

绑扎板底钢筋和安装电气管线、盒应符合下列规定：

(1) 按照弹线的位置顺序绑扎板底钢筋。

(2) 电气管线、盒应设置在填充体顺向和横向肋处，预埋线盒与填充体无法错开时，可将填充体断开或用异形填充体让出线盒位置，填充体断口处填塞后用胶带封口，并用细铁丝绑牢，防止混凝土流入填充体内。

3. 放置填充体

绑扎填充体肋筋应按设计要求绑扎肋间网片钢筋，绑扎时宜按纵横向顺序进行绑扎，并每隔2m设置钢筋对其位置进行临时固定。

放置填充体应符合下列规定：

(1) 应按设计要求细化填充体排布图，填充体之间，端部之间应留有不小于设计的肋宽，并且要求摆放对正、顺直，与梁边或墙边内皮应保持不小于50mm的净距。

(2) 对于柱支承板楼盖结构应严格按照图纸大样设计及有关标准施工。

(3) 填充体摆放时应从楼板一端开始，顺序进行，注意轻拿轻放，有损坏时，应及时进行更换，初步摆放好的填充体位置应基本正确。

4. 绑扎上层钢筋

绑扎板上层钢筋应符合下列规定：

(1) 填充体放置完毕，应对其位置进行初步调整并经检查没有破损后，方可绑扎上层钢筋。

(2) 绑扎上层钢筋时，应注意楼板支座负筋的长度，施工前应根据排布图适当调整支座负筋的长度，负筋的锚固位置应在填充体肋处。

5. 安装定位卡

安装定位卡固定填充体应在上层钢筋绑扎完成后进行。卡具设置应从一头开始，顺序进行，两人一组，一手扶住卡具，一手拔动填充体，将卡具放入缝间，注意卡具插入时不要刺破填充体。卡具放置完毕后，拉线从楼板一侧开始调整填充体的位置，应横平竖直，间距正确。

卡具安装完成后应将定位卡与模板固定，可用手电钻在楼板模板上钻孔，可用铅丝将卡具与模板下面的龙骨绑牢固定，填充体的上表面标高应符合设计要求，每平方米应设一个拉结点。

6. 隐蔽工程验收

隐蔽工程验收应包括钢筋安装和填充体安装，合格后再进行楼板混凝土浇筑。

9.9.3　浇筑混凝土、取出定位卡

1. 浇筑混凝土

浇捣混凝土应符合下列规定：

(1) 浇筑前应浇水充分湿润，填充体应始终保持湿润，确保填充体不会吸收混凝土中的水分，避免造成混凝土强度降低或失水、漏振。

(2) 空心楼板采用混凝土可根据填充体间净距选择 5～12mm 或 10～20mm 的碎石。

(3) 混凝土应采用泵送混凝土，一次浇筑成型；混凝土坍落度不宜小于 160mm，根据天气情况可适当加大混凝土坍落度，保证混凝土具有较好的流动性，以避免填充体底出现蜂窝、孔洞等。

(4) 混凝土应顺填充体方向浇筑，并应做到集中浇筑，按梁板跨度一间一间顺序浇筑，一次成型，不宜普遍铺开浇筑，施工间隙的预留时间不宜过长。

(5) 振捣混凝土时宜采用小直径插入式振捣器，也可根据填充体的大小采用平板振捣器配合仔细振捣，应保证底层不漏振，填充体间净距较小的可在振捣器端部加焊短筋，插入板底振捣，振捣时不能直接振捣填充体，且振幅不要过大，不得集中于一点长时间振捣振破填充体。

(6) 振捣时应顺填充体方向顺序振捣，振捣间距不宜大于 300mm。

(7) 空心楼板振捣时应比实心板慢，铺灰不宜太快。

2. 取出定位卡

取出定位卡应在混凝土振捣完成并初步找平后，用钳子剪断拉结铅丝，将卡具取出运走，并应及时将取走卡具后留下的孔洞抹压密实，当采用粗钢筋制作卡具时，留下的孔洞应用灌

浆料填实。定位卡取出后应及时清理干净，以备重复使用。

9.9.4 其他注意事项

应选用环保材料所制的成品填充体，减少现场二次切割，避免粉尘和废料的产生。施工中筒芯需要接长时，可将筒芯直接对接；对需要截断的筒芯应采取有效的封堵措施。采取措施防止填充体损坏，板面钢筋安装前已损坏的填充体应予以更换，板面钢筋安装后损坏的填充体，应采取有效措施进行修补或封堵，防止混凝土进入，以保证楼板的空心率以及填充体间混凝土的密实度。对填充体的安装过程中产生的粉末，应及时清理，以免被风吹起污染环境，避免造成楼板下表面拆模后起皮，影响观感质量。

混凝土浇筑过程中应随时复查楼板标高，防止由于抗浮措施不到位而造成填充体上浮、楼板标高上升、楼板上层钢筋保护层不足。混凝土浇筑过程中，应防止填充体顺向移位，净距减小，降低楼板整体强度。同时为加强对楼板下层钢筋保护层厚度的控制，应采取加密保护层垫块的办法，确保板底保护层厚度准确。

周转性卡具在使用后一般会有许多残留的灰浆，每次使用后应及时清理干净，以便于下次使用时不会造成灰浆混杂在新浇筑混凝土中，影响混凝土质量。

9.10 大体积混凝土施工

大体积混凝土是混凝土结构物实体最小尺寸不小于1m的大体量混凝土，或预计会因混凝土中胶凝材料水化引起的温度变化和收缩而导致有害裂缝产生的混凝土。大体积混凝土施工工艺包括支设模板、混凝土浇筑、混凝土的表面处理、混凝土的养护、测温等。

9.10.1 模板工程

大体积混凝土模板和支架应进行承载力、刚度和整体稳定性验算，并应根据大体积混凝土采用的养护方法进行保温构造设计。

对后浇带或跳仓法留置的竖向施工缝，宜采用钢板网、铁丝网或快易收口网等材料支挡；后浇带竖向支架系统宜与其他部位分开。

大体积混凝土拆模时间应满足混凝土的强度要求，当模板作为保温养护措施的一部分时，其拆模时间应根据温控要求确定。大体积混凝土宜适当延迟拆模时间。拆模后，应采取预防寒流袭击、突然降温和剧烈干燥等措施。

9.10.2 混凝土浇筑

混凝土浇筑应符合下列规定：

（1）采用多条输送泵管浇筑时，输送泵管间距不宜大于10m，并宜由远及近浇筑。

（2）采用布料杆输送浇筑时，应根据布料杆工作半径确定布料点数量，各布料点浇筑速度应保持均衡。

（3）对于大体积基础底板，宜先浇筑深坑部分再浇筑大面积基础部分。

（4）混凝土浇筑可根据面积大小和混凝土供应能力采取全面分层、分段分层或斜面分层连续浇筑（图9-12），分层厚度宜为300～500mm且不应大于振捣器长的1.25倍。分段分层宜采取踏步式分层推进，按从远至近布灰，踏步宽宜为1.5～2.5m。斜面分层浇灌每层厚宜为300~350mm，坡度宜取1:6~1:7。

(5) 全面分层连续浇筑或斜面分层连续浇筑，应缩短间歇时间，并应在前层混凝土初凝之前将次层混凝土浇筑完毕。层间间歇时间不应大于混凝土初凝时间。混凝土初凝时间应通过试验确定。当层间间歇时间超过混凝土初凝时间时，层面应按施工缝处理。

(6) 超长超厚大体积底板混凝土可采用溜槽方式浇筑混凝土，当采用溜槽浇筑混凝土时，应制订专项施工方案。

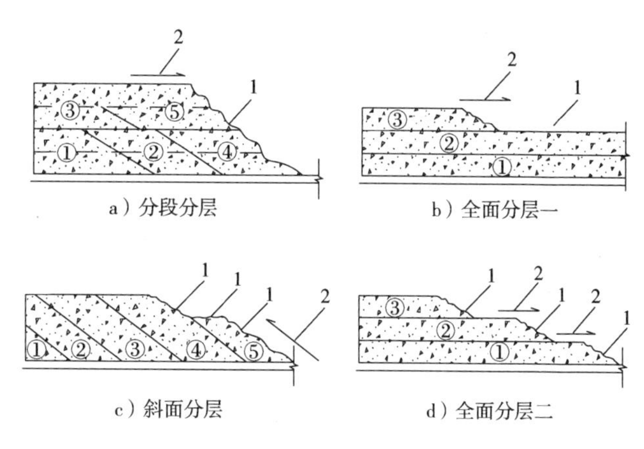

图9-12 底板混凝土浇筑方式

1—新浇筑的混凝土 2—浇筑方向

(7) 混凝土浇筑顺序应符合下列规定：

1) 全面分层法在整个基础内全面分层浇筑混凝土，第一层全面浇筑完毕回来浇筑第二层时，第一层浇筑的混凝土应未初凝；如此逐层进行，直至浇筑完成。施工时宜从短边开始，沿长边进行，构件长度超过20m时可分为两段，宜由中间向两端或两端向中间同时进行。

2) 分段分层法混凝土应从底层开始浇筑，进行一定距离后回来浇筑第二层，如此依次向前浇筑以上各分层。

3) 应从浇筑层的下端开始，逐渐上移。

(8) 局部厚度较大时应先浇深部混凝土，然后再根据混凝土的初凝时间确定上层混凝土浇筑的时间间隔。

(9) 基础底板集水坑内混凝土的浇筑应符合下列规定：

1) 根据大面积基础底板混凝土的浇筑速度、范围，应提前进行临近集水坑底、吊帮模板内泵送混凝土浇筑，并振捣密实。将集水坑混凝土浇筑至与大底板平齐，与基础底板混凝土整体衔接。

2) 较深的集水坑宜采用间歇浇筑的方法，模板做成整体式并预先架立好，先将底坑底板浇至与模板底平，待坑底混凝土可以承受坑壁混凝土反压力时，再浇筑底坑壁混凝土，应保证坑底标高与衔接质量。

3) 底板浇筑顺序宜由长度方向从一端向另一端浇筑推进，或由两端向中间浇筑。集水坑壁应形成环行回路分层浇筑。集水坑侧壁混凝土浇筑时，应采用对称浇筑的方法，确保侧壁模板受力均匀。

(10) 振捣混凝土应使用高频振捣器，振捣器的插点间距应为1.5倍振捣器的作用半径，防止漏振。斜面推进时振捣器应在坡脚与坡顶处插振。

(11) 振捣混凝土时，振捣器应均匀地插拔，每次插入下层混凝土50mm左右，每点振捣时间为10~15s，以混凝土泛浆不再溢出气泡为准，不得过振。

(12) 在大体积混凝土浇筑过程中，应采取措施防止受力钢筋、定位筋、预埋件等移位和变形，并应及时清除混凝土表面泌水。

(13) 在混凝土浇筑到底板顶标高后应认真处理，用大杠刮平混凝土表面，待混凝土收水后，再用木抹子搓平两次，墙、柱四周150mm范围内用铁抹子压光，初凝前宜用木抹子再搓平一遍，以闭合收缩裂缝，然后覆盖塑料薄膜进行养护。必要时，可在混凝土终凝前1~

2h 进行多次抹压处理，在混凝土表面配置抗裂钢筋网片。

9.10.3 保温保湿养护

大体积混凝土应采取保温保湿养护。保湿养护持续时间不宜少于 14d，应经常检查塑料薄膜或养护剂涂层的完整情况，并应保持混凝土表面湿润。

在每次混凝土浇筑完毕后，除应按普通混凝土进行常规养护外，保温养护应符合下列规定：

（1）应有专人负责保温养护工作，并应进行测试记录。

（2）混凝土浇筑完毕后，在初凝前宜立即进行覆盖或喷雾养护。

（3）混凝土保温材料可采用塑料薄膜、土工布、麻袋、阻燃保温被等，必要时，可搭设挡风保温棚或遮阳降温棚。

（4）在保温养护中，应现场监测混凝土浇筑体的里表温差和降温速率，当实测结果不满足温控指标要求时，应及时调整保温养护措施。

（5）保温覆盖层拆除应分层逐步进行，当混凝土表面温度与环境最大温差小于 20℃时，可全部拆除。

（6）高层建筑转换层的大体积混凝土施工，应加强养护，侧模和底模的保温构造应在支模设计时综合确定。

（7）大体积混凝土拆模后，地下结构应及时回填土；地上结构不宜长期暴露在自然环境中。

9.10.4 温度监测与控制

1. 监测点布置

大体积混凝土浇筑体内监测点布置，应反映混凝土浇筑体内最高温升、里表温差、降温速率及环境温度，可采用下列布置方式：

（1）测试区可选混凝土浇筑体平面对称轴线的半条轴线，测试区内监测点应按平面分层布置。

（2）测试区内，监测点的位置与数量可根据混凝土浇筑体内温度场的分布情况及温控的规定确定。

（3）在每条测试轴线上，监测点位不宜少于 4 处，应根据结构的平面尺寸布置。

（4）沿混凝土浇筑体厚度方向，应至少布置表层、底层和中心温度测点，测点间距不宜大于 500mm。

（5）保温养护效果及环境温度监测点数量应根据具体需要确定。

（6）混凝土浇筑体表层温度，宜为混凝土浇筑体表面以内 50mm 处的温度。

（7）混凝土浇筑体底层温度，宜为混凝土浇筑体底面以上 50mm 处的温度。

2. 测试元件选择与安装

（1）测试元件选择

测试元件的选择应符合下列规定：

1）25℃环境下，测温误差不应大于 0.3℃。

2）温度测试范围应为 -30 ~ 120℃。

3）应变测试元件测试分辨率不应大于 5με。

4）应变测试范围应满足（$-1000 \sim 1000$）$\mu\varepsilon$ 要求。

5）测试元件绝缘电阻应大于 500MΩ。

（2）测试元件安装

温度测试元件的安装及保护，应符合下列规定：

1）测试元件安装前，应在水下 1m 处经过浸泡 24h 不损坏。

2）测试元件固定应牢固，并应与结构钢筋及固定架金属体隔离。

3）测试元件引出线宜集中布置，沿走线方向予以标识并加以保护。

4）测试元件周围应采取保护措施，下料和振捣时不得直接冲击和触及温度测试元件及其引出线。

3. 测试频率与内容

大体积混凝土浇筑体里表温差、降温速率及环境温度的测试，在混凝土浇筑后，每昼夜不应少于 4 次；入模温度测量，每台班不应少于 2 次。测试过程中宜描绘各点温度变化曲线和断面温度分布曲线。

4. 温控措施

发现监测结果异常时应及时报警，并应采取相应的措施。温控措施可根据下列原则或方法，结合监测数据实时调控：

（1）控制混凝土出机温度，调控入模温度在合适区间。

（2）升温阶段可适当散热，降低温升峰值，当升温速率减缓时，应及时增加保温措施，避免表面温度快速下降。

（3）在降温阶段，根据温度监测结果调整保温层厚度，但应避免表面温度快速下降。

（4）在采用保温棚措施的工程中，当降温速率过慢时，可通过局部掀开保温棚调整环境温度。

9.11　后浇带混凝土施工

后浇带是为适应环境温度变化、混凝土收缩、结构不均匀沉降等因素影响，在梁、板（包括基础底板）、墙等结构中预留的具有一定宽度且经过一定时间后再浇筑的混凝土带。后浇带混凝土施工工艺流程如图 9-13 所示。

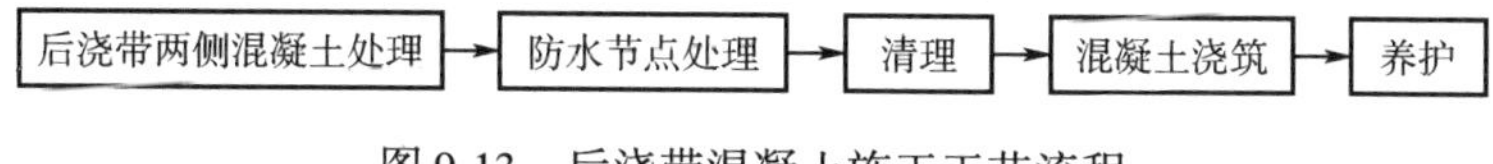

图 9-13　后浇带混凝土施工工艺流程

9.11.1　界面混凝土处理

楼板及立墙后浇带两侧混凝土与新鲜混凝土接触的表面，应用云石机按弹线切出剔凿范围及深度，剔除松散石子和浮浆，露出密实混凝土，并用水冲洗干净。

9.11.2　防水节点处理

后浇带防水节点处理应符合下列规定：

（1）遇水膨胀止水条嵌塞在预留凹槽内，或安装在表面，与后浇带两侧混凝土紧密贴合，中间不得有空鼓、脱离现象。止水条搭接连接时，搭接宽度不应小于 30mm。

（2）遇水膨胀止水胶采用专用注胶器挤出粘结在后浇带两侧混凝土表面，应做到连续、均匀、饱满，无气泡和孔洞，挤出宽度及厚度应符合设计要求。止水胶挤出成形后，固化期内应采取临时保护措施，固化前不得浇筑混凝土。

9.11.3 清理

后浇带清理时，应清除钢筋上的污垢及锈蚀，并应将后浇带内积水及杂物清理干净，支设模板。

9.11.4 混凝土浇筑

后浇带混凝土浇筑应符合下列规定：

（1）后浇带混凝土施工时间应按设计要求确定，当设计无要求时，应在其两侧混凝土龄期达到42d后再施工，高层建筑的沉降后浇带应在结构顶板混凝土浇筑14d后进行。

（2）后浇带浇筑混凝土前，混凝土结合面应洒水湿润。

（3）混凝土浇筑时，应避免直接靠近缝边下料。机械振捣宜自中央向后浇带接缝处逐渐推进，并在距缝边80～100mm处停止振捣。宜辅助人工捣实，使其紧密结合。

9.11.5 养护

后浇带混凝土养护应符合下列规定：

（1）后浇带混凝土浇筑后8～12h以内根据具体情况采用浇水、蓄水或覆盖塑料薄膜法养护。

（2）后浇带混凝土的保湿养护时间不应少于14d。

本章术语释义

序号	术语	含义
1	混凝土结构	以混凝土为主筑制的结构，包括素混凝土结构、钢筋混凝土结构和预应力混凝土结构，按施工方法可分为现浇混凝土结构和装配式混凝土结构
2	现浇混凝土结构	在现场原位支模并整体浇筑而成的混凝土结构，简称现浇结构
3	装配式混凝土结构	由预制混凝土构件或部件装配、连接而成的混凝土结构，简称装配式结构
4	混凝土拌合物工作性	混凝土拌合物满足施工操作要求及保证混凝土均匀密实应具备的特性，主要包括流动性、黏聚性和保水性，简称混凝土工作性
5	混凝土可泵性	表示混凝土在泵压下沿输送管道流动的难易程度以及稳定程度的特性
6	自密实混凝土	无须外力振捣，能够在自重作用下流动并密实的混凝土
7	高强混凝土	强度等级为C60及以上的混凝土
8	大体积混凝土	混凝土结构物实体最小尺寸不小于1m的大体量混凝土，或预计会因混凝土中胶凝材料水化引起的温度变化和收缩而导致有害裂缝产生的混凝土

（续）

序号	术语	含义
9	里表温差	混凝土浇筑体内最高温度与外表面内50mm处的温度之差
10	跳仓施工法	将超长的混凝土块体分为若干小块体间隔施工，经过短期的应力释放，再将若干小块体连成整体，依靠混凝土抗拉强度抵抗下段温度收缩应力的施工方法
11	结构缝	为避免温度胀缩、地基沉降和地震碰撞等在相邻两建筑物或建筑物两部分之间设置的伸缩缝、沉降缝和防震缝的总称
12	施工缝	按设计要求或施工需要分段浇筑，先浇筑混凝土达到一定强度后继续浇筑混凝土所形成的接缝
13	后浇带	为适应环境温度变化、混凝土收缩、结构不均匀沉降等因素影响，在梁、板（包括基础底板）、墙等结构中预留的具有一定宽度且经过一定时间后再浇筑的混凝土带
14	混凝土顶升法	混凝土在泵送压力下，通过设置于顶升单元下部的顶升口自下而上、连续地注入钢管构件内，充填浇筑至预定高度的施工方法，简称“顶升法”
15	现浇混凝土空心楼板	采用内置或外露填充体，经现场浇筑混凝土形成的空腔楼板
16	现浇混凝土空心楼盖	由现浇混凝土空心楼板和支承梁（或暗梁）等水平构件形成的楼盖结构

第 10 章

钢-混凝土组合结构

10.1 基本规定

10.1.1 概述

钢-混凝土组合结构可包括框架结构、剪力墙结构、框架-剪力墙结构、筒体结构、板柱剪力墙结构等结构体系。钢-混凝土组合结构构件可分为柱、梁、墙、板等，具体构件类型见表 10-1。

表 10-1 钢-混凝土组合结构构件类型

序号	构件类型分类	
1	钢管混凝土柱	矩形钢管混凝土框架柱和转换柱 圆形钢管混凝土框架柱和转换柱
2	型钢混凝土柱	型钢混凝土框架柱和转换柱
3	型钢混凝土梁	型钢混凝土框架梁和转换梁 钢-混凝土组合梁
4	钢-混凝土组合剪力墙	型钢混凝土剪力墙 钢板混凝土剪力墙 带钢斜撑混凝土剪力墙
5	钢-混凝土组合板	组合楼板

钢-混凝土组合结构工程施工前应取得经审查通过的施工组织设计和专项施工方案等技术文件。钢-混凝土组合结构工程施工中采用的新技术、新工艺、新材料、新设备，首次使用时应进行试验和检验，其结果须经专家论证通过。钢-混凝土组合结构施工过程中应采取切实措施，减少混凝土收缩。

10.1.2 深化设计

1. 深化设计原则

钢-混凝土组合结构工程施工单位应对设计图纸进行深化设计。施工深化设计图应包括图纸目录、总说明、构件布置图、构件详图、连接构造详图和安装节点详图等。施工深化设计应符合国家现行有关标准的规定，应在施工图的基础上进行。施工深化设计是对施工图设计的进一步深化，必须符合原设计意图。为保持与原设计的一致性，深化设计图应经设计单位确认。如与原设计不符或变更时，应得到设计单位的认可。

2. 深化设计基本内容

施工深化设计应在施工工艺、结构构造等相关要求的基础上进行，包括下列内容：

(1) 配筋密集部位节点的设计放样与细化；型钢梁与型钢柱、型钢柱与梁筋、钢梁与梁筋、带钢斜撑或型钢混凝土斜撑连接与梁柱连接的连接方法、构造要求。

(2) 混凝土与钢骨的粘结连接构造、机电预留孔洞布置、预埋件布置等。

(3) 混凝土浇筑时需要的灌浆孔、流淌孔、排气孔和排水孔等。

(4) 构件加工过程中加劲板的设计。

（5）根据安装工艺要求设置的连接板、吊耳等的设计。

（6）钢混凝土组合桁架等大跨度构件的预起拱。

（7）混凝土浇筑过程中可能引起的型钢和钢板的变形验算及加强措施分析。

10.1.3　施工阶段力学分析

钢构件或结构单元吊装时，宜进行强度、稳定性和变形验算，动力系数宜取 1.2。当有可靠经验时，动力系数可根据实际受力情况和安全要求适当增减。

当钢-混凝土组合结构工程施工方法或顺序对主体结构的内力和变形产生较大影响，或设计文件有特殊要求时，应进行施工阶段力学分析，并应对施工阶段结构的强度、刚度和稳定性进行验算，其验算结果应得到原设计单位认可。钢-混凝土组合结构施工阶段的结构分析模型和荷载作用应与实际施工工艺、工况相符合。

10.2　钢管混凝土柱

10.2.1　施工流程

钢管混凝土柱施工工艺流程见图 10-1。

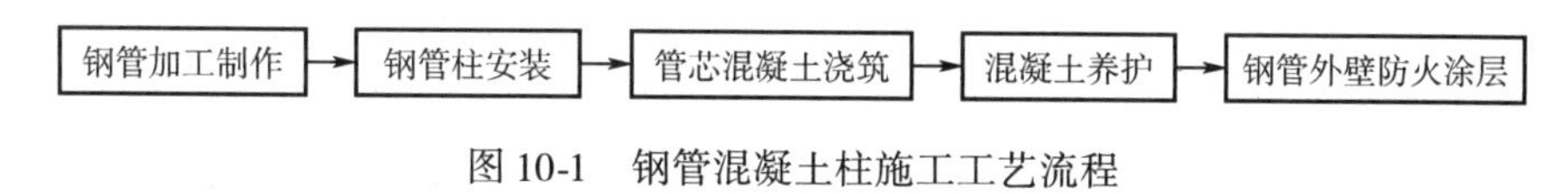

图 10-1　钢管混凝土柱施工工艺流程

10.2.2　钢管制作

钢管混凝土柱的钢管制作应符合下列规定：

（1）圆钢管可采用直焊缝钢管或者螺旋焊缝钢管；当管径较小无法卷制时，可采用无缝钢管，并应满足设计要求。

（2）采用常温卷管时，Q235 的最小卷管内径不应小于钢板厚度的 35 倍，Q355 的最小卷管内径不应小于钢板厚度的 40 倍，Q390 或以上的最小卷管内径不应小于钢板厚度的 45 倍。

（3）直缝焊接钢管应在卷板机上进行弯管，在弯曲前钢板两端应先进行压头处理；螺旋焊钢管应由专业生产厂加工制造。

（4）钢板宜选择定尺采购，每节圆管不宜超过一条纵向焊缝。

（5）焊接成型的矩形钢管纵向焊缝应设在角部，焊缝数量不宜超过 4 条。

（6）钢管混凝土柱加工时应根据不同的混凝土浇筑方法留置浇灌孔、排气孔及观察孔。

10.2.3　钢管柱拼装

钢管柱拼装应符合下列规定：

（1）对由若干管段组成的焊接钢管柱，应先组对、矫正、焊接纵向焊缝形成单元管段，然后焊接钢管内的加强环肋板，最后组对、矫正、焊接环向焊缝形成钢管柱安装的单元柱段；相邻两管段的纵缝应相互错开 300mm 以上。

（2）钢管柱单元柱段的管口处，应有加强环板或者法兰等零件，没有法兰或加强环板的管口应加临时支撑。

(3) 钢管柱单元柱段在出厂前宜进行工厂预拼装，预拼装检查合格后，宜标注中心线、控制基准线等标记，必要时应设置定位器。

10.2.4 钢管柱焊接

钢管柱焊接应符合下列规定：

(1) 钢管构件的焊缝均应采用全熔透对接焊缝。其焊缝的坡口形式和尺寸应符合现行国家标准《钢结构焊接规范》GB 50661 的规定。

(2) 圆钢管构件纵向直焊缝应选择全熔透一级焊缝，横向环焊缝可选择全熔透一级或二级焊缝。矩形钢管构件纵向的角部组装焊缝应采用全熔透一级焊缝。横向焊缝可选择全熔透一级或二级焊缝。圆钢管的内外加强环板与钢管壁应采用全熔透一级或二级焊缝。

10.2.5 钢管柱安装

钢管柱安装应符合下列规定：

(1) 钢管柱吊装时，管上口应临时加盖或包封。钢管柱吊装就位后，应进行校正，并应采取固定措施。

(2) 由钢管混凝土柱-钢框架梁构成的多层和高层框架结构，应在一个竖向安装段的全部构件安装、校正和固定完毕并应经测量检验合格后，方可浇筑管芯混凝土。

(3) 由钢管混凝土柱-钢筋混凝土框架梁构成的多层或高层框架结构，竖向安装柱段不宜超过 3 层。在钢管柱安装、校正并完成上下柱段的焊接后，方可浇筑管芯混凝土和施工楼层的钢筋混凝土梁板。

10.2.6 钢管柱与梁连接

钢管柱与钢筋混凝土梁连接时，可采用下列连接方式：

(1) 在钢管上直接钻孔，将钢筋直接穿过钢管。

(2) 在钢管外侧设环板，将钢筋直接焊在环板上，在钢管内侧对应位置设置内加劲环板。

(3) 在钢管外侧焊接钢筋连接器，钢筋通过连接器与钢管柱相连接。

10.3 型钢混凝土柱

10.3.1 施工流程

普通截面型钢混凝土柱施工工艺流程见图 10-2。

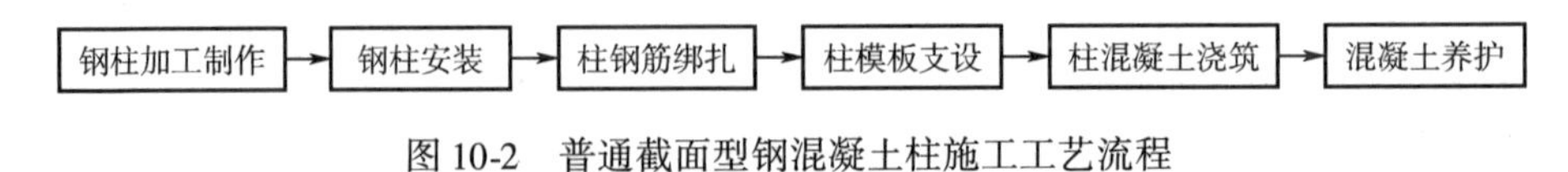

图 10-2 普通截面型钢混凝土柱施工工艺流程

箱形或圆形截面型钢混凝土柱施工工艺流程见图 10-3。

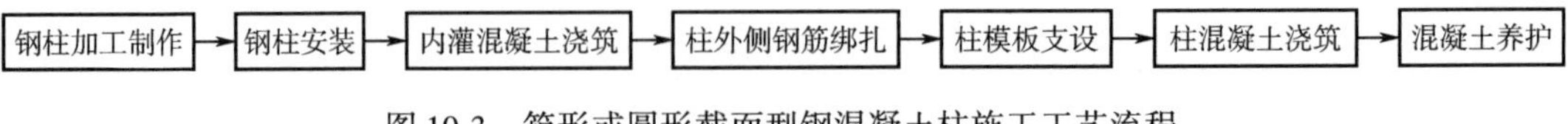

图 10-3 箱形或圆形截面型钢混凝土柱施工工艺流程

10.3.2 柱脚构造

对埋入式柱脚，其型钢外侧混凝土保护层厚度不宜小于180mm，埋入部分型钢翼缘应设置栓钉；柱脚顶面的加劲肋应设置混凝土灌浆孔和排气孔，灌浆孔孔径不宜小于150mm，排气孔孔径不宜小于20mm（图10-4）。对非埋入式柱脚，型钢外侧竖向钢筋锚入基础的长度不应小于受拉钢筋锚固长度，锚入部分应设置箍筋。

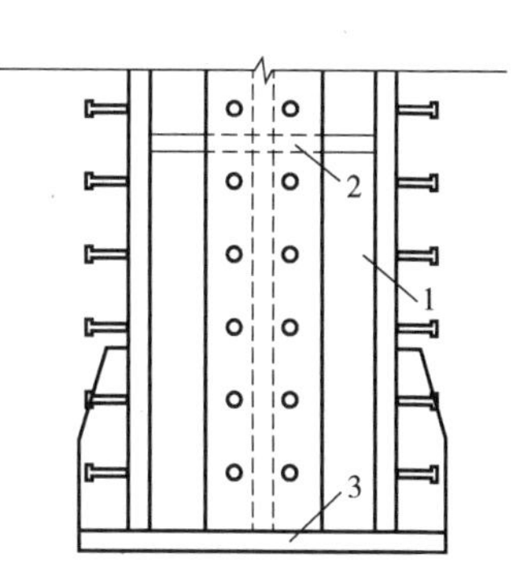

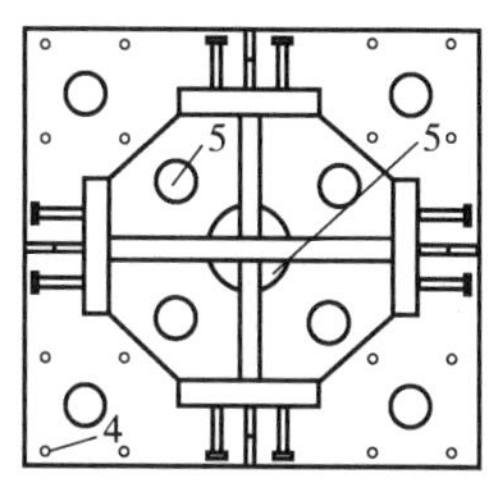

图10-4 埋入式柱脚加劲肋的灌浆孔和排气孔设置

1—埋入式柱脚 2—加劲肋 3—柱脚板 4—排气孔 5—灌浆孔

10.3.3 梁柱节点构造

当柱内竖向钢筋与梁内型钢采用钢筋绕开法或连接件法连接时，应符合下列规定：

（1）当采用钢筋绕开法时，钢筋应按不小于1∶6角度折弯绕过型钢。

（2）当采用连接件法时，钢筋下端宜采用钢筋连接套筒连接，上端宜采用连接板连接，并应在梁内型钢相应位置设置加劲肋（图10-5）。

（3）当竖向钢筋较密时，部分可代换成架立钢筋，伸至梁内型钢后断开，两侧钢筋相应加大，代换钢筋应满足设计要求。

10.3.4 钢筋套筒连接

当钢筋与型钢采用钢筋连接套筒连接时，应符合下列规定：

（1）连接接头抗拉强度应等于被连接钢筋的实际拉断强度或不小于1.10倍钢筋抗拉强度标准值，残余变形小，并应具有高延性及反复拉压性能。同一区段内焊接于钢构件上的钢筋面积率不宜超过30%。

（2）连接套筒接头应在构件制作期间完成焊接，焊缝连接强度不应低于对应钢筋的抗拉强度。

（3）钢筋连接套筒与型钢的焊接应采用贴角焊缝，焊缝高度应按计算确定（图10-6）。

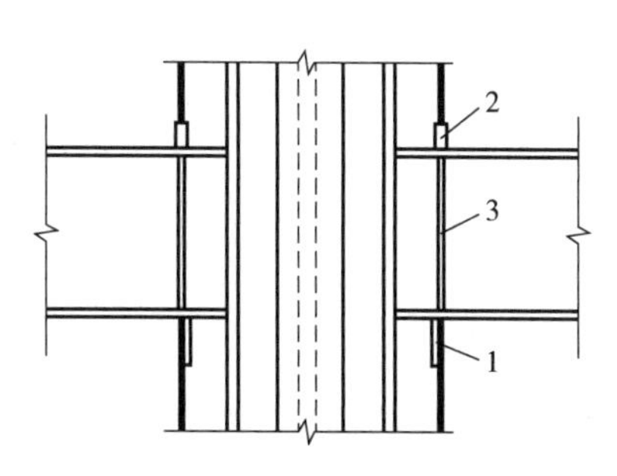

图10-5 梁柱节点竖向钢筋连接方式

1—连接板 2—钢筋连接套筒 3—加劲肋

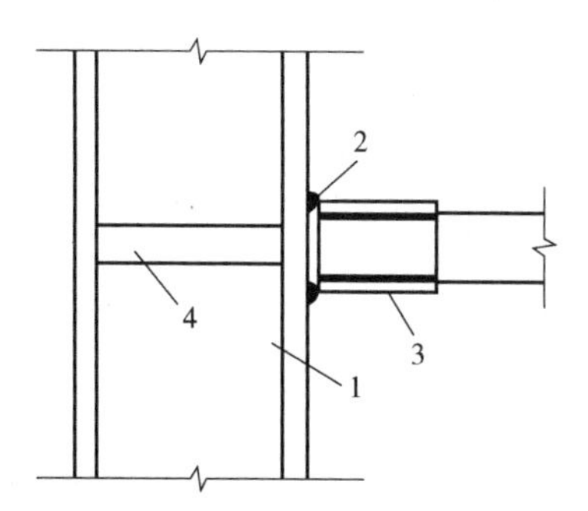

图10-6 型钢柱与钢筋套筒的连接方式

1—柱内型钢 2—角焊缝 3—可焊钢筋连接套筒 4—辅助加劲板

（4）当钢筋垂直于钢板时，可将钢筋连接套筒直接焊接于钢板表面（图 10-7a）；当钢筋与钢板成一定角度时，可加工成一定角度的连接板辅助连接（图 10-7b）。

（5）焊接于型钢上的钢筋连接套筒，应在对应于钢筋接头位置的型钢内设置加劲肋，加劲肋应正对连接套筒，并应按现行国家标准《钢结构设计标准》GB 50017 的相关规定验算加劲肋、腹板及焊缝的承载力（图 10-8）。

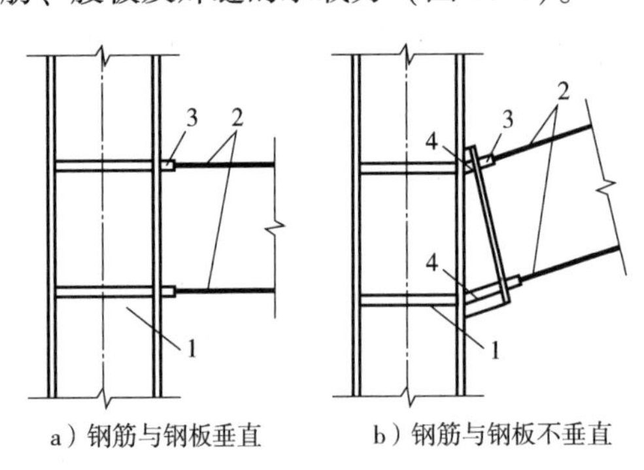

图 10-7　钢筋连接套筒与型钢连接方式

1—柱内型钢　2—钢筋　3—可焊钢筋连接套筒

4—辅助加劲板

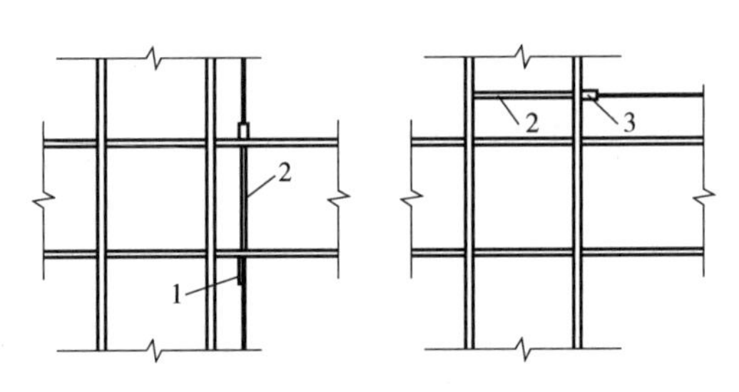

图 10-8　钢筋连接套筒位置加劲肋设置示意图

1—连接钢板　2—加劲肋

3—可焊钢筋连接套筒

（6）当在型钢上焊接多个钢筋连接套筒时，套筒间净距不应小于 30mm，且不应小于套筒外直径。

10.3.5　连接板焊接连接

当钢筋与型钢采用连接板焊接连接时，应符合下列规定：

（1）钢筋与钢板焊接时，宜采用双面焊。当不能进行双面焊时，方可采用单面焊。双面焊时，钢筋与钢板的搭接长度不应小于 $5d$（d 为钢筋直径）；单面焊时，搭接长度不应小于 $10d$（图 10-9）。

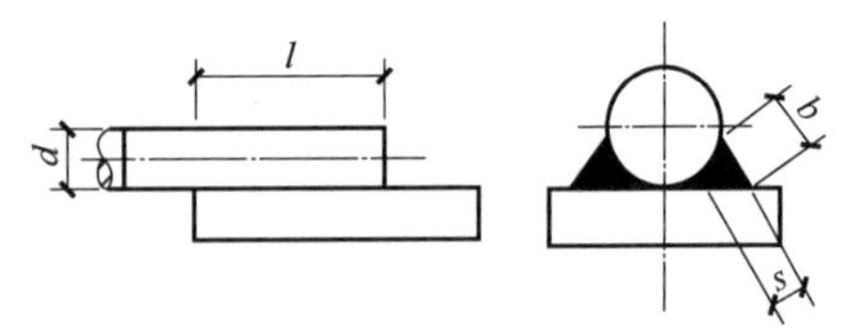

图 10-9　钢筋与钢板搭接焊接头

l—搭接长度　d—钢筋直径

b—焊缝宽度　s—焊缝厚度

（2）钢筋与钢板的焊缝宽度不得小于钢筋直径的 0.60 倍，焊缝厚度不得小于钢筋直径的 0.35 倍。

10.3.6　模板支设

支设型钢混凝土柱模板，应符合下列规定：

（1）宜设置对拉螺栓，螺杆可在型钢腹板开孔穿过或焊接连接套筒。

（2）当采用焊接对拉螺栓固定模板时，宜采用 T 形对拉螺杆，焊接长度不宜小于 $10d$，焊缝高度不宜小于 $d/2$。

（3）对拉螺栓的变形值不应超过模板的允许偏差。

（4）当无法设置对拉螺杆时，可采用刚度较大的整体式套框固定，模板支撑体系应进行强度、刚度、变形等验算。

10.4　型钢混凝土梁

10.4.1　施工流程

型钢混凝土梁施工工艺流程见图10-10。

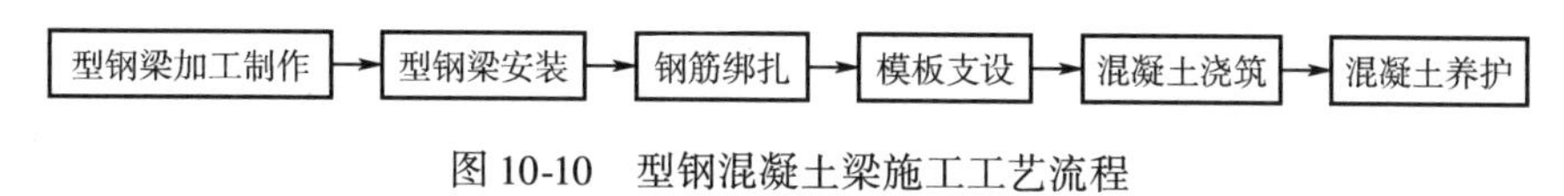

图10-10　型钢混凝土梁施工工艺流程

10.4.2　钢筋安装

钢筋加工和安装应符合下列规定：

（1）梁与柱节点处钢筋的锚固长度应满足设计要求；不能满足设计要求时，应采用绕开法、穿孔法、连接件法处理。

（2）箍筋套入主梁后绑扎固定，其弯钩锚固长度不能满足要求时，应进行焊接；梁顶多排纵向钢筋之间可采用短钢筋支垫来控制排距。

（3）梁主筋与型钢柱相交时，应有不小于50%的主筋通长设置；其余主筋宜采用下列方式连接：

1）水平锚固长度满足0.4l_{aE}时，弯锚在柱头内。

2）水平锚固长度不满足0.4l_{aE}时，应在弯起端头处双面焊接不少于5d长度、与主筋直径相同的短钢筋；也可采用经设计认可的其他连接方式。

（4）当箍筋在型钢梁翼缘截面尺寸和两侧主纵筋定位调整时，箍筋弯钩应满足135°的要求，当因特殊情况应做成90°弯钩焊接10d，应满足现行国家标准《混凝土结构工程施工质量验收规范》GB 50204的相关规定和结构抗震设计要求。

10.4.3　模板支设

模板支撑应符合下列规定：

（1）梁支撑系统的荷载可计入型钢结构重量；侧模板可采用穿孔对拉螺栓，也可在型钢梁腹板上设置耳板对拉固定（图10-11）。

（2）耳板设置或腹板开孔应经设计单位认可，并应在加工厂制作完成。

（3）当利用型钢梁作为模板的悬挂支撑时，应经设计单位同意。

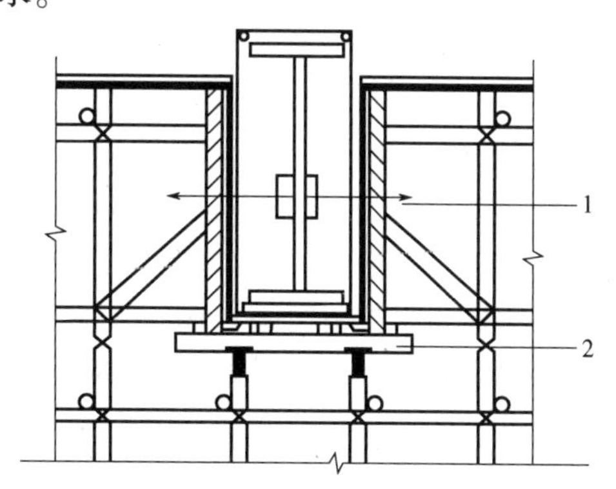

图10-11　型钢梁模板支撑系统
1—对拉螺栓　2—木方

10.5　钢-混凝土组合剪力墙

10.5.1　施工流程

不同形式的钢-混凝土组合剪力墙工艺流程见表10-2。

表 10-2 钢-混凝土组合剪力墙工艺流程

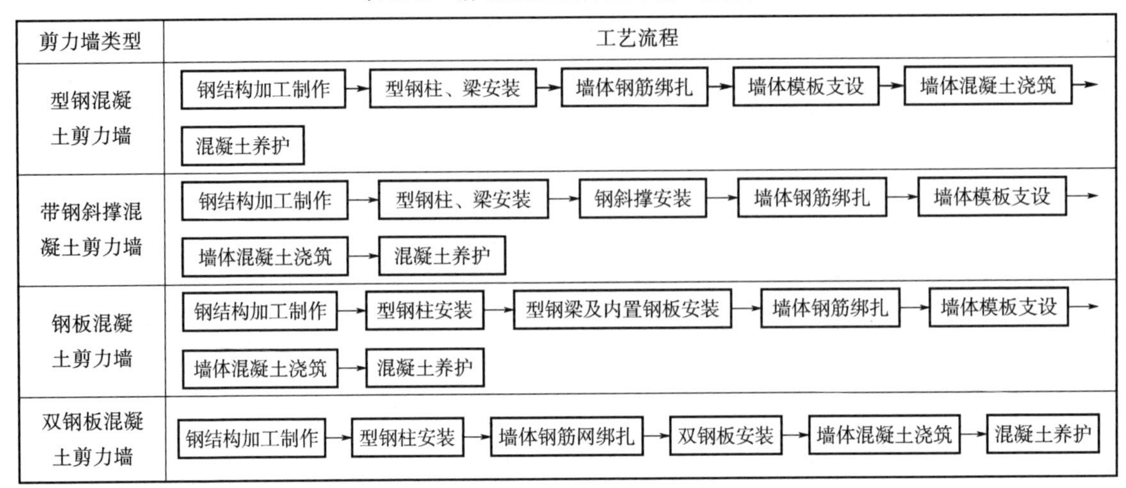

剪力墙类型	工艺流程
型钢混凝土剪力墙	钢结构加工制作→型钢柱、梁安装→墙体钢筋绑扎→墙体模板支设→墙体混凝土浇筑→混凝土养护
带钢斜撑混凝土剪力墙	钢结构加工制作→型钢柱、梁安装→钢斜撑安装→墙体钢筋绑扎→墙体模板支设→墙体混凝土浇筑→混凝土养护
钢板混凝土剪力墙	钢结构加工制作→型钢柱安装→型钢梁及内置钢板安装→墙体钢筋绑扎→墙体模板支设→墙体混凝土浇筑→混凝土养护
双钢板混凝土剪力墙	钢结构加工制作→型钢柱安装→墙体钢筋网绑扎→双钢板安装→墙体混凝土浇筑→混凝土养护

10.5.2 钢筋安装一般要求

(1) 墙体钢筋的绑扎与安装应符合下列规定：

1) 墙体钢筋绑扎前，应根据结构特点、钢筋布置形式等因素制订钢筋绑扎工艺；绑扎过程中不得对钢构件污染、碰撞和损坏。

2) 墙体纵向受力钢筋与型钢的净间距应大于30mm，纵向受力钢筋的锚固长度、搭接长度应符合现行国家标准《混凝土结构设计规范》GB 50010 的要求。

3) 剪力墙的水平分布钢筋应绕过或穿过墙端型钢，且应满足钢筋锚固长度的要求。

4) 墙体拉结筋和箍筋的位置、间距和数量应满足设计要求；当设计无具体规定时，应符合相关标准的要求。

(2) 当钢筋与墙体内型钢采用钢筋绕开法时，宜按不小于1:6 角度折弯绕过型钢。当无法绕过时，应满足锚固长度及相关设计要求，钢筋可伸至型钢后弯锚。

(3) 钢筋与墙体内型钢采用穿孔法时，应符合下列规定：

1) 预留钢筋孔的大小、位置应满足设计要求，必要时应采取相应的加强措施。

2) 钢筋孔的直径宜为 $d+4$mm（d 为钢筋公称直径）。

3) 型钢翼缘上设置钢筋孔时，应采取补强措施。型钢腹板上预留钢筋孔时，其腹板截面损失率宜小于腹板面积25%，且应满足设计要求。

4) 预留钢筋孔应在深化设计阶段完成，并应由构件加工厂进行机械制孔，严禁用火焰切割制孔。

(4) 钢筋与墙体内型钢采用钢筋连接套筒连接、连接板焊接时，应参照本书10.3节相关内容施工。

(5) 钢-混凝土组合剪力墙中型钢或钢板上设置的混凝土灌浆孔、流淌孔、排气孔和排水孔（图 10-12）等应符合下列规定：

1) 孔的尺寸和位置应在施工深化设计阶段完成，并应征得设计单位同意，必要时应采取相应的加强措施。

2) 对型钢混凝土剪力墙和带钢斜撑混凝土剪力墙，内置型钢的水平隔板上应开设混凝土灌浆孔和排气孔。

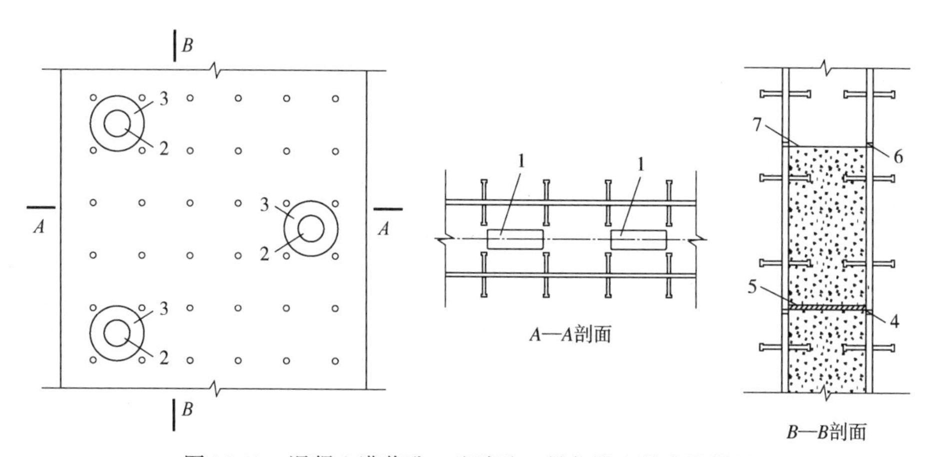

图 10-12　混凝土灌浆孔、流淌孔、排气孔和排水孔设置

1—灌浆孔　2—流淌孔　3—加强环板　4—排气孔　5—横向隔板　6—排水孔　7—混凝土浇筑面

3）对单层钢板混凝土剪力墙，当两侧混凝土不同步浇筑时，可在内置钢板上开设流淌孔，必要时应在开孔部位采取加强措施。

4）对双层钢板混凝土剪力墙，双层钢板之间的水平隔板应开设灌浆孔，并宜在双层钢板的侧面适当位置开设排气孔和排水孔。

5）灌浆孔的孔径不宜小于 150mm，流淌孔的孔径不宜小于 200mm，排气孔及排水孔的孔径不宜小于 10mm。

6）钢板制孔时，应由制作厂进行机械制孔，严禁用火焰切割制孔。

（6）安装完成的箱形型钢柱和双钢板墙顶部应采取相应措施进行覆盖封闭。

（7）钢-混凝土组合剪力墙的墙体混凝土宜采用集料较小、流动性较好的高性能混凝土，且应分层浇筑。

（8）墙体混凝土浇筑完毕后，可采取浇水或涂刷养护剂的方式进行养护。

10.5.3　钢斜撑混凝土剪力墙施工

（1）钢斜撑混凝土剪力墙，斜撑与墙内暗柱、暗梁相交位置的节点宜按下列方式处理：

1）当墙体钢筋遇到斜撑型钢无法贯通时，可采用钢筋绕开法。

2）当钢筋无法绕开时，可采用连接件法连接。

3）箍筋可通过腹板开孔穿过或采用带状连接板焊接。

（2）墙体的拉结钢筋和模板使用的穿墙螺杆位置应根据墙内钢斜撑的位置进行调整，宜避开斜撑型钢。当无法避开时，可采用在斜撑型钢上焊接连接套筒的方式连接。

（3）斜撑与墙内暗柱、暗梁相交位置应在横向加劲板上留设混凝土灌浆孔和排气孔，灌浆孔孔径不宜小于 150mm，排气孔孔径不宜小于 20mm（图 10-13）。

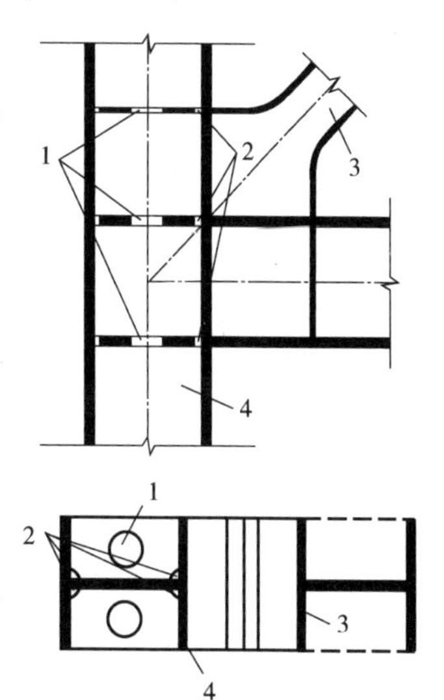

图 10-13　灌浆孔和排气孔设置

1—灌浆孔　2—排气孔

3—斜撑　4—型钢暗柱

10.5.4　钢板混凝土剪力墙施工

（1）内置钢板的安装与混凝土工程的交叉施工，应符合下列规定：

1）内置钢板的安装高度应满足稳定性要求。

2）墙体钢筋绑扎后，钢筋顶标高应低于内置钢板拼接处的横焊缝。

（2）内置钢板安装，宜采取下列措施：

1）吊装薄钢板时，可在薄钢板侧面适当布置临时加劲措施。

2）当内置钢板双面坡口的深度不对称时，宜先焊深坡口侧，然后焊满浅坡口侧，最后完成深坡口侧焊缝。

3）内置钢板的施焊宜双面对称焊接，当条件不允许时，可采取非对称分段交叉焊接的施焊次序；焊缝较长时，宜采用分段退焊法或多人对称焊接法。

（3）当墙体竖向受力钢筋遇到暗梁，型钢无法正常通长时，可按1∶6的角度绕开钢梁位置（图10-14）。

（4）当墙体竖向受力钢筋遇到型钢混凝土梁无法绕开时，可采用钢筋连接套筒的连接方式连接（图10-15）。

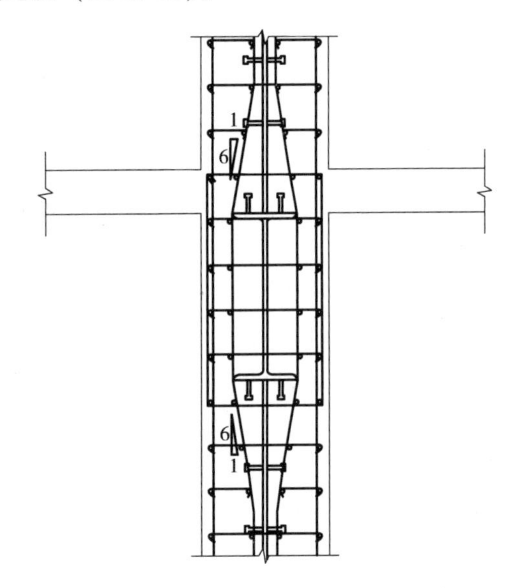

图10-14　墙体竖向钢筋遇暗梁型钢时做法

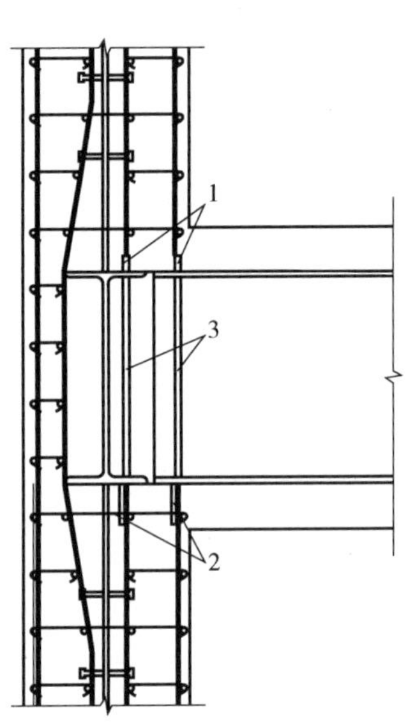

图10-15　墙体竖向钢筋遇型钢梁的连接做法
1—钢筋连接套筒　2—连接板　3—加劲肋

（5）型钢混凝土梁与钢板混凝土剪力墙相交部位，梁的纵向钢筋可直接顶到钢板然后弯锚；当梁的纵向钢筋锚固长度不足时，可采用连接件连接，连接件的对应位置处应设置加劲肋（图10-16）。

（6）墙内暗柱或端柱内的箍筋宜穿过钢板，应在钢板上预留孔洞；当柱内箍筋较密时，可采用间隔穿过的方法。

（7）用于墙体模板的穿墙螺杆可开孔穿越钢板或焊接钢筋连接套筒（图10-17）。开孔和钢筋连接套筒的尺寸、位置应在深化设计阶段确定。

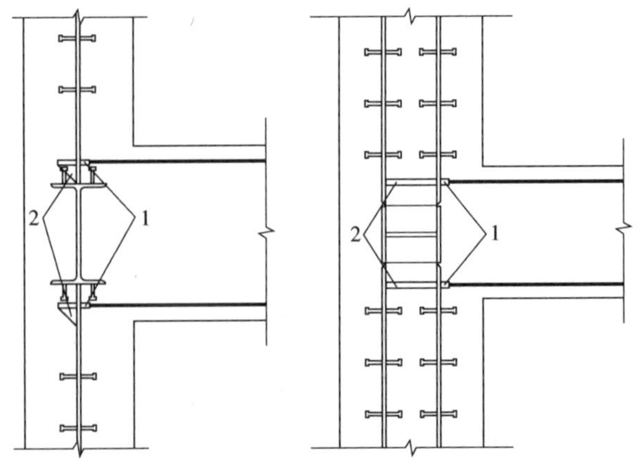

图10-16　梁钢筋与钢板墙的钢筋套筒连接方式
1—钢筋连接套筒　2—加劲肋

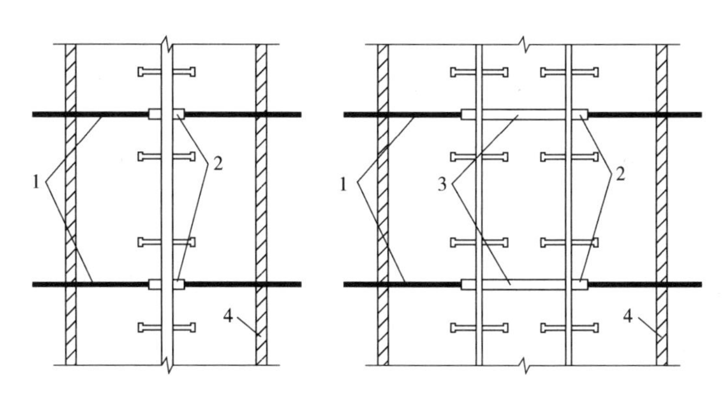

图10-17　穿墙螺杆与钢板墙连接做法

1—穿墙螺杆　2—钢筋连接套筒　3—加劲肋　4—模板

10.6　钢-混凝土组合板

10.6.1　施工流程

压型钢板或钢筋桁架组合楼板的施工工艺流程见图10-18。

图10-18　压型钢板或钢筋桁架组合楼板施工工艺流程

10.6.2　施工要点

1. 加工与运输

压型钢板或钢筋桁架板的加工与运输，应符合下列规定：

（1）压型钢板批量加工前，应根据设计要求的外形尺寸、波宽、波高等进行试制。

（2）钢筋桁架板加工时钢筋和桁架节点与底模接触点，均应采用电阻焊，根据试验确定焊接工艺。

（3）压型钢板运输过程中，应采取保护措施。

2. 安装要点

压型钢板或钢筋桁架板的安装，应符合下列规定：

（1）安装前，应根据工程特点编制垂直运输、安装施工专项方案。

（2）安装前，应先按排板图在梁顶测量、划分压型钢板或钢筋桁架板安装线。

（3）铺设前，应割除影响安装的钢梁吊耳，清扫支承面杂物、锈皮及油污。

（4）压型钢板或钢筋桁架板与混凝土墙（柱）应采用预埋件的方式进行连接，不得采用膨胀螺栓固定；当遗漏预埋件时，应采用化学锚栓或植筋的方法进行处理。

（5）宜先安装、焊接柱梁节点处的支托构件，再安装压型钢板或钢筋桁架板。

（6）预留孔洞应在压型钢板或钢筋桁架板锚固后进行切割开孔。

3. 锚固与连接

压型钢板或钢筋桁架板的锚固与连接，应符合下列规定：

（1）穿透压型钢板或钢筋桁架板的栓钉与钢梁或混凝土梁上预埋件应采用焊接锚固，压型钢板或钢筋桁架板之间、其端部和边缘与钢梁之间均应采用间断焊或塞焊进行连接固定。

（2）钢筋桁架板侧向可采用扣接方式，板侧边应设连接拉钩，搭接宽度不应小于10mm。

4. 栓钉施工

栓钉施工应符合下列规定：

（1）栓钉中心至钢梁上翼缘侧边或预埋件的距离不应小于35mm，至设有预埋件的混凝土梁上翼缘侧边的距离不应小于60mm。

（2）栓钉顶面混凝土保护层厚度不应小于15mm，栓钉钉头下表面高出压型钢板底部钢筋顶面不应小于30mm。

（3）栓钉应设置在压型钢板凹肋处，穿透压型钢板并将栓钉焊牢于钢梁或混凝土预埋件上。

（4）栓钉的焊接宜使用独立的电源；电源变压器的容量应在100～250kVA。

（5）栓钉施焊应在压型钢板焊接固定后进行。

（6）环境温度在0℃以下时不宜进行栓钉焊接。

5. 桁架板钢筋施工

桁架板的钢筋施工应符合下列规定：

（1）钢筋桁架板的同一方向的两块压型钢板或钢筋桁架板连接处，应设置上下弦连接钢筋；上部钢筋按计算确定，下部钢筋按构造配置。

（2）钢筋桁架板的下弦钢筋伸入梁内的锚固长度不应小于钢筋直径的5倍，且不应小于50mm。

6. 临时支撑

临时支撑应符合下列规定：

（1）应验算压型钢板在工程施工阶段的强度和挠度；当不满足要求时，应增设临时支撑，并应对临时支撑体系进行安全性验算；临时支撑应按施工方案进行搭设。

（2）临时支撑底部、顶部应设置宽度不小于100mm的水平带状支撑。

本章术语释义

序号	术语	含义
1	钢-混凝土组合构件	由型钢或钢管或钢板与钢筋混凝土组合而成的结构构件
2	钢-混凝土组合结构	由钢-混凝土组合构件组成的结构
3	型钢混凝土柱	钢筋混凝土截面内配置型钢的柱
4	钢管混凝土柱	在钢管内浇筑混凝土并由钢管和管内混凝土共同承担荷载的柱，包括圆形、矩形、多边形及其他复杂截面的钢管混凝土柱
5	型钢混凝土梁	钢筋混凝土截面内配置型钢的梁
6	钢-混凝土组合剪力墙	钢筋混凝土截面内配置型钢的剪力墙
7	钢板混凝土剪力墙	钢筋混凝土截面内配置钢板的剪力墙
8	钢斜撑混凝土剪力墙	钢筋混凝土截面内配置钢斜撑的剪力墙
9	钢-混凝土组合板	压型钢板通过剪力连接件与现浇混凝土共同工作承受载荷的楼板或屋面板

第 11 章

装配式混凝土结构

装配式混凝土结构是由预制混凝土构件通过可靠的连接方式装配而成的混凝土结构，包括装配整体式混凝土结构、全装配混凝土结构等。在建筑工程中，简称装配式建筑；在结构工程中，简称装配式结构。

装配整体式混凝土结构是由预制混凝土构件通过可靠的方式进行连接并与现场后浇混凝土、水泥基灌浆料形成整体的装配式混凝土结构，简称装配整体式结构。装配整体式结构的两种主要形式是装配整体式混凝土框架结构和装配整体式混凝土剪力墙结构。

装配整体式混凝土框架结构是由全部或部分框架梁、柱采用预制构件构建成的装配整体式混凝土结构，简称装配整体式框架结构。

装配整体式混凝土剪力墙结构是由全部或部分剪力墙采用预制墙板构建成的装配整体式混凝土结构，简称装配整体式剪力墙结构。

11.1 施工准备

装配式混凝土结构施工前，施工单位应完成以下准备工作：

(1) 施工单位应根据工程特点和施工规定，编制装配式混凝土结构施工方案。施工方案应包括工程概况、编制依据、进度计划、施工场地布置、预制构件运输与存放、安装与连接施工、绿色施工、安全管理、质量管理、信息化管理、应急预案等内容。

(2) 完成深化设计。深化设计主要是预制构件生产单位根据施工单位的施工条件（比如挑架布置方案、施工电梯预埋节点、塔式起重机附着节点、放线预留孔、斜支撑点位）和设计院的设计条件（精装修点位和机电节点做法）进行预制构件的深化设计。深化设计完成后应由施工单位和设计单位确认。

(3) 施工单位应按照装配式混凝土结构施工的特点和要求，对管理人员、灌浆作业人员及安装人员进行专项培训，并对塔式起重机作业人员和施工操作人员进行吊装前的安全技术交底。

(4) 施工单位应该核查已施工完成构件的外观质量、尺寸偏差、机电点位（线盒、套管、预留洞），确认混凝土强度、预留连接钢筋、机电材料等预留预埋符合设计要求。

(5) 施工单位应复核吊装设备的吊装能力。应检查复核吊装设备及吊具处于安全使用状态，并核实现场环境、天气、道路状况等满足吊装施工要求。

(6) 施工单位应进行测量放线、设置构件安装定位标识。

(7) 应对外防护架进行设计复核，并进行试组装。

11.2 基本要求

11.2.1 材料与机具准备

预制构件进场前，应由预制构件生产单位对每个构件进行编号，设置安装方向标识。

预制构件进场时，预制构件生产单位应提供出厂合格证及相关质量证明文件。预制构件、连接材料、配件等应按国家现行相关标准的规定进行进场验收，未经验收或验收不合格的产品不得使用。灌浆料与灌浆套筒产品宜配套使用，采用套筒灌浆连接的钢筋连接接头应进行钢筋灌浆套筒连接接头工艺检验。

预制构件吊装、安装施工应严格按照施工方案执行，各工序的施工应在上道工序质量检查合格后进行。

预制构件安装采用的吊具应符合下列规定：

（1）吊具应按现行工程建设标准进行设计验算或试验检验，经验证合格后方可使用。

（2）应根据预制构件形状、尺寸及重量要求选择适宜的吊具，在吊装过程中，吊索水平夹角不宜小于60°，不应小于45°；尺寸较大或形状复杂的预制构件应选择设吊装梁，并应采取保证起重设备的主钩位置、吊具及构件重心在竖直方向重合的措施。

预制构件吊装梁是一种用于装配式混凝土结构工程施工中预制构件吊装的施工机具，如图11-1所示，适用于装配式预制外墙板、预制楼梯以及叠合楼板底板等多种预制构件的吊装施工。

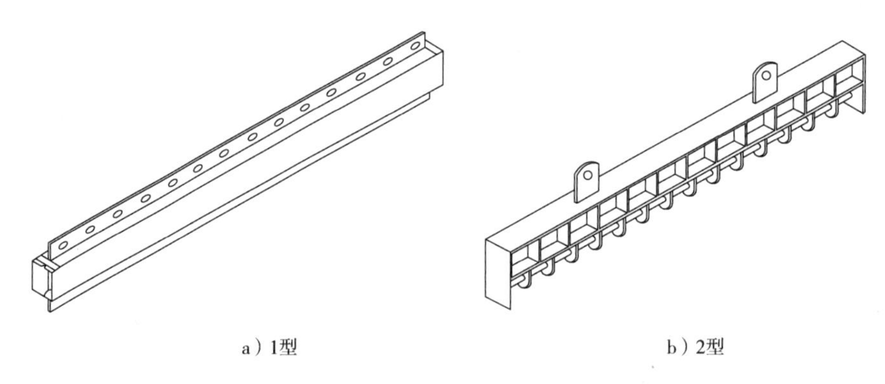

a）1型　　b）2型

图11-1　预制构件吊装梁

11.2.2　场内运输与存放

施工单位应根据装配式混凝土结构施工方案制订预制构件场内运输计划与存放方案。

1. 运输道路与场地

施工现场内道路应按构件运输车辆的要求设置转弯半径及道路坡度。现场运输道路和存放堆场应平整坚实，并有排水措施。运输车辆进入施工现场的道路，应满足预制构件的运输要求。当预制构件堆放于地下室顶板时，应对相关范围地下室顶板承载力进行计算，并采取相应措施以满足预制构件运输要求。卸放、吊装工作范围内不应有障碍物，并应有满足预制构件周转使用的场地。当满足塔式起重机吊次和安装条件时，构件到场后可不存放至周转场地，直接安装。预制构件装卸时应充分考虑车体平衡，采取绑扎固定措施；预制构件边角部或与紧固用绳索接触部位，宜采用垫衬加以保护。

2. 预制构件的现场存放

预制构件运送到施工现场后，应按规格、品种、使用部位、吊装顺序分别设置存放场地。存放场地应设置在吊装设备有效起重范围内，并设置通道。

预制柱、梁等细长构件宜平放且采用条形垫木支撑。

预制墙板可采用插放或靠放存放，当采用插放架直立堆垛或运输构件时，宜采取直立运输方式；插放架应有足够的承载力和刚度，并应支垫稳固。当采用靠放架堆垛或运输构件时，靠放架应具有足够的承载力和刚度，构件与地面倾斜角度宜大于 80°；墙板宜对称靠放且外饰面朝外，构件上部宜采用木垫块隔离；运输时构件应采取固定措施。

预制板类构件可采用叠放方式，构件层与层之间应垫平、垫实，各层支垫应上下对齐，叠合板底部垫木宜采用通长木方（图 11-2）。预制楼板、叠合板、阳台板和空调板等构件宜平放，叠放层数不宜超过 6 层。叠合板现场堆放应满足如下要求：

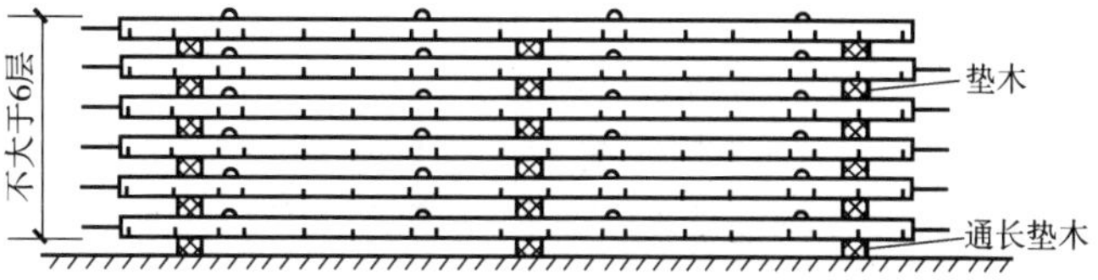

图 11-2　预制叠合板现场堆放立面图

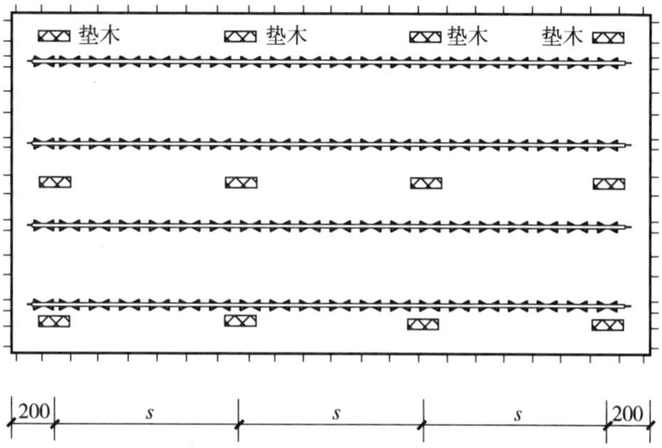

图 11-3　预制叠合板垫木摆放平面图

（1）叠合板堆垛场地应平整硬化，宜有排水措施，堆垛时叠合板底板与地面之间应有一定的空隙。

（2）垫木放置在叠合板钢筋桁架侧边，板两端（至板端 200mm）及跨中位置垫木间距应经计算确定；垫木应上下对齐，如图 11-3 所示。

（3）不同板号应按层堆放，大板在下，小板在上，堆放时间不宜超过两个月。

3. 其他注意事项

（1）与清水混凝土面接触的垫块应采取防污染措施。

（2）预制预应力构件应按其受力方式进行存放，不得颠倒其堆放方向。

11.2.3　构件吊装

1. 一般规定

（1）构件吊装前，施工单位应编制预制构件吊装专项施工方案。

（2）应根据预制构件形状、尺寸、重量和作业半径等要求选择吊具和起重设备。吊装大型构件、薄壁构件或形状复杂的构件时，应使用分配梁或分配桁架类吊具，并应采取避免构件变形和损伤的临时加固措施。

（3）预制构件吊运应经过施工验算。构件吊运时，动力系数宜取 1.5；构件翻转及安装过程中就位、临时固定时，动力系数可取 1.2。

（4）吊装用钢丝绳与专用卸扣的安全系数不应小于 6，起吊重大构件时，除应采取妥善保护措施外，吊索的安全系数应取 10。

（5）应按照制订好的吊装安装顺序，按起重设备吊设范围由远及近进行吊装，吊装时采取保证起重设备的主钩位置、吊具及构件重心在竖直方向上重合的措施；吊运过程应平稳，不应有大幅度摆动，且不应长时间悬停。

（6）应设专人指挥，操作人员应位于安全位置。

（7）构件吊装前，应核实现场环境、天气、道路状况是否满足吊装施工要求，应确认吊装设备及吊具是否处于安全操作状态。

(8) 当遇有5级大风或恶劣天气时，应停止一切吊装施工作业。

2. 吊装工艺流程

预制构件吊装工艺流程见图11-4。

构件吊装前需检查的内容：

(1) 检查构件相应编号、预留预埋位置及部位是否准确，灌浆孔、插接钢筋等重要部位是否符合安装要求。

(2) 检查吊装梁的吊点位置的中心线是否与构件重心线重合。

(3) 检查钢丝绳、吊装锁具、构件预埋吊环是否符合安全要求。

构件正式吊装前进行试起吊，起吊后检查构件重心与塔式起重机主绳在垂直方向是否重合，确认起吊安全后可完成吊运。

构件吊运到安装位置后，应设置临时性支撑、拉结措施，确保构件稳定安全后方可摘除吊钩，完成吊装。

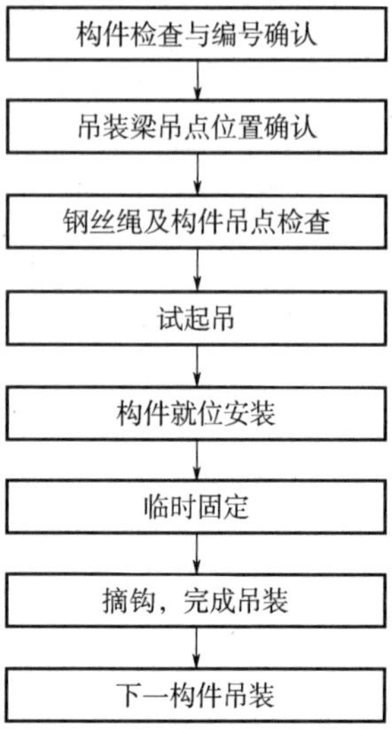

构件检查与编号确认
↓
吊装梁吊点位置确认
↓
钢丝绳及构件吊点检查
↓
试起吊
↓
构件就位安装
↓
临时固定
↓
摘钩，完成吊装
↓
下一构件吊装

图11-4 预制构件吊装工艺流程

11.2.4 构件临时支撑

竖向预制构件安装采用支撑时，每个预制构件的支撑不宜少于2组；对预制柱、墙板构件的上部斜支撑，其支撑点距离板底不宜小于构件高度的2/3，且不应小于构件高度的1/2，斜支撑应与构件可靠连接；构件安装就位后，可通过支撑对构件的位置和垂直度进行微调。

水平预制构件安装采用支撑时，首层支撑架体的地基应平整坚实，宜采取硬化措施；支撑的间距及其与墙、柱、梁边的净距应经设计计算确定，竖向连续支撑层数不宜少于2层且上下层支撑应对准。

预制构件吊装就位后，应及时校准并采取临时固定措施。预制墙板、预制柱等竖向构件安装后应对安装位置、安装标高、垂直度、累计垂直度进行校核与调整；叠合类构件的预制部分、预制梁等水平构件安装后应对安装位置、安装标高进行校核与调整；相邻预制板类构件，应对相邻预制构件的平整度、高低差、拼缝尺寸进行校核与调整；预制装饰类构件应对装饰面的完整性进行校核与调整。临时固定措施、支撑应具有足够的强度、刚度和整体稳定性，应按现行工程建设标准进行验算。预制构件与吊具的分离应在校准定位及支撑安装完成后进行。

11.2.5 预制构件连接

预制构件间的连接方式分为干式连接法和湿式连接法。干式连接法是预制构件间采用螺栓、焊接或简支搁置等非湿式连接形成整体的施工方法。湿式连接法是预制构件间采用钢筋或预埋件，并通过后浇混凝土或灌浆连接形成整体的施工方法。

1. 干式连接

采用干式连接法时，应根据不同的连接构造，编制相应的施工方案，应符合国家和地方相关标准规定，并满足以下要求：

(1) 采用螺栓连接时，应按设计和相关规范的要求进行施工检查和质量控制，螺栓型号、规格、配件应符合设计要求，表面清洁，无锈蚀、裂纹、滑丝等缺陷，并应对外露铁件采取防腐措施；螺栓紧固方式和紧固力应符合设计要求。

（2）采用焊接连接时，其焊接件、焊缝表面应无锈蚀，并按设计打磨坡口，应避免由于连续施焊引起预制构件及连接部位混凝土开裂。

（3）采用支座支撑方式连接时，其支座材料、质量、支座接触面等应符合设计要求。

（4）预制楼梯与现浇梁板采用预埋件焊接连接时，应先施工梁板，后放置焊接楼梯段；采用锚固钢筋连接时，应先放置楼梯段，后施工梁板。

2. 湿式连接

采用钢筋套筒灌浆连接、钢筋浆锚搭接连接的预制构件施工，应符合下列规定：

（1）从现浇层到预制层的转换位置处，现浇混凝土中伸出的钢筋应采用专用工具进行定位，并应采用可靠的固定措施控制连接钢筋的中心位置及外露长度，使其满足设计要求。

（2）构件安装前应检查预制构件上套筒、预留孔的规格、位置、数量和深度；当套筒、预留孔内有杂物时，应清理干净。

（3）应检查连接钢筋的规格、数量、位置和长度。当连接钢筋倾斜时，应进行校直；连接钢筋中心线偏离套筒或孔洞中心线不宜超过3mm。连接钢筋中心位置存在严重偏差影响预制构件安装时，应会同设计单位制订专项处理方案，不得随意切割、强行调整连接钢筋。

3. 钢筋套筒灌浆连接

（1）灌浆料的制备与使用要求

钢筋套筒灌浆连接用灌浆料使用前，应检查产品包装上的有效期和产品外观。灌浆料使用应符合下列规定：

1）加水量应按灌浆料产品说明书要求的用水量确定，宜按重量计量。

2）灌浆料拌合物应采用电动设备搅拌充分、均匀，并宜静置2min后使用。

3）搅拌完成后，不得再次加水。

4）每工作班应检查灌浆料拌合物初始流动度不少于1次，各项指标应符合现行工程建设标准的规定。

5）应按产品要求计量灌浆料和水的用量并搅拌均匀，灌浆料拌合物的流动度应满足国家现行相关标准和产品的设计要求。

6）灌浆料拌合物应在制备后0.5h内用完；灌浆施工宜采取压浆法从下口灌注，当浆料从上口流出后及时封堵；宜采用专用堵头封闭，封闭后灌浆料不应有外漏。

（2）灌浆施工

灌浆前应制订灌浆施工的专项质量保证措施，宜采用方便观察且有补浆功能的工具或其他方式进行灌浆饱满性监测，灌浆作业全过程应有专职检验人员负责现场监督并及时形成施工检查记录。

灌浆施工时，环境温度应符合灌浆料产品使用说明书要求；当环境温度高于30℃时，应按高温施工要求采取相应措施；当环境温度低于5℃时，应采用低温灌浆料，并按低温施工要求采取相应增温措施。灌浆作业施工中应按现行工程建设标准规定留置用于检验抗压强度的灌浆料试件；灌浆料同条件养护试件应在抗压强度达到35MPa后，方可进行对接头有扰动的后续施工。

4. 钢筋浆锚搭接连接

采用钢筋浆锚搭接连接时，应符合下列要求：

（1）灌浆前应对连接孔道及灌浆孔和排气孔全数检查，确保孔道通畅，内表面无污染。

（2）竖向构件与楼面连接处的水平缝应清理干净，灌浆前24h连接面应充分浇水湿润，灌浆前不得有积水。

（3）竖向构件的水平拼缝应采用与结构混凝土同强度或高一级强度等级的水泥砂浆进行周边坐浆密封，1d以后方可进行灌浆作业。

（4）灌浆料应采用电动搅拌器充分搅拌均匀，搅拌时间从开始加水到搅拌结束应不少于5min，然后静置2~3min；搅拌后的灌浆料应在30min内使用完毕，每个构件灌浆总时间应控制在30min以内。

（5）浆锚节点灌浆必须采用机械压力注浆法，确保灌浆料能充分填充密实。

（6）灌浆应连续、缓慢、均匀地进行，直至排气孔排出浆液后，立即封堵排气孔，持压不小于30s，再封堵灌浆孔，灌浆后24h内不得使构件和灌浆层受到振动、碰撞。

（7）灌浆结束后应及时将灌浆孔及构件表面的浆液清理干净，并将灌浆孔表面抹压平整。

（8）灌浆作业应及时做好施工质量检查记录，并按要求每工作班制作1组且每层不少于3组40mm×40mm×160mm的长方体试件，标准养护28d后进行抗压强度试验。

11.3 支撑与模板

11.3.1 一般规定

装配式混凝土结构施工用的支撑与模板应根据施工过程中的具体工况进行设计，应具有足够的承载力、刚度，并应保证其整体稳固性。装配式混凝土结构施工宜采用与构件相匹配的工具化、标准化的支撑与模板。支撑与模板安装应保证工程结构构件各部分形状、尺寸和位置的准确，模板安装应牢固、严密、不漏浆，且应便于钢筋安装和混凝土浇筑、养护。

预制构件应根据施工方案要求预留与模板连接用的孔洞、埋件，预留位置应符合设计或施工要求。预制构件接缝处宜采用与预制构件可靠连接的工具式模板。工具式模板与预制构件之间应粘贴密封条，在混凝土浇筑时模板不应产生明显变形和漏浆。

11.3.2 预制构件支撑

（1）安装预制墙板、预制柱等竖向构件时，应采用可调式斜支撑临时固定；斜支撑位置应避免与模板支架、相邻支撑冲突。

（2）叠合梁施工时，预制梁竖向支撑宜选用可调式独立支架，并应有可靠的防倾覆措施，支撑位置与间距应根据施工验算确定。

（3）叠合板预制底板施工应符合下列规定：

1）预制底板安装时，可采用龙骨及配套支撑，龙骨及配套支撑应进行施工验算。

2）宜选用可调标高的定型独立钢支柱作为支撑，龙骨的顶面标高应与预制底板底面标高一致。

3）预制底板与墙体或梁交接处宜采用通长木方或角钢连接封闭，板底标高应准确控制。

4）预制底板应避免集中堆载。

11.3.3　后浇混凝土模板

（1）预制梁柱节点后浇混凝土区域采用工具式模板支模时，宜采用螺栓与预制构件可靠连接固定，模板与预制构件之间应采取可靠的密封防漏浆措施。

（2）装配式剪力墙结构预制墙板间的竖向接缝采用后浇混凝土连接时，宜采用工具式模板支模，并应符合下列规定：

1）模板应通过螺栓或预留孔洞拉结的方式与预制构件可靠连接。

2）模板安装应避免遮挡住预制墙板下部的灌浆预留孔洞。

3）夹心墙板的外叶板应采用螺栓拉结或夹板等加强固定。

4）墙板接缝部位及模板连接处均应采取可靠的密封防漏浆措施。

5）当采用预制外墙模板进行支模时，预制外墙模板的尺寸参数及与相邻外墙板之间的拼缝宽度应符合设计要求。

11.3.4　支撑与模板拆除

当后浇混凝土强度能保证构件表面及棱角不受损伤时，方可拆除侧模模板。叠合构件的后浇混凝土同条件养护的立方体抗压强度达到设计要求后，方可拆除龙骨及下一层支撑；当设计无具体要求时，同条件养护的混凝土立方体试件抗压强度应符合规范的规定。预制墙板斜支撑拆除宜在后浇混凝土墙体模板拆除前进行。

拆除模板时，可采取先拆非结构构件模板、后拆结构构件模板的顺序。水平结构构件模板应由跨中向两端拆除，竖向结构构件模板应自上而下进行拆除。

多个楼层间连续支模的底层支架拆除时间，应根据连续支模的楼层间荷载分配和后浇混凝土强度的增长情况确定。

11.4　钢筋与预埋件

11.4.1　钢筋连接与锚固

预制构件的钢筋连接可采用钢筋套筒灌浆连接接头、浆锚搭接连接接头和机械连接接头。钢筋套筒灌浆连接接头应符合现行行业标准《钢筋套筒灌浆连接应用技术规程》JGJ 355 的规定。

钢筋机械连接接头应符合现行行业标准《钢筋机械连接技术规程》JGJ 107 的规定。机械连接接头部位的混凝土保护层厚度宜符合现行国家标准《混凝土结构设计规范》GB 50010 中受力钢筋的混凝土保护层最小厚度的规定，且不应小于 0.75 倍钢筋最小保护层厚度和 15mm 的较大值，必要时应采取防锈措施，接头之间的横向净距不宜小于 25mm。

钢筋焊接连接接头应符合现行行业标准《钢筋焊接及验收规程》JGJ 18 的规定。

当钢筋采用弯钩或机械锚固措施时，钢筋锚固端的锚固长度应符合现行国家标准《混凝土结构设计规范》GB 50010 的规定。采用钢筋锚固板时，应符合现行行业标准《钢筋锚固板应用技术规程》JGJ 256 的规定。

当预制构件外露钢筋影响相邻后浇混凝土中钢筋绑扎时，可在预制构件上预留钢筋连接接头，待相邻后浇混凝土结构钢筋绑扎完成后，再将锚筋安装形成连接。

叠合板上部现浇混凝土中的钢筋绑扎前，应检查其预制底板的桁架钢筋的位置，并设置钢筋定位件固定上部钢筋位置。

预制墙板竖向拼缝连接部位宜先校正水平连接钢筋，后安装箍筋，待墙体竖向钢筋连接完成后绑扎箍筋。

11.4.2 钢筋定位

装配式混凝土结构后浇混凝土内的连接钢筋埋设位置应准确，连接与锚固方式应符合设计和现行有关技术标准的规定。预制构件的外露钢筋应防止弯曲变形，并在预制构件吊装完成后，对其位置进行校核与调整。装配式混凝土结构后浇混凝土施工时，应采用可靠的保护措施，防止预留钢筋整体偏移、变形及受到污染。

构件连接处的钢筋位置应符合设计要求。当设计无具体要求时，应保证主要受力构件和构件中主要受力方向的钢筋位置，并应符合下列规定：

（1）框架节点处，梁纵向受力钢筋宜置于柱纵向钢筋内侧。

（2）当主次梁底部标高相同时，次梁下部钢筋应放在主梁下部钢筋之上。

（3）剪力墙中水平分布钢筋宜置于竖向钢筋外侧，并在墙端弯折锚固。

后浇混凝土施工前，钢筋套筒灌浆连接接头的预留连接钢筋应采用专用模具定位，并应符合下列规定：

（1）预留连接钢筋中心位置存在细微偏差时，宜采用钢套管等方式进行细微调整。

（2）预留连接钢筋中心位置存在严重偏差影响预制构件安装时，应按设计单位确认的技术方案处理。

（3）应采用可靠的固定措施控制连接钢筋的外露长度，保证其满足设计要求。

预制梁柱节点核心区的钢筋安装时，应符合下列规定：

（1）节点区柱箍筋应随预制柱一同运往施工现场，其安装顺序应满足预制梁、预制柱的施工安装要求。

（2）叠合梁采用封闭箍筋时，预制梁上部纵筋宜在构件厂预穿入箍筋内临时固定，随预制梁一同安装就位。

（3）预制叠合梁采用开口箍筋时，预制梁上部纵筋可在现场安装。

11.4.3 预埋件安装与定位

装配式混凝土结构后浇混凝土内的预埋件，其连接构造与锚固方式应符合设计规定，并应符合现行国家标准《混凝土结构设计规范》GB 50010 的规定。

预制混凝土构件的预埋件的位置及数量应符合设计要求。

安装预制竖向构件所需的斜支撑预埋件应在叠合板的预制底板或后浇混凝土中埋设，预埋件的安装与定位应准确，并应做好防污染措施。

预埋件采用焊接或螺栓连接时，应按设计或有关规范的要求进行施工检查和质量控制，并应对外露预埋件采取防腐措施。

装配式混凝土结构施工时，应采用可靠的保护措施，避免需要焊接或螺栓连接的预埋件受到污染。

11.5 后浇混凝土

11.5.1 一般规定

装配式混凝土结构后浇混凝土施工应采用预拌混凝土。预拌混凝土应符合现行国家标准《预拌混凝土》GB/T 14902 的规定。

装配式混凝土结构施工中的结合部位或接缝处混凝土的工作性应符合设计与施工规定；当采用自密实混凝土时，应符合现行行业标准《自密实混凝土应用技术规程》JGJ/T 283 的规定。

装配式混凝土结构在浇筑混凝土前应进行隐蔽项目的现场检查与验收。

装配式混凝土结构的后浇混凝土节点应根据施工方案要求的顺序浇筑施工。

混凝土浇筑后应及时进行保湿养护，保湿养护可采用洒水、覆盖、喷涂养护剂等方式。养护方式应根据现场条件、环境温湿度、构件特点、技术要求、施工操作等因素确定。混凝土的养护应符合现行国家标准《混凝土结构工程施工规范》GB 50666 的规定。

11.5.2 叠合构件

叠合构件后浇混凝土浇筑前应清除叠合面上的杂物、浮浆及松散集料，表面干燥时应润湿，并不得留有积水。叠合构件后浇混凝土浇筑前，应检查并校正预制构件的外露钢筋。

叠合构件后浇混凝土浇筑时宜采取由中间向两边的方式。叠合构件与周边混凝土结构连接处，浇筑混凝土时应加密振捣点，当采取延长振捣时间措施时，应符合有关标准和施工作业要求。叠合构件后浇混凝土浇筑时，预埋件位置应可靠固定，防止移位，且不得污染预埋件连接部位。

11.5.3 构件连接

装配式混凝土结构中预制构件的连接处混凝土强度等级应符合设计要求，且不应低于所连接的各预制构件混凝土强度等级中的较大值。

用于预制构件的连接处混凝土，宜采取提高混凝土早期强度的措施；在浇筑过程中应振捣密实，并应符合有关标准和施工作业要求。

预制构件连接节点和连接部位后浇混凝土施工还应符合下列规定：

（1）预制构件结合面疏松部分的混凝土应剔除并清理干净。

（2）混凝土分层浇筑高度应符合国家现行有关标准的规定，应在底层混凝土初凝前将上一层混凝土浇筑完毕。

（3）浇筑时应采取保证混凝土浇筑密实的措施。

（4）预制梁、柱混凝土强度等级不同时，梁柱节点核心区混凝土强度等级应符合设计要求。

（5）混凝土浇筑应布料均衡，浇筑和振捣时，应对模板及支架进行观察和维护，发现异常情况应及时处理；构件接缝混凝土浇筑和振捣应采取措施防止模板、相连接构件、钢筋、预埋件及定位件移位。

（6）预制构件接缝混凝土浇筑完成后可采取洒水、覆膜、喷涂养护剂等养护方式，养护时间不应少于14d。

11.6 接缝防水

11.6.1 吊装前施工

预制构件吊装前的防水施工应符合下列规定：

（1）现场吊装前，应检查在构件加工厂或现场粘贴的止水条的牢固性与完整性。

（2）运输、堆放、吊装过程中应保护防水空腔、止水条与水平缝等部位，缺棱掉角及损坏处应在吊装就位前修复。

11.6.2 防水密封胶施工

预制外墙板连接缝采用防水密封胶施工应符合下列规定：

（1）预制外墙板连接缝的防水节点基层及空腔排水构造做法应符合设计要求。

（2）预制外墙板外侧水平、竖直接缝的防水密封胶封堵前，侧壁应清理干净，保持干燥。嵌缝材料应与板牢固粘接，不得漏嵌和虚粘。

（3）外侧竖缝及水平缝防水密封胶的注胶宽度、厚度应符合设计要求，防水密封胶应在预制外墙板校核固定后嵌填。先安放填充材料，之后注胶，防水密封胶应均匀顺直，饱满密实，表面光滑连续。

（4）外墙板“十”字拼缝处的防水密封胶注胶应连续完成。

11.6.3 粘贴止水条施工

预制外墙板侧粘贴止水条时应符合下列规定：

（1）止水条粘贴前，应先清扫混凝土表面灰尘，涂上专用粘结剂后，压入止水条。

（2）预制外墙板侧止水条应采用专用粘结剂粘贴，止水条与相邻的预制外墙板应压紧、密实。

（3）粘贴止水条作业时，粘结面应为干燥状态。

（4）应在混凝土面和止水条粘贴面均匀涂刷粘结剂。

（5）止水条安装后宜用小木槌进行敲打以提高粘结牢固性。

11.6.4 防水胶带施工

预制外墙板连接缝采用防水胶带施工应符合下列规定：

（1）预制外墙板连接缝采用防水胶带施工前，粘接面应清理干净，并涂刷界面剂。

（2）接缝处防水胶带粘贴宽度、厚度应符合设计要求，防水胶带应在预制构件校核固定后粘贴。

（3）防水胶带应与预制构件粘接牢固，不得虚粘。

11.7 装配式混凝土剪力墙结构施工

装配式剪力墙结构一般由预制外墙板、预制内墙板、飘窗、预制内隔墙板、预制梁、叠合楼板、阳台板及楼梯板等组成。

对于装配式预制剪力墙结构，通常情况下首先要先安装预制外墙板和飘窗，然后安装预制内墙板、预制梁、预制内隔墙板、飘窗、阳台板、叠合楼板及楼梯板等，最后支模浇筑后浇混凝土，使其形成结构整体。

11.7.1　施工工艺流程

装配式剪力墙结构施工工艺流程如图 11-5 所示。

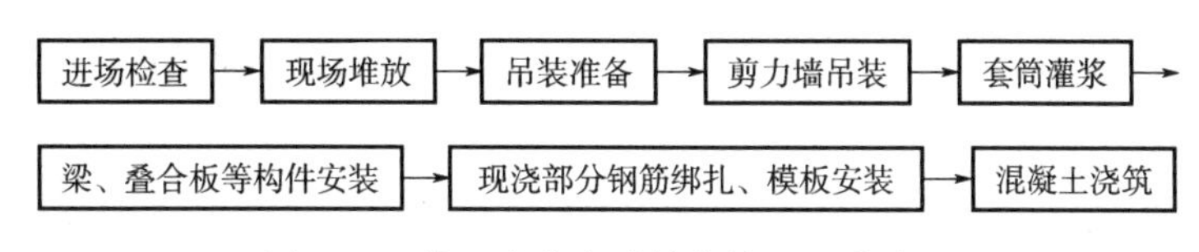

图 11-5　装配式剪力墙结构施工工艺流程

具体施工步骤包括：

（1）首先将安装预制墙板部位的灰浆、杂物等清理干净。

（2）粘贴带有保温层外墙墙板底部的保温密封条。

（3）设置墙板底部标高控制垫片。

（4）对于长度较大的预制墙体，在底部进行分仓作业。

（5）预制墙板起吊安装就位。

（6）安装预制墙板临时固定支撑，并进行墙板的位置及垂直度调节校正。

（7）清理墙板底部灌浆部位，并浇水湿润。

（8）进行封仓作业，封堵墙体底部周边缝隙。

（9）墙板底部灌浆施工及检查。

（10）安装外墙飘窗、预制梁、预制内隔墙板，并进行临时固定及调整校正。

（11）安装预制阳台板、叠合板，并进行临时固定及调整校正。

（12）支设现浇部位模板，并进行钢筋绑扎和混凝土浇筑施工。

（13）在安装上层构件前，进行下层预制楼梯板的安装。

（14）构件临时支撑应在后浇混凝土达到设计要求后进行拆除。

11.7.2　预制墙板安装

1. 工艺流程

装配式剪力墙结构预制外墙板安装工艺流程见图 11-6。

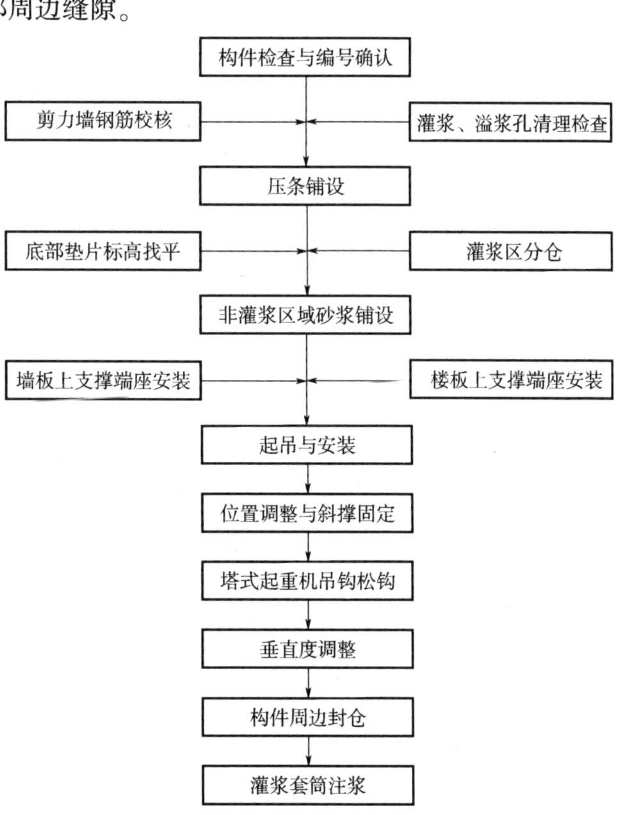

图 11-6　预制外墙板安装工艺流程

2. 施工准备

（1）采用钢筋灌浆套筒连接的预制墙板构件就位前，应检查套筒、预留孔的规格、位置、数量、深度，应检查被连接钢筋的规格、数量、位置、长度。图 11-7 所示为采用预制墙体钢筋定位模板来检验、校正被连接钢筋的数量和位置。

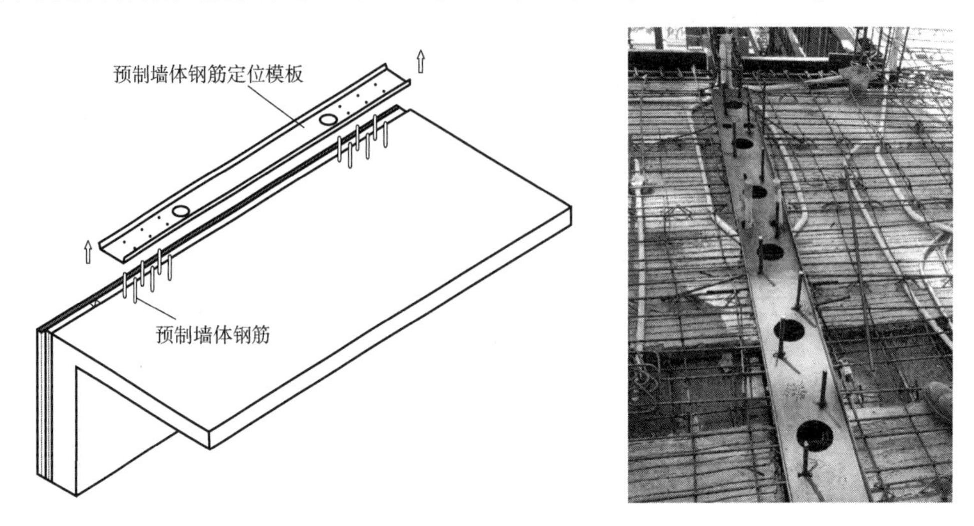

图 11-7　预制墙体钢筋定位模板的应用

（2）墙板安装前首先进行定位放线，检查墙板支撑与地面预埋件的安装，注意现浇混凝土面应进行凿毛处理。

3. 垫片及压条铺设

墙板安装时，底部标高通过垫片找平控制；对于带保温层的预制外墙板，需要在保温层上部铺设压条（弹性密封材料），如图 11-8 所示。

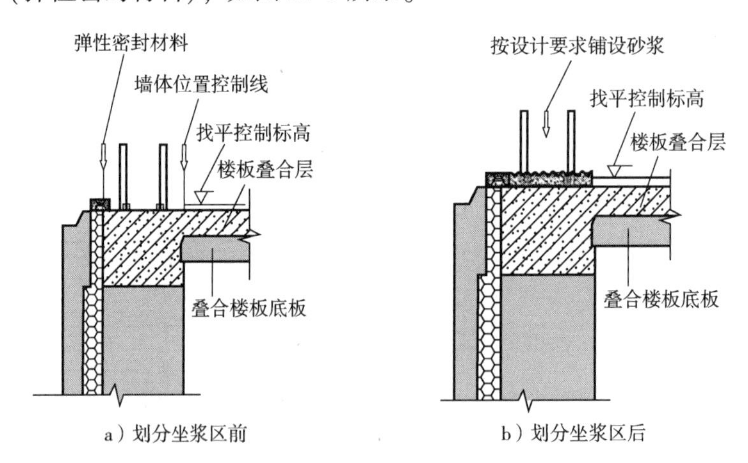

图 11-8　墙板垫片及压条铺设

4. 墙板底部分仓

如果预制墙体长度较大，墙体底部仓体长度超过 1.5m 时宜设置分仓缝。分仓的目的是防止高强灌浆料在流动过程中凝结造成堵塞，保证灌浆料能顺利充满远端套筒。灌浆分仓材料通常采用抗压强度为 50MPa 的座浆料进行分仓施工。分仓后在构件外表面相对应位置作出分仓标记。

5. 墙板吊运

预制外墙板吊装时，必须使用专用吊运钢梁进行吊运。当墙板长度小于 4m 时，可采用小型构件吊运钢梁；当墙板长度大于 4m 时，需采用大型构件吊运钢梁。起吊过程中，墙板不得与摆放架发生碰撞。墙板类构件吊装的吊索与构件的水平夹角不宜小于 60°。

带门洞预制内墙板吊装和安装过程中应对门洞处采取临时加固措施，如图 11-9 所示。加固件具体形式及连接方式由生产单位和施工单位按国家现行有关标准自行设计。

带有飘窗的外墙板等偏心构件，宜采用多点吊装，应制订钢丝绳受力均衡的措施。保持构件底部水平状态。起吊预制飘窗应采用专用吊装梁（图 11-10），用卸扣将钢丝绳与飘窗上的预埋吊环连接，并确认连接紧固；四点起吊重心平衡位置可通过手动导链辅助调节，起吊时通过长短钢丝绳控制吊装，不应由导链直接代替钢丝绳。

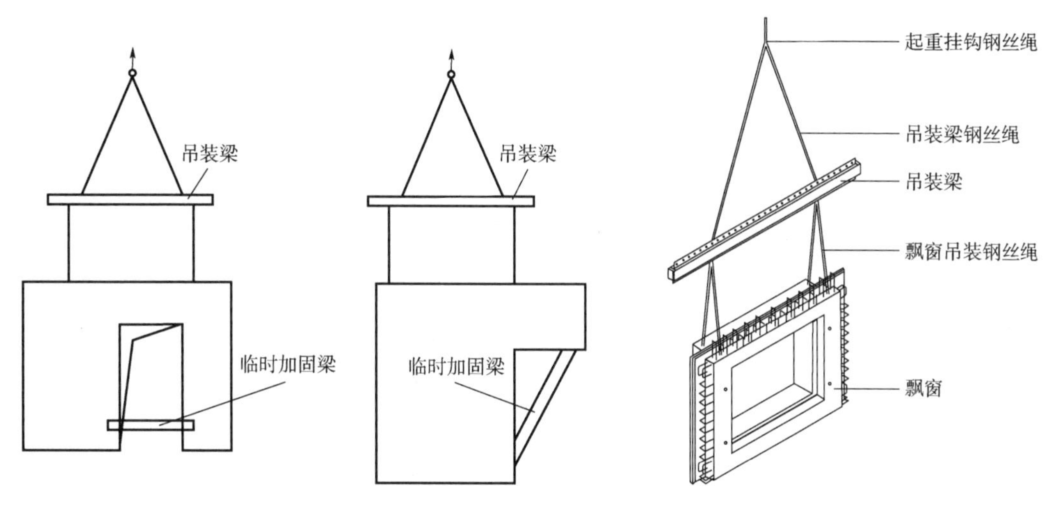

图 11-9　预制墙板吊装示意图

图 11-10　预制飘窗吊装示意图

6. 墙板就位

墙板构件吊装至操作面，由底部定位装置及人工辅助引导至安装位置，并保证其底部稳定水平，使预留钢筋插入至灌浆套筒内，安装墙板临时支撑，检查墙板安装位置、垂直度、水平度，并调节支撑紧固。

预制墙板构件吊装就位后，应及时校准并采取临时固定措施。预制墙板构件安装临时支撑时，应符合下列规定：

（1）每个预制构件的临时支撑不宜少于 2 道。

（2）墙板的上部斜支撑，其支撑点距离底部的距离不宜小于高度的 2/3，且不应小于高度的 1/2，如图 11-11 所示。

（3）构件安装就位后，可通过临时支撑对构件的位置和垂直度进行微调；临时支撑托座部位做法见图 11-12。

（4）临时支撑必须在完成套筒灌浆施工及叠合板后浇混凝土施工完毕，并经检查确认无误后，方可拆除。

7. 墙板底部封仓

灌浆套筒连接接头灌浆前，应对接缝周围进行封堵，保证灌浆区域的气密性，形成密闭灌浆空腔。封堵可采用专用封缝料、弹性橡胶或 PE 密封条。使用封缝料时，必须内衬软管进行支撑，填抹深度 1.5～2.0cm。使用密封条封堵时，必须确保结构上下间隙均匀，弹性材料被压紧。

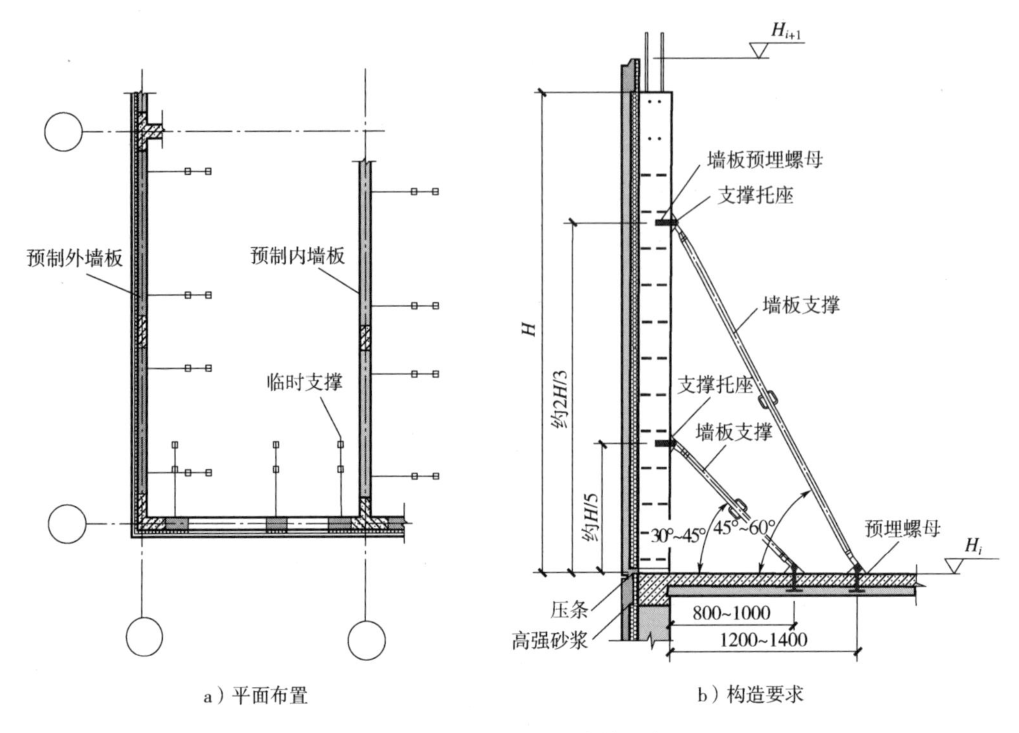

图 11-11　预制墙板临时支撑示意图

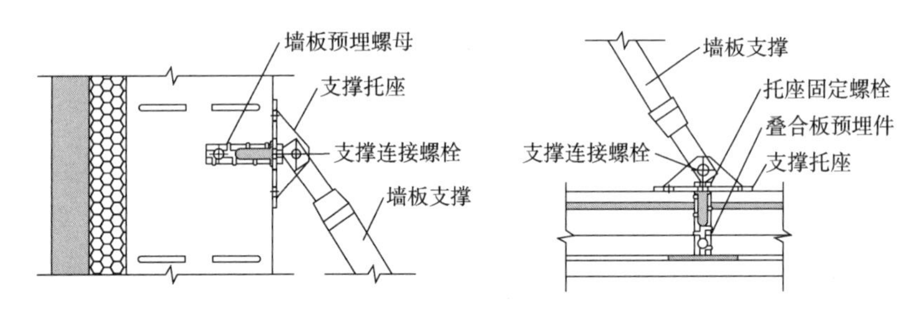

图 11-12　临时支撑托座做法示意图

8. 灌浆作业

灌浆作业是装配式混凝土结构施工的重点。目前，预制剪力墙连接主要采用钢筋套筒灌浆连接。钢筋套筒灌浆连接的原理是：通过机械挤压将灌浆机内的灌浆料拌合物压出，通过导管从灌浆孔进入封堵严密的预制墙板灌浆仓内，从而完成灌浆。硬化后的灌浆料分别与钢筋和灌浆套筒产生握裹作用，从而将一根钢筋中的力传递至另一根钢筋，实现钢筋连续可靠传力的连接构造（图 11-13）。

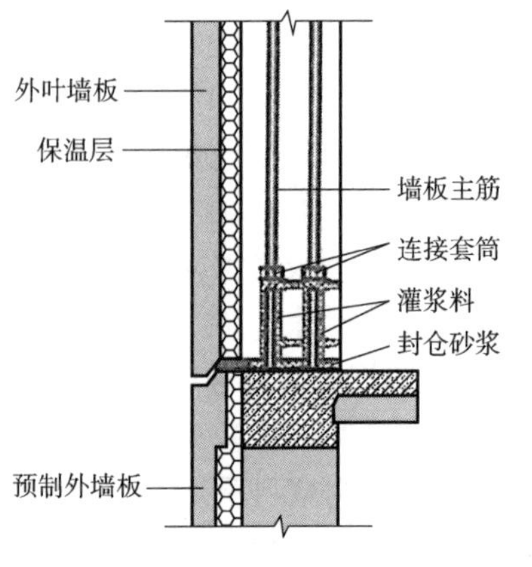

图 11-13　钢筋套筒灌浆连接示意图

（1）工艺流程

钢筋套筒灌浆作业采用压浆法从灌浆分区下口灌注，当浆料从其他孔流出后及时进行封堵，在完成整段墙体的灌浆后，再进行外流浆料清理。

预制剪力墙灌浆作业工艺流程见图 11-14。

（2）灌浆作业要点

1）施工环境：灌浆施工时，环境温度应符合灌浆料产品使用说明书要求；环境温度低于 5℃时不宜施工，低于 0℃时不得施工；当环境温度高于 30℃时，应采取降低灌浆料拌合物温度的措施。

2）灌浆料拌和：灌浆料拌合物应采用电动设备搅拌充分、均匀，并宜静置 2min 后使用；搅拌完成后，不得再次加水。灌浆料拌合物应在制备后 30min 内用完；散落的灌浆料拌合物不得二次使用；剩余的拌合物不得再次添加灌浆料、水后混合使用。

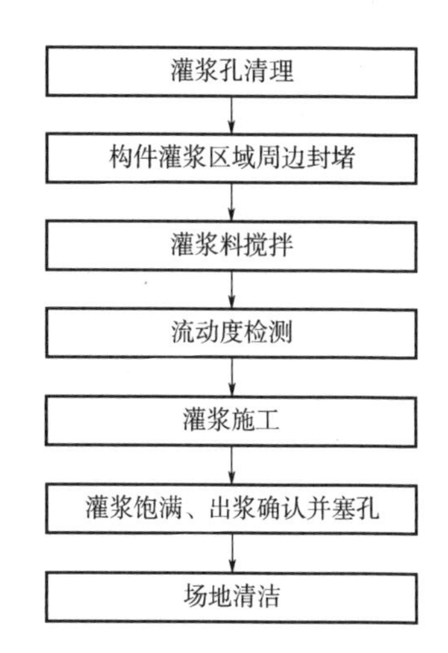

图 11-14　剪力墙灌浆作业工艺流程

3）灌浆施工：灌浆施工应从灌浆套筒下灌浆孔注入灌浆料拌合物，选择墙体中间位置的灌浆孔作为注浆点。当有灌浆料从钢套管溢浆孔溢出时，用橡皮塞或者补偿器堵住溢浆孔，直至所有钢套管中灌满灌浆料，停止灌浆。灌浆结束，清洗灌浆机、各种管道以及粘有灰浆的工具。

灌浆施工宜采用一点灌浆的方式进行；当一点灌浆遇到问题而需要改变灌浆点时，各灌浆套筒已封堵灌浆孔、出浆孔的，应重新打开，待灌浆料拌合物再次流出后再进行封堵。

4）饱满度检测：验收时应对钢筋套筒灌浆连接的灌浆饱满度进行检验，通常的检验方式为观察出浆孔浆料流出情况，当出现浆料连续冒出时，可视为灌浆饱满。钢筋套筒灌浆饱满情况还可采用可视化饱满度监测器（图 11-15）进行检测，且可采用该监测器进行补浆。

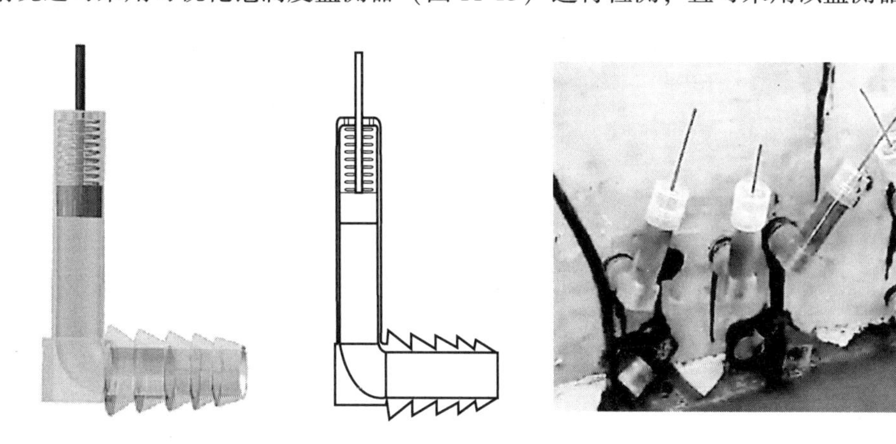

图 11-15　可视化饱满度监测器

5）后续施工：灌浆料同条件养护试件抗压强度达到 35N/mm^2 后，方可进行对接头有扰动的后续施工；临时固定措施的拆除应在灌浆料抗压强度能确保结构达到后续施工承载要求后进行。

11.7.3　叠合楼板安装

叠合楼板施工工艺流程见图 11-16。

叠合楼板安装主要施工步骤如下：

（1）施工准备：清理施工层地面，检查预留洞口部位的覆盖防护，检查支撑材料规格、

图 11-16　叠合楼板施工工艺流程

辅助材料；检查叠合板构件编号及质量。

(2) 定位放线：进行支撑布置轴线测量放线，标记叠合板底板支撑的位置；标记施工层叠合板板底标高及水平位置线。

(3) 安装底板支撑：底板支撑系统可选用碗扣式、扣件式、承插式脚手架体系，宜采用独立钢支撑、门式脚手架等工具式脚手架。将带有可调装置的独立钢支撑安放在位置标记处（图 11-17），设置三角稳定架，架设工具梁托座，安装工具梁（宜选择铝合金梁、木工字梁等刚度大、截面尺寸标准的工具梁），安装支撑构件间连接件。

(4) 调整底座支撑高度：根据板底标高线，微调节支撑的支设高度，使工具梁顶面达到设计位置，并保持支撑顶部位置在平面内。

(5) 叠合楼板吊装：应保证起重设备的吊钩位置、吊具及构件重心在垂直方向上重合（图 11-18），吊索与吊装梁水平夹角不宜小于 60°。大型叠合板应单独设置专用吊点。

(6) 放置钢筋桁架混凝土叠合楼板底板：将预制桁架钢筋混凝土叠合楼板吊装至支撑工作面（图 11-19）。微调支撑，校核叠合楼板标高位置。

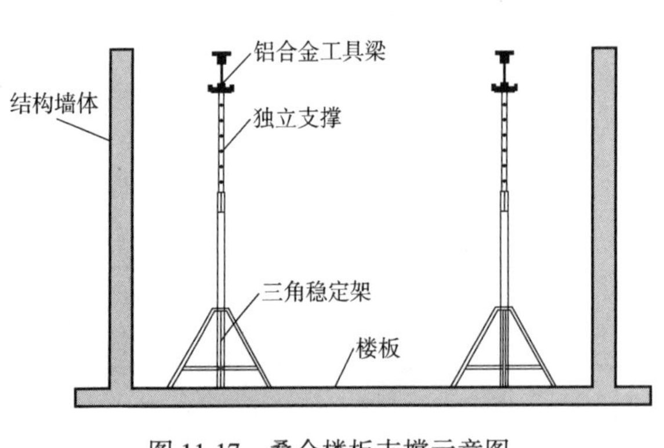

图 11-17　叠合楼板支撑示意图

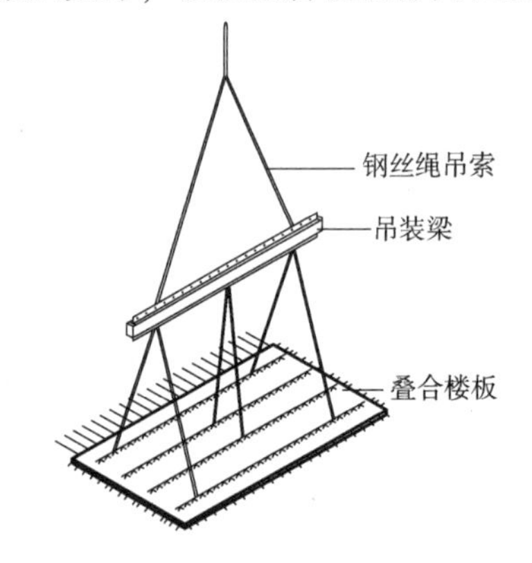

图 11-18　叠合楼板吊装示意图

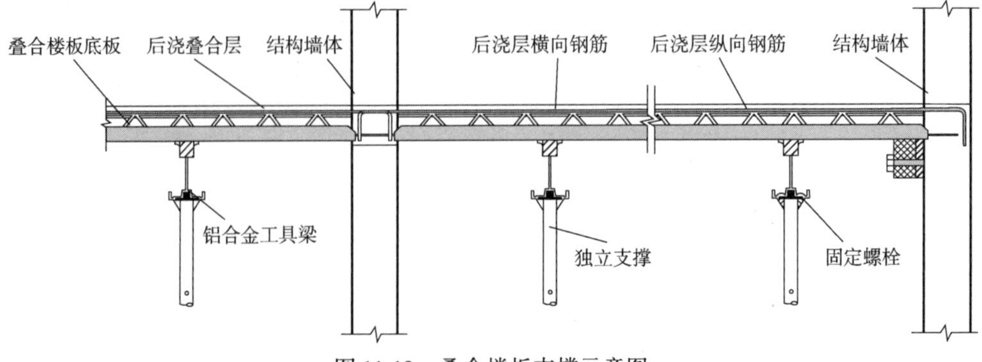

图 11-19　叠合楼板支撑示意图

（7）支设模板：安装叠合板间结合部位模板，安装现浇带模板及支撑，使叠合楼板四周稳固。图 11-20 所示为预制外墙板、内墙板与叠合楼板衔接处模板施工节点做法。

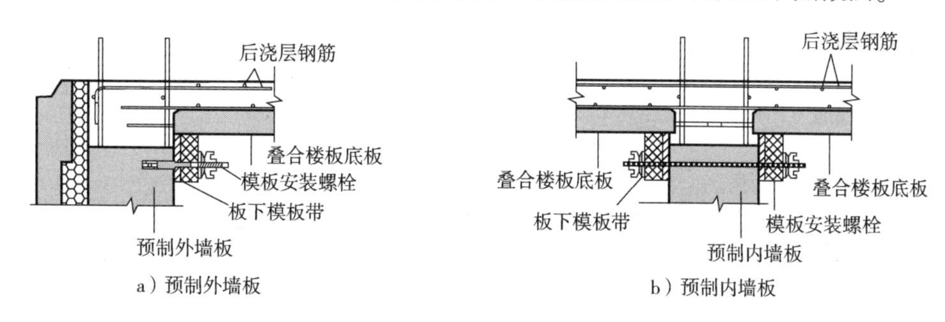

图 11-20　预制外墙板、内墙板与叠合楼板衔接处模板施工节点做法

（8）叠合层梁板钢筋绑扎及管线、预埋件的铺设。

（9）梁板叠合层混凝土浇筑。

（10）混凝土强度达到设计要求后拆除支撑装置。

11.7.4　预制阳台板、空调板安装

预制阳台板、空调板安装施工工艺流程见图 11-21。

预制阳台板、空调板安装施工主要步骤如下：

（1）施工准备：将预制阳台板、空调板施工操作面的临边安全防护措施安装就位。

（2）定位放线：在墙体上的预制阳台板、空调板安装位置测量放线，并设置安装位置标记。

（3）板底支撑：阳台板、空调板支撑部位放线，安装预制阳台板、空调板下支撑。支撑宜采用承插式、碗扣式脚手架进行架设，支撑部位须与结构墙体有可靠的刚性拉接节点，支撑应设置斜撑等构造措施，保证架体整体稳定。

（4）阳台板、空调板吊装，将预制阳台板、空调板吊至预留位置，进行位置校正。

1）预制阳台板吊装宜使用专用型框式吊装梁，用卸扣将钢丝绳与预制构件上的预埋吊环连接，并确认连接紧固，吊索与吊装梁的水平夹角不宜小于 60°。

2）预制空调板吊装可采用吊索直接吊装空调板构件，吊索与预制空调板的水平夹角 α 不宜小于 60°。

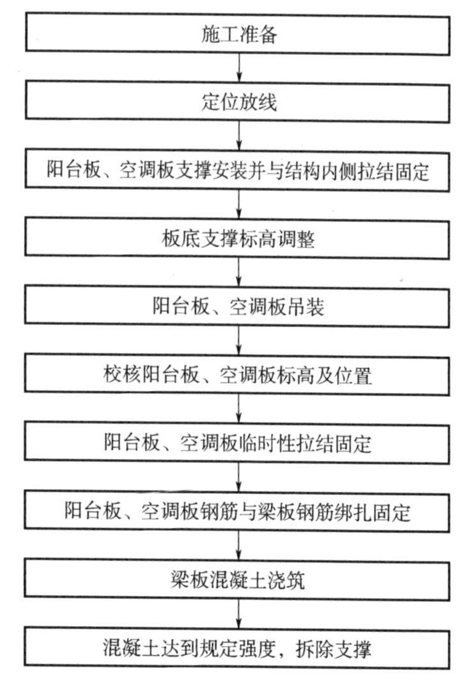

图 11-21　预制阳台板、空调板安装施工工艺流程

（5）阳台板、空调板临时性拉结固定，设置安全构造钢筋与梁板内连接筋焊接或其他可靠拉接，防止预制构件发生水平滑移。

（6）阳台板部位的现浇钢筋绑扎固定，铺设上层钢筋，安装预留预埋件及进行管线铺设。

（7）梁板混凝土施工浇筑。

（8）待混凝土强度达到100%后方可拆除支撑装置。阳台板、空调板等悬挑构件支撑拆除时，除达到混凝土结构设计强度，还应确保该构件能承受上层阳台或空调板通过支撑传递下来的荷载。

（9）阳台板施工荷载不得超过1.5kN/m^2。

11.7.5 预制楼梯安装

预制楼梯施工工艺流程见图11-22。

预制楼梯主要施工步骤如下：

（1）施工准备：清理楼梯段安装位置的梁板施工面，检查预制楼梯构件规格及编号。

（2）定位放线：进行预制楼梯安装的位置测量定位，并标记梯段上、下安装部位的水平位置与垂直位置的控制线。

（3）调节梯段位置的调整垫片，在梯梁支撑部位预铺设水泥砂浆找平层。

（4）吊装板式楼梯：将预制梯段吊至预留位置，进行位置校正。

吊运楼梯时，采用吊装梁设置长短钢丝绳保证楼梯起吊呈正常使用状态，吊装梁呈水平状态，楼梯吊装钢丝绳与吊装梁垂直（图11-23）。主吊索与吊装梁水平夹角α不宜小于60°。

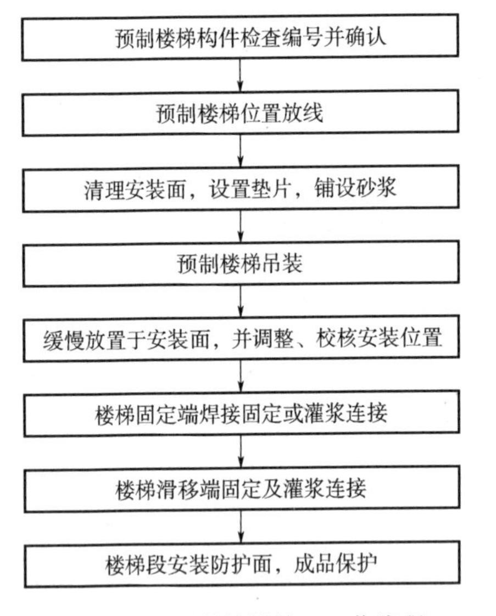

图11-22 预制楼梯施工工艺流程

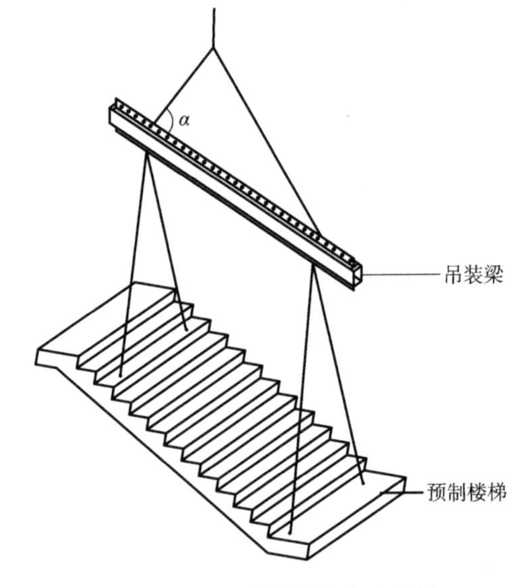

图11-23 预制楼梯吊装示意图

就位时楼梯板要从上垂直向下安装，在作业层上空30cm左右处略作停顿，施工人员手扶楼梯板调整方向，将楼梯板的边线与梯梁上的安装控制线对准，下放时要停稳慢放，严禁快速猛放。

基本位置就位后用撬棍微调楼梯板，直到位置正确，搁置平实。注意控制标高正确，校正后再脱钩。

（5）楼梯端部固定：按照设计要求，先进行楼梯固定铰端的施工，再进行滑动铰端施工；楼梯采用销键预留洞与梯梁连接的做法时，应参照国标图集15G 367-1《预制钢筋混凝土板式楼梯》固定铰端节点做法实施；当采用其他可靠连接方式，如焊接连接时，应符合设计要求或国家现行有关施工标准的规定。

（6）预制楼梯段安装施工过程中及装配后应做好成品保护，成品保护可采取包、裹、盖、遮等有效措施，防止构件被撞击损伤和污染。

11.8　装配式混凝土框架结构施工

装配式混凝土框架结构施工工艺流程见图 11-24。

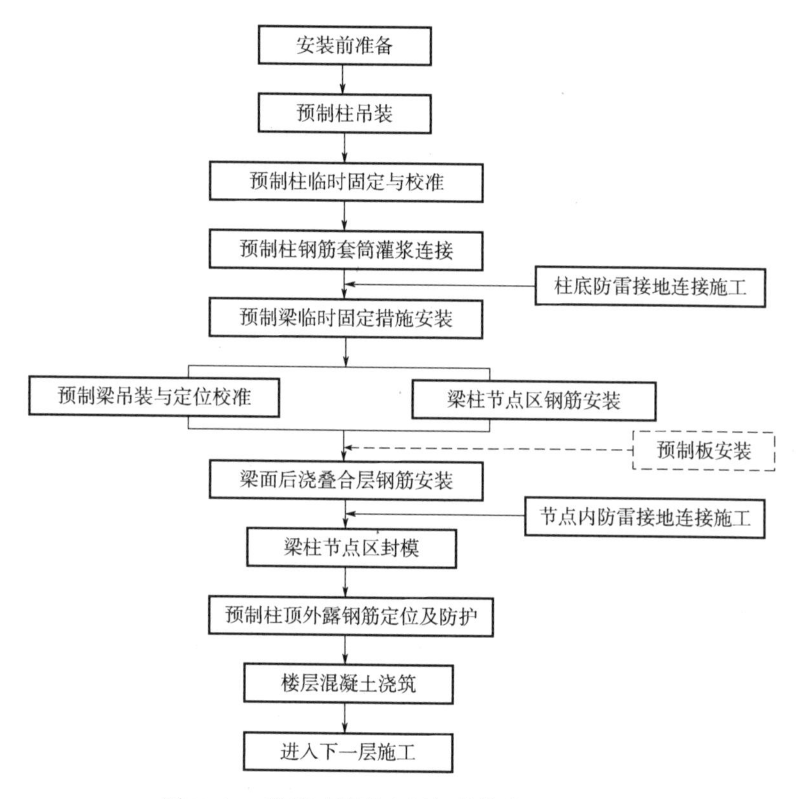

图 11-24　装配式混凝土框架结构施工工艺流程

11.8.1　构件现场堆放

（1）堆放场地应平整、坚实，具有足够的承载能力和刚度，并具有良好的排水措施。

（2）构件堆放时，采取措施保证最下层构件垫实，预埋吊件向上，标识朝向堆垛间的通道。

（3）垫木或垫块在构件下的位置应根据施工验算确定，各层构件间的垫木或垫块保持在同一垂直线上。

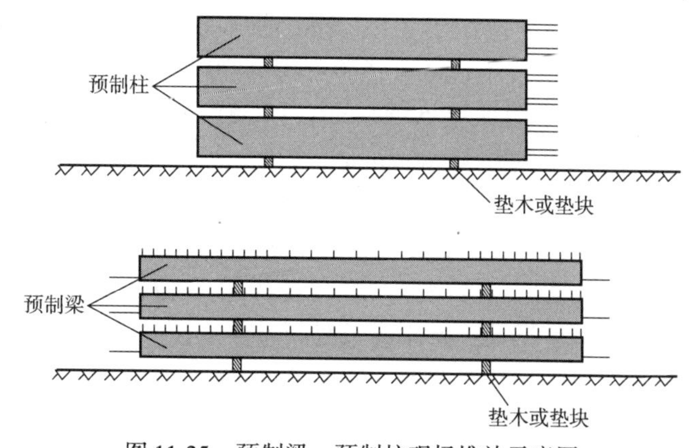

图 11-25　预制梁、预制柱现场堆放示意图

（4）堆垛层数根据构件与垫木或垫块的承载力及堆垛的稳定性确定，堆叠层数不宜超过三层（图 11-25）。

（5）堆垛应布置在起重机工作范围内且不受其他工序施工作业影响的区域，并应按安装顺序分类堆放。

（6）预制预应力梁的堆放措施应考虑预应力作用产生的反拱。

11.8.2 构件吊运

图 11-26 为预制柱、预制梁吊运示意图。

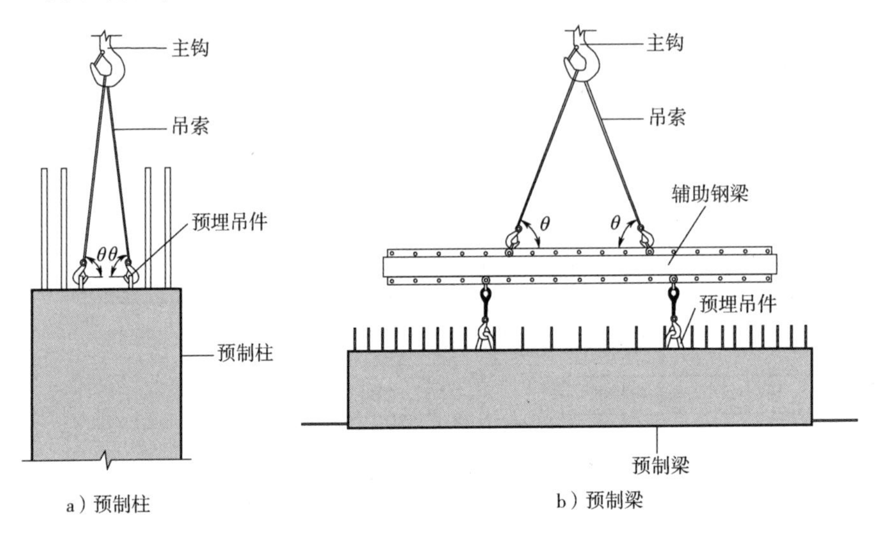

图 11-26 预制柱和预制梁吊运示意图

装配式混凝土框架结构施工应满足以下要求：

（1）应根据预制构件形状、尺寸、重量和作业半径等要求选择合适吊具和起重设备，所采用的吊具和起重设备及其施工操作，应符合国家现行有关标准及产品应用技术手册的规定。

（2）预制柱和预制梁的吊点位置、数量及预埋吊件的性能等应根据施工验算确定，并应满足现行国家标准《混凝土结构工程施工规范》GB 50666 的规定，其中普通预埋吊件的施工安全系数不应小于 4.0，多用途预埋吊件的施工安全系数不应小于 5.0；HPB300 钢筋的吊环应力不应大于 $65N/mm^2$，Q235B 圆钢的吊环应力不应大于 $50N/mm^2$。

（3）起重设备的主钩位置和构件重心在竖直方向上应重合。吊索与水平面夹角 θ 不宜小于 60°，不应小于 45°；吊运过程应平稳，不应有大幅度摆动，且不应长时间悬停。预制柱和预制梁与吊具的分离，应在校准定位及临时固定措施安装完成后进行。

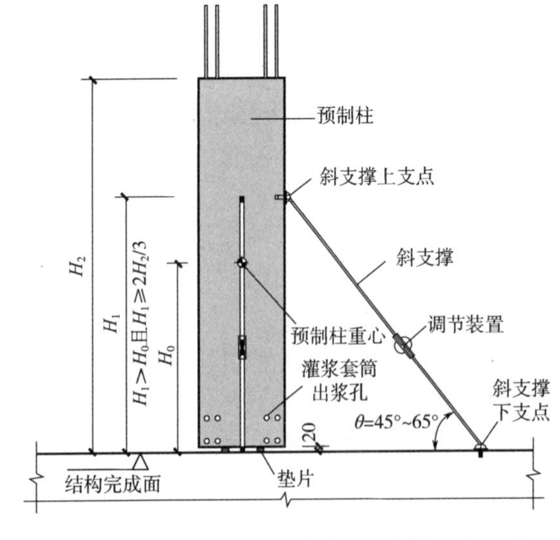

图 11-27 预制柱临时固定措施（采用临时斜支撑）

11.8.3 预制柱临时固定

图 11-27 为预制柱采用斜支撑进行临时固

定的示意图，图 11-28 为斜支撑支点示意图。

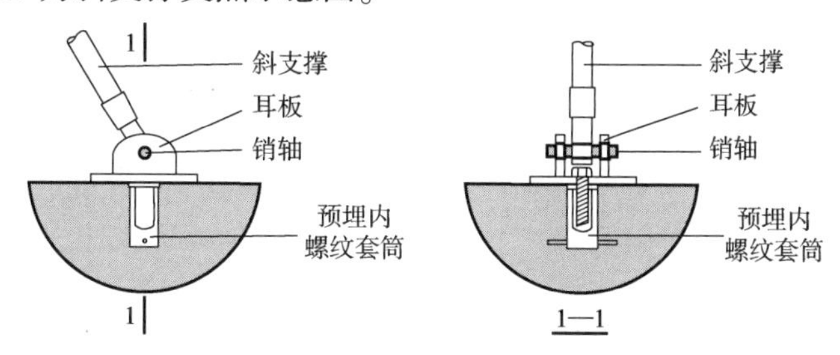

图 11-28　斜支撑支点示意图

图 11-27 适用于预制柱临时固定措施采用临时斜支撑的情况，当斜支撑按拉压杆设计时，斜支撑至少在相互垂直的两个非临空面设置。当斜支撑按拉杆设计时，四个柱面均应设置斜支撑。斜支撑两端节点形式应符合支撑受力要求，宜采用固定铰支座形式。当有可靠经验时，预制柱的临时固定措施也可采用其他做法。

预制柱采用临时斜支撑施工要点如下：

（1）预制柱安装过程中应根据水准点和测量线校正位置，安装就位后及时采取临时支撑。临时支撑的拆除应在装配式框架结构达到后续施工承载要求后进行。

（2）图 11-27 中 H_0、H_1 和 H_2 分别为预制柱重心、斜支撑上支点和预制柱柱顶到结构完成面的距离，θ 为斜支撑与结构完成面的水平夹角。

（3）斜支撑、斜支撑连接件和连接斜支撑支点预埋件应经施工验算确定，并应符合现行国家标准《混凝土结构工程施工规范》GB 50666 的有关规定，相应的施工安全系数分别不应小于 2.0、3.0 和 3.0。

（4）斜支撑支点的预埋内螺纹套筒、耳板、销轴应经施工验算确定，并应符合现行国家标准《钢结构设计标准》GB 50017 的有关规定，且其变形需满足固定铰支座的性能要求。当有可靠经验时，斜支撑支点也可采用其他做法。

（5）预制柱底的垫片可采用钢质垫片（图 11-29），其尺寸根据结构完成面处的混凝土局部受压承载力经验算确定，并应符合现行行业标准《钢筋套筒灌浆连接应用技术规程》JGJ 355 的有关规定，其总厚度根据结构完成面标高确定。垫片应避开预制柱底的导流槽，并对称布置且不少于三处。垫片顶面标高允许偏差为 ±5mm。

（6）垫片安装完成后，自垫片顶面标高以上连接钢筋外露长度，应满足钢筋套筒灌浆连接接头产品的钢筋设计锚固长度要求，其允许偏差为（+15，0）mm。

（7）可通过斜支撑上的调节装置调整预制柱的垂直度。预制柱安装后的垂直度允许偏差，当柱高不大于 5m 时，取为 5mm；柱高大于 5m 时，取为 10mm。

图 11-30 为预制节段柱的临时固定措施采用临时斜支撑和拉索的情况，四个柱面均应设置拉索。当有可靠经验时，预制柱的临时固定措施也可采用其他做法。

采用图 11-30 固定措施时的施工要点如下：

（1）预制节段柱安装过程中应根据水准点和测量线校正位置，安装就位后及时设置临时支撑。临时支撑的拆除应在

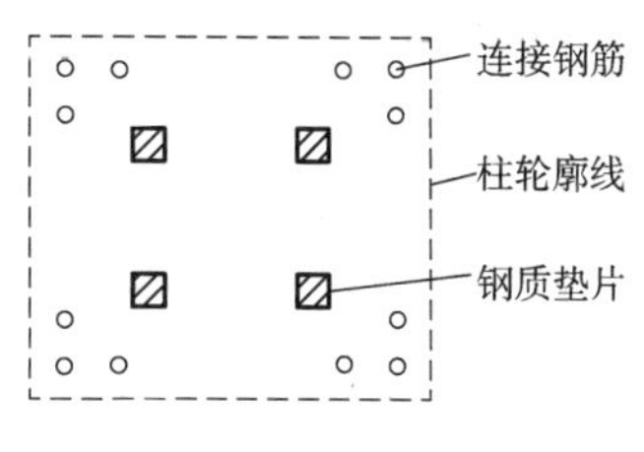

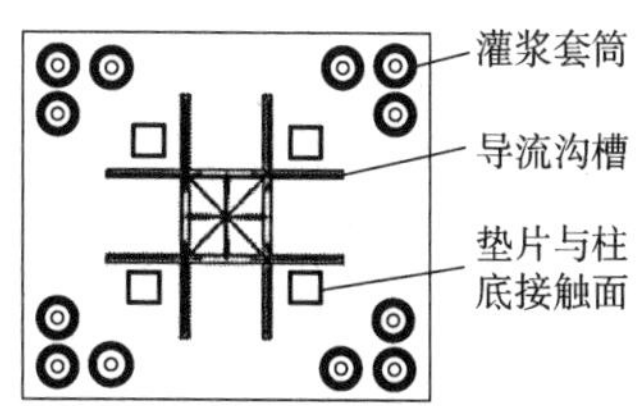

图 11-29　柱底垫片布置示意图

装配式框架结构达到后续施工承载要求后进行。

(2) 图中 H_0、H_1 和 H_2 分别为预制节段柱重心、拉索上支点和预制节段柱柱顶到结构完成面的距离，θ 为拉索与结构完成面的水平夹角。

(3) 拉索、拉索连接件和连接拉索支点预埋件应经施工验算确定，并应符合现行国家标准《混凝土结构工程施工规范》GB 50666 有关规定，其施工安全系数分别不应小于 2.0、3.0 和 3.0。

(4) 拉索支点的预埋内螺纹套筒、耳板、销轴应经施工验算确定，并应符合现行国家标准《钢结构设计标准》GB 50017 的有关规定，且其变形需满足固定铰支座的性能要求。当有可靠经验时，拉索支点也可采用其他做法。

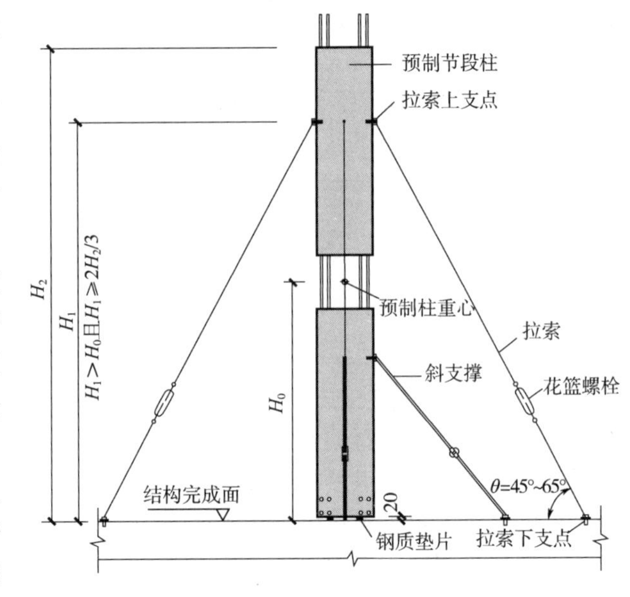

图 11-30 预制节段柱临时固定措施

(采用临时斜支撑和拉索)

(5) 预制柱底的垫片可采用钢质垫片，其尺寸根据结构完成面处的混凝土局压承载力验算确定，并应符合现行行业标准《钢筋套筒灌浆连接应用技术规程》JGJ 355 的有关规定，其总厚度根据结构完成面标高确定。垫片应避开预制柱底的导流槽，并对称布置且不少于三处。垫片顶面标高允许偏差为 ±5mm。

(6) 垫片安装完成后，自垫片顶面标高以上连接钢筋外露长度应满足钢筋套筒灌浆连接接头产品的钢筋设计锚固长度要求，其允许偏差为 (+15，0) mm。

(7) 可通过斜支撑上的调节装置和拉索上的花篮螺栓调整预制柱的垂直度。预制柱安装后垂直度允许偏差，当柱高不大于 5m 时，取为 5mm；柱高大于 5m 时，取为 10mm。

(8) 多层结构中的预制柱或长度较大的预制柱，其临时固定措施也可参考本图。

11.8.4 接缝封堵与灌浆

1. 接缝封堵

图 11-31 ~ 图 11-33 为预制柱底部灌浆接缝封堵采用连通腔灌浆法的情况，分别采用模板封堵、外封式封堵和侵入式封堵。当有可靠经验时，也可采用其他方法。

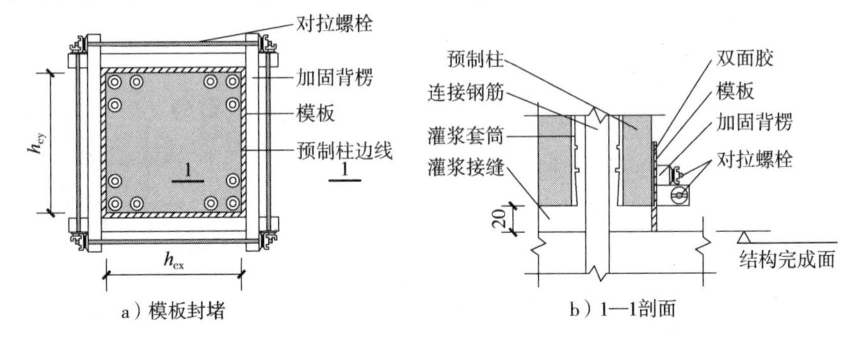

图 11-31 灌浆接缝封堵方法之一——模板封堵

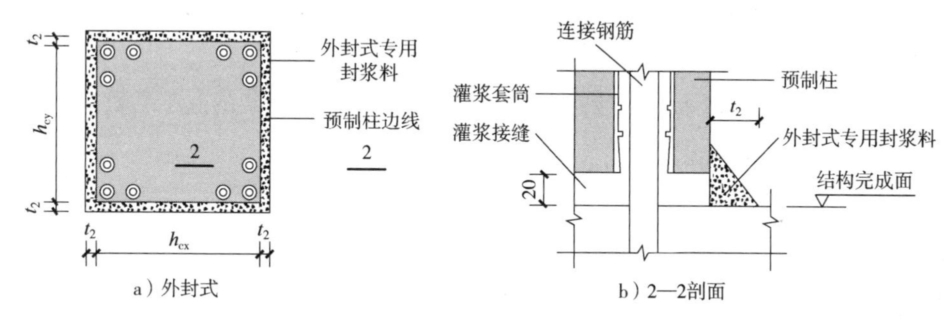

图 11-32　灌浆接缝封堵方法之二——外封式封堵

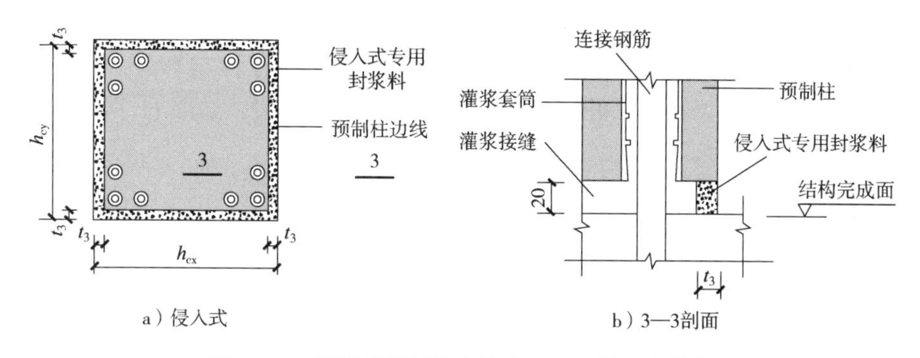

图 11-33　灌浆接缝封堵方法之三——侵入式封堵

灌浆接缝封堵施工要点如下：

（1）上图中 h_{cx}、h_{cy}分别为框架柱在 x、y 方向上的截面高度；t_2 为外封式封堵法时封浆料的水平宽度；t_3 为侵入式封堵法时专用封浆料侵入预制柱的深度，t_3 不小于 15mm，且不应超过灌浆套筒外壁。

（2）灌浆接缝封堵应能承受相应的灌浆压力，确保不漏浆。封浆料拌合物应具有良好的触变性。

（3）灌浆接缝封堵前，应采取可靠措施避免封堵材料进入灌浆套筒、排气孔内。

（4）灌浆料、封浆料使用前，应检查产品包装上的有效期和产品外观，并应符合下列规定：

1）拌和用水应符合现行行业标准《混凝土用水标准》JGJ 63 的有关规定。

2）加水量应按灌浆料、封浆料使用说明书的要求确定，并应按重量计量。

3）灌浆料、封浆料拌合物宜采用强制式搅拌机搅拌充分、均匀。灌浆料宜静置 2min 后使用。

4）搅拌完成后，不得再次加水。

5）每工作班应检查灌浆料拌合物、封浆料拌合物初始流动度不少于 1 次。

6）强度检验试件的留置数量应符合验收及施工控制要求。

（5）当采用侵入式封堵时，专用封浆料初始流动度及抗压强度应满足设计要求；当设计无具体要求时，应满足下列要求：

1）龄期为 1d、3d 和 28d 的抗压强度分别不低于 30MPa、45MPa 和 55MPa，且龄期 28d 的抗压强度不低于预制柱的设计混凝土强度等级值。

2）初始流动度为 130 ~ 170mm。

3）初始流动度和抗压强度的测量方法应符合现行行业标准《钢筋套筒灌浆连接应用技术规程》JGJ 355 的有关规定。

（6）当采用外封式、侵入式封堵时，应采用专用工具保证封浆的施工质量。

2. 接缝灌浆

灌浆施工应按专项施工方案执行，并应符合下列规定：

（1）宜采用压力、流量可调节的专用灌浆设备。施工前应按专项施工方案检查灌浆料搅拌设备、灌浆设备。

（2）施工中应检查灌浆压力、灌浆速度。灌浆施工过程应合理控制灌浆速度，宜先快后慢。持续灌浆压力宜为 0.2 ~ 0.3N/mm^2，且不宜大于 0.4N/mm^2，后期灌浆压力不宜大于 0.2N/mm^2。

（3）对预制柱底的套筒灌浆连接，灌浆作业应采用压浆法从灌浆套筒下灌浆孔注入，当灌浆料拌合物从构件其他灌浆孔、出浆孔平稳流出后应及时封堵，如图 11-34 所示。

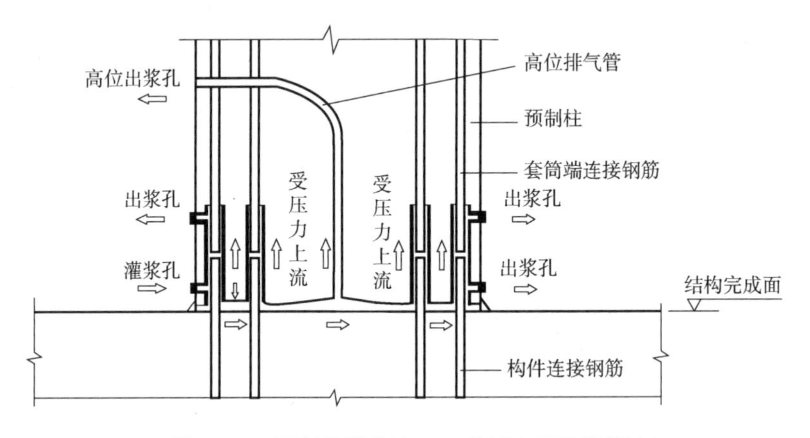

图 11-34　预制柱灌浆施工（采用连通腔灌浆法）

（4）预制柱底的套筒灌浆连接采用连通腔灌浆时，应采用一点灌浆的方式；当一点灌浆遇到问题而需要改变灌浆点时，各灌浆套筒已封堵的下部灌浆孔、上部出浆孔宜重新打开，待灌浆料拌合物再次平稳流出后进行封堵。

（5）灌浆料宜在加水后 30min 内用完，散落的灌浆料拌合物不得二次使用；剩余的拌合物不得再次添加灌浆料、水后混合使用。

（6）灌浆施工中，应采用方便观察且有补浆功能的器具，或其他可靠手段对钢筋套筒灌浆连接接头的灌浆饱满性进行监测，并将监测结果记入灌浆施工质量检查记录。现浇与预制转换层应 100% 采用；其余楼层宜抽取不少于灌浆套筒总数的 20%，每个构件宜抽取不少于 3 个灌浆套筒。

（7）当灌浆施工出现无法出浆或者灌浆料拌合物液面下降等异常情况时，应查明原因，并按下列规定采取相应措施：

1）对未密实饱满及灌浆料拌合物液面下降的竖向连接灌浆套筒，应及时进行补灌浆作业。

当在灌浆料加水拌和 30min 内时，宜从原灌浆孔补灌；当已灌注的灌浆料拌合物无法流动时，可从出浆孔补灌浆，并应采用手动设备实施压力灌浆。

2）水平钢筋连接灌浆施工停止后 30s，当发现灌浆料拌合物下降，应检查灌浆套筒的密封或灌浆料拌合物排气情况，并及时补灌或采取其他措施。

3）补灌应在灌浆料拌合物达到设计规定的位置后停止，并应在灌浆料凝固后再次检查其位置是否符合设计要求。

（8）灌浆料性能及试验方法应符合现行行业标准《钢筋连接用套筒灌浆料》JG/T 408 的有关规定，并应符合下列规定：

1）常温型灌浆料抗压强度应符合表 11-1 的要求，且不应低于接头设计要求的灌浆料抗压强度；抗压强度试件应按 40mm×40mm×160mm 尺寸制作，其加水量应按常温型灌浆料产品说明书确定，试模材质应为钢质。

2）常温型灌浆料竖向膨胀率应符合表 11-2 的要求。

表 11-1　常温型灌浆料抗压强度要求

时间（龄期）	抗压强度（N/mm^2）
1d	≥35
3d	≥60
28d	≥85

表 11-2　常温型灌浆料竖向膨胀率要求

项目	竖向膨胀率（%）
3h	0.02～2
24h 与 3h 差值	0.02～0.40

3）常温型灌浆料拌合物的工作性能应符合表 11-3 的要求，泌水率试验方法应符合现行国家标准《普通混凝土拌合物性能试验方法标准》GB/T 50080 的规定。

表 11-3　常温型灌浆料拌合物的工作性能要求

项目	技术指标	
流动度/mm	初始	≥300
	30min	≥260
泌水率（%）		0

11.8.5　预制梁临时固定

图 11-35、图 11-36 分别为梁等高与不等高时，预制梁采用临时钢牛腿进行固定的构造详图。当有可靠经验时，也可采用其他的临时固定措施。

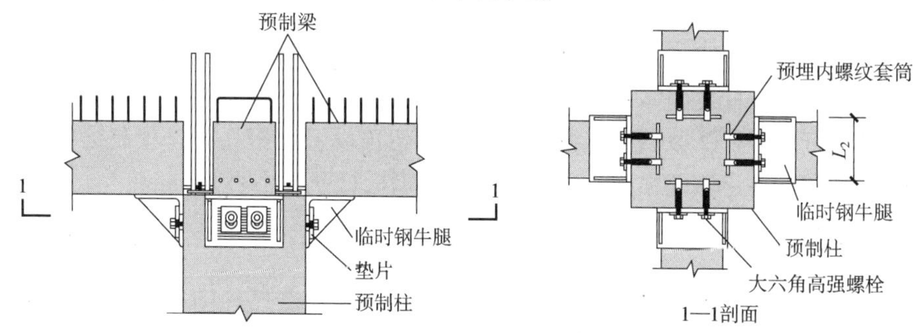

图 11-35　梁等高时柱顶临时钢牛腿布置图

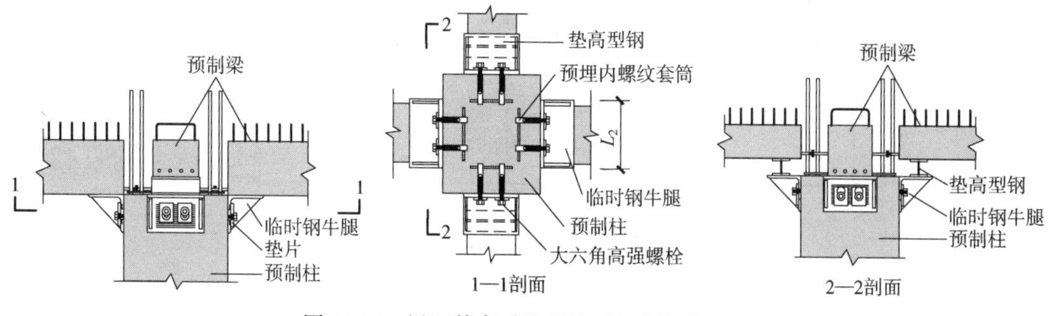

图 11-36　梁不等高时柱顶临时钢牛腿布置图

图 11-37 为钢牛腿的具体构造做法。

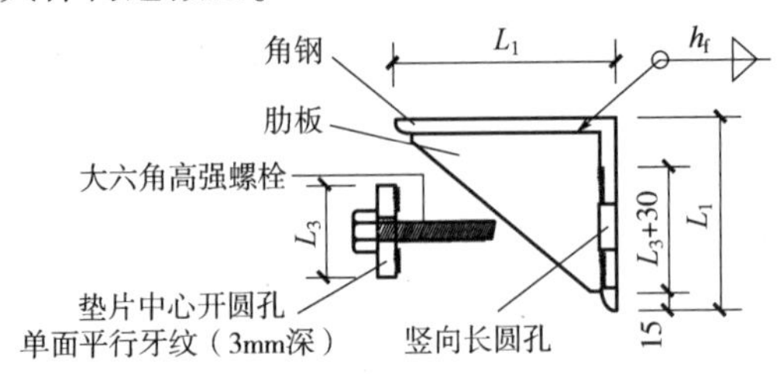

图 11-37　钢牛腿构造

采用临时钢牛腿临时固定预制梁施工要点如下：

（1）预制梁安装过程中应根据水准点和测量线校正位置，就位后及时采取临时固定措施。临时固定措施的拆除应在相应装配式框架结构达到后续施工承载要求后进行。

（2）图 11-37 中临时钢牛腿由角钢及肋板焊接组成。预制柱制作时，柱顶预埋钢牛腿连接内螺纹套筒、柱截面较小时可采用贯穿内螺纹套筒。钢牛腿与预制柱采用大六角高强螺栓连接。钢牛腿肋板、螺栓大小及平行牙纹深度、数量根据施工验算结果确定。所用角钢及型钢板材厚度不小于 5mm。螺栓不小于 M16。钢牛腿贴柱面角钢肢开竖向长孔，垫片开圆孔，圆孔直径比螺栓直径大 2mm，角钢肢正面与垫片分别设置咬合平行牙纹，防止角钢竖向滑移。当梁柱节点中的预制梁不等高时，钢牛腿上可采用型钢垫高。

（3）图 11-37 中 L_1、L_2 和 L_3 分别为钢牛腿的角钢肢长、角钢长度和垫片高度。L_1 应满足预制梁搁置长度要求。L_3 不小于 2 倍螺帽直径，且不小于 4 倍圆孔孔径。

（4）临时钢牛腿的设计，钢结构部分应满足《钢结构设计标准》GB 50017 的相关规定，预埋件部分应满足《混凝土结构设计规范》GB 50010 的相关规定；临时钢牛腿的施工安全系数不应小于 2.0。

（5）预制梁的倾斜度、标高和中心线对轴线的允许偏差分别为 5mm、±5mm 和 5mm。

（6）图 11-38 为设置跨间临时支撑架示意图。选用单元式支撑架（图 11-39）时，支撑架立杆不少于 4 根；立杆之间需设水平撑杆及斜撑杆，以保证支撑架的整体稳固性。支撑架立杆上、下均设可调节杆，以调整支撑高程。支撑架顶设置型钢托梁，预制梁安装时搁置于托梁顶面，托梁应具备足够的强度与刚度，托梁型钢板材壁厚不小于 5mm。

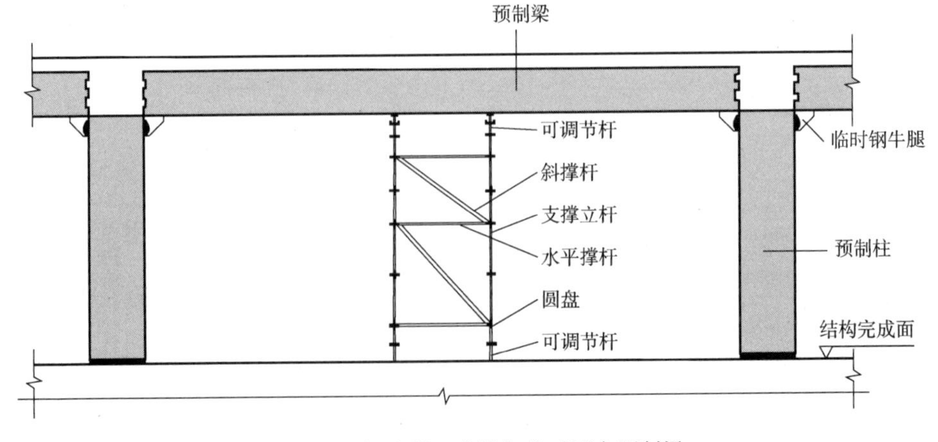

图 11-38　钢牛腿 + 支撑架临时固定预制梁

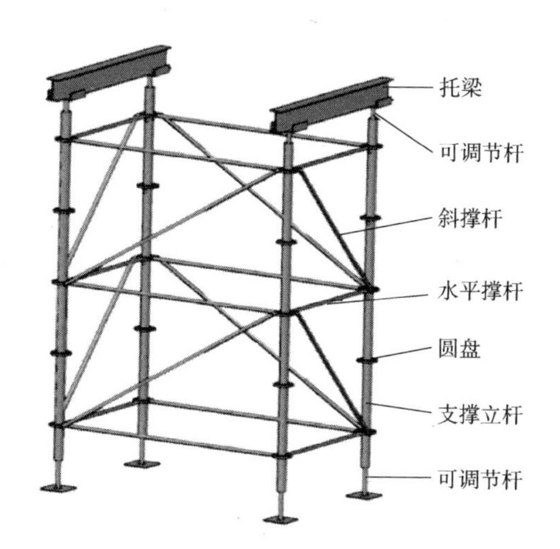

图 11-39　支撑架三维示意图

11.8.6　预制梁和节点钢筋安装

图 11-40 为节点钢筋和预制梁安装流程，当有可靠经验时，也可根据具体工程对节点安装流程进行调整。图 11-41 为预制梁和节点钢筋安装顺序的示意图。

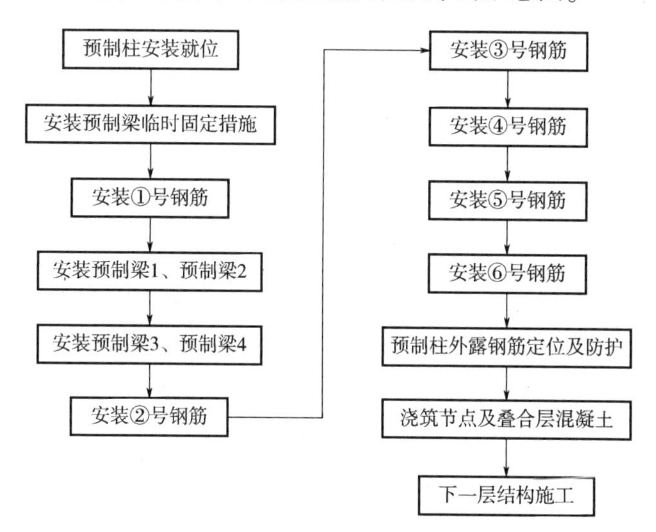

图 11-40　节点钢筋和预制梁安装流程

图 11-40、图 11-41 中①号钢筋为节点区最下一道箍筋，②号钢筋为节点区其余箍筋，③号钢筋为伸入框架节点锚固的梁腹纵筋，④号钢筋为 y 向梁上部受力纵筋，⑤号钢筋为 x 向梁上部受力纵筋，⑥号钢筋为节点区最上一道箍筋。

当预制梁下部受力纵筋采用竖向弯折或偏位做法时，应先安装纵筋位置在下侧的预制梁。预制梁的纵筋端部锚固板应在构件吊装前全部完成。

预制梁上与③号钢筋连接的预埋机械连接套筒在预制梁构件制作时需用软塞塞紧，防止套筒被混凝土或砂浆堵塞。现场安装前先进行匹配试装，合格后重新用软塞塞紧，待预制梁吊装完成且安装③号钢筋前方可拔出软塞。②③号钢筋的安装可以根据预制梁梁高等实际情况交叉完成。

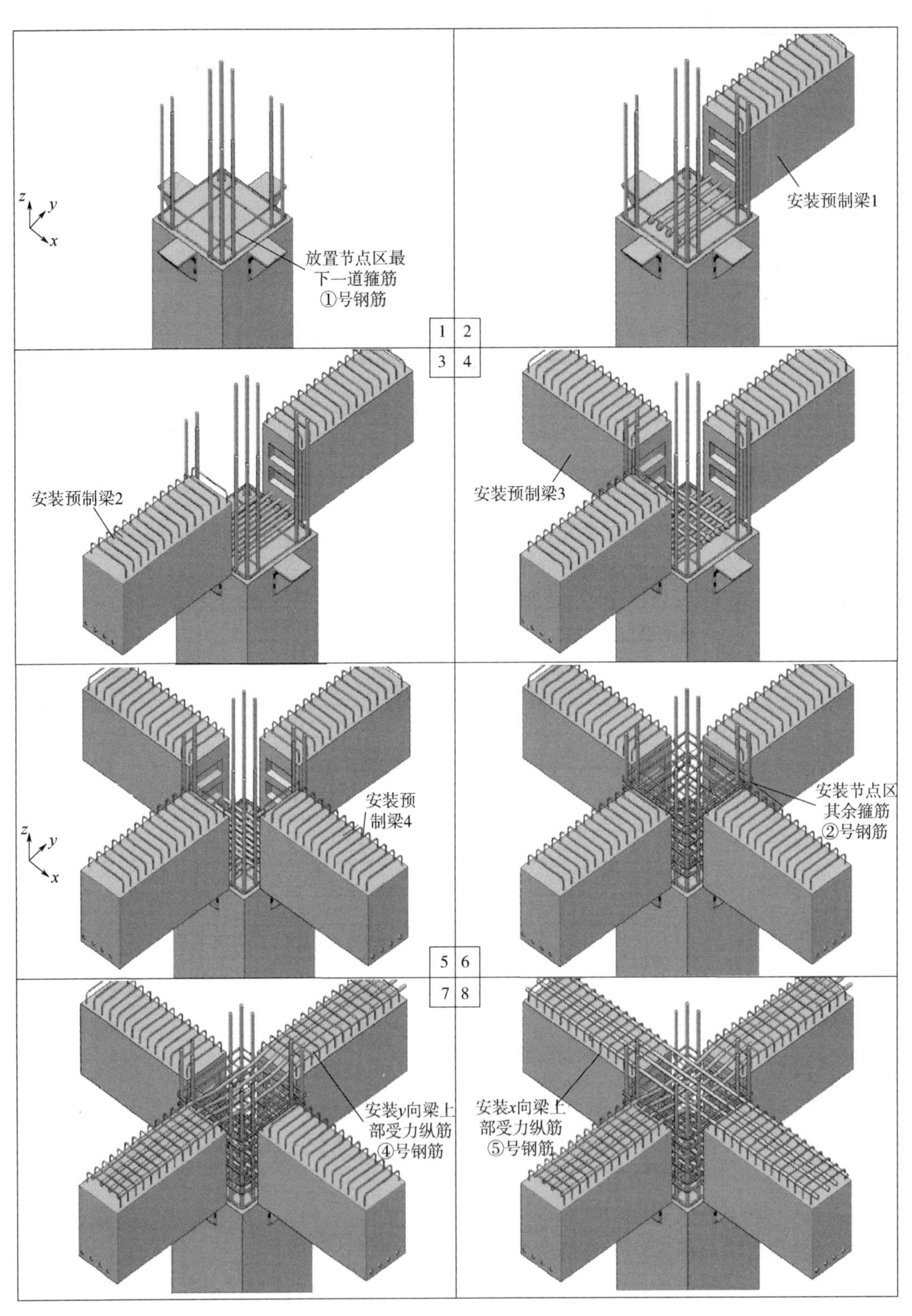

图 11-41　预制梁和节点钢筋安装顺序

注：③、⑥号钢筋在本图未显示

11.8.7　梁、柱节点区封模

后浇混凝土区域的模板工程应编制专项施工方案，并应根据施工过程中的各种工况进行设计，应具有足够的承载力和刚度，并应保证其整体稳定性。模板及支架应保证工程结构和构件各部分形状、尺寸和位置准确，且应便于钢筋安装和混凝土浇筑、养护。预制梁上预留对穿孔或预埋螺孔应根据模板专项施工方案预留预埋。

安装模板前，应将构件表面清理干净。模板制作与安装时，面板拼缝应严密。可在模板下口采用砂浆填堵等方式预防漏浆。预制梁上预埋螺孔距梁边的距离及预埋螺孔的间距应根据受力计算确定。

图 11-42 为梁、柱节点区封模示意图。当有可靠经验时，也可根据具体工程采用其他封模方法。

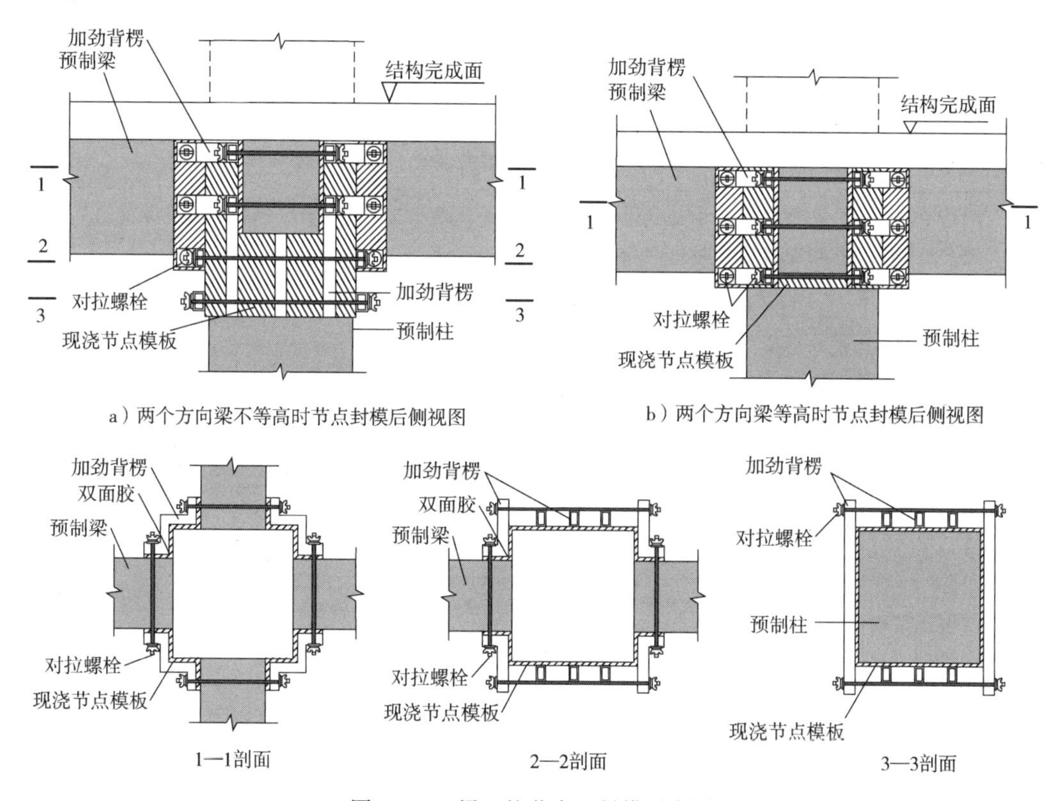

图 11-42　梁、柱节点区封模示意图

本章术语释义

序号	术语	含义
1	装配式混凝土结构	由预制混凝土构件通过可靠的连接方式装配而成的混凝土结构，包括装配整体式混凝土结构、全装配混凝土结构等。在建筑工程中，简称装配式建筑；在结构工程中，简称装配式结构
2	装配整体式混凝土结构	由预制混凝土构件通过可靠的方式进行连接并与现场后浇混凝土、水泥基灌浆料形成整体的装配式混凝土结构，简称装配整体式结构

（续）

序号	术语	含义
3	装配整体式混凝土框架结构	全部或部分框架梁、柱采用预制构件构建成的装配整体式混凝土结构，简称装配整体式框架结构
4	装配整体式混凝土剪力墙结构	全部或部分剪力墙采用预制墙板构建成的装配整体式混凝土结构，简称装配整体式剪力墙结构
5	预制混凝土构件	在工厂或现场预先生产制作的混凝土构件，简称预制构件
6	湿式连接法	预制构件间采用钢筋或预埋件，并通过后浇混凝土或灌浆连接形成整体的施工方法
7	干式连接法	预制构件间采用螺栓、焊接或简支搁置等非湿式连接形成整体的施工方法
8	混凝土叠合受弯构件	由预制混凝土板（梁）构件与其顶部在现场后浇的混凝土形成的整体受弯构件，包括叠合混凝土楼板、叠合混凝土梁等构件，简称叠合构件
9	钢筋套筒灌浆连接	在灌浆套筒中插入单根带肋钢筋并注入灌浆料拌合物，通过拌合物硬化形成整体并实现传力的钢筋对接连接方式
10	钢筋连接用灌浆套筒	通过水泥基灌浆料的传力作用将钢筋对接连接所用的金属套筒，简称灌浆套筒，包括全灌浆套筒和半灌浆套筒
11	钢筋连接用套筒灌浆料	以水泥为基本材料，并配以细集料、外加剂及其他材料混合而成的用于钢筋套筒灌浆连接的干混料，简称灌浆料。该材料加水搅拌后具有良好的流动性、早强、高强、微膨胀等性能，填充于套筒和带肋钢筋间隙内，形成钢筋套筒灌浆连接接头。灌浆料分为常温型灌浆料和低温型灌浆料
12	常温型灌浆料	适用于灌浆施工及养护过程中24h内温度不低于5℃的灌浆料
13	低温型灌浆料	适用于灌浆施工及养护过程中24h内温度不低于-5℃，且灌浆施工过程中温度不高于10℃的灌浆料
14	全灌浆套筒	两端均采用套筒灌浆连接的灌浆套筒
15	半灌浆套筒	一端采用套筒灌浆连接，另一端采用机械连接方式连接钢筋的灌浆套筒
16	钢筋浆锚搭接连接	在预制混凝土构件中预留孔道，在孔道中插入需连接的钢筋，并灌注水泥基灌浆料而实现传力的钢筋搭接连接方式
17	预制混凝土夹心保温外墙板	内外两层混凝土板采用拉结件可靠连接，中间夹有保温材料的预制外墙板，简称夹心保温外墙板
18	预制预应力混凝土构件	施加先张或后张预应力制作的预制混凝土构件，简称预制预应力构件
19	粗糙面	采用特殊的工具或工艺形成预制构件混凝土凹凸不平或集料显露的表面，可实现预制构件和后浇筑混凝土的可靠结合
20	键槽	预制构件混凝土表面规则的凹凸槽，可实现预制构件和后浇混凝土的共同受力作用

第 12 章

预应力混凝土工程

12.1 概述

预应力结构是在结构或构件承受设计荷载之前，预先对其施加压应力，以改善使用性能的结构形式。预应力可以提高结构或构件的刚度、抗裂性和耐久性，增加结构的稳定性，也能将散件拼装成整体。预应力结构能有效地发挥高强材料的作用，结构跨度大、自重轻，构件截面小、材料省，结构变形小、抗裂度高、耐久性好，有较高的综合经济效益。近年来，不但在混凝土结构中广泛应用，在钢结构中也有了较快的发展。

预应力结构主要有预应力混凝土结构和预应力钢结构。按预应力筋与结构体的关系，分为体内预应力和体外预应力。预应力混凝土按张拉预应力筋与浇筑混凝土的顺序不同，分为先张法施工和后张法施工；按预应力筋与混凝土的结合状态，分为有粘结、无粘结及缓粘结等。其中缓粘结预应力是一种新的后张法预应力施工技术。它综合了无粘结预应力与有粘结预应力各自的优点。预应力筋截面小、布筋自由、使用方便、张拉阻力小、无须留设孔道和压浆、又具有构件整体性好、锚固能力及抗腐蚀性强等优点。缓粘结预应力筋的作用机理是在预应力筋的外侧包裹一种特殊的缓凝砂浆或胶黏剂，这种砂浆或胶黏剂在 5～40℃ 密闭条件下，能够根据工程实际需要，在一定时期内不凝结，以满足施工现场张拉预应力筋的时间要求。其后开始逐渐硬化，并对预应力筋产生握裹、保护作用，并能最终达到一定的抗压强度。

先张法预应力、后张法预应力施工工艺列于表 12-1。

表 12-1　预应力混凝土施工工艺

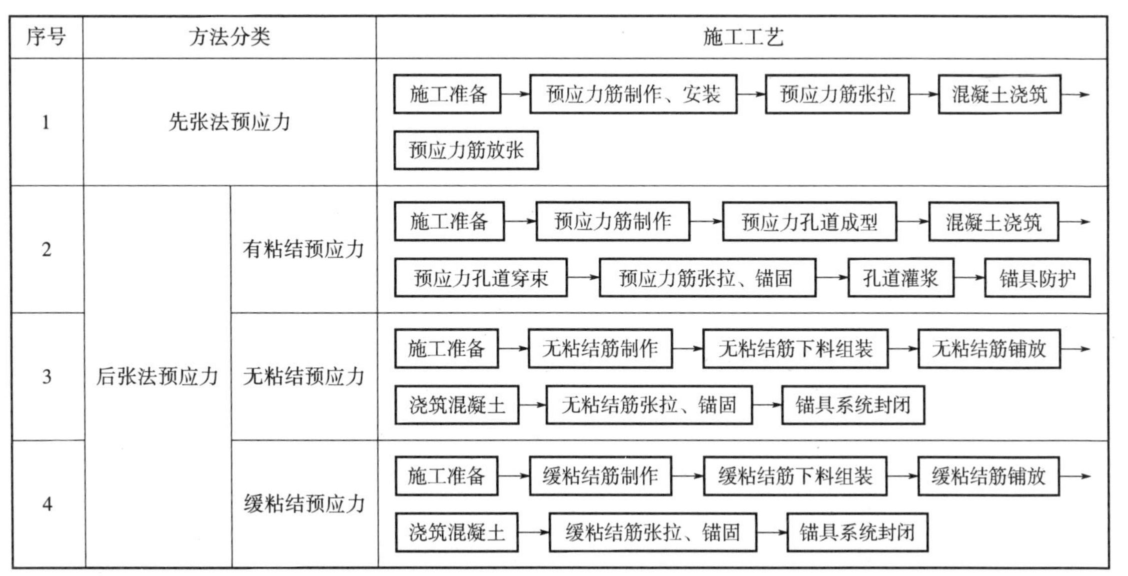

序号	方法分类		施工工艺
1	先张法预应力		施工准备 → 预应力筋制作、安装 → 预应力筋张拉 → 混凝土浇筑 → 预应力筋放张
2	后张法预应力	有粘结预应力	施工准备 → 预应力筋制作 → 预应力孔道成型 → 混凝土浇筑 → 预应力孔道穿束 → 预应力筋张拉、锚固 → 孔道灌浆 → 锚具防护
3		无粘结预应力	施工准备 → 无粘结筋制作 → 无粘结筋下料组装 → 无粘结筋铺放 → 浇筑混凝土 → 无粘结筋张拉、锚固 → 锚具系统封闭
4		缓粘结预应力	施工准备 → 缓粘结筋制作 → 缓粘结筋下料组装 → 缓粘结筋铺放 → 浇筑混凝土 → 缓粘结筋张拉、锚固 → 锚具系统封闭

12.2 制作与安装

12.2.1 一般规定

施工单位应根据设计文件进行预应力工程深化设计并编制专项施工方案，必要时进行施工过程结构分析和验算。

预应力筋制作前，应完成预应力材料的抽检和进场验收。

预应力筋制作或安装时，不得采用加热、焊接或电弧切割。在预应力筋近旁对其他部件进行气割或焊接时，应防止预应力筋受焊接火花或接地电流的影响。

预应力筋安装时，其品种、规格、级别和数量必须符合设计要求；现浇预应力混凝土梁、板底模的起拱高度应符合设计要求。

预应力工程施工应根据环境温度采取必要的质量保证措施，并应符合下列规定：

(1) 当工程所处环境温度低于 -15℃时，不宜进行预应力筋张拉。

(2) 当工程所处环境温度高于 35℃或日平均环境温度连续 5 日低于 5℃时，不宜进行灌浆施工。

缓粘结剂的固化时间和张拉适用期应根据缓粘结预应力钢绞线生产时间、施工进度、环境温湿度变化等确定。当缓粘结预应力钢绞线穿过后浇带时，尚应考虑后浇带浇筑时间的影响。

在缓粘结预应力钢绞线下料时，应对同批缓粘结预应力钢绞线留样观察，观察同条件下其固化情况。如果预应力专项验收时缓粘结剂还没达到固化时间，可根据环境温度和固化程度推断是否满足设计要求，固化期不宜超过 2 年。

12.2.2 预应力筋制作

预应力筋宜采用砂轮锯或切断机下料，下料长度应经计算确定，下料场地应平整、洁净。

采用钢绞线挤压锚具应使用配套的挤压机制作，并应符合使用说明书的规定。挤压时，在挤压模内腔或挤压套筒外表面应涂刷润滑油，采用的摩擦衬套应沿挤压套筒全长均匀分布。采用钢绞线压花锚具应使用专用的压花机制作成型，梨形头和直线锚固段长度不应小于设计值，且其表面应无污物。若设计未规定时，可参考表 12-2 的参数执行。

表 12-2 钢绞线压花锚具参数

钢绞线种类	梨形头尺寸	锚固段长度/mm	示意图
$\phi^{s}15.2$	≥95×150	900	d; 5~6.5d; 130~150
$\phi^{s}12.7$	≥80×150	700	

采用钢丝束镦头锚具时，应确认该批预应力钢丝的可镦性。钢丝镦头的头型直径应为钢丝直径的 1.4~1.5 倍，高度应为钢丝直径的 0.95~1.05 倍。钢丝镦头的强度应不低于钢丝母材强度标准值的 98%。钢丝束两端采用镦头锚具时，应采用等长下料法。

钢丝编束、张拉端镦头锚具安装和钢丝镦头宜同时进行。钢丝的一端先穿入锚具并镦头，另一端按张拉端的顺序分别编扎内外圈钢丝。

无粘结预应力筋固定端制作时，应除去锚固部分的塑料护套层与油脂。护套端部应用水密性胶带或热收缩塑料密封。

预应力筋由多根钢丝或钢绞线组成时，应预先梳编成束，整束穿入孔道。编束时，应逐根理顺钢丝或钢绞线，并每隔1～1.5m设置定位格栅或捆扎一道，避免各根钢丝或钢绞线缠绕。

制作好的预应力束，应按规格、型号、长度编号，分别架空堆放并采取防水、防潮和防腐蚀措施。

曲线纤维增强复合材料预应力筋的曲率半径应大于5m，且大于100倍的孔道直径。纤维增强复合材料预应力筋的净间距应大于其孔道直径。

12.2.3 预应力孔道成型

（1）孔道尺寸。后张法预留孔道的内径宜比预应力束外径及需穿过孔道的连接器外径大6～15mm，且孔道的内截面面积应不小于预应力筋净截面面积的2倍。

（2）孔道间距与保护层厚度。预留孔道间距和预应力筋保护层厚度应符合设计要求。当设计无具体要求时，应符合下列规定：

1）预制构件中预留孔道之间的水平净间距不宜小于50mm，且不宜小于粗集料最大粒径的1.25倍；孔道壁至构件边缘的净间距不宜小于30mm，且不宜小于孔道外径的一半。

2）现浇混凝土结构中预留孔道在竖直方向的净间距不应小于孔道外径，水平方向的净间距不宜小于孔道外径的1.5倍，且不应小于粗集料最大粒径的1.25倍；从孔道外壁至构件边缘的净间距，梁底不宜小于50mm，梁侧不宜小于40mm。

建筑工程中裂缝控制等级为三级的预应力混凝土梁，从孔壁算起的混凝土保护层厚度，梁底、梁侧分别不宜小于60mm和50mm。

3）在现浇楼板中采用扁型锚固体系时，穿过每个预留孔道的预应力筋数量宜为3～5根；在常用荷载情况下，孔道在水平方向的净间距不应超过8倍板厚及1.5m中的较大值。

（3）预埋管道的定位。预埋管道的定位应符合下列规定：

1）预埋管道应按设计规定的坐标位置进行定位，并与定位钢筋绑扎牢固，且在混凝土浇筑期间不产生移位。

2）当预埋管道与普通钢筋位置冲突时，应移动普通钢筋，不得改变管道的设计坐标位置。

3）定位钢筋直径不宜小于10mm，间距不宜大于1.0m。对扁形波纹管、塑料波纹管或线形曲率较大处的管道，定位钢筋间距宜适当缩小。

4）定位后的预埋管道应平顺，其端部的中心线应与锚垫板相垂直。

5）施工时需要预先起拱的构件，预埋管道应随构件同时起拱。

（4）预埋管道的连接密封。预埋管道的连接应密封，并应符合下列规定：

1）圆形金属波纹管接长时，可采用大一规格的同波型波纹管作为接头管，接头管的长度宜取其直径的4～5倍，且不宜小于300mm，两端旋入长度宜相等，且两端应采用防水胶带密封。

2）塑料波纹管接长时，可采用塑料焊接机热熔焊接或采用专用连接管。

3）钢管连接可采用焊接连接、承插连接或套筒连接。

（5）排气孔、泌水孔及灌浆孔。预应力孔道应根据工程特点设置排气孔、泌水孔及灌浆孔，排气孔可兼作泌水孔或灌浆孔，并应符合下列规定：

1）孔道端部的锚垫板上宜设置灌浆孔，灌浆孔直径不宜小于 20mm，间距不宜大于 30m。

2）预应力孔道的两端应设有排气孔，当曲线孔道波峰和波谷的高差大于 0.5m 时，应在孔道波峰处设置泌水管，泌水管可兼作灌浆孔。

3）对竖向孔道，灌浆孔应设置在孔道下端；对超高的竖向孔道，宜分段设置灌浆孔。

4）排气管或泌水管与波纹管连接时，可在波纹管上开洞，覆盖专用弧形压板并与波纹管固定，再用增强塑料管插在弧形压板的接口上，且伸出构件顶面不宜小于 300mm（图 12-1）。

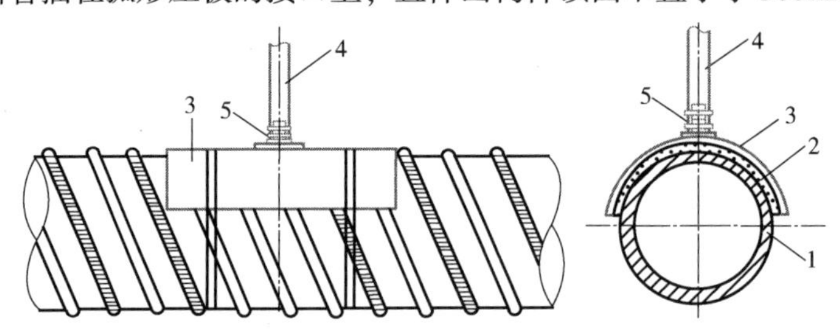

图 12-1　泌水管留设示意图

1—波纹管　2—海绵垫　3—塑料弧形盖板　4—塑料管　5—固定卡子

（6）采用胶管抽芯成孔时，胶管内应插入芯棒或充入压力水增加刚度。采用钢管抽芯成孔时，钢管表面应光滑、焊接接头应平顺，且浇筑混凝土后，应陆续转动钢管。

（7）竖向预应力混凝土结构采用钢管成孔时，应采用定位钢筋固定，每段钢管的长度应根据施工分层浇筑高度确定。钢管接头处宜高于混凝土浇筑面 500 ~ 800mm，钢管开口处应采用堵头临时封口。

（8）预应力筋、预留管道、锚垫板及螺旋筋等安装定位时应采取可靠措施临时封闭锚垫板穿束口、灌浆孔、排气管及泌水管，防止混凝土浇筑时漏浆、堵塞孔道。

12.2.4　有粘结预应力筋安装

（1）有粘结预应力筋宜在浇筑混凝土后穿入孔道。对需要在浇筑混凝土前穿入预应力束的构件，应对外露预应力筋采取防止锈蚀的有效措施。

（2）穿束的方法可采用人力、卷扬机和穿束机单根穿或整束穿。穿束前宜对整束预应力筋进行通长编束，确保预应力筋顺直。对超长束、特重束、多波曲线束等宜采用卷扬机穿束，束的前端应装有穿束网套或特制的牵引头，且仅前后拖动，不得扭转。

（3）设置有固定端的预应力筋宜从固定端穿入。当固定端采用挤压锚具时，从孔道末端至锚垫板的距离应满足成组挤压锚具的安装要求；当固定端采用压花锚具时，从孔道末端至梨形头的直线锚固段不应小于设计值。预应力筋从张拉端穿出的长度应满足张拉设备的操作要求。

（4）当采用先穿束工艺时，严防电火花损伤管道内的预应力筋，严禁利用钢筋骨架作电焊回路，避免预应力筋被退火而降低强度。发现被电焊灼伤，有焊疤或受热褪色的预应力筋应予以更换。

（5）竖向孔道用钢绞线预应力筋的穿束宜采用整束由下而上的牵引工艺，其牵引夹持必须紧固可靠，也可采用由上而下逐根穿入孔道的工艺，同时确保预应力筋顺直，不发生相互缠绕。

（6）混凝土浇筑前穿入孔道的预应力筋，应采取防锈保护措施。当无防锈保护措施时，预应力筋穿入孔道至灌浆的时间间隔应符合下列规定：

1）环境相对湿度大于 60% 或处于近海环境地区时，不宜超过 14d。

2）环境相对湿度不大于 60% 时，不宜超过 28d。

（7）预埋管道在制作过程中，应采取严格措施，确保管道通畅，避免漏浆堵塞。采用后穿束工艺时，在混凝土终凝前可采用通孔器清孔。对采用蒸汽养护的预制构件，预应力筋应在蒸汽养护结束后穿入孔道。

12.2.5　无粘结或缓粘结预应力筋安装

1. 安装前检查

无粘结或缓粘结预应力筋安装之前，应及时检查其规格、尺寸和数量，逐根检查并确认其端部组装配件可靠无误后，方可在工程中使用。对护套轻微破损处，可采用外包防水聚乙烯胶带进行修补，每圈胶带搭接宽度不应小于胶带宽度的 1/2，缠绕层数不应少于 2 层，缠绕长度应超过破损长度 30mm，严重破损的，应予以更换。对于缓粘结预应力筋，应检查标示的标准固化时间和标准张拉适用期是否符合工程要求。

2. 平板中预应力筋的布置原则

平板中无粘结或缓粘结预应力筋的定位，应符合下列规定：

（1）应按设计规定的坐标位置进行定位，并与定位钢筋绑扎牢固。定位钢筋直径不宜小于 10mm，间距不宜大于 2.0m。在混凝土浇筑期间确保不产生移位和变形。

（2）当与楼板中普通钢筋或其他管线位置冲突时，不得将预应力筋的位置抬高或降低。

（3）无粘结或缓粘结预应力筋的平面位置，宜在楼板底模上涂刷油漆予以标示。

（4）定位后，无粘结或缓粘结预应力筋的线形应保持连续平顺，其端部中心线应与锚垫板相垂直。

（5）平板中无粘结或缓粘结预应力筋平行带状布置时，应采取可靠的固定措施，保证同束中各根无粘结或缓粘结预应力筋具有相同的矢高。

（6）平板中无粘结或缓粘结预应力筋宜单根布置，也可并束布置，并束时，预应力筋宜为 2 根，单根或并束间距不宜大于板厚的 6 倍，且不宜大于 1m；现浇混凝土空心楼板可采用带状束的无粘结或缓粘结预应力筋布置，带状束的预应力筋根数不宜多于 5 根，间距不宜超过 12 倍板厚，且不宜大于 2.4m。

（7）安装双向配置的无粘结或缓粘结预应力筋时，应避免两个方向的无粘结或缓粘结预应力筋相互穿插安装，须对每个交叉点标高进行比较，标高较低的预应力筋应先进行安装，标高较高的次之。

3. 梁中预应力筋布置原则

（1）混凝土梁中预应力束的竖向净间距不应小于无粘结或缓粘结预应力束的等效直径 d_p 的 1.5 倍，水平方向的净间距不应小于无粘结或缓粘结预应力束等效直径 d_p 的 2 倍，且不应小于粗集料粒径的 1.25 倍；使用插入式振动器捣实混凝土时，水平净距不宜小于 80mm。

（2）成束布置的无粘结或缓粘结预应力筋在端部宜分散并单根锚固，分散后的预应力筋在构件端面上的水平和竖向排列最小间距不宜小于 80mm。构件端部尺寸应考虑锚具位置、张拉设备的尺寸和局部承压的要求，必要时，应适当加大。

（3）2～4 根无粘结或缓粘结组成的集束预应力筋，其定位钢筋的直径不宜小于 10mm，间距不宜大于 1.5m。

（4）5 根或更多无粘结或缓粘结组成的集束预应力筋，其直径不宜小于 12mm，间距不宜大于 1.0m。

4. 其他安装要求

（1）预应力筋张拉端的锚垫板可固定在端部模板上，利用钢筋固定，锚垫板面应垂直于预应力筋。当张拉端采用凹入式做法时，可采用塑料穴模或其他模具；无粘结或缓粘结预应力筋固定端的锚垫板应事先组装好，按设计要求的位置可靠固定。

如对单根钢绞线无粘结或缓粘结预应力筋，其张拉端宜采用夹片锚具，即圆套筒式或垫板连体式夹片锚具（图 12-2）；埋入式固定端宜采用挤压锚具或经预紧的垫板连体式夹片锚具（图 12-3）。

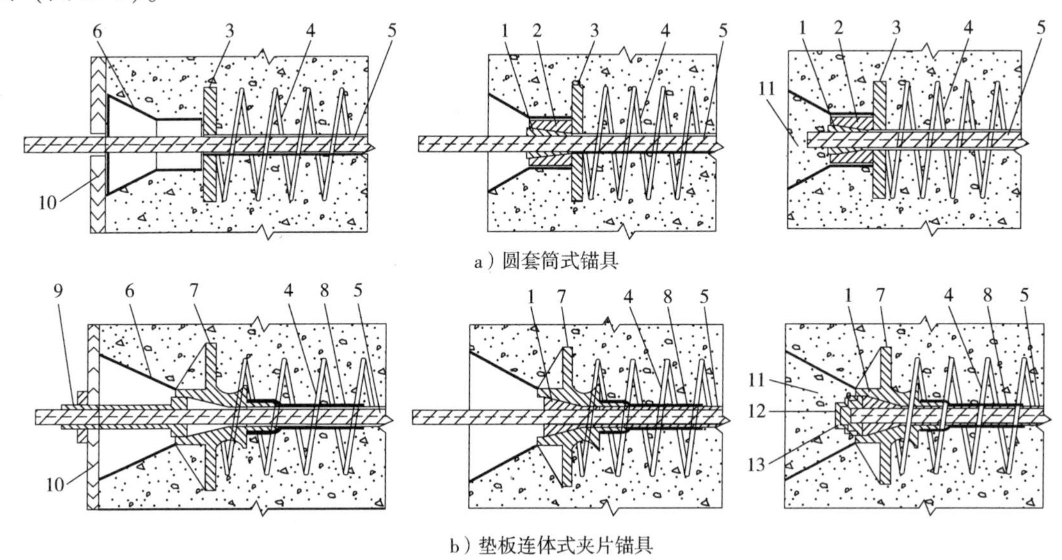

图 12-2　张拉端锚具系统构造

1—夹片　2—锚环　3—承压板　4—螺旋筋　5—缓粘结预应力筋　6—穴模　7—连体锚板　8—塑料保护套　9—密封连接件及螺母　10—模板　11—细石混凝土　12—密封盖　13—专用防腐油脂或环氧树脂

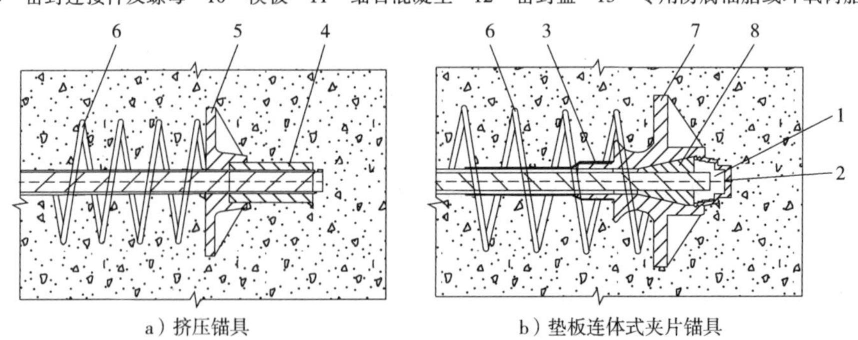

图 12-3　固定端锚具系统构造

1—涂专用防腐油脂或环氧树脂　2—密封盖　3—塑料密封套　4—挤压锚具　5—承压板　6—螺旋筋　7—连体锚板　8—夹片

（2）无粘结或缓粘结预应力筋采取竖向、环向或螺旋形安装时，应采用定位钢筋或其他构造措施固定控制；斜向或竖向布置的缓粘结预应力筋，应对缓粘结预应力筋的下端进行严密封堵，防止缓粘结剂流淌。

12.3　混凝土浇筑

12.3.1　一般规定

浇筑混凝土之前，应对预埋管道的定位及管道连接处、预埋管与锚垫板连接处、锚垫板、灌浆孔、排气孔和泌水孔等部位的密封性进行检查，并进行隐蔽工程验收。确认合格后，方可浇筑混凝土。

预应力混凝土中氯离子含量不应超过水泥用量胶凝材料总质量的0.06%，且不得使用含氯离子的外加剂。预应力混凝土的强度等级应符合设计要求，且不宜低于C40。

混凝土浇筑时，应多留置1~2组同条件养护试块，用于判定预应力张拉时混凝土的实际强度等级。同条件养护试块应置于施工现场，与结构或构件同环境、同条件养护。

施工缝和后浇带的施工应符合下列规定：

（1）通过后浇带的预应力筋可采用连接器连接、两端预应力筋交叉搭接或加设附加预应力筋的连接方式。

（2）后浇带封闭前，应采取对后浇带处外露预应力筋的保护措施。

（3）后浇带的混凝土强度等级宜提高一级。

（4）后浇带处的模板支撑，应待后浇混凝土强度满足设计要求且预应力张拉灌浆完成后方可拆除。

12.3.2　混凝土浇筑

混凝土浇筑应符合下列规定：

（1）宜根据结构或构件的不同形式选用插入式、附着式或平板式振动器进行振捣。

（2）对于先张法构件，应避免振动器碰撞预应力筋；对于后张法结构，应避免振动器直接触碰预埋管道、无粘结或缓粘结预应力筋和锚具预埋件等，严禁直接对准预留管道处下料。

（3）对箱梁腹板与底板及顶板连接处的托板、预应力张拉端、固定端以及其他预应力筋与钢筋密集的部位，应采取有效措施加强振捣，保证混凝土浇筑密实。

（4）对无粘结或缓粘结预应力混凝土板，浇筑过程中，不得踩踏预应力筋、定位钢筋以及锚固端预埋件等。

（5）混凝土浇筑过程中应随时检查模板、支撑、预留管道、预应力筋端部的稳固性。发现有松动、变形、移位和管道漏浆时，应及时整修。

12.3.3　养护与拆模

1. 养护

混凝土浇筑后应及时进行保湿养护，保湿养护可采用洒水、覆盖、喷涂养护剂等方式。保湿养护时间不宜少于7d，其中带模养护时间不宜少于3d。

混凝土强度达到1.5N/mm^{2}前，不得在其上踩踏、堆放荷载；混凝土强度达到2.5N/mm^2

前，不得在其上安装模板、支设脚手架等。

2. 后张法拆模

后张法预应力混凝土结构的侧模宜在张拉前拆除，且拆除时混凝土强度应能保证其表面及棱角不受损坏。预应力混凝土结构的底模及其支撑应在预应力筋张拉完成且孔道灌浆强度达到设计要求后拆除。当设计未规定时，应在预应力张拉完成且灌浆强度达到 $15N/mm^2$ 后拆除。当设计有具体规定时，按设计要求执行。

3. 先张法拆模

（1）先张法预制构件拆模时的混凝土强度应满足设计要求。当设计无具体规定时，应达到设计强度的60%以上。

（2）拆模时，先张法预制构件混凝土芯部与表层、表层与环境、箱内与箱外温差均不宜大于15℃，且应保证棱角完整。当环境温度低于0℃时，应待表层混凝土冷却至5℃以下方可拆除模板；在炎热或干燥季节，宜采取逐段拆模、边拆边盖、边拆边洒水或边拆边喷涂养护剂的拆模工艺。

（3）大风或气温急剧变化时不宜拆模。

12.3.4 混凝土缺陷修补

锚固区混凝土出现疏松、蜂窝等质量缺陷时，应凿除胶结不牢固部分的混凝土至密实部位，清理干净，支设模板，浇水湿润并涂抹界面材料后，采用比原混凝土强度等级高一级的细石混凝土浇筑并振捣密实，且养护不宜少于7d。缺陷修补区域的混凝土强度达到设计值后，方可进行预应力张拉。

预应力管道有堵塞时，应确定管道堵塞位置并凿开管道，清除漏浆，修复管道。

混凝土缺陷修补后，填充的混凝土应与本体混凝土表面紧密结合，无收缩开裂和空鼓，表面平整。混凝土缺陷修整方案、修补过程等技术资料应及时归档。

12.4 张拉与锚固

12.4.1 一般规定

张拉用设备和仪表应满足预应力筋张拉的要求，张拉设备和仪表应经过标定配套使用，并在有效使用期内。当现场环境等条件具备时，宜优先采用智能张拉工艺和方法。预应力筋张拉前，应计算所需张拉力、压力表读数、理论伸长值，明确张拉顺序和程序。多（高）层预应力混凝土楼面施工时，张拉预应力框架的下层构件时，上层构件的混凝土强度不得低于 $15N/mm^2$。采用快速拆装模板时，应验算施工中临时支点处的结构强度。

后张预应力筋张拉时，混凝土强度和弹性模量应符合设计规定；当设计无具体要求时，应符合下列规定：

（1）混凝土的强度不应低于设计强度等级的75%，且不应低于所用锚具产品技术手册要求的混凝土强度最低值。

（2）弹性模量不宜低于混凝土28d弹性模量的75%。在未测定混凝土弹性模量时，现浇混凝土结构施加预应力时的龄期：对后张预应力混凝土板，不宜少于7d；对后张预应力混凝土梁，不宜少于10d。

（3）为防止混凝土出现早期裂缝而施加预应力时，可不受上述限制，但必须满足局部受压承载力的要求。

预应力筋张拉时，应有足够的操作空间，以便于操作并避免在千斤顶加压后将其损坏，并采取有效的安全防护措施，预应力筋两端的正前方严禁站人或穿越。预应力筋张拉、锚固及放张时，均应填写施工记录，且质量管理人员应进行旁站监督，确保张拉施工数据的真实、可靠。

12.4.2　先张法张拉

预应力筋张拉或放张时的环境温度不宜低于 0℃。

1. 台座结构

先张法台座结构应符合下列规定：

（1）台座应进行施工工艺设计，并应具有足够的强度、刚度和稳定性，其抗倾覆安全系数不应小于 1.5，抗滑移安全系数不应小于 1.3。

（2）预应力筋在锚固横梁的端部位置的极限偏差应小于 2mm。

（3）锚固横梁应有足够的刚度，受力后挠度不应大于 2mm。

（4）张拉千斤顶应具备机械自锁功能。

2. 预应力筋张拉

先张法预应力筋张拉应符合下列规定：

（1）张拉前，应对台座、横梁及张拉设备进行详细检查，符合安全和工艺要求后方可进行操作。

（2）预应力筋的张拉工艺和顺序应符合设计要求；设计无要求时，宜采用单束初调、整体张拉、单束补张拉的工艺。

（3）预应力张拉前，应对预应力损失情况进行实际测定，根据实测结果对张拉控制应力作适当调整。

（4）张拉过程中，应使活动横梁和固定横梁保持平行，并应检查预应力筋的预应力值，其偏差的绝对值不得超过一个构件全部预应力筋预应力总值的 5%。

（5）张拉泵站和油路控制系统应保证在高油压下液压油不外泄，控制反应灵敏，保证多台千斤顶同步作用，张拉和放张平稳、安全。

（6）先张法预应力筋的张拉程序应符合设计要求。

（7）预应力筋张拉完毕后，宜在 4h 内浇筑混凝土，浇筑混凝土与张拉预应力筋时的环境温差不宜超过 20℃。

3. 预应力筋放张

先张法预应力筋放张应符合下列规定：

（1）放张前应检查构件外观质量。

（2）预应力筋放张时构件混凝土的强度、弹性模量或龄期应符合设计规定；设计未规定时，混凝土的强度应不低于设计强度等级值的 80%，弹性模量应不低于混凝土 28d 弹性模量的 80%。

（3）在预应力筋放张之前，应将限制位移的侧模、翼缘模板或内模拆除。

（4）预应力筋的放张工艺应符合设计规定；设计未规定时，应根据构件类型及张拉吨位优先选择楔块或千斤顶整体放张的方法，且放张速度不宜过快。

（5）预应力筋的放张顺序应符合设计要求。当设计无具体要求时，可按下列规定放张：

1）对轴心受压的构件（如压杆、桩），所有预应力筋应同时放张。

2）对受弯或偏心受压构件（如梁、板等），应先同时放张压力较小区域的预应力筋，再同时放张压力较大区域的预应力筋。

3）当不能按上述规定放张时，应分阶段、均匀、对称和相互交错放张。

（6）多根整批预应力筋的放张，当采用砂箱放张时，放砂速度应均匀一致。采用千斤顶放张时，放张宜分数次完成；单根钢筋采用拧松螺母的方法放张时，宜先两侧后中间，并不得将单根预应力筋一次放松完成。

（7）预应力筋放张后，对钢丝和钢绞线，应采用机械切割的方式进行切断；对螺纹钢筋，可采用乙炔-氧气切割，但应采取必要措施，防止高温对其产生不利影响。

（8）长线台座上预应力筋的切断顺序，宜由放张端开始，依次向另一端切断。

12.4.3 后张法张拉

1. 张拉方式

（1）预应力筋的张拉方式应符合设计要求。设计无具体要求时，应符合下列规定：

1）直线有粘结预应力筋可采取一端张拉方式，但长度不超过35m。直线无粘结预应力筋，一端张拉时长度不超过40m；当有可靠测试数据时，一端张拉长度可适当调整。

2）对曲线预应力筋，应根据施工计算结果采取两端张拉或一端张拉方式。当锚固损失的影响长度小于或等于$L/2$（L为预应力孔道投影长度）时，应采用两端张拉方式；当锚固损失的影响长度大于$L/2$时，可采取一端张拉方式。

3）当同一构件中有多束一端张拉的预应力筋时，张拉端宜分别交错设置在结构或构件的两端。

4）预应力筋两端张拉时，宜两端同时张拉，也可在一端张拉锚固后，另一端补足预应力值后再进行锚固。

（2）对特殊预应力构件或预应力筋，应根据设计和施工要求采取专门的张拉工艺，如分阶段张拉、分批张拉、分级张拉、分段张拉、变角张拉等。

（3）有粘结预应力筋应整束张拉锚固。对直线形或扁平管道中平行排放的有粘结预应力钢绞线束，在各根钢绞线不受叠压影响时，也可采用小型千斤顶逐根张拉锚固，但应考虑逐根张拉预应力损失对控制应力的影响。

（4）对多波曲线预应力筋，可采取超张拉回缩技术来提高内支座处的有效预应力值并降低锚具下口的应力。超张拉回缩是针对多跨曲线预应力筋张拉而提出的一种施工方法。施工时，首先通过超张拉提高中间支座处的应力，并通过增大锚固回缩损失降低边支座处的应力，使构件沿长度方向建立比较均匀的预压应力。

2. 张拉顺序

预应力筋的张拉顺序，应符合设计要求，并应避免出现对结构不利的应力状态。当设计无具体要求时，应符合下列规定：

（1）预应力筋的张拉顺序应根据结构受力特点、施工方便及操作安全等因素确定。

（2）预应力筋的张拉顺序应遵循对称张拉原则。

（3）对现浇预应力混凝土楼盖，宜先张拉楼板、次梁的预应力筋，后张拉主梁的预应力筋。

（4）对预制屋架等平卧叠浇构件，应从上而下逐榀张拉。

3. 缓粘结预应力筋张拉

缓粘结预应力筋应在张拉适用期内进行张拉；缓粘结预应力筋张拉时，混凝土立方体抗压强度不应低于设计强度的 75%。

在等于或低于 20℃进行缓粘结预应力筋张拉时，应采用持荷超张拉方式，预应力从零张拉至 $1.05\sigma_{con}$，并应在持荷一定时间后进行锚固，持荷时间可参考表 12-3。

表 12-3　持荷时间与构件温度之间的关系

温度/℃	5	10	15	20
持荷时间/min	4	2	1	0.5

注：中间温度可按线性插值确定。

当温度高于 20℃时，可不持荷超张拉；当温度低于 5℃时，不宜进行缓粘结预应力筋张拉。若工程需要在低于 5℃环境下进行张拉，应采用升温措施减小粘滞力产生的预应力损失。如采用专用电加热设备对钢绞线加热，通电电压不应大于安全电压 36V。

当张拉时间接近缓粘结预应力筋张拉适用期或预应力筋摩擦系数偏大时，可采用预张拉或持荷超张拉的方法消除缓粘结剂初期固化对摩擦系数的影响。预张拉时，先不装锚具夹片，将预应力筋张拉到控制应力的 30% 左右后放张，然后装锚具夹片，再进行正式张拉。

4. 设备安装要求

锚具安装前，应清理锚垫板端面的混凝土残渣和杂物，同时去除预应力筋表面的浮锈和灰浆，并检查锚垫板后的混凝土密实性。如该处混凝土有空鼓现象，应在张拉前修补且张拉时保证其强度达到设计要求。

千斤顶安装时，工具锚应与前端的工作锚对正，工具锚和工作锚之间的各根预应力筋不得错位、扭绞，夹片应均匀打紧且外露一致。实施张拉时，千斤顶与预应力筋、锚具的中心线应位于同一轴线上。采用螺母锚固的支撑式锚具，安装时，应逐个检查螺纹的配合情况，保证在张拉和锚固过程中能顺利旋合拧紧。

张拉设备安装时，对直线预应力筋，应使张拉力的作用线与预应力筋中心线重合；对曲线预应力筋，应使张拉力的作用线与预应力筋中心线末端的切线重合。

张拉设备应吊挂在稳固的支架上，并可调节位置，便于推动张拉设备靠拢锚具和孔道对中。为便于自动退卸工具锚，可在工具锚夹片上涂上少量的润滑剂。

5. 预应力筋张拉程序

预应力筋的张拉程序，应符合设计要求。

预应力筋张拉的初拉力与预应力筋的线形及长度有关，直线预应力筋的初拉力可取为 10% ~15% 张拉控制力，曲线预应力筋和超长预应力筋的初拉力可取为 10% ~25% 张拉控制力。

预应力筋张拉时，可按张拉程序量测各级张拉力对应的伸长值，其中 2 倍初拉力与初拉力对应的伸长值之差，可作为 0→初拉力间的伸长值，然后将量测的各级伸长量叠加即为实测总伸长值。量测方法所含的预应力筋长度应与计算值一致；若以量测千斤顶工具锚处油缸伸出量来计算实测伸长值时，应扣除千斤顶工具锚与工作锚锚板之间的钢绞线伸长量。

当预应力筋伸长量较大，千斤顶张拉行程不够时，应采用分级张拉、分级锚固方式，下一级张拉初始压力表读数应为上一级最终的压力表读数。

在预应力筋张拉、锚固过程中及锚固完成后，均不得外力敲击或振动锚具。预应力筋锚固后需要放松时，对夹片式锚具宜采用专门的设备和工具；对支撑式锚具可采用张拉设备缓慢放松。

张拉时，发现以下情况应停止张拉，且在查明原因并采取措施后方可继续张拉：

（1）预应力筋出现断丝、滑丝或锚具碎裂。

（2）混凝土出现裂缝或破碎，锚垫板陷入混凝土。

（3）孔道中有异常声响。

（4）达到张拉力后，预应力筋伸长值明显不足；或张拉力未达到时，预应力筋呈现异常伸长并超出规定范围。

12.4.4 智能张拉

预应力张拉施工宜采用智能张拉系统。智能张拉设备进场前必须按照规范要求进行标定和检测工作，出具合格证明后方能使用。

智能张拉系统应进行试张拉并校正设计参数，验证系统的稳定性和各项性能。

智能张拉工艺一般操作流程如图 12-4 所示。

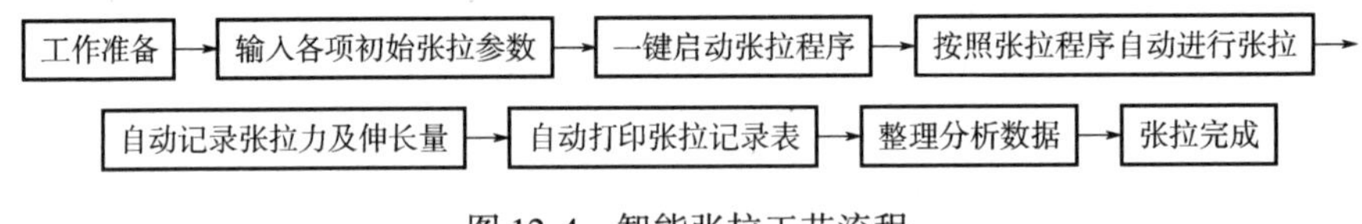

图 12-4　智能张拉工艺流程

智能张拉应包括以下准备工作：

（1）预应力施工单位应检查机具准备、预应力束、张拉端部、作业环境的适宜性和施工安全设施。

（2）应避免施工区域内有干扰智能张拉系统操作的施工作业。

（3）智能张拉工艺应采取相对应的安全措施。

（4）专业技术人员应进行系统通电联调，避免张拉设备暴晒、雨淋。

张拉施工前，操作人员应按照预应力专项施工方案输入各项初始张拉参数，操作和管理人员应关注实时数据采集动态图，项目质量管理人员必须全过程旁站。针对张拉过程中出现的问题，操作和管理人员应及时按照操作手册进行分析处理；对于无法排除的问题，应立即上报。

张拉过程中，锚具变形和预应力筋内缩值应符合设计要求。如发现张拉伸长量与计算值偏差超出 ±6%、设备数据显示异常时，应停止张拉，查明原因并上报相关部门确定处理措施后，方可继续张拉。

12.4.5 质量要求

1. 张拉质量控制

预应力筋的张拉质量应符合下列规定：

（1）预应力筋实测张拉伸长值与理论计算伸长值相对偏差不应超过 ±6%。

（2）预应力筋张拉锚固后实际建立的预应力值与设计规定值的相对偏差不应超过 ±5%。

（3）张拉过程中，预应力筋断丝或滑丝的数量不得超过表 12-4 的规定。

表 12-4　预应力筋断丝、滑丝限值

预应力筋类别	检查项目	控制数量	
		建筑工程	桥梁工程
钢丝、钢绞线	每个截面断丝数不得超过该截面钢丝总数的百分比	3%	1%
	每根钢绞线断丝或滑丝	1 丝	
螺纹钢筋	断筋或滑移	不允许	

注：1. 钢绞线断丝系指单根钢绞线内钢丝的断丝，钢绞线钢丝数量等于钢绞线根数与每根钢绞线钢丝数量的乘积。
2. 对预应力混凝土板，其截面宽度应按每跨计算。
3. 对先张法预应力构件，在浇筑混凝土前发生断丝或滑脱的预应力筋必须予以更换。

（4）预应力筋锚固后，夹片顶面应平齐，其相互间的错位不宜大于 2mm，且露出锚具外的高度不应大于 4mm。

（5）后张法预应力筋张拉后，锚固区不应塌陷、混凝土构件不应出现有害裂缝。

（6）先张法预应力筋张拉后与设计位置的偏差不应大于 5mm，且不得大于构件截面短边边长的 4%。

（7）预应力张拉后，预应力构件的反拱、侧向弯曲及轴向压缩等限值应符合设计要求及其他相关规定。

2. 放张质量控制

预应力筋放张应符合下列规定：

（1）预应力筋放张时，混凝土强度应符合设计要求。

（2）先张法构件的放张顺序应使构件对称受力，不发生翘曲变形。

（3）先张法预应力筋放张时，应使构件能纵向滑动。

（4）先张法预应力筋放张时，构件端部钢丝的内缩值不宜大于 1.0mm。

（5）放张前、后在理论跨度下的实测上拱值不宜大于 1.1 倍设计计算值。

12.5　灌浆与封锚保护

12.5.1　一般规定

后张法有粘结预应力筋张拉完成并经检查合格后，孔道应及时灌浆，且宜在 48h 内完成，以免预应力筋锈蚀或松弛。

灌浆前，应采用通水、通气方法逐孔检查，宜用气压或水冲法清除孔道内杂物。对抽芯成型的孔道，可采用压力水对孔道进行冲洗；对预埋管成型的孔道，可采用压缩空气清孔。

灌浆设备的配备必须满足连续工作的要求，应根据灌浆高度、孔道长度和形态等条件选用合适的灌浆泵。灌浆泵应配备校验合格的压力表和计量器具。同时，灌浆前，应检查灌浆设备、输浆管和其他配件的可靠性。

孔道灌浆前，应对锚具夹片空隙和其他可能漏浆处采用高强度等级水泥浆或结构胶等材料进行封堵，待封堵材料达到一定强度后方可灌浆。采用真空辅助灌浆时，先将张拉端多余的钢绞线切除，并用无收缩砂浆和专用灌浆密封罩将端部封闭。

孔道灌浆应填写施工记录。记录项目包括灌浆材料的品种和数量、配合比、灌浆日期、搅拌时间、出机初始流动度、环境温度、灌浆压力和灌浆情况等。采用真空辅助灌浆工艺时，尚应包括真空度。

制浆和灌浆过程中，质量管理人员应进行旁站监督，确保灌浆后孔道内浆体饱满、密实。

12.5.2 浆体制作

孔道宜采用专用成品灌浆料或专用压浆剂配置的浆体进行灌浆，且灌浆前应对浆体进行试配，当试配浆体性能指标符合设计要求后，方可制备生产用浆体。

在施工现场配制生产用浆体时，灌浆材料的称量应精确到 ±1%（均以质量计）。计量器具应经法定计量部门检验合格，并在有效使用期内。

灌浆用浆体的搅拌及制备应符合下列规定：

(1) 浆体应采用高速机械搅拌机搅拌，并宜在 5min 内将浆体搅拌均匀。

(2) 浆体制作加料顺序宜为水、外加剂和水泥。当采用成品灌浆料时，应先加水后加灌浆料。

(3) 搅拌均匀的浆体，应经过网格尺寸不大于 3.0mm×3.0mm 的筛网过滤置于储浆桶内，储浆桶也应具有搅拌功能。

浆体自搅拌完成至灌入孔道的间隔时间不宜超过 40min，且在制作和灌浆过程中应连续搅拌。对因延迟使用导致流动度降低的浆体，应采取二次搅拌措施，不得通过加水的方式增加浆体流动度。

12.5.3 灌浆工艺

灌浆顺序宜先灌下排孔道，后灌上排孔道。对于曲线预应力孔道，浆体应从锚垫板或孔道最低点的灌浆孔灌入，由最高点的排气孔或泌水孔排出，并应设置防止浆体回流的阀门。

灌浆应缓慢、连续进行，直至排气孔排出与灌浆孔相同稠度的浆体后，将排气孔按浆体流动方向依次封闭，当孔道灌满并全部封闭后，应再继续加压至 0.5～0.7N/mm^2，关闭进浆阀，稳压 2～5min 后封闭灌浆孔。待浆体初凝后，方可拆除进浆孔和出浆孔阀门。

同一孔道灌浆作业应一次完成，不得中断，并应保持排气通顺。发生孔道阻塞、串孔或因故障中断灌浆时，应及时用压力水冲洗孔道或采取其他措施重新灌浆。

灌浆过程中，灌浆泵内不得缺浆。在灌浆泵暂停工作时，灌浆管与灌浆孔不得脱离，以避免空气进入孔道，影响灌浆质量。

灌浆时，每一工作班应至少留取 3 组边长为 70.7mm 的立方体试块，标准养护 28d 后进行抗压强度试验，作为质量评定的依据。

采用连接器连接的多跨连续预应力筋的孔道灌浆，应在连接器分段的预应力筋张拉后及时分段灌注，不得在各分段全部张拉完毕后一次连续灌浆。

竖向孔道灌浆应自下而上进行，并应设置阀门，阻止浆体回流。为确保灌浆密实性，灌浆后，应采用重力补浆措施。

对超长、超高的预应力孔道，宜采用多台灌浆泵接力灌浆，从前置灌浆孔灌浆直至后置灌浆孔冒浆后，后置灌浆孔方可续灌。

灌浆过程中及灌浆后 48h 内，预应力结构或构件的温度及环境温度不得低于 5℃。当温度低于 5℃时，应采取保温措施，并按冬期施工的要求处理，浆体中可适量掺入引气剂，但不得掺用防冻剂；当环境温度高于 35℃时，不宜灌浆。

12.5.4　真空辅助灌浆

真空辅助灌浆除采用传统的灌浆设备外，还应配备真空泵及其他配件等。

真空辅助灌浆的孔道应具有良好的密封性，宜采用塑料波纹管成孔。

真空辅助灌浆操作应符合下列规定：

(1) 灌浆孔和排气孔应设置阀门，灌浆泵应设置在灌浆孔侧，真空泵应设置在排浆孔侧。

(2) 真空泵应保持连续工作，当孔道内的真空度达到 $-0.08 \sim -0.10\mathrm{N/mm^2}$ 并保持稳定状态后，启动灌浆泵开始灌浆。

(3) 浆体通过排浆观察孔时，应关闭通向真空泵的阀门和真空泵，并开启排浆阀；当排出浆体稠度与进浆一致时，方可关闭排浆阀，并继续灌浆。

(4) 保持灌浆压力不小于 $0.5\mathrm{N/mm^2}$，并稳压 2 ~ 5min 后关闭灌浆泵；待浆体初凝后，方可拆除进浆孔和出浆孔的阀门。

12.5.5　循环智能灌浆

对于跨径 50m 以内的构件，单孔长度小于 55m 的预应力灌浆孔道，可采用一次灌注多孔的循环智能灌浆工艺。

循环智能灌浆工艺流程如图 12-5 所示。

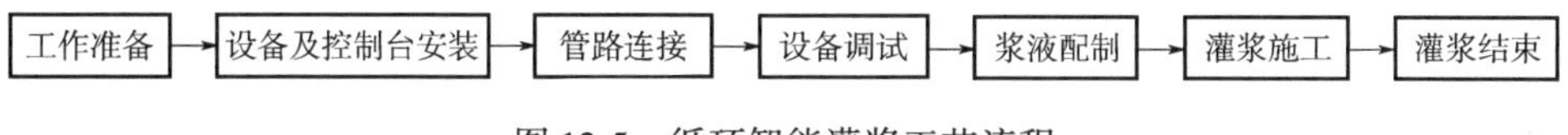

图 12-5　循环智能灌浆工艺流程

智能灌浆应包括以下准备工作：

(1) 检查设备并确保设备完好、配件齐全。

(2) 核对仪器编号，确定待灌浆的构件型号。

(3) 安装灌浆控制系统。

(4) 选择合适的高压胶管，保证管路中不出现堵塞的情况。

(5) 专业技术人员应进行系统通电联调，避免灌浆设备暴晒、雨淋。

设备调试时，应观察进浆、返浆压力，溢流、返浆阀开启状况和温度等各项参数。

灌浆施工前，操作人员应按照预应力专项施工方案输入各项初始灌浆参数，操作和管理人员应关注实时数据采集动态图，质量管理人员必须全过程旁站。灌浆施工前，灌浆台车安装正确，并设置警示标志提醒构件边操作人员注意安全。

灌浆施工用计算机进行控制，必须专机专用，确保计算机运行正常。在灌浆施工过程中，专业技术人员应密切注意智能灌浆设备工作情况。如有异常，应立即中止灌浆，待排除异常情况后，方可继续灌浆。

12.5.6　封锚保护

后张法预应力筋锚固后的外露部分宜采用机械方法切割。预应力筋的外露长度不宜小于其直径的 1.5 倍，且不宜小于 30mm。

锚具封闭保护应符合设计要求；当设计无具体要求时，应符合下列规定：

(1) 凸出或内凹穴模内的锚具应采用与预应力结构构件相同强度等级的细石混凝土或无

收缩防水砂浆封闭保护。

（2）凸出式锚具的保护层厚度不应小于50mm，外露预应力筋的混凝土保护层厚度：处于一类环境时，不应小于20mm；处于二、三类易受腐蚀环境时，不应小于50mm。

（3）锚具封闭前应将周围混凝土界面凿毛并冲洗干净，凸出式锚具封锚应配置钢筋网片。

（4）锚具封闭防护（图12-6）宜采用与构件同强度等级的细石混凝土，也可采用膨胀混凝土、低收缩砂浆等材料。

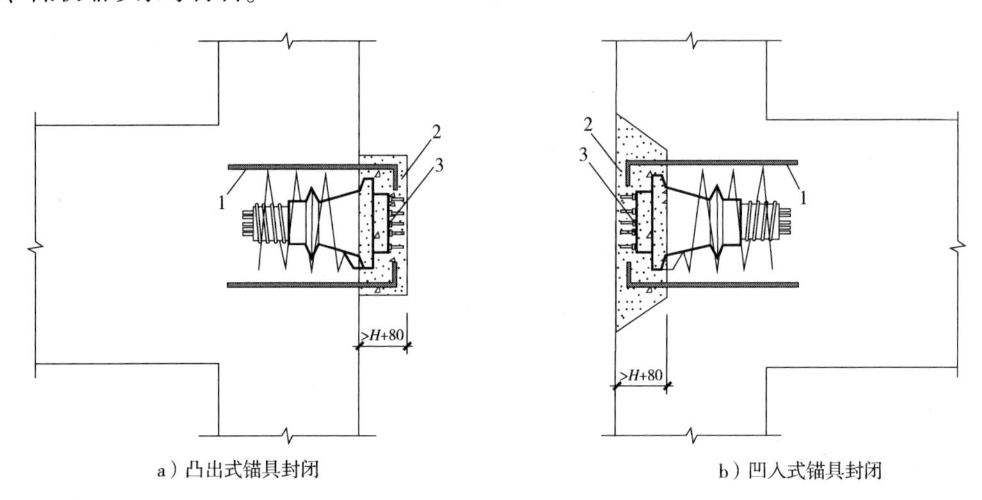

图12-6　锚具封堵构造示意图

1—预留插筋　2—封锚混凝土　3—张拉端

（5）后张无粘结预应力筋锚具封闭前，锚具和夹片应涂专用防腐油脂或环氧树脂，并设置专用封端盖帽封闭。对处于二、三类环境条件下的无粘结预应力筋及其锚固系统，应达到全封闭保护状态。

12.5.7　质量要求

（1）灌浆用浆体的配合比通过实验确定后，施工中不得任意更改。施工现场灌浆作业时，应进行浆体初始流动度试验，每次作业至少测试2次，测试结果应在规定范围内。

（2）灌浆时留取的边长为70.7mm的立方体浆体试块，标准养护28d的抗压强度应不低于40N/mm^2，且不低于本体的混凝土强度。对于后张有粘结预制构件，应在浆体强度达到规定要求后移运和吊装。

（3）孔道灌浆后，应检查孔道高点部位灌浆的密实性；如有空隙，应采取人工重力补浆措施。补浆应采用与灌浆相同的浆体，补浆高度视孔道高差确定，宜采用400~1000mm；补浆应连续、多次进行，直至补浆高度内浆体表面稳定为止。

（4）孔道内的浆体应饱满、密实。当有疑问时，可采取冲击回波仪沿预应力孔道检测灌浆密实情况，也可采取局部凿开或钻孔检查等方法，但不得影响结构安全。

（5）灌浆完成后，应对孔道的灌浆孔、泌水孔或排气孔进行清理封闭。

（6）封锚混凝土或砂浆应密实，表面无可视裂纹。

本章术语释义

序号	术语	含义
1	先张法预应力混凝土构件	在台座上张拉预应力筋后浇筑混凝土，并通过粘结力传递而建立预加应力的混凝土构件
2	后张法预应力混凝土构件	在混凝土达到规定强度后，通过张拉预应力筋并在结构上锚固而建立预加应力的混凝土构件
3	先张法	先在台座或模具上张拉预应力筋并用临时锚具、夹具固定，然后浇筑混凝土，待混凝土达到一定强度后，放松预应力筋，借助预应力筋和混凝土之间的粘结力，对混凝土施加预压应力的施工方法
4	后张法	在混凝土达到一定强度的构件或结构中，张拉预应力筋并用锚具永久固定，使混凝土产生预压应力的施工方法
5	预应力筋	施加预应力用的单根或成束钢丝、钢绞线、螺纹钢筋和钢拉杆的总称
6	有粘结预应力筋	张拉后直接与混凝土粘结或通过灌浆使之与混凝土粘结的一种预应力筋
7	无粘结预应力筋	表面涂防腐油脂并包护套后，与周围混凝土不粘结，靠锚具传递压力给构件或结构的一种预应力筋
8	缓粘结预应力筋	用缓粘结专用粘合剂涂敷和高密度聚乙烯护套包裹的预应力筋
9	缓粘结预应力	通过缓粘结剂的固化实现预应力筋与混凝土之间从无粘结逐渐过渡到有粘结的一种预应力形式
10	缓粘结预应力混凝土结构	配置缓粘结预应力钢绞线并经过张拉建立预加应力的混凝土结构
11	张拉适用期	缓粘结剂从配制到仍适合于预应力钢绞线张拉的时间段
12	无粘结预应力混凝土结构	在混凝土结构构件内或构件外配置无粘结预应力束并通过张拉建立预加应力的混凝土结构
13	体外预应力束	布置在混凝土结构构件截面之外的无粘结预应力筋，仅在锚固区及转向块处与构件相连接，简称体外束
14	体外预应力	由布置在混凝土构件截面之外的后张预应力筋产生的预应力
15	转向块	改变体外预应力束方向的、与混凝土构件相连接的中间支承块
16	锚具	在后张法预应力构件或结构中，用于保持预应力筋的拉力并将其传递到构件或结构上所采用的永久性锚固装置
17	锚固区	从预应力构件或结构端部锚具下的局部高应力扩散到正常压应力的区段
18	张拉控制应力	预应力筋张拉时在张拉端所施加的应力值
19	预应力损失	预应力筋张拉过程中和张拉后，由于材料特性、结构状态和张拉工艺等因素引起的预应力筋应力降低的现象
20	智能张拉	智能张拉是利用计算机控制技术，通过传感器自动测量各项技术数据，并实时数据传输、判断和反馈，从而实现高精度预应力筋张拉的施工工艺

第 13 章

钢结构工程

13.1 施工阶段结构分析

当钢结构工程施工方法或施工顺序对结构的内力和变形产生较大影响，或设计文件有特殊要求时，应进行施工阶段结构分析，并应对施工阶段结构的强度、稳定性和刚度进行验算，其验算结果应满足设计要求。

施工阶段分析的荷载效应组合和荷载分项系数取值，应符合现行国家标准《建筑结构荷载规范》GB 50009 等的有关规定。施工阶段分析结构重要性系数不应小于 0.9，重要的临时支承结构的重要性系数不应小于 1.0。

施工阶段的荷载作用、结构分析模型和基本假定应与实际施工状况相符合。施工阶段的结构宜按静力学方法进行弹性分析。施工阶段的临时支承结构和措施应按施工状况的荷载作用，对结构进行强度、稳定性和刚度验算，对连接节点应进行强度和稳定验算。当临时支承结构作为设备承载结构时，应进行专项设计；当临时支承结构或措施对结构产生较大影响时，应提交原设计单位确认。

临时支承结构的拆除顺序和步骤应通过分析和计算确定，并应编制专项施工方案，必要时应经专家论证。

对吊装状态的构件或结构单元，宜进行强度、稳定性和变形验算，动力系数宜取 1.1 ~ 1.4。

13.2 基础、支承面和预埋件

1. 钢垫板支承

钢柱脚采用钢垫板作支承时，应符合下列规定：

（1）钢垫板面积应根据混凝土抗压强度、柱脚底板承受的荷载和地脚螺栓（锚栓）的紧固拉力计算确定。

（2）垫板应设置在靠近地脚螺栓（锚栓）的柱脚底板加劲板或柱肢下，每根地脚螺栓（锚栓）侧应设 1 ~ 2 组垫板，每组垫板不得多于 5 块（图 13-1）。

（3）垫板与基础面和柱底面的接触应平整、紧密。当采用成对斜垫板时，其叠合长度不应小于垫板长度的 2/3。

（4）柱底二次浇灌混凝土前垫板间应焊接固定。

2. 调节螺母支承

钢柱脚采用调节螺母作支承时，可利用柱底螺母和垫片调节标高（图 13-2），并应符合下列规定：

（1）螺母垫片的面标高应为钢柱底板的底标高。

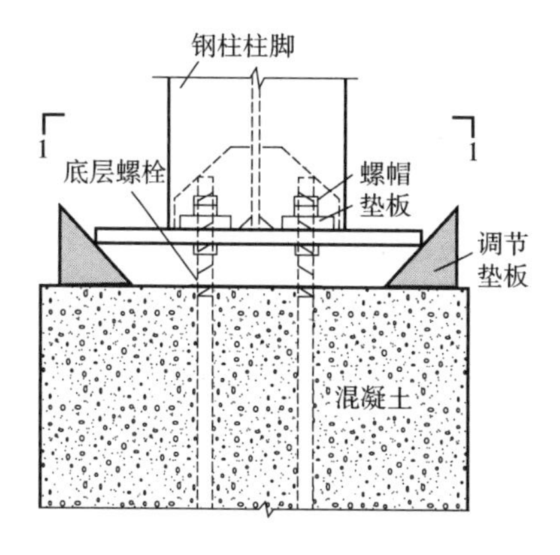

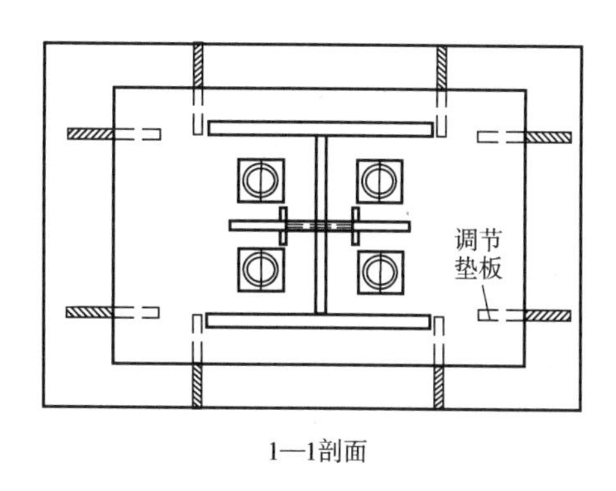

图 13-1 柱脚钢垫板示意图

（2）钢柱或钢柱底板安装就位后应复测底板或钢柱的定位轴线与垂直度，可通过微调底板下螺母调整偏差。

（3）底板面上的螺母应在底板或钢柱复测完成后拧紧，钢柱临时固定完成后应采用无收缩砂浆灌实柱底。

3. 地脚螺栓（锚栓）**及预埋件支承**

地脚螺栓（锚栓）及预埋件安装应符合下列规定：

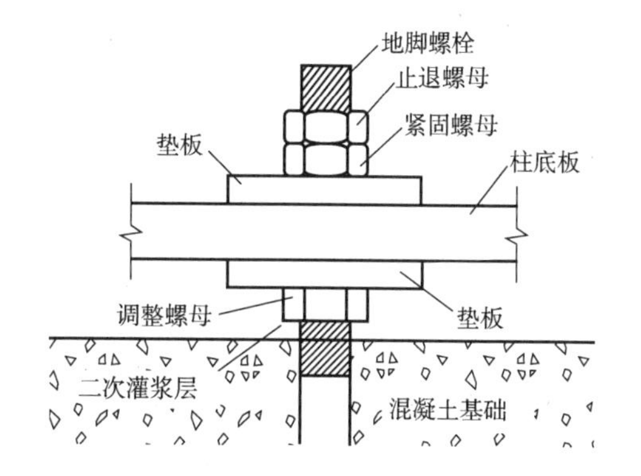

图 13-2 柱脚底板标高精确调整示意图

（1）地脚螺栓及预埋件安装宜采用定位支架、定位板等辅助固定措施，如图 13-3 所示。

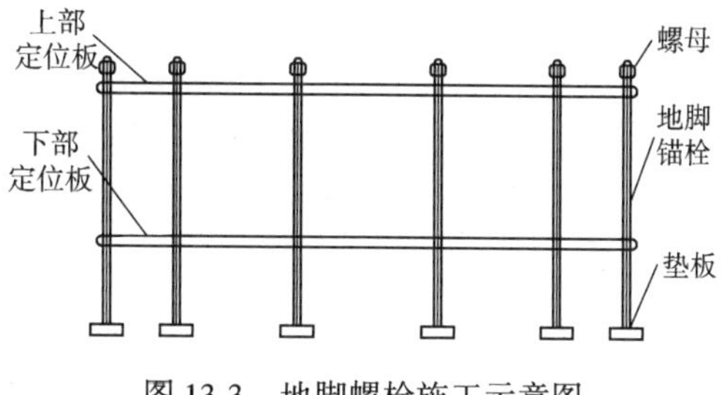

图 13-3 地脚螺栓施工示意图

（2）地脚螺栓（锚栓）和预埋件安装到位后，应可靠固定；当埋设精度较高时，可采用预留孔洞、二次埋设等工艺。

（3）地脚螺栓（锚栓）应采取防止损坏、锈蚀和污染的保护措施。

（4）钢柱地脚螺栓（锚栓）紧固后，应采取防止螺母松动和锈蚀的措施。

（5）当地脚螺栓需要施加预应力时，可采用后张拉方法，张拉力应符合设计文件的要求，并应在张拉完成后进行灌浆处理。

13.3 起重设备和吊具

13.3.1 一般规定

钢结构安装宜采用塔式起重机、履带式起重机、汽车起重机等标准起重设备。选用非标准起重设备时，应先进行产品检验和调试，并经过专项验收后使用。

起重设备的选型应根据起重设备性能、结构特点、现场环境、作业效率等因素综合确定，钢结构吊装作业必须在起重设备的额定起重量范围内进行。

当构件重量超过单台起重设备的额定起重量范围，可采用双机抬吊的方式吊装，并应符合下列规定：

(1) 吊装作业应进行安全验算并采取安全措施，应有经批准的抬吊作业专项方案。

(2) 起重设备应进行合理的负荷分配。构件重量不得超过两台起重设备额定起重量总和的75%，单台起重设备的负荷量不得超过额定起重量的80%。

(3) 吊装操作时应保持两台起重设备升降和移动同步，两台起重设备的吊钩、滑车组均应保持垂直状态。

13.3.2 起重设备选择

钢结构施工起重设备应依据结构体系类型、体量、构件的几何尺寸和重量等因素，参考表13-1的原则进行选用。

表13-1 钢结构施工起重设备选择原则

序号	结构体系	起重设备选择原则
1	多层及高层钢结构	(1) 高度不大于250m的高层钢结构宜选用附着式塔式起重机；高度大于250m的高层钢结构宜选用爬升式塔式起重机 (2) 塔式起重机的起重性能应能满足施工工况要求 (3) 附着式塔式起重机应根据塔身的最高高度选用；爬升式塔式起重机应根据爬升所需最小空间尺寸及塔身悬臂的最大高度选用，并应按照土建模架体系与爬升式塔式起重机的搭接顺序确定起重机的爬距 (4) 起重设备的数量应根据起重机吊钩的升降速度，通过测算施工效率进行配置 (5) 选择起重设备前应踏勘现场，了解施工环境，塔式起重机回转半径内应无障碍物限制
2	大跨度空间钢结构	(1) 可根据结构特点及施工要求选用履带式起重机、汽车式起重机、行走式塔式起重机以及门式起重机等起重设备 (2) 行走式塔式起重机和门式起重机的行走轨道可采用直轨道或弯轨道

当选择塔式起重机时，其位置的选择应符合下列要求：

(1) 塔式起重机应布置在便于现场组织施工，对下道工序影响最小的部位。

(2) 塔式起重机应布置在施工阶段结构刚度相对较大的部位。

(3) 塔式起重机应布置在吊装构件最有利的位置，避免产生吊装死角。

(4) 当布置多台塔式起重机时，应防止相互干涉。

(5) 布置位置应便于塔式起重机的安装和拆除。

13.3.3 吊具的选用

吊具的选用应符合下列规定：

(1) 吊装索具可选用钢丝绳、吊装带或吊链，对于构件表面有外观保护要求的，可优先选用吊装带。

(2) 吊装索具固定可采用捆扎固定法、夹具固定法、吊耳固定法等方式。对于重型构件，宜采用焊接吊耳或工具式吊耳固定。

钢丝绳的直径应按钢丝绳所要求的安全系数选择，钢丝绳最小安全系数应参见表13-2，所选钢丝绳的承载力应按下式计算：

$$S_{max} \leqslant S_p/n \tag{13-1}$$

式中 S_{max}——钢丝绳承载力（kN）；

S_p——钢丝绳破断力（kN）；

n——钢丝绳最小安全系数，应按表 13-2 取值。

表 13-2　钢丝绳最小安全系数

<table>
<tr><th>类型</th><th colspan="2">特性和使用范围</th><th>最小安全系数</th></tr>
<tr><td rowspan="3">臂架式起重机</td><td rowspan="3">机构的工作级别</td><td>M1 ~ M3</td><td>4</td></tr>
<tr><td>M4</td><td>4.5</td></tr>
<tr><td>M5</td><td>5</td></tr>
<tr><td rowspan="3">各种用途的钢丝绳</td><td colspan="2">缆风绳</td><td>4</td></tr>
<tr><td colspan="2">捆绑构件</td><td>8 ~ 9</td></tr>
<tr><td colspan="2">绳索</td><td>6 ~ 8</td></tr>
</table>

（3）当钢丝绳中一股出现多丝折断时，应立即报废；当整根钢丝绳纤维芯被挤出时，应立即报废。

（4）使用钢丝绳夹时，应把绳夹的夹座扣在钢丝绳的工作段上，U 形螺栓扣在钢丝绳的尾段上。钢丝绳夹不得在钢丝绳上交替布置。钢丝绳夹之间的距离宜取 6 ~ 7 倍钢丝绳直径。

（5）对于封闭式吊索，采用编结固接时，编结长度不宜小于钢丝绳直径的 30 倍；对于开口式吊索，采用编结固接时，编结长度不宜大于钢丝绳直径的 25 倍。

（6）选用特殊吊具时，应先进行设计和试验，在经过专项验收后使用。

（7）施工详图设计时应根据构件安装中选用的吊具，设计相匹配的吊点构造形式。

13.4　构件安装

13.4.1　一般规定

构件分段应结合工厂制作、现场安装工艺及运输方案确定，并在工厂预先设置吊装耳板或吊装孔。钢结构安装现场宜设置专门的构件堆场，并应采取防止构件变形及表面污染的保护措施。

构件吊装的吊点设置应符合下列规定：

（1）构件吊装前，应根据构件的外形、重量、安装现场条件等确定吊点位置及形式，验算构件起吊过程的稳定性，并应根据计算结果采取防止构件失稳的临时措施。

（2）构件的吊点应设置在重心位置的上方。

钢结构安装前应完成的和进行的工艺试验或工艺评定见表 13-3。

表 13-3　构件吊装前准备工作内容

项目	具体要求
准备工作	（1）钢结构构件出厂应进行检查，并应有合格证 （2）运送至现场的钢构件应进行复检，应按照构件明细表核对进场构件的规格、品种和数量，并应依照安装顺序运到安装范围内 （3）安装前应复核工厂预拼装小拼单元的质量验收合格证明书 （4）安装前应去除接头上的污垢和铁锈 （5）安装前应在钢柱的底部和上部标出两个方向的轴线，并应在柱身的四面分别标出中线或安装线，在钢柱底部标出标高基准线，弹线允许误差为 ±1mm

（续）

项目	具体要求
工艺试验或工艺评定	（1）焊接工艺评定 （2）高强度螺栓连接副摩擦面及扭矩系数或轴力复试 （3）焊接材料复验 （4）特殊构件的安装技术及施工用设备改装调试工艺

后安装构件应根据设计文件或吊装工况的要求进行安装，其加工长度宜根据现场实际测量数据确定；当后安装构件与已完成结构采用焊接连接时，应采取减少焊接变形和焊接残余应力的措施。

13.4.2 施工工艺

1. 钢柱安装

钢柱安装应满足下列要求：

（1）柱脚安装时，地脚螺栓（锚栓）宜使用导入器或护套。

（2）首节钢柱安装后应进行垂直度、标高和轴线位置校正，钢柱的垂直度可采用经纬仪或线锤测量；校正合格后钢柱应可靠固定，并应进行柱底二次灌浆，灌浆前应清除柱底板与基础面间的杂物。

（3）首节以上的钢柱两端应设置临时固定用的连接板，并采用安装螺栓与连接板作临时固定。

（4）钢柱起吊可采取双机抬吊法或单机旋转回直法；钢柱起吊时，必须垂直，吊点数量通过计算确定。

图13-4所示为圆管钢柱吊装示意图，使用钢柱上端的连接耳板作为吊点。

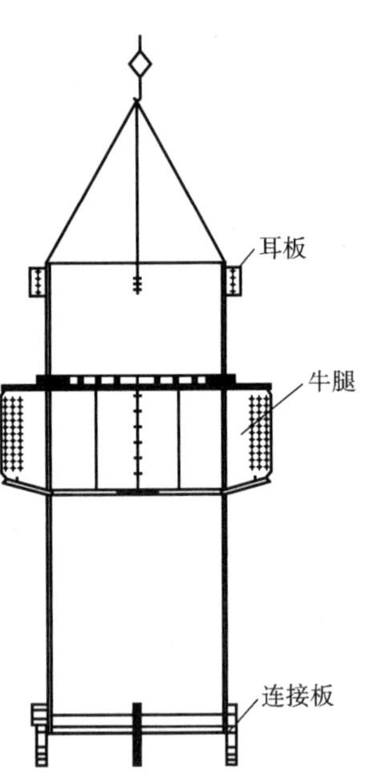

图13-4　圆管钢柱吊装示意图

（5）首节以上的钢柱定位轴线应从地面控制轴线直接引上，不得从下层柱的轴线引上；钢柱校正垂直度时，应确定钢梁接头焊接的收缩量，并应预留焊缝收缩变形值。

（6）倾斜钢柱可采用三维坐标测量法进行测校，也可采用柱顶投影点结合标高的方法进行测校，校正合格后宜采用刚性支撑固定。

2. 钢梁安装

钢梁安装应满足下列要求：

（1）钢梁宜采用两点起吊，吊点位置应符合表13-4的规定；当单根钢梁长度大于21m，且采用两点吊装。不能满足构件强度和变形要求时，宜设置3～4个吊装点吊装或采用平衡梁吊装，吊点位置应通过计算确定。

表13-4　钢梁的吊点位置

L/m	A/m
$15<L\leq21$	2.5
$10<L\leq15$	2.0
$5<L\leq10$	1.5
$L\leq5$	1.0

注：L为梁的长度；A为吊点至梁中心的距离。

（2）吊索与钢梁连接宜选用下列方式：

1）使用捆扎法时，应在钢丝绳与钢梁的棱角处采取保护措施。

2）使用专用吊具。

3）钢梁上预设吊装连接板和吊点。吊点可采用吊装孔或吊耳，图 13-5 所示为采用吊耳的方式。吊点到端头距离宜为总长的 1/4。

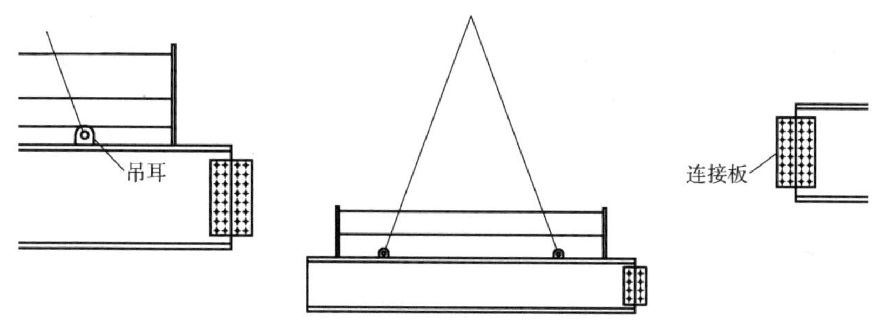

图 13-5　钢梁吊耳设置

4）钢梁吊装前应安装安全立杆，以便于施工人员行走时挂设安全带。

（3）钢梁可采用一机一吊或一机串吊的方式吊装，就位后应立即采用与永久螺栓同直径的安装螺栓作临时固定连接，安装螺栓的数量不应小于永久螺栓总量的 1/3，且不应少于 2 个。临时固定完成后，应拆除索具。

（4）钢梁面的标高及两端高差可采用水准仪与标尺进行测量，校正完成后应进行永久性连接。

3. 其他构件安装

其他构件安装应满足表 13-5 的要求。

表 13-5　其他构件吊装要求

构件类型	吊装要求
桁架	（1）桁架安装前应编制专项方案 （2）桁架应在工厂进行实物或计算机模拟预拼装，消除加工偏差 （3）桁架可采取整体或分段吊装，分段吊装时应设置临时支撑，并经计算复核 （4）现场接头宜采用焊接、栓接相结合的连接形式 （5）安装前应检查复核桁架牛腿、埋件及相连构件尺寸和位置 （6）桁架安装宜采用单机吊装，采用双机抬吊应按审批后的专项施工方案实施 （7）桁架宜采取对称、由下至上的吊装顺序，校正后临时固定。待整个桁架层安装完成后，应进行焊接或螺栓终拧
钢板剪力墙	（1）钢板剪力墙起扳和吊装时应防止平面外变形 （2）钢板剪力墙应进行分段安装，分段位置及尺寸精度应满足设计要求。劲性剪力墙中的钢板应根据土建施工工艺进行专项构造设计 （3）焊接时应采取防止焊接变形的措施 （4）钢板剪力墙的安装顺序应满足设计文件的要求
屋架	（1）钢屋架可采用整榀或分段安装 （2）钢屋架应在起扳和吊装过程中采取防止产生变形的措施 （3）单榀钢屋架安装时应采用缆绳或刚性支撑增加侧向临时约束
支座	（1）支座应采用专门的工具进行吊装和安装 （2）支座总成不宜解体安装，就位后应采取临时固定措施 （3）支座安装及锁定顺序应符合设计文件或施工阶段结构分析的要求 （4）支座安装完毕后应进行成品保护

（续）

构件类型	吊装要求
钢铸件或铸钢节点	（1）出厂时应标识清晰的安装基准标记 （2）现场焊接应严格按焊接工艺专项方案施焊和检验
支撑安装	（1）交叉支撑宜按照从下到上的顺序组合吊装 （2）无特殊规定时，支撑构件的校正宜在相邻结构校正固定后进行

13.5 单层钢结构安装

单层钢结构安装施工工艺流程见图 13-6。

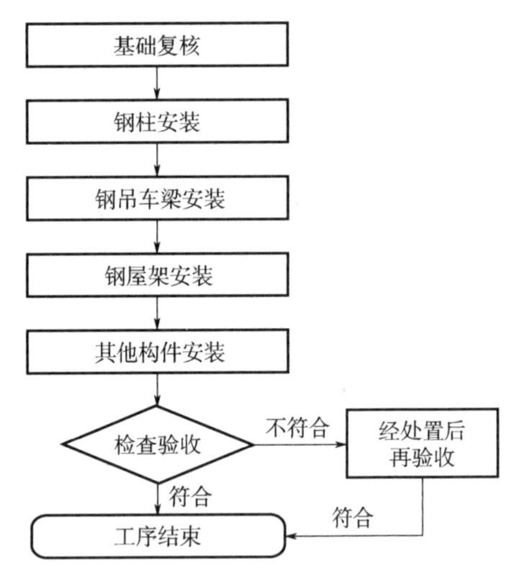

图 13-6 单层钢结构安装施工工艺流程

13.5.1 基础复核

基础复核应遵循下列规定：

（1）复核基础和螺栓的轴线、标高。对超出规范要求的，必须采取相应的补救措施。

（2）检查地脚螺栓外露部分的情况，若有弯曲变形、螺牙损坏的螺栓，必须对其修正。

（3）将柱子就位轴线弹在柱基表面。

（4）对柱基标高进行找平，要求如下：

1）当采用钢垫板做支承板时，垫板与基础面和柱底面的接触应平整、紧密。

2）采用坐浆支承板时应采用无收缩砂浆，砂浆的强度应高于基础混凝土强度一个等级，且砂浆垫块应有足够的面积以满足承载的要求。

13.5.2 钢柱安装

钢柱的安装应符合下列规定：

（1）钢柱吊装时一般采用一点吊装法。常用的钢柱吊装法有旋转法、递送法和滑行法。对于重型钢柱可采用双机抬吊。

（2）杯口柱吊装工艺应符合下列规定：

1）在吊装前先将杯底清理干净。

2）操作人员在钢柱吊至杯口上方后，稳住柱脚并将其插入杯口。

3）在柱子降至接近杯底时停止落钩，撬动柱子底端，使其中线对准杯底中线，然后缓慢将柱子落至底部。

4）校正钢柱平面位置、垂直度、标高，并作临时固定。

5）按设计要求进行柱脚永久固定。

（3）双机抬吊应注意的事项有：

1）尽量选用同类型起重机。

2）根据起重机能力，对起吊点进行荷载分配。各起重机的荷载不得超过其起重能力的 80%。

3）在操作过程中，起重机要互相配合，动作协调，听从指挥。

（4）钢柱的校正应符合下列规定：

1）柱基标高调整：根据钢柱实际长度、柱底平整度及钢牛腿顶部距柱底部距离调整，要保证钢牛腿顶部标高值，以此来控制基础找平标高。

2）平面位置校正：在起重机不脱钩的情况下将柱底定位线与基础定位轴线对准缓慢落至标高位置。

3）钢柱校正：优先采用缆风绳校正（图 13-7），同时柱脚底板与基础间间隙垫上垫铁，对于不便采用缆风绳校正的钢柱可采用可调撑杆校正。

13.5.3　钢吊车梁安装

钢吊车梁的安装应符合下列规定：

（1）钢吊车梁的安装宜采用工具式吊耳或捆绑法进行吊装。安装前应将吊车梁的分中标记引至吊车梁的端头，以利于吊装时按柱牛腿的定位轴线临时定位。

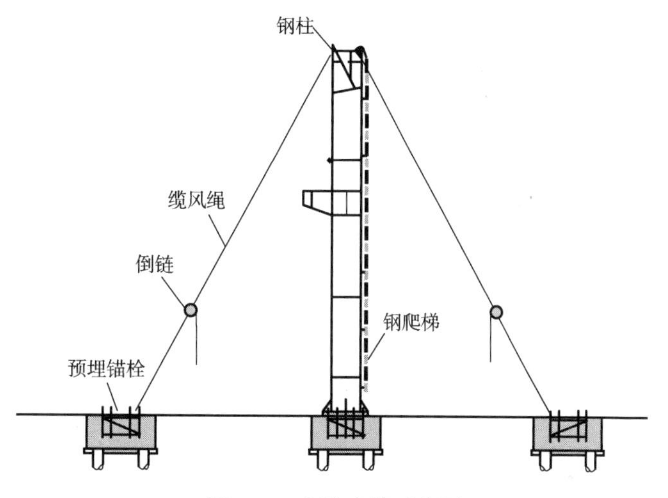

图 13-7　钢柱安装示意图

（2）吊车梁的校正包括标高调整、纵横轴线和垂直度的调整。注意钢吊车梁的校正必须在结构形成刚度单元以后才能进行，要求如下：

1）用经纬仪将柱子轴线投到吊车梁牛腿面，据图纸计算出吊车梁中心线到该轴线的理论长度。

2）从每根吊车梁梁侧引出两点，用钢尺和经纬仪校核这两点到柱子轴线的距离，看是否相等，以此对吊车梁纵轴进行校正。

3）吊车梁纵横轴线误差符合要求后，复查吊车梁跨度。

4）吊车梁的标高和垂直度的校正可通过对钢垫板的高度调整来实现。

5）吊车梁的垂直度的校正应和吊车梁轴线的校正同时进行。

13.5.4　钢屋架安装

钢屋架安装工艺应符合下列规定：

（1）钢屋架的侧向刚度较差，吊装前需要进行稳定性验算，稳定性不足时应编制专项加固方案设计，钢屋架加固应针对稳定性不足的杆件进行。

（2）钢屋架吊装时的注意事项有：

1）绑扎时必须绑扎在屋架节点上，以防止钢屋架在吊点处发生变形。绑扎节点的选择应符合规范要求或经设计计算确定。

2）屋架吊装就位时应以屋架下弦两端的定位标记和柱顶的轴线标记严格定位并点焊加以临时固定。

3）第一榀屋架吊装就位后，应在屋架上弦两侧对称设缆风绳固定，当设计有抗风柱时可与抗风柱连接固定，第二榀屋架就位后，每坡用一个屋架校正器，进行屋架垂直度校正，再固定两端支座处并安装屋架间水平及垂直支撑。

4）钢屋架垂直度的校正：用线坠校正，在屋架的同一侧三分之一跨度位置处分别吊一根线坠，尺量线坠垂线到屋架上下弦间的距离，同一根垂线距离相等则屋架垂直，可用经纬仪校正。

13.5.5 钢桁架安装

平面钢桁架的安装应符合下列规定：

（1）平面钢桁架的安装方法有单榀吊装法、组合吊装法、整体吊装法、顶升法等。钢桁架的侧向稳定性较差，在条件允许的情况下宜采用经扩大拼装后进行组合吊装，即在地面上将两榀桁架及其上的天窗架、檩条、支撑等拼装成整体，再进行吊装。

（2）桁架临时固定如需用临时螺栓和冲钉，则每个节点应穿入的数量必须经过计算确定，并应符合下列规定：

1）不得少于安装孔总数的1/3。

2）至少应穿两个临时螺栓。

3）冲钉穿入数量不宜多于临时螺栓的30%。

4）扩钻后的螺栓的孔不得使用冲钉。

（3）钢桁架的校正方式同钢屋架的校正方式。

（4）预应力钢桁架的安装步骤应符合下列规定：

1）钢桁架现场拼装。

2）在钢桁架下弦安装张拉锚固点。

3）对钢桁架进行张拉。

4）对钢桁架进行吊装。

（5）预应力钢桁架安装时的注意事项有：

1）受施工条件限制，预应力筋不可能紧贴桁架下弦，但应尽量靠近桁架下弦。

2）在张拉时为防止桁架下弦失稳，应经过计算后按实际情况在桁架下弦加设固定隔板。

3）在吊装时应注意不得碰撞张拉筋。

13.5.6 天窗架安装

天窗架安装应符合下列规定：

（1）天窗架吊装时应用方木或型钢夹具加固，以保证其平面刚度和正确的外形尺寸。

（2）天窗架安装后不仅要保证立柱的垂直度，而且要保证同一跨度内每侧各天窗架立柱在同一直线上。

（3）第一榀起吊就位后用缆风绳和撑木作临时固定和校正，第二榀以后的天窗架，可用校正器临时固定和校正。

（4）天窗架的全部支撑（包括垂直支撑、上弦支撑、上档、侧板）应与天窗架同时吊装，不可留至后面补装，要特别注意保证最初两榀（有垂直支撑的节间）天窗架的安装质量。

13.5.7　门式刚架安装

门式刚架安装应符合下列规定：

（1）构件安装从一端有满支撑节间开始，向另一端推进，吊车站位于跨内。钢柱采用单点直吊，分段钢梁在地面拼成整体，两点或多点绑扎整体吊装（图13-8）。每根钢柱安装并初步固定后，沿与跨度垂直方向用两只手拉葫芦固定，并调整垂直度。在节点连接后即可进行高强度螺栓初拧，整榀刚架调整垂直度、直线度、标高后方可终拧。

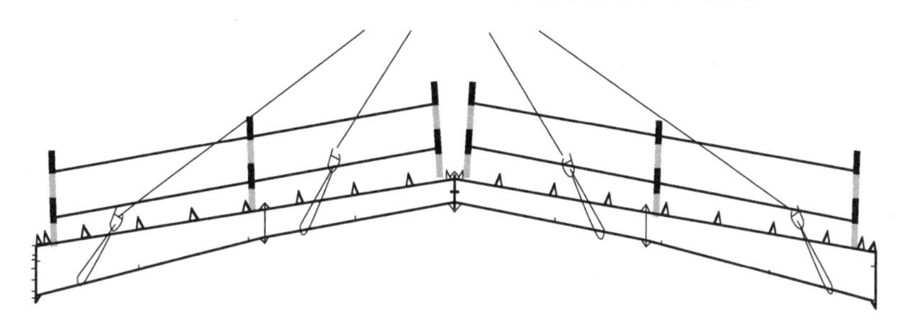

图13-8　钢梁整体吊装示意图（四点吊装）

（2）两榀刚架安装定位后即可安装本节间的支撑、檩条、墙梁。安装顺序为柱顶系杆、柱间支撑、屋面支撑、墙及屋面檩条。所有檩条墙梁、支撑的螺栓均应在校准后再进行拧紧。拧紧程度以不将构件拉弯为原则。

13.6　多层与高层钢结构安装

13.6.1　一般规定

（1）钢结构堆场或中转堆场的选址应符合下列要求：

1）堆场宜靠近工程现场，应满足运输车辆的要求。

2）场地应平整，并应有电源、水源和排水管道，堆场的面积应满足工程进度的需要。

3）钢构件堆场应在吊机半径范围内，宜布置专用的构件卸料吊机。

（2）采用2台或2台以上的塔式起重机施工时，应按其不同的起重半径划分各自的施工区域。

13.6.2　施工工艺

1. 流水作业安排

结构安装宜以每节钢柱形成的框架为单位，划分多个流水作业段，并应符合下列规定：

（1）吊装机械的起重性能应满足流水段内的最重构件的吊装要求。

（2）塔式起重机爬升高度应满足下一节流水段的构件起吊高度。

（3）每节流水段内的柱长度应根据工厂加工、运输堆放、现场吊装等因素确定，长度宜取2~3个楼层高度，分节位置宜在梁顶标高以上1.0~1.3m处。

（4）流水段的划分应与土建施工相适应。

（5）每节流水段可根据结构特点和现场条件在平面上划分流水区进行施工。

（6）特殊流水区的划分应符合设计文件的要求。

2. 标准节框架安装

标准节框架的安装宜采用节间综合安装法和按构件分类的大流水安装法，并应符合下列规定：

(1) 框架吊装时，可采用整个流水段内先柱后梁或局部先柱后梁的顺序，并应先组成主框架；应避免单柱长时间处于悬臂状态。

(2) 钢筋桁架楼承板安装宜落后框架一个节段。

(3) 特殊流水作业段内的吊装顺序应按安装工艺确定，并应满足设计文件的要求。

3. 伸臂桁架施工

带伸臂桁架的高层钢结构，其伸臂桁架的斜腹杆应采用先就位后终固的安装顺序，并应满足下列要求：

(1) 伸臂桁架的终固施工应满足设计文件要求。

(2) 伸臂桁架就位时，斜腹杆的连接节点应具有一定的自由伸缩行程，伸缩行程量应满足设计要求。

4. 高层结构测量

高层、超高层钢结构安装的测量校正应按流水段进行，并应符合下列规定：

(1) 每节钢柱的控制轴线应从基准控制轴线的转点引测，不得从下层柱的轴线引出。

(2) 钢结构安装时，应分析日照、焊接等因素可能引起的构件伸缩或变形，并应采取相应措施。安装过程中，宜对下列项目进行观测，并作记录：

1) 柱、梁焊接收缩引起柱身垂直度偏差值。

2) 钢柱受日照温差、风力影响的变形。

3) 塔式起重机附着或爬升对结构垂直度的影响。

(3) 主体结构整体垂直度的允许偏差应为 $H/2500+10$mm（H 为高度），但不应大于 50.0mm；整体平面弯曲允许偏差应为 $L/1500$（L 为宽度），且不应大于 25.0mm；对于体型复杂的结构体系，应由建设、设计、监理、施工等有关单位共同讨论确定允许偏差值。

(4) 高度在 150m 以上的建筑钢结构，整体垂直度宜采用全球卫星定位系统或相应方法进行测量复核。

5. 钢柱校正

钢柱的校正应符合下列要求：

(1) 钢柱的测量校正仪器宜采用激光经纬仪或高精度的经纬仪。

(2) 钢柱的测量校正工具宜采用钢丝绳缆索、千斤顶、钢楔、倒链等。

(3) 应在全部柱测量校正完毕并填写校正记录后，终拧柱与柱、柱与梁之间的高强度螺栓。

6. 斜柱校正

斜柱的校正应符合下列要求：

(1) 在下节立柱的顶部和上节底部对应位置应分别划线。

(2) 倾斜钢柱柱顶空间位置应采用全站仪坐标法测控。

(3) 校正完成后应复核钢柱相应连接牛腿位置及钢柱的扭转偏差。

7. 标高调整

标高调整应符合下列要求：

(1) 对于高度不超过 300m 的高层钢结构，每安装一节钢柱后，应对柱顶作一次标高实测，标高偏差值超过 5mm 时应进行调整，调整应符合下列规定：

1）一次调整不宜超过 5mm。

2）钢柱的截短、填板的制作，应在制作厂内完成。

3）安装时柱顶标高宜控制在负公差内。

（2）对于高度超过 300m 的高层钢结构，应考虑结构竖向压缩变形，并根据结构特点及影响程度对钢柱标高进行标高补偿，补偿值应通过设计计算确定。

8. 水平变形控制

对于立面呈倾斜或扭曲形式的不规则高层钢结构，结构在竖向荷载作用下产生的水平变形较大时，应进行平面内变形控制，水平预变形量值应通过设计计算确定。

13.7 大跨度钢结构安装

13.7.1 一般规定

（1）大跨度空间钢结构可采用高空散装法、分条分块吊装法、滑移法、单元或整体提升（顶升）法、整体吊装法、折叠展开式整体提升法、高空悬拼安装法等。在满足质量和安全的前提下，应根据结构受力和构造特点、施工技术条件，综合确定安装方法。

（2）在进行形式复杂的大跨度空间结构施工前，施工单位应会同设计单位进行安装全过程施工验算。

（3）大跨度钢结构宜在工厂进行整体预拼装或单元节间试拼装，现场安装宜采取大流水节拍施工。

（4）采用吊装、提升或顶升的安装方法时，吊点或支点的位置、数量应符合下列规定：

1）施工阶段的结构受力状况应与使用阶段接近。

2）吊点或支点的最大负载不应大于起重设备的负荷能力。

3）各起重设备的负荷能力应接近。

4）吊装（提升）单元的变形应在允许范围之内。

（5）采用整体顶升法、整体滑移法、整体提升法施工时，结构上升或落位的瞬间应严格控制其加速度。

（6）大跨度空间钢结构施工应分析环境温度变化对结构的影响，并应根据分析结果选取适当的时间段和环境温度进行结构合拢施工。设计对合拢温度有要求时，合拢温度应满足设计要求。

（7）有特殊施工要求的重要空间格构结构，应对施工期间发生最不利内力的永久结构和临时支撑进行应力和位移监测，并形成监测报告。

（8）大跨度空间钢结构在安装过程中应设置合理的临时支撑体系，并应通过计算分析，确定卸载方案和合理的拆除临时支撑的顺序和步骤。

13.7.2 施工工艺

1. 拼装施工

拼装施工应符合下列规定：

（1）复杂的焊接桁架结构拼装宜以平面段形式在专用胎架上进行，焊接工作量大的节点可单独先行组装焊接，然后将已交验的平面段在总装胎架上进行总装合拢。

(2) 施焊应按照焊接工艺进行，焊接工艺应明确环境温度、焊接方法、焊接顺序和焊接工艺参数。

(3) 施焊时，宜先焊接下弦节点，再焊接上弦节点；同一杆件严禁两端同时施焊。

(4) 复杂的螺栓球节点网架结构拼装过程中杆件应始终处于非受力状态，严禁强行就位。螺栓不宜一次拧紧，应沿建筑物纵向、横向安装一排或两排结构单元，经测量无误后将螺栓球节点全部拧紧到位。

2. 安装方法

大跨度钢结构安装常用方法及施工要点见表13-6。

表13-6 大跨度钢结构安装常用方法及施工要点

安装方法	施工要点
高空散装法	(1) 采用小单元或杆件直接在高空拼装时，其安装顺序应能保证拼装精度，减少累积误差。悬挑法施工时，应先拼装成可承受自重的稳定结构体系，然后逐步扩展 (2) 临时支撑的支承点应设在下弦节点处。支撑及主体结构的承载力和稳定性应经过验算，并满足地基承载力要求，同时应在支撑上设置可调节标高的装置
吊装法（分块或整体）	(1) 结构吊装宜采用起重机吊装就位 (2) 起重机的行走道路应满足承载力要求 (3) 将结构分为若干单元吊装时，临时支撑的设置及拆除过程应符合专项施工方案的要求 (4) 结构单元应具有足够刚度和几何尺寸稳定性 (5) 多点吊装时，应保证各吊点同步起升及下降
高空滑移法	(1) 高空滑移施工可采用牵引或顶推的施工工艺 (2) 顶推施工可在永久结构上设置临时反力支座，也可直接放置自平衡顶推装置 (3) 施工前应对滑移工况进行分析，强度不足时应采取加固措施 (4) 滑轨可固定于梁顶面的预埋件、地面或楼面上，滑轨与预埋件、地面、楼面的连接应牢固可靠，轨道铺设区域内应平滑过渡。当结构或工作平台的支座板直接在滑轨上滑移时，其两端应做成圆倒角，滑轨两侧应无障碍 (5) 滑移可采用滑动或滚动方法，可采用卷扬机、电动葫芦或液压千斤顶等动力装置
提升法	(1) 提升吊点及支承位置应根据被提升结构的变形控制和受力分析确定，并应根据各吊点处的反力值选择提升设备和设计（或验算）支承柱 (2) 提升设备宜根据结构特点布置在结构支承柱顶部，也可设置在临时支撑柱顶 (3) 当采用液压千斤顶提升时，各提升点的额定负荷能力应不小于使用负荷能力的1.25倍，宜为使用负荷能力的1.5倍以上 (4) 结构提升时应控制各提升点之间的高度偏差，使其提升过程偏差在允许范围内
顶升法	(1) 顶升时应使被顶升结构具有足够的刚度 (2) 顶升时宜利用结构柱作为顶升时的支承结构，也可在其附近设置临时顶升支架 (3) 顶升用的支承柱或临时支撑上的缀板间距应为千斤顶使用行程的整数倍，其标高偏差不应大于5mm (4) 顶升千斤顶可采用丝杠千斤顶或液压千斤顶，其使用负荷能力应根据额定负荷能力和折减系数确定 (5) 顶升时各顶升点的升差值应控制在允许范围内 (6) 千斤顶或千斤顶合力的中心应与柱轴线对准，其允许偏移值不应大于5mm；千斤顶应保持垂直 (7) 顶升前及顶升过程中，结构支座中心对柱基准轴线的水平偏移值不应大于柱截面短边尺寸的1/50及柱高的1/500

（续）

安装方法	施工要点
折叠展开法	（1）各分块结构在提升至设计高度附近时，结构接近瞬变状态，必须采取有效措施防止结构发生瞬变 （2）各分块结构提升时，可动铰应共线，各铰轴应平行，各提升点的升差值应控制在允许范围内 （3）对提升过程进行监测时，监测内容应包括提升点高差、分块结构水平偏移值、提升架垂直度以及液压千斤顶压力值等 （4）各分块结构在提升过程中应对其稳定性进行验算
索（预应力）结构	（1）索（预应力）结构施工前应检查钢索、锚具及零配件的出厂报告、产品质量保证书、检测报告，以及对索的品种、规格、色泽、数量等进行验收 （2）索（预应力）结构施工张拉前，应按专项施工方案进行施工阶段结构分析，并应确定张拉顺序 （3）索（预应力）结构施工张拉前，应进行钢结构分项验收，验收合格后才可进行预应力张拉施工 （4）索（预应力）张拉应符合分阶段、分级、对称、缓慢匀速、同步加载的原则，并应根据结构和材料特点确定张拉要求 （5）索（预应力）结构宜进行索力和结构变形监测，监测应符合专项施工方案要求

13.8 高耸钢结构安装

13.8.1 一般规定

（1）高耸钢结构的安装可采用高空散件流水安装法、高空分块流水安装法、整体起扳安装法、整体提升（顶升）安装法等。

（2）高耸钢结构安装机械可选择桅杆、地面起重机、塔式起重机（附着自升式、内爬式）或专用的双臂抱杆等。

（3）高耸钢结构安装中应采取控制构件变形和温度效应的措施，确保施工过程结构安全及最终形态。

（4）高耸钢结构的施工控制网宜在地面布设成田字形、圆形或辐射形，并应符合下列规定：

1）由平面控制点投测到上部直接测定施工轴线点，应采用不同测量法校核，其测量允许误差为 4mm。

2）高耸钢结构标高低于 100m 时，宜在塔身中心点设置铅垂仪；标高为 100 ~ 200m 时，宜设置四台铅垂仪；标高为 200m 以上时，宜设置包括塔身中心点在内的五台铅垂仪。铅垂仪的点位应从塔的轴线点上直接测定，并应用不同的测设方法进行校核。

3）高耸钢结构施工到 100m 高度时，宜进行日照变形观测，并绘制出日照变形曲线，列出最小日照变形区间。

4）高度在 150m 以上的高耸钢结构，整体垂直度宜采用全球卫星定位系统进行测量复核。

13.8.2 施工工艺

高耸钢结构常用安装方法及施工要点见表 13-7。

表 13-7　高耸钢结构常用安装方法及施工要点

安装方法	施工要点
高空散件（分块）流水安装	（1）散件安装应按由下至上的顺序流水作业 （2）高空安装应在下部已安装构件形成稳定、安全的结构后，再往上安装
整体起扳安装	（1）安装前应对整体起扳过程中结构的不同施工倾斜角度或结构倾斜状态进行结构分析验算 （2）各起扳作用点数量及位置应通过计算确定，强度和稳定性不足时应进行加固处理 （3）起扳系统应专门设计，施工前应编制专项方案
整体提升（顶升）安装	（1）安装前应对提升（顶升）的结构安全进行分析验算 （2）提升（顶升）施工时应控制结构姿态 （3）整体提升（顶升）安装应设置抗倾覆结构 （4）提升（顶升）系统应专门设计，施工前应编制专项方案

13.9　楼承板、墙面板、屋面板安装

13.9.1　楼承板

楼承板应根据设计要求选用相应的板型，如开口型压型板、缩口型压型板、闭口型压型板和钢筋桁架板（图 13-9）。

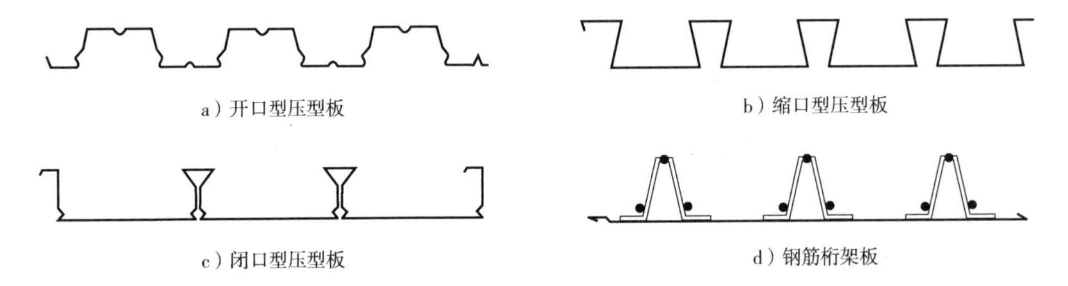

图 13-9　楼承板板型

楼承板安装施工工艺流程见图 13-10。

楼承板安装前应对弯曲变形进行矫正；根据“排板图”进行排板并在支撑结构上标出压型板的位置线。支撑压型板的钢梁顶面应保持清洁。

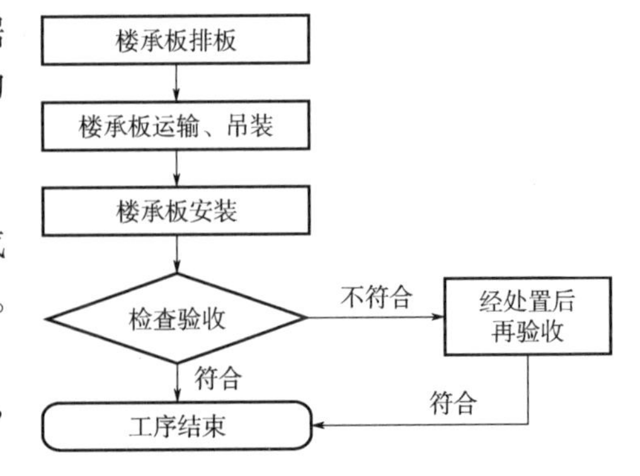

图 13-10　楼承板安装施工工艺流程

楼承板运输、吊装应符合下列规定：

（1）根据现场实际情况选择吊装方法，如汽车式起重机吊升、塔式起重机吊升及人工提升等。吊升时宜多点捆扎。吊装中不得损伤板材。

（2）楼承板吊运前，应核对编号及吊装位置，确认绑扎牢固并进行试吊。

（3）在装卸、安装中，应用木板等衬在钢丝绳的捆扎处，严禁用钢丝绳直接捆绑起吊。运输及堆放应有足够支点，防止变形。

楼承板安装应符合下列规定：

（1）安装楼承板时以钢板母肋为基准起始边依次铺设，以张为单位边铺设边固定。铺设时，相邻压型板端部的波形槽口应对准。

（2）梁柱接头处的钢板应用无齿锯将结合处切割平齐，与梁柱实现紧密贴合。浇筑混凝土时该处应贴上胶带，防止露浆污染梁柱，不得在压型板上集中堆载。

（3）下料、切孔采用等离子切割机操作，严禁用氧-乙炔切割。大空洞四周应补强。

（4）转运至楼面的楼承板应当天安装和连接完毕，当有剩余时应固定在钢梁上或转移到地面堆场。

（5）楼承板铺设宜按楼层顺序由下往上逐层进行。

（6）楼承板混凝土施工临时支撑应符合下列规定：

1）验算楼承板在工程施工阶段的强度和挠度。当不满足要求时，应增设临时支撑并对临时支撑体系进行安全性验算。

2）临时支撑底部、顶部应设置宽度不小于100mm的水平带状支撑。

13.9.2 金属屋面板

1. 工艺流程

金属屋面板安装工艺流程见图13-11。

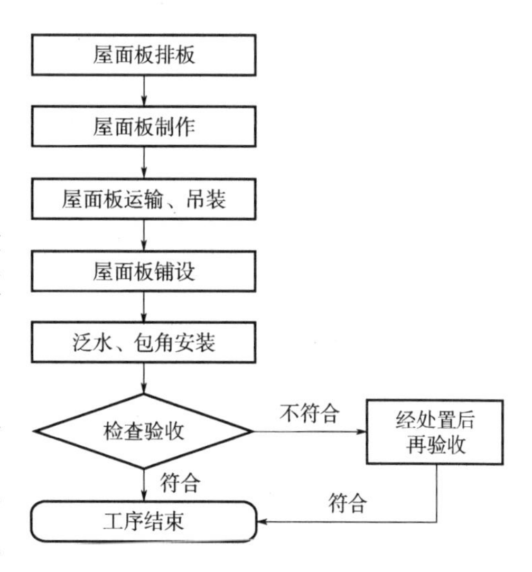

图13-11 金属屋面板安装工艺流程

2. 排板

屋面板排板应符合下列规定：

（1）搭接板、板边无填充层的板，板的纵向搭接缝应顺主导风向设置。

（2）对于多波搭接板，相邻上下排板间纵缝可错缝1～2个波峰，尽量减少板的纵向、横向交缝处板角的重叠数量，以减小此处螺钉的受力。

（3）对于曲面屋顶（如圆柱面干煤棚）无明显屋脊的屋面，屋面最高点12m范围内，压型板不应有横向搭接缝。

当需要现场制作时，金属屋面板制作采用专用压板机完成，压板时应考虑面板长度方向最小搭接长度。最小搭接长度应符合表13-8的规定。

表13-8 金属屋面板长度方向最小搭接长度（mm）

项目		搭接长度
波高＞70		375
波高≤70	屋面坡度＜1/10	250
	屋面坡度≥1/10	200
面板过渡到立面墙面后		120
金属屋面板挑出墙面的长度		200
金属屋面板伸入天沟内的长度		150
金属屋面板与泛水搭接宽度		200

3. 运输吊装

屋面板运输、吊装应符合下列规定：

（1）根据现场实际情况选择吊装方法，宜采用汽车式起重机提升、塔式起重机提升、卷扬机吊升及人工提升等。吊装中不得损伤面板。

（2）核对编号及吊装位置，确认包装牢固并进行试吊。

（3）在装卸、安装中宜多点捆扎，应用木板等衬在钢丝绳的捆扎处，严禁用钢丝绳直接捆绑起吊，金属屋面板过长时应做钢扁担，用吊车装卸。运输及堆放应有足够支点防止变形。

（4）现场压制的超长板，应根据工程实际情况编制金属屋面板现场制作运输作业指导书。

4. 铺设

屋面板铺设应遵循下列规定：

（1）开辟施工样板区段进行试安装，待工人熟悉工艺过程后展开全面施工。

（2）铺设前对板面局部弯曲变形应矫正完好。檩条面应保持清洁，严禁潮湿及涂刷油漆未干就施工。

（3）铺设时以钢板母肋为基准起始边依次铺设，以张为单位边铺设边固定。

（4）随时检测金属屋面板的定位及安装质量，及时调整、消除安装偏差。

（5）房屋端部和屋面板端头连接螺钉的间距宜加密。

5. 细部处理

泛水板、包角安装应符合下列规定：

（1）在角部、檐口、屋面板孔口或凸出物（如通风器、天窗等）周围，应设置密封性能和外观良好的泛水板或包边板。

（2）檐口与山墙应采用与板型配套的堵头封檐板和包角板封严。

（3）金属屋面板伸入檐沟的长度不宜小于150mm，防止板口滴水沿板底侧回流。

13.9.3　金属墙面板

金属墙面板安装工艺流程见图13-12。

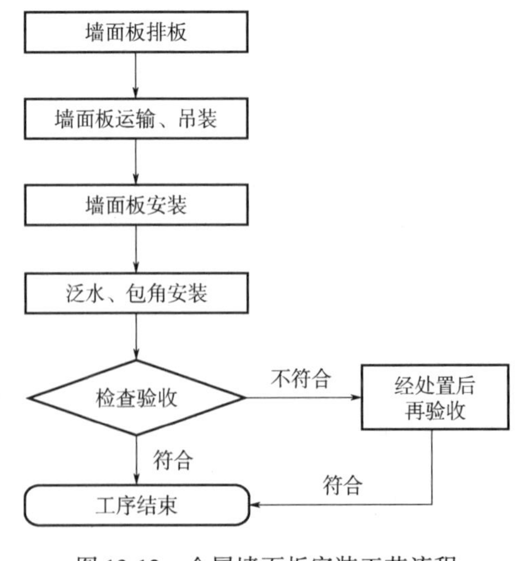

图13-12　金属墙面板安装工艺流程

金属墙面板安装主要施工步骤及施工要点见表 13-9。

表 13-9 金属墙面板安装主要施工步骤及施工要点

序号	施工步骤	施工要点
1	墙面板排板	（1）竖向墙板宜采用紧固件外露式的搭接板，横向墙板宜采用紧固件隐蔽式的搭接板 （2）墙面外板采用搭接板，板边无填充层的板，板的纵向搭接缝应顺主导风向设置 （3）墙面跨越楼层、建筑分隔、防火分隔处应密封，避免形成风洞与风带 （4）制作墙面板时应考虑墙面板长度方向的最小搭接长度
2	墙面板运输、吊装	（1）根据现场实际情况选择吊装方法，宜采用汽车式起重机提升、塔式起重机提升、卷扬机吊升及人工提升等。吊装中不得损伤面板 （2）墙面板吊运前，应核对墙面板编号及吊装位置，确认绑扎牢固并进行试吊 （3）在装卸、安装中，宜多点捆扎，应用木板等衬在钢丝绳的捆扎处，严禁用钢丝绳直接捆绑起吊，墙面板过长，应做钢扁担，用吊车装卸。运输及堆放过程中应有足够支点，防止变形
3	墙面板安装	（1）开辟施工样板区段进行试安装，待工人熟悉工艺过程后展开全面施工 （2）在铺设墙面保温棉时，应保证其搭接长度符合要求，避免因搭接不严使墙体产生冷桥效应。墙面上下端应挂设镀锌铁丝网或不锈钢网，把保温材料镶嵌其上，保证檐口下墙面保温材料不留缝隙。隔声材料安装应严密，不应形成透声带与反声带 （3）墙面板铺设过程中对板的弯曲、变形应进行矫正，墙梁面要保持清洁，潮湿及涂刷油漆未干时不得施工 （4）铺设时以压型板母肋为基准起始边，对齐起始控制线依次铺设，以张为单位铺设固定 （5）随时检测面板的定位及安装质量，及时调整，消除安装偏差 （6）在出墙管道洞口处，墙板内侧应做补强处理
4	泛水、包角安装	（1）门窗洞口的泛水安装一般先于墙面板安装。门窗洞口泛水件转角搭接必须顺畅 （2）墙面转角、门窗洞口包边、雨棚泛水等处包边件安装时除外观线条平直美观外，应注意防雨水构造，竖直方向上口压下口，水平方向按雨水排流方向压口，所有接口打暗胶，并用拉铆钉拉紧。不得形成暗胶缝时可做与面板同颜色明胶缝，应保证胶缝线条平直美观

13.10 钢结构防腐涂装

13.10.1 一般规定

（1）钢结构涂装应包括防腐与防火涂装，涂装施工前应编制施工工艺，并应符合设计文件和国家现行有关标准的规定。

（2）防腐涂装施工宜在钢结构构件组装、预拼装或钢结构安装工程检验批施工质量验收合格后进行。

（3）防火涂装应在钢结构安装和钢结构防腐涂装检验批施工质量验收合格后进行。设计规定不进行防腐涂装的钢构件，安装验收合格后可直接进行防火涂装施工。

（4）涂装施工前，钢材表面应按照设计文件要求进行表面处理。当设计文件未提出具体要求时，可根据防腐或防火涂料产品对钢材表面的要求，采用抛丸、喷砂或人工打磨处理方法。

（5）涂装施工质量应符合现行国家标准《钢结构工程施工质量验收标准》GB 50205 的规定。

（6）涂装施工的安全、职业健康、环境保护应符合国家现行法规、标准的要求。

13.10.2　表面处理

（1）涂装施工前，应进行结构处理、表面清理和表面粗糙度处理。

（2）结构处理时应清除材料表面缺陷、焊接飞溅物和氧化渣等。当设计要求对材料切割边角磨圆时，应按设计要求磨圆，设计无要求时，边角磨圆半径不宜小于2mm。

（3）构件表面的除锈可采用抛射、喷射、手动或动力工具等方法进行。处理等级应符合设计文件和现行国家标准《涂覆涂料前钢材表面处理　表面清洁度的目视评定　第1部分：未涂覆过的钢材表面和全面清除原有涂层后的钢材表面的锈蚀等级和处理等级》GB/T 8923.1的有关规定。

（4）构件表面处理后应进行清洁度和粗糙度检查。构件表面清理后，应去除钢材表面的氧化皮、铁锈、可溶性盐、油脂、水分等影响防腐保护的有害物质。

（5）构件表面粗糙度的检查可按照现行国家标准《涂覆涂料前钢材表面处理　喷射清理后的钢材表面粗糙度特性　第2部分：磨料喷射清理后钢材表面粗糙度等级的测定方法比较样块法》GB/T 13288.2的规定进行检查。

（6）摩擦型高强度螺栓连接面的处理应满足设计规定的抗滑移系数要求。

13.10.3　防腐涂装

防腐涂装可采用涂料防腐、热浸锌或热喷涂等方法。

1. 涂料防腐

涂料防腐应符合下列规定：

（1）防腐涂装体系应符合设计要求，且应具备产品合格证明书、使用说明书和材料安全数据手册。存放过期的涂料严禁使用。

（2）防腐涂装可采用刷涂法、滚涂法、空气喷涂法和高压无气喷涂法，并应满足涂料供应商对施工方法的要求。

（3）涂装环境应符合下列规定：

1）环境温度和相对湿度应符合涂料产品说明书的要求，产品说明书无要求时，环境温度宜在5～38℃之间，相对湿度不应大于85%。

2）钢材表面温度应高于露点温度3℃以上，且钢材表面温度应不高于40℃。

3）涂装时构件表面不应有结露。

4）在雨、雾、雪和较大灰尘的条件下，不应进行现场施工。

5）安装现场喷涂时，风力超过5级时不宜使用无气喷涂，涂装后4h内应防止雨淋。

（4）工厂不涂装的部位应符合下列规定：

1）安装现场焊接部位及焊道两侧，宜留出暂不涂装区域，暂不涂装区域应符合表13-10的规定，当设计要求防腐处理时，可在焊接部位或焊缝两侧刷涂可焊漆，且厚度不大于50μm。

表13-10　现场焊接部位周边不涂装区域（mm）

图示	钢板厚度 t	不涂装宽度 B
	$t<50$	50
	$50\leqslant t<90$	70
	$t\geqslant 90$	100

2）除设计要求外，高强度螺栓摩擦连接面严禁涂装。当设计要求采用具有高抗滑移系数的防腐体系时，应在施工前进行抗滑移系数试验，试验合格后再施工。

3）当设计无要求时，埋入混凝土内的部分及其接触面可不进行涂装。

4）紧密接触部位或为了旋转而经过车削的部分严禁涂装。

5）被封闭的部分可不进行涂装。

6）设计注明的其他不涂装部位可不进行涂装。

（5）构件表面处理与首道底漆涂装施工之间的间隔不应超过4h。

（6）涂料的混合与配比应按照涂料供应商规定的要求进行施工，且加入的稀释剂应符合产品说明书的规定。

（7）涂料混合后应搅拌均匀，且符合涂料产品说明书规定的熟化时间。当涂料说明书有要求时，应边喷涂边搅拌。对超过混合使用期的涂料不得使用。

（8）涂装施工的重涂间隔应符合涂料产品使用说明书的要求。不同涂层间的处理和要求应符合涂料供应商的规定。

（9）涂装后涂料色泽应符合设计要求。涂装施工前应由涂料供应商提供色卡对比样板或预先制作实物颜色对比样板。

（10）构件补涂与漆膜损伤的修补应符合下列规定：

1）构件局部区域的补涂和漆膜损伤的修补应按照设计规定的涂装体系进行。当原涂装体系中的涂料不能用于修补时，应使用涂料供应商推荐的涂料进行修补。

2）对多层漆膜的损伤，应从损伤层开始修补。修补前宜使用动力工具将损坏的涂层完全清除，损坏区域和完好区域宜用砂纸打磨成搭接坡度。最后一道涂层宜用喷涂的方式进行施工。

3）构件因制作工艺要求进行预涂时，可对因组装损伤和后续焊接部位采用局部动力处理的方法除锈，除锈的等级应达到设计的规定。

（11）防腐涂装质量要求和检查应符合下列规定：

1）构件的涂装表面应色泽均匀，无可视的流挂、漆雾，无污染，无针孔、气泡、漏喷、起皮、起皱等漆膜缺陷。

2）涂料、涂装遍数、涂层厚度均应符合设计要求。当设计对涂层厚度无要求时，涂层干漆膜总厚度：室外应为150μm，室内应为125μm，允许偏差应为－25μm。每遍涂层干漆膜厚度的允许偏差为－5μm。

2. 热浸锌

热浸锌应符合以下规定：

（1）钢结构热浸锌构件设计时，应对密闭、空洞构件设置足够大的透气孔，复杂构件应设置流锌孔。钢材的重叠面应采用密封焊，当重叠面积大于20mm×20mm时，应开设透气孔，热浸锌后宜对透气孔采用密封材料进行密封。构件在热浸锌前应对焊缝根部未焊透、焊缝裂纹等缺陷进行检查与修补。

（2）构件热浸锌应符合现行国家标准《金属覆盖层钢铁制件热浸镀锌层技术要求及试验方法》GB/T 13912的有关规定。

（3）热浸锌漏镀面的总面积大于构件表面积的0.5%或单个损伤面积超过1000mm^{2}时，构件应重新热浸锌。

（4）热浸锌引起的构件变形宜采用机械矫正，当需要热矫正时，宜采取保护构件镀锌层的措施。

（5）漏镀面及在搬运或矫正过程中引起的局部表面镀层损伤时，应采用富锌涂料进行修补。

（6）热浸锌构件的表面应平滑，无滴锌、无粗糙和锌刺、无起皮、无漏镀、无残留的溶剂渣，在可能影响热浸镀锌工件的使用或耐蚀性能的部位不应有锌瘤和锌灰。当镀层厚度大于规定值时，被镀构件表面允许存在发暗或浅灰色的色彩不均匀区域。

（7）构件表面单位面积的热浸锌质量应符合设计文件规定的要求，检查方法宜采用现行国家标准《磁性金属基体上非磁性覆盖层　覆盖层厚度测量　磁性法》GB/T 4956 规定的方法。

3. 热喷涂

热喷涂应符合以下规定：

（1）对金属热喷涂构件除锈前，应进行构件表面处理，包括对焊缝表面的焊瘤、飞溅物、焊渣、气孔等的处理；对锋利的边角，应处理成半径 2mm 以上的圆角。构件表面除锈等级应符合设计要求和国家现行有关标准的规定。

（2）用于金属热喷涂的材料应符合设计文件规定。热喷涂涂层厚度应符合设计文件的规定。

（3）钢结构表面金属热喷涂施工应符合以下规定：

1）大气温度低于 5℃或钢结构表面温度低于露点温度 3℃时，应停止施工。

2）采用的压缩空气应干燥、洁净且不含油气。

3）正式施工前，宜在喷涂基体表面作喷涂试验，以确定正式施工的工艺参数。

4）喷枪与钢结构表面应成直角，无法垂直的部位斜度不宜小于 45°，距离宜保持在 120～160mm 范围内，喷枪移动应均匀。

5）一次喷涂的涂层厚度宜为 25～80μm，同一层内各喷涂带间应有 30% 的重叠宽度。

6）当金属喷涂层厚度超过 100μm 时，宜采用分层喷涂，前后层的喷涂方向应垂直或 45°交叉，以保证涂层的均匀与高粘结性。

7）喷涂过程中，应控制钢结构表面的温度，对小件或薄件，基体表面温度不宜超过 70℃。

（4）当设计要求对热喷涂涂层进行封闭或进行复合涂层防腐时，应符合下列规定：

1）热喷涂施工达到规定的涂层厚度后，应在金属涂层吸潮前喷涂封闭漆或设计规定的复合涂层底漆，时间间隔不宜超过 4h。

2）大面积喷涂封闭漆或底漆前，宜预涂所有边角和不易喷涂的部位。

（5）金属喷涂施工质量应符合下列规定：

1）热喷涂表面金属层应颗粒细密、厚薄均匀，不得有固体杂质、气泡、孔洞、裂缝等可视缺陷存在。

2）热喷涂涂层和封闭漆或复合涂层干膜厚度应分别符合设计文件的规定，热喷涂涂层厚度和附着力的检测方法应按照现行国家标准《热喷涂　金属和其他无机覆盖层　锌、铝及其合金》GB/T 9793 的有关规定执行。

（6）金属热喷涂环境保护除应符合国家环保和安全的法规和规定外，还应符合下列规定：

1）热喷涂施工人员应采取个人安全防护措施，以免受到噪声、粉尘和灼伤的伤害。

2）车间或工地周围有其他人员工作或居民时，应加装隔声防护装置。

3）热喷涂施工区域应通风，预防金属粉尘在空中浓度超标，防止金属粉尘爆燃。

4）工地喷涂时，应对施工现场及附近的土地和植被进行保护，可采取隔离措施，防止污染和破坏。

13.10.4　防火涂装

1. 材料要求

防火涂料应符合下列规定：

（1）防火涂料应满足绝热性能好，具有一定抗冲击能力，能牢固地附着在构件上，不腐蚀钢材的要求。

（2）耐火极限应符合设计文件和现行国家标准《钢结构防火涂料》GB 14907 的规定。

（3）防火涂料不应含石棉，不应使用苯类溶剂，涂膜干燥后应无刺激性气味。

（4）防火涂料不应与防锈底漆产生化学反应。

（5）每使用 100t 或不足 100t 薄涂型防火涂料，应进行一次粘结强度抽检。每使用 500t 或不足 500t 厚涂型防火涂料，应进行一次粘结强度和抗压强度的抽检。

2. 涂装前准备

防火涂装施工前，应检查涂装基层，不得有油污、灰尘和泥砂等污垢。钢材表面除锈或防锈底漆干膜厚度和外观，应符合设计文件的要求和现行国家标准的规定。

双组分薄涂型防火涂料应按说明书在现场进行调配；单组分防火涂料也应充分搅拌；厚涂型防火涂料配料时，应按照涂料供应商规定的配合比配料或加稀释剂，并使稠度适宜，边配边用。一次调配的防火涂料应在规定的时间内用完。喷涂后，不应发生流淌和下坠。

钢构件连接处的缝隙应用防火涂料或其他防火材料填平。

3. 施工要点

薄涂型防火涂料的底涂层或主涂层宜采用重力式喷枪喷涂。局部修补和小面积施工时宜用手工抹涂。厚涂型防火涂料宜采用压送式喷涂机喷涂。面层装饰涂料宜刷涂、喷涂或滚涂。

当对下列结构构件进行厚涂型防火涂料施工时，宜在涂层内设置与构件相连的钢丝网连接措施：

（1）承受冲击、振动荷载的钢梁。

（2）涂层厚度大于或等于 40mm 的钢梁和桁架。

（3）涂料粘结强度小于或等于 0.05MPa 的构件。

（4）钢板墙和腹板高度超过 1.5m 的钢梁。

喷涂遍数、涂层厚度应根据设计要求确定。每一涂层施工完成干燥后，应对涂层厚度进行检测，并应在检测合格后进行下一层的施工。当设计要求涂层表面平整光滑时，涂装完最后一遍后，应用抹灰刀将其表面抹平。

4. 检测与修补

涂装施工中，可使用电磁式测厚仪检测超薄型和薄型防火涂料干膜厚度，应使用测厚针检测厚型防火涂料干膜厚度。

防火涂料有下列情况之一时，应铲除重喷或补涂：

（1）涂层干燥固化不良，粘结不牢或粉化、空鼓、脱落。

（2）钢结构的接头、转角处的涂层有明显凹陷。

（3）涂层厚度小于设计规定厚度的85%，或涂层厚度虽大于设计规定厚度的85%，但未达到规定厚度的涂层部位连续长度超过1m时。

本章术语释义

序号	术语	含义
1	施工详图	依据钢结构施工图和施工工艺技术要求，绘制的用于直接指导钢结构制作和安装的细化图纸
2	工艺设计	钢结构制作或安装前，根据设计文件和相关标准要求，对加工制作或安装的施工方法、流程、标准等过程的策划，并编制相应书面文件
3	施工阶段结构分析	在钢结构制作、运输和安装过程中，为满足相关功能要求所进行的结构分析和计算
4	预变形	为使施工完成后的结构或构件达到设计几何定位的控制目标，预先进行的初始变形设置
5	预拼装	为检验构件形状和尺寸是否满足设计、安装质量要求而预先进行的拼装。对于验证网架、网壳等结构批量制作通用杆件和节点的拼装称为试拼装
6	数字化预拼装	将构件外形尺寸的三维测量信息，搭建或反馈到计算机构件模型，并对带有构件实际尺寸信息的模型进行计算机模拟预拼装的方法
7	临时支承结构	在施工期间存在的、施工结束后需要拆除的结构
8	临时措施	在施工期间为了满足施工需求和保证工程安全而设置的一些必要的构造或临时零部件和杆件，如吊装孔、连接板、辅助构件等
9	防腐涂装体系	由设计单位确定的包括表面处理要求、涂料类型、涂装道次、漆膜厚度及总体防腐年限要求的系统总称

第14章 防水工程

建筑防水工程是建筑工程中的一个重要组成部分，建筑防水技术是保证建筑物和构筑物的结构不受水的侵袭，内部空间不受水危害的专门措施。具体而言，是指为防止雨水、生产或生活用水、地下水以及人为因素引起的水文地质改变而产生的水渗入建筑物、构筑物内部或防止蓄水工程向外渗漏所采取的一系列结构、构造和建筑措施。概括地讲，防水工程包括防止外水向建筑内部渗透，蓄水结构内的水向外渗漏，以及建筑物、构筑物内部相互止水三大部分。

建筑物的防水工程，按其工程部位可分为：地下室、屋面、外墙面、室内厨房和卫生间及楼层游泳池、屋顶花园等防水；按其防水材料性能及构造做法可分为：刚性防水、柔性防水以及刚柔结合防水等。

建筑防水工程质量的好坏，与选材、设计、施工和管理维护均有着密切的关系。就施工环节而言，施工队伍的管理水平、施工操作人员的技术水平、施工中每道工序的质量，特别是各种细部构造（如水落口、出入口、卷材收头做法等）的处理及对防水层的保护措施等，这些均对防水工程的质量有着极为重要的影响。

14.1 地下工程防水

城市建设中越来越多的建筑物都修建了地下室。由于大气降水及地下水的影响，地下室容易受到水的侵害而发生渗漏。地下工程渗漏不仅影响人们的正常生活，还会由于钢筋的锈蚀而造成钢筋混凝土结构的破坏，影响主体建筑的质量和安全，缩短建筑物的使用寿命。因此，对于地下工程防水的设计、施工和维护管理都应从严要求，确保防水工程的质量。防水工程的施工应由专业队伍承担，制订完善的防水施工方案，精心施工；在施工管理上要严格，保证每道工序的施工质量，以满足地下防水工程的质量要求；在正常使用阶段，地下工程防水的维护保养要到位，使工程处于良好状态。

根据GB 50108《地下工程防水技术规范》，地下室防水等级应分为四级，其中一、二级的标准应符合表14-1的规定。

表14-1 地下室防水等级标准

防水等级	防水标准
一级	不得渗水，结构表面应无湿渍
二级	不得漏水，结构表面可有少量湿渍。总湿渍面积不应大于总防水面积（包括顶板、墙面、地面）的0.1%；任意100m^2防水面积上的湿渍不超过2处，单个湿渍的最大面积不大于0.1m^2

14.1.1 施工准备

防水施工前应满足下列作业条件：

（1）防水施工现场环境温度应符合防水材料施工的要求。不同防水材料和方法的施工温度见表14-2。

（2）露天施工时，雨天、雪天、五级风及以上均不得施工；喷涂聚脲为四级风及以上不得施工。

（3）地下室防水施工前，应采取地下水控制措施，地下水位应降至工程底部最底层500mm以下。

（4）防水基层应符合防水施工的要求，面层应清扫干净，并应符合以下要求：

表14-2　防水施工现场环境温度要求

序号	防水材料类别	施工环境温度
1	聚合物改性沥青防水卷材热熔法	不低于-10℃
2	自粘聚合物改性沥青卷材	不低于5℃
3	高分子橡胶防水卷材	不低于5℃
4	高分子防水涂料	不低于5℃
5	掺外加剂的防水砂浆	5～30℃

1）地下室的底板与四周立墙的阴阳角、后浇带、集水坑、电梯井的阴阳角均应抹成钝角或圆弧，圆弧半径或倒角尺寸不应小于50mm。

2）地下室的各阴阳角、穿墙管道根、变形缝等薄弱部位应做加强层，加强层宜使用同质加强材料，加强层宽度宜为500mm。

14.1.2　防水混凝土

1. 一般规定

防水混凝土结构，是以工程结构本身的密实性和抗裂性实现防水功能的一种防水做法，使结构承重和防水合为一体。它具有材料来源丰富、造价低廉、工序简单、施工方便等特点，只要严格按照标准规范和设计要求精心施工，就会成为地下室多道防水设防中的一道重要防线的。防水混凝土的设计抗渗等级应符合表14-3的规定。

表14-3　防水混凝土设计抗渗等级

工程埋置深度 H/m	设计抗渗等级
$H<10$	P6
$10\leqslant H<20$	P8
$20\leqslant H<30$	P10
$H\geqslant30$	P12

防水混凝土可通过调整配合比，或掺加外加剂、掺合料等措施配制而成，其抗渗等级不得小于P6级，并应满足抗压、抗冻和抗侵蚀等耐久性要求。防水混凝土的施工配合比应通过试验确定，试配混凝土的抗渗等级应比设计要求提高0.2MPa。防水混凝土结构厚度不应小于250mm，迎水面钢筋保护层厚度不应小于50mm。用于防水混凝土的水泥宜采用硅酸盐水泥、普通硅酸盐水泥。用于防水混凝土的砂、石料和根据工程需要掺入的减水剂、膨胀剂、防水剂、密实剂、引气剂、复合型外加剂及水泥基渗透结晶型材料等，其质量应符合国家现行有关标准的要求。

2. 材料要求

防水混凝土使用的材料应符合表14-4的规定。

表14-4　防水混凝土使用材料要求

序号	材料	使用要求
1	水泥	（1）水泥强度等级不应低于42.5级 （2）宜采用普通硅酸盐水泥、硅酸盐水泥，水泥质量应符合现行国家标准《通用硅酸盐水泥》GB 175的规定。采用其他水泥时应经试验确定 （3）有侵蚀性介质作用时，应按介质的性质选用相应的水泥品种 （4）受冻融作用时，应优先选用普通硅酸盐水泥，不宜选用火山灰质硅酸盐水泥和粉煤灰硅酸盐水泥 （5）不得使用过期或受潮结块的水泥，不得将不同品种、不同强度等级的水泥混合使用

（续）

序号	材料	使用要求
2	矿物掺合料	（1）防水混凝土应掺入一定数量的粉煤灰、磨细矿渣粉、硅粉等矿物掺合料 （2）粉煤灰应符合现行国家标准《用于水泥和混凝土的粉煤灰》GB 1596 的规定。粉煤灰的级别不应低于Ⅱ级，烧失量不应大于 5%，用量宜为胶凝材料总量的 20% ~30%。当水胶比小于 0.45 时，粉煤灰用量可适当提高 （3）硅粉的比表面积不应小于 $15000m^2/kg$，SiO_2 含量不应小于 85% （4）粒化高炉矿渣的品质应符合现行国家标准《用于水泥和混凝土中的粒化高炉矿渣粉》GB/T 18046 的规定 （5）矿物掺合料可单掺、也可复合掺用，使用复合掺合料时，其品种和用量应通过试验确定
3	砂、石	（1）宜选用坚固、耐久的碎石或卵石，石子粒径宜为 5 ~40mm，泵送时其最大粒径不应大于输送管径的 1/4，碎石不宜大于 1/5 管径，且不应大于 1/4 混凝土最小断面，不应大于 3/4 受力钢筋最小净距，吸水率不应大于 1.5%；且不得使用碱活性集料 （2）宜用坚硬、洁净的中、粗砂，含泥量不得大于 3%，泥块含量不得大于 1%，不宜使用海砂
4	外加剂	（1）防水混凝土掺入减水剂、膨胀剂、密实剂、引气剂、防水剂、复合型外加剂及水泥基渗透结晶型防水材料等，其品种和掺量应经试验确定，所有外加剂的质量及技术性能应符合现行国家标准《混凝土外加剂》GB 8076 及《混凝土外加剂应用技术规范》GB 50119 的规定 （2）严禁使用对人体产生危害、对环境产生污染的外加剂 （3）当采用含氯化物的外加剂时，混凝土中氯化物的含量应符合现行国家标准《混凝土质量控制标准》GB 50164 的规定

用于拌制防水混凝土的水应符合现行行业标准《混凝土用水标准》JGJ 63 的规定。防水混凝土可根据工程抗裂性需要掺入钢纤维或合成纤维等，钢纤维长度宜为 20 ~40mm，且表面不得有明显的锈蚀和油渍及其他妨碍钢纤维与水泥粘结的杂质。聚丙烯合成纤维长度宜为 12 ~64mm。防水混凝土中各类材料的总碱量（Na_2O）不得大于 $3kg/m^3$，氯离子含量不应超过胶凝材料总量的 0.1%。

3. 施工配合比

防水混凝土的配合比设计应符合下列规定：

（1）防水混凝土配合比设计应满足抗渗等级、抗压强度、耐久性、安全性、经济性、工作性等要求。

（2）胶凝材料总用量不宜小于 $320kg/m^3$，当强度要求较高或地下水有腐蚀性时，胶凝材料的用量可通过试验调整。

（3）水泥用量宜为 $220 \sim 300kg/m^3$。

（4）砂率宜为 35% ~45%，泵送时不宜低于 40%，粗集料用量不应低于 $1050kg/m^3$。

（5）灰砂比宜为 1∶1.5 ~1∶2.5。

（6）水胶比不得大于 0.50，有侵蚀性介质时，水胶比不宜大于 0.45。

（7）掺入引气剂或引气型减水剂时，混凝土含气量应控制在 3% ~5%。

（8）防水混凝土采用预拌混凝土时，入泵坍落度宜控制在 120 ~180mm，预拌混凝土的初凝时间宜为 6 ~8h。

4. 模板与混凝土工程

防水混凝土所用模板应拼缝严密，不漏浆、不变形，吸水性小，支撑牢固。采用钢模时，应清除钢模内表面的油污，并均匀涂刷脱模剂，梁板模板应刷水性脱模剂。安装模板时，应清除模板上的水泥浆等杂物，采用的脱模剂不得污染基层；应预先留出穿墙管和预埋件的位置，并准确牢固埋好穿墙止水套管和预埋件，拆模后应做好防水处理。

防水混凝土结构内部设置的钢筋及绑扎铁丝均不得接触模板，固定外墙模板的螺栓不宜穿过防水混凝土以免造成引水通路，确需穿过时，可采用工具式止水螺栓或螺栓加堵头、螺栓上加焊方形止水环等止水措施。

混凝土搅拌前应按试验室配合比通知单的配比准确称量，计量允许偏差应符合表 14-5 的规定。当原材料有变化时，应通过实验室进行试验，对配合比进行调整。

混凝土拌制所用原材料的品种、规格和用量，每工作班检查不应少于两次。防水混凝土拌合物应采用机械搅拌，搅拌时间不应小于 90s。当使用外加剂时外加剂宜预溶成溶液或与拌和用水掺匀后投入，不得将外加剂干粉或高浓度溶液直接加入搅拌机内，加入外加剂的混凝土搅拌时间可适当延长，根据外加剂的技术要求确定。

表 14-5　混凝土组成材料计量结果允许偏差表

混凝土组成材料	盘计量（%）	累计计量（%）
水泥、掺合料	±2	±1
粗、细集料	±3	±2
水、外加剂	±2	±1

混凝土运送道路应保持平整、畅通，宜减少运输的中转环节，防止混凝土拌合物产生分层、离析及水泥浆流失等现象。混凝土拌合物运至浇筑地点后，如出现分层、离析现象，应进行拌和。当坍落度损失不能满足施工要求时，应加入原水胶比的水泥浆或二次掺加同品种外加剂进行搅拌，严禁直接加水。

混凝土在浇筑前坍落度每小时损失值不应大于 20mm，坍落度总损失值不应大于 40mm。每工作班检查坍落度不应少于两次，混凝土实测的坍落度与要求坍落度之间的偏差应符合表 14-6 的规定。

表 14-6　混凝土坍落度允许偏差表（mm）

要求坍落度	允许偏差
≥40	±10
50～90	±15
≥100	±20

防水混凝土应连续浇筑，分层浇筑厚度不得大于 500mm。防水混凝土应采用机械振捣，墙体、厚板宜采用插入式和附着式振捣器，薄板宜采用平板式振捣器。对于掺入加气剂和引气型减水剂的防水混凝土应采用高频振捣器。

5. 施工缝留设

（1）留设原则

防水混凝土宜不留或少留施工缝。当必须留设施工缝时，应符合下列规定：

1）墙体水平施工缝不应留在剪力最大处或底板与侧墙的交接处，应留在高出底板上表面不小于 300mm 的墙体上。拱（板）墙结合的水平施工缝，宜留在拱（板）墙接缝以下 150～300mm 处。墙体有预留孔洞时，施工缝距孔洞边缘不应小于 300mm。

2）垂直施工缝应避开地下水和裂隙水较多的地段，并宜与变形缝相结合。

3）施工缝防水的构造形式宜为平缝，多道设防宜采用两种或两种以上防水措施。地下室外墙施工缝防水常用做法见表 14-7。

表 14-7　地下室外墙常用施工缝防水做法

方法名称	做法示意图	备注
中埋式止水带	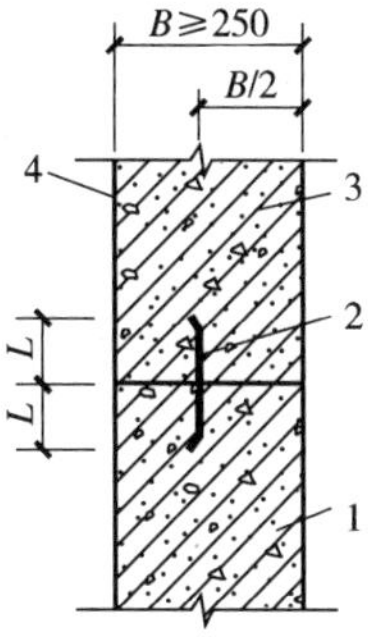 1—先浇混凝土　2—中埋式止水带 3—后浇混凝土　4—结构迎水面	止水带形式： （1）钢板止水带 $L \geqslant 150$mm （2）橡胶止水带 $L \geqslant 200$mm （3）丁基橡胶腻子钢板止水带 $L \geqslant 120$mm
遇水膨胀橡胶止水条（胶）	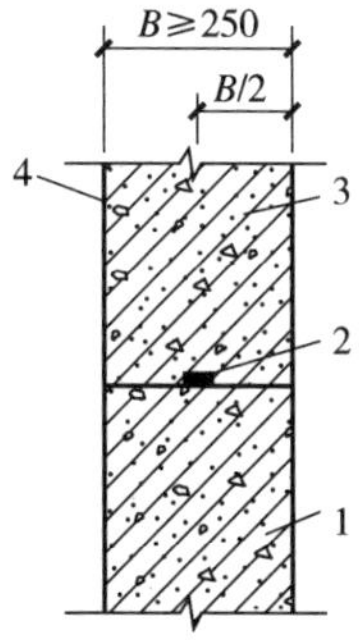 1—先浇混凝土　2—遇水膨胀橡胶止水条（胶） 3—后浇混凝土　4—结构迎水面	—
外贴式止水带形式	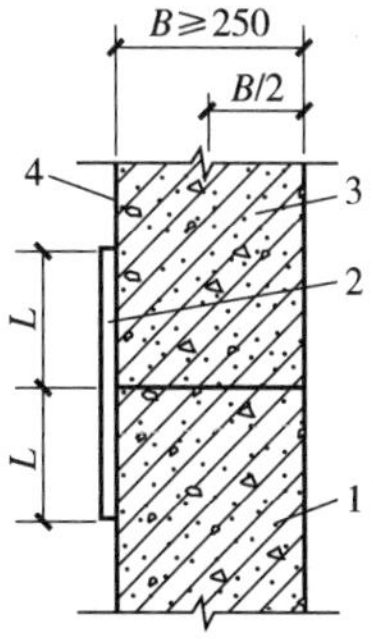 1—先浇混凝土　2—外贴式止水带 3—后浇混凝土　4—结构迎水面	止水带形式： （1）外贴防水卷材或止水带 $L \geqslant 150$ （2）外涂防水涂料 $L = 200$ （3）外抹防水砂浆 $L = 200$

（2）接缝处理

施工缝新旧混凝土接缝处理应符合下列规定：

1）水平施工缝浇筑混凝土前，应清除表面浮浆和杂物，先铺一道净浆，再铺设 30～50mm 厚的 1∶1 水泥砂浆或涂刷界面处理剂或涂刷水泥基渗透结晶型防水涂料等，并及时浇筑混凝土。

2）垂直施工缝浇筑混凝土前，应将其表面清理干净，涂刷一道水泥净浆或混凝土界面处理剂或水泥基渗透结晶型防水涂料，并及时浇筑混凝土。

3）施工缝采用遇水膨胀橡胶止水条时，止水条应牢固地安装在接缝表面或预留槽内，遇水膨胀橡胶止水条应具有缓胀性能，7d 膨胀率不应大于最终膨胀率的 60%。

4）采用中埋式止水带时，应确保位置准确，固定牢靠，严防混凝土施工时错位。

6. 养护与拆模

（1）养护

防水混凝土浇筑完成后应及时保湿养护，养护方式应根据防水混凝土的类别、现场条件、环境温湿度、构件特点、技术要求、施工操作等因素确定。可采取洒水、覆盖、喷涂养护剂等方式，养护时间应符合下列规定：

1）抗渗混凝土、强度等级 C60 及以上的防水混凝土、后浇带防水混凝土养护时间不应少于 14d。

2）炎热季节或刮风天气应随浇筑随覆盖，浇捣后 4～6h 即浇水养护，养护时间不应少于 14d。

冬期施工宜采用掺化学外加剂法、暖棚法、综合蓄热法等养护方法，不宜采用电热法或蒸汽直接加热法。

（2）拆模

拆模应符合下列规定：

1）防水混凝土应在混凝土强度达到或超过设计强度等级的 75% 时拆模，不宜过早拆除受力模板。

2）炎热季节拆模时间以早、晚间为宜，应避开中午或温度最高的时段。

7. 大体积混凝土

大体积防水混凝土施工应符合下列规定：

（1）宜选用水化热低或凝固时间长的水泥。

（2）所用水泥铝酸三钙含量不宜大于 8%。

（3）宜掺入粉煤灰、磨细矿渣粉等掺合料及减水剂、缓凝剂等外加剂。

（4）混凝土采取保温、保湿养护，混凝土中心温度与表面温度的差值不应大于 25℃，混凝土表面温度与大气温度的差值不应大于 20℃，温度梯度不得大于 3%/d，养护时间不应少于 14d。

8. 缺陷处理

防水混凝土施工出现缺陷时，应按下列方法进行处理：

（1）防水混凝土结构施工完毕后，其他防水层施工或项目验收前，应对防水混凝土结构的裂缝、孔洞、不密实等影响防水功能的瑕疵进行处理修复。

（2）对于有结构补强加固要求的应进行结构补强加固后再进行防水瑕疵处理。

（3）结构仍在变形、未稳定的裂缝，应待结构稳定后再进行裂缝处理。

（4）防水混凝土结构出现裂缝后，可采用防水砂浆、水泥基渗透结晶型防水材料进行处理。

14.1.3 卷材防水层

地下室常用的防水卷材包括改性沥青类防水卷材和合成高分子类防水卷材两大类，具体见表 14-8。

表 14-8　地下室常用防水卷材

类别	品种名称
改性沥青类防水卷材	弹性体改性沥青防水卷材
	自粘聚合物改性沥青防水卷材
	预铺防水卷材
	湿铺防水卷材
合成高分子类防水卷材	三元乙丙橡胶防水卷材
	聚乙烯丙纶复合防水卷材
	高分子自粘胶膜预铺防水卷材

1. 卷材防水一般要求

卷材在立墙上铺贴、卷材与卷材叠层应用时，宜采用满粘法，卷材与墙面应粘贴牢固，不得出现卷材下垂或滑落。卷材与底板垫层的粘结可采用空铺法、点粘法、条粘法等施工。

叠层铺贴各种卷材时，上下两层的长边接缝应彼此错开幅宽的 1/3 ~ 1/2，相邻两幅的短边接缝应彼此错开 500mm 以上，上下层卷材不得相互垂直铺设。地下室铺贴卷材接头的搭接宽度应符合表 14-9 的规定。

表 14-9　防水卷材搭接宽度

卷材品种	搭接宽度/mm
弹性体改性沥青防水卷材	100
改性沥青聚乙烯胎防水卷材	100
三元乙丙橡胶防水卷材	100/60（胶粘剂/胶粘带） 60/80（单焊缝/双焊缝）
预铺防水卷材	80
湿铺防水卷材	80
自粘聚合物改性沥青防水卷材	80
聚乙烯丙纶复合防水卷材	100（粘结料）
聚氯乙烯防水卷材	60/80（单焊缝/双焊缝） 100（胶粘剂）
高分子自粘胶膜防水卷材	70/80（自粘胶/胶粘带）

除预铺反粘法外，卷材铺贴时应排除基层与卷材间的空气，粘结牢固、横平竖直、搭接尺寸正确，不得有空鼓、扭曲、皱折等现象。

2. 外防外贴法与外防内贴法

（1）外防外贴法

外防外贴法是指在结构墙体施工完成后，在外墙外表面直接粘贴卷材。其防水构造如图 14-1 所示。其中临时保护墙起到临时固定和保护立面卷材接头的作用，宜用石灰砂浆砌筑，内表面用石灰砂浆做找平层。临时收头有两种固定方式，一种是压砌在临时保护墙下部（图 14-1a）；另一种是虚铺在临时保护墙侧面（图 14-1b）。基础底板处的卷材，应先铺贴底面，后铺贴保护墙立面，多层卷材的交接处应交错搭接。结构墙体完成后，铺贴墙面卷材前，应将临时保护墙拆除，卷材表面清理干净。墙面卷材从上至下铺贴，与底板处卷材错槎搭接，上层卷材应盖过下层卷材，如图 14-2 所示。为方便表达，图 14-1、图 14-2 均未表达施工缝的止水措施，具体做法可参见表 14-7。

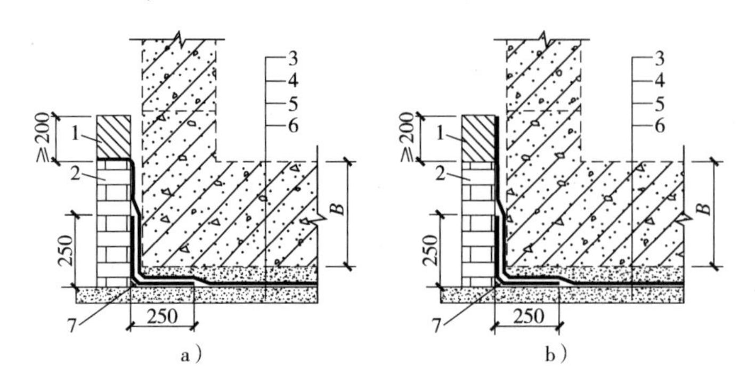

图 14-1　防水卷材外防外贴甩槎做法

1—临时保护墙　2—永久保护墙　3—混凝土底板
4—细石混凝土保护层　5—卷材防水层
6—水泥砂浆找平层和混凝土垫层
7—卷材加强层

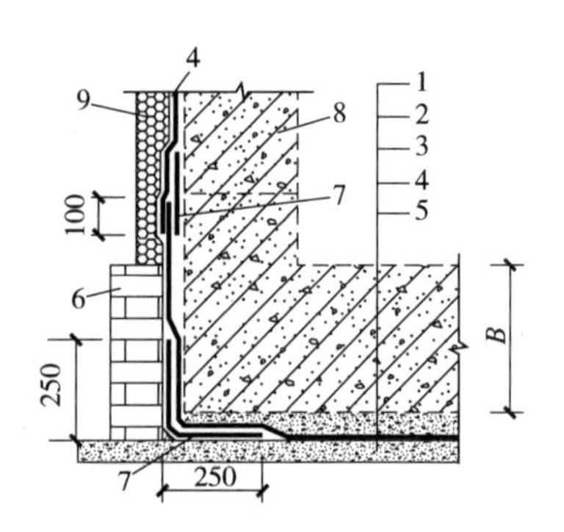

图 14-2　防水卷材外防外贴接槎做法

1—混凝土底板　2—细石混凝土保护层
3—卷材防水层　4—水泥砂浆找平层
5—混凝土垫层　6—永久保护墙
7—卷材加强层　8—结构墙体
9—卷材保护层

外防外贴法施工流程如图 14-3 所示。

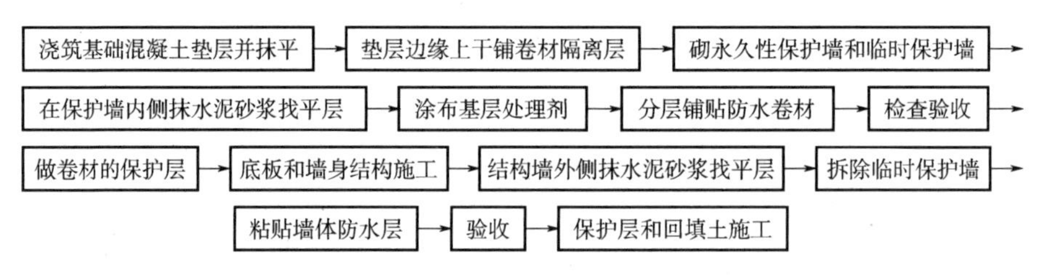

图 14-3　外防外贴法施工流程

（2）外防内贴法

内贴法是将立面卷材防水层先粘贴在永久保护墙上，再进行结构的外墙施工，其防水构造如图 14-4 所示。

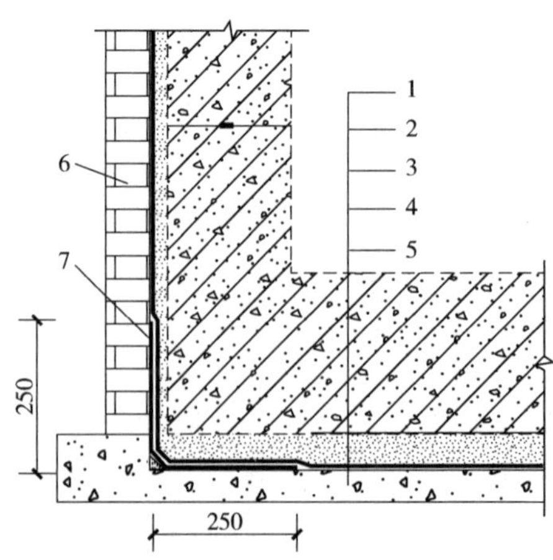

图 14-4　防水卷材外防内贴

1—地下室底板　2—细石混凝土保护层　3—防水层　4—找平层　5—混凝土垫层
6—永久保护墙　7—防水加强层

采用内贴法施工时，卷材宜先铺贴立面，后铺贴平面。铺贴立面时，先转角后大面。

外防内贴法施工流程如图 14-5 所示。

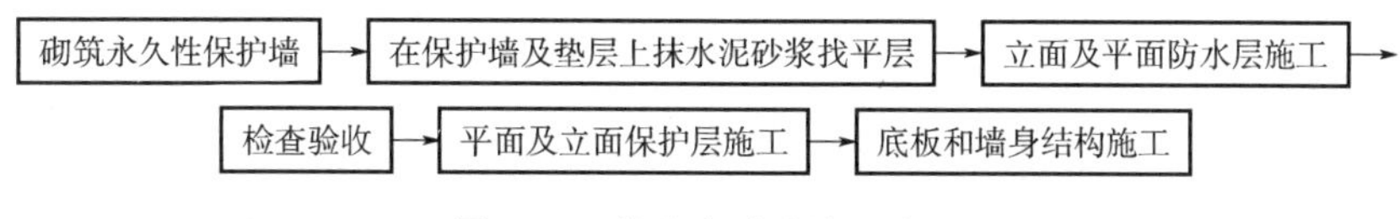

图 14-5　外防内贴法施工流程

内贴法可节约场地及模板、工序少，但若墙体结构施工时造成防水层损坏，则难以发现和修补，故一般认为可靠性较差。因此，往往用于施工场地狭小，不能采用外贴法施工的工程或部位。

3. 聚合物改性沥青防水卷材

聚合物改性沥青防水卷材宜用于迎水面、热熔法施工。基层处理剂应与卷材材性相容，性能应符合表 14-10 的规定。基层处理剂存放和使用时应避开热源、火源。现场不得兑加溶剂。应即开桶即用，余料密闭保存。

表 14-10　基层处理剂物理力学性能指标

序号	项目	技术要求
1	外观	黑褐色匀质液态
2	固体含量（%）≥	40
3	干燥时间（h）≤	2
4	其他	单组分、无苯类的环保型

施工主要机具应按下列要求准备：热熔施工机应具有专用火焰加热器，单头专用封边机等；消防器材应配备干粉灭火器、砂袋等。

聚合物改性沥青防水卷材施工应按图 14-6 所示的流程进行。

图 14-6　聚合物改性沥青防水卷材施工流程

（1）涂刷基层处理剂

在涂刷基层处理剂之前，应将防水基层彻底清扫干净。应在细部节点的基层上先行涂刷，然后在大面基层上涂刷。涂刷基层处理剂应均匀一致，不堆积、不漏底，干燥后及时铺贴卷材。

（2）处理节点加强层

在细部节点部位应满粘贴卷材加强层，宽度不应小于 500mm。后浇带部位应全覆盖粘贴加强层，加强层宽度应比后浇带每边多 250mm。

（3）热熔铺贴大面积卷材

大面积铺贴卷材时，用热熔法铺贴卷材时火焰加热器的火焰应均匀，不得过分加热或烧穿卷材。底板垫层可采用空铺、点粘、条粘的铺贴方式。但卷材在加强层部位、集水坑、后浇带等部位及卷材与卷材之间、地下室立面部位应采用满粘的铺贴方式。满粘施工时，应在基层上先弹好基准线，将自然状态下平铺卷材从两端头向中间重新卷好，用专用的加热器加热卷材底面与基层交界处，使卷材底面的改性沥青涂层融化，沿卷材幅宽往返加热，边烘烤边向前滚动卷材，用压辊滚压，排除卷材与基层间的气体，使卷材与基层粘结牢固。

立面卷材铺贴时，应由下往上进行滚压铺贴，不得挂铺施工，并应符合下列规定：

1）施工中应随时根据风力、温度（环境）调整加热器火焰大小及移动速度，加热器与卷材底面和基层夹角处的距离宜为300～500mm。

2）卷材接缝部位应不间断地自然溢出不小于5mm宽的沥青条。

（4）局部构造措施

立面防水层收口部位应高于室外地坪高度500mm，收口部位应收于侧墙凹槽内或钉金属压条，并嵌防水密封胶。防水层在伸出立墙管道上的尺寸不应小于500mm，收口部位应采用金属管箍，并用防水密封胶封严。

（5）施工缺陷处理

聚合物改性沥青防水卷材施工出现瑕疵时应按下列方法进行处理：

1）防水层铺贴后，若发现卷材表面出现损伤，应对损伤部位及时进行修复；修复时先将损伤部位清理干净，裁取比损伤部位宽100mm的同质卷材铺贴在损伤部位，并用压辊压实。

2）防水层搭接部位，若出现封边不严的现象，应对该部位进行重新封边处理。封边不严实部位的处理方法是将卷材搭接不严实的部位用专用工具分开，用小型加热器重新加热搭接该部位，并用压辊压实。

4. 自粘聚合物改性沥青防水卷材

自粘聚合物改性沥青防水卷材施工应按图14-7所示的施工流程进行。

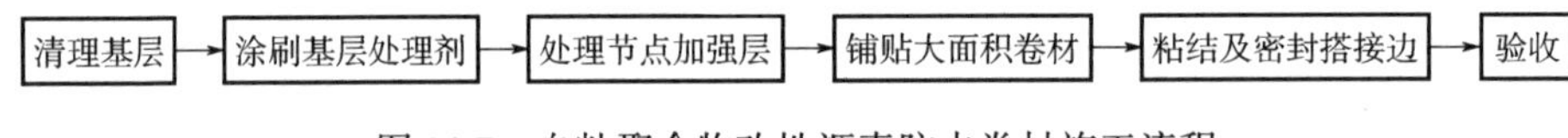

图14-7　自粘聚合物改性沥青防水卷材施工流程

（1）基层处理要点

防水层施工前应将基层上的杂物、油污和砂浆凸起物等清除干净，基层应干燥。将基层处理剂均匀涂刷在基层表面，涂刷时应厚薄均匀，不露底、不堆积，晾至指触不粘。

（2）大面积铺贴要点

自粘聚合物改性沥青防水卷材大面积施工前应在基层上弹出基准线。大面积粘贴卷材应按下列步骤进行：

1）将隔离纸从卷材自粘面撕开500mm，对准基准线粘铺定位。

2）将揭下的隔离纸均匀用力向后拉，同时将撕掉隔离纸的自粘卷材粘贴在基层上。随即用压辊或刮板从卷材中部向两侧滚压或赶压排气。

3）铺贴另半幅卷材。

（3）其他注意事项

1）卷材搭接应用压辊对搭接部位进行碾压，排出空气，粘贴牢固。

2）进行立面施工时应采取固定措施，防止卷材滑落。

3）卷材收头部位及异型搭接部位等应采用密封膏密封。

（4）施工缺陷处理

自粘聚合物改性沥青防水卷材施工出现瑕疵应按下列方法进行处理：

1）温度较低时，在铺贴时用喷灯或热风枪将卷材粘接面稍许加热再进行粘贴。

2）铺贴后卷材出现空鼓情况时，需将鼓泡部位卷材呈十字形切开，粘接面清理干净后，用喷灯或热风枪适当加热后进行粘贴，并在切开部位再铺贴一层卷材。

5. 预铺防水卷材

预铺防水卷材是以塑料、橡胶、沥青为主体材料，其上面有自粘胶，自粘胶上表面由不粘或减粘材料构成，与后浇混凝土粘结，能有效防止粘结面蹿水的防水卷材。预铺防水卷材采用预铺反粘法施工，即将覆有自粘胶膜层的防水卷材空铺在基面上，然后浇筑结构混凝土，使混凝土浆料与卷材胶膜层紧密结合的施工方法。

预铺防水卷材施工应按图14-8所示的施工流程进行。

图14-8 预铺防水卷材施工流程

（1）施工要点

大面积施工前，应对节点部位进行加强处理，加强层宜采用同质卷材，宽度宜为500mm。施工时应将自粘卷材对准基准线空铺于基层上，相邻卷材之间宜为搭接连接。应揭除相邻两幅卷材搭接部位的隔离膜，用小压辊或刮板等工具赶压卷材搭接边使之粘结牢固。验收合格后，在后续施工前，应揭除预铺自粘防水卷材上表面的隔离膜，再进入下道工序。

（2）侧墙铺贴

侧墙铺贴时应采用机械固定法临时固定，并应按表14-11的要求进行施工。

表14-11 预铺防水卷材侧墙铺贴施工要点

序号	施工步骤	施工要点
1	清理基层	基层应平整、坚实，无明水，将基层凸起物清除干净
2	打钉固定防水卷材	固定点距卷材边缘20mm处，钉距不大于500mm。钉长不小于30mm，且配合垫片将防水层牢固地固定在基层表面上（以卷材固定牢固、搭接顺平为准），垫片直径不小于20mm
3	打钉部位密封	在打钉部位（搭接边除外）以直径不小于80mm的双面粘结防水卷材片密封
4	长、短边粘贴搭接	相邻两幅卷材的有效搭接宽度不小于80mm，将钉孔部位覆盖住。要求上幅压下幅进行搭接。搭接缝范围内隔离膜应撕掉。天气冷时可用热风枪或喷灯烘烤卷材的长、短搭接边，再用小压辊压实，搭接宽度不小于80mm。使用喷灯时工作环境应保证通风
5	铺设第二层防水层	第一层防水层铺设完后撕开面膜，再铺设第二层防水层，两层防水层之间应满粘，上下层之间卷材搭接缝应错开幅宽1/3。搭接宽度不应小于100mm。侧墙防水层施工时上下卷材应下盖上，不能形成倒槎。铺设第二层防水层的高度应比第一层低300mm，搭接与第一层错开
6	节点加强处理	节点处在大面卷材施工完毕后进行加强处理

（3）施工缺陷处理

预铺防水卷材施工出现瑕疵应按下列方法进行处理：

1）温度较低时，可用喷灯或热风枪将该搭接部位粘接面稍许加热后再进行粘贴。

2）出现粘结不牢、鱼嘴等现象时应进行维修，采取盖条、切除重接等加强处理措施。

6. 湿铺防水卷材

湿铺防水卷材是采用水泥净浆或水泥砂浆拌合物粘结的具有自粘性的聚合物改性沥青防水卷材。湿铺防水卷材宜用于地下室顶板防水，用于地下室侧墙防水时应采取临时固定措施。如基层表面干燥，应在铺抹水泥浆或水泥砂浆前淋水湿润后施工。

湿铺防水卷材施工应按图 14-9 所示的施工流程进行。

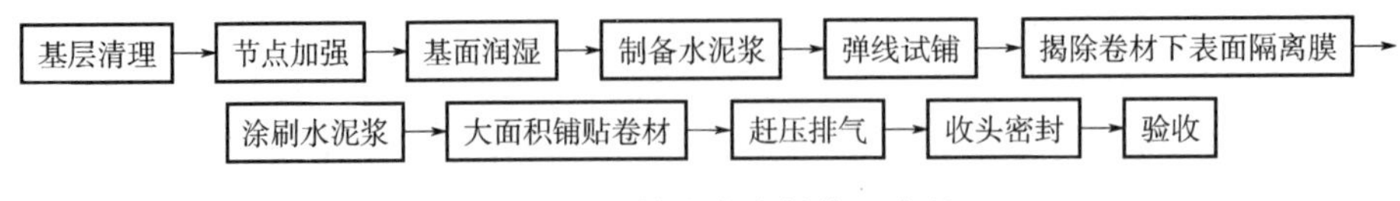

图 14-9　湿铺防水卷材施工流程

（1）施工要点

1）制备水泥浆或水泥砂浆时，水泥浆中水与水泥的重量比宜为 1∶2.5～1∶3，搅拌均匀。用于立面部位时水泥浆的流动性可稍小些，但不应流坠。水泥砂浆稠度应控制在 50～70mm 之间，应不离析、和易性良好。搅拌好的水泥浆或水泥砂浆应在初凝前用完。

2）水泥浆在铺抹前应弹出卷材铺贴基准线。水泥浆的铺抹厚度宜为 2～3mm，且不能漏涂，水泥砂浆的厚度不得小于 6mm。

3）第一幅卷材应在下表面隔离膜全部揭除后进行铺贴。从第二幅卷材开始，揭除卷材隔离膜时，应预留搭接部位不揭除，搭接边处不应铺抹水泥浆。

4）加强部位宜采用湿铺卷材及与湿铺自粘卷材材性相容的材料，满粘处理。

（2）施工缺陷处理

湿铺法出现瑕疵应按下列方法进行处理：

1）卷材搭接面出现粘结不牢等缺陷时，可用热风枪稍许加热后粘贴。

2）铺贴后卷材出现空鼓情况时，需将鼓泡部位卷材呈斜十字形割开，粘接面清理干净后，用喷灯或热风枪适当加热后进行粘贴，并在切开部位再铺贴一层大于切口的 100mm 的同质卷材。

7. 三元乙丙橡胶防水卷材

三元乙丙橡胶防水卷材应按图 14-10 所示的施工流程进行。

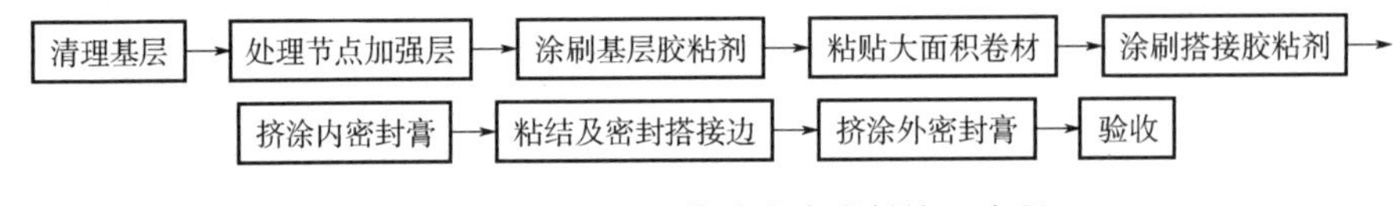

图 14-10　三元乙丙橡胶防水卷材施工流程

（1）卷材铺贴要点

1）应将卷材沿基准线对折辐宽的一半，露出一半卷材的底面。宜用滚刷或毛刷将基层胶均匀涂刷在基层和卷材下表面上，无露底和堆积现象。基层胶粘剂干燥至手触不粘时，应立即开始铺贴卷材，对准基线将涂胶并干燥的一半卷材粘贴在基层上并立即在卷材表面滚压，卷材与基层应粘结牢固，折回卷材未粘结的一半，涂刷基层胶粘剂完成整幅卷材的铺贴。

2）相邻卷材搭接定位后，应均匀涂刷配套搭接胶粘剂，待搭接胶粘剂干燥至手触不粘时，沿底部卷材的内侧 13mm 以内，连续挤涂直径为 3～4mm 宽的内密封膏膏条，挤出的内密封膏不应间断。内密封膏挤涂完毕后应粘合卷材接缝，排除空气使搭接部位粘结牢固。之后，在接缝外沿挤涂外密封膏并用带有凹槽的专用刮板沿接缝中心线以 45°角刮涂压实定型外密封膏。

3）相邻卷材搭接粘结完成后应在卷材搭接缝区域涂刷配套底胶。应先打开胶粘带沿弹好的基线把胶粘带铺粘在下层卷材搭接缝上压实，把上层卷材铺放在胶粘带的隔离纸上，应有不少于 3mm 宽度的胶粘带超出卷材搭接缝外边缘，用手持铁辊或橡胶压辊压实胶粘带；揭去上层卷材下面胶粘带上的隔离纸，把上层卷材直接铺粘在暴露的胶粘带上面，并沿垂直于搭接边的方向压实上层卷材；用50mm宽的铁压辊沿垂直于搭接缝的方向用力滚压粘牢。

（2）施工缺陷处理

三元乙丙橡胶防水卷材施工出现瑕疵应按下列方法进行处理：

1）直径小于或等于300mm的鼓泡维修，可采用割破鼓泡的方法，排出泡内气体，使卷材复平。在鼓泡范围面层上部铺贴一层卷材或铺设带有胎体增强材料的涂膜防水层，其边缘应封严。

2）直径在300mm以上的鼓泡维修，可按斜十字形将鼓泡切割，翻开晾干。清除原有胶粘材料，并在面上铺贴一层卷材，其周边应大于切割部分100mm，粘牢封严。

3）卷材折皱应切除，并清除原有胶粘材料及基层污物。应用卷材重新铺贴，搭接处应压实封严。

（3）三元乙丙橡胶防水卷材的成品保护应符合下列规定：

1）铺贴卷材所使用的胶粘剂应与三元乙丙橡胶防水卷材套胶供应。

2）胶粘剂的粘结剥离强度不应小于15N/10mm，浸水168h后粘结剥离强度保留率应大于70%。

8. 聚乙烯丙纶卷材复合防水层

聚乙烯丙纶卷材—聚合物水泥防水层，是一种无毒无味的高分子卷材与聚合物水泥胶粘料复合防水系统。该卷材中间芯片为线性低密度聚乙烯片材，两面为热压一次成型的高强丙纶长丝无纺布。聚合物水泥防水粘结料是由树脂胶粉、聚合物乳液、有机硅防水剂、甲基纤维素醚等配制成的专用胶，在施工现场再与一定比例的水泥搅拌而成的聚合物水泥防水胶粘料；该材料不仅有较强的粘结力，而且还有良好的防水性能。

（1）材料要求

聚乙烯丙纶防水卷材应符合下列规定：

1）聚乙烯丙纶卷材生产应采用原生料，严禁使用再生原料、二次复合生产的卷材。应采用高强丙纶长丝无纺布两面热压一次成型工艺，薄厚应均匀一致。

2）聚合物水泥粘结料应在施工现场配制。先将专用胶放置于干净的容器中，边加水边搅拌，应待专用胶全部溶解后再加入水泥继续搅拌均匀，随配随用，不得超时存放。

3）粘结料的配合比（重量比）宜为胶:水:水泥=1:(2.5~2.7):50，其中水的用量可按不同部位、基层干燥程度进行调整。

4）配制好的聚合物水泥粘结料应及时使用，应在4h内用完。剩余的粘结料不得再用。

5）粘结料可用于卷材与基层、卷材与卷材之间的粘结，也可用于卷材搭接缝的封边密封处理。

（2）施工要点

聚乙烯丙纶卷材—聚合物水泥复合防水层施工应按图14-11所示的施工流程进行。

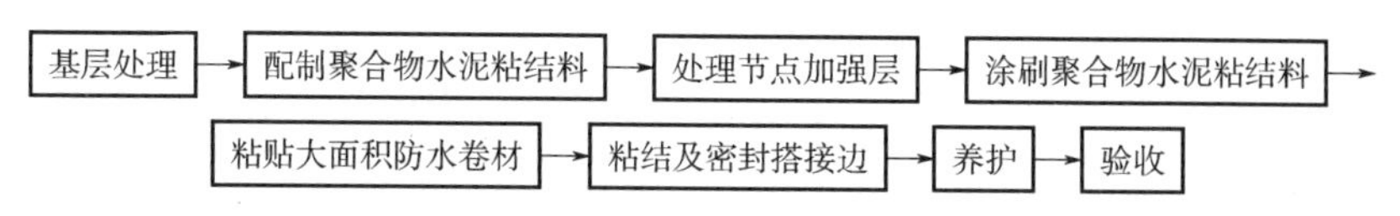

图14-11 聚乙烯丙纶卷材—聚合物水泥复合防水层施工流程

阴阳角、管道根部等部位应涂刷粘结料，粘铺卷材加强层。卷材的长短搭接边均应挤出2mm宽的粘结料，并应涂抹同样的粘结料作封边处理。防水层完成后冬季应采取保温措施，夏季应采取降温措施，使粘接料正常固化。

(3) 施工缺陷处理

聚乙烯丙纶—聚合物水泥防水层施工出现瑕疵应按下列方法进行处理：

1) 施工中卷材层被破坏，应把卷材破坏部位清理干净；卷材开口处填充聚合物粘结料，然后补做被破坏处的卷材，粘贴并密封严密。

2) 永久保护墙卷材层被破坏甚至被切断，需补做防水层。

(4) 聚乙烯丙纶—聚合物水泥防水层的成品保护应符合下列规定：

1) 喷水养护不得过早，不宜用高压水枪冲刷。

2) 使用电动搅拌器等电气设备时，应选用有安全开关的变电箱，使用前应先试运转，确定无误后，方可进行作业。

14.1.4 涂膜防水层

涂膜防水是在常温下涂布防水涂料，经溶剂挥发或水分蒸发或反应固化后，在基层表面形成的具有一定坚韧性的涂膜的防水方法。

1. 涂膜防水一般要求

防水涂料涂刷前应先在基面上涂刷一层与涂料材性相容的基层处理剂，处理剂应厚度均匀一致，不堆积、不露底。

防水涂料每遍涂刷时应与前一遍涂刷垂直，同层涂膜的先后搭茬宽度宜为 30～50mm。

防水涂料应先做细部节点的涂料加强层，后进行大面积涂刷。

涂料防水层中铺贴无纺布等增强材料时，同层相邻的搭接宽度应大于 100mm，上下层接缝应错开 1/3 幅宽。

2. 单组分聚氨酯防水涂料

单组分聚氨酯防水涂料施工应按图 14-12 所示的施工流程进行。

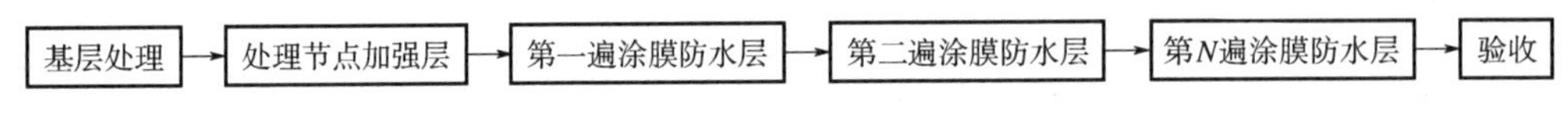

图 14-12　单组分聚氨酯防水涂料施工流程

(1) 施工要点

应采取多遍涂刷方法达到设计厚度，每遍间隔时间不宜小于 24h；涂刷方向相互垂直。

1) 第一遍涂膜施工时，将搅拌均匀的单组分聚氨酯材料倾倒在基层上，用滚刷或橡胶刮板均匀地涂刷，薄厚一致。不得有漏刷、堆积、鼓包等缺陷。

2) 第二遍涂膜施工时，应在第一遍涂膜固化后涂刷，采用与第一遍涂层相互垂直的方向均匀涂刷。

3) 在最后一遍涂膜尚未固化之前，宜在其表面干撒含泥量不大于 3% 的中砂，并及时做好保护层。

(2) 施工缺陷处理

单组分聚氨酯防水涂料施工出现瑕疵应按下列方法进行处理：

1) 单组分聚氨酯防水涂层上有孔洞时，应采用涂料进行重新封孔。

2) 单组分聚氨酯防水涂层表面出现起泡、起皮时，应将其切除后用同样的单组分聚氨酯防水涂料进行修补。

3. 聚合物水泥防水涂料

（1）材料要求

应按产品说明书标注的液料、粉料和水的比例进行配制。

涂料配制时应采用电动机具搅拌均匀，呈浆状无团块，配制好的涂料应及时使用。固化后的涂料不得加水后再使用。

（2）施工要点

防水涂料应多遍均匀涂刷，每遍涂刷应在上一遍干燥后进行，涂膜总厚度应符合设计要求。

涂料施工应先做好细部处理，再进行大面涂刷。涂料施工采用铺胎体增强材料进行局部加强处理时，宜边涂布边铺贴胎体材料，胎体材料应铺贴平整，无皱折，搭接不少于100mm，并与涂料粘结牢固。涂料应浸透胎体，不得有胎体外露现象。最上面的涂膜厚度不应小于 1.0mm。转角处涂膜应薄涂多遍，不得流淌和堆积。涂膜防水层完成并验收合格后，应按设计要求进行保护隔离层施工。

4. 水泥基渗透结晶型防水涂料

水泥基渗透结晶型防水涂料涂刷或喷涂时应按图 14-13 所示的施工流程进行。

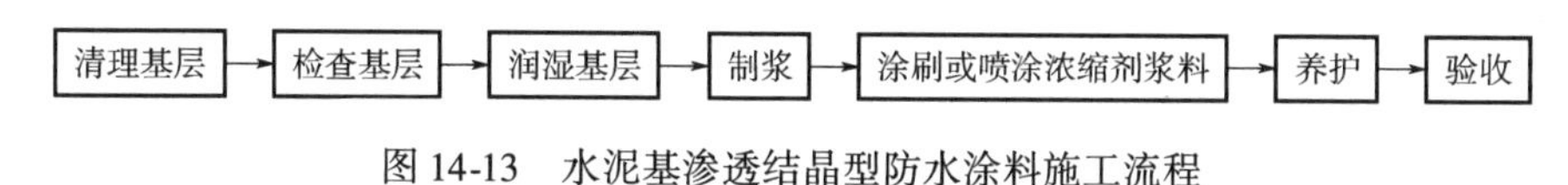

图 14-13　水泥基渗透结晶型防水涂料施工流程

（1）基层处理

施工前应打磨基层，清除油污、杂物。如有瑕疵，应先在基面上涂刷一道浓缩剂灰浆，然后用同强度等级的水泥砂浆进行补强处理。

穿墙管根部位宜预留 U 形槽，用浓缩剂半干料团填充。宜先在 U 形槽内涂刷一道浓缩剂灰浆，并按体积比干粉 : 水为 6 : 1 的比例制成浓缩剂半干料团，填堵压实，表面用浓缩剂灰浆涂刷一道。

（2）浆料制备

水泥基渗透结晶型防水材料制浆时，粉料与水宜按体积比 5 : 2 倒入容器内，用电动搅拌器搅拌 3 ~ 5min，充分搅拌均匀，一次所拌的浆料宜在 20min 内用完，不得在使用中再加水加料。

（3）涂料施工与养护

制好的浆料应在基层处于潮湿无明水的状态时均匀地涂刷或喷涂在已处理好的基层上。浆料应分层涂刷，其厚度和用量达到设计要求，不得一次涂成。每道涂层应经 5 ~ 6h 干燥初凝成膜后方可进行下一道涂刷，第一道与第二道的涂刷方向应垂直。

待最后一道涂层呈干固状态时再进行喷水养护，宜每天 3 ~ 4 次喷水养护，养护时间不宜少于 7d。

（4）桩头防水处理

采用水泥基渗透结晶型防水材料进行桩头处理时应符合下列规定：

1）应先将桩身和钢筋周边基层的泥土、浮浆、松动的碎石等清理干净，露出完整洁净的结构面。

2）如有孔洞和蜂窝，应用比桩身高一个强度等级的混凝土进行填平补齐。

3）应在润湿的桩身表面涂刷浓缩剂灰浆层，遇到钢筋涂层要刷上去 50mm 高。

4）应采取不少于7d的保湿养护，每天3～4次。

（5）施工缺陷处理

水泥基渗透结晶型防水涂料施工时出现瑕疵时应按下列方法进行处理：

1）涂刷完后，如发现有漏涂、起皮脱落或磕碰的，应清理干净基面并润湿后重新涂刷。

2）防水混凝土结构表面宽度0.2mm以下的裂缝宜直接涂刷浓缩剂灰浆，宽度大于0.2mm的裂缝应经开槽清理、润湿后涂刷浓缩剂灰浆，待收水后填充浓缩剂半干料团，填堵压实。

3）如因结构缺陷发生再次渗漏，可在渗漏部位先修补缺陷，然后再重新涂刷。

14.1.5 聚合物水泥砂浆防水层

基层表面应平整、坚实、清洁，并应充分湿润、无明水。基层表面的孔洞、缝隙，应采用与防水层相同的防水砂浆堵塞并抹平。

施工前应将预埋件、穿墙管预留凹槽内嵌填密封材料后，再施工水泥砂浆防水层。

水泥防水砂浆的配合比和施工方法应符合所掺材料的规定，其中聚合物水泥防水砂浆的用水量应包括乳液中的含水量。聚合物水泥防水砂浆拌和后应在规定时间内用完，施工中不得任意加水。

水泥砂浆防水层应分层铺抹或喷射，铺抹时应压实、抹平，最后一层表面应提浆压光。水泥砂浆防水层各层应紧密粘合，每层宜连续施工；必须留设施工缝时，应采用阶梯坡形槎，但离阴阳角处的距离不得小于200mm。

水泥砂浆防水层终凝后，应及时进行养护，养护温度不宜低于5℃，并应保持砂浆表面湿润，养护时间不得少于14d。聚合物水泥防水砂浆未达到硬化状态时，不得浇水养护或直接受雨水冲刷，硬化后应采用干湿交替的养护方法。潮湿环境中，可在自然条件下养护。

14.1.6 非固化橡胶沥青防水涂料与卷材复合防水

非固化橡胶沥青防水涂料宜与防水卷材组成复合防水层，施工时同层的幅宽应比粘铺的防水卷材或覆盖材料宽100mm。当非固化橡胶沥青防水涂料单独作为防水层使用时，应在涂层中间设置胎体增强材料，涂层表面应设置覆盖材料。

非固化橡胶沥青防水涂料刮涂施工温度宜为65～70℃，喷涂施工温度宜为130～140℃。不得在雨天、雾天、四级风以上天气施工，如在施工中突遇降雨，应采取遮挡措施。

（1）刮涂法施工

刮涂法施工时，应先将非固化橡胶沥青防水涂料放入专用设备中加热，达到能施工温度后，将加热熔融的涂料注入施工桶中，施工时将涂料倒在基面上，用刮板涂刮均匀，应一次成型至设计要求厚度。

（2）喷涂法施工

采用喷涂法施工时应满足下列要求：

1）将涂料加热达到喷涂所需温度后，接好专用的喷枪，并应检查喷枪、喷嘴运行是否正常，开启喷枪进行试喷涂，达到正常的状态后方可进行作业。

2）施工中应调整好喷嘴与基面距离、角度及喷涂设备压力，使喷涂后的涂层均匀不露底，且应达到设计厚度。

3）涂层的先后搭接宽度宜为30～50mm。

4）平面喷涂施工时，每次喷涂的宽度不宜超过 2m。

5）立面喷涂施工时，每次喷涂的高度不宜超过 3m，每次喷涂的宽度不宜超过 5m。每一个喷涂高度范围内宜由上往下喷涂，当工作面狭小时，应沿墙体竖向喷涂。

（3）防水卷材施工

配套防水卷材的施工应符合下列规定：

1）防水卷材铺贴的前一天应将卷材展开，并整齐叠放进行应力释放。

2）涂料喷涂施工时，应在涂层表面温度不低于 40℃时铺贴卷材防水层。

3）采用刮涂施工时，应在刮涂的同时铺贴卷材。

4）自粘聚合物改性沥青防水卷材的搭接缝采用自粘层直接粘合，将搭接部位的隔离膜揭除，并用压辊滚压粘牢封严。

5）高聚物改性沥青防水卷材搭接部位宜采用热熔法粘结，加热器加热搭接部位的上下层卷材，待卷材表面开始熔融时，即可粘合搭接缝并使接缝边缘溢出热熔的沥青胶。

14.2　屋面工程防水

屋面防水是指为防止雨水或人为因素产生的水从屋面渗入建筑物内部而采取的一系列结构、构造和建筑措施，对于屋面有综合利用要求的，如用作活动场所、屋顶花园，则对其防水的要求将更高。屋面防水工程的做法很多，大体上可分为：卷材防水屋面、涂膜防水屋面、刚性防水屋面、保温隔热屋面、瓦材防水屋面等，本章重点介绍卷材防水层、涂膜防水层和复合防水层的施工方法。

14.2.1　一般规定

屋面基层经验收合格后，方可进行防水工程的施工，防水工程竣工验收合格后，应办理工序交接。屋面工程防水施工应编制防火安全方案，应配备消防灭火器材，采取防火安全措施。屋面防水工程施工应按临边、洞口防护规定设置安全护栏和安全网，施工人员采取穿防滑鞋、系好安全带等防护措施。不得在雨天、雪天和五级风及以上时施工。

防水工程施工前应对基面进行检查，并对发现的缺陷进行修补。防水工程施工完成后，应进行淋、蓄水试验，应经监理或建设单位检查验收，并应在合格后再进行下道工序的施工。当下道工序或相邻工程施工时，应对已完成的防水部分采取保护措施。

防水材料施工环境温度应符合表 14-12 的规定。

表 14-12　防水材料施工环境温度

序号	防水材料类别	施工环境温度
1	合成高分子防水卷材	冷粘施工，不宜低于 5℃ 热风焊接法，不宜低于 -10℃
2	高聚物改性沥青防水卷材热熔法 非固化沥青防水涂料施工	不宜低于 -10℃
3	冷粘法和热粘法	不宜低于 5℃
4	自粘法	不宜低于 10℃
5	水乳型及反应型防水涂料	宜为 5～35℃

（续）

序号	防水材料类别	施工环境温度
6	溶剂型防水涂料	宜为5～35℃
7	热熔型防水涂料	不宜低于－10℃
8	聚合物水泥防水涂料	宜为5～35℃
9	聚乙烯丙纶复合防水层	采用聚合物水泥粘结料：宜为5～35℃ 采用非固化橡胶沥青涂料：宜为－10～35℃

屋面卷材防水找平层宜采用水泥砂浆或细石混凝土按分格块装灰、铺平，用刮扛靠冲筋条刮平，应在水泥初凝前压实抹平。水泥终凝前应进行二次压光，压实以后12h以内应进行洒水养护，养护时间不得少于7d。

卷材防水层的基层与凸出屋面结构的交接处，以及基层的转角处、找平层均应做成圆弧形，且应整齐平顺。找平层圆弧半径应符合表14-13的规定。水落口周围直径500mm范围内坡度不应小于5%。

表14-13　找平层圆弧半径

卷材种类	圆弧半径/mm
高聚物改性沥青防水卷材	50
合成高分子防水卷材	20

14.2.2　卷材防水层

1. 材料贮运与保管

防水卷材、胶粘剂和胶粘带的贮运、保管应符合表14-14的要求。

表14-14　防水卷材、胶粘剂和胶粘带的贮运、保管要求

材料类别	贮运、保管规定
防水卷材	（1）不同品种、规格的卷材应分别堆放 （2）卷材应贮存在阴凉通风处，应避免雨淋、日晒和受潮，不得接触火源 （3）卷材应避免与化学介质及有机溶剂等有害物质接触
胶粘剂和胶粘带	（1）不同品种、规格的胶粘剂和胶粘带，应分别用密封桶或纸箱包装 （2）胶粘剂和胶粘带应贮存在阴凉通风的室内，不得接近火源和热源

2. 基层处理

卷材防水层基层应坚实、干净、平整，应无孔隙、起砂和裂缝。基层的干燥程度应根据所选防水卷材的特性确定。采用基层处理剂时，其配制与施工应符合下列规定：

（1）基层处理剂应与卷材相容。

（2）基层处理剂应配比准确，并搅拌均匀。

（3）喷、涂基层处理剂前，应先对屋面细部节点部位进行涂刷，再进行大面施工。

（4）基层处理剂可选用喷涂或涂刷施工工艺，喷、涂应均匀一致，不得露底，应在基层处理剂干燥后铺贴防水卷材。

（5）污染后的基层处理剂应重新涂刷。

3. 卷材铺贴一般要求

卷材防水层铺贴应符合下列规定：

（1）卷材防水层施工之前，应先进行弹线，先弹细部构造的定位线，再弹大面卷材定位线。

（2）卷材防水层施工时，除管根部位外，应先进行细部节点构造的附加层处理，然后进行大面卷材的铺贴。

（3）应先铺贴檐沟、天沟防水层，然后由屋面最低标高向上铺贴。

（4）檐沟、天沟卷材施工时，应先从水落口部位开始，顺檐沟、天沟方向铺贴，搭接缝应顺流水方向。

（5）卷材宜平行屋脊铺贴，上下层卷材不得相互垂直铺贴。

（6）立面或大坡面铺贴卷材时，应采用满粘法，并宜减少卷材短边的搭接，防水卷材收头部位应固定并密封。

4. 卷材搭接

卷材搭接缝应符合下列规定：

（1）平行屋脊的搭接缝应顺流水方向，搭接缝最小宽度应符合表14-15的规定。

表14-15　卷材搭接缝最小宽度（mm）

卷材类别		搭接宽度
合成高分子防水卷材	胶粘剂	80
	胶粘带	60
	单焊缝	60
	双焊缝	80
高聚物改性沥青防水卷材	热熔、胶粘剂	100
	自粘	80

（2）同一层相邻两幅卷材短边接缝错开不应小于500mm；上下层卷材搭接缝应错开，长边不应小于幅宽的1/3，短边不应小于500mm。

（3）天沟、檐沟的防水层与屋面的搭接宜设置在屋面或天沟侧面，不宜留在沟底。

（4）叠层铺贴的各层卷材，在天沟与屋面的交接处，应采用叉接法搭接，搭接缝应错开。

（5）铺贴完成的卷材防水层应平整顺直，不得有扭曲、褶皱现象。

5. 粘结方法

防水层与基层之间、相邻防水层之间的粘结可依据施工环境、现有设备及卷材材性特点，选用冷粘法、热熔法、热粘法等方法。各种方法的施工要点见表14-16。

表14-16　卷材粘结方法及施工要点

序号	粘结方法	施工要点
1	冷粘法	（1）胶粘剂涂刷应均匀，不得露底、堆积；卷材空铺、点粘、条粘时，应按规定的位置及面积涂刷胶粘剂 （2）应根据胶粘剂的性能与施工环境、气温条件等，控制胶粘剂涂刷与卷材铺贴的间隔时间 （3）铺贴卷材时应排除卷材下面的空气，并通过辊压粘贴牢固 （4）铺贴的卷材应平整顺直，搭接尺寸应准确，不得扭曲、褶皱；搭接部位的接缝应满涂胶粘剂，辊压应粘贴牢固 （5）合成高分子卷材铺好压粘后，应将搭接部位的粘结面清理干净，并应采用与卷材配套的接缝专用胶粘剂，在搭接缝粘结面上应涂刷均匀，不得露底、堆积，应排除缝间的空气，并通过辊压粘贴牢固 （6）合成高分子卷材搭接部位采用胶粘带粘结时，粘结面应清理干净，可涂刷与卷材及胶粘带材性相容的基层胶粘剂，撕去胶粘带隔离纸后应及时粘结接缝部位的卷材，并应辊压粘贴牢固；低温施工时，宜采用热风机加热 （7）搭接缝口应用材性相容的密封材料封严

（续）

序号	粘结方法	施工要点
2	热熔法	（1）加热器的喷嘴距卷材面的距离应适中，幅宽内加热应均匀，卷材表面宜熔融至光亮黑色，不得过分加热卷材；厚度小于3mm的高聚物改性沥青防水卷材，不得采用热熔法施工 （2）卷材表面沥青热熔后应立即滚铺卷材，滚铺时应排除卷材下面的空气，展平并粘贴牢固 （3）搭接缝部位宜溢出热熔的改性沥青胶结料宽度5～8mm，并宜均匀顺直；当接缝处的卷材上有矿物粒或片料时，应用火焰烘烤及清除干净后再进行热熔和接缝处理 （4）铺贴卷材时应平整顺直，搭接尺寸应准确，不得扭曲
3	热粘法	（1）宜采用具有加热和计量等功能的专用施工设备 （2）施工前应对施工部位周边采取防污染遮挡措施 （3）低温施工时，基层表面应保持干燥，不得有结冰 （4）熔化热熔型改性沥青胶结料时，宜采用专用导热油炉加热，加热温度不应高于200℃，使用温度不宜低于180℃ （5）粘贴卷材的热熔型改性沥青胶结料厚度宜为1.5～2.0mm （6）采用热熔型改性沥青胶结料铺贴卷材时，应随刮随滚铺，并展平压实 （7）加热非固化橡胶沥青防水涂料时，宜采用专用加热设备，加热温度不应高于180℃ （8）非固化橡胶沥青防水涂料的厚度不应小于2.0mm；采用刮涂或喷涂的施工方法，卷材应随即铺贴，并展平压实，即防水涂料与防水卷材同步进行施工
4	自粘法	（1）铺粘卷材前，基层表面应坚固、平整、干净、干燥、无尖锐凸起物，并应均匀涂刷基层处理剂，干燥后应及时铺贴卷材 （2）铺贴卷材时应将自粘胶底面的隔离纸完全撕净；应排除卷材下面的空气，并应辊压粘贴牢固 （3）铺贴的卷材应平整顺直，搭接尺寸应准确，不得扭曲、褶皱 （4）搭接缝口应采用材性相容的密封材料封严，可采用热风机加热封口或采用材性相容的密封材料进行处理 （5）立面卷材施工后，应将卷材上部固定，并用配套密封胶封严 （6）低温施工时，宜采用热风对基面及卷材表面加热，不得采用明火加热
5	焊接法	（1）热塑性卷材的搭接缝可采用单缝焊或双缝焊，焊接应严密；单缝焊搭接宽度应为60mm，有效焊接宽度不应小于20mm，双缝焊搭接宽度应为80mm，每条焊缝的有效焊接宽度不宜小于10mm （2）焊接前，卷材应铺放平整、顺直，搭接尺寸应准确，焊接缝的结合面应清理干净 （3）应先焊长边搭接缝，后焊短边搭接缝 （4）应控制加热温度和时间，焊接缝不得漏焊、跳焊或焊接不牢 （5）收头部位应固定密封
6	机械固定法	（1）固定件应与结构层连接牢固 （2）固定件数量和间距应根据抗风揭试验和使用环境与条件确定，并应符合设计要求，间距不宜大于600mm （3）卷材防水层周边800mm范围内应满粘，卷材收头应采用金属压条钉压固定并密封处理
7	湿铺卷材施工	（1）湿铺粘结料水泥应采用强度等级不低于42.5的硅酸盐水泥或普通硅酸盐水泥，水灰比不宜大于0.45 （2）气温高于30℃或基面较干燥时，粘结浆料中宜适量添加保水剂 （3）粘结料厚度宜为2～3mm （4）卷材铺贴后应及时辊压排气 （5）湿铺卷材搭接及卷材与卷材之间应采用自粘搭接 （6）应在卷材整体铺贴完毕48h后，再进行搭接处理

14.2.3 涂膜防水层

涂膜防水层施工工艺流程如图14-14所示。

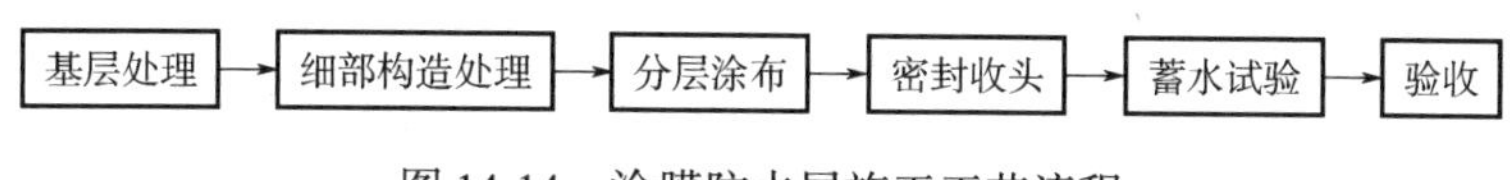

图14-14 涂膜防水层施工工艺流程

1. 基层处理

涂膜防水层的基层应坚实、平整、干净，无孔隙、起砂和裂缝。基层的干燥程度应根据所选用的防水涂料特性确定；当采用溶剂型、热熔型和反应固化型防水涂料时，基层应干燥。

防水涂料施工前，基层阴阳角应做成圆弧或钝角，阴角直径不宜小于50mm，阳角直径不宜小于10mm。

2. 胎体增强材料

铺设胎体增强材料应符合下列规定：

（1）胎体增强材料宜采用聚酯无纺布或化纤无纺布。

（2）胎体增强材料长边搭接宽度不应小于50mm，短边搭接宽度不应小于70mm。

（3）上下层胎体增强材料的长边搭接缝应错开，且不得小于幅宽的1/3。

（4）上下层胎体增强材料不得相互垂直铺设。

涂膜防水层施工可采用滚涂、喷涂、刮涂、刷涂等工艺，不同涂料品种可依据表14-17选择施工工艺。

3. 施工一般规定

涂膜防水层施工应符合下列规定：

（1）涂料的配制应按配合比准确计量、搅拌均匀，已配制的涂料应及时使用。

（2）防水涂料应分层多遍涂刷或喷涂，并应待前一遍涂刷的涂料干燥成膜后，再施工下一遍涂层，且前后两遍涂料的涂刷方向宜相互垂直，涂膜的总厚度应符合设计要求。

表14-17 涂膜防水层施工工艺选择

涂料品种或施工部位	适用工艺
水乳型及溶剂型防水涂料	滚涂或喷涂
反应固化型防水涂料	刮涂或喷涂
热熔型防水涂料	刮涂
聚合物水泥防水涂料	刮涂
所有防水涂料的细部构造	刷涂或喷涂

（3）涂膜施工应先对水落口、天沟、檐口、阴阳角、设备基础、屋面管道、排气孔等细部节点进行密封或加强处理，再进行大面积涂布。

（4）涂膜间夹铺胎体增强材料时，宜边涂布边铺胎体；胎体应铺贴平整，应排除气泡，并应与涂料粘结牢固。在胎体上涂布涂料时，应使涂料浸透胎体，并应覆盖完全，不应有胎体外露及褶皱现象。最上面的涂膜厚度不应小于1.0mm。

（5）阴阳角增强层和空铺层的胎体材料，距中心每边宽度不应小于250mm。铺贴时应松弛，不得拉伸过紧和产生褶皱。

（6）屋面转角及立面应薄涂多遍，不得有流淌和堆积。

（7）防水涂膜施工应均匀，不得漏刷漏涂，接槎宽度不应小于100mm。

（8）大面积铺贴胎体材料时，同层相邻的搭接宽度不得小于100mm，上下接缝应错开不小于1/3幅宽。

（9）涂膜防水层在未做保护层前，不得在防水层上进行其他施工作业或直接堆放物品。

4. 各类防水涂料施工要点

不同类别的涂料施工要点见表14-18。

表14-18 不同类别涂料施工要点

序号	涂料类别	施工要点
1	聚氨酯防水涂料	(1) 应按生产商推荐的比例配料，混合均匀，现场不得随意添加溶剂 (2) 阴阳角、管根等异形部位应增设防水附加层 (3) 宜多遍涂覆成膜，涂刷时应在前一道涂膜干燥后再进行下一道涂膜施工，涂刷的方向与上道方向垂直 (4) 密闭环境下应加强通风措施 (5) 立面施工时，不应流坠堆积 (6) 涂膜固化后应尽快采取保护、隔离措施
2	聚合物水泥防水涂料	(1) 宜设置聚酯或丙纶无纺布附加层，无纺布单位面积质量宜为40～50g/m² (2) 宜采用机械化喷涂施工，采用刷涂施工时宜多遍涂刷 (3) 立面施工时，不应有流坠
3	非固化橡胶沥青防水涂料、热熔橡胶沥青防水涂料	(1) 宜使用具有加热、计量等功能的专用喷涂设备喷涂或人工刮涂施工 (2) 基层应干净、坚固、干燥，低温时基层不得有结冰 (3) 对细部节点进行加强处理 (4) 喷涂时，对工地周边易污染部位应采取遮挡措施 (5) 涂料与卷材复合施工时，铺贴应同步进行，卷材搭接边应采用自粘粘结或热风辅助粘结 (6) 立面上宜与自重较轻的卷材复合使用，当卷材自重较大时，应采取机械固定措施
4	喷涂橡胶沥青防水涂料	(1) 应使用专用喷涂设备 (2) 喷涂时，对工地周边易污染部位应采取遮挡措施 (3) 喷涂作业前应涂布基层处理剂 (4) 立面施工应按自上而下的顺序进行施工 (5) 施工过程中应避免阳光照射高温阶段，涂膜固化后应及时采取保护措施
5	喷涂硬泡聚氨酯材料	(1) 基层应平整、干燥、干净 (2) 喷涂硬泡聚氨酯隔热层的厚度应符合设计要求，喷涂应平整 (3) 应使用专用喷涂设备施工，施工环境温度宜为10℃以上，相对湿度宜小于85%，不宜在风力大于五级时施工，当风力大于三级时应采取有效的遮挡措施 (4) 穿出屋面的管道、设备、预埋件等，应在喷涂硬泡聚氨酯隔热层施工前安装完毕，并应进行密封处理 (5) 在落水口等部位需采用防水涂料进行防水加强处理 (6) 喷涂施工应分多遍喷涂，第一遍应薄涂

14.2.4 复合防水层

复合防水层是由彼此相容的卷材和涂料组合而成的防水层。

复合防水层施工工艺流程见图14-15。

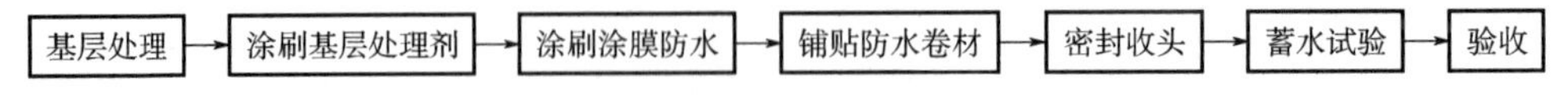

图14-15 复合防水层施工工艺流程

复合防水层施工应符合下列规定：

(1) 不同胎体和性能的卷材复合使用时，或夹铺不同胎体增强材料的涂膜复合使用时，高性能的材料应作为面层。

（2）不同防水材料复合使用时，耐老化、耐穿刺的防水材料应设置在最上层。

（3）挥发固化型防水涂料不得作为防水卷材粘结材料使用。水乳型或合成高分子类防水涂料不得与热熔型防水卷材复合使用。水乳型或水泥基类防水涂料应待涂膜实干后，方可铺贴卷材。

14.3　外墙防水工程

建筑外墙的防水对建筑的使用功能有非常重要的作用，尤其是在建筑节能的要求下，防水的作用越来越重要。随着建筑类型及外墙种类多样性的发展，以及建筑高度的增加、风压加大，致使外墙渗漏率加大。外墙渗漏会降低外墙作为围护结构的使用功能和保温隔热性能，也会导致外墙使用寿命的缩短，因此保证外墙防水工程的施工质量对于保证建筑物正常使用、实现节能环保的功能要求具有重要的作用。

14.3.1　基层处理

外墙找平层施工前，应对墙面进行检查。外墙结构表面的油污、浮浆应清除，孔洞、缝隙应堵塞抹平；门窗框与墙体的缝隙应用聚合物水泥防水砂浆嵌填饱满，不得使用混合砂浆，嵌填时应拔去固定门窗框的木楔或临时固定器。并需作如下处理：

1. 交接部位处理

不同结构材料交接处的增强处理材料应固定牢固，具体要求如下：

（1）应按设计要求铺挂加强网。当设计无规定时，应在外墙面混凝土梁、墙（板）、柱与砌体之间铺挂加强网，每侧网宽不应小于 150mm。加强网应采用热镀锌焊接网片，网目不宜大于 20mm×20mm，钢丝直径应为 0.8～1.0mm。

（2）加强网应具有一定的宽度，且应固定牢固，以防止找平层在交接部位开裂。加强网与基体的固定方法：基体为混凝土面可用射钉或金属胶钉固定，基体为砌块面可用铁钉或金属胶钉固定，金属胶钉与基体面采用环氧树脂结构胶或结构胶粘结。钉的间距不宜大于 400mm。

2. 外墙孔洞处理

混凝土外墙孔洞处防水施工应符合以下规定。

（1）脚手架留孔洞进行修补应用不低于 C20 的聚合物细石混凝土堵塞密实，表面比墙面低 20mm；并刷 2.0mm 厚聚合物防水涂料（宽出洞边 100mm）；外墙抹灰前预先封抹凹入处与墙平齐，并刷一道界面剂。

（2）外墙螺杆洞抹灰前应进行处理。处理时在外侧凿出 20mm 深、外口直径 40mm 的喇叭形孔洞，冲洗湿润后用聚合物防水砂浆挤入孔内灌满（严禁空孔）、外侧抹成圆饼状并凸出墙面 2mm，应对聚合物水泥防水砂浆及时进行养护，不得有细微裂缝或空鼓。

14.3.2　找平层施工

铺抹找平层前，应充分湿润外墙面。找平层应分层抹压，每层厚度不应大于 10mm，总厚度不宜大于 20mm，表面应平整，但不得压光，挂网不得外露，窗台和窗顶表面应向外侧排水。当饰面层为涂料时，找平层应采用聚合物水泥砂浆、聚合物抗裂合成纤维水泥砂浆或掺外加剂的水泥防水砂浆。

找平层厚度超过35mm时，在找平层中应加一道加强网，放置在找平层中部，可起到抗裂的作用。施工时应先分两层进行找平，再铺挂加强网，确保加强网在找平层中部或偏上的位置。

14.3.3 砂浆防水层

外墙防水层施工前，宜先做好节点处理，再进行大面积施工。节点部位是防水施工的重点部位，也是渗漏的多发区，如门窗洞口周边、伸出外墙管道、设备安装的预埋件、墙体分格缝等；大面防水层施工前，应先对这些节点部位根据做法要求进行密封处理。

1. 防水砂浆的配制与使用

防水砂浆的配制应满足下列要求：

（1）配合比应按照设计要求，通过试验确定。

（2）配制乳液类聚合物水泥防水砂浆前，乳液应先搅拌均匀，再按规定比例加入拌合料中搅拌均匀。

（3）干粉类聚合物水泥防水砂浆应按规定比例加水搅拌均匀。

（4）粉状防水剂配制普通防水砂浆时，应先将规定比例的水泥、砂和粉状防水剂干拌均匀，再加水搅拌均匀。

（5）液态防水剂配制普通防水砂浆时，应先将规定比例的水泥和砂干拌均匀，再加入用水稀释的液态防水剂搅拌均匀。

（6）配制好的防水砂浆宜在1h内用完；施工中不得加水。

2. 防水砂浆铺抹施工

防水砂浆铺抹施工应符合下列规定：

（1）界面处理材料涂刷厚度应均匀、覆盖完全，收水后应及时进行砂浆防水层施工。

（2）厚度大于10mm时，应分层施工，第二层应待前一层指触不粘时进行，各层应粘结牢固。

（3）每层宜连续施工，留茬时，应采用阶梯坡形茬，接茬部位离阴阳角不得小于200mm；上下层接茬应错开300mm以上，接茬应依层次顺序操作、层层搭接紧密。

（4）喷涂施工时，喷枪的喷嘴应垂直于基面，合理调整压力、喷嘴与基面距离；涂抹施工时应压实、抹平；遇气泡时应挑破，保证铺抹密实；抹平、压实应在初凝前完成。

（5）抗裂砂浆层的中间宜设置耐碱玻纤网格布或金属网片。金属网片宜与墙体结构固定牢固。玻纤网格布铺贴应平整无皱折，两幅间的搭接宽度不应小于50mm。

（6）窗台、窗楣和凸出墙面的腰线等，应将其上表面做成向外不小于5%的排水坡，外口下沿应做滴水处理。

（7）砂浆防水层宜留分格缝，分格缝宜设置在墙体结构不同材料交接处，水平缝宜与窗口上沿或下沿平齐，垂直缝间距不宜大于6m，且宜与门、窗框两边垂直线重合。缝宽宜为8~10mm，缝深同防水层厚度，防水砂浆达到设计强度的80%后，将分格缝清理干净，用密封材料封严。

（8）砂浆防水层转角宜抹成圆弧形，圆弧半径不应小于5mm，分层抹压顺直。

（9）门框、窗框、管道、预埋件等与防水层相接处应留8~10mm宽的凹槽，深度同防水层厚度，防水砂浆达到设计强度的80%后，用密封材料嵌填密实。

（10）砂浆防水层未达到硬化状态时，不得浇水养护或直接受雨水冲刷。聚合物水泥防水砂浆硬化后，应采用干湿交替的养护方法；其他砂浆防水层应在终凝后进行保湿养护。养护时间不宜少于14d。养护期间不得受冻。

（11）施工结束后，应及时将施工机具清洗干净。

14.3.4 涂膜防水层

涂膜防水层施工应符合下列规定：

（1）施工前应对节点部位进行密封或增强处理。

（2）涂料的配制和搅拌应满足下列要求：

1）双组分涂料配制前，应将液体组分搅拌均匀，配料应按照规定要求进行，不得任意改变配合比。

2）应采用机械搅拌，配制好的涂料应色泽均匀，无粉团、沉淀。

（3）基层的干燥程度应根据涂料的品种和性能确定；防水涂料涂布前，宜涂刷基层处理剂。

（4）涂膜宜多遍完成，后遍涂布应在前遍涂层干燥成膜后进行。挥发性涂料的每遍用量每平方米不宜大于0.6kg。

（5）每遍涂布应交替改变涂层的涂布方向，同一涂层涂布时，先后接茬宽度宜为30～50mm。

（6）涂膜防水层的甩槎部位不得污损，接槎宽度不应小于100mm。

（7）胎体增强材料应铺贴平整，不得有褶皱和胎体外露，胎体层充分浸透防水涂料；胎体的搭接宽度不应小于50mm。胎体的底层和面层涂膜厚度均不应小于0.5mm。

（8）涂膜防水层完工并经检验合格后，应及时做好饰面层。

（9）防水层中设置的耐碱玻璃纤维网布或热镀锌电焊网片不得外露。热镀锌电焊网片应与基层墙体固定牢固；耐碱玻璃纤维网布应铺贴平整、无皱褶，两幅间的搭接宽度不应小于50mm。

14.3.5 防水透气膜

防水透气膜也称透气防水垫层，具有在一定压差状态下水蒸气能够透过的性能，又能阻止一定高度液态水通过，可用于屋面和墙体的非外露辅助防水材料。

防水透气膜施工应符合下列规定：

（1）基层表面应干净、牢固，不得有尖锐凸起物。

（2）防水透气膜一般从外墙底部开始铺设，长边沿水平方向自下而上横向铺设，第二幅透气膜搭接压盖第一幅膜，保证搭接缝为顺水方向，每幅透气膜的纵、横向搭接缝均应有足够的搭接宽度，并采用配套胶带覆盖密封，以保证水不会从搭接缝中渗入。

（3）防水透气膜横向搭接宽度不得小于100mm，纵向搭接宽度不得小于150mm，相邻两幅膜的纵向搭接缝应相互错开，间距不应小于500mm，搭接缝应采用密封胶粘带覆盖密封。

（4）防水透气膜采用带塑料垫片的塑料锚栓固定在基层上，固定锚栓的数量应符合设计要求，固定部位采用丁基胶带密封，以保证固定部位的密封性能。防水透气膜应随铺随固定，固定部位应预先粘贴小块密封胶粘带，用带塑料垫片的塑料锚栓将防水透气膜固定在基层上，设计无要求时，固定点每平方米不得少于3处。

（5）铺设在窗洞或其他洞口处的防水透气膜，应以“1”字形裁开，并应用密封胶粘带固定在洞口内侧；与门、窗框连接处应使用配套密封胶粘带满粘密封，四角用密封材料封严。

（6）防水透气膜一般应用于干挂幕墙及墙体小龙骨构造体系的外墙工程，对于穿过透气膜的连接件四周应采用密封胶粘带封严。

14.4 浴厕间防水施工

14.4.1 一般规定

（1）住宅室内防水工程施工单位应有专业施工资质，作业人员应持证上岗。

（2）住宅室内防水工程应按设计施工。

（3）施工前，应通过图纸会审和现场勘查，明确细部构造和技术要求，并应编制施工方案。

（4）进场的防水材料，应抽样复验，并应提供检验报告。严禁使用不合格材料。

（5）防水材料及防水施工过程不得对环境造成污染。

（6）穿越楼板、防水墙面的管道和预埋件等，应在防水施工前完成安装。

（7）住宅室内防水工程的施工环境温度宜为5～35℃。

（8）住宅室内防水工程施工，应遵守过程控制和质量检验程序，并应有完整检查记录。

（9）防水层完成后，应在进行下一道工序前采取保护措施。

14.4.2 基层处理

（1）基层应符合设计的要求，并应通过验收。基层表面应坚实平整，无浮浆，无起砂、裂缝现象。防水施工之前使用专用的施工工具将基层上的尘土、砂浆块、杂物、油污等清除干净；基层有凹凸不平的应采用高标号的水泥砂浆对低凹部位进行找平，基层有裂缝的先将裂缝剔成斜坡槽，再采用柔性密封材料、腻子型的浆料、聚合物水泥砂浆进行修补；基层有蜂窝孔洞的，应先将松散的石子剔除，用聚合物水泥砂浆修补平整。

（2）与基层相连接的各类管道、地漏、预埋件、设备支座等应安装牢固。各类构件根部的混凝土有疏松的，应采用剔除后重新浇筑高强度等级的混凝土等方法加固。

（3）管根、地漏与基层的交接部位，应预留宽10mm，深10mm的环形凹槽，槽内应嵌填密封材料。

（4）基层的阴、阳角部位宜做成圆弧形。基层阴阳角部位涂布涂料较难，卷材铺设成直角也比较困难，将阴阳角做成圆弧形，可有效保证这些部位的防水质量。

（5）基层表面不得有积水，基层的含水率应满足施工要求。聚合物水泥防水涂料、聚合物水泥防水浆料和防水砂浆等水泥基材料可以在潮湿基层上施工，但不得有明水；聚氨酯防水涂料、自粘聚合物改性沥青防水卷材等对基层含水率有一定的要求，为确保施工质量，基层含水率应符合相应防水材料的要求。

14.4.3 涂膜防水层

1. 一般要求

（1）涂膜防水施工温度宜为5～35℃。

（2）防水涂膜施工前，基层应平整牢固，表面不得出现孔洞、蜂窝麻面、缝隙等缺陷；基面应干净、无浮浆，基层干燥度应符合产品要求。

（3）涂膜防水层施工应符合下列规定：

1）涂膜施工应按涂料的技术要求和产品说明书进行。

2）涂膜施工应先对阴阳角、预埋件、穿墙管部位进行密封或加强处理。

3）防水涂料应分层多遍涂刷或喷涂，前一道涂层干燥成膜后再施工下一道涂层，涂层厚度应均匀一致，涂膜总厚度应符合设计要求，不得漏刷、漏涂、堆积；接茬宽度不应小于100mm。

4）双组分或多组分防水涂料应按配合比准确计量，应采用电动机具搅拌均匀，已配制的涂料应及时使用；涂料宜在涂料可操作时间内用完，不应在使用过程中加水稀释。

5）涂膜间夹铺胎体增强材料时，宜边涂布边铺胎体；胎体应铺贴平整，排除气泡，并与涂料粘结牢固。在胎体上涂布涂料时，应使涂料浸透胎体，并覆盖完全，不得有胎体外露现象。铺贴胎体材料时，相邻的搭接宽度不得小于100mm，胎体上部的涂膜厚度不应小于1.0mm。

6）转角及立面的涂膜应薄涂多遍，不得流淌和堆积。

7）防水涂膜最后一遍施工时，可在涂层表面撒中砂或拉毛，增强与装饰层的粘结强度。

（4）涂膜防水层施工工艺应符合表14-19的规定。

表14-19　涂膜防水层施工工艺选择

涂料品种或施工部位	适用方法
水乳型防水涂料	滚涂或喷涂
聚氨酯防水涂料	刷涂、刮涂或喷涂
聚合物水泥防水涂料	刮涂、滚涂或喷涂
用于细部构造时	刷涂或喷涂

2. 施工要点

不同类型涂膜材料的施工要点见表14-20。

表14-20　涂膜防水施工要点

序号	涂料类型	施工要点
1	聚氨酯防水涂料	（1）基层表面应清扫干净、干燥 （2）应将聚氨酯涂料配套基层处理剂均匀涂刷在基层表面，不得漏涂 （3）阴阳角、管根等异形部位应做一布两涂防水加强层 （4）防水层宜多遍涂覆成膜，涂刷时应在前一道涂膜干燥后进行下一道涂膜施工，涂刷的方向应与上道方向垂直 （5）立面施工时，不应有流坠堆积现象 （6）防水涂料最后一遍施工时，可撒中砂或拉毛，以加强与面层的粘结 （7）涂膜固化后应尽快采取保护、隔离措施 （8）涂料开启后应及时使用，并应在规定时间用完；有轻微沉淀时，应搅拌均匀后再使用
2	聚合物水泥防水涂料	（1）基层表面应彻底清扫干净，不得有浮尘、杂物、明水等 （2）材料配比应准确，搅拌应均匀，并应符合材料相关规定的要求 （3）对地漏、管根、阴阳角等易发生漏水的部位，应进行密封或加强处理；宜设耐碱网格布或聚酯无纺布增强层，一布两涂加强层 （4）防水层可采用机械化喷涂施工，采用刷涂施工时宜多遍涂刷。立面施工时，不应出现流坠、堆积

（续）

序号	涂料类型	施工要点
3	聚合物水泥浆料	（1）表面应清理干净，清除浮浆、杂物、油渍、明水等，施工前应用水充分湿润 （2）应将液体组分倒入干净的容器中，应按产品说明书规定的比例边搅拌边缓慢倒入粉料，应充分搅拌3～5min直至生成无生粉团的均匀浆料，充分搅匀后应静置10～15min，再次搅拌均匀后，方可使用，不得将已凝结的浆料加水后再用 （3）阴角、管口部位等需增强的部位，应先涂刷防水浆料1～2遍，宽度应符合规范要求；需铺设胎体增强材料部位，在增强涂层干燥后，将裁剪好的胎体材料平铺，再用防水浆料粘贴 （4）涂刷第一遍防水层时，应将浆料均匀交叉地涂刷或喷涂于处理好的基层上，不得堆积或漏刷 （5）第一层施工后，应等待其表干后，再做第二层 （6）防水涂层完成后，宜进行洒水或喷雾等保湿养护
4	聚合物乳液防水涂料	（1）基层表面应打扫干净，清除杂物、油渍、明水等 （2）应将丙烯酸防水涂料倒入一个容器中，加水稀释并充分搅拌，用滚刷均匀地涂刷底层，表干后进行下一道涂料施工 （3）在地漏、管根、阴阳角和出入口等易发生漏水的薄弱部位，应增加一层胎体增强材料，宽度宜为300～500mm，搭接宽度不得小于100mm，施工时应先涂刷丙烯酸防水涂料，再铺增强层材料，然后再涂刷两遍丙烯酸防水涂料 （4）不宜在潮湿或通风不良的环境中施工

14.4.4 卷材防水层

1. 涂刷基层处理剂

涂刷基层处理剂应符合下列规定：

（1）基层潮湿时，应涂刷湿固化胶粘剂或潮湿界面隔离剂。

（2）基层处理剂不得在施工现场配制或添加溶剂稀释。

（3）基层处理剂应涂刷均匀，无露底、堆积。

（4）基层处理剂干燥后应立即进行下道工序的施工。

2. 卷材施工一般规定

防水卷材的施工应符合下列规定：

（1）防水卷材与基层应满粘施工，防水卷材搭接缝应采用与基材相容的密封材料封严。

（2）防水卷材应在阴阳角、管根、地漏等部位先铺设附加层，附加层材料可采用与防水层同品种的卷材或与卷材相容的涂料。

（3）卷材与基层应满粘施工，表面应平整、顺直，不得有空鼓、起泡、皱折。

（4）防水卷材与基层之间、卷材和卷材之间搭接缝应粘结牢固。

（5）自粘聚合物改性沥青防水卷材在低温施工时，搭接部位宜采用热风加热。

3. 聚乙烯丙纶复合防水卷材施工要点

（1）施工环境温度不宜低于5℃，低于5℃时，应采取保温、调整粘结料配合比等措施。

（2）聚乙烯丙纶复合防水卷材施工时，基层表面应坚实、平整、清洁、阴阳角处不应起砂。施工前基层应润湿，但不得有明水。

（3）聚合物水泥粘结料应按产品说明书要求进行配比，并应搅拌均匀。施工时应随用随拌，并应在规定时间内用完。

（4）卷材铺贴前，阴阳角、地漏、管根等细部构造部位应增设加强层，或采用与卷材相容的密封材料作加强处理。

（5）卷材应按先立面后平面的顺序铺贴。卷材铺贴时，不应用力拉伸卷材，应使卷材保持自然状态压实并排除其下面的气泡和多余的聚合物水泥粘结料。

（6）卷材与基层粘贴应采用满粘法，粘结面积不应小于90%，刮涂聚合物水泥粘结料时应均匀，不应露底、堆积。

（7）卷材长短边的搭接宽度不应小于100mm。相邻两幅卷材铺贴时，两短边接缝应错开1m以上。双层铺贴时，上、下层的长边接缝应错开1/2～1/3幅宽。

（8）固化后的聚合物水泥粘结料厚度不应小于1.3mm。

（9）应在搭接缝处涂刷聚合物水泥粘结料封闭。待初凝后，应涂刷适量清水进行潮湿养护。

14.4.5　聚合物水泥防水砂浆防水层

（1）防水砂浆施工前，预埋管件和管线应安装固定完毕。

（2）施工前应检查基层表面，基层表面应平整、坚实、清洁，基层表面的孔洞、裂缝应用防水砂浆堵塞并压实抹平。施工前应润湿基层，但不应有明水，应涂水泥净浆或界面剂做界面处理。

（3）水泥砂浆防水层施工环境温度不宜低于5℃。

（4）防水砂浆应按产品说明配合比进行配料搅拌。防水砂浆应采用电动搅拌工具搅拌均匀，并应随伴随用，在规定时间用完，施工过程中不得随意加水。

（5）防水砂浆施工应分层铺抹并压实、抹平，最后一层表面应提浆压光。

（6）防水砂浆层各层应紧密结合，防水砂浆层宜连续施工，当必须留施工缝时，应采取坡形接茬，相邻两层应错开100mm以上，距转角不得小于200mm。

（7）防水砂浆在穿墙管道、预埋件等部位应预留凹槽，应使用密封材料进行防水密封处理。

（8）水泥砂浆防水层终凝后，应及时进行养护，养护温度不宜低于5℃，砂浆防水层表面应保持湿润。

14.4.6　密封施工

密封防水施工应在涂料防水施工前、刚性防水施工后进行。密封施工应符合下列规定：

（1）基层应坚固、平整、密实，干净、干燥；密封防水部位应涂刷基层处理剂。

（2）预留凹槽尺寸应符合设计要求；密封施工应根据预留凹槽的尺寸、形状和材料的性能采用一次或多次嵌填方式。

（3）密封材料嵌填应密实、连续、饱满，并与基层粘结牢固；表面平滑，不得有气泡、孔洞、开裂、剥离等现象。

（4）嵌填完毕的密封材料，不应碰损及污染，固化前不得踩踏破坏。

（5）密封材料施工温度宜为5～35℃。

合成高分子密封材料施工应符合下列规定：

（1）单组分密封胶可直接使用；多组分密封材料应按比例准确计量，并应拌和均匀；每次拌和量、拌和温度、拌和时间，应按密封材料使用要求操作。

（2）采用挤出嵌填时，应根据接缝的宽度选用挤出嘴，并应嵌填均匀；可用腻子刀等嵌填压实。

（3）密封材料嵌填后，应在密封材料表面固化前进行修整。

本章术语释义

序号	术语	含义
1	防水垫层	设置在瓦材或金属板材下面，起辅助防水、防潮作用的构造层
2	增强层	在节点等防水薄弱部位额外增加的一道防水层，又称附加增强层或附加防水层
3	基层处理剂	在作业前预先涂覆在基层上，用于增强防水层与基层之间的粘结力和封闭基层缺陷、阻隔水汽的材料
4	复合防水层	由彼此相容的卷材和涂料组合而成的防水层
5	高分子自粘胶膜防水卷材	以合成高分子片材为底膜，单面覆有高分子自粘胶膜层，用于预铺反粘法施工的防水卷材
6	预铺防水卷材	以塑料、橡胶、沥青为主体材料，其上面有自粘胶，自粘胶上表面采用不粘或减粘材料构成的（除卷材搭接区域），与后浇混凝土粘结，能有效防止粘结面蹿水的防水卷材
7	预铺反粘法	将覆有自粘胶膜层的防水卷材空铺在基面上，然后浇筑结构混凝土，使混凝土浆料与卷材胶膜层紧密结合的施工方法
8	湿铺防水卷材	采用水泥净浆或水泥砂浆拌合物粘结的具有自粘性的聚合物改性沥青防水卷材
9	自粘聚合物改性沥青防水卷材	以自粘聚合物改性沥青为基料，非外露使用的无胎基或采用聚酯胎基增强的本体自粘防水卷材
10	非固化橡胶沥青防水涂料	以橡胶、沥青为主要组分，加入助剂混合制成的在使用年限内保持粘性膏状体的防水涂料
11	水泥基渗透结晶型防水材料	一种用于水泥混凝土的刚性防水材料。其与水作用后，材料中含有的活性化学物质以水为载体在混凝土中渗透，与水泥中的水化产物生成不溶于水的针状结晶体，填塞毛细孔道，从而提高混凝土致密性与防水性。按使用方法分为水泥基渗透结晶型防水涂料和水泥基渗透结晶型防水剂
12	聚合物水泥砂浆	在水泥砂浆中加入聚合物乳液或聚合物干胶粉使其提高粘结、柔性、抗裂等性能的水泥砂浆
13	防水透气膜	具有在一定压差状态下水蒸气能够透过的性能，又能阻止一定高度液态水通过，可用于屋面和墙体的非外露辅助防水材料，也称透气防水垫层

第 15 章

装饰装修工程

建筑装饰装修是为保护建筑物的主体结构、完善建筑物的使用功能和美化建筑物，采用装饰装修材料或饰物，对建筑物的内外表面及空间进行各种处理的作业过程。

15.1 抹灰工程

15.1.1 一般规定

（1）抹灰前基层应进行处理，并应符合以下规定：

1）基层表面的灰尘、污垢和油渍等应清除干净。

2）烧结砖砌体、轻集料混凝土等具有吸水性的墙面，应在抹灰前一天浇水润湿。

3）混凝土、加气砌体等各类可能引起抹灰层开裂、剥落的光滑型基层墙面应进行界面处理。

4）墙面凹度较大时应分层衬平，每层厚度不应大于 9mm。

（2）涂抹水泥砂浆的每层厚度宜为 5～7mm。涂抹水泥混合砂浆的每层厚度宜为 7～9mm。

（3）不同材料相接处基体表面的抹灰，应铺设网格材料，搭接宽度不应小于 100mm。后浇混凝土构件与相邻预制块砌体交接处不需另设连接材料。

（4）预埋管道或套管周边的抹灰，应先将管道穿越的洞口四周填嵌密实，再进行大面积抹灰。

（5）冬期施工时，抹灰砂浆应采取保温措施。涂抹时，环境温度不宜低于 5℃。

15.1.2 一般抹灰

抹灰前应设置与抹灰层相同砂浆等级的灰线。室内外墙面、柱面和门洞口的阳角，宜先用水泥砂浆或成品角条做护角。外墙窗台、窗楣、雨篷、阳台、压顶和凸出腰线等，其上面应有流水坡度，下面应做滴水线或滴水槽。

分层抹灰时，应待前一层抹灰层终凝后，方可涂抹后一层。抹灰总厚度大于等于 25mm 时，应有防抹灰层开裂的加强措施。

板条金属网顶棚或墙面的抹灰应符合以下要求：

（1）板条、金属网装钉完成，应经检查合格后，方可抹灰。

（2）底层和中层宜用麻刀石灰砂浆或纸筋石灰砂浆，应分层抹灰，每层厚度为 3～5mm。

（3）底层砂浆应压入网眼或板条缝内，结合牢固。

（4）按高级抹灰标准施工的顶棚，在抹中层砂浆时，应加钉长 350～450mm 的麻丝束，间距为 400mm，交错布置，梳理成放射状抹进中层砂浆内。

抹灰的施工质量应符合以下要求：

（1）抹灰所用材料的品种、性能应符合设计要求。

（2）抹灰层应无脱层、空鼓，面层应无爆灰和裂缝。

（3）表面应光滑、洁净、接槎平整，分格清晰。分格缝的设置应符合设计要求，宽度和深度应均匀，表面光滑，棱角整齐。

（4）护角、孔洞、槽、盒周围的抹灰表面应整齐、光滑；管道后面的抹灰表面应平整。

有排水要求的部位应做滴水线（槽）。线和槽应整齐顺直，滴水线应内高外低，滴水线（槽）的宽度和深度均不应小于10mm。

15.1.3 装饰抹灰

1. 概述

装饰抹灰面层应做在已硬化、粗糙而平整的中层砂浆面上，涂抹前应洒水润湿。装饰抹灰所用的石粒应进行选择，统一配料，干拌均匀。

装饰抹灰面层有分格要求时，应在中层砂浆面上粘贴分格条，分格条应宽窄厚薄一致，横平竖直，交接严密。装饰抹灰面层的施工缝，应留在分格缝、墙面阴角、落水管背后或独立装饰组成部分的边缘处。

装饰抹灰的施工质量应符合以下要求：

（1）装饰抹灰所用材料的品种、性能应符合设计要求。

（2）各抹灰层应无脱层、空鼓和裂缝。

（3）装饰抹灰的表面质量应符合以下要求：

1）水刷石表面应石粒清晰、分布均匀、紧密平整、色泽一致，无掉粒和接槎痕迹。

2）斩假石表面剁纹均匀顺直、深浅一致，应无漏剁处，阳角处应横剁并留出宽窄一致的不剁边条，棱角无损坏。

3）假面砖表面应平整、勾纹清晰、留缝整齐、色泽一致，无掉角、脱皮、起砂等缺陷。

4）装饰抹灰分格条（缝）的设置应符合设计要求，宽度和深度应均匀，表面平整光滑，棱角整齐。

2. 水刷石施工

（1）材料要求

水刷石抹灰宜采用粒径0.35～0.50mm的中砂。含泥量小于3%，使用前应过筛。水刷石抹灰采用的石子应符合以下要求：

1）颗粒坚实、均匀、颜色一致，不含黏土及有机、有害物质。

2）使用前应过筛，用清水洗净，按不同规格、颜色分堆晾干后，应遮盖或装袋堆放。

3）采用彩色石子时，应采用同一品种、同一产地的产品，宜一次进货备足。

采用小豆石做水刷石材料时，其粒径宜为5～8mm，含泥量小于等于1%。使用前应过筛，用清水洗净，晾干备用。水刷石抹灰使用的颜料应采用耐碱性和耐光性较好的矿物质颜料，使用时应采用同一配比与同一批水泥干拌均匀，装袋备用。

（2）施工要点

1）水刷石抹灰分格弹线应按设计分仓尺寸为准，分格条宜用素水泥浆粘贴，在分格条两侧抹成45°八字坡形。

2）抹石子面层前应先用水浇湿砂浆层，刷水泥浆，然后抹上石子，拍平、拍实、拍匀后，用刷帚拖过，待水泥浆收水后，用刷帚和清水把表面上的水泥洗去。

3）石子浆面层应拍平压实，阴阳角部位应保持石子饱满。按自上而下顺序喷水冲洗，喷头宜距墙面100～200mm，喷刷要均匀，石子宜露出表面1～2mm。

4）浆液初凝后，应取出分格条，溜平抹直。终凝后，应喷水养护。

3. 水磨石施工

水磨石抹灰应符合以下要求：

（1）面层涂抹前，应在已浇水润湿的中层砂浆面上刮水泥浆。

（2）水磨石分格嵌条应在找平层上用1:2水泥砂浆镶嵌牢固。

（3）白色和浅色的美术水磨石面层，应采用白水泥。

（4）面层宜分遍压实，开磨前应经试磨，以石子不松动为准。

（5）磨光过程中产生的石粒空缺部位，应事先做好色板，及时填补。

（6）磨平后表面应用草酸清洗干净，晾干后方可打蜡。

4. 斩假石施工

斩假石抹灰应符合以下要求：

（1）宜采用粒径为3～5mm的石子，石质坚硬，耐光无杂质。

（2）抹底灰前基层应浇水湿润，刷界面剂；灰饼应分层抹1:3水泥砂浆，压实刮平，搓毛；阴阳角应方正垂直，终凝后应浇水养护。

（3）根据图纸要求弹线分格、固定分格条。

（4）石子灰粉刷前基层应浇水湿润，刷界面剂，面层应压实并与分格条齐平。

（5）斩假石抹灰完成后，应浇水养护。

（6）面层斩石应符合以下要求：

1）面层达到设计强度60%～70%时应进行试斩，以石子不脱落为宜。

2）斩前应先弹顺线，并离线适当距离按线操作。

3）斩面层应自上而下进行，先四周边缘和棱角部位，后斩中间大面。

4）分格时每斩一行应随时取出分格条，并修补平整。

5）操作时应用力均匀，移动速度一致，不应出现漏斩。

6）柱子、墙角边棱斩剁时，应先横斩出边缘横斩纹或留出窄小边条（边宽3～4cm）不斩，斩边缘时应轻斩，防止缺棱掉角，边缘斩纹应垂直于边线。

7）斩花纹时，应随花纹走势而变化，严禁出现横平竖直的斩斧纹，花饰周围平面上应斩成垂直纹，边缘应斩成横平竖直的围边。

8）完成面层后应顺斩纹刷净灰尘。

9）斩剁深度一般以石子斩除1/3为宜。

15.2 吊顶工程

15.2.1 一般规定

吊顶工程埋件、金属吊杆、龙骨、自攻螺钉等应进行表面防腐处理，木龙骨、造型木板和木饰面板应进行防腐、防火、防蛀处理。人造木板、人造饰面木板的甲醛含量及其他吊顶材料应符合现行国家标准《民用建筑工程室内环境污染控制规范》GB 50325的规定，进场后应按一定比例进行取样复验；木质材料的含水率宜为12%～14%。

吊顶施工前，应根据设计图纸在结构顶板及四周围护墙体结构面上定出主龙骨吊点位置、吊顶标高水准线及大中型灯具吊点定位线等控制线。在安装吊顶前，应对饰面板布置，灯具、设备口、消防喷淋头、烟感器探头等位置进行整体安排、规划。

吊杆与结构的固定件应使用膨胀螺栓或化学螺栓，严禁使用射钉。屋面板打洞安装螺栓时，严禁打穿屋面板或破坏屋面防水层。膨胀螺栓或化学螺栓嵌入结构的深度应根据该螺栓产品使用说明、规格和型号确定相应的深度。孔径宜大于埋植螺杆直径 2mm。

安装饰面板前应完成吊顶内水电风等管道和设备的安装、调试和验收；灯具、监控等设施不应直接安装在饰面板上；饰面板的开洞与切割应采用专用工具。

15.2.2 吊杆与龙骨安装

1. 吊杆施工

吊杆施工应满足以下要求：

（1）吊杆应根据荷载情况进行分布，间距宜为 800～1100mm，最大不应超过 1200mm，吊杆应垂直。

（2）吊杆与管道等设备相遇、吊点间距大于 1.2m 时，宜设置转换横担。吊杆不应直接吊挂和接触在设备或支架上。

（3）上人吊顶的吊杆应采用型钢或直径不小于 8mm 的圆钢，不上人吊顶的吊杆直径不应小于 6mm。吊顶距离楼、屋面板的距离大于 1.2m 时，吊杆直径不应小于 8mm。

（4）吊杆长度大于 1.5m 且非型钢时，应设置反支撑。反支撑材料应具有一定的刚度和强度，每 $4m^2$ 布置一个反支撑，与墙间距不应大于 1500mm。

（5）吊杆距主龙骨端部不应大于 300mm。

（6）吊顶检修走道应设独立吊挂系统，吊杆应采用型钢，检修走道应根据设计要求选用材料，并不应采用可燃材料。

（7）吊顶跨度大于 10m 时，宜设置变形缝。变形缝处饰面板，主、覆面龙骨，走道应断开，两部分自成系统，随变形缝留缝。

（8）吊顶开孔处应避开龙骨，重量大于 1kg 的重型灯具、吊扇及其他重型设备应另设独立吊杆，直接安装在结构上。

2. 龙骨安装

吊顶工程龙骨安装应满足以下要求：

（1）暗龙骨吊顶应留设检修口、上人孔，检修口、上人孔的收边宜采用成品。开洞位置应避开支撑卡和龙骨并用边龙骨收口，无法避开时应采取加固措施。

（2）明龙骨吊顶上灯具、设备口、消防喷淋头、烟感器探头等位置宜设置在饰面板板块中间位置。明龙骨吊顶饰面板布置应均匀对称，边部收口板块不宜小于整块板块宽度的 1/2。

（3）明龙骨吊顶的饰面板安装应稳固严密。搁置式轻质饰面板应设置压卡装置。

（4）主、覆面龙骨需加长时，应采用配套接长件接长。主龙骨宜平行于房间长向安装，安装后应及时校正其位置标高。

（5）覆面龙骨与主龙骨垂直方向连接时，应采用配套专用挂件连接，每个连接点的挂件应双向互扣成对，相邻挂件应相向安装。覆面龙骨安装方向应与面板长向相垂直。

（6）龙骨相邻的两个连接点不应在同一条线上，应错位安装，且间距不应小于 300mm。

（7）固定板材的覆面龙骨间距应按饰面板材模数确定，宜控制在 400～600mm；在潮湿地区和场所，间距宜为300~400mm。

(8) 第一根覆面龙骨与墙面间距不应大于400mm，覆面龙骨悬臂端距最近一根主龙骨不应大于300mm。

(9) 吊顶沿边龙骨固定间距宜为300~600mm，端头宜为50mm，且每根上固定点不少于两处。

(10) 暗龙骨吊顶在板段及板接缝处应设置横撑龙骨，横撑龙骨应用连接件将其两端连接在通长覆面龙骨上，横撑龙骨中距应按板材尺寸而定。

(11) 轻钢T形龙骨安装应符合以下要求：

1) 轻钢T形龙骨作为主龙骨时，端吊点距主龙骨顶端不应大于150mm。

2) 轻钢T形龙骨吊顶在灯具和风口位置的周边应加设T形加强龙骨。

15.2.3 金属板吊顶

金属板吊顶施工应符合下列要求：

(1) 吊顶与四周墙面空隙处，应设置金属压缝条与吊顶找齐，金属压缝条材质宜与金属板面相同。

(2) 边长大于600mm的金属面板应设置加强肋。

(3) 金属条板安装宜从一侧墙边开始向另一侧逐条安装。

(4) 板安装完成后撕掉保护膜，清理表面，做好成品保护。

(5) 金属板吊顶安装质量应符合以下要求：

1) 吊顶标高、起拱和造型应符合设计要求。

2) 材质、品种、规格和颜色应符合设计要求。

3) 吊顶表面应平整洁净、色泽一致，无翘曲、缺损。压条应平直、宽窄一致。

4) 灯具、烟感器、喷淋头、风口篦子等设备位置应合理、美观，与面板的接缝应吻合、严密。

15.2.4 纸面石膏板吊顶

纸面石膏板吊顶施工应符合下列要求：

(1) 吊顶连续长度超过10m时，每10m距离处应做伸缩缝处理。

(2) 安装前应弹线分块，安装时四周宜离缝，板与四周墙边离缝5mm，板边间距5~8mm。

(3) 以轻钢龙骨、铝合金龙骨为骨架，采用钉固法安装时应使用沉头自攻钉固定。钉沉入板深度以0.5~1mm为宜。沿板周边钉距不宜大于200mm，板中钉距宜小于等于300mm，螺钉应均匀布置，并与板面垂直。螺钉与板边距离：纸包边宜为10~15mm，切割边宜为15~20mm。

(4) 板固定应从板中间向四边固定，不应多点同时作业，安装不应强行就位，板缝交接处应有龙骨。

(5) 板安装时，相邻板材应错缝安装，不应形成通缝。板阴阳角处应加设金属护角条。

(6) 板安装时，石膏板长向应垂直覆面龙骨安装。并应在自由状态下与覆面龙骨、横撑龙骨固定。

(7) 板与轻钢龙骨连接应采用自攻螺钉垂直地一次拧入固定，不应先钻孔后固定。

(8) 自攻螺钉帽沉入板面后应进行防锈处理并用石膏腻子刮平。

(9) 石膏板的接缝应进行板缝防裂处理。安装双层石膏板时，面层板与基层板的接缝应错开，并不应在同一根龙骨上接缝。

（10）吊顶转角处纸面石膏板转角应采用“L”形连接，单边长度不少于250mm，框架与板边不得同缝连接，与梁底吊平的两边石膏板应采用石膏板连接。

（11）石膏板的嵌缝处理应符合以下要求：

1）应选用石膏腻子或与石膏板相互粘贴配套的嵌缝膏。

2）嵌缝处理应在板全部安装完成24h后进行。

3）板间缝隙应先用嵌缝膏填充，填充嵌缝膏时应分两次进行。第一次填缝时应用力将嵌缝膏压进拼缝里且压实，待第一次嵌缝膏干硬后再补第二次嵌缝膏并刮平。

4）第二次嵌缝膏干硬后在板缝处粘贴接缝纸带，涂抹嵌缝膏，纸带与嵌缝膏间不应有气泡。

5）接缝纸带中线应同石膏板缝中线重合，纸带宽度宜在50～60mm范围内。

6）嵌缝膏应分层涂抹，下一道涂抹应在上一道涂抹的嵌缝膏固化后，并经砂纸打磨后进行。

7）第一层嵌缝膏涂抹在板缝两侧的石膏板上，宽度自板边起宜为50mm。

8）第二层嵌缝膏宜比第一次两边各宽50mm，且总宽度不宜小于200mm。

9）第三层嵌缝膏宜比第二次两边各宽50mm，且总宽度不宜小于300mm。

10）遇切割边接缝时，每道嵌缝膏的覆盖宽度应放宽10mm。

11）最后一道嵌缝膏凝固干燥后，应用砂纸轻轻打磨，使其同板面平整一致。

15.3 轻质隔墙工程

15.3.1 一般规定

隔墙所用木质材料的含水率宜为12%～14%。隔墙中的木质材料和设备管线应做好防腐、防火和防蛀处理。预埋件、拉结筋、龙骨、隔声、设备管线等的安装应进行隐蔽工程验收，并做好隐蔽工程验收记录后方可进入下道工序施工。

隔墙与顶棚和其他墙体的交接处应采取防开裂措施。采用双层基层板的墙体，内外基层板应采用板中错缝安装。

有防潮、防水要求的隔墙墙体，在地坪上应做C20细石混凝土导墙，导墙应高于地坪完成面150～200mm。宽度应根据实际墙体厚度而定。对于有防潮、防水要求的墙体，应做防水处理，墙面防水高度按照设计标高施工，无设计标高的防水隔墙高度不宜低于1.8m。隔墙阳角部位，应采用专用护角条做护角和防开裂处理，高度不宜低于1.8m。

15.3.2 骨架式隔墙

骨架式隔墙施工应符合下列要求：

（1）隔墙工程所用的材料品种、规格、颜色以及隔断的构造、固定方法，应符合设计要求和有关标准的规定。

（2）有防潮、防水要求的隔墙不应采用木质骨架。

（3）龙骨安装前，先在上下及两边基体的连接处弹线定位。安装时，龙骨边线应与弹线重合。

（4）有隔声要求隔墙的沿地、沿顶龙骨与地、顶面接触处，应铺填与龙骨同宽的橡胶条或沥青泡沫塑料条，用射钉、膨胀螺栓或螺钉和尼龙胀管将龙骨与地面、顶面、墙面固定。

（5）沿地、沿顶和沿墙龙骨的固定螺栓间距：水平与垂直方向均不应大于0.6m。射钉射入混凝土的深度宜为22mm。

（6）轻钢竖向龙骨接长可用U形龙骨套在C形龙骨的接缝处，用拉铆钉或自攻螺钉固定。木质竖向龙骨接长可在接缝处采用双边夹接龙骨的方法，夹接龙骨的截面不应小于接长龙骨的截面，并夹接牢固。

（7）隔墙选用支撑卡系列龙骨时，应将支撑卡安装在竖向龙骨的开口上，卡距宜为400~600mm。选用通贯系列龙骨时，3m以下的隔断应安装一道；3~5m的高隔断应安装两道。圆曲面隔墙应根据曲面要求确定竖向龙骨排列间距。

（8）门窗或特殊结构、节点的龙骨应按设计要求适当增设，门洞上方应采用三角撑加强。

（9）龙骨水平表面允许偏差为2mm，垂直表面允许偏差为3mm。

（10）隔墙的龙骨和基层板应完好，不应有损坏、翘曲变形、边角缺损等现象，并应避免碰撞和受潮。

（11）龙骨中的电气配件应固定牢靠，表面应与饰面板的底面齐平，位置正确。

（12）内置吸声棉应与面板固定。填充材料应干燥，填充密实，均匀，无下坠。

（13）基层板安装应从门口处开始，无门洞口的墙体从墙的一端开始。不足模数的分档应避开门洞框边第一块基层板位置，使破边基层板不在靠洞口边框处。

（14）基层板应用自攻螺钉固定，板边钉距宜为200mm，板中间距宜为300mm，螺钉距基层板边缘宜为10~16mm。

（15）基层板固定时，应与龙骨钉紧。钉头应低于板面0.3mm，但不应损坏基层板。每个钉固定好后应在钉头上涂抹防锈底漆，钉眼应用腻子抹平。

（16）隔墙端部基层板与周边墙面及柱面应留出3mm的缝隙，用密封胶密封。

（17）骨架隔墙安装质量应符合以下要求：

1）所用龙骨、配件、墙面板、填充材料及嵌缝材料的品种、规格、性能和木材的含水率应符合设计要求。

2）骨架连接牢固、平整、垂直、位置正确。

3）木质隔墙的防火、防腐处理应符合设计要求。

4）隔墙表面应平整光滑、色泽一致、洁净，接缝应均匀、顺直，无裂缝、脱层、翘曲和缺损。

5）隔墙上的孔洞、槽、盒应位置正确、套割吻合、边缘整齐。

15.4 墙饰面工程

15.4.1 一般规定

墙饰面工程埋件、龙骨、自攻螺钉等应进行表面防腐处理，木龙骨、造型木板和木饰面板应进行防腐、防火、防蛀处理。人造木板、人造饰面木板甲醛含量及其他材料的有害物质含量应符合国家现行标准《民用建筑工程室内环境污染控制规范》GB 50325的规定，进场后应按比例进行取样复验。

设计未做具体规定时，应对墙饰面板的布置进行施工排板深化设计，墙饰面板的施工放样排板图及加工应在主体结构完成后进行。建筑变形缝处墙饰面板，主、覆面龙骨应断开，自成系统。墙饰面板面积大于100m^2时，纵、横方向每隔10～15m应设伸缩缝。大型造型墙的造型部分应采用钢骨架，并应与主体结构连接牢固。墙体设置光源时，应有防火、隔热、散热措施，安装应牢固，并有便于光源体维修的措施。

墙饰面安装前，墙体内水、电管线应安装完成并调试完毕。有防水要求的，防水层应完成。饰面板布置前，应对灯具、设备检修门等位置进行整体安排、规划，宜设置在饰面板板块中间位置。饰面板布置应均匀对称，边部收口饰面板板块大小或板块宽度宜大于等于整块板块大小或板块宽度的1/2。

墙饰面施工前，应根据设计图纸在墙饰面基层板或墙体结构面上弹出定位线、主龙骨位置线、水平及垂直线、安装饰面板的位置、排列形式和墙面设施定位线等控制线。

饰面板安装工程的预埋件、连接件的数量、规格、位置、连接方法和防腐处理必须符合设计要求，后置埋件、抗拉强度必须符合设计要求。膨胀螺栓或化学螺栓的规格应符合设计要求。

15.4.2 木饰面板墙饰面

木饰面板墙饰面施工应符合下列要求：

（1）木饰面板安装龙骨应采用附墙龙骨。

（2）安装龙骨前应检查基层墙面的平整度、垂直度是否符合质量要求。

（3）木饰面板应以分块大小确定竖向龙骨间距。

（4）龙骨与墙面之间空隙应垫木块，并予以固定。

（5）基层板安装应采用自攻螺钉。

（6）木饰面板施工宜采用成品板，并进行着色上漆，施工现场拼装。

（7）成品板宜加工成企口式或抽口式，拼缝应符合有关规定。

（8）实木拼板拼装时两板间色差应一致，板背面应做卸力槽。

（9）采用钉固法时，铁钉帽应先砸扁备用，铁钉长度应符合板厚要求。

（10）木饰面板钉固在木龙骨上或基层板上，布钉间距宜为100mm。钉头应打入板内0.5～1.0mm。用钉枪时，钉枪嘴压板面后再扣动扳机。

（11）加固枪钉应钉在企口或插口部位。

（12）采用粘贴法拼装时，在木基层及木饰面板背面涂刷木制品专用粘结剂，使其牢固固定在基层板上，每块板垂直度应控制在3mm以内，平行偏差应小于2mm。

（13）涂刷粘结剂应均匀，作业面应整洁。

（14）木饰面板安装质量应符合以下要求：

1）饰面板的品种、规格、颜色、燃烧性能应符合规定和设计要求。

2）饰面板安装应牢固不松动，接缝严密，表面平整洁净、色泽一致，无刨痕、锤印、裂纹、脱胶和缺损。

15.4.3 石材墙饰面

1. 一般规定

石材墙饰面施工应符合下列要求：

（1）天然大理石、花岗石材应符合现行国家标准《天然大理石建筑板材》GB/T 19766 和《天然花岗石建筑板材》GB/T 18601 的规定，以及石材放射性限量的要求。

（2）应根据门窗洞口位置、安装终端确定石材加工模数，单块面积不宜大于 $1.5m^2$，并绘制施工放样排板图。

（3）按设计要求，针对造型、立面分格、颜色、光泽、花纹及图案、变形缝等绘制施工放样排板图纸，在现场确定安装饰面板的位置、排列形式等，在墙面进行弹线。

（4）石材的施工放样排板图应在主体结构完成后进行。

（5）石材应进行六面防护处理。采用湿作业法施工的饰面板工程，石材应进行防碱背涂处理。

（6）板块安装前应按排板图并逐块按色泽、规格及部位顺序编号。

（7）石材饰面板安装前应对安装预埋等设计内容进行验收，合格后才能进入下一道工序。石材饰面板进场应按材料清单和加工质量要求进行加工质量及外观质量验收。板材应按编号侧立存放，避免受潮并采取防污措施。

2. 灌浆法施工

灌浆法施工应符合以下要求：

（1）石材饰面安装前应清理基层表面。

（2）基层上可采用预埋钢筋或钻孔植筋。钻孔深度不应小于 70mm，在埋件上纵、横向绑扎 6mm 的锚固钢筋，钢筋布置间距应根据板高确定。

（3）应在饰面板的上下侧面进行钻孔，洞孔的大小根据连接件（铜丝）的粗细决定，每块板的上、下边打眼数量不应少于 2 个。洞孔的间距根据饰面板的边长确定。

（4）板材较小时，也可钻成连通双孔，用铜丝或镀锌铅丝穿入孔内，并用木楔把铜丝或镀锌铅丝楔紧在孔内固定。

（5）饰面板的阳角合角处，可设置金属转角件加强锚固。

（6）饰面板安装离墙面基层空隙宜为 20mm，并用石膏将上下口作临时固定。

（7）安装时应使饰面板的四角接缝处保持平整，接缝处的高差不应大于 1mm。

（8）安装好一排后，饰面板两侧的缝隙用石膏封严，随即进行灌浆。

（9）灌浆时应防止砂浆飞溅或流出，并防止下口崩开。

（10）灌浆用 1∶2.5 水泥砂浆分层（分皮）灌注，每次灌浆高度应为 150～200mm，待初凝后（一般 2～3h），应检查板面位置。如有移动应拆除重新安装；若无移动即可灌第二次。施工缝面宜离饰面板上口 50～100mm。

（11）第一排灌浆完成后，将上口临时固定石膏剔掉，清理干净，再安装第二排。第二排安装时，饰面板上下二皮间需采取措施防止饰面板移动，依次逐排往上安装。

（12）墙面或柱面完成后，即加以清理，灰缝应用同色水泥浆嵌补，用干布擦净。

（13）扶手或灯具等的镶接处，应预先留出安装孔位，不应事后凿嵌。

（14）浅色饰面板应用白水泥，以防止变色。

3. 粘贴法施工

粘贴法施工应符合以下要求：

（1）安装前应清理基层表面。基层表面应平整洁净。

（2）按设计要求，绘制排板图。

（3）粘贴应采用专用石材粘结剂，粘结剂的性能及粘结力应满足设计要求及相关规定。

（4）应根据排板图进行墙面放线，确认板块平面分格，经复核无误后方可施工。

（5）石材背面刮石材粘结剂应均匀，粘结牢固。

（6）按弹线将石材上墙，并用水平尺检查平整度和垂直度。首皮石材固定无误后，再依次进行第二、三皮施工。

（7）铺贴相邻石材时，应清除石材缝处水泥浆等杂物。

（8）石材铺贴施工完成后，即嵌板缝，并将板面清理干净。

（9）铺贴时，经常检查板块与基准线之间的关系，避免发生偏差。

（10）铺贴完毕，嵌缝应保持颜色一致，缝隙密实。

4. 干挂法施工

干挂法施工应符合以下要求：

（1）石材加工应在工厂进行。

（2）混凝土基层墙面强度应达到设计强度的100%，并验收合格。

（3）进行基层清理，基层不应起壳。检查基层平整度、垂直度，凸出部位影响安装时应凿平。

（4）按设计要求，对造型、立面分格、颜色、光泽、花纹及图案、变形缝等绘制施工放样排板图。

（5）根据排板图，在墙面上放线，确认板块平面分格。

（6）无预埋件的部位，应根据板块位置专门设计后置埋件，不得采用木楔作后置埋件。

（7）石材安装时，挂件与石材槽孔间的空隙用高粘结强度的胶粘剂填实固定，用螺栓将挂件固定。

（8）安装时，应拉水平线，用托线板靠平直，并用水平尺加以校正后固定。

（9）面板为离缝形式时，应用石材专用密封胶密封。注胶时，应将板缝清理干净，在板缝两侧面板粘贴美纹纸保护，注胶刮平后撕去美纹纸。

（10）采用构架干挂构造施工时应符合以下要求：

1）应根据排板图，在墙面上设置预埋铁板，砖砌体上埋置混凝土块，墙面无预埋铁板时，应设后置埋件，埋件数量、规格以及经现场做力学性能的检测试验值均需满足设计要求。

2）后置埋件应根据排板图的埋件定位钻螺孔，钻孔后清除钻孔内的粉尘，安装膨胀螺栓或化学螺栓并固定铁板。

3）金属构件应在工厂加工制作，并进行表面防腐处理，不宜在现场加工。

4）构架安装前，应根据施工图在墙面放线，确定构架安装位置。

5）构架安装时应将构架与埋件焊接或用螺栓固定，焊接时应焊波均匀、整齐，焊缝表面无裂纹、夹渣、飞溅等现象，焊缝处应除去焊渣并涂刷防锈漆二道。

6）防火、保温和防潮材料填充应密实、均匀，厚度一致。

7）石材挂件品种、规格应符合设计要求，铝合金挂件厚度不应小于4.0mm，不锈钢挂件厚度不应小于3.0mm。

8）石材短槽宽度宜为7mm，槽深不宜小于15mm，短平槽长度不应小于100mm，弧形槽的有效长度不应小于80mm，开槽后不应有损坏或崩裂现象，槽口应打磨成45°倒角，槽应保持光滑、洁净。

9）石材安装时，挂件与石材槽孔间的空隙应用石材专用胶粘剂填实固定，用螺栓将挂件固定在构架上。

5. 安装质量要求

石材墙饰面安装质量应符合以下要求：

（1）石材的品种、材质、规格、颜色、性能和放射性指标检测应符合设计要求。

（2）预埋件或后置埋件、连接件的数量、规格、位置、连接方法和防腐处理应符合设计要求。

（3）石材接缝应横平竖直、宽窄均匀。阴阳角石材压向应正确。板边接缝应顺直，凹凸线出墙厚度应一致，上下口应平直。石材槽、孔的位置、数量和尺寸应符合设计要求。

（4）石材表面应平整洁净、色泽一致，无泛碱等污染。

15.4.4　金属板墙饰面

1. 一般规定

金属板墙饰面施工应符合以下要求：

应根据设计要求的材质、品种选用金属饰面板。金属饰面板的技术要求和性能应符合国家现行标准的相关规定。应依据设计图纸、现场实测尺寸等对金属饰面板进行分格排板，兼顾门窗、设备、箱盒位置、变形缝，绘制排板图，并确定每块板的尺寸及编号。

金属饰面板应按排板及加工图在工厂制作，现场安装。安装前应核查规格尺寸，根据安装图纸试拼。成品构件在出厂前应在装饰面、易受污染、损坏部位用胶纸贴盖或用塑料薄膜等覆盖保护，安装完成后对易被划碰部位应采取保护措施。金属饰面板的运输、搬运、存放，应采取防雨、防潮措施，防止发生霉变、生锈、变形等现象。金属饰面板在储运和安装时，应轻拿轻放，不应损坏板材的表面和边角。

金属饰面板的注胶作业环境温度不应低于5℃，结构胶粘结施工时，环境温度不宜低于10℃。

2. 粘贴法施工

金属板墙饰面粘贴法施工应符合以下要求：

（1）宜采用胶合板等人造板作为基层衬板。

（2）基层的平整度、垂直度应符合国家现行标准的规定，与结构的连接应牢固。

（3）基层面应进行清理，基层表面应平整洁净，无脏物、尘埃、油渍、斑驳漆面或其他污垢。

（4）粘结剂的性能及粘结力应满足设计要求及相关规定。

（5）基层板及金属饰面背面均应涂刷胶粘剂，涂胶应均匀。

（6）胶粘剂完全固化前，应向粘结面施加0.2～0.5MPa的压力。

3. 干挂法施工

金属板墙饰面干挂法施工应符合以下要求：

（1）金属饰面板构件与基层钢架宜采用三维可微调连接方式。

（2）金属饰面板规格尺寸较大时宜采用增加加强筋、与其他材料复合等方法增加板块的刚度。

4. 饰面板安装

金属饰面板安装应符合以下要求：

（1）金属饰面板安装应先下后上，从一端向另一端，逐块进行。

（2）金属饰面板安装时，应使板块主体处于自然的重力状态，直接与板块接触的安装工具必须使用柔性接触。

（3）金属饰面板离缝铺贴时，缝宽不宜大于20mm，并应用密封胶或橡胶条等弹性材料嵌缝。

（4）金属饰面板应边安装，边调整垂直度、水平度、接缝宽度和相邻板块高低差。

（5）清洁金属饰面板及其他表面材料时，应采用无任何腐蚀作用的清洗剂。

（6）搪瓷钢板的安装应符合以下要求：

1）所有需要在搪瓷钢板上预留的孔洞和缺口，必须在搪烧前加工完成，不得在现场进行开孔、切割、折弯等任何的机械加工操作。

2）搪瓷钢板安装过程中由于意外原因，出现小于10mm可修复性损伤时，应按相应要求进行修复。

5. 安装质量要求

金属饰面的安装质量应符合以下要求：

（1）饰面板的品种、规格、颜色和性能应符合设计要求。

（2）金属饰面板表面应平整、洁净、美观、色泽协调一致，无划痕、麻点、凹坑、翘曲、皱褶、损伤，收口条割角整齐，搭接严密无缝隙。

（3）金属饰面板上的各种孔洞应套割吻合、边缘整齐；与其他专业设备交界处，位置应正确、交接严密、无缝隙。

（4）柱面、窗台、窗套、变形缝等部位剪裁尺寸准确，边角、线角、套口等凸出件接缝平直、整齐。

（5）接缝平整，严密，横竖向顺直，无明显缝隙和错位。

（6）离缝式接缝平直、宽窄一致，收口条搭接严密。嵌缝应密实、平直、光滑、美观无渗漏，直线内无接头，嵌缝材料色泽、宽窄和深度应一致。

15.4.5 陶瓷板墙饰面

陶瓷板墙饰面基层表面应平整洁净，不应有起壳、脱皮、起砂、油污等现象。粘贴前应用清水湿润墙面。

1. 釉面砖施工

釉面砖施工应符合以下要求：

（1）应在基层墙面弹出面砖分格线，按粘贴厚度作灰饼。

（2）釉面砖施工前应浸水、阴干，并按颜色和规格选砖。

（3）应根据面砖分格线进行预排，并符合以下要求：

1）柱面阳角应是整砖，且对角粘贴。

2）正立面整砖盖住侧立面整砖，上平面砖盖立面整砖。

3）每一墙面同一方向不宜有两块非整砖。

（4）粘贴可采用水泥砂浆或专用粘结剂。粘结材料应刮满面砖背面。以水平线由下往上粘贴。

（5）粘贴完毕擦净面砖后，应用与面砖同色的水泥嵌缝，并将面砖表面污染物擦拭干净。

2. 外墙面砖施工

外墙面砖施工应符合以下要求：

（1）应在基层墙面弹出面砖分格线，按粘贴厚度作灰饼。

（2）釉面砖施工前应浸水、阴干，并按颜色和规格选砖。

（3）应根据面砖分格线进行预排，并符合以下要求：

1）绘制排板图，制作一定数量的样板并通过确认。

2）阳角部位应是整砖，且正立面整砖盖住侧立面整砖。

3）柱面阳角应对角粘贴。

4）凸出墙面的窗台、腰线、滴水槽等部位排砖应有一定坡度。

5）上平面砖应盖立面整砖。

6）外墙面砖的横缝应与门窗天盘和窗台相平。

（4）按排板图在基层上弹线，备好开缝条。粘贴可采用水泥砂浆或专用粘结剂。必要时可刷界面粘结剂，面砖背面应刮满粘结材料。

（5）外墙面砖粘贴应自上而下分层、分段进行。先粘贴墙柱、头角、腰线等墙面凸出部分，后粘贴大墙面。

（6）粘贴完毕经检查合格后，应进行勾缝处理。

（7）勾缝处理完毕后，应进行墙面擦洗，必要时可使用弱酸性清洗剂擦洗。

3. 锦砖施工

锦砖施工应符合以下要求：

（1）按设计图案、颜色、几何尺寸选砖，并编号存放。

（2）按设计图案排砖，按实际施工尺寸和锦砖尺寸绘制排砖大样，并以其为依据进行弹线。

（3）粘贴时，在锦砖粘贴面刮素水泥，按每一楼层自上而下粘贴，每一墙面粘贴完毕后，进行拍平。

（4）待粘结层初凝时，刷水浸润后揭纸、调缝、擦缝。

（5）柱面阳角应对角粘贴，接缝处灰缝砂浆应饱满。

4. 施工质量要求

饰面砖粘贴施工质量应符合以下要求：

（1）饰面砖的品种、规格、图案、颜色和性能应符合设计要求。

（2）饰面砖粘贴应牢固，不得有空鼓。

（3）饰面砖表面应平整、洁净、色泽一致，无裂痕和缺损。

（4）墙面凸出物周围的饰面砖应整砖套割吻合，边缘整齐。凸出墙面的厚度应一致。做好滴水线。

（5）饰面砖接缝应平直、光滑，填嵌连续、密实；宽度和深度应符合设计要求。

15.4.6　裱糊墙饰面

1. 基层处理

裱糊前，基层处理应符合以下要求：

（1）混凝土、抹灰基层在批腻子前应涂刷抗碱封闭底漆。

（2）旧墙面在裱糊前应清除疏松的旧装修层，并刷界面剂。对有裂缝以及空鼓的部位应先进行处理。

（3）混凝土、抹灰基层含水率不应大于8%；木材基层的含水率不应大于12%。

（4）基层腻子应平整、坚实、牢固，无粉化、起皮和裂缝。

（5）基层表面平整度、垂直度和阴阳角方正，应符合规范要求。

（6）基层表面颜色应一致。

（7）裱糊前，应用封闭底胶涂刷基层。

2. 发泡壁纸、金属壁纸裱糊施工

发泡壁纸、金属壁纸裱糊施工应符合以下要求：

（1）裱糊前，待封闭底胶干燥后在墙面划垂线。

（2）根据壁纸花纹上下、相邻图案对应的原则，按墙的高度裁剪壁纸。

（3）将裁剪的壁纸，经闷水处理后，在墙面和壁纸背面同时刷胶。

（4）裱糊应从墙面一侧自上而下按垂线控制壁纸垂直，对花接缝严密。窄条壁纸应贴在较暗的阴角处。用干净软布将壁纸抹平贴实。

3. 墙布裱糊施工

墙布裱糊施工应符合以下要求：

（1）墙布裁剪时，应按墙面实际长度加放100~150mm。

（2）墙布裱糊时，不应闷水。

（3）墙布应用软布抹平贴实，裱糊宜在墙面刷胶。将卷好的墙布依墙面划出的垂线自上而下粘贴。花纹、图案应吻合，对花接缝应严密。

（4）用干净软布将墙布抹平贴实，裁去多余部位。

4. 施工质量要求

裱糊施工质量应符合以下要求：

（1）壁纸、墙布的种类、规格、图案、颜色、燃烧性能等级应符合设计要求和有关规定。

（2）各幅拼接应横平竖直，拼接处花纹、图案吻合，不离缝、不搭接、不显拼缝。

（3）壁纸、墙布表面平整，色泽一致，无波纹起伏、气泡、裂缝、皱折和污斑，斜视无胶痕。

（4）壁纸、墙布与各种装饰线、设备线盒交接严密。边缘平直整齐，无毛刺。

（5）壁纸、墙布阴角处搭接应顺光，阳角应无接缝。

（6）壁纸、墙布拼缝严密，在1.5m外检查不显示拼缝。

15.4.7 软包墙饰面

墙面软包饰面板宜在工厂加工，施工现场拼装。软包门应在工厂制作、安装。软包饰面板的面料及辅料应采用符合消防要求。

软包墙面施工宜在室内的地、顶装修已基本完成，墙面和细木装修完成后进行。基层应平整光洁，不松动。

根据设计要求，在墙面上标出软包饰面板的尺寸、造型和位置。在标出的软包位置固定衬板、边框、粘贴填充料和包钉面料。同一房间或同一墙面的软包面料颜色、花纹应符合设计要求。

15.5 涂饰工程

15.5.1 一般规定

（1）涂饰工程的主要材料品种、性能应符合设计要求和现行有关产品标准的规定。应有产品性能检测报告和产品合格证书，采用配套产品以及施工工具，应采用绿色环保产品。

（2）涂饰工程的等级应符合设计要求，腻子的粘结强度应符合国家现行标准的有关规定。涂饰工程应在抹灰、地面、吊顶、细部及设备安装工程等已完成并验收合格后进行。

（3）涂饰工程基体或基层的含水率应符合以下要求：

1）混凝土和抹灰表面涂刷溶剂型涂料时，含水率不应大于8%。

2）涂刷水性和乳液涂料时，含水率不应大于10%。

3）木料制品基层含水率不应大于12%。

（4）基层处理应符合以下要求：

1）涂刷前，应将基体或基层的缺棱掉角处用1:3的水泥砂浆或聚合物水泥砂浆修补；表面麻面及缝隙应用粉刷石膏或耐水腻子填补齐平；基层表面上的灰尘、污垢、砂浆流痕应清除干净。

2）新混凝土或抹灰基层在涂刷前应先涂刷抗碱封闭底漆，待其干后刮腻子。

3）旧墙面应清除疏松的旧装修层，修补平整干燥后涂刷界面剂。

4）基层腻子应平整、坚实，无粉化、起皮和裂缝。腻子干燥后，应打磨平整光滑，并清理干净。

5）不同基体交界处批嵌腻子时，应粘贴接缝带。

6）纸面石膏板基层，对板缝、钉眼进行处理后，满刮腻子、砂纸打光。

7）金属基层表面应进行除锈和防锈处理。

8）浮雕涂饰的中层涂料应颗粒均匀，根据涂料的技术要求，基层用煤油或水均匀涂刷，厚薄一致；待完全干燥固化后，进行面层涂饰。面层为水性涂料时应采用喷涂，溶剂型涂料应采用刷涂，间隔时间宜在4h以上。

9）外墙、厨房、卫生间、浴室等部位应使用具有耐水性能的腻子。

（5）涂料的工作黏度或稠度，应符合产品技术要求，涂刷时不应流坠、不显刷纹，涂刷过程中不应随意稀释涂料。双组分或多组分涂料在涂刷前，应按产品说明规定的配合比，根据使用情况分批混合，并在规定的时间内用完。所有涂料在涂刷前和涂刷过程中，均应充分搅拌。

（6）涂刷溶剂型涂料时，后一遍涂料应在前一遍涂料干燥后进行；涂刷水性和乳液涂料时，后一遍涂料在前一遍涂料干燥后进行。每一道涂料应涂刷均匀，各层应结合牢固。

（7）水性和乳液涂料涂刷时的环境温度，应按产品说明书的温度控制。环境温度应保持在5～40℃，并应通风换气和防尘。冬期室内涂刷时，应在采暖条件下进行，室温应保持均衡。

（8）工厂制作组装的细木制品、金属构件和制品，涂料宜在制作阶段涂刷，现场安装时应做好成品保护，不得损坏涂层；现场制作组装的，安装前应涂刷1～3遍底子油（干性油、防锈涂料），安装后再涂刷涂料。

15.5.2 水性涂料涂饰

水性涂料涂饰应符合以下要求：

(1) 水性涂料涂饰使用的腻子应具有耐水性能。每间、每个独立面和每遍应使用同一批涂料，并宜一次用完，确保颜色一致。分色线施工前，应按标高弹划好粉线，刷分色线时，刷时用力应均匀，起落应轻，排笔蘸量应适当，应从前向后刷。

(2) 刷涂料时，应保持涂料的稠度，不应任意加水或稀释剂。涂刷时应上下顺刷，后一排笔紧接前一排笔连续涂刷。大面积涂刷时，应相互衔接。用力均匀，刷纹不应过大。滚涂时，用力应均匀，不应将辊子中的涂料全部挤出后再蘸料，应使辊子内保持一定量的涂料。滚涂至接槎部位或达到一定段落时，应使用不蘸涂料的空辊子滚压一遍，保持滚涂饰面均匀与完整。

水性涂料施工质量应符合以下要求：

(1) 涂料的品种、型号和性能应符合设计要求。

(2) 水性涂料涂刷的颜色、图案应符合设计要求。

(3) 涂刷应均匀、粘结牢固，不应漏涂、透底、起皮和掉粉。

(4) 涂层与其他装修材料和设备衔接处应吻合，界面应清晰。

15.5.3 溶剂型涂料涂饰

溶剂型涂料涂饰应符合以下要求：

(1) 刮腻子时，结疤、裂缝、钉孔、上下冒头、边棱残缺等处不应遗漏，并打磨平整光滑。

(2) 基层应清理干净，严禁涂刷时扫尘、清理或刮大风天气刷溶剂型涂料。涂刷溶剂型涂料前，应用合适的棕刷，并在稀释料中泡软后使用。

(3) 涂刷溶剂型涂料时，溶剂型涂料兑配应均匀，涂料不应太稀、太稠或漆膜太厚。

(4) 涂刷时，应将污迹处及时清擦干净。门锁、门窗拉手和插销等应在油漆干后安装。

15.5.4 彩色喷涂涂饰

彩色喷涂涂饰应符合以下要求：

(1) 彩色喷涂的材料品种、型号和性能应符合设计要求并有产品证书，应按产品组合配套使用。彩色涂料应妥善储存，应避免在阳光下直接曝晒。

(2) 抹灰层与涂层之间应粘结牢固，无脱层、空鼓和裂缝等缺陷。

喷涂施工应避免在雨天和湿度高的天气下进行，应根据不同的气候条件确定底、中、面层施工的间隔时间，在前一道涂层干透后方可进行下一道涂层操作。喷涂时，压力应稳定，喷涂操作角度应一致，按顺序依次喷涂，一次喷涂不宜过厚，覆盖均匀。

(3) 喷涂、滚涂、弹涂等表面颜色一致，花纹、色点大小均匀，不显接槎，无漏涂、透底和流坠。分格条（缝）的宽度和深度均匀一致，条（缝）平整光滑，棱角整齐，横平竖直、通顺。

(4) 面层彩色涂料喷涂时，面层未干燥之前，不应清扫地面。

15.5.5 细木制品涂饰

木质基层的涂饰前处理应符合以下要求：

（1）涂饰施工应在木质施工件全部制作完毕后进行。

（2）应将木料表面上的灰尘、污垢等清除干净。木料表面的缝隙、毛刺等应先清理，制品表面应平整，并用砂纸打磨修整。

（3）较大的脂囊和结疤应剔除，并用与木纹相同的材料镶嵌。

（4）涂刷清色木质基层应符合以下要求：

1）木质基层上的节疤、松脂部位应用虫胶漆封闭，钉眼处应用油性腻子嵌补。

2）刮腻子、上色前，应涂刷一遍封闭底漆。

3）对局部进行反复拼色和修色，每修色一次，刷一遍中层漆，干后打磨，直至色调均匀一致，再做饰面漆。

（5）涂刷混色木质基层：应先刷底漆一遍，待其干后用腻子嵌刮平整，在结疤处修饰后，用腻子填补，待干燥后再用砂纸打磨光滑，再刷中层和面层油漆。

（6）涂刷无色透明油漆时，补腻子应注意与饰面板的颜色及与饰面板的平整度。应先制作样板，样板符合设计要求后，参照样板进行具体施工。

（7）涂饰应根据环境气候适当调整配比，固化剂在雨天时可比规定配比略高；搅拌应均匀。

15.5.6　美术涂料涂饰

1. 套色漏花涂刷

套色漏花涂刷的图案应符合以下要求：

（1）涂饰前应先完成相应等级或工序的涂料作业，干燥后，方可进行美术涂饰。

（2）宜用喷印方法进行，并按分色顺序喷印。

（3）前套漏板喷印完，等涂料稍干后，方可进行下套漏板的喷印。

（4）涂刷时应上下顺刷，前、后刷间隔时间不宜过长。

（5）涂刷时应多理多顺，用力适度均匀。

2. 滚花涂饰

滚花涂饰应符合以下要求：

（1）应先在已完成的涂料表面弹出垂直粉线，然后沿粉线自上而下进行。

（2）滚筒的轴应垂直于粉线。滚动速度应适宜，用力均匀。

（3）滚花完成后，周边应划色线或做边花、方格线。

3. 仿木纹涂饰

仿木纹涂饰应符合以下要求：

（1）用调和漆作木纹时，不应用煤油等慢干性溶剂调漆。

（2）底层涂料和罩面清漆应配套使用。

（3）用调和漆作木纹不理想时，可用棉纱蘸溶剂将其擦净，待干后重新绘制。

（4）作直木纹时，可待木纹漆或木纹色刷上后，直接用干棕刷或干排笔，顺物面方向轻刷一次。

4. 仿石纹涂饰

仿石纹涂饰应符合以下要求：

（1）喷涂石纹漆时，用硝基磁漆打底，应用醇酸磁漆喷纹；用醇酸磁漆打底时，则不应用硝基磁漆喷纹。

（2）喷石纹漆时，宜由两人配合操作，一人掌握丝棉稀密度，一人喷纹，纹漆黏度应比一般的喷漆稍稀。

5. 其他美术涂饰

其他美术涂饰应符合以下要求：

（1）涂饰鸡皮皱面层时，应在涂料中掺入20%～30%的大白粉（重量比），并用松节油进行稀释。刷涂厚度宜为2mm，表面拍打起粒应均匀、大小一致。

（2）涂饰拉毛面层应在涂料中掺入石膏粉或滑石粉，其掺量和刷涂厚度，应根据波纹大小，由试验确定。面层干燥后，宜用砂纸磨去毛尖。

（3）甩水色点宜先甩深色点，后甩浅色点，不同颜色的大小色点，应分布均匀。

（4）划分色线和方格线应待图案完成后进行。

6. 质量要求

美术涂饰质量应符合以下要求：

（1）涂饰材料的品种、型号和性能应符合设计要求。

（2）涂饰应均匀、粘结牢固，不应漏涂、透底、起皮、掉粉和反锈。

（3）美术涂饰表面应洁净，不应有流坠现象，仿花纹涂饰的饰面应具有被模仿材料的纹理。套色涂饰的图案不应移位，纹理和轮廓应清晰。

15.6 装配式内装修施工

15.6.1 概述

装配式内装修应结合设计、生产、装配一体化的要求，根据工程特点，协同总包单位制订工程施工组织设计及施工方案，明确装配式内装修工程与其他各分项工程的施工界面、施工工序与避让原则。

装配式内装修施工流程如图15-1所示。

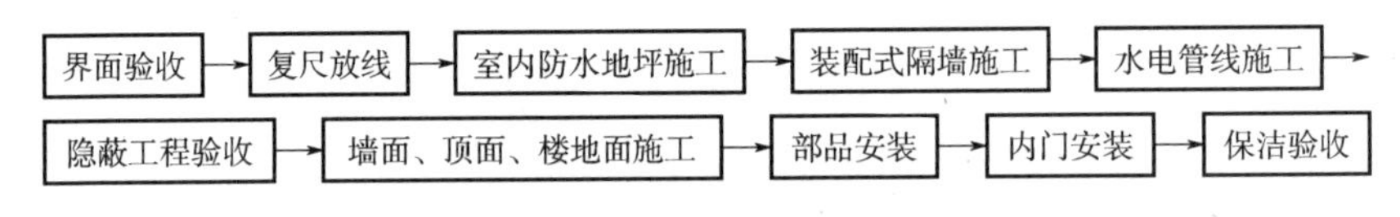

图15-1 装配式内装修施工流程

装配式内装修施工可采用穿插施工的组织方式，并宜采用标准化施工工艺与施工装备。对于装配式内装修施工工程来说，应强调并明确各分项工程间的施工界面，包括结构系统、围护系统、设备管线系统与内装系统的界面关系。对于采用装配式内装修技术的住宅建筑来说，应以套内主体结构的墙、顶、地为装配式内装修工程的施工界面，其中的吊顶、隔墙与墙面、楼地面、内门窗、厨房与卫生间、设备与管线及其他的装配式内装修部品部件，应由装配式内装修施工单位一体化实施。

装配式内装修施工中采用的新技术、新工艺、新材料、新设备，应经样板验证后应用，并应符合国家现行有关标准的规定。装配式内装修施工前，应进行样板间或样板的试安装，并应根据试安装结果及时调整施工工艺、完善施工方案，且应经项目参与各方确认。

装配式内装修施工应积极采用建筑信息模型（BIM）技术对施工全过程进行模拟、指导及协调管理。施工单位应根据装配式内装修工程特点和规模设置组织架构、配备管理人员和专业施工队伍。管理与施工人员应具备岗位所需的基础知识和技能。

装配式内装修施工应遵守国家施工安全、环境保护的相关标准，制订安全与环境保护专项方案。推行绿色施工模式，减少现场切割作业和建筑垃圾，达到现场少噪声、少污染、少垃圾的绿色施工要求。改扩建工程实施装配式装修，应避免对主体结构的破坏。

15.6.2 施工准备

装配式内装修施工前，应做好以下准备工作：

（1）装配式内装修施工前，应进行设计交底工作，编制专项施工方案。

（2）装配式内装修施工前，应制订项目招采计划及运输计划，明确部品部件的进场时间及运输条件，保证施工所需的运输通道、堆放场地、垂直运输、供水供电、施工作业面等必要条件。

（3）装配式内装修施工前，应进行测量放线，并设置部品部件安装定位标识。应核对已完成主体结构的外观质量和尺寸偏差，复核预留预埋、隐蔽工程及成品保护情况，确认具有施工条件，完成施工交接手续。

（4）装配式内装修施工前，应准备施工所需的设备、部品部件及相关场地，并应满足下列要求：

1）应制订施工所需设备、部品部件的需求计划及货源组织安排。

2）部品部件进场时间应遵循施工组织设计及专项施工方案的规定，且应进行进场检验，其规格、性能和外观等应符合设计要求及国家现行有关标准的规定，并应形成相应的验收记录。

3）进场部品部件存放时，应分类存放，并宜实行分区管理和信息化台账管理。

4）进场部品部件的堆放场地应平整、坚实，堆放方式应确保安全。

5）部品部件的堆放应按部品的保管要求采取相应的防火、防雨、防潮、防曝晒、防污染、防擦碰等措施。

6）部品部件由集中堆放场地运输至安装区过程中应注意成品保护。

15.6.3 隔墙与墙面系统安装

1. 施工准备

隔墙与墙面系统安装前，应做好以下准备工作：

（1）装配式隔墙及墙面部品应符合图纸设计要求，按照所使用的部位做好分类选配。

（2）隔墙及墙面安装前应按图纸设计做好定位控制线、标高线、细部节点线等，应放线清晰，位置准确。

（3）装配式隔墙安装前应检查结构预留管线接口的准确性。

（4）装配式隔墙空腔内填充材料性能和填充密实度等指标应符合设计要求。

（5）装配式隔墙及墙面施工前应做好交接检查记录。

2. 龙骨隔墙安装

龙骨隔墙安装应满足下列要求：

（1）沿顶及沿地龙骨及边框龙骨应与结构体连接牢固，并应垂直、平整、位置准确，龙骨与结构体采用塑料膨胀螺钉固定，固定点间距不应大于600mm，第一个固定点距离端头不大于50mm。龙骨对接应保持平直。

(2) 竖向龙骨安装于沿顶及沿地龙骨槽内，安装应垂直，龙骨间距不应大于400mm。沿顶及沿地龙骨和竖向龙骨宜采用龙骨钳固定。门、窗洞口两侧及转角位置宜采用双排口对口并列形式竖向龙骨加固。

(3) 墙面板宜沿竖向铺设，当采用双层面板安装时，内外层面板的接缝应错开。

(4) 装配式隔墙内水电管路铺设完毕且经隐蔽验收合格后，隔墙内填充材料应密实无缝隙，尽量减少现场切割。

(5) 装配式墙面施工前应按照设计图纸对需挂重物的部位进行加固。

(6) 板材接缝应做处理，固定墙面板材的钉眼应做防锈处理。

3. 条板隔墙施工安装

条板隔墙的施工安装应满足下列要求：

(1) 板材宜竖向安装，采用U形卡或其他固定件与结构固定牢固，板材实际长度宜比安装位置处的室内净高短20～40mm。

(2) 有洞口的隔墙宜从门洞边开始向两侧依次安装，洞边与墙的阳角处宜安装未经切割的、完好的板材。

(3) 安装时，应清除板顶端及两侧浮灰，并满刮粘接剂。

(4) 板材十字相交、板材与结构体连接、板材转角处或T形连接时，应按设计要求固定。对于隔墙高度小于4m或隔墙到顶时，应在距离隔墙顶或底600～700mm处安装一个卡子；对于隔墙高度大于4m或隔墙不到顶时，应在1/2墙高处增设相同的卡子。

(5) 板材拼缝位置应采取相应的防开裂措施。与不同材质的墙体交接时，应根据设计要求做加强处理。

4. 装配式墙面施工

装配式墙面的施工安装应满足下列要求：

(1) 装配式墙面应按设计连接方式与隔墙（基层）连接牢固。

(2) 设计有防水要求的装配式墙面，穿透防水层的部位应采取加强措施。

(3) 装配式墙面与门窗口套、强弱电箱及电气面板等交接处应封闭严密。

(4) 装配式墙面上的开关面板、插座面板等后开洞部位，位置应准确，不应安装后二次开洞。

(5) 装配式墙面施工完成后，应对特殊加强部位的功能性进行标识。

15.6.4 吊顶系统安装

吊顶系统安装前应完成吊顶内设备与管线的验收工作。当采用软膜天花时，应做好软膜天花与边框接口的处理。

1. 施工准备

(1) 应确定吊顶板上灯具、风口等部品的位置，按部品安装尺寸开孔。

(2) 装配式吊顶安装前，墙面应完成并通过验收。

(3) 应完成吊顶内管线安装等隐蔽验收。

2. 免吊杆装配式吊顶技术要点

(1) 边龙骨与墙面固定牢固，安装平直，阴阳角处应切割成45°拼接，接缝应严密、平整。

(2) 吊顶板与边龙骨搭接处不应小于10mm。

(3) 横龙骨与吊顶板连接应稳固，横龙骨与边龙骨接缝应整齐。

(4) 吊顶板上的灯具、风口等部品安装位置应准确，交接处应严密。

3. 有吊杆装配式吊顶技术要点

(1) 吊杆宜采用直径不小于8mm的全螺纹镀锌吊杆，采用膨胀螺栓连接到顶部结构受力部位上。

(2) 吊杆应与龙骨垂直，距主龙骨端部距离不得超过300mm。当吊杆与设备相遇时，应调整吊点构造或增设吊杆。

(3) 龙骨、吊顶板安装应符合现行国家标准《住宅装饰装修工程施工规范》GB 50327的规定。

15.6.5 楼地面系统安装

楼地面系统施工前应完成相关隐蔽工程验收，基层应进行清理。

1. 施工准备

(1) 应按设计图纸放地面控制线，位置准确。

(2) 应完成架空层内管线安装等隐蔽工程的验收。

(3) 装配式楼地面安装前，应对基层进行清洁、干燥并吸尘。

2. 楼地面系统施工

楼地面系统施工应满足下列要求：

(1) 应按设计图纸布置可调节支撑构造，并进行调平。

(2) 架空地板的支撑件应与地面基层连接牢固，架空高度应符合设计要求；架空地板系统与地面基层间宜做减振处理。

(3) 架空地板系统应按设计要求布置支撑件的间距，与墙体交接处应做好封边处理。

(4) 饰面层铺装应根据图纸排板尺寸放十字铺装控制线，相邻地板宜采用企口连接。

(5) 饰面层铺装完，安装踢脚线压住板缝。

(6) 采用地面辐射供暖系统复合脆性面材时，应采取防开裂措施。

(7) 非架空干铺地面系统的基层平整度和强度应满足干铺地面系统的铺装要求。

(8) 当采用地面辐射供暖系统时，应在辐射区与非辐射区、建筑物墙面与地面等交界处设置侧面或水平绝热层，防止热量渗出。

15.6.6 集成式厨房安装

集成式厨房施工前应完成相关隐蔽工程验收，并应按设计要求准确放线。

1. 施工准备

(1) 应完成基层、预留孔洞、预留管线等隐蔽验收。

(2) 橱柜、电器设备设计有加固要求时，加固措施应与结构连接牢固。

2. 施工要点

集成式厨房施工安装应满足下列要求：

(1) 集成式厨房的墙板应与基层墙体连接牢靠，安装吊柜、燃气热水器等部品和设备的部位应进行加固处理。

(2) 集成式厨房的墙面与地面、吊顶、台面之间的连接部位应做密封处理。

（3）采用油烟水平直排系统时，风帽应安装牢固，与结构墙体之间的缝隙应密封。

15.6.7 集成式卫生间安装

1. 施工准备

集成式卫生间安装前应完成相关隐蔽工程验收，当楼面结构层有防水时，应完成防水施工并验收合格。

集成式卫生间的施工安装应由专业人员进行，并应与其他施工工序进行协调；当采用整体卫生间时，宜优先安装整体卫生间，再施工安装整体卫生间周边墙体。

2. 施工要点

集成式卫生间的安装应满足下列要求：

（1）集成式卫生间排水支管与主排水立管应连接牢靠，排水坡度符合设计要求。

（2）集成式卫生间的门框门套应与防水底盘、壁板、外围合墙体做好收口处理和防水。

（3）当集成式卫生间设置外窗时，壁板和窗洞口衔接处应通过窗套进行收口处理，并应做好防水。

（4）当墙面采用聚乙烯薄膜作为防水层时，墙面应做至顶部，在卫生间内形成围合，在门口处向外延伸不小于100mm。

（5）当安装卫生器具、卫浴配件、电气面板等部品时，应采取防水层保护措施。

15.6.8 其他部品安装

门窗及其他部品安装应满足下列要求：

（1）门窗应安装牢固，安装孔应与预制埋件对应准确，固定方法应符合设计要求。

（2）门窗框与墙体（或基层板）之间的缝隙应采用弹性材料填嵌饱满，并用密封胶密封。

（3）部品与墙体、楼板等结构主体连接的部位应按设计要求前置安装加固板或预埋件并验收合格。

（4）部品安装前应对有防水、防潮要求的部位及基层做防水、防潮处理，部品内部隐蔽管线部件安装应在连接处做密封处理。

15.6.9 设备管线

1. 施工准备

（1）按设计图纸定位放线，放线应清晰，位置应准确。

（2）应完成预留孔洞、预留管线等隐蔽验收。

2. 施工要点

（1）当室内给水、中水的支管、分支管道采用集成化产品时，在现场应按设计要求安装牢固。

（2）设置在架空层内的给水管道不应有接头，管道应按放线位置敷设；架空层封闭前，应对给水管线进行打压试验。

本章术语释义

序号	术语	含义
1	装配式内装修	遵循管线与结构分离的原则，运用集成化设计方法，统筹隔墙和墙面系统、吊顶系统、楼地面系统、厨房系统、卫生间系统、收纳系统、内门窗系统、设备和管线系统等，将工厂化生产的部品部件以干式工法为主进行施工安装的装修建造模式
2	管线与结构分离	建筑结构体中不埋设设备及管线，采取设备及管线与建筑结构体相分离的方式
3	干式工法	现场采用干作业施工工艺的建造方法
4	穿插施工	在满足主体结构分段验收和其他必要条件时，通过科学合理的组织，实现主体结构施工层以下楼层的内装修施工与主体结构同步施工的方式
5	装配式隔墙	主要采用干式工法，在工厂生产、在现场组合安装而成的集成化墙体
6	装配式墙面	在墙面基层上，主要采用干式工法，在工厂生产、在现场组合安装而成的集成化墙面，由连接构造和面层构成
7	装配式楼地面	主要采用干式工法，在工厂生产、在现场组合安装而成的集成化楼地面，由可调节支撑构造和面层构成
8	装配式吊顶	主要采用干式工法，在工厂生产、在现场组合安装而成的集成化顶棚

第16章 建筑节能工程

16.1 墙体节能工程

按保温材料与基层墙体连接的施工方法，外墙外保温系统可划分为表16-1所示的几个类别。外保温系统中的固定材料主要包括胶粘剂、锚固件等。

表16-1 外墙外保温系统的分类

序号	类别	特征
1	粘贴保温板外保温系统	系统可采用条式粘结或点框式粘结，必要时可辅以机械固定，但荷载完全由粘结层承受，机械固定在胶粘剂干燥前起稳定作用并作为临时连接以防止系统脱落
2	现场成型外保温系统	包括现场抹灰成型外保温系统和现场喷涂外保温系统。其中现场抹灰成型外保温系统指保温材料采用现场抹灰成型的施工方式固定在基层墙体上，现场喷涂外保温系统指保温材料通过机械喷涂方式固定于基层墙体上
3	模板内置保温板系统	保温板置于模板内侧，现场浇筑混凝土基层墙体后，保温板通过混凝土的粘结力以及部分连接件与基层墙体固定牢固

16.1.1 外墙保温板（块）材保温施工

1. 基本构造

外墙外保温系统构造包括有防火隔离带外保温系统、无防火隔离带外保温系统、岩棉条外保温系统和岩棉板外保温系统四类。无防火隔离带外墙外保温系统基本构造见图16-1。岩棉板外墙外保温系统基本构造见图16-2。

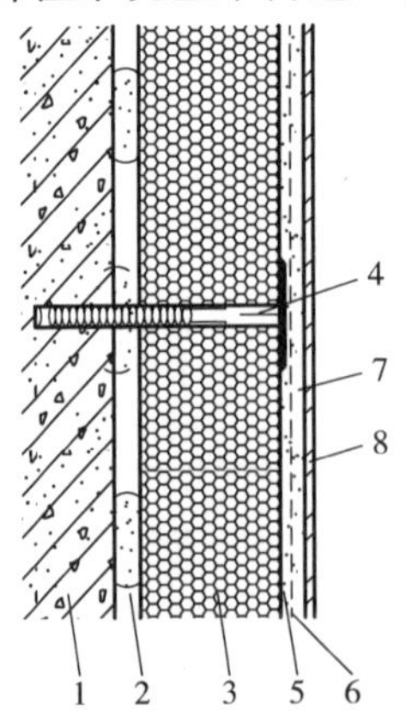

图16-1 无防火隔离带外墙外保温系统基本构造
1—基层墙体 2—胶粘剂 3—保温层 4—锚栓 5—抹面胶浆 6—玻纤网 7—抹面胶浆 8—饰面层

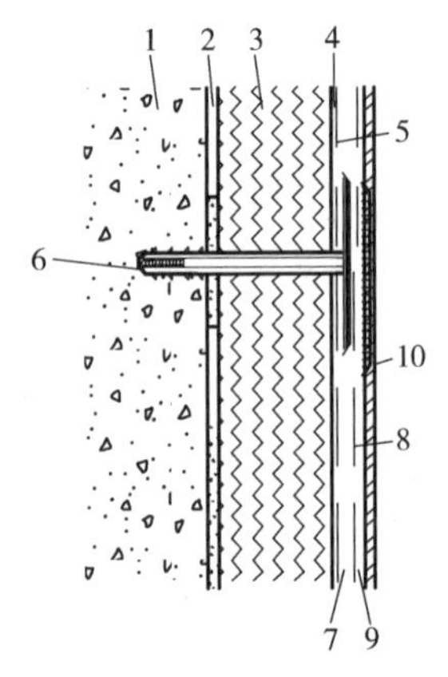

图16-2 岩棉板外墙外保温系统基本构造
1—基层墙体 2—粘结层 3—岩棉板保温层 4—抹面胶浆 5—玻纤网 6—锚栓 7—抹面胶浆 8—玻纤网 9—抹面胶浆 10—饰面层

模塑板、挤塑板、硬泡聚氨酯板宽度不宜大于1200mm，高度不宜大于600mm。模塑板、挤塑板、硬泡聚氨酯板外墙外保温系统应按设计要求设置防火隔离带，防火隔离带与基层应满粘。

模塑板、挤塑板、硬泡聚氨酯板应采用点框粘法或条粘法固定在基层墙体上，模塑板与基层墙体的有效粘贴面积不应小于保温板面积的40%，并宜使用锚栓辅助固定。挤塑板、硬泡聚氨酯板与基层墙体的有效粘贴面积不应小于保温板面积的50%，并应使用锚栓辅助固定。

岩棉板外墙外保温系统中，锚盘压网双网构造的抹面层内应设置双层玻纤网，锚盘应压在底层玻纤网上，锚盘外应铺设面层玻纤网。岩棉条外墙外保温系统中，锚盘压条单网构造的抹面层内应设置单层玻纤网，锚盘应压住岩棉条。

岩棉外墙外保温系统与基层墙体的连接固定方式应符合下列规定：

（1）岩棉条外墙外保温系统与基层墙体的连接固定应采用粘结为主、机械锚固为辅的方式。

（2）岩棉条与基层墙体联结宜采用条粘法，粘结面积率不应小于70%。

（3）岩棉板外墙外保温系统与基层墙体的连接固定应采用机械锚固为主、粘结为辅的方式。

（4）岩棉板与基层墙体的有效粘结面积不应小于50%。

岩棉外墙外保温系统的抹面层厚度宜符合下列规定：

（1）当设置双层玻纤网时，抹面层厚度宜为5～7mm。

（2）当设置单层玻纤网时，抹面层厚度宜为3～5mm。

2. 施工工艺

有防火隔离带外墙外保温系统、无防火隔离带外墙外保温系统应按图16-3所示的流程施工。

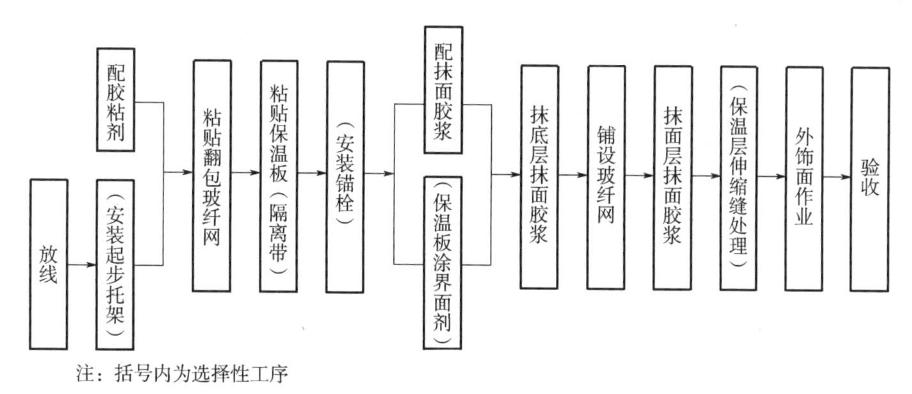

图16-3 外墙外保温系统施工流程图

岩棉板外墙外保温系统应按图16-4所示的流程施工。

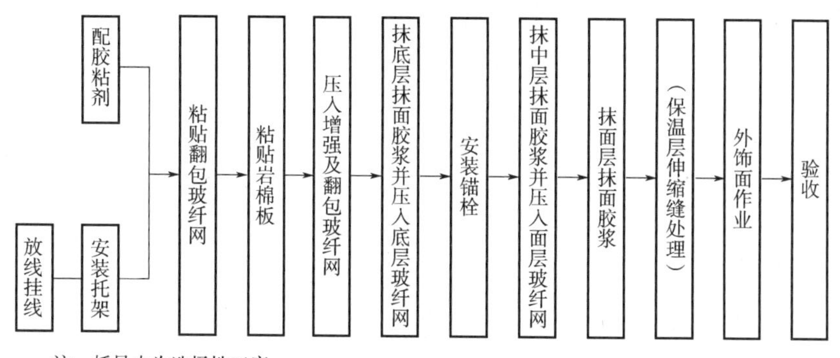

图16-4 岩棉板外墙外保温系统施工流程图

3. 施工做法

施工时应在阴角、阳角、阳台栏板和门窗洞口等部位挂垂直线或水平线等控制线；岩棉板外墙外保温系统可在勒脚、阳台栏板、窗口上沿等部位设置托架，托架应用膨胀螺栓固定于基层墙体上，其他外墙外保温系统可在起始位置安装托架。保温板如需要进行界面处理时，应在粘结面上涂刷界面剂，晾置备用。应在门窗洞口四角处沿45°方向加铺增强玻纤网。增强玻纤网应置于大面玻纤网的内侧。翻包玻纤网与洞口增强网重叠时，可将重叠处的翻包玻纤网裁掉。

（1）粘贴保温板（不含岩棉板）应符合下列规定：

1）保温板安装起始部位及门窗洞口、女儿墙等收口部位应预粘（在粘贴保温板前完成）翻包玻纤网，宽度为保温板厚加200mm，长度应根据施工部位具体情况确定。

2）胶粘剂应在界面剂表干后、实干前进行施工；保温板在阳角处留马牙槎时，伸出阳角的部分不涂抹胶粘剂。

3）保温板排板宜按水平顺序进行，上下应错缝粘贴，阴阳角处应做错茬处理，具体做法可参见图16-5a。

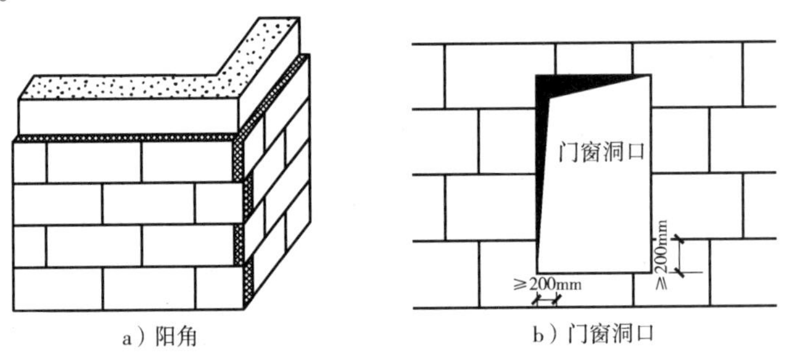

图16-5　保温板排列示意图

4）保温板的拼缝位置不得在门窗口的四角处（图16-5b）。

5）保温板为模塑板、挤塑板、聚氨酯板、岩棉板时，可采用点框法或条粘法进行粘结，具体做法可参见图16-6，基面平整度较差时宜选用点框法。

6）保温板为岩棉条时，可采用满粘法或条粘法进行粘结，基面平整度较差时宜选用满粘法。

7）板缝应拼严，缝宽超出2mm时应用相应厚度的保温板片或发泡聚氨酯填塞。

8）整块墙面的边角处应用短边尺寸不小于300mm的保温板。

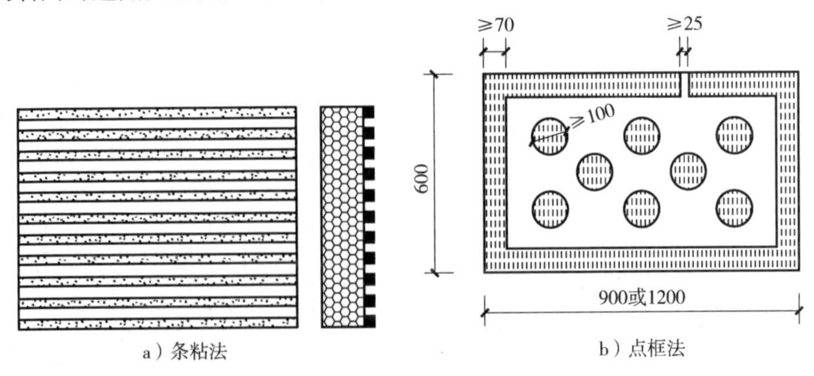

图16-6　保温板粘结示意图

当需设置防火隔离带时，其安装应符合下列规定：

1）当采用粘贴方式安装防火隔离带时，宜与粘贴保温板同步，自下而上顺序进行。防火隔离带应与基层满粘，并应增加锚固措施。防火隔离带之间、防火隔离带与保温板之间应拼接严密，宽度超过2mm的缝隙应用适当的保温材料填充。防火隔离带接缝应与上、下部位保温板接缝错开，错开距离不应小于200mm。每段防火隔离带长度不宜小于400mm。

2）当采用填充方式安装浆料类防火隔离带时，宜在保温板粘贴完成后，在预留防火隔离带位置填充浆料，填充时应分层施工，不留空隙。

（2）岩棉板外墙外保温系统施工

岩棉板外墙外保温系统抹面胶浆和玻纤网施工应按以下操作工艺进行：

1）抹面胶浆施工应在岩棉板粘结完毕且经检查验收合格后进行，底层抹面胶浆应均匀涂抹于板面，厚度为2～3mm。

2）在抹面胶浆可操作时间内将底层玻纤网压入抹面胶浆中，玻纤网应从中央向四周抹平且应拼接严密。

3）锚栓安装完毕经验收合格后，在底层玻纤网上抹抹面胶浆，厚度约为3mm。

4）抹抹面胶浆后，即将面层玻纤网压入抹面胶浆中，玻纤网应从中央向四周抹平，铺贴遇有搭接时，搭接宽度应不小于80mm。

5）阳角宜采用角网增强处理，角网位于大面玻纤网内侧，不得搭接。

6）面层抹面胶浆施工宜在中层抹面胶浆凝结前或24h后进行，厚度1～2mm，以仅覆盖玻纤网、微见玻纤网轮廓为宜。抹面胶浆总厚度应控制在6～8mm。

（3）锚栓的安装

锚栓的安装应符合下列规定：

1）模塑板、挤塑板、硬泡聚氨酯板外墙外保温系统锚栓的排布可参见图16-7，岩棉板外保温系统锚栓应按设计数量均匀分布，宜呈梅花形布置。

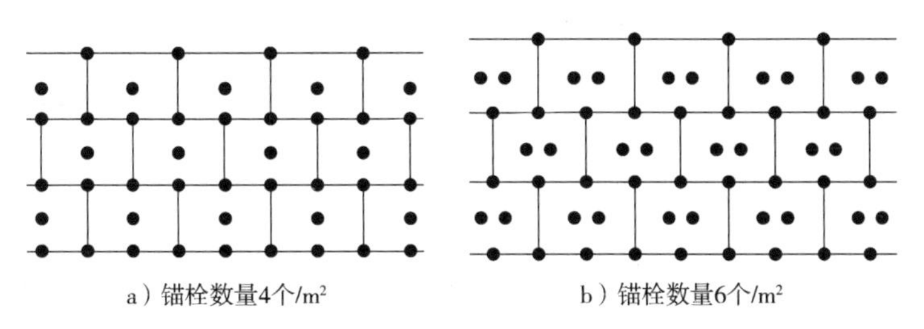

图16-7　以粘为主系统锚栓排布示意图

2）岩棉板外墙外保温系统锚栓安装应至少在底层玻纤网铺设完24h后进行，其他外保温系统锚栓安装应在粘贴保温板24h后进行。钻孔深入基层墙体深度应符合设计和相关标准的要求。

3）模塑板、挤塑板、硬泡聚氨酯板、岩棉条外墙外保温系统锚栓锚盘应位于增强玻纤网内侧，压住保温板，具体可参见图16-8，岩棉板外墙外保温系统锚栓应压住底层网格布。

4）防火隔离带应使用金属钉锚栓，锚栓应位于防火隔离带中间高度，距端部不应大于100mm，锚栓间距不应大于600mm，每块防火隔离带上的锚栓数量不应少于2个。

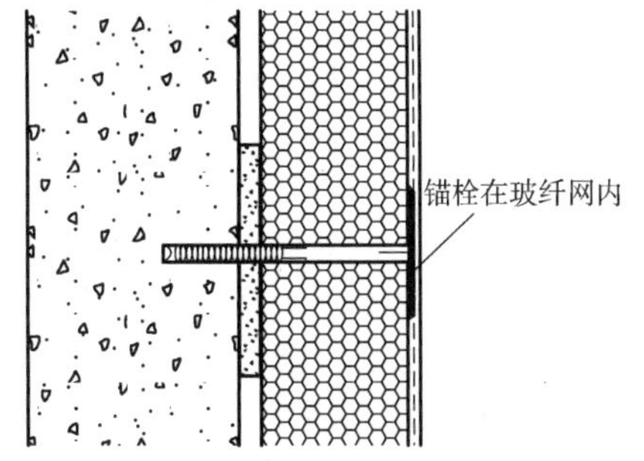

图16-8　以粘为主系统锚栓安装位置示意图

16.1.2 无机轻集料砂浆保温系统施工

1. 基本构造

无机轻集料砂浆保温系统是由界面层、无机轻集料保温砂浆保温层、抗裂面层及饰面层组成的保温系统。无机轻集料保温砂浆是以憎水型膨胀珍珠岩、膨胀玻化微珠、闭孔珍珠岩、陶砂等无机轻集料为保温材料，以水泥或其他水硬性无机胶凝材料为主要胶结料，并掺加高分子聚合物及其他功能性添加剂而制成的建筑保温干混砂浆。

涂料饰面无机轻集料砂浆外墙外保温系统的基本构造同面砖饰面无机轻集料砂浆外墙外保温系统、无机轻集料砂浆内保温系统、无机轻集料砂浆外墙防火隔离带的基本构造一样，均由界面层、保温层、抗裂层和饰面层构成，如图 16-9 ~ 图 16-12 所示。

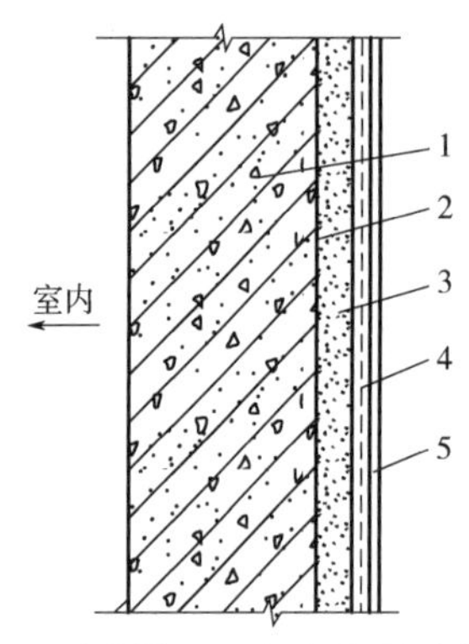

图 16-9 涂料饰面无机轻集料砂浆外墙外保温系统基本构造示意图

1—混凝土墙及各种砌体墙基层 2—界面砂浆

3—无机轻集料保温砂浆保温层

4—抗裂砂浆及耐碱玻纤网布

5—柔性腻子及涂料饰面作饰面层

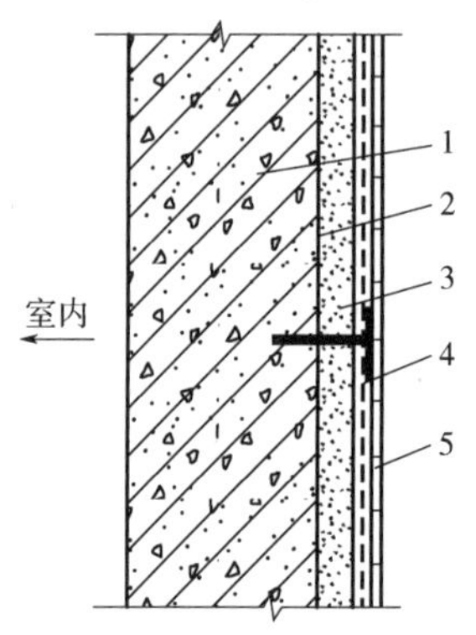

图 16-10 面砖饰面无机轻集料砂浆外墙外保温系统基本构造示意图

1—混凝土墙及各种砌体墙基层 2—界面砂浆

3—无机轻集料保温砂浆保温层

4—抗裂砂浆及耐碱玻纤网布

5—面砖作饰面层

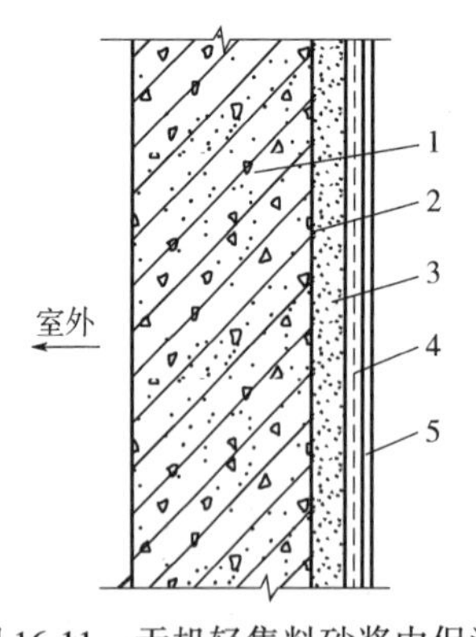

图 16-11 无机轻集料砂浆内保温系统基本构造示意图

1—混凝土墙及各种砌体墙基层

2—界面砂浆（基层为蒸压加气混凝土时采用专用界面砂浆）

3—无机轻集料保温砂浆保温层

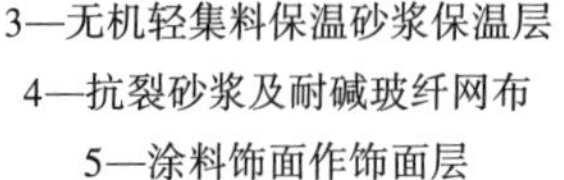

4—抗裂砂浆及耐碱玻纤网布

5—涂料饰面作饰面层

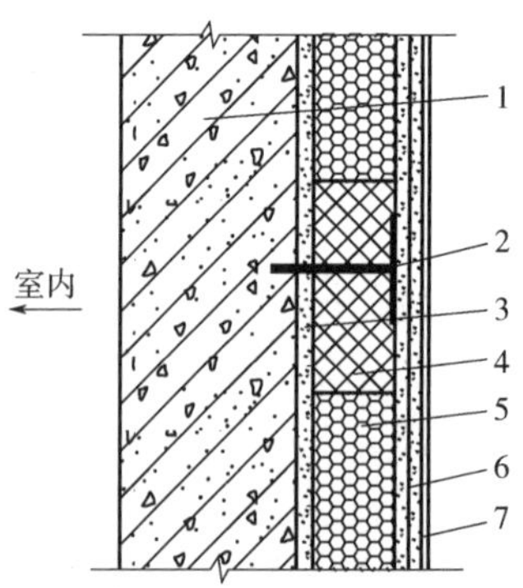

图 16-12 无机轻集料砂浆外墙防火隔离带基本构造示意图

1—混凝土墙及各种砌体墙基层

2—锚固件 3—界面砂浆

4—无机轻集料保温砂浆作防火隔离带保温层

5—其他外保温系统的保温材料

6—抗裂砂浆及耐碱玻纤网作抗裂层

7—柔性腻子及涂料饰面作饰面层

2. 一般规定

（1）外墙外保温工程施工期间及完工后24h内，宜避免阳光暴晒和淋雨；5级以上大风天气和雨、雪天气不得施工；环境温度低于5℃时不得施工。

（2）无机轻集料砂浆保温系统外墙保温工程的施工，应符合下列规定：

1）保温砂浆层厚度应符合设计要求。

2）保温砂浆层应分层施工，保温砂浆层与基层之间及各层之间应粘结牢固。

3）当采用塑料锚栓时，塑料锚栓的数量、位置、锚固深度和拉拔力应符合设计要求，塑料锚栓应进行现场拉拔试验。

（3）保温工程实施前应编制专项施工方案，并经认可后方可实施。施工前应进行技术交底，施工人员应经过实际操作培训并经考核合格。

（4）保温工程的施工应在基层施工质量验收合格后进行，且不应在潮湿的墙体上进行。

（5）现场应按产品使用说明书中提供的水灰比加水搅拌砂浆。

（6）保温材料在加水搅拌前应采取防潮、防水等保护措施。

（7）无机轻集料砂浆保温系统作为防火隔离带施工时应与外墙外保温系统保温层同步进行，不得在外墙外保温系统保温层中预留位置后用无机轻集料砂浆施工。

3. 施工流程

（1）涂料饰面保温施工

涂料饰面外墙外保温工程和外墙内保温工程的工艺流程应按下列步骤进行：

1）在基层处理、验收后，应做好吊垂线、套方、找规矩等工序，应通过做灰饼、冲筋等为后续施工设立参照标的。

2）界面砂浆施工时应弹分割线，设置分割缝或安装分格槽等。

3）无机轻集料保温砂浆施工，施工时应按技术文件进行养护，应在施工完毕后进行验收。

4）抗裂砂浆施工时应先抹底层抗裂砂浆，压入耐碱玻纤网布，再抹面层抗裂砂浆；施工完毕后进行验收。

5）涂料饰面施工时应先刮涂柔性或弹性腻子。

（2）面砖饰面保温施工

面砖饰面外墙外保温工程的工艺流程应按下列步骤进行：

1）在基层处理、验收后，应做好吊垂线、套方、找规矩等工序，通过做灰饼、冲筋等为后续施工设立参照标的。

2）界面砂浆施工时应弹分割线，设置分割缝或安装分格槽等。

3）无机轻集料保温砂浆施工时应按技术文件进行养护，应在施工完毕后进行验收。

4）抗裂砂浆施工时应先抹底层抗裂砂浆，压入耐碱玻纤网布、安装锚栓再抹面层抗裂砂浆；施工完毕后进行验收。

5）饰面砖粘贴施工时应粘贴牢固。

4. 施工要点

（1）应按设计和施工方案要求进行基层处理。

（2）保温工程施工时应吊垂线、套方。在建筑外墙大角及其他技术文件规定处挂垂直基准线，控制保温砂浆表面垂直度。

（3）保温砂浆施工前应弹抹灰厚度控制线，并应根据建筑内部和墙体保温技术要求，在墙面弹出外门窗水平、垂直控制线及分格缝线。

（4）应采用保温砂浆做标准饼，冲筋后墙面最高处抹灰厚度不应小于设计厚度，并应进行垂直度检查，垂直度应符合现行国家标准《建筑装饰装修工程质量验收标准》GB 50210 的相关规定，门窗口处及墙体阳角部分宜做护角。

（5）界面砂浆应均匀涂刷于基层表面。

（6）保温砂浆应按设计或产品使用说明书的要求配制。应采用机械搅拌，机械搅拌时间不宜少于 3min，且不宜多于 6min。搅拌好的砂浆应在可操作时间内用完。

（7）保温砂浆施工应在界面砂浆形成强度前分层施工，每层保温砂浆厚度不宜大于 20mm；保温砂浆层与基层之间及各层之间粘结应牢固，不应有脱层、空鼓和开裂。

（8）施工后应及时做好保温砂浆层的养护，不应水冲、撞击和振动。保温层应垂直、平整，阴阳角方正、顺直，平整度偏差量应符合现行国家标准《建筑装饰装修工程质量验收标准》GB 50210 的相关规定；当不符合时，应进行修补。

（9）抗裂面层施工时，应预先将抗裂砂浆均匀施工在保温层上，耐碱玻纤网布应埋入抗裂砂浆面层中，耐碱玻纤网布不应直接铺在保温面层上用砂浆涂布粘结。

（10）玻纤网施工应符合下列规定：

1）施工大面积耐碱玻纤网布前，应进行门、窗洞口耐碱玻纤网布翻包边。应在门、窗的四个角各做一块 200mm × 300mm 的耐碱玻纤网布，45°斜贴后，应将施工面上的网布粘贴埋入。

2）在抗裂砂浆可操作时间内，应将裁剪好的耐碱玻纤网布铺展在第一层抗裂砂浆上，并应将弯曲的一面朝里，沿水平方向绷直展平，用抹刀边缘线抹压铺展固定，并应将耐碱玻纤网布压入底层抗裂砂浆中。应由中间向上下、左右方向将面层抗裂砂浆抹平整，抗裂砂浆应紧贴耐碱玻纤网布，粘结应牢固、表面平整，抗裂砂浆应涂抹均匀。耐碱玻纤网布搭接宽度不应小于 100mm，转角处耐碱玻纤网布搭接宽度不应小于 200mm，上下搭接宽度不应小于 80mm，不得使耐碱玻纤网布皱褶、空鼓、翘边。

3）在保温系统与非保温系统的接口部分，耐碱玻纤网布应延伸搭接到非保温系统部分，搭接宽度不应小于 100mm。

4）当作为防火隔离带施工时，底层耐碱玻纤网布垂直方向超出防火隔离带边缘不应小于 100mm，水平方向应能对接，对接位置距离防火隔离带端部接缝位置不应小于 100mm。当面层耐碱玻纤网布上下游搭接时，搭接位置距离防火隔离带边缘不应小于 200mm。

（11）塑料锚栓的安装应在耐碱玻纤网布压入抗裂砂浆后进行。塑料锚栓应在基层内钻孔锚固，有效锚固深度应大于 25mm。当基层墙体为蒸压加气混凝土制品时，有效锚固深度应大于 50mm，当基层墙体为空心小砌块时，应采用有回拧功能的塑料锚栓。钻孔深度应根据保温层厚度采用相应长度的钻头，钻孔深度宜比塑料锚栓长 10 ~ 15mm。

（12）抗裂面层施工后应及时做好养护，不应水冲、撞击和振动。

（13）外墙外保温系统涂料饰面应采用柔性或弹性腻子。涂饰应均匀、粘结应牢固，不得漏涂透底、起皮和掉粉。

（14）面砖的填缝应在面砖固定时间不小于 24h 且面砖稳定粘结后进行。

16.1.3 喷涂硬泡聚氨酯外墙外保温系统施工

1. 基本构造

现喷硬泡聚氨酯外墙保温系统由基层墙体、找平层、保温层、界面砂浆、浆料找平层及饰面层构成（图 16-13）。基层墙体可以为砌体结构或混凝土结构。保温层材料为硬泡聚氨酯，现场直接喷涂在基层上。

饰面层可为涂料或面砖。当采用涂料饰面时，抹面层中应满铺耐碱玻纤网，待抗裂砂浆基层基本干燥后刮柔性腻子，宜刮两遍，使其表面平整光洁；当采用面砖饰面时，抹面层中应满铺热镀锌电焊网，并用锚栓与基层形成可靠固定。

2. 施工工艺

喷涂硬泡聚氨酯外墙外保温系统施工流程见图 16-14。

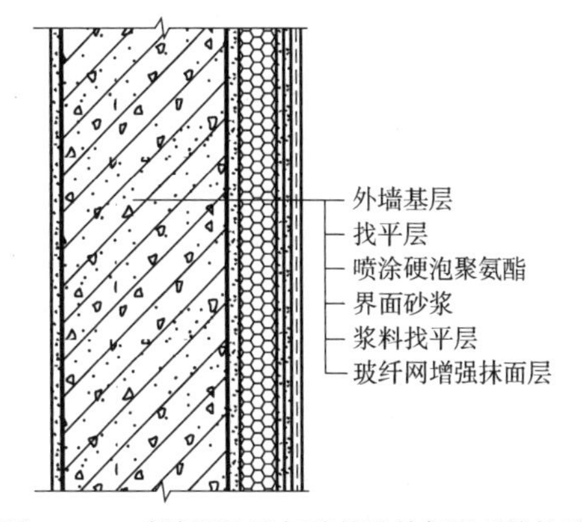

图 16-13 喷涂硬泡聚氨酯外墙外保温系统构造

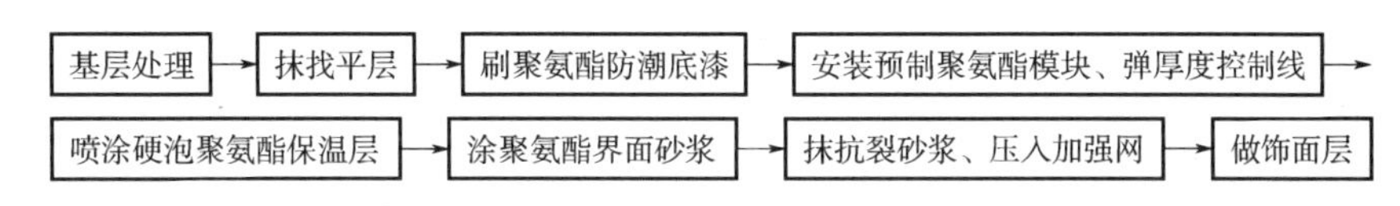

图 16-14 喷涂硬泡聚氨酯外墙外保温系统施工流程

3. 施工步骤

现喷硬泡聚氨酯外墙保温工程施工步骤和要点如下：

（1）施工前应先喷涂三件 500mm×500mm、厚度不小于 50mm 的试块并进行性能检测。

（2）基层墙体应坚实平整，符合《混凝土结构工程施工质量验收规范》GB 50204 或《砌体结构工程施工质量验收规范》GB 50203 的要求。

（3）找平层施工应符合《抹灰砂浆技术规程》JGJ/T 220 的要求。

（4）喷涂前，应先均匀涂刷聚氨酯底漆于基层墙体，稀释剂按 0.5∶1 质量比搅拌均匀，并在 4h 内用完，不得有漏刷之处。

（5）安装预制聚氨酯模块、弹厚度控制线：

1）墙面挂线确定保温层厚度，根据厚度制作预制聚氨酯模块。

2）采用手锯或壁纸刀将预制聚氨酯模块裁成宽度为 150～300mm，一边含坡口的条形模块，以及实际需要的无规则形状。

3）将制成的模块用聚氨酯预制件胶粘剂粘贴在墙体阴、阳角处。对于门窗洞口、装饰线角、女儿墙边沿等部位，用聚氨酯直角模裁成平板沿边口粘贴，同样坡口向里紧贴墙面。

4）预制聚氨酯模块粘贴完成 24h 后，用电锤在预制聚氨酯模块表面向内打孔，用塑料螺栓固定，进入墙体结构深度不小于 30mm，拧入或敲入螺栓，钉头不超过板面，平均每个模块 1～2 个螺栓。

（6）喷涂硬泡聚氨酯保温层：

1）喷涂操作时，环境温度不低于 5℃，雨天、雪天和 5 级及以上风时不得施工。

2）采用高压无气喷涂机将聚氨酯保温硬泡均匀地喷涂于墙面之上，喷涂应从安装好的角模坡口处开始。起泡后，再沿发泡边沿喷涂施工。宜自上而下，从左到右喷涂。

3）根据硬泡聚氨酯层的设计厚度，一个施工作业面应分层喷涂完成，每层厚度不宜大于 15mm，当日的施工作业面必须于当日连续喷涂施工完毕。

4）喷涂第一遍后在喷涂硬泡层上插与设计厚度相同标准的厚度钉，插钉间距宜为 300～

400mm，并成梅花状分布。

5）插钉之后继续施工，控制喷涂厚度刚好覆盖钉头为止。

6）硬泡聚氨酯的喷涂厚度应达到设计要求，对喷涂后不平的部位应及时进行修补，并按墙体垂直度和平整度的要求进行修整。

（7）聚氨酯保温层喷涂4h后，应及时喷刷聚氨酯界面砂浆。

（8）抹抗裂砂浆、贴耐碱玻纤网（当饰面层为涂料时）：

1）保温层施工完毕3～7d验收合格后，方可施工抗裂层。

2）抹抗裂砂浆，压入耐碱玻纤网。将3～4mm厚抗裂砂浆均匀抹在保温层表面，立即将裁好的耐碱玻纤网用抹子压入抗裂砂浆内，网格布搭接不应小于100mm，并不得有空鼓、褶皱、翘曲、外露等现象。然后再刮涂一遍抹面胶浆。

3）阳角处两侧耐碱玻纤网双向绕角相互搭接，各侧搭接宽度不小于200mm。

4）门窗洞口四角应预先沿45°方向增贴200mm×300mm的附加耐碱玻纤网。

（9）抹抗裂砂浆、铺热镀锌电焊网（当饰面层为面砖时）：

1）热镀锌电焊网应按楼层间尺寸裁好，抹抗裂砂浆一般分两遍完成，第一遍厚度为3～4mm，随即竖向铺钢丝网并插丝，然后用抹子将钢丝网压入砂浆，其搭接宽度不应小于50mm，先压入一侧，抹抗裂砂浆，随即用锚栓将其固定（每平方米宜设5个锚栓，锚入墙体结构深度应≥50mm），再压入另一侧，严禁干搭。

2）边口部位铺设热镀锌电焊网时，宜采用预制直角网片，用锚固件固定。

3）热镀锌电焊网铺贴平整，饱满度应达到100%。抹第二遍找平抗裂砂浆时，将钢丝网包覆于抗裂砂浆中，使抗裂砂浆的总厚度控制在（10±2）mm，抗裂砂浆面层应平整。

16.1.4 保温装饰板外墙外保温施工

1. 基本构造

保温装饰板外墙外保温系统是由保温装饰板、粘结砂浆、锚固件和密封胶等组成，采用粘接和锚固的固定方式，置于建筑物外墙外侧的保温装饰一体化系统（图16-15）。系统还包括必要时采用的护角、托架等配件以及防火构造措施。

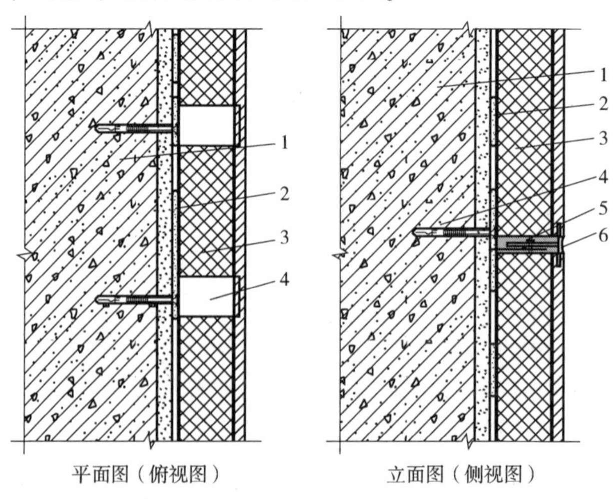

图16-15 常见保温装饰板外墙外保温系统构造示意

1—基层墙体 2—粘接砂浆 3—保温装饰板 4—锚固件 5—嵌缝材料 6—密封胶

保温装饰板与基层墙体的锚固连接方式分为无龙骨锚固和有龙骨锚固：

（1）无龙骨锚固：锚固组件由锚栓、连接件、压紧件、螺栓组成，基层墙体上的锚栓位置不可变动，见图16-16。

（2）有龙骨锚固：锚固组件由锚栓、龙骨、压紧件、自攻螺钉组成，基层墙体上的锚栓位置可在龙骨长度方向变动，见图16-17。

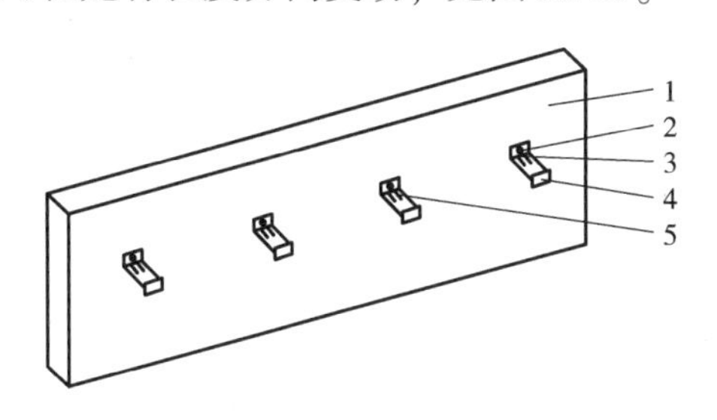

图16-16　无龙骨锚固连接方式示意图
1—基层墙体　2—锚栓　3—连接件
4—压紧件　5—螺栓

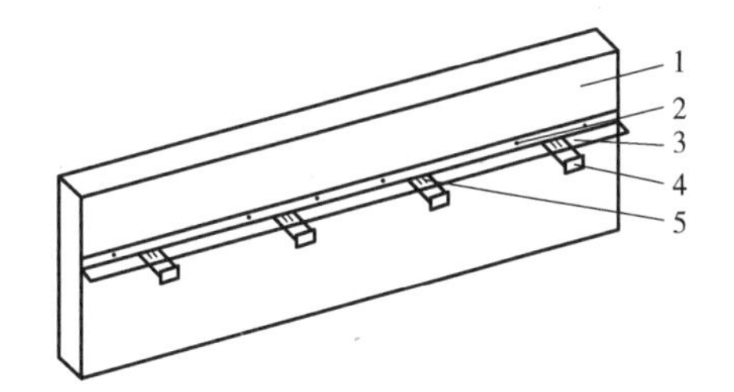

图16-17　有龙骨锚固连接方式示意图
1—基层墙体　2—锚栓　3—龙骨
4—压紧件　5—自攻螺钉

2. 无龙骨锚固施工工艺

保温装饰板外墙外保温工程无龙骨锚固施工安装流程见图16-18。

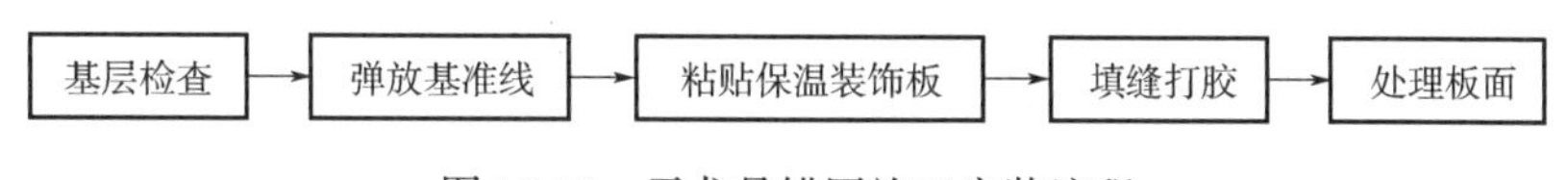

图16-18　无龙骨锚固施工安装流程

（1）弹放基准线

1）在符合要求的基层墙体上，根据建筑立面设计和外墙外保温的相关技术要求，在基层墙体上弹出门窗水平、垂直控制线等。垂直基准线应放在建筑物的端部，水平基准线应为阴阳角轮廓线。

2）弹出保温装饰板的安装线。

3）在建筑外墙阳角、阴角及其他必要处悬挂垂直基准线，每个楼层适当位置悬挂水平线，以控制保温装饰板施工过程中的垂直度和平整度。

（2）粘贴保温装饰板

1）保温装饰板不宜在施工现场切割，当确需在施工现场切割时，施工现场应有锚固件安装槽专用开槽机和板材专用切割机，保温装饰板切割尺寸应符合设计要求，硅酸钙板、纤维水泥板切割断面应使用防水材料进行涂覆处理。

2）粘结砂浆应按照先加水或胶液、后加粉料的顺序配制，配制好的粘结砂浆应注意防晒避风，一次配制量应在可操作时间内用完。

3）保温装饰板应从下往上粘贴，板缝宽度应均匀一致。

4）宜采用框点粘方法粘结保温装饰板，先在保温装饰板边框上涂抹粘结砂浆，粘结砂浆宽度60～80mm，并在板边上部用抹刀刮出50mm宽的缺口，然后在保温装饰板中部均匀涂抹若干个粘结点，每个粘结点的直径不小于120mm。粘结砂浆宽度和粘结点数量应根据粘结面积比要求确定。

5）涂抹粘结砂浆后的保温装饰板应立即粘结至墙面上，并调整保温装饰板的位置，使整体板面保持平整，对齐分格缝，横平竖直，排列整齐。

6）阴角和阳角宜采用成品预制板，或者根据设计要求采用直角、对角等拼缝构造，构造示意见图 16-19、图 16-20。

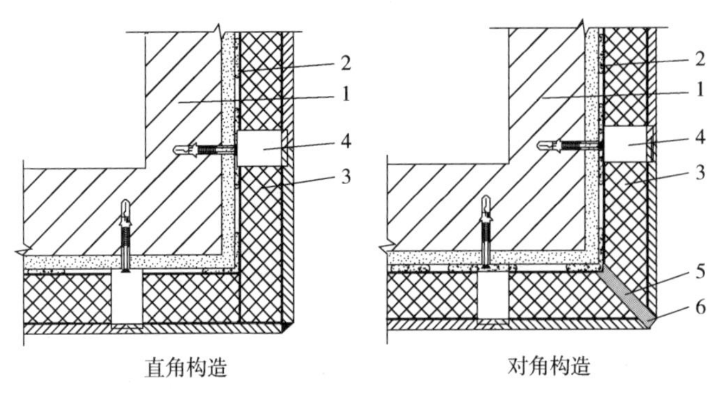

图 16-19　阳角构造示意

1—基层墙体　2—粘接砂浆　3—保温装饰板　4—锚固件　5—嵌缝材料　6—密封胶

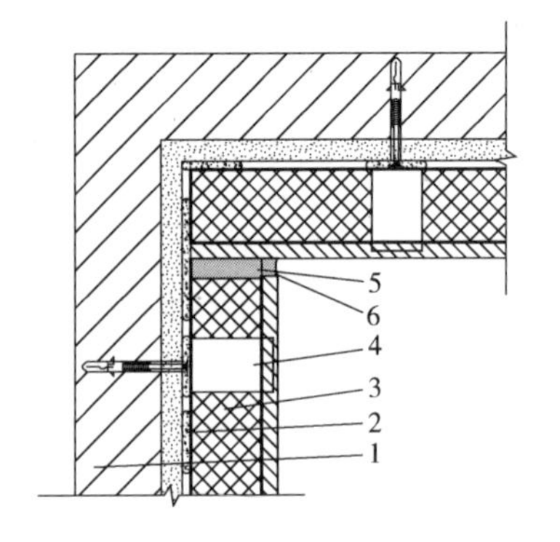

图 16-20　阴角构造示意

1—基层墙体　2—粘接砂浆　3—保温装饰板　4—锚固件　5—嵌缝材料　6—密封胶

7）防火隔离带、勒脚部位保温装饰板底部 300mm 内应满粘，阴阳角、门窗洞口、变形缝周边保温装饰板距边缘 200mm 内应满粘，凸窗底板下面保温装饰板应满粘。

8）门窗洞口周边墙面保温装饰板应伸出外墙边缘，伸出部分应适合侧面保温装饰板，侧面保温装饰板、装饰面板与门窗框间隙宜为 5～10mm。

9）门窗洞口侧面保温装饰板、装饰面板应满粘，门窗上口和下口保温装饰板、装饰面板均应以不小于 5°的坡度坡向室外。

（3）安装锚固组件

1）每块保温装饰板粘贴后应及时安装锚固组件，不得减少锚固组件数量。

2）连接件与压紧件应在安装前基本完成组装，保温装饰板板面调整到位后应拧紧紧固螺钉。

3）应使用适宜直径的钻头钻孔，钻孔深度应大于锚杆长度，锚栓应使用专用电钻拧紧，当在规定位置不能正常安装锚栓时，应在备用位置安装，备用位置与规定位置的距离不应大于 200mm。

4）压紧件应贴紧保温装饰板卡槽，确保压在保温装饰板面板上。

5）阴阳角、门窗洞口边墙、变形缝处保温装饰板应横向设置锚固组件，锚栓距离阳角、门窗洞口、变形缝边缘距离满足设计或规范要求。

6）门窗上口墙面保温装饰板底部应设置横向锚固组件或托架，并应增设竖向锚固组件。

7）凸窗底板下面保温装饰板四边均应设置锚固组件，且锚固点数量不应小于 12 个/m^2。

8）当设置托架时，应先安装托架再安装保温装饰板，托架锚固点间距不应大于 600mm，托架为角钢或角铝，托架垂直于墙面方向的尺寸不应小于保温装饰板厚度的 2/3。

3. 有龙骨锚固施工工艺

保温装饰板外墙外保温工程有龙骨锚固施工安装流程见图 16-21。

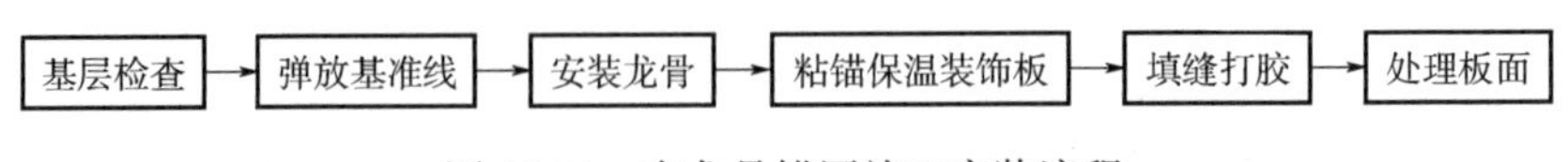

图 16-21　有龙骨锚固施工安装流程

安装龙骨与安装压紧件施工要点如下，其他施工过程与无龙骨锚固相同。

（1）安装龙骨

1）龙骨宜横向安装，龙骨可预装，也可随保温装饰板一起安装。

2）安装龙骨时，应按保温装饰板尺寸及板缝宽度确定龙骨位置，预装龙骨保温装饰板板缝宽度宜为6～10mm。

3）应使用适宜直径的钻头钻孔，钻孔深度应大于锚杆长度；当在规定位置不能正常钻孔或钻孔过大导致无法正常使用时，应更换位置重新钻孔，距原钻孔位置不应小于100mm。

4）锚栓应使用专用电钻拧紧，不得敲入墙内。

（2）安装压紧件

1）每块保温装饰板粘贴后应及时安装压紧件，压紧件沿龙骨长度方向设置。

2）压紧件采用自攻螺钉与龙骨连接，自攻螺钉应使用专用电钻拧紧。

3）压紧件应与保温装饰板的面板有效连接。

16.2 屋面节能工程

按施工方法划分，屋面保温做法分为板材、现浇、喷涂三大类。

16.2.1 板、块保温型材保温层施工

板、块保温型材指采用水泥、沥青或其他有机胶结材料与松散保温材料按一定比例拌和、加工形成的板、块状制品；以及用化学合成聚酯、合成橡胶类材料或其他有机或无机保温材料加工制成的板块状制品。常用的有聚苯乙烯泡沫挤塑板、聚氨酯硬泡沫塑料板、水泥膨胀珍珠岩板（块）、水泥膨胀蛭石板（块）、沥青膨胀蛭石板（块）、沥青膨胀珍珠岩板（块）、预制加气混凝土板、水泥陶粒板、矿物板和岩棉板等。以挤塑聚苯乙烯泡沫保温板屋面为例，构造如图16-22所示。

1. 材料性能要求

（1）材料的密度、导热系数等技术性能，必须符合设计要求和现行国家、行业和地方的施工及验收规范的规定，应有试验资料。

（2）铺砌板块材料的砂浆、保温灰浆或沥青胶结材料和其他胶结材料，质量应符合设计和相关材料标准的要求。

（3）板块状保温材料应有产品出厂合格证，满足设计要求的厚度，规格一致、外形整齐，表观密度、导热系数、强度符合设计要求。

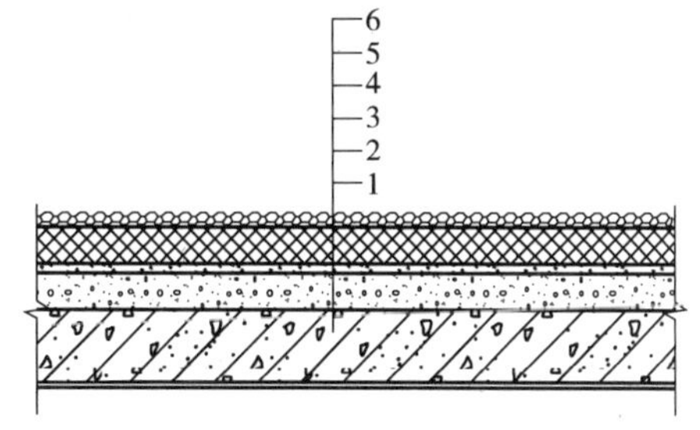

图16-22 挤塑聚苯乙烯泡沫保温板屋面构造

注：为方便表达，图中未显示防水层

1—结构层 2—基层 3—找平层

4—挤塑聚苯乙烯泡沫塑料保温隔热层

5—干铺无纺聚酯纤维布一层 6—保护层

2. 作业条件

（1）基层已通过检查验收，质量符合设计和规范规定。

（2）粘结铺设或干铺方式时基层宜找平，并应清扫干净。用水泥砂浆或混合砂浆铺砌时基层表面应湿润，用沥青和其他胶结材料粘结铺设或干铺时应干燥。

（3）施工所需的各种材料已按计划进入现场，并经验收合格。

（4）基层已按设计和施工方案找好坡度、分格等，并已弹出准线和做好标准。

(5) 基层变形缝和其他接缝已按设计要求处理完毕。

(6) 施工环境温度应不低于5℃，若超过30℃时必须具备防护措施。严禁在大风（五级风及以上)、雨天以及阳光直射下施工。

3. 工艺流程

板、块保温型材保温层施工流程见图16-23。

图16-23　板、块保温型材保温层施工流程

具体施工要点如下：

(1) 处理好基层接缝、变形缝等，清扫干净基层表面，坐浆铺砌应湿润基层，干铺或粘贴铺砌应找平并干燥基层。

(2) 在平整、干燥、洁净的基层面分线并做好记号。

(3) 干铺时按分线位置逐一放平垫稳保温板、块，接缝挤紧或用同类材料碎屑或者矿（岩）棉填嵌满。

(4) 坐浆铺砌时应边摊铺灰浆边粘贴保温板块，周边端缝用保温灰浆填实勾缝。铺砌中随时用木杠控制和找平顶面。

(5) 用热（冷）沥青胶结材料或其他有机胶结材料粘贴铺砌，应将板状材料的四周及与基层粘贴的底面满刮或满涂（蘸）胶结材料，按分线位逐一粘贴牢固。基层面宜先涂刷冷底子油或其他与胶结材料匹配的基层处理剂，以保证与基层之间的可靠粘结。

(6) 破碎不齐的板状保温材料可锯平拼接使用，小的棱角缺损，贴靠不紧的接缝用同类材料粘贴补齐或嵌填密实。

(7) 设计有要求的、坡度大于30°的屋面，铺贴板状保温材料应有固定措施。

16.2.2 喷涂硬泡聚氨酯施工

喷涂硬泡聚氨酯施工工艺适用于钢筋混凝土平屋面（图16-24)、坡屋面保温层施工（图16-25)。

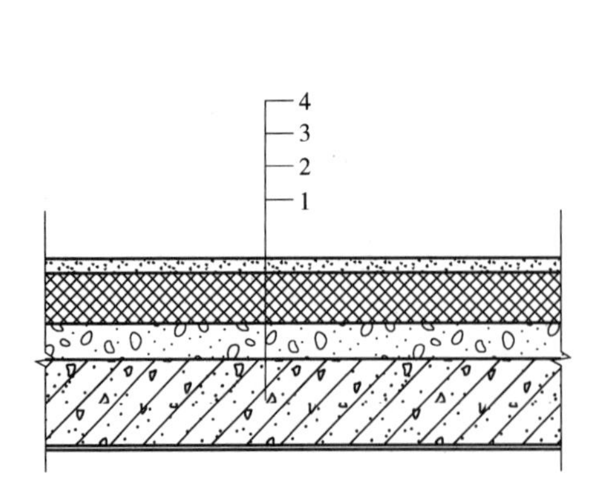

图16-24　喷涂聚氨酯保温层平屋面构造

1—结构层　2—找平层　3—硬泡聚氨酯保温层　4—保护层

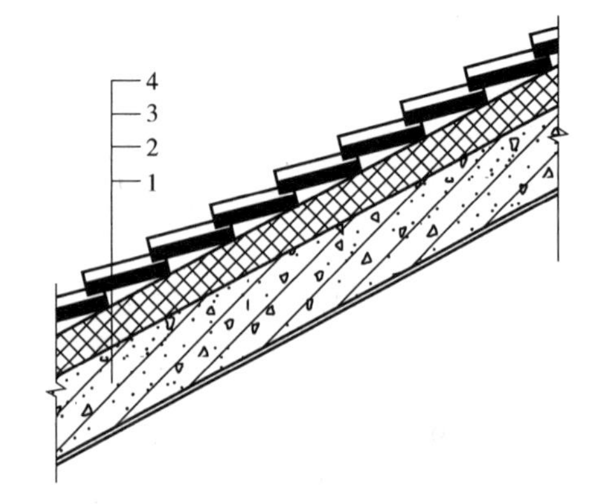

图16-25　喷涂聚氨酯保温层坡屋面构造

1—结构层　2—硬泡聚氨酯保温层　3—砂浆卧瓦层　4—平瓦

1. 构造要求

(1) 檐沟、天沟保温防水构造应符合下列要求：

1）檐沟、天沟部位应直接连续喷涂硬泡聚氨酯；喷涂厚度不应小于20mm。

2）檐沟外侧下端应做鹰嘴或滴水槽；檐沟外侧高于屋面结构板时，应设置溢水口。

（2）屋面为无组织排水时，应直接连续喷涂硬泡聚氨酯至檐口附近100mm处，喷涂厚度应逐步减薄至20mm；檐口下端应做鹰嘴或滴水槽。

（3）山墙、女儿墙泛水部位应直接连续喷涂硬泡聚氨酯，喷涂高度不应小于250mm。

（4）变形缝保温防水构造应符合下列要求：

1）应直接连续喷涂硬泡聚氨酯至变形缝顶部。

2）变形缝内应预填不燃保温材料，上部应采用防水卷材封盖，并放置衬垫材料，再在其上干铺一层防水卷材。

3）顶部应加扣混凝土盖板或金属盖板（图16-26）。

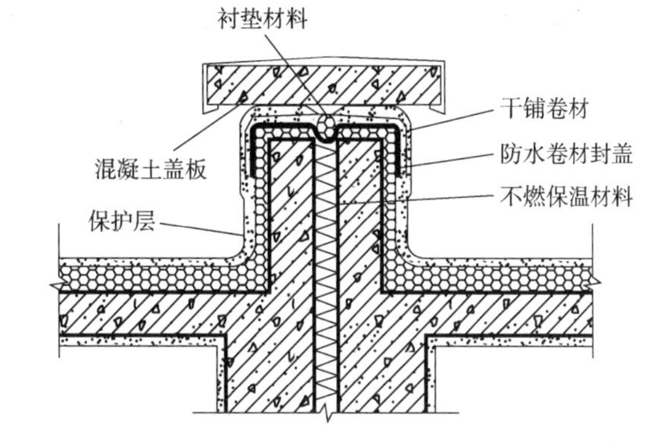

图16-26　喷涂硬泡聚氨酯屋面变形缝防水构造

（5）水落口保温防水构造（图16-27）应符合下列要求：

1）水落口埋设标高应考虑水落口设防时增加的硬泡聚氨酯厚度及排水坡度加大的尺寸。

2）水落口周围半径250mm范围内的坡度不应小于5%，喷涂硬泡聚氨酯厚度应逐渐均匀减薄。

3）水落口与基层接触处应留宽20mm、深20mm凹槽，嵌填密封材料。

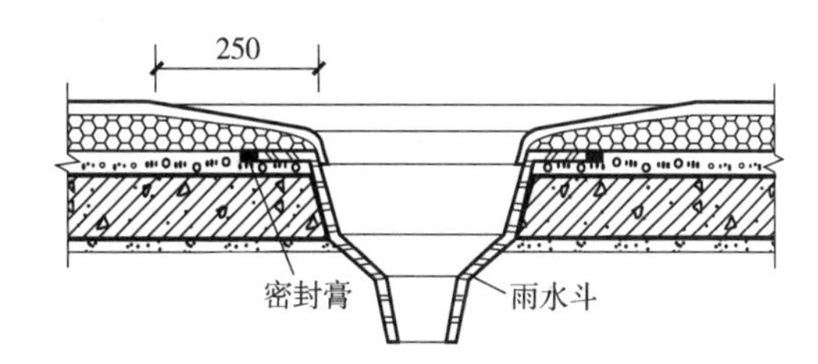

图16-27　喷涂硬泡聚氨酯屋面直式水落口防水构造

（6）伸出的屋面管道保温防水构造（图16-28）应符合下列要求：

1）管道周围的找平层应抹出高度不小于30mm的排水坡。

2）管道泛水处应直接连续喷涂硬泡聚氨酯，喷涂高度不应小于250mm。

3）收头处宜采用金属盖板保护，并用金属箍箍紧盖板，缝隙用密封膏封严。

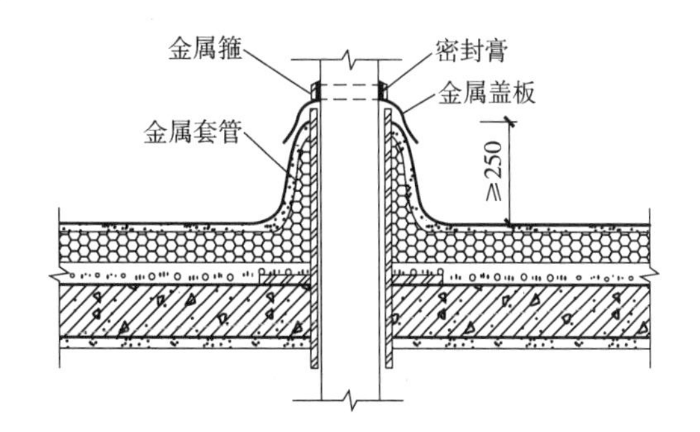

图16-28　喷涂硬泡聚氨酯屋面伸出屋面管道防水构造

（7）屋面出入口保温防水构造应符合下列要求：

1）屋面垂直出入口：喷涂硬泡聚氨酯应直接地连续喷涂至出入口顶部，防水层收头应在混凝土压顶下。

2）屋面水平出入口：喷涂硬泡聚氨酯应直接连续喷涂至出入口混凝土踏步下，并在硬泡聚氨酯外侧设置护墙。

2. 作业条件

（1）建筑屋面的结构层为混凝土时，应设找坡层或找平层。找坡层或找平层应坚实、平整、干燥（含水率应小于8%），表面不应有浮灰和油污。

（2）平屋面的排水坡度不应小于2%，天沟、檐沟的纵向排水坡度不应小于1%。

（3）屋面与山墙、女儿墙、天沟、檐沟以及凸出屋面结构的连接处应为圆弧形。

（4）屋面上的设备、管线等应在聚氨酯硬泡体防水保温层喷涂施工前安装就位，管根部位，应用细石混凝土填塞密实。

3. 工艺流程及操作要点

喷涂硬泡聚氨酯施工工艺流程如图16-29所示。

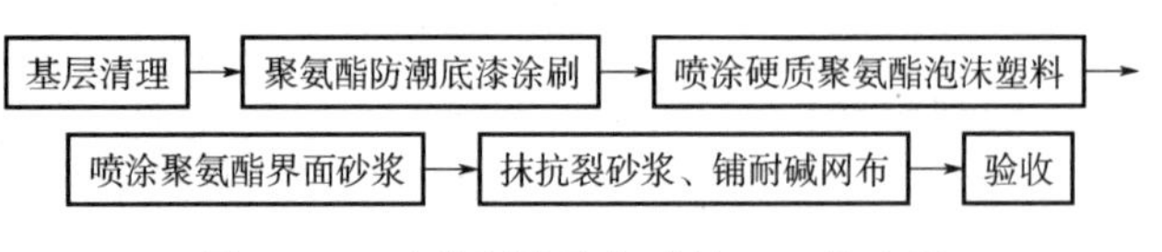

图16-29　喷涂硬泡聚氨酯施工工艺流程

各施工过程操作要点见表16-2。

表16-2　喷涂聚氨酯保温层施工要点

序号	施工步骤	操作要点
1	基层清理	（1）先用打磨机将凸出屋面基层的多余混凝土或砂浆结块清除，再用钢丝刷和清水清除基层表面的浮浆、返碱、尘土、油污以及表面涂层等杂物，并使光滑的混凝土表面变成粗糙面，然后用清水冲洗干净 （2）坡屋面基层预埋锚固钢筋缺失处，应进行补埋（预埋锚固钢筋直径应不小于6mm，外露长度不应穿出保温层） （3）平屋面应按照设计坡度先进行找坡层施工，找坡层表面用1∶3水泥砂浆找平（厚度20mm）
2	聚氨酯防潮底漆涂刷	待基层含水率小于8%后，用滚刷将聚氨酯底漆均匀地涂刷于基层表面。涂刷两遍，时间间隔为2h，以第一遍表干为标准。阴雨天、大风天不得施工
3	喷涂硬质聚氨酯泡沫塑料	（1）做好相邻部位防污染遮挡后，开启喷涂机将硬质聚氨酯泡沫塑料均匀地喷涂于屋面之上，喷涂次序应从屋面边缘向中心方向喷涂，待聚氨酯发起泡后，沿发泡边缘喷涂施工 （2）第一遍喷涂厚度宜控制在10mm左右。喷涂第一遍之后在喷涂保温层上插标准厚度标杆（间距300～400mm），然后继续喷涂施工，喷涂可多遍完成，每遍喷涂厚度宜控制在20mm以内，控制喷涂厚度至刚好覆盖标准厚度标杆为止 （3）喷施聚氨酯保温材料时要注意防风，风速超过5m/s时应停止施工 （4）喷涂过程中要严格控制保温层的平整度和厚度，对于保温层厚度超出5mm的部分，可用手锯将过厚处修平 （5）硬质聚氨酯泡沫塑料保温层喷涂施工完成后，应按要求检查保温层厚度
4	喷涂聚氨酯界面砂浆	硬质聚氨酯泡沫塑料保温层喷涂4h后，可用滚刷将聚氨酯界面砂浆均匀地涂于保温基层上，也可以使用喷斗喷涂施工
5	抹抗裂砂浆、铺耐碱网布	（1）硬质聚氨酯泡沫塑料保温层施工完成3～7d后，即可进行抗裂砂浆层施工 （2）先在保温层上抹2mm厚抗裂砂浆，待抗裂砂浆初凝后，分段铺挂耐碱网布，然后在底层抗裂砂浆终凝前再抹一道抗裂砂浆罩面，厚度为2～3mm （3）耐碱网布之间的搭接宽度不应小于50mm，先压入一侧，再压入另一侧，严禁干搭 （4）耐碱网布应含在抗裂砂浆中，铺贴要平整，无褶皱，可隐约见网格，抗裂砂浆饱满度应达到100%，局部不饱满处应随即补抹抗裂砂浆找平并压实

16.2.3　现浇保温层施工

1. 现浇保温层节能屋面构造

整体现浇保温层是采用松散保温材料膨胀蛭石和膨胀珍珠岩，用水泥作胶结材料，按设计要求配合比拌制、浇筑，经固化而形成的保温层。

现浇水泥膨胀蛭石及水泥膨胀珍珠岩不宜用于整体封闭式保温层，需要采用时应做排气道。排气道应纵横贯通，并应通过排气孔与大气连通，排气孔应做好防水处理。应根据基层的潮湿程度和屋面构造确定留置排气孔，其数量宜按屋面面积每 $36m^2$ 及以内设置一个。

2. 作业条件

（1）基层表面应平整、牢固、干燥（含水率小于9%）、无油污，并清扫干净。若找平层设排气管，则排气管的安装固定应在聚氨酯保温防水层施工前进行完毕。基层与凸出屋面结构的连接处及基层的转角处均应做成 100～150mm 的圆弧或钝角，有组织排水的水落口周围应做成略低的凹坑。

（2）施工所需的各种材料已按计划进入现场，并经验收。施工作业面上水通、电通。

（3）现浇拌和材料配合比已经确认，基层已按设计和施工方案找好坡度、分格等，并已弹出准线和作好标准。

（4）基层变形缝和其他接缝已按设计要求处理完毕。

（5）禁止在雨天、雪天和五级及以上大风天环境中施工作业。

（6）当环境温度在 5℃以下时，施工作业和养护期间必须采取并落实可靠的专项施工技术措施。

3. 工艺流程与操作要点

现浇保温层施工工艺流程见图 16-30。

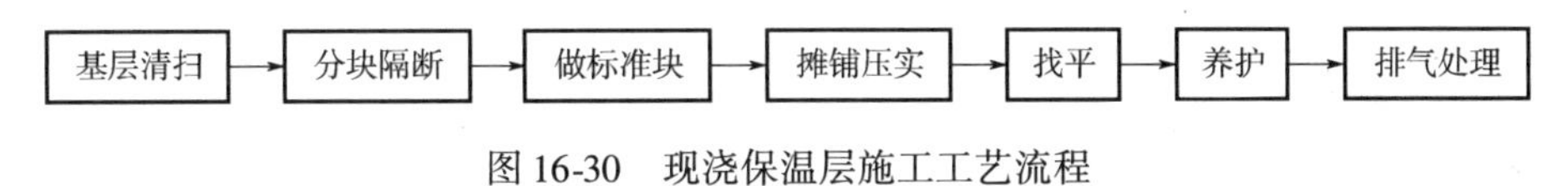

图 16-30 现浇保温层施工工艺流程

（1）清扫基层并预先湿润，支设、固定分格边模，做好控制标准块。

（2）参照标准块将拌和好的材料摊铺开，并拍实、初步刮平，最后收整到设计厚度。兼作找坡的整体现浇保温层还应满足屋面的坡度要求。

（3）拍实压平的分格内宜随即完成找平层施工，未随即铺抹找平层砂浆的分格宜使用薄膜遮盖养护。

（4）机械搅拌水泥膨胀蛭石或珍珠岩，会使保温材料颗粒破损过多，宜采用人工拌和，最好在铺设位置随拌随铺；人工拌和应先将水泥调制成水泥浆，再将水泥浆均匀泼洒在料堆上，边泼边拌、混合均匀；通常目视拌和料色泽均匀、用手紧捏已拌和好的材料能成团不松散、指缝间有水泥浆珠滴下，来检查判断材料拌和质量和施工加水量的适宜度。

（5）水泥膨胀蛭石或珍珠岩虚铺厚度一般为设计厚度的 130%，同时每层不宜大于 150mm，摊铺后用木拍拍打或压碾滚压密实，通常压缩率控制在 1.3。

16.3 门窗节能工程

16.3.1 工艺流程

不同类型门窗的施工工艺见表 16-3。

表 16-3　不同类型门窗节能施工工艺

门窗类型	施工工艺
金属门窗节能施工工艺	弹线定位→立框→门、窗框就位固定→嵌缝→清洁修色→门窗扇及玻璃安装→配件安装
塑料门窗节能施工工艺	弹线定位→立框→门、窗框固定→门、窗框与墙体缝隙处理→门、窗扇及玻璃安装→配件安装→嵌缝→调试、清理
木质门窗节能施工工艺	弹线定位→掩扇→门、窗框安装→扇安装→嵌缝
复合门窗节能施工工艺	弹线定位→原材料、半成品进场检验→门窗框固定→后塞门（塞口）窗框安装→门窗玻璃安装→五金安装→嵌缝→调试、清理
特种门窗节能施工工艺	弹线→立门、窗框→安装门扇、窗扇及附件
全玻门	固定部分底托安装→固定部分玻璃板安装→活动玻璃门扇成型就位→门扇固定→拉手安装

16.3.2　操作要点

1. 普通门窗施工操作要点

（1）弹线定位：同一立面的门窗水平及垂直方向应做到整齐一致，地弹门的门地弹簧的表面，应根据设计与室内地面饰面标高一致。

（2）立副框（有副框的门窗）：先将连接件固定在副框上，然后按照弹线的位置将门窗副框准确就位，再用检测工具校正副框的水平度、垂直度，调整正确后用木楔临时固定。框间拼接缝隙用密封胶条密封。

（3）门窗框就位固定：按照划好的门窗定位线将门窗框调整至横平竖直，再用螺钉将门窗与副框连接固定牢固。当采用射钉或钢钉紧固金属门窗框连接件时，其紧固点位置距离（柱、梁）边缘不得小于50mm，且注意错开墙体缝隙，以防止紧固失效。

（4）嵌缝：金属门窗框固定后，应先进行隐蔽工程验收，合格后及时按设计要求处理门窗框及墙体之间的缝隙。外门窗框或副框与洞口之间的缝隙应采用符合设计要求的材料填充饱满，并使用防水密封胶密封，外门窗框与副框之间的缝隙应使用密封胶密封。

（5）清洁修色：安装完毕后，剥去门窗保护膜，将门窗上的油污、脏物清洗干净。

（6）门窗扇及玻璃安装：门窗扇和门窗玻璃应在洞口墙体表面装饰完工后安装。

（7）配件安装：按设计要求选配五金件，配件与门窗连接用镀锌螺钉，安装应结实牢固，使用灵活。

2. 全玻门施工操作要点

（1）固定部分底托安装：不锈钢、铜皮或钛金饰面的木底托常采用在地面上冲击钻孔，打入硬木楔，用大钉将木底托固定于地面，然后用万能胶将镜面金属饰面板粘卡在底托木方上。

（2）固定玻璃安装

1）固定部分的玻璃一般在现场实测尺寸后现场裁割。注意宽度尺寸的测量应从安装位置的底部、中部和顶部分别进行，选择最小尺寸为玻璃板宽度的裁割尺寸。玻璃板的高度方向裁割，应小于实测尺寸5mm。玻璃裁割后，将其四周作倒角处理。

2）安装时用玻璃吸盘将玻璃板吸牢，然后进行玻璃就位。先把玻璃板上边插入门框底面的限位槽内，然后将其下边安放于木底托上的镜面金属包面对口缝内。底托木方上钉木条板，使其距玻璃板面3～4mm，木条板上涂胶，将镜面金属皮（不锈钢或钛金）压折盖过木条。

3）玻璃门固定部分的玻璃板就位稳妥后，即在顶部限位槽处和底部底托固定处，以及玻璃板与框柱的对缝处等均注胶密封。最后用刀片刮净胶迹。

（3）活动玻璃门扇成型就位：门扇高度调整确定后，在玻璃板与金属横档内的两侧空隙处，由两边同时插入小木条，轻轻打入稳实，然后在小木条、门扇玻璃及横档之间的缝隙中注入玻璃胶。

16.3.3 成品保护

（1）装卸门窗应轻拿轻放，不得撬、甩、摔。吊运门窗，其表面应采用非金属软质材料衬垫，并选择牢靠的着力点，不得在框内插入抬杆起吊。

（2）门窗进场后，应按规格、型号分类垫高、垫平码放，立放角度不小于70°。严禁与酸、碱、盐类物质接触，放置在通风、干燥的房间内，防止雨水侵入。

（3）门窗运输时应轻拿轻放，并采取保护措施，避免挤压、磕碰，防止变形损坏。

（4）抹灰时残留在门窗框和扇上的砂浆应及时清理干净。

（5）严禁以门窗为脚手架固定点和架子的支点，禁止将架子拉、绑在门窗框和扇上，防止门窗移位变形。

（6）严禁在门窗上连接地线和在门窗框上引弧进行焊接作业，当连接件与预埋铁焊接时，门窗应采取保护措施，防止电焊火花损坏门窗。

（7）拆架子时应注意保护门窗，若有开启的必须关好后，再落架子，防止撞坏门窗。

（8）门、窗安装后应随时检查门窗框保护膜，有损伤处及时修补。保护薄膜应在墙面装饰面层完成后撕除，以防将表面划伤，影响美观。

（9）金属、塑料、木质成品门在出厂时，用薄膜进行表面保护。

（10）对于面积较大的玻璃，应采用设围栏、贴提示条等保护措施，防止损坏玻璃。

（11）门窗安装后，应采取有效措施防范后续工序对门窗的损坏和损害。

16.4 地面节能工程

16.4.1 楼地面保温填充层施工

1. 楼地面保温填充层构造

保温填充层一般采用板状保温材料、现浇成形保温材料等，其构造见图16-31。

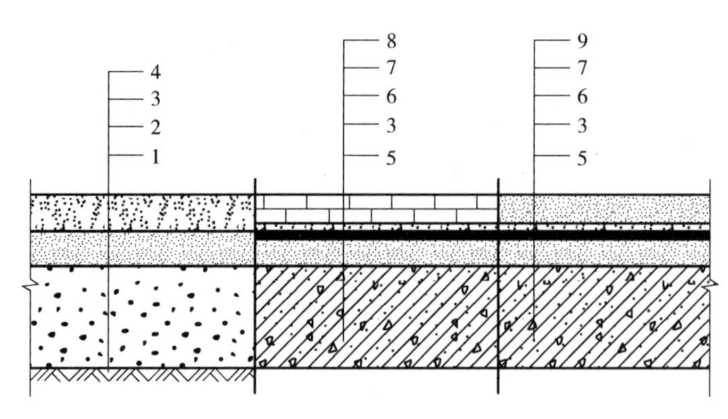

图 16-31 填充层构造简图

1—基层 2—垫层 3—找平层 4—松散填充层 5—楼层结构层
6—隔离层 7—保护层 8—板块填充层 9—现浇填充层

2. 工艺流程及操作要点

楼地面保温填充层施工流程见图 16-32。

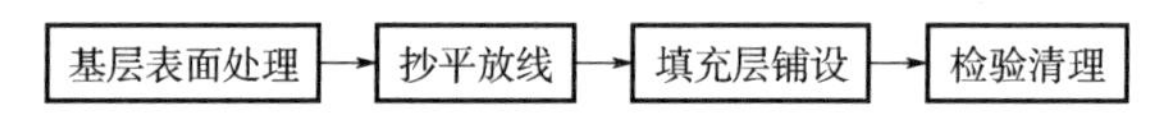

图 16-32 楼地面保温填充层施工流程

楼地面保温填充层操作要点见表 16-4。

表 16-4 楼地面保温填充层操作要点

填充层类型	操作要点
松散材料填充层	松散填充层应干燥，含水率不得超过设计规定。在松散填充层施工时应分层铺设，并适当压实，每层虚铺厚度不宜大于 150mm；压实的程度与厚度应经试验确定；压实后的填充层应避免受重压
干铺板块状材料填充层	应分层错缝铺贴，每层应选用同一厚度的板、块料，其铺设厚度均应符合设计要求，接缝处应采用同类材料碎屑填嵌饱满
粘贴板块状材料填充层	铺砌平整、严实，分层铺设时接缝应错开。同时，应边刷、边贴、边压实，防止板块材料翘曲。胶粘剂应按保温材料的材性选用，板缝及缺损处应用碎屑加胶料拌匀填补严密
现浇整体填充层铺设	（1）水泥膨胀珍珠岩、沥青膨胀珍珠岩、膨胀蛭石应采取人工搅拌，避免颗粒破碎 （2）以水泥作胶结料时，应将水泥制成水泥浆后，边泼边拌均匀 （3）以沥青作胶结料时，沥青加热温度不应高于 240℃，使用温度不宜低于 190℃，膨胀珍珠岩、膨胀蛭石的预热温度宜为 100～120℃，拌和至色泽均匀一致、无沥青团为宜 （4）以硬泡聚氨酯作填充层时，基层必须平整、干燥，相对湿度小于 80%，且无锈、无粉尘、无污染、无潮气。当环境温度和基层表面温度过低时（18℃以下），应先涂一层涂料，然后进行喷涂施工，喷涂时要连续均匀。风速超过 5m/s 时，不应进行施工 （5）现浇整体填充层铺设其配合比应计量准确、拌和均匀 （6）现浇整体填充层应分层连续铺设，压实适当、表面平整，虚铺厚度与压实厚度根据试验确定

16.4.2 EPS 板薄抹灰楼板底面保温施工

1. EPS 板薄抹灰楼板底面保温基本构造

EPS 板薄抹灰楼板底面保温分为无锚栓和有锚栓两类，其基本构造见图 16-33 和图 16-34。

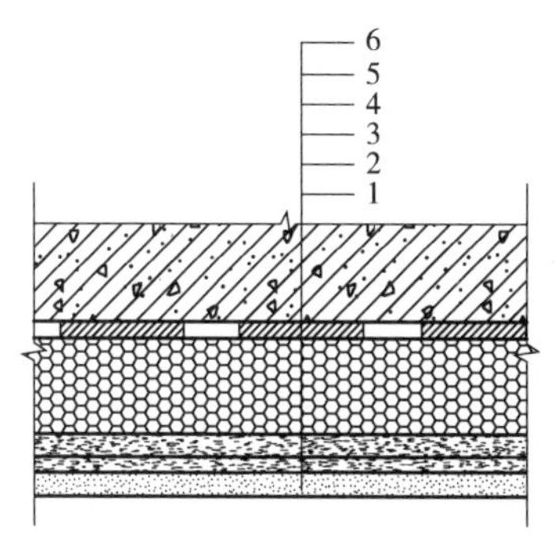

图 16-33　无锚栓 EPS 板薄抹灰楼板底面保温基本构造

1—饰面层　2—抗裂砂浆面层　3—耐碱网布　4—EPS 板　5—胶粘剂粘接层　6—钢筋混凝土顶板

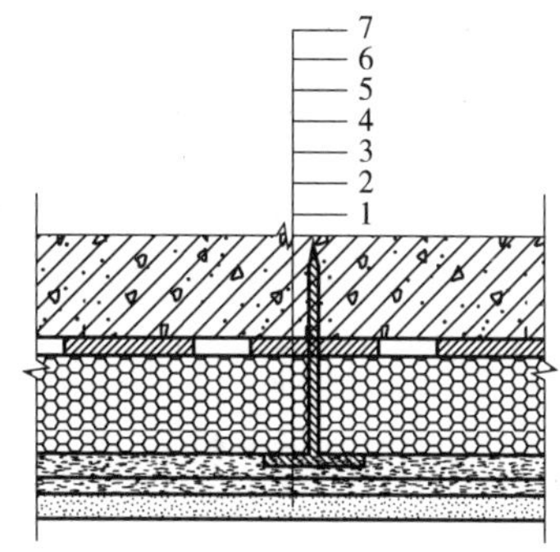

图 16-34　有锚栓 EPS 板薄抹灰楼板底面保温基本构造

1—饰面层　2—抗裂砂浆面层　3—耐碱网布　4—锚栓　5—EPS 板　6—胶粘剂粘接层　7—钢筋混凝土顶板

2. 工艺流程与操作要点

EPS 板薄抹灰楼板底面保温施工流程见图 16-35。

图 16-35　EPS 板薄抹灰楼板底面保温施工流程

EPS 板薄抹灰楼板底面保温施工操作要点见表 16-5。

表 16-5　EPS 板薄抹灰楼板底面保温施工操作要点

序号	施工步骤	操作要点
1	板底清理	板底应清理干净，无油渍、浮尘、积水等，板底面凸起物大于等于 10mm 的应铲平
2	涂抹界面剂	基层应涂满界面砂浆，用滚刷或扫帚将界面砂浆均匀涂刷在基层上
3	弹线	按厚度拉水平控制线
4	裁板	EPS 板长度应小于等于 1200mm，宽度应小于等于 600mm
5	粘贴 EPS 板	（1）粘贴 EPS 板时，应将胶粘剂涂在 EPS 板背面，涂胶粘剂面积不得小于 EPS 板面积的 40% （2）涂好胶粘剂后应立即将 EPS 板贴在板面上，动作要迅速，以防止胶粘剂结皮而失去粘接作用。EPS 板贴在板上时，应用 2m 靠尺进行压平操作，保证其平整度和粘接牢固。板与板之间要挤紧，不得有较大的缝隙。若因保温板面不方正或裁切不直形成大于 2mm 的缝隙，应用 EPS 板条塞入并打磨平 （3）EPS 板贴完后至少 24h，且待胶粘剂达到一定粘接强度时，用专用打磨工具对 EPS 板表面不平处进行打磨，打磨动作最好是轻柔的圆周运动，不要沿着与保温板接缝平行的方向打磨。打磨后应用刷子将打磨操作中产生的碎屑清理干净，并标出板底管线走向
6	抹抗裂砂浆	（1）在 EPS 板上先抹 2mm 厚的抗裂砂浆，待抗裂砂浆初凝后，分段铺挂耐碱玻璃纤维网格布并安装锚栓（锚栓呈梅花状布置，5～6 个/m^2），锚栓锚入顶板的深度应大于 30mm，锚栓安装位置应避开板底管线 （2）在底层抗裂砂浆终凝前再抹一道抗裂砂浆罩面，厚度为 2～3mm，以覆盖耐碱玻璃纤维网格布轮廓为宜。面层砂浆切忌不停揉搓，以免形成空鼓。在面层抗裂砂浆抹完后养护 7d，待其干燥后方可进行面层涂料施工 （3）墙板交界处容易碰撞的阳角及不同材料基体的交接处等特殊部位，应增设一层耐碱玻璃纤维网格布以防止开裂和破损（耐碱玻璃纤维网格布在每边铺设宽度为 EPS 板的厚度 +50mm）

16.4.3 板材类楼地面保温施工

1. 基本构造

板材类地面、楼面保温基本构造见图16-36、图16-37。

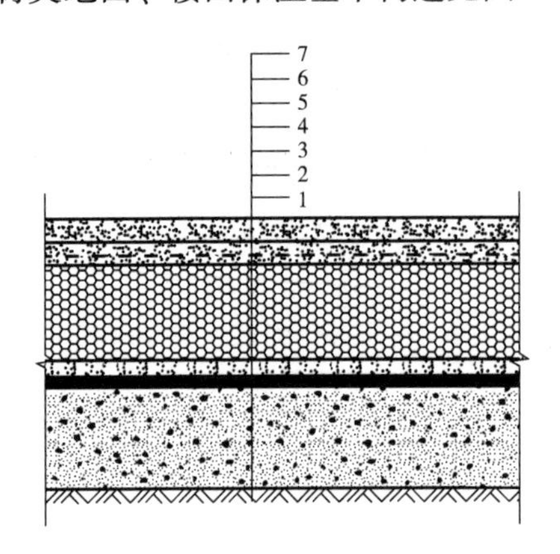

图16-36 板材类地面保温基本构造

1—回填夯实层 2—垫层 3—防潮层 4—水泥砂浆找平层 5—保温层 6—抗裂砂浆、耐碱玻纤网格布层 7—保护层

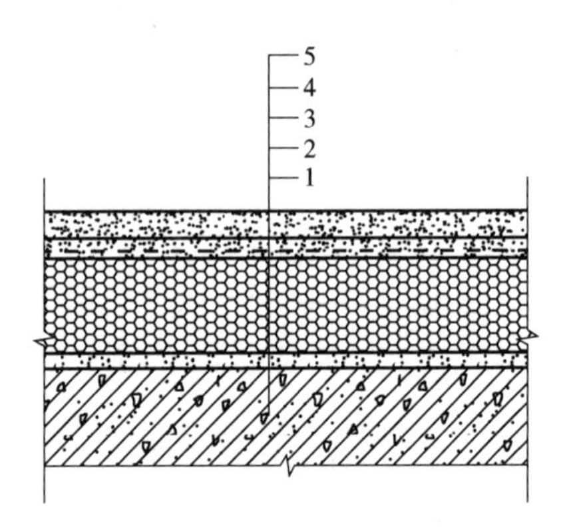

图16-37 板材类楼面保温基本构造

1—基层楼板 2—水泥砂浆找平层 3—保温层 4—抗裂砂浆、耐碱玻纤网格布层 5—保护层

2. 工艺流程与操作要点

板材类楼地面保温工艺流程见图16-38。

图16-38 板材类楼地面保温工艺流程

3. 操作要点

板材类楼地面保温施工操作要点见表16-6。

表16-6 板材类楼地面保温施工操作要点

序号	施工步骤	操作要点
1	基层处理	基层楼板面应清理干净，无油渍、浮尘等，板面凸起物大于等于10mm的应铲平
2	弹线	弹好标高控制线及做好厚度控制标准参照物
3	预铺	根据所用块材的规格及房间尺寸，按方案要求进行干铺试摆，非整板宜放置在房间四周。非整板的尺寸不宜小于整板尺寸的1/3
4	铺贴保温板	(1) 干铺时，按分线位置逐一放平垫稳保温板，接缝应挤紧 (2) 粘贴铺砌时，应边铺边粘贴保温板块，随时用木杠控制和找平顶面 (3) 铺砌时，接缝可采用对接、搭接或榫接，做法见图16-39～图16-41 (4) 铺砌时，板材应逐行错缝，板与板之间要挤紧，周边端缝用保温材料填实
5	抹抗裂砂浆	(1) 在保温板上先抹2mm厚的抗裂砂浆，待抗裂砂浆初凝后，分段铺挂耐碱玻纤维网格布 (2) 在底层抗裂砂浆终凝前再抹一道抗裂砂浆罩面，厚度为2～3mm，以覆盖耐碱玻璃纤维网格布轮廓为宜。面层砂浆切忌不停揉搓，以免形成空鼓 (3) 在面层抗裂砂浆抹完后养护7d，待其干燥后方可进行保护层施工

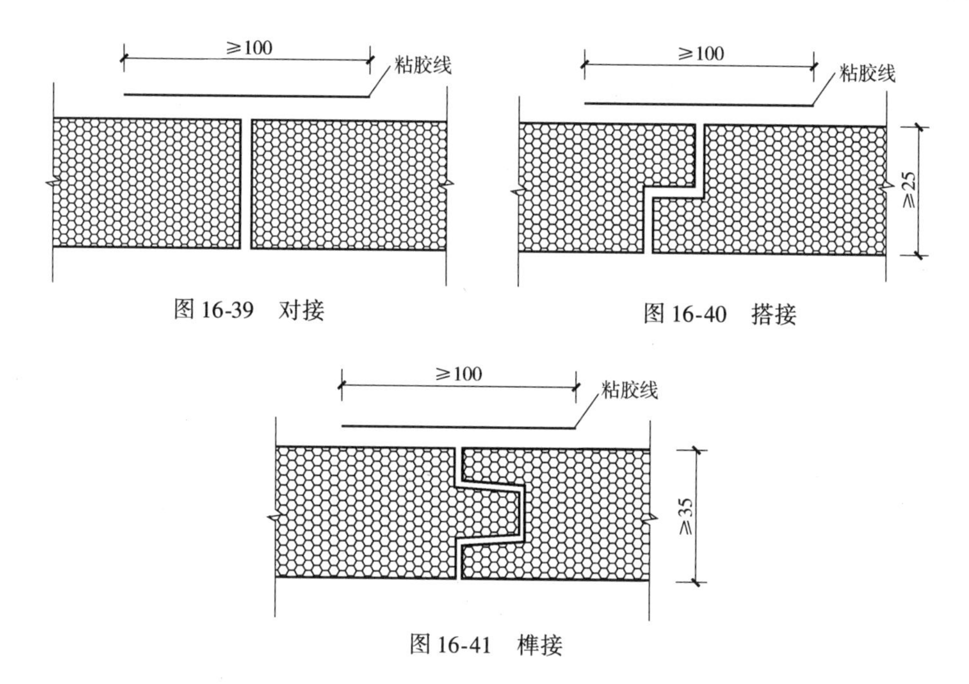

图 16-39　对接

图 16-40　搭接

图 16-41　榫接

16.4.4　浆料类楼地面保温施工

1. 浆料类楼地面保温基本构造

浆料类地面、楼面保温基本构造见图 16-42、图 16-43。

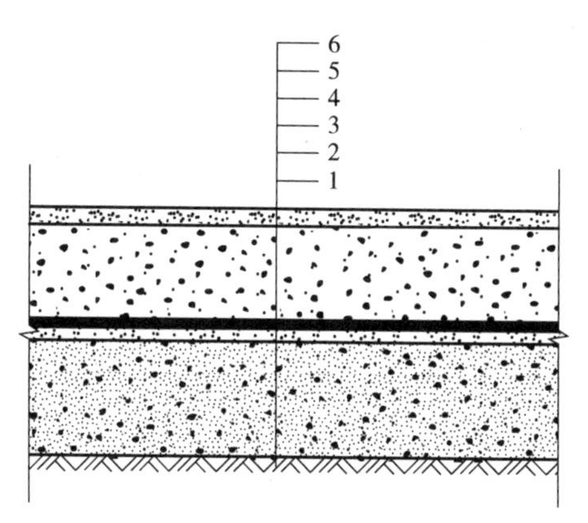

图 16-42　浆料类地面保温基本构造

1—回填夯实层　2—垫层　3—防潮层、保护层　4—界面层　5—保温层　6—保护层

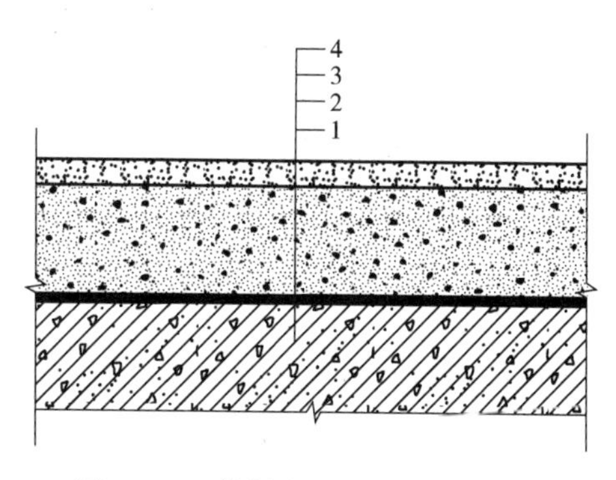

图 16-43　浆料类楼面保温基本构造

1—楼板基层　2—界面层　3—保温层　4—保护层

2. 工艺流程和操作要点

浆料类楼地面保温工艺流程见图 16-44。

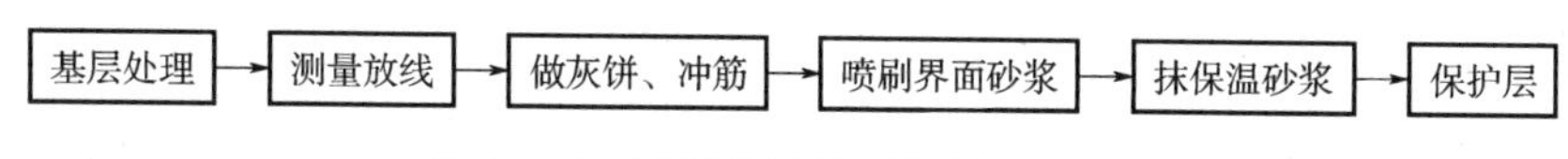

图 16-44　浆料类楼地面保温工艺流程

浆料类楼地面保温施工操作要点见表 16-7。

表 16-7　浆料类楼地面保温施工操作要点

序号	施工步骤	操作要点
1	基层处理	基层楼板面应清理干净，无油渍、浮尘、积水等，板面凸起物大于等于 10mm 的应铲平
2	测量放线	弹好标高控制线及做好厚度控制标准参照物
3	做灰饼、冲筋	用同种材料的保温砂浆做保温层厚度控制灰饼，灰饼间距可取 1.5m
4	喷刷界面砂浆	在基层面满涂界面砂浆，并拉毛
5	抹保温砂浆	（1）涂抹保温层应采用分层多遍施工，每遍施工厚度不宜超过 15mm （2）每遍宜连续施工并压实抹平，两遍施工间隔时间不应少于 24h （3）最后一遍操作时，应达到灰饼厚度，并用靠尺搓平 （4）阴角处施工时，宜从外向内压抹 （5）按设计要求设置分格缝，设计无要求时，分格缝宜按不大于 6m 设置，相邻房间之间也宜设置分格缝，分格缝做法见图 16-45 （6）保温层施工养护时间不宜少于 7d，保温层固化干燥后方可进行抗裂保护层施工

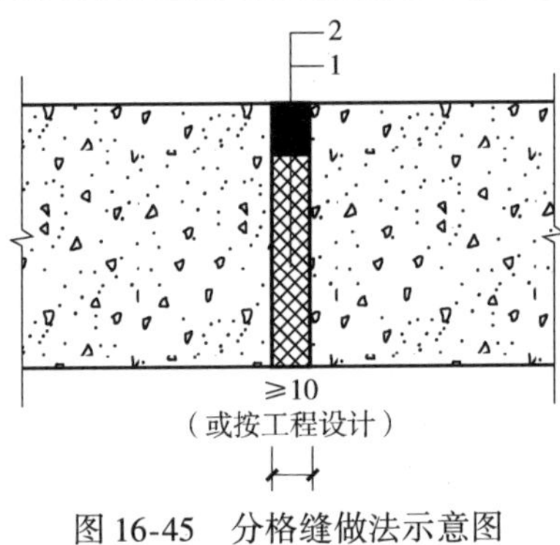

图 16-45　分格缝做法示意图

1—嵌填保温材料　2—密封膏嵌缝

16.5　幕墙节能工程

16.5.1　工艺流程

各类节能幕墙的施工工艺流程见表 16-8。

表 16-8　各类节能幕墙的施工工艺流程

幕墙种类	工艺流程
节能玻璃幕墙	幕墙构件、玻璃和组件加工 → 弹线 → 安装连接件 → 涂刷隔气层 → 安装立柱和横梁 → 安装保温、防火 → 隔断材料 → 安装玻璃幕墙 → 板缝及节点处理 → 板面处理
节能金属幕墙	幕墙构件和金属板加工 → 施工测量 → 安装连接件 → 涂刷隔气层 → 安装骨架 → 安装保温、防火隔断材料 → 安装金属幕墙板 → 板缝及节点处理 → 板面处理
节能石材幕墙	幕墙构件和石板加工 → 施工测量 → 安装连接件 → 涂刷隔气层 → 安装立柱和横梁 → 安装保温、防火隔断材料 → 安装石板 → 板缝处理 → 板面处理

16.5.2　操作要点

1. 棉毡型保温材料施工要点

（1）棉毡型保温材料可采用岩棉钉或尼龙锚栓与结构固定，其数量宜≥5 个/m^2，锚入结构层深度不宜小于 25mm，保温钉布置见图 16-46。

（2）棉毡型保温材料安装须在幕墙面板安装前完成，但应与面板的安装相继进行。

（3）排板要求：自下而上按标准整张幅面进行，门窗洞口四角处不得拼接。

（4）棉毡应紧贴并拼搭整齐，不得有褶皱，接缝缝隙不得大于 3mm，最后用胶带密封所有接缝。

（5）如内侧设有隔气膜，应在围护结构上用射钉先固定隔气膜。如外侧设有防风防水透气膜，宜将该膜置于保温层外侧，面膜一次固定。

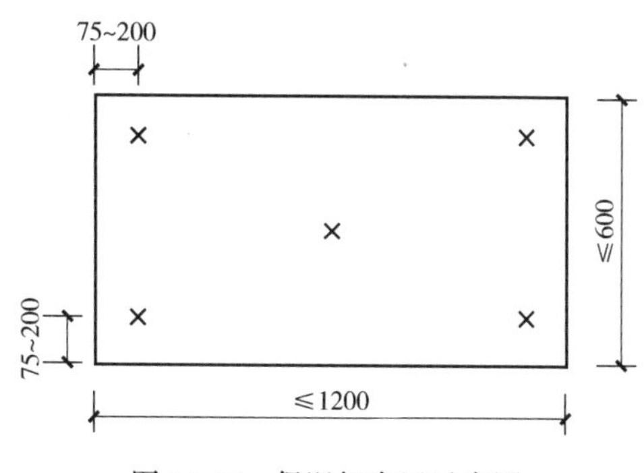

图 16-46　保温钉布置示意图

（6）填装防火保温材料时，应采用铝箔或塑料薄膜包扎，防止防火保温材料受潮失效。同时，填塞防火保温材料时，不宜在雨天或有风天气下施工。

（7）采用粘贴胶钉固定棉毡时，应根据棉毡规格先布置胶钉位置，一般为每一块棉毡 9 个胶钉，胶钉粘贴于墙体外表面，待胶钉固化后，棉毡挂装在胶钉上固定。胶钉布点处，表面必须清理干净，不允许有水分、油污及灰尘等。

2. 层间保温材料安装

（1）根据现场实际距离，弹出镀锌铁皮安装的水平线，进行镀锌铁皮的裁切加工。

（2）采用射钉将镀锌铁皮固定在结构面上，射钉的间距应以 300mm 为宜。

（3）依据现场实际间隙将防火保温材料裁剪后，平铺在镀锌铁皮上面。

（4）在防火保温材料接缝部位，采用防火密封胶进行封堵。

（5）最后进行顶部封口处理，即安装封口板。

本章术语释义

序号	术语	含义
1	外墙外保温系统	由保温层、防护层和固定材料构成，并固定在外墙外表面的非承重保温构造总称，简称外保温系统。按与墙体的固定方式可分为以粘为主的外墙外保温系统和以锚为主的外墙外保温系统
2	有机类保温板	由有机物构成的保温板材，包括模塑聚苯板（简称模塑板或 EPS 板）、挤塑聚苯板（简称挤塑板或 XPS 板）和硬泡聚氨酯板（简称聚氨酯板）
3	无机类保温板	主要由无机物组成用于保温工程的板材，如岩棉条或岩棉板
4	抹面层	抹在保温层上，中间夹有玻璃纤维网布，保护保温层并起防裂、防水、抗冲击和防火作用的构造层

（续）

序号	术语	含义
5	模塑聚苯板	由可发性聚苯乙烯珠粒经加热预发泡后在模具中加热成型而制得的具有闭孔结构的聚苯乙烯泡沫塑料板材，包含033级和039级，简称EPS板
6	挤塑聚苯板	以聚苯乙烯树脂或其共聚物为主要成分，加入少量添加剂，通过加热挤塑成型而制得的具有闭孔结构的硬质泡沫塑料板材，简称XPS板
7	胶粉聚苯颗粒保温浆料	由可再分散胶粉、无机胶凝材料、外加剂等制成的胶粉料与作为主要集料的聚苯颗粒复合而成的，可直接作为保温层材料的胶粉聚苯颗粒浆料，简称保温浆料
8	胶粉聚苯颗粒贴砌浆料	由可再分散胶粉、无机胶凝材料、外加剂等制成的胶粉料与作为主要集料的聚苯颗粒复合而成的，用于粘贴、砌筑和找平模塑聚苯板的胶粉聚苯颗粒浆料，简称贴砌浆料
9	硬泡聚氨酯	由多亚甲基多苯基多异氰酸酯和多元醇及助剂等反应制成的以聚氨基甲酸酯结构为主的硬质泡沫塑料，简称PUR/PIR
10	硬泡聚氨酯板	以硬泡聚氨酯（包括聚氨酯硬质泡沫塑料和聚异氰脲酸酯硬质泡沫塑料）为芯材，在工厂制成的、双面带有界面层的板材，简称PUR板/PIR板
11	胶粘剂	由水泥基胶凝材料、高分子聚合物材料以及填料和添加剂等组成，用于基层墙体和保温板之间粘结的聚合物水泥砂浆
12	抹面胶浆	由水泥基胶凝材料、高分子聚合物材料以及填料和添加剂等组成，具有一定变形能力和良好粘结性能，与玻璃纤维网布共同组成抹面层的聚合物水泥砂浆或非水泥基聚合物砂浆
13	玻璃纤维网布（玻纤网）	表面经高分子材料涂覆处理的、具有耐碱功能的网格状玻璃纤维织物，作为增强材料内置于抹面胶浆中，用以提高抹面层的抗裂性和抗冲击性，简称玻纤网
14	无机轻集料保温砂浆	以憎水型膨胀珍珠岩、膨胀玻化微珠、闭孔珍珠岩、陶砂等无机轻集料为保温材料，以水泥或其他水硬性无机胶凝材料为主要胶结料，并掺加高分子聚合物及其他功能性添加剂而制成的建筑保温干混砂浆
15	保温装饰板	由装饰面板、保温材料和胶粘剂在工厂复合成型后，进行切割开槽或加装卡槽制成的板状制品
16	保温装饰板外墙外保温系统	由保温装饰板、粘结砂浆、锚固组件、嵌缝材料和密封胶以及必要时采用的托架等组成的固定在建筑外墙外侧的非承重保温装饰构造的总称

第 17 章

防腐蚀工程

腐蚀现象发生在国民经济的各个领域中，如石油、天然气对矿井及开采设施的腐蚀，土壤对管网及建筑物基础的腐蚀，大气对桥梁、构筑物、钢结构的腐蚀，海水对船舶及码头的腐蚀，化学介质对金属、非金属及其建筑材料的腐蚀等。在腐蚀性介质作用下，建筑物和构筑物虽然已采取了防腐蚀措施，但达不到应有的使用年限，并遭到不同程度的腐蚀破坏，其中大部分是由于防腐蚀方法及材料选择不当或施工质量低劣造成的。因此，只有做到正确选材、精心设计、规范施工、科学管理才能确保防腐蚀工程的质量，减少腐蚀带来的损失，并使建筑物和构筑物达到应有的使用年限。

17.1 基层要求及处理

防腐蚀工程的基层属于隐蔽工程。基层质量的好坏直接影响着防腐蚀工程的质量。对于混凝土和钢结构表面，一般来说粗糙度越高，附着力也越好，但是对于一些厚度较薄的防腐蚀层，过高的粗糙度会带来顶点腐蚀，不利于整体防腐蚀质量。

防腐蚀构造层与混凝土表面粗糙度应符合表 17-1 的规定。

表 17-1 防腐蚀构造层与混凝土表面粗糙度

防腐蚀构造层	粗糙度要求
树脂、涂料、聚脲、纤维增强塑料	≥30μm
树脂砂浆、聚合物水泥砂浆、钾水玻璃材料、块材	≥70μm

防腐蚀构造层与钢结构基层表面粗糙度应符合表 17-2 的规定。

表 17-2 防腐蚀构造层与钢结构基层表面粗糙度

防腐蚀构造层	粗糙度要求
树脂、涂料	≥30μm
纤维增强塑料、聚脲、块材、聚合物水泥砂浆	≥70μm

17.1.1 混凝土基层

混凝土基层一般包括工业厂房的楼地面、钢筋混凝土柱、梁、板、基础和贮槽、贮罐构筑物等的基层；钢结构基层一般指支架、吊车梁、钢柱、梁、屋架、梯子、栏杆及连接构架的基层等；木质结构基层一般包括木结构及木门窗等的基层。

基层表面的洁净度和粗糙度对防腐蚀层，尤其是较薄型整体构造，如树脂砂浆、胶泥、自流平涂层等至关重要，它不但直接关系到防腐蚀层的黏结性、耐久性、装饰性等，对使用效果影响也很大。

混凝土基层表面处理方式应符合表 17-3 的规定。

表 17-3 混凝土基层表面处理方式

混凝土强度	处理方式
≥C40	抛丸、喷砂、高压射流
C30 ~ C40	抛丸、喷砂、高压射流、打磨
C20 ~ C30	抛丸、喷砂、高压射流、铣刨、打磨、研磨
≤C20	打磨、高压射流、铣刨、研磨

对于不同强度等级的混凝土选用不同的处理方法，目的是使基层表面既能满足强度又能保证粗糙度要求。研磨和抛丸等方法目前在自流平涂层、地面纤维增强塑料等施工过程中应用较多。高压射流处理质量好、劳动强度低、环境污染小。在一些防爆等级高的区域使用逐渐广泛。对于混凝土强度等级较低的表面通常采用手工及动力工具处理。

混凝土基层表面处理应符合下列规定：

（1）采用手工或动力工具打磨后，基层表面应无水泥渣和疏松的附着物。

（2）采用抛丸、喷砂或高压射流后，基层表面应形成均匀粗糙面。

（3）采用机械研磨后，基层表面应平整。

（4）处理后的基层表面应清理干净。

对于树脂和涂料类材料混凝土基层表面，含水率越低越有利于工程质量，基层混凝土应养护到期，在深度 20mm 的厚度层内，含水率不应大于 6%；当设计对湿度有特殊要求时，应按设计要求进行。

已被油脂、化学品污染的混凝土基层表面或改建、扩建工程中已被侵蚀的疏松基层，应进行表面处理，处理方法应符合下列规定：

（1）当基层表面被介质侵蚀，呈疏松状，宜采用高压射流、喷砂或机械洗刨、凿毛处理。

（2）当表面不平整时，宜采用细石混凝土、树脂砂浆或聚合物水泥砂浆进行修补，养护后应按新的基层进行处理。

凡穿过防腐蚀层的管道、套管、预留孔、预埋件，均应预先埋置或留设。

整体防腐蚀构造基层表面不宜做找平处理。当必须进行找平处理时，处理方法应符合下列规定：

（1）当找平层厚度不小于 30mm 时，宜采用细石混凝土找平，强度等级不应小于 C30。

（2）当找平层厚度小于 30mm 时，宜采用聚合物水泥砂浆或树脂砂浆找平。

17.1.2 钢结构基层

钢结构表面的处理质量合格与否将直接关系到防腐蚀工程的使用寿命和成败，如果钢结构表面处理不好，即使刷上合格涂料，经过一段时间后，也会产生返锈，使表面防腐蚀层产生鼓泡、脱层等现象。

钢结构表面处理可采用喷射或抛射、手工或动力工具、高压射流等处理方法。喷射或抛射处理等级、手工或动力工具处理等级均应符合现行工程建设标准的规定。

高压射流表面处理质量应符合下列规定：

（1）钢材表面应无可见的油脂和污垢，且氧化皮、铁锈和涂料涂层等附着物已清除，底材显露部分的表面应具有金属光泽。

（2）高压射流处理的钢材表面经干燥处理后 4h 内应涂刷底层涂料。

已处理的钢结构表面不得再次污染，当受到二次污染时，应再次进行表面处理。经过处理的钢结构基面应及时涂刷底层涂料，间隔时间不应超过 5h。

17.2　树脂类防腐蚀工程

树脂应包括环氧树脂、乙烯基酯树脂、不饱和聚酯树脂、呋喃树脂和酚醛树脂。树脂类防腐蚀工程应包括下列内容：

（1）树脂胶料铺衬的纤维增强塑料整体面层。

（2）树脂稀胶泥、砂浆、细石混凝土、自流平和玻璃鳞片胶泥制作的整体面层。

17.2.1　施工环境要求

施工环境温度宜为 15～30℃，相对湿度不宜大于 80%。施工环境温度、湿度及其变化对树脂玻璃钢、胶泥、砂浆的固化质量有直接影响。环境温度太低，树脂固化速度较慢，甚至不固化；环境温度太高，树脂固化速度太快，施工不易控制。相对湿度大于 80% 时，通常处于露点温度附近，而水分会减缓树脂胶料的固化速度，影响制成品质量。

施工环境温度低于 10℃时，应采取加热保温措施。原材料使用时的温度，不应低于允许的施工环境温度。采取加热保温措施，通常采用间接加热方式，如在施工区域安装盘管或管道散热器，也可采用电加热空气等方式。

当酸酵树脂采用苯磺酰氯固化剂时，由于其熔点是 14.5℃，因此施工环境温度不应低于 17℃。当采用低温施工型呋喃树脂时，施工和养护的环境温度不宜低于 -5℃，树脂砂浆整体面层的施工环境温度不宜低于 0℃。

17.2.2　施工基本要求

因酚醛树脂和呋喃树脂的固化剂均为强酸性物质，所以不能把含有酸性固化剂的树脂胶料直接同呈碱性的混凝土和钢结构基层接触。当采用呋喃树脂或酚醛树脂进行防腐蚀施工时，需要先对基层进行封底，即在基层表面采用环氧树脂胶料、乙烯基酯树脂胶料、不饱和聚酯树脂胶料或纤维增强塑料做隔离层。

树脂及制品固化性能的好坏，是决定树脂类防腐蚀工程施工质量的关键。施工前应进行简单而便捷的材料固化试验。固化正常的标志是优良的固化质量和适当的固化速度，而影响固化的主要因素是施工环境状况和材料的施工配合比。因此树脂类防腐蚀工程施工前，应经试验选定适宜的施工配合比并确定施工操作方法后，方可进行大面积施工。

由于各类树脂的固化特性、施工温湿度不尽相同，其固化时间也各不相同，其各层施工间隔时间也不尽相同。树脂类防腐蚀工程各层之间的施工间隔时间，应根据树脂的固化特性和环境条件确定。

树脂类材料属于易燃易爆的有机化学品，在施工过程中未固化完全的树脂通常会有低闪点的有机溶剂挥发，因此严禁使用明火，如电焊、明火直接加热等，以免引起火灾和爆炸等安全事故发生；同样蒸汽中的水会严重影响树脂类材料的固化，引起工程质量事故。因此施工中严禁使用明火或蒸汽直接加热。

树脂类防腐蚀工程施工和养护的过程，实际上是树脂从液态向固态转化的过程，水的存在会影响未固化完全的树脂及制成品的质量；而阳光的暴晒会使树脂及制成品的固化速度加快，温差变化大，收缩应力集中释放，容易产生开裂、起壳现象。因此树脂类防腐蚀工程在施工及养护期间，应采取通风、防尘、防水、防火、防曝晒等措施，且不得与其他工种交叉进行。

树脂、固化剂、稀释剂等材料应密闭贮存在阴凉、干燥的通风处。纤维增强材料、粉料等材料均应防潮贮存。

17.2.3 纤维增强塑料的施工

纤维增强塑料的施工宜采用手糊法。手糊法又分间歇法和连续法。呋喃和酚醛类纤维增强塑料应采用间歇法施工，这是因为由于呋喃和酚醛树脂在固化过程中，会产生小分子或挥发性溶剂。

1. 封底层施工

纤维增强塑料铺衬前应进行封底层的施工，具体施工过程如下：

（1）先打第一道封底层：在经过处理的基层表面，应均匀地涂刷封底料，不得有漏涂、流挂等缺陷。封底胶料中掺入适量稀释剂，以便胶液渗入到基层中去。

（2）第一道封底层固化后，在基层的凹陷不平处，应采用树脂胶泥料修补填平。酚醛或呋喃类纤维增强塑料可用环氧树脂或乙烯基酯树脂、不饱和聚酯树脂的胶泥料修补刮平基层。待修补胶泥固化后，再打第二道封底料，然后贴布。

2. 铺衬层施工

铺衬层施工可采用间歇法和连续法，具体施工要点见表17-4。

表17-4 间歇法和连续法施工要点

方法名称	施工要点
间歇法施工	（1）先均匀涂刷一层铺衬胶料，随即衬上一层纤维增强材料，必须贴实，赶净气泡，其上再涂一层胶料，胶料应饱满 （2）应固化并修整表面后，再按上述程序铺衬以下各层，直至达到设计要求的层数或厚度 （3）每铺衬一层，均应检查前一铺衬层的质量，当有毛刺、脱层和气泡等缺陷时，应进行修补 （4）铺衬时，同层纤维增强材料的搭接宽度不应小于50mm；上下两层纤维增强材料的接缝应错开，错开距离不得小于50mm；阴阳角处应增加1~2层纤维增强材料
连续法施工	（1）一次连续铺衬的层数或厚度，不应产生滑移，固化后不应起壳或脱层。一次连续铺衬层数太多或厚度太厚，树脂初凝前可能会造成立面铺衬层下滑、平面铺衬层滑移；且因树脂固化放热集中，其产生的收缩内应力也大，容易造成纤维增强塑料脱层、起壳等质量事故 （2）铺衬时，上下两层纤维增强材料的接缝应错开，错开距离不得小于50mm；阴阳角处应增加1~2层纤维增强材料 （3）应在前一次连续铺衬层固化后，再进行下一次连续铺衬层的施工 （4）连续铺衬到设计要求的层数或厚度后，应固化后再进行封面层施工

3. 封面层与隔离层施工

纤维增强塑料封面层的施工，应均匀涂刷面层胶料。当涂刷两遍以上时，待上一遍固化后，再涂刷下一遍。

当纤维增强塑料作为树脂稀胶泥、树脂砂浆、树脂细石混凝土和水玻璃混凝土的整体面层或块材面层的隔离层时，在铺完最后一层布后，应涂刷一层面层胶料，同时应均匀稀撒一层粒径为 0.7 ~ 1.2mm 的细集料，以增加同下一层防腐蚀材料的接触面和粘结力。

17.2.4 树脂整体面层的施工

树脂整体面层包括树脂稀胶泥、树脂砂浆、树脂细石混凝土、树脂自流平和树脂玻璃鳞片胶泥等整体面层。不同材料面层的施工应符合表 17-5 的规定。

表 17-5 树脂整体面层施工要点

面层材料	施工要点
树脂稀胶泥整体面层	（1）当基层上无隔离层时，在基层上应均匀涂刷封底料；用树脂胶泥修补基层的凹陷不平处 （2）当基层上有纤维增强塑料隔离层时，在纤维增强塑料隔离层上应均匀涂刷一遍树脂胶料 （3）应将树脂稀胶泥摊铺在基层表面，并应按设计要求厚度刮平 （4）当采用乙烯基酯树脂或不饱和聚酯树脂稀胶泥面层时，应采用相同的树脂胶料封面
树脂砂浆整体面层	（1）当基层上无纤维增强塑料隔离层时，在经表面处理的基层上应均匀涂刷封底料；固化后，用树脂胶泥修补基层的凹陷不平处。然后宜再涂刷一遍封底料，并均匀稀撒一层粒径为 0.7 ~ 1.2mm 的细集料。待固化后再进行树脂砂浆的施工 （2）在树脂砂浆摊铺前，应在施工面上涂刷一遍树脂胶料。摊铺时应控制厚度。铺好的树脂砂浆，应立即压实抹平 （3）树脂砂浆整体面层不宜留施工缝，必须留施工缝时，应留斜槎。当继续施工时，应将留槎处清理干净，边涂刷树脂胶料、边进行摊铺的施工 （4）面层胶料的施工，应涂刷均匀。当进行两层胶料施工时，待第一层胶料固化后，再进行第二层胶料的施工
树脂细石混凝土整体面层	（1）树脂细石混凝土面层施工应采用振动器，并捣实抹光 （2）采用分格法施工时，在基层上用分隔条分格，在格内分别浇捣树脂细石混凝土，待胶凝后，再拆除分隔条，再用树脂砂浆或树脂胶泥灌缝。当灌缝厚度超过 15mm 时，宜分次进行
树脂自流平整体面层	（1）当基层上无纤维增强塑料隔离层时，在基层上应均匀涂刷封底料；用树脂胶泥修补基层的凹陷不平处 （2）将树脂自流平料均匀刮涂在基层表面 （3）当基层上有纤维增强塑料隔离层或树脂砂浆层时，可直接进行树脂自流平面层施工 （4）每次施工厚度：乙烯基酯树脂或溶剂型环氧树脂自流平不宜超过 1mm，无溶剂型环氧树脂自流平不宜超过 3mm
树脂玻璃鳞片胶泥整体面层	（1）在基层上应均匀涂刷封底料，并用树脂胶泥修补基层的凹陷不平处 （2）将树脂玻璃鳞片胶泥摊铺在基层表面，并用抹刀单向均匀地涂抹，每次厚度不宜大于 1mm。层间涂抹间隔时间宜为 12h （3）树脂玻璃鳞片胶泥料涂抹后，在初凝前，应单向滚压至光滑均匀为止 （4）施工过程中，表面应保持洁净，若有流淌痕迹、滴料或凸起物，应打磨平整 （5）同一层面涂抹的端部界面连接，不得采用对接方式，应采用斜槎搭接方式 （6）当采用乙烯基酯树脂或不饱和聚酯树脂玻璃鳞片胶泥面层时，应采用相同的树脂胶料封面

17.3 水玻璃类防腐蚀工程

17.3.1 施工环境要求

水玻璃包括钠水玻璃和钾水玻璃。水玻璃类防腐蚀工程包括下列内容：

（1）钾水玻璃砂浆抹压的整体面层。

（2）水玻璃混凝土浇筑的整体面层、设备基础和构筑物。

水玻璃类防腐蚀工程施工的环境温度宜为15～30℃，相对湿度不宜大于80%；气温高于30℃时，水玻璃的黏稠度显著增加，不易于施工，配制的水玻璃材料易过早脱水硬化，反应不完全，造成质量指标降低。当施工的环境温度较低，钠水玻璃材料低于10℃，钾水玻璃材料低于15℃时，水玻璃的黏度增大不利于施工，也易造成质量指标降低，因而应采取加热保温措施。

原材料使用时的温度，钠水玻璃不应低于15℃，钾水玻璃不应低于20℃。水玻璃应防止受冻。受冻的水玻璃应加热并充分搅拌均匀后方可使用。水玻璃受冻后，冻结部分无法与混合料混合，在使用前将冻结的水玻璃加热搅拌熔化，即能得到与冻结前相同的溶液。

水玻璃类材料施工后，在养护期间，水玻璃与固化剂水解化合反应尚未完成，尚未反应的部分或反应不完全的部分，如遇到水或水蒸气，都会被溶解析出而遭到破坏。因此水玻璃类防腐蚀工程在施工及养护期间严禁与水或水蒸气接触，并防止早期过快脱水。

17.3.2 钾水玻璃砂浆整体面层的施工

钾水玻璃砂浆整体面层的施工应符合以下要求：

（1）钾水玻璃砂浆整体面层宜分格或分段施工。

（2）平面的钾水玻璃砂浆整体面层宜一次抹压完成。

（3）立面的钾水玻璃砂浆整体面层应分层抹压。

（4）抹压钾水玻璃砂浆时不宜往返进行。平面应按同一方向抹压平整；立面应由下往上抹压平整。每层抹压后，当表面不粘抹具时，可轻拍轻压，不得出现褶皱和裂纹。

17.3.3 水玻璃混凝土的施工

模板应支撑牢固，拼缝应严密，表面应平整，并应涂刷脱模剂。水玻璃混凝土内的铁件应除锈，并应涂刷防腐蚀涂料。水玻璃混凝土的浇筑应符合下列规定：

（1）水玻璃混凝土应在初凝前振捣至泛浆，无气泡排出为止。

（2）当采用插入式振动器时，每层浇筑厚度不宜大于200mm，插点间距不应大于作用半径的1.5倍，振动器应缓慢拔出，不得留有孔洞。当采用平板振动器和人工捣实时，每层浇筑的厚度不宜大于100mm。当浇筑厚度大于上述规定时，应分层连续浇筑。分层浇筑时，上一层应在下一层初凝以前完成。耐酸贮槽的浇筑应一次完成，不得留设施工缝。

（3）最上层捣实后，表面应在初凝前压实抹平。

（4）浇筑地面时，应随时控制平整度和坡度；平整度应采用2m直尺检查，其允许空隙不应大于4mm；其坡度应符合设计规定。

（5）水玻璃混凝土整体地面应分格施工。分格缝间距不宜大于3m，缝宽宜为15～30mm。待固化后应采用同型号砂浆二次浇灌施工缝。

当需要留施工缝时，在继续浇筑前应将该处打毛清理干净，涂一层水玻璃，表干后再继续灌注。地面施工缝应留成斜槎。

水玻璃混凝土的立面拆模时间应符合表17-6的规定。

表 17-6　水玻璃混凝土的立面拆模时间

材料名称		拆模时间（d）不少于			
		10～15℃	16～20℃	21～30℃	31～35℃
钠水玻璃混凝土		5	3	2	1
钾水玻璃混凝土	普通型	—	5	4	3
	密实型	—	7	6	5

承重模板的拆除，应在同条件养护的水玻璃混凝土抗压强度达到设计强度的 70% 时进行。拆模后不得有蜂窝麻面、裂纹等缺陷。当有上述大量缺陷时应返工；少量缺陷时应将该处的混凝土凿去，清理干净，待稍干后用同型号的水玻璃胶泥或水玻璃砂浆进行修补。

17.4　聚合物水泥砂浆防腐蚀工程

17.4.1　一般规定

聚合物水泥砂浆防腐蚀工程应包括下列内容：

（1）聚合物水泥砂浆铺抹的整体面层。

（2）聚合物水泥砂浆、胶泥的找平层。

（3）聚合物水泥素浆抹面层。

聚合物水泥砂浆施工环境温度宜为 10～35℃，当施工环境温度低于 5℃时，应采取加热保温措施。不宜在大风、雨天或阳光直射的高温环境中施工。聚合物水泥砂浆的乳液存放，夏季应避免阳光直射，冬季应防止冻结。聚合物水泥砂浆不应在养护期少于 3d 的混凝土或水泥砂浆基层上施工。

聚合物水泥砂浆在混凝土或水泥砂浆基层上施工时，基层应先用清水冲洗，并应保持潮湿状态，施工时基层不得有积水；聚合物水泥砂浆在金属基层上施工时，基层表面应符合设计规定，凸凹不平的部位，应采用聚合物水泥砂浆或聚合物胶泥找平后，再进行施工。

施工前，应根据现场施工环境条件等，通过试验确定适宜的施工配合比和施工操作方法后再进行施工。施工用的机械和工具应及时清洗。

17.4.2　砂浆的配制

聚合物水泥砂浆的配合比宜按表 17-7 选用。

表 17-7　聚合物水泥砂浆配合比（质量比）

项目	氯丁胶乳水泥砂浆	氯丁胶乳水泥素浆	氯丁胶乳胶泥	聚丙烯酸酯乳液水泥砂浆	聚丙烯酸酯乳液水泥素浆	聚丙烯酸酯乳液胶泥	环氧乳液水泥砂浆	环氧乳液水泥素浆	环氧乳液胶泥
水泥	100	100～200	100～200	100	100～200	100～200	100	100～200	100～200
砂	150～250	—	—	100～200	—	—	200～400	—	—
阳离子氯丁胶乳	45～65	45～65	25～45	—	—	—	—	—	—

（续）

项目	氯丁胶乳水泥砂浆	氯丁胶乳水泥素浆	氯丁胶乳胶泥	聚丙烯酸酯乳液水泥砂浆	聚丙烯酸酯乳液水泥素浆	聚丙烯酸酯乳液胶泥	环氧乳液水泥砂浆	环氧乳液水泥素浆	环氧乳液胶泥
聚丙烯酸酯乳液	—	—	—	25～42	50～100	25～42	—	—	—
环氧乳液	—	—	—	—	—	—	50～120	50～120	25～60
固化剂	—	—	—	—	—	—	5～20	5～20	2.5～10

注：表中所列聚合物配比均是添加助剂后的数值范围。实际配比应根据聚合物供应商提供的配比及现场试验确定。

聚合物水泥砂浆配制时，应先将水泥与集料拌和均匀，再倒入聚合物搅拌均匀。拌制好的聚合物砂浆应在初凝前用完，当有凝胶、结块现象时，不得使用。

17.4.3 整体面层的施工

铺抹聚合物水泥砂浆前，应先涂刷聚合物水泥素浆一遍，涂刷应均匀，干至不粘手时，再铺抹聚合物水泥砂浆。

聚合物水泥砂浆应分条或分块错开施工，每块面积不宜大于12m^2，条宽不宜大于1.5m，补缝及分段错开的施工间隔时间不应小于24h。坡面的接缝木条或聚氯乙烯条应预先固定在基体上，待砂浆抹面后可抽出留缝条，24h后在预留缝处涂刷聚合物素浆，再采用聚合物水泥砂浆进行补缝。分层施工时，留缝位置应相互错开。

聚合物水泥砂浆边摊铺边压抹，宜一次抹平，不宜反复抹压。当有气泡时应刺破压紧，表面应密实。在立面或仰面施工时，当压抹面层厚度大于10mm时，应分层施工，分层抹面厚度宜为5～10mm。待前一层干至不粘手时，再进行下一层施工。

聚合物水泥砂浆施工12～24h后，宜在面层上再涂刷一层聚合物水泥素浆。

聚合物水泥砂浆抹面后，表面干至不粘手时，可采用喷雾或覆盖塑料薄膜等进行养护。塑料薄膜四周应封严，并应潮湿养护7d，再自然养护21d后方可使用。

17.5 块材防腐蚀工程

17.5.1 一般规定

防腐蚀块材包括耐酸砖、耐酸耐温砖、防腐蚀炭砖和天然石材等。铺砌材料应包括树脂胶泥或砂浆、水玻璃胶泥或砂浆、聚合物水泥砂浆等。隔离层材料应包括树脂、涂层类、纤维增强塑料、聚氨酯防水涂料、高聚物改性沥青卷材、高分子卷材等。

块材铺砌前应经挑选、清洁、干燥，并试排后备用。当采用聚合物水泥砂浆铺砌耐酸砖等块材面层时，应预先用水将块材浸泡2h后，擦干水迹即可铺砌。

块材的施工应在基层表面的封闭底层或隔离层施工结束后进行，施工前应将基层表面清理干净。铺砌顺序应由低往高，先地坑、地沟，后地面、踢脚板或墙裙。阴角处立面块材应压住平面块材，阳角处平面块材应盖住立面块材，块材铺砌不应出现十字通缝，多层块材不得出现重叠缝。立面块材的连续铺砌高度，应与胶泥的固化时间相适应，砌体不得变形。铺砌时，应随时刮除缝内多余的胶泥或砂浆。

树脂涂层、纤维增强塑料、聚氨酯防水涂料隔离层在最后一道工序结束的同时应均匀地稀撒一层粒径为0.7～1.2mm的细集料。

防腐蚀工程的立面隔离层不应采用柔性材料及卷材类材料。施工过程中，当铺砌材料有凝固结块等现象时，不得继续使用。

17.5.2 隔离层的施工

不同类型隔离层施工应符合表17-8的规定。

表17-8 不同类型隔离层施工要求

隔离层类型	施工要求
树脂、涂层类隔离层	（1）树脂、涂层类可采用喷涂、滚涂、刷涂和刮涂 （2）表面不得出现漏涂、起鼓、开裂等缺陷 （3）树脂、涂层类隔离层施工宜采用间断法
聚氨酯防水涂料隔离层	（1）聚氨酯防水涂料隔离层分底涂层和面涂层，总厚度宜为1.5mm，纤维增强材料不得少于一层 （2）经过处理的基层表面涂刷底涂层，底涂层宜采用滚涂或刷涂 （3）面涂层宜采用刮涂施工。第一层面涂层施工应在底涂层固化后进行 （4）每层涂层表面不得出现漏涂、起鼓、开裂等缺陷 （5）聚氨酯防水涂料隔离层应完全固化后再进行后序施工
高聚物改性沥青卷材隔离层	（1）隔离层宜选用表面带集料无贴膜型高聚物改性沥青卷材 （2）基层表面应涂刷基层处理剂，基层处理剂应与铺贴的卷材材质相容，涂刷应均匀，干燥后再铺贴卷材 （3）卷材的层数、厚度应符合设计要求。多层铺设时接缝应错开。喷枪距加热面宜为300mm。搭接部位应满粘牢固，搭接宽度不应小于80mm。阴阳角处应加贴1层卷材，两边搭接宽度不应小于100mm （4）火焰加热器加热卷材应均匀，不得烧穿卷材；卷材表面热熔后应立即滚铺卷材，排尽空气，并辊压粘结牢固，不得有空鼓 （5）卷材搭接处用喷枪加热，并应粘结牢固。卷材接缝部位应溢出热熔的改性沥青胶；末端用配套密封膏嵌填严密 （6）铺贴的卷材应平整顺直，搭接尺寸应准确，不得扭曲或皱折
高分子卷材隔离层	（1）基层表面应涂刷基层处理剂，涂刷应均匀，并应干燥4h （2）当在基层表面及卷材表面涂刷基层黏结剂时，涂刷应均匀，不得反复进行。卷材预留搭接部位宜为100mm （3）铺贴时，卷材不宜拉得太紧，应在自然状态下铺贴到基层表面，并应排除卷材和基层表面的空气 （4）卷材预留的100mm搭接处，应均匀涂刷专用黏结剂，待不粘手后进行辊压处理

17.5.3 块材的施工

块材的施工方法应包括揉挤法、坐浆法和灌注法，具体施工要点见表17-9。

表17-9 揉挤法、坐浆法和灌注法施工要点

方法	适用条件	施工要点
揉挤法	耐酸砖、耐酸耐温砖、防腐蚀炭砖及厚度不大于30mm的块材	（1）在块材的贴衬面和在被铺砌基层表面上刮上一层薄胶泥 （2）将块材用力揉贴在基层表面上。胶泥应饱满，并应无气泡 （3）刮去灰缝挤出的多余胶泥

（续）

方法	适用条件	施工要点
坐浆法	天然石材	（1）先将块材的铺贴面涂上一层薄胶料，在被铺砌基层铺上一层结合砂浆，砂浆厚度应略高于规定的结合层厚度 （2）将块材平放到结合砂浆上，采用橡皮锤或木槌均匀敲打块材表面，表面应平整，并应有砂浆液体挤出为止
灌注法	天然石材的立面	（1）灰缝应密实，粘结应牢固 （2）待胶泥固化后将稀胶泥从上部灌入。当立面为单层块材时可一次灌浆到位，多层块材一次灌浆深度为每层块材高度的2/3

施工时，块材的结合层厚度和灰缝宽度应符合表17-10的规定。

表17-10　结合层厚度和灰缝宽度

块材种类		结合层厚度/mm						灰缝宽度/mm		灰缝深度/mm
		树脂		水玻璃		聚合物		挤缝	灌缝或嵌缝	
		胶泥	砂浆	胶泥	砂浆	胶泥	砂浆			
耐酸砖、耐酸耐温砖、防腐蚀炭砖		4~6	—	4~6	—	4~6	—	2~5	—	满缝
天然石材	厚度≤30mm	4~8	—	4~8	—	4~8	—	3~6	8~12	满灌或满嵌
	厚度>30mm	—	8~15	—	8~15	8~15		—	8~15	满灌或满嵌

块材的灌缝应符合下列规定：

（1）树脂胶泥铺砌的块材，应在铺砌块材用的胶泥、砂浆初步固化后进行。

（2）水玻璃胶泥铺砌的块材，树脂胶泥灌缝时应在结合层胶泥或砂浆完全固化后进行。

（3）灰缝应清洁、干燥。

（4）灌缝时，宜分次进行，灰缝应密实，表面应平整光滑。

17.6　喷涂型聚脲防腐蚀工程

17.6.1　一般规定

（1）喷涂型聚脲防腐蚀工程应采用专用双组分高压喷涂设备施工。

（2）施工前，应结合施工工艺进行试喷验收。

（3）喷涂聚脲的施工不应与其他工种进行交叉作业。

（4）施工环境温度宜大于3℃，相对湿度宜小于85%，不宜在风速大于5m/s、雨、雾、雪天环境下施工。

（5）施工人员应经喷涂聚脲施工技术的专业培训，考核合格后上岗。

17.6.2　施工

底涂施工应符合下列规定：

（1）施工方法宜选用滚涂、刷涂和喷涂。

（2）涂层应连续、均匀，不得漏涂。

（3）底涂与喷涂聚脲涂料的间隔时间应符合表17-11的规定。

表17-11　底涂与喷涂聚脲涂料的间隔时间

底涂种类	温度/℃	时间/h
聚氨酯底涂	>30	1~3
	15~30	1~6
	<15	6~24
环氧底涂	>15	4~6
	8~15	6~10
	<8	24~48

（4）超过间隔时间的底涂，应进行处理后方可喷涂聚脲涂料。

（5）底涂与基面的附着力应符合表17-12的规定。

表17-12　底涂与基面的附着力（MPa）

项目	指标	
	环氧底涂	聚氨酯底涂
底涂与混凝土基面的黏结强度	≥2.0	≥2.0
底涂与钢结构件基面的黏结强度	≥4.5	≥3.5

17.7　涂料类防腐蚀工程

17.7.1　一般规定

工程常用防腐蚀涂料应包括下列品种：

（1）环氧类涂料、聚氨酯类涂料、丙烯酸树脂类涂料、高氯化聚乙烯涂料、氯化橡胶涂料、氯磺化聚乙烯涂料、聚氯乙烯萤丹涂料、醇酸树脂涂料、氟涂料、有机硅树脂高温涂料、乙烯基酯树脂类涂料。

（2）富锌类涂料。

（3）树脂玻璃鳞片涂料、环氧树脂自流平涂料。

涂料的施工可采用刷涂、滚涂、喷涂。涂层厚度应均匀，不得漏涂或误涂。

涂料类防腐蚀工程施工环境相对湿度宜小于85%，被涂覆钢结构表面的温度应大于露点温度3℃。基体表面焊缝、边角、孔内侧等难以施工的部位，应进行预涂装施工处理。在混凝土或木质的基层上，应采用稀释的环氧树脂及配套稀释底涂料进行封底处理，再用耐腐蚀树脂配制胶泥修补凹凸不平处。修补区域干透后，应打磨平整、清洁干净，再进行底涂层施工。

在大风、雨、雾、雪天或强烈阳光照射下，不宜进行室外施工。当在密闭或有限空间施工时，必须采取强制通风。防腐蚀涂料和稀释剂在运输、贮存、施工及养护过程中，严禁明火，并应防尘、防暴晒，不得与酸、碱等化学介质接触。

17.7.2 涂料的配制与施工

各种涂料的配制与施工要点见表17-13。

表17-13 各种涂料的配制与施工要点

涂料种类	施工要点
环氧树脂类涂料	（1）环氧树脂类涂料应包括单组分环氧酯底层涂料和双组分环氧涂料 （2）双组分应按质量比配制，并搅拌均匀。配制好的涂料宜熟化后使用 （3）每层涂料的涂装应在前一层涂膜实干后，方可进行下一层涂装施工
聚氨酯类涂料（含改性聚氨酯涂料）	（1）聚氨酯类涂料应分为单组分和双组分，采用双组分时应按质量比配制，并应搅拌均匀 （2）每次涂装应在前一层涂膜实干后进行，施工间隔时间不宜超过48h，对于固化已久的涂层应采用砂纸打磨后再涂刷下一层涂料 （3）涂料的施工环境温度不应低于5℃
丙烯酸树脂类涂料	（1）丙烯酸树脂类涂料应包括单组分丙烯酸树脂涂料，丙烯酸树脂改性氯化橡胶涂料和丙烯酸树脂改性聚氨酯双组分涂料 （2）施工使用丙烯酸树脂类涂料时，宜采用环氧树脂类涂料做底层涂料 （3）丙烯酸树脂改性聚氨酯双组分涂料应按规定的质量比配制，并应搅拌均匀 （4）每次涂装应在前一层涂膜实干后进行，施工间隔时间应大于3h，且不宜超过48h （5）涂料的施工环境温度应大于5℃
高氯化聚乙烯涂料	（1）高氯化聚乙烯涂料应为单组分 （2）每次涂装可在前一层涂膜表干后进行 （3）施工环境温度应大于0℃
氯化橡胶涂料	（1）氯化橡胶涂料为单组分，可分普通型和厚膜型。厚膜型涂层干膜厚度每层不应小于70μm （2）每次涂装应在前一层涂膜实干后进行，涂覆的间隔时间应符合表17-14的规定 （3）施工环境温度宜为－10～30℃
氯磺化聚乙烯涂料	（1）氯磺化聚乙烯涂料分为单组分和双组分，双组分应按质量比配制，并应搅拌均匀 （2）每次涂装应在前一层涂膜表干后进行
聚氯乙烯萤丹涂料	（1）聚氯乙烯萤丹涂料为双组分，双组分应按质量比配制，并应搅拌均匀 （2）每次涂装应在前一层涂膜实干后进行
醇酸树脂涂料	（1）醇酸树脂耐酸涂料为单组分 （2）每次涂装应在前一层涂膜实干后进行，涂覆的间隔时间应符合表17-15的规定 （3）涂料的施工环境温度不应低于0℃
氟涂料	（1）氟涂料为双组分，应按质量比配制，并应搅拌均匀 （2）涂料应包括氟树脂涂料和氟橡胶涂料 （3）涂料应按底层涂料、中层涂料和面层涂料配套使用 （4）涂料宜采用喷涂法施工 （5）施工环境温度宜为5～30℃
有机硅耐温涂料	（1）底涂层应选用配套底涂料 （2）有机硅耐温涂料为双组分，应按质量比配制，并应搅拌均匀 （3）底层涂料养护24h后，表干后应进行面层涂料施工 （4）施工环境温度不宜低于5℃

（续）

涂料种类	施工要点
乙烯基酯树脂涂料	（1）施工环境温度宜为 5～30℃ （2）可采用滚涂、刷涂工艺进行施工 （3）配制按比例先加入促进剂搅拌均匀后，再按比例加入引发剂搅拌均匀 （4）每次涂装前应在前一层涂膜表干后进行 （5）涂料配制后，宜在 30min 内使用完毕
富锌类涂料（包括有机富锌涂料、无机富锌涂料和水性无机富锌涂料）	（1）富锌涂料宜采用喷涂法施工 （2）施工后应采用配套涂层封闭 （3）富锌涂层不得长期暴露在空气中 （4）富锌涂层表面出现白色析出物时，应打磨除去析出物后再重新涂装 （5）水性无机富锌涂料的施工温度和湿度应符合国家现行有关涂料技术规范的要求
玻璃鳞片涂料（包括环氧树脂玻璃鳞片涂料和乙烯基酯树脂玻璃鳞片涂料）	（1）玻璃鳞片涂料应按规定的质量比配制，并应搅拌均匀 （2）每次涂装应在前一层涂膜表干后进行，涂覆的间隔时间应符合表 17-16 的规定 （3）施工环境温度不应低于 5℃ （4）玻璃鳞片涂料可采用滚涂、刷涂或喷涂施工
环氧树脂自流平涂料	（1）环氧树脂自流平涂料应按比例配制，并应搅拌均匀。配制好的涂料宜熟化后使用 （2）基层宜采用 C25 及以上混凝土浇筑或采用 C25 细石混凝土找平 （3）混凝土基层平整度的允许空隙不应大于 2mm。当平整度达不到要求时，可采用打磨机械处理 （4）底层涂料宜采用刷涂、喷涂或滚涂法施工；面层涂料宜采用刮涂、抹涂或滚涂法施工，并应进行消泡处理 （5）涂层的养护时间应符合表 17-17 的规定

表 17-14　氯化橡胶涂料涂覆的间隔时间

温度/℃	-10～0	1～14	≥15
间隔时间/h	18	12	8

表 17-15　醇酸树脂涂料涂覆的间隔时间

温度/℃	0～14	15～30	>30
间隔时间/h	≥10	≥6	≥4

表 17-16　玻璃鳞片涂料涂覆的间隔时间

温度/℃	5～10	11～15	16～25	26～30
间隔时间/h	≥30	≥24	≥12	≥8

表 17-17　环氧树脂自流平涂料涂层的养护时间

温度/℃	10～20	20～30	>30
养护时间/d	≥10	≥7	≥5

17.8　沥青类防腐蚀工程

17.8.1　一般规定

沥青类防腐蚀工程应包括下列内容：沥青砂浆和沥青混凝土铺筑的整体面层、碎石灌沥青垫层和沥青稀胶泥涂覆的隔离层。

沥青类防腐蚀工程施工的环境温度不宜低于5℃；施工时的工作面应保持清洁干燥。沥青混合料应使用机械拌制；沥青材料不得用明火直接加热；沥青的贮存应防曝晒和防污染。

17.8.2 沥青砂浆和沥青混凝土铺筑的整体面层

沥青砂浆和沥青混凝土的施工配合比宜按表17-18选用。

表17-18 沥青砂浆和沥青混凝土的施工配合比（质量比）

种类	粉料和集料混合物	沥青（%）
沥青砂浆	100	11～14
细粒式沥青混凝土	100	8～10
中粒式沥青混凝土	100	7～9

注：本表是采用平板振动器振实的沥青用量，当采用碾压机或热滚筒压实时，沥青用量应适当减少。

粉料和集料混合物的颗粒级配应符合表17-19的规定。

表17-19 粉料和集料混合物的颗粒级配

种类	混合物累计筛余量（%）								
	19	13.2	4.75	2.36	1.18	0.6	0.3	0.15	0.075
沥青砂浆			0	20～38	33～57	45～71	55～80	63～86	70～90
细粒式沥青混凝土		0	22～37	37～60	47～70	55～78	65～88	70～88	75～90
中粒式沥青混凝土	0	10～20	30～50	43～67	52～75	60～82	68～87	72～92	77～92

当采用平板振动器或热滚筒压实时，沥青标号宜采用30号；当采用碾压机压实时，宜采用60号。

沥青砂浆、沥青混凝土的配制应符合下列规定：

（1）将干燥的粉料和集料加热到140℃左右，混合均匀。

（2）按施工配合比量，将加热至200～230℃的沥青逐渐加入，不断翻拌至全部粉料和集料被沥青覆盖为止。搅拌温度宜为180～210℃。

沥青砂浆和沥青混凝土摊铺前，应先涂一层沥青稀胶泥。沥青砂浆和沥青混凝土摊铺后，应随即刮平并压实。虚铺的厚度应经试压确定，采用平板振动器振实时，宜为压实厚度的1.3倍。

沥青砂浆和沥青混凝土，应采用平板振动器或碾压机和热滚筒压实。阴阳角等处应采用热烙铁拍实。

沥青砂浆和沥青混凝土用平板振动器振实时，开始压实温度应为150～160℃。当施工环境温度低于5℃时，开始压实温度应为160℃。压实完毕的温度不应低于110℃。

施工缝的施工应符合下列规定：

（1）垂直施工缝应留斜槎，用热烙铁拍实。

（2）继续施工时，应将斜槎清理干净，并预热。预热后应涂一层热沥青，再连续摊铺沥青砂浆或沥青混凝土。接缝处应用热烙铁拍实，并拍平至不露痕迹。

（3）当分层铺砌时，上下层垂直施工缝应相互错开，水平施工缝应涂一层热沥青。

立面涂抹沥青砂浆应分层进行，每层厚度不应大于7mm，最后一层抹完后，应用烙铁烫平。

17.8.3　沥青稀胶泥涂覆的隔离层

基层表面应先均匀涂刷冷底子油两层。涂刷冷底子油的表面，应清洁，待干燥后，方可进行隔离层的施工。冷底子油的质量配比应符合下列规定：

（1）第一层建筑石油沥青与汽油的质量比应为 30∶70；第二层建筑石油沥青与汽油质量比应为 50∶50。

（2）建筑石油沥青与煤油或轻柴油之比应为 40∶60。

沥青稀胶泥的施工配合比：沥青与粉料的质量比应为 100∶30。

沥青稀胶泥的浇铺温度不应低于 190℃。当环境温度低于 5℃时，应采取措施提高温度后施工。

涂覆隔离层的层数，当设计无要求时，宜采用两层，其总厚度宜为 2～3mm。当隔离层上采用水玻璃类材料施工时，应随即均匀稀撒干净预热的粒径为 1.2～2.5mm 的耐酸砂粒。

17.8.4　碎石灌沥青垫层

碎石灌沥青垫层不得在有水或冻结的基土上进行施工。

沥青软化点应低于 90℃；石料应干燥，材质应符合设计要求。

碎石灌沥青的垫层施工应符合下列规定：

（1）先在基土上铺一层粒径为 30～60mm 的碎石，夯实后，再铺一层粒径为 10～30mm 的碎石，找平、拍实，随后浇灌热沥青。

（2）沥青的渗入深度应符合设计要求。

（3）当设计要求垫层表面平整时，应在浇灌热沥青后，随即均匀撒一层粒径为 5～10mm 的细石，找平后再浇一层热沥青。

17.9　塑料类防腐蚀工程

17.9.1　一般规定

塑料类防腐蚀工程应包括：硬聚氯乙烯塑料板制作的池槽衬里、软聚氯乙烯塑料板制作的池槽衬里或地面层、聚乙烯塑料板制作的池槽衬里、聚丙烯塑料板制作的池槽衬里等。

施工环境温度宜为 15～30℃，相对湿度不宜大于 70%。聚氯乙烯、聚乙烯、聚丙烯塑料板应贮存在干燥、通风、洁净的仓库内，并远离热源。软聚氯乙烯、聚乙烯塑料板在使用前 24h 应解除包装压力，平放到施工地点。

施工时基层阴阳角的圆弧半径宜为 30～50mm。聚氯乙烯塑料板可采用焊接法、胶粘剂粘贴法、空铺法或压条螺钉固定法成型。聚乙烯塑料板可采用焊接法、空铺法或压条螺钉固定法成型。聚丙烯塑料板可采用焊接法或压条螺钉固定法成型。

从事塑料焊接作业的焊工应持证上岗。施工前，焊工应焊接试件、试样，接受过程测试，并通过试件、试样检测及过程测试鉴定。

17.9.2　施工

塑料板下料、画线应准确。形状复杂的构件应先制作样板，施工前应进行预拼。塑料板接缝处均应进行坡口处理。焊接时应做成 V 形坡口。坡口角：当板厚大于等于 10mm 时，应为 75°～80°；当板厚小于 10mm 时，应为 85°～90°。软聚氯乙烯粘贴时，坡口应做成同向顺坡，搭接宽度为 25～30mm。

塑料板材焊接时应符合下列规定：

（1）聚氯乙烯、聚乙烯、聚丙烯焊条直径与板厚的关系应符合表 17-20 的规定。

表 17-20　焊条直径与板厚的关系（mm）

焊件厚度	2.0～5.0	5.5～15.0	16.0 以上
焊条直径	2.0 或 2.5	2.5	2.5 或 3.0

（2）聚氯乙烯板采用热风焊接施工时，焊条与焊件的夹角应为 90°；焊枪与焊件的夹角宜为 45°；焊聚氯乙烯板的焊枪温度宜为 210～250℃；焊接速度宜为 150～250mm/min；焊缝应高出母材表面 2～3mm。

（3）软聚氯乙烯板搭接缝焊接时，搭接宽度宜为 25～30mm，在上下两板搭接内缝处，每隔 200mm 先点焊固定，再采用热风枪本体熔融加压焊接或用软聚氯乙烯焊条热风焊接。热风焊枪的温度宜为 110～180℃；用热风焊接时，热风的气体流量宜为 10～15L/min。两板搭接的外缝处应用焊条满焊封缝。

（4）聚乙烯板宜采用热风焊接。焊枪温度宜为 200～240℃；热气流量宜为 10～15L/min；热气宜为氮气或二氧化碳等惰性气体。焊接时应压紧焊条，待熔区冷却到不透明时，方可放松。

（5）聚丙烯板焊接时，焊枪温度宜为 210～250℃；焊条与焊件的夹角宜为 60°；焊接速度宜为 100～120mm/min；热气流量宜为 10～15L/min；热气应为氮气或二氧化碳等惰性气体。

软聚氯乙烯板、聚乙烯板用空铺法和压条螺钉固定法施工时，应符合下列规定：

（1）池槽的内表面应平整，无凸瘤、起砂、裂缝、蜂窝、麻面等现象。

（2）施工时接缝应采用搭接，搭接宽度宜为 20～25mm。应先铺衬立面，后铺衬底部。

（3）支撑扁钢或压条下料应准确。棱角应进行打磨，焊接接头应磨平，支撑扁钢与池槽内壁应撑紧，压条应用螺钉拧紧，固定牢靠。支撑扁钢或压条外应覆盖软板并焊牢。

（4）用压条螺钉固定时，螺钉应成三角形布置，行距宜为 500mm。

软聚氯乙烯板的粘贴应符合下列规定：

（1）软聚氯乙烯板粘贴前应用酒精或丙酮进行脱脂处理，粘贴面应打毛至无反光。

（2）应用电火花探测器进行测漏检查。

（3）软板表面不应有划伤。

（4）软聚氯乙烯板的粘贴可采用满涂胶粘剂法或局部涂胶粘剂法。

（5）采用局部涂胶粘剂法时，应在接头的两侧或基层面周边涂刷胶粘剂，软板中间胶粘剂带的间距宜为 500mm，其宽度宜为 100～200mm。

（6）粘贴时应在软板和基层面上各涂刷胶粘剂两遍，应纵横交错进行。涂刷应均匀，不得漏涂。第二遍的涂刷应在第一遍胶粘剂干至不粘手时进行。待第二遍胶粘剂干至微粘手时，再进行塑料板的粘贴。

（7）粘贴时，应顺次将粘贴面间的气体排净，并应用辊子进行压合，接缝处必须压合紧密，不得出现剥离或翘角等缺陷。

（8）当胶粘剂不能满足耐腐蚀要求时，在接缝处应用焊条封焊。

第 18 章 绿色施工

18.1 基本规定

18.1.1 组织与管理

1. 工程建设各方职责

建设、设计、监理、施工单位在绿色施工管理工作中应履行以下职责（表 18-1）。参建各方应积极推进建筑工业化和信息化施工，建筑工业化宜重点推进结构构件预制化和建筑配件整体装配化。

表 18-1 建设、设计、监理、施工单位绿色施工职责

建设单位	（1）在编制工程概算和招标文件时，应明确绿色施工的要求，并提供包括场地、环境、工期、资金等方面的条件保障 （2）应向施工单位提供建设工程绿色施工的设计文件、产品要求等相关资料，保证资料的真实性和完整性 （3）应建立工程项目绿色施工的协调机制
设计单位	（1）应按国家现行有关标准和建设单位的要求进行工程的绿色设计 （2）应协助、支持、配合施工单位做好建筑工程绿色施工的有关设计工作
监理单位	（1）应对建筑工程绿色施工承担监理责任 （2）应审查绿色施工组织设计、绿色施工方案或绿色施工专项方案，并在实施过程中做好监督检查工作
施工单位	（1）施工单位是建筑工程绿色施工的实施主体，负责组织绿色施工的全面实施 （2）实行总承包管理的建设工程，总承包单位应对绿色施工负总责 （3）总承包单位应对专业承包单位的绿色施工实施管理，专业承包单位应对工程承包范围的绿色施工负责 （4）施工单位应建立以项目经理为第一责任人的绿色施工管理体系，制订绿色施工管理制度，负责绿色施工的组织实施，进行绿色施工教育培训，定期开展自检、联检和评价工作 （5）绿色施工组织设计、绿色施工方案或绿色施工专项方案编制前，应进行绿色施工影响因素分析，并据此制订实施对策和绿色施工评价方案

2. 施工单位现场绿色施工管理

（1）施工单位应根据绿色施工的要求，对传统施工工艺进行改进，应建立不符合绿色施工要求的施工工艺、设备和材料的限制、淘汰等制度。

（2）施工现场应建立机械设备保养、限额领料、建筑垃圾再利用的台账和清单，工程材料和机械设备的存放、运输应制订保障措施。

（3）施工单位应按照国家法律、法规的有关要求，制订施工现场环境保护和人员安全等突发事件的应急预案。

（4）施工单位应强化技术管理，绿色施工过程技术资料应收集和归档。

（5）按现行国家标准《建筑工程绿色施工评价标准》GB/T 50640 的规定对施工现场绿色施工实施情况进行评价，并根据绿色施工评价情况，采取改进措施。

18.1.2 资源节约

施工过程的资源节约包括节材、节水、节能、节地及环境保护等几个方面。表 18-2 列出了节材、节水、节能、节地方面应遵循的一般规定。

表 18-2 节材、节水、节能、节地实施要点

项目	实施要点
节材及材料利用	（1）应根据施工进度、材料使用时间、库存情况等制订材料的采购和使用计划 （2）现场材料应堆放有序，并满足材料储存及质量保持的要求 （3）工程施工使用的材料宜选用距施工现场 500km 以内生产的建筑材料
节水及水资源利用	（1）现场应结合给水排水点位置进行管线线路和阀门预设位置的设计，并采取管网和用水器具防渗漏的措施 （2）施工现场办公区、生活区的生活用水应采用节水器具 （3）宜建立雨水、中水或其他可利用水资源的收集利用系统 （4）应按生活用水与工程用水的定额指标进行控制 （5）施工现场喷洒路面、绿化浇灌不宜使用自来水
节能及能源利用	（1）应合理安排施工顺序及施工区域，减少作业区机械设备数量 （2）应选择功率与负荷相匹配的施工机械设备，机械设备不宜低负荷运行，不宜采用自备电源 （3）应制订施工能耗指标，明确节能措施 （4）应建立施工机械设备档案和管理制度，机械设备应定期保养维修 （5）生产、生活、办公区域及主要机械设备宜分别进行耗能、耗水及排污计量，并做好相应记录 （6）应合理布置临时用电线路，选用节能器具，采用声控、光控和节能灯具；照明照度宜按最低照度设计 （7）宜利用太阳能、地热能、风能等可再生能源 （8）施工现场宜错峰用电
节地及土地资源保护	（1）应根据工程规模及施工要求布置施工临时设施 （2）施工临时设施不宜占用绿地、耕地以及规划红线以外的场地 （3）施工现场应避让、保护场区及周边的古树名木

18.1.3 环境保护

施工过程的环境保护包括扬尘控制、噪声控制、光污染控制、水污染控制、垃圾处理等，具体内容见表 18-3。施工使用的乙炔、氧气、油漆、防腐剂等危险品、化学品的运输和储存应采取隔离措施。

表 18-3 环境保护实施要点

项目	实施要点
扬尘控制	（1）施工现场宜搭设封闭式垃圾站 （2）细散颗粒材料、易扬尘材料应封闭堆放、存储和运输 （3）施工现场出口应设冲洗池，施工场地、道路应采取定期洒水抑尘措施 （4）土石方作业区内扬尘目测高度应小 1.5m，结构施工、安装、装饰装修阶段目测扬尘高度应小于 0.5m，不得扩散到工作区域外 （5）施工现场使用的热水锅炉等宜使用清洁燃料，不得在施工现场融化沥青或焚烧油毡、油漆以及其他产生有毒、有害烟尘和恶臭气体的物质

（续）

项目	实施要点
噪声控制	（1）施工现场宜对噪声进行实时监测；施工场界环境噪声排放不应超过现行国家标准《建筑施工场界环境噪声排放标准》GB 12523 的规定 （2）施工过程宜使用低噪声、低振动的施工机械设备，对噪声控制要求较高的区域应采取隔声措施 （3）施工车辆进出现场，不宜鸣笛
光污染控制	（1）应根据现场和周边环境采取限时施工、遮光和全封闭等避免或减少施工过程中光污染的措施 （2）夜间室外照明灯应加设灯罩，光照方向应集中在施工范围内 （3）在光线作用敏感区域施工时，电焊作业和大型照明灯具应采取防光外泄措施
水污染控制	（1）污水排放应符合现行行业标准的有关要求 （2）使用非传统水源和现场循环水时，宜根据实际情况对水质进行检测 （3）施工现场存放的油料和化学溶剂等物品应设专门库房，地面应做防渗漏处理。废弃的油料和化学溶剂应集中处理，不得随意倾倒 （4）易挥发、易污染的液态材料，应使用密闭容器存放 （5）施工机械设备使用和检修时，应控制油料污染；清洗机具的废水和废油不得直接排放 （6）食堂、盥洗室、淋浴间的下水管线应设置过滤网，食堂应另设隔油池 （7）施工现场宜采用移动式厕所，并应定期清理。固定厕所应设化粪池 （8）隔油池和化粪池应做防渗处理，并应进行定期清运和消毒
垃圾处理	（1）垃圾应分类存放、按时处置 （2）应制订建筑垃圾减量计划，建筑垃圾的回收利用应符合现行国家标准《工程施工废弃物再生利用技术规范》GB/T 50743 的规定 （3）有毒有害废弃物的分类率应达到 100%；对有可能造成二次污染的废弃物应单独储存，并设置醒目标识 （4）现场清理时，应采用封闭式运输，不得将施工垃圾从窗口、洞口、阳台等处抛撒

18.2　施工准备

施工单位应根据设计文件、场地条件、周边环境和绿色施工总体要求，明确绿色施工的目标、材料、方法和实施内容，并在图纸会审时提出需设计单位配合的建议和意见。

施工单位应编制包含绿色施工管理和技术要求的工程绿色施工组织设计、绿色施工方案或绿色施工专项方案，并经审批通过后实施。绿色施工组织设计、绿色施工方案或绿色施工专项方案编制应符合下列要求：

（1）应考虑施工现场的自然与人文环境特点。

（2）应有减少资源浪费和环境污染的措施。

（3）应明确绿色施工的组织管理体系、技术要求和措施。

（4）应选用先进的产品、技术、设备、施工工艺和方法，利用规划区域内设施。

（5）应包含改善作业条件、降低劳动强度、节约人力资源等内容。

施工现场宜实行电子文档管理，宜建立建筑材料数据库，应采用绿色性能相对优良的建筑材料；宜建立施工机械设备数据库；施工单位应根据现场和周边环境情况，对施工机械和设备进行节能、减排和降耗指标分析和比较，并积极采用高性能、低噪声和低能耗的机械设备。

在绿色施工评价前，依据工程项目环境影响因素分析情况，应对绿色施工评价要素中一般项和优选项的条目数进行相应调整，并经工程项目建设方和监理方确认后，作为绿色施工的相应评价依据。

18.3 施工场地

18.3.1 一般规定

（1）在施工总平面设计时，应针对施工场地、环境和条件进行分析，制订具体实施方案。

（2）施工总平面布置宜利用场地及周边现有和拟建建筑物、构筑物、道路和管线等。

（3）施工前应制定合理的场地使用计划；施工中应减少场地干扰，保护环境。

（4）临时设施的占地面积可按最低面积指标设计，有效使用临时设施用地。

（5）塔吊等垂直运输设施基座宜采用可重复利用的装配式基座或利用在建工程的结构。

18.3.2 施工总平面布置

（1）施工现场平面布置应符合下列要求：

1）在满足施工需要的前提下，应减少施工用地。

2）应合理布置起重机械和各项施工设施，统筹规划施工道路。

3）应合理划分施工分区和流水段，减少专业工种之间的交叉作业。

（2）施工现场平面布置应根据施工各阶段的特点和要求，实行动态管理。

（3）施工现场生产区、办公区和生活区应实现相对隔离。

（4）施工现场作业棚、库房、材料堆场等布置宜靠近交通线路和主要用料部位。

（5）施工现场的强噪声机械设备宜远离噪声敏感区。

18.3.3 场区围护及道路

（1）施工现场大门、围挡和围墙宜采用可重复利用的材料和部件，并应工具化、标准化。

（2）施工现场入口应设置绿色施工制度图牌。

（3）施工现场道路布置应遵循永久道路和临时道路相结合的原则。

（4）施工现场主要道路的硬化处理宜采用可周转使用的材料和构件。

（5）施工现场围墙、大门和施工道路周边宜设绿化隔离带。

18.3.4 临时设施

（1）临时设施的设计、布置和使用，应采取有效的节能降耗措施，并应符合下列要求：

1）应利用场地自然条件，临时建筑的体形宜规整，应有自然通风和采光，并应满足节能要求。

2）临时设施宜选用由高效保温、隔热、防火材料制成的复合墙体和屋面，以及密封保温隔热性能好的门窗。

3）临时设施建设不宜使用一次性墙体材料。

（2）办公和生活临时用房应采用可重复利用的房屋。

（3）严寒和寒冷地区外门应采取防寒措施；夏季炎热地区的外窗宜设置外遮阳。

18.4　地基与基础工程

18.4.1　一般规定

（1）桩基施工应选用低噪、环保、节能、高效的机械设备和工艺。

（2）地基与基础工程施工时，应识别场地内及周边现有的自然、文化和建（构）筑物特征，并采取相应保护措施。场内发现文物时，应立即停止施工，派专人看管，并通知当地文物主管部门。

（3）应根据气候特征选择施工方法、施工机械、安排施工顺序、布置施工场地。

（4）地基与基础工程施工应符合下列要求：

1）现场土、料存放应采取加盖或植被覆盖措施。

2）土方、渣土装卸车和运输车应有防止遗撒和扬尘的措施。

3）对施工过程产生的泥浆应设置专门的泥浆池或泥浆罐车存储。

18.4.2　土石方工程

（1）土方工程开挖

土方工程开挖应符合下列要求：

1）开挖前应进行挖、填方的平衡计算，减少总运输量或外弃量。

2）当采用逆作法或半逆作法施工时，应采用通风、降尘、降温、降噪等改善地下工程作业条件的措施。

3）施工时应采取防尘和防飞石控制措施，岩石爆破可采取静态爆破、毫秒微差爆破。

4）土方应分类堆放、运输和利用。

5）4级风以上天气，严禁土石方工程爆破施工作业。

（2）土方回填

土方回填施工应符合下列要求：

1）回填材料可根据工程要求选用处理后的混凝土桩头等工程垃圾、工程渣土。

2）回填采用的土、灰土过筛及回填施工时，应采取避风、降尘措施。

3）回填材料碾压宜采用静力碾压法。

18.4.3　桩基工程

桩基工程施工应符合下列要求：

（1）当采用人工挖孔桩施工时，应采取有毒气体检测、通风、防坠落、防触电等安全措施。

（2）当采用泥浆护壁成孔工艺时，应就近设置泥浆排放、存储设施，并宜设置泥浆处理装置。

（3）当孔壁易坍塌、溶洞空洞区难以成孔或需要控制周边环境变形时，应采用全套管钻孔桩施工技术。

（4）当地下水位较高、易塌孔且长螺旋钻孔机可以钻进时，宜采用长螺旋钻孔压灌桩技术。

（5）当地下水位以上的钻孔灌注桩施工时，宜采用旋挖干作业成孔施工技术。

（6）当城区或人口密集地区施工预制桩时，应采用静压沉桩或预成孔植桩工艺。

18.4.4 地基处理工程

(1) 换填法施工应符合下列要求:

1) 回填土施工应采取防止扬尘的措施，4 级风以上天气严禁回填土施工，施工间歇时应对回填土进行覆盖。

2) 当采用砂石料作为回填材料时，宜采用振动碾压。

3) 灰土过筛施工应采取避风措施。

4) 开挖原土的土质不适宜回填时，应采取土质改良措施后加以利用。

(2) 在城区或人口密集地区，不宜使用强夯法施工。

(3) 高压喷射注浆法施工的浆液应有专用容器存放，置换出的废浆应收集清理。

(4) 采用砂石回填时，砂石填充料应保持湿润。

18.4.5 地下水控制

(1) 基坑降水宜采用基坑封闭降水方法。

(2) 基坑施工排出的地下水应加以利用。

(3) 采用井点降水施工时，地下水位与作业面高差宜控制在 250mm 以内，并应根据施工进度进行水位自动控制。

(4) 当无法采用基坑封闭降水，且基坑抽水对周围环境可能造成不良影响时，应采用对地下水无污染的回灌方法。

18.4.6 基坑支护工程

基坑施工前应进行方案优化，并应采取下列绿色施工技术或措施:

(1) 锚杆施工时，应采用可拆式锚杆。

(2) 喷射混凝土施工宜采用湿喷或水泥裹砂喷射工艺，并应采取防尘措施。

(3) 周边环境条件复杂的深基坑工程，可选用地下连续墙或两墙合一技术。

(4) 工期紧张、周边环境保护要求高、缺少施工场地的深基坑工程，可采用逆作法施工技术，包括框架逆作法、跃层逆作法、踏步式逆作法、垂吊模板技术、回筑技术、一柱一桩技术、立柱桩调垂技术。

(5) 基坑截水应根据工程地质条件、水文地质条件及施工条件等，选用水泥土搅拌桩帷幕、高压旋喷或摆喷注浆帷幕、型钢水泥土搅拌墙、渠式切割水泥土连续墙。

(6) 内支撑宜选用工具式钢结构或装配式构件。

(7) 混凝土内支撑切割应采用金刚石薄壁钻或绳锯。

18.5 主体结构工程

18.5.1 一般规定

(1) 预制装配式结构构件，宜采取工厂化加工；构件的存放和运输应采取防止变形和损坏的措施；构件的加工和进场顺序应与现场安装顺序一致，不宜二次倒运。

(2) 基础和主体结构施工应统筹安排垂直和水平运输机械。

(3) 施工现场宜采用预拌混凝土和预拌砂浆，现场搅拌混凝土和砂浆时，应使用散装水泥；搅拌机棚应有封闭降噪和防尘措施。

18.5.2 混凝土结构工程

混凝土结构工程施工包括钢筋工程、模板工程、混凝土工程三个部分，各部分绿色施工要点见表18-4。

表18-4 混凝土结构工程绿色施工要点

施工过程	绿色施工要点
钢筋工程	(1) 钢筋宜采用专用软件优化放样下料，根据优化配料结果确定进场钢筋的定尺长度 (2) 钢筋工程宜采用专业化生产的成型钢筋。钢筋现场加工时，宜采取集中加工方式 (3) 钢筋连接宜采用机械连接方式 (4) 进场钢筋原材料和加工半成品应存放有序、标识清晰、储存环境适宜，并应制订保管制度，采取防潮、防污染等措施 (5) 钢筋除锈、砂轮切割时，应采取避免扬尘和防止土壤污染的措施 (6) 钢筋加工中使用的冷却液体，应过滤后循环使用，不得随意排放 (7) 钢筋加工产生的粉末状废料，应收集和处理，不得随意掩埋或丢弃 (8) 钢筋安装时，绑扎丝、焊剂等材料应妥善保管和使用，散落的余废料应收集利用 (9) 直径为12mm、14mm的高强钢筋可采用直螺纹连接方式，直径为16～25mm的高强钢筋宜采用直螺纹连接方式，直径为28～50mm的高强钢筋应采用直螺纹连接方式 (10) 型钢混凝土柱梁节点钢筋连接宜采用预留插筋孔、设置连接板或套筒连接等方式
模板工程	(1) 宜选用爬升模板、铝合金模板、塑料模板、覆塑模板、3D打印装饰造型模板、定型模壳、工具式方钢吊模、定型化楼梯钢模板及钢木龙骨、五段式对拉螺栓、压型钢板及钢筋桁架楼承板免支模技术 (2) 当采用木或竹制模板时，宜采取工厂化定型加工、现场安装的方式，不得在工作面上直接加工拼装。在现场加工时，应设封闭场所集中加工，并采取隔声和防粉尘污染措施 (3) 模板安装精度应符合现行国家标准《混凝土结构工程施工质量验收规范》GB 50204的要求 (4) 脚手架和模板支撑宜选用承插式、碗扣式、盘扣式等管件合一的脚手架材料搭设 (5) 高层建筑结构施工，应采用整体或分片提升的工具式脚手架和分段悬挑式脚手架 (6) 模板及脚手架施工应回收散落的铁钉、铁丝、扣件、螺栓等材料 (7) 短木方应叉接接长，木、竹胶合板的边角余料应拼接并利用 (8) 模板脱模剂应选用环保型产品，并派专人保管和涂刷，剩余部分应加以利用 (9) 模板拆除宜按支设的逆向顺序进行，不得硬撬或重砸。拆除平台楼层的底模，应采取临时支撑、支垫等防止模板坠落和损坏的措施，并应建立维护维修制度
混凝土工程	(1) 应优化混凝土配合比，混凝土中宜添加粉煤灰、磨细矿渣粉等工业废料和高效减水剂，可选用高耐久性混凝土、高强高性能混凝土、再生集料混凝土 (2) 混凝土宜采用泵送、布料机布料浇筑；地下大体积混凝土宜采用溜槽或串筒浇筑 (3) 超长无缝混凝土结构宜采用滑动支座法、跳仓法和综合治理法施工；当裂缝控制要求较高时，可采用低温补仓法施工 (4) 混凝土振捣应采用低噪声振捣设备，也可采取围挡等降噪措施；在噪声敏感环境或钢筋密集时，宜采用自密实混凝土 (5) 混凝土宜采用塑料薄膜加保温材料覆盖保湿、保温养护；当采用洒水或喷雾养护时，养护用水宜使用回收的基坑降水或雨水；混凝土竖向构件宜采用养护剂进行养护 (6) 混凝土结构宜采用清水混凝土，其表面应涂刷保护剂 (7) 混凝土宜采用塑料薄膜覆盖或喷雾、自动喷淋、涂刷养护剂进行养护 (8) 混凝土浇筑余料应制成小型预制件，或采用其他措施加以利用，不得随意倾倒 (9) 混凝土泵送设备和管道清洗宜采用水气联洗技术，清洗产生的污水应经沉淀后回收利用；浆料分离后可作室外道路、地面等垫层的回填材料 (10) 高层建筑、高耸构筑物混凝土结构施工宜采用布料机与爬模或钢平台一体化技术 (11) 施工现场宜采用全自动标准养护室用水循环利用技术

18.5.3 砌体结构工程

砌体结构施工应符合下列要求：

（1）应采用建筑信息模型（BIM）技术进行排砖下料。

（2）砌块运输应采用托板整体包装。

（3）砌体湿润和养护宜使用经检验合格的非传统水源。

（4）应采用预拌砂浆技术，砌筑砂浆掺合料可使用电石膏、粉煤灰等工业废料，使用干粉砂浆时应采取防尘措施。

（5）砌筑施工时，落地砂浆料应及时清理收集再利用。

（6）非标准砌块应在工厂加工按比例进场，现场切割时应集中加工，并应采取防尘降噪措施。

18.5.4 钢结构工程

钢结构加工与施工应采用物联网技术，并应符合下列要求：

（1）钢结构应结合加工、安装方案和焊接工艺要求进行深化设计。

（2）钢结构加工应制订废料减量化计划，优化下料、综合利用下脚料，废料分类收集、定期回收处理。

（3）钢材、零（部）件、成品、半成品件和标准件等产品应堆放在平整、干燥场地或仓库内。

（4）钢结构制作安装时，可采用焊接机器人技术、双（多）丝埋弧焊技术、免清根焊接技术、免开坡口熔透焊技术、窄间隙焊接技术。

（5）复杂钢结构的制作和安装前，应采用虚拟拼装技术。

（6）大跨度钢结构宜采用起重机吊装、整体提升、顶升、高空滑移安装方法。

（7）大型复杂或结构特殊、超高层、大跨度钢结构施工过程中的构件验收、施工测量及变形观测，应采用钢结构智能测量技术。

（8）防腐防火涂装应采取减少涂料浪费和防止环境污染的措施。

18.5.5 装配式建筑工程

装配式建筑施工应符合下列要求：

（1）应采用建筑信息模型（BIM）技术对施工全过程及关键工序进行信息化模拟。

（2）应采用工具化、标准化的工装系统。

（3）构件进场顺序应与现场安装顺序一致，并应按规格、品种、使用部位、吊装顺序分别设置存放场地。

（4）夹心保温外墙板后浇混凝土连接节点区域的钢筋不得采用焊接连接。

（5）装配式剪力墙结构外墙施工，可采用悬挑脚手架或工具式外挂防护架。

（6）装配式木结构构件与金属、砖、石、混凝土等的结合部位应采取防潮防腐措施。

18.5.6 脚手架工程

脚手架施工应符合下列要求：

（1）宜选用销键型脚手架及工具式支撑架。

（2）高层建筑结构施工，应采用整体或分片提升的工具式脚手架和分段悬挑式脚手架。
（3）主体结构内部设计复杂或高大共享空间施工，可采用贝雷梁作为支撑体系。
（4）内部装饰装修工程施工，宜采用移动式操作平台。
（5）围护结构施工或外立面装修，可采用桥式脚手架。
（6）脚手板、防护网宜采用钢网片。

18.6 装饰装修工程

18.6.1 材料下料与加工

装饰装修材料下料与加工应符合下列要求：
（1）块材、板材和卷材应进行排砖优化设计。
（2）门窗、幕墙、块材、板材宜采用工厂化加工。
（3）五金件、连接件、构造性构件应采用工厂化标准件。

18.6.2 楼地面施工

楼地面施工应符合下列要求：
（1）基层粉尘清理时应采取降尘措施。
（2）砂浆、轻集料混凝土应采用预拌或干拌料。
（3）楼地面的养护应采取节水措施。

18.6.3 门窗施工

门窗施工应符合下列要求：
（1）门窗洞口预留应严格控制洞口尺寸。
（2）门窗油漆应在工厂完成。
（3）施工现场门窗应竖立存放，不得平放或“人”字形堆放，并应做好防雨、防潮措施。
（4）门窗框与墙体之间的缝隙，不得采用含沥青的水泥砂浆、水泥麻刀灰材料填嵌。

18.6.4 幕墙施工

幕墙工程应进行安全计算和深化设计，加工与施工应符合下列要求：
（1）幕墙玻璃、石材、金属板材应采用工厂化加工。
（2）幕墙与主体结构的连接件宜采取预埋方式施工，幕墙镀锌构件严禁采用焊接方式连接。
（3）幕墙安装后应清扫收集余料，严禁向下抛掷。
（4）涂料施工时应采取遮挡、防止挥发并采取劳动保护措施。

18.6.5 吊顶施工

吊顶施工前应结合吊顶内隐蔽的管线设备进行优化设计，并应符合下列要求：
（1）吊顶材料应选择耐腐蚀材料或进行防腐蚀处理，木件应做防火处理。

（2）吊顶板块材、龙骨、连接件宜采用工厂化加工。

（3）高大空间的整体带装饰顶棚宜采用地面拼装、整体提升就位的方式施工。

（4）高大空间吊顶施工时，宜采用可移动式操作平台。

18.6.6 隔墙及墙面施工

隔墙及墙面施工应符合下列要求：

（1）预制板隔墙、玻璃隔墙应采用工厂化加工。

（2）接触砖石、混凝土的木龙骨和木砖应做防腐处理，木件应做防火处理。

（3）基层粉尘清理应采用吸尘器或洒水降尘措施。

（4）宜采用建筑物墙体免抹灰技术。

18.7 保温和防水工程

18.7.1 外保温施工

外保温工程施工时应采取可靠的防火安全措施，并符合下列要求：

（1）可燃、难燃保温材料的施工应分区段进行，并同步进行防火隔离带施工。

（2）粘贴保温板薄抹灰外保温系统中的保温材料施工上墙后应及时做抹灰层。

（3）施工期间现场不应有高温或明火作业，环境空气温度不应低于5℃。

（4）外保温工程完工后应对成品采取保护措施。

18.7.2 块体保温施工

自保温砌块、聚苯乙烯保温块材施工应符合下列要求：

（1）施工前，应按不同建筑类别的要求，确定不同种类砌块或模块和组合配件的使用部位，绘制排列安装组合图。

（2）安装组合出现非整块需要切割时，应将切割器设在对应施工作业面的楼层内或指定区域，不应在外脚手架上切割。

（3）保温层裸露高度不宜超过3个楼层。

18.7.3 砂浆保温施工

无机轻集料砂浆保温层施工应符合下列要求：

（1）保温砂浆应随用随配，搅拌好的砂浆应在可操作时间内用完。

（2）施工期间及完工后24h内，应避免阳光曝晒和淋雨。

（3）防火隔离带施工时应与外墙保温系统保温层同步进行，不得在外墙保温系统保温层预留位置用无机轻集料砂浆施工。

18.7.4 聚氨酯保温施工

硬泡聚氨酯保温层施工应符合下列要求：

（1）硬泡聚氨酯材料进场、喷涂或施工、未进行保护层施工或无保护层保护时，严禁焊接、切割等动火作业。

（2）硬泡聚氨酯板施工前应按设计要求进行排板下料，确定异型板块的规格和数量。

（3）喷涂硬泡聚氨酯的施工环境温度不宜低于10℃，风力不宜大于3级，且应对作业面外易受飞散物料污染的部位采取遮挡措施。

18.7.5 岩棉保温施工

岩棉薄抹灰外墙外保温工程施工应符合下列要求：

（1）进场材料应封闭存放，不得淋水或直接接触地面。

（2）裁切后的剩余材料应封闭包装、回收利用。

（3）夏季应采取遮阳措施，避免阳光直晒工作面。

（4）胶粘剂应现场配制，一次的配制量宜在1.5h内用完。

（5）岩棉外保温工程在施工中应采取安全和劳动保护措施。

18.7.6 内置保温墙板施工

内置保温墙板施工宜选用预制夹芯保温墙板，当采用内置保温现浇混凝土复合剪力墙时，应符合下列要求：

（1）施工现场应留设网架板、保温板存放或垫块制作场地，且应进行平整、硬化。

（2）网架板应工厂化制作，不宜在现场拼装。

（3）网架板的吊装应采取加固措施，中小网架板的垂直运输应顺序采用吊笼或吊箱集中吊装。

（4）混凝土浇筑时，入模温度宜控制在5～35℃，降雨或降雪期间不得露天浇筑混凝土。

（5）任一截面处保温层两侧混凝土的浇筑面高差不应大于400mm。

18.7.7 屋面防水工程施工

屋面防水工程施工应符合下列要求：

（1）屋面坡度大于30%时，应采取防滑措施。

（2）防水卷材施工时，应先进行细部构造处理，然后由屋面最低标高向上铺贴，搭接缝应顺流水方向，宜采用防水卷材机械固定施工技术。

（3）块瓦屋面宜采用干挂法施工。

18.7.8 外墙防水工程施工

外墙防水工程施工应符合下列要求：

（1）砂浆防水层施工时，应按设计要求配制防水砂浆，配制好的防水砂浆宜在1h内用完。

（2）涂膜防水层施工时，涂膜宜多遍完成，挥发性涂料的每遍用量不宜大于0.6kg/m^2。

（3）防水透气膜防水层铺设宜从外墙底部一侧开始，沿建筑立面自下而上横向铺设，并应顺流水方向搭接。

18.7.9 室内防水工程施工

室内防水工程施工应符合下列要求：

（1）穿越楼板、防水墙面的管道、预埋件等，应在防水施工前完成安装。

(2) 防水材料及防水施工过程不得对环境造成污染。

(3) 防水砂浆施工时，砂浆应用机械搅拌且应随拌随用。

(4) 蓄水、淋水试验宜采用非传统水源。

18.7.10 地下工程防水施工

地下工程防水施工应符合下列要求：

(1) 宜在常温环境下进行作业，高温环境及封闭条件施工时应采取通风与作业环境温度监测措施。

(2) 防水卷材宜采用预铺反粘法施工。

(3) 混凝土结构接缝处宜设置预备注浆系统。

(4) 防渗堵漏可采用丙烯酸盐灌浆液。

18.7.11 装配式建筑防水施工

装配式建筑墙板接缝防水施工应符合下列要求：

(1) 防水施工前，应将板缝空腔清理干净，并涂刷与密封材料配套的基面处理剂。

(2) 应按设计要求填塞背衬材料。

(3) 密封材料嵌填应饱满、密实、均匀、连续、表面平滑，其厚度应满足设计要求。

本章术语释义

序号	术语	含义
1	绿色施工	在保证质量、安全等基本要求的前提下，通过科学管理和技术进步，最大限度地节约资源，减少对环境负面影响，实现环境保护、节材、节水、节能、节地、节约人力资源的施工活动
2	绿色施工技术	施工阶段能够实现资源节约、环境保护目标的具体施工技术，包括施工方法、工艺参数、采用的机具设备、组织管理等
3	绿色建材	在全寿命期内可减少对资源的消耗、减轻对生态环境的影响，具有节能、减排、安全、健康、便利和可循环特征的建材产品
4	建筑垃圾	新建、改建、扩建和拆除各类建筑物、构筑物、管网等过程中所产生的渣土、弃料及其他废物料（不包含有毒有害物质）
5	非传统水源	不同于传统地表水供水和地下水供水的水源，包括再生水、雨水等
6	绿色智慧工地管理系统	综合运用物联网、云计算、移动互联网、BIM 等技术手段，对工地现场人员、设备、物资、安全、质量、生产、环境等要素进行全面采集、监测、管理，实现数据共享和协同运作、分级管控，最终实现全面感知、泛在互联、安全作业、智能生产、绿色施工、高效协作、智能决策、科学管理的施工过程绿色智能管理系统
7	绿色施工评价	对工程项目绿色施工水平及效果所进行的评估活动

第19章

BIM应用

19.1 BIM应用概述

在土建施工阶段，BIM技术的应用点很多，既有常规的可视化技术交底、深化设计、专业协调、工艺工序模拟BIM应用，也包括前期场地平整BIM应用、基坑工程BIM应用、主体施工（如模板脚手架工程、钢筋工程、混凝土工程、钢结构工程）BIM应用、幕墙工程BIM应用等。

施工阶段的BIM具有不同于其他阶段的特点，主要体现在模型的创建方法、模型细度、模型应用和管理方式等。同样，BIM也随施工阶段不同环节或任务有所不同。

近些年，BIM技术与硬件设备的集成应用在土建施工中得到快速发展，如三维激光扫描仪器、测量机器人等硬件设备与BIM技术的结合应用，为拓展BIM的应用范围，提升BIM的应用价值提供了新的手段。

19.1.1 概述

项目各参与方宜共同参与施工BIM应用工作，共享数据模型。项目可根据实际情况指定BIM统筹方，BIM统筹方在BIM应用中起主导作用，宜由施工总承包方担任，其余各参与方宜参与模型的建立、修改等工作。各方宜制订协议，保证模型中需要共享的数据在各施工环节间顺利交换和应用。施工BIM应用应明确定义和规范项目的BIM应用基础条件，建立与BIM应用配套的人员组织架构和软硬件环境。

施工BIM应用的目标和范围应根据项目特点、合约要求及工程项目相关方BIM应用水平等综合确定。施工BIM应用宜覆盖包括工程项目深化设计、施工实施、竣工验收等的施工全过程，也可根据工程项目实际需要应用于某些环节或任务。

施工模型宜在施工图设计模型基础上创建，也可根据施工图等已有工程项目文件进行创建。工程项目相关方在施工BIM应用中应采取协议约定等措施确定施工模型数据共享和协同工作的方式。

项目各参与方应根据应用目标和范围选择BIM软件，所选软件应具备下列基本功能：

（1）模型输入、输出：软件可以读取模型数据，并将模型以规定的格式输出。

（2）模型浏览：对于已经输入的模型进行各角度观察、缩放、漫游等操作。

（3）模型信息处理：可以将模型的几何信息和非几何信息进行增加、删除、修改等。

（4）各阶段专业应用：在各阶段BIM应用中，可以满足相关应用所需的关联或附件信息的功能。

（5）成果处理、输出：将BIM应用得到的文本、模型、影音资料进行修改、保存，并以规定的格式进行输出。

19.1.2 施工 BIM 应用策划

1. 应用策划内容

项目 BIM 应用策划应包含下列内容：

(1) 确定施工 BIM 应用模式（单业务应用模式或多业务集成应用模式）。

(2) 应用预期目标和效益。

(3) 应用内容和范围。

(4) 应用人员组织架构和责任分工。

(5) 应用流程：BIM 应用流程宜包含整体流程和详细流程两个层次内容：

1) 在 BIM 整体流程中，宜描述各 BIM 应用之间的顺序关系、信息交换要求等，并指定每项 BIM 应用的责任方。

2) 在 BIM 详细流程中，宜描述指定 BIM 应用的详细顺序、信息交换要求等，并指定每项任务的责任方。

(6) 模型建立、修改、使用、维护等要求。

(7) 信息交换要求。

(8) 模型质量控制规则。

(9) 进度计划和模型交付要求。

(10) BIM 应用基础技术条件要求：包含软件的选择及版本和硬件的配置要求等信息。

2. 应用策划步骤

施工 BIM 应用策划由项目 BIM 统筹方主导，其余各方共同参与完成。在实施过程中如需对 BIM 应用策划调整，应获得各相关方的认可。施工 BIM 应用策划按下列步骤进行：

(1) 明确 BIM 应用为项目带来的价值和应用范围。

(2) 以 BIM 应用流程图的形式表达 BIM 的应用过程。

(3) 确定 BIM 应用过程中的信息交换需求。

(4) 明确 BIM 应用的基础技术条件。

19.1.3 施工 BIM 应用管理

各参与方应明确施工 BIM 应用责任主体、技术要求、人员架构、设备配置、工作内容、工作进度等。

各参与方应基于 BIM 应用策划，建立定期沟通、协商会议等协同机制，建立模型质量控制计划，规定模型细度、数据格式、权限管理和责任方，实施 BIM 应用过程管理。

质量控制计划应包括建模工作进度安排、模型质量检查时间节点等信息。模型质量控制宜包含下列内容：

(1) 浏览检查：确保模型反映工程实际情况。

(2) 拓扑检查：检查模型中不同模型元素之间的相互关系。

(3) 标准检查：检查模型是否符合相应的标准规定。

(4) 信息核查：复核模型相关信息，确保模型信息准确可靠。

(5) 建模进度安排、质量检查时间节点等信息。

19.1.4 合同管理

合同的拆分、录入、关联、基于模型的查询，合同的编制、修改、维护可采用 BIM 技术进行管理。

合同一般包括总包合同、分包合同、采购合同、租赁合同、劳务合同等，不同合同类型信息内容有所不同。合同信息应包括合同名称、合同编码、合同附件、合同范围、合同类型、合同期限、预算价格、付款方式、违约责任等。应对合同进行分类，结合合同类型在模型中记录相关信息。

在合同管理工作中，根据施工项目的管理需求及深度，可在施工模型上附加或关联对应的合同条款信息，将工程实体的成本及时间等重要信息与模型进行关联。施工合同的条款拆分后录入，便于合同条款与对应模型构件及分区的对应，实现应用过程的多维度快速查询，并且便于实现总分包合同条款的对应，避免查询及理解中的错漏。

当合同发生修改和变更时，应及时更新模型中的相关合同管理信息。

19.1.5 图纸管理

图纸管理中的图纸录入与检索、图纸变更可采用BIM技术。BIM施工应用所采用的图纸应为有效的、标准化、通用化的电子文档。有效的图纸是指：

（1）已经完成第三方审查手续的施工蓝图。

（2）经设计单位和业主单位确认的深化施工图。

（3）设计发出并经业主确认的工程变更。标准化、通用化的电子文档图纸格式宜采用*.dwg或*.pdf格式。

施工图纸宜按建筑物楼层、专业与相对应的模型进行关联。应用于BIM管理的图纸应根据录入信息分专业建立图纸台账，并逐一录入台账。施工中，通过BIM模型信息应能检索对应的图纸。图纸与模型关联属性应在模型属性栏中看到，且每个模型的构建应有图纸信息。

施工中可通过图纸检索模型，检查图纸和模型的一致性。检索的级别可以分为楼层级、楼层功能房间级与构件级三种。由于图纸检索模型的精细度应根据项目需求而定，楼层级别适用于单层面积不大的情况、楼层功能房间级则适用于单层面积较大的情况。

为加强对设计变更的管理，应建立设计变更台账。变更台账信息宜包括设计变更的时间、原因、内容及其他相关信息。施工建筑信息模型宜及时按设计变更修改、标识，且包含设计变更编号信息。变更图纸及变更模型相关联，可通过模型查变更，亦可通过变更看模型。确保模型变更与图纸变更的相对应。

施工建筑信息模型应包含图纸历史版本信息。模型应记录所有变更及代图的信息，保留修改前与修改后的建立依据，以便回溯。

19.2 施工模型的创建和管理

19.2.1 一般规定

施工模型元素的内容和模型细度应满足深化设计、施工实施和竣工验收等不同阶段的各项要求。模型元素应包含几何信息和非几何信息。

施工模型应采用全比例尺和统一的度量单位。使用统一坐标系和原点。如采用项目独立坐标系，应满足模型整合的坐标转换，以保证整体模型整合的正确。对于平面造型不规则、多单体组成、沿线状布置等模型，采用统一坐标系和原点可能难以实现或造成建模的麻烦，可根据实际情况采用独立的坐标系，在模型整合时进行单体模型的链接和坐标转换。

施工模型宜采用支持公开数据交换格式的 BIM 软件创建，以便模型数据的互用。除软件提供的模型原始格式文件外，宜同时提供通用公开格式数据文件。施工模型交付应说明创建模型所用软件名称及版本、运行所需的软硬件环境。

19.2.2 施工模型

施工模型应基于设计阶段交付的施工图设计模型建立，对于没有设计模型的项目，应以施工图为基础创建施工模型。同一专业的施工模型和设计模型宜采用相同的原始数据格式。利用设计模型作为施工模型基础时，应对设计模型的图模一致性、正确性和完整性进行检查，保证设计文件的正确性。

根据模型的用途，施工模型可分为深化设计模型、施工过程模型、竣工验收模型、场地及建筑现状模型等。各种模型的创建应符合以下要求：

（1）深化设计模型宜基于施工图设计模型或施工图，以及深化设计文件、施工工艺方案等创建。

（2）施工过程模型宜根据施工工作面、施工段、工艺、工序等综合因素进行拆分或合并处理，并在施工过程中对模型及模型元素附加或关联施工信息。

（3）竣工验收模型宜在施工过程模型基础上，根据项目竣工验收需求创建。当工程发生变更时，应及时修改施工模型相关模型元素及关联信息，并记录工程及模型的变更信息。

（4）对于施工过程中作为参考的场地及建筑现状模型，可通过图像或点云等资料获取，其模型精度应满足应用要求。在满足 BIM 应用需求的前提下，可使用文本、图形、图像、视频等扩展模型信息。

19.2.3 模型细度

1. 模型细度的划分

施工模型可划分为深化设计模型、施工过程模型和竣工验收模型，其模型细度宜符合表 19-1 的规定，并可根据应用情况对模型细度进行调整。

表 19-1 施工模型细度表

名称	形成阶段	包含内容	代号
深化设计模型	深化设计阶段	包含土建、钢结构、机电等子模型，支持深化设计、专业协调、施工模拟、预制加工、施工交底等 BIM 应用	LOD350
施工过程模型	施工实施阶段	包含施工模拟、预制加工、进度管理、成本管理、质量与安全管理等子模型，支持施工模拟、预制加工、进度管理、成本管理、质量与安全管理、施工监理等 BIM 应用	LOD400
竣工验收模型	竣工验收阶段	基于施工过程模型形成，包含工程变更，并附加或关联相关验收资料及信息，与工程项目交付实体一致，支持竣工验收 BIM 应用	LOD500

2. 施工过程模型细度

（1）钢筋混凝土构件

钢筋混凝土基础、墙、柱、梁、板、楼梯的施工过程模型一般包含表 19-2 ~ 表 19-7 所列的非几何信息。各种构件的几何信息为各模型元素的尺寸及定位信息。

表 19-2　钢筋混凝土基础施工过程模型细度

模型元素	非几何信息			
	施工准备阶段	采购阶段	施工阶段	过程验收阶段
1. 垫层 2. 防水 3. 防水保护层 4. 底板 5. 承台 6. 独立柱基础 7. 钢筋 8. 预埋件、预留洞口 9. 其他	1. 计划采购时间 2. 计划进场时间 3. 现浇混凝土强度等级 4. 现浇混凝土抗渗等级 5. 地下工程防水等级 6. 配合比信息 7. 钢筋规格型号	1. 预拌混凝土供应商 2. 钢筋供应厂家 3. 实际采购时间	1. 实际进场时间 2. 施工安装单位班组 3. 流水段编号 4. 基础编号 5. 施工措施 6. 预埋件、预留洞口对应专业	1. 设计变更文件 2. 原材料质量证明文件和抽样复验报告 3. 预拌混凝土的质量证明文件和抽样复验报告 4. 钢筋接头的试验报告 5. 混凝土工程施工记录 6. 混凝土试件的试验报告 7. 预应力筋用锚具、连接器的质量证明文件和抽样复验报告 8. 预应力筋安装、张拉及灌浆记录 9. 隐蔽工程验收记录 10. 分项工程验收记录 11. 结构实体检验记录 12. 工程重大质量问题的处理方案和验收记录 13. 其他必要的文件和记录

表 19-3　钢筋混凝土墙施工过程模型细度

模型元素	非几何信息			
	施工准备阶段	采购阶段	施工阶段	过程验收阶段
1. 混凝土墙 2. 型钢混凝土墙 3. 防水 4. 钢筋 5. 预应力筋、锚具、连接器等 6. 预埋件、预留洞口等 7. 其他	1. 计划采购时间 2. 计划进场时间 3. 现浇混凝土强度等级 4. 现浇混凝土抗渗等级 5. 配合比信息 6. 钢筋规格型号	1. 预拌混凝土供应商 2. 钢筋供应厂家 3. 实际采购时间	1. 实际进场时间 2. 施工安装单位班组 3. 流水段编号 4. 墙编号 5. 施工措施 6. 预埋件、预留洞口对应专业	1. 设计变更文件 2. 原材料质量证明文件和抽样复验报告 3. 预拌混凝土的质量证明文件和抽样复验报告 4. 钢筋接头的试验报告 5. 混凝土工程施工记录 6. 混凝土试件的试验报告 7. 预应力筋用锚具、连接器的质量证明文件和抽样复验报告 8. 预应力筋安装、张拉及灌浆记录 9. 隐蔽工程验收记录 10. 分项工程验收记录 11. 结构实体检验记录 12. 工程重大质量问题的处理方案和验收记录 13. 其他必要的文件和记录

表 19-4 钢筋混凝土柱施工过程模型细度

模型元素	非几何信息			
	施工准备阶段	采购阶段	施工阶段	过程验收阶段
1. 混凝土柱 2. 柱帽 3. 型钢混凝土柱 4. 钢管混凝土柱 5. 牛腿 6. 钢筋 7. 预应力筋、锚具、连接器等 8. 预埋件 9. 其他	1. 计划采购时间 2. 计划进场时间 3. 现浇混凝土强度等级 4. 现浇混凝土抗渗等级 5. 配合比信息 6. 钢筋规格型号	1. 预拌混凝土供应商 2. 钢筋供应厂家 3. 实际采购时间	1. 实际进场时间 2. 施工安装单位班组 3. 流水段编号 4. 柱编号 5. 施工措施 6. 预埋件对应专业	1. 设计变更文件 2. 原材料质量证明文件和抽样复验报告 3. 预拌混凝土的质量证明文件和抽样复验报告 4. 钢筋接头的试验报告 5. 混凝土工程施工记录 6. 混凝土试件的试验报告 7. 预应力筋用锚具、连接器的质量证明文件和抽样复验报告 8. 预应力筋安装、张拉及灌浆记录 9. 隐蔽工程验收记录 10. 分项工程验收记录 11. 结构实体检验记录 12. 工程重大质量问题的处理方案和验收记录 13. 其他必要的文件和记录

表 19-5 钢筋混凝土梁施工过程模型细度

模型元素	非几何信息			
	施工准备阶段	采购阶段	施工阶段	过程验收阶段
1. 混凝土梁 2. 型钢混凝土梁 3. 钢筋 4. 预埋件、预留洞口 5. 预应力筋、锚具、连接器等 6. 其他	1. 计划采购时间 2. 计划进场时间 3. 现浇混凝土强度等级 4. 现浇混凝土抗渗等级 5. 配合比信息 6. 钢筋规格型号	1. 预拌混凝土供应商 2. 钢筋供应厂家 3. 实际采购时间	1. 实际进场时间 2. 施工安装单位班组 3. 流水段编号 4. 梁编号 5. 施工措施 6. 预埋件、预留洞口对应专业	1. 设计变更文件 2. 原材料质量证明文件和抽样复验报告 3. 预拌混凝土的质量证明文件和抽样复验报告 4. 钢筋接头的试验报告 5. 混凝土工程施工记录 6. 混凝土试件的试验报告 7. 预应力筋用锚具、连接器的质量证明文件和抽样复验报告 8. 预应力筋安装、张拉及灌浆记录 9. 隐蔽工程验收记录 10. 分项工程验收记录 11. 结构实体检验记录 12. 工程重大质量问题的处理方案和验收记录 13. 其他必要的文件和记录

表 19-6 钢筋混凝土板施工过程模型细度

模型元素	非几何信息			
	施工准备阶段	采购阶段	施工阶段	过程验收阶段
1. 混凝土板 2. 钢筋 3. 设备基础 4. 预埋件、预留洞口 5. 预应力筋、锚具、连接器等 6. 其他	1. 计划采购时间 2. 计划进场时间 3. 现浇混凝土强度等级 4. 配合比信息 5. 钢筋规格型号	1. 预拌混凝土供应商 2. 钢筋供应厂家 3. 实际采购时间	1. 实际进场时间 2. 施工安装单位班组 3. 流水段编号 4. 板编号 5. 施工措施 6. 预埋件、预留洞口对应专业	1. 设计变更文件 2. 原材料质量证明文件和抽样复验报告 3. 预拌混凝土的质量证明文件和抽样复验报告 4. 钢筋接头的试验报告 5. 混凝土工程施工记录 6. 混凝土试件的试验报告 7. 预应力筋用锚具、连接器的质量证明文件和抽样复验报告 8. 预应力筋安装、张拉及灌浆记录 9. 隐蔽工程验收记录 10. 分项工程验收记录 11. 结构实体检验记录 12. 工程重大质量问题的处理方案和验收记录 13. 其他必要的文件和记录

表 19-7 钢筋混凝土楼梯施工过程模型细度

模型元素	非几何信息			
	施工准备阶段	采购阶段	施工阶段	过程验收阶段
1. 梯段板 2. 休息平台 3. 楼梯梁 4. 钢筋 5. 预埋件、预留洞口	1. 计划采购时间 2. 计划进场时间 3. 现浇混凝土强度等级 4. 配合比信息 5. 钢筋规格型号	1. 预拌混凝土供应商 2. 钢筋供应厂家 3. 实际采购时间	1. 实际进场时间 2. 施工安装单位班组 3. 流水段编号 4. 楼梯编号 5. 施工措施 6. 预埋件、预留洞口对应专业	1. 设计变更文件 2. 原材料质量证明文件和抽样复验报告 3. 预拌混凝土的质量证明文件和抽样复验报告 4. 钢筋接头的试验报告 5. 混凝土工程施工记录 6. 混凝土试件的试验报告 7. 隐蔽工程验收记录 8. 分项工程验收记录 9. 结构实体检验记录 10. 工程重大质量问题的处理方案和验收记录 11. 其他必要的文件和记录

（2）模板及支撑体系

模板及支撑体系施工过程措施模型细度要求见表19-8，几何信息为各模型元素的尺寸及定位信息。

表19-8　模板及支撑体系施工过程措施模型细度

模型元素	非几何信息			
	施工准备阶段	租赁采购阶段	施工阶段	过程验收阶段
1. 面板 2. 次龙骨 3. 主龙骨 4. U托 5. 支撑体系 6. 底托 7. 垫木 8. 防护网 9. 对拉螺栓 10. 柱箍 11. 其他	1. 模板材质 2. 架体类型 3. 模板计划进场时间 4. 模板计划搭建使用周期 5. 模架计划拆除时间	1. 实际租赁采购时间 2. 模板厂家信息	1. 模板实际进场时间 2. 模板实际搭建使用周期 3. 模板实际拆除时间	模板质量验收报告

（3）砌体结构

砌体结构施工过程措施模型细度见表19-9，几何信息为各模型元素的尺寸及定位信息。

表19-9　砌体结构施工过程措施模型细度

模型元素	非几何信息			
	施工准备阶段	租赁采购阶段	施工阶段	过程验收阶段
1. 基础 2. 砌体墙 3. 过梁 4. 圈梁 5. 系梁 6. 构造柱 7. 芯柱 8. 压顶 9. 钢筋 10. 预埋件、预留洞口 11. 坎台 12. 其他	1. 钢筋规格型号 2. 砌块材质 3. 砂浆强度等级 4. 混凝土强度等级 5. 材料计划进场时间 6. 材料计划采购时间	1. 材料实际采购时间 2. 钢筋供应厂家 3. 砌体材料供应厂家	1. 材料实际进场时间 2. 流水段编号 3. 预埋件、预留洞口对应专业名称 4. 灰缝厚度尺寸	1. 设计变更文件 2. 原材料质量证明文件和抽样复验报告 3. 预拌混凝土的质量证明文件和抽样复验报告 4. 钢筋接头的试验报告 5. 混凝土工程施工记录 6. 混凝土试件的试验报告 7. 隐蔽工程验收记录 8. 分项工程验收记录 9. 工程重大质量问题的处理方案和验收记录 10. 其他必要的文件和记录

19.2.4　模型元素

模型元素应具有统一的分类、编码和命名规则。模型元素信息的命名方式和格式应统一。应使用与项目实体一致的模型元素类别创建模型，如受软件所限无法实现时应在属性数据中附加说明。

为了保证模型元素在分析、统计等运算时的正确性，模型创建时应使用与项目实体一致的模型元素类别，例如不应用墙体替代柱。如果软件没有提供对应的类别，应尽量选择接近的类别，并在属性数据中附加补充，例如“基础梁”，可选择“结构框架”的类别，在类型名称或注释中补充“基础梁”的信息。

19.3　深化设计 BIM 应用

19.3.1　一般规定

施工准备阶段，承包商可应用 BIM 技术在施工图设计与模型基础上进行分专业的深化设计，使其符合施工工艺及现场实际情况，成为具有可实施性的施工图纸与模型。各专业深化设计模型，在深化设计的基础上，应支持专业协调、施工工艺模拟、预制加工、施工交底等应用。

应用 BIM 技术进行各专业深化设计应符合原设计要求。各专业深化设计模型应通过模型整合及碰撞检查避免专业冲突。各专业深化设计的图纸与模型应一致，图纸宜基于深化设计模型生成。

各专业 BIM 深化设计交付成果包括以下内容：

（1）深化设计 BIM 模型。

（2）优化方案及方案比选。

（3）碰撞报告及相关文档。

（4）基于 BIM 模型生成的二维平立剖面图、综合平面图、留洞预埋图、加工图、明细表等。

19.3.2　现浇混凝土结构深化设计

现浇混凝土结构深化设计中的二次结构设计、预留孔洞设计、节点设计、预埋件设计等均可应用 BIM 技术完成。在现浇混凝土结构深化设计 BIM 应用中，可基于施工图设计模型或施工图创建深化设计模型，输出深化设计图、工程量清单等（图 19-1）。

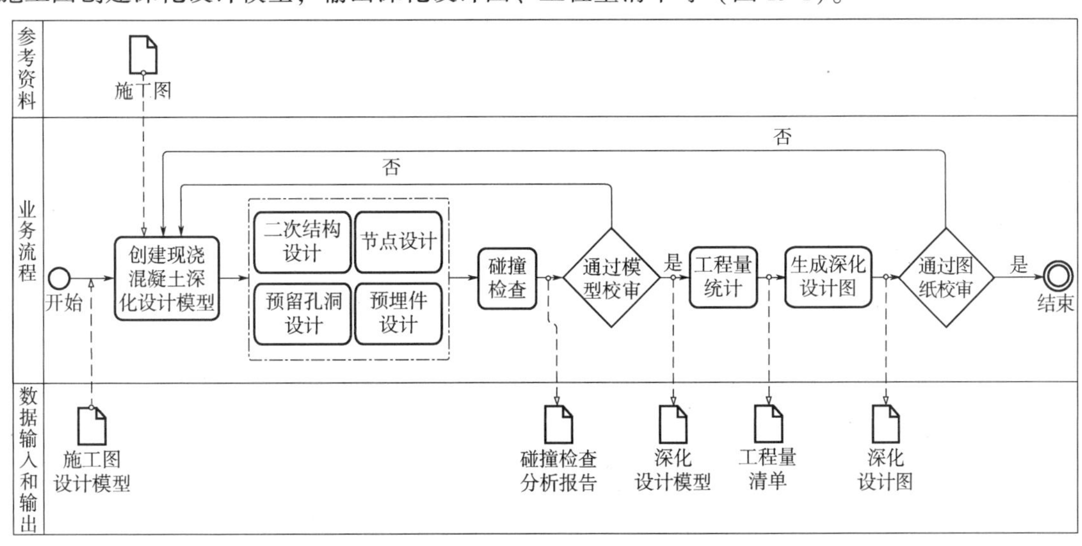

图 19-1　现浇混凝土结构深化设计 BIM 应用典型流程

现浇混凝土结构深化设计模型除应包括施工图设计模型元素外，还应包括二次结构、预埋件和预留孔洞、节点等类型的模型元素，其内容宜符合表 19-10 的规定。

表 19-10 现浇混凝土结构深化设计模型元素及信息

模型元素类型	模型元素及信息
上游模型	施工图设计模型元素及信息
二次结构	构造柱、过梁、止水反梁、女儿墙、压顶、填充墙、隔墙等 几何信息包括：位置和几何尺寸 非几何信息包括：类型、材料信息等
预埋件及预留孔洞	预埋件、预埋管、预埋螺栓等，以及预留孔洞 几何信息包括：位置和几何尺寸 非几何信息应包括：类型、材料等信息
节点	节点的钢筋、混凝土，以及型钢、预埋件等 几何信息包括：位置、几何尺寸及排布 非几何信息包括：节点编号、节点区材料信息、钢筋信息（等级、规格等）、型钢信息、节点区预埋信息等

现浇混凝土结构深化设计 BIM 应用交付成果包括深化设计模型、深化设计图、碰撞检查分析报告、工程量清单等。其中，碰撞检查分析报告应包括碰撞点的位置、类型、修改建议等内容。

现浇混凝土结构深化设计 BIM 软件应具有下列专业功能：

（1）二次结构设计。

（2）孔洞预留。

（3）节点设计。

（4）预埋件设计。

（5）模型的碰撞检查。

（6）砌块自动排布。

（7）深化设计图生成。

19.3.3 预制装配式混凝土结构深化设计

预制装配式混凝土结构深化设计中的预制构件平面布置、拆分、设计，以及节点设计等可基于 BIM 完成。

在预制装配式混凝土结构深化设计 BIM 应用中，可基于施工图设计模型或施工图，以及预制方案、施工工艺方案等创建深化设计模型，输出平立面布置图、构件深化设计图、节点深化设计图、工程量清单等（图 19-2）。

预制构件拆分时，宜依据施工吊装工况、吊装设备、运输设备和道路条件、预制厂家生产条件以及标准模数等因素确定其位置和尺寸等信息。安装节点、专业管线与预留预埋、施工工艺等的碰撞检查以及安装可行性验证可基于深化设计模型进行。

预制装配式混凝土结构深化设计模型除施工图设计模型元素外，还应包括预埋件和预留孔洞、节点和临时安装措施等类型的模型元素，其内容宜符合表 19-11 的规定。

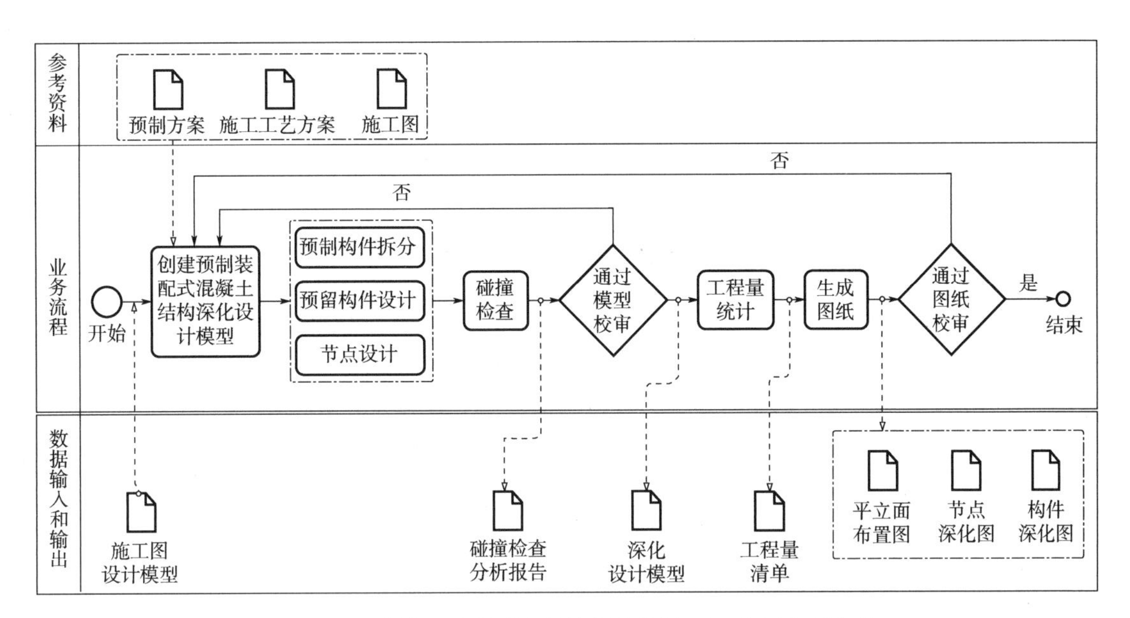

图 19-2　预制装配式混凝土结构深化设计 BIM 应用典型流程

表 19-11　预制装配式混凝土结构深化设计模型元素及信息

模型元素类型	模型元素及信息
上游模型	施工图设计模型元素及信息
预埋件和预留孔洞	预埋件、预埋管、预埋螺栓等，以及预留孔洞 几何信息包括：位置和几何尺寸 非几何信息应包括：类型、材料等信息
节点连接	节点连接的材料、连接方式、施工工艺等 几何信息包括：位置、几何尺寸及排布 非几何信息包括：节点编号、节点区材料信息、钢筋信息（等级、规格等）、型钢信息、节点区预埋信息等
临时安装措施	预制混凝土构件安装设备及相关辅助设施 非几何信息包括：设备设施的性能参数等信息

19.3.4　钢结构深化设计

钢结构深化设计中的节点设计、预留孔洞、预埋件设计、专业协调等可基于 BIM 完成。

在钢结构深化设计 BIM 应用中，可基于施工图设计模型或施工图和相关设计文件、施工工艺文件创建钢结构深化设计模型，输出平立面布置图、节点深化设计图、工程量清单等（图 19-3）。

钢结构节点设计 BIM 应用应完成结构施工图中所有钢结构节点的深化设计图、焊缝和螺栓等连接验算，以及与其他专业协调等内容。

钢结构深化设计模型除应包括施工图设计模型元素外，还应包括节点、预埋件、预留孔洞等模型元素，其内容宜符合表 19-12 的规定。

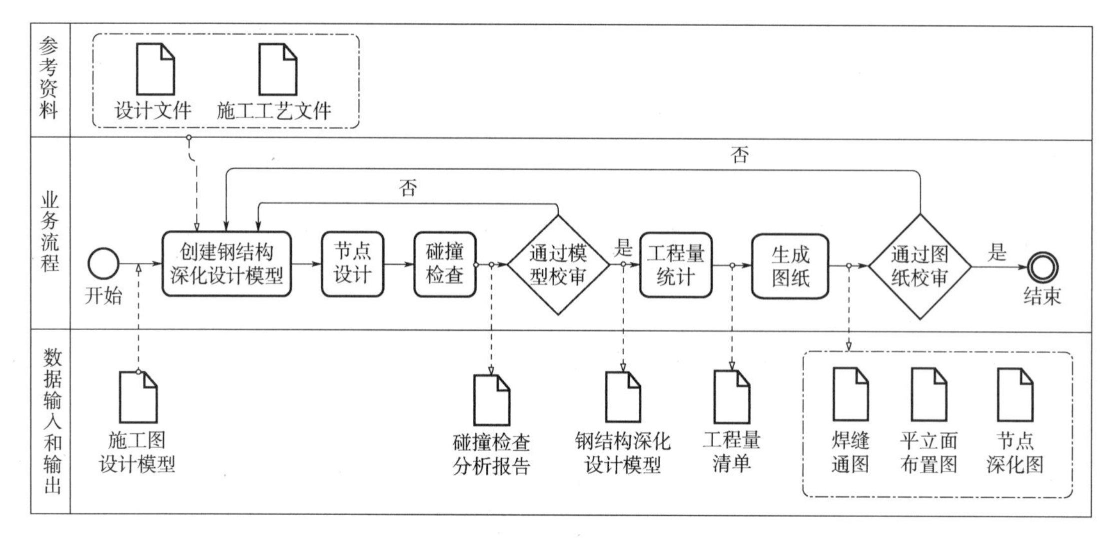

图 19-3　钢结构深化设计 BIM 应用典型流程

表 19-12　钢结构深化设计模型元素及信息

模型元素类型	模型元素及信息
上游模型	钢结构施工图设计模型元素及信息
节点	几何信息包括： （1）钢结构连接节点位置，连接板及加劲板的位置和尺寸 （2）现场分段连接节点位置、连接板及加劲板的位置和尺寸 （3）螺栓和焊缝位置 非几何信息包括： （1）钢构件及零件的材料属性 （2）钢结构表面处理方法 （3）钢构件的编号信息 （4）螺栓规格
预埋件和预留孔洞	几何信息包括：位置和尺寸

钢结构深化设计 BIM 应用交付成果宜包括钢结构深化设计模型、平立面布置图、节点深化设计图、计算书及专业协调分析报告、工程量清单等。

钢结构深化设计 BIM 软件需具有下列专业功能：

（1）钢结构节点设计计算。

（2）钢结构零部件设计。

（3）预留孔洞、预埋件设计。

（4）深化设计图生成。

19.3.5　其他深化设计

1. 装饰装修深化设计

装饰装修深化设计宜基于施工图设计 BIM 模型，补充室内装饰构件，形成室内装饰深化设计 BIM 模型，表达室内装饰设计效果。室内装饰深化设计 BIM 模型应满足以下要求：

（1）应区分主体模型构件与室内装饰构件。

（2）室内装饰构件的材质、风格、尺寸应符合设计文件。

（3）室内装饰构件应与机电管线及末端进行协调，避免冲突。

（4）宜基于室内装饰深化设计模型实现室内装饰工程量的分项统计。

2. 幕墙深化设计

幕墙深化设计宜结合建筑、结构等施工BIM模型，模型细度应符合现阶段碰撞检测，并满足构件算量统计的需求，同时能反馈出实际幕墙装饰效果。幕墙深化设计应满足以下要求：

（1）宜采用经济、便捷的建模精度，构件尺度应符合相应标准。

（2）通过不同途径获取的构件信息，应保证其具有一致性。

（3）模型应具有可拓展性，新增幕墙模型与构件不宜改变原有模型结构。

（4）幕墙构件细度应满足工厂生产的需求，并提供加工图设计模型。

19.4　施工方案BIM应用

19.4.1　一般规定

工程施工阶段，针对复杂项目的施工组织设计、专项方案、施工工艺，承包商可应用BIM技术进行模拟分析、技术核算和优化设计，识别危险源和质量控制难点，提高方案设计的准确性和科学性，并进行可视化技术交底。

施工方案BIM应用前应确定应用目标和内容，并对项目中基于BIM技术进行施工方案模拟的重点和难点进行分析。

基于BIM的施工组织模拟软件、施工工艺模拟软件应具备相应的专业功能，具体见表19-13。

表19-13　施工组织模拟软件、施工工艺模拟软件应具备的专业功能

施工组织模拟软件	（1）导入施工模型，支持不同专业模型的集成 （2）将施工进度计划及资源配置计划等相关组织因素与模型中构件进行关联，并能实现模型的可视化、漫游及实时读取并显示模型相关的项目信息 （3）根据进度计划，在时间维度实现施工组织的可视化模拟运行，并能根据资源配置计划动态显示不同周期、不同范围构件的资源需求信息 （4）在施工组织模拟过程中，对资源不平衡和冲突的时间段、关键构件进行提示 （5）集成现场场地设施布置模型，结合建筑模型对施工场地布置进行模拟审查，对冲突部位进行提示，支持对场地布置模型中相应构件进行调整 （6）进行碰撞检查（包括空间冲突和时间冲突检查）和净空检查等，并对检查出的问题进行记录 （7）输出模拟报告以及相应的施工组织可视化资料
施工工艺模拟软件	（1）导入相关的深化设计模型 （2）将施工进度计划以及成本计划等相关因素与模型关联 （3）可基于模型进行安装拆除、施工组织、工序等施工工艺模拟，支持可视化、漫游等方式 （4）对施工工艺相关模型，以及与其他相关建筑模型之间进行碰撞检查（包括空间冲突和时间冲突检查）、净空检查等功能，并对检查出的问题进行记录 （5）输出模拟报告以及相应的施工工艺的可视化资料

19.4.2 施工组织模拟

施工组织中的进度计划模拟、资源计划模拟、场地布置模拟、工序穿插模拟等工作可基于 BIM 技术实施。资源组织包括人力、资金、材料和施工机械等。施工组织模拟 BIM 应用宜按照图 19-4 所示流程进行。

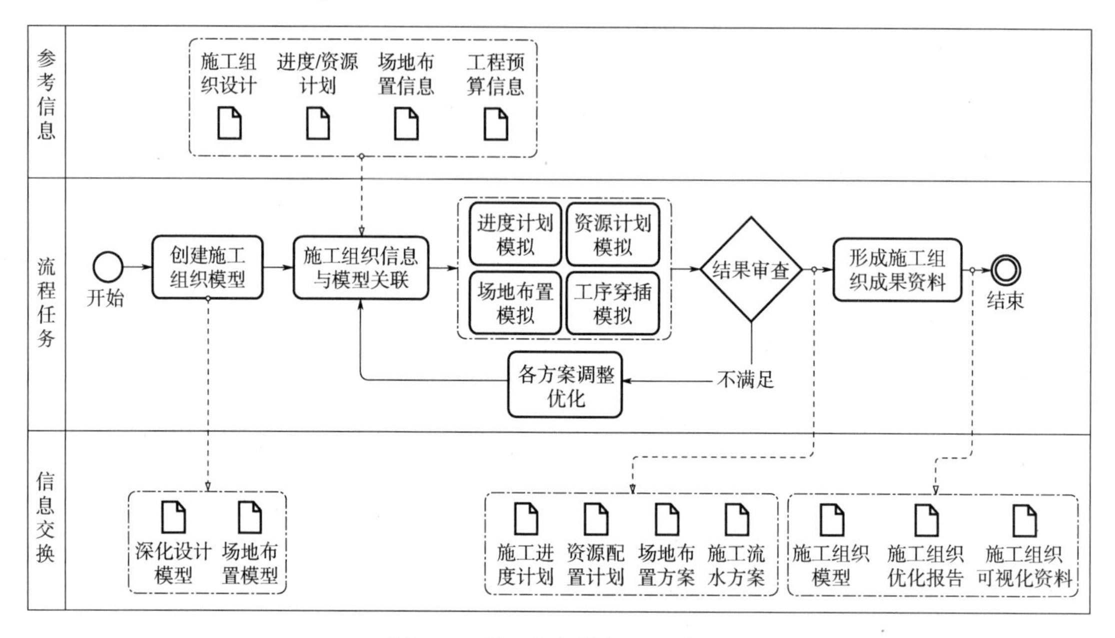

图 19-4 施工组织模拟 BIM 流程

施工组织模拟 BIM 应用可基于上游模型和施工图、施工组织文档等创建施工组织模型，并将工序安排、资源组织、平面布置等信息与模型关联，输出施工进度、资源配置等计划、场地布置方案、施工流水方案，用以指导模型、视频、说明文档等施工组织交底成果资料的制作。

施工组织模拟前应制订工程初步进度计划、工程预算、场地布置方案等。在施工组织模拟前应梳理确定各组织环节之间的时间逻辑关系，其中包括各项工作的起始时间节点、结束时间节点、必须持续时长、紧前工作、紧后工作等。

在创建施工组织模型环节，施工场地布置模型宜根据场地布置方案创建，并与深化设计模型进行集成。

在施工组织信息与模型关联环节，宜根据模拟需求将施工项目的进度计划、预算信息、平面布置、工序穿插等信息附加或关联到相关的构件中，并按施工组织流程进行模拟。施工组织模拟可以结合项目全过程或某施工阶段的进度计划对工序安排、资源组织和平面布置等进行综合模拟或部分模拟。

在进度计划和资源计划模拟环节，宜结合进度计划模拟不同时间段、不同模型部位的人、材、机等资源需求，对出现冲突和不平衡的部分进行提示，调整和优化进度计划和资源配置计划。在资源组织模拟中，模型附加进度信息、工程量、预算等信息，根据进度运行模拟人、材、机资源消耗情况。人力组织模拟通过结合施工进度计划综合分析优化项目施工各阶段的人力需求，优化人力组织计划；资金组织模拟可结合施工进度计划以及相关合同信息，明确资金收支节点，协调优化资金组织计划；材料机械组织模拟可优化确定各施工阶段对模板、脚手架、施工机械等资源的需求，优化资源配置计划。

场地布置模拟宜通过施工组织模型，结合施工进度对各施工阶段的现场设施及设备的部署进行模拟。场地布置模拟还包括塔式起重机布置、现场车间加工布置、临水临电布置、消防设施布置以及施工道路布置等，满足各施工阶段需求的同时，避免塔式起重机碰撞、减少二次搬运、避免临水临电资源配置不均、规避消防安全隐患、保证施工道路畅通等问题。

工序穿插模拟宜结合专业模型构件、工作内容、工艺及配套资源等进行，明确工序间的穿插关系，优化项目工序组织安排。施工工序安排是对施工全过程的科学合理规划，是工程质量和施工安全的重要保证。施工工序安排的基本要求是：上道工序的完成要为下道工序创造施工条件，下道工序的施工要能保证上道工序的成品完整不受损坏，以减少不必要的返工浪费，确保工程质量。

施工组织模拟后宜根据模拟成果对进度计划、资源配置、场地布置、工序穿插等工作进行协调优化，并将相关信息更新到施工组织模型中。

施工组织模拟模型宜包括表 19-14 规定的模型元素和信息。

表 19-14　施工组织模拟模型元素

模型元素类别		模型元素和信息要求
设计模型或深化设计模型		设计模型元素或深化设计模型所包含的信息
场地布置	现场布置	现场场地、临时设施、施工机械设备、道路等 几何信息应包括：位置、几何尺寸（或轮廓） 非几何信息包括：机械设备参数、生产厂家以及相关运行维护信息等
	场地周边	临近区域的既有建（构）筑物、周边道路等 几何信息应包括：位置、几何尺寸（或轮廓） 非几何信息包括周边建筑物设计参数及道路的性能参数等
进度计划		非几何信息包括进度信息或阶段信息等
资源配置		模型元素的非几何信息包括：工程量清单项目、资源信息 工程量清单项目包括：名称、编码、项目特征、单位、工程量、综合单价、合价 资源信息元素包括：唯一标识、类别、消耗状态、工程量、人力消耗、机械使用量、材料用量、材料使用比例等
工序穿插		工序名称、唯一标识、专业、责任人、最早开始时间、最迟开始时间、计划开始时间、最早完成时间、最迟完成时间、计划完成时间、任务完成所需时间、总时差、自由时差、关键任务标识、完成状态

施工组织模拟 BIM 应用成果应包括：施工组织模型、虚拟漫游文件、全景照片、图片、动画、施工组织优化报告等。施工组织优化报告应包含施工进度计划优化报告及资源配置优化报告等。

19.4.3　施工工艺模拟

建筑施工中的土方工程、复杂施工节点、垂直运输、大型设备及构件安装、预制构件拼装等施工工艺模拟可基于 BIM 技术完成。施工工艺模拟内容可根据项目施工实际需求进行，新工艺以及施工难度较大的工艺宜进行施工工艺模拟。施工工艺模拟 BIM 应用可按照图 19-5 所示流程进行。

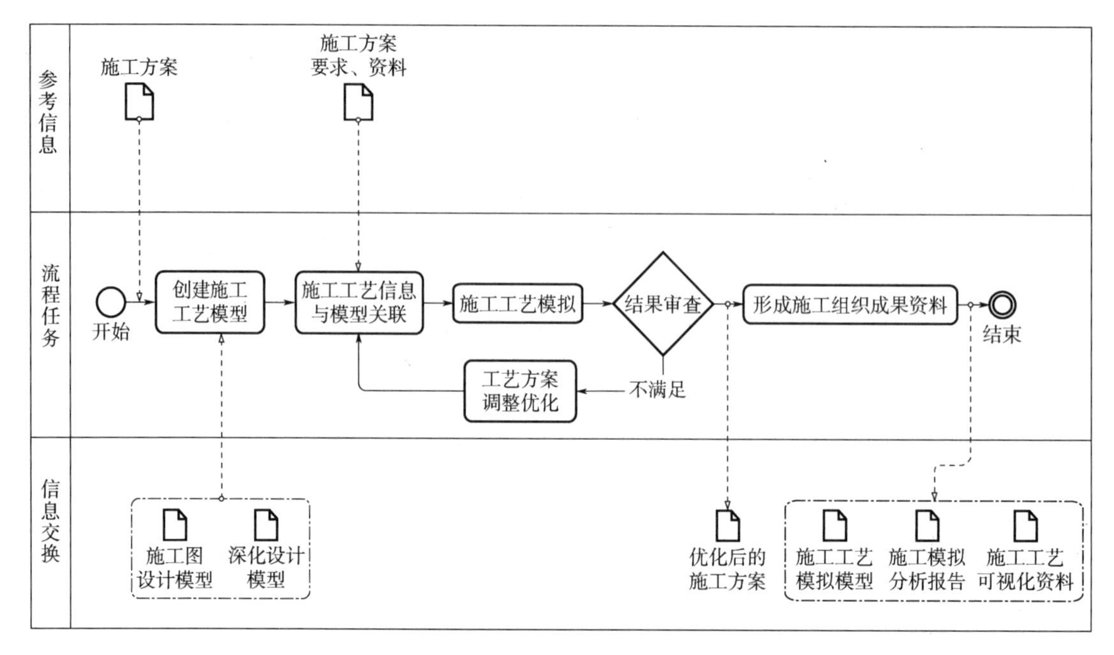

图 19-5　施工工艺模拟 BIM 应用流程

施工工艺模拟 BIM 应用基于施工图设计模型和施工深化设计模型创建施工工艺模拟模型，并将施工工艺要求和资料与模型关联，基于模型检查修正设计问题、碰撞检查、实时漫游等，并根据检查结果进行方案优化，最后形成可指导施工交底和实际施工的工艺模型、视频、说明文档等成果。

在施工工艺模拟前应确定模拟范围，根据模拟任务建立相应的施工工艺模拟模型，并满足下列要求：

(1) 模拟过程涉及对设计成果的论证检查、尺寸及空间碰撞的，应确保各模型的尺寸细度信息、连接方式信息、所需施工工作面信息等。

(2) 模拟过程涉及施工工序穿插的，应确保模型与工序的关系，以及各工序的时间信息、逻辑关系信息。

(3) 模拟过程涉及机械设备的，应确保设备的位置信息、空间信息、运转能力信息等。

(4) 对应专项施工工艺模拟的其他要求。

在施工工艺模拟前应根据具体的设计方案、施工组织设计、施工工艺要求等信息，完成施工方案的编制，确定该模拟对象各阶段或各任务的工作流程。在施工工艺模拟前应梳理清楚与工艺相关的所有逻辑关系以及供求关系，避免模拟过程中漏缺项。

在施工工艺信息与模型关联环节，在施工图设计模型或深化设计基础上，根据实际工艺要求，对需模拟的工艺相关模型进行细化建模，保证模型满足实际需要。

施工工艺模拟可根据项目实际情况，按表 19-15 的主要内容进行选择。

表 19-15　施工工艺模拟主要内容

工艺类别	模拟内容
土方工程模拟	创建三维基坑模型；将进度计划、人力和机械供给信息与模型关联；模拟计算和分析土方开挖量、土方开挖顺序、土方开挖机械数量安排、土方运输车辆运输能力、基坑支护类型及对土方开挖要求等；进行可视化展示或施工交底

（续）

工艺类别	模拟内容
复杂节点模拟	创建节点模型；校核并修正设计出现的问题，消除碰撞和冲突，优化节点，制订合理的工序；进行可视化展示或施工交底
模板工程模拟	创建模板模型；将模板规范要求和计算规则等信息与模型关联；对模板数量、类型、支设流程和定位、结构预埋件定位等进行模拟；进行可视化展示或施工交底
脚手架模拟	创建脚手架模型；将脚手架规范要求和计算规则等信息与相关模型关联，对脚手架组合形式、搭设顺序、安全网架设、连墙杆搭设、场地障碍物等进行模拟；进行可视化展示或施工交底
大型设备及构件安装模拟	创建拟安装的建筑模型，并集成场地布置模型；将吊装方案等信息与模型关联；结合墙体、障碍物等模拟并优化大型设备及构件吊装运输路径；进行可视化展示或施工交底
预制构件拼装模拟	创建拟拼装的建筑模型、吊装设备模型和预制构件模型，构件模型宜包括钢结构预制构件、机电预制构件、幕墙以及混凝土预制构件等；对连接件定位、拼装部件之间的搭接方式、拼装工作空间要求、拼装顺序等进行模拟，检验预制构件加工精度；进行可视化展示或施工交底

在施工工艺模拟过程中应将与工作面、流水、工序相关的资源、进度、质量、安全等信息与模型进行关联，并及时记录模拟过程中出现的工序交接、施工定位等问题，形成施工模拟分析报告等方案优化指导文件。施工工艺模拟后宜根据模拟成果进行协调优化，并将相关信息更新到施工工艺模型中，再次模拟验证优化方案。

施工工艺模拟BIM应用成果包括：施工工艺模拟模型、施工模拟分析报告、可视化资料等。

19.5 预制加工BIM应用

19.5.1 一般规定

混凝土预制构件、钢结构构件、机电产品等数字化加工可采用BIM技术辅助生产过程。预制构件加工模型应在深化设计模型基础上创建，并宜采用条形码、二维码、射频识别（RFID）等电子标签标识。

预制构件加工BIM交付成果包括：加工模型、加工图以及产品模块相关技术参数和安装要求、产品运输及成品、半成品保护要求等信息。

19.5.2 混凝土预制构件BIM应用

基于深化设计模型和生产及设计文件等可完成混凝土预制构件生产模型的创建，通过提取生产料单和编制排产计划形成构件生产所需资源配置计划和加工图，并根据不同生产方式提取所需信息。针对产品信息应建立标准化构件编码体系和生产过程管理编码体系。

混凝土预制构件生产BIM应用交付成果包括混凝土预制构件生产模型、加工图以及构件生产相关文件。

19.5.3 钢结构构件加工BIM应用

钢结构加工模型应以深化设计模型为基础，其结构定位信息、材料属性信息、图纸信息等应与深化设计模型保持一致，并补充钢结构构件加工所需的生产批次信息、工序工艺、工期成本信息、质检信息、生产责任主体等信息。应通过加工过程中各类信息的不断采集，完善钢结构加工模型的内容，实现施工过程的追溯管理。

编制材料采购计划应从钢结构加工模型中提取材料信息，通过排板套料为采购计划的编制提供依据，并应符合相关技术、工艺文件的要求。钢结构构件的原材料应按照采购计划的要求使用，因故出现材料代用时，应及时更新钢结构加工模型中的材料信息，保证材料信息的准确性。

钢结构构件加工模型为钢结构现场安装提供构件相关技术参数和安装要求等信息。一般钢结构加工产品安装、物流运输 BIM 应用模式如下：

（1）钢结构加工产品运输到达施工现场，读取电子标签、二维码等信息，获取物料清单及装配图。

（2）现场安装人员根据物料清单检查装配图，确定安装位置。

（3）安装结束后经过核实检查，安装完成状态信息实时附加或关联到 BIM 模型，有利于钢结构加工产品的全生命周期管理。

19.6 进度管理 BIM 应用

19.6.1 一般规定

建筑施工中进度计划的编制和优化、施工进度的管理和控制等工作可采用 BIM 技术。进度计划优化应按照下列工作步骤和内容进行：

（1）根据企业定额和经验数据，并结合管理人员在同类工程中的工期与进度方面的工程管理经验，确定工作持续时间。

（2）根据工程量、用工数量及持续时间等信息，检查进度计划是否满足约束条件，是否达到最优。

（3）若改动后的进度计划与原进度计划的总工期、节点工期冲突，则需与各专业工程师共同协商。过程中需充分考虑施工逻辑关系，各施工工序所需的人、材、机，以及当地自然条件等因素。重新调整优化进度计划，将优化的进度计划信息附加或关联到模型中。

（4）根据优化后的进度计划，完善人工计划、材料计划和机械设备计划。

（5）当施工资源投入不满足要求时，应对进度计划进行优化。

进度计划编制 BIM 应用中应根据项目特点、工艺要求和进度控制需求，编制不同深度、不同周期的进度计划。进度管理 BIM 应用前，需明确具体项目 BIM 应用的目标、企业管理水平、合同履约水平和项目具体需求，并结合实际资源，制订编制计划的详细程度。在编制相应不同要求的进度计划过程中创建不同程度的 BIM 模型，录入不同程度的 BIM 信息。如对应宏观的控制性施工进度计划，BIM 模型可通过标准层模型快速复制、单体模型快速复制而成，无须过多考虑施工图纸的细部变化，此时参照的图纸未必是最终核准的施工图纸，对应录入的信息相对较少，包括计划开始时间、结束时间等。而对应详尽的实施性施工进度计划，BIM 模型应参照具体施工蓝图创建，对应录入的信息相对较多，比如可增加劳务班组信息、劳务人员数量等。

进度控制 BIM 应用过程中，应对实际进度的原始数据进行收集、整理、统计和分析，并将实际进度信息附加或关联到 BIM 模型中。

19.6.2 进度计划编制

进度计划编制中的工作分解结构的创建、计划编制、与进度相对应的工程量计算、资源配置、进度计划优化、进度计划审查、进度计划可视化等工作可基于 BIM 技术进行。

在进度计划编制 BIM 应用中，可基于项目特点创建工作分解结构，并编制进度计划，可基于深化设计模型创建进度管理模型，基于定额完成工程量和资源配置、进度计划优化，通过进度计划审查形成进度管理模型。

为建立进度管理模型，应将项目按整体工程、单位工程、分部工程、分项工程、施工段、工序依次分解，最终形成完整的工作分解结构，并满足下列要求：

（1）工作分解结构中的施工段应与模型关联。

（2）工作分解结构详细程度应与进度计划匹配，并包含任务间关联关系。

（3）在工作分解结构基础上创建的信息模型应与施工段、施工流程对应。

为建立进度管理模型，应根据验收的先后顺序划分项目的施工任务及节点：

（1）确定里程碑节点。

（2）确定工作分解结构中每个任务的开工、完工日期及关联关系。

（3）编制进度计划，确定关键线路。

进度管理模型应包含工作分解结构信息、进度计划信息、资源信息和进度管理流程信息等。工作分解结构信息指模型元素之间应表达工作分解的层级结构、任务之间的序列关联。进度管理模型应包括以下基本信息：

（1）进度计划信息如进度计划的创建日期、制订者、目的以及时间信息（最早开始时间、最迟开始时间、计划开始时间、最早完成时间、最迟完成时间、计划完成时间、任务完成所需时间、任务自由浮动的时间、允许浮动时间、是否关键、状态时间、开始时间浮动、完成时间浮动、完成的百分比）等。

（2）资源信息是指人力、材料、设备、资金等。

（3）进度管理流程信息指进度计划编制、审查、调整、审批等流程的信息，如提交的进度计划编号、进度编制成果以及负责人签名、进度计划审批单编号、审批号、审批结果、审批意见、审批人等信息。

19.6.3 进度控制

进度控制工作中的实际进度和计划进度跟踪对比分析、进度预警、进度偏差分析、进度计划的调整等工作应基于 BIM 技术实施。

施工过程中应当按一定周期收集项目的实际工程进度，与计划进度进行对比分析，输出项目的进度时差；根据偏差分析结果，调整后续进度计划，并更新进度管理模型。

进度控制 BIM 应用是以进度管理模型为基础，将现场实际进度信息添加或连接到进度管理模型，通过 BIM 软件的可视化数据（表格、图片、动画等形式）进行比对分析。实际工程进度的收集周期可根据项目实际情况确定，可按月、旬、周等。

基于 BIM 进行进度控制应制订预警规则，明确预警提前量和预警节点，并根据进度分析信息，对应规则生成项目进度预警信息；根据预警信息，调整后续进度计划，并更新进度管理模型。一旦发生预警警报，通过可视化和图片等形式反映出预警的工程段和工程量，作为现场进行调整的依据。项目管理人员可根据预警信息所显示的时差，进行进度偏差分析，重新调配现场资源，调整现场进度，使后续任务能够在限定时间前完成。进度调整后应实时更新进度管理模型。

进度控制中进度管理模型含有实际进度信息和进度控制信息。实际进度信息包括：实际开始时间、实际完成时间、实际需要时间、剩余时间、状态时间完成的百分比等。进度控制信息有进度预警信息、进度计划变更信息和进度计划变更审批信息。进度预警信息包括：编号、日期、相关任务等信息。进度计划变更信息包括：编号、提交的进度计划、进度编制成果以及负责人签名等信息。进度计划变更审批信息包括：进度计划编号、审批号、审批结果、审批意见、审批人等信息。

19.7 质量与安全管理

19.7.1 一般规定

工程项目施工质量与安全管理等可基于 BIM 技术实施。

施工企业应根据各项目质量管理与安全管理的重点、难点和管理需求，编制不同范围、不同时间段的质量与安全管理计划。不同项目中质量管理与安全应用管理的重点、难点各不相同，宜先分析自身项目的管理特点，包括质量验收方式、节点，项目塔式起重机、施工电梯等重大危险源信息等。宜根据管理的需求，选择 BIM 应用的流程和内容。不同项目的质量和安全需求不尽相同，宜根据项目的质量与安全管理目标需求（如是否申报质量及安全类奖项，申报什么级别的质量安全奖项）编制计划。同一个项目应编制不同周期的质量与安全管理计划（可具体到年、月、周等级别）。质量与安全管理 BIM 模型应包含项目重要的质量与安全控制点，以便于管理。

施工企业应根据施工现场的实际情况和工作计划，对质量控制点和危险源进行动态管理。基于 BIM 技术，对施工现场重要生产要素的状态进行绘制和控制，有助于实现风险源的识别和动态管理，有助于加强安全策划工作，减少和消除施工过程中的不安全行为或不安全状态。做到不引发事故，尤其是不引发使人员受到伤害的事故，确保工程项目的管理目标得以实现。

19.7.2 质量管理

工程项目施工质量管理中的质量验收计划确定、质量验收、质量问题处理、质量问题分析等可基于 BIM 技术实施。

质量管理 BIM 软件宜包含下列专业功能：

（1）根据质量验收计划，生成质量验收严查点。

（2）支持施工质量验收国家和地方标准。

（3）在相关模型元素上附加或关联质量验收信息、质量问题及其处理信息。

（4）支持基于模型的查询、浏览及显示质量验收、质量问题及其处理信息。

（5）输出质量管理需要的信息。

施工企业进行质量管理时，应基于深化设计模型或预制加工模型创建质量管理 BIM 模型，并基于质量验收标准和施工资料标准确定质量验收计划，进行质量验收、质量问题处理、质量问题分析工作。质量管理 BIM 应用应遵循现行国家标准《质量管理体系要求》GB/T 19001 的原则，通过 PDCA 循环持续改进质量管理水平。

质量管理模型元素应在深化设计模型或预制加工模型元素基础上，附加或关联质量管理信息。质量管理模型应包含如下模型元素类型和信息：

（1）创建质量管理模型所依据的深化设计模型或预制加工模型的元素和信息。

（2）建筑工程分部分项质量管理信息：质量控制资料、功能检验资料、观感质量检查记录及质量验收记录等。其中分部工程、分项工程的划分符合现行国家标准《建筑工程施工质量验收统一标准》GB 50300 的规定。

确定质量验收计划时，应将验收检查点附加或关联到模型元素上。质量验收时，应将质量验收信息附加或关联到模型元素上。质量问题处理时，应将质量问题处理信息附加或关联到模型元素上。质量问题分析时，应利用模型按部位、时间、施工人员等对质量信息和问题进行汇总和展示。所汇总和展示的质量信息和质量问题，可为质量管理持续改进提供参考和依据。

质量管理 BIM 应用交付成果应包含质量管理模型、质量验收报告等。

19.7.3 安全管理

工程项目安全管理中的安全技术措施制订、实施方案策划、实施过程监控及动态管理、安全隐患分析及事故处理等可基于 BIM 技术实施。

安全管理 BIM 软件应包含下列专业功能：

（1）根据安全技术措施计划，识别风险源。

（2）支持相应地方的施工安全资料规定。

（3）基于模型进行施工安全交底。

（4）附加或关联安全隐患、事故信息及安全检查信息。

（5）支持基于模型的查询、浏览和显示风险源、安全隐患及事故信息。

（6）输出安全管理需要的信息。

安全管理应用时，应基于深化设计模型或预制加工模型创建安全管理模型，并基于安全管理标准确定安全技术措施计划，采取安全技术措施，处理安全隐患和事故，分析安全问题。安全管理 BIM 应用应遵循《职业健康安全管理体系要求》GB/T 28001 的原则，通过 PDCA 循环持续改进安全管理水平。

安全管理模型元素宜在深化设计模型或预制加工模型元素基础上，附加或关联安全管理信息。安全管理模型应包含如下模型元素类型和信息：

（1）创建安全管理模型所基于的深化设计模型或预制加工模型的元素和信息。

（2）安全生产、防护设施所包含的几何信息和非几何信息。几何信息：位置、几何尺寸等。非几何信息：设备型号、功率等。

（3）安全检查。安全生产责任制、安全教育、专项施工方案、危险性较大的专项方案论证情况、机械设备保养维护、分部分项工程安全技术交底等。

（4）风险源。风险隐患信息、风险评价信息、风险对策信息等。

（5）事故。事故调查报告、处理决定等。

确定安全技术措施计划时，应使用安全管理模型辅助相关人员识别风险源。在不同施工阶段，基于模型对风险源动态识别并及时更新风险源清单；实施安全技术措施计划时，应使用安全管理模型向有关人员进行安全技术交底，并将交底记录附加或关联到模型元素上；处理安全隐患和事故时，应使用安全管理模型制订相应的整改措施，并将隐患整改信息附加或关联到模型元素上；当安全事故发生时，应将事故调查报告及处理决定附加或关联到模型元素上。分析安全问题时，应利用安全管理模型，按部位、时间等对安全信息和问题进行汇总和展示。所汇总和展示的安全信息和问题，可为安全管理持续改进提供参考和依据。

安全管理 BIM 应用交付成果应包含安全管理模型、相关报告等。

19.8 工作面管理 BIM 应用

19.8.1 一般规定

工作面管理中的工程流水施工段划分、工作面冲突分析、工作面过程管理、工作面移交等工作可采用 BIM 技术，应采用标准的工作面编码规则，编码规则宜体现工作面的区域、单位工程、楼层、专业等信息。

基于 BIM 的工作面管理软件应包含下列专业功能：

(1) 创建工作面及信息，设置工作面与进度计划、工序任务的关联关系。关联或附加工作面信息到相对应的模型区域上。

(2) 结合模型相关进度、资源等信息对工作面进行分析和模拟。

(3) 基于模型填报、查看相关工作面的任务计划、资源需求、质量安全检查、工作移交等信息。

(4) 根据相关工作面中的任务计划，生成班组任务单，填报实际施工进度信息。

(5) 设置工作面任务事前提醒与进度预警。

(6) 结合移动互联网进行质量安全检查、工作交接、任务单下达、实际进度填报、提醒和预警等工作。

19.8.2 应用内容及模型元素

工作面管理中的工作面冲突分析、工作面过程管理、工作面移交宜采用 BIM 技术。工作面管理 BIM 应用宜按图 19-6 所示流程进行。

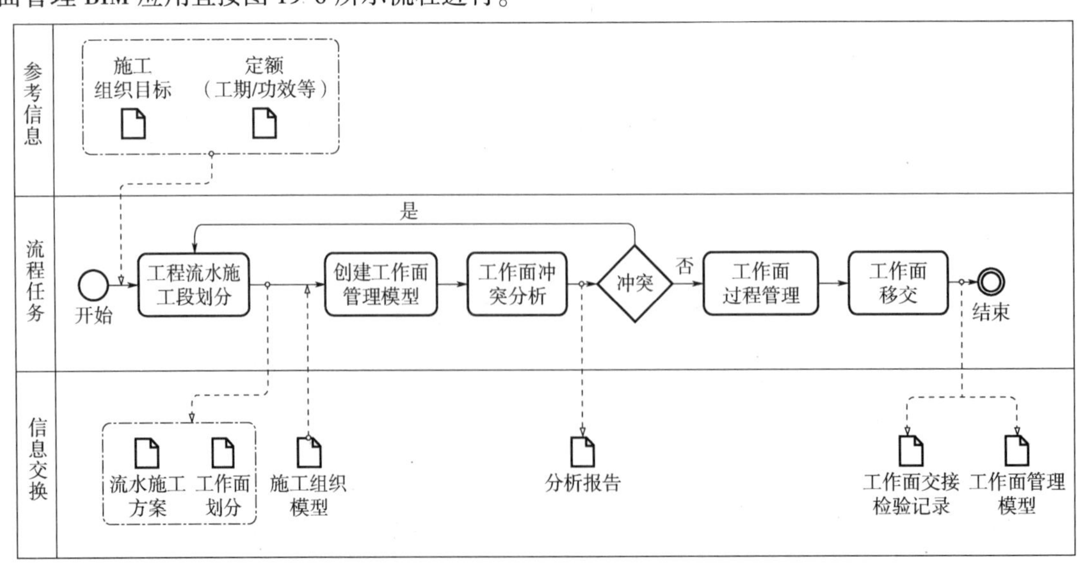

图 19-6　工作面管理 BIM 应用流程

工程流水施工段划分宜结合工程特点、施工组织设计目标、工期定额和工效定额等对施工段和工作面进行划分，并满足下列要求：

（1）支持制订专业工序级别的详细进度计划，并与进度计划关联。

（2）工作面应与工序关联，工序应体现工作面的全部工作内容。

创建工作面管理模型时，宜基于进度管理模型，将工作面与模型中的相关楼层、专业构件关联，模型中应包含工作面相关的空间区域信息。在工作面管理模型创建过程中，在进度管理模型基础上，将工作面信息与进度计划、工作面与模型区域、工作面与流水工序进行关联。

宜基于工作面管理模型进行工作面冲突检查，并根据冲突分析报告调整工作面划分。根据模型中的工作面高差、专业穿插时间、工作面空闲程度等信息综合分析，检测施工工作面冲突。

工作面过程管理中，宜基于模型对工作面的进度、质量、安全、分包等工作进行管理，具体要求如下：

（1）在工作面进度管理中，宜通过工作面相关模型，查看详细的工作任务。班组施工完成后，填报实际施工完成情况，宜结合模型查看工程或楼层的工作面形象进度。也可通过工作面计划与实际进度对比，分析工作面进度滞后原因。

（2）在工作面质量管理中，宜将质量要求、质量检查和质量验收信息与相关工作面的模型关联，并通过移动互联网等手段对现场质量检查信息进行记录，关联至相关工作面模型。质量信息宜通过模型实现查看、审核和管理。

（3）在工作面安全管理中，宜将安全要求、危险源信息、安全检查、安全防护与相关工作面的模型关联，并通过移动互联网等手段对现场安全检查信息进行记录，关联至相关工作面模型。安全信息宜通过模型实现查看、审核和管理。

（4）在工作面分包管理中，宜通过工作任务关联相关责任班组信息，自动生成施工任务单，并通过任务的时间信息，对相关分包进行提前预警和提醒，宜结合移动互联网的方式进行。工作结束后，宜通过工作面相关模型获取工程量信息指导分包结算。

工作面移交时，应真实填报工作面移交信息，并与相关的工作面模型进行关联。工作面交接管理应针对每一次的工作面交接进行记录，包括工作面名称、交接日期、楼层、专业、交接单位、总包代表、工作面交接质量安全情况等诸多信息。从而做到随时追溯，随时查询的效果，为协调和管理分包的施工工作开展提供有效的数据支持。例如，当二次结构进场准备开展施工工作前，首先要对准备开展工作的工作面与主体结构单位进行交接，明确交接后该工作面包括安全防护、建筑垃圾清理在内的工作归属，并签订工作面交接单，总包单位代表见证，将工作面交接单录入BIM系统留档，随时可以进行查询追溯工作范围归属，避免造成纠纷，便于分包管理和协调工作。

工作面管理模型宜包含表19-16规定的模型元素和信息。

表19-16 工作面管理模型元素和信息

模型类型	模型元素和信息
进度管理模型	进度管理模型元素及信息，包括进度信息或阶段信息
工作面划分	工作面名称、工作面编码、区域、单位工程、楼层、专业、模型位置信息
工作面检查	冲突工作面名称、工作面编码、冲突任务名称、任务编码、任务工期、状态、计划开始时间、计划结束时间、预计开始时间、预计结束时间、冲突分析、模型冲突位置信息

（续）

模型类型	模型元素和信息
进度管理信息	（1）进度计划信息包括；工作项名称、编码、版本、责任单位、责任人、最早开始时间、最迟开始时间、计划开始时间、最早完成时间、最迟完成时间、计划完成时间、任务完成所需时间、任务自由浮动的时间、允许浮动时间、关键任务标识、完成状态、实际开始时间完成的百分比等 （2）实际进度信息包括：实际开始时间、实际完成时间、实际需要时间、计划剩余时间、完成状态、已完工作量的百分比、进度描述、现场照片或视频资料等 （3）进度对比分析信息包括：偏差任务编号、影响任务、偏差原因、处理方案、进度成本等的影响
质量管理信息	（1）质量验收记录：建筑工程分部主要包括地基与基础、主体结构、建筑装饰装修、建筑屋面、建筑给水、排水及采暖、建筑电气、智能建筑、通风与空调、电梯 （2）各分部分项质量管理信息模型元素非几何信息 1）质量控制资料，包括：原材料合格证及进场检验试验报告、材料设备试验报告、隐蔽工程验收记录、施工记录以及试验记录 2）安全和功能检验资料，各分项试验记录资料等 3）观感质量检查记录，各分项观感质量检查记录 4）质量验收记录，包括：检验批质量验收记录、分项工程质量验收记录、分部（子分部）工程质量验收记录等 （3）质量检查记录：检查记录编号、检查部位、检查时间、检查人、模型部位信息、问题描述、问题类型、施工单位、照片、视频、意见等 （4）质量整改记录：检查记录编号、模型部位信息、整改意见、整改期限、处理人、整改反馈结果、整改人、整改时间、图纸信息、整改后照片、视频等
安全管理信息	（1）安全检查信息：安全生产责任制、安全教育、专项施工方案、危险性较大的专项方案论证情况、机械设备维护保养、分部分项工程安全技术交底等 （2）风险源信息：风险隐患信息、风险评价信息，风险对策信息等 （3）事故信息：事故调查报告及处理决定等
分包管理信息	（1）分包管理基本信息；分包单位名称、分包责任人、联系方式、工种、任务范围 （2）工程量及资源信息包括：唯一标识、类别、消耗状态、工程量、人力消耗、机械使用量、材料用量、材料使用比例等 （3）施工任务单信息包括：工作面名称、工作面编码、分包单位名称、分包责任人、班组名称、班组长、计划开始时间、计划完成时间、质量安全等要求 （4）预警信息包括：预警编号、任务编号、预警点类型、提前量、预警时间、相关任务、接收人等信息
移交管理信息	工作面名称、工作面编号、单位工程名称、总包单位、移交接单位、接收单位名称、移交日期、移交状态、楼层、专业、移交范围、已完工作量、已完工程状况、工作面安全防护设施情况、工作面文明施工情况、检查结果、复查意见、见证单位意见及附件

工作面管理 BIM 应用成果包括：工作面管理模型、工作面冲突分析记录、工作面过程管理记录和文件，工作面移交记录等。

19.9 预算与成本管理 BIM 应用

19.9.1 一般规定

施工成本管理中的施工图预算编制、目标成本编制、成本过程控制等工作宜采用 BIM 技术。成本管理包括成本目标、成本计划、成本控制等环节和活动，目标和计划为控制提供了依据，而成本控制通过对实际成本的控制、分析和核算，保证了目标的实现。传统成本管理需要在规范成本科目的基础上，将成本项目进行归集，以统一的成本科目维度进行管理。在BIM应用过程，除满足传统要求之外，应将各成本项目与建筑实体模型的构件进行关联，从构件维度对成本进行管理。

施工图预算 BIM 应用工作可在不同专业模型基础上分别进行，施工目标成本和成本过程控制 BIM 应用应在不同专业集成模型基础上进行。

预算与成本管理 BIM 应用软件宜包含下列功能：

（1）创建施工图预算模型，或导入设计软件产生的模型，对模型进行修改和调整。

（2）符合《建设工程工程量清单计价规范》GB 50500 及各专业定额规范要求。可汇总形成工程量清单。编制清单综合单价，汇总形成报价文件。

（3）输出施工图预算模型，支持 IFC 格式的导出。

（4）基于模型编制目标成本。输出成本科目、合同、模型构件等不同维度的预算与目标成本的对比分析结果。

（5）将进度计划关联或附加到模型构件上，编制不同周期的成本计划，记录实际成本信息。

（6）生成成本总报表、分期报表、三算对比分析表等。

（7）设置成本预警，提醒手段宜结合移动互联网方式。

在进行施工图预算 BIM 应用时，软件应根据清单规范和定额要求，内置工程量清单库、做法库、计算规则，并内嵌全国统一定额、各地方定额库或企业定额，根据项目要求灵活选用，支持工程量清单计算和清单组价的工作。

19.9.2 施工图预算

施工图预算中的工程量清单编制、工程造价编制等工作宜基于 BIM 技术实施。

施工图预算 BIM 应用可按图 19-7 所示流程进行。在施工图设计模型基础上创建算量模型。根据工程量计算规则，结合构件的特征和参数，自动计算模型元素的清单工程量。清单工程量计算结果导入计价软件中，依据定额标准和价格信息，计算工程价格，输出投标清单项目及投标报价单。

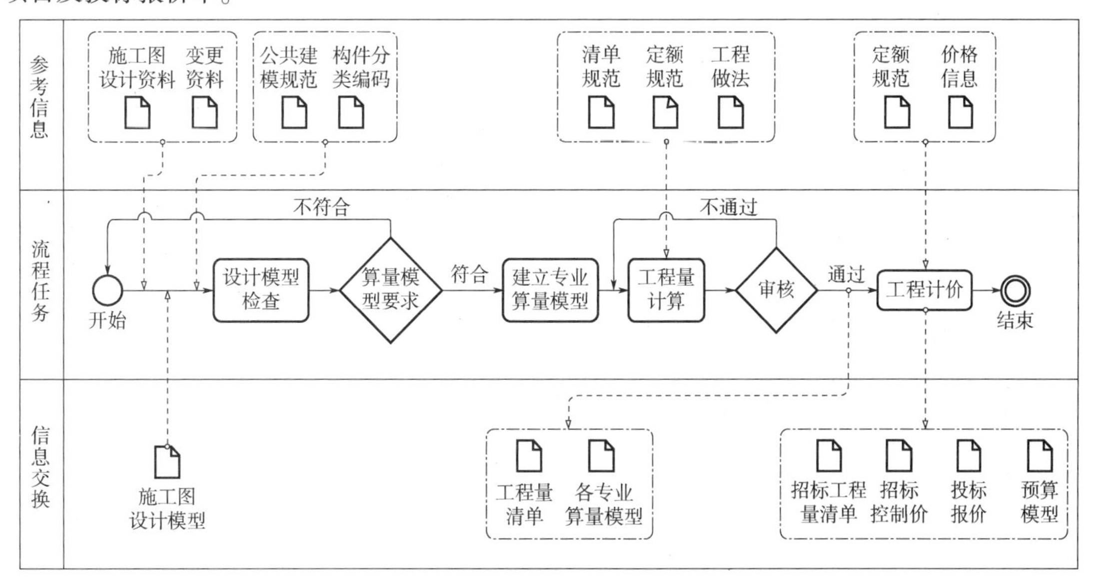

图 19-7 施工图预算 BIM 应用流程

施工图预算模型可在设计施工图基础上重新创建，也可通过施工图设计模型导入，模型应符合工程量计算的要求。由于设计与工程量计算业务需求不同，导致二者建模的标准不同，因此要求在工程量计算之前，应对施工图模型进行检查，除应遵守模型细度等要求之外，还应遵循工程量计算要求的模型规则；模型导入 BIM 算量软件后，还应根据不同专业的工程量计算规则要求完善模型元素参数信息，对模型进行修改和调整，使之满足工程量计算的要求，因此要求施工图模型除应符合工程量计算的要求外，还要进行一些二次建模工作。因此，在施工图预算 BIM 应用过程中，应制订适合的 BIM 流程、标准和规范，减少模型复用和信息传递中的标准不匹配问题。因此需要在 BIM 设计之前建立 BIM 建模规范，规范设计人员建模习惯，科学地进行构件的定义和分类，最大程度降低模型转化错误，减少成本预算人员复用设计阶段 BIM 模型后大量的模型调整工作；另外一个方面是提高应用该软件的识别和转化能力，减少下游 BIM 参与者人工调整的工作量。

在工程量计算环节，宜根据施工图预算模型的构件参数，结合工程量计算规则，计算并统计输出工程量计算结果。确定清单工程量和定额工程量时，宜根据工程量清单规范中清单项目特征、计算规则要求，以及定额规范（包括企业定额）中的工程量计算要求，设置清单和定额计算规则。计算规则设置的依据是工程量清单计算规范和定额规范，包括项目特征参数、扣减规则等信息，它是支撑工程量计算的基础性规则。

计算规则是软件自动计算构件工程量的依据，一般内置于 BIM 算量软件中。根据模型中各构件的截面信息、布置信息、工程做法等，结合软件内置的工程量计算规则和定额规范，自动计算出相关构件的清单工程量和对应的定额子目工程量。根据计算规则和相关构件的参数值，自动计算模型元素相关清单工程量和定额工程量。

工程计价时，应根据清单特征，对同类型清单项目进行合并，同时应保证模型元素与清单项目的关系。分部分项的价格计算时，宜根据定额规范或企业定额确定工程量清单项目的综合单价和总价，并汇总计算清单项目关联的模型元素成本，以及分部分项工程价格。工程总造价计算时，除应对每个构件模型元素的分部分项价格求和外，还应计算措施费用、规费、利润及税金，在此基础上得出总价。在工程计价环节，宜根据定额规范或企业定额确定工程量清单项目的综合单价和总价，汇总计算模型措施费、规费及税金等相关价格。

施工图预算模型宜包含表 19-17 规定的模型元素和信息。

表 19-17　施工图预算模型元素和信息

模型类型	模型元素和信息
施工图设计模型	施工图设计模型的模型元素及其信息要求
建筑专业设计模型	各模型元素包括：清单编码、元素类别、材质要求、规格型号、单位、做法要求、位置信息 模型元素相关的混凝土、模板、钢筋等模型元素，应包含：结构类别、模板材质、模板类型、单位、模板获取方式等 模型元素相关的脚手架模型元素，应包含：脚手架类型、脚手架获取方式（自有、租赁）
钢结构专业设计模型	各模型元素包括：清单编码、元素类别、材质要求、规格型号、单位、做法要求
机电专业设计模型	模型元素包括：清单编码、类别、系统、材质要求、规格、型号、单位、位置信息、做法要求（安装或敷设方式）等信息，大型设备还应具有相应的荷载信息
工程量模型	模型元素的非几何信息包括相关的工程量清单项目，清单项目包括信息：名称、编码、项目特征、计量单位、工程量、工作内容、工程量计算规则 对构件模型元素需要汇总：工程量清单项目与构件模型元素的对应关系，工程量清单项目对应的定额项目，工程量清单项目对应的人机材量

（续）

模型类型	模型元素和信息
施工图预算模型	模型元素的非几何信息包括：工程量清单项目、施工图预算 工程量清单项目应包括：名称、编码、项目特征、单位、工程量、综合单价、合价 施工图预算信息应包括：费用组成、各费用项单价、合价、含量、工程量等

施工图预算 BIM 应用交付成果宜包括：各专业算量模型、预算模型、招标工程量清单、招标控制价、投标工程量清单与投标报价等。

19.9.3　目标成本编制

目标成本编制中的成本规划、预算收入和目标成本编制等工作宜采用 BIM 技术。项目目标成本是指为完成一项工程所必须投入的费用，它由工程直接成本、综合管理（间接）成本组成。直接成本是直接投入工程，形成物质形态的产品所需要的费用，包括人工、材料和机械费用及其他直接成本。管理成本是除直接成本外组织项目实施所必须支付的费用，主要包括管理人员的工资、上级管理费、办公费用等。工程直接成本有明确的载体，管理成本大部分没有明确的载体。因此，基于 BIM 的目标成本编制主要是对直接成本而进行的。

目标成本编制 BIM 应用宜按图 19-8 进行。目标成本编制 BIM 应用宜基于 BIM 预算模型基础上进行，依据总包合同清单、施工组织设计及施工方案，结合企业定额、价格信息形成预算收入、目标成本。

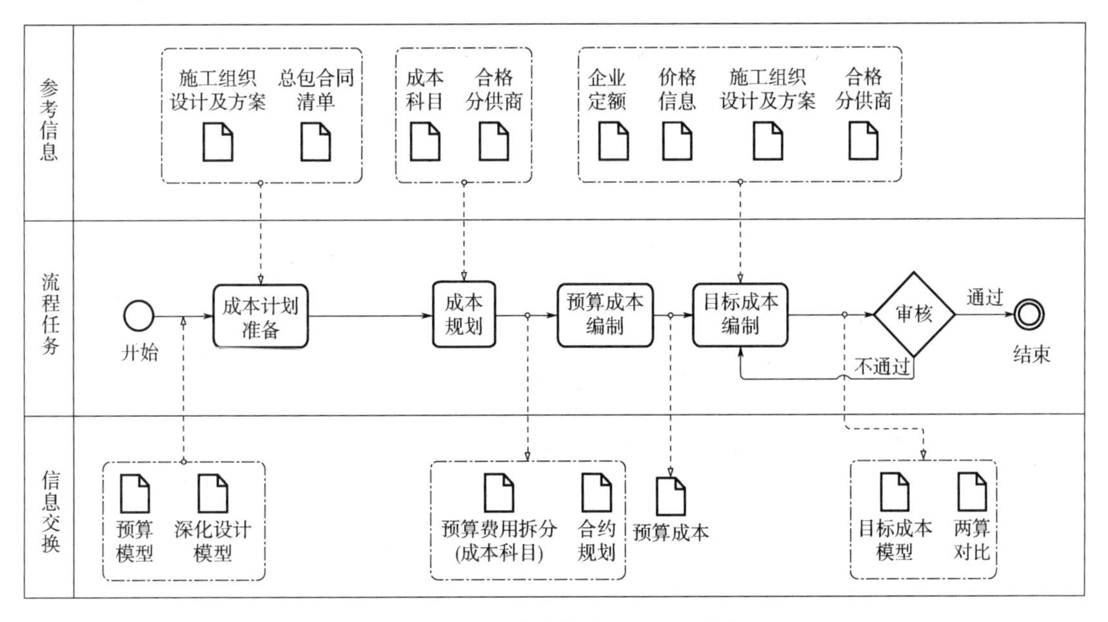

图 19-8　目标成本编制 BIM 应用流程

在成本计划准备环节，宜基于施工图预算模型，将预算清单与模型关联。

在成本规划环节，宜符合下列规定：

（1）依据企业成本科目，对预算清单中成本费用进行拆分，形成成本科目维度的预算收入。

（2）依据合同范围，将合同与相关模型建立关联。

成本科目属于施工成本核算范畴，也是确定目标成本的基础。即是按照规定的成本开支范围对施工费用进行归集和分配，计算出施工费用的实际发生额。施工成本管理需要正确及时地核算施工过程中发生的各项费用，计算施工项目的实际成本。施工项目成本核算所提供的各种成本信息是成本预测、成本计划、成本控制、成本分析和成本考核等各个环节的依据。预算收入、目标成本宜按照企业统一的成本项目口径对目标成本进行分解，形成成本项目口径的预算成本和目标成本。

在目标成本编制环节，宜基于预算收入，结合施工组织设计及方案、企业定额、市场价格等，编制目标成本。

施工目标成本模型宜包含表 19-18 规定的模型元素和信息。

表 19-18　施工目标成本模型元素和信息

模型元素类别	模型元素和信息
预算模型	施工图预算模型元素及信息
深化设计模型	深化设计模型元素及信息
成本科目	成本科目名称、科目编码、科目内容
合约规划	合约规划包括两部分：规划合约信息、合同清单信息 规划合约信息：合约名称、合同范围、模型范围、预算收入、合同价格、已结算金额、已支付金额、变更金额、最终结算金额（实际成本）、成本科目编码 合同清单信息：清单名称、模型编码、合同范围、单价、数量、金额、已结算工程量、变更工程量、最终结算工程量
预算成本	成本科目编码、成本科目名称、单位、单价、预算成本
目标成本	成本科目编码、成本科目名称、单位、单价、目标成本
两算对比	成本科目编码、成本科目名称、预算成本、目标成本、成本差异、差异率

施工目标成本编制 BIM 应用交付成果宜包括：合约规划、预算成本、目标成本等。

19.9.4　成本过程控制

成本过程控制中的成本管理模型建立、成本控制计划编制、成本归集与动态核算、成本三算对比、成本预警、成本控制措施执行等宜采用 BIM 技术。

成本过程控制 BIM 应用宜按图 19-9 所示流程进行。成本过程控制 BIM 应用宜基于目标成本模型，关联施工进度信息，形成成本管理模型。在施工过程中宜基于成本管理模型中的预算收入和目标成本按周期自动形成成本控制计划，并根据分包计量或结算、材料出库、设备租赁以及其他成本费用的支出自动归集成本至相应成本科目，形成构件、合同、时间等多维度预算成本、目标成本、实际成本的动态对比分析，并形成成本预警。

在成本管理模型建立环节，宜基于目标成本模型，将施工进度计划附加或关联到模型上。

在成本计划编制环节，宜基于成本管理模型，按照年度、季度、月度生成不同周期成本控制计划。成本控制计划的编制是成本的事前控制环节，是控制施工成本的依据。基于 BIM 的成本计划编制时，由于成本管理模型中每个构件都关联了时间和预算信息，包括构件工程量和资源消耗量，因此，可以根据施工进度模拟，自动统计出相应时间点消耗的人材机数量和资金需求，从而快速制订合理的成本内控目标。

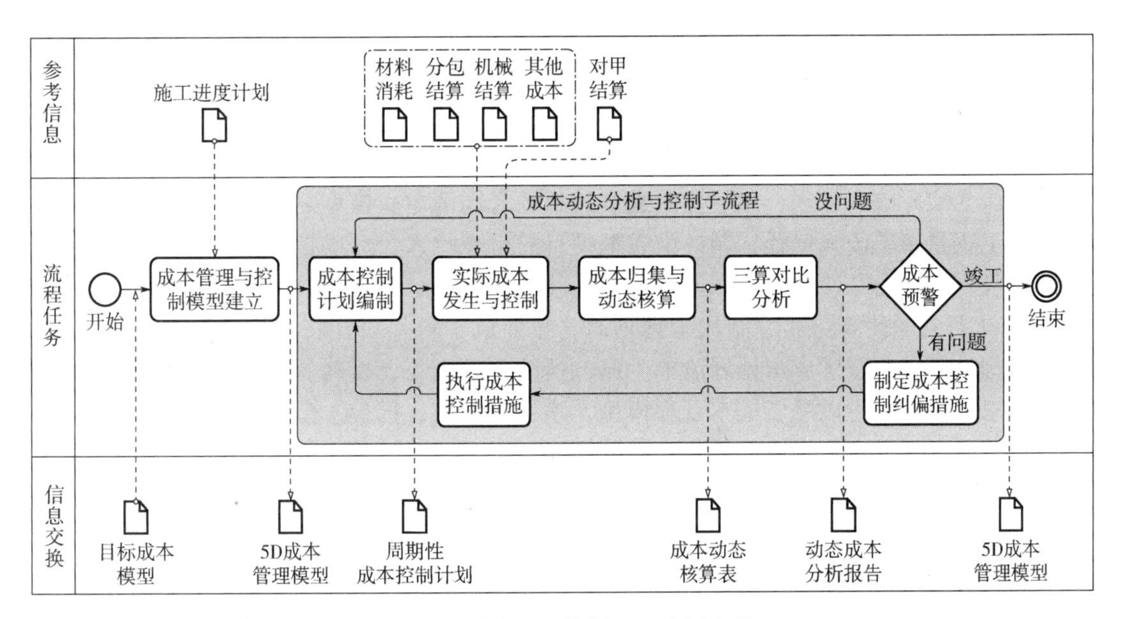

图 19-9　成本过程控制 BIM 应用流程

成本管理模型支持资源方案的模拟和优化，通过调整进度、工序和施工流水模拟不同施工方案，成本管理模型实时显示资源情况，使得不同施工周期的人材机需求量达到均衡，据此制订各个业务活动的成本费用支出目标，编制合理可行的成本计划。

在实际成本发生与控制环节，宜符合下列规定：

（1）对材料设备出库、分包计量或结算、租赁结算、变更等业务进行成本控制。对实际成本数据进行收集、整理，将实际成本信息附加或关联到相关模型上。

（2）按照时间周期、构件、分包合同等维度统计成本信息，输出实际成本与预算收入、目标成本的对比。

（3）根据对比分析结果，对实际成本超出预算目标的部分进行分析、检查和改进。

施工过程中基于 BIM 的实际成本管理与控制业务主要包括：限额领料、分包工程计量、变更管理等，具体内容如下：

（1）基于 BIM 的限额领料：基于成本管理模型可以按照楼层、部位，工序、分包等查询材料需求量。当施工班组进行领料时，通过成本管理模型查看领料部位材料需求量从而控制领料，并将实际的领料数据存储在成本管理模型上。最后通过将材料计划用量和累计领料数据对比，如果某部位材料领用量超计划用量系统会自动报警，提醒工程项目管理人员注意。

（2）基于 BIM 的工程计量：利用成本管理模型计算相应工程进度所需的工程量，完成向业主申报进度款和与分包商核对工程量，提高计量工作效率；并可将向业主申报进度款的工程量与分包报量进行对比，进行收入和支出的比较，确保以收定支的动态监控。

（3）基于 BIM 的变更管理：根据设计变更单的内容在成本管理模型上直接进行调整，自动分析变更前后模型工程量（包括混凝土、钢筋、模板等工程量的变化），为变更计量提供准确可靠的数据。

在成本归集与动态核算环节，宜将实际收入、实际成本自动归集到相应成本科目，输出成本科目维度的成本核算报表。成本核算宜在统一的成本科目口径下进行，利用成本管理模型完成核算报表，核算报表中关键数据包括实际收入核算、计划成本核算、实际成本核算费用等，具体要求如下：

（1）实际收入核算：成本管理模型关联了合同清单信息和进度信息，在施工过程中，根据实际完成进度，可自动统计已完工模型工程量，作为向甲方报量的参考依据，并将业主批复工程量作为实际收入依据，然后按照成本科目、合同清单、模型之间的关联关系，自动将合同预算工程量清单收入口径，转换为成本项目的口径收入，形成核算期间内的成本科目口径的合同收入。

（2）计划成本核算：在编制成本计划时，按照成本科目口径将计划成本信息与模型关联，每个构件不仅关联了成本计划清单，还包括清单下人工、材料、机械等资源消耗量信息和价格信息。因此，可以基于成本管理模型元素，从时间、部位、分包方、成本项目等多个维度统计分析计划成本，形成多维度的成本数据。

（3）实际成本核算：随着工程分包、劳务分包、材料出库、机械租赁等项目的实际发生，每月按照分包合同口径形成实际成本自动归集，根据实际分包合同支出口径与成本科目关系，自动转换为成本科目口径的实际成本。

在三算对比分析环节，宜按照时间、模型、成本科目、合约规划等不同维度输出预算收入、目标成本、实际成本、实际收入的对比分析统计结果。按周期完成成本核算之后，可基于成本核算数据对成本进行三算对比分析。三算对比分析是成本控制最有效的手段之一，可以及时检验项目的盈亏和节超，对于已发生过的问题及时纠偏，并提出改进措施；对于可能产生风险的，进行预警，提出预防措施。三算对比分析是基于统一的成本科目口径进行分析，基于成本管理模型可以方便快捷地得到三算数据，并可实现不同维度的收入、计划成本和实际成本的三算对比分析，还可以将分析对象细化到楼层、部位构件和工序等，避免出现项目整体盈利，而某个部位或工序超支的现象。

在成本预警环节，宜应对超出预算和目标的成本项目进行预警。预警宜通过可视化模型进行提示，或通过移动互联网等方式发送给责任人。可根据成本管理目标和关键成本控制项目，预先设置的预警点、预警阈值、责任人等信息，基于 BIM 的成本管理系统并对超出预算、目标和计划的成本项目实现实时数据对比计算，并根据设置进行预警。

成本管理模型宜包含表 19-19 规定的模型元素和信息。

表 19-19　成本管理模型元素和信息

模型元素类别	模型元素和信息
施工目标成本模型	施工目标成本模型元素及信息
进度计划	计划项标识、版本、责任人、最早开始时间、最迟开始时间、计划开始时间、最早完成时间、最迟完成时间、计划完成时间、任务完成所需时间、任务自由浮动的时间、允许浮动时间、关键任务标识、完成状态、实际开始时间完成的百分比等
合同信息	合同类型包括：业主合同、分包合同、采购合同、租赁合同等 信息包括：合同名称、合同编码、合同附件、合同范围（工程量清单、材料设备清单、构件）、合同类型、预算、签约金额、变更金额、已结算金额、已支付金额、成本摊销金额
成本计划	成本科目名称、成本科目编码、预算成本、目标成本、当期预算成本、当期目标成本
动态成本核算	成本科目名称、成本科目编码、预算成本、目标成本、当期预算成本、当期目标成本、已发生成本、当期已发生成本

（续）

模型元素类别	模型元素和信息
动态成本分析	动态成本分析信息包括：总成本分析、周期成本分析。总成本分析包括：成本科目编码、成本科目名称、预算成本、动态总收入、已收入、目标成本、动态总成本、已发生成本、各成本之间差异、各成本之间的差异率 周期成本分析包括：成本科目编码、成本科目名称、本期预算成本、本期目标成本、本期实际收入、本期实际成本、各成本之间差异、各成本之间的差异率
成本预警	预警编号、任务编号、预警点类型、预警规则、预警时间、相关任务、接收人等信息

成本过程控制BIM应用交付成果宜包括：成本控制计划、成本动态核算表、成本分析报表、成本管理模型等。

19.10　验收与交付BIM应用

19.10.1　一般规定

竣工验收模型基于施工过程模型形成，应与工程实际状况一致，并在施工过程中附加或关联相关施工及验收信息。

由于竣工阶段涉及验收交付的资料及信息很多，施工企业需要在施工过程中进行收集、整理，并及时附加、关联到模型中，是沉淀整个施工过程信息数据的有效办法。

竣工交付的模型及相关成果文档应有相应的说明。竣工交付的模型及相关成果文档数据量大，应提供详细的说明文档，以便后续的使用者可快速地检索和查找。

BIM模型和与之对应的图纸、信息表格和相关文件共同表达的设计深度，应符合现行《建筑工程设计文件编制深度规定》的要求。

19.10.2　资料管理

施工企业应在竣工验收模型上附加或关联下列电子文档：

（1）设计变更。

（2）重点隐蔽工程照片。

（3）试验检验报告：包括材料、设备、预制构配件、现场检测等。

（4）检查记录、问题整改报告、质量验收记录。

（5）设备产品规格资料、维护手册。

模型附加或关联的资料文件宜采用通用格式，与模型关联的相关资料保存的文件应集中管理。为了方便竣工交付、模型及关联资料的数据移交，以及移交后数据存放环境的变化，例如电脑盘符、文件夹等路径的变化，导致链接关系的丢失，宜在数据创建整个过程中采用数据集中管理的方式，例如使用文件服务器、网络存储或协同平台系统等，保障数据集中存储和安全。

19.10.3　运维交付

除满足竣工验收交付要求外，施工企业可根据合约要求，为运营维护管理提供下列信息：

（1）基于统一编码体系的运营维护模型，以实现现场设备设施与模型的对应。

（2）根据运营维护要求补充、拆分模型以满足运营维护模型对特殊部件或部位的细度要求。

（3）宜在设备设施实物中使用二维码、RFID 等技术，实现现场设备设施在模型中的检索和定位。

（4）除模型数据原始文件格式外，应同时提供公开数据格式。

本章术语释义

序号	术语	含义
1	建筑信息模型（BIM）	在建设工程及设施全生命周期内，对其物理和功能特性进行数字化表达，并依此设计、施工、运营的过程和结果的总称，简称模型
2	模型细度（LOD）	模型元素组织及几何信息、非几何信息的详细程度
3	建筑信息模型元素	建筑信息模型的基本组成单元，简称模型元素。建筑信息模型元素包括工程项目的实际构件、部件（如梁、柱、门、窗、墙、设备、管线、管件等）的几何信息（如构件大小、形状和空间位置）、非几何信息（如结构类型、材料属性、荷载属性）以及过程、资源等组成模型的各种内容
4	施工建筑信息模型	是以施工图或设计模型为基础，附加或关联施工阶段的施工信息，从而形成深化设计阶段、施工实施阶段、竣工交付阶段等不同阶段的模型。施工模型可包括深化设计模型、施工过程模型和竣工验收模型
5	工作面	结合施工工艺或工序要求，某专业工种的一个工人或工作队伍在加工建筑产品时所必须具备的活动空间，以满足作业的需要，这样的可管理的空间就叫工作面

参考文献

[1] 中华人民共和国住房和城乡建设部. 建设工程项目管理规范：GB/T 50326—2017 [S]. 北京：中国建筑工业出版社，2017.

[2] 中华人民共和国住房和城乡建设部. 建设项目工程总承包管理规范：GB/T 50358—2017 [S]. 北京：中国建筑工业出版社，2017.

[3] 中国建筑业协会. 建设工程施工管理规程：T/CCIA/T 0009—2019 [S]. 北京：中国建筑工业出版社，2019.

[4] 中华人民共和国住房和城乡建设部. 施工现场临时建筑物技术规范：JGJ/T 188—2009 [S]. 北京：中国建筑工业出版社，2009.

[5] 中华人民共和国住房和城乡建设部. 建筑工程施工现场监管信息系统技术标准：JGJ/T 434—2018 [S]. 北京：中国建筑工业出版社，2018.

[6] 中华人民共和国住房和城乡建设部. 建筑与市政工程施工现场专业人员职业标准：JGJ/T 250—2011 [S]. 北京：中国建筑工业出版社，2011.

[7] 中华人民共和国住房和城乡建设部. 工程测量标准：GB 50026—2020 [S]. 北京：中国计划出版社，2020.

[8] 中华人民共和国住房和城乡建设部. 建筑变形测量规范：JGJ 8—2016 [S]. 北京：中国建筑工业出版社，2016.

[9] 中华人民共和国住房和城乡建设部. 建筑基坑工程监测技术规范：GB 50497—2019 [S]. 北京：中国计划出版社，2019.

[10] 中华人民共和国住房和城乡建设部. 建筑施工测量标准：JGJ/T 408—2017 [S]. 北京：中国建筑工业出版社，2017.

[11] 中国建筑装饰协会. 建筑装饰装修施工测量放线技术规程：T/CBDA 14—2018 [S]. 北京：中国建筑工业出版社，2018.

[12] 中国建筑科学研究院. 建筑业 10 项新技术（2017 版）[M]. 北京：中国建材工业出版社，2018.

[13] 中华人民共和国住房和城乡建设部. 建筑与市政地基基础通用规范：GB 55003—2021 [S]. 北京：中国建筑工业出版社，2021.

[14] 中华人民共和国住房和城乡建设部. 建筑基坑支护技术规程：JGJ 120—2012 [S]. 北京：中国建筑工业出版社，2012.

[15] 中华人民共和国住房和城乡建设部. 建筑工程逆作法技术标准：JGJ 432—2018 [S]. 北京：中国建筑工业出版社，2018.

[16] 龚晓南. 深基坑工程设计施工手册 [M]. 2 版. 北京：中国建筑工业出版社，2017.

[17] 中华人民共和国住房和城乡建设部. 建筑地基基础工程施工规范：GB 51004—2015 [S]. 北京：中国计划出版社，2015.

[18] 中华人民共和国住房和城乡建设部. 建筑地基基础工程施工质量验收标准：GB 50202—2018 [S]. 北京：中国计划出版社，2018.

[19] 中华人民共和国住房和城乡建设部. 建筑桩基技术规范：JGJ 94—2008 [S]. 北京：中国建筑工业出版社，2008.

[20] 中华人民共和国住房和城乡建设部. 建筑地基处理技术规范：JGJ 79—2012 [S]. 北京：中国建筑工业出版社，2012.

[21] 中华人民共和国住房和城乡建设部. 长螺旋钻孔压灌桩技术标准：JGJ/T 419—2018 [S]. 北京：中国建筑工业出版社，2018.

[22] 中华人民共和国住房和城乡建设部. 静压桩施工技术规程：JGJ/T 394—2017 [S]. 北京：中国建筑工

业出版社，2017.
[23] 中华人民共和国住房和城乡建设部．预应力混凝土管桩技术标准：JGJ/T 406—2017 [S]. 北京：中国建筑工业出版社，2017.
[24] 中国建筑标准设计研究院．钢筋混凝土灌注桩：22G813 [S]. 北京：中国标准出版社，2022.
[25] 中国建筑标准设计研究院．建筑结构抗浮锚杆：22G815 [S]. 北京：中国标准出版社，2022.
[26] 中华人民共和国工业和信息化部．抗浮锚杆技术规程：YB/T 4659—2018 [S]. 北京：冶金工业出版社，2018.
[27] 上海市住房和城乡建设管理委员会．钻孔灌注桩施工标准：DG/TJ 08—202—2020 [S]. 上海：同济大学出版社，2020.
[28] 中华人民共和国住房和城乡建设部．施工脚手架通用规范：GB 55023—2022 [S]. 北京：中国建筑工业出版社，2022.
[29] 中华人民共和国住房和城乡建设部．建筑施工脚手架安全技术统一标准：GB 51210—2016 [S]. 北京：中国建筑工业出版社，2016.
[30] 中华人民共和国住房和城乡建设部．建筑施工扣件式钢管脚手架安全技术规范：JGJ 130—2011 [S]. 北京：中国建筑工业出版社，2011.
[31] 中华人民共和国住房和城乡建设部．建筑施工碗扣式钢管脚手架安全技术规范：JGJ 166—2016 [S]. 北京：中国建筑工业出版社，2016.
[32] 中华人民共和国住房和城乡建设部．建筑施工门式钢管脚手架安全技术标准：JGJ 128—2019 [S]. 北京：中国建筑工业出版社，2019.
[33] 中华人民共和国住房和城乡建设部．建筑施工承插型盘扣式钢管脚手架安全技术标准：JGJ 231—2021 [S]. 北京：中国建筑工业出版社，2021.
[34] 中华人民共和国住房和城乡建设部．液压升降整体脚手架安全技术标准：JGJ/T 183—2019 [S]. 北京：中国建筑工业出版社，2019.
[35] 中国建筑业协会．建筑施工承插型轮扣式模板支架安全技术规程：T/CCIAT 0003—2019 [S]. 北京：中国建筑工业出版社，2019.
[36] 上海市住房和城乡建设管理委员会．悬挑式脚手架安全技术标准：DG/TJ 08—2002—2020 [S]. 上海：同济大学出版社，2021.
[37] 中华人民共和国住房和城乡建设部．建筑施工工具式脚手架安全技术规范：JGJ 202—2010 [S]. 北京：中国建筑工业出版社，2010.
[38] 中华人民共和国住房和城乡建设部．砌体结构通用规范：GB 55007—2021 [S]. 北京：中国建筑工业出版社，2021.
[39] 中华人民共和国住房和城乡建设部．砌体结构工程施工规范：GB 50924—2014 [S]. 北京：中国建筑工业出版社，2014.
[40] 中国建筑标准设计研究院．混凝土小型空心砌块墙体建筑与结构构造：19J102—1、19G613 [S]. 北京：中国计划出版社，2019.
[41] 中国建筑标准设计研究院．砖墙建筑、结构构造：15J101、15G612 [S]. 北京：中国计划出版社，2015.
[42] 中华人民共和国住房和城乡建设部．混凝土结构通用规范：GB 55008—2021 [S]. 北京：中国建筑工业出版社，2021.
[43] 中华人民共和国住房和城乡建设部．混凝土结构工程施工规范：GB 50666—2011 [S]. 北京：中国建筑工业出版社，2011.
[44] 中华人民共和国住房和城乡建设部．钢筋机械连接技术规程：JGJ 107—2016 [S]. 北京：中国建筑工业出版社，2016.
[45] 中华人民共和国住房和城乡建设部．钢筋焊接及验收规程：JGJ 18—2012 [S]. 北京：中国建筑工业出

版社，2012.
[46] 中华人民共和国住房和城乡建设部．钢筋焊接网混凝土结构技术规程：JGJ 114—2014［S］．北京：中国建筑工业出版社，2014.
[47] 中华人民共和国住房和城乡建设部．液压爬升模板工程技术标准：JGJ/T 195—2018［S］．北京：中国建筑工业出版社，2018.
[48] 中国建筑标准设计研究院．房屋建筑工程施工工艺图解模板工程—顶板支撑早拆施工体系：13SG905—2［S］．北京：中国计划出版社，2013.
[49] 中国建筑标准设计研究院．房屋建筑工程施工工艺图解—组拼式铝合金模板系列施工工艺图解：19G905—3［S］．北京：中国计划出版社，2019.
[50] 中华人民共和国住房和城乡建设部．大体积混凝土施工标准：GB 50496—2018［S］．北京：中国建筑工业出版社，2018.
[51] 中华人民共和国住房和城乡建设部．现浇混凝土空心楼盖技术规程：JGJ/T 268—2012［S］．北京：中国建筑工业出版社，2012.
[52] 中华人民共和国住房和城乡建设部．混凝土泵送施工技术规程：JGJ/T 10—2011［S］．北京：中国建筑工业出版社，2011.
[53] 中华人民共和国住房和城乡建设部．高强混凝土应用技术规程：JGJ/T 281—2012［S］．北京：中国建筑工业出版社，2012.
[54] 中华人民共和国住房和城乡建设部．自密实混凝土应用技术规程：JGJ/T 283—2012［S］．北京：中国建筑工业出版社，2012.
[55] 上海市住房和城乡建设管理委员会．混凝土结构工程施工标准：DG/TJ 08—020—2019［S］．上海：同济大学出版社，2019.
[56] 中华人民共和国住房和城乡建设部．组合结构通用规范：GB 55004—2021［S］．北京：中国建筑工业出版社，2021.
[57] 中华人民共和国住房和城乡建设部．钢管混凝土结构技术规范：GB 50936—2014［S］．北京：中国建筑工业出版社，2014.
[58] 中华人民共和国住房和城乡建设部．钢-混凝土组合结构施工规范：GB 50901—2013［S］．北京：中国建筑工业出版社，2013.
[59] 中华人民共和国住房和城乡建设部．装配式混凝土结构技术规程：JGJ 1—2014［S］．北京：中国建筑工业出版社，2014.
[60] 中华人民共和国住房和城乡建设部．装配式混凝土建筑技术标准：GB/T 51231—2016［S］．北京：中国建筑工业出版社，2016.
[61] 中华人民共和国住房和城乡建设部．钢筋套筒灌浆连接应用技术规程：JGJ 355—2015［S］．北京：中国建筑工业出版社，2015.
[62] 中国建筑标准设计研究院．装配式混凝土结构连接节点构造（框架）：20G310—3［S］．北京：中国计划出版社，2020.
[63] 中华人民共和国住房和城乡建设部．装配式混凝土剪力墙结构住宅施工工艺图解：16G906［S］．北京：中国计划出版社，2016.
[64] 中国建筑业协会．装配式混凝土建筑施工规程：T/CCIAT 0001—2017［S］．北京：中国建筑工业出版社，2017.
[65] 中华人民共和国住房和城乡建设部．钢结构通用规范：GB 55006—2021［S］．北京：中国建筑工业出版社，2021.
[66] 中华人民共和国住房和城乡建设部．钢结构工程施工规范：GB 50755—2012［S］．北京：中国建筑工业出版社，2012.
[67] 中华人民共和国住房和城乡建设部．钢结构工程施工质量验收标准：GB 50205—2020［S］．北京：中

国计划出版社，2020.
［68］上海市住房和城乡建设管理委员会．钢结构制作与安装规程：DG/TJ 08—216—2016［S］．上海：同济大学出版社，2016.
［69］戴立先．钢结构工程细部节点做法与施工工艺图解［M］．北京：中国建筑工业出版社，2018.
［70］中华人民共和国住房和城乡建设部．无粘结预应力混凝土结构技术规程：JGJ 92—2016［S］．北京：中国建筑工业出版社，2016.
［71］中华人民共和国住房和城乡建设部．缓粘结预应力混凝土结构技术规程：JGJ 387—2017［S］．北京：中国建筑工业出版社，2017.
［72］上海市住房和城乡建设管理委员会．预应力施工技术标准：DG/TJ 08—235—2020［S］．上海：同济大学出版社，2021.
［73］中华人民共和国住房和城乡建设部．建筑与市政工程防水通用规范：GB 55030—2022［S］．北京：中国建筑工业出版社，2022.
［74］中华人民共和国住房和城乡建设部．坡屋面工程技术规范：GB 50693—2011［S］．北京：中国建筑工业出版社，2011.
［75］中华人民共和国住房和城乡建设部．地下工程防水技术规范：GB 50108—2008［S］．北京：中国建筑工业出版社，2008.
［76］中华人民共和国住房和城乡建设部．建筑外墙防水工程技术规程：JGJ/T 235—2011［S］．北京：中国建筑工业出版社，2011.
［77］中华人民共和国住房和城乡建设部．住宅室内防水工程技术规范：JGJ 298—2013［S］．北京：中国建筑工业出版社，2013.
［78］沈春林．屋面工程防水设计与施工［M］．2 版．北京：化学工业出版社，2016.
［79］上海市城乡建设和交通委员会．建筑装饰装修工程施工规程：DGJ 08—2135—2013［S］．上海：同济大学出版社，2014.
［80］中华人民共和国住房和城乡建设部．住宅室内装饰装修工程质量验收规范：JGJ/T 304—2013［S］．北京：中国建筑工业出版社，2013.
［81］中华人民共和国住房和城乡建设部．装配式内装修技术标准：JGJ/T 491—2021［S］．北京：中国建筑工业出版社，2021.
［82］中华人民共和国住房和城乡建设部．屋面工程技术规范：GB 50345—2012［S］．北京：中国建筑工业出版社，2012.
［83］中华人民共和国住房和城乡建设部．硬泡聚氨酯保温防水工程技术规范：GB 50404—2017［S］．北京：中国计划出版社，2017.
［84］中华人民共和国住房和城乡建设部．建筑节能工程施工质量验收标准：GB 50411—2019［S］．北京：中国建筑工业出版社，2019.
［85］中华人民共和国住房和城乡建设部．外墙外保温工程技术标准：JGJ 144—2019［S］．北京：中国建筑工业出版社，2019.
［86］中华人民共和国住房和城乡建设部．岩棉薄抹灰外墙外保温工程技术标准：JGJ/T 480—2019［S］．北京：中国建筑工业出版社，2019.
［87］中华人民共和国住房和城乡建设部．无机轻集料砂浆保温系统技术标准：JGJ/T 253—2019［S］．北京：中国建筑工业出版社，2019.
［88］中国房地产业协会．保温装饰板外墙外保温工程技术标准：T/CREA010—2022［S］．北京：中国建筑工业出版社，2022.
［89］中华人民共和国住房和城乡建设部．建筑防腐蚀工程施工规范：GB 50212—2014［S］．北京：中国计划出版社，2014.
［90］中华人民共和国住房和城乡建设部．建筑防腐蚀工程施工质量验收标准：GB/T 50224—2018［S］．北

京：中国计划出版社，2018.
[91] 中华人民共和国住房和城乡建设部．建筑钢结构防腐蚀技术规程：JGJ/T 251—2011 [S]. 北京：中国建筑工业出版社，2011.
[92] 中华人民共和国住房和城乡建设部．建筑工程绿色施工规范：GB/T 50905—2014 [S]. 北京：中国建筑工业出版社，2014.
[93] 中华人民共和国住房和城乡建设部．建筑工程绿色施工评价标准：GB/T 50640—2010 [S]. 北京：中国计划出版社，2010.
[94] 中国建筑装饰协会．建筑装饰装修工程绿色施工管理标准：T/CBDA 61—2022 [S]. 北京：中国建筑工业出版社，2022.
[95] 中华人民共和国住房和城乡建设部．建筑信息模型应用统一标准：GB/T 51212—2016 [S]. 北京：中国建筑工业出版社，2016.
[96] 中华人民共和国住房和城乡建设部．建筑信息模型施工应用标准：GB/T 51235—2017 [S]. 北京：中国建筑工业出版社，2017.
[97] 李云贵．建筑工程施工 BIM 应用指南 [M]. 北京：中国建筑工业出版社，2017.